최신판

2025
건축기사·산업기사 필기

건축구조

3

송창영 저

건축기사·산업기사 필기

건축구조

2025년　1월　15일　초판 1쇄 인쇄
2025년　1월　20일　초판 1쇄 발행

편 저 자　송 창 영
발 행 처　기 문 당
주　　소　서울 성동구 무학봉28길 4-1
전　　화　02)2295-6171~2
팩　　스　02)6971-8188
홈페이지　http://www.kimoondang.com
I S B N　979-11-94504-03-0　13540

※잘못 만들어진 책은 구입처에서 교환해 드립니다.
※불법복제물은 (사)한국과학기술출판협회 불법복제신고처
　(kstpa.or.kr/community/report.html)
　또는 발행처(kmd@kimoondang.com)로 신고해 주세요.

머리말

급변하는 세계화 속에서 우리나라의 건축문화도 날로 새롭고 다양해지고 있다. 최근의 건축공사가 대형화, 다양화, 초고층화가 이루어지면서 건축기술 또한 눈부신 발전이 이루어지고 있다. 이러한 발전은 건축기술의 중요한 뼈대인 건축구조공학의 발달을 바탕으로 가능하다고 볼 수 있다.

본 저자는 그동안 현장에서 실무자, 그리고 대학에서 구조공학을 배우는 학생들로부터 구조공학이 어렵고 복잡하다는 말을 수없이 들었다. 이에 최근 출제 경향에 맞춰 오랜 실무 경험과 강의를 통해 얻은 건축구조에 대한 개념 및 요약정리 등을 통하여 보다 알기쉬운 참고자료를 만들어, 건축기사 시험을 준비하는 독자뿐만 아니라 구조역학을 공부하는 독자들에게 도움이 되고자 하여 다음과 같이 기획하였다.

본서의 특징은 다음과 같다.

> **첫째,** 각 단원별 출제경향분석을 수록하여 독자의 학습방향을 바르게 제시하였다.
> **둘째,** 본서는 건축구조일반, 구조역학, 철근콘크리트구조, 철골구조로 이루어져 있다. 각 과목별 특성을 고려하여 기본이론과 예제 등을 수록하여 이론적 이해는 물론 문제의 접근방법을 안내하였다.
> **셋째,** 중요한 이론이나 어려운 이론들은 옆에 쉽게 다시 풀어서 설명하였다.
> **넷째,** 이론 내용 중 핵심사항 등 중요한 공식 및 암기사항은 Box처리하였으며, 가능하면 그림과 개괄적인 개념도를 최대한 활용하여 이해를 도왔다.
> **다섯째,** 최근 5년간 기출 문제를 수록하여 최종 마무리를 할 수 있도록 하였다.

심혈을 기울여 집필하였으나 부족한 점이 많으리라 생각된다. 이런 미비한 점은 앞으로 계속 수정·보완하여 좋은 양서가 되게 할 것을 약속드리며, 선·후배 제현의 지도편달을 바란다.

본서를 집필하는 과정에서 많은 도움을 준 여러 실무자에게 진심어린 감사를 표하며, 관련 분야에 종사하는 사람들에게 도움을 주는 유익한 참고자료가 되었으면 하는 바람이다. 특히 ㈜한국안전원 임직원들, 김선혜 소장, 송병오 실장, 최민선 주임, 임승희 주임과 함께 기쁨을 나누고 싶다.

끝으로 출판을 맡아주신 기문당 임직원 여러분, 그리고 아빠의 큰 기쁨이자 미래인 사랑하는 보민, 태호, 지호, 그리고 아내 최운형에게 조그마한 결실이지만 이 책으로 고마움을 전하고 싶다.

저자 송 창 영

수험정보

과 목	1. 건축계획 2. 건축시공 3. 건축구조 4. 건축설비 5. 건축법규
문제수	객관식 100문제(과목당 20문제)
시험시간	2시간 30분

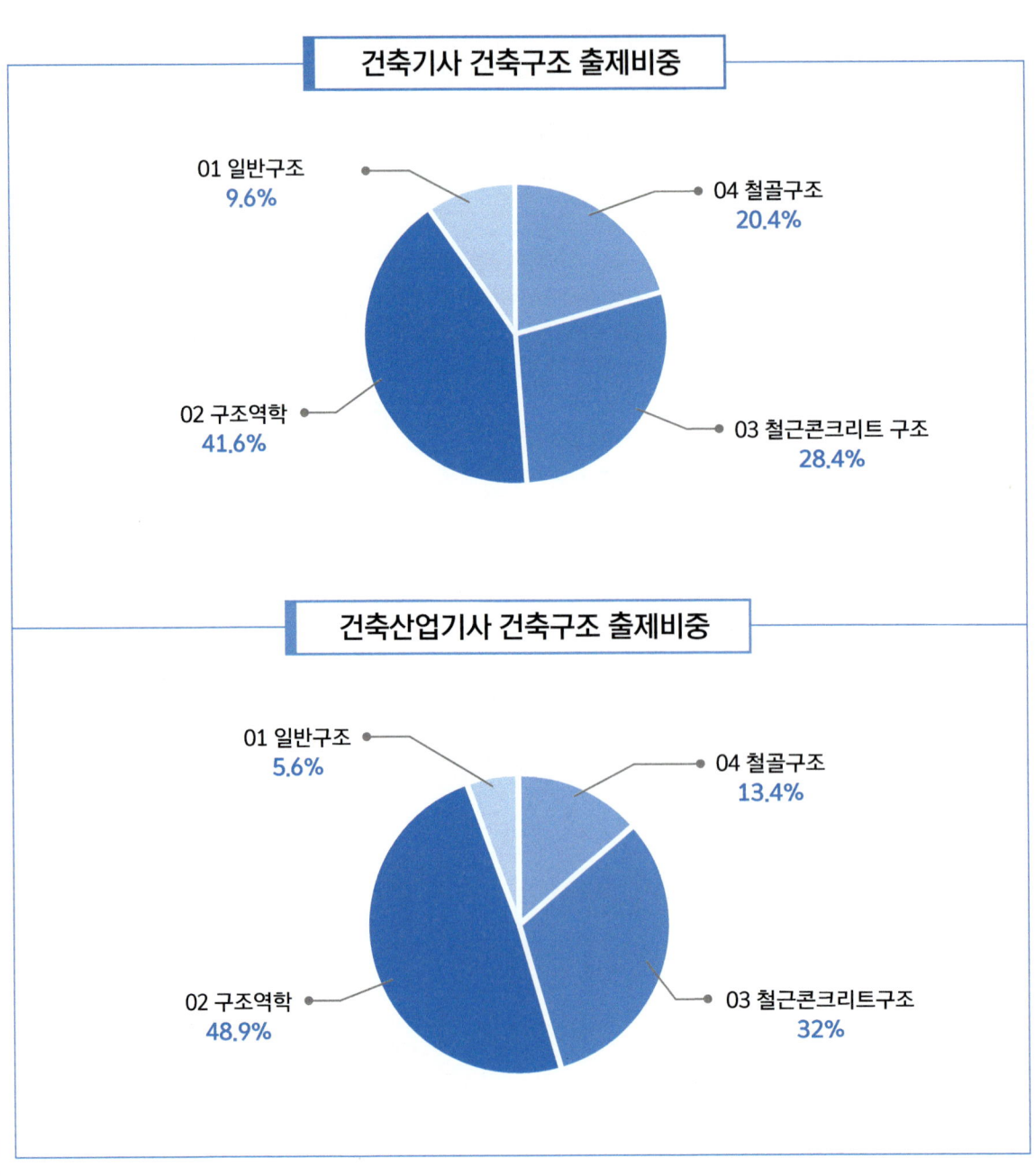

건축기사 건축구조 필기 출제기준

적용기간: 2025.1.1~2029.12.31

필기 과목명	문제수	주요항목	세부항목	세세항목	
건축구조	20	1. 건축구조의 일반사항	1. 건축구조의 개념	1. 건축구조의 개념	2. 건축구조의 분류
			2. 건축물 기초설계	1. 토질	2. 기초
			3. 내진·내풍설계	1. 내진·내풍설계의 개념	2. 내진·내풍설계의 원리
			4. 사용성 설계	1. 처짐·진동에 관한 구조제한	2. 소음에 관한 구조제한
		2. 구조역학	1. 구조역학의 일반사항	1. 힘과 모멘트 3. 구조물의 판별	2. 구조물의 특성
			2. 정정구조물의 해석	1. 보의 해석 3. 트러스의 해석	2. 라멘의 해석 4. 아치의 해석
			3. 탄성체의 성질	1. 응력도와 변형도	2. 단면의 성질
			4. 부재의 설계	1. 단면의 응력도	2. 부재단면의 설계
			5. 구조물의 변형	1. 구조물의 변형	
			6. 부정정구조물의 해석	1. 부정정구조물의 개요 3. 처짐각법	2. 변위일치법 4. 모멘트분배법
		3. 철근콘크리트구조	1. 철근콘크리트구조의 일반사항	1. 철근콘크리트구조의 개요	2. 철근콘크리트구조 설계방법
			2. 철근콘크리트구조설계	1. 구조계획 3. 각부 구조설계기준 및 구조제한	2. 각부 구조의 설계 및 계산
			3. 철근의 이음·정착	1. 철근의 부착 3. 갈고리에 의한 정착	2. 정착길이 4. 철근의 이음
			4. 철근콘크리트구조의 사용성	1. 철근콘크리트구조의 처짐 3. 철근콘크리트구조의 균열	2. 철근콘크리트구조의 내구성
		4. 철골구조	1. 철골구조의 일반사항	1. 철골구조의 개요	2. 철골구조의 구조설계방법
			2. 철골구조설계	1. 철골구조계획 3. 각부 구조설계기준 및 구조제한	2. 각부 구조의 구조설계 및 계산
			3. 접합부 설계	1. 접합의 종류 및 특징	2. 각부 접합부의 설계와 계산
			4. 제작 및 품질	1. 공장제작 정밀도 및 검사	2. 현장설치 정밀도 및 검사

건축산업기사 건축구조 필기 출제기준

적용기간: 2025.1.1~2029.12.31

필기 과목명	문제수	주요항목	세부항목	세세항목	
건축구조	20	1. 건축구조의 일반사항	1. 건축구조의 개념	1. 건축구조의 개념	2. 건축구조의 분류
			2. 건축물 기초설계	1. 토질	2. 기초
		2. 구조역학	1. 구조역학의 일반사항	1. 힘과 모멘트 3. 구조물의 판별	2. 구조물의 특성
			2. 정정구조물의 해석	1. 보의 해석 3. 트러스의 해석	2. 라멘의 해석 4. 아치의 해석
			3. 탄성체의 성질	1. 응력도와 변형도	2. 단면의 성질
			4. 부재의 설계	1. 단면의 응력도	2. 부재단면의 설계
			5. 구조물의 변형	1. 구조물의 변형	
			6. 부정정구조물의 해석	1. 부정정구조물의 개요 3. 처짐각법	2. 변위일치법 4. 모멘트분배법
		3. 철근콘크리트구조	1. 철근콘크리트구조의 일반사항	1. 철근콘크리트구조의 개요	2. 철근콘크리트구조 설계방법
			2. 철근콘크리트구조설계	1. 구조계획 3. 각부 구조설계기준 및 구조 제한	2. 각부 구조의 설계 및 계산
			3. 철근의 이음·정착	1. 철근의 부착 3. 갈고리에 의한 정착	2. 정착길이 4. 철근의 이음
			4. 철근콘크리트구조의 사용성	1. 철근콘크리트구조의 처짐 3. 철근콘크리트구조의 균열	2. 철근콘크리트구조의 내구성
		4. 철골구조	1. 철골구조의 일반사항	1. 철골구조의 개요	2. 철골구조의 구조설계방법
			2. 철골구조설계	1. 철골구조계획	2. 각부 구조설계기준 및 구조제한
			3. 접합부 설계	1. 접합의 종류 및 특징	2. 각부 접합부의 설계일반
			4. 제작 및 품질	1. 공장제작 정도	2. 현장설치 정도
			5. 공기조화방식	1. 공기조화방식의 분류 3. 조닝계획과 에너지절약계획	2. 각종 공조방식 및 특징

차 례

PART 1 일반구조

CHAPTER
- 01 건축구조의 개념 — 14
- 02 토질 및 기초구조 — 24
- 03 내진설계 — 36
- PART 01 핵심 기출 문제 — 49

PART 2 구조역학

CHAPTER
- 01 힘과 모멘트 — 64
- 02 구조물의 개론 — 74
- 03 정정보 — 86
  (Statically Determinate Beam)
- 04 정정라멘 및 정정아치 — 114
- 05 정정트러스 — 120
- 06 단면의 성질 — 130
- 07 재료의 역학적 성질 — 149
- 08 보의 응력 및 설계 — 158
- 09 기둥 및 기초 — 169
- 10 정정구조물의 변형 — 176
- 11 부정정구조물 — 187
- PART 02 핵심 기출 문제 — 196

PART 3 철근콘크리트구조

CHAPTER
- 01 철근콘크리트구조 총론 — 282
- 02 설계 이론 및 안정성 — 294
- 03 휨재 설계 — 300
- 04 전단설계 — 317
- 05 압축재 설계 — 329
- 06 사용성 및 내구성 — 339
- 07 철근의 정착 및 이음 — 350
- 08 슬래브(Slab)설계 — 360
- 09 기초설계 — 374
- 10 옹벽, 벽체 및 기타 구조 — 379
- PART 03 핵심 기출 문제 — 386

PART 4 철골구조

CHAPTER
- 01 개요 — 438
- 02 접합 — 449
- 03 인장재 및 압축재 — 461
- 04 보 — 476
- 05 접합부 설계 — 484
- PART 04 핵심 기출 문제 — 488

부록

최근 과년도 기출 문제

2024 건축기사	**520**
2023 건축기사	**535**
2022 건축기사	**551**
2021 건축기사	**566**
2020 건축기사	**582**
2023 건축산업기사	**597**
2022 건축산업기사	**612**
2021 건축산업기사	**627**

이 책의 구성과 특징

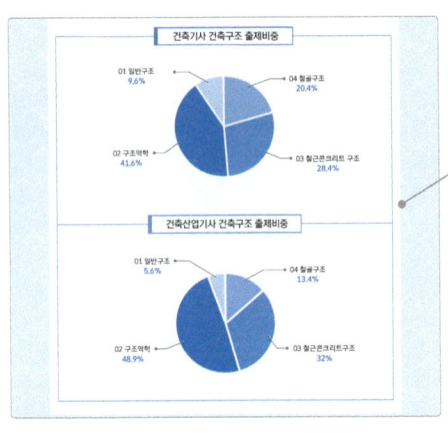

전단원 출제비중

최근 5개년 기출 문제를 철저히 분석하여 단원별 출제비중을 한눈에 파악할 수 있도록 하였습니다.

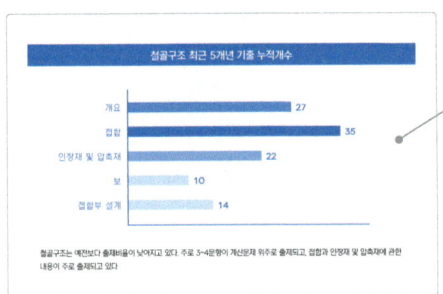

최근 5개년 출제비중과 출제경향

단원별로 출제비중을 한눈에 볼 수 있도록 하였으며 최근 출제경향을 파악할 수 있습니다.

빈출 KEY WORD

출제 빈도가 높은 핵심 키워드로 주요 내용을 미리 파악할 수 있도록 하였습니다.

핵심 이론

시험에서 자주 나오는 중요 용어와 Tip을 따로 정리하여 구성하였고, 본문의 내용은 잘 정리하여 직관적으로 이해할 수 있도록 표나 도표, 그림 등과 함께 구성하였습니다.

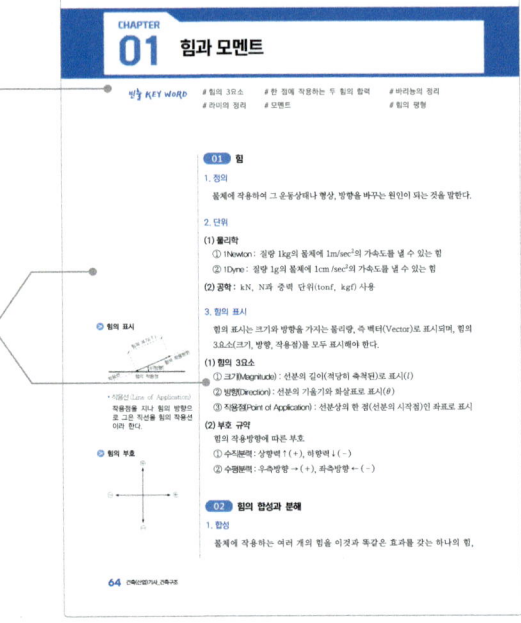

단계적 문제구성

개념 체크 문제 ➡ 필수 확인 문제 ➡ 핵심 기출 문제 ➡ 최근 과년도 기출 문제로 구성하여 완벽하게 실전에 대비할 수 있도록 하였습니다.

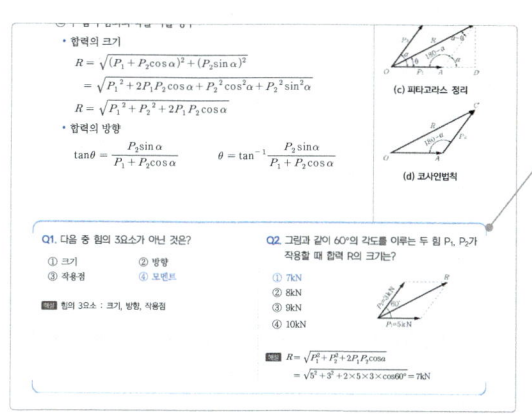

개념 체크 문제

본문 내용에 연계하여 관련 문제를 바로바로 풀어봄으로써 이론을 학습할 수 있도록 하였습니다.

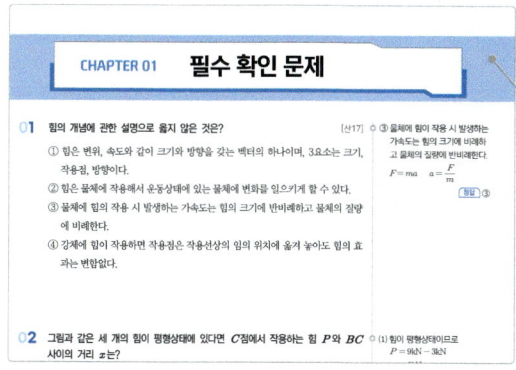

필수 확인 문제

해당 단원을 공부한 후 가장 필수적인 문제를 풀어봄으로써 핵심내용을 확인할 수 있도록 하였습니다.

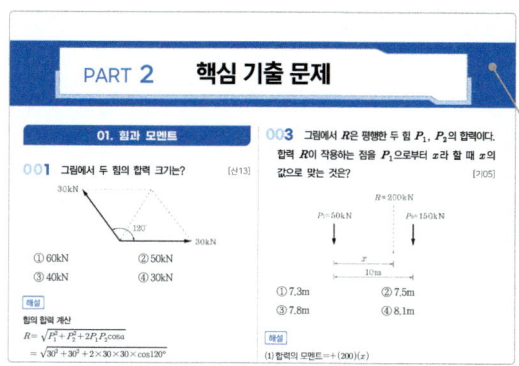

핵심 기출 문제

part 전체 단원에 대한 과년도 기출 문제 중 중요도가 높은 문제들로 구성하여 문제유형을 파악하고 실력을 다질 수 있도록 하였습니다.

일반구조

CHAPTER
01 건축구조의 개념
02 토질 및 기초구조
03 내진설계

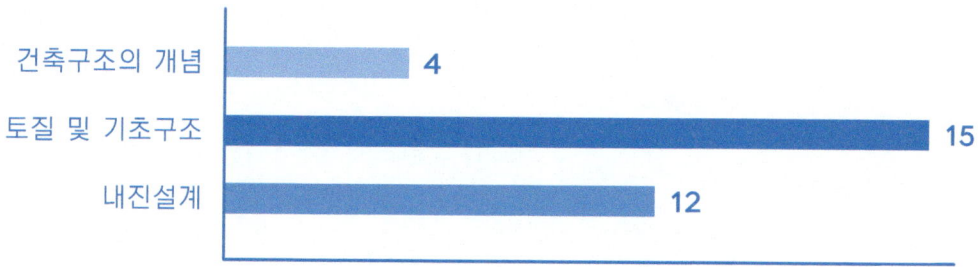

건축구조에 대한 일반적인 내용으로 주로 2~3문항이 출제되는 단원이며, 출제비중이 높지 않으나 각 구조 종류별 특성에 대한 이해가 필요하며, 주로 토질 및 기초구조와 내진설계에 관한 내용이 출제되고 있다.

CHAPTER 01 건축구조의 개념

빈출 KEY WORD
건축구조 시스템
초고층건축물 구조 시스템의 종류

01 용어 및 구조물의 구성

1. 건축구조물의 하중 전달 순서

① 바닥판(Slab)
② 작은보(Beam)
③ 큰보(Girder)
④ 기둥(Column)
⑤ 기초(Foundation)

2. 용어 설명(KDS 41 00 00)

용어	정의
가설구조물 (Temporary Structures)	건축구조물의 축조를 위하여 임시로 설치하는 시설 또는 구조물. 가설공연장·가설전람회장·견본주택 등 가설건축물을 포함함
감쇠	구조물이 진동할 때 진동에너지가 다른 형태로 변환되어 분산됨으로써 진폭이 작아지는 현상
강도(Strength)	구조물이나 구조부재가 외력에 의해 발생하는 힘 또는 모멘트에 저항하는 능력
강도감소계수 (Strength Reduction Factor)	재료의 공칭강도와 실제 강도의 차이, 부재를 제작 또는 시공할 때 설계도와 완성된 부재의 차이, 그리고 내력의 추정과 해석에 관련된 불확실성을 고려하기 위한 안전계수
강도설계법 (Strength Reduction Method)	구조부재를 구성하는 재료의 비탄성거동을 고려하여 산정한 부재단면의 공칭강도에 강도감소계수를 곱한 설계용 강도의 값(설계강도)과 계수하중에 의한 부재력(소요강도) 이상이 되도록 구조부재를 설계하는 방법
강성	구조물이나 구조부재의 변형에 대한 저항능력을 말하며, 발생한 변위 또는 회전에 대한 적용된 힘 또는 모멘트의 비율
건설가치공학 (밸류엔지니어링; Value Engineering, V.E.)	건축공사의 기획·설계·시공·유지관리·해체 등 일련의 과정에서 최저 비용으로 최대의 가치를 창출하기 위하여 여러 기능을 분석하여 개선해 가는 조직적 활동
건축구조물 (Building Structures)	건축물과 공작물 등으로 이 기준에서 규정하는 대상물을 총칭
건축물(Buildings)	토지에 정착하는 공작물 중 지붕과 기둥 또는 벽이 있는 것과 이에 부수되는 시설물, 지하 또는 고가의 공작물에 설치하는 사무소·공연장·점포·차고·창고, 기타「건축법」이 정하는 것

용어	정의
건축비구조요소	건축구조물을 구성하는 부재 중에서 구조내력을 부담하지 않는 구성요소. 배기구, 부가물·장식물, 부착물, 비구조벽체, 액세스 플로어(이중바닥), 유리·외주벽, 천장, 칸막이, 캐비닛, 파라펫, 표면마감재, 표지판·광고판 등을 포함함
계수하중	강도설계법 또는 한계상태설계법으로 설계할 때 사용하중에 하중계수를 곱한 하중
계획설계	구조체에 대한 구조기준, 사용 재료강도, 설계하중을 결정하고 구조형식을 선정하여 구조개념도와 주요 구조부재의 크기·단면·위치를 표현한 구조평면도 작성까지 기본설계 전 단계에 걸친 일련의 초기 설계과정 일
골조해석 (Frame Analysis)	구조설계의 한 과정으로 해당 구조체가 하중 등 외력에 반응할 때 구조공학의 이론을 이용하여 그 구조체의 각 구성요소에 생기는 부재력과 변위의 값 및 지점에서의 반력값을 찾아내는 일
공사시방서(구조 분야)	구조 분야 공사에 관한 시방서
공작물	인공적으로 지반에 고정하여 설치한 물체 중 건축물을 제외한 것. 계단탑, 교통신호등·교통표지판 등 교통관제시설, 광고판, 광고탑, 고가수조, 굴뚝, 기계기초, 기념탑, 기계식주차장, 기름탱크, 냉각탑, 방음벽, 배관지지대, 보일러구조, 사일로 및 벙커, 송전지지물, 송전탑, 승강기탑, 옥외광고물, 옹벽, 우수저류조, 육교, 장식탑, 저수조, 전철지지물, 조형물, 지하대피호, 철탑, 플랜트구조, 항공관제탑, 항행안전시설, 기타 구조물을 포함함
공칭강도	구조체나 구조부재의 하중에 대한 저항능력으로서 적합한 구조역학 원리나 현장실험 또는 축소모형의 실험결과(실험과 실제여건 간의 차이 및 모형화에 따른 영향을 감안)로부터 유도된 공식과 규정된 재료강도 및 부재치수를 적용하여 계산된 값
구조	자중이나 외력에 저항하는 역할을 담당하는 건축구조물의 구성요소. 구조체와 부구조체 및 비구조요소를 포함함
구조감리	건축구조물의 구조에 대한 공사감리
구조검토	건축구조물이 구조안전성을 확보하였는지에 대하여 책임구조기술자의 경험과 기술력을 바탕으로 하여 그 타당성 여부를 판단하는 일. 구조설계도서와 시공상세도서, 증축, 용도변경, 구조변경, 시공상태, 유지·관리상태에 대한 구조안전성 검토를 포함함
구조계산	구조체에 작용하는 각종 설계하중에 대하여 각부가 안전한가를 확인하기 위해 구조역학적인 계산을 하는 일
구조계획	건축구조물의 사용목적에 맞추어 각종 외력과 하중 및 지반에 대하여 안전하도록 구조체에 대한 3차원공간의 구조형태와 각종 하중에 대한 저항시스템, 기초구조 등을 선정하고 또한 경제성을 고려하여 구조부재의 재료와 형상, 개략적인 크기를 결정하여 구조적으로 안정된 공간을 창조하는 일련의 초기 작업과정
구조물 (Structures)	건축구조물의 뼈대를 이루는 부분으로, 구조공학적인 측면에서 건축구조물 등을 일컬을 때 사용
구조부재	기둥·기초·보·가새·슬래브·벽체 등 구조체의 각 구성요소
구조설계	구조계획에 따라 형성된 3차원공간의 구조체에 대하여 구조역학을 기초로 한 골조해석 및 구조계산으로 이 기준에 따라 구조안전을 확인하고 구조체 각부에 대하여 이를 시공 가능한 도서로 작성하여 표현하는 일련의 창조적 과정의 업무
구조설계도	구조설계의 최종결과물로서 구조체의 구성, 부재의 형상, 접합상세 등을 표현하는 도면
구조설계도서	건축구조물의 구조체 공사를 위해 필요한 도서로서 구조설계도와 구조설계서, 구조 분야의 공사시방서 등을 통틀어서 이르는 것

용어	정의
구조설계서	구조계획과 골조해석 및 부재설계의 결과를 책임구조기술자의 경험과 기술력으로 평가·조정하여 경제적이고 시공성이 우수한 구조체가 되도록 표현한 도면화 전 단계의 성과품. 구조설계개요, 구조특기시방, 구조설계요약, 구조계산 등을 포함함
구조안전	건축구조물이 외력이나 주변 조건에 대하여 단기적으로나 장기적으로 충분한 저항력을 지니고 있는 것
구조체	건축구조물에 작용하는 각종 하중에 대하여 그 건축구조물을 안전하게 지지하는 구조물의 뼈대 자체를 말하며, 일반적으로 부구조체를 제외한 기본뼈대를 지칭
기계·전기 비구조요소	건축구조물에 부착된 기계 및 전기 시스템 비구조요소와 이를 지지하는 부착물 및 장비
중간설계	계획설계를 바탕으로 정적·동적해석을 통한 내진안전성 평가를 포함한 정밀구조해석과 주요부에 대한 사용성 평가 및 기본설계용 구조계산서 작성, 각층 구조평면도와 슬래브·보·기둥·벽체 등 각종 배근도 및 주요부재의 배근상세도 작성, 착공용 기초도면 작성 등, 계획설계와 실시설계의 중간단계에서 진행하는 일련의 구조설계과정의 일
내구성 (Durability)	건축구조물의 안전성을 일정한 수준으로 유지하기 위해 필요한 것으로써 장기간에 걸친 외부의 물리적·화학적 또는 기계적 작용에 저항하여 변질되거나 변형되지 않고 처음의 설계조건과 같이 오래 사용할 수 있는 구조물의 성능
리모델링	건축물의 노후화 억제 또는 기능 향상 등을 위하여 대수선 또는 일부 증축하는 행위
배근시공도	배근공사를 구조설계도의 취지에 맞게 하기 위하여 철근을 설치할 위치와 간격 등을 상세히 나타낸 도면
부구조체	건축구조물의 구조체에 부착하며, 구조설계단계의 골조해석에서는 하중으로만 고려하고, 시공단계에서는 상세를 결정하여 시공하는 구조부재. 커튼월·외장재·유리구조·창호틀·천장틀·돌붙임골조 등을 포함함
부재력	하중 및 외력에 의하여 구조부재의 가상절단면에 생기는 축방향력·휨모멘트·전단력·비틀림 등
비구조요소	건축비구조요소와 기계·전기비구조요소를 총칭
비선형해석	실제 구조물에 큰 변형이 예상되거나 변형률의 변화가 큰 경우 또는 사용재료의 응력-변형률 관계가 비선형인 경우에 이를 고려하여 실제 거동에 가장 가깝게 부재력과 변위가 산출되도록 하는 해석
사용성 (Serviceability)	과도한 처짐이나 불쾌한 진동, 장기변형과 균열 등에 적절히 저항하여 마감재의 손상방지, 건축구조물 본래의 모양유지, 유지관리, 입주자의 쾌적성, 사용 중인 기계의 기능 유지 등을 충족하는 구조물의 성능
사용수명	건축구조물의 안전성 및 사용성을 유지하며 사용할 수 있는 기한
사용하중	고정하중 및 활하중과 같이 이 기준에서 규정하는 각종 하중으로써 하중계수를 곱하지 않은 하중. 작용하중이라고도 함
설계하중	구조설계시 적용하는 하중. 강도설계법 또는 한계상태설계법에서는 계수하중을 적용하고, 기타 설계법에서는 사용하중을 적용함
성능설계법	KDS 41 00 00에서 규정한 목표성능을 만족하면서 건축구조물을 건축주가 선택한 성능지표(안전성능, 사용성능, 내구성능 및 친환경성능 등)에 만족하도록 설계하는 방법
시공상세도	구조설계도의 취지에 맞게 실제로 시공할 수 있도록 각 구조부재의 치수 등을 시공자가 상세히 작성한 도면

용어	정의
실시설계	기본설계를 바탕으로 건축주와 설계사 및 시공사 등 관련자가 협의하여 기본설계의 문제점을 보완하고 기본설계도를 수정하여 최종 공사용 도면과 최종 구조계산서 및 구조체공사 특기시방서 등을 작성하는 일련의 최종 설계과정의 일
안전성(Safety)	건축구조물의 예상 수명기간 동안 최대 하중에 대하여 저항하는 능력으로써 각 부재가 항복하거나 좌굴·피로·취성파괴 등의 현상이 생기지 않고 회전·미끄러짐·침하 등에 저항하는 구조물의 성능
안전진단	건축구조물에 대하여 물리적·기능적 결함을 발견하고 그에 대한 신속하고 적절한 조치를 취하기 위하여 구조적 안전성 및 결함의 원인 등을 조사·측정·평가하여 보수·보강 등의 방법을 제시하는 행위
오프셋	기준이 되는 선에서 일정거리 떨어진 것
워킹포인트	제작·설치작업의 기준점
유리구조	건축구조물의 구조체에 부착되어, 바람과 눈 및 자중을 지지하는 유리와 유리고정물을 포함한 구조. 유리벽·유리지붕(선루프)·유리난간·유리문 등을 포함함
응력(Stress)	하중 및 외력에 의하여 구조부재에 생기는 단위면적당 힘의 세기
인성(Toughness)	높은 강도와 큰 변형을 발휘하여 충격에 잘 견디는 성질. 재료에 계속해서 힘을 가할 때 탄성적으로 변형하다가 소성변형 후 마침내 파괴될 때까지 소비한 에너지가 크면 인성이 크다고 말함
제작·설치도	구조설계도면의 취지에 맞게 실제로 제작 및 설치할 수 있도록 구조 각부의 치수 등을 시공자 또는 제작·설치자가 상세히 작성한 도면
제작물	부품 또는 제작 후 건축구조물에 설치하기 이전에 절단·천공·용접·이음·접합·냉간작업·교정과정을 거친 재료들로 구성된 조립품
중간설계	계획설계를 바탕으로 정적·동적해석을 통한 내진안전성 평가를 포함한 정밀구조해석과 주요부에 대한 사용성 평가 및 기본설계용 구조계산서 작성, 각층 구조평면도와 슬래브·보·기둥·벽체 등 각종 배근도 및 주요부재의 배근상세도 작성, 착공용 기초도면 작성 등 계획설계와 실시설계의 중간단계에서 진행하는 일련의 구조설계과정의 일
책임구조기술자	건축구조 분야에 대한 전문적인 지식, 풍부한 경험과 식견을 가진 전문가로서 이 기준에 따라 건축구조물의 구조에 대한 구조설계 및 구조검토, 구조검사 및 실험, 시공, 구조감리, 안전진단 등 관련 업무를 책임지고 수행하는 기술자
치올림	보나 트러스 등 수평부재에서 하중재하 시 생길 처짐을 고려하여 미리 중앙부를 들어 올리는 것 또는 들어 올린 거리
탄성해석	구조물이 탄성체라는 가정아래 응력과 변형률의 관계를 1차함수관계로 보고 구조부재의 부재력과 변위를 산출하는 해석
하중계수 (Load Factor)	하중의 공칭값과 실제하중 사이의 불가피한 차이 및 하중을 작용외력으로 변환시키는 해석상의 불확실성, 환경작용 등의 변동을 고려하기 위한 안전계수
한계상태설계법 (Limit State Design Method)	한계상태를 명확히 정의하여 하중 및 내력의 평가에 준해서 한계상태에 도달하지 않는 것을 확률통계적 계수를 이용하여 설정하는 설계법
허용강도설계법 (Allowable Strength Design Method)	허용강도법 하중조합 아래에서 부재의 허용강도가 소요강도 이상이 되도록 구조부재를 설계하는 방법
허용응력설계법 (Allowable Stress Design Method)	탄성이론에 의한 구조해석으로 산정한 부재단면의 응력이 허용응력(안전율을 감안한 한계응력)을 초과하지 아니하도록 구조부재를 설계하는 방법

3. 건축구조설계의 원칙

건축구조물은 안전성, 사용성, 내구성을 확보하고 친환경성을 고려하여야 한다.

(1) 안전성
건축구조물은 유효적절한 구조계획을 통하여 건축구조물 전체가 KDS 41 10 15과 KDS 41 17 00에 따른 각종 하중에 대하여 KDS 41 17 00에서 KDS 41 70 00에 따라 구조적으로 안전하도록 한다.

(2) 사용성
건축구조물은 사용에 지장이 되는 변형이나 진동이 생기지 않도록 충분한 강성과 인성 확보를 고려한다.

(3) 내구성
구조부재로서 특히 부식이나 마모훼손의 우려가 있는 것에 대해서는 모재나 마감재에 이를 방지할 수 있는 재료를 사용하는 등 필요한 조치를 취한다.

(4) 친환경성
건축구조물은 저탄소 및 자원순환 구조부재를 사용하고 피로저항성능, 내화성, 복원가능성 등 친환경성 확보를 고려한다.

4. 구조계획

① 건축구조물의 구조계획에는 건축구조물의 용도, 사용재료 및 강도, 지반특성, 하중조건, 구조형식, 장래의 증축 여부, 용도변경이나 리모델링 가능성 등을 고려한다.
② 기둥과 보의 배치는 건축평면계획과 잘 조화되도록 하며, 보춤을 결정할 때는 기둥간격 외에 층고와 설비계획도 함께 고려한다.
③ 지진하중이나 풍하중 등 수평하중에 저항하는 구조요소는 평면상 균형뿐만 아니라 입면상 균형도 고려한다.
④ 구조형식이나 구조재료를 혼용할 때는 강성이나 내력의 연속성에 유의하며, 사용성에 영향을 미치는 진동과 변형도 미리 검토한다.

5. 구조설계도의 포함 내용

① 구조기준
② 활하중 등 주요설계하중
③ 구조재료강도
④ 구조부재의 크기 및 위치
⑤ 철근과 앵커의 규격, 설치 위치
⑥ 철근정착길이, 이음의 위치 및 길이
⑦ 강부재의 제작·설치와 접합부 설계에 필요한 전단력·모멘트·축력 등의 접합부 소요강도

⑧ 기둥중심선과 오프셋, 워킹포인트
⑨ 접합의 유형
⑩ 치올림이 필요할 경우 위치, 방향 및 크기
⑪ 부구조체의 시공상세도 작성에 필요한 경우 상세기준
⑫ 기타 구조 시공상세도 작성에 필요한 상세와 자료
⑬ 책임구조기술자, 자격명 및 소속회사명, 연락처
⑭ 구조설계 연·월·일

02 건축구조의 분류

1. 건축물의 구성재료에 의한 분류

분류	내용
목구조	목재를 접합·연결하여 건물의 뼈대를 구성하는 구조로 벽에는 벽돌, 돌 등을 쌓아 만든 구조로 가볍고 가공이 쉽다.
벽돌구조	하중을 받는 벽, 내력벽에 벽돌을 쌓아 구성하는 구조로 횡력에 약하고 균열이 생기기 쉽다.
시멘트블록구조	시멘트블록과 모르타르로 내력벽을 쌓아 구성하는 구조로 횡력에 저항하기 위해 블록 내부공간에 철근과 모르타르로 보강하는 보강블록구조를 사용하기도 한다.
철근콘크리트구조	형틀(거푸집) 속에 철근을 조립하고 그 사이에 콘크리트를 부어 일체식으로 구성한 구조이다.
철골구조	철로 된 부재(형강, 강판)를 짜맞춰 만든 구조로 부재접합에는 용접, 리벳, 볼트를 사용한다.
철골철근콘크리트구조	내화, 내구, 내진성능을 위해 철골조와 철근콘크리트조를 함께 사용하는 구조이다.

2. 건축물의 시공방식에 의한 분류

분류	내용
습식구조	• 조적식구조, 철근콘크리트구조처럼 구조체 제작에 물이 필요한 구조이다. • 단위작업에 한계치가 있고, 경화에 일정 기간이 소요된다.
건식구조	• 목구조, 철골구조처럼 규격화된 부재를 조립·시공하는 것으로 물과 부재의 건조를 위한 시간이 필요 없어 공기를 단축할 수 있다.
현장구조	• 구조체 시공을 위한 부재를 현장에서 제작·가공·조립·설치하는 구조로 넓은 면적의 현장이 필요하다.
조립구조	• 공장에서 부재를 제작, 가공하고 현장에서는 조립, 설치하는 구조이다. • 대량생산에 따른 시공비 절감과 균일한 품질 확보, 기계화 시공으로 공기단축이 가능하다. • 각 부품과의 접합부가 일체화되지 않아 절점을 강접합으로 하기 어렵다. • 현장 거푸집공사가 절약되며 정밀도가 높고 강도가 큰 콘크리트 부재 사용이 가능하다.

3. 건축물의 구성양식에 의한 분류

분류	내용
가구식구조	목구조, 철골구조와 같이 수직하중과 수평하중을 받는 기둥과 보를 조립하여 골조를 구성하는 방식으로 기하학적으로 삼각형 형태가 안정적이다.
조적식구조	벽돌구조, 석구조, 블록구조와 같이 석회나 시멘트 등의 접착제를 이용하여 구조체를 만드는 방식으로 압축력에는 강하나 횡력에 약하다.
일체식구조	철근콘크리트, 철골철근콘크리트와 같이 전체 구조체를 구성하는 구조부재들을 일체로 구성하는 방식으로 비교적 균일한 강도를 가진다.
특수구조	현수식구조, 입체골조(Space Frame), 쉘(Shell)구조, 막구조 등이 있다.

4. 건축물의 접합방법에 의한 분류

분류	내용
강접합구조 (Rigid Frame Joint)	한 지점에 모이는 부재가 서로 강하게 접합되는 절점으로 주로 강구조 해석에 사용된다.
활절구조 (Hinged Joint)	뼈대 구조물에서 부재 끝을 자유롭게 회전할 수 있게 한 구조로 주로 트러스 해석에 사용된다.

03 건축구조 시스템

1. 골조구조(Framed Structure)

① 가구식구조 : 구조체인 기둥과 보를 부재의 접합으로 축조하는 방식으로 가장 기초적인 공간구성기법이다.

② 라멘구조(Rahmen Structure) : 구조물에서 부재를 고정하거나 이은 부분이 강접합으로 되어 있는 구조로 주로 휨모멘트와 전단응력으로 외력에 저항한다.

③ 트러스구조(Truss Structure) : 구조 부재(部材)가 휘지 않게 접합점에 핀을 이용하여 삼각형으로 연결한 구조로 휨모멘트와 전단력이 없이 주로 축방향력(인장력, 압축력)으로만 외력에 저항한다. 주로 지붕구조에 쓰인다.

2. 아치구조(Arch Structure)

① 활이나 반달처럼 굽은 모양으로 축력만 작용하게 하여 압축력만 생기고 인장력은 생기지 않게 하는 구조이다.

② 축력만큼 수평반력이 생긴다.

3. 쉘구조(Shell Structure)

① 얇은 곡면판을 이용하여 곡면 내 응력으로 하중에 저항하는 구조로 경량이고 내력이 큰 구조물에 사용한다.

② 주로 체육관, 공장, 격납고 등 대공간을 처리하는 방식에 적용된다.

4. 절판구조(Folded Structure)

① 판을 주름지게 하여 하중에 대한 저항을 증가시키는 구조이다.

② 주로 지붕구조에 쓰인다.

5. 스페이스 프레임구조(Space Framed Structure)

① 트러스구조를 기본으로 하여 하나의 절점에 부재가 3차원적으로 연결되게 하는 구조이다.

② 주로 대공간의 평면 곡면, 및 돔 등을 구성하는 데 이용한다.

6. 막구조(Membrane Structure)

① 얇은 섬유 재료를 이용한 텐트처럼 구조체의 지붕을 천막의 형태로 덮는 구조이다.

② 지붕의 형태를 다양하게 표현할 수 있다.

③ 현수막구조, 골조막구조, 공기막구조 등이 있다.

7. 케이블구조(Cable Structure)

① 인장력에 강한 케이블을 이용하여 구조체의 주요 부분을 잡아당겨 구조체를 지지하는 구조이다.

② 인장력만 작용하는 구조로 긴 스팬의 구조에 적합하다.

③ 주로 현수교, 사장교 등의 교량이나 스팬이 큰 지붕 등에 많이 사용된다.

04 초고층구조 시스템

1. 초고층건축물의 개요

① 초고층건축물은 층수가 50층 이상 또는 높이가 200m 이상인 건축물을 말한다.

② 지하연계 복합건축물은 층수가 11층 이상이거나 1일 수용인원이 5,000명 이상인 건축물로서 지하 부분이 지하역사 또는 지하도의 상가와 연결된 건축물이며, 건축물 내에 건축법에 따른 문화 및 집회시설, 판매시설, 운수시설, 업무시설, 숙박시설, 위락시설 중 유원시설업의 시설이 하나 이상 있는 건축물을 말한다.

③ 초고층 및 지하연계 복합건축물의 재난관리에 관한 특별법은 초고층건축물 등과 그 주변지역의 재난관리를 위하여 재난의 예방·대비·대응 및 지원 등에 필요한 사항을 정하여 재난관리체계를 확립하는 데 목적이 있다.

④ 초고층 및 지하연계 복합건축물의 재난관리에 관한 특별법에 의한 사전재난영향성 검토의 주요내용은 다음과 같다.

㉠ 종합방재실 설치 및 종합재난관리체계 구축계획

㉡ 내진설계 및 계측설비 설치계획

㉢ 공간구조 및 배치계획

ⓔ 피난안전구역 설치 및 피난시설, 피난유도계획
ⓜ 소방설비, 방화구획, 방연·배연 및 제연계획, 발화 및 연소 확대 방지계획
ⓗ 관계지역에 영향을 주는 재난 및 안전관리계획
ⓢ 방범·보안, 테러 대비 시설설치 및 관리계획
ⓞ 지하공간 침수방지계획
ⓩ 그 밖에 대통령령으로 정하는 사항

2. 초고층건축물 구조 시스템의 종류

① 골조(강접골조)구조 시스템 : 외부 하중에 의해 발생하는 횡력을 보와 기둥이 부담할 수 있도록 보와 기둥을 강접합으로 처리한 구조 시스템

② 골조-가새구조 시스템 : 외부 골조만으로 바람의 하중에 저항할 수 없는 구조물의 강성을 증가시키기 위해 수직 전단 트러스를 건물의 외부 양면과 코어에 설치한 구조 시스템

③ 전단벽구조 시스템 : 일정한 두께를 가진 긴 수직벽체가 건축계획적으로 공간을 분할하는 역할을 함과 동시에 횡력 및 중력에 대하여 저항하는 시스템
   ※ 이중골조방식(Dual Structure) : 수평하중(횡력)의 25% 이상을 부담하는 연성모멘트골조가 전단벽이나 가새골조와 조합되어 있는 구조방식으로 일정 이상의 변형능력을 갖도록 연성상세설계가 되어야 한다.

④ 골조-아웃리거구조 시스템 : 고층건축물에서 횡하중에 의한 횡변형이 많이 발생하게 된다. 보통골조-전단벽구조에서는 횡하중을 부담하는 코어에 아웃리거(Outrigger)와 벨트 트러스(Belt Truss)를 설치하여 외곽 기둥과 연결한 시스템
   ㉠ 벨트 트러스(Belt Truss) : 건물의 외곽을 따라 설치되어 있는 트러스 층
   ㉡ 아웃리거(Outrigger) : 내부 코어와 벨트 트러스를 연결시켜 주는 벽 또는 트러스 층

⑤ 튜브구조 시스템 : 건물의 외곽부에 기둥을 밀실하게 배치하여 튜브가 외곽 기둥의 횡하중을 부담하도록 하여 건물 전체가 횡력에 대해 캔틸레버보와 같이 거동할 수 있도록 한 구조형식으로, 내부에는 비교적 적은 수의 기둥으로 연직하중에 저항할 수 있다.

⑥ 묶음튜브구조 시스템 : 2개 이상의 튜브를 서로 연결하여 튜브 간의 상호작용을 통해 전단지연(Shear Lag)현상을 감소시키고 큰 횡강성을 얻도록 한 구조형식이다.

Q1. 초고층건물의 구조형식 중 건물 외곽 기둥을 밀실하게 배치하고 일체화하여 초고층건물을 계획하는 구조형식은?
① 메가칼럼구조   ② 대각가새구조
③ 전단벽구조   ④ **튜브구조**

해설 튜브구조 시스템 : 건물의 외곽부에 기둥을 밀실하게 배치하여 튜브가 외곽 기둥의 횡하중을 부담하도록 하여 건물 전체가 횡력에 대해 캔틸레버보와 같이 거동할 수 있도록 한 구조형식으로, 내부에는 비교적 적은 수의 기둥으로 연직하중에 저항할 수 있다.

CHAPTER 01 필수 확인 문제

01 건축물의 구조계획에서 구조체 자중의 감소에 따른 이점이 아닌 것은? [산08,11,13]

① 풍하중에 대한 건물의 전도 방지
② 기둥축력의 감소에 따른 기둥의 단면 감소
③ 휨재 설계 시 장스팬이 가능
④ 경제적인 기초설계

○ 구조체의 자중이 감소하면 풍하중에 대한 건물의 전도양상이 커질 것이다.

정답 ①

02 건축물에 작용하는 풍압력의 크기를 결정하는 요소와 가장 거리가 먼 것은?
[기15, 산03,16]

① 건축물의 무게   ② 건축물의 높이
③ 건축물의 형상   ④ 풍속

정답 ①

03 다음 각 구조물에 대한 설명으로 옳지 않은 것은? [기11]

① 쉘(Shell)은 주로 면내력으로 외력에 저항하는 구조이다.
② 라멘(Rahmen)은 주로 휨모멘트 및 전단력으로 외력에 저항하는 구조이다.
③ 아치(Arch)는 주로 축방향 압축력으로 외력에 저항하는 구조이다.
④ 트러스(Truss)는 주로 휨모멘트로 외력에 저항하는 구조이다.

○ 트러스는 축방향력(인장력, 압축력)으로 외력이 저항하는 구조이다.

정답 ④

04 골조-아웃리거 시스템에 관한 설명 중 ( ) 안에 가장 알맞은 것은?

건물이 고층화됨에 따라 횡하중에 의한 횡변형이 많이 발생하게 된다. 보통골조-전단벽구조에서는 횡하중을 부담하는 코어에 아웃리거와 ( )을/를 설치하여 외곽 기둥과 연결시킨다.

① 벨트 트러스   ② 프리스트레스트 빔
③ 합성슬래브   ④ 슈퍼 칼럼

정답 ①

CHAPTER 02 토질 및 기초구조

빈출 KEY WORD   # 흙의 압밀과 전단강도   # 말뚝의 재료상 분류   # 표준관입시험
                   # 지내력시험   # 부동침하

01 흙의 성질 및 강도

1. 흙의 성질 및 전단강도

(1) 흙의 성질

흙의 종류는 암반, 조약돌(역암), 호박돌, 이암, 모래, 진흙, 실트, 개흙, 부식토, 롬(loam) 등이 있으나 실제 토량은 이들의 혼합물로 되어 있다.

구분	압밀(Consolidation)	다짐(Compaction)
정의	점토지반에서 하중을 가해 흙 속의 간극수를 제거하는 것(하중을 받는 점토지반에서 물과 공기가 빠져나가 흙 입자 간 간격이 좁아지는 것)	사질지반에서 외력을 가해 공기를 제거하여 압축시키는 것 (밀도를 증가시키는 것) ※ 지지력 증가, 강도 증가
특징	① 점토에서 발생 ② 흙 속의 간극수를 배제하는 것 ③ 장기압밀침하 ④ 침하량이 비교적 큼 ⑤ 소성변형 발생	① 사질지반에서 발생 ② 흙 속의 공극을 제거하는 것 ③ 단기적 침하 발생 ④ 흙의 역학적, 물리적 성질 개선 ⑤ 탄성적 변형 발생

(2) 흙의 전단강도

전단강도는 기초의 극한 지지력을 파악할 수 있는 흙의 가장 중요한 역학적 성질이다. Mohr의 파괴이론은 어떤 면 위에서 전단응력이 그 재료의 전단강도와 같아질 때 파괴가 일어나며, 전단응력은 그 응력이 생기는 면에 작용하는 수직응력의 함수라고 정의했다. 이러한 파괴이론은 Coulomb(쿨롱)이 흙에 쉽게 적용할 수 있도록 수정했으며, 이 식은 전단강도를 나타내는 가장 기본이 되는 식이다.

$$\tau = C + \sigma \tan\phi$$

여기서, τ : 전단강도, C : 점착력
$\tan\phi$: 마찰계수, ϕ : 내부마찰각
σ : 파괴면에 수직인 힘

① 점토인 경우 : 내부마찰각 $\phi ≒ 0$이므로 $\tau ≒ C$이다.
② 모래인 경우 : 점착력 $C ≒ 0$이므로 $\tau ≒ \sigma\tan\phi$이다.

※ 전단강도란 흙에 관한 역학적 성질로써 기초의 극한 지지력을 알 수 있다. 따라서 기초의 하중이 흙의 전단강도 이상이 되면 흙은 붕괴되고, 기초는 침하를 일으키며, 그 이하가 되면 흙은 안정되고 기초는 지지된다.

(3) 흙의 압밀침하(Consolidation Settlement)현상
① 점성토에서 구조물의 자중 또는 흙의 중량에 의하여 간극 내의 피압수가 빠져나가 흙의 입자 사이의 공극이 좁아지면서 침하되는 것을 말한다.
② 흙의 압밀시험(KSF 2316)은 흙의 압축량과 압축속도를 구하는 시험이다.
③ 간극수압 : 흙의 간극 부분 수압으로 압밀침하, 인공적인 압밀방법인 Well Point공법, 샌드 드레인 등과 관계가 깊으며, 피에조미터(Piezometer)에 의해 측정할 수 있다. 토압은 토압계(Earth Pressure Meter)로 측정한다.

(4) 액상화(Liquefaction)
① 사질토층에서 지진, 진동 등에 의해서 간극수압 상승으로 유효응력이 감소함으로써 전단저항을 상실하여 액체와 같이 급격히 변형을 일으키는 현상을 말한다.
② 흙의 유효응력($\overline{\sigma}$)을 상실할 때 발생하며 부동침하, 지반이동, 작은 건축물의 부상(浮上) 등이 발생한다.

02 기초

1. 기초와 지정

(1) 기초
건축물의 하중을 안전하게 지반에 전달하는 것으로 반드시 동결선 이하에 두어야 한다.

(2) 지정
기초 하부에 위치하여 기초를 받치는 역할을 하며, 밑창 콘크리트 이하, 즉 말뚝, 잡석 등이 여기에 해당한다.

2. 기초의 분류

(1) 기초판 형식에 의한 분류
① 독립기초 : 단일 기둥을 받치는 구조이다.
② 복합기초 : 2개 이상의 기둥을 1개의 기초판으로 받치는 구조이다.
③ 연속기초(줄기초) : 벽 또는 1열의 기둥을 받치는 구조이다.
④ 온통기초(매트기초) : 건물 하부 전체를 받치는 구조로 연약지반의 부동침하에 적합하고, 지하수위가 높은 지반에도 유효하며, 독립기초방식보다 구조해석·설계가 복잡하다.

(2) 지정 형식에 의한 분류

① 직접기초(얕은기초) : 기초판으로 직접 지반에 전달하는 기초이다.
② 말뚝기초 : 지지말뚝과 마찰말뚝을 이용한 방식이다.
③ 피어기초 : 피어(Pier) 위에 기초판을 설치한 기초이다.
④ 잠함기초 : 피어의 일종이지만 피어보다 대형굴착을 한다.

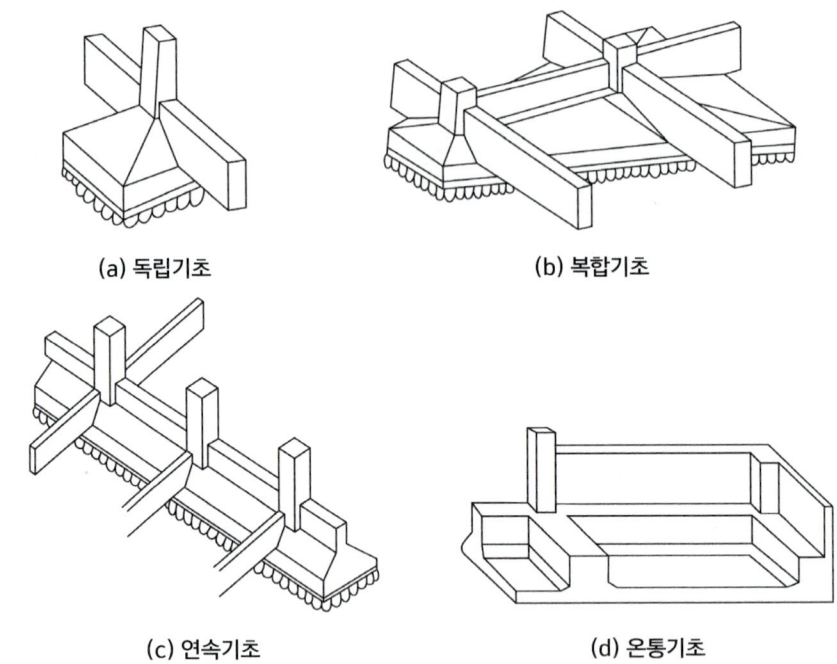

(a) 독립기초   (b) 복합기초
(c) 연속기초   (d) 온통기초

3. 지정의 분류

(1) 보통 지정

① 잡석 지정 : 크기가 12~20cm인 잡석을 이용하여 콘크리트 두께를 절약하고, 기초 또는 바닥 밑의 배수에 유리한 특징을 가지고 있다.
② 모래 지정 : 지반이 연약한 경우에 사용한다.
③ 자갈 지정 : 두께 6~12cm 정도로 자갈을 세워깔고 사춤자갈로 평평하게 다진다.
④ 밑창 콘크리트 지정 : 먹매김을 목적으로 설치한다.

Q1. 다음 중 기초의 지정 형식에 따른 분류에 속하지 않는 것은?

① 직접기초   ② 온통기초
③ 피어기초   ④ 잠함기초

Q2. 도심지에 건축물의 기초를 설치할 경우 인접대지경계선 부근에서 인접한 기초가 문제될 수 있다. 이때 적용할 수 있는 가장 적합한 기초는?

① 복합기초   ② 독립기초
③ 온통기초   ④ 줄기초

(2) 말뚝 지정

① 역학상 분류
　㉠ 지지말뚝 : 단단한 지층까지 직접 지지시키는 말뚝으로 주위 흙과의 마찰력은 고려하지 않는다.
　㉡ 마찰말뚝 : 연약지반에서 말뚝의 마찰력을 이용한 것으로 사질지반에 효과적이며 말뚝의 길이는 짧게 하고 수량을 많게 하는 것이 좋고, 주변부에서 중앙으로 박아 가는 것이 좋다. 보통 마찰말뚝 N개를 박았을 때 그 지지력은 N배보다 감소하는 특성이 있다.

② 재료상 분류

종류 특성	나무 말뚝	기성 콘크리트 말뚝	제자리 콘크리트 말뚝 (현장타설 콘크리트 말뚝)	강재 말뚝
특징	• 휨 정도는 1/50 정도 이하 • 껍질을 벗기고 생나무를 사용하며, 벌목 후 여름에는 15일, 겨울에는 30일 이내에 시공한다. • 말뚝의 위치는 부식을 고려해 상수면 이하에 두어야 한다.	• 지반이 깊은 암반으로 형성되어 있을 때 • 강도의 신뢰성을 가지고 있다. • 소음이 크게 일어난다.	• 건축현장에서 직접 시공한다. • 강도의 신뢰성이 없다.	• 강도가 크고 지지력이 좋으나 녹스는 단점을 가지고 있다.
말뚝 간격 (중심 간 간격)	600mm 또한 2.5D 이상	750mm 또한 2.5D 이상	(D+1,000mm) 또한 2.0D 이상	750mm 또한 2.0D(폐단강관 말뚝 : 2.5D) 이상
길이	6~10m	지름의 45배 이하, 10~12m (최대 15m)	임의	30~70m

03 지반조사

1. 순서

① 사전조사 : 지반의 개황을 추정한다.
② 예비조사 : 건물배치, 지반지지층, 기초구조 등의 형식을 대강 결정한다.
③ 본조사 : 기초구조의 형식을 결정하며, 필요 조사사항 등을 정한다.
④ 추가조사 : 예비조사와 본조사의 차이를 파악·보완한다.

2. 조사사항

지층 표면 변천사항, 지층구성, 토질, 지내력, 동결심도, 용수량, 상수면 위치, 지하유수 방향, 장애물 등을 조사한다.

3. 조사 방법

(1) 시험파기(터파보기, Test Pit)
굳은 층이 얕거나 지층이 단단할 때 지름 1m 내외, 깊이 3m 정도로 판다.

(2) 짚어보기(Probing)
상부 지층이 무르고 굳은 층이 얕게 있을 때 적용하고, 지름 2.5~4cm 정도의 철봉을 이용하며 실무 경험이 필요하다.

(3) 보링(Boring)
① 수세식 보링 : 외관과 내관을 동시에 이용하며, 30m 정도 연질층에 사용된다.
② 충격식 보링 : 깊이 1.5m 정도의 철관을 이용하며, 비교적 굳은 층에 적합하다.
③ 회전식 보링 : 가장 정확한 방식으로 지층의 변화를 연속적으로 알 수 있으며, 불교란시료를 얻을 수 있다.

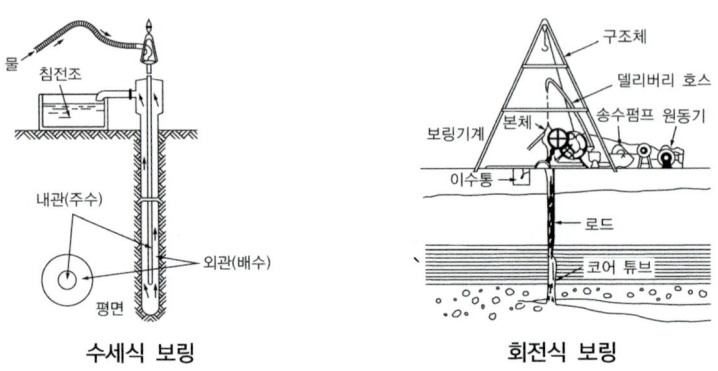

수세식 보링   회전식 보링

(4) 표준관입시험(Standard Penetration Test)
① 사질(모래)지반에 적합한 공법으로 보링 구멍을 이용하여 로드(Rod) 끝에 샘플러를 달고 상단에서 63.5kg의 추를 76cm 높이에서 자유낙하시켜 30cm 관입시키는 데 필요한 타격횟수 N을 구한다.

N값	모래의 상대밀도
0~4	몹시 느슨하다
4~10	느슨하다
10~30	보통
50 이상	다진 상태

② N값으로 추정할 수 있는 사항
    ㉠ 모래의 상대밀도와 내부 마찰각
    ㉡ 점토지반의 컨시스턴스와 1축 압축강도
    ㉢ 선단 지지층이 모래지반일 때 말뚝의 지지력

(5) 베인 테스트(Vane Test)
점토질지반에 적합한 방식으로 지반의 점착력을 판별하는 방법이다.

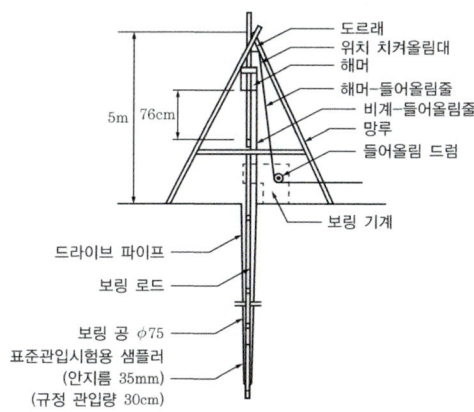

[표준관입시험장치]

(6) 물리적 지하탐사법
① 탄성파식 : 화약의 폭발로써 인공지진 등을 일으켜 조사한다.
② 전기저항식 : 지층의 변화 심도 측정에 유리하며, 지중에 전류를 통하여 전위와 저항의 관계로 지하구조를 판단하는 방식이다.

04 지내력

1. 정의

(1) 지지력
지반이 하중을 지지하는 능력이다.

(2) 내력
지지력과 침하에 대한 능력이다.

(3) 허용지내력(f_e)(단위 : kN/m²)
지지력과 내력에 안전율을 적용한 것이다.

지반의 종류	장기	단기
경암반	4,000	장기값의 1.5배
연암반	2,000	
자갈	300	
자갈+모래	200	
모래	100	
모래+점토	150	
점토	100	

2. 지내력 시험

① 매 회마다 재하는 1T 이하 또는 예정 파괴하중의 1/5 이하로 한다.
② 재하판 크기는 2,000cm² 이상(45×45cm)으로 하며, 원형·각형의 강판으로 한다.
③ 총 침하량이 2cm일 때의 하중에 대한 압축응력도를 단기하중에 대한 허용지내력도로 하고, 그 2/3를 장기 허용지내력도로 한다.
④ 총 침하량이란 24시간 경과 후의 침하 증가가 0.1mm 이하일 때이다.
⑤ 침하가 정지할 때란 침하 증가가 2시간에 0.1mm 이하일 때로 보고 다음 단계의 재하를 한다.

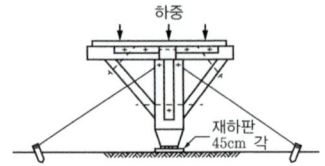

3. 말뚝박기 시험

① 시험말뚝은 3개 이상으로 한다.
② 시험말뚝은 실제 말뚝과 같은 조건으로 한다.
③ 시험말뚝은 연속적으로 박되 휴식시간을 두지 말아야 한다.
④ 시험말뚝은 수직으로 박는다.
⑤ 최종 관입량은 5~10회 타격한 평균값으로 한다.
⑥ 소정의 최종 침하량에 도달하면 더 이상 무리하게 박지 말아야 한다.
⑦ 공이의 높이는 무거울 때 1~2m, 가벼울 때 2~3m로 하고, 말뚝공이 중량은 말뚝 무게의 1~3배로 한다.

4. 사질층과 점토층의 비교

비교 항목	사질층	점토층
투수계수	크다	적다
내부 마찰각	크다	적다
전단강도	크다	적다
압밀속도	빠르다	느리다
가소성	없다	있다
불교란시료 채취	어렵다	쉽다
동결 피해	적다	크다
점착성	없다	있다

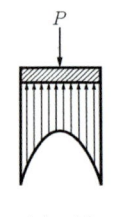 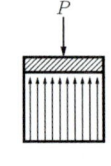 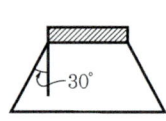

(a) 진흙　(b) 모래　(c) 가정압력　(d) 응력분포

[토질에 따른 접촉압력]

05 부동침하

1. 원인 및 방지 대책

(1) 부동침하 원인
① 지반이 연약한 경우
② 연약층의 두께가 상이할 때
③ 이질 지층일 때
④ 낭떠러지에 접근되어 있을 때
⑤ 일부 증축 시
⑥ 지하수위 변경 시
⑦ 지하에 매설물, 구멍이 있을 때
⑧ 메운 땅일 때(성토 등을 포함)
⑨ 이질 지정했을 때
⑩ 일부 지정했을 때

(2) 방지 대책

상부구조에 대한 대책	① 건물의 중량 분배 고려 ② 건물의 평면 길이를 작게 할 것 ③ 인접 건물과의 거리를 멀게 할 것 ④ 건물의 강성을 높일 것 ⑤ 건물의 경량화
하부구조에 대한 대책	① 경질지반에 지지시킬 것 ② 마찰말뚝을 사용할 것 ③ 지하실을 사용할 것 ④ 기초 상호 간을 연결할 것

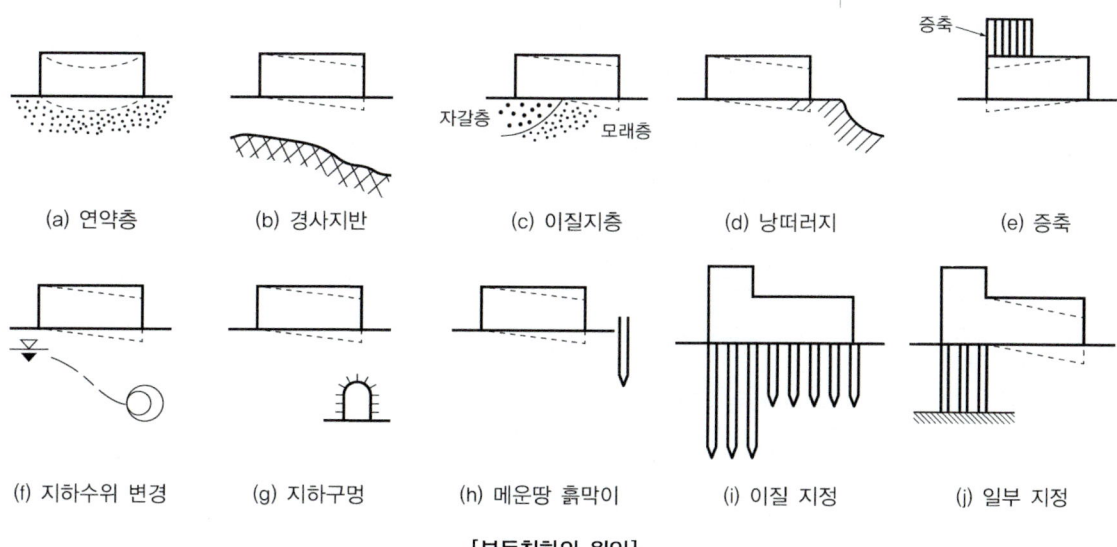

[부동침하의 원인]

06 기초파기

1. 흙막이

(1) 방축널 흙막이
지질이 비교적 양호하고 기초파기가 얕을 때 간단히 설치한다.

(2) 널말뚝 흙막이
① 나무 널말뚝 : 두께 5cm 이상, 너비 25cm 이하의 널을 사용하며, 깊이 4m 이하 터파기에 사용한다.
② 철제 널말뚝 : 토압, 수압, 용수량이 많고, 깊이 4m 이상일 때 사용하며, 라르젠식, 테르루즈, 랜섬, 라크완나, U-S Steel 등이 있다.
　㉠ 버팀대 위치 : 높이의 1/3
　㉡ 띠장이음 위치 : 지점간 거리의 1/4

2. 흙파기

(1) 아일랜드 컷(Island Cut)공법
① 도심 지역의 협소한 장소에 적합하며, 기초파기 면적이 넓을 때 사용한다.
② 중앙부 흙을 먼저 파고 구조물을 축조한 다음 주변 흙을 파내고 지하구조물을 완성한다.

(2) 트렌치 컷(Trench Cut)공법
① 주변의 흙을 먼저 파고, 지하구조체의 외부 1span 정도를 미리 축조한 후 중앙부를 나중에 완성시키는 것으로 아일랜드공법과 반대이다.
② 히빙현상이 예상될 때 사용한다.

(3) 오픈 컷(Open Cut)공법
① 흙파기 지역이 넓은 장소에 적합하다.
② 비탈진 오픈 컷공법과 흙막이 오픈 컷공법이 있다.

3. 흙막이 사용 시 주의사항

(1) 히빙(Heaving)
① 원인 : 하부 지반이 연약하거나 상부 재하하중이 커서 흙막이 바깥쪽의 흙이 붕괴되어 흙막이 안쪽으로 밀려서 볼록하게 되는 현상이다.
② 방지 : 널말뚝의 강성을 크게 하고 경질지반까지 깊게 박는다.

(2) 보일링(Boiling)
① 원인 : 투수성이 좋은 사질지반에서 상승하는 유수로 말미암아 모래입자가 부력을 받아 모래지반의 지지력이 약해지는 현상이다.
② 방지 : 지하수위를 낮추거나 불투수성 점토질까지 밑둥넣기한다.

(3) 파이핑(Piping)
① 정의: 흙막이의 뚫린 구멍 또는 이음새를 통하여 물이 공사장 내부로 스며드는 현상이다.

※ 언더 피닝(Under Pinning) : 기존 건축물 가까이 신축공사를 할 때 기존 건물의 지반과 기초를 보강하는 공법

4. 지반 개량

(1) 웰 포인트공법(Well Point Method)
투수성이 좋은 사질지반에서 지하수위를 낮추는 것으로 인접 지반이 침하할 수 있다.

(2) 샌드 드레인공법(Sand Drain Method)
투수성이 적은 점토질지반에서 함수량을 감소시키고 압밀을 촉진하여 전단강도를 증가시키는 공법으로 페이퍼 드레인공법, 생석회공법 등도 비슷한 유형이다.

(3) 다짐공법(Vibroflotation Method)
사질지반에서 주로 사용되는 공법이다.

CHAPTER 02 필수 확인 문제

01 다음에서 설명하는 용어는? [기10,15]

> 포화사질토가 비배수상태에서 급속한 재하를 받게 되면 과잉간극수압의 발생과 동시에 유효응력 감소로 인해 전단저항이 크게 감소하는 현상

① 히빙 ② 액상화
③ 보일링 ④ 파이핑

○ **액상화(Liquefaction)**
- 사질토층에서 지진, 진동 등에 의한 간극수압 상승으로 유효응력이 감소하여 전단저항을 상실하고 액체와 같이 급격히 변형을 일으키는 현상
- 흙의 유효응력($\bar{\sigma}$)을 상실할 때 발생하며 부동침하, 지반이동, 작은 건축물의 부상(浮上) 등이 발생한다.

정답 ②

02 현장타설콘크리트말뚝의 구조세칙에 대한 설명으로 틀린 것은? [기15,17]

① 현장타설콘크리트말뚝은 특별한 경우를 제외하고 주근은 6개 이상으로 한다.
② 현장타설콘크리트말뚝을 배치할 때 그 중심간격은 말뚝머리 지름의 1.5배 이상 또한 말뚝머리 지름에 500mm를 더한 값 이상으로 한다.
③ 현장타설콘크리트말뚝의 선단부는 지지층에 확실히 도달시켜야 한다.
④ 저부의 단면을 확대한 현장타설콘크리트말뚝의 측면경사가 수직면과 이루는 각은 30° 이하로 한다.

○ 현장타설콘크리트말뚝의 중심간격은 말뚝머리 지름의 2.0배 또는 말뚝머리 지름의 1,000mm를 더한 값 이상으로 한다.

정답 ②

03 다음의 토질 및 지반에 관한 설명 중 틀린 것은? [기07,10]

① 자갈층·모래층은 투수성이 큰 편이지만 젖은 점토층은 투수성이 적다.
② 점토와 모래의 중간 크기를 갖는 흙을 실트라 한다.
③ 지진 시 액상화현상은 모래질지반보다 점토질지반에서 일어나기 쉽다.
④ 점토질지반에서 흙의 내부마찰각이 같은 경우 점착력이 클수록 옹벽에 가해지는 토압은 작아진다.

○ 액상화현상은 모래질(사질)지반에서 점토질지반보다 일어나기 쉽다.

정답 ③

04 연약지반에서 부동침하를 방지하는 대책으로 옳지 않은 것은? [기03,05,09,15]

① 건물을 경량화한다.
② 지하실을 강성체로 설치한다.
③ 줄기초와 마찰말뚝기초를 병용한다.
④ 건물의 구조강성을 높인다.

정답 ③

05 말뚝기초에 관한 설명으로 옳지 않은 것은? [기18]

① 사질토(砂質土)에는 마찰말뚝의 적용이 불가하다.
② 말뚝 내력(耐力)의 결정방법은 재하시험이 정확하다.
③ 철근콘크리트말뚝은 현장에서 제작·양생하여 시공할 수도 있다.
④ 마찰말뚝은 한 곳에 집중하여 시공하지 않는 것이 좋다.

○ 사질토는 주로 마찰력에 지지되므로 마찰말뚝 적용이 적당하다.
정답 ①

06 말뚝머리 지름이 400mm인 기성콘크리트말뚝을 시공할 때 그 중심간격으로 가장 적당한 것은? [기16,17, 산12,13,17]

① 750mm
② 800mm
③ 900mm
④ 1,000mm

○ 기성콘크리트말뚝 중심간격
(다음 값 중 큰 값)
· 2.5D 이상 :
 2.5(400) = 1,000mm
· 750mm 이상
정답 ④

07 지반조사 순서에서 건물 배치, 지반 지지층, 기초구조 등의 형식을 대강 결정할 수 있는 자료가 될 수 있는 지반조사는?

① 사전조사
② 예비조사
③ 본 조사
④ 추가조사

○ 예비조사
건물 배치, 지반 지지층, 기초구조 등의 형식을 대강 결정한다.
정답 ②

CHAPTER 03 내진설계

빈출 KEY WORD
\# 내진 중요도계수　　\# 층간변위와 허용층간변위
\# 밑면전단력　　　　\# 내진상세(보, 기둥)

01 지진의 일반사항

1. 진도(Intensity, I)

① 지진의 크기를 나타내는 가장 오래된 기준으로, 상대적 개념(정성적 개념)이다. 역사 지진의 크기를 규명하는 데 유용하다.
② 어떤 장소에 나타난 지진 등의 세기를 사람의 느낌이나 주변의 물체 또는 구조물의 흔들림 정도를 수치로 표현한 것이다.
③ 진도는 지진에 의한 지표면 진동의 효과에 따라 구분된다.
④ 진도의 진도계급
　㉠ 미국 : '수정 머켈리 진도(Modified Mercalli Scale, MM)', 12단계의 진도계급 사용
　㉡ 일본 : '일본 기상청 진도(Japan Meteorological Agency Scale, JMA)', 8단계의 진도계급 사용
⑤ 진도는 지표면의 진동 효과를 기준으로 하므로 진앙지 근처에서 그 값이 가장 크고 진앙에서 멀어질수록 감소한다.
⑥ 일본 기상청 진도계급(JMA Scale, 1949)

진도	이름	피해 정도
0	무감	우리 몸으로 느끼지 못하고 지진계만 반응
I	미진	민감한 사람만 느낄 수 있는 정도
II	경진	보통 사람이 느끼고, 문이 약간 흔들리는 정도
III	약진	가옥이 흔들리고, 물건이 떨어지고, 물그릇에 담긴 물이 진동함
IV	중진	가옥이 심하게 흔들리고, 물그릇에 담긴 물이 넘쳐 흐름
V	강진	벽에 금이 가고, 건물이 다소 파괴됨
VI	열진	가옥 파괴 30% 이하, 산사태가 일어날 수 있음
VII	격진	가옥 파괴 30% 이상, 산사태가 일어나고 단층이 생김

2. 지진 규모(Magnitude, M)

① 지진의 크기를 대표하는 기준으로, 장소에 관계 없는 절대적 개념(정량적 개념)으로 진도에 비해 정밀한 값이다.

② 지진이 발생했을 때 지진파의 파동으로 방출된 총 에너지를 기준으로 크기를 나타내는 척도이다.

③ 지진계에 기록된 진폭을 진원의 깊이와 진앙까지의 거리 등을 고려하여 지수로 나타낸 것으로, 소수 첫째자리까지 표시한다.

④ 지진파 에너지(E_S) 산정식(Gutenberg와 Richter)

$$\log E_S = 11.8 + 1.5M$$

여기서, M : 규모(무차원)
E_S : 지진파 에너지(erg = 10^{-7}N·m)

⑤ 이 식에 의하면 규모가 1만큼 증가하면 에너지는 31.6배로 커지게 되고, 2만큼 증가하면 1,000배로 된다.

⑥ 지진의 규모와 특징(리히터 규모)

지진규모	발생횟수(1년)	지진 충격의 특징
0.0~1.9	800,000	사람은 느끼지 못하고 지진계만 탐지
2.0~2.9	30,000	소수의 사람들만 느낌. 창문, 전등 등 매달린 물체가 흔들림
3.0~3.9	4,800	많은 사람들이 느낌
4.0~4.9	1,400	모든 사람들이 느낌. 건물에 약간의 피해 발생
5.0~5.9	500	서 있기 곤란하고, 가구들이 움직이며, 내장재 등이 떨어짐
6.0~6.9	100	건물에 상당한 피해 발생, 담장 등이 무너짐
7.0~7.9	15	심각한 파괴, 지표면에 균열 발생
8.0~8.9	4	큰 파괴, 산사태 발생
9.0 이상	0.1~0.2	거의 완전한 파괴, 철로가 휘어짐, 지면에 단층현상 발생

3. 진앙과 진원

① 진원(Hypocenter) : 지각변동이 일어난 지점(지하, 깊이가 있는 지점)으로 지진파가 최초로 발생한 점

② 진원시(Origin Time) : 지진파가 처음 발생한 시각

③ 진앙(Epicenter) : 지각변동이 나타나는 지점의 상부 지표면으로 진원의 바로 위 지표면의 지점

④ 진원은 진앙의 위도, 경도와 진원 깊이로 나타낸다.

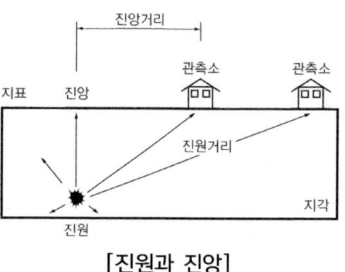

[진원과 진앙]

4. 지진을 다루는 기술

① 내진 : 구조물이 지진력에 대항하여 스스로 싸워 이겨내도록 구조물 자체를 튼튼하게 설계하는 기술

② 제진 : 건물 자체에 별도의 컴퓨터나 계측기 등의 장치를 이용하여 지진력을 상쇄할 수 있도록 구조물 내에서 힘을 발생시키거나 지진력을 흡수하여 구조물이 부담해야 할 지진력을 감소시키는 능동적 개념의 기술

③ 면진 : 구조물과 기초지반을 분리시켜 지반진동으로 인한 지지력이 직접 구조물로 전달되는 양을 감소시킴으로써 내진성을 확보하고, 충격이 덜 가게 하는 수동적인 개념의 기술

02 지진하중(Earthquake Load)

1. 일반사항

① 건축물 및 공작물의 구조체와 건축, 기계 및 전기 비구조요소의 지진하중을 산정하는 경우에 적용한다.
② 증축 및 구조변경을 포함하는 구조물도 지진하중에 대하여 검토하여야 한다.
③ 강도설계 또는 한계상태설계를 수행할 경우 하중조합의 지진하중계수는 1.0으로 한다.
④ 허용응력설계를 수행할 경우 하중조합의 지진하중계수는 0.7로 한다.

2. 지진하중 산정

① 각 구조물의 용도와 시공할 지반상태를 감안하여 분류한 내진설계 범주에 따라 허용 가능한 구조 시스템, 높이와 비정형성에 대한 제한, 내진설계 대상부재, 횡력해석 방법 등을 결정하여 산정한다.
② 지진위험도에 따른 지진구역 및 지역계수, 지반의 종류, 설계스펙트럼가속도를 감안하여 산정한다.
③ 평균재현주기별 위험도계수(I)

평균재현주기(년)	50	100	200	500	1,000	2,400	4,800
위험도계수(I)	0.04	0.57	0.73	1	1.4	2.0	2.6

④ 지진구역 및 지역계수(Z) : 유사한 지진위험도를 갖는 행정구역 구분으로 지진구역 I과 지진구역 II의 기반암 상에서 평균재현주기 500년 지진의 유효수평지반가속도를 중력가속도 단위로 표현한 값
⑤ 유효지반가속도(S): 설계스펜트럼가속도 산정을 위한 유효지반가속도(S)는 지진구역계수(Z)에 2400년 재현주기에 해당하는 위험도계수(I) 2.0을 곱한 값으로 한다.

지진구역		행정구역	지역계수(Z)	유효지반가속도(S)
I	시	서울, 인천, 대전, 부산, 대구, 울산, 광주, 세종	0.11	0.22
	도	경기, 충북, 충남, 경북, 경남, 전북, 전남, 강원 남부[1]		
II	도	강원 북부[2], 제주	0.07	0.14

1) 강원 남부(군, 시) : 영월, 정선, 삼척, 강릉, 동해, 원주, 태백
2) 강원 북부(군, 시) : 홍천, 철원, 화천, 횡성, 평창, 양구, 인제, 고성, 양양, 춘천, 속초

④ 지반의 분류

지반 종류	지반 종류의 호칭	분류 기준	
		기반암 깊이, H(m)	토층 평균전단파속도, $V_{s,soil}$(m/s)
S_1	암반 지반	1 미만	-
S_2	얕고 단단한 지반	1~20 이하	260 이상
S_3	얕고 연약한 지반		260 미만
S_4	깊고 단단한 지반	20 초과	180 이상
S_5	깊고 연약한 지반		180 미만
S_6	부지 고유의 특성평가 및 지반응답해석이 필요한 지반		

3. 설계스펙트럼가속도

① 단주기 설계스펙트럼가속도(S_{DS})

$$S_{DS} = S \times 2.5 \times F_a \times 2/3$$

② 1초 주기 설계스펙트럼가속도(S_{D1})

$$S_{D1} = S \times F_v \times 2/3$$

③ 단주기 지반증폭계수(F_a)

지반 종류	지진지역		
	$S \leq 0.1$	$S = 0.2$	$S = 0.3$
S_1	1.12	1.12	1.12
S_2	1.4	1.4	1.3
S_3	1.7	1.5	1.3
S_4	1.6	1.4	1.2
S_5	1.8	1.3	1.3

④ 1초 주기 지반증폭계수(F_v)

지반 종류	지진지역		
	$S \leq 0.1$	$S = 0.2$	$S = 0.3$
S_1	0.84	0.84	0.84
S_2	1.5	1.4	1.3
S_3	1.7	1.6	1.5
S_4	2.2	2.0	1.8
S_5	3.0	2.7	2.4

※ 지반증폭계수는, 경암지반은 값이 작고 연약한 지반은 값이 커진다.

4. 설계스펙트럼가속도 작성

① 응답스펙트럼: 지진 발생 시 구조물에 발생하는 반응은 구조물의 동적 특성을

대표하는 고유진동주기에 따라 다르게 나타나는데, 이러한 구조물의 최대 지진응답을 고유진동주기의 변화에 대하여 나타낸 함수 또는 그림을 말한다.

② 지진의 설계스펙트럼가속도는 다음 조건에 따라 구한 후 작성한다.

㉠ $T \leq T_o$일 때, 스펙트럼가속도 : $S_a = 0.6 \dfrac{S_{DS}}{T_o} T + 0.4 S_{DS}$

㉡ $T_o \leq T \leq T_s$일 때, 스펙트럼가속도 : $S_a = S_{DS}$

㉢ $T \geq T_s$일 때, 스펙트럼가속도 : $S_a = \dfrac{S_{D1}}{T}$

여기서, T : 구조물의 고유주기[sec]
$T_o = 0.2 S_{D1}/S_{DS}$	$T_s = S_{D1}/S_{DS}$

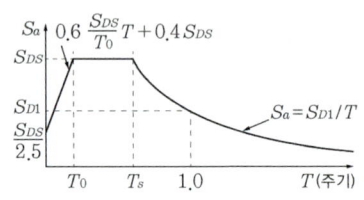

설계스펙트럼가속도

03 내진설계

1. 내진설계의 기본개념

① 지진이 발생하는 경우 예상되는 피해를 최소화하는 것이 내진설계의 근본 목표이다.
② 내진설계는 지진에 의한 인명과 재산을 보호하는 것을 최우선으로 고려한다.
③ 설계지진하중에 대한 구조물의 부분파손을 가정한다.
④ 기둥의 파괴보다는 먼저 보의 파괴를 유도한다.
⑤ 접합부보다는 먼저 부재의 파괴를 유도한다.
⑥ 전단파괴보다는 먼저 휨파괴를 유도한다.
⑦ 특정 층에 파괴가 집중되지 않도록 유도한다.
⑧ 취성파괴보다는 연성파괴로 유도한다.

2. 내진설계 시 고려사항

① 지진위험도(지진구역 및 지역계수)
② 지반의 특성
③ 구조물의 고유주기, 구조물의 중요도와 연성
④ 정형, 비정형

04 내진설계기준

1. 건물의 내진등급과 중요도계수

① 각 구조물은 건축물의 중요도에 따라 내진등급과 중요도계수를 결정한다.

② 2개 이상의 건물에 공유된 부분이나 하나의 구조물이 동일한 중요도에 속하지 않은 2개 혹은 그 이상의 용도로 사용할 때는 가장 높은 중요도를 사용하여야 한다.

③ 내진등급과 중요도계수 : 건물의 중요도에 따라 지진발생 시에 인명의 피해가 클 것으로 예측되는 시설 및 주요 건물부터 그 크기를 정한 것이다.

건축물의 중요도	내진등급	중요도계수(I_E)
중요도(특)	특	1.5
중요도(1)	I	1.2
중요도(2), (3)	II	1.0

④ 내진 중요도계수(2016.5.31)

중요도	건축물의 용도
특	• 연면적 1,000m² 이상인 위험물 저장 및 처리시설, 국가 또는 지방자치단체의 청사·외국공관·소방서·발전소·방송국·전신전화국 • 종합병원, 수술시설이나 응급시설이 있는 병원 • 지진과 태풍 또는 다른 비상시의 긴급대피수용시설로 지정한 건축물
1	• 연면적 1,000m² 미만인 위험물 저장 및 처리시설, 국가 또는 지방자치단체의 청사·외국공관·소방서·발전소·방송국·전신전화국 • 연면적 5,000m² 이상인 공연장·집회장·관람장·전시장·운동시설·판매시설·운수시설(화물터미널과 집배송시설은 제외함) • 이동관련시설·노인복지시설·사회복지시설·근로복지시설 • 5층 이상인 숙박시설·오피스텔·기숙사·아파트 • 학교 • 수술시설과 응급시설 모두 없는 병원, 기타 연면적 1,000m² 이상인 의료시설로서 중요도(특)에 해당하지 않는 건축물
2	중요도 '특', '1', '3'에 해당하지 않는 건축물
3	• 농업시설물, 소규모 창고 • 가설구조물

2. 내진설계 범주[KDS 41 17 00 기준]

① 모든 구조물은 내진등급과 설계스펙트럼가속도 S_{DS}, S_{D1}에 따라 다음의 내진설계 범주를 결정한다.

② 내진설계 범주가 서로 다른 경우에는 높은 내진설계 범주로 분류한다.

③ 내진등급의 특등급은 B가 될 수 없고, 1등급이나 2등급은 설계스펙트럼가속도에 따라 A, B, C, D 어느 하나에 해당한다.

④ 단주기 설계스펙트럼가속도에 따른 내진설계 범주

S_{DS}의 값	내진등급		
	특	I	II
$0.50 \leq S_{DS}$	D	D	D
$0.33 \leq S_{DS} < 0.50$	D	C	C
$0.17 \leq S_{DS} < 0.33$	C	B	B
$S_{DS} < 0.17$	A	A	A

⑤ 주기 1초에서 설계스펙트럼가속도에 따른 내진설계 범주

S_{DS}의 값	내진등급		
	특	I	II
$0.20 \leq S_{DS}$	D	D	D
$0.14 \leq S_{DS} < 0.20$	D	C	C
$0.07 \leq S_{DS} < 0.14$	C	B	B
$S_{D1} < 0.07$	A	A	A

3. 내진설계를 위한 해석법

① 지진동을 받는 구조물 내의 힘과 변형을 해석하기 위한 보편적인 해석법

분류	탄성해석	비탄성해석
정적해석법	등가정적해석법	비탄성정적해석법 (비선형정적해석법)
동적해석법 (모드해석법)	응답스펙트럼해석법 탄성시간이력해석법	비탄성시간이력해석법 (비선형시간이력해석법)

② 내진설계 범주에 따른 해석법

내진설계 범주	해석방법
A	등가정적해석법으로 설계
B	등가정적해석법으로 설계
C	등가정적해석법으로 설계, 단, 다음의 경우는 동적해석법으로 설계 • 높이 70m 이상 또는 21층 이상의 정형구조물 • 높이 20m 이상 또는 6층 이상의 비정형구조물
D	구조물 형태에 따라 다음의 ③에 지정한 해석방법 또는 그보다 정밀한 해석방법을 사용하여야 함.

③ 내진설계 범주 'D'에 대한 해석법

구조물 형태	해석방법
㉠ 3층 이하인 경량골조구조와 각 층에서 유연한 격막을 갖는 2층 이하인 기타 구조로서 내진등급 II의 구조물	등가정적해석법 또는 동적해석법
㉡ 위의 ㉠항 이외의 높이 70m 미만인 정형구조물	등가정적해석법 또는 동적해석법
㉢ 유형 1, 2, 3을 제외한 수직비정형성 또는 유형 1을 제외한 평면비정형성을 가지면서 높이가 5층 또는 20m를 초과하지 않는 구조물	등가정적해석법 또는 동적해석법
㉣ 평면 또는 수직비정형성을 가지는 기타 구조물 또는 높이가 70m를 초과하는 정형구조물	동적해석법

4. 건물 형상 및 변형과 횡변위 제한

① 모든 구조물은 조항에 따라 평면 또는 수직의 정형 혹은 비정형으로 구분된다.

② 층간변위(Δ_x) 결정

    ㉠ 내진설계 범주 A, B : 주어진 층의 상·하단 질량 중심의 횡변위 간 차이

    ㉡ 내진설계 범주 C, D : 주어진 층의 상·하단 모서리 변위 간

    ㉢ x층 층간변위(Δ_x)

$$\Delta_x = \frac{C_d \delta_{xe}}{I_E}$$

여기서, C_d : 변위증폭계수, I_E : 건축물의 중요도계수

δ_{xe} : 지진력저항시스템의 탄성해석에 의한 변위

③ 허용층간변위(Δ_x) : h_{sx}는 x층 층고

구분	내진등급		
	특	I	II
허용층간변위 Δ_a	$0.010 h_{sx}$	$0.015 h_{sx}$	$0.020 h_{sx}$

05 등가정적해석법(Equivalent Static Analysis)

1. 등가정적해석법의 특징

① 지진력을 정적인 횡력으로 계산하여 건축물의 지진거동을 해석하는 방법이다.

② 1차 진동모드가 지배적인 거동을 하는 저층의 정형구조물에 적합한 해석방법이다.

③ 계산이 간단하고, 시간 및 비용이 절감된다.

2. 밑면전단력

① 밑면전단력 산정

$$V = C_s W = \frac{S_{D1}}{\left[\dfrac{R}{I_E}\right] T} W$$

여기서, C_s : 지진응답계수

W : 고정하중을 포함한 유효 건물중량

I_E : 건축물의 중요도계수

R : 반응수정계수

S_{D1} : 주기 1초에서의 설계스펙트럼가속도

T : 건축물의 고유주기(초)

② 건물의 유효중량

㉠ 창고로 쓰이는 공간에서는 활하중의 최소 25%(공용차고와 개방된 주차장 건물의 경우에 활하중은 포함시킬 필요가 없음)

㉡ 바닥하중에 칸막이벽 하중이 포함될 경우에 칸막이의 실제중량과 0.5kN/m² 중 큰 값

㉢ 영구설비의 총하중

㉣ 적설하중이 1.5kN/m²를 넘는 평지붕의 경우에는 평지붕 적설하중의 20%

3. 지진력저항 시스템에 대한 설계계수

① 구조 시스템별로 비슷한 정도의 비탄성거동능력과 초과내력을 가지고 있다는 가정 하에 건물시스템의 최대 변형 시 시스템의 고유한 특성을 고려하기 위하여 경험적으로 설정한 계수이다.

② 구조물의 연성능력, 초과강도, 감쇠능력, 잉여도 등을 고려하기 위한 계수로서 탄성지진하중을 저감시키는 계수이다.

③ 반응수정계수(R)와 변위증폭계수(C_d)

	기본 지진력저항 시스템	R	C_d
내력벽 시스템	㉠ 철근콘크리트 특수전단벽	5.0	5.0
	㉡ 철근콘크리트보통전단벽	4.0	4.0
	㉢ 철근보강 조적전단벽	2.5	1.5
	㉣ 무보강 조적전단벽	1.5	1.5
건물골조 시스템	㉠ 철골 편심가새골조(모멘트저항접합)	8	4
	㉡ 철골 편심가새골조(비모멘트저항접합)	7	4
	㉢ 철골 특수중심가새골조	6	5
	㉣ 철골 보통중심가새골조	3.25	3.25
	㉤ 철골 특수강판전단벽	7	6
	㉥ 철근콘크리트 특수전단벽	6	5
	㉦ 철근콘크리트보통전단벽	5	4.5
	㉧ 철근보강 조적전단벽	3	2
	㉨ 무보강 조적전단벽	1.5	1.5
모멘트-저항골조 시스템	㉠ 철골 특수모멘트골조	8	5.5
	㉡ 철골 중간모멘트골조	4.5	4
	㉢ 철골 보통모멘트골조	3.5	3
	㉣ 철근콘크리트 특수모멘트골조	8	5.5
	㉤ 철근콘크리트 중간모멘트골조	5	4.5
	㉥ 철근콘크리트보통모멘트골조	3	2.5

4. 고유주기 산정법

① 구조물의 고유주기는 약산식에 따라 산정하거나 저항요소의 변형 특성과 구조적 특성을 고려한 수치해석적 방법으로 구할 수 있다.

② 다만, 수치해석적 방법에 의하여 산정한 고유주기는 약산식에 따라 구한 고유주기 T_a에 주기상한계수(C_u)를 곱한 값을 초과할 수 없다.

③ 고유주기의 약산법

㉠ 근사고유주기[T_a(초)]

$$T_a = C_t h_n{}^x$$

여기서, $C_t = 0.0466$, $x = 0.9$: 철근콘크리트모멘트골조
$C_t = 0.0724$, $x = 0.8$: 철골모멘트골조
$C_t = 0.0731$, $x = 0.75$: 철골 편심가새골조 및 철골 좌굴방지가새골조
$C_t = 0.0488$, $x = 0.75$: 철근콘크리트전단벽구조, 기타 골조
h_n : 건축물의 밑면으로부터 최상층까지의 전체높이(m)

강성에 영향을 줄 수 있는 비보강채움벽이 있는 철근콘크리트모멘트골조, 철골모멘트골조의 주기는 위의 식에 2/3를 곱하여 산정한다. 콘크리트 전단벽체가 주요 횡저항 시스템인 경우에는 기타 골조의 주기식을 적용한다.

㉡ 철근콘크리트와 철골 모멘트저항골조에서 12층을 넘지 않고 층의 최소 높이가 3m 이상일 때 근사고유주기 T_a는 다음 식에 의하여 구할 수 있다.

$$T_a = 0.1N$$

여기서, N : 층수

㉢ 철근콘크리트 전단벽구조일 경우에는 다음 식을 사용할 수 있다.

$$T_a = \sqrt{A_c}\,\frac{0.0743(h_n)^{\frac{3}{4}}}{\sqrt{A_c}}$$

$$A_c = \Sigma A_e \left[0.2 + \left(\frac{D_e}{h_n}\right)^2\right] \qquad \frac{D_e}{h_n} \leq 0.9\,\text{이다.}$$

여기서, A_e : 1층에서 지진하중방향에 평행한 전단벽의 전단면적(m²)
D_e : 1층에서 지진하중방향에 평행한 전단벽의 길이(m)

06 동적해석법(Dynamic Analysis Method)

1. 해석방법의 선택

다음 중 한 가지 방법을 선택하여 해석한다.
① 응답스펙트럼해석법, ② 선형시간이력해석법, ③ 비선형시간이력해석법

2. 모델링

① 건축물의 수학적 모델은 질량과 강성의 공간적 분포를 표현할 수 있어야 한다.
② 서로 독립적이고 직각으로 배치된 횡력저항시스템을 갖는 정형구조물은 독립적인 2차원 모델을 사용할 수 있다.

③ 서로 독립적이 아닌 저항시스템을 갖는 비정형구조물의 경우에는 각 층별로 평면상의 2직각 방향에 대한 변위와 수직축에 대한 회전을 포함하는 최소한 3개의 자유도를 갖는 3차원 모델을 사용하여야 한다.

④ $P-\Delta$ 효과가 큰 경우에는 반드시 이를 고려할 수 있는 모델을 사용하거나 해석결과에 $P-\Delta$ 효과를 반영하여야 한다.

⑤ 지하층구조의 바닥면적이 지상구조의 바닥면적에 비하여 매우 큰 경우에는, 지상구조를 분리하여 해석할 수 있다. 그렇지 않은 경우에는 지하구조를 지상구조와 함께 모델링하여야 한다.

3. 응답스펙트럼해석법

① 모드특성

㉠ 고유주기, 모드형상벡터, 질량참여계수, 모드질량 등과 같은 건축물의 진동모드특성은 횡력저항시스템의 질량 및 탄성강성에 의하여 밑면이 고정된 것으로 가정하여 공인된 해석방법으로 구하여야 한다.

㉡ 해석에 사용할 모드 수는 직교하는 각 방향에 대하여 질량참여율이 90% 이상이 되도록 결정한다.

② 모드밑면전단력

㉠ m차 모드에 의한 밑면전단력(V_m)

$$V_m = C_{sm} \overline{W_m} = C_{sm} \frac{(\sum_{i=1}^{n} w_i \phi_{im})^2}{\sum_{i=1}^{n} w_i \phi_{im}^2}$$

여기서, C_{sm} : 모드지진응답계수

$\overline{W_n}$: 유효 모드 중력하중

w_i : 유효 건물중량 W 중 i층의 유효중량

ϕ_{im} : m차 모드벡터의 i층 성분

㉡ 모드지진응답계수 산정

$$C_{sm} = \frac{S_{am}}{\left(\frac{R}{I_E}\right)}$$

여기서, S_{am} : 주기 T_m에 대응하는 모드 설계스펙트럼가속도

㉢ 단, 각 방향별 1차 모드를 제외한 주기가 0.3초 미만인 고차모드의 지진응답계수는 다음 식으로 구할 수 있다.

$$C_{sm} = \frac{S_{DS}}{2.5\left(\frac{R}{I_E}\right)}(1.0 + 5.0 T_m)$$

여기서, T_m : m차 모드의 진동주기

4. 시간이력해석법

① 설계지진과 선정 : 시간이력해석은 지반조건에 상응하는 지반운동기록을 최소한 3개 이상 이용하여 수행한다. 3차원 해석을 수행하는 경우에 각각의 지반운동은 평면상에서 서로 직교하는 2성분의 쌍으로 구성된다. 계측된 지반운동을 구할 수 없는 경우에는 필요한 수만큼 적절한 모의 지반운동의 쌍을 생성하여 사용할 수 있다.

② 탄성시간이력해석법 : 층전단력, 층전도모멘트, 부재력 등 설계값은 시간이력해석에 의한 결과에 중요도계수를 곱하고 반응수정계수로 나누어 구한다. 이렇게 구한 값들은 응답스펙트럼해석법의 규정에 따라 조정하여야 한다.

③ 비선형시간이력해석법 : 부재의 비선형능력 및 특성은 중요도계수를 고려하여 실험이나 충분한 해석결과에 부합하도록 모델링하여야 한다. 응답은 R/I_E에 의하여 감소시키지 않는다. 최대 비탄성변위응답은 앞의 허용층간변위(Δ_a)를 만족해야 한다.

07 지진저항 시스템과 내진상세

1. 지진저항 시스템

① 내력벽방식 : 수직하중과 횡력을 전단벽이 부담하는 구조방식
② 가새골조방식 : 트러스방식으로서 주로 축방향응력을 받는 부재로 구성된 가새방식
③ 건물골조방식 : 수직하중은 입체골조가 저항하고, 지진하중은 전단벽이나 가새골조가 저항하는 구조방식
④ 모멘트골조방식 : 수직하중과 횡력을 보와 기둥으로 구성된 라멘골조가 저항하는 구조방식
⑤ 이중골조방식 : 횡력의 25% 이상을 부담하는 연성모멘트골조가 전단벽이나 가새골조와 조합되어 있는 구조방식

2. 내진상세

구분	내용
지진지역 보의 주철근 내진상세	• 접합면에서 정휨강도는 부휨강도의 1/3 이상이어야 한다. • 부재의 축방향 길이에 따른 모든 단면에서의 정 또는 부휨강도는 양측 접합부 면에서 최대 휨강도의 1/5 이상이 되어야 한다. • 스터럽은 부재 전 길이에 걸쳐서 d/2 이하의 간격으로 배치 • 첫 번째 스터럽은 받침부 면으로부터 50mm 이내의 구간에 배치하여야 한다. • 스터럽의 최대 간격은 d/4, 감싸고 있는 종방향 철근 최소 직경의 8배, 스터럽 직경의 24배, 300mm (이 중 최솟값 이하)
기둥의 띠철근의 최대 간격 (이 중 최솟값 이하)	• 감싸고 있는 종방향 철근의 최소 직경의 8배 • 띠철근 직경의 24배 • 골조부재단면 최소 치수의 1/2 • 300mm

CHAPTER 03 필수 확인 문제

01 지진계에 기록된 진폭을 진원의 깊이와 진앙까지의 거리 등을 고려하여 지수로 나타낸 것으로 장소에 관계없는 절대적 개념의 지진 크기를 말하는 것은? [기10,16]

① 규모 ② 진도
③ 진원시 ④ 지진동

정답 ①

02 다음 중 구조물의 내진보강 대책으로 적합하지 않은 것은? [기11,19]

① 구조물의 강도를 증가시킨다.
② 구조물의 연성을 증가시킨다.
③ 구조물의 중량을 증가시킨다.
④ 구조물의 감쇠를 증가시킨다.

내진보강 대책은 기본적으로 구조물의 강도, 연성, 감쇠를 증가시키고 중량을 감소시킨다.

정답 ③

03 지진하중설계 시 밑면전단력과 관계없는 것은? [기19]

① 유효건물중량 ② 중요도계수
③ 지반증폭계수 ④ 가스트계수

가스트계수는 풍하중설계와 관련된 지표이다.

정답 ④

04 지진력저항 시스템 중 다음 각 구조 시스템에 관한 설명으로 옳지 않은 것은? [기16,18]

① 모멘트골조방식 : 수직하중과 횡력을 보와 기둥으로 구성된 라멘골조가 저항하는 구조방식
② 연성모멘트골조방식 : 횡력에 대한 저항능력을 증가시키기 위하여 부재와 접합부의 연성을 증가시킨 모멘트골조
③ 이중골조방식 : 횡력의 25% 이상을 부담하는 전단벽이 연성모멘트골조와 조화되어 있는 구조방식
④ 건물골조방식 : 수직하중은 입체골조가 저항하고, 지진하중은 전단벽이나 가새골조가 저항하는 구조방식

이중골조방식은 횡력의 25% 이상을 부담하는 연성모멘트골조가 전단벽이나 가새골조와 조합되어 있는 구조방식이다.

정답 ③

PART 1 핵심 기출 문제

01. 건축구조의 개념

001 일반적인 건축구조물의 하중 전달 경로를 순서대로 옳게 표현한 것은? [산12]

| ㉮ 빔(작은보) | ㉯ 슬래브 | ㉰ 거더(큰보) |
| ㉱ 기초 | ㉲ 기둥 | |

① ㉯ → ㉰ → ㉮ → ㉲ → ㉱
② ㉯ → ㉮ → ㉰ → ㉲ → ㉱
③ ㉮ → ㉰ → ㉯ → ㉱ → ㉲
④ ㉮ → ㉰ → ㉯ → ㉲ → ㉱

해설
건축구조물의 하중 전달 경로
바닥판(Slab) → 작은보(Beam) → 큰보(Girder) → 기둥(Column) → 기초(Foundation)

002 다음에서 설명하고 있는 하중의 명칭은? [산11]

고정하중이나 활하중과 같이 구조물에 중력방향으로 작용하는 하중

① 횡하중　② 연직하중
③ 지진하중　④ 충격하중

003 건축구조기준에 의한 용도별 등분포활하중값으로 적절한 것은? [산17]

① 도서관의 서고 : 6.0kN/m^2
② 일반사무실 : 2.5kN/m^2
③ 학교의 교실 : 3.5kN/m^2
④ 백화점 1층 : 4.0kN/m^2

해설
① 도서관의 서고 : 7.5kN/m^2
③ 학교의 교실 : 3.0kN/m^2
④ 백화점 1층 : 5.0kN/m^2

004 구조설계단계에서 구조계획 과정에 대한 설명 중 틀린 것은? [산15]

① 건축물의 용도, 사용재료 및 강도, 지반특성, 하중조건 등을 고려한다.
② 기둥과 보의 배치는 기둥간격 및 층고, 설비계획도 함께 고려한다.
③ 지진하중이나 풍하중 등 수평하중에 저항하는 구조요소는 입면상 균형을 배제하고 평면균형을 고려한다.
④ 구조형식이나 구조재료를 혼용할 때는 강성이나 내력의 연속성뿐만 아니라 사용성에 영향을 미치는 진동에 미리 대비한다.

해설
지진하중이나 풍하중 등 수평하중에 저항하는 구조요소는 입면상 균형을 고려하고 평면균형을 고려한다.

005 굴뚝과 같은 독립구조물의 기초설계 시 거의 고려되지 않는 하중은? [기08]

① 풍하중　② 지진하중
③ 적설하중　④ 고정하중

해설
굴뚝구조물은 높이가 높고 세장한 평면형태를 가지므로 자중에 대한 고려와 풍하중 및 지진하중과 같은 수평하중에 대한 고려가 필요하며, 굴뚝 내·외부 단면의 온도응력 차이에 대한 고려가 필요하다.

정답　001 ②　002 ②　003 ②　004 ③　005 ③

006 건축구조의 특징에 관한 설명 중 옳지 않은 것은?　　　　　　　　　　　[산05,11,18]

① 돌구조는 주요 구조부를 석재를 써서 구성한 구조로 내구적이지만 횡력에 약하다.
② 벽돌구조는 지진과 바람 같은 횡력에 약하고 균열이 생기기 쉽다.
③ 보강블록조는 블록의 빈속에 철근을 배근하고 콘크리트를 채워 넣은 것으로 보통 블록구조보다 횡력에 잘 견딜 수 있다.
④ 철골철근콘크리트구조는 강구조에 비해 내화성이 부족하고, 철근콘크리트구조에 비해 자중이 무겁다는 단점이 있다.

해설
철골철근콘크리트구조는 강구조에 비해 철골부재가 콘크리트에 묻혀 있어 내화성이 우수하고, 철근콘크리트구조에 비해 자중이 가볍다.

007 건축구조의 분류에 따른 기술 중 옳지 않은 것은?

① 조립식구조는 경제적이지만 공기(工期)가 길다.
② 조적식구조는 조적단위 재료의 접착강도가 클수록 좋다.
③ 일체식구조는 각 부분 구조가 일체화되어 비교적 균일한 강도를 갖는다.
④ 가구식구조는 각 부재의 접합 및 짜임새에 따라 구조체 강도가 좌우된다.

해설
① 조립식구조는 공장생산, 현장조립으로 공사기간이 단축되는 큰 특성을 갖는다.

008 조립식구조의 특성 중 옳지 못한 것은?　　　　　　　　　　　　　　　[기09, 산02]

① 공장생산이 가능하여 대량생산을 할 수 있다.
② 기계화시공으로 단기 완성이 가능하다.
③ 각 부품과의 접합부가 일체가 되어 절점을 강접합으로 하기가 용이하다.
④ 현장 거푸집공사가 절약되며 정밀도가 높고 강도가 큰 콘크리트부재를 사용할 수 있다.

해설
조립구조
• 공장에서 부재를 제작·가공하고 현장에서는 조립·설치하는 구조
• 대량생산에 따른 시공비 절감과 균일한 품질 확보, 기계화시공으로 공기 절감이 가능
• 각 부품과의 접합부가 일체화되지 않아 절점을 강접합으로 하기 어려움
• 현장거푸집공사가 절약되며 정밀도가 높고 강도가 큰 콘크리트부재 사용 가능

009 건축구조의 구조별 특징을 기술한 것 중 옳지 않은 것은?　　　　　　　[기05,11,17]

① 가구식구조는 삼각형보다 사각형으로 조립하면 더욱 안정적인 구조체를 이룰 수 있다.
② 조적식구조는 압축력에는 강하지만 횡력에 취약하다.
③ 조립식구조는 부재를 공장에서 생산·가공하여 현장에서 조립하므로 공기가 짧다.
④ 일체식구조는 비교적 균일한 강도를 가진다.

해설
가구식구조
목구조, 철골구조와 같이 수직하중과 수평하중을 받는 기둥과 보를 조립하여 골조를 구성하는 방식으로 기하학적으로 삼각형 형태가 안정적이다.

010 다음 중 역학적 구성양식에 의한 건축구조의 분류에 속하지 않는 것은?　　　　　　　　　　　　　　　　　[산-09]

① 조적식구조　　② 가구식구조
③ 일체식구조　　④ 습식구조

011 건축물의 각 구조형식에 대한 설명 중 옳지 않은 것은?　　　　　　　　[산16]

① 라멘구조는 기둥, 보 및 바닥으로 구성되며 철근콘크리트구조 또는 철골구조 등이 해당된다.
② 벽식구조는 내력벽으로 하여 바닥과 일체로 구성되기 때문에 공동주택 등에 많이 이용되며, 철근콘크리트구조에 의한다.

정답　006 ④　007 ①　008 ③　009 ①　010 ④　011 ④

③ 플랫슬래브구조는 보 없이 수직하중을 철근콘크리트 기둥 및 지판이 부담하는 구조이다.
④ 트러스구조는 가늘고 긴 부재를 사각형의 형태로 짜 맞추어 구성되며, 부재에는 휨모멘트와 축력이 작용하는 구조이다.

[해설]

트러스구조(Truss Structure)
구조부재(部材)가 휘지 않게 접합점을 핀을 이용하여 삼각형으로 연결한 구조로, 휨모멘트와 전단력 없이 주로 축방향력(인장력, 압축력)으로만 외력에 저항하며, 주로 지붕구조에 쓰인다.

012 구조방식과 외부의 힘에 대하여 저항하는 방법으로 옳지 않은 것은? [기12]

① 트러스구조 : 인장력과 압축력으로 외력에 저항
② 케이블구조 : 인장력으로 외력에 저항
③ 아치구조 : 인장력과 압축력으로 외력에 저항
④ 쉘구조 : 면내응력으로 외력에 저항

[해설]

아치구조(Arch Structure)
- 활이나 반달처럼 굽은 모양으로 축력만 작용하게 하여 압축력만 생기고 인장력은 생기지 않게 하는 구조
- 축력만큼 수평반력이 생김

013 구조물의 응력계산에 관한 기술 중 틀린 것은? [기03]

① 트러스(Truss)는 주로 축방향응력으로 외력에 저항한다.
② 라멘(Rahmen)은 주로 휨모멘트와 전단응력으로 외력에 저항한다.
③ 아치(Arch)는 주로 축방향응력과 전단응력으로 외력에 저항한다.
④ 쉘(Shell)은 주로 면내응력으로 외력에 저항한다.

[해설]

아치구조는 축방향응력(축력)만 작용하는 구조이다.

014 곡면판이 지니는 역학적 특성을 응용한 구조로서 외력은 주로 판의 면내력으로 전달되기 때문에 경량이고 내력이 큰 구조물을 구성할 수 있는 것은? [기06,07,15]

① 쉘구조 ② 튜브 시스템
③ 스페이스 프레임 ④ 절판구조

[해설]

쉘구조(Shell Structure)
- 얇은 곡면판을 이용하여 곡면내 응력으로 하중에 저항하는 구조로 경량이고 내력이 큰 구조물에 사용함
- 주로 체육관, 공장, 격납고 등 대공간을 처리하는 방식

015 철근콘크리트구조로도 이용되는 HP쉘(Hyperbolic Paraboloid Shell)에 관한 기술 중 잘못된 것은? [산06,09,11,14]

① 면 내에는 인장응력이 발생하지 않는다.
② 쌍곡 포물선면으로 된 쉘이다.
③ 면내 전단력에 의하여 하중을 주변 지지체에 전달할 수 있다.
④ 곡면을 몇 개로 짜맞추면 여러 종류의 지붕형태를 구성할 수 있다.

[해설]

HP쉘구조는 면 내에 응력으로 하중에 저항하는 구조이다.

016 구조 시스템의 분류에 있어 복합구조로 보기 어려운 것은? [기14]

① 철골철근콘크리트 기둥에 철골보를 이용한 구조
② 철골철근콘크리트 기둥에 철근콘크리트보를 이용한 구조
③ 철근콘크리트 기둥에 철근콘크리트보를 이용한 구조
④ 철근콘크리트 기둥에 철골보를 이용한 구조

017 일정한 두께를 가진 긴 수직벽체가 건축계획적으로 공간을 분할하는 역할을 함과 동시에 횡력 및 중력에 공간을 분할하는 역할을 함과 동시에 횡력 및 중력에 대하여 저항하는 역할을 하는 시스템은? [기12]

① 튜브 시스템 ② 전단벽 시스템
③ 모멘트연성골조 시스템 ④ 다이어그리드 시스템

정답 012 ③ 013 ③ 014 ① 015 ① 016 ③ 017 ②

해설

전단벽구조 시스템 : 일정한 두께를 가진 긴 수직벽체가 건축계획적으로 공간을 분할하는 역할을 함과 동시에 횡력 및 중력에 대하여 저항하는 시스템

※ **이중골조방식(Dual Structure)** : 수평하중(횡력)의 25% 이상을 부담하는 연성모멘트골조가 전단벽이나 가새골조와 조합되어 있는 구조방식으로 일정 이상의 변형능력을 갖도록 연성상세설계가 되어야 한다.

018 횡력의 25% 이상을 부담하는 연성모멘트골조가 전단벽이나 가새골조와 조합되어 있는 구조방식을 무엇이라 하는가? [기19]

① 제진시스템방식
② 면진시스템방식
③ 이중골조방식
④ 메가칼럼-전단벽구조방식

019 고층건물의 구조형식 중에서 건물의 중간층에 대형 수평부재를 설치하여 횡력을 외곽기둥이 분담할 수 있도록 한 형식은? [기18]

① 트러스구조
② 튜브구조
③ 골조-아웃리거구조
④ 스페이스 프레임구조

해설

- **골조-아웃리거 구조 시스템** : 고층건축물에서 횡하중에 의한 횡변형이 많이 발생하게 된다. 보통골조-전단벽구조에서는 횡하중을 부담하는 코어에 아웃리거(Outrigger)와 벨트 트러스(Belt Truss)를 설치하여 외곽 기둥과 연결한 시스템
  - 벨트 트러스(Belt Truss) : 건물의 외곽을 따라 설치되어 있는 트러스 층
  - 아웃리거(Outrigger) : 내부 코어와 벨트 트러스를 연결시켜 주는 벽 또는 트러스 층

02. 토질 및 기초구조

020 사질 및 점토층에 관한 다음 기술 중 옳지 않은 것은? [산13]

① 내부마찰각은 점토층보다 사질층이 크다.
② 점토층은 사질층보다 침하의 시간을 요한다.
③ 압밀침하량값은 점토층보다 사질층이 크다.
④ 사질층은 지진 시 유동화현상이 일어난다.

해설

압밀(Consolidation)
- 점토지반에서 하중을 가해 흙 속의 간극수를 제거하는 것을 말한다. (하중을 받는 점토지반에서 물과 공기가 빠져나가 흙입자 간 간격이 좁아지는 것)
- 특징
  - 점토에서 발생
  - 장기압밀침하
  - 소성변형 발생
  - 흙 속의 간극수를 배제하는 것
  - 침하량이 비교적 큼

021 기둥 또는 벽의 힘을 지중에 전달하기 위하여 기초가 펼쳐진 부분을 의미하는 것은? [산10,14]

① 지정
② 푸팅
③ 피어
④ 잡석

해설

푸팅(Footing)
기둥 또는 벽의 힘을 지중에 전달하기 위해 기초가 펼쳐진 부분

022 기초의 분류에서 기초판의 형식에 의한 분류로 부적당한 것은? [산04,14]

① 독립기초
② 복합기초
③ 온통기초
④ 직접기초

해설

기초의 분류

기초판 형식에 의한 분류	• 독립기초 : 단일 기둥을 받치는 구조 • 복합기초 : 2개 이상의 기둥을 1개의 기초판으로 받치는 구조 • 연속기초(줄 기초) : 벽 또는 1열의 기둥을 받치는 구조 • 온통기초(매트 기초) : 건물 하부 전체를 받치는 구조로 연약지반의 부동침하에 적합함. 지하수위가 높은 지반에도 유효하며 독립기초방식보다 구조해석과 설계가 복잡함
지정 형식에 의한 분류	• 직접기초(얕은기초) : 기초판으로 직접 지반에 전달하는 기초 • 말뚝기초 : 지지말뚝과 마찰말뚝을 이용한 방식 • 피어기초 : 피어(Pier) 위에 기초판을 설치한 기초 • 잠함기초 : 피어의 일종이지만 피어보다 대형굴착을 함

023 기초의 지정형식에 따른 분류에서 얕은기초에 속하는 것은? [기13]

① 말뚝기초
② 직접기초
③ 피어기초
④ 잠함기초

정답 018 ③ 019 ③ 020 ③ 021 ② 022 ④ 023 ②

024 다음 기초구조에 대한 기술 중 옳지 않은 것은?
[산05,14]

① 복합기초는 2개의 기둥을 1개의 기초판으로 받게 한 것이다.
② 잠함기초는 구조물의 기초를 우물통형식으로 하여 무리말뚝의 역할을 하도록 한 것이다.
③ 연속기초는 건축물의 밑바닥 전부를 두꺼운 기초판으로 구성한 기초이다.
④ 독립기초는 기둥을 단독으로 지지하는 기초이다.

해설
③ 온통기초에 대한 설명이다.

025 연약지반에서 부동침하를 줄이기 위한 가장 효과적인 기초의 종류는?
[기19]

① 독립기초   ② 복합기초
③ 연속기초   ④ 온통기초

해설
온통 기초(매트 기초)
건물 하부 전체를 받치는 구조로 연약지반의 부동침하에 적합함. 지하수위가 높은 지반에도 유효하며 독립기초 방식보다 구조해석, 설계가 복잡함

026 기초구조에 관한 설명 중 옳은 것은?
[산13]

① 버림콘크리트는 강도를 중요시한다.
② 동결선은 지역에 상관없이 동일한 값을 갖는다.
③ 잡석 지정은 기초 하부의 배수에 유리하다.
④ 재질상의 분류로써 지지말뚝과 마찰말뚝으로 말뚝을 분류한다.

해설
- 버림콘크리트는 강도를 중요시하지 않는다.
- 동결선은 추운 겨울철에 땅이 얼어들어가는 깊이를 말하며, 우리나라는 남쪽지방과 중부지방, 북부지방의 동결깊이가 각각 다르다.
- 말뚝은 하중 전달의 분류로써 지지말뚝과 마찰말뚝으로 대별된다.

027 기초구조에 관한 설명으로 옳지 않은 것은?
[산19]

① 기초구조란 기초 슬래브와 지정을 총칭한 것이다.
② 경미한 구조라도 기초의 저면은 지하동결선 이하에 두어야 한다.
③ 온통기초는 연약지반에 적용하기 어렵다.
④ 말뚝기초는 지지하는 상태에 따라 마찰말뚝과 지지말뚝으로 구분된다.

해설
온통기초(Mat Foundation)는 연약지반에 효과적인 기초이다.

028 기초설계 시 인접대지와의 관계로 편심기초를 만들고자 한다. 이때 편심기초의 지반력이 균등하도록 하기 위하여 어떤 방법을 이용하는 것이 타당한가?
[기02,09,14,18]

① 지중보를 설치한다.   ② 기초면적을 넓힌다.
③ 기둥을 크게 한다.   ④ 기초두께를 두껍게 한다.

해설
기초설계 시 편심하중이 걸리거나 수직압력만 받도록 하거나 주각을 고정시키고자 할 때 지중보가 효과적이다.

029 철근콘크리트 독립기초를 설계할 때 수직압력만 받도록 하기 위한 방법으로 가장 효과적인 것은?
[기16]

① 기초판의 크기를 증가시킨다.
② 기초판의 두께를 증가시킨다.
③ 기초 위 주각을 연결하는 지중보의 크기를 증가시킨다.
④ 기초 위 기둥단면의 크기를 증가시킨다.

030 말뚝기초에 관한 설명으로 옳지 않은 것은?
[기19]

① 말뚝기초는 지반이 연약하고 기초 상부의 하중을 지지하지 못할 때 보강공법으로 쓰인다.
② 지지말뚝은 굳은 지반까지 말뚝을 박아 하중을 직접 지반에 전달하며 주위 흙과의 마찰력은 고려하지 않는다.
③ 마찰말뚝은 주위 흙과의 마찰력으로 지지되며, n개를 박았을 때 그 지지력은 n배가 된다.
④ 동일 건물에서는 서로 다른 종류의 말뚝을 혼용하지 않는다.

해설

지지말뚝과 마찰말뚝

지지말뚝	단단한 지층까지 직접 지지시키는 말뚝으로 주위 흙과의 마찰력은 고려하지 않는다.
마찰말뚝	연약지반에서의 말뚝의 마찰력을 이용한 것으로 사질지반에 효과적이며 말뚝의 길이는 짧게 하고 수량을 많게 하는 것이 좋으며, 주변부에서 중앙으로 박아가는 것이 좋다. 보통 마찰말뚝 n개를 박았을 때 그 지지력은 n배보다 감소하는 특성이 있다.

해설

재료상 말뚝의 간격

구분	중심 간 간격
나무말뚝	600mm 또한 2.5D 이상
기성콘크리트말뚝	750mm 또한 2.5D 이상
(현장타설콘크리트말뚝) (제자리콘크리트말뚝)	(D+1,000mm) 또한 2.0D 이상
강재말뚝	750mm 또한 2.0D(폐단강관말뚝은 2.5D) 이상

031 다음의 말뚝기초에 대한 설명 중 옳지 않은 것은?
[기07]

① 말뚝기초설계에 있어서 하중의 편심에 대한 검토는 하지 않는다.
② 동일 건축물 또는 공작물에서 지지말뚝과 마찰말뚝을 혼용해서는 안 된다.
③ 충격력, 반복력, 횡력, 인발력 등을 받는 기초에 있어서는 말뚝기초에 대한 지반의 저항력 및 말뚝에 발생하는 복합응력에 대하여 안전성을 검토하여야 한다.
④ 기성콘크리트말뚝을 타설할 때 그 중심간격은 말뚝머리 지름의 2.5배 이상 또한 750mm 이상으로 한다.

해설

말뚝기초설계에 있어서 하중의 편심에 대한 검토는 중요하다.

032 말뚝재료별 구조세칙에 관한 기술 중 옳지 않은 것은?
[산16]

① 나무말뚝을 타설할 때 그 중심간격은 말뚝머리 지름의 2.5배 이상 또한 600mm 이상으로 한다.
② 기성콘크리트말뚝을 타설할 때 그 중심간격은 말뚝머리 지름의 2.5배 이상 또한 750mm 이상으로 한다.
③ 강재말뚝을 타설할 때 그 중심간격은 말뚝머리 지름 또는 폭의 1.5배 이상 또한 700mm 이상으로 한다.
④ 현장타설콘크리트말뚝을 배치할 때 그 중심간격은 말뚝머리 지름의 2.0배 이상 또한 말뚝머리 지름에 1,000mm를 더한 값으로 한다.

033 다음 ( ) 안에 알맞은 숫자가 순서대로 옳게 짝지어진 것은?
[기11,15]

현장타설콘크리트말뚝을 배치할 때 그 중심간격은 ( )배 이상 또한 말뚝머리 지름에 ( )mm를 더한 값 이상으로 한다.

① 2.5, 900
② 2.5, 1000
③ 2.0, 900
④ 2.0, 1000

034 기성콘크리트말뚝을 타설할 때 그 중심간격은 말뚝머리 지름의 최소 몇 배 이상으로 하여야 하는가?
[기10, 산03,05,11]

① 1.5배
② 2.5배
③ 3.5배
④ 4.5배

035 기성콘크리트말뚝을 타설할 때 최소 중심간격은 얼마 이상으로 하여야 하는가?
[산15]

① 450mm
② 600mm
③ 750mm
④ 900mm

해설

기성콘크리트말뚝 중심간격(다음 값 중 큰 값)
- 2.5D 이상 : 2.5(400) = 1,000mm
- 750mm 이상

036 표준관입시험에 대한 설명 중 옳지 않은 것은? [산07]

① N값으로 모래지반의 상대밀도를 추정할 수 있다.
② 사용되는 해머의 중량은 63.5kg이다.
③ 해머의 낙하높이는 76cm를 기준으로 한다.
④ 25cm 관입할 때까지 타격횟수 N값을 구하는 시험법이다.

해설

표준관입시험(Standard Penetration Test)
- 사질(모래)지반에 적합한 공법으로 보링 구멍을 이용하여 로드(Rod) 끝에 샘플러를 달고 상단에서 63.5kg의 추를 76cm 높이에서 자유낙하시켜 30cm 관입시키는 데 필요한 타격횟수 N을 구한다.

N값	모래의 상대밀도
0~4	몹시 느슨하다
4~10	느슨하다
10~30	보통
50 이상	다진 상태

- N값으로 추정할 수 있는 사항
  - 모래의 상대밀도와 내부 마찰각
  - 점토지반의 컨시스턴스와 1축 압축강도
  - 선단 지지층이 모래지반일 때 말뚝의 지지력

037 모래지반에서 N치가 20일 때 해당되는 지반의 상대밀도는? [기06]

① 아주 느슨하다.   ② 느슨하다.
③ 보통이다.   ④ 아주 조밀하다.

038 지반에 관한 설명으로 옳지 않은 것은? [산11]

① 지반의 내력이 부족할 때에는 지정을 하여 내력을 증진시킨다.
② 지지 지반이 깊은 곳에 있을 때에는 말뚝지정을 한다.
③ 지반은 수위가 변동되어 낮아지면 압밀침하를 일으킨다.
④ 표준관입시험의 N값이 높을수록 지반의 상태는 느슨하다.

039 다음 중 연약점토지반의 점착력을 판별하는 데 가장 적합한 시험방법은? [산08,09]

① 표준관입시험   ② 평판재하시험
③ 콤퍼지트 샘플링   ④ 베인 테스트

해설

베인 테스트(Vane Test)
점토질지반에 적합한 방식으로 지반의 점착력을 판별하는 방법이다.

040 다음 중 지반의 장기허용지내력도의 값으로 적당하지 않은 것은? [산07]

① 경암 : 4,000kN/m²
② 자갈 : 300kN/m²
③ 자갈과 모래와의 혼합물 : 150kN/m²
④ 모래 또는 점토 : 100kN/m²

해설

지반의 장기허용지내력도

지반의 종류	장기	단기
경암반	4,000	장기값의 1.5배
연암반	2,000	
자갈	300	
자갈+모래	200	
모래	100	
모래+점토	150	
점토	100	

041 각 지반의 허용지내력 크기가 큰 것에서 작은 순서로 맞게 나열된 것은? [기00,07]

| ㉮ 점토 | ㉯ 모래 | ㉰ 혈암 |
| ㉱ 화성암 | ㉲ 자갈 | |

① ㉱ - ㉲ - ㉰ - ㉯ - ㉮
② ㉱ - ㉰ - ㉲ - ㉯ - ㉮
③ ㉰ - ㉱ - ㉲ - ㉯ - ㉮
④ ㉱ - ㉲ - ㉯ - ㉰ - ㉮

정답 036 ④ 037 ③ 038 ④ 039 ④ 040 ③ 041 ②

042 지반의 단기허용지내력도가 30kN/m²일 때 장기 허용지내력도는? [산12]

① 15kN/m² ② 20kN/m²
③ 45kN/m² ④ 60kN/m²

> 해설
> • 단기허용지내력도 = 장기허용지내력도 × 1.5
> • 장기허용지내력도 = 단기허용지내력도 ÷ 1.5
> = 30 ÷ 1.5 = 20kN/m²

043 건물의 부동침하 원인으로 가장 거리가 먼 것은? [산-03,06,07,10]

① 지반이 연약한 경우
② 이질기초를 한 경우
③ 지하실을 강성체로 설치한 경우
④ 경사지반에 놓인 경우

> 해설
> **부동침하 원인 및 방지대책**
>
> | 부동침하 원인 | |
> |---|---|
> | ① 지반이 연약한 경우 | ② 연약층의 두께가 상이할 때 |
> | ③ 이질 지층일 때 | ④ 낭떠러지에 접근되어 있을 때 |
> | ⑤ 일부 증축 시 | ⑥ 지하수위 변경 시 |
> | ⑦ 지하에 매설물, 구멍이 있을 때 | ⑧ 메운 땅일 때(성토 등을 포함) |
> | ⑨ 이질 지정했을 때 | ⑩ 일부 지정했을 때 |
>
> | 방지대책 | |
> |---|---|
> | 상부구조에 대한 대책 | 하부구조에 대한 대책 |
> | ① 건물의 중량 분배 고려 | ① 경질지반에 지지시킬 것 |
> | ② 건물의 평면길이를 작게 할 것 | ② 마찰말뚝을 사용할 것 |
> | ③ 인접 건물과의 거리를 멀게 할 것 | ③ 지하실을 사용할 것 |
> | ④ 건물의 강성을 높일 것 | ④ 기초 상호 간을 연결할 것 |
> | ⑤ 건물의 경량화 | |

044 부동침하의 원인과 거리가 먼 것은? [기14,17]

① 건물과 경사지반에 근접되어 있을 경우
② 건물이 이질지반에 걸쳐 있을 경우
③ 이질의 기초구조를 적용했을 경우
④ 건물의 강도가 불균등할 경우

045 연약지반에서 발생하는 부동침하의 원인으로 옳지 않은 것은? [기17]

① 부분적으로 증축했을 때
② 이질지반에 건물이 걸쳐 있을 때
③ 지하수가 부분적으로 변화할 때
④ 지내력을 같게 하기 위해 기초판 크기를 다르게 했을 때

046 연약지반에 기초구조를 적용할 때 부동침하를 감소시키기 위한 상부구조의 대책으로 옳지 않은 것은? [산03,05,07, 기18]

① 폭이 일정할 경우 건물의 길이를 길게 할 것
② 건물을 경량화할 것
③ 강성을 크게 할 것
④ 부분 증축을 가급적 피할 것

047 다음 중 부동침하를 방지하기 위한 대책과 가장 관계가 먼 것은? [기06,09]

① 구조물의 하중을 기초에 균등하게 분포시킨다.
② 필요시 복합기초를 사용한다.
③ 기초 상호 간을 지중보로 연결한다.
④ 건물의 길이를 길게 한다.

048 연약지반에 대한 대책으로 옳지 않은 것은? [기17]

① 지반개량공법을 실시한다.
② 말뚝기초를 적용한다.
③ 독립기초를 적용한다.
④ 건물을 경량화한다.

049 연약지반의 기초구조에 대한 설명 중 옳지 않은 것은? [기11]

① 기초 상호 간을 지중보로 연결한다.
② 가능한 한 경질지반에 지지한다.
③ 흙다지기, 강제배수 등의 방법으로 지반을 우선 개량한다.
④ 말뚝의 사용을 배제한다.

해설
연약지반의 기초구조에서 말뚝의 사용을 배제하지 않고 마찰말뚝 등으로 시공한다.

050 건물의 부동침하를 방지하기 위한 방법이다. 가장 효과적인 순서로 나열한 것은?

(a) 구조물 전체의 하중을 고르게 기초에 분포시킨다.
(b) 복합기초로 한다.
(c) 건물 중량을 줄인다.
(d) 기초 상호 간을 연결한다.

① (c) → (a) → (d) → (b)
② (a) → (d) → (b) → (c)
③ (b) → (c) → (a) → (d)
④ (d) → (b) → (c) → (a)

051 기초형식 선정에 대한 설명으로 옳지 않은 것은?
[산07,10,12,18]

① 구조성능, 시공성, 경제성 등을 검토하여 합리적으로 기초형식을 선정하여야 한다.
② 기초는 상부구조의 규모, 형상, 구조, 강성 등을 함께 고려해야 하고, 대지의 상황 및 지반의 조건에 적합하며, 유해한 장애가 생기지 않아야 한다.
③ 동일 구조물의 기초에서는 이종형식 기초의 병용을 원칙으로 한다.
④ 기초형식의 선정 시 부지 주변에 미치는 영향을 충분히 고려하여야 하며, 또한 장래 인접대지에 건설되는 구조물과 그 시공에 의한 영향까지도 함께 고려하는 것이 바람직하다.

해설
동일 구조물의 기초에서는 이종형식 기초의 병용은 부동침하의 원인이 되므로 사용하지 않는다.

052 기초설계 시 여러 종류의 말뚝을 혼용할 때 일반적으로 예상되는 문제점은?
[산12]

① 압밀 ② 전도
③ 부동침하 ④ 수평이동

053 말뚝기초에 관한 설명으로 옳지 않은 것은? [산19]
① 말뚝은 압밀 등에 대한 침하를 고려하여야 한다.
② 말뚝기초의 허용지지력 산정은 말뚝만이 힘을 받는다.
③ 말뚝기초의 기초판 설계에서 말뚝의 반력은 중심에 집중된다고 가정하여 휨모멘트를 계산할 수 있다.
④ 대규모 기초구조는 기성말뚝과 제자리콘크리트말뚝을 혼용하여야 한다.

054 기초 및 지반에 관한 기술 중 틀린 것은? [산15]
① 철근콘크리트 기초에 배근되는 철근배근량은 기초의 부동침하에 큰 영향을 미치지 않는다.
② 지반개량법 중 하나인 강제 압밀탈수공법은 점토질 지반에 적합한 개량법이다.
③ 지내력시험 시 내압판이 크면 클수록 실제에 가까운 값을 얻을 수 있다.
④ 블리딩이란 흙막이벽 공사 시 흙막이벽 뒷부분의 흙이 미끄러져 들어오는 현상을 의미한다.

해설
④는 흙막이 붕괴원인 중 파이핑(Piping)현상 설명이다.

055 신축 건물의 기초파기 중 토질에 생기는 현상과 관계가 가장 적은 것은? [기00,03,07,08]
① 보일링(Boiling) ② 파이핑(Piping)
③ 히빙(Heaving) ④ 언더 피닝(Under Pinning)

해설
흙막이 붕괴 원인
• 히빙(Heaving)
 – 원인 : 하부 지반이 연약하거나 상부 재하 하중이 커서 흙막이 바깥쪽의 흙이 붕괴되어 흙막이 안쪽으로 밀려 볼록하게 되는 현상이다.
 – 방지 : 널말뚝의 강성을 크게 하고 경질지반까지 깊게 박는다.
• 보일링(Boiling)
 – 원인 : 투수성이 좋은 사질지반에서 상승하는 유수로 말미암아 모래입자가 부력을 받아 모래지반의 지지력이 약해지는 현상이다.
 – 방지 : 지하수위를 낮추거나 불투수성 점토질까지 밑둥넣기한다.
• 파이핑(Piping)
 – 정의 : 흙막이의 뚫린 구멍 또는 이음새를 통하여 물이 공사장 내부로 스며드는 현상이다.
 – 언더 피닝(Under Pinning) : 기존 건축물 가까이 신축공사를 할 때 기존 건물의 지반과 기초를 보강하는 공법

정답 050 ② 051 ③ 052 ③ 053 ④ 054 ④ 055 ④

03. 내진설계

056 지진의 진도(Intensity)와 규모(Magnitude)에 대한 설명으로 옳지 않은 것은? [기13,16]

① 진도는 상대적 개념의 지진 크기이다.
② 규모는 장소에 관계없는 절대적 개념의 크기이다.
③ 진도는 사람이 느끼는 감각, 물체 이동 등을 계급별로 구분한다.
④ 규모는 지반의 운동 정도를 평가하나 정밀하지는 않다.

해설
지진규모
① 지진의 크기를 대표하는 기준으로, 장소에 관계없는 절대적 개념(정량적 개념)으로 진도에 비해 정밀한 값이다.
② 지진이 발생했을 때 지진파의 파동으로 방출된 총 에너지를 기준으로 크기를 나타내는 척도이다.
③ 지진계에 기록된 진폭을 진원의 깊이와 진앙까지의 거리 등을 고려하여 지수로 나타낸 것으로, 소수 첫째자리까지 표시한다.

057 지진에 대응하는 기술 중 하나인 제진(制震)에 대한 설명으로 옳지 않은 것은? [기09,14]

① 기존 건물의 구조형식에 좌우되지 않는다.
② 지반계수에 의한 제약을 받지 않는다.
③ 소형 건물에 일반적으로 많이 적용된다.
④ 댐퍼 등을 사용하여 흔들림을 효과적으로 제어한다.

해설
제진
건물 자체에 별도의 컴퓨터나 계측기 등의 장치를 이용하여 지진력을 상쇄할 수 있도록 구조물 내에서 힘을 발생시키거나 지진력을 흡수하여 구조물이 부담해야 할 지진력을 감소시키는 능동적 개념의 기술로 일반적으로 대형 건물에 적용된다.

058 우리나라 유효지반가속도(S)값이 바르게 연결된 것은? [기08,17]

① 지진지역 Ⅰ-$S=0.22g$, 지진지역 Ⅱ-$S=0.14g$
② 지진지역 Ⅰ-$S=0.34g$, 지진지역 Ⅱ-$S=0.22g$
③ 지진지역 Ⅰ-$S=0.22g$, 지진지역 Ⅱ-$S=0.34g$
④ 지진지역 Ⅰ-$S=0.14g$, 지진지역 Ⅱ-$S=0.22g$

해설
유효지반가속도(S) : 지진하중을 산정하기 위해 해당 지역의 지진위험도를 가속도의 형태로 나타낸 것

지진구역	행정구역		S
Ⅰ	시	서울, 인천, 대전, 부산, 대구, 울산, 광주, 세종	0.22
	도	경기, 충북, 충남, 경북, 경남, 전북, 전남, 강원 남부[1]	0.14
Ⅱ	도	강원 북부[2], 제주	

1) 강원 남부(군, 시) : 영월, 정선, 삼척, 강릉, 동해, 원주, 태백
2) 강원 북부(군, 시) : 홍천, 철원, 화천, 횡성, 평창, 양구, 인제, 고성, 양양, 춘천, 속초

059 우리나라에서 유효지반가속도(S)를 결정하는 지진위험도 기준은? [기16]

① 100년 재현주기 지진 ② 500년 재현주기 지진
③ 1000년 재현주기 지진 ④ 2400년 재현주기 지진

060 건축구조기준 지반의 분류 중 지반 종류와 호칭이 옳게 연결된 것은? [기12, 산17]

① S_1 : 보통암 지반   ② S_2 : 연암 지반
③ S_3 : 경암 지반   ④ S_4 : 깊고 단단한 지반

해설
지반의 분류

지반종류	지반 종류의 호칭	분류 기준	
		기반암 깊이, H(m)	토층평균전단파속도, $V_{s,soil}$(m/s)
S_1	암반 지반	1 미만	—
S_2	얕고 단단한 지반	1~20 이하	260 이상
S_3	얕고 연약한 지반		260 미만
S_4	깊고 단단한 지반	20 초과	180 이상
S_5	깊고 연약한 지반		180 미만
S_6	부지 고유의 특성평가 및 지반응답해석이 필요한 지반		

061 다음 중 지반증폭계수가 가장 큰 지반은? [기11]

① 암반지반   ② 깊고 연약한 지반
③ 깊고 단단한 지반   ④ 얕고 단단한 지반

해설
지반증폭계수는 지반이 깊고 연약할수록 값이 커진다.

정답 056 ④ 057 ③ 058 ① 059 ④ 060 ④ 061 ②

062 다음 중 내진설계의 기본적인 개념으로 옳지 않은 것은? [기09]

① 설계지진하중에 대한 구조물의 부분 파손을 가정한다.
② 보의 파괴보다는 기둥의 파괴를 유도한다.
③ 특정 층에 파괴가 집중되지 않도록 유도한다.
④ 접합부는 부재 중간의 파괴를 유도한다.

해설

내진설계의 기본 개념
① 지진이 발생하는 경우 예상되는 피해를 최소화하는 것이 내진설계의 근본 목표이다.
② 내진설계는 지진에 의한 인명과 재산을 보호하는 것을 최우선으로 고려한다.
③ 설계지진하중에 대한 구조물의 부분파손을 가정한다.
④ 기둥의 파괴보다는 먼저 보의 파괴를 유도한다.
⑤ 접합부보다는 먼저 부재의 파괴를 유도한다.
⑥ 전단파괴보다는 먼저 휨파괴를 유도한다.
⑦ 특정 층에 파괴가 집중되지 않도록 유도한다.
⑧ 취성파괴보다는 연성파괴로 유도한다.

063 다음 중 내진등급 '특'에 해당되는 건물에 관한 설명으로 옳지 않은 것은? [기08]

① 지진 후 피해복구에 필요한 중요시설을 갖추고 있거나 유해물질을 다량 저장하고 있는 구조물을 말한다.
② 종합병원은 내진등급 '특'에 해당한다.
③ 내진등급 '특'의 건물은 모두 내진설계범주 D에 해당한다.
④ 학교는 내진등급 '1'로 분류된다.

해설

내진중요도계수(KDS 41 00 00)

중요도	건축물의 용도
특	㉠ 연면적 1,000㎡ 이상인 위험물 저장 및 처리시설, 국가 또는 지방자치단체의 청사·외국공관·소방서·발전소·방송국·전신전화국 ㉡ 종합병원, 수술시설이나 응급시설이 있는 병원 ㉢ 지진과 태풍 또는 다른 비상시의 긴급대피수용시설로 지정한 건축물
1	㉠ 연면적 1,000㎡ 미만인 위험물 저장 및 처리시설, 국가 또는 지방자치단체의 청사·외국공관·소방서·발전소·방송국·전신전화국 ㉡ 연면적 5,000㎡ 이상인 공연장·집회장·관람장·전시장·운동시설·판매시설·운수시설(화물터미널과 집배송시설은 제외함) ㉢ 아동관련시설·노인복지시설·사회복지시설·근로복지시설 ㉣ 5층 이상인 숙박시설·오피스텔·기숙사·아파트 ㉤ 학교 ㉥ 수술시설과 응급시설 모두 없는 병원, 기타 연면적 1,000㎡ 이상인 의료시설로서 중요도(특)에 해당하지 않는 건축물
2	중요도 '특', '1', '3'에 해당하지 않는 건축물
3	㉠ 농업시설물, 소규모 창고 ㉡ 가설구조물

내진설계 범주[KDS 41 00 00]
① 모든 구조물은 내진등급과 설계스펙트럼가속도 S_{DS}, S_{D1}에 따라 다음의 내진설계 범주를 결정한다.
② 내진설계 범주가 서로 다른 경우에는 높은 내진설계 범주로 분류한다.
③ 내진등급의 특등급은 B가 될 수 없고, 1등급이나 2등급은 설계스펙트럼가속도에 따라 A, B, C, D 어느 하나에 해당한다.

064 다음 중 내진 특등급 구조물의 허용층간변위는? (단, h_{sx}는 x층 층고) [기07]

① $0.05h_{sx}$
② $0.010h_{sx}$
③ $0.015h_{sx}$
④ $0.020h_{sx}$

해설

허용층간변위(Δ_x) : h_{sx}는 x층 층고

구분	내진등급		
	특	I	II
허용층간변위 Δ_a	$0.010h_{sx}$	$0.015h_{sx}$	$0.020h_{sx}$

065 다음 중 내진 1등급 구조물의 허용층간변위는? (단, h_{sx}는 x층 층고) [기10,17]

① $0.05h_{sx}$
② $0.010h_{sx}$
③ $0.015h_{sx}$
④ $0.020h_{sx}$

066 다음 중 등가정적해석법에 따른 밑면전단력을 구하는 식으로 옳은 것은? (단, V: 밑면전단력, C_S: 지진응답계수, W: 유효건물중량) [기10]

① $V = C_S \cdot W$
② $V = C_S / W$
③ $V = C_S / 2W$
④ $V = C_S / 3W$

정답 062 ② 063 ③ 064 ② 065 ③ 066 ①

해설

밑면전단력 산정

$$V = C_s W = \frac{S_{D1}}{\left[\frac{R}{I_E}\right] T} W$$

여기서, C_s : 지진응답계수
W : 고정하중을 포함한 유효건물중량
I_E : 건축물의 중요도계수
R : 반응수정계수
S_{D1} : 주기 1초에서의 설계스펙트럼가속도
T : 건축물의 고유주기(초)

067 다음 중 내진설계에 있어서 밑면전단력 산정과 가장 관계가 먼 것은? [기07,19]

① 건물의 중요도계수   ② 진도계수
③ 반응수정계수   ④ 유효건물중량

068 밑면전단력 산정 시 활용되는 지진응답계수를 구성하는 4가지 항목과 가장 거리가 먼 것은? [기13,15]

① 반응수정계수   ② 건물의 중요도계수
③ 건물의 유효중량   ④ 건물의 고유주기

069 등가정적해석법을 사용하여 밑면전단력을 산정하는 경우 밑면전단력의 크기가 가장 작은 구조물은? [기09]

① 건물의 중량이 크고 주기가 짧은 구조물
② 건물의 중량이 크고 주기가 긴 구조물
③ 건물의 중량이 작고 주기가 짧은 구조물
④ 건물의 중량이 작고 주기가 긴 구조물

070 등가정적해석법에 의한 건축물의 내진설계 시 고려해야 할 사항이 아닌 것은? [기14]

① 지역계수   ② 지반 종류
③ 노풍도계수   ④ 반응수정계수

071 등가정적해석법에 따른 지진응답계수의 산정식과 가장 거리가 먼 것은? [기16,18]

① 가스트 영향계수
② 반응수정계수
③ 주기 1초에서의 설계스펙트럼가속도
④ 건축물의 고유주기

해설
가스트영향계수(Gust Effect Factor)는 바람의 난류로 인해 발생되는 구조물의 동적 거동성분을 나타낸 것으로 풍하중설계와 관련된 지표이다.

072 동일한 주기, 중량, 그리고 중요도계수를 가지는 구조물 중 가장 작은 크기의 지진하중으로 설계할 수 있는 구조 시스템은? [기08]

① 철근콘크리트 전단벽 시스템
② 철근콘크리트 중간모멘트골조
③ 철골 편심가새골조
④ 철근보강 조적 전단벽

073 내진설계 시 휨모멘트와 축력을 받는 특수모멘트골조 부재의 축방향 철근의 최대 철근비는? [산18]

① 0.02   ② 0.04
③ 0.06   ④ 0.08

해설
특수모멘트골조의 최소 철근비는 0.01 이상, 최대 철근비는 0.06 이하이어야 한다.

정답 067 ② 068 ③ 069 ④ 070 ③ 071 ① 072 ③ 073 ③

074 지진력저항 시스템의 분류 중 이중골조 시스템에 관한 설명으로 옳지 않은 것은? [기18]

① 모멘트골조가 최소한 설계지진력의 75%를 부담한다.
② 모멘트골조와 전단벽 또는 가새골조로 이루어져 있다.
③ 전체 지진력은 각 골조의 횡강성비에 비례하여 분배한다.
④ 일정 이상의 변형능력을 갖도록 연성상세설계가 되어야 한다.

해설
지진저항 시스템

내력벽방식	수직하중과 횡력을 전단벽이 부담하는 구조방식
가새골조방식	트러스방식으로서 주로 축방향응력을 받는 부재로 구성된 가새방식
건물골조방식	수직하중은 입체골조가 저항하고, 지진하중은 전단벽이나 가새골조가 저항하는 구조방식
모멘트골조방식	수직하중과 횡력을 보와 기둥으로 구성된 라멘골조가 저항하는 구조방식
이중골조방식	횡력의 25% 이상을 부담하는 연성모멘트골조가 전단벽이나 가새골조와 조합되어 있는 구조방식

075 지진하중이 작용하는 철근콘크리트부재의 설계에 관한 상세규정으로 옳지 않은 것은? [기10]

① 축방향 철근 : 접합면에서 정모멘트에 대한 강도는 부모멘트에 대한 강도의 $\frac{2}{3}$ 이상이어야 한다.
② 횡방향 철근 : 첫 번째 후프철근은 지지부재의 면으로부터 50mm 이내에 위치하여야 한다.
③ 횡방향 철근 : 후프철근이 필요하지 않은 곳에서는 부재의 전 길이에 걸쳐서 $\frac{d}{2}$ 이내의 간격으로 양단 내진갈고리를 갖춘 스터럽을 배치하여야 한다.
④ 횡방향 철근 : 후프철근의 최대 간격은 $\frac{d}{4}$, 축방향 철근의 최소 지름의 8배, 후프철근 지름의 24배, 300mm 중 가장 작은 값을 초과하지 않아야 한다.

해설
지진지역 보의 내진상세
- 접합면에서 정휨강도는 부휨강도의 1/3 이상이어야 한다.
- 부재의 축방향 길이에 따른 모든 단면에서의 정 또는 부휨강도는 양측 접합부 면에서 최대 휨강도의 1/5 이상이 되어야 한다.
- 스터럽은 부재 전 길이에 걸쳐서 $d/2$ 이하의 간격으로 배치
- 첫 번째 스터럽은 받침부 면으로부터 50mm 이내의 구간에 배치하여야 한다.
- 스터럽의 최대 간격은 $d/4$, 감싸고 있는 종방향 철근 최소 직경의 8배, 스터럽 직경의 24배, 300mm(이 중 최솟값 이하)

076 그림과 같은 단면을 가지는 보의 내진설계 수행 시, 부재 단부에서 부재 중앙으로 부재 높이의 2배에 해당되는 구간에 필요한 스터럽의 최대 간격은?
(단, 주근 : 4-D16, 스터럽 : D10, $d=400$mm, $f_{ck}=24$MPa, $f_y=400$MPa) [기06]

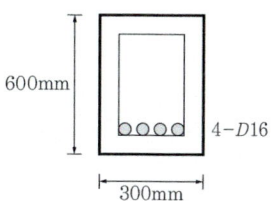

① 100mm ② 150mm
③ 200mm ④ 250mm

해설
보의 내진설계 시 스터럽의 최대 간격은 다음 중 최솟값으로 한다.
(1) $\frac{d}{4} = \frac{400\text{mm}}{4} = 100\text{mm}$ 이하
(2) 감싸고 있는 종방향 철근 최소 직경의 8배 = $16\text{mm} \times 8 = 128\text{mm}$
(3) 스터럽 직경의 24배 = $10\text{mm} \times 24 = 240\text{mm}$
(4) 300mm

077 그림과 같이 배근(8-D19)된 기둥에서 강도설계법에 의한 내진설계 시 양단부에서 배치할 띠철근의 간격으로 옳은 것은? [기06]

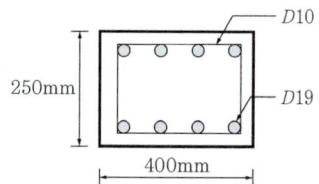

① 120mm ② 150mm
③ 240mm ④ 300mm

해설
띠철근의 최대 간격은 다음에 의해 계산한 값 중에서 최솟값으로 한다.
(1) $8 \times 19\text{mm} = 152\text{mm}$
(2) $24 \times 10\text{mm} = 240\text{mm}$
(3) $250\text{mm} \times \frac{1}{2} = 125\text{mm}$
(4) 300mm

PART 2

구조역학

CHAPTER

01 힘과 모멘트
02 구조물의 개론
03 정정보(Statically Determinate Beam)
04 정정라멘 및 정정아치
05 정정트러스
06 단면의 성질
07 재료의 역학적 성질
08 보의 응력 및 설계
09 기둥 및 기초
10 정정구조물의 변형
11 부정정구조물

구조역학 최근 5개년 기출 누적개수

항목	개수
힘과 모멘트	7
구조물의 개론	26
정정보	34
정정라멘 및 정정아치	13
정정트러스	13
단면의 성질	29
재료의 역학적 성질	30
보의 응력 및 설계	11
기둥 및 기초	24
정정구조물의 변형	40
부정정구조물	37

구조역학은 예전보다 출제비중이 높아지고 있으며 주로 7~10문항이 계산문제 위주로 출제되고 있다. 힘의 모멘트 개념과 구조물의 평형에 대한 원리를 이해한 후 기출 문제 위주로 학습하는 것이 필요하다.

CHAPTER 01 힘과 모멘트

빈출 KEY WORD
\# 힘의 3요소   \# 한 점에 작용하는 두 힘의 합력   \# 바리뇽의 정리
\# 라미의 정리   \# 모멘트   \# 힘의 평형

01 힘

1. 정의
물체에 작용하여 그 운동상태나 형상, 방향을 바꾸는 원인이 되는 것을 말한다.

2. 단위

(1) 물리학
① 1Newton : 질량 1kg의 물체에 $1m/sec^2$의 가속도를 낼 수 있는 힘
② 1Dyne : 질량 1g의 물체에 $1cm/sec^2$의 가속도를 낼 수 있는 힘

(2) 공학 : kN, N과 중력 단위(tonf, kgf) 사용

3. 힘의 표시

힘의 표시는 크기와 방향을 가지는 물리량, 즉 벡터(Vector)로 표시되며, 힘의 3요소(크기, 방향, 작용점)를 모두 표시해야 한다.

(1) 힘의 3요소
① 크기(Magnitude) : 선분의 길이(적당히 축척된)로 표시(l)
② 방향(Direction) : 선분의 기울기와 화살표로 표시(θ)
③ 작용점(Point of Application) : 선분상의 한 점(선분의 시작점)인 좌표로 표시

(2) 부호 규약
힘의 작용방향에 따른 부호
① 수직분력 : 상향력 ↑ (+), 하향력 ↓ (-)
② 수평분력 : 우측방향 → (+), 좌측방향 ← (-)

▶ 힘의 표시

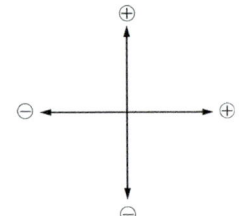

- 작용선(Line of Application)
  작용점을 지나 힘의 방향으로 그은 직선을 힘의 작용선이라 한다.

▶ 힘의 부호

02 힘의 합성과 분해

1. 합성
물체에 작용하는 여러 개의 힘을 이것과 똑같은 효과를 갖는 하나의 힘,

즉 합력(合力 ; Resultant)으로 나타낼 수 있는데, 이것을 힘의 합성(合成 ; Composition)이라 하고, 분해(分解 ; Resolution)는 합성과는 반대로 하나의 힘을 이것과 똑같은 효과를 갖는 여러 개의 힘으로 나누는 것인데, 이때 여러 개로 나누어지는 힘을 분력(分力 ; Component)이라 한다.

(1) 한 점에 작용하는 두 힘의 합성

① 도해법

　㉠ 평행사변형법 : 그림에서 P_1을 P_2의 끝점 A에 평행하게 평행선을 그리고, P_2를 P_1의 끝점 B에 평행하게 평행선을 그려서 만나는 교점 C와 R 두 힘의 최초 작용점 O와 연결한 대각선 OC가 합력이 된다.

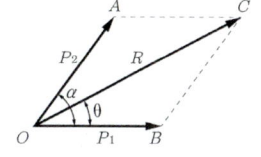

(a) 힘의 평행사변형

　㉡ 삼각형법 : 그림에서 힘 P_2를 P_1의 끝점 B에 α각만큼 그대로 이동하여 끝나는 점 C와 두 힘의 최초 작용점 O와 연결한 대각선 OC가 합력 R이 된다.

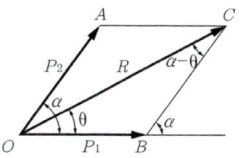

(b) 힘의 삼각형

② 해석법

　㉠ 피타고라스(Pythagoras)의 정리, 코사인(Cosine)법칙을 이용하여 구한다.

　㉡ 두 힘이 임의의 각을 이룰 경우

　　• 합력의 크기

$$R = \sqrt{(P_1 + P_2\cos\alpha)^2 + (P_2\sin\alpha)^2}$$
$$= \sqrt{P_1^2 + 2P_1P_2\cos\alpha + P_2^2\cos^2\alpha + P_2^2\sin^2\alpha}$$
$$R = \sqrt{P_1^2 + P_2^2 + 2P_1P_2\cos\alpha}$$

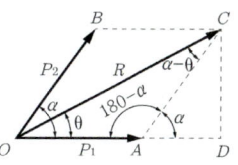

(c) 피타고라스 정리

　　• 합력의 방향

$$\tan\theta = \frac{P_2\sin\alpha}{P_1 + P_2\cos\alpha} \qquad \theta = \tan^{-1}\frac{P_2\sin\alpha}{P_1 + P_2\cos\alpha}$$

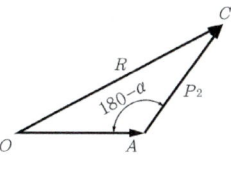

(d) 코사인법칙

Q1. 다음 중 힘의 3요소가 아닌 것은?

① 크기　　② 방향
③ 작용점　④ 모멘트

해설　힘의 3요소 : 크기, 방향, 작용점

Q2. 그림과 같이 60°의 각도를 이루는 두 힘 P_1, P_2가 작용할 때 합력 R의 크기는?

① 7kN
② 8kN
③ 9kN
④ 10kN

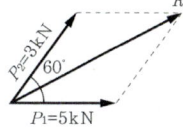

해설　$R = \sqrt{P_1^2 + P_2^2 + 2P_1P_2\cos\alpha}$
　　$= \sqrt{5^2 + 3^2 + 2\times 5\times 3\times \cos 60°} = 7\text{kN}$

> 힘의 위치도(힘의 공간도)

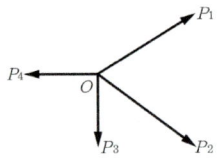

> 시력도(힘의 다각형)

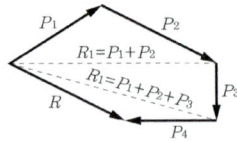

(2) 한 점에 작용하는 여러 힘의 합성

① 도해법 : 여러 힘을 순서대로 평행이동시켜 다각형을 만들어 최초의 힘의 작용점과 마지막 힘의 끝점을 연결한 수선이 합력이 된다.
  ㉠ 합력의 크기와 작용방향을 구할 수 있다.
  ㉡ 합력이 0이 되는 경우는 시력도가 폐합되었다는 것이다.

② 해석법 : 각 힘에 대하여 수평방향과 수직방향의 분력을 구하고 전체적인 수평방향 분력의 총합(ΣH)과 수직방향의 총합(ΣV)을 구하여 피타고라스의 정리를 이용하여 합력(R)을 구한다.

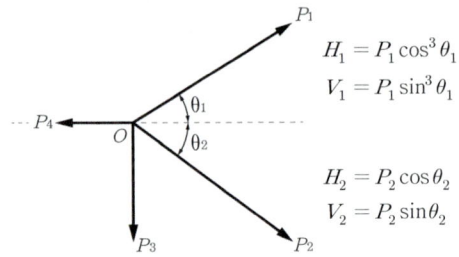

$H_1 = P_1 \cos^3 \theta_1$
$V_1 = P_1 \sin^3 \theta_1$

$H_2 = P_2 \cos \theta_2$
$V_2 = P_2 \sin \theta_2$

㉠ 수평분력의 총합
$$(\Sigma H) = H_1 + H_2 + H_3 + H_4 = P_1 \cos\theta_1 + P_2 \cos\theta_2 - P_4$$

㉡ 수직분력의 총합
$$(\Sigma H) = V_1 + V_2 + V_3 + V_4 = P_1 \sin\theta_1 - P_2 \sin\theta_2 - P_3$$

㉢ 합력의 크기
$$R = \sqrt{(\Sigma H)^2 + (\Sigma V)^2}$$

㉣ 합력의 방향
$$\tan\theta = \frac{\Sigma V}{\Sigma H}, \quad \theta = \tan^{-1}\frac{\Sigma V}{\Sigma H}$$

θ의 위치	제1상한	제2상한	제3상한	제4상한
ΣV	+	+	−	−
ΣH	+	−	−	+

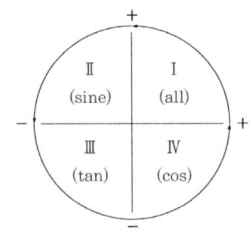

> 부호 규약
> 합력(R)의 작용점은 힘들의 작용점과 같으며, 방향각은 ΣH와 ΣV의 부호에 따른다.

㉤ 부호 규약 : 힘의 작용방향에 따른 부호
  • 수직분력 : 상향력↑(+), 하향력↓(−)
  • 수평분력 : 우측방향 → (+), 좌측방향 ← (−)

(3) 한 점에 작용하지 않는 여러 힘의 합성

① 도해법 : 작용선의 교점을 구하기 곤란한 경우 시력도에 의하여 합력의 크기와 방향을 구하고, 연력도에 의하여 합력의 작용선(위치)을 구한다.

㉠ 교차법(Method of Intersection), 쿨만(Culmann)법
  - 시력도에 의하여 합력의 크기와 방향을 구하고
  - 힘의 위치도에서 힘의 작용선을 순차로 교차시켜 합력의 작용점을 구한다.

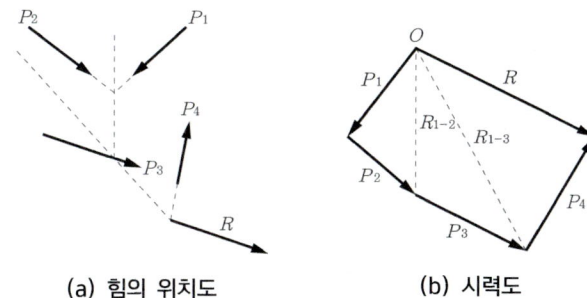

(a) 힘의 위치도   (b) 시력도

> **연력도와 시력도**
> - 연력도(連力圖, Funicular Polygon)
> 여러 힘이 평행하거나 평행에 가까울 때 그 합력의 작용선(위치)을 구할 수 있는 그림이다.
>
> - 시력도(示力圖, Force Diagram)
> 여러 힘의 합력을 도해적으로 구하는 방법으로 그 합력의 크기와 방향을 구할 수 있는 그림이다.

㉡ 연력도법(Method of Funicular Polygon)
  - 시력도에 의하여 합력의 크기와 방향을 구하고
  - 연력도에 의하여 합력의 작용점을 구한다.

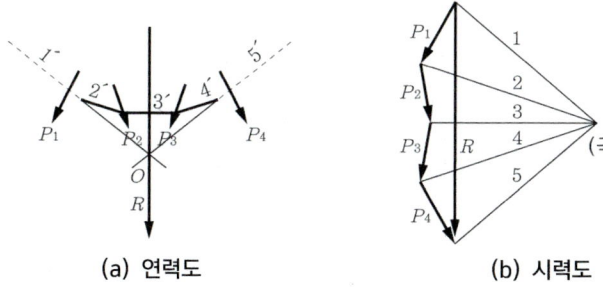

(a) 연력도   (b) 시력도

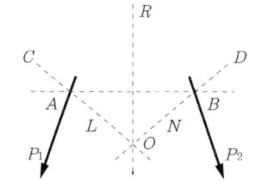

$\overline{CABD}$: 연력도
$\overline{CA}$, $\overline{DB}$: 단면

(a) 연력도

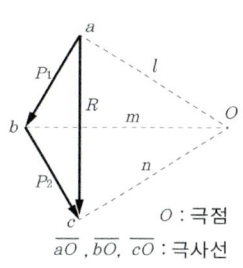

O : 극점
$\overline{aO}$, $\overline{bO}$, $\overline{cO}$: 극사선

(b) 시력도

㉢ 해석법 : 한 점에 작용하는 여러 힘의 합성과 같이 수평방향의 분력과 수직방향의 분력을 구하여 합력(R)과 방향을 구한다.

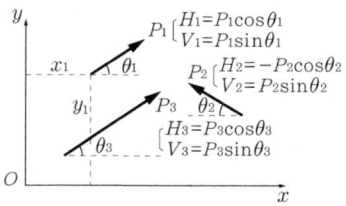

Q1. 그림과 같이 삼각형 구조가 평형상태에 있을 때 법선방향에 대한 힘의 크기 P는 약 얼마인가?

① 100kN
② 121kN
③ 131kN
④ 141kN

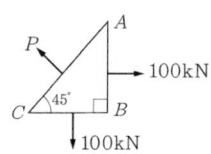

해설 (1) $P_x = 100$kN
  $P_y = 100$kN

(2) $P = \sqrt{P_x^2 + P_y^2}$
  $= \sqrt{100^2 + 100^2}$
  $= 100\sqrt{2} = 141.4$kN

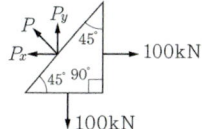

㉠ 합력의 크기 : P_1, P_2, P_3의 합력(R)을 구하면

$$\Sigma H = H_1 + H_2 + H_3 = P_1\cos\theta_1 - P_2\cos\theta_2 + P_3\cos\theta_3$$

$$\Sigma V = V_1 + V_2 + V_3 = P_1\sin\theta_1 + P_2\sin\theta_2 + P_3\sin\theta_3$$

$$R = \sqrt{(\Sigma H)^2 + (\Sigma V)^2}$$

㉡ 합력의 방향

$$\tan\theta = \frac{\Sigma V}{\Sigma H}, \quad \theta = \tan^{-1}\frac{\Sigma V}{\Sigma H}$$

㉢ 합력의 작용점 : 바리뇽(Varignon)의 정리

$$(\Sigma V)x_0 = V_1 x_1 + V_2 x_2 + V_3 x_3 = \Sigma(V \cdot x)$$

$$\therefore x_0 = \frac{\Sigma(V \cdot x)}{\Sigma V}\left(= \frac{V_1 x_1 + V_2 x_2 + V_3 x_3}{V_1 + V_2 + V_3}\right)$$

$$(\Sigma H)y_0 = H_1 y_1 + H_2 y_2 + H_3 y_3 = \Sigma(H \cdot y)$$

$$\therefore y_0 = \frac{\Sigma(H \cdot y)}{\Sigma H}\left(= \frac{H_1 y_1 + H_2 y_2 + H_3 y_3}{H_1 + H_2 + H_3}\right)$$

(4) 평행한 여러 힘의 합성

힘이 평행하게 작용될 때의 합력은 각각의 힘을 더하여 계산하고 그 합력의 위치는 바리뇽의 정리를 이용하여 구한다.

> **바리뇽 정리**
> **(Varignon's Theorem)**
> 임의의 점에서 여러 힘들의 합력에 대한 모멘트는 각각의 분력에 대한 모멘트의 대수합과 같다.
> $$\Sigma M_{합력} = \Sigma M_{분력}$$

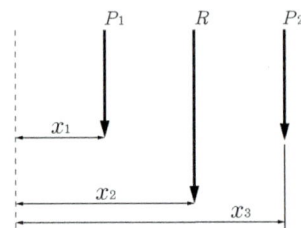

㉠ 합력의 크기(R)

$$\therefore R = P_1 + P_2$$

㉡ 합력의 위치 : 바리뇽(Varignon)의 정리

$$R \cdot x_0 = P_1 \cdot x_1 + P_2 \cdot x_2 \quad \therefore x_0 = \frac{P_1 \cdot x_1 + P_2 \cdot x_2}{R}$$

2. 분해

(1) 1개의 힘을 2개의 힘으로 분해

sine법칙을 이용한다.

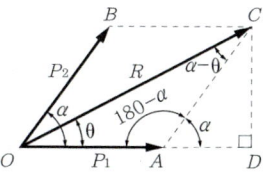

> **라미의 정리**
> 한 점에 작용하는 3개의 힘이 평형을 이루고 있을 때, 이 3개의 힘이 동일 평면상에 있다면 각각의 힘은 다른 두 힘 사이각의 sine값에 정비례한다.

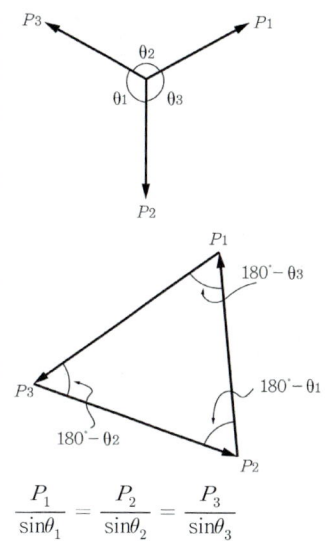

$$\frac{P_1}{\sin\theta_1} = \frac{P_2}{\sin\theta_2} = \frac{P_3}{\sin\theta_3}$$

△OAB에서

$$\frac{P_1}{\sin(\alpha-\theta)} = \frac{P_2}{\sin\theta} = \frac{R}{\sin(180-\alpha)}$$

$$\therefore P_1 = \frac{\sin(\alpha-\theta)}{\sin(180-\alpha)} \cdot R = \frac{\sin(\alpha-\theta)}{\sin\alpha} \cdot R$$

$$\therefore P_2 = \frac{\sin\theta}{\sin\alpha} \cdot R$$

이때, $\alpha = 90°$인 경우

$$\therefore P_1 = \frac{\sin(90°-\theta)}{\sin 90°} \cdot R = R\cos\theta$$

$$\therefore P_2 = \frac{\sin\theta}{\sin 90°} \cdot R = R\sin\theta$$

Q1. 다음에서 설명하는 정리는?

> 동일한 평면상의 한 점에 여러 개의 힘이 작용하고 있는 경우 이 평면상의 임의 점에 관한 이들 힘의 모멘트의 대수합은 동일점에 관한 이들 힘의 합력의 모멘트와 같다.

① Lami의 정리   ② Green의 정리
③ Pappus의 정리 ④ Varignon의 정리

Q2. 다음 그림에서와 같은 평행력(平行力)에 있어서 P_1, P_2, P_3, P_4의 합력 위치는 O점에서 얼마의 거리에 있는가?

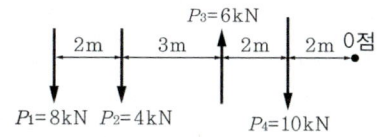

① 4.8m   ② 5.4m
③ 5.8m   ④ 6.0m

해설 ㉠ 합력 $R = 8+4-6+10 = 16\text{kN}(\downarrow)$
㉡ $\Sigma M_o = 8\times 9 + 4\times 7 - 6\times 4 + 10\times 2 = R\cdot x$
$x = \frac{96}{R} = \frac{96}{16} = 6\text{m}(\leftarrow)$

▶ 기본적 삼각함수

① 삼각함수 법칙

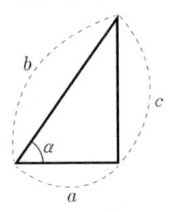

$$\begin{cases} \sin\alpha = \dfrac{c}{b} \\ \cos\alpha = \dfrac{a}{b} \\ \tan\alpha = \dfrac{c}{a} \end{cases} \begin{cases} \csc\alpha = \dfrac{b}{c} \\ \sec\alpha = \dfrac{b}{a} \\ \cot\alpha = \dfrac{a}{c} \end{cases}$$

▶ 모멘트의 부호

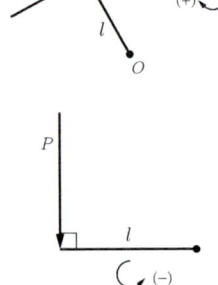

▶ 우력과 우력모멘트 (Couple Moment)

① 우력
크기가 같고 방향이 서로 반대인 나란한 한 쌍의 힘

② 우력 모멘트
두 힘 사이의 거리를 l이라 하면 Pl을 말하며, 같은 평면 내에 있는 어떠한 점에 대해서도 항상 같은 값의 모멘트를 갖는다.

(2) 1개의 힘을 2개의 평행한 힘으로 분해

바리뇽의 정리를 이용한다.

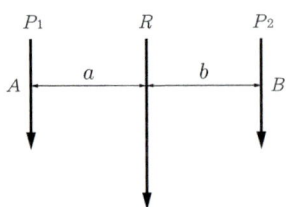

- P_1의 작용선상의 A점에 모멘트 중심을 잡으면

$$\Sigma M_A = 0$$
$$P_2(a+b) = R \cdot a$$

03 모멘트

1. 정의

공간상의 떨어진 임의의 위치로부터 물체에 힘이 작용하여 물체에 회전운동을 일으키는 작용

2. 크기

모멘트(M) = 힘(P) × 수직거리(l)

3. 단위

kN·m 등

4. 부호

① 시계바늘 방향으로 회전: 정(+)

② 반시계바늘 방향으로 회전: 부(−)

5. 모멘트의 기하학적 의의

힘의 모멘트 크기는 힘의 크기(P)를 밑변으로 하고, 모멘트 중심(O)을 꼭짓점으로 한 삼각형의 넓이의 2배와 같다.

$$\triangle \text{OAB} = \dfrac{1}{2} P \times l$$

$$M_0 = P \times l$$

$$\therefore M_0 = 2\triangle \text{OAB}$$

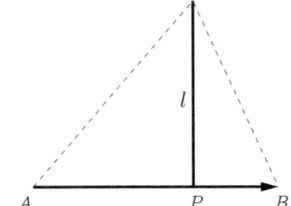

04 힘의 평형

1. 정의

물체나 구조물에 2개 이상의 힘이 작용할 때 이동 또는 회전하지 않는 상태, 즉 정지상태를 의미하며, 이것은 그 몇 개의 힘들이 서로 평형(균형)을 이루는 것을 의미하기도 한다.

2. 한 점에 작용하는 여러 힘의 평형

① 수식해법
- $\Sigma H = 0$
- $\Sigma V = 0$

② 도해법 : 시력도가 폐합되어야 한다.(합력 $R = 0$)

3. 한 점에 작용하지 않는 여러 힘의 평형

① 수식해법
- $\Sigma H = 0$ ⎫
- $\Sigma V = 0$ ⎬ 정역학적 평형 조건식
- $\Sigma M = 0$ ⎭

② 도해법
- 시력도가 폐합되어야 한다.(합력 $R = 0$)
- 연력도가 폐합되어야 한다.(우력 = 0, 즉 $M = 0$)

> **힘의 평형조건**
> 구조물이 이동이나 회전을 하지 않고 정지되어 있는 것은 그 구조물에 작용하는 외력이 균형된 것을 의미하며 구조물이 파괴되지 않고 안정하게 하중을 지탱하는 것은 그 구조물에 작용하는 외력과 내력이 균형을 이루고 있는 것을 의미한다.
>
> ① 한 점에 작용하는 여러 힘이 균형되기 때문에 합력
> $R = \sqrt{(\Sigma H)^2 + (\Sigma V)^2} = 0$
> 이어야 한다.
> $R = 0$이 되기 위해서는 $\Sigma H = 0$, $\Sigma V = 0$이 되는 것이 필요하다.
>
> ② 한 점에 작용하지 않는 여러 힘이 균형되려면, $R = 0$만으로는 충분하지 않다. 즉 우력 모멘트에 따라 회전이 생기는 경우가 있다. 따라서 이 경우 힘이 균형되기 위해서는 힘의 모멘트 합 $\Sigma M = 0$이 되는 것이 필요하다.

Q1. 다음 그림에서 힘 P의 점 O에 대한 모멘트값은? [산 08]

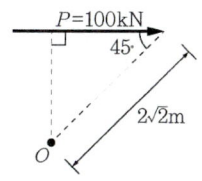

① $100\,\text{kN}\cdot\text{m}$　　② $200\,\text{kN}\cdot\text{m}$
③ $100\sqrt{2}\,\text{kN}\cdot\text{m}$　　④ $200\sqrt{2}\,\text{kN}\cdot\text{m}$

해설 (1) 모멘트 = 힘 × 수직거리
(2) $M_o = +(100)(2\sqrt{2} \cdot \sin 45°)$
     $= +200\,\text{kN}\cdot\text{m}(\curvearrowleft)$

Q2. 그림과 같은 구조물의 C점에 20kN의 수평력이 작용할 때 S부재에 발생하는 응력의 값은? [산19]

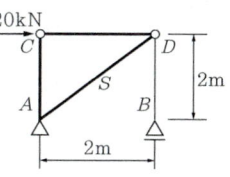

① $10\,\text{kN}$　　② $10\sqrt{2}\,\text{kN}$
③ $20\,\text{kN}$　　④ $20\sqrt{2}\,\text{kN}$

해설 힘의 평형조건을 이용한 부재력 계산
(1) $N_{CD} = 20\text{kN}$ (압축)
(2) 절점 D를 기준으로 $\Sigma H = 0$
$N_S \times \dfrac{1}{\sqrt{2}} - N_{CD} = 0$　∴ $N_S = 20\sqrt{2}\,\text{kN}$ (인장)

CHAPTER 01 필수 확인 문제

01 힘의 개념에 관한 설명으로 옳지 않은 것은? [산17]

① 힘은 변위, 속도와 같이 크기와 방향을 갖는 벡터의 하나이며, 3요소는 크기, 작용점, 방향이다.
② 힘은 물체에 작용해서 운동상태에 있는 물체에 변화를 일으키게 할 수 있다.
③ 물체에 힘의 작용 시 발생하는 가속도는 힘의 크기에 반비례하고 물체의 질량에 비례한다.
④ 강체에 힘이 작용하면 작용점은 작용선상의 임의 위치에 옮겨 놓아도 힘의 효과는 변함없다.

③ 물체에 힘이 작용 시 발생하는 가속도는 힘의 크기에 비례하고 물체의 질량에 반비례한다.

$F = ma \quad a = \dfrac{F}{m}$

정답 ③

02 그림과 같은 세 개의 힘이 평형상태에 있다면 C점에서 작용하는 힘 P와 BC 사이의 거리 x는?

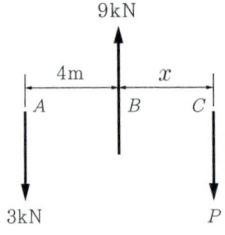

① $P = 4\text{kN}, x = 3\text{m}$
② $P = 6\text{kN}, x = 3\text{m}$
③ $P = 4\text{kN}, x = 2\text{m}$
④ $P = 6\text{kN}, x = 2\text{m}$

(1) 힘이 평형상태이므로
$P = 9\text{kN} - 3\text{kN}$
$\quad = 6\text{kN}$

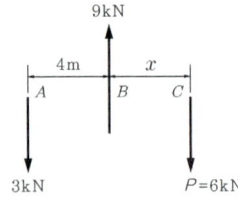

(2) $M_B = -3 \times 4 + 6 \times x = 0$
$x = 2\text{m}$

정답 ④

03 다음 그림에서 O점에 대한 모멘트 M_o를 구하면? [기14]
(단, 시계방향 모멘트 +)

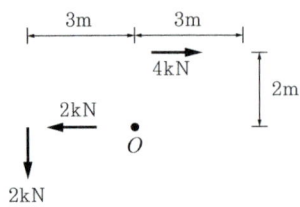

① $0\,\text{kN·m}$
② $2\,\text{kN·m}$
③ $-2\,\text{kN·m}$
④ $-4\,\text{kN·m}$

② M_o
$= -(2)(3) + (2)(0) + (4)(2)$
$= +2\,\text{kN·m}\,(\curvearrowright)$

정답 ②

04 그림과 같은 구조물에 작용하는 4개의 힘이 평형을 이룰 때 F의 크기 및 거리 x는? [기11,16]

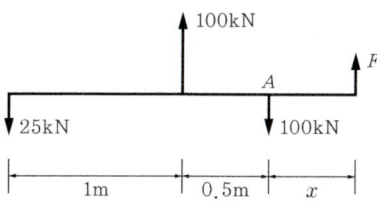

① F=25kN, x=1m
② F=50kN, x=1m
③ F=25kN, x=0.5m
④ F=50kN, x=0.5m

힘의 평형조건
$\Sigma H = 0$, $\Sigma V = 0$, $\Sigma M = 0$
(1) $\Sigma H = 0$: 수평력이 작용하지 않으므로 검토할 필요가 없다.
(2) $\Sigma V = 0$:
$-(25)+(100)-(100)+(F)$
$=0$ ∴ F=+25kN (↑)
(3) 100kN 하향하중 작용점에서 $\Sigma M = 0$을 적용하면
$\Sigma M_A = -(25)(1.5)$
$+(100)(0.5)-(F)(x)$
$=0$
∴ $x=0.5$m

정답 ③

05 그림과 같은 직각삼각형인 구조물에서 AC부재가 받는 힘은? [기08,18]

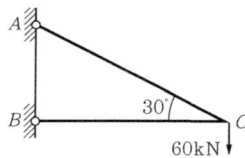

① 30kN
② $30\sqrt{3}$ kN
③ $60\sqrt{3}$ kN
④ 120kN

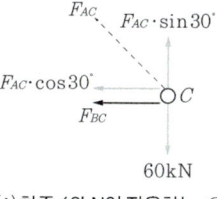

(1) 하중 60kN이 작용하는 C절점에서 $\Sigma V = 0$ 조건을 적용한다.
(2) $\Sigma V = 0$:
$+(F_{AC} \cdot \sin 30°)-(60)=0$
∴ $F_{AC} = +120$kN (인장)

정답 ④

06 그림과 같은 로프에 생기는 힘 P의 값은 얼마인가? (단, 하중 1kN은 로프의 한 가운데에 매달려 있으며, 2개의 로프가 이루는 각은 120°이다.) [기00,03]

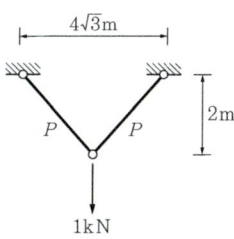

① 0
② 0.5kN
③ 1kN
④ 2kN

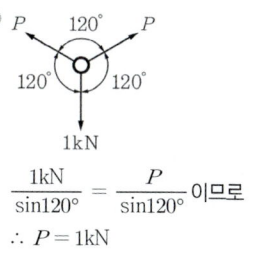

$\dfrac{1\text{kN}}{\sin 120°} = \dfrac{P}{\sin 120°}$ 이므로
∴ $P = 1$kN

정답 ③

CHAPTER 02 구조물의 개론

빈출 KEY WORD
\# 구조물의 판별식
\# 내적 불안정과 외적 불안정

01 구조물의 종류

1. 역학적인 분류

(1) 압축재(Compressive Member)
단일부재로서 양끝에서 재축방향으로 압축하중이 걸리며, 그 자체의 압축저항으로 하중을 받는 부재(기둥)

(2) 인장재(Tensile Member)
직선으로 된 단일부재로서 양끝에서 재축방향으로 인장하중이 걸리며, 그 자체의 인장 저항력에 의하여 하중을 받는 부재(로프 구조인 현수교)

(3) 휨재(Bending Member)
부재의 축에 직각인 힘을 받거나 편심으로 인하여 부재가 휘어지는 부재

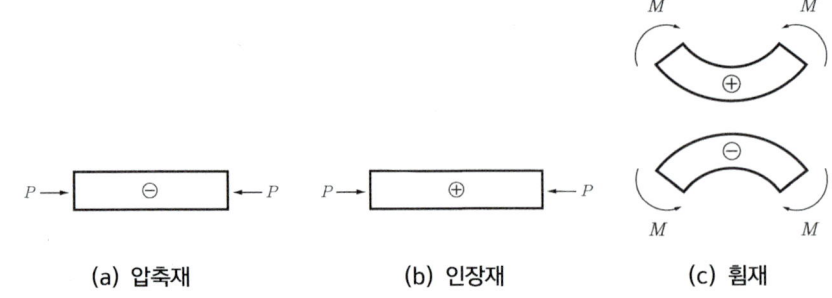

(a) 압축재　　　　(b) 인장재　　　　(c) 휨재

2. 구조적인 분류

(1) 보(Beam)
적당한 방법으로 받쳐진 단일부재로서 부재축에 직각방향으로 하중을 받는 구조이다.

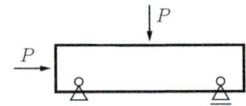

(2) 기둥(Column)
부재축에 나란하게 압축력이 작용하는 구조물로서 단면 내에 압축력이 작용한다.

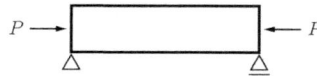

(3) 트러스(Truss)
3개 이상의 부재를 마찰이 없는 활절(Hinge)로 연결하여 만든 뼈대 구조물

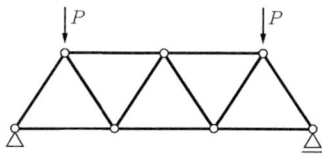

(4) 아치(Arch)
보나 트러스가 곡선(원호 또는 포물선의 형태)으로 되어 있는 구조물

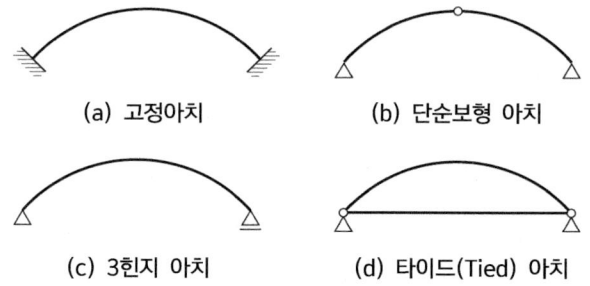

(a) 고정아치　　　(b) 단순보형 아치

(c) 3힌지 아치　　(d) 타이드(Tied) 아치

(5) 라멘(Rahmen)
기둥과 보가 강절 고정절점으로 결합된 구조물

① 정정라멘의 종류

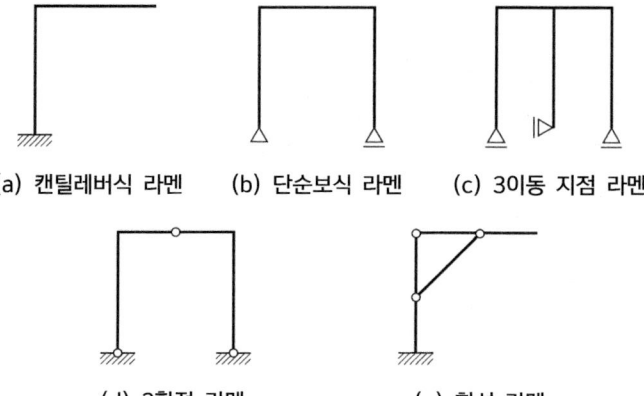

(a) 캔틸레버식 라멘　(b) 단순보식 라멘　(c) 3이동 지점 라멘

(d) 3활절 라멘　　(e) 합성 라멘

② 부정정라멘의 여러 형태

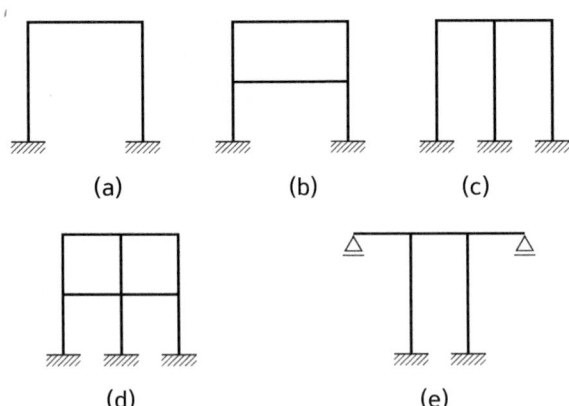

(6) 슬래브(Slab)
평면판으로 외력을 받는 구조물

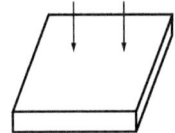

(7) 샤이베(Scheibe)
슬래브를 세워서 휨을 받도록 하는 구조물(벽판)

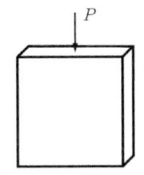

(8) 샬렌(Schallen)
슬래브가 곡면으로 되어 외력을 받도록 된 구조물로 절판(折版)이라고도 하며, 슬래브와 샤이베의 기능이 절충된 구조물

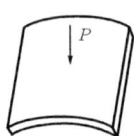

(9) 절판구조
슬래브의 휨에 대한 저항성이 부족한 것을 보완하기 위해 마치 병풍을 접어서 세운 것과 같이 된 구조물

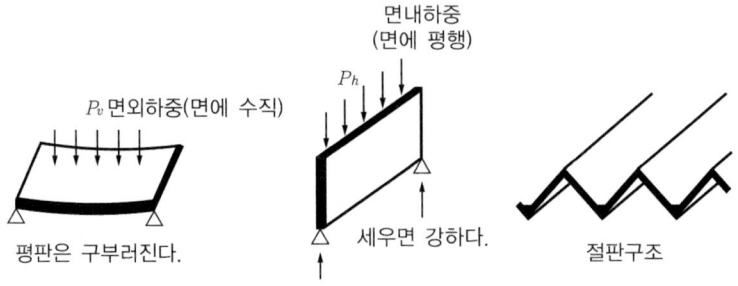

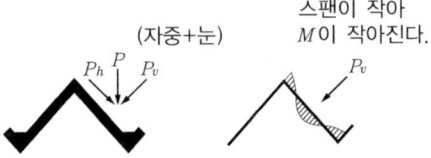

[절판구조의 원리]

(10) 쉘(Shell)

아치의 2차원적인 확장이라고 생각할 수 있는데, 주로 면내응력에 의하여 하중을 지지하는 구조물

① 돔(Dome)

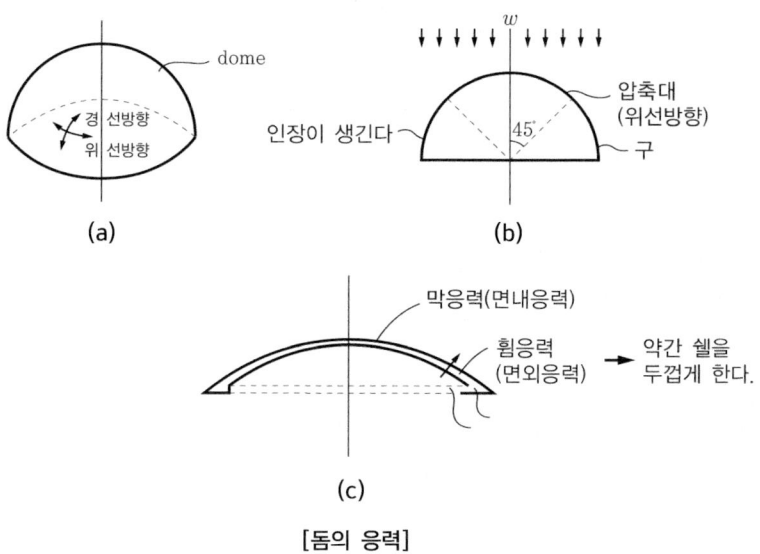

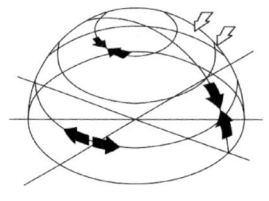
응력의 전달구조

[돔의 응력]

② 원통 쉘

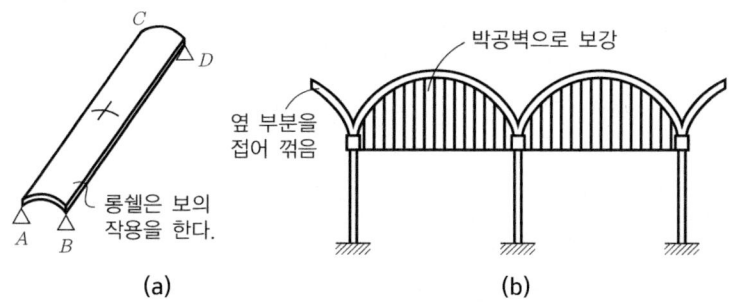

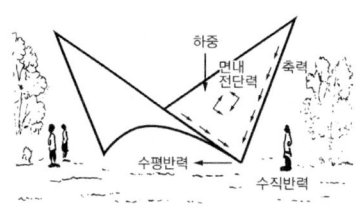
HP쉘의 원리

③ HP쉘(쌍곡포물면 쉘)

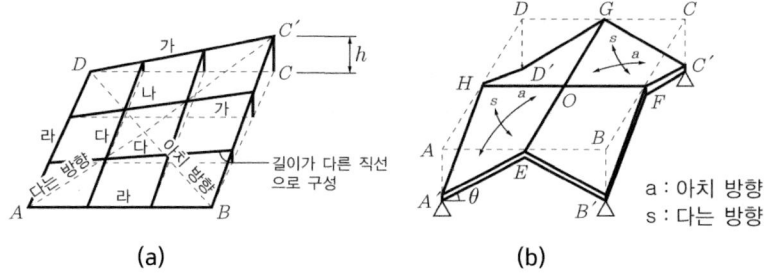

(11) 막(Membrane)구조

텐트, 낙하산처럼 인장력을 이용하여 하중을 지지하는 구조물

① 현수막구조

막면 내에 직접 초기장력을 주어 형태를 만든 구조

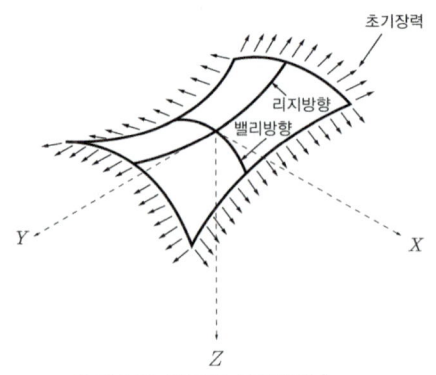

[현수막 구조의 구조원리]

② 공기막구조

공기압으로 막에 장력을 주어 외력에 저항하는 구조물

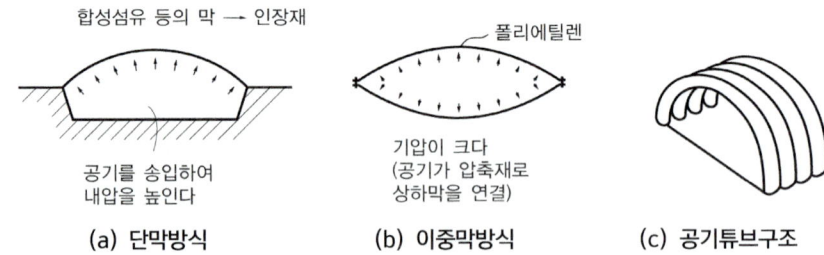

(a) 단막방식 (b) 이중막방식 (c) 공기튜브구조

02 지점 및 절점

1. 지점(Supporting Point)

(1) 정의

구조물의 부재와 지반이 연결된 곳, 즉 구조물을 지지하는 점을 말한다.

(2) 반력

구조물에 외력이 작용하는 경우(주동 외력), 평형상태를 유지하기 위하여 생기는 반작용력(수동 외력)을 반력이라 하며, 지점에서 발생되는 반력을 지점반력이라 한다.

(3) 지점의 종류와 지점반력

① 이동지점(Roller Support) : 수직이동만 허용되지 않고, 회전과 수평이동은 자유로운 지점

② 회전지점(Hinged Support) : 수평·수직이동은 허용되지 않고, 회전만 가능한 지점

③ 고정지점(Fixed Support) : 어떠한 운동도 허용되지 않도록 부재를 완전히 고정시킨 지점

> **실제 구조물의 역학적 표시방법**

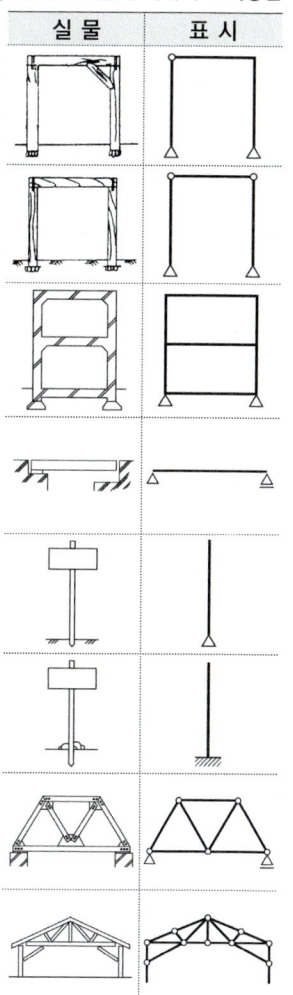

명 칭	구 조	기 호	반력수	내 용
이동 지점		P, V	1 (수직)	· 받침면에 따라 이동된다. · 받침 중심으로 회전된다. · 상하방향의 이동은 안 된다.
회전 지점 (힌지 지점)	힌지	H, P, V	2 (수직, 수평)	· 받침중심으로 회전된다. · 받침면에 따라 이동이 안 된다. · 상하방향의 이동도 안 된다.
고정 지점		M, H, P, V	3 (수직, 수평, 모멘트 반력)	· 수평방향으로 이동 안 된다. · 상하방향의 이동도 안 된다. · 회전도 안 된다.

[지점의 종류]

2. 절점(Panel Point)

(1) 정의
구조물을 구성하는 부재들 간의 상호 연결부

(2) 종류
① 활절점(Hinged Joint) : 회전이 가능한 절점

- 응력수 ┬ 축방향력
        └ 전단력

② 강절점(Rigid Joint) : 절점을 완전히 고정접합하여 구조물의 변형 시에도 부재각이 없는 견고한 절점

- 응력수 ┬ 축방향력
        ├ 전단력
        └ 휨모멘트

(3) 절점의 수

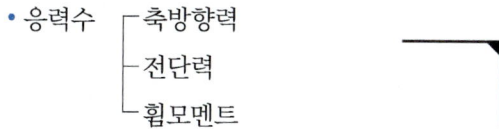

부 재					
부재수(s)	2	2	3	4	3
강절점수(r)	0	1	2	3	1

03 구조물의 판별

1. 안정과 불안정

구조물이 어떠한 외력을 받더라도
① 이동(상·하 및 좌·우 방향)과 회전을 하지 않고, 원위치를 유지하며
② 큰 변형이 생기지 않으며
③ 유한한 반력과 부재응력으로 힘의 평형을 이룰 때 그 구조물은 안정하다고 하며, 그렇지 못한 구조물은 불안정하다고 한다.

㉠ 안정 : 구조물에 작용하는 하중과 그에 따른 반력들이 평형을 이루는 상태
- 내적 안정(형상의 안정) : 외력에 의해서 구조물의 형상이 변하지 않을 경우
- 외적 안정(지지의 안정) : 외력에 의해서 구조물 전체의 위치가 변하지 않는 경우, 즉 지점의 반력수가 3 이상으로 힘의 평형조건식을 만족할 때

㉡ 불안정 : 하중과 반력들이 서로 평형을 이루지 않는 상태
- 내적 불안정(형상의 불안정) : 외력에 의해서 건물의 형상이 변하는 경우
- 외적 불안정(지지의 불안정) : 외력에 의해서 구조물 전체의 위치가 변한 경우, 즉 지점의 반력수가 2 이하인 경우와 3 이상이라도 힘의 평형조건식을 만족하지 못할 때

> **안정과 불안정**
> · 그림 (a)는 형상이 변하지 않고(내적 안정), 한쪽의 지점이 회전지점(Hinge support)이므로 수평이동이 일어나지 않으므로 위치가 변하지 않아(외적 안정) 안정(stable)한 구조물이다.
> · 그림 (b)는 외력에 의해 수평이동이 일어나지 않아 외적 안정이지만 외력에 의해 구조물의 형상이 변하므로 내적 불안정이다.
> · 그림 (C)는 외력에 의해 구조물의 형상이 변하지 않아 내적 안정이지만 외력에 의해 수평이동이 일어나 외적 불안정이다.

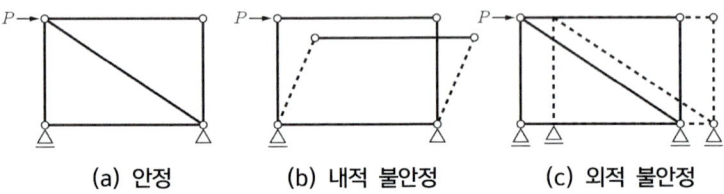

(a) 안정   (b) 내적 불안정   (c) 외적 불안정

2. 정정과 부정정(Statically Determinate & Statically Indeterminate)

(1) 정정

힘의 평형방정식만으로 반력과 부재력을 해석할 수 있는 구조물
① 내적 정정 : 내적 안정구조물에서 힘의 평형방정식으로 부재력을 구할 수 있는 경우
② 외적 정정 : 외적 안정구조물에서 힘의 평형방정식으로 반력을 구할 수 있는 경우

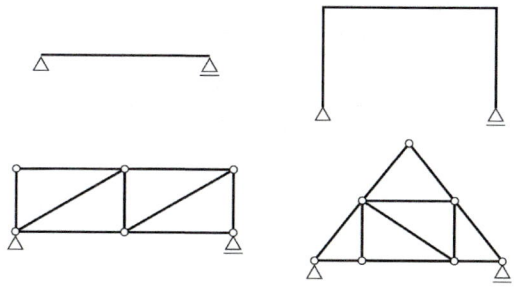

(2) 부정정

힘의 평형방정식만으로는 반력 및 부재력의 해석이 불가능한 구조물

① 내적 부정정: 힘의 평형방정식만으로는 부재력을 구할 수 없는 경우

② 외적 부정정: 힘의 평형방정식만으로는 반력을 구할 수 없는 경우

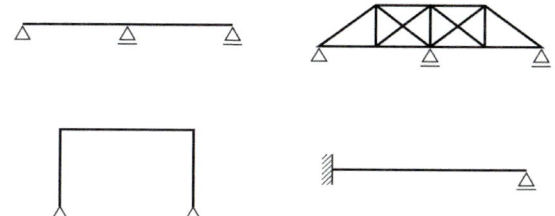

3. 구조물의 판별식

(1) 모든 구조물의 판별식

$$m = \underbrace{(n+s+r)}_{\text{증가요인}} - \underbrace{2k}_{\text{감소요인}}$$

여기서, m : 부정정차수 n : 지점반력수

s : 부재수 r : 강절점수

k : 절점수(지점과 자유단 포함)

m값	판 별
$m < 0$	불안정
$m = 0$	안정이며 정정
$m > 0$	안정이며 부정정

(2) 단층 구조물의 판별식(합성재는 안 됨)

$m = (n-3) - h$

여기서, m : 부정정차수 n : 반력수

h : 힌지수(지점의 힌지는 제외)

3 : 힘의 평형방정식의 수

   ($\Sigma H = 0$, $\Sigma V = 0$, $\Sigma M = 0$)

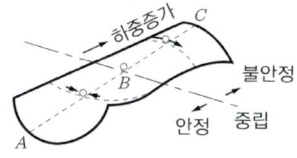

▶ **구조물의 안정성 및 분류**
- 안정구조물
  - 정정구조물(적합한 구조)
  - 부정정구조물(매우 튼튼한 구조)
- 불안정구조물(취약한 구조)

(3) 모든 구조물의 내적·외적 부정정차수

- 내적 차수: $m_i = (3 + s + r) - 2k$
- 외적 차수: $m_e = n - 3$
- 전 차수: $m = m_i + m_e = (n + s + r) - 2k$

(4) 트러스

절점을 힌지로 가정하므로 강절점수(r)는 0이다.
$m = (n + s) - 2k$

> **Tip!** 안정(정정)으로 착각하기 쉬운 불안정구조물
>
> - 외적인 불안정
>
>   ① 연속된 지점 반력의 작용방향이 모두 평행일 때
>
>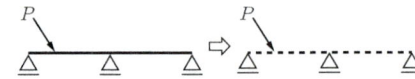
>
> $m = n + s + r - 2k$에서
>   ∴ $m = 3 + 2 + 1 - 2 \times 3 = 6 - 6 = 0$
>
>   여기서, $m = 0$이므로 정정인 구조로 볼 수 있으나 P(하중)의 수평분력에 의하여 이동되므로 외적인 불안정이 된다.
>
>   ② 반력의 작용선이 한 점에 모여 수평·수직분력을 받을 수 없을 때
>
>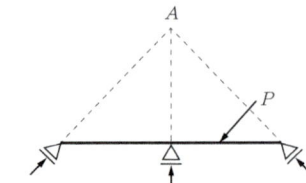
>
> $m = n + s + r - 2k$에서
> $= 3 + 2 + 1 - 2 \times 3$
> $= 6 - 6 = 0$
>
>   ①의 내용과 같이 불안정이 된다.
>
> - 내적인 불안정
>
>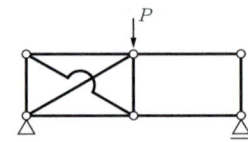
>
>   ① 부재의 배치가 부적합할 때
> $m = n + s + r - 2k$
> $= 3 + 9 - 0 - 2 \times 6$
> $= 12 - 12 = 0$

계산상으로는 정정이 되지만 다음 그림과 같이 내적인 불안정구조물이다.

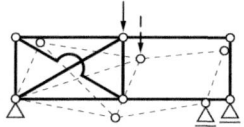

② 변형이 원상태로 돌아가지 않은 경우

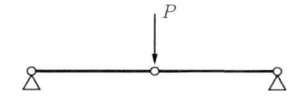

$m = n + s + r - 2k$
$\quad = 4 + 2 + 0 - 2 \times 3$
$\quad = 6 - 6 = 0$

계산상으로 정정이 되지만 마찬가지로 다음 그림과 같이 내적인 불안정구조물이 된다.

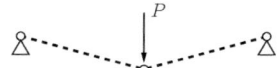

CHAPTER 02 필수 확인 문제

01 구조물의 지점은 이동지점, 회전지점, 고정지점으로 구분된다. 각각의 지점에 대한 반력의 수로 알맞은 것은? [산18]

① 이동지점 - 1개, 회전지점 - 2개, 고정지점 - 3개
② 이동지점 - 2개, 회전지점 - 1개, 고정지점 - 3개
③ 이동지점 - 1개, 회전지점 - 3개, 고정지점 - 2개
④ 이동지점 - 3개, 회전지점 - 1개, 고정지점 - 2개

> 지점별 반력의 수
> ① 이동지점 - 1개,
>   회전지점 - 2개,
>   고정지점 - 3개
>
> 정답 ①

02 다음 그림과 같은 부정정보를 정정보로 만들기 위해 필요한 내부 힌지의 최소 개수는? [기13,18]

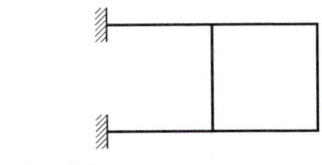

① 1개 ② 2개
③ 3개 ④ 4개

> 현재 부재
> $m = n+s+r-2k$에서
> $= 5+3+2-2\times 4$
> $= 10-8 = 2차부정정$
> ∴ 힌지가 2개 필요
>
> 정답 ②

03 그림과 같은 구조물의 부정정차수는? [기20]

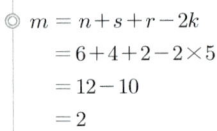

① 3차부정정 ② 4차부정정
③ 5차부정정 ④ 6차부정정

> $m = n+s+r-2k$
> $= 6+6+6-2\times 6$
> $= 6$
>
> 정답 ④

04 다음 구조물의 부정정차수는? [기16, 산14]

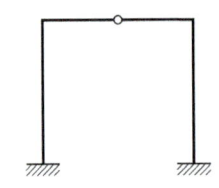

① 1차부정정 ② 2차부정정
③ 3차부정정 ④ 4차부정정

> $m = n+s+r-2k$
> $= 6+4+2-2\times 5$
> $= 12-10$
> $= 2$
>
> 정답 ②

05 다음 구조물의 부정정차수 합은?

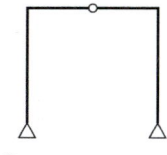 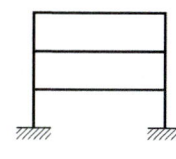

① 9 ② 10
③ 11 ④ 12

[기17]　(1) 좌측 구조물
$$m = n+s+r-2k$$
$$= 4+4+2-2\times 5$$
$$= 10-10$$
$$= 0$$
(2) 우측 구조물
$$m = n+s+r-2k$$
$$= 6+9+10-2\times 8$$
$$= 9$$

정답 ①

06 다음 그림과 같은 구조물의 판별로 옳은 것은?

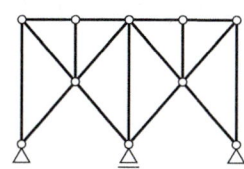

① 불안정 ② 정정
③ 1차부정정 ④ 2차부정정

[기13,17]　$m = n+s+r-2k$
$$= 5+17-2\times 10$$
$$= 2$$

정답 ④

07 그림과 같은 구조물의 판별은?

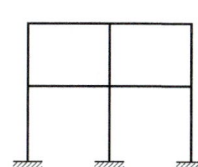

① 10차부정정 ② 12차부정정
③ 14차부정정 ④ 16차부정정

[기12,19, 산13,14]　$m = n+s+r-2k$
$$= 9+10+11-2\times 9$$
$$= 12$$

정답 ②

CHAPTER 03 정정보(Statically Determinate Beam)

빈출 KEY WORD # 정정보 종류별 반력, 전단력, 휨모멘트 계산

정정보의 종류

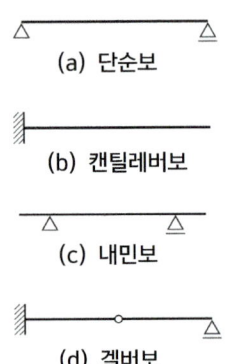

(a) 단순보
(b) 캔틸레버보
(c) 내민보
(d) 겔버보

01 개요

1. 정의

수평 또는 수평에 가깝게 지지된 부재가 부재축에 직각으로 외력이 작용하는 경우, 이 부재를 보(Beam)라고 한다.

2. 정정보의 종류

힘의 평형조건($\Sigma H = 0$, $\Sigma V = 0$, $\Sigma M = 0$)만으로 반력이나 응력(단면적)을 구할 수 있는 보로서 종류는 다음과 같다.

(1) 단순보(Simple Beam)
보의 한쪽 끝이 회전지점이고, 다른 한쪽 끝이 이동지점으로 된 보를 말한다.

(2) 캔틸레버보(Cantilever Beam)
보의 한쪽 끝이 자유단이고, 다른 한쪽 끝이 고정단으로 된 보를 말한다.

(3) 내민보(Overhanging Beam)
단순보의 한쪽 끝 또는 양끝이 지점 밖으로 내밀어 자유단으로 된 보를 말한다.

(4) 겔버보(Gerber's Beam)
연속보 등 부정정보에 힌지(Hinge)를 넣어 정정보로 한 것을 겔버보라 한다.

02 반력

1. 반력(Reaction)

구조물에 작용하는 하중과 힘의 평형상태를 유지하기 위해 지점 외력에 저항하는 저항력이 생기게 된다. 이렇게 지점에 생기는 저항력을 반력(Reaction)이라 하고, 반력은 수동외력에 해당된다.

$$\therefore R_A = \sqrt{(H_A)^2 + (V_A)^2}$$

(1) 이동단(롤러 지점)
지대에 직각방향으로 반력이 일어남(주로 수직반력 1개만 생김)

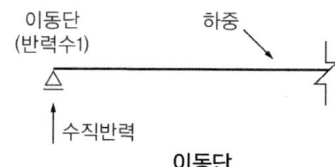
이동단

▶ 이동단의 하중과 반력의 방향

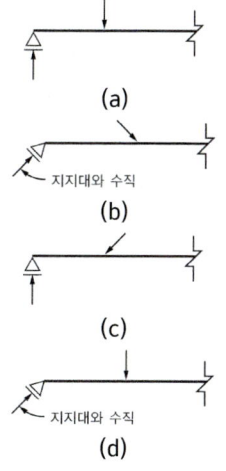

(2) 회전단(힌지 지점)
수평반력과 수직반력이 일어나며, 이들을 합성하면 1개의 반력으로 표시할 수 있다.

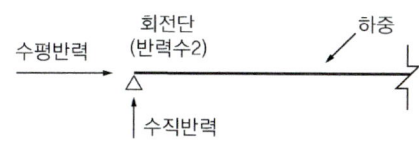
회전단

▶ 회전단의 하중과 반력의 방향

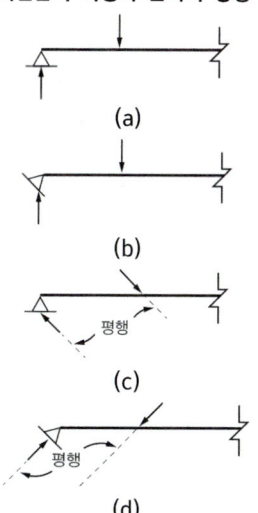

(3) 고정단(고정 지점)
수직·수평·모멘트의 반력이 일어나는 지점으로 3개의 지점 중 가장 지지력이 튼튼한 지점이다.

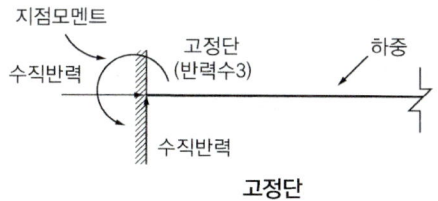
고정단

2. 반력해법

(1) 일반적 해법
① 지점상태에 따라 반력수와 작용선을 생각한다.
② 미지반력은 모두 그 작용선에 따라 어느 한쪽으로 향한다고 가정하고, 반력의 기호를 붙인다.(즉 R_A, H_A, V_A, M_A 등)
③ 하중과 미지반력을 포함하는 모든 외력의 평형방정식을 세운다. 즉 힘의 평형조건식($\Sigma H = 0$, $\Sigma V = 0$, $\Sigma M = 0$)을 이용하여 계산한다.
④ 구하고자 하는 지점의 반대지점에 힘의 평형조건식($\Sigma M = 0$ 등)을 이용하고, 반력으로 구해간다.
⑤ 계산 후 반력값이 (+)가 나오면 가정한 방향이 맞고, (−)가 나오면 가정한 방향이 반대로 된 것이기 때문에 반대방향으로 수정하여 표시한다.
⑥ 수직반력 : 두 지점에 대하여 $\Sigma M = 0$을 적용하여 수직반력을 구하고, $\Sigma V = 0$에 의하여 검산한다.
⑦ 수평반력 : 수평분력을 가지는 하중이 작용하면 $\Sigma H = 0$에 의하여 수평반력을 구한다.

⑧ 모멘트반력 : 모멘트반력은 고정지점에서 일어나며 모멘트의 대수합에 의하여 구한다.

(2) 모멘트하중이 작용하는 경우

① 단순보의 임의점에 모멘트하중만이 작용하면 수직반력만이 일어나고 양 지점의 수직반력은 크기는 같고, 방향은 반대이다.(우력)

② 반력은 모멘트하중의 작용 위치에 관계없이 일정한 값을 갖지만 휨모멘트는 모멘트하중의 작용 위치에 따라 그 값이 달라진다.

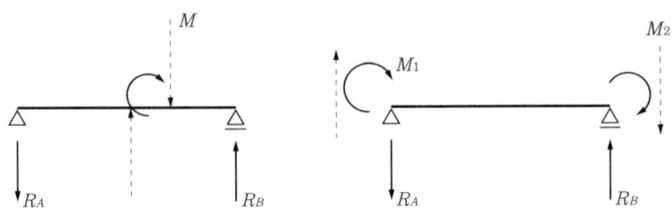

(3) 경사하중이 작용하는 경우

경사하중을 수직, 수평으로 분해하여 구한다.

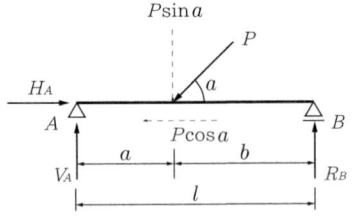

(4) 캔틸레버보의 경우

① 고정단에 평형방정식을 이용 : (수평반력은 $\Sigma H = 0$, 수직반력은 $\Sigma V = 0$, 모멘트반력은 $\Sigma M = 0$)하여 계산한다.

② 모멘트하중만이 작용하는 경우는 모멘트반력만 생기고(방향은 반대) V_A, H_A는 0이다.

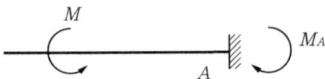

③ 수직하중만이 작용하는 경우는 모멘트반력과 수직반력이 생기고 수평반력 (H_A)는 0이다.

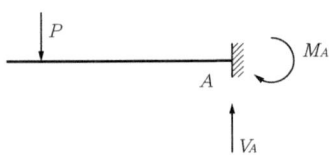

(5) 중간에 힌지를 가진 겔버보의 경우

① 힌지 부분을 '캔틸레버보+단순보' 또는 '내민보+단순보', '캔틸레버보+내민보' 형태로 나누고 단순보의 반력부터 풀이한다.

> **겔버보의 분해 예**
> ① 활절 1개인 겔버보

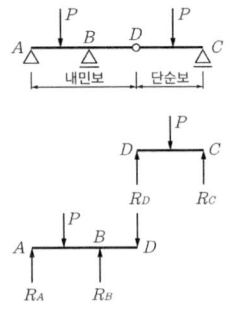

> ② 중앙 경간 활절 2개인 겔버보

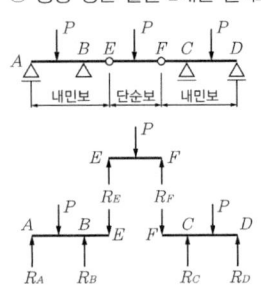

> ③ 측경간 활절 2개인 겔버보

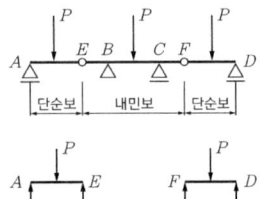

> ④ 특수 겔버보

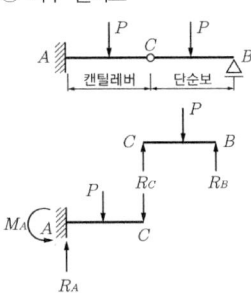

② 단순보의 반력을 내민보의 끝 힌지에 반대방향으로 작용시켜 내민보의 반력을 구한다.

3. 부호 규약

(1) 수평력(ΣH)
좌우 구별 없이, 우향(→ +), 좌향(← −)

(2) 수직력(ΣV)
좌우 구별 없이, 상향(↑ +), 하향(↓ −)

(3) 모멘트(ΣM)
좌우 구별 없이, 시계방향(⌒ +), 반시계방향 (⌒ −)

4. 수식해법에 의한 정정보의 반력

(1) 집중하중이 작용할 때

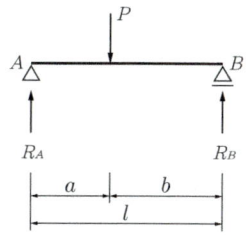

$\Sigma M_B = 0$

$R_A \times l - P \times b = 0 \quad \therefore R_A = \dfrac{Pb}{l}$

$\Sigma V = 0$

$\dfrac{Pb}{l} + R_B - P = 0 \quad \therefore R_B = \dfrac{Pa}{l}$

(2) 집중하중이 경사지게 작용할 때

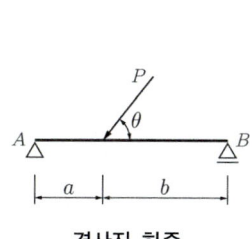   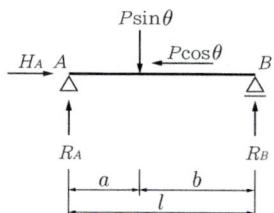

경사진 하중   하중을 수직과 수평으로 분해

$\Sigma H = 0$

$-P\cos\theta + H_A = 0 \qquad \therefore H_A = P\cos\theta$

$\Sigma M_B = 0$

$R_A \times l - P\sin\theta \times b = 0 \qquad \therefore R_A = \dfrac{P\sin\theta \times b}{l}$

$\Sigma V = 0$

$\dfrac{P\sin\theta \times b}{l} + R_B - P\sin\theta = 0 \quad \therefore R_B = \dfrac{P\sin\theta \times a}{l}$

> **별해**
>
> 등분포하중은 w를 도형의 높이로 보고 길이 l를 밑변으로 본 사각형의 면적을 구하여 그 면적을 하중으로 생각하여 풀이한다. 즉 위 등분포하중의 기하학적 면적은 $w \times l$이며, 이 wl이 등분포하중의 전하중이며, 양쪽 지점반력은 전하중의 절반씩을 나누어 가지므로
>
> $\therefore R_A = R_B = \dfrac{wl}{2}$ 이 된다.

> **별해**
>
> 전하중 $W = wl/2$이 삼각형의 무게중심에 집중하중으로 작용한다고 가정하면, A지점은 전하중의 1/3, B지점은 전하중의 2/3를 부담하게 된다.
>
> $\therefore R_A = \dfrac{1}{3} \times$(전하중)$= \dfrac{wl}{6}$
>
> $\therefore R_B = \dfrac{2}{3} \times$(전하중)$= \dfrac{wl}{6}$

(3) 등분포하중이 작용할 때

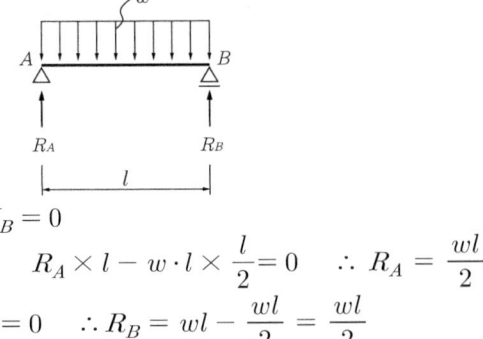

$\Sigma M_B = 0$

$R_A \times l - w \cdot l \times \dfrac{l}{2} = 0 \quad \therefore R_A = \dfrac{wl}{2}$

$\Sigma V = 0 \quad \therefore R_B = wl - \dfrac{wl}{2} = \dfrac{wl}{2}$

(4) 등변분포하중이 작용하는 경우

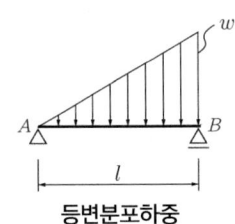
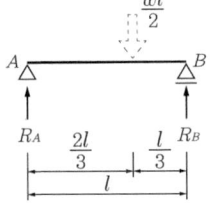

등변분포하중 　　 등분포하중을 집중하중으로 환산

$\Sigma M_B = 0$

$R_A \times l - w \times l \times \dfrac{1}{2} \times \dfrac{l}{3} = 0 \quad \therefore R_A = \dfrac{wl}{6}$

$\Sigma V = 0 \quad \therefore R_B = \dfrac{wl}{2} - \dfrac{wl}{6} = \dfrac{wl}{3}$

(5) 모멘트하중이 작용하는 경우

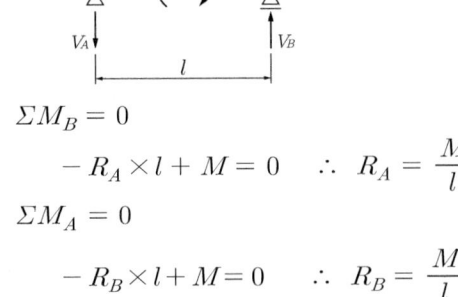

$\Sigma M_B = 0$

$-R_A \times l + M = 0 \quad \therefore R_A = \dfrac{M}{l}$

$\Sigma M_A = 0$

$-R_B \times l + M = 0 \quad \therefore R_B = \dfrac{M}{l}$

(6) 겔버보의 경우

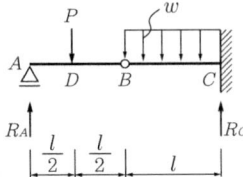

B절점을 절단하여 단순보와 캔틸레버로 분해한 후 단순보의 반력을 구하여 그 반력을 하중으로 놓고 풀이한다.

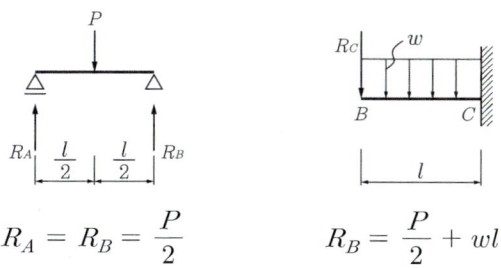

$$R_A = R_B = \frac{P}{2} \qquad R_B = \frac{P}{2} + wl$$

03 내력(Stress)

1. 외력과 내력

(1) 외력

외부로부터 작용하는 힘으로 하중과 반력, 즉 주동외력과 수동외력으로 나누어진다.

① 주동외력 : 움직이는 수직력(사람, 자동차 등)과 정지한 수직력(자중, 눈 등) 또한 수평력(풍압력, 동수압력, 지지력 등) 등을 말한다.

② 수동외력 : 주동외력에 따라 위치의 안정을 이루기 위해 생기는 반작용력(반력 : Reaction)을 말한다.

(2) 내력

외력이 작용할 때 물체 내부에 생기는 외력에 저항하는 힘, 즉 응력(Stress)을 말한다. 특히 보에서는 단면력이라 하고, 트러스 등에서는 부재력이라고도 한다.

2. 내력(응력)의 종류

(1) 전단력(Shearing Force)

① 정의 : 부재를 전단하려는 힘으로서 한 단면의 양측면에 대하여 직각방향으로 작용하는 크기가 같고, 방향이 반대인 한 쌍의 힘을 말한다.

② 단위 : kN, N

③ 부호 규약 : 전단력은 우력모멘트와 같은 성질로서 좌우 구분 없이 생각하는 단면을 중심으로, 시계방향(⌢)의 전단력이면 (+), 반시계방향(⌣)의 전단력이면 (-)이다.

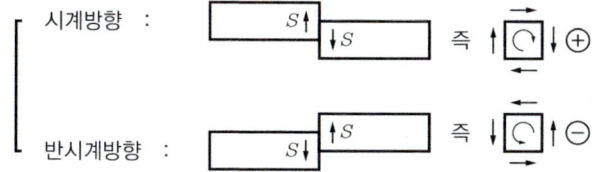

④ 전단력도(S. F. D, Shearing Force Diagram)
- 보 : +는 상부에, -는 하부에 표시
- 라멘 : +는 바깥측에, -는 안측에 표시

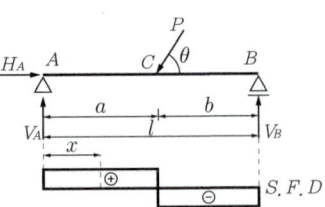

⑤ 크기 산정 : 임의 단면의 전단력 크기는 그 단면의 좌측(혹은 우측)에 작용하는 재축에 수직한 분력의 대수합으로 나타낸다.

(2) 휨모멘트(Bending Moment)

① 정의 : 부재에 작용하는 모멘트로서, 보를 구부리려고 하는 힘을 말한다.

② 단위 : $kN \cdot m$, $N \cdot m$

③ 부호 규약 : 아래쪽으로 휘어지게 하는 모멘트이면 (+), 위쪽으로 휘어지게 하는 모멘트이면 (-)이다.

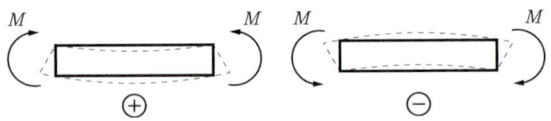

④ 휨모멘트도(B.M.D, Bending Moment Diagram)
- 보 : +는 하부에, -는 상부에 표시
- 라멘 : +는 안측에, -는 바깥측에 표시

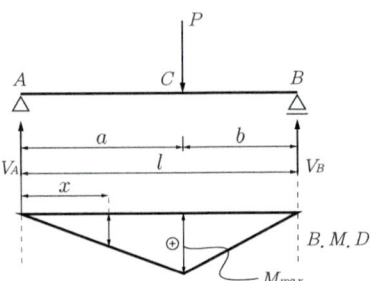

⑤ 크기 산정 : 임의 단면의 휨모멘트 크기는 그 단면의 좌측(혹은 우측)에 작용하는 외력 및 반력으로 인해 발생되는 모멘트의 대수합으로 나타낸다.

(3) 축방향력(Axial Force)

① 정의 : 부재의 축에 따라 그 부재를 축방향으로 인장 또는 압축시키는(변형시키는) 힘으로서 한 단면의 양측면에서 부재의 축방향으로 작용하는 크기가 같고 방향이 반대인 한 쌍의 힘을 말한다.

② 단위 : kN, N

> 휨모멘트도는 부재의 인장측에 도시되는데, 철근의 위치와 양을 결정할 때 사용된다.

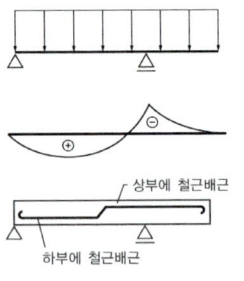

철근배근도

③ 부호 규약 : 인장력은 +, 압축력은 -

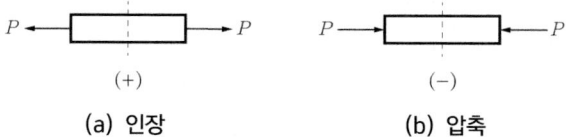

          (a) 인장   (b) 압축

④ 축방향력도(A, F, D Axial Force Diagram)
- 보 : +는 상부에, -는 하부에 표시
- 라멘 : +는 바깥측에, -는 안측에 표시

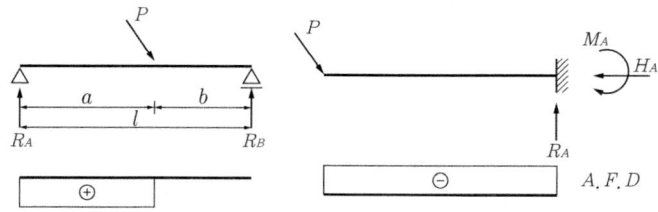

⑤ 크기 산정 : 임의 단면의 축방향력은 그 단면의 좌측 혹은 우측에 작용하는 축방향 분력의 대수합으로 나타낸다.

  ㉠ 전단력(Shearing Force)

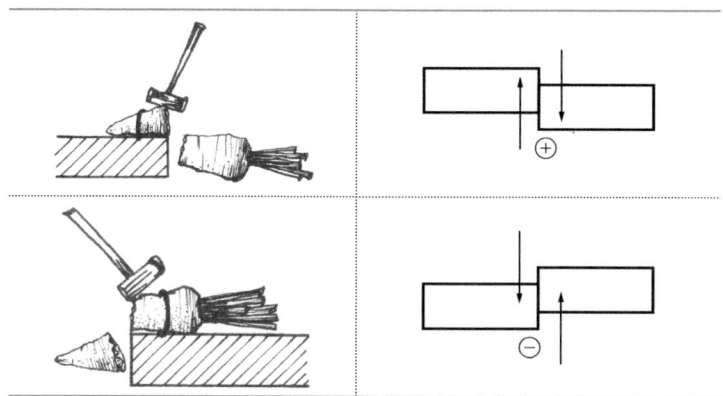

  ㉡ 휨모멘트(Bending Moment)

ⓒ 축방향력(Axial Force)

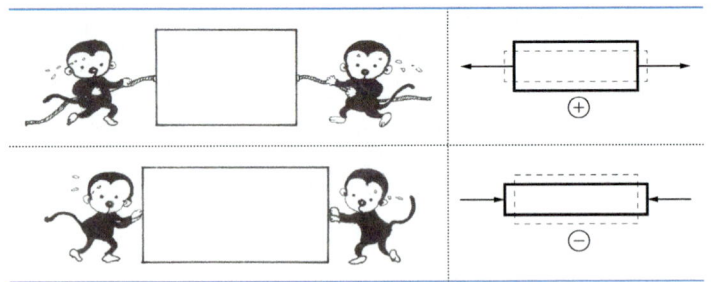

3. 하중, 전단력 및 휨모멘트와의 관계

> **전단력과 휨모멘트**
>
> · $V = \dfrac{dM}{dx} = 0$일 때 M의 값이 최대 또는 최소가 되는 것으로 이는 전단력이 0일 때 휨모멘트는 극치를 갖는다.
>
> · $\dfrac{dM}{dx}$ 은 휨모멘트의 기울기로써 곧 전단력의 크기이므로 휨모멘트도와 전단력도 사이에는 다음의 관계가 이루어진다.
>   ① 모멘트가 3차곡선이면 전단력은 2차곡선이다.
>   ② 모멘트가 2차곡선이면 전단력은 직선변화한다.
>   ③ 모멘트가 직선변화하면 전단력은 일정(기준선에 평행)하다.
>   ④ 모멘트가 일정(기준선에 평행)하면 전단력은 0이다.
>
> · $\dfrac{dM}{dx} = V$일 때
> $M = \int V dx$ 도 성립하며, 이는 어느 단면의 휨모멘트 크기는 그 단면까지 전단력도의 면적 합이다.

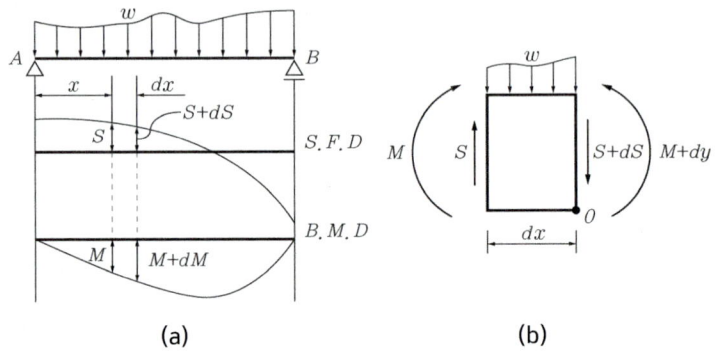

(a)　　　　　　(b)

그림 (b)에서 평형조건($\Sigma V = 0$)을 적용하면

$\Sigma V = 0$

$S - w \cdot dx - (S + dS) = 0$

$-w\,dx = dS$

$$\boxed{\therefore \dfrac{dS}{dx} = -w}$$ .... 식①

즉 전단력을 미분하면 하중이 되며(연속하중일 경우) 그 구간에 하중이 없으면 0이다. 또 (그림 b)에서 $\Sigma M = 0$을 적용하면

$\Sigma M_{ato} = 0$

$S \cdot d_x + M - (M + dM) - w \cdot \dfrac{(dx)^2}{2} = 0$

여기서 $(dx)^2$은 미소거리의 제곱이므로 $w \cdot \dfrac{(dx)^2}{2}$을 무시하면

$S \cdot dx - dM = 0$

$$\boxed{\therefore \dfrac{dM}{dx} = S}$$ .... 식②

즉 모멘트를 미분하면 전단력이 되며 식①, ②를 종합하면

$\dfrac{d^2 M}{dx^2} = \dfrac{dS}{dx} = -w$ 가 되며, 그 역도 성립한다.

$$S = -\int w\,dx$$
$$M = \int S\,dx = -\iint w\,dx$$

(1) 하중, 전단력, 휨모멘트와의 관계

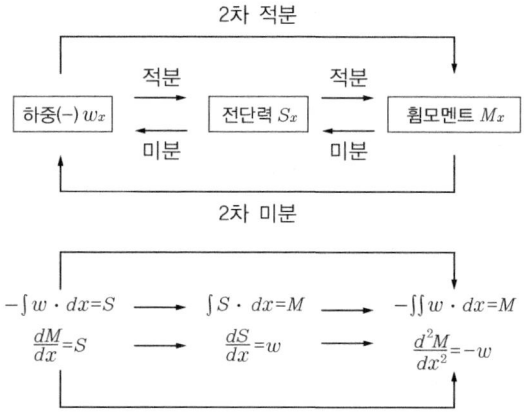

$$-\int w \cdot dx = S \longrightarrow \int S \cdot dx = M \longrightarrow -\iint w \cdot dx = M$$
$$\frac{dM}{dx} = S \longrightarrow \frac{dS}{dx} = w \longrightarrow \frac{d^2M}{dx^2} = -w$$

(2) 전단력의 특성

① 어떤 하중도 작용하지 않는 구간에서의 전단력은 축에 평행한 직선이 된다. (일정)
② 등분포하중이 작용하는 구간에서는 1차직선이 된다.
③ 등변분포하중이 작용하는 구간에서는 2차곡선이 된다.
④ 집중하중이 작용하는 점에서 전단력선은 불연속이 되며, 그 집중하중값만큼 위치 이동을 한다.
⑤ 모멘트하중이 작용하는 점에서의 전단력선은 변화하지 않는다.
⑥ 보에서 최대 전단력은 일반적으로 좌우 양 지점 중 어느 한쪽에 생기며, 그 크기는 지점반력과 같다.
⑦ 어떤 점(단면)의 전단력은, 그 점(단면)의 좌측(또는 우측)에 있는 수직력의 대수합이다.(항상 한쪽만 생각한다.)
⑧ 전단력의 최댓값은 (+), (-) 중에서 절댓값이 큰 것을 사용한다.
⑨ 어떤 점까지의 전단력도(S·F·D) 면적은 그 지점의 휨모멘트값이다.
⑩ 전단력이 0인 곳에서 휨모멘트는 최대가 된다.
⑪ 전단력을 1차미분하면 (-)하중이 된다.
⑫ 전단력을 1차적분하면 휨모멘트가 된다.
⑬ 전단력은 휨모멘트를 1차미분한 것이다.(전단력은 휨모멘트보다 1차수 낮다.)
⑭ 전단력도의 (+), (-) 면적은 서로 같다(단순보에서만 해당되고, 모멘트하중이 작용할 때는 다르다).

(3) 휨모멘트의 특성

① 어떤 하중도 작용하지 않는 구간에서의 휨모멘트선은 평행직선 또는 1차직선이 된다.
② 등분포하중이 작용하는 구간에서는 2차곡선이 된다.
③ 등변분포하중이 작용하는 구간에서는 3차곡선이 된다.
④ 집중하중이 작용하는 점에서 휨모멘트선은 절곡된다.
⑤ 모멘트하중이 작용하는 점에서의 휨모멘트선은 불연속이 되며 그 모멘트하중 값만큼 위치 이동을 한다.
⑥ 단순보에서 지점에 모멘트하중이 작용하지 않는 경우 지점의 휨모멘트는 항상 0이 된다.
⑦ 어떤 점(단면)의 휨모멘트는 그 단면(점)을 휘게 하는 모멘트이며, 그 단면(점)의 좌측(또는 우측)에 있는 모멘트의 대수합이다.(항상 한쪽만 계산해야 한다.)
⑧ 휨모멘트가 최대인 곳은 전단력이 0이 되는 곳이다.
⑨ 휨모멘트를 1차미분하면 전단력이 된다.
⑩ 휨모멘트를 2차미분하면 (−)하중이 된다.
⑪ 휨모멘트는 전단력보다 1차수 높고, 하중보다 2차수 높다.

04 단순보의 응력해석

1. 집중하중이 작용하는 경우

(1) 지점반력(R)

$\Sigma H = 0 \qquad \therefore H_A = 0$

$\Sigma V = 0 \qquad \therefore V_A + V_B = P$

$\Sigma M_B = 0 \quad V_A \times l - P \cdot b = 0 \qquad \therefore V_A = \dfrac{P \cdot b}{l}$

$\Sigma M_A = 0 \; ; \; -V_B \cdot l + P \cdot a = 0 \qquad \therefore V_B = \dfrac{P \cdot a}{l}$

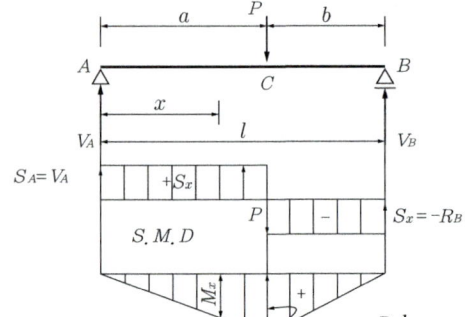

[집중하중이 작용할 경우의 단면력도]

(2) 전단력(S)

$$S_{A-C} = V_A = \frac{P \cdot b}{l}$$

$$S_{B-C} = V_A - P = -V_B = -\frac{P \cdot a}{l}$$

(3) 휨모멘트(M)

$$M_x = V_A \cdot x = \frac{P \cdot b}{l} \cdot x$$

$$M_A = M_B = M_{x-0-l} = 0$$

$$M_{\max} = M_C = M_{x-a} = \frac{P \cdot a \cdot b}{l}$$

$a = b = \dfrac{l}{2}$ 이면, $\quad \boxed{\therefore M_{\max} = \dfrac{P \cdot l}{4}}$

2. 경사 집중하중이 작용하는 경우

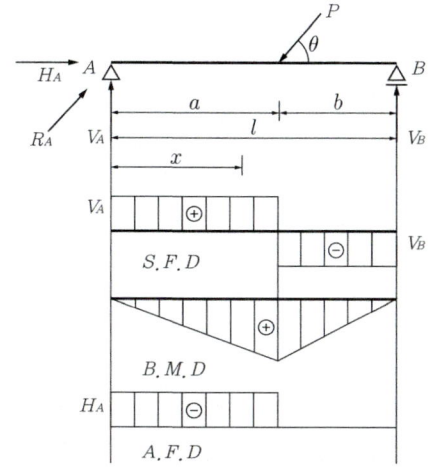

경사 집중하중이 작용할 경우의 단면력도

경사 집중하중이 작용하는 단순보는 경사 집중하중을 수직방향과 수평방향으로 분해하여 반력을 구하고, 단면력을 구하면 된다.

수직하중(P_V) = $P\sin\theta$

수평하중(P_M) = $P\cos\theta$

(1) 반력(R)

$\Sigma H = 0$; $H_A - P \cdot \cos\theta = 0 \quad \therefore H_A = P \cdot \cos\theta$

$\Sigma V = 0$; $V_A + V_B - P \cdot \sin\theta \quad \therefore V_A + V_B - P \cdot \sin\theta = 0$

$\Sigma M_B = 0$; $V_A \cdot l - P \cdot \sin\theta = 0$

$$\begin{bmatrix} V_A = \dfrac{P \cdot b \cdot \sin\theta}{l} \\ \boxed{R_A = \sqrt{(H_A)^2 + (V_A)^2}} \\ R_B = V_B = P \cdot \sin\theta - V_A = \dfrac{P \cdot a \cdot \sin\theta}{l} \end{bmatrix}$$

(2) 전단력(S)

$$S_x = V_A - P \cdot \sin\theta$$

$$\begin{bmatrix} x = a \ ; \ S_A - C = V_A = \dfrac{P \cdot a \cdot \sin\theta}{l} \\ x = l - a \ ; \ S_C - B = V_A - P \cdot \sin\theta = -V_B = -\dfrac{P \cdot a \cdot \sin\theta}{l} \end{bmatrix}$$

(3) 휨모멘트(M)

$$M_x = V_A \cdot x - P \cdot \sin\theta \cdot (x - a)$$

$$\begin{bmatrix} x = 0 \ ; \ M_A = 0 \\ x = a \ ; \ M_C = M_{\max} = V_A \cdot a = \dfrac{P \cdot a \cdot b \cdot \sin\theta}{l} \\ x = l \ ; \ M_B = 0 \end{bmatrix}$$

(4) 축방향력(A)

$$\begin{bmatrix} A_{A-C} = -H_A = -P \cdot \cos\theta \\ A_{C-B} = 0 \end{bmatrix}$$

3. 등분포하중이 작용하는 경우

(1) 반력(대칭구조물이며 하중은 면적과 같다.)

$$\begin{bmatrix} H_A = 0 \\ R_A = R_B = \dfrac{wl}{2} \end{bmatrix}$$

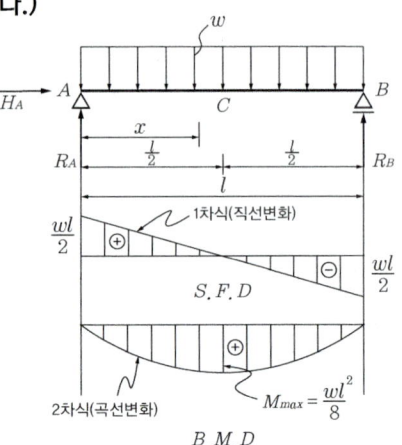

(2) 전단력

$$S_x = R_A - w \cdot x \ (\because \ 1\text{차식})$$

$$x = 0 \ ; \ S_A = R_A = \dfrac{wl}{2}$$

$$x = \dfrac{l}{2} \ ; \ S_C = R_A - \dfrac{wl}{2} = 0$$

$$x = l \ ; \ S_B = R_A - w \cdot l = -\dfrac{wl}{2} = -R_B$$

(3) 휨모멘트

$$M_x = R_A \cdot x - \frac{wx^2}{2} (\because 2차식)$$

$$\begin{cases} x = \frac{l}{2} \; ; \; M_C = M_{\max} = R_A \cdot \frac{l}{2} - \frac{w}{2} \cdot \left(\frac{l}{2}\right)^2 = \boxed{\frac{wl^2}{8}} \\ x = 0 \; ; \; M_A = 0 \\ x = l \; ; \; M_B = R_A \cdot l - \frac{wl^2}{2} = 0 \end{cases}$$

4. 등변분포하중이 작용하는 경우

(1) 반력

$$\sum M_B = 0 : R_A \cdot l - \left(\frac{wl}{2}\right) \cdot \frac{l}{3} = 0 \quad \therefore R_A = \frac{wl}{6}$$

$$\sum V = 0 : R_A + R_B - \frac{wl}{2} = 0 \quad \therefore R_B = \frac{wl}{3}$$

> **별해**
> 전체하중($\frac{wl}{2}$)의 1/3이 A지점에, 그리고 2/3는 B지점에 작용하므로
> $\therefore R_A = \frac{1}{3}$ (전체하중)
> $\quad = \frac{1}{3} \times \frac{wl}{2} = \frac{wl}{6}$
> $\therefore R_B = \frac{2}{3}$ (전체하중)
> $\quad = \frac{2}{3} \times \frac{wl}{2} = \frac{wl}{3}$

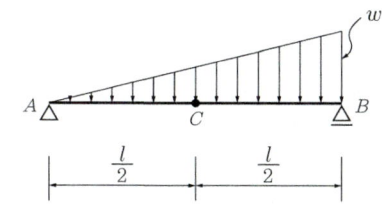

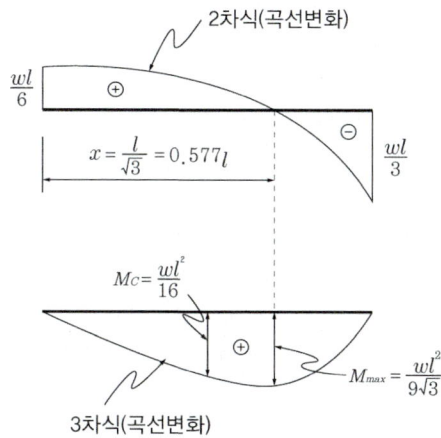

(2) 전단력

$$S_x = R_A - \frac{w'x}{2} (\because w' = \frac{wx}{l})(\because 2차식)$$

전단력(S_x)이 0이 되는 위치(x)를 찾으면

즉, $R_A - w'\frac{x}{2} = \frac{wl}{6} = \frac{wx^2}{2l} = 0$

$$\therefore x = \frac{l}{\sqrt{3}} = 0.577l$$

$$S_A = R_A = \frac{wl}{6}$$

$$S_B = -R_B = -\frac{wl}{3}$$

(3) 휨모멘트

임의 단면의 휨모멘트를 M_x라고 하면

$$M_x = R_A x - P_x \times \frac{x}{3} = \frac{wl}{6}x - \frac{wx^2}{2l} \times \frac{x}{3} = \frac{wl}{6}x - \frac{w}{6l}x^3$$

이것은 x에 관한 3차식이므로 휨모멘트도는 3차곡선형이 된다.

또한, $M_A = M_B = 0$이 되고 최대 휨모멘트는 전단력이 0이 되는 곳 ($x_0 = \frac{l}{\sqrt{3}}$)에서 일어난다.

$$\therefore M_{max} = \frac{wl}{6} \cdot \frac{l}{\sqrt{3}} - \frac{w}{6l}\left(\frac{l}{\sqrt{3}}\right)^3 = \frac{wl^2}{9\sqrt{3}}$$

보의 중앙점(C점)에 대한 휨모멘트는

$$M_C = \frac{wl}{6}x - \frac{wx^3}{6l} = \frac{wl}{6} \times \frac{l}{2} - \frac{w}{6l} \times \left(\frac{l}{2}\right)^3$$

$$= \frac{wl^2}{12} - \frac{wl^2}{48} = \frac{4wl^2 - wl^2}{48} = \frac{3wl^2}{48} = \frac{wl^2}{16}$$

5. 모멘트하중이 작용하는 경우

모멘트하중이 작용하는 경우는 전단력도와 휨모멘트도가 특이하므로 주의를 필요로 하며, 반력의 방향은 우력모멘트의 성질을 이용하여 반대방향으로 가정하면 된다.

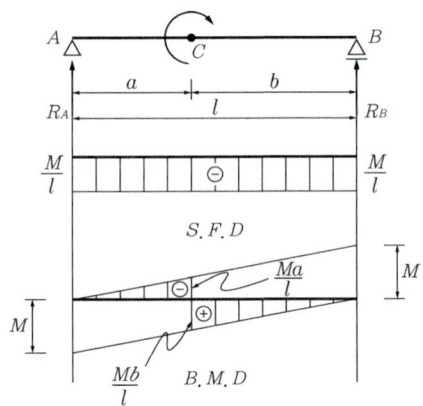

(1) 반력

A 지점의 반력방향을 하향으로 B 지점의 반력방향을 상향으로 가정하여 반력을 구하면

$\Sigma M_B = 0 \qquad -R_A \times l + M = 0$ (반력을 계산할 때는 시계방향일 때 +, 반시계방향일 때 - 이다.)

$$\therefore R_A = \frac{M}{l}$$

$\Sigma M_A = 0 \qquad -R_B \times l + M = 0 \qquad \therefore R_B = \frac{M}{l}$

(2) 전단력

① $A-C$ 구간

$$S_{A-C} = -R_A = -\frac{M}{l}$$

② $C-B$ 구간

$$S_{C-B} = -(+R_B) = -\frac{M}{l} \text{(우측 부호 수정)}$$

(3) 휨모멘트

$M_A = M_B = 0$ 이고

$M_{C1}(\text{좌측}) = -R_A \times a = -\frac{M \cdot a}{l}$

$M_{C2}(\text{우측}) = -\frac{M \cdot a}{l} + M = M\left(1 - \frac{a}{l}\right)$

$\qquad = M\left(\frac{l-a}{l}\right) = M\left(\frac{b}{l}\right) = \frac{Mb}{l}$

6. 간접하중이 작용하는 경우

① 해법 원리 : 세로보를 가로보에 지점을 둔 단순보로 생각하여 반력을 구하여 그 반력을 주형에 작용하는 집중하중으로 보고 직접하중을 받는 단순보의 경우와 똑같이 풀이한다.

② 성질
- 반력은 직접하중일 때와 같다.
- 집중하중은 물론 분포하중도 주형상의 가로보 위치에 작용하는 집중하중으로 변한다.
- 전단력도와 휨모멘트도는 가로보 위치에 집중하중이 작용할 때와 똑같이 변화한다. 즉 격점과 격점 사이에서 전단력은 변하지 않고, 휨모멘트는 직선변화한다.

> **모멘트하중이 작용하는 경우 반력의 특성**
> ① 주어지는 모멘트하중의 위치와 무관하다.
> ② 반력계산 결과 (+)부호이면 가정한 반력의 방향이고, (-)부호이면 가정한 반력의 반대방향이다. 이때는 반력방향을 반대로 표시해서 단면력을 계산하는 것이 계산상 편리하다.
> ③ 단순보에 수직하중이 작용하지 않으면 양 지점반력은 크기는 같고 방향은 반대이다.

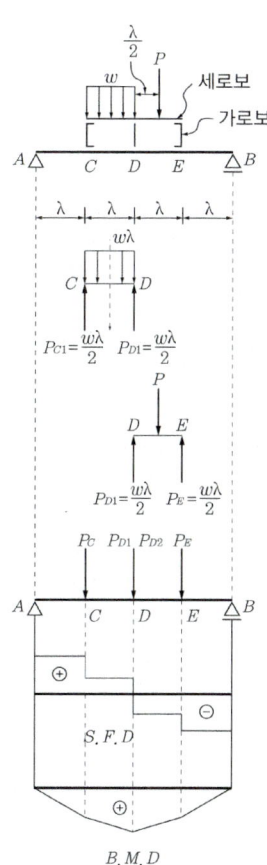

③ 가로보의 위치에 따른 단면력의 변화
　㉠ 양단의 가로보가 지점 위에 있는 경우
　　• 최대 전단력은 직접하중일 때보다 작다.
　　• 최대 휨모멘트는 직접하중일 때보다 작거나 같다.
　㉡ 양단의 가로보가 지점의 안쪽에 있는 경우
　　• 최대 전단력은 직접하중일 때와 같다.
　　• 최대 휨모멘트는 직접하중일 때 보다 크거나 같다.

05 캔틸레버보의 응력해석

1. 개요

(1) 반력(Reaction)

① 캔틸레버보는 지점이 고정단 하나이므로 작용하는 전체 하중의 대수합이 반력이다. 따라서 고정단에는 수평, 수직, 모멘트반력이 일어난다.
② 수직반력, 수평반력, 모멘트반력은 힘의 평형방정식을 이용한다.
　• 수직반력 : $\Sigma V = 0$
　• 수평반력 : $\Sigma H = 0$
　• 모멘트반력 : $\Sigma M = 0$
　　여기서, 모멘트반력은 외력에 해당하므로
　　시계방향이면 +, 반시계방향이면 -가 된다.
③ 고정단에 수직(V_A), 수평(H_A), 모멘트반력(M_A)이 생긴다.

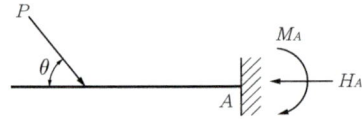

④ 모멘트하중만이 작용할 때는 모멘트반력만 생긴다.
　$V_A = 0,\ H_A = 0,\ M_A = -M$

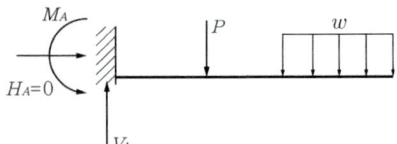

⑤ 하중이 보의 축에 수직으로만 작용할 경우 수평반력은 일어나지 않는다.

⑥ 캔틸레버는 반력값을 구하지 않아도 단면력(전단력, 휨모멘트, 축방향력)을 계산할 수 있다.

(2) 전단력(Shearing Force)

① 캔틸레버의 전단력은 자유단축에 작용하는 하중에 의하여 계산하는 것이 좋다.

② 방향이 같은 하중에 의한 전단력의 부호는 고정단의 위치에 따라 바뀐다. 예컨대 하중이 하향으로만 작용할 때
- 고정단이 좌측이면 (+) 전단력
- 고정단이 우측이면 (-) 전단력(한편 하중이 상향으로만 작용하면 이와 반대이다.)

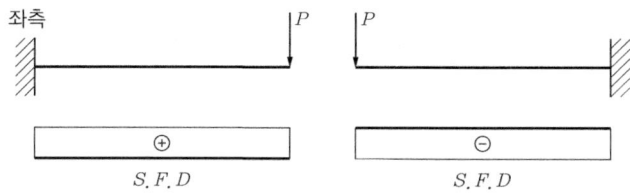

③ 캔틸레버에 모멘트하중만이 작용하면 전단력은 일어나지 않는다.

④ 캔틸레버의 전단력은 하중이 하향 또는 상향으로만 작용할 때 고정단에서 최대이다.

(3) 축방향력(Axial Force)

① 축방향력의 계산은 고정단의 위치와 상관없이 좌에서 우로 계산해 나간다.

② 축방향력의 부호는 다음 그림과 같이 인장력이 작용할 때를 (+), 압축력이 작용할 때를 (-)로 한다.

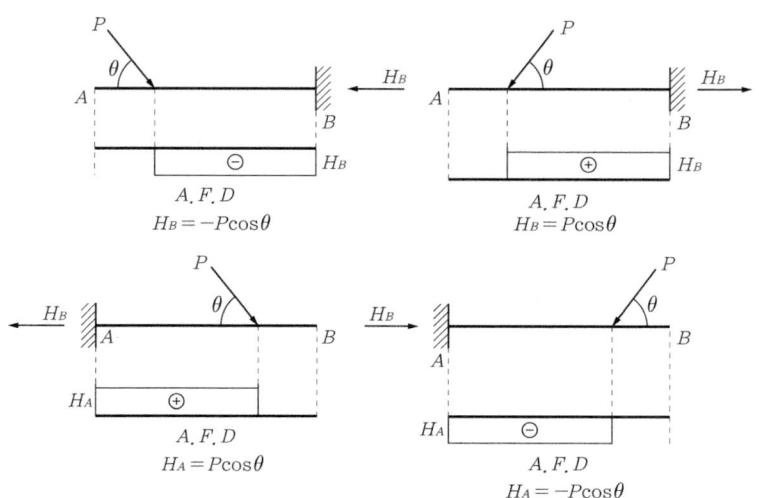

③ 모멘트하중 또는 보의 축에 직각방향으로만 하중이 작용할 경우 캔틸레버의 축방향력도(A.F.D)는 기선과 같다.

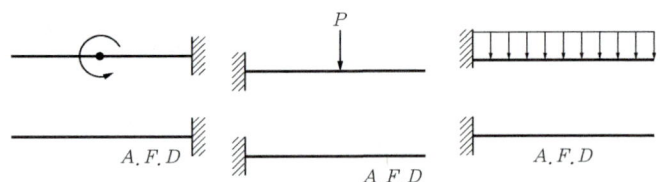

(4) 휨모멘트(Bending Moment)
① 캔틸레버의 휨모멘트는 자유단측에 작용하는 하중에 의하여 계산하는 것이 좋다.
② 캔틸레버의 휨모멘트 부호는 하중이 하향으로만 작용할 때는 고정단의 위치에 관계없이 항상 (-)이다.(한편 하중이 상향으로만 작용할 때는 이와 반대이다)
③ 고정단에서의 휨모멘트 크기는 모멘트반력의 크기와 같으나 부호는 고정단이 좌측에 있으면 같고, 고정단이 우측에 있으면 반대이다.
④ 캔틸레버의 휨모멘트는 하중이 하향 또는 상향으로만 작용할 때 고정단에서 최대이다.
⑤ 자유단에서 임의 단면까지 S.F.D의 면적은 그 단면의 휨모멘트 크기와 같다.
⑥ 캔틸레버에 모멘트하중이 작용할 경우 휨모멘트의 부호 규약은 그림과 같으며, 이것은 철근의 위치와도 관계가 있다.

> **별해**
> 휨모멘트 산정 시 시계방향과 반시계방향에 의해서 +, -가 되지 않고 위로 휘느냐 혹은 아래로 휘느냐에 따라 +, -가 결정됨에 주의해야 한다.

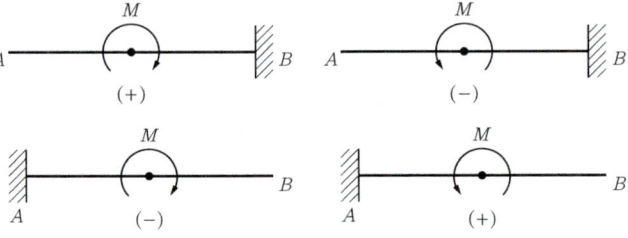

2. 응력해석

(1) 집중하중이 작용하는 경우
① 반력

$\Sigma H = 0 : -H_B = 0 \qquad \therefore H_B = 0$

$\Sigma V = 0 : -P + V_B = 0 \qquad \therefore V_B = P(\uparrow)$

$\Sigma M_B = 0 : -Pl + M_B = 0 \qquad \therefore M_B = Pl(\ \ )$

② 전단력

$S_{A-B} = -P$로 일정하다.

③ 휨모멘트

$M_A = 0$

$M_B = -P \times l = -Pl$

(보가 위로 휘어지므로 철근을 위에 넣는다는 의미이다.)

$M_x = -P \times x = -Px$

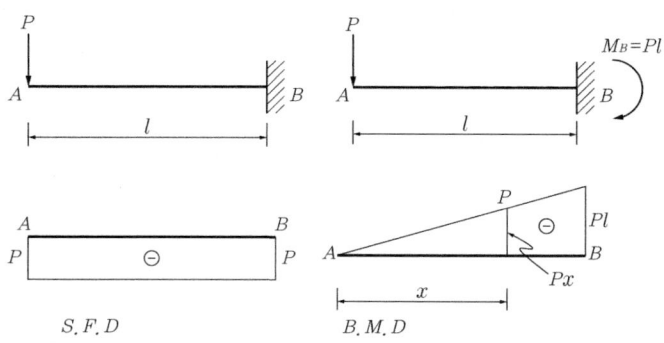

(2) 등분포하중이 작용하는 경우

① 반력

등분포하중은 그 면적이 곧 하중이 되며, 거리는 그 면적의 무게중심에 있다는 것을 상기하고, 힘의 평형방정식을 이용하여 반력을 구한다.

$\Sigma H = 0 \quad \therefore H_A = 0$

$\Sigma V = 0 : V_A - wl = 0 \quad \therefore V_A = wl(\uparrow)$

$\Sigma M_A = 0 : -\left(w \times l \times \dfrac{l}{2}\right) = -\dfrac{wl^2}{2}$

　　　　　　　　↑(반시계방향)

② 전단력

고정단이 좌측에 있으므로 +, 전단력이 생기며 전단력은 1차식이 되어 직선변화한다.

$S_x = -(-wx) = wx$

　　↑(부호 수정)

$S_A = -(-wl) = wl$

$S_B = 0$

③ 휨모멘트

임의의 점에 대한 휨모멘트는

$M_x = -\left(wx \times \dfrac{x}{2}\right) = -\dfrac{wx^2}{2}$ 이 되고 M_x는 x에 관한 2차식이 되므로 휨모멘트는 2차곡선이 된다.

$$M_A = -\dfrac{wl^2}{2}$$

$$M_C = -\dfrac{w}{2}\left(\dfrac{l}{2}\right)^2 = -\dfrac{wl^2}{8}$$

$$M_B = 0$$

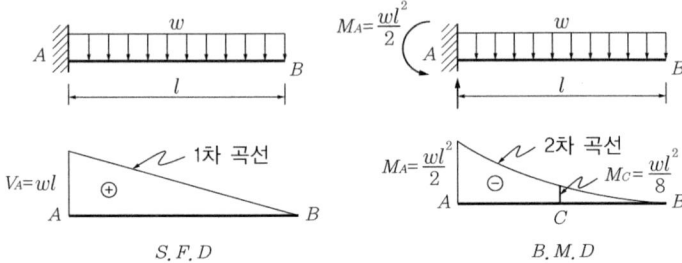

(3) 등변분포하중이 작용하는 경우

① 반력

전체하중(W) = $\dfrac{wl}{2}$ 이 되고 삼각형의 무게중심은 $\dfrac{l}{3}$ 되는 곳에 있으므로

$\Sigma H = 0 : -H_B = 0 \qquad \therefore H_B = 0$

$\Sigma V = 0 : -\dfrac{wl}{2} + V_B = 0 \qquad \therefore V_B = \dfrac{wl}{2}(\uparrow)$

$\Sigma M_B = 0 : -\dfrac{wl}{2} \times \dfrac{l}{3} + M_B = 0 \quad \therefore M_B = \dfrac{wl^2}{6}(\ \ )$

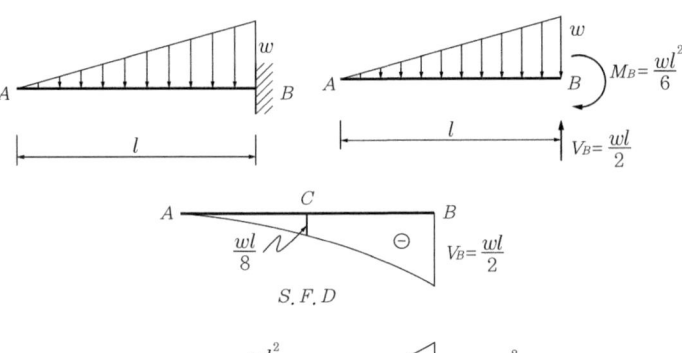

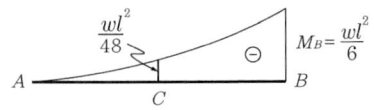

② 전단력

자유단 A로부터 임의의 거리 x만큼 떨어진 단면 C의 단위하중 크기 q는 삼각형 닮은비에서

$$q : x = w : l \qquad \therefore q = \frac{wx}{l}$$

가 되고 자유단 A로부터 임의의 단면까지 작용하중 합계 P_x는

$$P_x = \frac{1}{2}qx = \frac{1}{2} \times \frac{wx}{l} \times x = \frac{wx^2}{2l}$$

이 된다.

임의의 거리 x만큼 떨어진 곳의 전단력은 고정단이 우측에 있으므로

$$S_x = -P_x = -\frac{wx^2}{2l} \rightarrow x\text{에 관한 2차곡선}$$

$$S_C = -\frac{w}{2l}\left(\frac{l}{2}\right)^2 = -\frac{wl}{8}$$

$$S_B = -\frac{w}{2l}(l)^2 = -\frac{wl}{2}$$

③ 휨모멘트

자유단 A로부터 임의의 거리 x만큼 떨어진 거리의 휨모멘트

$$M_x = -P_x \times \frac{x}{3} = -\frac{wx^2}{2l} \times \frac{x}{3} = -\frac{w}{6l}x^3$$

$$M_C = -\frac{w}{6l}\left(\frac{l}{2}\right)^3 = -\frac{wl^2}{48}$$

$$M_B = -\frac{w}{6l}(l)^3 = -\frac{wl^2}{6}$$

(4) 모멘트하중이 작용하는 경우

① 반력

$H_A = 0$

$V_B = 0$

$M_B = -M$

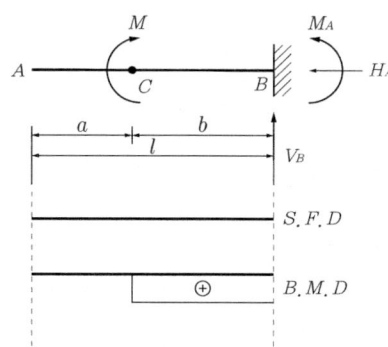

② 전단력

모멘트하중만이 작용하는 경우 전단력은 0이다.

③ 휨모멘트

  ㉠ $A - C$ 구간 $\qquad M_x = 0$

  ㉡ $C - B$ 구간 $\qquad M_x = M$

06 내민보의 응력해석

1. 개요

내민보는 다음 그림과 같이 2지점에서 받쳐지고 일단 또는 양단이 외측으로 내민보로서 이것은 단순보와 캔틸레버를 조합한 것으로 볼 수 있다.
그림에서 연장된 부분을 내민부, 양 지점 사이의 부분을 중앙부라고 한다.

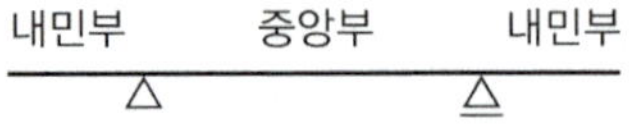

```
       내민부      중앙부     내민부
    ─────────────────────────────
              △          △
```

내민보는 단순보에 비해 내민부의 부휨모멘트가 중앙부의 정휨모멘트를 감소시키며, 기둥에는 휨모멘트가 극히 작게 발생하거나 전혀 발생하지 않아 보와 기둥의 단면 축소와 철근량을 절감할 수 있는 이점이 있다.
내민보의 반력, 전단력, 휨모멘트의 해법은 단순보, 캔틸레버보의 경우와 마찬가지이다. 다만, 하중의 작용상태(작용 위치와 크기)에 따라서 부호의 (+), (-)가 변화하므로 주의해야 한다.

2. 해법

내민보에 하향의 수직분력을 가지는 하중만이 작용할 경우
① 내민 부분의 한 쪽에 작용하는 반대측 지점에 (-)의 반력을 일으킨다.
② 내민 부분의 전단력은 캔틸레버보와 마찬가지로 좌측 지점의 좌측에서는 (-), 우측 지점의 우측에서는 (+)이다. 즉 지점을 고정단으로 생각한 캔틸레버보와 같다.
③ 내민보의 중앙부(단순보 구간)에만 하중이 작용할 때는 단순보와 동일하다.
④ 내민 부분에 하중이 작용하면 캔틸레버보와 마찬가지로 (-)의 휨모멘트를 일으킨다. 즉 지점을 고정단으로 생각한 캔틸레버보와 같다.
⑤ 전단력의 부호가 바뀌는 점은 적어도 1개 이상 있으며, 각기의 점에서 (+) 또는 (-)의 극대 휨모멘트가 일어난다. 이 중 절댓값이 최대인 것을 최대 휨모멘트라 한다.
⑥ 휨모멘트의 부호가 바뀌는 점을 반곡점(Inflection Point)이라 하며, 이 점에서 보가 휘는 방향이 상반된다.
⑦ 한 끝에서 임의 단면까지 S.F.D의 면적은 그 단면의 휨모멘트 크기와 같다.

07 겔버보의 응력해석

1. 개요

독일 사람인 게르버(Gerber)가 고안한 정정보로서 n개의 지점을 갖는 연속보에 $(n-2)$개의 Hinge를 삽입하여 힘의 평형조건식만으로 해석할 수 있도록 한 정정보이다.

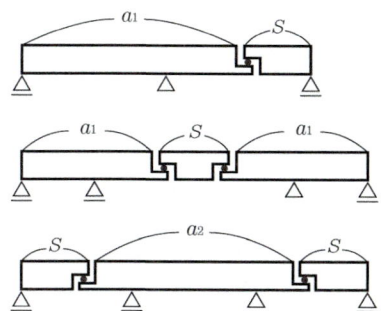

겔버보의 모양은 캔틸레버보 및 내민보와 단순보를 결합시킨 것이며, 같은 지간을 가지는 단순보에 비하여 휨모멘트가 작아지므로 경제적인 구조물로 볼 수 있다.

- 앵커지간(Anchor Span : a_1) : 한 끝 내민보 부분의 지간
- 복앵커지간(Double Anchor Span : a_2) : 양 끝 내민보의 지간
- 적지간(Suspended Span : S) : 얹혀 있는 단순보의 지간

2. 겔버보의 특성

① 부정정 연속보에 부정정차수($N = R - 3$)만큼 힌지절점을 적당히 넣어 정정보로 만든 것이 겔버보이다. 따라서 힘의 평형조건식 3개만으로도 풀이할 수 있다.

② 구조상 분류
- 겔버보 = 내민보 + 단순보
- 겔버보 = 캔틸레버보 + 단순보
- 겔버보 = 캔틸레버보 + 내민보

③ 힌지절점에서는 휨모멘트가 0이다.

④ 전단력이 0이 되는 곳에서 큰 휨모멘트가 생기며, 그 중 절댓값이 가장 큰 것이 최대 휨모멘트가 된다.

3. 겔버보의 장점

(1) 연속보와 비교할 때

① 정정구조이므로 응력계산이 용이하다.

② 지반침하에 의한 악영향이 없다. 따라서 연약지반에도 가설할 수 있다.

③ 온도변화에 의한 악영향이 없다.
④ 캔틸레버식 가설을 할 때 불명확한 가설응력을 피할 수 있다.

(2) 단순보와 비교할 때

① 강재가 절약된다. 그러나 절약되는 양은 연속보보다 못하다.
② 휨모멘트가 작아지고 받침대(교대)의 공사비용이 절약된다.

4. 응력을 구하는 방법

① 주어진 겔버보에서 힌지 부분을 나누어 단순보 구간과 내민보 구간, 캔틸레버보 구간 등으로 구한다.
  • 단순보 구간 : 마지막 힌지지점 + 힌지절점
       힌지절점 + 힌지절점
  • 내민보 구간 : 중간 힌지지점 두 개 + 힌지절점
  • 캔틸레버보 구간 : 고정지점 + 힌지지점

② 단순보 구간을 먼저 풀이한다. 힌지를 지점으로 생각하여 반력값을 계산한다.
③ 단순보의 힌지절점에서 구한 반력값을 내민보나 캔틸레버보의 해당 끝 부분의 반대방향으로 작용시켜 외력으로 생각하고, 내민보 부분과 캔틸레버보 부분으로 풀이한다.
④ 겔버보의 전체 전단력은 전구간을 붙여 놓은 상태로 풀이하고, 어느 임의 점의 전단력이나 휨모멘트를 구하고자 할 때는 구간을 분리해서 풀이하는 것이 편리하다.

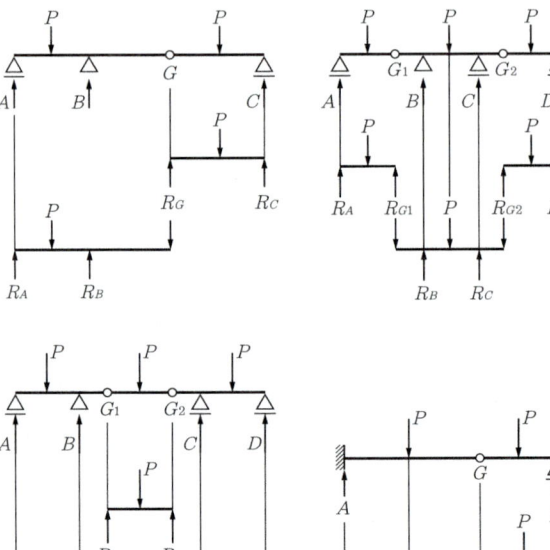

08 이동하중에 의한 최대 휨모멘트 및 절대 최대 휨모멘트

1. 최대 휨모멘트

m점의 최대 휨모멘트는 다음 조건을 만족시킬 때 r번째의 하중 P_r이 m점에 작용 시 일어난다.

$$\frac{\Sigma_r P}{b} = \frac{\Sigma_{r-1} P}{a} = \frac{\Sigma P}{l} \quad \left(\because \frac{b}{a} = \frac{\Sigma_r P}{\Sigma_{r-1} P} \right)$$

여기서, $\Sigma_r P$: P_r을 포함한 m점 오른쪽 하중의 합력
$\Sigma_{r-1} P$: m점 왼쪽 하중의 합력
ΣP : P_r이 m점에 작용 시 전하중의 합력

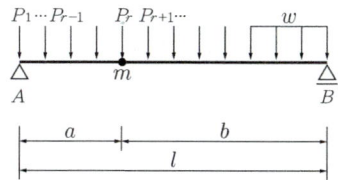

2. 절대 최대 휨모멘트

절대 최대 휨모멘트는 합력(R)과 근접한 큰 하중(P_1)과의 거리(e)가 중앙 단면(m점)에 의하여 2등분되는 경우, 근접한 큰 하중이 작용하는 단면(C점)에서 일어난다.

$$\therefore e = \frac{P_2 \cdot y}{P_1 + P_2} \qquad \therefore x = \frac{l}{2} - \frac{e}{2} = \frac{l}{2} - \frac{P_2 \cdot y}{2P_1 + P_2}$$

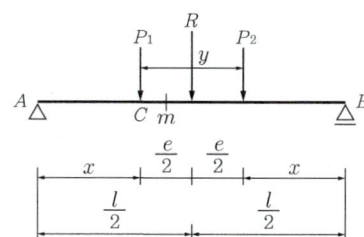

CHAPTER 03 　필수 확인 문제

01 그림과 같은 구조물에서 지점 A의 수평반력은? [산01,09,16,19]

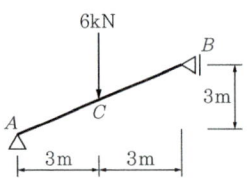

① 3kN ② 4kN
③ 5kN ④ 6kN

$\sum V = 0$:
$\sum M_B = 0$
$\rightarrow$
$-H_A \times 3 + 6 \times 6 - 6 \times 3 = 0$
$H_A = 6\text{kN}(\rightarrow)$

정답 ④

02 그림과 같은 단순보에서 A점과 B점에 발생하는 반력으로 옳은 것은? [기00,05,19]

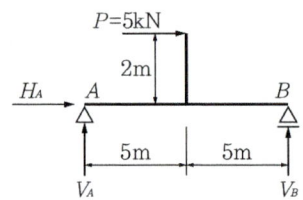

① $H_A = +5\,\text{kN},\ V_A = +1\,\text{kN},\ V_B = +1\,\text{kN}$
② $H_A = -5\,\text{kN},\ V_A = -1\,\text{kN},\ V_B = +1\,\text{kN}$
③ $H_A = +5\,\text{kN},\ V_A = +1\,\text{kN},\ V_B = -1\,\text{kN}$
④ $H_A = -5\,\text{kN},\ V_A = +1\,\text{kN},\ V_B = +1\,\text{kN}$

(1) $\sum H = 0$:
$+(H_A) + (5) = 0$
$\therefore H_A = -5\text{kN}(\leftarrow)$
(2) $\sum M_B = 0$:
$+(V_A)(10) + (5)(2) = 0$
$\therefore V_A = -1\text{kN}(\downarrow)$
(3) $\sum V = 0$:
$+(V_A) + (V_B) = 0$
$\therefore V_B = +1\text{kN}(\uparrow)$

정답 ②

03 다음 그림과 같은 보에서 A점의 수직반력을 구하면? [기13,20]

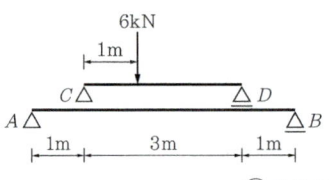

① 2.4kN ② 3.6kN
③ 4.8kN ④ 6.0kN

$\sum M_D = 0$:
$+(V_C)(3) - (6)(2) = 0$
$\therefore V_C = +4\text{kN}(\uparrow)$
$\sum V = 0 : +(V_C) + (V_D) - (6) = 0$
$\therefore V_D = +2\text{kN}(\uparrow)$
$\sum M_B = 0$:
$+(V_A)(5) - (4)(4) - (2)(1) = 0$
$\therefore V_A = +3.6\text{kN}(\uparrow)$

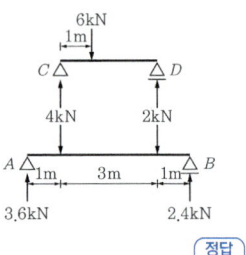

정답 ②

04 C점의 전단력이 0이 되려면 P의 값은 얼마가 되어야 하는가? [산19]

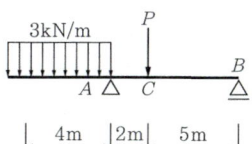

① 9kN
② 12kN
③ 13.5kN
④ 15kN

◉ C점의 전단력이 0이 되기 위해서는 B지점의 반력이 0이 되어야 함. 따라서 $V_B = 0$
- $\Sigma V = 0 \rightarrow 3 \times 4 + P = V_A$
  $\therefore P = V_A - 12$
- $\Sigma M_B = 0$
  $-3 \times 4 \times \left(\frac{4}{2} + 2 + 5\right) + V_A \times 7 - P \times 5 = 0$
  $\therefore 5P = 7V_A - 108$
- 두 식을 연립해서 풀이하면
  $P = 12$kN 정답 ②

05 그림과 같은 단순보가 집중하중과 등분포하중을 받고 있을 때 C점의 휨모멘트를 구하면? [산06,16,13,19]

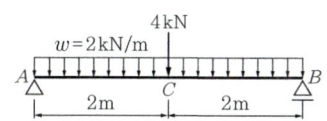

① 8kN·m
② 10kN·m
③ 12kN·m
④ 14kN·m

◉ 등분포하중과 집중하중을 나누어 풀이하면
$$M_C = \frac{wl^2}{8} + \frac{Pl}{4}$$
$$= \frac{2 \times 4^2}{8} + \frac{4 \times 4}{4} = 8\text{kNm}$$
정답 ①

06 그림과 같은 단순보의 C점의 휨모멘트값은? [기06, 산02,08]

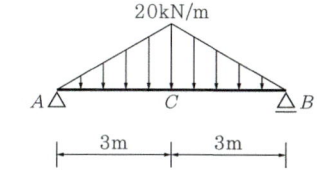

① 30kN·m
② 60kN·m
③ 90kN·m
④ 120kN·m

◉ (1) $V_A = +\frac{1}{2} \times 20 \times 3$
   $= +30$kN(↑)
(2) M_C
   $= +\left[+(30)(3) - \left(\frac{1}{2} \times 20 \times 3\right)(1)\right]$
   $= +60$kN·m
정답 ②

07 정정구조물에서 하중 w, 전단력 V, 모멘트 M의 관계식 중 옳은 것은?
(단, x는 지점에서 임의 단면까지의 거리) [산11]

① $\dfrac{dM}{dx} = -w$
② $\dfrac{dV}{dx} = -w$
③ $\dfrac{d^2M}{dx} = -w$
④ $\dfrac{d^2V}{dx^2} = M$

◉ 하중과 전단력의 관계
$$\frac{dV}{dx} = -w$$
- 전단력과 휨모멘트와의 관계
$$\frac{dM}{dx} = V, \quad \frac{d^2M}{dx^2} = w$$
- 하중 $\xrightarrow{\text{적분}}_{\text{미분}}$ 전단력 $\xrightarrow{\text{적분}}_{\text{미분}}$ 휨모멘트
정답 ②

CHAPTER 04 정정라멘 및 정정아치

빈출 KEY WORD # 정절라멘 종류별 반력, 전단력, 휨모멘트 계산

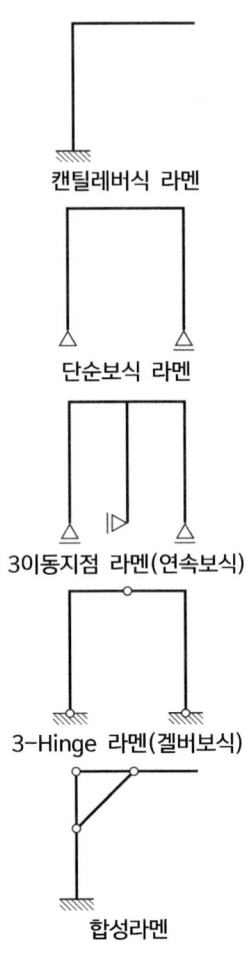

캔틸레버식 라멘

단순보식 라멘

3이동지점 라멘(연속보식)

3-Hinge 라멘(겔버보식)

합성라멘

01 정정라멘

1. 정의

라멘(Rahmen)이란 독일어로서(영어, Frame), 구조부재가 만나는 절점(Joint)이 모두 강절점(剛節 ; Rigid Joint)인 골조를 말한다. 강절점이란 구조물이 외력에 의해 변형되더라고 부재들이 유지하고 있었던 원래의 부재각(절점각)은 변하지 않는 절점을 말한다.

2. 라멘의 종류

캔틸레버식 라멘, 단순보식 라멘, 3이동지점 라멘(연속보식 라멘), 3-Hinge 라멘(겔버보식 라멘), 합성라멘

3. 라멘의 해법

① 정정라멘은 힘의 평형 3조건($\Sigma H = 0$, $\Sigma V = 0$, $\Sigma M = 0$)에 의해서 지점반력을 구하여 각 부재의 단면력을 계산한다.
② 단면력은 정정보의 해법과 같은 방법으로 전단력, 휨모멘트, 축방향력을 계산한다.
③ 단면력도의 부호는 단순보와 같다.

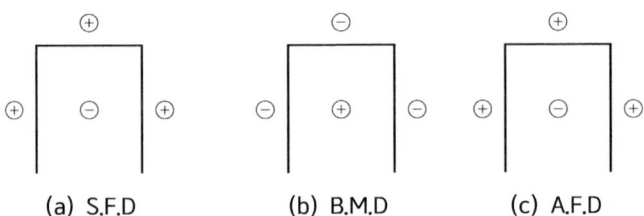

(a) S.F.D   (b) B.M.D   (c) A.F.D

주요 라멘의 해법 요약

구 분	해법 요약
캔틸레버식 라멘	· 캔틸레버보와 같이 생각하여 풀이하되 부재축에 각을 가진 하중이 작용하면 전단력과 휨모멘트가 생기고, 부재축에 수평인 하중이 작용하면 축방향력이 생긴다. · 기둥이나 보에 생기는 휨모멘트는 보와 기둥에 각각 영향을 준다.
단순보식 라멘	· 수평하중이 없으면 수평반력도 없다. · 수평하중이 있으면 수평하중 전체가 수평하중 반대방향으로 회전지점에 수평반력이 작용한다. · 수평반력을 구한 후에 수직반력을 구한다. · 모든 외력은 힘의 평형방정식을 이용하여 풀이하고 내력(부재력)은 단순보와 같다.
3-Hinge 라멘	· 수평하중이 없어도 수평반력이 생긴다. · 수직반력을 구한 후에 수평반력을 구한다. · 수직반력은 힘의 평형방정식을 이용하여 풀이하되 힌지는 무시한다. · 수평반력은 힌지에 모멘트를 취하여($\Sigma M_{힌지} = 0$) 좌·우측을 각각 힘의 평형방정식을 만족시켜 지점의 반력을 구한다.

예제

다음 그림과 같은 단순보식 라멘과 3-Hinge 라멘의 반력을 구하시오.

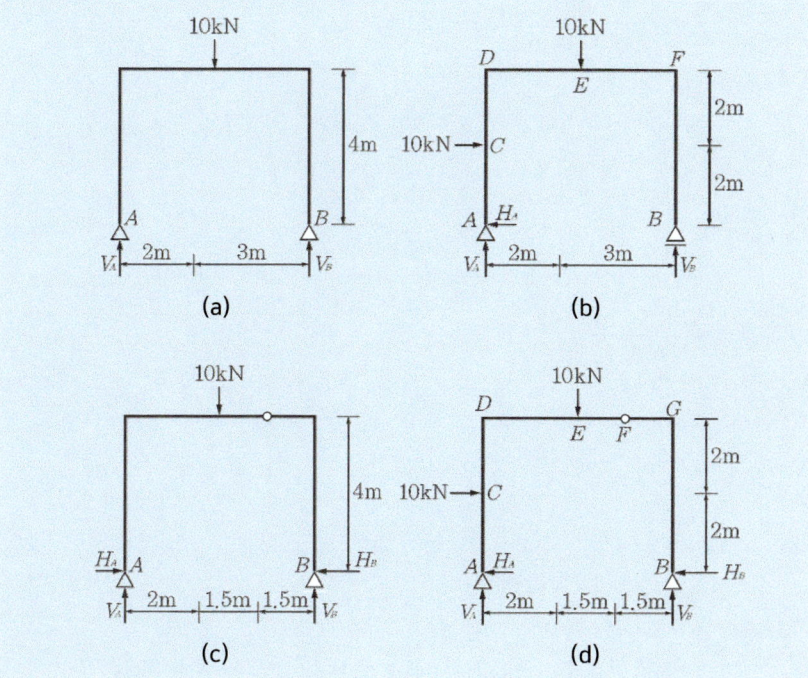

> **해설**

(a)
$\Sigma M_B = 0$
$$R_A \times 5\text{m} - 10\text{kN} \times 3\text{m} = 0 \quad \therefore R_A = 6\text{kN}$$
$\Sigma V = 0$
$$-10\text{kN} + 6\text{kN} + R_B = 0 \quad \therefore R_B = 4\text{kN}$$

(b)
$\Sigma M_B = 0 \quad V_A \times 5\text{m} + 10\text{kN} \times 2\text{m} - 10\text{kN} \times 3\text{m} = 0$
$$\therefore V_A = \frac{10\text{kN} \cdot \text{m}}{5\text{m}} = 2\text{kN}$$
$\Sigma H = 0$
$$10\text{kN} - H_A = 0 \quad \therefore H_A = 10\text{kN}(좌향)$$
$\Sigma V = 0$
$$-10\text{kN} + 2\text{kN} + V_B = 0 \quad \therefore V_B = 8\text{kN}$$

(c)
$\Sigma M_B = 0$
$$V_A \times 5\text{m} - 10\text{kN} \times 3\text{m} = 0 \quad \therefore V_A = 6\text{kN}$$
$\Sigma V = 0, \quad -10\text{kN} + 6\text{kN} + V_B = 0 \quad \therefore V_B = 4\text{kN}$
$\Sigma M_{힌지} = 0$
$$6\text{kN} \times 3.5\text{m} - H_A \times 4\text{m} - 10\text{kN} \times 1.5\text{m} = 0$$
$$\therefore H_A = \frac{6\text{kN} \cdot \text{m}}{4\text{m}} = 1.5\text{kN}$$
$\Sigma M_{힌지} = 0$
$$-4\text{kN} \times 1.5\text{m} + H_B \times 4\text{m} = 0 \quad \therefore H_B = 1.5\text{kN}$$

(d)
$\Sigma M_B = 0$
$$V_A \times 5\text{m} + 10\text{kN} \times 2\text{m} - 10\text{kN} \times 3\text{m} = 0$$
$$\therefore V_A = \frac{10\text{kN} \cdot \text{m}}{5\text{m}} = 2\text{kN}$$
$\Sigma V = 0$
$$-10\text{kN} + 2\text{kN} + V_B = 0 \quad \therefore R_B = 8\text{kN}$$
$\Sigma M_{힌지} = 0$

$$2\text{kN} \times 3.5\text{kN} - H_A \times 4\text{m} - 10\text{kN} \times 2\text{m} - 10\text{kN} \times 1.5\text{m} = 0$$
$$\therefore H_A = 7\text{kN}(좌향)$$
$\Sigma M_{힌지} = 0$
$$-8\text{kN} \times 1.5\text{m} + H_B \times 4\text{m} = 0 \quad \therefore H_B = 3\text{kN}$$

02 정정아치

1. 정의
라멘에서 직선부재를 곡선부재로 만든 보를 아치(Arch) 혹은 곡선보(Curved Beam)라 하고, 단면력은 축방향력, 전단력, 휨모멘트가 발생하나 주로 축방향력에 저항하도록 만든 구조물이다.

2. 종류
곡선재의 곡선형상에 따라 원형 아치, 포물선형 아치 등이 있으며, 지점의 지지상태에 따라 다음과 같이 분류한다.
(a) 캔틸레버형 아치(일단고정, 타단자유)
(b) 단순보형 아치(일단 힌지, 타단 이동지점)
(c) 3힌지형 아치(3활절 아치, 겔버형 아치)
(d) 타이드 아치(Tide Arch)

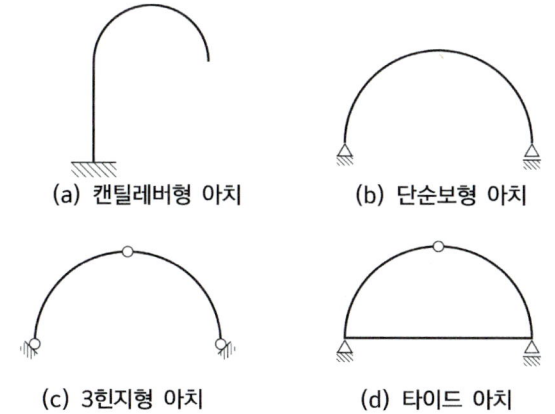

(a) 캔틸레버형 아치   (b) 단순보형 아치
(c) 3힌지형 아치   (d) 타이드 아치

3. 해법
① 정정아치의 해법과 부호의 규약은 정정보나 라멘과 동일하다. 즉 전단력이나 휨모멘트의 부호는 아치의 안쪽에서 바깥쪽을 향하여 보고 보의 경우와 마찬가지로 결정한다.
② 곡선부재 임의점의 전단력 및 축방향력은 그 점에서 곡선에 그은 접선으로부터 수직방향 분력의 대수화가 전단력이고, 접선방향의 분력의 대수화가 축방향력이다.

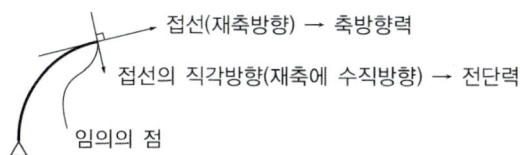

접선(재축방향) → 축방향력
접선의 직각방향(재축에 수직방향) → 전단력
임의의 점

③ 임의점의 휨모멘트 산정방법은 보, 라멘과 마찬가지로 한다.

▶ 아치 축선의 방정식과 접선각

① 원형 아치(Circular Arch)

스팬(Span) $l = 2l_1$과 f가 정해지면 축선(Arch Axis)이 결정된다.

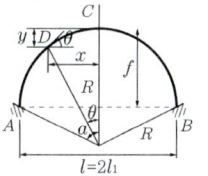

$$y = R - \sqrt{R^2 - x^2}$$

$$\tan\theta = \frac{x}{\sqrt{R^2 - x^2}}$$

$$R = \frac{f^2 + l_1^2}{2f}$$

$$f = R - \sqrt{R^2 - l_1^2}$$

곡선의 길이 $AC = R \cdot \alpha$,
여기서 $\cos\alpha = \dfrac{R-f}{R}$

② 포물선 아치(Parabolic Arch)

포물선의 축선은 l, f가 정해지면 다음 식으로 구한다.

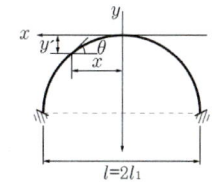

$$y = \frac{4f}{l^2}x^2 \qquad \tan\theta = \frac{8f}{l^2}x$$

CHAPTER 04　필수 확인 문제

01 그림과 같은 구조물에서 A점의 휨모멘트는? [산14]

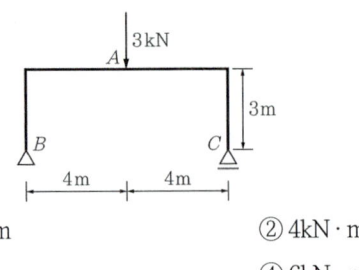

① 3kN·m　　　　② 4kN·m
③ 5kN·m　　　　④ 6kN·m

좌우대칭이므로
$V_A = \dfrac{3}{2} = 1.5\text{kN}(\uparrow)$
$M_A = 1.5\text{kN} \times 4 = 6\text{kN}\cdot\text{m}$

정답 ④

02 그림과 같은 정정라멘에서 BD부재의 축방향력으로 옳은 것은?
(단, + : 인장력, − : 압축력) [기09,11]

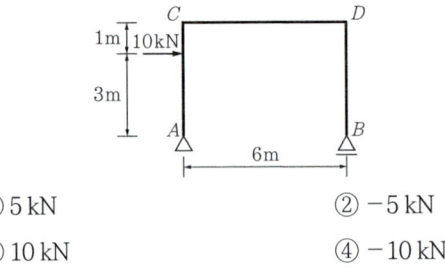

① 5 kN　　　　② −5 kN
③ 10 kN　　　　④ −10 kN

$\Sigma H = 0 : +(H_A)+(10)=0$
$\therefore H_A = -10\text{kN}(\leftarrow)$
$\Sigma M_B = 0 : +(V_A)(6)+(10)(3)=0$
$\therefore V_A = -5\text{kN}(\downarrow)$
$\Sigma V = 0 : +(V_A)+(V_B)=0$
$\therefore V_B = +5\text{kN}(\uparrow)$
$F_{BD} = -5\text{kN}(압축)$

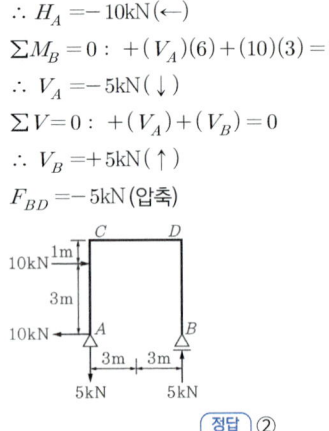

정답 ②

03 그림과 같은 3회전단의 포물선 아치가 등분포하중을 받을 때 아치부재의 단면력에 관한 설명으로 옳은 것은? [기10,18,20]

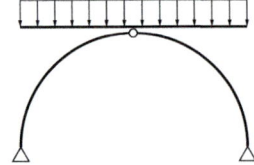

① 축방향력만 존재한다.
② 축방향력과 휨모멘트가 존재한다.
③ 전단력과 축방향력이 존재한다.
④ 축방향력, 전단력, 휨모멘트가 모두 존재한다.

3회전단 포물선 아치가 등분포하중을 받게 되면 부재력으로서 전단력이나 휨모멘트가 발생하지 않고 축방향력만 발행하므로 경제적인 구조가 된다.

정답 ①

04 그림과 같은 힘 P가 작용하는 라멘에서 휨모멘트가 0이 되는 곳은 몇 개인가?
[산13]

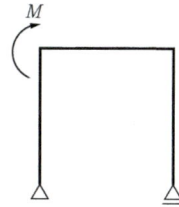

① 2　　　　　　　② 3
③ 4　　　　　　　④ 5

◎ 라멘의 해석

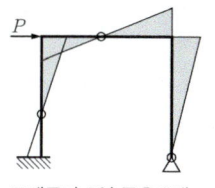

모멘트가 0인 곳은 3개

정답 ②

05 그림과 같은 단순보형 라멘에 대한 휨모멘트도(BMD)로서 옳은 것은?
[산00,09]

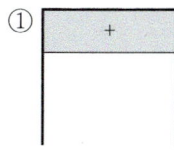
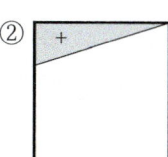
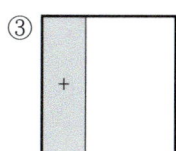
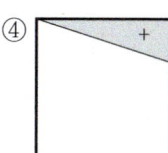

◎ 이동지점에는 모멘트하중에 작용하지 않으므로 ②처럼 된다.

정답 ②

CHAPTER 05 정정트러스

빈출 KEY WORD
\# 트러스 종류별 인장, 압축부재 찾기
\# 격점법과 절단법에 따른 부재력
\# 영부재 판별

01 트러스 일반

1. 정의

트러스(Truss)란 두 개 이상의 직선부재의 양단을 전혀 마찰이 없는 힌지(Hinge)에 의하여 삼각형 모양으로 결합하여 만든 구조물을 말한다.

▶ 트러스의 형식

상현트러스

하현트러스

2. 트러스 각 부분의 명칭

① 현재(Chord Member)
   ㉠ 상현재(Upper Chord Member, U)
   ㉡ 하현재(Lower Chord Member, L)
② 복부재(Web Member)
   ㉠ 수직재(Vertical Member, V)
   ㉡ 사재(Diagonal Member, D)
③ 단주(End Post)
   오른쪽과 왼쪽 양끝의 복부재

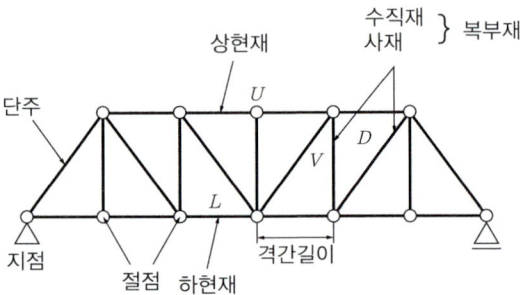

④ 격점(Panel Point, 절점)
   각 부재 양끝의 결합점
⑤ 격간(Panel)
   현재 양끝의 절점 사이의 부분

3. 트러스의 종류

① 플랫 트러스

주로 강교에 많이 사용된다.

㉠ 압축재 : 상현재, 수직재

㉡ 인장재 : 하현재, 사재

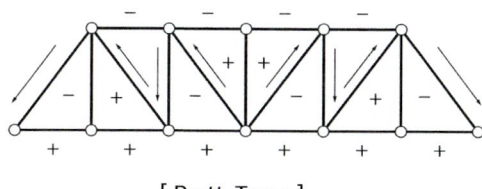

[Pratt Truss]

② 하우 트러스

주로 목조 구조물에 널리 사용된다.

㉠ 압축재 : 상현재, 사재

㉡ 인장재 : 하현재, 수직재

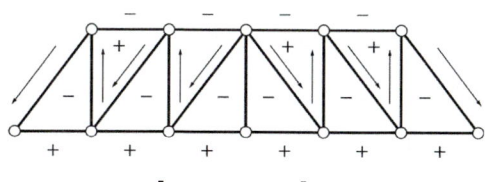

[Howe Truss]

③ 와렌 트러스

주로 연속교에 사용하며, 다른 트러스에 비해 구조가 간단하다.

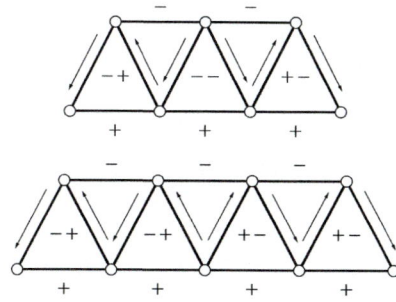

④ K-트러스

바닥틀에 사용된다.

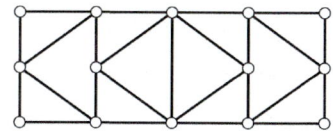

> **트러스의 일반적 부재력**
> 상현재 : 압축(−)
> 하현재 : 인장(+)
> 양끝 경사재(복재) : 압축(−)
> 중앙을 향해 아래쪽 사재 : 인장(+)
> 중앙을 향해 위쪽 사재 : 압축(−)

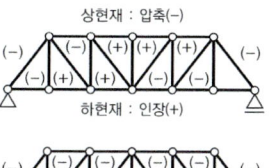

> 와렌 트러스는 현재의 길이가 길어서 부재수가 적게 들어가지만 강성이 감소된다.

> K-트러스는 복부재를 짧게 할 수 있고, 사재의 경사를 적당히 할 수 있는 장점은 있으나 외관상 좋지 않으므로 주형에는 사용하지 않고 있다.

⑤ 킹 포스트 트러스(King Post Truss)

지붕 트러스에 사용된다.

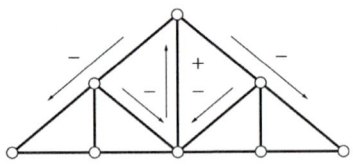

⑥ 핑크 트러스(Fink Truss)

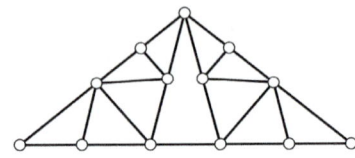

4. 트러스의 구성과 분류

① 단순트러스

핀으로 연결한 부재가 삼각형을 만들어 나가면서 여러 가지 형상의 내적 안정트러스를 만드는데, 이러한 트러스를 단순트러스라 한다.

단순트러스는 가장 기본적인 내적 안정트러스이며, 실용적으로도 중요하다.

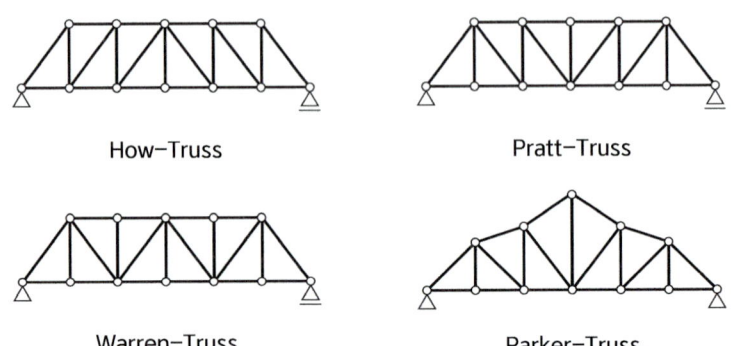

② 합성트러스

2개 이상의 단순트러스를 서로 평행하지도 않고, 한 점에서 만나지도 않는 3개의 링크로 연결하면 새로운 내적 안정 및 정정 트러스를 얻는다. 이러한 트러스를 합성트러스라고 한다.

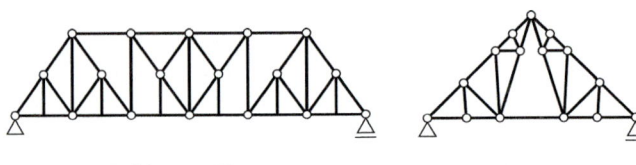

③ 복합트러스

단순트러스나 합성트러스가 아니어도 내적으로 안정하고, 정정인 트러스를 복합트러스라 한다. 복합트러스는 그 안의 몇 개의 부재를 같은 수만큼 다른 부재로 바꿔 넣으면 단순트러스나 합성트러스로 된다.

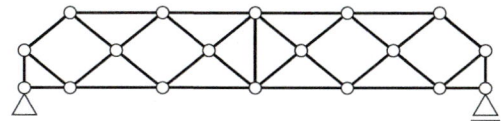

Rhombic-Truss

02 트러스의 해법

1. 해법상의 가정

① 트러스에 작용하는 외력은 트러스 부재와 동일 평면상에 있다.
② 모든 절점은 힌지로 가정한다.
③ 모든 하중은 절점에 집중하중으로 작용한다.
④ 모든 부재는 직선재이며, 절점과 절점을 연결한 직선은 부재축과 일치한다.
⑤ 하중이 작용한 후에도 절점의 위치는 변화가 없는 것으로 생각한다.
⑥ 부재응력은 그 구조 재료의 탄성한도 이내에 있다.
⑦ 2차응력은 1차응력의 20 ~ 30%이며, 특별한 경우가 아니면 무시한다.
⑧ 각 부재에는 축방향력, 즉 인장력이나 압축력만을 받으며 전단력, 휨모멘트는 작용하지 않는다.
⑨ 작용하중으로 인한 트러스의 변형은 무시한다.
⑩ 부재의 자중은 무시한다.

> 실제 트러스는 외력에 대하여 안전한 구조로 하기 위해서 입체적인 구조로 조립되어 있지만 설계 계산에서는 평면 트러스로 분해하여 생각한다.
> 부재들은 마찰이 없는 힌지로 연결되어 있다고 가정하기 때문에 삼각형만이 유일하게 안정된 현상이라고 할 수 있다.

> ①의 가정은 핀트러스에서는 잘 맞는데, 실제의 트러스 격점은 리벳 또는 용접되어 해법의 가정 중 ②의 가정이 맞지 않는다. 위의 가정 하에서 계산한 응력량을 1차응력이라 하고, 격점이 완전한 힌지가 아니어서 생기는 응력을 2차응력이라 한다.

2. 부재응력

① 부재응력

트러스의 부재는 축방향 인장력 또는 축방향 압축력만을 받으며, 한 부재에 대해서는 전장에 걸쳐 균일한 응력이 일어난다. 이것을 트러스의 부재응력 또는 부재력이라 한다.

② 응력의 단위(kN, N)

③ 응력의 부호

트러스 미지의 부재응력은 보통 모두 인장력 (+)으로 가정하여 풀이한다. 풀이한 결과가 (+)이면 인장력이고, (-)이면 압축력이다. 즉 인장력을 (+), 압축력을 (-)로 취급한다.

> 트러스 해법의 종류
> · 격점법(절점법)
>   ① 해법(Cremona법)
> · 절단법(단면법)
>   ① 리터법(Ritter법)
>   ② 전단력법(Culmass법)
> · 부재치환법
> · 가상변위법
> · 영향선법

④ 지점반력

트러스의 반력은 트러스 전체를 하나의 단일체로 생각하고, 여기에 힘의 평형방정식을 적용하여 단순보나 캔틸레버와 같은 방법으로 구한다.

⑤ 응력해법

트러스의 부재응력을 구하는 방법은 여러 가지 있으나, 어느 한 해법에만 의할 것이 아니라 가장 능률적으로 구할 수 있는 방법을 적용하면 된다.

3. 해법의 종류

(1) 격점법(절점법 : Method of Joint)

트러스의 절점에 작용하는 외력과 부재력을 그 절점에 2개 이하의 미지응력이 포함되도록 부재를 절단하여 힘의 평형방정식을 이용하여 부재력을 구하는 방법이다.

> 격점법은 트러스의 모든 부재의 부재력을 구할 때는 편리하지만 임의의 부재의 부재력을 직접 구할 수 없으며, 한 부재의 부재력 계산 착오가 다른 부재의 부재력 계산에도 영향을 준다.

① 반력 : 정정보와 같은 방법으로 힘의 평형방정식을 적용한다. 캔틸레버계 트러스는 반력을 구하지 않고도 부재응력을 구할 수 있다.

② 부재응력 : 각 절점에서 이 절점에 작용하는 모든 힘(하중, 지점반력, 부재력)에 $\Sigma H = 0$, $\Sigma V = 0$을 적용하여 미지의 부재력을 구한다.

이 방법에서는 조건식이 두 개이므로 미지의 부재응력이 두 개 이하인 절점을 순차로 선택하여 계산한다.

③ 부호 규약 : 부재응력의 부호는 부재응력이 상향과 우향이면 인장응력(+)이고, 하향과 좌향이면 압축응력(−)이다.

④ 종류
- 도해법 : 크레모나(Cremona) 방법
- 수식법 $\begin{cases} \text{일반적인 방법 : } \Sigma V = 0, \ \Sigma H = 0 \\ \text{특수방법 : 응력계수법 : (응력계수)} \times \text{(부재길이)} \\ \qquad\qquad\quad \text{인장계수법} \end{cases}$

(2) 절단법(단면법 : Method of section)

트러스구조면에 작용하는 외력과 부재력을 2개 내지 3개의 부재를 절단하여 힘의 평형방정식을 적용하여 구하는 방법이다.

① 모멘트법(Ritter법)
- 절단된 부재의 응력 중 미지의 것이 3개 이내가 되도록 부재를 절단하여 트러스 전체를 두 개의 구면으로 나눈다.
- 절단된 한쪽 단면(보통 간편한 쪽)의 하중, 지점반력, 절단된 부재응력에 대하여 미지의 부재응력이 하나만 남도록 절단된 부재 중 구하고자 하는 부재

외에 나머지 두 부재가 만나는 점에 모멘트의 중심을 잡고 $\Sigma M = 0$의 식만을 적용하여 부재응력을 구한다.(즉, 조건식이 하나뿐이므로 미지 부재응력은 하나만 있어야 한다.)
- 일반적으로 현재(상현, 하현)의 응력을 구할 때 편리하다.

② 전단력법(Culmann법)
- 절단된 부재의 응력 중 미지의 것이 2개 이내가 되도록 부재를 절단하여 트러스 전체를 두 개의 구면으로 나눈다.
- 절단된 한쪽 단면의 하중, 지점반력 절단된 부재응력에 대하여 $\Sigma = 0, \Sigma V = 0$의 평형방정식에 의하여 부재응력을 구한다.(즉, 조건식이 두 개이므로 미지 부재응력은 두 개 이하가 되어야 한다.)
- 일반적으로 평행한 트러스이거나 현재의 응력을 알고 있는 경우에 쓰이며, 특히 복부재의 응력계산에 편리하다.

③ 절단법의 이점과 부호
- 임의 부재의 응력을 즉시 구할 수 있다.
- 계산의 과오가 다른 부재에 영향을 주지 않는다.
- 절단법에 있어서도 절점법과 마찬가지로 절단면에 향하는 부재응력이 인장력(+)이다.

④ 종류
- 도해법 : 쿨만(Culmann) 방법 → 시력도의 폐합을 적용
- 수식법 $\begin{cases} 전단력법(Culmann법) : \Sigma V = 0, \Sigma H = 0 \\ \qquad\qquad 복부재(수직재, 사재)에 적용 \\ 모멘트법(Ritter법) : \Sigma M = 0 \\ \qquad\qquad 현재(상현재, 하현재)에 적용 \end{cases}$

> **0부재의 약식 판별법**
- 부재 2개의 절점인 경우

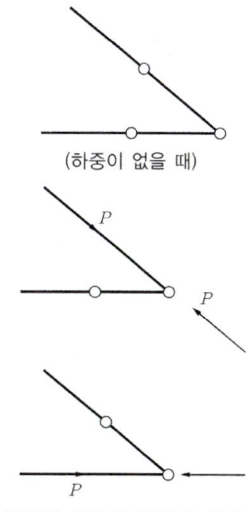

(하중이 없을 때)

(하중이 일부재 방향으로 작용할 때 나머지 부재 0임)

03 영부재의 판별

1. 정의

트러스 가정에서 변형은 매우 적으므로 이를 무시한다라고 되어 있다. 사실상은 트러스에서 변형이 생기지만 무시했기 때문에 계산상 0이 되는 부재가 있다. 이 부재를 영부재라 한다.

2. 영부재의 판별법

① 힘이 작용하지 않는 격점을 찾는다.
② 3개 이내로 부재가 모이는 격점을 찾는다.

· 부재 3개의 절점인 경우

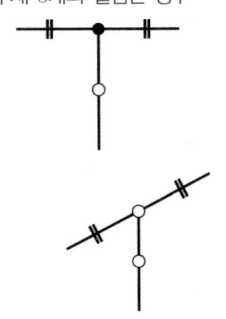

(하중이 없을 때 일직선방향의 주부재는 힘이 같고, 나머지 부재는 0임)

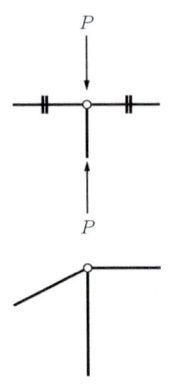

(하중이 있을 때는 힘 P를 받으며, 같은 방향이 아닌 부재(꺾인 부재)는 판단이 안 된다.)

③ 격점을 절단했을 때 같은 방향 또는 같은 작용선상으로 1개만 절단되는 부재가 영부재이다.

④ 영부재가 있으면 제거하고, 다시 영부재를 찾는다.

3. 영부재의 설치 이유

계산상 0이 되는 영부재를 삽입(설치)하는 이유로는
① 트러스에서는 실제로 변형이 생기므로 이 변형을 방지하기 위해 설치한다.
② 변형은 수직변위가 생기게 된다. 수직변위, 즉 처짐을 방지하기 위해 설치한다.
③ 이것은 모두 구조역학적으로 필요하므로 설치한다.

4. 트러스 부재응력의 성질

① 일직선상(동일 직선상)에 있지 않은 두 개의 부재가 모이는 절점에 외력이 작용하지 않을 때 이 두 부재의 응력은 0이다.

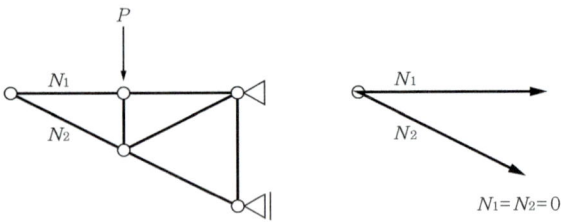

② 위의 절점에 외력이 한 부재의 방향에 작용할 때 그 부재의 응력은 외력과 같고, 다른 부재의 응력은 0이다.

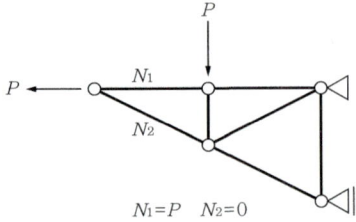

③ 한 절점에 모인 부재가 3개이고, 그 중 두 개가 동일 직선상에 있고 또한 그 절점에 외력이 작용하지 않을 때 이 두 부재의 응력은 서로 같고 다른 한 부재의 응력은 0이다.

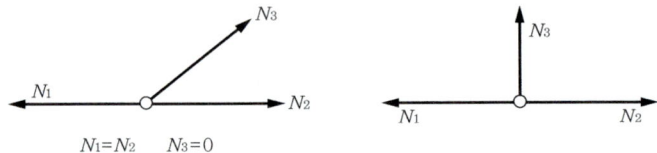

④ 앞 ③의 경우 절점에 외력 P가 일직선상에 있지 않은 부재의 방향에 작용할 때 이 부재의 응력은 외력 P와 같고, 일직선상에 있는 두 개의 부재응력은 서로 같다.

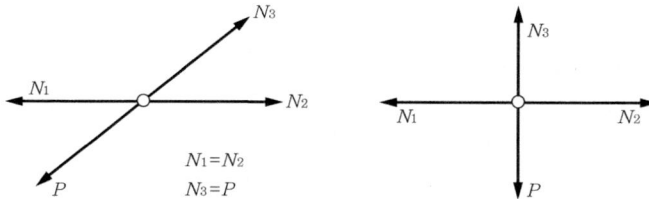

⑤ 1개 절점에 모인 부재와 4개로 되어 각기 2부재가 동일 직선상에 있고, 그 절점에 외력의 작용이 없을 때 일직선상에 있는 각기 2개 부재의 응력이 서로 같다.

CHAPTER 05 필수 확인 문제

01 트러스의 기본가정 및 해석에 관한 설명 중 옳지 않은 것은? [산16]

① 트러스의 각 절점은 고정단이며, 트러스에 작용하는 하중은 절점에 집중하중으로 작용한다.
② 절점을 연결하는 직선은 부재의 중심축과 일치하고 편심모멘트가 발생하지 않는다.
③ 같은 직선상에 있지 않은 2개의 부재가 모인 절점에서 그 절점에 하중이 작용하지 않으면 부재력은 0이다.
④ 3개의 부재가 모인 절점에서 두 부재축이 일직선으로 이루어진 두 부재의 부재력은 같다.

○ 트러스의 각 절점은 회전단이다.

정답 ①

02 다음 중 철골트러스의 특성에 대한 설명으로 옳지 않은 것은? [기12,19]

① 직선 부재들이 삼각형의 형태로 구성되어 안정적인 거동을 한다.
② 트러스의 개방된 웨브공간으로 전기배선이나 덕트 등과 같은 설비배관의 통과가 가능하다.
③ 부정정차수가 낮은 트러스의 경우에는 일부 부재나 접합부의 파괴가 트러스의 붕괴를 야기할 수 있다.
④ 직선 부재로만 구성되기 때문에 비정형 건축물의 구조체에는 도입이 어렵다.

○ 직선 부재로만 구성되어 있지만 비정형건축물의 구조체에 도입이 가능하다.

정답 ④

03 그림과 같은 트러스에서 V부재의 부재력은? [산16]

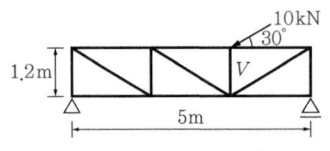

① 5kN ② 10kN
③ 15kN ④ 20kN

○ (1) 경사하중에 대한 수직분력 $10\sin 30°$를 V부재가 저항해야 한다.
(2) $\sum V = 0$:
$-(10\sin 30°) - (N_V) = 0$
$\therefore N_V = -5\text{kN}(압축)$

정답 ①

04 다음과 같은 트러스에서 a부재의 부재력은 얼마인가?

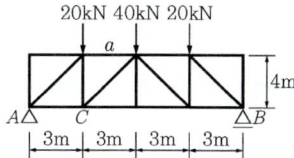

① 20kN(인장) ② 30kN(압축)
③ 40kN(인장) ④ 60kN(압축)

[기10] (1) 하중과 경간이 좌우대칭이므로
∴ $V_A = +40\text{kN}(↑)$
(2) a부재의 부재력을 구하기 위해 하현재 두 번째 절점 C에서 모멘트를 계산한다.
$\sum M_C = 0$:
$+(40)(3)+(a)(4)=0$
∴ $a = -30\text{kN}$(압축)

정답 ②

05 다음과 같은 트러스에서 부재력이 0이 되는 부재수는?

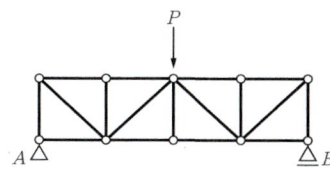

① 2개 ② 3개
③ 4개 ④ 5개

[기00,06]

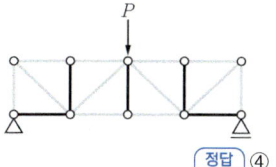

정답 ④

CHAPTER 06 단면의 성질

빈출 KEY WORD # 간단한 단면의 단면1차모멘트, 단면2차모멘트, 단면계수, 단면2차반경, 단면극2차모멘트, 단면 상승모멘트

01 단면1차모멘트 (Geometrical Moment of Area)

1. 정의

임의의 평면형 내의 미소면적 dA에 축까지의 거리 x 또는 y를 곱한 것을 전체 면적에 걸쳐 적분한 값이다.

2. 공식

① x축에 대한 단면1차모멘트(G_x)

$$G_x = \int_A y \cdot dA$$
$$= \int_{y_1}^{y_2} y \cdot dy \, dx = A \cdot y_o$$

② y축에 대한 단면1차모멘트(G_y)

$$G_y = \int_A x \cdot dA = \int_{x_1}^{x_2} x \cdot dx \, dy = A \cdot x_o$$

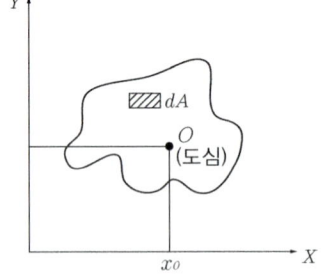

3. 단위

cm^3, m^3

4. 사용

① 구조물의 안정도 계산
② 도심, 전단응력 산출

$$\left(x_0 = \frac{G_y}{A}, \; y_0 = \frac{G_x}{A}, \; \tau = \frac{SG}{Ib} \right)$$

5. 특징

도심을 지나는 축에 대한 단면1차모멘트는 항상 0이다.

02 도심(Center of Figure)

1. 정의

도형의 면적을 힘이라고 생각했을 때 그 합력의 작용점이 되는 것으로 질량이나 중력과는 관계가 없다. 즉 직교하는 두 축에 대한 단면1차모멘트가 0이 되는 좌표의 원점을 도심이라 한다.

2. 공식

$$x_o = \frac{G_y}{A} = \frac{\Sigma dA \cdot x}{\Sigma dA}$$

$$y_o = \frac{G_x}{A} = \frac{\Sigma dA \cdot y}{\Sigma dA}$$

3. 간단한 단면의 도심

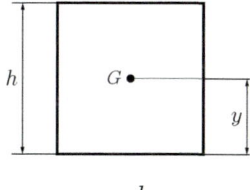

$$y = \frac{h}{2}$$

(a) 직사각형(대각선의 교차점)

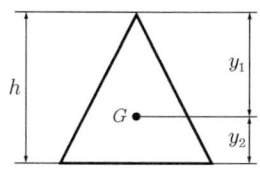

$$y_1 = \frac{h}{3}$$

$$y = \frac{2h}{3}$$

(b) 삼각형

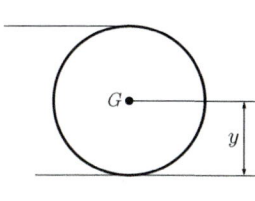

$$y = \frac{D}{2}$$

(c) 원형

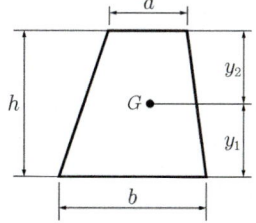

$$y_1 = \frac{h}{3} \times \frac{2a+b}{a+b}$$

$$y_2 = \frac{h}{3} \times \frac{a+2b}{a+b}$$

(d) 사다리꼴

03 단면2차모멘트 (Geometrical Moment of Interia)

1. 정의

미소 단면적 dA에 축까지의 거리 x 또는 y의 제곱을 곱한 것을 전체 면적에 걸쳐 적분한 값이다.

2. 공식

① x축에 대한 단면2차모멘트(I_x)

$$I_x = \Sigma dA \cdot y^2 = \int_A y^2 dA$$

② y축에 대한 단면2차모멘트(I_y)

$$I_y = \Sigma dA \cdot x^2 = \int_A x^2 dA$$

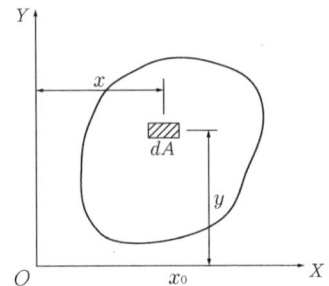

3. 단위

cm^4, mm^4

4. 기본 성질

① 축의 이동

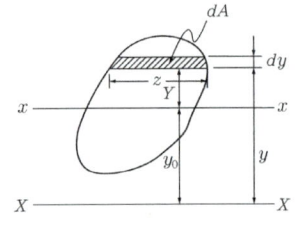

$$I_X = \int_A y^2 dA = \int_A (Y+y_0)^2 dA$$
$$= \int_A Y^2 dA + 2y_0 \int_A Y dA + \int_A y_0^2 dA$$

$$I_X = I_x + A \cdot y_0^2$$

여기서, I_x : 도심축에 대한 단면2차모멘트

$\int_A Y dA$: 도심축에 대한 단면1차모멘트로서 0이다.

A : 단면적 y_0 : 도심에서 x축까지의 거리

② 단면이 여러 개로 나누어진 경우

간단한 단면으로 나누어 각각의 단면2차모멘트를 구하여 합하면 된다.

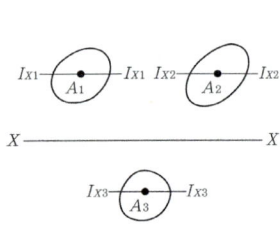

$$I_X = I_{X1} + I_{X2} + I_{X3} + \cdots + I_{Xn}$$

③ 중공단면인 경우

큰 단면에서 결손단면을 공제하여 구한다.

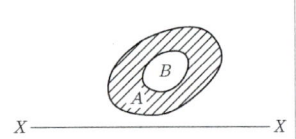

$$I_x = I_{xA} - I_{xB}$$

5. 용도

단면2차모멘트는 부재를 설계하는데 있어서 모든 저항성의 기본지표가 된다.

① 단면계수와 단면2차반경(회전반경)의 계산

$$\left(Z = \frac{I}{y},\ i = \sqrt{\frac{I}{A}}\ \right)$$

② 강비, 처짐량 좌굴하중의 계산

$$\left(k = \frac{I}{l},\ \delta = \frac{wl^4}{384EI},\ P_b = \frac{\pi^2 EI}{(kl)^2}\right)$$

③ 휨응력도, 전단응력도의 계산

$$\left(f = \frac{M}{I}y,\ \tau = \frac{SG}{Ib}\right)$$

④ 단면극2차모멘트, 단면의 주축계산

$$\left(I_p = I_x + I_y\right)$$

6. 기본도형의 단면2차모멘트

① 사각형 단면

㉠ 도심에 대한 단면2차모멘트(I_x)

$$I_x = \int_A y^2 dA = \int_{-\frac{h}{2}}^{\frac{h}{2}} y^2 b\ dy = b\int_{-\frac{h}{2}}^{\frac{h}{2}} y^2 dy$$

$$= b\left[\frac{y^3}{3}\right]_{-\frac{h}{2}}^{\frac{h}{2}} = \frac{b}{3}\left[\left(\frac{h}{2}\right)^3 - \left(-\frac{h}{2}\right)^3\right]$$

$$= \frac{b}{3}\left(\frac{h^3}{8} + \frac{h^3}{8}\right) = \frac{b}{3} \cdot \frac{2h^3}{8} = \frac{bh^3}{12}$$

㉡ 상단 혹은 하단의 단면2차모멘트(I_{x_1})

$$I_{x_1} = \int_A y^2 dA = \int_0^h y^2 b\ dy = b\int_0^h y^2 dy$$

$$= \frac{b}{3}\left[y^3\right]_0^h = \frac{bh^3}{3}$$

② 삼각형 단면

큰 삼각형과 작은 삼각형의 닮은비에서

$$h : b = (h-y) : z$$

$$z = \frac{b}{h}(h-y)$$

$$dA = z \cdot dy = \frac{b}{h}(h-y)\frac{d}{y}$$

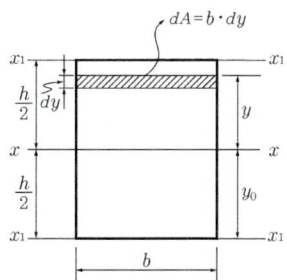

> 별해

축의 이동식을 이용하면
$$I_{x_1} = I_x + A \cdot y_0^{\,2}$$
$$= \frac{bh^3}{12} + (b \times h) \cdot \left(\frac{h}{2}\right)^2$$
$$= \frac{bh^3}{3}$$

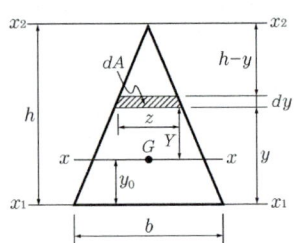

㉠ 밑변에 대한 단면2차모멘트(I_{x_1})

$$I_{x_1} = \int_A y^2 dA = \int_0^h y^2 \left\{ \frac{b}{h}(h-y)\,dy \right\}$$

$$= \frac{b}{h} \int_0^h (hy^2 - y^3)\,dy$$

$$= \frac{b}{h} \left[\frac{hy^3}{3} - \frac{y^4}{4} \right]_0^h = \frac{b}{h}\left(\frac{h^4}{3} - \frac{h^4}{4} \right) = \frac{bh^3}{12}$$

㉡ 도심축에 대한 단면2차모멘트(I_x)

축의 이동식 $I_X = I_x + A \cdot y_0^{\,2}$에서

$$I_x = I_X - A y_o^{\,2}$$

$$= \frac{bh^3}{12} - \frac{bh}{2} \times \left(\frac{h}{3}\right)^2 = \frac{bh^3}{12} - \frac{bh^3}{18}$$

$$= \frac{bh^3}{36}$$

㉢ 위 꼭짓점의 단면2차모멘트(I_{x_2})

$$I_{x_2} = I_x + A \cdot y_0^{\,2}$$

$$= \frac{bh^3}{36} + \frac{bh}{2} \times \left(\frac{2h}{3}\right)^2 = \frac{9bh^3}{36} = \frac{bh^3}{4}$$

③ 원형단면

$b = 2r\cos\theta$

$y = r\sin\theta$

$dy = r\cos\theta\,d\theta$

$dA = b\,dy = 2r\cos\theta \cdot r\cos\theta\,d\theta$

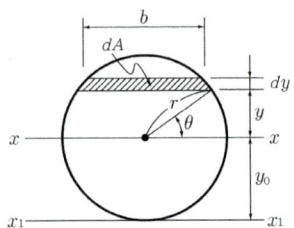

> 기본도형의 단면2차모멘트

㉠ 도심축에 대한 단면2차모멘트(I_x)

$$I_x = \int_A y^2 dA = 2\int_0^{\frac{\pi}{2}} y^2 dA$$

$$= 2\int_0^{\frac{\pi}{2}} (r\sin\theta)^2 (2r\cos\theta \cdot r\cos\theta\,d\theta)$$

$$= r^2 \int_0^{\frac{\pi}{2}} 4\sin^2\theta \cos^2\theta\,d\theta = r^4 \int_0^{\frac{\pi}{2}} (2\sin\theta\cos\theta)^2 d\theta$$

$$= r^4 \int_0^{\frac{\pi}{2}} \sin^2 2\theta\,d\theta = r^4 \int_0^{\frac{\pi}{2}} \frac{1}{2}(1 - \cos 4\theta)\,d\theta$$

$$= \frac{r^4}{2}\left[\theta - \frac{\sin 4\theta}{4}\right]_0^{\frac{\pi}{2}} = \frac{r^4}{2} \cdot \frac{\pi}{2} = \frac{\pi r^4}{4}$$

지름이 D라고 하면,

$$I_x = \frac{\pi r^4}{4} = \frac{\pi \left(\frac{D}{2}\right)^4}{4} = \frac{\pi D^4}{64}$$

ⓒ 밑면에 대한 단면2차모멘트(I_{x1})

$$I_{x_1} = I_x + A \cdot y_0^{\ 2} = \frac{\pi D^4}{64} + \left(\frac{\pi D^2}{4}\right) \cdot \left(\frac{D}{2}\right)^2 = \frac{5\pi D^4}{64}$$

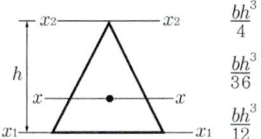

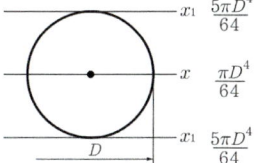

7. 특성

① 나란한 축에 대한 단면2차모멘트 중에서 도심축에 대한 단면2차모멘트가 최소가 되고, 단부로 갈수록 커진다.
② 도심축에 대한 단면2차모멘트는 최소이지만 0은 아니다.
③ 정다각형의 단면2차모멘트는 축의 회전에 관계 없이 항상 일정하다.

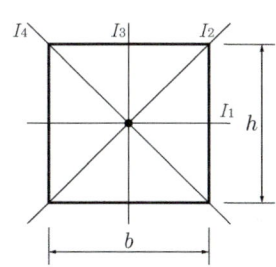 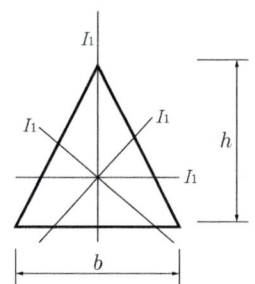

04 단면계수(Section Modulus)

1. 정의

도심축에 대한 단면2차모멘트를 도심으로부터 상·하단까지의 거리로 나눈 값

2. 공식

① 대칭축에 대한 단면계수

$$Z = \frac{I}{y} = \frac{\text{도심에 대한 단면2차모멘트}}{\text{도심축으로부터 연단까지의 거리}}$$

② 비대칭축에 대한 단면계수

$$Z_1 = \frac{I}{y_1} = \frac{\text{도심에 대한 단면2차모멘트}}{\text{도심축으로부터 상단까지의 거리}}$$

$$Z_2 = \frac{I}{y_2} = \frac{\text{도심에 대한 단면2차모멘트}}{\text{도심축으로부터 하단까지의 거리}}$$

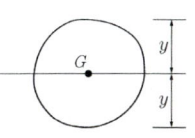

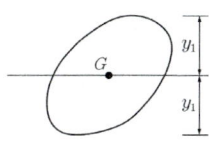

> Z_1과 Z_2의 값이 다를 때는 휨응력계산 시 작은 값을 택한다.

3. 단위

cm^3, m^3

4. 적용

보와 같은 휨부재에서 휨모멘트에 저항하는 정도를 나타내는 것으로 가장 경제적인 부재설계에 적용한다.

5. 기본도형의 단면계수

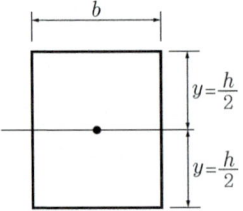

$$Z = \frac{I}{y} = \frac{\frac{bh^3}{12}}{\frac{h}{2}} = \frac{bh^2}{6}$$

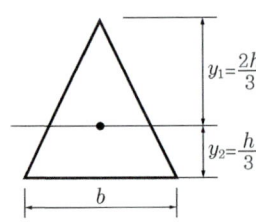

$$Z_1 = \frac{I}{y_1} = \frac{\frac{bh^3}{36}}{\frac{2h}{3}} = \frac{bh^2}{24}$$

$$Z_2 = \frac{I}{y_2} = \frac{\frac{bh^3}{36}}{\frac{h}{3}} = \frac{bh^2}{12}$$

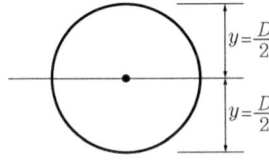

$$Z = \frac{I}{y} = \frac{\frac{\pi D^4}{64}}{\frac{D}{2}} = \frac{\pi D^3}{32}$$

6. 특성

① 단면계수를 크게 하기 위해서는 단면의 폭 b보다 높이 h를 크게 해야 한다.
② 단면계수가 크다는 것은 재료의 강도가 크다는 것이다.
③ 단면계수가 큰 부재일수록 휨에 대하여 강하며, 최대 강도를 갖는 단면을 구하는 데 이용한다.
④ 도심축에 대한 단면계수는 0이다.

05 단면2차반경(회전반경 : Radius of Gyration)

1. 정의

도심축에 대한 단면2차모멘트를 단면적으로 나눈 값의 제곱근

2. 공식

$$i_x = \sqrt{\frac{I_x}{A}}, \quad i_y = \sqrt{\frac{I_y}{A}}$$

3. 단위

cm, m, mm

4. 적용

기둥 같은 압축재설계 시 사용(기둥의 장·단주 구별, 즉 좌굴을 검토)

5. 간단한 단면의 단면2차반경

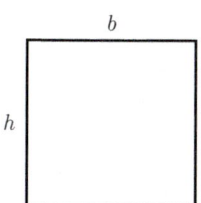

$$i = \sqrt{\frac{I}{A}} = \sqrt{\frac{\frac{bh^3}{12}}{bh}} = \sqrt{\frac{h^2}{12}} = \frac{h}{\sqrt{12}} = \frac{h}{2\sqrt{3}}$$

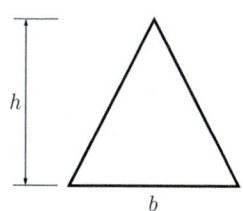

$$i = \sqrt{\frac{I}{A}} = \sqrt{\frac{\frac{bh^3}{36}}{\frac{bh}{2}}} = \sqrt{\frac{h^2}{18}} = \frac{h}{\sqrt{18}} = \frac{h}{3\sqrt{2}}$$

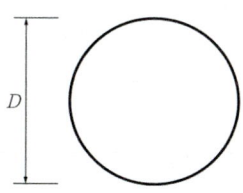

$$i = \sqrt{\frac{I}{A}} = \sqrt{\frac{\frac{\pi D^4}{64}}{\frac{\pi D^2}{4}}} = \sqrt{\frac{D^2}{16}} = \frac{D}{4}$$

▶ 간단한 단면의 단면2차반경

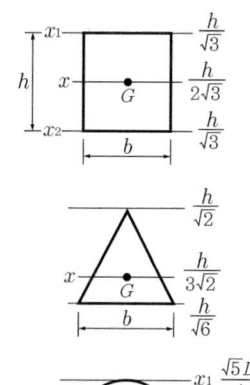

6. 특성

① 일반적으로 도심을 지나는 축에 대한 회전반경을 사용하며, 실제 설계에 필요한 것은 주축의 회전반경이다.
② 주축 중에서 최소 단면2차모멘트에 대한 것을 최소 회전반경이라 하며, 기둥설계에서는 최소 회전반경을 사용한다.
③ 단면2차반경의 값이 최소인 축이 좌굴에 대하여 가장 약한 축이 된다.

예제

그림과 같은 I형 단면에서 X축에 대한 단면계수와 단면2차반경을 구하시오.

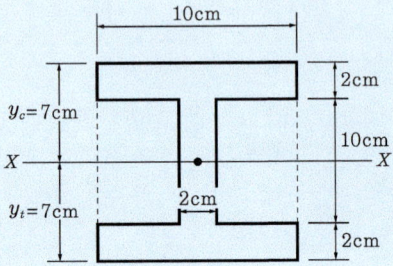

해설

① 도심축에 대한 단면2차모멘트
$$I_X = \frac{BH^3}{12} - \left(\frac{bh^3}{12} \times 2\right)$$
$$= 10 \times \frac{14^3}{12} - \left(\frac{4 \times 10^3}{12} \times 2\right)$$
$$= 2,286.67 - 666.67$$
$$= 1,620 \text{cm}^4$$

② 단면계수
$$Z = \frac{I}{y} = \frac{1,620}{7} = 231.43 \text{cm}^3$$

③ 단면2차반경
$$i = \sqrt{\frac{I_X}{A}} = \sqrt{\frac{1,620}{60}} = 5.2 \text{cm}$$

예제

그림과 같은 단면에서 $X-X$ 축에 대한 단면2차반경을 구하시오.

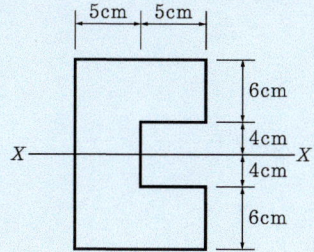

해설

① $X-X$ 축에 대한 단면2차모멘트(I_X)

$$I_X = \frac{BH^3}{12} - \frac{bh^3}{12}$$

$$= \frac{10 \times 20^3}{12} - \frac{5 \times 8^3}{12}$$

$$= 6,666.67 - 213.33 = 6,453.34 \text{cm}^4$$

② 단면2차반경(i)

$$i = \sqrt{\frac{I_X}{A}} = \sqrt{\frac{6,453.34}{(10 \times 20) - (5 \times 8)}} = \sqrt{40.33} = 6.35 \text{ cm}$$

06 단면극2차모멘트(극관성모멘트 : Polar Moment of Inertia)

1. 정의

미소 단면적 dA에 직교좌표계 원점까지의 거리 r의 제곱을 곱한 것을 전체 면적에 걸쳐 적분한 값이다.

2. 공식

$r^2 = x^2 + y^2$ 이므로

$$I_P = \int_A r^2 dA = \int_A (x^2 + y^2) dA$$

$$= \int_A x^2 dA + \int_A y^2 dA$$

$$\therefore I_P = I_x + I_y$$

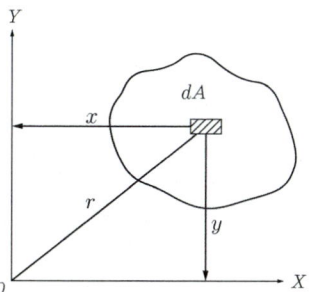

3. 단위

cm^4, m^4

4. 적용

비틀림 전단응력도 계산에 사용된다.

$$\tau = \frac{M_T}{I_P} \cdot y$$

5. 간단한 도형의 단면극2차모멘트

- 도심축에 대한

$$I_P = I_X + I_Y$$
$$= \frac{bh^3}{12} + \frac{b^3h}{12}$$
$$= \frac{bh}{12}(b^2 + h^2)$$

- x, y축에 대한

$$I_P = I_x + I_y$$
$$= \frac{bh^3}{3} + \frac{b^3h}{3} = \frac{bh}{3}(b^2 + h^2)$$

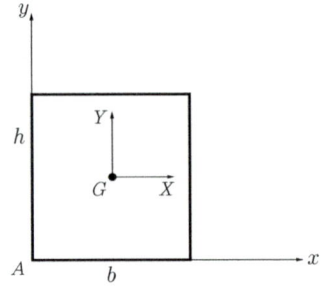

- 도심축에 대한

$$I_P = I_X + I_Y$$
$$= \frac{bh^3}{36} + \frac{b^3h}{36} = \frac{bh}{36}(b^2 + h^2)$$

- x, y축에 대한

$$I_P = I_x + I_y$$
$$= \frac{bh^3}{12} + \frac{b^3h}{12} = \frac{bh}{12}(b^2 + h^2)$$

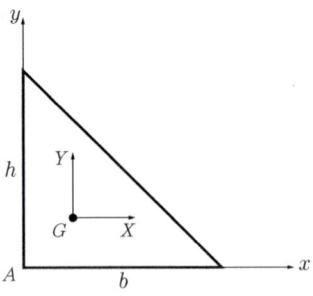

- 도심축에 대한

$$I_P = I_X + I_Y$$
$$= \frac{\pi D^4}{64} + \frac{\pi D^4}{64} = \frac{\pi D^4}{32}$$

- 원주상의 한 점 S에 대한

$$I_P = I_x + I_y$$
$$= \frac{\pi D^4}{64} + \frac{5\pi D^4}{64} = \frac{6\pi D^4}{64} = \frac{3\pi D^4}{32}$$

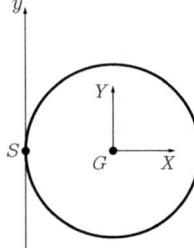

6. 특징

단면극2차모멘트는 좌표의 회전과 관계없이 일정하다.

> **별해**
>
> $$I_p = \int_A r^2 \, dA$$
> $$= \int_0^{\frac{d}{2}} r^2 (2\pi r \cdot dr)$$
> $$= 2\pi \int_0^{\frac{d}{2}} r^3 \cdot dr$$
> $$= 2\pi \left[\frac{r^4}{4}\right]_0^{\frac{d}{2}} = \frac{2\pi}{4} \left[r^4\right]_0^{\frac{d}{2}}$$
> $$= \frac{\pi}{2} \times \frac{d^4}{16} = \frac{\pi d^4}{32}$$

07 단면 상승모멘트(관성 상승모멘트 : Product of Inertia)

1. 정의

미소 단면적 dA에 직교축까지의 거리 x, y를 곱한 것을 전체 면적에 걸쳐 적분한 값이다.

2. 공식

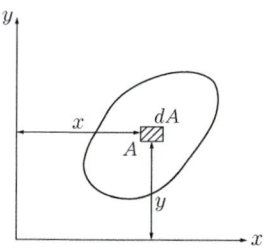

$$I_{xy} = dA_1 \cdot x_1 \cdot y_1 + dA_2 \cdot x_2 \cdot y_2 + \cdots\cdots + dA_n \cdot x_n \cdot y_n$$

$$= \Sigma dA \cdot x \cdot y = \boxed{\int_A x \cdot y \, dA}$$

3. 단위

cm^4, mm^4

4. 적용

단면의 주축·주단면2차모멘트 계산 시 사용된다.

5. 기본도형에 대한 단면 상승모멘트

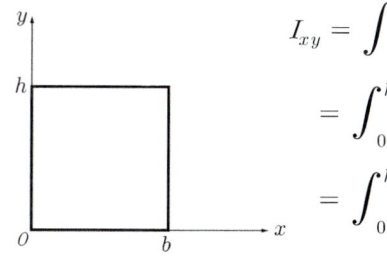

$$I_{xy} = \int_A xy \, dA$$
$$= \int_0^h \int_0^b xy \, dx \, dy$$
$$= \int_0^h y \, dy \cdot \int_0^b x \, dx = \frac{b^2 h^2}{4}$$

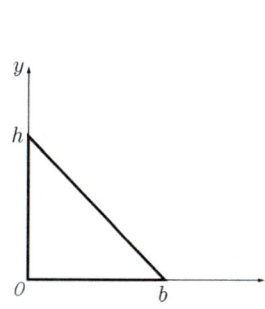

$$I_{xy} = \int_A xy \, dA$$
$$= \int_0^b \left(\int_0^{h(1-x/b)} y \, dy \right) x \, dx$$
$$= \int_0^b \frac{h^2}{2} \left(1 - \frac{x}{b}\right)^2 x \, dx = \frac{b^2 h^2}{24}$$

> 축의 이동

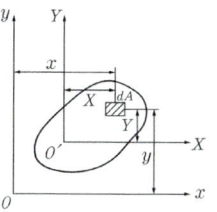

$$I_{xy} = I_{XY} + x_o G_X + y_0 G_Y + x_0 y_0 A$$

X, Y축의 원점(O')이 단면의 도심(x_0, y_0)에 있을 때 $G_X = 0, G_Y = 0$이므로

$$I_{xy} = I_{XY} + x_0 y_0 A$$

도형이 대칭이고 X, Y축 중 적어도 하나의 축이 그의 대칭축일 때는 그 상승모멘트 $I_{xy} = 0$이므로
$$I_{xy} = x_0 y_0 A$$

> 별해

$$I_{xy} = A \cdot x_0 \cdot y_0$$
$$= bh \times \frac{b}{2} \times \frac{h}{2} = \frac{b^2 h^2}{4}$$

> 별해

$$I_{xy} = A \cdot x_0 \cdot y_0$$
$$= \frac{bh}{2} \times \frac{b}{3} \times \frac{h}{3} = \frac{b^2 h^2}{24}$$

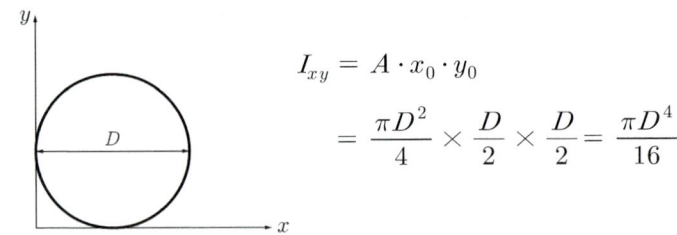

$$I_{xy} = A \cdot x_0 \cdot y_0$$
$$= \frac{\pi D^2}{4} \times \frac{D}{2} \times \frac{D}{2} = \frac{\pi D^4}{16}$$

6. 특징

① 도형이 x 혹은 y방향의 도심축에 대칭일 때 I_{xy}는 0이다.(이때 직교하는 두 축을 공액축이라 한다.)

② 단면 상승모멘트는 좌표축에 따라 ⊖값이 생길 수 있다.

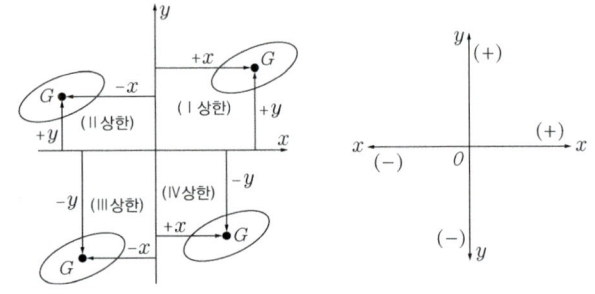

단면의 도심이
- 제 Ⅰ 상한에 있으면 : $+x, +y$
- 제 Ⅱ 상한에 있으면 : $-x, +y$
- 제 Ⅲ 상한에 있으면 : $-x, -y$
- 제 Ⅳ 상한에 있으면 : $+x, -y$

08 단면의 주축과 단면주2차모멘트

1. 단면의 주축(Principal Axis)

(1) 정의

임의 점(0점)을 원점으로 한 직교하는 두 개의 축에 대한 단면 상승모멘트가 0이 되는 두 개의 축을 그 단면의 원점의 주축이라고 한다. 즉 임의 단면의 여러 개의 두 축에 대한 단면2차모멘트값이 최대 또는 최소일 때 이 두 개의 축을 그 점에서의 주축이라 한다.

(2) 특성

① 주축에 대한 상승모멘트는 0이다.

② 주축에 대한 단면2차모멘트는 그 점을 지나는 다른 어떤 축에 대한 것보다 최소 또는 최대가 된다.

③ 모든 대칭축은 주축이다.(즉 대칭축은 주축의 하나이다.)
④ 정다각형이나 원형단면은 대칭축이 여러 개 있으므로 주축도 여러 개가 있다.

(3) 주축과 단면 상승모멘트와의 관계
① 두 주축에 대한 단면 상승모멘트는 0이며, 역으로 단면 상승모멘트가 0이 되는 직교하는 두 축은 주축이 된다. 따라서 대칭축은 주축의 하나이다.
② 모든 대칭축은 주축이다. 그러나 주축이 대칭축일 때도 있고, 아닐 때도 있다.

2. 단면주2차모멘트(Principal Moment of Inertia)

(1) 정의
축에 대한 단면2차모멘트를 단면주2차모멘트라 한다.

(2) 공식
① 주축의 경사각과 단면주2차모멘트 : x, y좌표축을 X, Y축으로 회전시킨 좌표는

$$\begin{Bmatrix} X \\ Y \end{Bmatrix} = \begin{bmatrix} \cos\theta & \sin\theta \\ -\sin\theta & \cos\theta \end{bmatrix} \begin{Bmatrix} x \\ y \end{Bmatrix}$$

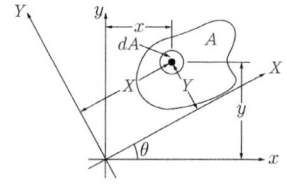

이것을 전개하면

$X = x\cos\theta + y\sin\theta$
$Y = -x\sin\theta + y\cos\theta$

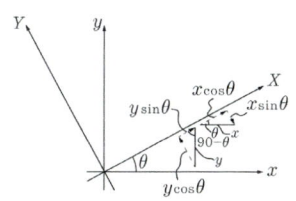

위 식을 이용하여 각 축에 대한 단면2차모멘트를 구하면

$I_X = \int_A Y^2 dA = \int_A (-x\sin\theta + y\cos\theta)^2 dA$

$\quad = I_y \sin^2\theta - 2I_{xy}\sin\theta\cos\theta + I_x\cos^2\theta$

$$\boxed{= \frac{1}{2}(I_x + I_y) + \frac{1}{2}(I_x - I_y)\cos 2\theta - I_{xy}\sin 2\theta}$$

$I_Y = \int_A X^2 dA = \int_A (x\cos\theta + y\sin\theta)^2 dA$

$\quad = I_y \cos^2\theta - 2I_{xy}\sin\theta\cos\theta + I_x\sin^2\theta$

$$\boxed{= \frac{1}{2}(I_x + I_y) - \frac{1}{2}(I_x - I_y)\cos 2\theta + I_{xy}\sin 2\theta}$$

$I_{XY} = \int_A XY dA$

$\quad = \int_A (x\cos\theta + y\sin\theta)(-x\sin\theta + y\cos\theta) dA$

$\quad = (I_x + I_y)\sin\theta\cos\theta + I_{xy}(\cos^2\theta - \sin^2\theta)$

$$= \frac{1}{2}(I_x - I_y)\sin 2\theta + I_{xy}\cos 2\theta$$

여기서 I_X, I_Y가 θ에 의해 최대, 최소를 나타낸다.

즉 이때의 필요조건은 $\dfrac{dI_X}{d\theta} = 0$이므로

$$\frac{dI_X}{d\theta} = -(I_x - I_y)\sin 2\theta - 2I_{xy}\cos 2\theta = 0$$

이 식을 $\tan 2\theta$에 관하여 풀이하면 주축의 경사각은 다음과 같다.

$$\tan 2\theta = \frac{-2I_{xy}}{I_x - I_y} = \frac{2I_{xy}}{I_y - I_x}$$

$$2\theta = 0°,\ 180°$$

$$\therefore \theta = 0,\ 90°$$

주축의 경사각을 그림으로 도해하면

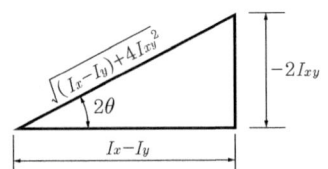

$$\sin 2\theta = \frac{-2I_{xy}}{\sqrt{(I_x - I_y)^2 + 4I_{xy}^2}}$$

$$\cos 2\theta = \frac{I_x - I_y}{\sqrt{(I_x - I_y)^2 + 4I_{xy}^2}}$$

위의 $\sin 2\theta$, $\cos 2\theta$를 I_x, I_y 식에 대입하면 단면2차모멘트의 최댓값(I_1)과 단면2차모멘트의 최솟값(I_2)을 구할 수 있으며, 이것을 주단면2차모멘트라고 한다.

$$I_{\max}(I_1) = \frac{I_x + I_y}{2} + \sqrt{\left(\frac{I_x - I_y}{2}\right)^2 + I_{xy}^2}$$

$$I_{\min}(I_2) = \frac{I_x + I_y}{2} + \sqrt{\left(\frac{I_x - I_y}{2}\right)^2 + I_{xy}^2}$$

이때 $I_x = I_y$일 때 위 식을

$$I_{\max}(I_1) = I_x + I_{xy}$$

$$I_{\min}(I_2) = I_x - I_{xy}$$ 로 표시할 수 있다.

② 주축의 판정

최대 주축 $\dfrac{d^2 I_{x_1}}{d\theta^2} = \dfrac{2(I_Y - I_X)}{\cos 2\theta} < 0$ 이면 I_{X_1} 이 최대

최소 주축 $\dfrac{d^2 I_{x_1}}{d\theta^2} = \dfrac{2(I_Y - I_X)}{\cos 2\theta} > 0$ 이면 I_{X_1} 이 최소

조건	$I_{\max}$	$I_{\min}$
$I_{XY} > 0$	I_{Y1}	I_{X1}
$I_{XY} < 0$	I_{X1}	I_{Y1}

3. 용도

최소 2차반경의 계산으로 장주의 좌굴에 대한 안전한 단면 설계

4. 특성

① 단면2차모멘트가 극치(최대치 또는 최소치)를 가질 때 단면 상승모멘트는 0이다.
② 단면 상승모멘트가 0인 축(대칭축)에 대한 단면2차모멘트는 극치를 갖는다. 일반적으로 단면 상승모멘트 $I_{xy} = 0$일 때의 X, Y축을 공액축이라 한다. θ의 값은 $0° \leq \theta \leq 180°$의 범위 내에 두 개 있으며, 그 차는 $90°$이다. 이 중 하나의 각 θ에서 I가 최대이며, 이와 $90°$(직교)의 차가 있는 θ_2에서 I가 최소이다.

09 주단면2차반경(Principle Radius of Gyration of Area)

1. 정의

주축에 대한 단면2차반경(회전반경)을 주단면2차반경이라 한다.

2. 공식

최대 주단면2차반경 $i_{\max} = \sqrt{\dfrac{I_{\max}}{A}}$

최소 주단면2차반경 $i_{\min} = \sqrt{\dfrac{I_{\min}}{A}}$

3. 특성

좌굴이 일어나는 압축재에서 좌굴방향은 단면2차반경이 최소인 축이 된다.

여러 가지 도형에 관한 단면의 성질

도 형	면 적(A)	중심까지의 거리(y)	단면2차모멘트(I)	단면계수(W)	회전반경(r)
(직사각형)	bh	$y = \dfrac{h}{2}$	$\dfrac{bh^3}{12}$	$\dfrac{bh^2}{6}$	$\dfrac{h}{\sqrt{12}} = 0.289h$
(직사각형)	bh	$y = h$	$\dfrac{bh^3}{3}$	$\dfrac{bh^2}{3}$	$\dfrac{h}{\sqrt{3}} = 0.577h$
(중공사각형)	$BH - bh$	$y = \dfrac{H}{2}$	$\dfrac{BH^3 - bh^3}{12}$	$\dfrac{BH^3 - bh^3}{6H}$	$\sqrt{\dfrac{BH^3 - bh^3}{12(BH - bh)}}$
(삼각형)	$\dfrac{bh}{2}$	$y_1 = \dfrac{2}{3}h$ $y_2 = \dfrac{1}{3}h$	$\dfrac{bh^3}{36}$	$\dfrac{bh^2}{24}$	$\dfrac{h}{\sqrt{18}} = 0.236h$
(삼각형)	$\dfrac{bh}{2}$	$y = h$	$\dfrac{bh^3}{12}$	$\dfrac{bh^2}{12}$	$\dfrac{h}{\sqrt{6}} = 0.408h$
(사다리꼴)	$\dfrac{a+b}{2} \cdot h$	$y_1 = \dfrac{b+2a}{a+b} \cdot \dfrac{h}{3}$ $y_2 = \dfrac{a+2b}{a+b} \cdot \dfrac{h}{3}$	$\dfrac{a^2 + 4ab + b^2}{32(a+b)} h^3$	$\dfrac{a^2 + 4ab + b^2}{12(a+b)} h^2$	$\dfrac{h\sqrt{2(a^2+4ab+b^2)}}{6(a+b)}$
(원형)	$\dfrac{\pi D^2}{4} = 0.785 D^2$	$y = \dfrac{D}{2} = r$	$\dfrac{\pi D^4}{64} = 0.019 D^4$	$\dfrac{\pi D^4}{32} = 0.098 D^3$	$\dfrac{D}{4}$
(중공원형)	$\dfrac{\pi(D^2 - d^2)}{4}$ $= 0.785(D^2 - d^2)$	$y = \dfrac{D}{2}$	$\dfrac{\pi}{64}(D^4 - d^4)$ $= 0.049(D^4 - d^4)$	$\dfrac{\pi(D^4 - d^4)}{32D}$ $= \dfrac{0.098(D^4 - d^4)}{D}$	$\dfrac{\sqrt{D^2 + d^2}}{4}$
(H형강)	$bH - h(b-t)$	$y = \dfrac{b}{2}$	$\dfrac{2sb^3 + ht^2}{12}$	$\dfrac{2sb^3 + ht^2}{6b}$	$\sqrt{\dfrac{2sb^3 - ht^3}{12[bH - h(b-t)]}}$
(I형강)	$bH - h(b-t)$	$y = \dfrac{H}{2}$	$\dfrac{bH^3 - (b-th^3)}{12}$	$\dfrac{bH^3 - (b-t)h^3}{6h}$	$\sqrt{\dfrac{bH^3 - h^3(b-t)}{12[bH - h(b-t)]}}$

CHAPTER 06 필수 확인 문제

01 그림에서 x축에 대한 단면1차모멘트(G_x)값은? [기03]

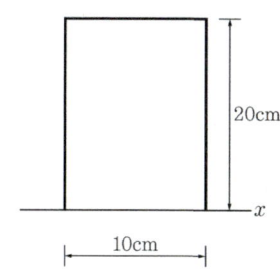

① 200cm³
② 1,000cm³
③ 1,500cm³
④ 2,000cm³

$G_x = A \cdot y_0 = (10 \times 20)(10)$
$= 2,000 \text{cm}^3$

정답 ④

02 그림과 같은 좌우대칭의 T형 단면의 도심(G)이 플랜지 하단과 일치하게 하려면 플랜지 폭 B의 크기는? (단위 : cm) [기04,10]

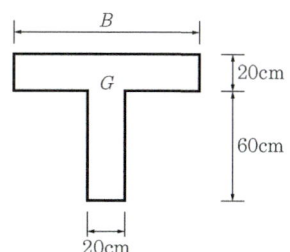

① 360cm
② 180cm
③ 120cm
④ 60cm

$G_x = A_1 \cdot \overline{y_1} + A_2 \cdot \overline{y_2}$
$= (B \times 20)(+10) + (20 \times 60)(-30)$
$= 0$
$\therefore B = 180 \text{cm}$

정답 ②

03 그림과 같은 L형 단면의 도심 위치 y_0는? [산05,10]

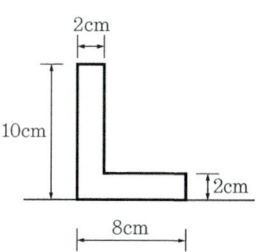

① 2.6cm
② 3.5cm
③ 4.2cm
④ 5.8cm

$y_0 = \dfrac{G_x}{A}$
$= \dfrac{(2 \times 10)(5) + (6 \times 2)(1)}{(2 \times 10) + (6 \times 2)}$
$= 3.5 \text{cm}$

정답 ②

04 다음과 같은 사다리꼴 단면의 도심 y_0값은? [기07,10,12,15,17]

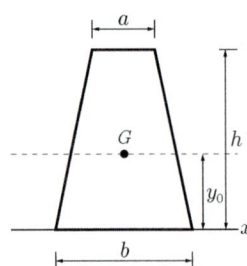

① $\dfrac{h(2a+b)}{3(a+b)}$ ② $\dfrac{h(a+b)}{3(2a+b)}$

③ $\dfrac{3h(a+b)}{(a+b)}$ ④ $\dfrac{h(a+2b)}{3(a+b)}$

$y_0 = \dfrac{G_x}{A}$

$= \dfrac{\left(\dfrac{1}{2}ah\right)\left(\dfrac{2h}{3}\right)+\left(\dfrac{1}{2}bh\right)\left(\dfrac{h}{3}\right)}{\left(\dfrac{1}{2}ah\right)+\left(\dfrac{1}{2}bh\right)}$

$= \dfrac{h(2a+b)}{3(a+b)}$

정답 ①

05 단면계수 및 단면2차반경에 관한 설명 중 옳지 않은 것은? [산05,08,13]

① 단면계수는 도심축에 대한 단면2차모멘트를 단면적으로 나눈 값의 제곱근이다.
② 단면계수가 큰 단면이 휨에 대해 크게 저항한다.
③ 단면계수가 단위는 cm³, m³이며 부호는 항상 (+)이다.
④ 단면2차반지름은 좌굴에 대한 저항값을 나타낸다.

단면계수 정의
① 단면계수(Z)는 도심축에 대한 단면2차모멘트를 단면 상·하단까지의 거리로 나눈 값이다.

정답 ①

06 원형단면의 지름을 D라고 하면 단면계수 Z는? [기02,04,05, 산05,06]

① $\dfrac{\pi D^3}{16}$ ② $\dfrac{\pi D^3}{32}$

③ $\dfrac{\pi D^2}{64}$ ④ $\dfrac{\pi D^3}{64}$

$Z = \dfrac{I}{y} = \dfrac{\dfrac{\pi D^4}{64}}{\dfrac{D}{2}} = \dfrac{\pi D^3}{32}$

정답 ②

07 다음 그림과 같은 중공형단면에 대한 단면2차반경 i_x는? [기10,19]

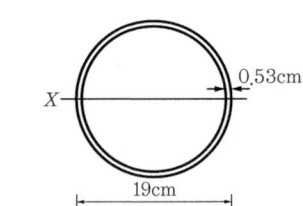

① 1.83cm   ② 3.21cm
③ 4.62cm   ④ 6.53cm

중공 원형단면의 단면2차반경
(1) 외경: $D = 19$cm
    내경: $d = 19 - 2 \times 0.53$
         $= 17.94$cm

(2) $i_x = \sqrt{\dfrac{I}{A}}$

$= \sqrt{\dfrac{\dfrac{\pi}{64}(D^4-d^4)}{\dfrac{\pi}{4}(D^2-d^2)}}$

$= \sqrt{\dfrac{D^2+d^2}{16}}$

$= \sqrt{\dfrac{(19)^2+(17.94)^2}{16}}$

$= 6.53$cm

정답 ④

CHAPTER 07 재료의 역학적 성질

빈출 KEY WORD
\# 푸아송비, 푸아송수   \# 전단변형률
\# 응력-변형률 곡선   \# 영계수

01 응력(Stress)

1. 정의

부재에 외력(External Force)이 작용하면 물체 내부에서 외력에 저항하는 힘이 생긴다.

이와 같이 내부에 일어나는 힘을 응력(Stress) 또는 내력(Internal Force, 저항력)이라 한다. 이 응력은 외력과 크기는 같고 방향은 반대이다.

$$응력 = \frac{힘}{단면적} \leq 허용응력$$

> **전응력(Total Stress)**
> 단면 전체에 대한 응력
> $\sigma \cdot P = \Sigma\sigma$
> (단위 : kN, N)

> **응력도(Intensity of Stress)**
> 단위면적에 대한 응력(응력 또는 단위응력)

2. 단위

kN/m^2, N/mm^2

3. 부호 규약

인장응력(+), 압축응력(-)

4. 응력의 종류

(1) 수직응력(Normal Stress, 축방향 응력)

부재의 축방향으로 힘이 작용하면, 부재축에 대하여 수직한 단면에는 크기가 같고 방향이 반대인 응력이 단면에 수직으로 균일하게 일어난다. 이와 같은 수직응력을 축방향 응력이라 하고 인장응력과 압축응력으로 나눌 수 있다.

① 인장응력(Tensile Stress) : 부재가 인장을 받을 때 생기는 응력

$$\sigma_t = \frac{P}{An}$$

② 압축응력(Compressive Stress) : 부재가 압축을 받을 때 생기는 응력

$$\sigma_c = -\frac{P}{A}$$

여기서 σ_t : P가 인장력(Tension)일 때의 인장응력도이며, 부호는 (+)이다.

σ_c : P가 압축력(Compression)일 때의 압축응력도이며, 부호는 (−)이다.

P : 축방향력

A_n : 유효단면적(순단면적), 즉 전체 단면적에서 결손단면적을 공제한 단면적

A : 전체 단면적

(2) 전단응력(Shearing Stress)

물체가 매우 근접한 두 단면에 따라서 작용하는 크기가 같고 방향이 반대인 두 힘을 받으면 전단되려고 한다. 이때의 힘 S를 전단력(Shear Force)이라 하고, 전단력에 전단되는 면에 따라 작용하는 응력을 전단응력 또는 접선응력(Tangential Stress)이라 한다.

$$\tau = \frac{S}{A}$$

여기서, S : 전단력 A : 전단력이 작용하는 접선의 단면적

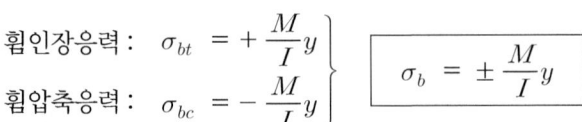

(3) 휨응력(Bending Stress)

부재가 휨을 받을 때 휨모멘트에 의하여 한 단면에는 압축력과 인장력을 동시에 생기게 하는 응력을 휨응력이라 한다.

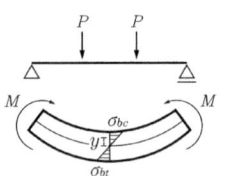

휨인장응력 : $\sigma_{bt} = +\dfrac{M}{I}y$
휨압축응력 : $\sigma_{bc} = -\dfrac{M}{I}y$

$$\boxed{\sigma_b = \pm \frac{M}{I}y}$$

(4) 비틀림응력(Torsional Stress)

원형 보의 자유단 상부와 하부에 우력모멘트가 작용하게 되면 부재는 비틀려져서 일종의 전단응력이 생기게 된다. 이것은 단면의 중심에서 0, 표면에서 최대의 응력이 생긴다.

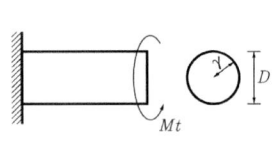

$$\tau = \frac{M_t}{J} \times \frac{D}{2} = \frac{M_t}{I_p} \times \frac{D}{2} = \frac{M_t \times \dfrac{D}{2}}{I_p} = \frac{M_t \times \dfrac{D}{2}}{\dfrac{\pi D^4}{32}} = \frac{16M_t}{\pi D^3}$$

여기서, τ : 표면의 최대 비틀림응력(kN/m², N/mm²)
M_t : 비틀림모멘트(kN·m, N·mm)
I_p : 단면극2차모멘트(mm⁴)
J : 비틀림 상수

> 비틀림 상수 J와 단면극2차모멘트 I_p는 같다.

(5) 온도응력(Temperature Stress, 열응력)

부재는 온도의 변화에 따라 길이가 달라진다. 부재의 양단이 고정일 때 길이의 변화는 구속을 받으므로 변화되어야 할 길이에 상당한 힘이 부재에 가한 결과가 되므로 어떤 물체에 온도가 상승하거나 하강하면 그 물체는 팽창·수축한다. 이 팽창·수축에 저항하는 응력을 온도응력이라 한다.

① 온도가 $t_1\,℃$에서 $t_2\,℃$로 상승할 경우(팽창)

$$\sigma_H = E\varepsilon = E\frac{\Delta l}{l} = E\alpha(t_2 - t_1)$$

$$\therefore \sigma_H = E\alpha(고온 - 저온) = E\alpha(t_2 - t_1)$$

② 온도가 $t_1\,℃$에서 $t_2\,℃$로 하강할 경우(수축)

σ : 온도응력 E : 탄성계수 α : 선팽창계수
l : 본래의 길이 t_1 : 최초의 온도 t_2 : 변화 후의 온도

> Hooke's의 법칙에서

$$E = \frac{\sigma_H}{\varepsilon}$$

$\varepsilon = \frac{\Delta l}{l} = \alpha(t_1 - t_2),$

길이 $\Delta l = \alpha(t_2 - t_1)l$

부재가 구속을 받을 때 온도가 상승하면 부재에는 압축응력이, 온도가 하강하면 부재에는 인장응력이 일어난다.

$\therefore P = \alpha EA \cdot \Delta t$

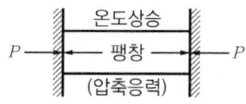
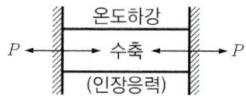

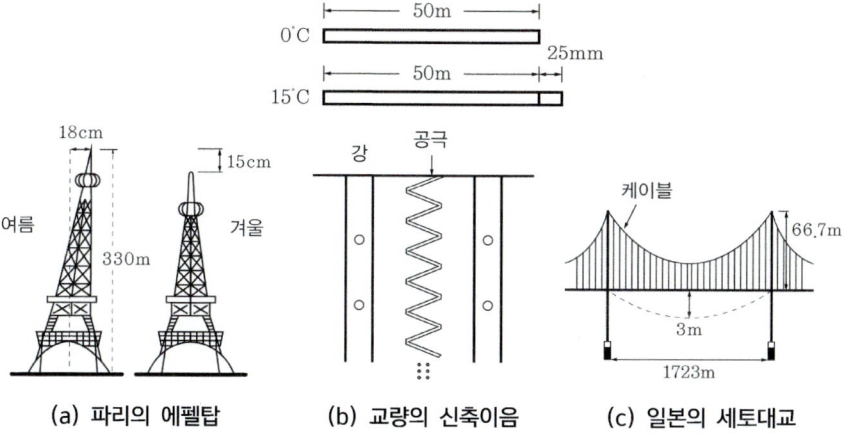

(a) 파리의 에펠탑   (b) 교량의 신축이음   (c) 일본의 세토대교

> 온도변형률의 예
(a) 파리의 에펠탑 상부는 태양열에 의해 여름에는 좌우로 18cm 움직이고, 겨울에는 아래로 15cm 줄어든다.
(b) 다리의 신축이음은 50m 경간에서 15℃의 온도 차이일 경우 25mm 변화한다.
(c) 일본의 세토대교는 한여름의 50℃와 한겨울의 -10℃의 온도 차이로 인하여 다리 중앙에 무려 3m의 처짐이 생기고, 차량과 열차 하중이 동시에 실리면서 최고 5.2m의 처짐이 생긴다.

02 변형률(Strain)

1. 정의

물체는 외력을 받으면 형상이 변화한다. 이것을 변형이라 하며, 변형의 정도를 변형률(Strain)이라 한다.

2. 변형률의 종류

(1) 길이변형률(선변형률)

축방향으로 인장 또는 압축을 받을 때 생기는 변형률을 길이변형률이라 한다. 길이변형률은 세로변형률과 가로변형률로 구분된다.

① 세로변형률(Longitudinal Strain, 종변형률)

$$\varepsilon = \frac{\Delta l}{l} \qquad \Delta l : \text{세로 변형}(\Delta l = l_1 - l) \qquad l : \text{본래의 길이}$$

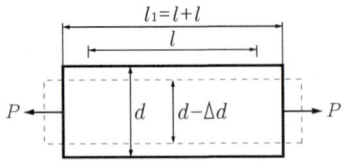

② 가로변형률(Lateral Strain, 횡변형률)

$$\beta = \frac{\Delta d}{d} \qquad \Delta d : \text{가로변형} \qquad d : \text{본래의 길이}$$

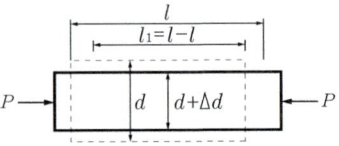

> **변형률 및 푸아송비의 특징**
> ⓐ 부재가 축방향력을 받는 경우 탄성한도 내에서는 가로변형률과 세로변형률과의 비는 재료에 따라 일정하다.
> ⓑ 푸아송수는 어떠한 재료이더라도 2보다 작지는 않다.
> ⓒ 푸아송비의 역수를 푸아송수라 하며, 단위는 무명수이다.
> ⓓ 탄성한계 내에서 가로변형률과 세로변형률의 비는 1 보다 작은 값이다.

③ 단위: 변형률의 단위는 없으며, 라디안(Radian)으로 표시한다.
④ 푸아송비(Poisson's Ratio)와 푸아송수(Poisson's Number): 세로변형률(ε)과 가로변형률(β)는 한 부재에 있어서 다음의 관계식이 성립된다.

$$\text{푸아송비} : \nu = \frac{\text{가로변형도}}{\text{세로변형도}} = \frac{\beta}{\varepsilon} = \frac{\Delta d/d}{\Delta l/l} = \boxed{\frac{l \cdot \Delta d}{d \cdot \Delta l}}$$

$$\text{푸아송수} : m = \frac{\text{세로변형도}}{\text{가로변형도}} = \frac{\varepsilon}{\beta} = \frac{\Delta l/l}{\Delta d/d} = \boxed{\frac{d \cdot \Delta l}{l \cdot \Delta d}}$$

즉 $\nu = -\dfrac{\beta}{\varepsilon} = -\dfrac{1}{m}$

(2) 전단변형률(Shearing Strain)

정사각형의 단면에 균일한 전단응력이 작용하면 각 변의 길이는 변하지 않고, 각도가 변하여 정사각형 단면은 마름모꼴로 변한다. 이 각도의 변화는

$$\tan\gamma = \frac{\Delta l}{l}$$

전단응력에 의한 전단변형량(dl)은 극히 작으므로 전단변형률은 다음과 같다.

$$\gamma = \frac{\Delta l}{l} \qquad \gamma : \text{전단변형률} \qquad \Delta l : \text{전단변형량}$$

> **변형률의 단위**
> 전단변형률의 단위는 없으므로 라디안으로 표시한다.

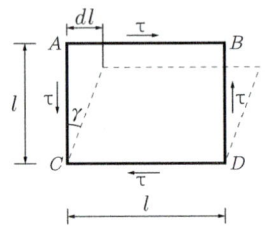

03 응력-변형률의 관계

1. 응력-변형률 곡선

재료의 압축 또는 인장시험 결과로 얻어진 응력과 변형률의 관계를 그린 것을 응력-변형률도(Stress-Strain Diagram)라 한다.

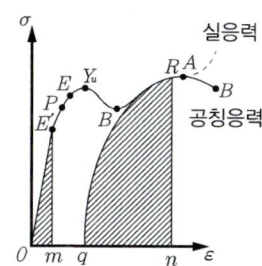

① 비례한계(Proportional Limit)

훅의(Hooke's) 법칙이 적용되는 범위의 한계점(P점)

② 탄성한계(Elastic Limit)

탄성을 잃어버리는 한계점(E점)

③ 상항복점(Upper Yielding Point) 및 하항복점(Lower Yielding Point)

탄성으로부터 소성체로 바뀌는 점. 즉 영구변형이 0.2% 생기는 점(Y_u 및 Y_L) : Y_U 점을 넘어서는 하중눈금은 떨어지지만 급격한 변형률의 증가 후 Y_L점에서 다시 위로 향하는 상태를 흐름상태(Flow) 또는 크리프(Creep)라 한다.

④ 극한강도점(Ultimate Strength Point)

재료가 받을 수 있는 최대 응력점(A점)

⑤ 파괴점(Breaking Point)

재료가 파손되는 점(B점)

2. 훅의(Hooke's) 법칙

탄성한도 내에서 응력은 그 변형률에 비례한다. 이것을 훅의 법칙이라 하며, 이때의 비례상수를 탄성계수라 한다.

훅의 법칙을 다음과 같이 표시할 수 있다.

$\sigma \propto \varepsilon$ $\sigma = E \cdot \varepsilon$

3. 탄성계수의 종류

① 영계수(Young's Modulus) = 종탄성계수

$$E = \frac{\sigma}{\varepsilon} = \frac{P/A}{\Delta l / l} = \frac{Pl}{A \cdot \Delta l}$$

▶ **실응력(Actual Stress)**

재료 파괴 부분의 단면적이 계속 줄어들므로 실제 응력은 계속 증가한다. 이렇게 줄어드는 단면적에 의한 응력을 실응력이라 한다.

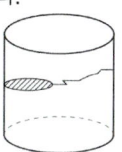

▶ **공칭응력(Nominal Stress)**

최초의 단면적 A가 변형이 일어나는 동안에도 일정하다고 가정하여 구하는 응력(P/A)을 말한다.

▶ **안전율**

재료가 받을 수 있는 최대 응력인 극한응력(기준강도)을 허용응력(σ_a)으로 나눈 값을 안전율(Safety Factor)이라 한다.

즉 ∴ 안전율 $(S) > \dfrac{\sigma_y}{\sigma_a} 1$

▶ **탄성과 소성**

· 탄성

외력을 받아서 변형한 물체가 그 외력을 제거하면 본래의 모양으로 되돌아가는 성질을 탄성이라 한다.

· 소성

재료에서 발생하는 응력이 탄성한도 이상이 되면 외력을 제거해도 변형이 남게 되어 본래의 모양으로 되돌아가지 않는다. 이것을 영구변형이라 하고 이와 같은 성질을 소성이라 한다.

일반구조재는 영구변형을 피하기 위해 탄성범위 내에서 설계하게 된다.

> **탄성계수와 관련된 용어**
> EI : 휨강도(Bending Rigidity)
> EA : 축강도(Axial Rigidity),
>   단면적이 크고 재료가
>   단단함을 의미
> L/EA : 유연도(Flexibility),
>   단위 변형률을 일으키는
>   데 필요한 힘
> GA : 전단강도(Shear Rigidity)
> EA/L : 강성도(Stiffness),
>   단위하중으로 인한
>   변형량

② 전단탄성계수(Shear Modulus of Elasticity) = 횡탄성계수 = 강성률

$$G = \frac{\tau}{\gamma} = \frac{S/A}{dl/d} = \frac{Sl}{A \cdot dl}$$

τ : 전단응력
γ : 전단변형률
dl : 전단변형량

$$\therefore G = \frac{E}{2(1+v)}$$

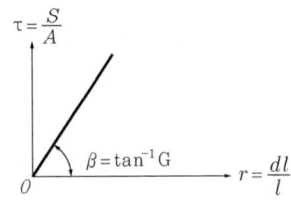

04 조합부재의 응력

재질이 다른 2개 이상의 재료가 일체로 된 것을 조합부재(합성부재)라 하고, 이 조합부재에 하중(P)이 가해질 단면 내에 일어나는 응력을 조합응력이라 한다.

> 조합부재는 어떤 재료이든지 변형률(ε)은 같다.

즉, $\varepsilon = \varepsilon_1 = \varepsilon_2 = \varepsilon_3$ ($\because \varepsilon_1 = \frac{\sigma_1}{E_1}$, $\varepsilon_2 = \frac{\sigma_2}{E_2}$, $\varepsilon_3 = \frac{\sigma_3}{E_3}$)

$$\begin{cases} \sigma_1 = \varepsilon E_1 \\ \sigma_2 = \varepsilon E_2 \\ \sigma_3 = \varepsilon E_3 \end{cases} \rightarrow \begin{cases} P_1 = \sigma_1 A_1 = \varepsilon E_1 A_1 \\ P_2 = \sigma_2 A_2 = \varepsilon E_2 A_2 \\ P_3 = \sigma_3 A_3 = \varepsilon E_3 A_3 \end{cases}$$

$\Sigma V = 0$에서
$$P = P_1 + P_2 + P_3 = \sigma_1 A_1 + \sigma_2 A_2 + \sigma_3 A_3$$
$$= \varepsilon(E_1 A_1 + E_2 A_2 + E_3 A_3)$$

$$\boxed{\therefore \varepsilon = \frac{P}{E_1 A_1 + E_2 A_2 + E_3 A_3}}$$

$$\begin{cases} \sigma_1 = \dfrac{E_1 P}{E_1 A_1 + E_2 A_2 + E_3 A_3} \\[2pt] \sigma_2 = \dfrac{E_2 P}{E_1 A_1 + E_2 A_2 + E_3 A_3} \\[2pt] \sigma_3 = \dfrac{E_3 P}{E_1 A_1 + E_2 A_2 + E_3 A_3} \end{cases}$$

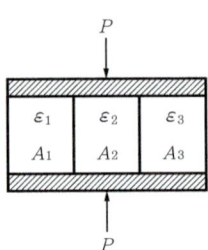

05 허용응력(Allowable Stress)과 안전율(Safety Factor)

1. 허용응력

(1) 정의

구조물에 외력이 작용하면 그 재료 내부에는 탄성한도를 넘는 응력이 생기거나, 탄성한도 이내라 하더라도 반복하중이 작용하면 피로한계에 도달하여 파괴에 이르게 된다. 따라서 탄성한도 이내의 안전상 허용되는 최대의 응력을 허용응력이라 한다.

(2) 사용응력(Waking Stress)

구조물에 실제로 작용하는 하중에 의하여 일어나는 응력을 사용응력(또는 실응력)이라 한다.

(3) 극한강도(σ_U, 종국응력), 항복점(σ_y), 탄성한계(σ_E), 사용응력(σ_S)과의 관계

극한강도 > 항복점 > 탄성한계 > 허용응력 ≥ 사용응력

- 탄성설계법에서는 다음과 같은 관계를 만족시켜야 한다.

  탄성한도(σ_E) > 허용응력(σ_a) ≥ 사용응력(σ_S)

(4) 허용응력의 결정

각 재료의 항복응력이나 극한강도를 1보다 큰 안전율로 나누어 용도나 재료별로 허용응력을 결정한다.

① 하중 및 응력의 성질

$$\begin{cases} 정하중 : 항복점 \; 또는 \; 극한강도로 \; 결정 \\ 반복하중 \; 및 \; 충격하중 : 피로한도 \; 및 \; 충격치로 \; 결정 \end{cases}$$

② 재료의 신뢰도

③ 부재의 형상 및 사용상태, 온도, 마멸, 부식 등의 영향

④ 제작방법 및 그 정도

2. 안전율

재료가 받을 수 있는 최대 응력인 극한응력(σ_u)을 허용응력(σ_a)으로 나눈 1보다 큰 값을 안전율이라 한다.

① 취성재료 : 안전율 $S = \dfrac{극한강도}{허용응력} \geq 1$ → (주철, 콘크리트, 석재, 목재)

② 연성재료 : 안전율 $S = \dfrac{항복강도}{허용응력} \geq 1$ → (강철, 연강)

CHAPTER 07 필수 확인 문제

01 인장력을 받는 원형단면 강봉의 지름을 4배로 하면 수직응력도(Normal Stress)는 기존 응력도의 얼마로 줄어드는가? [기12]

① $\dfrac{1}{2}$ ② $\dfrac{1}{4}$

③ $\dfrac{1}{8}$ ④ $\dfrac{1}{16}$

$\sigma = \dfrac{P}{A} = \dfrac{P}{\dfrac{\pi D^2}{4}}$ 로부터 직경(D)을 4배로 하면 인장응력은 $\dfrac{1}{4^2} = \dfrac{1}{16}$ 배로 된다.

정답 ④

02 한 변의 길이가 a인 정사각형 단면을 가진 부재가 있다. 이 부재가 4kN의 인장력을 견딜 수 있는 a의 값으로 가장 적정한 것은?
(단, 부재의 허용인장강도는 5MPa이다.) [기15]

① 15mm   ② 20mm
③ 25mm   ④ 30mm

④ $\sigma_t = \dfrac{(4 \times 10^3)}{(a \cdot a)} = 5\text{N/mm}^2$

이므로 $a = 28.28\text{mm}$

정답 ④

03 재료의 탄성계수를 옳게 표시한 것은? [산17]

① $\dfrac{\text{응력}}{\text{비중}}$ ② $\dfrac{\text{비중}}{\text{응력}}$

③ $\dfrac{\text{변형률}}{\text{응력}}$ ④ $\dfrac{\text{응력}}{\text{변형률}}$

○ 탄성계수 산정식

$E = \dfrac{\sigma}{\varepsilon}$

정답 ④

04 다음 중 재료의 탄성계수와 단위가 같은 것은? [산11]

① 응력   ② 모멘트
③ 연직하중   ④ 단면1차모멘트

○ 탄성계수와 응력 단위
N/mm² 또는 MPa

정답 ①

05 균질재료로 된 부재단면적이 1,000mm²이고, 부재길이가 2.1m이며, 재축방향으로 100kN의 인장력을 작용하였을 때 길이 1mm가 늘어났다. 다음 중 어느 재료의 길이방향 탄성계수라고 판단되는가?   [기|00,03]

① 철재　　　　　　　② 목재
③ 콘크리트　　　　　④ 적벽돌

∴ Steel의 탄성계수
$(E_S = 2.0 \sim 2.1 \times 10^5 \text{ MPa})$

정답 ①

06 탄성계수가 10^5MPa이고 균일한 단면을 가진 부재에 인장력이 작용하여 10MPa의 인장응력이 발생하였다. 이때 부재의 길이가 0.5mm 늘어났다면 부재의 원래 길이는?   [기|08,17]

① 2m　　　　　　　② 5m
③ 8m　　　　　　　④ 10m

$\sigma = E \cdot \varepsilon$ 에서 $\dfrac{P}{A} = E \cdot \dfrac{\Delta L}{L}$
이므로

$\therefore L = \dfrac{E \cdot \Delta L}{\sigma} = \dfrac{(10^5)(0.5)}{(10)}$
$= 5,000 \text{mm} = 5 \text{m}$

정답 ②

07 길이가 10m이고, 단면이 3×3cm인 정사각형 단면의 강재에 인장력이 작용하여 길이가 0.6cm, 폭이 0.0006cm 변형되었다. 이때 강재의 푸아송비는?   [산14]

① $\dfrac{1}{2}$　　　　　　② $\dfrac{1}{3}$
③ $\dfrac{1}{3.5}$　　　　　④ $\dfrac{1}{4}$

푸아송비
$v = \dfrac{\beta}{\varepsilon} = \dfrac{\dfrac{\Delta d}{d}}{\dfrac{\Delta l}{l}} = \dfrac{l \Delta d}{d \Delta l}$

$= \dfrac{1,000 \times 0.0006}{3 \times 0.6} = \dfrac{1}{3}$

정답 ②

08 그림과 같은 직사각형 판의 AB면을 고정시키고 점 C를 수평으로 0.3mm 이동시켰을 때 측면 AC의 전단변형률은?   [산20]

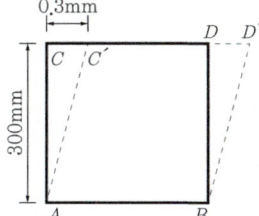

① 0.001rad　　　　　② 0.002rad
③ 0.003rad　　　　　④ 0.004rad

전단변형률 계산
전단변형률 $\gamma = \dfrac{\Delta l}{l} = \dfrac{0.3}{300}$
$= 0.001 \text{rad}$

정답 ①

CHAPTER 08 보의 응력 및 설계

빈출 KEY WORD
휨응력
축방향력과 휨모멘트에 의한 응력
간단한 단면의 전단응력

01 휨응력

보에 외력이 작용할 때 휨모멘트, 전단력, 축방향력이 작용하게 되며, 그로 인하여 휨응력, 전단응력, 축방향응력 등이 생긴다.
그러나 휨모멘트만 작용할 경우에는 휨응력만 일어나며, 베르누이 정리를 가정하여 유도한다.

$$\text{보에 작용한 외력}\atop\text{단면력}\left\{\begin{array}{l}\text{휨모멘트 } M \Leftrightarrow \text{휨응력 } \sigma = \dfrac{M}{I}y \\ \text{전단력 } S \Leftrightarrow \text{전단응력 } \tau = \dfrac{S \cdot G}{I \cdot b} \\ \text{축방향력 } N \Leftrightarrow \text{수직응력 } \sigma = \dfrac{N}{A}\end{array}\right\}\text{내력}\atop\text{응력}$$

> **베르누이(Daniel Bernoulli, 스위스, 1700~1782)**
> 17세기 후반부터 1세기 동안 저명한 수학자, 물리학자를 배출한 베르누이 가(家)의 한 사람으로서 아버지 Johann, 큰아버지 Jacob 등이 유명하다. D. 베르누이는 현(弦)의 진동론과 중립의 원리를 연구하였고, 아버지인 Johann 베르누이는 가상변위의 원리에 대하여 연구하였다.

> **중립면과 중립축**
> ① 중립면(Neutral Surface)
>   보가 휜 뒤에도 길이의 변화가 없고, 이를 따르는 응력이 없는 면
> ② 중립축(Neutral Axis)
>   중립면과 횡단면이 만나서 이루는 선

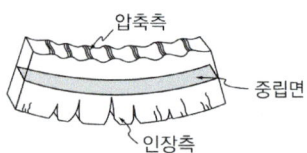

1. 정의

휨모멘트 작용에 의해 발생되는 응력으로써 일반적으로 중립축을 기준으로 상부에는 압축응력, 하부에는 인장응력이 발생된다.

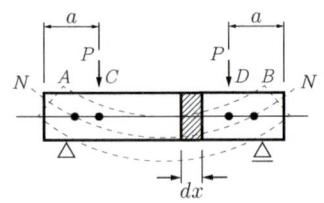

(a) 휨모멘트의 발생

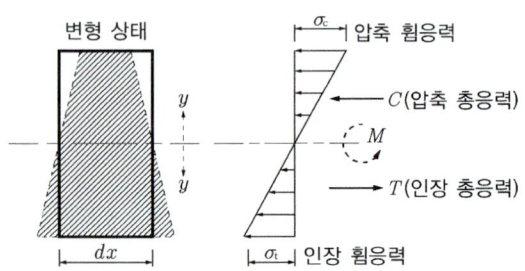

(b) 단면의 변형과 휨응력

▶ 휨응력 공식 유도

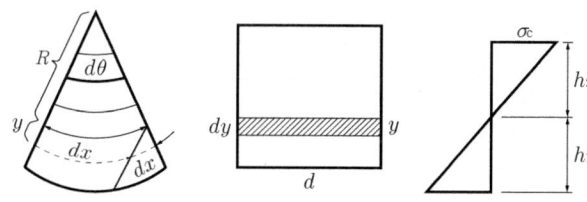

$$dx + \Delta dx = (R + y) \cdot d\theta \quad \cdots\cdots ①$$
$$dx = R \cdot d\theta \quad \cdots\cdots ②$$

①식을 ②식으로 나누면

$$\frac{dx + \Delta dx}{dx} = \frac{(R + y) \cdot d\theta}{R \cdot d\theta}$$

$$\frac{dx}{dx} + \frac{\Delta dx}{dx} = \frac{R}{R} + \frac{y}{R}$$

$$1 + \frac{\Delta dx}{dx} = 1 + \frac{y}{R} \quad \therefore \frac{\Delta dx}{dx} = \frac{y}{R}$$

Hooke's의 법칙에서($\sigma = E \cdot \varepsilon$)

$$\frac{\sigma}{E} = \varepsilon = \frac{\Delta dx}{dx}$$

$$\frac{\sigma}{E} = \frac{y}{R} \quad \therefore \sigma = \frac{E}{R} \cdot y \quad \cdots\cdots ③$$

저항모멘트(M_r) : 미소면적이 생기는 힘, $\sigma \cdot dA$

$$d \cdot Mr = \sigma \cdot dA \cdot y = \frac{E}{R} \cdot y^2 \cdot dA$$

$$\int dMr = \frac{E}{R} \int y^2 dA$$

$$\therefore Mr = \frac{E}{R} \cdot I$$

저항 M 와 작용 M ($M_R = M$)이므로

$$M = \frac{E}{R} \cdot I \quad \therefore \frac{M}{I} = \frac{E}{R} \quad \cdots\cdots ④$$

④식을 ①식에 대입

$$\therefore \sigma = \frac{M}{I} \cdot y$$

2. 특징

① 중립축에서 0이며, 상·하단에서 최고가 된다.
② 직선변화한다.
③ 크기는 중립축으로부터의 거리에 비례한다.
④ 동일 단면인 경우 휨모멘트가 최대인 곳에서 휨응력도 최대이다.

3. 휨응력 계산을 위한 가정[베르누이-오일러(Bernoulli-Euler)의 가정]

① 보는 완전탄성체이다.
② 보의 횡단면은 변형 후에도 평면이다.
③ 탄성한도 내에서 응력과 변형은 비례한다.
④ 보의 횡단면의 중심축은 변형 후에도 종단면에 수직이다.
⑤ 인장과 압축에 대한 탄성계수(영계수)는 같다.
⑥ 중립축의 길이는 휨작용을 받은 후에도 원길이를 유지한다.

4. 공식

$$\sigma_b = \frac{M}{I} \cdot y = \frac{M}{Z}$$

여기서, M : 외력에 의한 휨모멘트
I : 중립축에 대한 단면2차모멘트
y : 중립축에서 구하고자 하는 점까지의 거리
Z : 단면계수

5. 최대 휨응력(=연단응력 : Extreme Fiver Stress)

$$\text{상연단응력} : \sigma_c = -\frac{M}{I} \cdot y_c = -\frac{M}{Z_c}$$
$$\text{하연단응력} : \sigma_t = \frac{M}{I} \cdot y_t = -\frac{M}{Z_t}$$

여기서, Z_c와 Z_t는 각각 단면의 상·하연단에 대한 단면계수이다.

(1) 직사각형

$$\sigma = \frac{M}{Z} = \frac{M}{\frac{bh^2}{6}} = \frac{6M}{bh^2}$$

(2) 원형

$$\sigma = \frac{M}{Z} = \frac{M}{\frac{\pi D^3}{32}} = \frac{32M}{\pi D^3}$$

6. 축방향력이 중립축에 작용할 때 휨응력과 합성

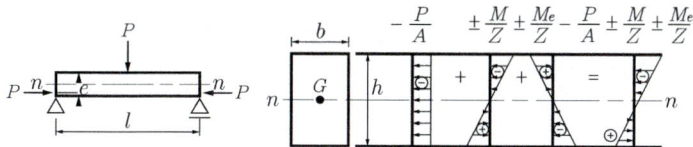

① 축방향력에 의한 수직응력

$$\sigma = -\frac{P}{A}$$

② 휨모멘트에 의한 휨응력

$$\sigma = \mp \frac{M}{I}y = \mp \frac{M}{Z}$$

③ (축방향력 + 휨모멘트)에 의한 응력

$$\sigma = -\frac{P}{A} \mp \frac{M}{I}y = -\frac{P}{A} \mp \frac{M}{Z}$$

7. 축방향력이 중립축에서 편심작용할 때 휨응력과 합성

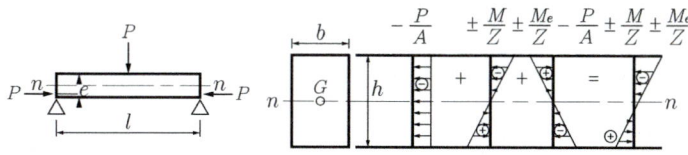

(a) 하중상태   (b) 보의 단면   (c) 보의 응력상태

① 축방향력에 의한 수직응력

$$\sigma = -\frac{P}{A}$$

② 휨모멘트에 의한 휨응력

$$\sigma = \mp \frac{M}{I}y = \mp \frac{M}{Z}$$

③ 편심모멘트에 의한 휨응력

$$\sigma = \pm \frac{M_e}{I}y = \pm \frac{M_e}{Z}$$

④ (축방향력 + 휨모멘트 + 편심모멘트)에 의한 응력

$$\boxed{\sigma = -\frac{P}{A} \pm \frac{M}{I}y \pm \frac{M_e}{I} \cdot y = -\frac{P}{A} \pm \frac{M}{Z} \pm \frac{M_e}{Z}}$$

02 전단응력

1. 정의

보의 단면에 전단력이 작용함에 따라 발생되는 응력이다.

> 전단응력은 그림 (a)와 (b)와 같이 상·하면에 서로 반대방향으로 한 쌍이 존재하고, 좌우면에 또 다른 한 쌍이 존재하여 힘과 우력모멘트가 평형을 이룬다. 즉 전단응력은 보의 임의의 단면에서는 수평전단응력(Horizontal Shearing Stress)과 수직전단응력(Vertical Shearing Stress)이 동시에 일어나며 그 크기는 서로 같다.

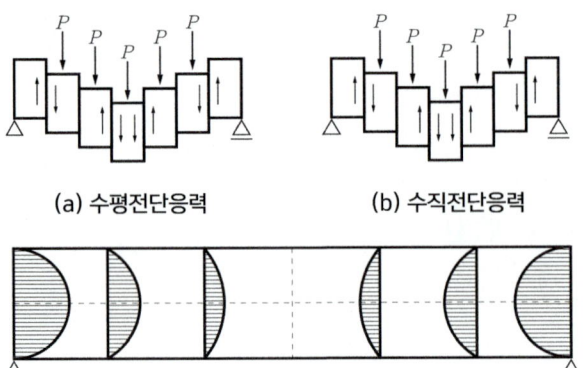

(a) 수평전단응력   (b) 수직전단응력

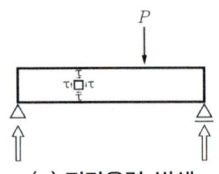

(a) 전단응력 발생

(c) 전단응력 : 양단에서 최대, 중립축에서 최대, 상하면에서 0, 중앙에서 0

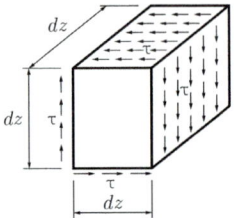

(b) 미소단면의 전단응력 작용

2. 특징

① 상·하 양단에서 0이며, 보통 중립축에서 최대이다.
② 곡선변화한다.
③ 보의 재축 및 재축의 수직방향으로 수평과 수직전단응력이 생기며, 그 크기는 서로 같다.
④ 축방향력작용 시 도심축과 중립축이 일치하지 않는다.

3. 전단응력 공식

> 전단응력

$$\tau \cdot b \cdot dx = \int_{y0}^{y1} (\sigma + d\sigma) \cdot z \cdot dy$$
$$- \int_{y0}^{y1} \sigma \cdot z \cdot dy$$
$$= \int_{y0}^{y1} \frac{M + dM}{I} \cdot y \cdot z \cdot dy$$
$$- \int_{y0}^{y1} \frac{M}{I} y \cdot z \cdot dy$$
$$= \int_{y0}^{y1} \frac{dM}{I} \cdot y \cdot z \cdot dy$$
$$= \frac{dM}{I \cdot b \cdot dx} \int_{y0}^{y1} \frac{M + dM}{I} \cdot y \cdot z \cdot dy$$
$$= \frac{S_x}{I \cdot b} \int_{y0}^{y1} y \cdot dy = \frac{S_x}{I \cdot b} \cdot G_z$$
$$= \frac{S_x}{I \cdot b} \cdot G_z \quad \therefore \tau = \frac{SG_x}{I \cdot b}$$

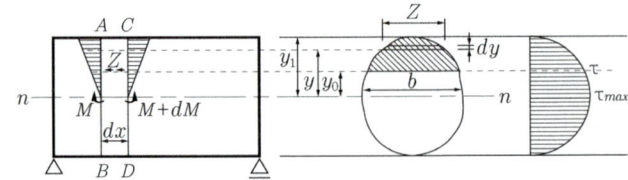

(a) 보의 단면력 상태   (b) 보의 단면과 응력도

$$\therefore \tau = \frac{S \cdot G(x)}{I \cdot b}$$

여기서, τ : 전단응력(N/mm^2)
I : 단면2차모멘트(mm^4)
b : 구하는 단면의 폭(mm)
S : 전단력(N)
G_x : 외측 단면의 중립축에 대한 단면1차모멘트

4. 여러 단면의 최대 전단응력

(1) 구형 단면의 최대 전단응력

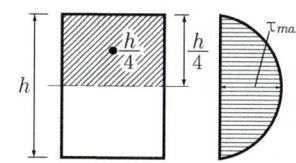

$$G = A \cdot y = \frac{b \cdot h}{2} \cdot \frac{h}{4} = \frac{bh^2}{8}, \quad I = \frac{bh^3}{12}$$

$$\therefore \tau_{\max} = \frac{S \cdot \dfrac{bh^2}{8}}{\dfrac{bh^3}{12} \cdot b} = \frac{3}{2} \cdot \frac{S}{bh} = \boxed{\frac{3}{2} \cdot \frac{S}{A}}$$

(2) 원형단면의 최대 전단응력

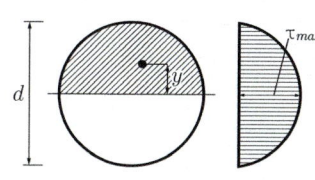

$$G = A \cdot y = \frac{\pi d^2}{8} \cdot \frac{4 \cdot \left(\dfrac{d}{2}\right)}{3\pi} = \frac{d^3}{12}, \quad I = \frac{\pi d^4}{64}$$

$$\therefore \tau_{\max} = \frac{S \cdot \dfrac{d^3}{12}}{\dfrac{\pi d^4}{64} \cdot d} = \frac{16}{3} \cdot \frac{S}{\pi d^2} = \boxed{\frac{4}{3} \cdot \frac{S}{A}}$$

(3) 삼각형 단면의 최대 전단응력(중앙 $\dfrac{h}{2}$ 단면에서 최대)

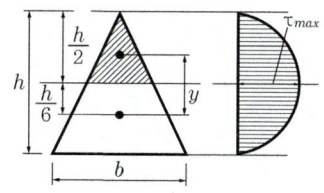

$$\tau_{\max} = \frac{SG}{Ib} = \frac{S \cdot \dfrac{\dfrac{b}{2} \cdot \dfrac{h}{2}}{2} \cdot \left[\left(\dfrac{h}{2} \times \dfrac{1}{3}\right) + \dfrac{h}{6}\right]}{\dfrac{bh^3}{36} \cdot \dfrac{b}{2}}$$

$$= \frac{3S}{bh} = \boxed{\frac{3}{2} \cdot \frac{S}{A}}$$

▶ 여러 단면의 전단응력분포도

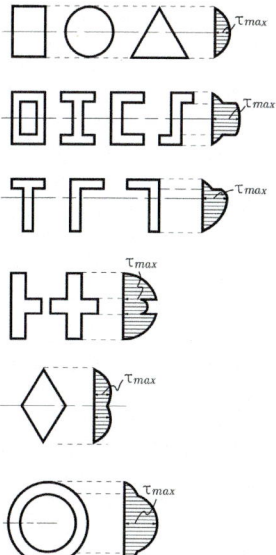

(4) 마름모꼴의 최대 전단응력(도심으로부터 $\dfrac{a}{4\sqrt{2}}$ 위치에서 최대)

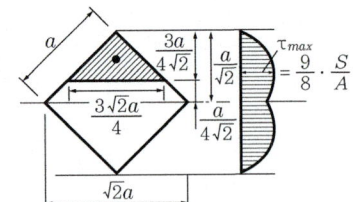

$$\tau_{중앙} = \dfrac{SG}{Ib} = \dfrac{S \cdot \left(\dfrac{\sqrt{2}}{12}\right) \cdot a^3}{\dfrac{a^4}{12} \cdot \sqrt{2} \cdot a} = \dfrac{S}{a^2} = \boxed{\dfrac{S}{A}}$$

$$G = A \cdot y = \left(\dfrac{3\sqrt{r}a}{4} \cdot \dfrac{3a}{4\sqrt{2}} \cdot \dfrac{1}{2}\right) \times \left[\left(\dfrac{3a}{4\sqrt{2}} \cdot \dfrac{1}{3}\right) + \dfrac{a}{4\sqrt{2}}\right]$$

$$= \dfrac{9\sqrt{r}a^3}{128}$$

$$\therefore \tau_{\max} = \dfrac{S \cdot G}{I \cdot b} = \dfrac{S \cdot \dfrac{9\sqrt{2}a^3}{128}}{\dfrac{a^4}{12} \cdot \dfrac{3\sqrt{2}a}{4}} = \dfrac{9}{8} \cdot \dfrac{S}{a^2}$$

$$\boxed{= \dfrac{9}{8} \cdot \dfrac{S}{A}}$$

5. 휨응력과 전단응력분포

① 휨응력

중앙에서 최대, 상하면에서 최대, 중립축에서 0, 양단에서 0

② 전단응력

양단에서 최대, 중립축에서 최대, 중앙에서 0, 상하면에서 0

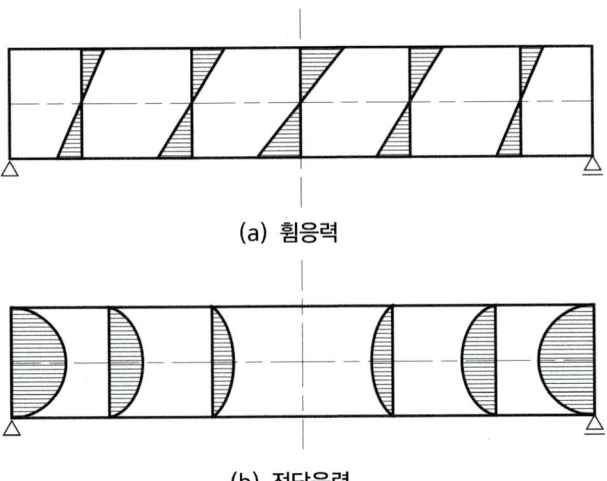

(a) 휨응력

(b) 전단응력

03 주응력(Principal Stress)

1. 정의

보의 임의의 단면에는 이 단면에 수직한 방향으로 휨응력과 전단응력이 일어나는데, 보의 축과 임의의 경사를 가진 단면에는 이 두 수직응력과 합성응력을 받게 된다. 이 임의의 단면 가운데 전단응력이 0인 단면을 주응력면이라 하고, 그 면에 작용하는 수직응력을 주응력(Principal Stress)이라 한다.

2. 주응력면의 위치

평면응력에 전단응력

$$\tau_\theta = \left(\frac{\sigma_x - \sigma_y}{2}\right) \cdot \sin 2\theta - \tau_{xy} \cdot \cos 2\theta = 0$$

$$\therefore \frac{\sin 2\theta}{\cos 2\theta} = \frac{\tau_{xy}}{\left(\dfrac{\sigma_x - \sigma_y}{2}\right)}$$

$$\boxed{\therefore \tan 2\theta = \frac{2 \cdot \tau_{xy}}{\sigma_x - \sigma_y}}$$

3. 주응력의 크기

$$\boxed{\begin{aligned}\sigma_{\max} &= \sigma_1 = \frac{\sigma_x + \sigma_y}{2} + \frac{1}{2}\sqrt{(\sigma_x - \sigma_y)^2 + 4\tau_{xy}^{\,2}} \\ \sigma_{\min} &= \sigma_2 = \frac{\sigma_x + \sigma_y}{2} - \frac{1}{2}\sqrt{(\sigma_x - \sigma_y)^2 + 4\tau_{xy}^{\,2}}\end{aligned}}$$

4. 주전단응력면

$$\frac{d\tau_\theta}{d\theta} = (\sigma_x - \sigma_y) \cdot \cos 2\theta + 2\tau_{xy} \cdot \sin 2\theta = 0$$

$$\boxed{\therefore \cot 2\theta_s = -\frac{2\tau_{xy}}{\sigma_x - \sigma_y}} \quad (\because \theta_s = \theta_P + 45°)$$

5. 주전단응력의 크기

$$\boxed{\begin{aligned}\tau_{\max} &= \frac{1}{2}\sqrt{(\sigma_x - \sigma_y)^2 + 4\tau_{xy}^{\,2}} \\ \tau_{\min} &= -\frac{1}{2}\sqrt{(\sigma_x - \sigma_y)^2 + 4\tau_{xy}^{\,2}}\end{aligned}}$$

▶ 임의 단면의 주응력

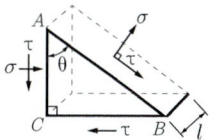

▶ 주응력의 검산이 필요한 경우
㉠ 짧은 스팬 보에서 휨모멘트가 작고 전단력의 값이 클 때
㉡ 외팔보의 지점에서 전단력과 휨모멘트의 최대가 동시에 일어날 때
㉢ I형 단면의 보에서는 웨브(복부)와 플랜지의 경계면에 생기는 주응력이 연응력보다 클 때
㉣ 기타 스팬이 작고 단면이 큰 부재의 섬유방향의 전단응력 또는 철근콘크리트보의 인장 주응력에 의한 파괴의 위험이 있는 경우

▶ $\sigma_{\max}$, $\sigma_{\min}$
주평면에서 전단응력 τ_θ가 0일 때 평면응력에서 수직응력 σ_θ가 최대·최소로 나타나며, 이를 최대·최소 주응력이라 한다.

▶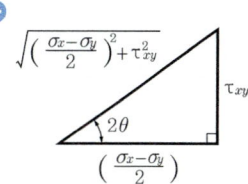

▶ 주전단응력은 평면응력에서 전단응력 τ_θ에 $\sin 2\theta$와 $\cos 2\theta$를 대입하여 구한다.

$$\tau_\theta = \frac{\sigma_x - \sigma_y}{2} \cdot \sin 2\theta - \tau_{xy} \cdot \cos 2\theta$$

$$\therefore \tau_{\max} = \pm\sqrt{\left(\frac{\sigma_x - \sigma_y}{2}\right)^2 + \tau_{xy}^2}$$

$$= \pm\frac{1}{2}\sqrt{(\sigma_x - \sigma_y)^2 + 4 \cdot \tau_{xy}^{\,2}}$$

> **보의 응력 성질**
> ① [정리 1] 중립축에서 주응력의 크기는 최대 전단응력과 같고, 방향은 중립축과 45° 방향이다.
> ($\sigma = 0$, $\tau = \tau_{\max}$)
> ② [정리 2] 연단에서 주응력은 최대 휨응력과 같고 축과 90° 방향이다.
> ($\sigma = \sigma_{\max}$, $\tau = 0$)
> ③ [정리 3] 중립축에서 주전단응력의 크기는 최대 전단응력과 같고 방향은 0°이다.
> ($\theta = 0°$, $\tau' = \tau_{\max}$)
> ④ [정리 4] 연단에서 주전단응력은 최대 휨응력의 반 $\left(\dfrac{\sigma}{2}\right)$ 이며, 45° 방향이다.

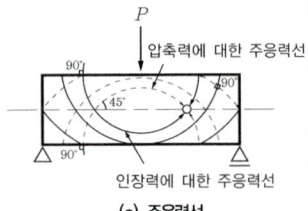

(a) 주응력선

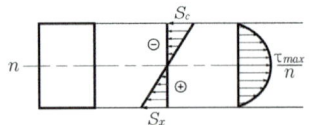

(b) 보의 단면 (c) 휨응력도 (d) 전단응력도

[보의 주응력선과 응력도]

6. 주응력의 성질

① 주응력면에서 전단응력(τ)은 0이다.

② 주전단응력면에서 수직응력(σ)은 0이 아니고, $\dfrac{\sigma_x + \sigma_y}{2}$ 이다.

③ 주응력면(θ_P)과 주전단응력면(θ_S)은 서로 역수관계에 있다.

④ 주전단응력면은 주응력면과 45°각을 이룬다.

⑤ 주응력면은 서로 직교한다. 또한 주전단응력면도 서로 직교한다.

04 보의 단면 설계

1. 보의 설계순서

① 재료 선정, 지간 결정, 허용응력 및 재료의 모든 값을 알아 놓는다.

② 설계하중을 결정하여 설계 활하중에 의하여 보의 각 점의 최대 전단력, 최대 휨모멘트, 절대 최대 휨모멘트를 계산한다.

③ 절대 최대 휨모멘트에 견딜 수 있는 보의 단면을 가정하여 고정하중에 의한 보의 각 점의 전단력, 휨모멘트를 구한다. 이때 자중은 고려하지 않고, 활하중만으로 단면을 가정한다.

④ 고정하중과 활하중에 의한 최대 휨모멘트에 대하여 안전한 단면을 계산한다.

$$\sigma_{\max} = \frac{M_{\max}}{Z} \leq \sigma_a \quad \therefore Z \geq \frac{M_{\max}}{\sigma_a}$$

직사각형보의 경우 → $Z = \dfrac{bh^2}{6}$ 이므로

$$bh^2 \geq \frac{6M_{\max}}{\sigma_a}$$

따라서 b(또는 h)를 가정하면 h(또는 b)를 구할 수 있다.

⑤ 단면은 보의 각 점에 있어서 최대 휨모멘트에 의하여 경제적으로 변화시켜 결정한다.

⑥ 단면이 각 점의 최대 전단력에 대하여 안전한지를 검토한다.

$$\tau_{\max} = \frac{S_{\max} G}{Ib} \leq \tau_a$$

⑦ I형, 캔틸레버보 등은 주응력을 검토해야 한다.

⑧ 보의 최대 처짐이 허용한도 이내에 있는지를 검토한다.

$$\delta_{\max} < \delta_a$$

$\delta_{\max}$: 최대 처짐량, δ_a : 허용처짐량

2. 단일 휨부재 설계의 일반순서

① 휨응력도

$$\sigma_b = \frac{M_{\max}}{Z_e} \leq \sigma_a$$

  σ_b : 휨응력도, $M_{\max}$: 설계용 최대 휨모멘트

  σ_a : 허용휨응력도, Z_e : 유효 단면계수

② 전단응력도

$$\tau = K\frac{S}{A_e} \leq \tau_a$$

  τ : 전단응력도, S : 전단력

  τ_a : 허용전단응력도, A_e : 유효단면적

  K : 단면형상으로 결정되는 계수(구형 : $K=\frac{3}{2}$, 원형 : $K=\frac{4}{3}$)

③ 처짐에 대한 검토

건축구조물에서는 보의 처짐을 스팬(Span)의 $\frac{1}{300}$ 또는 $\frac{1}{360}$ 이하(캔틸레버보의 경우 $\frac{1}{150}$ 또는 $\frac{1}{180}$)로 제한하고 혹은 최대 처짐을 2cm 이하로 한다.

 ㉠ 단순보에 등분포하중이 작용할 때 최대 처짐공식은

$$\boxed{\delta = \frac{5wl^4}{384EI}}$$

 ㉡ 단순보의 중앙에 집중하중이 작용할 때 최대 처짐공식은

$$\boxed{\delta = \frac{Pl^3}{48EI}}$$

CHAPTER 08   필수 확인 문제

01 구조역학에 관한 각종 계수 가운데 휨응력과 가장 관계 있는 것은? [기00,03]

① 좌굴계수 ② 단면계수
③ 탄성계수 ④ 팽창계수

$\sigma_b = \mp \dfrac{M}{I} \cdot y = \mp \dfrac{M}{Z}$

정답 ②

02 그림과 같은 단순보에 생기는 최대 휨응력도의 값은? [산03,07,19]

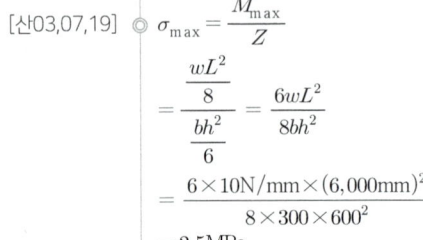

① 2.5MPa ② 3.0MPa
③ 3.5MPa ④ 4.0MPa

$\sigma_{\max} = \dfrac{M_{\max}}{Z}$

$= \dfrac{\frac{wL^2}{8}}{\frac{bh^2}{6}} = \dfrac{6wL^2}{8bh^2}$

$= \dfrac{6 \times 10\text{N/mm} \times (6{,}000\text{mm})^2}{8 \times 300 \times 600^2}$

$= 2.5\text{MPa}$

정답 ①

03 직사각형 단면의 부재에 전단력이 주어졌을 때 단면 내부 응력분포 상태는?

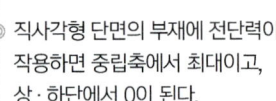

직사각형 단면의 부재에 전단력이 작용하면 중립축에서 최대이고, 상·하단에서 0이 된다.

정답 ①

04 직사각형 단면의 철근콘크리트보에 발생하는 최대 전단응력은? (단, 보의 단면적은 3,000mm², 최대 전단력은 2,000N이다.) [기07]

① 1MPa ② 1.5MPa
③ 10MPa ④ 15MPa

$\tau_{\max} = k \cdot \dfrac{S}{A} = \left(\dfrac{3}{2}\right) \cdot \dfrac{(2{,}000)}{(3{,}000)}$

$= 1\text{N/mm}^2 = 1\text{MPa}$

정답 ①

05 재료의 허용응력 σ_b = 6MPa인 보에 18kN·m의 휨모멘트가 작용할 때 적정 단면계수값은? [산00,13]

① 1,500cm³ ② 1,800cm³
③ 3,000cm³ ④ 4,500cm³

$\sigma = \dfrac{M}{Z} \leq \sigma_b$ 에서

$Z \geq \dfrac{M}{\sigma_b} = \dfrac{(18 \times 10^6)}{(6)}$

$= 3 \times 10^6 \text{mm}^3$

$= 3{,}000\text{cm}^3$

정답 ③

CHAPTER 09 기둥 및 기초

빈출 KEY WORD # 편심을 받는 기둥 최대 응력도   # 세장비   # 좌굴축과 좌굴방향
              # 오일러 좌굴응력   # 오일러 좌굴계수

01 기둥 및 기초

1. 기둥의 정의
일반적으로 축방향으로 압축력을 지지하는 부재를 기둥이라 한다.

2. 기둥의 종류
① 단주(Short Column) → 압축응력 계산
  - 기둥의 길이에 비해 단면이 크고, 비교적 길이가 짧은 압축재
  - 압축응력에 의해 파괴된다.
  - 좌굴의 영향을 무시할 수 있는 기둥

② 장주(Long Column) → 좌굴하중 또는 좌굴응력 계산
  - 단면에 비해 부재길이가 매우 큰 기둥
  - 압축력을 받을 때 압축응력과 함께 탄성좌굴을 일으킨다.
  - 구조내력이 좌굴에 의해 지배되는 기둥

02 단주(Short Column)

1. 중심축하중을 받는 경우
① 압축력이 부재단면의 도심에 작용한다.
② 압축응력이 전단면에 걸쳐 균일하다.
③ 편심이 없으므로 휨모멘트가 생기지 않는다.

$$\sigma_c = -\frac{P}{A}$$

여기서, σ_c : 압축응력(kN/cm²)
        P : 축방향 압축력(kN)
        A : 단면적(cm²)

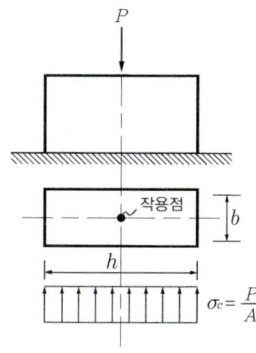

> 좌굴
축방향력을 받는 기둥이
횡방향으로 휘어지는 현상

> **세장비(Selenderness Ratio)**

$$\lambda = \frac{l_k}{i_{\min}} = \frac{l_k}{\sqrt{\frac{I_{\min}}{A}}}$$

여기서, λ : 세장비
$i_{\min}$: 최소 회전반지름
($\therefore i_{\min} = \sqrt{\frac{I_{\min}}{A}}$)
l_k : 기둥 유효길이(좌굴길이)

① 콘크리트표준시방서 허용응력설계법 $\lambda > 60$
② 강도로교시방서 : $\lambda > 93$
③ 일반적인 한계세장비
$$\lambda_p = \sqrt{\frac{\pi^2 \cdot E}{0.5\sigma_y}}$$
④ 목재기둥 : $\lambda > 100$

> **단주와 장주는 유효세장비**

$\lambda = \frac{K \cdot L}{\gamma}$ 에 의해서 구한다.
단주: λ가 30 ~ 50 이하
장주: λ가 100 ~ 120 이상

	목주	강주
단주	$\lambda \leq 20$	$\lambda \leq 30$
장주	$\lambda > 20$	$\lambda > 30$
λ의 적당한 범위	$20 < \lambda \leq 150$	$30 < \lambda \leq 200$ 기둥 외의 압축재에서 λ는 250 이하로 한다.

2. 편심하중을 받는 기둥

① 하중의 작용점이 X축 또는 Y축상에 있는 경우

압축응력과 편심에 의한 우력모멘트에 의한 휨응력이 동시에 발생되므로 두 응력의 합성응력을 구한다.

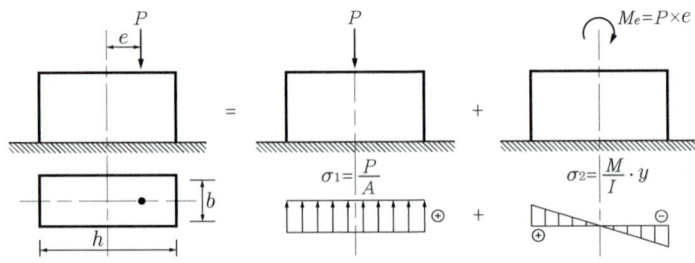

- 압축측 최대 응력도(연응력도)

$$\sigma_{\max} = \sigma_c = -\frac{P}{A} - \frac{P \times e}{Z} = -\frac{P}{A} - \frac{P \times e}{I_y} \cdot y_t$$

- 인장측 최소 응력도(연응력도)

$$\sigma_{\min} = \sigma_t = -\frac{P}{A} + \frac{P \times e}{Z} = -\frac{P}{A} + \frac{P \times e}{I_y} \cdot y_c$$

② 하중의 작용점이 임의의 점에 있는 경우

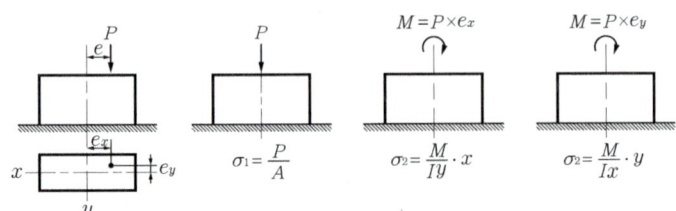

$$\sigma = -\frac{P}{A} \pm \frac{M}{I_y} \cdot x \pm \frac{M}{I_x} \cdot y = -\frac{P}{A} \pm \frac{P \cdot e_x}{I_y} \cdot x \pm \frac{P \cdot e_y}{I_y} \cdot y$$

여기서, e_x, e_y : y, x축으로부터 편심거리
I_x, I_y : x, y축에 대한 단면2차모멘트
x, y : 응력(σ)을 구하려는 점의 x, y축 거리

03 단면의 핵

1. 정의

- 핵점(Core Point) : 단면 내에 압축응력만이 일어나는 하중의 편심거리 한계점(인장력이 생기지 않는 범위)
- 핵(Core) : 핵점에 의해 둘러싸인 부분

2. 핵반경(e)

최소 응력이 0(Zero)이 되는 한계점

$$e = \frac{Z}{A}$$

여기서, Z : 단면계수(cm^3) A : 단면적(cm^2)

3. 간단한 단면의 핵반경

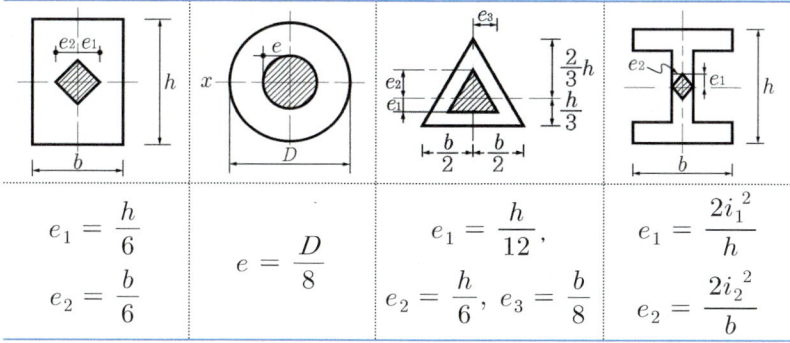

$e_1 = \dfrac{h}{6}$ $e_2 = \dfrac{b}{6}$	$e = \dfrac{D}{8}$	$e_1 = \dfrac{h}{12}$, $e_2 = \dfrac{h}{6}$, $e_3 = \dfrac{b}{8}$	$e_1 = \dfrac{2{i_1}^2}{h}$ $e_2 = \dfrac{2{i_2}^2}{b}$

> **핵반경(e)**
> ① 직사각형 단면
> ㉠ 편심거리
> $$(e) = \frac{Z}{A} = \frac{\frac{bh^2}{6}}{bh} = \frac{h}{6}$$
> ㉡ 핵면적
> $$(A) = \frac{b}{3} \times \frac{h}{3} \times \frac{1}{2} = \frac{bh}{18}$$
> (전면적의 $\dfrac{1}{18}$ 배)
>
> ② 원형단면
> ㉠ 편심거리
> $$(e) = \frac{Z}{A} = \frac{\frac{\pi D^3}{32}}{\frac{\pi D^2}{4}} = \frac{D}{8}$$
> ㉡ 핵면적
> $$(A) = \frac{\pi}{4} \times \left(\frac{D}{4}\right)^2 = \frac{\pi D^2}{64}$$
> (전면적의 $\dfrac{1}{16}$ 배)

4. 장방형 단면의 편심하중 작용점과 응력분포도

작용위치	① $e = 0$	② $e < \dfrac{h}{6}$	③ $e = \dfrac{h}{6}$	④ $e > \dfrac{h}{6}$
입면도 단면도 응력도	$\sigma_1 = \sigma_2$: 압축	$\sigma_1 < \sigma_2$: 압축	$\sigma_1 = 0$, σ_2 : 압축	σ_1 : 인장 σ_2 : 압축

04 장주(Long Column)

좌굴에 의해 파괴되는 기둥을 말하며, 이 좌굴의 주원인은 편심에 의한 휨모멘트와 압축재의 길이에 있다.

1. 좌굴

(1) 좌굴방향(강축)

① 단면2차모멘트(I)가 최대인 축의 방향(최대 주축방향)
② 단면2차모멘트(I)가 최소인 축과 직각방향(최소 주축과 90° 방향)

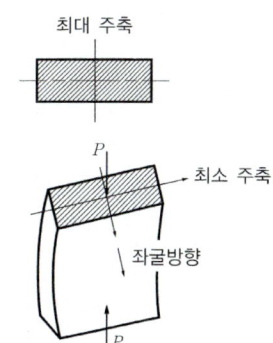

> **한계세장비(λ_P)**
> 탄성좌굴과 비탄성좌굴의 한계가 되는 세장비로 50% 응력을 사용한다.
> $$\lambda_P = \sqrt{\frac{\pi^2 \cdot E}{0.5\sigma_b}}$$
> 건축은 60% 응력을 사용한다.

> **강축과 약축**

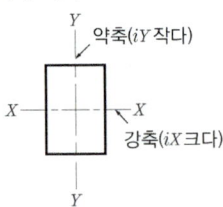

(a) 직사각형 단면

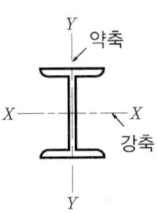

(b) H형 단면

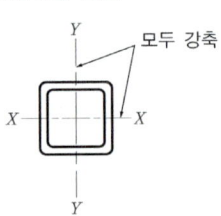

(c) 정사각형 단면

> 오일러 공식을 세장비(λ)가 100보다 클 때만 적용할 수 있다.

> 훅의 법칙이 적용되는 범위에서만 오일러 장주공식을 적용할 수 있다.
> $$P_b = \frac{n\pi^2 EI}{l^2} = \frac{\pi^2 \cdot EI}{(kl)^2}$$
> 여기서
> P_b : 좌굴하중
> n : 좌굴계수
> E : 탄성계수
> I = 최소 단면2차모멘트
> kl : 유효좌굴길이=환산길이

(2) 좌굴축(약축)
최소 2차반경이 생기는 축, 즉 최소 주축을 말한다.

2. 오일러의 좌굴하중(Buckling Load)
압축하중에 의한 좌굴이 일어나기 직전의 하중을 말하며, 임계하중이라고 한다.

3. 오일러의 좌굴응력

$$\sigma_b = \frac{P_b}{A} = \frac{n \cdot \pi^2 \cdot E}{\lambda^2} = \frac{\pi^2 \cdot E}{\left(\frac{kl}{i}\right)^2}$$

$$= \frac{n\pi^2 EI}{Al} = \frac{n\pi^2 i^2 E}{l}$$

여기서 n : 양단지지상태에 따른 계수(좌굴계수)
E : 탄성계수 l : 기둥길이
λ : 세장비($\because \lambda = \frac{l}{i_{min}}$) kl : 유효좌굴길이
k : 유효좌굴계수($\because k = \frac{1}{\sqrt{n}}$)
$\frac{kl}{i}$: 환산된 세장비(유효세장비)

4. 오일러의 좌굴계수

오일러 공식의 좌굴계수

종 별	1단자유 타단고정	양단 힌지	1단 힌지 타단고정	양단고정
재단의 지지상태	l	l	l	l
좌굴계수(n)	1/4	1	2	4
유효좌굴길이(kl)	$2l$	l	$0.7l$	$0.5l$
유효좌굴계수(k)	2	1	0.7	0.5

05 기초

1. 독립기초 저면의 응력도

① 압축측 최대 응력도

$$\sigma_{\max} = \frac{N}{A} + \frac{M}{Z} = \frac{N}{A}\left(1 + \frac{6e}{l}\right) = \alpha \cdot \frac{N}{A}$$

② 인장측 최소 응력도

$$\sigma_{\min} = \frac{N}{A} - \frac{M}{Z} = \frac{N}{A}\left(1 - \frac{6e}{l}\right) = \alpha \cdot \frac{N}{A}$$

③ 부호

압축응력도를 정(+)으로, 인장응력도를 부(-)로 한다. 이것은 기초 저면의 응력도가 대부분 압축응력이기 때문이다.

α 및 α′값

	e	α	α'
장방형	$e < \dfrac{l}{6}$	$1 + \dfrac{6e}{l}$	$1 - \dfrac{6e}{l}$
	$e = \dfrac{l}{6}$	2	0
	$e > \dfrac{l}{6}$	$\dfrac{2}{3\left(\dfrac{1}{2} - \dfrac{e}{l}\right)}$	-
원형	$e < \dfrac{l}{8}$	$1 + \dfrac{8e}{l}$	$1 - \dfrac{8e}{l}$
	$e = \dfrac{l}{8}$	2	0

기호, σ : 기초 저면의 응력도(kN/m²)　　e : 편심거리 $e = \dfrac{M}{N}$ (m)

2. 기초 저면의 크기 결정

최대 지반반력도(최대 압축응력도)가 기초 지반의 허용지내력도 이하이어야 한다.

$$\sigma_{\max} = \frac{N}{A} + \frac{M}{Z} = \frac{N}{A}\left(1 + \frac{6e}{l}\right)$$

$$\sigma_{\max} = \alpha \cdot \frac{N}{A} \leq f_e$$

f_e : 허용지내력도(kN/m²)

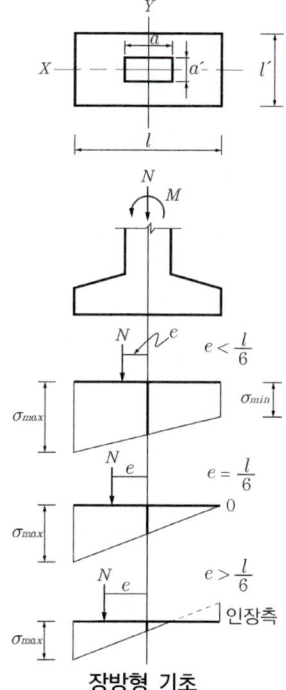

장방형 기초

CHAPTER 09 필수 확인 문제

01 목재의 허용압축응력도가 6MPa인 단주에서 압축력 42kN이 작용할 때 최소 필요 단면적은? [산11]

① 5,800 mm² ② 6,200 mm²
③ 6,800 mm² ④ 7,000 mm²

$\sigma_c = -\dfrac{P}{A} \leq f_c$

$A \geq \dfrac{P}{f_c} = \dfrac{42,000}{6} = 7,000 \text{mm}^2$

정답 ④

02 기둥에 편심축하중이 작용할 때의 상태를 옳게 설명한 것은? [산14]

① 압축력만 작용하며 휨모멘트는 발생하지 않는다.
② 휨모멘트만 작용하며 압축력은 발생하지 않는다.
③ 압축력과 휨모멘트가 작용하며 단면 내에 인장력이 발생하는 경우도 있다.
④ 압축력 및 인장력이 작용하며 휨모멘트는 발생하지 않는다.

● 편심축하중이 작용하는 기둥
③ 압축력과 휨모멘트가 작용하며, 단면 내에 인장력이 발생하는 경우도 있다.

정답 ③

03 다음 그림의 빗금 친 마름모가 단면의 핵을 나타낸다고 할 때 $\dfrac{FH}{BC}$는? [산12,15]

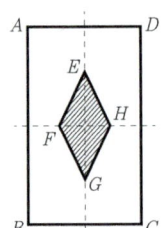

① 1/2 ② 1/3
③ 1/4 ④ 1/6

● 핵반경 계산
직사각형 단면의 핵반경은 좌우, 상하 각각 $\dfrac{b}{6}$, $\dfrac{h}{6}$

$\therefore \dfrac{FH}{BC} = \dfrac{\dfrac{b}{6} + \dfrac{b}{6}}{b} = \dfrac{1}{3}$

정답 ②

04 그림과 같은 단면을 가진 압축재에서 최소 단면2차반경을 구하기 위한 좌굴축은 어느 것인가? [기01,07]

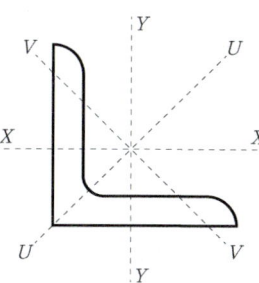

① V축 ② Y축
③ U축 ④ X축

○ L형강의 주축(Principal Axis)
U축이 I_{max}가 되며, V축이 I_{min}축이 된다.

정답 ①

05 일단(一端) 자유, 타단(他端) 고정의 압축재 길이가 7m일 때 좌굴길이는 어느 것을 적용하는가? [산04,08,09]

① 4.9 m ② 3.5 m
③ 7.0 m ④ 14.0 m

○ (1) 1단 자유, 1단 고정 : $K=2.0$
(2) 유효좌굴길이 :
$kl = 2 \times 7 = 14\text{m}$

정답 ④

06 그림과 같은 구조용 강재의 단면2차반경이 2cm일 때 세장비(λ)는 얼마인가? [산04,06,10]

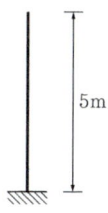

① 100cm ② 200cm
③ 350cm ④ 500cm

○ $\lambda = \dfrac{KL}{i} = \dfrac{(2.0)(5,000)}{(20)} = 500$

정답 ④

07 기초설계 시 장기 150kN(자중 포함)의 하중을 받는 경우 장기 허용지내력도 20kN/m²의 지반에서 필요한 기초판의 크기는? [기17]

① 1.6m×1.6m ② 2.0m×2.0m
③ 2.4m×2.4m ④ 2.8m×2.8m

○ $f_a = \dfrac{P}{A}$ 이므로
$A = \dfrac{P}{f_a} = \dfrac{(150)}{(20)} = 7.5\text{m}^2$
$= \sqrt{7.5}\,\text{m} \times \sqrt{7.5}\,\text{m}$
$= 2.738\text{m} \times 2.738\text{m}$

정답 ④

CHAPTER 10 정정구조물의 변형

빈출 KEY WORD # 주요 구조물의 하중에 따른 처짐각 및 처짐

01 처짐각과 처짐

1. 용어설명

(1) 처짐곡선(Deflection Curve) 혹은 탄성곡선(Elastic Curve)
보에 하중이 작용하면 그림과 같이 변형하여 휘게 된다. 변형 전 부재 중립축 n-n이 변형 후에는 곡선 n'-n'이 된다. 이와 같이 부재가 하중을 받아 변형한 곡선을 처짐곡선이라 한다.

(2) 처짐(Deflection) : δ
하중이 작용하기 전 C는 하중을 받아 C'로 이동하며, CC'의 수직거리 δ_c는 C점의 처짐이 된다. 따라서 처짐은 변형 전 중립축을 기준으로 하향이면 (+), 상향이면 (−)부호를 사용하고 단위는 길이로 표시한다.

(3) 처짐각(Deflection Angle) : θ
구하는 점 D'의 처짐곡선에 접선을 그으면 변형 전 중립축과 만나는 사잇각 θ_D는 D점의 처짐각이 된다. 따라서 처짐각은 변형 전 중립축을 기준으로 시계방향이면 (+), 반시계방향이면 (−)부호를 사용하고, 단위는 라디안(Radian)으로 표시한다.

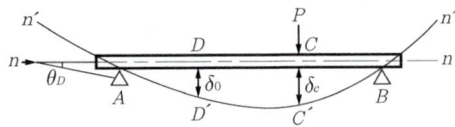

2. 처짐의 해법

(1) 기하학적 방법
① 탄성곡선식법(처짐곡선식법=미분방정식법=2중적 분법) : 보와 기둥에 적용
② 탄성하중법 : Mohr의 정리로 단순보에 적용
③ 공액보법 : 모든 보와 라멘에 적용
④ 모멘트면적법 : Green의 정리로 보와 라멘에 집중하중이 작용할 때 적용
⑤ 중첩보의 원리 : 부정정보인 고정보에 주로 적용

(2) 에너지 방법
① 단위하중법(가상일의 원리) : 모든 구조물에 적용
② Castigliano의 제2정리 : 모든 구조물에 적용
③ 실제일의 방법 : 보에서 집중하중 한 개 작용 시 하중작용점의 처짐만 구할 수 있는 방법이다.

(3) 수치해석법
① 유한차분법
② Rayleigh-Ritz법

3. 곡률반경과 곡률

(1) 곡률반경(R)
$$R = \frac{EI}{M} = \frac{h}{\alpha(\Delta T)}$$

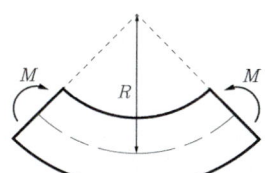

(2) 곡률($\frac{1}{R}$)
$$\frac{1}{R} = -\frac{M}{EI} = -\frac{\alpha(\Delta T)}{h}$$

여기서, R : 곡률반경(ρ)　　$\frac{1}{R}$: 곡률

$E \cdot I$: 휨강성(굴곡강성)　　$\frac{M}{EI}$: 탄성하중

02 탄성하중법(Mohr의 정리)

1. 탄성하중법의 원리

(1) 탄성하중
휨모멘트도(B.M.D)를 휨강성 $E \cdot I$로 나눈 값 $\left(\dfrac{M}{EI}\right)$

(2) 탄성하중법의 적용
① 탄성하중을 가상하중으로 구하는 점의 전단력을 계산하면 그 점의 처짐각이 된다.
② 탄성하중을 가상하중으로 구하는 점의 휨모멘트를 계산하면 그 점의 처짐이 된다.

2. 계산순서
① 각 단면의 휨모멘트(M)를 구하고 휨모멘트도(B.M.D)를 작도한다.

② 탄성하중 $\left(\dfrac{M}{EI}\right)$을 가상하중으로 하여 휨모멘트의 부호가 (+)이면 하향(↓)으로, (−)이면 상향(↑)으로 하여 공액보로 바꾼 단순보에 작용시킨다.
③ 가상하중에 의해 구하는 점의 전단력 S_x와 휨모멘트 M_x를 구한다.
④ 처짐각 $\theta_x = S_x$가 되고 처짐 $y_x = M_x$가 된다.

3. 탄성하중법에 의한 해석

(1) 단순보 중앙에 집중하중이 작용할 때

① A점의 처짐각(θ_A)

$$\theta_A = S_A{'} = R_A{'}$$
$$= \dfrac{Pl}{4EI} \times \dfrac{l}{2} \times \dfrac{1}{2} = \dfrac{Pl^2}{16EI}$$

② B점의 처짐각(θ_B) : 구조와 하중이 대칭이므로

$$\theta_B = \theta_A = -\dfrac{Pl^2}{16EI}$$

③ A점의 처짐(δ_A)

$$\delta_A = M_A{'} = 0$$

④ C점의 처짐(δ_c) = ($\delta_{\max}$)

$$\delta_c = \delta_{\max} = R_A{'} \times \dfrac{l}{2} - \dfrac{Pl}{4EI} \times \dfrac{l}{2} \times \dfrac{1}{2} \times \dfrac{l}{2} \times \dfrac{1}{3} = \dfrac{Pl^3}{48EI}$$

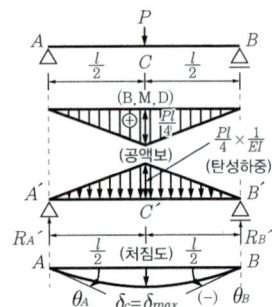

단순보에 집중하중이 작용할 때 탄성하중법의 해석

(2) 단순보에 등분포하중이 작용할 때

① A점의 처짐각(θ_A)

$$\theta_A = S_A{'} = R_A{'} = \dfrac{wl^2}{8EI} \times \dfrac{l}{2} \times \dfrac{2}{3} = \dfrac{wl^3}{24EI}$$

② θ점의 처짐각(θ_B) : 구조와 하중이 대칭이므로

$$\theta_B = -\theta_A = -\dfrac{wl^3}{24EI}$$

③ A점의 처짐(δ_A)

$$\delta_A = M_A{'} = 0$$

④ C점의 처짐(δ_c) = ($\delta_{\max}$)

$$\delta_c = \delta_{\max}$$
$$= R_A{'} \times \dfrac{l}{2} - \dfrac{wl^2}{8EI} \times \dfrac{l}{2} \times \dfrac{2}{3} \times \dfrac{l}{2} \times \dfrac{3}{8} = \dfrac{5w^4}{384EI}$$

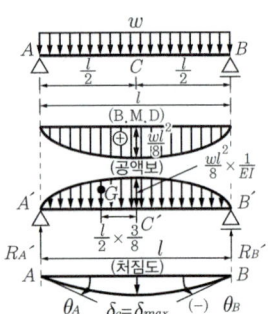

단순보에 등분포하중이 작용할 때 탄성하중법 해석

03 공액보법

1. 공액보법의 원리

탄성하중법은 단순보에서 적용되며 단순보 이외에는 적용할 수 없다. 따라서 탄성하중법의 원리를 적용할 수 있도록 지점상태를 바꾸어 만든 가상의 보를 공액보라 하며, 공액보에 탄성하중 $\left(\dfrac{M}{EI}\right)$을 재하시켜 탄성하중법을 그대로 적용하여 처짐과 처짐각을 해석하는 방법을 공액보법이라 한다.

2. 공액보의 조건

(1) 공액보의 적용(상호 적용 가능)
① 고정지점 ↔ 자유단
② 지간 중간 힌지지점 ↔ 지간 중간 힌지절점
③ 보의 끝단 활절지점 ↔ 보의 끝단 가동지점

(2) 공액보의 예

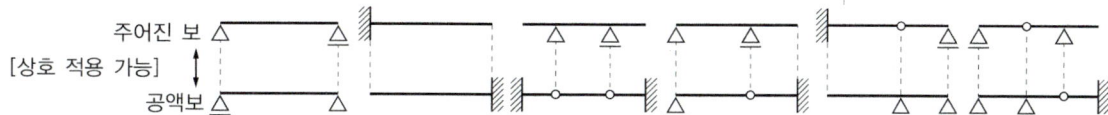

3. 공액보법에 의한 해석

(1) 캔틸레버보에 집중하중이 작용할 때

① A점의 처짐각(θ_A)과 처짐(δ_A)

$\theta_A = S_A{}' = 0$

$\delta_A = M_A{}' = 0$

② B점의 처짐각(θ_B)

$\theta_B = S_B{}' = R_B{}' = \dfrac{Pl}{EI} \times l \times \dfrac{1}{2} = \dfrac{Pl^2}{2EI}$

③ B점의 처짐(δ_B)

$\delta_B = M_B{}' = \dfrac{Pl}{EI} \times l \times \dfrac{1}{2} \times \dfrac{2l}{3} = \dfrac{Pl^3}{3EI}$

∴ $\delta_B = \delta_{\max}$

최대 처짐각과 처짐은 자유단에서 발생하고 고정지점에서의 처짐각과 처짐은 0이다.

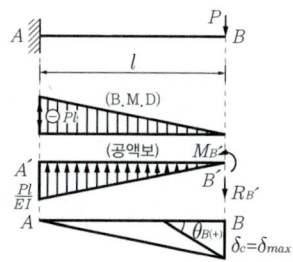

캔틸레버보에 집중하중이 작용할 때 공액보법 해석

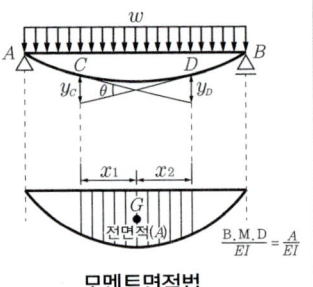

모멘트면적법

04 모멘트면적법(Green의 정리)

1. 모멘트면적 제1정리

탄성 곡선상에서 임의의 점 C와 D에서의 접선이 이루는 각(θ)은 이 두점 간의 휨모멘트도(B.M.D)의 면적을 EI로 나눈 값과 같다.

$$\theta = \int \frac{M}{EI} d_x = \frac{A}{EI}$$

2. 모멘트면적 제2정리

탄성 곡선상에서 임의의 점 C에서 탄성곡선에 접하는 접선으로부터 그 탄성곡선상의 다른 점 D까지의 수직거리(y)는 이들 두 점 간의 휨모멘트도(B.M.D) 면적의 C점을 지나는 축에 대한 단면1차모멘트를 EI로 나눈 값과 같다.

$$\delta_c = \int \frac{M}{EI} \cdot x_1 \cdot dx = \frac{A}{EI} \cdot x_1$$

$$\delta_d = \int \frac{M}{EI} \cdot x_2 \cdot dx = \frac{A}{EI} \cdot x_2$$

3. 모멘트면적법에 의한 해석

(1) 캔틸레버보에 집중하중이 중앙에 작용할 경우

① 휨모멘트 계산 및 휨모멘트도(B.M.D) 작도

$$M_B = M_C = 0, \quad M_A = -\frac{Pl}{2}$$

② B, C점의 처짐각(θ_B, θ_C)

$$\theta_B, \theta_C = \int \frac{M}{EI} \cdot dx = \frac{A}{EI}$$

$$= \frac{1}{EI} \times \frac{Pl}{2} \times \frac{l}{2} \times \frac{1}{2} = \frac{Pl^2}{8EI}$$

③ C점의 처짐(δ_c)

$$\delta_c = \int \frac{M}{EI} \cdot x \cdot dx = \frac{A}{EI} \cdot x$$

$$= \frac{1}{EI} \times \frac{Pl}{2} \times \frac{l}{2} \times \frac{1}{2} \times \frac{l}{2} \times \frac{2}{3} = \frac{Pl^3}{24EI}$$

④ B점의 처짐(δ_B)

$$\delta_B = \frac{1}{EI} \times \frac{Pl}{2} \times \frac{l}{2} \times \frac{1}{2} \left(\frac{l}{2} + \frac{l}{2} \times \frac{2}{3} \right) = \frac{5Pl^3}{48EI}$$

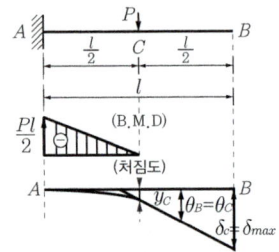

캔틸레버보에 집중하중이 작용할 때 모멘트면적법 해석

05 단위하중법(가상일의 원리)

1. 단위하중법의 원리

가상일의 원리는 에너지 불변의 법칙에 근거를 두고 구조물에 작용한 하중에 의한 외력일은 구조물 내에 저장된 탄성에너지와 같다는 이론으로 모든 구조물의 처짐각과 처짐을 구할 수 있는 에너지 방법이며, 단위하중법이라고 한다.

[주] 구조물에 작용하는 힘이 평형하며 가상변위를 줄 때 생기는 가상일의 합은 0이다.

2. 가상일

휨응력에 대한 가상일 + 수직응력에 대한 가상일 + 전단응력에 대한 가상일

$$\sum P \cdot \delta = \underbrace{\int \frac{M \cdot \overline{M}}{EI}dx}_{\text{휨모멘트가 하는 일}} + \underbrace{\int \frac{P \cdot \overline{P}}{EA}dx}_{\text{축방향력이 하는 일}} + \underbrace{\int \frac{S \cdot \overline{S}}{GA}dx}_{\text{전단력이 하는 일}}$$

외력일 = 내력일

[주] 실제 보에서는 수직응력에 대한 일을 매우 작아 무시한다. 그러므로 휨응력에 대한 값만 고려한다.

3. 단위하중법의 공식

구하고자 하는 점에 가상 단위하중 1(또는 단위모멘트 $M=1$)을 작용시켜 처짐각과 처짐을 구하면 된다.

① 처짐각 : $\theta_x = \int_0^l \frac{M\,M_N}{EI}dx$

② 처짐 : $\delta_x = \int_0^l \frac{M\,\overline{M_n}}{EI}dx$

여기서, M : 주어진 하중에 의한 임의 점의 휨모멘트
M_n : 처짐각을 구할 때는 가상 단위모멘트하중 ($M=1$)에 의한 임의 점의 휨모멘트
$\overline{M_n}$: 처짐을 구할 때는 가상 단위 집중하중($\overline{P}=1$)에 의한 임의 점의 휨모멘트

4. 캔틸레버보에 등분포하중이 작용할 때

(1) 그림 (a)에서 임의거리 x의 하중에 의한 휨모멘트(M_x)

$M_x = -\dfrac{w}{2} \cdot x^2$

(2) 그림 (b)에서 처짐각 계산 시 단위하중($M=1$)에 의한 휨모멘트(M_x)

$M_x = -1$

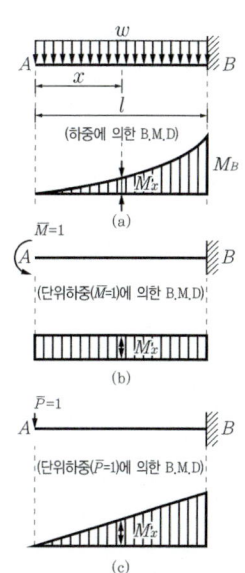

캔틸레버보에 등분포하중이 작용할 때 가상일의 원리해석

(3) 그림 (c)에서 처짐계산 시 단위하중($P=1$)에 의한 휨모멘트(M_x)

$$M_x = -1 \cdot x$$

(4) 처짐각(θ_A)

$$\theta_A = \int_0^l \frac{M\,M_n}{EI}dx = \frac{1}{EI}\int_0^l \left(-\frac{\omega}{2}\cdot Tx^2\right)(-1)dx$$
$$= \frac{\omega}{2EI}\left(\frac{x^3}{3}\right)_0^l = \frac{\omega l^3}{6EI}$$

(5) 처짐(δ_A)

$$\delta_A = \int_0^l \frac{M\,Mn}{EI}dx = \frac{1}{EI}\int_0^l \left(-\frac{\omega}{2}\cdot x^2\right)(-1\cdot x)dx$$
$$= \frac{\omega}{2EI}\left(\frac{x^4}{4}\right)_0^l = \frac{\omega l^4}{8EI}$$

06 탄성곡선 방정식법

1. 탄성곡선 방정식 유도

중립축 $n-n$에서 δ떨어진 부분의 변형을 Δdx, 변형률을 ε, 휨응력을 σ라 하면

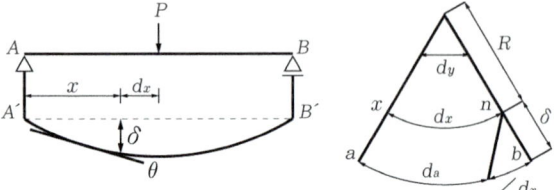

탄성곡선 방정식법

$$\frac{dx+\Delta dx}{R+\delta} \text{에서 } \frac{R+\delta}{R} = \frac{dx+\Delta dx}{dx} = 1 + \frac{\Delta dx}{dx} + 1 + \varepsilon \cdots\cdots\cdots ①$$

훅의 법칙에서 $\varepsilon = \dfrac{\Delta dx}{dx} = \dfrac{\sigma}{E}$, $\sigma = \dfrac{Mx}{I}\cdot \delta$를 ①식에 대입하면

$$1 + \frac{\delta}{R} = 1 + \frac{\sigma}{E} = 1 + \frac{1}{E}\cdot\frac{M_x}{I}\delta$$

$$\frac{\delta}{R} = \frac{1}{E}\cdot\frac{M_x}{I}\cdot\delta \quad \therefore \frac{1}{R} = \frac{M_x}{EI} \cdots\cdots\cdots ②$$

또한 미분학의 곡률반경은 $\dfrac{1}{R} = \dfrac{\left(\dfrac{d^2\delta}{dx^2}\right)}{\left\{1+\left(\dfrac{d\delta}{dx}\right)^2\right\}^{3/2}}$

여기서, $\frac{d\delta}{dx}$는 미소하여 $\left(\frac{d\delta}{dx}\right)^2$이 0이 되므로

$$\frac{1}{R} = \frac{d^2\delta}{dx^2} \quad \cdots\cdots\cdots\cdots\cdots\cdots\cdots\cdots\cdots\cdots\cdots\cdots\cdots\cdots ③$$

식②와 식③에서 $\frac{d^2\delta}{dx^2} = \frac{M_x}{EI} \quad \cdots\cdots\cdots\cdots\cdots\cdots\cdots\cdots\cdots\cdots ④$

식④에서 M_x와 처짐 δ의 부호가 상반되므로

$\frac{d^2\delta}{dx^2} = -\frac{M_x}{EI}$ (탄성곡선 방정식)

07 주요구조물의 하중에 따른 처짐각 및 처짐

하중작용 상태	처짐각(θ)	최대 처짐($\delta_{\max}$)
단순보 중앙 집중하중 P, 경간 l, C는 중앙	$\theta_A = -\theta_B = \frac{Pl^2}{16EI}$	$\delta_C = \frac{Pl^3}{48EI}$
양단고정보 중앙 집중하중 P	$\theta_A = \theta_B = 0$	$\delta_C = \frac{Pl^3}{192EI}$
단순보 등분포하중 w	$\theta_A = -\theta_B = \frac{wl^3}{24EI}$	$\delta_C = \frac{5wl^4}{384EI}$
양단고정보 등분포하중 w	$\theta_A = \theta_B = 0$	$\delta_C = \frac{wl^4}{384EI}$
캔틸레버보 자유단 집중하중 P	$\theta_B = \frac{Pl^2}{2EI}$	$\delta_B = \frac{Pl^3}{3EI}$
캔틸레버보 등분포하중 w	$\theta_B = \frac{wl^3}{6EI}$	$\delta_B = \frac{wl^4}{8EI}$
캔틸레버보 중간 집중하중 P (C는 $l/2$ 지점)	$\theta_C = \theta_B = \frac{Pl^2}{8EI}$	$\delta_C = \frac{Pl^3}{24EI}$ $\delta_B = \frac{5Pl^3}{48EI}$

하중작용 상태	처짐각(θ)	최대 처짐($\delta_{\max}$)
캔틸레버, 집중하중 P at C (a from A, b to B)	$\theta_C = \theta_B = \dfrac{Pa^2}{2EI}$	$\delta_C = \dfrac{Pa^3}{3EI}$ $\delta_B = \dfrac{Pa^2\left(b+\dfrac{2a}{3}\right)}{2EI}$
캔틸레버, 등분포 w on left half	$\theta_C = \theta_B = \dfrac{wl^3}{48EI}$	$\delta_B = \dfrac{7wl^4}{384EI}$
캔틸레버, 등분포 w on right half	$\theta_B = \dfrac{7wl^3}{48EI}$	$\delta_B = \dfrac{41wl^4}{384EI}$
캔틸레버, 삼각분포 하중	$\theta_B = \dfrac{wl^3}{24EI}$	$\delta_B = \dfrac{wl^4}{30EI}$
캔틸레버, 자유단 모멘트 M	$\theta_B = \dfrac{Ml}{EI}$	$\delta_B = \dfrac{Ml^2}{2EI}$
캔틸레버, 중앙 모멘트 M at C	$\theta_B = \dfrac{Ml}{2EI}$	$\delta_B = \dfrac{3Ml^2}{8EI}$
단순보, 집중하중 P at C	$\theta_A = \dfrac{Pb}{6EIl}(l^2 - b^2)$ $\theta_B = -\dfrac{Pa}{6EIl}(l^2 - a^2)$	$\delta_c = \dfrac{Pa^2b^2}{3EIl}$
단순보, 삼각분포하중	$\theta_A = \dfrac{7wl^3}{360EI}$ $\theta_B = -\dfrac{8wl^3}{360EI}$	$\delta_{\max} = 0.00652 \times \dfrac{wl^4}{EI}$
단순보, 단부모멘트 M_A	$\theta_A = \dfrac{M_A l}{3EI}$ $\theta_B = -\dfrac{M_A l}{6EI}$	$\delta_{\max} = 0.064 \times \dfrac{Ml^2}{EI}$
일단고정 타단이동, 등분포 w	$\theta_B = -\dfrac{wl^3}{48EI}$	$\delta_{\max} = \dfrac{wl^4}{185EI}$

CHAPTER 10 필수 확인 문제

01 정정보의 처짐과 처짐각을 계산할 수 있는 방법이 아닌 것은?

① 이중적분법(Double Integration Method)
② 공액보법(Conjugate Beam Method)
③ 처짐각법(Slope Deflection Method)
④ 단위하중법(Unit Load Method)

◎ 1. 처짐을 구하는 방법
㉠ 이중적분법 ㉡ 모멘트면적법
㉢ 탄성하중법 ㉣ 공액보법
㉤ 단위하중법
2. 부정정구조물의 해석 방법
㉠ 연성법(하중법)
• 변위일치법 • 3연 모멘트법
㉡ 강성법(변위법)
• 처짐각법 • 모멘트분배법

정답 ③

02 그림과 같은 단순보에서 지간 ℓ이 2ℓ로 늘어난다면 최대 처짐은 몇 배로 커지는가? (단, 중앙의 집중하중 P는 동일) [산17]

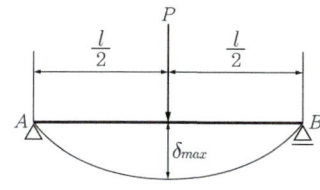

① 2배 ② 4배
③ 6배 ④ 8배

◎ 단순보의 최대 처짐
• $\delta_c = \dfrac{Pl^3}{48EI}$ 이므로 최대 처짐은 지간(l)의 3제곱에 비례함
• 따라서 지간이 2배가 되면 $(2)^3$배인 8배로 증가

정답 ④

03 그림과 같은 단순보의 A 지점에서의 처짐각은? (단, E : 탄성계수, I : 단면2차모멘트이다.) [산11]

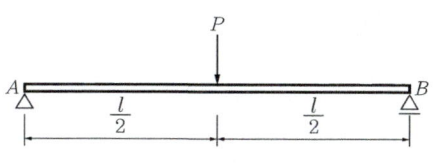

① $\dfrac{Pl^2}{16EI}$ ② $\dfrac{Pl^2}{48EI}$

③ $\dfrac{Pl^2}{64EI}$ ④ $\dfrac{Pl^2}{128EI}$

◎ 처짐각 계산
좌우대칭이므로 중앙점과 A점의 처짐각은 동일

처짐각 $\theta_A = \theta_C = \dfrac{Pl^2}{16EI}$

정답 ①

04 그림과 같은 하중이 작용하는 보 중에서 처짐량이 가장 큰 것은?
(단, EI는 동일하고 $P = wL$과 같다.)

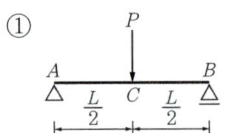

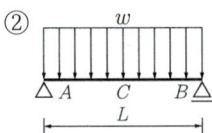

① $\dfrac{PL^3}{48EI} = \dfrac{wL^4}{48EI} = \dfrac{8wL^4}{384EI}$

② $\dfrac{5wL^4}{384EI}$

③ $\dfrac{PL^3}{3EI} = \dfrac{wL^4}{3EI} = \dfrac{128wL^4}{384EI}$

④ $\dfrac{wL^4}{8EI} = \dfrac{48wL^4}{384EI}$

정답 ③

05 다음 그림과 같은 캔틸레버보에서 B점의 처짐각(θ_B)은? (단, EI는 일정함) [기12,18]

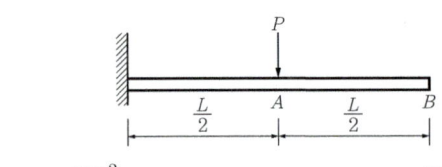

① $-\dfrac{PL^2}{2EI}$

② $-\dfrac{PL^2}{8EI}$

③ $-\dfrac{5PL^2}{8EI}$

④ $-\dfrac{2PL^2}{3EI}$

(1) 캔틸레버보의 처짐
= 탄성하중도 면적 × 도심

$\dfrac{1}{2} \cdot \dfrac{L}{2} \cdot \dfrac{PL}{2EI}$

(2) $\theta_B = \left(\dfrac{1}{2} \cdot \dfrac{L}{2} \cdot \dfrac{PL}{2EI} \right)$

$= \dfrac{1}{8} \cdot \dfrac{PL^2}{EI}$

정답 ②

CHAPTER 11 부정정구조물

빈출 KEY WORD
\# 주요 부정정구조물의 반력과 휨모멘트
\# 모멘트분배법
\# 절점방정식과 층방정식

01 부정정구조물

1. 정의

구조물의 미지수(반력이나 단면력)가 3개 이상인 경우는 정역학적 힘의 평형 조건식($\Sigma H = 0$, $\Sigma V = 0$, $\Sigma M = 0$)만으로는 해석이 불가능한 구조물을 부정정구조물이라 한다.

2. 부정정 해법

(1) 응력법(유연도법·적합법)
  ① 변위일치법(변형일치법) : 단지간의 고정보에 적용(고차부정정일 때 미지 반력수가 많아 계산이 복잡하다.)
  ② 3연모멘트의 정리 : 연속보에 적용(라멘에는 적용되지 않는다.)
  ③ 에너지법
    ㉠ 가상일의 원리(단위하중법) : 부정정트러스와 아치에 적용
    ㉡ 최소일의 원리(카스틸리아노의 제2정리 이용) : 부정정트러스와 아치에 적용
  ④ 처짐곡선의 미분방정식법
  ⑤ 기둥 유사법

(2) 변위법(강성도법·평형법)
  ① 처짐각법(요각법) : 직선재의 모든 부정정구조물에 적용(특히 간단한 직사각형 라멘에 적당하다.)
  ② 모멘트분배법 : 직선재의 모든 부정정구조물에 적용(특히 고층 다경간 라멘에서 다른 방법보다 쉽게 적용된다.)
  ③ 에너지법(카스틸리아노의 제1정리 응용)

(3) 수치해석법
  ① 매트릭스 구조해석법(Method of Matrix Structural Analysis)
  ② 유한요소법(Finite Element Method)

3. 부정정구조물의 장단점

(1) 장점
① 휨모멘트 감소로 단면이 작아지므로 재료를 절감할 수 있어 경제적이다.
　　(연속강교 : 20%, 철도교 : 10% 절감)
② 같은 단면일 때 정정구조물보다 더 큰 하중을 받을 수 있다.
③ 정정구조물에 비하여 긴 지간을 만들 수 있다.
④ 과대한 응력을 재분배하므로 안정성이 좋다.
⑤ 강성이 크므로 변형이 작게 발생한다.

(2) 단점
① 해석과 설계가 복잡하다.($E \cdot I$, A 등을 알고 있어야 해석이 가능하다.)
② 온도변화와 지점의 침하 등으로 인해 큰 응력이 발생하게 된다.
③ 응력 교체가 정정구조물보다 많이 발생하여 부가적인 부재가 필요하다.
④ 최종까지 정확한 응력해석을 위해 여러 번 반복 설계해야 한다.

02 변위일치법

1. 처짐각을 이용하는 방법

(1) 일단고정, 타단이 가동지점인 고정보의 중앙에 집중하중이 작용할 때

① 적용방법

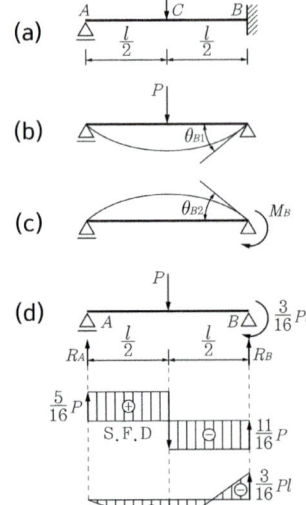

처짐각을 이용한 일단고정
타단 가동인 보의 부정정 해석
[그림 1]

　　B점이 고정지점이므로 처짐각은 없다. 만약 B지점이 활절지점이라면 그림 1(b)와 같이 처짐각 θ_{B1}이 발생하게 된다. 그러나 실제 보(a)에서 B지점에 처짐각이 발생하지 않는 것은 그림 1(c)와 같이 M_B가 작용하여 θ_{B2}가 생기기 때문이다.

$$\therefore \theta_{B1} = \theta_{B2}$$

위 식에서 미지의 모멘트 M_B를 구하면 그림 1(d)와 같은 정정보가 되므로 정정보로 해석하면 된다.

② 반력모멘트(M_B)

$\theta_{B1} + \theta_{B2} = 0$에서

$$-\frac{Pl^2}{16EI} + \frac{M_B \cdot l}{3EI} = 0 \quad \therefore M_B = \frac{3}{16}Pl$$

③ 그림 1(d)와 같은 정정보를 해석하면 된다.
　㉠ 반력($V_A \cdot V_B$)
　　　$\Sigma M_B = 0$에서

$$V_A \times l - P \times \frac{l}{2} + \frac{3}{16}Pl = 0 \quad \therefore V_A = \frac{5}{16}P$$

$\Sigma V = 0$에서

$$V_A + V_B = P \quad \therefore V_B = \frac{11}{16}P$$

ⓒ 전단력(S)

$$S_{(A-C)} = V_A = \frac{5}{16}P$$

$$S_{(C-B)} = V_A - P = -\frac{11}{16}P$$

ⓒ 휨모멘트(M)

$$M_A = 0$$

$$M_B = \frac{5}{16}P \times l - P \times \frac{l}{2} = -\frac{3}{16}Pl$$

$$M_C = \frac{5}{16}P \times \frac{l}{2} = \frac{5}{32}Pl$$

(2) 양단고정보의 중앙에 집중하중이 작용할 때

① 적용방법

$A \cdot B$ 지점은 고정지점으로 처짐각이 없다. 하중에 의한 가정 단순보 지점에서 그림 2(b)와 같이 θ_{A1}이 생기고, 그림 2(c)와 같이 가정 단순보에 가상 반력 M_A에 의한 θ_{A2}가 발생된다.

$$\therefore \theta_{A1} = \theta_{A2}$$

이 식으로 미지의 모멘트반력(M_A, M_B)를 구하면 그림 2(d)와 같은 정정보가 된다.

② 반력모멘트(M_A, M_B)

좌우대칭이므로 $M_A = M_B = M$

$$\theta_{A1} + \theta_{A2} = 0, \quad \frac{Pl^2}{16EI} = \frac{Ml}{2EI}$$

$$\therefore M_A = \frac{Pl}{8} \text{(반시계방향)}$$

$$\therefore M_B = \frac{Pl}{8} \text{(시계방향)}$$

③ 그림 2(d)에서 정정보 해석

㉠ 수직반력($V_A = V_B$)

좌우대칭이므로 $V_A = V_B = \frac{P}{2}$

ⓒ 전단력(S)

$$S_{(A-C)} = \frac{P}{2}, \quad S_{(C-B)} = -\frac{P}{2}$$

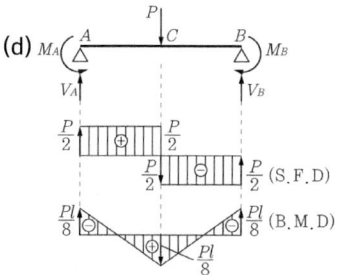

처짐각을 이용한
양단고정보의 부정정 해석
[그림 2]

ⓒ 휨모멘트(M)

$$M_A = -M_A(반력모멘트) = -\frac{Pl}{8}$$

$$M_C = V_A \times \frac{l}{2} - M_A = \frac{Pl}{8}$$

$$M_B = V_A \times l - M_A - P \times \frac{l}{2} = -\frac{Pl}{8}$$

03 보의 하중상태에 따른 반력과 휨모멘트의 관계

하중상태	반력과 휨모멘트	하중상태	반력과 휨모멘트
(단순보, 집중하중 P at C, a-b)	$V_A = \frac{Pb}{l}$, $M_A = M_B = 0$ $V_B = \frac{Pa}{l}$, $M_C = \frac{Pab}{l}$	(양단고정보, 집중하중 P, a-b)	$V_A = \frac{Pb}{l}$, $M_A = -\frac{Pab^2}{l^2}$ $V_B = \frac{Pa}{l}$, $M_B = -\frac{Pa^2b}{l^2}$ $M_C = \frac{Pab}{2l}$
(단순보, 중앙 집중하중 P)	$V_A = V_B = \frac{P}{2}$, $M_A = M_B = 0$, $M_C = \frac{Pl}{4}$	(양단고정보, 중앙 집중하중 P)	$V_A = \frac{P}{2}$, $M_A = M_B = -\frac{Pl}{8}$ $V_B = \frac{P}{2}$, $M_C = \frac{Pl}{8}$
(단순보, 등분포하중 w)	$V_A = \frac{wl}{2}$, $M_A = M_B = 0$ $V_B = \frac{wl}{2}$, $M_C = \frac{wl^2}{8}$	(양단고정보, 등분포하중 w)	$V_A = \frac{wl}{2}$, $M_A = M_B = -\frac{wl^2}{12}$ $V_B = \frac{wl}{2}$, $M_C = \frac{wl^2}{24}$
(2경간 연속보, 등분포하중 w)	$V_A = V_C = \frac{3wl}{8}$ $V_B = \frac{10wl}{8} = \frac{5wl}{4}$ $M_A = M_C = 0$ $M_B = -\frac{wl^2}{8}$ $M_{max} = \frac{9wl^2}{128}$	(일단고정 타단이동지점, 등분포하중)	$V_A = V_C = \frac{wl}{2}$ $V_B = wl$ $M_A = M_B = M_C = -\frac{wl^2}{12}$ $(+)M_{max} = \frac{wl^2}{24}$
(3경간 연속보, 등분포하중 w)	$V_A = V_D = \frac{4wl}{10}$ $V_B = V_C = \frac{11wl}{10}$ $M_B = M_C = -\frac{wl^2}{10}$	(일단고정 타단이동지점, 집중하중 P, a-b)	$V_B = \frac{Pa^2(2l+b)}{2l^3}$ $V_A = P - V_B$ $M_A = -\frac{Pab(a+2b)}{2l^2}$

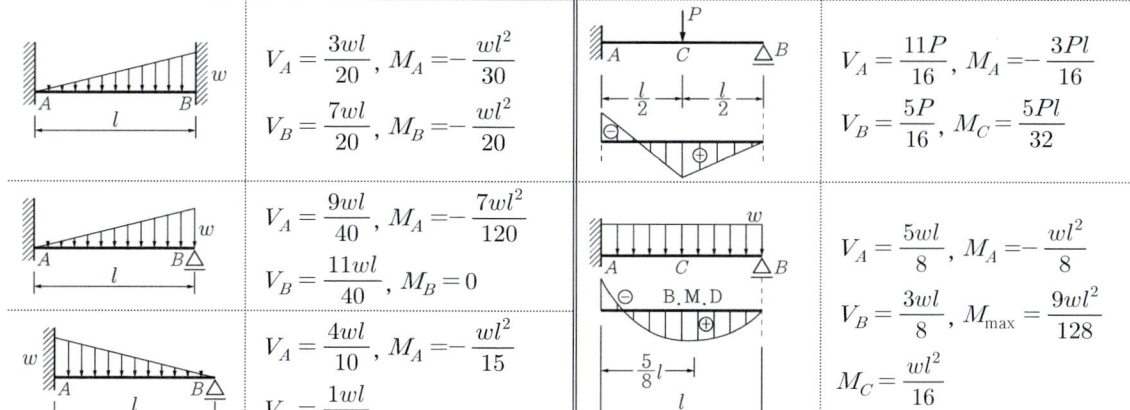

04 모멘트분배법(고정모멘트법)

1. 정의

모멘트분배법은 미국의 하디 크로스(Hardy Cross) 교수가 제시한 것으로 구조물의 절점 또는 임의 단면에서 모멘트의 균형을 유지하기 위하여 분배율을 적용하여 불균형모멘트를 분배해가는 순환해법의 근사적 방법으로 부정정라멘 해석에 효과적으로 사용되고 있다.

2. 해법순서

(1) 부재강도(k)와 강비(K)

① 부재강도(Stiffness) : $k = \dfrac{단면2차모멘트(I)}{부재길이(l)}$

② 기준강도(k_0) : 여러 부재의 강도 중에서 기준으로 삼기 위한 지정강도

③ 강비(Stiffness Ratio) : K

$$K = \dfrac{그\ 부재강도(k)}{기준강도(k_0)}$$

(2) 분배율(Distribution Factor : DF)

$D.F = \dfrac{그\ 부재강도(k)}{전체강비(\Sigma K)}$ [주] 분배율의 합은 1이다.

(3) 하중항(Fixed End Moment : FEM)

하중항 공식 이용

(4) 불균형모멘트(Unbalanced Moment : UMB)

보의 임의 한 점에서 좌우 모멘트값은 같아야 하나 지간을 나누어 계산해보면 좌우 하중항이 다른 경우가 대부분이다. 이 좌우 모멘트 차이를 불균형모멘트라 한다.

(5) 분배모멘트(Distributed Moment : DM)

$$D.M = 불균형모멘트(M) \times 분배율(DF)$$

(6) 전달률과 전달모멘트

① 전달률(Carry Factor) : f

한 쪽에 작용하는 모멘트를 다른 쪽 지점으로 전달하는 비율로 고정절점 또는 고정지점에서 1/2이고 활절에서는 0이다.

② 전달모멘트(Carry Moment : CM)

$$C.M = 분배모멘트(D.M) \times 전달률(f)$$

05 절점방정식과 층방정식

(1) 절점방정식(모멘트식)

절점에 모인 각 부재의 재단모멘트 합은 0이며, 절점방정식은 끝 지점을 제외한 절점수만큼 발생한다.

① 임의 하중에 의한 절점방정식

㉠ 보구조 ㉡ 라멘구조

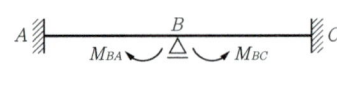
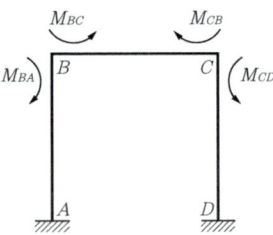

절점방정식 : 1개   절점방정식 : 2개

$\Sigma M_B = 0$에서 $\Sigma M_B = 0$에서 $\boxed{M_{BA} + M_{BC} = 0}$

$\boxed{M_{BA} + M_{BC} = 0}$ $\Sigma M_C = 0$에서 $\boxed{M_{CB} + M_{CD} = 0}$

② 모멘트하중(M)이 작용할 때 절점방정식

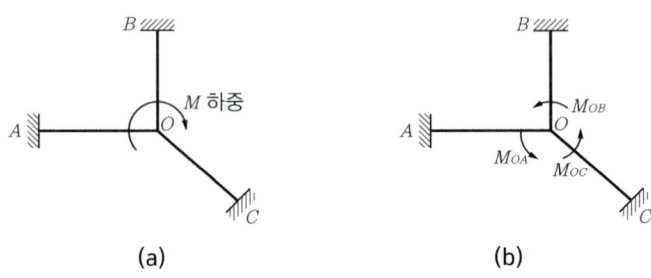

(a)   (b)

절점방정식 : 1개(a)+(b)

$$\boxed{M - (M_{OA} + M_{OB} + M_{OC}) = 0}$$

(2) 층방정식(전단력식)

각 층에서 전단력(수평력)의 합은 0이며, 층방정식 수는 구조물의 층수만큼 존재한다.

각 층의 층방정식 = 위 절점의 재단모멘트 + 아래 절점의 재단모멘트
  + (해당 층 위에 작용하는 수평력) × 해당 층의 높이
  + (해당 층에 작용하는 수평력) × 기둥 하단에서 수평력까지 거리
  = 0

① 1층 구조의 층방정식

㉠ AC부재의 수평반력 : 그림 3(b)

$\Sigma M_C = 0$에서 $H_A \times h + M_{AC} + M_{CA} = 0$

$\therefore H_A = -\dfrac{1}{h}(M_{AC} + M_{CA})$

㉡ BD부재의 수평반력 : 그림 3(c)

$\Sigma M_D = 0$에서 $H_B \times h + M_{BD} + M_{DB} = 0$

$\therefore H_B = -\dfrac{1}{h}(M_{BD} + M_{DB})$

㉢ 층방정식 : 그림 3(a)

$\Sigma H = 0$에서 $P - H_A - H_B = 0$

$\therefore P - \left[-\dfrac{1}{h}(M_{AC} + M_{CA})\right] - \left[-\dfrac{1}{h}(M_{BD} + M_{DB})\right] = 0$

$\therefore Ph + M_{AC} + M_{CA} + M_{BD} + M_{DB} = 0$

② 2층 구조의 층방정식

㉠ 1층에 대한 층방정식

$\Sigma H = 0$에서 $\Sigma P + \Sigma M_0 = 0$

$\therefore P_1 \cdot h_1 + P_2 \cdot h_2 - P_3 \cdot y_1 + M_{AB} + M_{BA} + M_{EF} + M_{FE} = 0$

㉡ 2층에 대한 층방정식 (2층 위에 있는 수평력을 모두 더한다.)

$\Sigma H = 0$에서 $\Sigma P + \Sigma M_0 + 0$

$\therefore P_2 \cdot y_2 + M_{BC} + M_{CB} + M_{DE} + M_{ED} = 0$

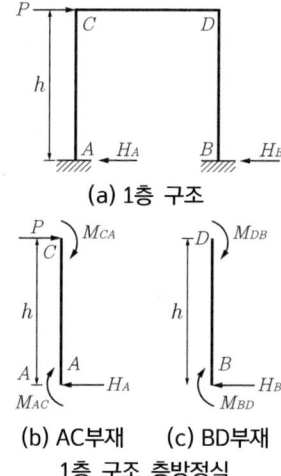

(a) 1층 구조

(b) AC부재　(c) BD부재
1층 구조 층방정식
[그림 3]

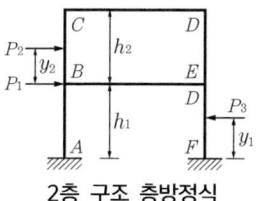

2층 구조 층방정식

CHAPTER 11 필수 확인 문제

01 다음 부정정구조물의 A단의 휨모멘트값은? [기12,15]

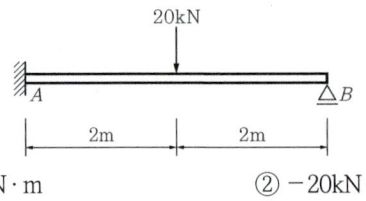

① $-15kN \cdot m$ ② $-20kN \cdot m$
③ $-30kN \cdot m$ ④ $-40kN \cdot m$

$M_A = -\left(\dfrac{3PL}{16}\right)$
$= -\dfrac{3(20)(4)}{16}$
$= -15kN \cdot m$

정답 ①

02 그림과 같은 양단고정인 보에서 A점의 휨모멘트는? (단, EI는 일정) [산20]

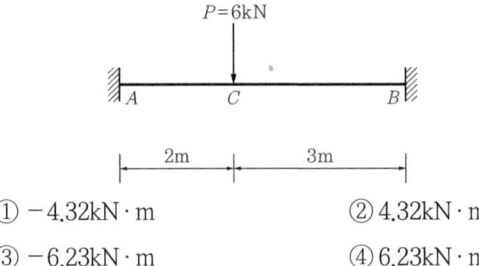

① $-4.32kN \cdot m$ ② $4.32kN \cdot m$
③ $-6.23kN \cdot m$ ④ $6.23kN \cdot m$

양단고정보의 집중하중 시 모멘트 계산

$M_A = -\dfrac{Pab^2}{L^2}$
$= -\dfrac{6 \times 2 \times (3)^2}{(2+3)^2}$
$= -4.32kNm$

정답 ①

03 그림에서 C점의 휨모멘트 M_c는?

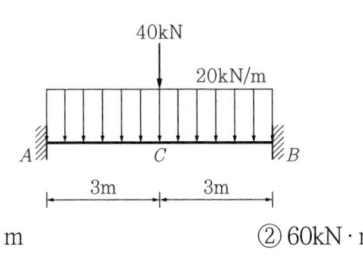

① $80kN \cdot m$ ② $60kN \cdot m$
③ $40kN \cdot m$ ④ $20kN \cdot m$

$M_C = \dfrac{PL}{8} + \dfrac{\omega L^2}{24}$
$= \dfrac{(40)(6)}{8} + \dfrac{(20)(6)^2}{24}$
$= 60kN \cdot m$

정답 ②

04 다음 중 전달률을 이용하여 부정정구조물을 해석하는 방법은? [산17]

① 처짐각법   ② 모멘트분배법
③ 변형일치법   ④ 3연모멘트법

· 부정정구조의 모멘트분배법
① 분배율 $DF_{BA} = \dfrac{K}{\Sigma K}$
② 분배모멘트
   $M_{BA} = DF_{BA} \cdot M$
③ 전달모멘트 $M_{AB} = \dfrac{1}{2}M_{BA}$

정답 ②

05 그림에서 B점에 도달되는 모멘트는 얼마인가? [기17]

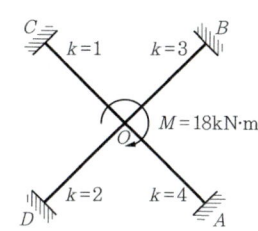

① 2.7kN·m   ② 3.0kN·m
③ 5.4kN·m   ④ 6.0kN·m

· 분배율
  $DF_{OB} = \dfrac{3}{4+3+1+2} = \dfrac{3}{10}$
· 분배모멘트
  $M_{OB} = M_O \cdot DF_{OB}$
  $= (+18)\left(\dfrac{3}{10}\right)$
  $= +5.4 \text{kN} \cdot \text{m}$
· 전달모멘트
  $M_{BO} = \dfrac{1}{2}M_{OB} = \dfrac{1}{2}(+5.4)$
  $= +2.7 \text{kN} \cdot \text{m}$

정답 ①

06 그림과 같은 현관 출입구에서 기둥에 휨모멘트가 생기지 않게 하기 위한 L은 얼마 인가? [기06]

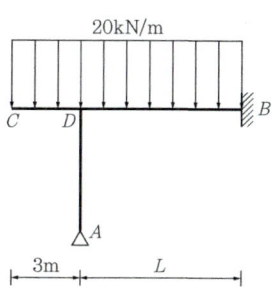

① 2.45m   ② 4.90m
③ 6.12m   ④ 7.35m

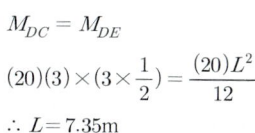

$M_{DC} = M_{DE}$
$(20)(3) \times \left(3 \times \dfrac{1}{2}\right) = \dfrac{(20)L^2}{12}$
$\therefore L = 7.35\text{m}$

정답 ④

PART 2　핵심 기출 문제

01. 힘과 모멘트

001 그림에서 두 힘의 합력 크기는? [산13]

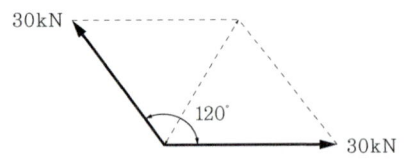

① 60kN　　② 50kN
③ 40kN　　④ 30kN

[해설]

힘의 합력 계산
$R = \sqrt{P_1^2 + P_2^2 + 2P_1P_2\cos\alpha}$
$= \sqrt{30^2 + 30^2 + 2 \times 30 \times 30 \times \cos 120°}$
$= 30\text{kN}$

002 그림에서 두 힘(P_1=50kN, P_2=40kN)에 대한 합력(R)의 크기와 방향(θ)값은?

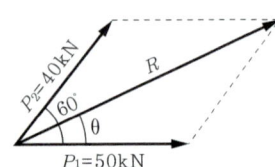

① R= 78.10 kN, θ= 26.3°
② R= 78.10 kN, θ= 28.5°
③ R= 86.97 kN, θ= 26.3°
④ R= 86.97 kN, θ= 28.5°

[해설]

㉠ $R = \sqrt{P_1^2 + P_2^2 + 2P_1P_2\cos\alpha}$
$= \sqrt{(50)^2 + (40)^2 + 2 \times 50 \times 40 \times \cos 60}$
$= 78.10\text{kN}$

㉡ $\tan\theta = \dfrac{P_2\sin\alpha}{P_1 + P_2\cos\alpha}$

$\theta = \tan^{-1}\dfrac{P_2\sin\alpha}{P_1 + P_2\cos\alpha}$
$= \tan^{-1}\dfrac{40\sin 60}{50 + 40\cos 60} = \tan^{-1}\dfrac{34.64}{70} = \tan^{-1}(0.49)$
$\theta = 26.3°$

003 그림에서 R은 평행한 두 힘 P_1, P_2의 합력이다. 합력 R이 작용하는 점을 P_1으로부터 x라 할 때 x의 값으로 맞는 것은? [기05]

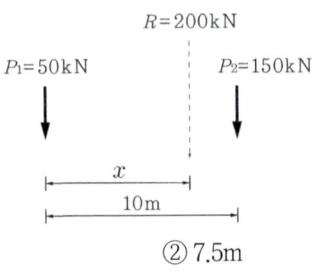

① 7.3m　　② 7.5m
③ 7.8m　　④ 8.1m

[해설]

(1) 합력의 모멘트 = +(200)(x)
(2) 분력의 모멘트 = (50)(0) + (150)(10)
∴ 200·x = 1,500에서 x = 7.5m

004 그림과 같이 세 개의 평행력이 작용하고 있을 때 A점으로부터 합력(R) 위치까지의 거리 x는 얼마인가?

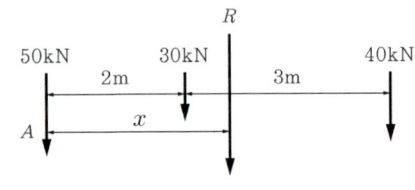

① 2.17m　　② 2.86m
③ 3.24m　　④ 3.96m

[해설]

$M_A = P_1x_1 + P_2x_2 + P_3x_3 = Rx$
$= 50 \times 0 + 30 \times 2 + 40 \times 5 = (120)x$
$60 + 200 = 120x$
$x = 2.17\text{m}$

정답　001 ④　002 ①　003 ②　004 ①

005 그림과 같은 힘의 O점에 대한 모멘트는?

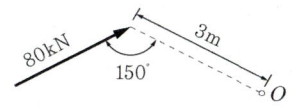

① 240kN·m ② 120kN·m
③ 80kN·m   ④ 60kN·m

해설

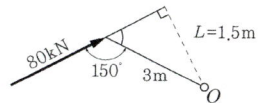

$M_o = PL = 80 \times 1.5 = 120 \text{kN} \cdot \text{m}$

006 그림에서 A, B, C 각 점에 대한 모멘트의 크기를 비교한 것 중 옳은 것은? [산12]

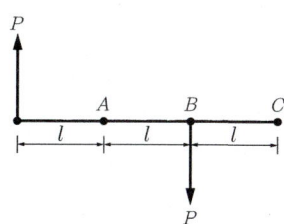

① $M_A > M_B > M_C$
② $M_A < M_B < M_C$
③ $M_A = M_B > M_C$
④ $M_A = M_B = M_C$

해설

우력모멘트 비교
$M_A = P \times l + P \times l = 2Pl$
$M_B = P \times 2l = 2Pl$
$M_C = P \times 3l - P \times l = 2Pl$
$M_A = M_B = M_C$

007 다음 그림과 같은 구조물의 BD부재에 작용하는 힘의 크기는?

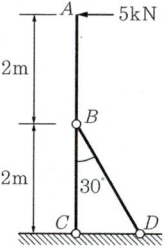

① 10kN   ② 12.5kN
③ 15kN   ④ 20kN

해설

$\sum M_C = 0$
$-5 \times 4 + BD \times 2\sin 30° = 0$
$-20 + BD \times 1 = 0$
$\therefore BD = 20\text{kN}$

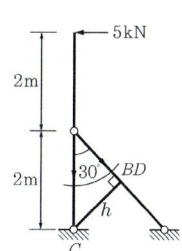

008 다음과 같이 하중 P가 AC 및 BC 로프(Rope) 의 C점에 작용할 때 AC부재가 받는 인장력으로서 맞는 것은? [산06]

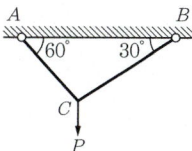

① $\dfrac{P}{2}$ ② P

③ $\dfrac{\sqrt{3}}{2}P$ ④ $2P$

해설

$\dfrac{P}{\sin 90°} = \dfrac{F_{AC}}{\sin 120°}$ 이므로

$\therefore F_{AC} = +\dfrac{\sqrt{3}}{2}P$

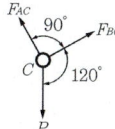

009 부양력 200kN인 기구가 수평선과 60°의 각으로 정지상태에 있을 때 기구의 끈에 작용하는 인장력(T)과 풍압(w)을 구하면?

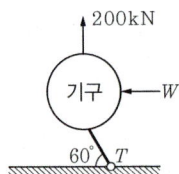

① $T = 220.94\text{kN}, w = 105.47\text{kN}$
② $T = 230.94\text{kN}, w = 115.47\text{kN}$
③ $T = 220.94\text{kN}, w = 125.47\text{kN}$
④ $T = 230.94\text{kN}, w = 135.47\text{kN}$

해설

$\dfrac{200}{\sqrt{3}} = \dfrac{w}{1} \quad \therefore w = 115.47\text{kN}$

$\dfrac{200}{\sqrt{3}} = \dfrac{T}{2} \quad \therefore T = 230.94\text{kN}$

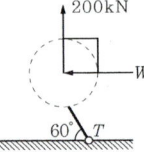
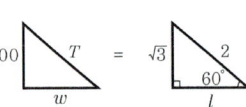

02. 구조물의 개론

010 그림과 같은 구조물의 부정정차수는? [기17]

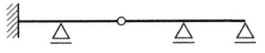

① 1차 ② 2차
③ 3차 ④ 4차

해설

$m = n + s + r - 2k = 6 + 4 + 2 - 2 \times 5 = 2$차

011 그림과 같은 연속보의 판별은? [산18]

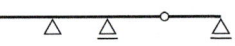

① 정정   ② 1차부정정
③ 2차부정정 ④ 3차부정정

해설

$m = n + s + r - 2k = 4 + 4 + 2 - 2 \times 5 = 0$

012 다음 그림과 같은 구조물의 부정정차수로 옳은 것은? [기20]

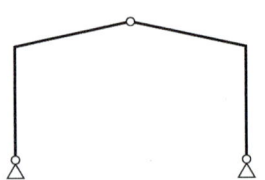

① 정정   ② 1차부정정
③ 2차부정정 ④ 3차부정정

해설

$m = n + s + r - 2k = 4 + 4 + 2 - 2 \times 5 = 0$

013 그림과 같은 구조물의 판별로 옳은 것은? [기12,15]

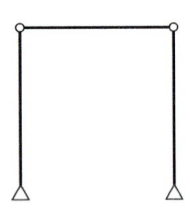

① 불안정   ② 정정
③ 1차부정정 ④ 2차부정정

해설

$m = n + s + r - 2k = 4 + 3 - 2 \times 4 = -1$ (불안정)

014 다음 트러스구조물의 안정성 및 정정 여부는? [기12]

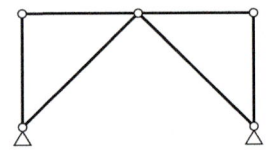

① 불안정, 정정   ② 안정, 정정
③ 안정, 1차부정정   ④ 불안정, 1차부정정

해설

① $m = n + s + r - 2k = 4 + 6 + 0 - 2 \times 5 = 0$ (정정)
② 수평하중 및 수직하중에 대해 가새가 지지

015 그림과 같은 구조물의 부정정차수는? [산15]

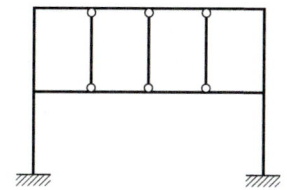

① 6차부정정 ② 7차부정정
③ 8차부정정 ④ 9차부정정

해설

$m = n + s + r - 2k = 6 + 15 + 12 - 2 \times 12 = 9$

016 다음 그림과 같은 트러스구조물의 판별로 옳은 것은? [산19]

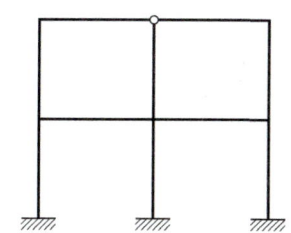

① 12차부정정 ② 11차부정정
③ 10차부정정 ④ 9차부정정

해설

$m = n + s + r - 2k = 9 + 10 + 9 - 2 \times 9 = 10$

017 다음 구조물의 부정정차수는? [기16]

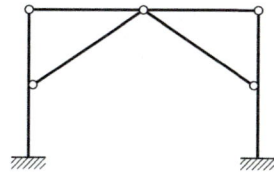

① 1차부정정 ② 2차부정정
③ 3차부정정 ④ 4차부정정

해설

$m = n + s + r - 2k = 6 + 8 + 2 - 2 \times 7 = 2$

018 다음 라멘구조물의 부정정차수는? [기13]

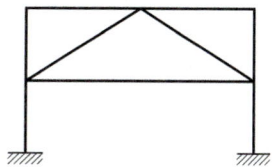

① 9차부정정 ② 10차부정정
③ 11차부정정 ④ 12차부정정

해설

$m = n + s + r - 2k = 4 + 9 + 11 - 2 \times 7 = 10$

019 그림과 같은 구조물의 부정정차수는? [산12]

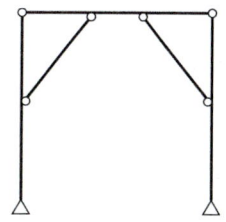

① 1차부정정 ② 2차부정정
③ 3차부정정 ④ 4차부정정

해설

$m = n + s + r - 2k = 4 + 9 + 4 - 2 \times 8 = 1$

020 그림과 같은 라멘구조물의 판별은? [기15]

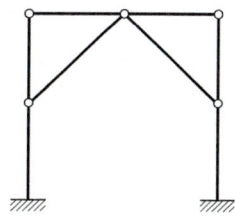

① 불안정구조물
② 안정이며, 정정구조물
③ 안정이며, 1차부정정구조물
④ 안정이며, 2차부정정구조물

해설

$m = n + s + r - 2k = 6 + 8 + 0 - 2 \times 7$
$= 14 - 14 = 0$

021 그림과 같은 구조물의 판별 결과는? [산18]

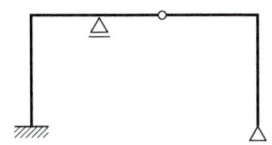

① 정정 ② 1차부정정
③ 2차부정정 ④ 3차부정정

해설
$m = n+s+r-2k = 6+5+3-2\times 6 = 2$

022 그림과 같은 구조물의 부정정차수는? [산17]

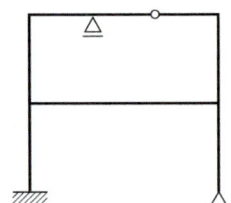

① 2차 ② 3차
③ 4차 ④ 5차

해설
$m = n+s+r-2k = 6+8+7-2\times 8 = 5$

023 그림과 같은 구조체의 부정정차수는? [산17]

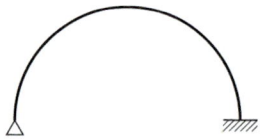

① 1차부정정 ② 2차부정정
③ 3차부정정 ④ 4차부정정

해설
$m = n+s+r-2k = 5+1+0-2\times 2 = 2$

024 그림과 같은 구조물의 부정정차수는? [산14]

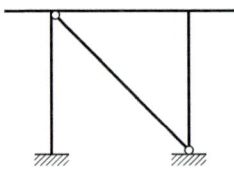

① 1차부정정 ② 2차부정정
③ 3차부정정 ④ 4차부정정

해설
$m = n+s+r-2k = 6+6+4-2\times 6 = 4$

025 그림과 같은 구조물의 부정정차수는? [기19]

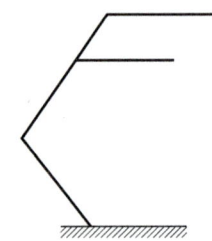

① 불안정 ② 1차부정정
③ 3차부정정 ④ 정정

해설
$m = n+s+r-2k = 3+5+4-2\times 6 = 0$

026 그림과 같은 구조물의 판별로 옳은 것은?
(단, 그림의 하부지점은 고정단임) [기16]

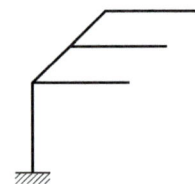

① 불안정 ② 정정
③ 1차부정정 ④ 2차부정정

해설
$m = n+s+r-2k = 3+6+5-2\times 7 = 0$

027 그림과 같은 구조물의 부정정차수는? [산20]

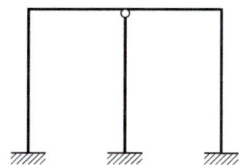

① 3차부정정 ② 5차부정정
③ 7차부정정 ④ 9차부정정

해설
$m = n+s+r-2k = 9+5+3-2\times6 = 5$

028 그림과 같은 구조물의 부정정차수는? [기18]

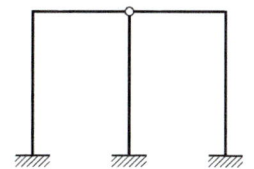

① 1차부정정 ② 2차부정정
③ 3차부정정 ④ 4차부정정

해설
$m = n+s+r-2k = 9+5+2-2\times6 = 4$

029 다음 그림과 같은 구조물의 판별은? [기11]

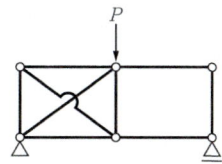

① 3차부정정 ② 2차부정정
③ 1차부정정 ④ 불안정

해설
① $m = n+s+r-2k = 3+9+0-2\times6 = 0$
② 오른쪽 격간이 사각형이므로 내적 불안정

030 그림과 같은 구조물의 부정정차수로 옳은 것은? [산13]

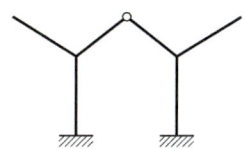

① 1차부정정 ② 2차부정정
③ 3차부정정 ④ 4차부정정

해설
$m = n+s+r-2k = 6+6+4-2\times7 = 2$

031 다음 구조물의 판별로 옳은 것은? [기14]

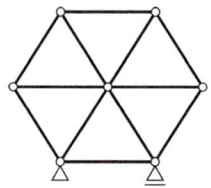

① 불안전 구조물 ② 정정구조물
③ 1차부정정구조물 ④ 2차부정정구조물

해설
$m = n+s+r-2k = 3+12+0-2\times7 = 1$

03. 정정보

032 다음 그림과 같은 단순보에서 반력 R_A, R_B의 값은?

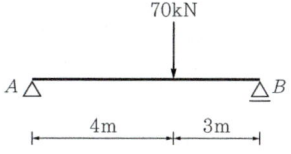

① $R_A = 35\,\text{kN}, R_B = 35\,\text{kN}$
② $R_A = 40\,\text{kN}, R_B = 30\,\text{kN}$
③ $R_A = 30\,\text{kN}, R_B = 40\,\text{kN}$
④ $R_A = 40\,\text{kN}, R_B = 40\,\text{kN}$

정답 027 ② 028 ④ 029 ④ 030 ② 031 ③ 032 ③

해설
(1) $\Sigma H = 0, H_A = 0$
(2) $\Sigma M_B = 0 : +(R_A)(7)-(70)(3)=0$
   $\therefore R_A = +30\text{kN}(\uparrow)$
(3) $\Sigma V = 0 : +(R_A)+(R_B)-(70)=0$
   $\therefore R_B = +40\text{kN}(\uparrow)$

② 외력 10kN을 수평력과 수직력으로 분해하면,
$P_H = 10 \times \dfrac{3}{5} = 6\text{kN}(\leftarrow)$
$P_V = 10 \times \dfrac{4}{5} = 8\text{kN}(\downarrow)$
③ $H_B = 6\text{kN}(\rightarrow)$
$\Sigma M_A = 0 \rightarrow 8\times 3 - V_B \times 8 = 0$
$\therefore V_B = 3\text{kN}(\uparrow)$

033 그림과 같은 단순보에서 지점 A의 수직반력값은?
[기12]

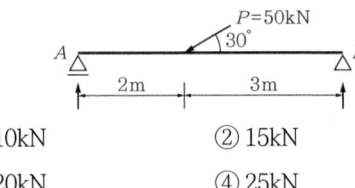

① 10kN ② 15kN
③ 20kN ④ 25kN

해설
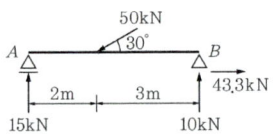

$\Sigma M_B = 0 : +(V_A)(5)-(50\cdot\sin 30°)(3)=0$
$\therefore V_A = +15\text{kN}(\uparrow)$

035 다음 그림과 같은 보에서 두 지점의 반력이 같게 되는 하중의 위치(x)를 구하면?

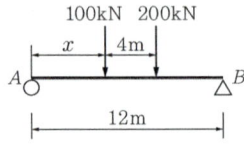

① 0.33m ② 1.33m
③ 2.33m ④ 3.33m

해설
㉠ $V_A = V_B$ 이므로 $\Sigma V = V_A + V_B - 100 - 200 = 0$
$2V_B = 300$
$\therefore V_B = 150\text{kN}(\uparrow)$
$\therefore V_A = 150\text{kN}(\uparrow)$
㉡ $\Sigma M_A = -V_B \times 12 + 100 \times x + 200\times(4+x)=0$
$x = \dfrac{150\times 12 - 800}{100+200} = 3.33\text{m}$

034 그림과 같은 단순보에 집중하중 10kN이 특정각도로 작용할 때 B지점의 반력으로 옳은 것은? [산19]

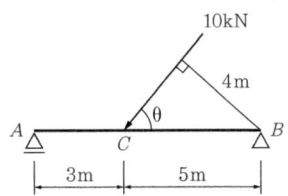

① $H_B = 6\,\text{kN}, V_B = 5\,\text{kN}$
② $H_B = 5\,\text{kN}, V_B = 6\,\text{kN}$
③ $H_B = 3\,\text{kN}, V_B = 6\,\text{kN}$
④ $H_B = 6\,\text{kN}, V_B = 3\,\text{kN}$

해설
① 삼각형의 나머지 한 변은 피타고라스의 정리에 의해
$x^2 + 4^2 = 5^2 \rightarrow x = 3\text{m}$

036 그림과 같은 단순보의 양단 수직반력을 구하면?
[기11]

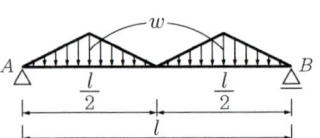

① $R_A = R_B = \dfrac{wl}{2}$ ② $R_A = R_B = \dfrac{wl}{4}$
③ $R_A = R_B = \dfrac{wl}{6}$ ④ $R_A = R_B = \dfrac{wl}{8}$

해설
좌우대칭이므로

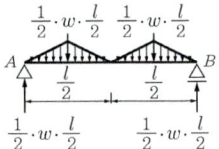

정답 033 ② 034 ④ 035 ④ 036 ②

037 그림과 같은 단순보에서 A지점의 수직반력은?
[산17]

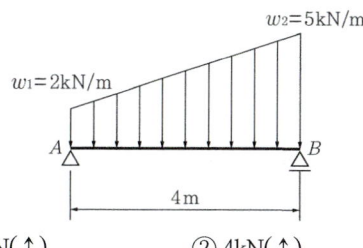

① 3kN(↑)　　② 4kN(↑)
③ 5kN(↑)　　④ 6kN(↑)

해설

$\sum M_B = 0$

$V_A \times 4 - 2 \times 4 \times 2 - \frac{1}{2} \times 3 \times 4 \times \frac{4}{3} = 0$

$V_A = 6 \text{kN} (\uparrow)$

038 그림에서 A점의 반력은?
[기05,06]

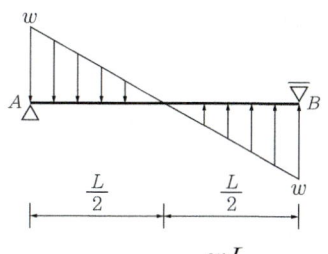

① $\dfrac{wL}{3}$　　② $\dfrac{wL}{4}$

③ $\dfrac{wL}{5}$　　④ $\dfrac{wL}{6}$

해설

$\sum H = 0 : \; H_A = 0$

$\sum M_B = 0 :$

$+ (V_A)(L) - \left(\dfrac{1}{2} \cdot w \cdot \dfrac{1}{2}\right)\left(\dfrac{L}{2} + \dfrac{L}{2} \cdot \dfrac{2}{3}\right) + \left(\dfrac{1}{2} \times w \times \dfrac{L}{2}\right)\left(\dfrac{L}{2} \times \dfrac{1}{3}\right)$

$= 0$

$\therefore V_A = + \dfrac{wL}{6}(\uparrow)$

$R_A = \sqrt{V_A^2 + H_A^2} = V_A = + \dfrac{wL}{6}(\uparrow)$

039 다음 그림과 같은 내민보의 지점반력을 각각 구하면? (단, 반력의 +:상방향, -:하방향)
[기13]

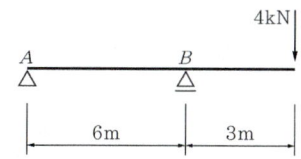

① $R_A = -2 \text{kN}, R_B = +6 \text{kN}$
② $R_A = +2 \text{kN}, R_B = -6 \text{kN}$
③ $R_A = +2 \text{kN}, R_B = +2 \text{kN}$
④ $R_A = -4 \text{kN}, R_B = +8 \text{kN}$

해설

$\sum H = 0 : \; \therefore H_A = 0$
$\sum M_B = 0 : +(V_A)(6) + (4)(3) = 0 \; \therefore V_A = -2\text{kN}(\downarrow)$
$\sum V = 0 : +(V_A) + (V_B) - (4) = 0 \; \therefore V_B = +6\text{kN}(\uparrow)$

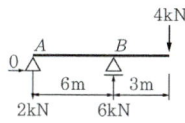

040 다음 그림과 같은 구조물에서 지점 A에서의 수직반력 크기는?

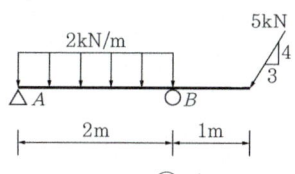

① 0kN　　② 1kN
③ 2kN　　④ 3kN

해설

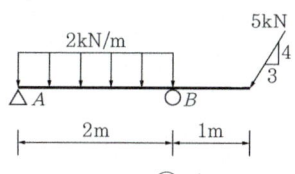

$\sum M_B = R_A \times 2\text{m} - (2 \times 2) \times 1\text{m} + \left(5 \times \dfrac{4}{5}\right) \times 1\text{m} = 0$

$\therefore R_A = 0$

041 그림에서 A 지점의 반력 R_A 의 값으로 옳은 것은?

[산12]

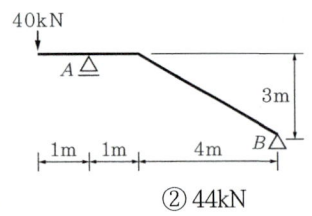

① 40kN ② 44kN
③ 48kN ④ 52kN

해설

$\sum M_B = 0$

$40 \times 6 - V_A \times 5 = 0$ ∴ $V_A = \dfrac{240}{5} = 48kN$

042 그림과 같은 단순보에서 A점 및 B점에서의 반력을 각각 R_A, R_B라 할 때 반력의 크기로 옳은 것은?

[기18]

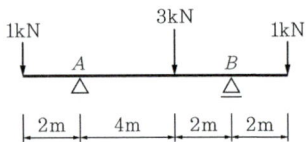

① $R_A = 3\,\text{kN}$, $R_B = 2\,\text{kN}$
② $R_A = 2\,\text{kN}$, $R_B = 3\,\text{kN}$
③ $R_A = 2.5\,\text{kN}$, $R_B = 2.5\,\text{kN}$
④ $R_A = 4\,\text{kN}$, $R_B = 1\,\text{kN}$

해설

$\sum H = 0 : H_A = 0$
$\sum M_B = 0 : +(R_A)(6) - (1)(8) - (3)(2) + (1)(2) = 0$
∴ $R_A = +2\text{kN}(\uparrow)$
$\sum R = 0 : +(R_A) + (R_B) - (1) - (3) - (1) = 0$
∴ $R_B = +3\text{kN}(\uparrow)$

043 그림과 같은 단순보 중앙점에 휨모멘트 20kN·m 가 작용할 때 A점의 반력은?

[산05,09,17]

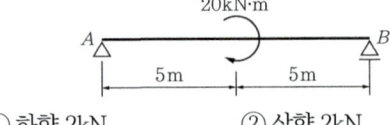

① 하향 2kN ② 상향 2kN
③ 하향 4kN ④ 상향 4kN

해설

$\sum M_B = 0$
$-V_A \times 10 + 20 = 0$, $V_A = 2\text{kN}(\downarrow)$

044 그림과 같은 보의 A지점 반력은?

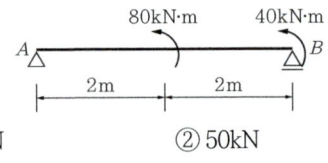

① 60kN ② 50kN
③ 40kN ④ 30kN

해설

(1) $\sum H = 0 : H_A = 0$
(2) $\sum M_B = 0 : +(V_A)(4) - (80) - (40) = 0$
∴ $V_A = +30\text{kN}(\uparrow)$

045 그림과 같은 단순보에서 A지점의 수직반력은?

[산16]

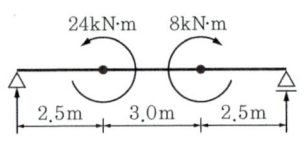

① 1kN ② 2kN
③ 3kN ④ 4kN

해설

$\sum M_B = 0 \rightarrow V_A \times 8 - 24 + 8 = 0$
$V_A = 2\text{kN}(\uparrow)$

046 다음 구조물에서 A단의 수평반력값으로 맞는 것은?

[산05,07]

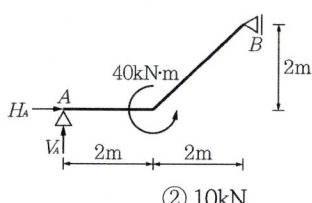

① 0
② 10kN
③ 20kN
④ 30kN

해설

(1) $\sum V = 0 : V_A = 0$
(2) $\sum M_B = 0 : +(V_A)(4) - (H_A)(2) + (40) = 0$
$\therefore H_A = +20\text{kN}(\rightarrow)$

047 그림과 같은 단순보의 A점 및 B점에서의 반력은? (단, cos45°=0.7로 계산)

[산14]

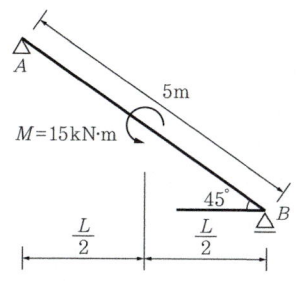

① $R_A = 3.3\text{kN}(\uparrow), R_B = 3.3\text{kN}(\downarrow)$
② $R_A = 3.3\text{kN}(\downarrow), R_B = 3.3\text{kN}(\uparrow)$
③ $R_A = 4.3\text{kN}(\uparrow), R_B = 4.3\text{kN}(\downarrow)$
④ $R_A = 4.3\text{kN}(\downarrow), R_B = 4.3\text{kN}(\uparrow)$

해설

(1) $L = 5 \times \cos 45° = 3.5\text{m}$
(2) $\sum M_B = 0$
    $V_A \times 3.5\text{m} - 15\text{kN}\cdot\text{m} = 0, V_A = 4.3\text{kN}(\uparrow)$
(3) $V_A + V_B = 0 \rightarrow V_B = -4.3\text{kN}(\downarrow)$

048 그림에서 B점의 반력은?

[기02]

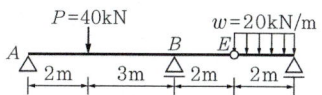

① 10kN
② 20kN
③ 25kN
④ 30kN

해설

$\sum M_A = 0 : +(30)(2) + (150) - (V_B)(7) = 0$
$\therefore V_B = +30\text{kN}(\uparrow)$

049 그림과 같은 겔버보에서 B지점의 반력은? [산11]

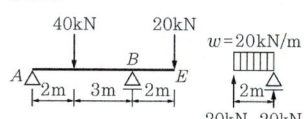

① 34 kN
② 44 kN
③ 54 kN
④ 64 kN

해설

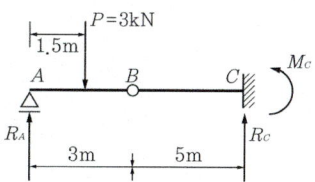

$\sum M_A = 0$
$40 \times 2 - V_B \times 5 + 20 \times 7 = 0$
$\therefore V_B = \dfrac{220}{5} = 44\text{kN}(\uparrow)$

050 다음 그림과 같은 구조물에서 C점의 반력은?

[산20]

① $R_c = 1.5\text{kN}, M_c = -6.0\text{kN}\cdot\text{m}$
② $R_c = 1.5\text{kN}, M_c = -7.5\text{kN}\cdot\text{m}$
③ $R_c = 3.0\text{kN}, M_c = -6.0\text{kN}\cdot\text{m}$
④ $R_c = 3.0\text{kN}, M_c = -7.5\text{kN}\cdot\text{m}$

> 해설

$R_B = \dfrac{3}{2} = 1.5\text{kN}(\uparrow)$

$\sum V = 0 \to V_C - 1.5 = 0 \to V_C = 1.5\text{kN}(\uparrow)$

$\sum M_C = 0 \to M_C + 1.5 \times 5 = 0 \to M_C = -7.5\text{kN}\cdot\text{m}$

051 그림과 같은 겔버보에서 A 지점의 수직반력은?

[산16]

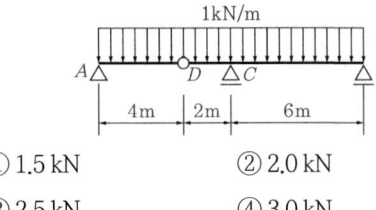

① 1.5 kN ② 2.0 kN
③ 2.5 kN ④ 3.0 kN

> 해설

겔버보
구간 A–D
$V_A = \dfrac{1}{2} \times 1 \times 4 = 2\text{kN}(\uparrow)$

052 그림과 같은 겔버보에서 B점의 반력은? [산19]

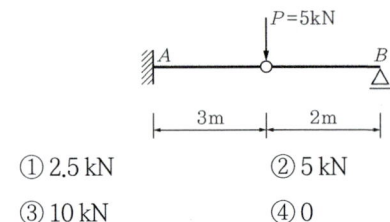

① 2.5 kN ② 5 kN
③ 10 kN ④ 0

> 해설

겔버보의 반력은 힌지를 기준으로 분리시킨 후 힌지에서의 반력을 계산한 후 전체 구조 시스템의 반력을 산정함. 그러나 이 문제와 같이 힌지에 하중이 작용하는 경우는 지지점에 하중이 작용하는 것과 같은 경우로 전체 구조 시스템의 반력은 0이 됨.

053 다음 그림과 같은 단순보의 A-C, C-D, D-E, E-B 구간에서 발생되는 전단력값(절댓값)이 아닌 것은?

[산12,15]

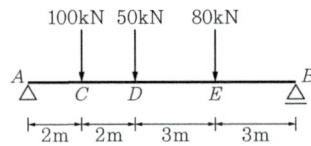

① 134kN ② 96kN
③ 37kN   ④ 16kN

> 해설

$\sum M_B = 0$

$R_A \times 10 - 100 \times 8 - 50 \times 6 - 80 \times 3 = 0$

$R_A = \dfrac{1{,}340}{10} = 134\text{kN}(\uparrow)$

$R_B = 230 - 134 = 96\text{kN}(\uparrow)$

구간별 전단력

$S_{A-C} = R_A = 134\text{kN}$

$S_{C-D} = R_A - 100 = 134 - 100 = 34\text{kN}$

$S_{D-E} = R_A - 100 - 50 = -16\text{kN}$

$S_{E-B} = -R_B = -96\text{kN}$

054 다음 그림의 단순보에서 AC부재의 전단력은?

[기10]

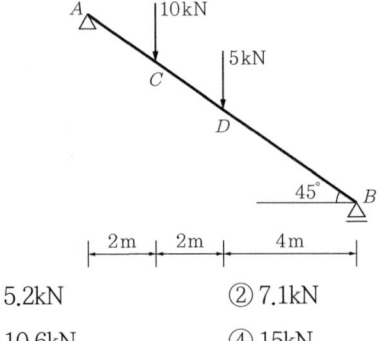

① 5.2kN ② 7.1kN
③ 10.6kN ④ 15kN

> 해설

(1) $\sum M_B = 0 : +(V_A)(8) - (10)(6) - (5)(4) = 0$

　$\therefore V_A = +10\text{kN}(\uparrow)$

(2) $V_{AC} = +[+(10 \cdot \sin 45°)]$
　　　$= +7.07\text{kN}(\uparrow\downarrow)$

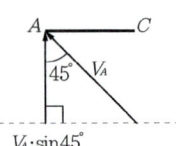

055 그림과 같은 단순보에서 하중 P의 값으로 옳은 것은? [산02]

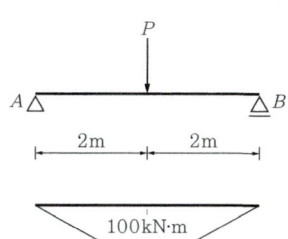

① 50kN ② 100kN
③ 150kN ④ 200kN

해설
$M_{max} = \dfrac{PL}{4} = \dfrac{P(4)}{4} = 100\text{kN}\cdot\text{m}$ 이므로 ∴ $P = 100\text{kN}$

056 그림과 같은 단순보에서 C점의 휨모멘트 크기는? [기02]

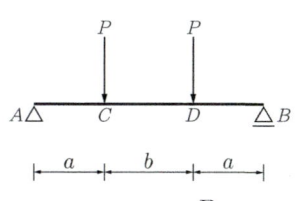

① $\dfrac{P\cdot a}{2}$ ② $\dfrac{P\cdot a}{3}$
③ $P\cdot(b-a)$ ④ $P\cdot a$

해설
(1) 하중이 좌우대칭이므로 $V_A = +P(\uparrow)$
(2) $M_C = +[+(P)(a)] = +P\cdot a\ (\smile)$

057 그림의 보에서 C점의 휨모멘트는?

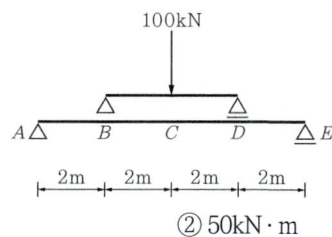

① 0 ② 50kN·m
③ 150kN·m ④ 100kN·m

해설
$\sum M_D = 0 : +(V_B)(4) - (100)(2) = 0$
$\quad +(V_B)(4) - (100)(2) = 0 \therefore V_B = +50\text{kN}(\uparrow)$
$\sum V = 0 : +(V_B) + (V_D) - (100) = 0 \therefore V_D = +50\text{kN}(\uparrow)$
V_B와 V_D를 AE보 위에 하중으로 작용시켜 A점의 반력을 구한다.
$\sum M_E = 0 : +(V_A)(8) - (50)(6) - (50)(2) = 0$
∴ $V_A = +50\text{kN}(\uparrow)$
$M_C = +[+(50)(4) - (50)(2)] = +100\text{kN}\cdot\text{m}$

058 그림과 같은 단순보의 C점에 생기는 휨모멘트의 크기는? [기00,06, 산18]

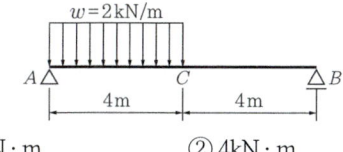

① 2kN·m ② 4kN·m
③ 6kN·m ④ 8kN·m

해설
(1) $\sum M_A = 0 : +(2\times4)(2) - (V_B)(8) = 0$
∴ $V_B = +2\text{kN}(\uparrow)$
(2) $M_C = -[-(2)(4)] = +8\text{kN}\cdot\text{m}$

059 다음과 같은 단순보에서 전단력이 0이 되는 위치는 B점으로부터 좌측으로 얼마의 거리에 있는가? [산07,14]

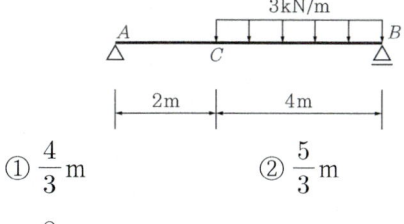

① $\dfrac{4}{3}$m ② $\dfrac{5}{3}$m
③ $\dfrac{8}{3}$m ④ 4m

해설
$\sum M_A = 0$
$-V_B \times 6 + 3\times4\times4 = 0,\ V_B = \dfrac{48}{6} = 8\text{kN}(\uparrow)$
$S_x = 0,\ R_x - wx = 0,\ 8 - 3x = 0$
$x = \dfrac{8}{3}$

060 그림과 같은 보의 최대 휨모멘트 값은?

[기01,07]

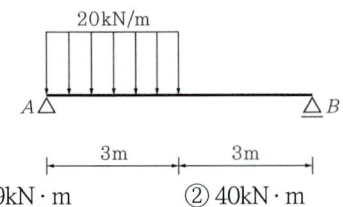

① 30.9kN·m   ② 40kN·m
③ 50.6kN·m   ④ 60kN·m

해설

(1) $\sum M_B = 0 : + (V_A)(6) - (20 \times 3)(4.5) = 0$
   $\therefore V_A = +45\text{kN}(\uparrow)$
(2) A지점에서 x 위치의 휨모멘트
   $M_x = +(45)(x) - (20 \cdot x)\left(\dfrac{x}{2}\right)$
   $\quad = +45 \cdot x - 10 \cdot x^2$
(3) 전단력이 0인 위치
   $\dfrac{dM_x}{dx} = S_x = +(45) - (20 \cdot x) = 0$
   $x = 2.25\text{m}$
(4) $M_{\max} = +(45)(2.25) - (20 \times 2.25)\left(\dfrac{2.25}{2}\right)$
   $\quad\quad = +50.625\text{kN}\cdot\text{m}$

061 다음 그림은 단순보의 임의 점에 집중하중 1개가 작용하였을 때의 전단력도를 나타낸 것이다. C점의 휨모멘트는 얼마인가?

[산10,14]

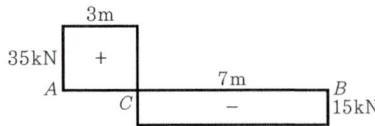

① 0kN·m   ② 105kN·m
③ 210kN·m   ④ 245kN·m

해설

임의 위치에서의 휨모멘트는 그 위치의 좌측 또는 우측 한 쪽의 전단력도 면적과 같다.
$M_C = 3 \times 35 = 105\text{kN}\cdot\text{m}$

062 다음 그림은 단순보의 전단력도이다. 각 구간에 대한 역학적 설명으로 틀린 것은?

[기15]

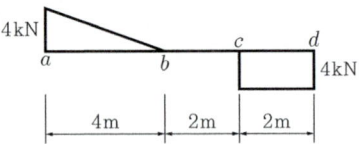

① a-b 구간에는 등분포하중 1kN/m가 작용한다.
② b-c 구간에는 하중이 작용하지 않는다.
③ c점에는 집중하중 2kN이 작용한다.
④ 양단부(지점)의 반력의 크기는 4kN이다.

해설

③ C점에는 집중하중 4kN이 작용한다.

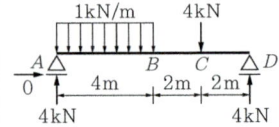

063 등분포하중 w와 B지점에 모멘트하중 $w \cdot L^2$이 작용하는 그림과 같은 단순보에서 중앙점의 휨모멘트 크기를 구한 값은?

[기03]

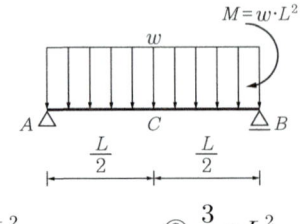

① $\dfrac{1}{8}wL^2$ ② $\dfrac{3}{8}wL^2$
③ $\dfrac{5}{8}wL^2$ ④ $\dfrac{5}{16}wL^2$

해설

(1) $\sum M_B = 0 ; +(V_A)(L) - (w \cdot L)\left(\dfrac{L}{2}\right) + w \cdot L^2 = 0$
   $\therefore V_A = -\dfrac{wL}{2}(\downarrow)$
(2) $M_C = +\left[-\left(\dfrac{w \cdot L}{2}\right)\left(\dfrac{L}{2}\right) - \left(\dfrac{w \cdot L}{2}\right)\left(\dfrac{L}{4}\right)\right]$
   $\quad = -\dfrac{3}{8}wL^2$

064 다음 그림과 같은 단순보에 변등분포하중이 작용할 때 전단력이 '0'이 되는 점에 대하여 A점으로부터의 거리를 구하면? [기|17]

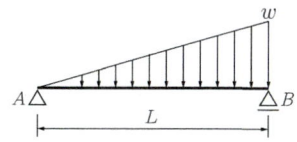

① $\dfrac{L}{\sqrt{2}}$ ② $\dfrac{L}{\sqrt{3}}$

③ $\dfrac{L}{\sqrt{4}}$ ④ $\dfrac{L}{\sqrt{5}}$

해설

전단력이 0인 x위치에서의 삼각형 분포하중 q

$x : q = L : w$

$q = \left(\dfrac{w}{L}\right) \cdot x$

$M_x = \left(\dfrac{wL}{6}\right) \cdot x - \left(\dfrac{1}{2} q \cdot x\right)\left(\dfrac{x}{3}\right)$

$\quad = \left(\dfrac{wL}{6}\right) \cdot x - \left(\dfrac{x^2}{6}\right)\left(\dfrac{w}{L} \cdot x\right)$

$\quad = \left(\dfrac{wL}{6}\right) \cdot x - \left(\dfrac{x}{6}\right) \cdot x^3$

$\dfrac{dM_x}{dx} = V = \left(\dfrac{wL}{6}\right) - \left(\dfrac{w}{2L}\right) \cdot x^2 = 0$

$\therefore x = \dfrac{L}{\sqrt{3}}$

065 그림과 같은 등변분포하중이 작용하는 단순보의 최대 휨모멘트 $M_{\max}$는? [기|10,13]

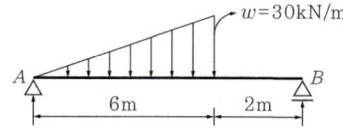

① $30\sqrt{2}$ kN·m ② $30\sqrt{3}$ kN·m

③ $90\sqrt{2}$ kN·m ④ $90\sqrt{3}$ kN·m

해설

$\Sigma M_B = 0 : +(V_A)(8) - \left(\dfrac{1}{2} \times 30 \times 6\right)\left(2 + 6 \times \dfrac{1}{3}\right) = 0$

$\therefore V_A = +45 \text{kN}(\uparrow)$

지점 A로부터 우측으로 x위치에서의 삼각형 분포하중의 크기는 삼각형의 닮은비를 통해

$x : q = 6 : 30$으로부터 $q = 5x$

$M_x = +(45)(x) - \left(\dfrac{1}{2} q \cdot x\right) \cdot \dfrac{x}{3} = +45 \cdot x - \dfrac{5}{6} \cdot x^3$

• 전단력이 0인 위치

$S_x = \dfrac{dM_x}{dx} = +(45) - \left(\dfrac{15}{6} \cdot x^2\right) = 0$

$\therefore x = 3\sqrt{2}$ m

$M_{\max} = +(45)(3\sqrt{2}) - \left(\dfrac{5}{6}\right)(3\sqrt{2})^3$

$\quad = +90\sqrt{2}$ kN·m

066 다음 그림과 같은 보에서 중앙점(C점)의 휨모멘트 (M_C)를 구하면? [기|00,02,19]

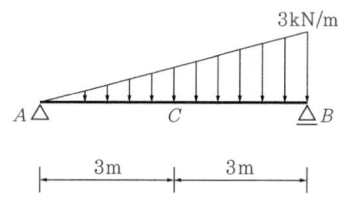

① 4.50 kN·m ② 6.75 kN·m

③ 8.00 kN·m ④ 10.50 kN·m

해설

(1) $\Sigma M_B = 0 : +(V_A)(6) - \left(\dfrac{1}{2} \times 6 \times 3\right)(2) = 0$

$\therefore V_A = +3 \text{kN}(\uparrow)$

(2) $M_C = + \left[+(3)(3) - \left(\dfrac{1}{2} \times 3 \times 1.5\right)(1)\right] = +6.75$ kN·m

067 다음 그림과 같은 단순보에 등변분포하중이 작용하고 있을 때 보의 휨모멘트도 몇 차 곡선이 되는가? [기|12]

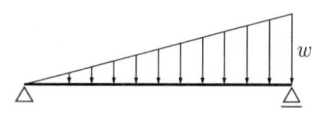

① 2차 ② 3차

③ 4차 ④ 5차

해설

단순보에 등변분포하중이 작용하면 전단력도는 2차곡선, 휨모멘트도는 3차곡선의 형태를 나타낸다.

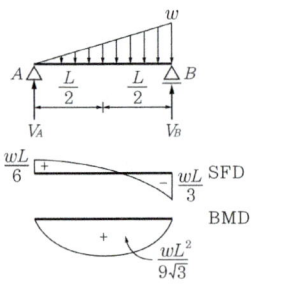

068 그림과 같은 단순보에 모멘트하중이 작용할 때 전단력도로 맞는 것은?

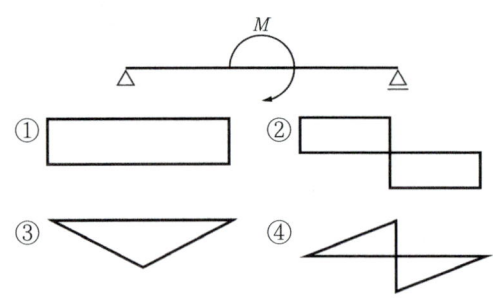

해설

모멘트하중에 의한 전단력도는 수평 직선이다.

069 다음과 같은 단순보에 모멘트가 작용할 경우 휨모멘트도는? [산01]

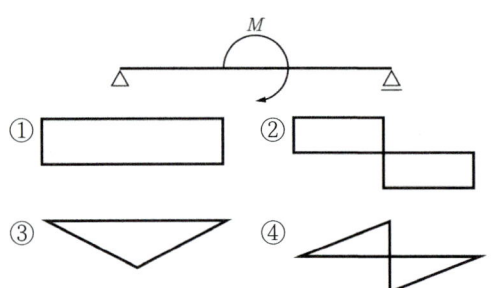

070 그림과 같은 보에서 중앙점 C의 휨모멘트는? [산20]

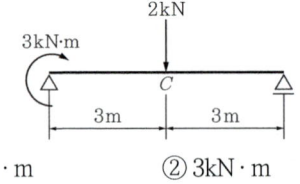

① $1.5\text{kN} \cdot \text{m}$ ② $3\text{kN} \cdot \text{m}$
③ $4.5\text{kN} \cdot \text{m}$ ④ $6\text{kN} \cdot \text{m}$

해설

$\sum M_A = 0 : \rightarrow 3 + 2 \times 3 - R_B \times (3+3) = 0$
$\qquad \rightarrow R_B = 1.5\text{kN}(\uparrow)$

C점을 기준으로 우측의 구조물만 생각하면,
$M_C = 0 \rightarrow M_C - 1.5 \times 3 = 0$
$\qquad \rightarrow M_C = 4.5\text{kN} \cdot \text{m}$

071 다음의 보에 관한 설명 중 옳지 않은 것은? [산07]

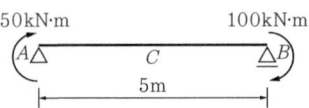

① 중앙점에서 휨모멘트의 절대치는 $35\text{kN} \cdot \text{m}$이다.
② 중앙점의 전단력의 절대치는 30kN이다.
③ 보에서 휨모멘트가 0이 되는 지점은 A지점으로부터 $\dfrac{5}{3}\text{m}$ 되는 곳이다.
④ A지점 수직반력과 B지점 수직반력의 크기(절대치)는 같다.

해설

(1) $\sum M_B = 0 : + (V_A)(5) + (50) + (100) = 0$
$\quad \therefore V_A = -30\text{kN}(\downarrow)$
(2) $M_C = +[-(30)(2.5) + (50)] = -25\text{kN} \cdot \text{m}$

072 그림과 같은 캔틸레버보에 대한 설명 중 옳지 않은 것은? [산11]

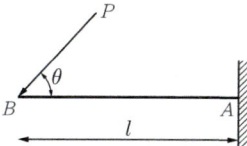

① A지점에서는 3개의 반력이 생긴다.
② A지점의 수직반력의 방향은 상향(↑)이다.
③ A지점의 모멘트반력의 방향은 시계방향(⌢)이다.
④ (A - B)부재 내부는 압축응력만 발생한다.

해설
(1) $H_A = +P \cdot \cos\theta \ (\rightarrow)$
(2) $V_A = +P \cdot \sin\theta (\uparrow)$
축방향력
$F_{AB} = +P \cdot \cos\theta(\leftarrow\rightarrow, 인장)$

073 그림과 같은 캔틸레버보에서 C점의 전단력(V_C)과 D점의 휨모멘트(M_D)를 구하면? [산13]

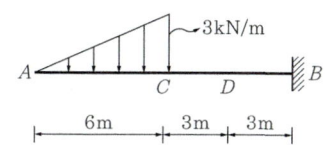

① $V_C = -6\text{kN}, M_D = -30\text{kN} \cdot \text{m}$
② $V_C = -6\text{kN}, M_D = -45\text{kN} \cdot \text{m}$
③ $V_C = -9\text{kN}, M_D = -30\text{kN} \cdot \text{m}$
④ $V_C = -9\text{kN}, M_D = -45\text{kN} \cdot \text{m}$

해설
$V_C = -\frac{1}{2} \times 3 \times 6 = -9\text{kN}$
$M_D = -\frac{1}{2} \times 3 \times 6 \times \left[\left(6 \times \frac{1}{3}\right) + 3\right] = -45\text{kN} \cdot \text{m}$

074 다음 구조물의 개략적인 휨모멘트도로 옳은 것은? [산18]

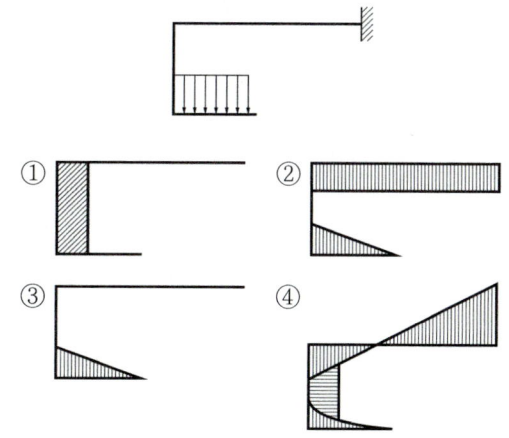

해설
휨모멘트도
- 좌측 수직부재에는 등분포하중과 거리가 일정하므로 일정한 휨모멘트가 발생함
- 상부의 수평부재는 등분포하중의 중심에는 0, 이후 거리에 비례해서 변화함

075 그림에서 A점에 대한 휨모멘트의 값은? [기01]

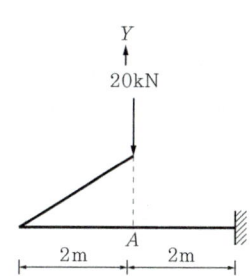

① $40\text{kN} \cdot \text{m}$
② $34.6\text{kN} \cdot \text{m}$
③ 0
④ $-40\text{kN} \cdot \text{m}$

해설
$M_A = 20\text{kN} \times 0\text{m} = 0$

076 다음 그림의 캔틸레버보에서 A점의 휨모멘트는?

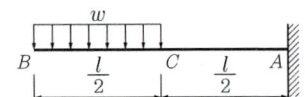

① $-\dfrac{wl^2}{8}$ ② $-\dfrac{2wl^2}{8}$

③ $-\dfrac{3wl^2}{4}$ ④ $-\dfrac{3wl^2}{8}$

해설

$M_A = -\left(w \times \dfrac{l}{2}\right) \times \left(\dfrac{l}{2} \times \dfrac{1}{2} + \dfrac{l}{2}\right) = -\dfrac{wl}{2} \times \dfrac{3l}{4} = -\dfrac{3wl^2}{8}$

077 그림과 같은 보에서 $|M_A| = |M_B|$가 되려면 스팬의 길이 L_1은 L_2의 몇 배가 되어야 하는가?

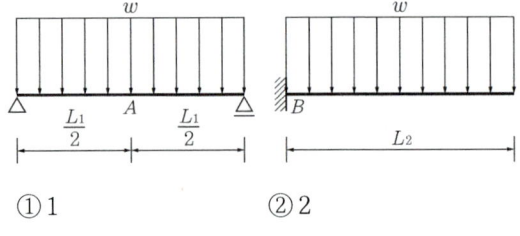

① 1 ② 2

③ 3 ④ 4

해설

$M_A = +\dfrac{wL_1^2}{8}$

$M_B = -\left[+(w \cdot L_2)\left(\dfrac{L_2}{2}\right)\right] = -\dfrac{wL_2^2}{2}$

$\left|\dfrac{wL_1^2}{8}\right| = \left|-\dfrac{wL_2^2}{2}\right|$ 에서

$\dfrac{L_1^2}{L_2^2} = \dfrac{8}{2} = 4$이므로 $\therefore \dfrac{L_1}{L_2} \sqrt{4} = 2$

078 다음 그림과 같은 보에서 고정단에 생기는 휨모멘트는? [기20]

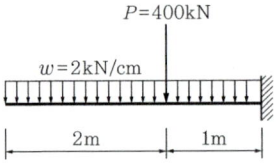

① $500 \text{kN} \cdot \text{m}$ ② $900 \text{kN} \cdot \text{m}$

③ $1,300 \text{kN} \cdot \text{m}$ ④ $1,500 \text{kN} \cdot \text{m}$

해설

등분포하중 $w = 2\text{kN/cm} = 200\text{kN/m}$

$M = +[-(200 \times 3)(1.5) - (400)(1)] = -1,300\text{kN} \cdot \text{m}$

079 그림과 같은 캔틸레버보에서 A 지점의 휨모멘트 값은? [산11]

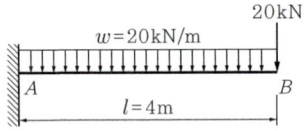

① $-240 \text{kN} \cdot \text{m}$ ② $-160 \text{kN} \cdot \text{m}$

③ $160 \text{kN} \cdot \text{m}$ ④ $240 \text{kN} \cdot \text{m}$

해설

$M_A = -(20 \times 4) - (20 \times 4 \times 2)$
$\quad\quad = -240\text{kN} \cdot \text{m}$

080 그림과 같은 캔틸레버에서 D점의 휨모멘트는? [산12]

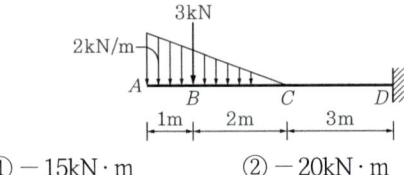

① $-15 \text{kN} \cdot \text{m}$ ② $-20 \text{kN} \cdot \text{m}$

③ $-25 \text{kN} \cdot \text{m}$ ④ $-30 \text{kN} \cdot \text{m}$

해설

$M_D = +\left[-\left(\dfrac{1}{2} \times 3 \times 2\right)(5) - (3)(5)\right] = -30\text{kN} \cdot \text{m}$

정답 076 ④ 077 ② 078 ③ 079 ① 080 ④

081 그림과 같은 구조물의 지점 A의 휨모멘트는?

[산14]

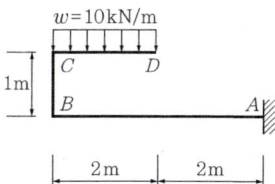

① $-20 \text{kN} \cdot \text{m}$ ② $-40 \text{kN} \cdot \text{m}$
③ $-60 \text{kN} \cdot \text{m}$ ④ $-80 \text{kN} \cdot \text{m}$

해설

$M_A = -10 \times 2 \times \left(\dfrac{2}{2} + 2\right) = -60 \text{kN} \cdot \text{m}$

083 그림과 같은 보에서 전단력도를 보고 B지점에 발생하는 휨모멘트를 구하면 얼마인가? (단, 절댓값으로 표현)

[산12]

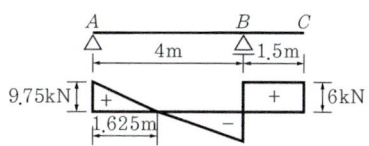

① $9 \text{kN} \cdot \text{m}$ ② $7.75 \text{kN} \cdot \text{m}$
③ $5.03 \text{kN} \cdot \text{m}$ ④ $3.92 \text{kN} \cdot \text{m}$

해설

하중, 전단력, 휨모멘트의 관계

하중 $\underset{\text{미분}}{\overset{\text{적분}}{\rightleftarrows}}$ 전단력 $\underset{\text{미분}}{\overset{\text{적분}}{\rightleftarrows}}$ 휨모멘트

B점의 휨모멘트는 B점을 기준으로 좌측 또는 우측 전단력도의 면적을 구하면 됨.

$\therefore M_B = 6 \text{kN} \times 1.5 \text{m} = 9 \text{kN} \cdot \text{m}$

082 그림과 같이 캔틸레버에 하중이 작용할 때, A점으로부터 휨모멘트가 0이 되는 위치까지 거리는?

[산06]

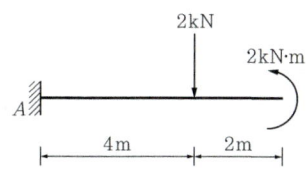

① 1.5m   ② 2m
③ 2.5m   ④ 3m

해설

A점으로부터 휨모멘트가 0이 되는 위치까지 거리를 x라고 하면
$M_x = -[+(2)(4-x)-(2)] = 0$에서 $x = 3$m

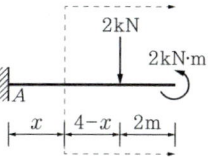

084 그림과 같은 내민보에서 등분포하중이 작용할 때 AB 경간(Span)의 중앙 C점의 휨모멘트는?

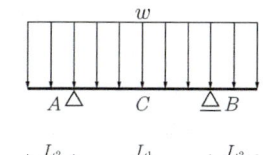

① $\dfrac{wL_1^2}{8} - \dfrac{wL_2^2}{12}$ ② $\dfrac{wL_1^2}{8} + \dfrac{wL_2^2}{12}$
③ $\dfrac{wL_1^2}{8} - \dfrac{wL_2^2}{2}$ ④ $\dfrac{wL_1^2}{8} + \dfrac{wL_2^2}{2}$

해설

(1) 보의 내민 위치와 하중이 대칭이므로
$\therefore V_A = +\dfrac{w \cdot (L_1 + 2L_2)}{2}(\uparrow)$

(2) M_C
$= + \left[\left(\dfrac{w \cdot (L_1 + 2L_2)}{2}\right)\left(\dfrac{L_1}{2}\right) - w \cdot \left(\dfrac{L_1}{2} + L_2\right)\left(\dfrac{\dfrac{L_1}{2} + L_2}{2}\right)\right]$
$= +\left(\dfrac{wL_1^2}{8}\right) - \left(\dfrac{wL_2^2}{2}\right)$

085 그림과 같은 내민보의 휨모멘트도(BMD)로서 옳은 것은? [산02,16]

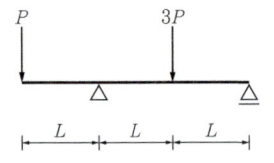

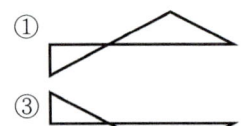   

[해설]

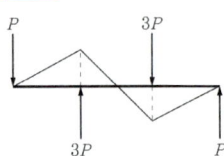

086 다음 그림의 구조물에서 A점에 생기는 휨모멘트의 크기는? [산12]

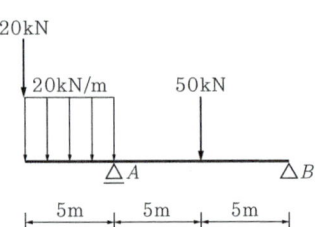

① $-100 \text{kN} \cdot \text{m}$ ② $-200 \text{kN} \cdot \text{m}$
③ $-350 \text{kN} \cdot \text{m}$ ④ $-600 \text{kN} \cdot \text{m}$

[해설]

$M_A = +[-(20)(5)-(20 \times 5)(2.5)] = -350 \text{kN} \cdot \text{m}$

087 다음 그림 같은 내민보에서 휨모멘트가 0이 되는 두 개의 반곡점 위치를 구하면? (단, A점으로부터 거리) [기14,20]

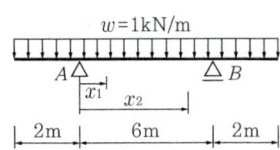

① $x_1 = 0.765\text{m}$, $x_2 = 5.235\text{m}$
② $x_1 = 0.785\text{m}$, $x_2 = 5.215\text{m}$
③ $x_1 = 0.805\text{m}$, $x_2 = 5.195\text{m}$
④ $x_1 = 0.825\text{m}$, $x_2 = 5.175\text{m}$

[해설]

• 하중과 경간이 좌우대칭

$V_A = +\dfrac{1 \times (2+6+2)}{2} = +5\text{kN}(\uparrow)$

• A점으로부터 우측으로 x위치의 휨모멘트

$M_x = +(5)(x) - (1 \times (2+x))\left(\dfrac{2+x}{2}\right)$

$\quad = -0.5x^2 + 3x - 2$

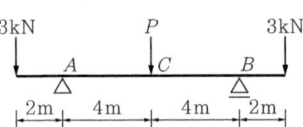

$M_x = -0.5x^2 + 3x - 2 = 0$ 으로부터

$x = \dfrac{(-3) \pm \sqrt{(3)^2 - 4(-0.5)(-2)}}{2(-0.5)}$ 이며,

$x = x_1 = 0.76393\text{m}$, $x = x_2 = 5.23607\text{m}$

088 그림과 같은 양단 내민보에서 C점의 휨모멘트 $M_C = 0$의 값을 가지려면 C점에 작용시킬 하중 P의 크기는? [산16]

① 3kN ② 4kN
③ 6kN ④ 8kN

[해설]

좌우대칭이므로 $V_A = \left(3 + \dfrac{P}{2}\right)\text{kN}$

$\sum M_C = -3 \times 6 + \left(3 + \dfrac{P}{2}\right) \times 4 = 0$

→ $P = 3\text{kN}$

정답 085 ② 086 ③ 087 ① 088 ①

089 단순보의 전단력도가 그림과 같을 때 보의 최대 휨모멘트는? [기03]

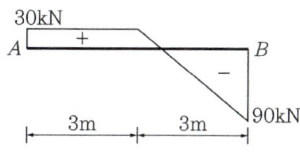

① 101kN·m ② 85kN·m
③ 94kN·m   ④ 118kN·m

해설

(1) 전단력이 0인 곳에서 휨모멘트가 최대가 된다. 따라서 B점에서 전단력이 0인 위치까지의 거리를 x라 하면 삼각형 닮은비가
$90 : x = (90+30) : 3$이므로
∴ $x = 2.25\text{m}$

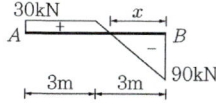

(2) 임의 위치에서 휨모멘트는 그 위치의 좌측 또는 우측 한 쪽의 전단력도 면적과 같다.
∴ $M_{max} = \frac{1}{2} \times 90 \times 2.25 = 101.25\text{kN·m}$

090 다음 그림은 각 구간에서 직선적으로 변화하는 단순보의 휨모멘트도이다. C점과 D점에 동일한 힘 P_1이 작용하고 보의 중앙점 E에 P_2가 작용할 때 P_1과 P_2의 절댓값은? [기16,20]

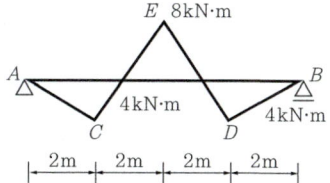

① $P_1 = 4\text{kN}$, $P_2 = 6\text{kN}$
② $P_1 = 4\text{kN}$, $P_2 = 8\text{kN}$
③ $P_1 = 8\text{kN}$, $P_2 = 10\text{kN}$
④ $P_1 = 8\text{kN}$, $P_2 = 12\text{kN}$

해설

휨모멘트도를 보면 집중하중이므로 다음과 같은 유추가 가능하다.

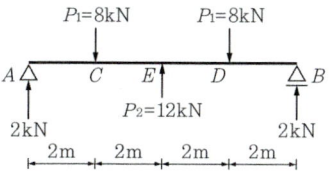

091 그림과 같은 겔버보에서 A점의 휨모멘트는? [산09]

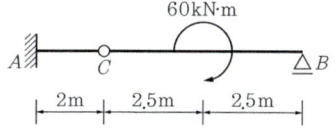

① 24kN·m ② 28kN·m
③ 30kN·m ④ 32kN·m

해설

$V_B = +\frac{60}{5} = +12\text{kN}(\uparrow)$, $V_C = -\frac{60}{5} = 12\text{kN}(\downarrow)$
$M_A = -[-(12)(2)] = +24\text{kN·m}$

092 다음 그림에서 A점의 수직반력이 0이 되기 위해서는 등분포하중의 크기를 얼마로 하면 되는가? [산17]

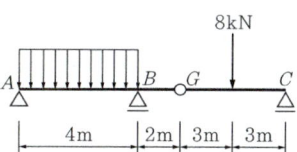

① 1kN/m ② 2kN/m
③ 3kN/m ④ 4kN/m

해설

G점 우측의 보는 좌우대칭이므로 G점에 작용하는 4kN

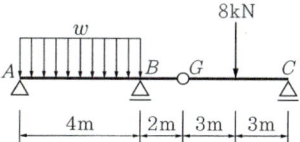

$\sum M_B = -4w \times 2 + 4 \times 2 = 0$
∴ $w = 1\text{kN/m}$

093 그림의 겔버보에서 B점의 휨모멘트는? [기04]

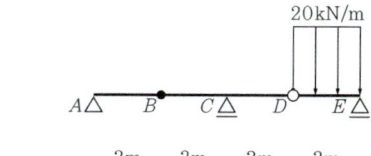

① -22.5kN·m ② -45kN·m
③ -90kN·m ④ 0

해설

$V_D = + \dfrac{(20 \times 3)}{2} = +30 \text{kN}(\uparrow)$

$V_E = + \dfrac{(20 \times 3)}{2} = +30 \text{kN}(\uparrow)$

$\Sigma M_C = 0 : (V_A)(6) + (30)(3) = 0$

$\therefore V_A = -15 \text{kN}(\downarrow)$

$M_B = +[-(15)(3)] = -45 \text{kN} \cdot \text{m}$

094 다음 겔버보에서 A점의 휨모멘트는? [산17]

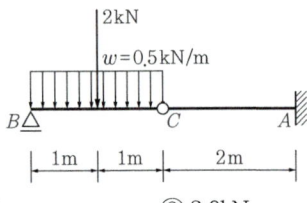

① 2.5kN·m ② 3.0kN·m
③ 3.5kN·m ④ 4.0kN·m

해설

$V_C = \dfrac{2 + 0.5 \times 2}{2} = 1.5 \text{kN}(\uparrow)$

$M_A = 1.5 \times 2 = 3 \text{kNm}$

095 그림과 같은 보에서 휨모멘트값이 0인 곳의 개수는? [산11]

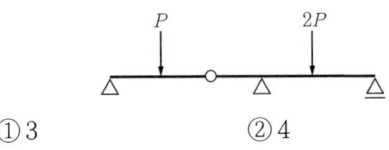

① 3 ② 4
③ 5 ④ 6

해설

겔버보

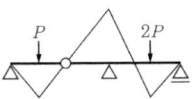

따라서 휨모멘트가 0인 곳의 개수는 4개이다.

096 그림과 같은 하중을 받는 단순보에서 휨모멘트도로서 옳은 것은? [기12]

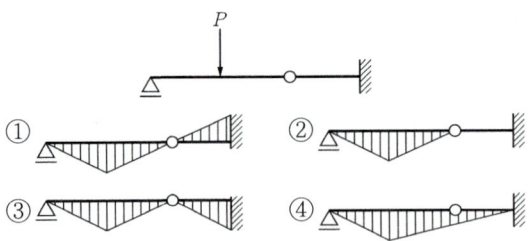

097 휨모멘트도와 전단력도 사이의 관계 중 옳지 않은 것은? [산14]

① 휨모멘트도가 3차곡선일 때 전단력도는 2차 곡선변화
② 휨모멘트도가 2차곡선일 때 전단력도는 1차직선변화
③ 휨모멘트도가 1차직선변화일 때 전단력도의 값은 일정
④ 휨모멘트도가 일정한 값일 때 전단력도의 값은 3차곡선 변화

해설

휨모멘트가 일정한 값일 때 전단력은 0이다. (상수를 미분한 값은 0이 됨)

098 그림과 같은 단순보의 일부 구간으로부터 떼어낸 자유물체도에서 각 좌우측면(가, 나면)에 작용하는 전단력의 방향과 그 값으로 옳은 것은? [기09,18]

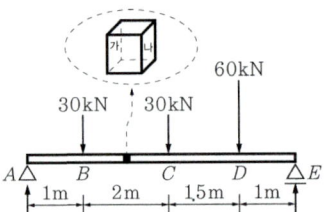

① 가 : 19.1kN(↑), 나 : 19.1kN(↓)
② 가 : 19.1kN(↓), 나 : 19.1kN(↑)
③ 가 : 16.1kN(↑), 나 : 16.1kN(↓)
④ 가 : 16.1kN(↓), 나 : 16.1kN(↑)

해설

$\sum M_E = 0$:
$+(V_A)(5.5)-(30)(4.5)-(30)(2.5)-(60)(1)=0$
$\therefore V_A = +49.09 \text{kN}(\uparrow)$

구하고자 하는 점선 위치를 x라고 하면
$S_{xLeft} = +[+(49.09)-(30)]$
$= +19.09 \text{kN}(\uparrow\downarrow)$

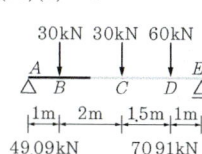

099 다음 보에서 B점으로부터 2개의 하중이 지나갈 때 최대 휨모멘트가 발생하는 거리 x를 구하면? [기12]

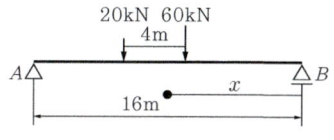

① 6.5m ② 7.5m
③ 8.5m ④ 9.5m

해설

합력 $R = -(20)-(60) = -80\text{kN}(\downarrow)$
20kN 작용점에서 바리뇽의 정리를 이용하면
$(R)(x_1) = (60)(4)$ 이므로
$\therefore x_1 = 3\text{m}$

합력(R)과 가까운 하중(60kN)과의
거리를 $a(=1\text{m})$라 할 때 $\dfrac{a}{2}(=0.5\text{m})$
를 보의 중앙점에 일치시켰을 때 최대 하중 60kN의 작용점에서 절대 최대 휨모멘트가 발생한다.

절대 최대 휨모멘트가 발생하는 x의 위치는 B지점으로부터 7.5m이다.

100 그림과 같은 이동하중이 스팬 10m의 단순보 위를 지날 때 절대 최대 휨모멘트를 구하면? [기18]

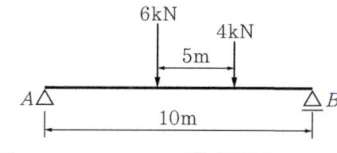

① 16kN·m ② 18kN·m
③ 25kN·m ④ 30kN·m

해설

합력 $R = 6+4 = 10\text{kN}$
바리뇽의 정리를 이용하여 합력까지의 거리를 구하면
$+(10)(x) = (6)(0)+(4)(5)$
$\therefore x = 2\text{m}$
$\dfrac{x}{2} = 1\text{m}$의 위치를 보의 중앙점에 일치시킨다.

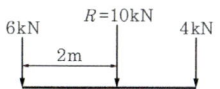

합력과 인접한 큰 하중작용점에서 절대 최대 휨모멘트가 발생한다.
① $\sum M_B = 0 : +(V_A)(10)-(6)(6)-(4)(1)=0$
$\therefore V_A = +4\text{kN}(\uparrow)$
② $M_{max} = +[(4)(4)] = +16\text{kN·m}(\smile)$

04. 정정라멘 및 정정아치

101 그림과 같은 정정라멘의 A지점 수평반력은? [산01,07]

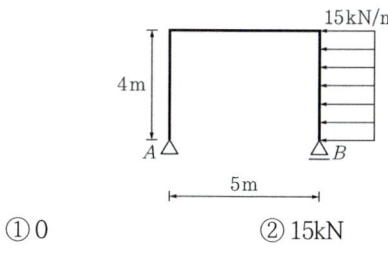

① 0 ② 15kN
③ 30kN ④ 60kN

해설

$\sum H = 0 : +(H_A)-(15)(4)=0$
$\therefore H_A = +60\text{kN}(\rightarrow)$

102 그림과 같은 라멘에서 A점의 수직반력(R_A)은?

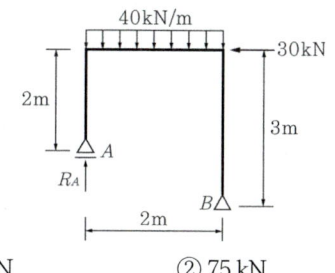

① 65 kN ② 75 kN
③ 85 kN ④ 95 kN

해설

$\sum M_B = R_A \times 2 - 40 \times 2 \times 1 - 30 \times 3 = 0$

$\therefore R_A = \dfrac{80+90}{2} = 85\text{kN}$

103
그림과 같은 구조물에서 AE부재와 EB부재의 전단력 차이는? [기17]

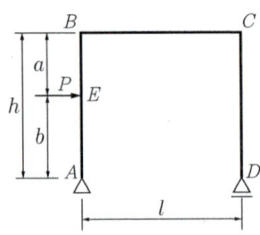

① $\dfrac{Pa}{L}$ ② $\dfrac{Pb}{L}$

③ P ④ 0

해설

(1) $\sum H = 0 : +(H_A) + (P) = 0$
$\therefore H_A = -P(\leftarrow)$
(2) $S_{E-C} = +[+(P) - (P)] = 0$

104
그림과 같은 라멘에서 B점에 모멘트하중 M이 작용할 때 C점에서의 휨모멘트는? [기07]

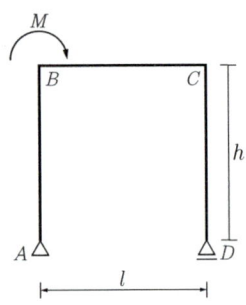

① 0 ② M

③ $2M$ ④ $\dfrac{M}{L} \cdot h$

해설

이동지점 D에서는 수평반력이 존재할 수 없고, CD 구간에서 수평하중이 없으므로 CD부재에는 휨모멘트가 발생하지 않는다.

105
그림과 같은 1차부정정라멘에서 A점 및 B점의 수평반력 크기로 옳은 것은? [산19]

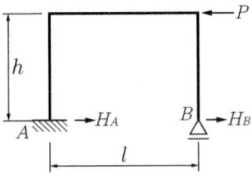

① $H_A = \dfrac{P}{2}, H_B = \dfrac{P}{2}$

② $H_A = P, H_B = P$

③ $H_A = P, H_B = 0$

④ $H_A = 0, H_B = P$

해설

지점 B는 이동단이므로 수직반력만 존재하고 수평반력은 없음.
$\therefore H_B = 0$
$\sum H = 0 \rightarrow H_A - P = 0$
$\therefore H_A = P(\rightarrow)$

106
그림과 같은 정정구조의 CD부재에서 C, D점의 휨모멘트값 중 옳은 것은? [기16,20]

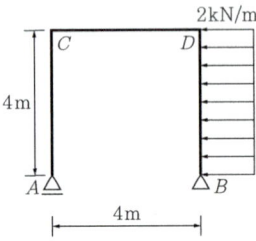

① (C) 0kN·m, (D) 16kN·m

② (C) 16kN·m, (D) 16kN·m

③ (C) 0kN·m, (D) 32kN·m

④ (C) 32kN·m, (D) 32kN·m

해설

$\sum H = 0 : +(H_B) - (2)(4) = 0$
$\therefore H_B = +8\text{kN}(\rightarrow)$
$\sum M_B = 0 : +(V_A)(4) - (8)(2) = 0 \quad \therefore V_A = +4\text{kN}(\uparrow)$
$M_C = 0$
$M_D = -[-(8)(4) + (8)(2)] = +16\text{kN}\cdot\text{m}$

107 그림과 같은 3힌지 라멘의 수평반력을 구하면?

[산20]

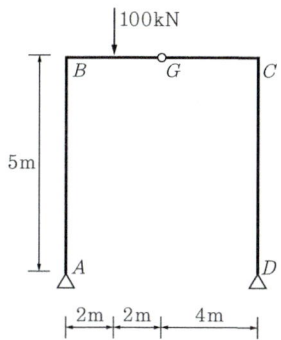

① $H_A = 20\text{kN}(\to),\ H_D = 20\text{kN}(\leftarrow)$
② $H_A = 20\text{kN}(\leftarrow),\ H_D = 20\text{kN}(\to)$
③ $H_A = 20\text{kN}(\to),\ H_D = 20\text{kN}(\to)$
④ $H_A = 20\text{kN}(\leftarrow),\ H_D = 20\text{kN}(\leftarrow)$

[해설]

3힌지 라멘
$\Sigma H = 0,\ H_A + H_D = 0$
A지점의 수평반력을 우측방향, 수직반력을 상향으로 가정하면
$\Sigma M_D = 0,\ V_A \times (2+2+4) - 100 \times (2+4) = 0$
$\therefore V_A = 75\text{kN}(\uparrow)$
G절점을 기준으로 좌측의 구조물만 생각하면
$\Sigma M_G = 0,\ V_A \times (2+2) - H_A \times 5 - 100 \times 2 = 0$
$\therefore H_A = 20\text{kN}(\to),\ H_D = 20\text{kN}(\leftarrow)$

108 그림과 같은 3회전단 구조물의 반력은? [기08]

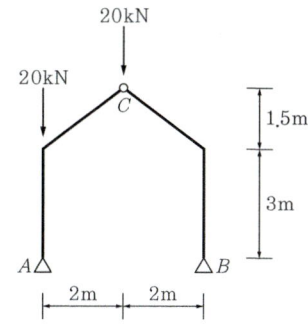

① $H_A = 4.44\text{kN},\ V_A = 30\text{kN}$
   $H_B = -4.44\text{kN},\ V_B = 10\text{kN}$
② $H_A = 0,\ V_A = 30\text{kN}$
   $H_B = 0,\ V_B = 10\text{kN}$
③ $H_A = -4.44\text{kN},\ V_A = 30\text{kN}$
   $H_B = 4.44\text{kN},\ V_B = 10\text{kN}$
④ $H_A = 4.44\text{kN},\ V_A = 50\text{kN}$
   $H_B = -4.44\text{kN},\ V_B = -10\text{kN}$

[해설]

(1) $\Sigma M_B = 0 : +(V_A)(4) - (20)(4) - (20)(2) = 0$
   $\therefore V_A = +30\text{kN}(\uparrow) \to V_B = +10\text{kN}(\uparrow)$
(2) $\Sigma H = 0 : +(H_A) + (H_B) = 0$
(3) $\Sigma M_C = 0 : +(30)(2) - (H_A)(4.5) - (20)(2) = 0$
   $\therefore H_A = +4.44\text{kN}(\to) \to H_B = -4.44\text{kN}(\leftarrow)$

109 그림과 같은 정정라멘에서 F 점의 휨모멘트는?

[산18]

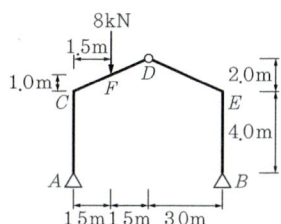

① $4\text{kN}\cdot\text{m}$ ② $3\text{kN}\cdot\text{m}$
③ $2\text{kN}\cdot\text{m}$ ④ $1\text{kN}\cdot\text{m}$

[해설]

$\Sigma M_B = 0,\ V_A \times 6 - 8 \times 4.5 = 0,\ V_A = 6\text{kN}(\uparrow)$
$\Sigma M_D = 0,\ 6 \times 3 - H_A \times 6 - 8 \times 1.5 = 0,\ H_A = 1\text{kN}(\to)$
$\therefore M_F = 6 \times 1.5 - 1 \times 5 = 4\text{kN}\cdot\text{m}$

110 그림과 같이 힘 P 가 작용할 때 휨모멘트가 0이 되는 곳은 모두 몇 개인가? [기07,12,15, 산01,02,07]

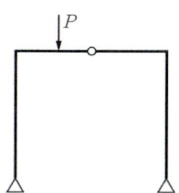

① 2   ② 3
③ 4   ④ 5

정답 107 ① 108 ① 109 ① 110 ③

> [해설]

3-Hinge 라멘의 BMD
휨모멘트값이 0인 곳
(1) 지점(A, B)
(2) 부재 내 힌지절점(C)
(3) D~C 구간 1곳

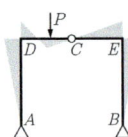

111 그림과 같은 구조물의 반력은? [기04,08]

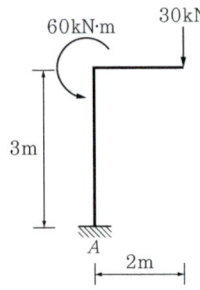

① $H_A = 30\text{kN}, \ V_A = 0, \ M_A = 60\text{kN·m}$
② $H_A = 0, \ V_A = 30\text{kN}, \ M_A = 60\text{kN·m}$
③ $H_A = 30\text{kN}, \ V_A = 0, \ M_A = 0$
④ $H_A = 0, \ V_A = 30\text{kN}, \ M_A = 0$

> [해설]

$\Sigma H = 0 : \ H_A = 0$
$\Sigma V = 0 : \ +(V_A) - (30) = 0$
$\therefore V_A = +30\text{kN}(\uparrow)$
$\Sigma M_A = 0$
$30 \times 2 - 60 = 0$

112 그림에 보이는 라멘에서 BC부재에 작용하는 전단력의 크기는 얼마인가? [기07]

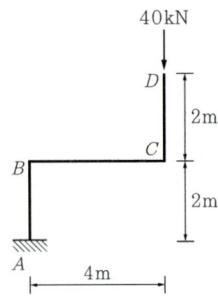

① $40\sqrt{2}\text{kN}$ ② $20\sqrt{2}\text{kN}$
③ 20kN ④ 40kN

> [해설]

$S_{B-C} = 40\text{kN} - 0 = 40\text{kN}$

113 그림과 같은 라멘의 A점 휨모멘트는? [산17]

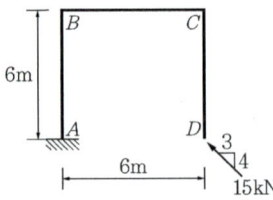

① 42kN·m ② 52kN·m
③ 62kN·m ④ 72kN·m

> [해설]

$V_D = 15 \times \dfrac{4}{5} = 12\text{kN}$
$M_A = -12 \times 6 = 72\text{kN·m}$

114 그림의 포물선 아치에서 중앙점(C)의 휨모멘트(M_c)값으로 옳은 것은? [기15]

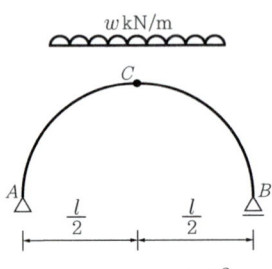

① $\dfrac{Wl^2}{16}$ ② $\dfrac{Wl^2}{8}$
③ $\dfrac{Wl^2}{4}$ ④ 0

> [해설]

하중과 경간이 대칭이므로
$\therefore V_A = +\dfrac{wl}{2}(\uparrow)$
$M_C = +\left[\left(\dfrac{wl}{2}\right)\left(\dfrac{l}{2}\right) - \left(\dfrac{wl}{2}\right)\left(\dfrac{l}{4}\right)\right] = +\dfrac{wl^2}{8}$

정답 111 ④ 112 ④ 113 ④ 114 ②

115 그림과 같이 집중하중을 받는 단순보형 아치에 발생하는 최대 휨모멘트는 얼마인가? [산15]

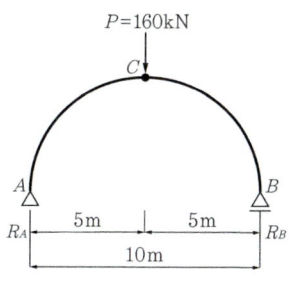

① 100 kN·m   ② 200 kN·m
③ 300 kN·m   ④ 400 kN·m

해설
$M_{\max} = R_A \times 5 = 80 \times 5 = 400 \text{kN} \cdot \text{m}$

116 그림과 같은 아치구조물에서 A점의 수평반력은? [산14]

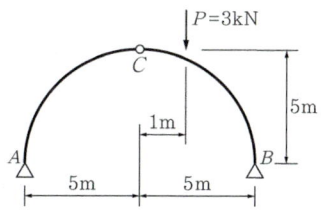

① 1.2 kN   ② 1.5 kN
③ 1.8 kN   ④ 2.0 kN

해설
$\sum M_B = 0: V_A \times 10 - 3 \times 4 = 0, \quad V_A = 1.2 \text{kN}(\uparrow)$
$\sum M_C = 0: V_A \times 5 - H_A \times 5 = 0, \quad 1.2 \times 5 - H_A \times 5 = 0$
$H_A = 1.2 \text{kN}(\rightarrow)$

117 그림과 같은 캔틸레버형 아치에서 전단력값이 최소인 곳은? [산02]

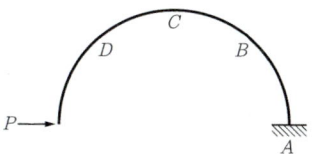

① A점   ② B점
③ C점   ④ D점

해설
하중작용점과 지점 A에서 전단력이 가장 크며, C점에서는 하중 P가 축방향 압축력으로 작용하므로 전단력은 0이다.

118 다음 구조물의 a, b점에서 휨모멘트는? [기07]

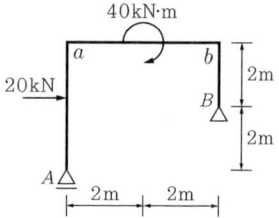

① $M_a = 20\text{kN} \cdot \text{m}$, $M_b = 40\text{kN} \cdot \text{m}$
② $M_a = 40\text{kN} \cdot \text{m}$, $M_b = 20\text{kN} \cdot \text{m}$
③ $M_a = 20\text{kN} \cdot \text{m}$, $M_b = 20\text{kN} \cdot \text{m}$
④ $M_a = 40\text{kN} \cdot \text{m}$, $M_b = 40\text{kN} \cdot \text{m}$

해설
$\sum H = 0: +(20)+(H_B) = 0$
$\therefore H_B = -20 \text{kN}(\leftarrow)$
$\sum M_B = 0: +(V_A)(4)+(40) = 0 \quad \therefore V_A = -10\text{kN}(\downarrow)$
$\sum V = 0: +(V_A + V_B) = 0 \quad \therefore V_B = +10\text{kN}(\uparrow)$
$M_a = +[-(20)(2)] = -40\text{kN} \cdot \text{m}$
$M_b = -[+(20)(2)] = -40\text{kN} \cdot \text{m}$

119 그림과 같이 E점에 4kN의 집중하중이 45° 경사지게 작용했을 때 AD부재의 축방향력은?
(단, + : 인장, − : 압축) [산16]

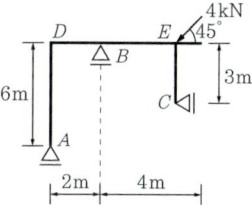

① $-\sqrt{2}$ kN   ② $+\sqrt{2}$ kN
③ $-2\sqrt{2}$ kN   ④ $+2\sqrt{2}$ kN

정답 115 ④ 116 ① 117 ③ 118 ④ 119 ②

해설

$\sum H = 0 : +(H_C) - (4 \cdot \cos 45) = 0 \quad \therefore H_C + 2\sqrt{(2)}\,\text{kN}(\rightarrow)$

$\sum M_B = 0 : +(V_A)(2) + (4 \cdot \sin 45)(4) - (2\sqrt{2})(3) = 0$

$\therefore V_A = -\sqrt{2}\,\text{kN}(\downarrow)$

$F_{AD} = +\sqrt{2}\,\text{kN}(인장)$

120 그림과 같은 휨모멘트를 발생하게 하는 라멘(Rahmen)은?

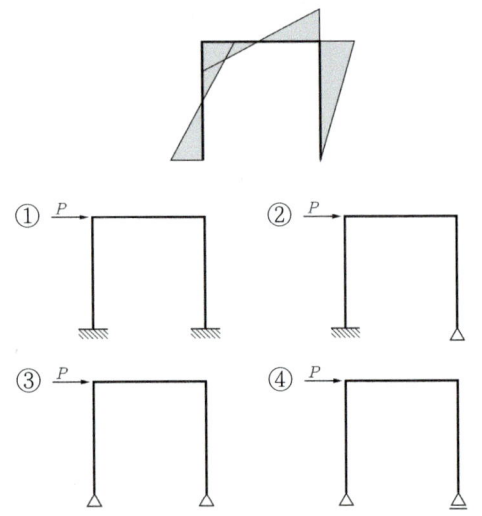

해설

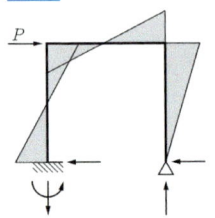

121 그림과 같은 구조물의 개략적인 휨모멘트로 옳은 것은? [산15]

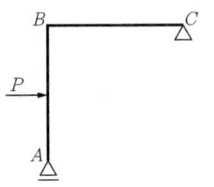

① 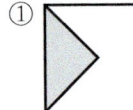   ②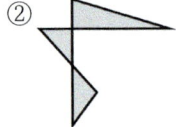

③ 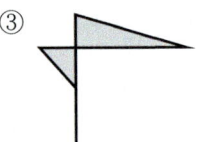   ④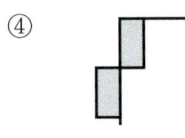

해설

라멘 휨모멘트도 계산
A점이 이동단이므로 P가 작용하는 점까지 수평반력이 0이고 그 구간의 휨모멘트 역시 0이다.

122 그림과 같이 외력이 작용할 때 휨모멘트도는? [기03]

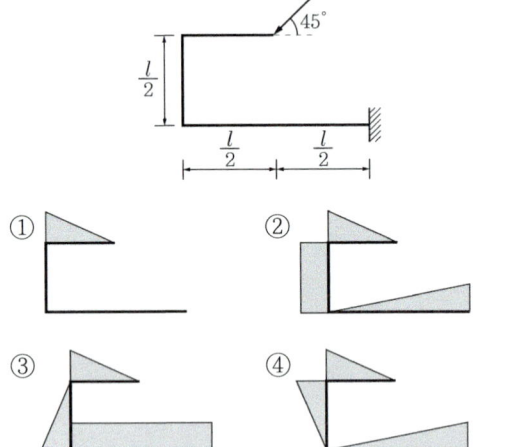

123 다음과 같은 3힌지 아치의 전단력도(S.F.D)로 알맞은 것은? (단, 전단력도의 +, - 도시위치는 무관) [기12]

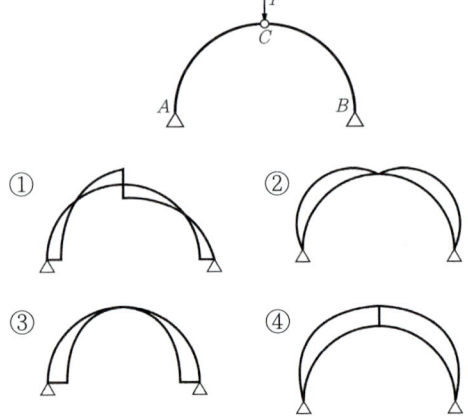

정답   120 ②   121 ③   122 ④   123 ①

해설

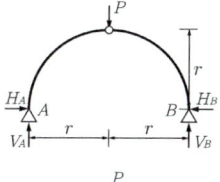

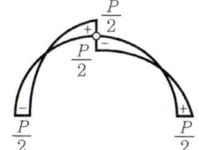

05. 정정트러스

124 트러스 해법의 기본가정으로 틀린 것은? [기15]

① 절점을 연결하는 직선은 재축과 일치한다.
② 외력은 모두 절점에 작용하는 것으로 한다.
③ 부재를 연결하는 절점은 강절점으로 간주한다.
④ 외력은 모두 트러스를 포함한 평면안에 있는 것으로 한다.

해설

③ 트러스(Truss) 부재를 연결하는 절점은 활절점(Pin, Hinge)으로 간주한다.

125 다음 각 구조물에 대한 설명으로 옳지 않은 것은? [기11]

① 쉘(Shell)은 주로 면내력으로 외력에 저항하는 구조이다.
② 라멘(Rahmen)은 주로 휨모멘트 및 전단력으로 외력에 저항하는 구조이다.
③ 아치(Arch)는 주로 축방향 압축력으로 외력에 저항하는 구조이다.
④ 트러스(Truss)는 주로 휨모멘트로 외력에 저항하는 구조이다.

해설

④ 트러스는 축방향력(압축-, 인장+)으로 외력에 저항하는 구조이다.

126 그림의 트러스에 관한 설명 중 옳지 않은 것은? [산16]

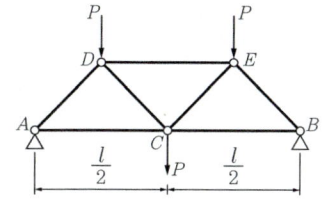

① AD재는 압축재이다. ② AC재는 인장재이다.
③ DE재는 인장재이다. ④ CD재는 인장재이다.

해설

③ DE재는 상현재로 압축재임

127 그림의 트러스는 다음 중 어느 것에 해당하는가?

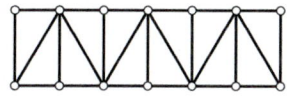

① 핑크 트러스   ② 와렌 트러스
③ 플랫 트러스   ④ 하우 트러스

해설

수직부재가 있는 와렌 트러스

128 다음 그림과 같은 트러스의 반력 R_A와 R_B는? [기13]

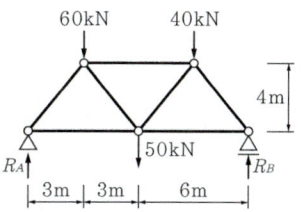

① $R_A = 64$kN, $R_B = 90$kN
② $R_A = 70$kN, $R_B = 80$kN
③ $R_A = 80$kN, $R_B = 70$kN
④ $R_A = 100$kN, $R_B = 50$kN

정답 124 ③ 125 ④ 126 ③ 127 ② 128 ③

> 해설

$\Sigma M_B = 0 : H_A = 0$
$\Sigma M_B = 0 :$
$+(V_A)(12) - (60)(9) - (50)(6) - (40)(3) = 0$
$\therefore V_A = +80\text{kN}(\uparrow)$
$\Sigma V = 0 : +(V_A) + (V_B) - (60) - (50) - (40) = 0$
$\therefore V_B = +70\text{kN}(\uparrow)$
$R_A = \sqrt{H_A{}^2 + V_A{}^2} = V_A = +80\text{kN}(\uparrow)$
$R_B = V_B = +70\text{kN}(\uparrow)$

129 그림과 같은 트러스에서 힌지 지점인 A 지점의 반력(수평반력과 수직반력의 조합) 크기는? [산10]

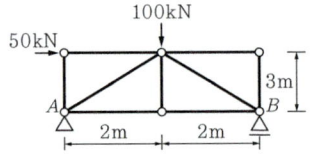

① 32.8kN ② 48.4kN
③ 51.5kN ④ 62.1kN

> 해설

$\Sigma H = 0 : +(H_A) + (50) = 0$
$\therefore H_A = -50\text{kN}(\leftarrow)$
$\Sigma M_B = 0 : +(V_A)(4) + (50)(3) - (100)(2) = 0$
$\therefore V_A = +12.5\text{kN}(\uparrow)$
$R_A = \sqrt{V_A{}^2 + H_A{}^2} = \sqrt{(12.5)^2 + (50)^2} = 51.5388(\nwarrow)$

130 그림과 같은 트러스에서 AC의 부재력은? [산15]

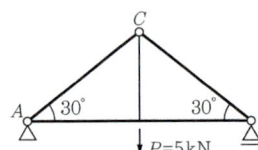

① 5kN(인장) ② 5kN(압축)
③ 10kN(인장) ④ 10kN(압축)

> 해설

절단법에 의한 부재력 계산
(1) $V_A = \dfrac{5}{2} = 2.5\text{kN}(\uparrow)$
(2) $\Sigma V = 0 \quad V_A + N_{AC}\sin 30° = 0$
$N_{AC} = -\dfrac{2.5}{\sin 30°} = -5\text{kN}(압축)$

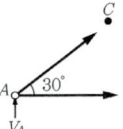

131 다음 트러스에서 AB 부재의 부재력으로 옳은 것은?

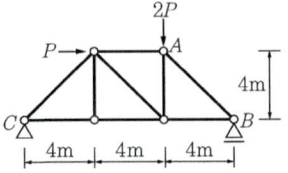

① 1.179P(압축) ② 2.357P(압축)
③ 1.179P(인장) ④ 2.357P(인장)

> 해설

㉠ $\Sigma M_C = 0$
$-R_B \times 12 + P \times 4 + 2P \times 8 = 0$
$\therefore R_B = \dfrac{5}{3}P(\uparrow)$

㉡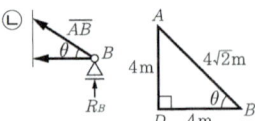

$\Sigma V = \overline{AB} \times \sin\theta + R_B = 0$
$\therefore \overline{AB} = -\dfrac{5}{3}P \times \dfrac{4\sqrt{2}}{4} \fallingdotseq -2.357P(압축)$

132 한 변의 길이가 4m인 그림과 같은 정삼각형 트러스에서 AB부재의 부재력은? [산19]

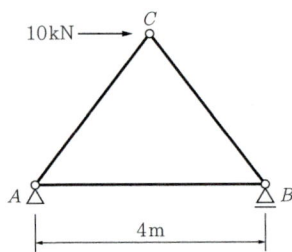

① 압축 10kN ② 압축 5kN
③ 인장 10kN ④ 인장 5kN

해설

트러스 부재력 계산
(1) 트러스의 높이 계산 : 정삼각형이므로 피타고라스의 정리에 의해
$(2)^2 + (H)^2 = (4)^2 \to H = 2\sqrt{3}\,\mathrm{m}$
(2) B지점의 수직반력
$\Sigma M_A = 0 \to 10 \times 2\sqrt{3} - V_B \times 3 = 0$
$\therefore V_B = 5\sqrt{3}\,\mathrm{kN}(\uparrow)$
(3) B지점에서 힘의 수직 평형조건
$\Sigma V = 0 \to V_B + N_{BC} \times \sin 60° = 0$
$5\sqrt{3} + N_{BC} \times \dfrac{\sqrt{3}}{2} = 0$
$\therefore N_{BC} = -10\,\mathrm{kN}(압축)$
(4) B지점에서 힘의 수평 평형조건
$\Sigma H = 0 \to N_{AB} + N_{BC} \times \cos 60° = 0$
$N_{AB} - 10 \times \dfrac{1}{2} = 0 \quad \therefore N_{AB} = 5\,\mathrm{kN}(인장)$

133 그림과 같은 트러스에서 '가' 및 '나' 부재의 부재력을 옳게 구한 것은? (단, $-$는 압축력, $+$는 인장력을 의미함)
[기20]

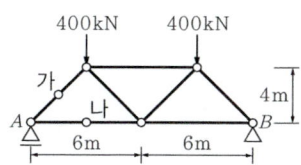

① 가 $= -500\,\mathrm{kN}$, 나 $= 300\,\mathrm{kN}$
② 가 $= -500\,\mathrm{kN}$, 나 $= 400\,\mathrm{kN}$
③ 가 $= -400\,\mathrm{kN}$, 나 $= 300\,\mathrm{kN}$
④ 가 $= -400\,\mathrm{kN}$, 나 $= 400\,\mathrm{kN}$

해설

$\Sigma V = 0 : +(400) + \left(N_{가} \cdot \dfrac{4}{5}\right) = 0$
$\therefore N_{가} = -500\,\mathrm{kN}(압축)$
$\Sigma H = 0 : +\left(N_{가} \cdot \dfrac{3}{5}\right) + (N_{나}) = 0$
$\therefore N_{나} = +300\,\mathrm{kN}(인장)$

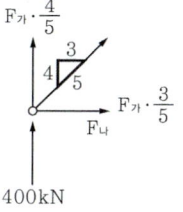

134 그림과 같은 대칭트러스에서 d부재의 부재력은 얼마인가?

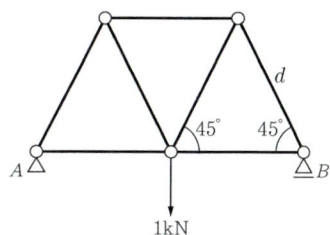

① $0.3\sqrt{2}\,\mathrm{kN}(압축)$ ② $0.5\,\mathrm{kN}(압축)$
③ $0.5\sqrt{2}\,\mathrm{kN}(압축)$ ④ $0.5\sqrt{2}\,\mathrm{kN}(인장)$

해설

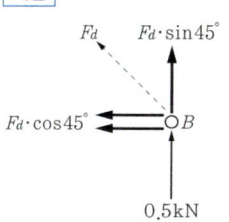

(1) 하중과 경간이 좌우대칭이므로 $\therefore V_B = +0.5\,\mathrm{kN}(\uparrow)$
(2) 절점 B: $\Sigma V = 0 : +(0.5) + (F_d \cdot \sin 45°) = 0$
$\therefore F_d = -0.5\sqrt{2}\,\mathrm{kN}(압축)$

135 그림과 같은 래티스보에서 $V = 3\,\mathrm{kN}$일 때 웨브재의 축방향력은?
[기16]

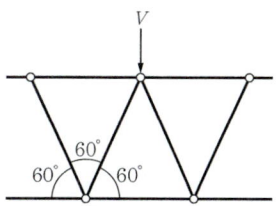

① $1.5\,\mathrm{kN}$ ② $\sqrt{3}\,\mathrm{kN}$
③ $2.0\,\mathrm{kN}$ ④ $3.0\,\mathrm{kN}$

해설

절점법($\Sigma V = 0$): $-(3) - (2N \cdot \cos 30°) = 0$
$\therefore N = -\sqrt{3}\,\mathrm{kN}(압축)$

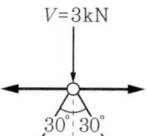

정답 133 ① 134 ③ 135 ②

136 그림의 트러스에서 a부재의 부재력은? (단, 트러스를 구성하는 삼각형은 정삼각형임) [산18]

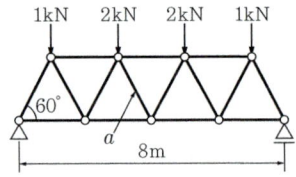

① 0
② 2kN
③ $2\sqrt{2}$ kN
④ $\sqrt{3}$ kN

해설

트러스의 부재력 계산
트러스와 하중이 좌우대칭이므로 좌우반력은 3kN
a부재의 위쪽 절점을 A, 그 오른쪽 절점을 B라고 하면,
$\sum M_A = 3\times(1+2) - 1\times 2 - N_b \times \sqrt{3} = 0$
$\therefore N_b = \dfrac{7}{\sqrt{3}}$ kN
$\sum M_B = 3\times(1+4) - 1\times 4 - 2\times 2 - \dfrac{7}{\sqrt{3}}\times\sqrt{3} - N_a\times\sqrt{3}$
$\qquad = 0$
$\therefore N_a = 0$

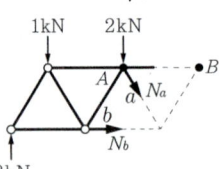

137 다음 그림과 같은 트러스에서 AB부재의 부재력 크기는? (단, +는 인장, −는 압축임) [산15,19]

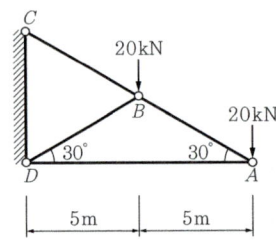

① +20 kN
② −20 kN
③ +40 kN
④ −40 kN

해설

부재력 계산
(1) $\sum V = 0: -20\text{kN} + N_{AB}\sin 30° = 0$
(2) $N_{AB} = \dfrac{20}{\sin 30°} = 40\text{kN}$

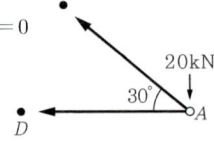

138 다음 트러스구조물에서 C부재의 부재력을 구하면? (단, +는 인장, −는 압축) [기14]

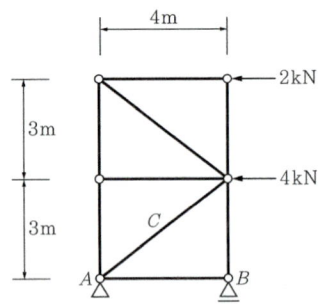

① 4.5kN(+)
② 4.5kN(−)
③ 7.5kN(+)
④ 7.5kN(−)

해설

$\sum H = 0:$
$-(2) - (4) - \left(N_C \cdot \dfrac{4}{5}\right) = 0$
$\therefore N_C = -7.5\text{kN (압축)}$

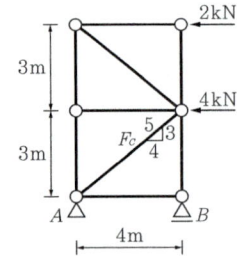

139 그림과 같은 트러스의 D부재 응력은? [산18]

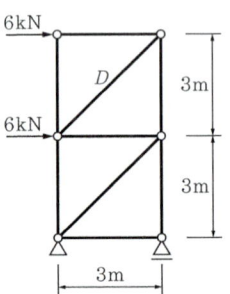

① 3kN
② $3\sqrt{2}$ kN
③ 6kN
④ $6\sqrt{2}$ kN

해설

구조물의 가장 상부에 있는 수평부재를 A부재라고 하면, A부재의 좌측 절점에서
$N_A = -6\text{kN (압축력)}$이고, A부재의 우측 절점에서
$\sum H = -6 + N_D \times \cos\theta$
$\qquad = -6 + N_D \times \dfrac{3}{3\sqrt{2}} = 0$
$\therefore N_D = 6\sqrt{2}\text{ kN (인장력)}$

정답 136 ① 137 ③ 138 ④ 139 ④

140 그림과 같은 트러스의 N_1, N_2 부재력(절댓값)으로 옳은 것은?   [기12]

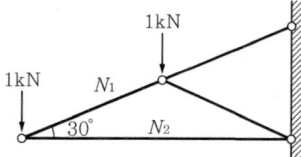

① $N_1 = 2\text{kN}$, $N_2 = 1.73\text{kN}$
② $N_1 = 1\text{kN}$, $N_2 = 0.866\text{kN}$
③ $N_1 = 1.5\text{kN}$, $N_2 = 1\text{kN}$
④ $N_1 = 1\text{kN}$, $N_2 = 1.732\text{kN}$

해설

(1) 1kN 하중이 작용하는 절점에서 절점법을 이용한다.
(2) $\Sigma V = 0 : -(1) + (N_1 \cdot \sin 30°) = 0$ ∴ $N_1 = +2\text{kN}$
  $\Sigma H = 0 : +(N_1 \cdot \cos 30°) + (N_2) = 0$
  ∴ $N_2 = -\sqrt{3}\text{kN} = -1.732\text{kN}$(압축)

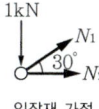
인장재 가정
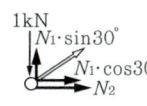
수직력·수평력 치환
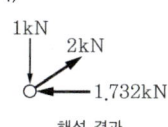
해석 결과

141 그림과 같은 트러스에서 BC 부재의 부재력은?   [기00]

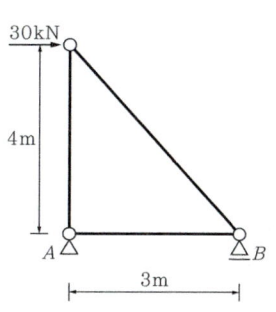

① 30kN   ② 40kN
③ 50kN   ④ 60kN

해설

절점 C : $\Sigma H = 0 : +(30) + \left(F_{BC} \cdot \dfrac{3}{5}\right) = 0$
∴ $F_{BC} = -50\text{kN}$(압축)

142 그림과 같은 트러스에서 V_3 부재의 부재력은? (압축 −, 인장 +)   [산01]

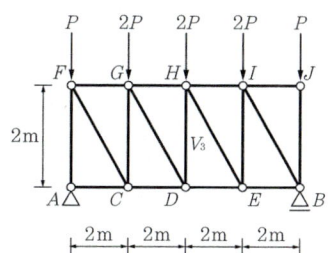

① $-P$ ② P
③ $-2P$ ④ $+2P$

해설

(1) 하중과 경간이 좌우대칭이므로   ∴ $V_A = +4P(\uparrow)$
(2) $\Sigma V = 0 : +(V_A) - (P) - (2P) + (N_{V_3}) = 0$
  ∴ $N_{V_3} = -P$(압축)

143 그림과 같은 트러스의 S 부재 응력의 크기는?   [산18]

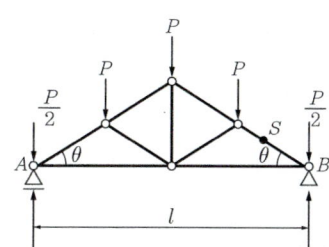

① $\dfrac{1}{2}P \cdot \sin\theta$ ② $\dfrac{3}{2}P \cdot \cos\theta$
③ $\dfrac{3}{2}P \cdot \sin\theta$ ④ $\dfrac{3}{2}P \cdot \csc\theta$

해설

트러스의 부재력 산정
좌우대칭이므로 B 지점의 수직반력
$V_B = \dfrac{\left(P + P + P + \dfrac{P}{2} + \dfrac{P}{2}\right)}{2} = 2P$ 이다.
따라서 수직력의 평형조건식을 이용해
$\Sigma V_B = N_S \times \sin\theta + \dfrac{P}{2} - 2P = 0$
∴ $N_S = \dfrac{3}{2}P \times \dfrac{1}{\sin\theta} = \dfrac{3}{2}P \times \csc\theta$

144 그림과 같은 트러스에서 부재 U의 부재력은?

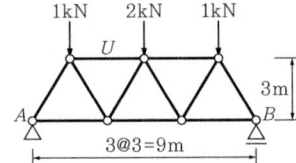

① 1.0kN(압축) ② 1.2kN(압축)
③ 1.3kN(압축) ④ 1.5kN(압축)

해설

㉠ $R_A = R_B = \dfrac{1+2+1}{2} = 2\text{kN}(\uparrow)$

㉡ $\sum M_C = 2 \times 3 - 1 \times 1.5 + U \times 3 = 0$
∴ $U = -1.5\text{kN}(\text{압축})$

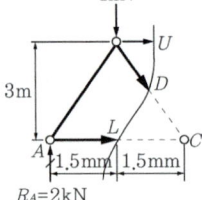

---

145 그림과 같은 트러스의 U, V, L부재의 부재력은 각각 몇 kN인가? (단, −는 압축력, +는 인장력)

[산13,20]

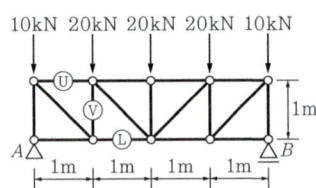

① $U = -30\text{kN}$, $L = 30\text{kN}$, $V = -30\text{kN}$
② $U = 30\text{kN}$, $L = 30\text{kN}$, $V = 30\text{kN}$
③ $U = -30\text{kN}$, $L = -30\text{kN}$, $V = 30\text{kN}$
④ $U = 30\text{kN}$, $L = -30\text{kN}$, $V = -30\text{kN}$

해설

트러스의 부재력 계산(절단법)

(1) 트러스구조물이 대칭이고 하중 또한 대칭이므로 A지점의 반력은
$V_A = \dfrac{(10+20+20+20+10)}{2} = 40\text{kN}(\uparrow)$

(2) 부재 V의 상부 절점을 C, 하부 절점을 D라고 하자. 부재 U, V, L을 지나가도록 절단하고, 각 부재력을 모두 인장력으로 가정하면
$\sum M_D = 0$, $V_A \times 1 - 10 \times 1 + N_U \times 1 = 0$
∴ $N_U = -30\text{kN}(\leftarrow)$

(3) 수직력의 평형방정식에서
$\sum V = 0$, $V_A + N_V - 10 = 0$
∴ $N_V = -30\text{kN}(\downarrow)$

(4) $\sum M_C = 0$, $V_A \times 1 - 10 \times 1 - N_L \times 1 = 0$
∴ $N_L = 30\text{kN}(\rightarrow)$

---

146 정정트러스의 L_2 부재력 중 옳은 것은?

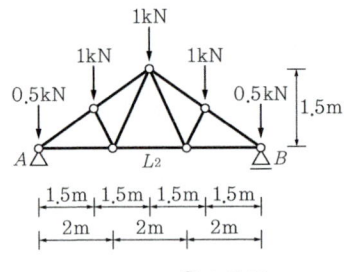

① 1kN ② 1.5kN
③ 2kN ④ 2.5kN

해설

(1) 하중과 경간이 좌우대칭이므로 ∴ $V_A = +2\text{kN}(\uparrow)$

(2) L_2 부재의 부재력을 구하기 위해 최상단 중앙점 C에서 모멘트를 계산한다.
$\sum M_C = 0 : +(2)(3) - (0.5)(3) - (1)(1.5) - (L_2)(1.5) = 0$
∴ $L_2 = +2\text{kN}(\text{인장})$

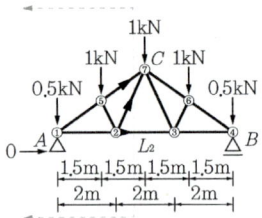

---

147 그림과 같은 트러스에서 응력이 일어나지 않는 부재 수는?

[산17]

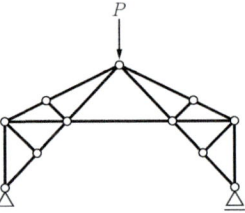

① 4개 ② 6개
③ 8개 ④ 10개

해설

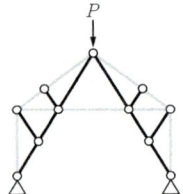

정답 144 ④ 145 ① 146 ③ 147 ④

148 그림과 같은 트러스가 절점 C 및 D에서 하중을 지지하고 있다. 이 트러스에서 응력이 발생하지 않는 부재는 어느 것인가? [기10]

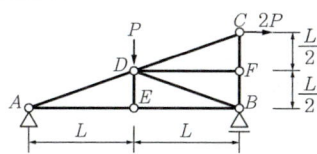

① DF
② DE 및 DB
③ DE 및 DF
④ DE, DB 및 DF

[해설]
(1) 절점 E에서 수직하중이 없으므로 DE부재는 0부재이다.
(2) 절점 F에서 수평하중이 없으므로 DF부재는 0부재이다.

149 다음 트러스구조물에서 부재력이 0이 되는 부재의 개수는? [기18]

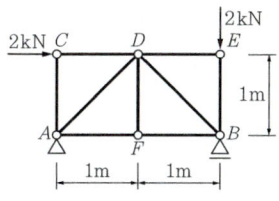

① 1개
② 2개
③ 3개
④ 4개

[해설]
부재력이 0인 부재

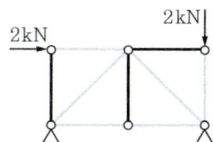

150 그림과 같은 트러스에서 부재에 부재력이 생기지 않는 부재의 수는?

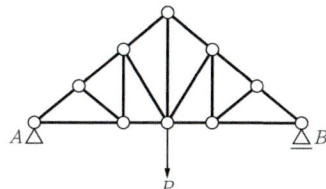

① 2개
② 4개
③ 6개
④ 8개

[해설]
부재력이 0인 부재

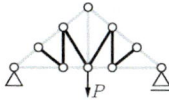

151 그림과 같은 캔틸레버형 트러스에서 CE부재의 부재력값으로 맞는 것은? (단, 트러스 자체의 무게는 무시한다.) [산06]

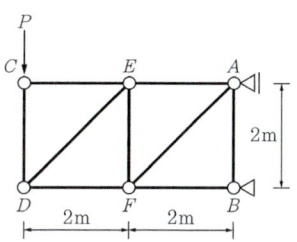

① 0
② $\dfrac{1}{2}P$
③ $\dfrac{1}{\sqrt{2}}$
④ $\dfrac{\sqrt{2}}{2}P$

[해설]
부재력이 0인 부재

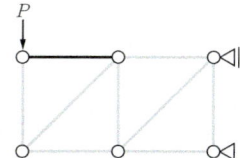

06. 단면의 성질

152 그림과 같은 T형 단면의 X축에 대한 단면1차모멘트는? [산10]

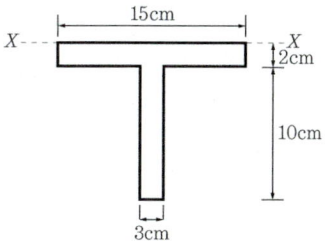

① 200cm^3
② 220cm^3
③ 240cm^3
④ 260cm^3

정답 148 ③ 149 ③ 150 ③ 151 ① 152 ③

해설

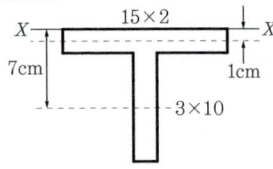

$G_x = A \cdot y_0 = (15 \times 2)(-1) + (3 \times 10)(-7) = -240 \text{cm}^3$

153 다음 도형의 x축에 대한 단면1차모멘트는?

[산12]

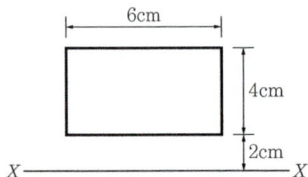

① 48cm^3 ② 72cm^3
③ 96cm^3 ④ 144cm^3

해설

단면1차모멘트 산정
단면1차모멘트 $G_x = A \times y_0$
$G_x = 6 \times 4 \times 4 = 96\text{cm}^3$

154 그림과 같은 단면의 X축에 대한 단면1차모멘트는?

[산13]

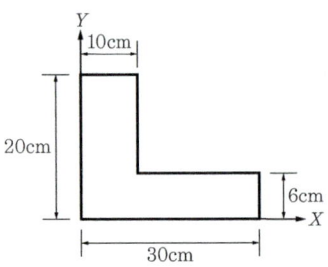

① $2,160\text{cm}^3$ ② $2,260\text{cm}^3$
③ $2,360\text{cm}^3$ ④ $2,460\text{cm}^3$

해설

단면1차모멘트 계산
$G_x = A_0 y_0 = A_1 y_1 + A_2 y_2 = 10 \times 20 \times 10 + 20 \times 6 \times 3$
$= 2,360 \text{cm}^3$

155 그림과 같은 도형의 x, y축에 대한 단면1차모멘트는?

[산03,08]

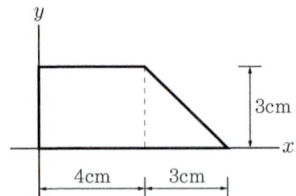

① $G_x = 20.5\text{cm}^3$, $G_y = 44.5\text{cm}^3$
② $G_x = 22.5\text{cm}^3$, $G_y = 46.5\text{cm}^3$
③ $G_x = 22.5\text{cm}^3$, $G_y = 44.5\text{cm}^3$
④ $G_x = 20.5\text{cm}^3$, $G_y = 46.5\text{cm}^3$

해설

(1) $G_x = A \cdot y_0 = (4 \times 3)(1.5) + \left(\frac{1}{2} \times 3 \times 3\right)(1) = 22.5\text{cm}^3$
(2) $G_y = A \cdot x_0 = (4 \times 3)(2) + \left(\frac{1}{2} \times 3 \times 3\right)(5) = 46.5\text{cm}^3$

156 그림과 같이 빗금 친 도형의 밑변을 지나는 $X-X$ 축에 대한 단면1차모멘트의 값은?

[산01,06,08,19]

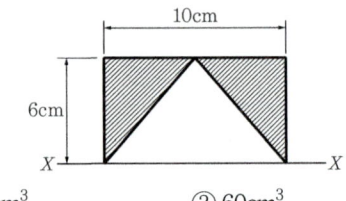

① 30cm^3 ② 60cm^3
③ 120cm^3 ④ 180cm^3

해설

단면1차모멘트
문제의 그림에서 사각형을 A_1,
삼각형을 A_2라고 하면,
$G_x = A_1 y_1 - A_2 y_2 = 6 \times 10 \times 3 - \left(\frac{1}{2} \times 6 \times 10 \times 6 \times \frac{1}{3}\right)$
$= 120\text{cm}^3$

정답 153 ③ 154 ③ 155 ② 156 ③

157 그림과 같은 짙은 색 영역의 도형에 대한 도심 위치는 밑변으로부터 얼마인가? [산12]

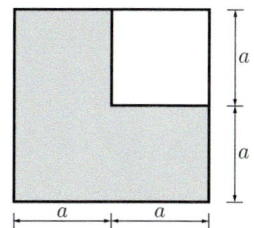

① $\dfrac{5}{6}a$ ② $\dfrac{5}{8}a$

③ $\dfrac{3}{6}a$ ④ $\dfrac{3}{8}a$

해설

$y_0 = \dfrac{G_x}{A} = \dfrac{(2a \cdot 2a)(a) - (a \cdot a)\left(\dfrac{3a}{2}\right)}{(2a \cdot 2a) - (a \cdot a)} = \dfrac{5}{6}a$

158 그림과 같은 단면의 밑면에서 도심까지 거리 y_0는? [산14]

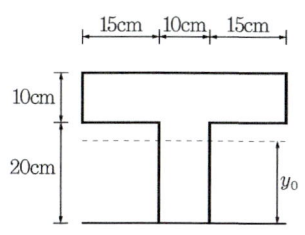

① 25cm   ② 20cm
③ 18cm   ④ 15cm

해설

$y_0 = \dfrac{G_x}{A} = \dfrac{(40 \times 10)(25) + (10 \times 20)(10)}{(40 \times 10) + (10 \times 20)} = 20\text{cm}$

159 그림과 같은 도형의 도심 위치 x_o의 값으로 옳은 것은? [산18]

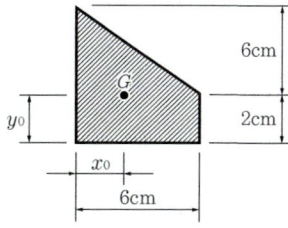

① 2.4cm   ② 2.5cm
③ 2.6cm   ④ 2.7cm

해설

$x_0 = \dfrac{G_y}{A} = \dfrac{(6 \times 2)(3) + \left(\dfrac{1}{2} \times 6 \times 6\right)(2)}{(6 \times 2)\left(\dfrac{1}{2} \times 6 \times 6\right)} = 2.4\text{cm}$

160 다음과 같은 단면에서 X-X축으로부터 도심의 위치를 구하면? [산15]

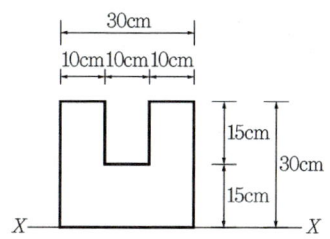

① 13.0 cm   ② 13.5 cm
③ 14.0 cm   ④ 14.5 cm

해설

$y_0 = \dfrac{G_x}{A} = \dfrac{(30 \times 30)(15) - (10 \times 15)\left(15 + \dfrac{15}{2}\right)}{(30 \times 30) - (10 \times 15)} = 13.5\text{cm}$

161 그림과 같은 T자형 단면에서 x축으로부터 단면의 중심 G점까지 거리 y_0는? [기00,14]

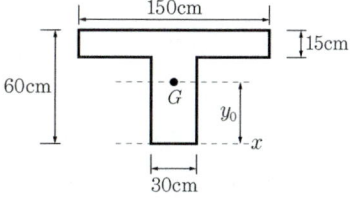

① 15cm   ② 30cm
③ 37.5cm   ④ 41.25cm

해설

$y_0 = \dfrac{G_x}{A} = \dfrac{(150 \times 15)(52.5) + (30 \times 45)(22.5)}{(150 \times 15) + (30 \times 45)} = 41.25\text{cm}$

정답 157 ①   158 ②   159 ①   160 ②   161 ④

162 그림과 같은 단면의 X, Y축으로부터 도심까지의 거리(X_o, Y_o)는? (단, 단위는 cm임) [기|05,09,13]

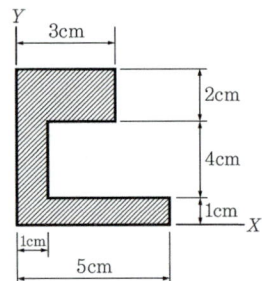

① (1.37, 3.17)   ② (1.57, 3.37)
③ (3.17, 1.37)   ④ (3.37, 1.57)

해설

단면1차모멘트를 이용한 도심 산정
(1) (1×7), (2×2), (4×1)로 구분하여 더한다.

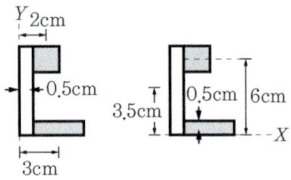

(2) $X_0 = \dfrac{G_y}{A} = \dfrac{(1\times 7)(0.5)+(2\times 2)(2)+(4\times 1)(3)}{(1\times 7)+(2\times 2)+(4\times 1)}$
$= 1.57$cm

(3) $Y_0 = \dfrac{G_x}{A} = \dfrac{(1\times 7)(3.5)+(2\times 2)(6)+(4\times 1)(3)}{(1\times 7)+(2\times 2)+(4\times 1)}$
$= 3.37$cm

163 그림과 같은 도형의 도심 위치 y_0의 값은? [산11]

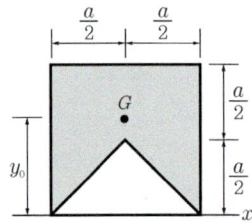

① $\dfrac{11}{12}a$ ② $\dfrac{11}{14}a$
③ $\dfrac{11}{16}a$ ④ $\dfrac{11}{18}a$

해설

$y_0 = \dfrac{G_x}{A} \dfrac{(a\cdot a)\left(\dfrac{a}{2}\right)-\left(\dfrac{1}{2}\cdot a\cdot \dfrac{a}{2}\right)\left(\dfrac{a}{6}\right)}{(a\cdot a)-\left(\dfrac{1}{2}\cdot a\cdot \dfrac{a}{2}\right)} = \dfrac{11}{18}a$

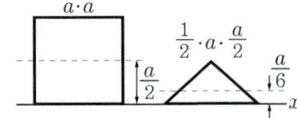

164 그림과 같은 옹벽에 토압 10kN이 가해지는 경우 이 옹벽이 전도되지 않기 위해서는 어느 정도의 자중(自重)을 필요로 하는가? [기|12,18]

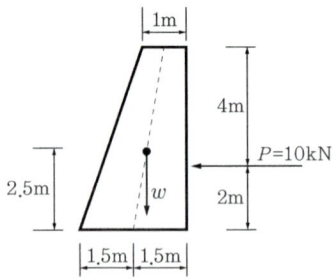

① 12.71kN   ② 11.71kN
③ 10.44kN   ④ 9.71kN

해설

(1)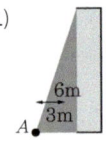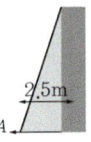

옹벽의 앞 모서리 부분 A점에서 옹벽의 도심까지 거리는

$x_0 = \dfrac{G_y}{A} = \dfrac{\left(\dfrac{1}{2}\times 2\times 6\right)\left(2\times \dfrac{2}{3}\right)+(1\times 6)\left(2+1\times \dfrac{1}{2}\right)}{\left(\dfrac{1}{2}\times 2\times 6\right)+(1\times 6)}$

$= 1.916$m

(2) A점에서의 전도(Overturn)를 고려하여 회전력을 계산하면
$(W)(1.916) > (10)(2)$
∴ $W > 10.438$kN

165 그림과 같은 도형의 X축에 대한 단면2차모멘트는? (단, G는 도형의 도심) [산15]

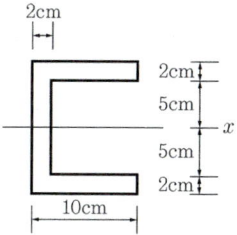

① $\dfrac{bh^3}{2}$ ② $\dfrac{bh^3}{18}$

③ $\dfrac{bh^3}{24}$ ④ $\dfrac{bh^3}{36}$

해설

도형별 단면2차모멘트
간단한 도형의 도심축에 대한 단면2차모멘트

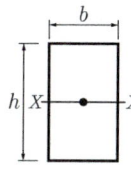 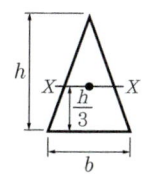

$I_x = \dfrac{bh^3}{12}$ $I_x = \dfrac{bh^3}{36}$

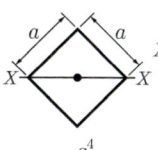 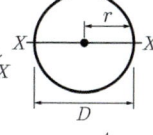

$I_x = \dfrac{a^4}{12}$ $I_x = \dfrac{\pi D^4}{64} = \dfrac{\pi r^3}{4}$

166 그림에서 음영된 삼각형 단면의 X축에 대한 단면2차모멘트는 얼마인가?

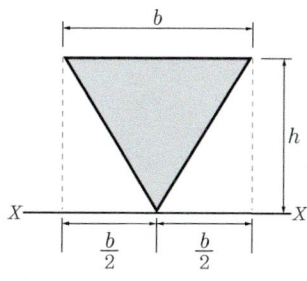

① $\dfrac{bh^3}{4}$ ② $\dfrac{bh^3}{5}$

③ $\dfrac{bh^3}{6}$ ④ $\dfrac{bh^3}{8}$

해설

$I_x = \dfrac{bh^3}{4}$

167 그림과 같은 단면에서 x축에 대한 단면2차모멘트는? [기20]

① 1,420 cm⁴ ② 1,520 cm⁴
③ 1,620 cm⁴ ④ 1,720 cm⁴

해설

$I_x = \dfrac{(10)(14)^3}{12} - \dfrac{(8)(10)^3}{12} = 1,620\,\text{cm}^4$

168 그림과 같이 빗금 친 박스형 단면의 x축에 대한 단면2차모멘트는? (단, 단면의 두께 t는 2cm로 4변 모두 일정하다.) [산15]

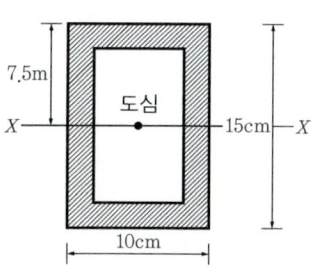

① 2,095cm⁴ ② 2,147cm⁴
③ 2,264cm⁴ ④ 2,336cm⁴

해설

$I_x = \dfrac{BH^3}{12} - \dfrac{bh^3}{12} = \dfrac{10 \times 15^3}{12} - \dfrac{6 \times 11^3}{12} = 2,147\,\text{cm}^4$

정답 165 ④ 166 ① 167 ③ 168 ②

169 X-X축에 대한 단면2차모멘트를 구하면? [기16]

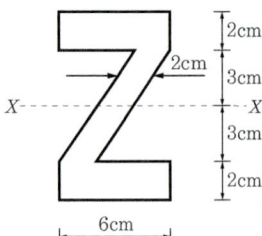

① 76cm⁴ ② 258cm⁴
③ 428cm⁴ ④ 500cm⁴

> **해설**

축 이동에 대한 단면2차모멘트
$I_X = I_x + A \cdot y_0^2$ 에서
$I_X = I_x - A \cdot y_0^2$
$I_x = \dfrac{bh^3}{12} - \left[\dfrac{bh^3}{36} + A \cdot e^2\right] \times 2개$
$= \dfrac{(6)(10)^3}{12} - \left[\dfrac{(4)(6)^3}{36} + \left(\dfrac{1}{2} \times 4 \times 6\right)(1)^2\right] \times 2개 = 428\text{cm}^4$

---

170 다음 그림과 같은 도형의 X축에 대한 단면2차모멘트는? [기13]

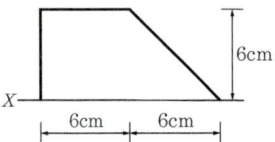

① 220cm⁴ ② 240cm⁴
③ 440cm⁴ ④ 540cm⁴

> **해설**

$I_X = I_x + A \cdot y_0^2$ 사각형과 삼각형으로 구분하여 축 이동 후 더한다.
$I_x = \left[\dfrac{(6)(6)^3}{12} + (6) \times (6)(3)^2\right] + \left[\dfrac{(6)(6)^3}{36} + \left(\dfrac{1}{2} \times 6 \times 6\right)(2)^2\right]$
$= 540\text{cm}^4$

---

171 그림과 같은 삼각형의 밑변을 지나는 X축에 대한 단면2차모멘트는? [산14]

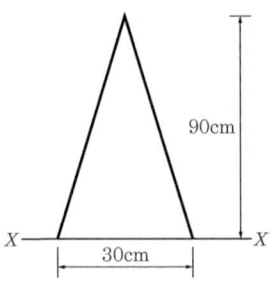

① 607,500cm⁴ ② 1,215,000cm⁴
③ 1,822,500cm⁴ ④ 3,645,000cm⁴

> **해설**

단면2차모멘트 계산
$I_X = I_x + A \cdot y_0^2 = \dfrac{bh^3}{36} + \dfrac{bh}{2} \times \left(\dfrac{h}{3}\right)^2$
$= \dfrac{30 \times 90^3}{36} + \dfrac{30 \times 90}{2} \times \left(\dfrac{90}{3}\right)^2$
$= 607,500 + 1,215,000$
$= 1,822,500\text{cm}^4$

---

172 그림과 같은 도형의 X-X축에 대한 단면2차모멘트는? [기19]

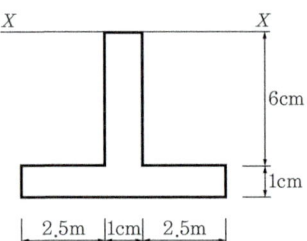

① 326cm⁴ ② 278cm⁴
③ 215cm⁴ ④ 188cm⁴

> **해설**

(1) $I_X = I_x + A \cdot y_0^2$
(2) $I_X = \left[\dfrac{(1)(6)^3}{12} + (1 \times 6)(3)^2\right] + \left[\dfrac{(6)(1)^3}{12} + (6 \times 1)(6.5)^2\right]$
$= 326\text{cm}^4$

정답 169 ③ 170 ④ 171 ③ 172 ①

173 그림에서 Y축에 대한 단면2차모멘트는? [산17]

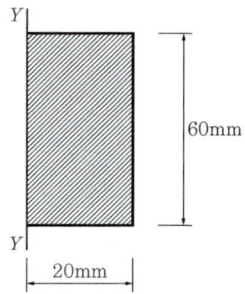

① 60,000mm^4
② 90,000mm^4
③ 160,000mm^4
④ 200,000mm^4

해설

단면2차모멘트 계산

$I_Y = I_y + Ax_0^2$ (I_y : 도심축의 단면2차모멘트)

$I_Y = \dfrac{60(20)^3}{12} + (20)(60)(10)^2 = 160,000\text{mm}^4$

---

174 다음 그림과 같은 단면의 X축과 Y축에 대한 단면2차모멘트의 값은? (단, 그림의 점선은 단면의 중심축임) [산19]

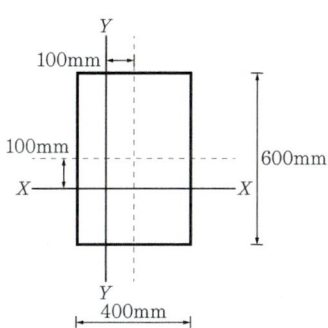

① X축: $72×10^8$mm^4, Y축: $32×10^8$mm^4
② X축: $96×10^8$mm^4, Y축: $56×10^8$mm^4
③ X축: $144×10^8$mm^4, Y축: $64×10^8$mm^4
④ X축: $288×10^8$mm^4, Y축: $128×10^8$mm^4

해설

(1) $I_X = \dfrac{400 \times 600^3}{12} + (400 \times 600)(100)^2$
    $= 96 \times 10^8$ mm^4

(2) $I_Y = \dfrac{600 \times 400^3}{12} + (600 \times 400)(100)^2 = 56 \times 10^8$ mm^4

---

175 그림과 같은 원형단면의 x축에 대한 단면2차모멘트 값은? [산13]

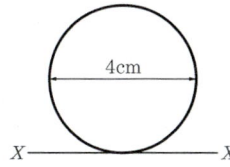

① 20π cm^4
② 30π cm^4
③ 40π cm^4
④ 50π cm^4

해설

단면2차모멘트 계산

(1) $I_X = I_x + A \cdot y_0^2$

(2) $I_X = \dfrac{\pi D^4}{64} + \dfrac{\pi D^2}{4}\left(\dfrac{D}{2}\right)^2 = \dfrac{\pi D^4}{64} + \dfrac{\pi D^4}{16} = \dfrac{5\pi D^4}{64}$

∴ $I_X = \dfrac{5\pi D^4}{64} = \dfrac{5 \times \pi \times (4)^4}{64} = 20\pi$ cm^4

---

176 단면2차모멘트를 적용하여 구하는 것이 아닌 것은? [산17]

① 단면계수와 단면2차반경의 계산
② 단면의 도심계산
③ 휨응력도
④ 처짐량계산

해설

단면의 도심

$x_0 = \dfrac{G_y}{A}$ $y_0 = \dfrac{G_x}{A}$

---

177 단면계수 및 단면2차반지름에 관한 설명 중 틀린 것은? [산15]

① 단면2차반지름은 도심축에 대한 단면2차모멘트를 단면적으로 나눈 값의 제곱근이다.
② 단면계수가 큰 단면이 휨에 대한 저항성이 작다.
③ 단면계수 단위는 cm^3, m^{3}이며 부호는 항상 (+)이다.
④ 단면2차반지름은 좌굴에 대한 저항값을 나타낸다.

정답 173 ③ 174 ② 175 ① 176 ② 177 ②

> [해설]

단면의 성질(휨 저항성)
② 단면계수가 큰 단면이 휨에 대한 저항이 크다.

$$\sigma = \frac{M}{Z} \rightarrow M = \sigma \times Z$$

178 그림과 같은 단면의 단면계수는 얼마인가? [기03,04]

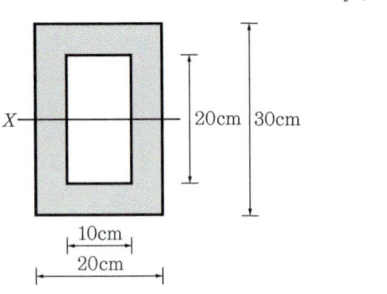

① 2,333cm³ ② 2,555cm³
③ 38,333cm³ ④ 45,000cm³

> [해설]

$$Z = \frac{I}{y} = \frac{\frac{(20)(30)^3}{12} - \frac{(10)(20)^3}{12}}{(15)} = 2,555.6\,\text{cm}^3$$

179 그림과 같은 단면의 x축에 대한 단면계수값으로서 옳은 것은? [기16]

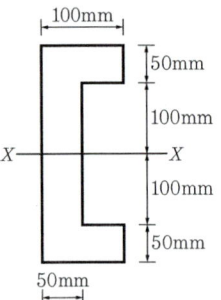

① 1.278 × 10⁶mm³ ② 1.298 × 10⁶mm³
③ 1.378 × 10⁶mm³ ④ 1.398 × 10⁶mm³

> [해설]

$$Z = \frac{I}{y} = \frac{\left(\frac{1}{12}(100 \times 300^3 - 50 \times 200^3)\right)}{(150)}$$
$$= 1.27778 \times 10^6\,\text{mm}^3$$

180 반지름 r인 원형단면의 도심축에 대한 단면계수의 값으로 옳은 것은? [산20]

① $\dfrac{\pi r^3}{12}$ ② $\dfrac{\pi r^3}{4}$

③ $\dfrac{\pi r^3}{2}$ ④ πr^3

> [해설]

원형단면의 도심축에 대한 단면계수

- 지름 D : $Z = \dfrac{\pi D^3}{32}$
- 반지름 r : $Z = \dfrac{\pi r^3}{4}$

181 지름 32cm의 원형단면에서 도심축에 대한 단면계수 z는? [기06]

① $\dfrac{32^2}{4}\pi\,\text{cm}^3$ ② $\dfrac{32^2}{64}\pi\,\text{cm}^3$

③ $32^2\pi\,\text{cm}^3$ ④ $\dfrac{32^2}{2}\pi\,\text{cm}^3$

> [해설]

$$Z = \frac{\pi D^3}{32} = \frac{\pi (32) 63}{32} = 32^2 \pi\,\text{cm}^3$$

182 다음 그림과 같은 중공형단면의 단면계수를 구하면? [산11]

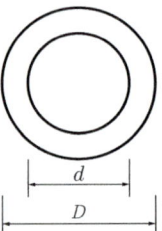

① $\dfrac{\pi d^3}{32}$ ② $\dfrac{\pi D^3}{32}$

③ $\dfrac{\pi(D^4 + d^4)}{32}$ ④ $\dfrac{\pi(D^4 - d^4)}{32D}$

정답 178 ② 179 ① 180 ② 181 ③ 182 ④

해설

중공형단면의 단면계수

$$S=\frac{I_x}{y}=\frac{\frac{\pi D^4}{64}-\frac{\pi d^4}{64}}{\frac{D}{2}}=\frac{\frac{\pi(D^4-d^4)}{64}}{\frac{D}{2}}=\frac{\pi(D^4-d^4)}{32D}$$

183 그림과 같은 삼각형의 밑변을 축으로 하는 단면계수는?

[산10]

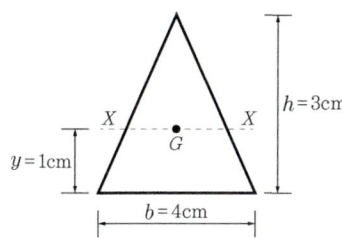

① 3cm^3 ② 4cm^3
③ 5cm^3 ④ 6cm^3

해설

$$Z_{Bottom}=\frac{I_X}{y_t}=\frac{\frac{bh^3}{36}}{\frac{h}{3}}=\frac{bh^2}{12}=\frac{(4)(3)^2}{12}=3\text{cm}^3$$

184 폭 b, 높이 h인 삼각형에서 밑변 축(X_1-X_1)에 대한 단면계수는 꼭짓점 축(X_2-X_2)에 대한 단면계수의 몇 배인가?

[산19]

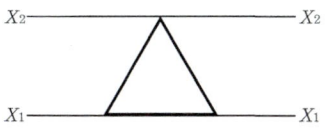

① 8배   ② 6배
③ 4배   ④ 2배

해설

삼각형 단면의 단면계수 계산
(1) X_1-X_1 축의 단면계수

$$Z_t=\frac{I_X}{y_t}=\frac{\frac{bh^3}{36}}{\frac{h}{3}}=\frac{bh^2}{12}$$

(2) X_2-X_2 축의 단면계수

$$Z_c=\frac{I_X}{y_c}=\frac{\frac{bh^3}{36}}{\frac{h}{3}}=\frac{bh^2}{24} \quad \therefore Z_t=2\times Z_c$$

185 그림과 같은 단면을 가진 보에서 A-A축에 대한 휨강도(Z_A)와 B-B축에 대한 휨강도(Z_B)의 관계를 옳게 나타낸 것은?

[산14]

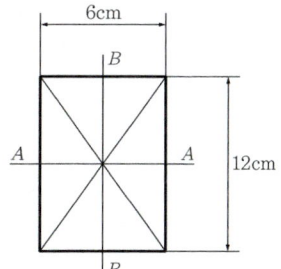

① $Z_A=1.5Z_B$ ② $Z_A=2.0Z_B$
③ $Z_A=2.5Z_B$ ④ $Z_A=3.0Z_B$

해설

축에 따른 단면계수 비교

$$Z_A=\frac{6(12)^2}{6},\ Z_B=\frac{12(6)^2}{6}$$

$$Z_A:Z_B=\frac{6(12)^2}{6}:\frac{12(6)^2}{6}=4:2=2:1$$

$$\therefore Z_A=2.0Z_B$$

186 한 변의 길이가 a인 정사각형 단면을 그림 [A] 및 [B]와 같이 놓았을 때 도형 [A] : [B]의 단면계수비로서 옳은 것은?

[산11]

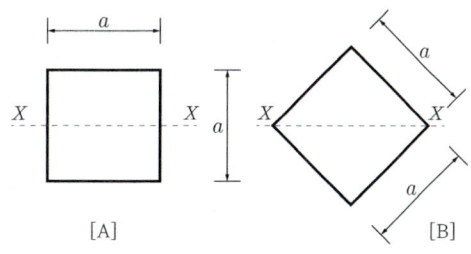

① $\sqrt{3}$: 1   ② $\sqrt{2}$: 1
③ 1 : $\sqrt{2}$ ④ 1 : $\sqrt{3}$

> [해설]

단면의 성질
모두 정사각형 단면이므로 $I_A = I_B$ 이고,
$Z_A = \dfrac{I_A}{\dfrac{a}{2}}$, $Z_B = \dfrac{I_B}{\dfrac{a\sqrt{2}}{2}}$ 이므로, $Z_A : Z_B = \sqrt{2} : 1$

187 그림에서 같은 H형강 H-300×150×6.5×9의 x-x축에 대한 단면계수값으로 옳은 것은?
(단, I_x =5,080,000mm⁴이다.) [기18]

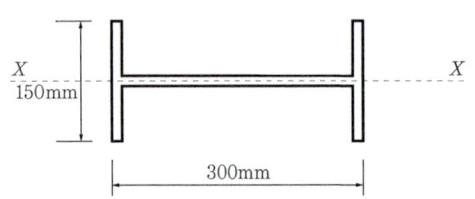

① 58,539mm³ ② 60,568mm³
③ 67,733mm³ ④ 71,384mm³

> [해설]

단면계수
$Z = \dfrac{I_x}{y} = \dfrac{(5,080,000)}{\left(\dfrac{150}{2}\right)} = 67,733\text{mm}^3$

188 그림과 같은 동일 단면적을 가진 A, B, C보의 휨강도비(A : B : D)를 구하면? [산16]

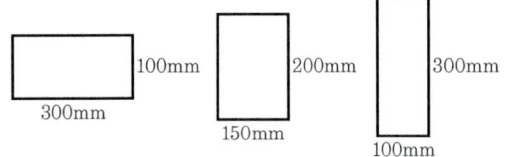

① 1 : 2 : 3 ② 1 : 2 : 4
③ 1 : 3 : 4 ④ 1 : 3 : 5

> [해설]

휨강도비
휨강도비는 단면계수비와 같음
100mm를 x라고 하면,
$Z_A = \dfrac{3x(x)^2}{6} = \dfrac{x^3}{2}$
$Z_B = \dfrac{1.5x(2x)^2}{6} = x^3$
$Z_C = \dfrac{x(3x)^2}{6} = \dfrac{3x^3}{2}$
$\therefore Z_A : Z_B : Z_C = 1 : 2 : 3$

189 단면의 성질계수와 용도를 연결한 것 중 서로 가장 거리가 먼 것은? [산11]

① 단면1차모멘트 - 단면의 도심
② 단면2차모멘트 - 처짐
③ 단면2차반경 - 단면의 주축
④ 단면계수 - 휨응력

> [해설]

단면의 성질계수와 용도
• 단면2차반경 : 세장비와 좌굴응력의 산정에 사용

190 다음 중 단면의 성질에 관한 설명이 잘못된 것은? [산03,12]

① 단면2차반경에 단면적을 곱하면 단면2차모멘트이다.
② 도심축에 대한 단면2차모멘트를 압축측 거리 또는 인장측 거리로 나눈 값을 단면계수라 한다.
③ 단면1차모멘트가 0인 점을 단면의 도심이라 하며, 도심은 그 단면의 면적 중심이 된다.
④ 단면계수의 단위는 cm³, m³ 등이며, 부호는 항상 (+)이다.

> [해설]

① 단면2차반경 $i = \sqrt{\dfrac{I}{A}}$ 이므로
$i^2 = \dfrac{I}{A}$ ∴ $I = i^2 \cdot A$

정답 187 ③ 188 ① 189 ③ 190 ①

191 그림에서 x축에 대한 단면2차반경은?

[기08,11, 산00,04]

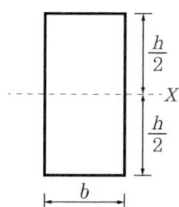

① $\dfrac{h}{2\sqrt{3}}$ ② $\dfrac{h}{\sqrt{3}}$

③ $\dfrac{2h}{\sqrt{3}}$ ④ $\dfrac{4h}{\sqrt{3}}$

해설

$i_x = \sqrt{\dfrac{I_x}{A}} = \sqrt{\dfrac{\dfrac{bh^3}{12}}{bh}} = \sqrt{\dfrac{h^2}{12}} = \dfrac{h}{2\sqrt{3}}$

192 그림과 같은 삼각형 단면에서 도심축 x에 대한 단면2차반경은?

[산00]

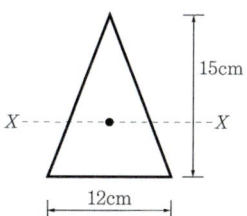

① 3.54cm   ② 4.67cm
③ 5.86cm   ④ 6.52cm

해설

$i = \sqrt{\dfrac{I_x}{A}} = \sqrt{\dfrac{\dfrac{(12)(15)^3}{36}}{\left(\dfrac{1}{2}\times 12\times 15\right)}} = 3.54\text{cm}$

193 그림에서 빗금 친 부분의 X축에 대한 단면2차반경은?

[산14]

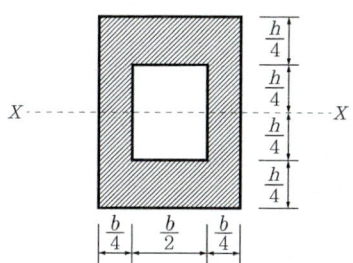

① $\dfrac{h}{4}\sqrt{\dfrac{5}{3}}$ ② $\dfrac{h}{4}\sqrt{\dfrac{3}{5}}$

③ $\dfrac{h}{2}\sqrt{\dfrac{5}{3}}$ ④ $\dfrac{h}{2}\sqrt{\dfrac{3}{5}}$

해설

단면2차반경 계산

$i = \sqrt{\dfrac{I_x}{A}} = \sqrt{\dfrac{\dfrac{bh^3}{12} - \dfrac{\dfrac{b}{2}\left(\dfrac{h}{2}\right)^3}{12}}{bh - \dfrac{b}{2}\times\dfrac{h}{2}}} = \sqrt{\dfrac{\dfrac{bh^3}{12} - \dfrac{bh^3}{192}}{bh - \dfrac{bh}{4}}}$

$= \sqrt{\dfrac{\dfrac{16bh^3}{192} - \dfrac{bh^3}{192}}{\dfrac{3bh}{4}}} = \sqrt{\dfrac{5h^2}{48}} = \dfrac{h}{4}\sqrt{\dfrac{5}{3}}$

194 그림과 같은 중공형단면에서 도심축에 대한 단면2차반지름은?

[산18]

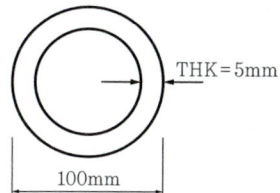

① 27.4mm   ② 33.6mm
③ 45.2mm   ④ 52.6mm

해설

단면2차반경 계산

$i = \sqrt{\dfrac{I}{A}} = \sqrt{\dfrac{\dfrac{\pi\times(100^4-90^4)}{64}}{\dfrac{\pi\times(100^2-90^2)}{4}}} = 33.63\text{mm}$

195 단면 각 부분의 미소면적 dA에 직교좌표 원점까지 거리 r의 제곱을 곱한 합계를 그 좌표에 대한 무엇이라 하는가? [산16]

① 단면극2차모멘트 ② 단면2차모멘트
③ 단면2차반경   ④ 단면 상승모멘트

해설
① 단면극2차모멘트에 대한 정의

196 그림과 같은 직사각형 단면에서 O점에 대한 단면 극2차모멘트 I_P의 값은? [기12]

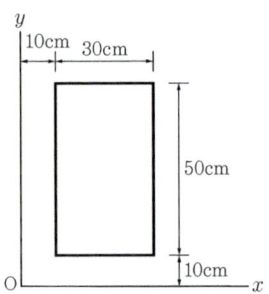

① 1,600,000cm^4 ② 2,400,000cm^4
③ 3,000,000cm^4 ④ 3,200,000cm^4

해설
$I_P = I_x + I_y$
$= \left[\dfrac{(30)(50)^3}{12} + (30\times50)(35)^2\right]$
$+ \left[\dfrac{(50)(30)^3}{12} + (50\times30)(25)^2\right]$
$= 3,200,000 \text{cm}^4$

197 단면의 성질에 대한 설명으로 틀린 것은?

① 단면2차모멘트의 값은 항상 0보다 크다.
② 도심축에 관한 단면1차모멘트의 값은 항상 0이다.
③ 단면 상승모멘트의 값은 항상 0보다 크거나 같다.
④ 단면2차극모멘트의 값은 항상 극을 원점으로 하는 두 직교좌표축에 대한 단면2차모멘트의 합과 같다.

해설
단면 상승모멘트는 부(−)의 값도 생길 수 있다.

198 다음 도형에서 단면 상승모멘트를 구한 값은?

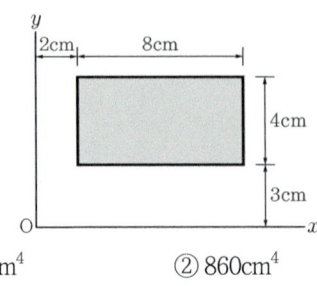

① 960cm^4 ② 860cm^4
③ 760cm^4 ④ 660cm^4

해설
$I_{xy} = A \cdot x_o \cdot y_o = (8\times4)(6-0)(5-0) = 960\text{cm}^4$

199 그림과 같은 직사각형 단면의 x축과 y축에 대한 단면 상승모멘트는? [산14]

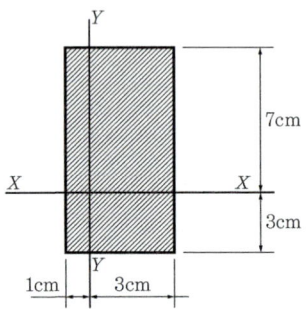

① 40cm^4 ② 80cm^4
③ 120cm^4 ④ 160cm^4

해설
단면 상승모멘트 계산
대칭도형이므로 $I_{XY} = Ax_0y_0 = 10\times4\times2\times1 = 80\text{cm}^4$

200 그림과 같은 단면의 x, y축에 대한 단면 상승모멘트 I_{xy}는 얼마인가? [기14]

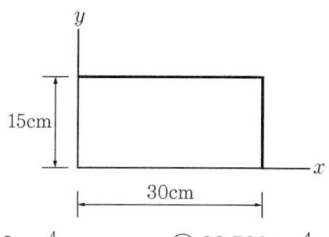

① 10,000 cm⁴ ② 22,500 cm⁴
③ 33,750 cm⁴ ④ 50,625 cm⁴

해설
$I_{xy} = A \cdot x_0 \cdot y_0 = (30 \times 15)(15-0)(7.5-0) = 50,625 \text{cm}^4$

201 각종 단면의 주축을 표시한 것으로 옳지 않은 것은? [기19]

① 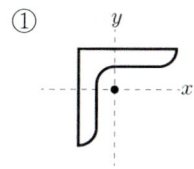 ②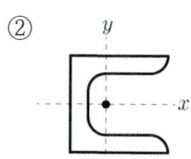

③ 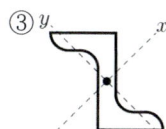 ④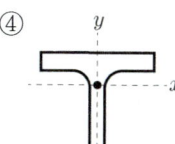

해설
L형강 단면의 주축(主軸, Principal Axis)

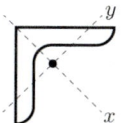

07. 재료의 역학적 성질

202 인장력 P=30kN을 받을 수 있는 원형강봉의 단면적은? (단, 강재의 허용인장응력은 160MPa이다.) [산20]

① 1.875mm² ② 18.75mm²
③ 187.5mm² ④ 1875mm²

해설
$\sigma = \dfrac{P}{A}$ 에서 → $A = \dfrac{P}{\sigma} = \dfrac{30,000}{160} = 187.5 \text{mm}^2$

203 그림과 같은 지름 32mm의 원형 막대에 40kN의 인장력이 작용할 때 부재단면에 발생하는 인장응력도는? [산18]

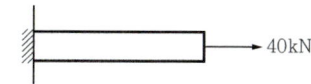

① 39.8MPa ② 49.8MPa
③ 59.8MPa ④ 69.8MPa

해설
$\sigma = \dfrac{P}{A} = \dfrac{P}{\dfrac{\pi d^2}{4}} = \dfrac{40 \times 10^3}{\dfrac{\pi \times (32)^2}{4}} = 49.7 \text{MPa}$

204 1변의 길이가 각각 50mm(A), 100mm(B)인 두 개의 정사각형 단면에 동일한 압축하중 P가 작용할 때 압축응력도의 비(A : B)는? [기18]

① 2 : 1 ② 4 : 1
③ 8 : 1 ④ 16 : 1

해설
$\sigma_A = \dfrac{P}{A} = \dfrac{P}{(50 \times 50)} = \dfrac{P}{2,500}$
$\sigma_B = \dfrac{P}{A} = \dfrac{P}{(100 \times 100)} = \dfrac{P}{10,000}$
$\sigma_A : \sigma_B = \dfrac{P}{2,500} : \dfrac{P}{10,000} = 4 : 1$

205 10kN의 압축력이 작용하는 한 변이 a인 정사각형 단면에 40MPa의 압축응력(σ_C)이 발생하였을 때 a의 길이는? [기13]

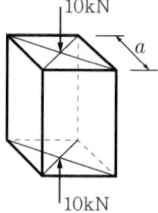

① $3\sqrt{10}$ mm ② $4\sqrt{10}$ mm
③ $5\sqrt{10}$ mm ④ $6\sqrt{10}$ mm

해설

$\sigma_C = \dfrac{P}{A} = \dfrac{(10\times10^3)}{(a\cdot a)} = 40\text{N/mm}^2$ 으로부터 $a = 5\sqrt{10}\,\text{mm}$

206 철선의 길이 $\ell=1.5\text{m}$에 인장하중을 가하여 길이가 1.5009m로 늘어났을 때 변형률(ε)은? [산16,20]

① 0.0003 ② 0.0005
③ 0.0006 ④ 0.0008

해설
변형률
$E = \dfrac{\Delta L}{L} = \dfrac{0.0009}{1.5} = 0.0006$

207 단면적 A, 길이 ℓ인 탄성체에 축방향력 P가 작용하여 $\Delta\ell$만큼 늘어났다. 이때 응력도, 변형률, 탄성계수를 각각 σ, ε, E라 한다면 다음 관계식 중 옳지 않은 것은? [산11]

① $\varepsilon = \dfrac{\sigma}{E}$ ② $E = \dfrac{\ell\sigma}{\Delta\ell}$

③ $P = \dfrac{\ell A E}{\Delta\ell}$ ④ $P = \varepsilon A E$

해설

탄성계수(E) $= \dfrac{\sigma}{\varepsilon} = \dfrac{\frac{P}{A}}{\frac{\Delta\ell}{\ell}} = \dfrac{P\ell}{A\Delta\ell}$, $P = \dfrac{EA\Delta\ell}{\ell}$

208 부재길이가 3.5m이고, 지름이 16mm인 원형단면 강봉에 3kN의 축하중을 가하여 강봉이 재축방향으로 2.2mm 늘어났을 때 이 재료의 탄성계수 E는? [산03,18]

① 17,763MPa ② 18,965MPa
③ 21,762MPa ④ 23,738MPa

해설

탄성계수 계산 $E = \dfrac{P\cdot L}{\Delta L \cdot A}$

$E = \dfrac{3\times10^3 \times 3.5\times10^3}{2.2 \times \dfrac{\pi(16)^2}{4}}$

$= 23,738\text{N/mm}^2 = 23,737.6\times10^5\text{MPa}$

209 단면이 100×100mm, 길이가 1m인 기둥에 100kN의 압축력을 가했더니 1mm가 줄어들었다. 이 각재의 탄성계수는? [산04,12]

① 10MPa   ② 100MPa
③ 1,000MPa ④ 10,000MPa

해설
탄성계수 계산

$E = \dfrac{\sigma}{\varepsilon} = \dfrac{\frac{P}{A}}{\frac{\Delta L}{L}} = \dfrac{P l}{A \Delta l}$

$E = \dfrac{100,000 \times 1,000}{100 \times 100 \times 1} = 10,000\text{N/mm}^2$
$= 10,000\text{MPa} = 10\text{GPa}$

210 그림과 같은 단면의 강재에 100kN의 하중을 작용시켰을 때 5mm가 늘어났다. 이때의 탄성계수는? [산10]

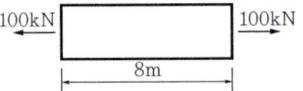

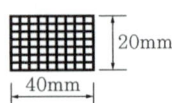

① $E = 180,000\text{MPa}$ ② $E = 200,000\text{MPa}$
③ $E = 210,000\text{MPa}$ ④ $E = 240,000\text{MPa}$

해설

$E = \dfrac{P\cdot L}{A\cdot \Delta L} = \dfrac{(100\times10^3)(8\times10^2)}{(40\times20)(5)} = 200,000\text{N/mm}^2$
$= 200,000\text{MPa}$

211 무근콘크리트 기둥이 축방향력을 받아 재축방향으로 0.5mm 변형하였다. 좌굴을 고려하지 않을 경우 축방향력은? (단, 단면 400×400mm, 길이 4m, 콘크리트탄성계수는 $2.1\times10^4\text{MPa}$임.) [산12.15]

① 300kN ② 360kN
③ 420kN ④ 480kN

해설

$E = \dfrac{Pl}{A\Delta L}$ 에서 $P = \dfrac{EA\Delta l}{L}$ 이므로

$P = \dfrac{2.1 \times 10^4 \times 400 \times 400 \times 0.5}{4,000} \times 10^{-3}$

$= 420,000\text{N} = 420\text{kN}$

212 직경이 50mm이고, 길이가 2m인 강봉에 100kN의 축방향 인장력이 작용할 때 이 강봉의 재축방향 변형량은? (단, 강봉의 탄성계수 $E = 2.0 \times 10^5$MPa) [산08,10,16,20]

① 0.51mm ② 1.12mm
③ 1.53mm ④ 2.04mm

해설

변형량 계산

$\Delta L = \dfrac{PL}{EA} = \dfrac{400,000 \times 2,000}{2 \times 10^5 \times \dfrac{\pi(50)^2}{4}} = 0.51\text{mm}$

213 지름 10mm, 길이 15m의 강봉에 무게 8kN의 인장력이 작용할 경우 늘어난 길이는? (단, $E_s = 2.0 \times 10^5$MPa) [산18]

① 4.32mm ② 5.34mm
③ 7.64mm ④ 9.32mm

해설

변형량 계산

$\Delta \ell = \dfrac{PL}{EA} = \dfrac{8,000 \times 15,000}{2.0 \times 10^5 \times \dfrac{\pi(10)^2}{4}} = 7.64\text{mm}$

214 직경(D) 30mm, 길이(L) 4m인 강봉에 90kN의 인장력이 작용할 때 인장응력(σ_t)과 늘어난 길이(ΔL)는 얼마인가? (단, 강봉의 탄성계수 $E = 200,000$MPa) [기14]

① $\sigma_t = 127.3$MPa, $\Delta L = 1.43$mm
② $\sigma_t = 127.3$MPa, $\Delta L = 2.55$mm
③ $\sigma_t = 132.5$MPa, $\Delta L = 1.43$mm
④ $\sigma_t = 132.5$MPa, $\Delta L = 2.55$mm

해설

(1) $\sigma_t = \dfrac{P}{A} = \dfrac{(90 \times 10^3)}{\left(\dfrac{\pi(30)^2}{4}\right)} = 127.324$MPa

(2) $\Delta L = \dfrac{PL}{EA} = \dfrac{(90 \times 10^3)(4 \times 10^3)}{(200,000)\left(\dfrac{\pi(30)^2}{4}\right)} = 2.546$mm

215 상단과 하단이 고정된 길이 6m, 단면적 1cm²인 강봉의 상단으로부터 2m 지점에 45kN의 하향 축력이 작용할 때 하중작용점의 변위는? (단, $E_s = 200,000$MPa) [기13]

① 3.0mm ② 3.5mm
③ 4.0mm ④ 4.5mm

해설

변위일치법
유연도(Flexibility)해석

(1) $R_B = P \cdot \dfrac{a}{L} = (45) \cdot \dfrac{(2)}{(6)} = 15$kN

(2) $\Delta L = \dfrac{Pl}{AE} = \dfrac{(15 \times 10^3)(4 \times 10^3)}{(200,000)(100)} = 3$mm

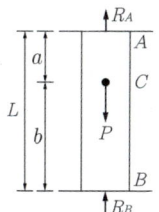

216 그림과 같이 양단이 고정된 강재부재에 온도가 $\Delta T = 30$℃증가될 때 이 부재에 발생되는 압축응력은 얼마인가? (단, 강재의 탄성계수 $E_s = 2.0 \times 10^5$MPa, 부재단면적은 5,000mm², 선팽창 계수 $\alpha = 1.2 \times 10^{-5}$/℃이다.) [기08,14,20]

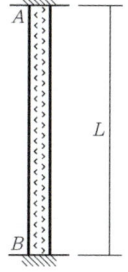

① 25MPa ② 48MPa
③ 64MPa ④ 72MPa

해설

온도응력

$\sigma_T = E \cdot \Delta T = (2.0 \times 10^5)(1.2 \times 10^{-5})(30)$

$= 72\text{N/mm}^2 = 72$MPa

217 지름 30mm, 길이 5m인 봉강에 50kN의 인장력이 작용하여 10mm 늘어났을 때의 인장응력 σ_t와 변형률 ε은? [산16]

① $\sigma_t = 56.45\text{MPa}, \varepsilon = 0.0015$
② $\sigma_t = 65.66\text{MPa}, \varepsilon = 0.0015$
③ $\sigma_t = 70.74\text{MPa}, \varepsilon = 0.0020$
④ $\sigma_t = 94.53\text{MPa}, \varepsilon = 0.0020$

해설

$\sigma_t = \dfrac{P}{A} = \dfrac{50,000}{\dfrac{\pi(30)^2}{4}} = 70.74\text{MPa}$

$\varepsilon = \dfrac{\Delta L}{L} = \dfrac{10}{5,000} = 0.002$

218 그림과 같은 콘크리트 원통에 300kN이 작용하여 $\Delta L = 0.16\text{mm}$ 줄어들었고, $\Delta d = 0.1\text{mm}$가 늘어났을 때 탄성계수 E와 푸아송비는? [기03,09]

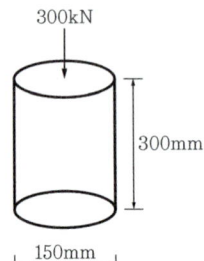

① 31,830MPa, 0.25
② 31,830MPa, 0.125
③ 37,630MPa, 0.25
④ 37,630MPa, 0.125

해설

(1) $E = \dfrac{P \cdot L}{A \cdot \Delta L} = \dfrac{(300 \times 10^3)(300)}{\left(\dfrac{\pi(150)^2}{4}\right)(0.16)}$
$= 31,831\text{N/mm}^2 = 31,831\text{MPa}$

(2) $D = \dfrac{\beta}{\varepsilon} = \dfrac{\dfrac{\Delta d}{d}}{\dfrac{\Delta l}{l}} = \dfrac{l \cdot \Delta d}{d \cdot \Delta l}$
$= \dfrac{(300)(0.01)}{(150)(0.16)} = 0.125$

219 단면의 지름이 150mm, 재축방향 길이가 300mm인 원형강봉의 윗면에 300kN의 힘이 작용하여 재축방향 길이가 0.16mm 줄어들었고, 단면의 지름이 0.02mm 늘어났다면 이 강봉의 탄성계수 E와 푸아송비는? [기20]

① 31,830MPa, 0.25
② 31,830MPa, 0.125
③ 39,630MPa, 0.25
④ 39,630MPa, 0.125

해설

(1) 탄성계수
$E = \dfrac{P \cdot L}{A \cdot \Delta L} = \dfrac{(300 \times 10^3)(300)}{\left(\dfrac{\pi(150)^2}{4}\right)(0.16)} = 31,831\text{N/mm}^2$
$= 31,831\text{MPa}$

(2) 푸아송비
$v = \dfrac{\varepsilon'}{\varepsilon} = \dfrac{\dfrac{\Delta D}{D}}{\dfrac{\Delta L}{L}} = \dfrac{L \cdot \Delta D}{D \cdot \Delta L} = \dfrac{(300)(0.02)}{(150)(0.16)} = 0.25$

220 직경 2.2cm, 길이 50cm의 강봉에 축방향 인장력을 작용시켰더니 길이는 0.04cm 늘어났고 직경은 0.0006cm 줄었다. 이 재료의 푸아송수는? [기07,10,15,18]

① 0.34
② 2.93
③ 0.015
④ 66.67

해설

(1) 푸아송비(Poisson's Ratio)
$v = \dfrac{\varepsilon'}{\varepsilon} = \dfrac{\dfrac{\Delta D}{D}}{\dfrac{\Delta L}{L}} = \dfrac{L \cdot \Delta D}{D \cdot \Delta L} = \dfrac{(500)(0.006)}{(22)(0.4)} = 0.340909$

(2) 푸아송수(Poisson's Number)
$m = \dfrac{1}{v} = \dfrac{1}{(0.340909)} = 2.93333$

221 직경이 40mm인 강봉을 200kN의 인장력으로 잡아당길 때 이 강봉의 가로변형률(가력방향에 직각)을 구하면? (단, 이 강봉의 푸아송비는 1/4이고, 탄성계수는 20,000MPa이다.) [산17]

① 0.00199
② 0.00398
③ 0.00592
④ 0.00796

정답 217 ③ 218 ② 219 ① 220 ② 221 ①

> [해설]

가로변형률 계산

$E = \dfrac{\sigma}{\varepsilon}$ 에서

$E = \dfrac{\sigma}{\varepsilon} = \dfrac{\dfrac{P}{A}}{E} = \dfrac{\dfrac{P}{A}}{\dfrac{\pi D^2}{4} \times E} = \dfrac{4P}{\pi D^2 \times E}$

$\varepsilon = \dfrac{4 \times 200,000}{\pi (40)^2 \times (20,000)} = 0.00796$

푸아송비 $v = \dfrac{\text{가로변형률}(\beta)}{\text{세로변형률}(\varepsilon)}$ 에서

가로변형률 $\beta = \varepsilon \times v = 0.00796 \times \dfrac{1}{4} = 0.00199$

222 그림과 같은 강재가 전단력을 받아 점선과 같이 변형되었을 때 전단변형률을 구하면? [기11,17]

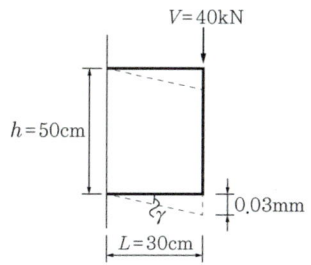

① 0.00006 rad ② 0.0001 rad
③ 0.00125 rad ④ 0.00075 rad

> [해설]

전단변형률 $\gamma = \dfrac{\Delta l}{l} = \dfrac{(0.03)}{(30 \times 10)} = 0.0001 \,(\text{rad})$

223 어떤 재료의 선형탄성계수가 200,000MPa이고, 푸아송비가 0.3일 때 이 재료의 전단탄성계수는? [산06]

① 64,900MPa ② 76,900MPa
③ 84,600MPa ④ 92,600MPa

> [해설]

$G = \dfrac{E}{2(1+v)} = \dfrac{(200,000)}{2[1+(0.3)]} = 76,926 \text{N/mm}^2 = 76,923 \text{MPa}$

224 다음 보기 ㉠~㉠의 단위에 대해 옳게 나타낸 것은? [기10]

【보기】
㉠ 단면1차모멘트 ㉡ 단면2차모멘트
㉢ 휨모멘트   ㉣ 등분포하중
㉤ 탄성계수   ㉥ 수직응력도
㉦ 단면계수

① ㉡ = ㉦이고, ㉢ ≠ ㉤이다.
② ㉢ = ㉥이고, ㉣ ≠ ㉥이다.
③ ㉢ = ㉣이고, ㉠ = ㉤이다.
④ ㉠ = ㉦이고, ㉤ = ㉥이다.

> [해설]

종류	단위
㉠ 단면1차모멘트(G)	mm^3
㉡ 단면2차모멘트(I)	mm^4
㉢ 휨모멘트(M)	N·mm
㉣ 등분포하중(ω)	N/mm
㉤ 탄성계수(E)	N/mm^2
㉥ 수직응력(σ)	N/mm^2
㉦ 단면계수(Z)	mm^3

225 직사각형 단면의 탄성단면계수에 대한 소성단면계수의 비(比)는? [기16]

① 0.67 ② 1.20
③ 1.50 ④ 3.00

> [해설]

(1) 탄성단면계수 (Elastic Section Modulus, Z)

$Z = \dfrac{I}{y} = \dfrac{\left(\dfrac{bh^3}{12}\right)}{\left(\dfrac{h}{2}\right)} = \dfrac{bh^2}{6}$

(2) 소성단면계수 (Plastic Section Modulus, Z_P)

단면의 도심을 지나는 전단면적을 2등분하는 축에 대한 단면계수

$Z_P = A_c \cdot y_C + A_t \cdot y_t = \left(\dfrac{bh}{2}\right)\left(\dfrac{h}{4}\right) \times 2 = \dfrac{bh^2}{4}$

(3) 형상계수 (Shape Factor, f)

소성모멘트 ($M_P = F_y \cdot Z_P$)와 항복모멘트 ($M_y = F_y \cdot Z$)의 비

$f = \dfrac{F_y \cdot Z_P}{F_y \cdot Z} = \dfrac{\text{소성단면계수}}{\text{탄성단면계수}} \dfrac{Z_P}{Z} = \dfrac{\dfrac{bh^2}{4}}{\dfrac{bh^2}{6}} = 1.5$

08. 보의 응력 및 설계

226 휨응력 산정 시 필요한 가정에 관한 설명 중 옳지 않은 것은? [산18]

① 보는 변형한 후에도 평면을 유지한다.
② 보의 휨응력은 중립축에서 최대이다.
③ 탄성범위 내에서 응력과 변형이 작용한다.
④ 휨부재를 구성하는 재료의 인장과 압축에 대한 탄성계수는 같다.

해설
② 보의 휨응력은 중립축에서 0이다.

227 그림과 같은 보의 단면에 $M_x = 60\text{kN} \cdot \text{m}$의 휨모멘트가 작용할 때 A점의 휨응력 σ_A값으로 옳은 것은?

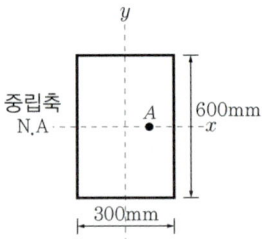

① 0
② 6MPa
③ 10MPa
④ 15MPa

해설
$\sigma_A = \dfrac{M}{I} \cdot y$ $y = 0$ $\sigma_A = 0$

228 다음 그림과 같은 부재의 최대 휨응력은 약 얼마인가? (단, 부재의 자중은 무시한다.) [기16]

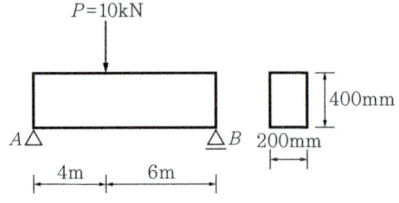

① 1.2MPa
② 2.2MPa
③ 3.6MPa
④ 4.5MPa

해설
(1) $R_A = 10\text{kN} \times \dfrac{6\text{m}}{10\text{m}} = 6\text{kN}$
(2) $M_{\max} = 6\text{kN} \times 4\text{m} = 24\text{kN} \cdot \text{m}$
(3) $\sigma_{\max} = \dfrac{M}{Z} = \dfrac{(24 \times 10^6)}{\dfrac{(200)(400)^2}{6}} = 4.5\text{N/mm}^2 = 4.5\text{MPa}$

229 다음 그림과 같은 단순보에서 C점에 대한 휨응력은? [산17,19]

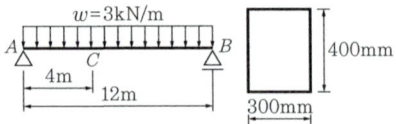

① 5MPa
② 6MPa
③ 7MPa
④ 8MPa

해설
(1) $R_A = +\dfrac{wl}{2} = +\dfrac{(3)(12)}{2} = +18\text{kN}(\uparrow)$
(2) $M_C = +[+(18)(4) - (3 \times 4)(2)]$
   $= 48\text{kN} \cdot \text{m} = 48 \times 10^6 \text{N} \cdot \text{mm}$
(3) $Z = \dfrac{bh^2}{6} = \dfrac{(300)(400)^2}{6} = 8 \times 10^6 \text{mm}^3$
(4) $\sigma_C = \dfrac{M_C}{Z} = \dfrac{(48 \times 10^6)}{(8 \times 10^6)} = 6\text{N/mm}^2 = 6\text{MPa}$

230 그림과 같은 단순보 중앙에서 보단면 내 O점의 휨응력도는? [산18]

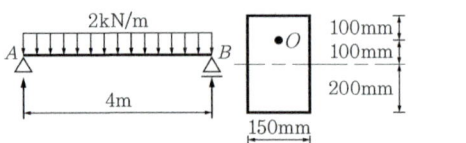

① +0.50MPa
② -0.50MPa
③ +0.75MPa
④ -0.75MPa

해설
① $M_{\max} = \dfrac{wl^2}{8} = \dfrac{(2)(4)^2}{8} = 4\text{kN} \cdot \text{m} = 4 \times 10^6 \text{N} \cdot \text{mm}$
② $I = \dfrac{bh^3}{12} = \dfrac{(150)(40)^3}{12} = 8 \times 10^8 \text{mm}^4$
③ $\sigma_o = \dfrac{M_{\max}}{I} \cdot y = \dfrac{(4 \times 10^6)}{(8 \times 10^8)} \cdot (100)$
   $= -0.5\text{N/mm}^2 = -0.5\text{MPa}$

정답 226 ② 227 ① 228 ④ 229 ② 230 ②

231 그림과 같은 단순보를 H형강을 사용하여 설계하였다. 부재의 최대 휨응력은? (단, $E=2.08\times10^5$MPa, $Z_x=771\times10^3$mm³) [산19]

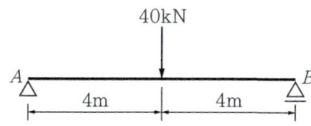

① 51.88MPa ② 103.76MPa
③ 207.52MPa ④ 311.28MPa

[해설]
$$\sigma_{max}=\frac{M_{max}}{Z}=\frac{\frac{Pl}{4}}{Z}=\frac{\frac{40,000\text{N}\times8,000\text{mm}}{4}}{771\times10^3\text{mm}^3}$$
$$=103.76\text{MPa}$$

232 그림과 같은 하중을 받는 단순보에서 단면에 생기는 최대 휨응력도는? (단, 목재는 결함이 없는 균질한 단면이다.) [기19]

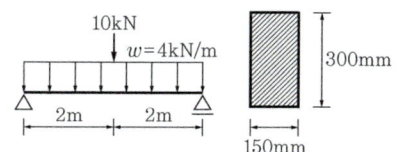

① 8MPa ② 10MPa
③ 12MPa ④ 15MPa

[해설]
① $M_{max}=\frac{PL}{4}+\frac{wL^2}{8}=\frac{(10)(4)}{4}+\frac{(1\times4)(4)^2}{8}=18\text{kN}\cdot\text{m}$
② $Z=\frac{bh^2}{6}=\frac{(150)(300)^2}{6}=2.25\times10^6\text{mm}^3$
③ $\sigma_{b,max}=\frac{M_{max}}{Z}=\frac{(18\times10^6)}{(2.25\times10^6)}=8\text{N/mm}^2=8\text{MPa}$

233 그림과 같은 단면의 단순보에서 보의 중앙점 C단면에 생기는 휨응력 σ_b와 전단응력 v의 값은? [기09,11]

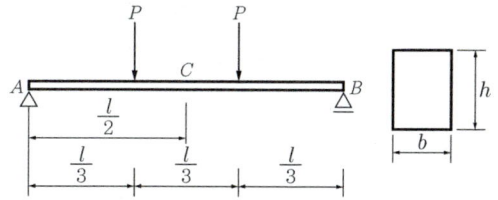

① $\sigma_b=\frac{Pl}{bh^2}$, $v=\frac{3Pl}{2bh}$

② $\sigma_b=\frac{2Pl}{bh^2}$, $v=0$

③ $\sigma_b=\frac{2Pl}{bh^2}$, $v=\frac{3Pl}{2bh}$

④ $\sigma_b=\frac{Pl}{bh^2}$, $v=0$

[해설]
① 하중과 경간이 좌우대칭이므로 $R_A=+P(\uparrow)$
② C점의 부재력
  ㉠ C점의 전단력: $S_C=+[+(P)-(P)]=0$
  ㉡ C점의 휨모멘트:
  $$M_C=+\left[+(P)\left(\frac{l}{2}\right)-(P)\left(\frac{l}{2}-\frac{l}{3}\right)\right]=+\frac{Pl}{3}$$
③ C점의 휨응력
$$\sigma_C=\frac{M_C}{Z}=\frac{\frac{Pl}{3}}{\frac{bh^2}{6}}=\frac{2Pl}{bh^2}$$
④ C점의 전단응력
$$\tau_c=k\cdot\frac{V_c}{A}=\left(\frac{3}{2}\right)\cdot\frac{(0)}{(bh)}=0$$

234 재료의 허용응력 $f_b=$6MPa인 보에 18kN·m의 휨모멘트가 작용할 때 적정 단면계수값은? [산13]

① 1,500cm³ ② 1,800cm³
③ 2,500cm³ ④ 3,000cm³

[해설]
$$\sigma_{max}=\frac{M_{max}}{Z}\leq f_b$$
$$f_b\geq\frac{M_{max}}{Z}\to6\geq\frac{18,000,000}{S}$$
$$Z\geq\frac{18,000,000}{6}=3,000,000\text{mm}^3=3,000\text{cm}^3$$

정답 231 ② 232 ① 233 ② 234 ④

235 휨모멘트 $M=24$kN·m를 받는 보의 허용휨응력이 12MPa일 경우 안전한 보의 개략적인 최소 높이(h)를 구하면? (단, 보의 높이는 폭의 2배이다.) [산17]

① 200mm ② 300mm
③ 400mm ④ 500mm

해설

$\sigma = \dfrac{M}{Z}$에서 $Z = \dfrac{M}{\sigma} = \dfrac{24 \times 10^6}{12} = 2 \times 10^6$

$Z = \dfrac{bh^2}{6} = \dfrac{\dfrac{h}{2}(h)^2}{6} = \dfrac{h^3}{12} = 2 \times 10^6$

$h = 288.4$mm → 최소 300mm

236 중앙에 12,000N의 집중하중이 작용하는 지간 4m인 목재 보의 폭을 10cm로 잡을 때 그 높이를 최소 얼마로 해야 하는가? (단, 이 목재의 허용휨응력은 40MPa이다.) [기11]

① 12cm ② 14cm
③ 16cm ④ 18cm

해설

① $\sigma_b = \dfrac{M}{Z} = \dfrac{\dfrac{PL}{4}}{\dfrac{bh^2}{6}} \leq \sigma_{allow}$에서 $h^2 \geq \dfrac{6PL}{4b} \cdot \sigma_{allow}$ 이므로

② $\therefore h \geq \sqrt{\dfrac{6PL}{4b \cdot \sigma_{allow}}} = \sqrt{\dfrac{6(12,000)(4 \times 10^3)}{4(10 \times 10)(40)}}$
$= 134.164$mm $= 13.4164$cm

237 그림과 같은 단면에서 허용휨응력도가 8MPa일 때 중심축(x-x)에 대한 휨모멘트값은? [산18]

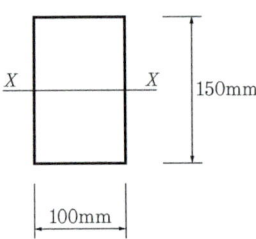

① 3kN·m ② 4kN·m
③ 8kN·m ④ 10kN·m

해설

$\sigma = \dfrac{M}{Z} \leq f_b$

$M = f_b \times Z = 8 \times \dfrac{100 \times (150)^2}{6} \times 10^{-6} = 3$kNm

238 단면 $b \times h$(200mm×300mm), $\ell=6$m인 단순보에 중앙집중하중 P가 작용할 때 P의 허용값은? (단, $f_b=9$MPa이다.) [산14]

① 18kN ② 21kN
③ 24kN ④ 27kN

해설

① $f_b \geq \dfrac{M_{\max}}{Z}$

② $9 \geq \dfrac{\dfrac{P \times 6,000}{4}}{\dfrac{200 \times 300^2}{6}} = \dfrac{P \times 36,000}{72,000,000}$

③ $\therefore P \leq \dfrac{9 \times 72,000,000}{36,000} = 18,000$N $= 18$kN

239 그림과 같은 보의 허용하중은? (단, 허용휨응력도 $\sigma_b=10$MPa임) [산19]

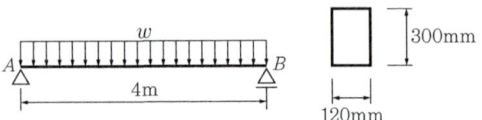

① 9kN/m ② 8kN/m
③ 7kN/m ④ 6kN/m

해설

① 등분포하중에 의한 최대 휨모멘트

$M_{\max} = \dfrac{w\ell^2}{8} = \dfrac{w(4)^2}{8} = 2w$kNm $= 2w \times 10^6$Nmm

② 단면계수

$Z = \dfrac{bh^2}{6} = \dfrac{120 \times (300)^2}{6} = 1,800,000$mm³

③ 휨응력 계산

$\dfrac{M_{\max}}{Z} \leq f_b \to \dfrac{2w \times 10^6}{1,800,000} \leq 10$N/mm² $\therefore w = 9$kN/m

정답 235 ② 236 ② 237 ① 238 ① 239 ①

240 스팬(Span)이 6m, 단면의 폭 150mm, 춤 400mm인 단순보가 목재보일 경우 여기에 적재할 수 있는 허용등분포하중은? (단, 목재보의 허용휨응력도 f_b=10MPa이다.)

[산08,13]

① 6.9kN/m
② 7.9kN/m
③ 8.9kN/m
④ 9.9kN/m

해설

① 등분포하중에 의한 최대 휨모멘트
$$M_{max} = \frac{wL^2}{8} = \frac{w(6)^2}{8} = 4.5w\text{kN·m} = 4,500,000w\text{N·mm}$$

② 단면계수
$$Z = \frac{bh^2}{6} = \frac{150 \times 400^2}{6} = 4,000,000\text{mm}^3$$

③ 휨응력 계산
$$\frac{M_{max}}{Z} \leq f_b, \quad \frac{4,500,000w}{4,000,000} \leq 10\text{N/mm}^2$$
$$w \leq 8.88\text{N/mm} \leq 8.9\text{N/m}$$

241 다음과 같이 사람이 다리를 건너가려고 할 때, 얼마의 거리(x)를 지나면 다리가 휨에 대한 항복을 시작하는가? (단, 재료는 단면 $b \times h$=300mm×100mm, 허용휨응력도 f_b=6MPa, 사람 몸무게는 700N) [산06,13]

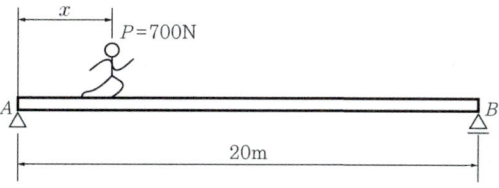

① 5.22m
② 6.22m
③ 7.22m
④ 8.22m

해설

① $\sigma_{max} = \dfrac{M_{max}}{Z} \leq f_b$

$$\frac{M_{max}}{\frac{bh^2}{6}} = \frac{6 \times M_{max}}{300 \times 100^2} \leq 6\text{MPa}$$

② $M_{max} \leq 300 \times 100^2 = 3,000,000\text{N·mm} = 3,000\text{N·m}$

③ 항복이 일어나려면
$M_x > M_{max}, \; V_A \times x > 3,000\text{N·m}$

㉠ $\dfrac{700 \times (20-x)}{20} \times x > 3,000$

㉡ $(20-x) \times x > \dfrac{3,000 \times 20}{700}$
$= 85.714$
$= -x^2 + 20x - 85.714 > 0, \; x > 6.22\text{m}$

242 보 내부의 미소 부분에 전단응력이 작용하고 있는 것을 표시한 것이다. 다음 중 맞는 것은?

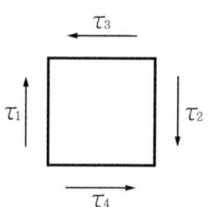

① $\tau_1 \neq \tau_2$
② $\tau_1 \neq \tau_3$
③ $\tau_2 \neq \tau_4$
④ $\tau_1 = \tau_2 = \tau_3 = \tau_4$

해설

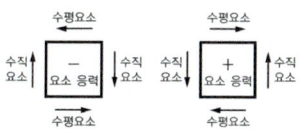

보의 미소 요소에서의 전단응력 상태는 수직전단응력(τ_1, τ_3)과 수평전단응력 (τ_2, τ_4)이 우력으로서 항상 평형을 유지한다.

∴ $\tau_1 = \tau_2 = \tau_3 = \tau_4$

243 다음 그림과 같은 보의 중앙부 C점 단면에서 중립축으로부터 상방향으로 100mm 떨어진 지점의 전단응력도는? (단, 보의 단면은 폭이 150mm, 높이가 300mm이다.)

[산08,10]

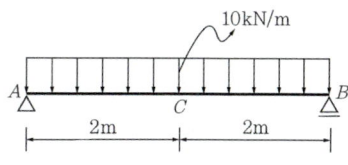

① 0.75N/mm²
② 0.45N/mm²
③ 0.25N/mm²
④ 0

해설

등분포하중을 받는 단순보 중앙점에서의 전단력은 0이다.

244 그림과 같은 단면에 전단력 50kN이 가해진 중립축에서 상방향으로 100mm 떨어진 지점의 전단응력은?

[기|09,10,20]

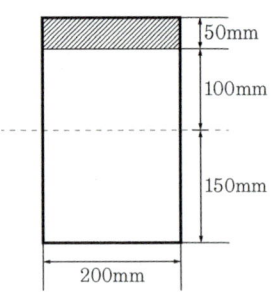

① 0.85MPa ② 0.79MPa
③ 0.73MPa ④ 0.69MPa

해설

전단응력 산정식 $\tau = \dfrac{S \cdot G}{I \cdot b}$

① $I = \dfrac{bh^3}{12} = \dfrac{(200)(300)^3}{12} = 450 \times 10^6 \text{mm}^4$
② $b = 200\text{mm}$
③ 전단력 $S = 50\text{kN} = 50 \times 10^3 \text{N}$
④ G: 전단응력을 구하고자 하는 외측 단면에 대한 중립축으로부터의 단면1차모멘트
  $G = (200 \times 50)\left(100 + \dfrac{50}{2}\right) = 1.25 \times 10^6 \text{mm}^3$
⑤ $\tau = \dfrac{S \cdot G}{I \cdot b} = \dfrac{(50 \times 10^3)(1.25 \times 10^6)}{(450 \times 10^6)(200)} = 0.69 \text{N/mm}^2$

245 그림과 같은 단순보에서 최대 전단응력은 얼마인가?

[기|06,13]

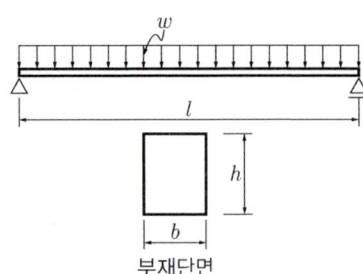

① $\dfrac{2}{3} \cdot \dfrac{wl}{bh}$ ② $\dfrac{3}{4} \cdot \dfrac{wl}{bh}$
③ $\dfrac{4}{3} \cdot \dfrac{wl}{bh}$ ④ $\dfrac{3}{2} \cdot \dfrac{wl}{bh}$

해설

(1) $S_{\max} = R_A = R_B = \dfrac{wl}{2}$

(2) $\tau_{\max} = k \cdot \dfrac{S}{A} = \left(\dfrac{3}{2}\right) \cdot \dfrac{\left(\dfrac{wl}{2}\right)}{(bh)} = \dfrac{3}{4} \cdot \dfrac{wl}{bh}$

246 그림과 같은 보의 최대 전단응력으로 옳은 것은?

[산04,12,19]

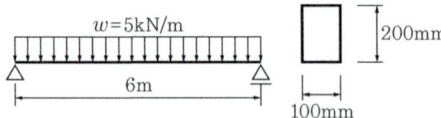

① 1.125MPa ② 2.564MPa
③ 3.496MPa ④ 4.253MPa

해설

(1) $S_{\max} = R_A = R_B = \dfrac{wl}{2} = \dfrac{(5)(6)}{2} = 15\text{kN}$

(2) $\tau_{\max} = k \cdot \dfrac{S}{A} = \left(\dfrac{3}{2}\right) \cdot \dfrac{(15 \times 10^3)}{(100 \times 200)}$
$= 1.125 \text{N/mm}^2 = 1.125 \text{MPa}$

247 그림과 같은 보에서 최대 전단응력도를 구하면? (단, 원형단면이며 단면의 지름은 d이다.)

[산12]

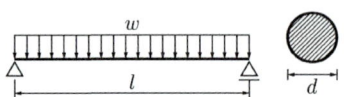

① $\dfrac{8}{3} \cdot \dfrac{wl}{\pi d^2}$ ② $\dfrac{3}{8} \cdot \dfrac{wl}{\pi d^2}$
③ $\dfrac{4}{3} \cdot \dfrac{wl}{\pi d^2}$ ④ $\dfrac{3}{4} \cdot \dfrac{wl}{\pi d^2}$

해설

(1) $S_{\max} = R_A = R_B = \dfrac{wl}{2}$

(2) $\tau_{\max} = k \cdot \dfrac{S}{A} = \left(\dfrac{4}{3}\right) \cdot \dfrac{\left(\dfrac{wl}{2}\right)}{\left(\dfrac{\pi d^2}{4}\right)} = \dfrac{8}{3} \cdot \dfrac{wl}{\pi d^2}$

248 다음과 같은 구조물에서 최대 전단응력도는?
(단, 부재의 단면은 $b \times h$=200mm×300mm) [산19]

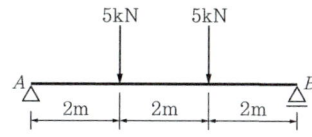

① 0.105MPa ② 0.115MPa
③ 0.125MPa ④ 0.135MPa

해설

(1) $S_{\max} = R_A = R_B = \dfrac{5+5}{2} = 5\text{kN}$

(2) $\tau_{\max} = k \cdot \dfrac{S}{A} = \left(\dfrac{3}{2}\right) \cdot \dfrac{(5 \times 10^3)}{(200 \times 300)}$
$= 0.125\text{N/mm}^2 = 0.125\text{MPa}$

249 폭 b=100mm, 높이 h=200mm인 단면에 전단력 4kN이 작용할 때 최대 전단응력을 구하면? [기00,02,17]

① 0.3MPa ② 0.4MPa
③ 0.5MPa ④ 0.6MPa

해설

$\tau_{\max} = k \cdot \dfrac{S}{A} = \left(\dfrac{3}{2}\right) \cdot \dfrac{(4 \times 10^3)}{(100 \times 200)} = 0.3\text{N/mm}^2 = 0.3\text{MPa}$

250 그림과 같은 단면에 전단력 V=18kN이 작용할 경우 최대 전단응력도는? [산10]

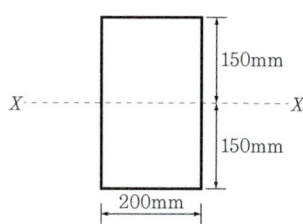

① 0.45MPa ② 0.52MPa
③ 0.58MPa ④ 0.64MPa

해설

$\tau_{\max} = k \cdot \dfrac{S}{A} = \left(\dfrac{3}{2}\right) \cdot \dfrac{(18 \times 10^3)}{(200 \times 300)} = 0.45\text{N/mm}^2 = 0.45\text{MPa}$

251 그림과 같은 목재 단순보에서 단면에 생기는 최대 전단응력도를 구하면? (단, 보의 단면은 150×200mm 이다.) [산01,05,11,17]

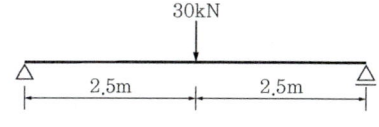

① 0.5MPa ② 0.65MPa
③ 0.75MPa ④ 0.85MPa

해설

(1) $S_{\max} = R_A = R_B = \dfrac{(30)}{2} = 15\text{kN}$

(2) $\tau_{\max} = k \cdot \dfrac{S}{A} = \left(\dfrac{3}{2}\right) \cdot \dfrac{(15 \times 10^3)}{(150 \times 200)}$
$= 0.75\text{N/mm}^2 = 0.75\text{MPa}$

252 그림과 같은 중도리에 S=8kN의 전단력이 작용할 때 단면 내에 생기는 최대 전단응력도는? [기11,14]

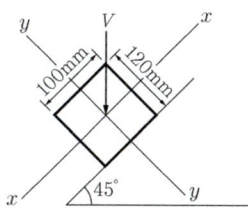

① 1MPa ② 2MPa
③ 4MPa ④ 6MPa

해설

(1) 직사각형 단면의 전단계수
$k = \dfrac{3}{2}$

(2) $\tau = k \cdot \dfrac{V}{A} = \left(\dfrac{3}{2}\right) \cdot \dfrac{(8 \times 10^3)}{(100 \times 120)} = 1\text{N/mm}^2 = 1\text{MPa}$

253 원형단면에 전단력 $S=30$kN이 작용할 때 단면의 최대 전단응력도는? (단, 단면의 반경은 180mm이다.)

[기02,19]

① 0.19MPa ② 0.24MPa
③ 0.39MPa ④ 0.44MPa

> 해설

원형단면의 $\tau_{\max}$

$$\tau_{\max} = k \cdot \frac{V}{A} = \left(\frac{4}{3}\right) \cdot \frac{(30 \times 10^3)}{(\pi \cdot 180^2)}$$
$$= 0.393 \text{N/mm}^2 = 0.393 \text{MPa}$$

254 그림과 같은 보에서 최대 전단응력도를 구하면? (단, 원형단면이며 단면의 지름은 d이다.) [산12]

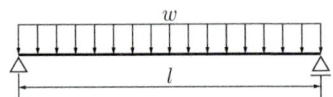

① $\dfrac{8}{3} \cdot \dfrac{wl}{\pi d^2}$ ② $\dfrac{3}{8} \cdot \dfrac{wl}{\pi d^2}$

③ $\dfrac{4}{3} \cdot \dfrac{wl}{\pi d^2}$ ④ $\dfrac{3}{4} \cdot \dfrac{wl}{\pi d^2}$

> 해설

$$\tau_{\max} = k \times \frac{S_{\max}}{A}$$

여기서 K는 $\dfrac{3}{2}$(사각형), $\dfrac{4}{3}$(원형)

$$\therefore \tau_{\max} = \frac{4}{3} \times \frac{\frac{wl}{2}}{\frac{\pi d^2}{4}} = \frac{8wl}{3\pi d^2}$$

255 장방형 단면의 폭 b가 일정하고 높이 h가 2배로 증가했을 때 휨강도는 몇 배가 되는가? (단, M은 일정)

[기05,09]

① 같다   ② 2배
③ 3배   ④ 4배

> 해설

휨강도는 단면계수에 비례하며 장방형 단면의 $Z = \dfrac{bh^2}{6}$이므로 높이 h를 2배로 하면 4배

09. 기둥 및 기초

256 단면이 400mm×400mm인 기둥에 축력 1,000kN이 편심거리 $e=20$mm에 작용할 때 최대 응력의 크기는?

[기05]

① 6.1MPa ② 7.1MPa
③ 8.1MPa ④ 9.1MPa

> 해설

$$\sigma_{\max} = -\frac{P}{A} - \frac{P \cdot e}{Z} = -\frac{(1,000 \times 10^3)}{(400 \times 400)} - \frac{(1,000 \times 10^3)(20)}{\frac{(400)(400)^2}{6}}$$
$$= -8.125 \text{N/mm}^2 = -8.125 \text{MPa}$$

257 다음 기둥 단면에서 발생하는 최대 응력도의 크기는?

[산16]

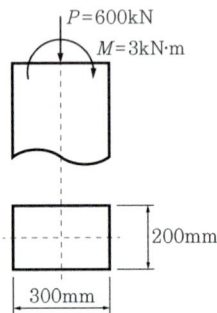

① 8MPa   ② 11MPa
③ 14MPa ④ 17MPa

> 해설

응력도

$$\sigma_{\max \cdot \min} = -\frac{P}{A} \mp \frac{M}{Z} = -\frac{600,000}{300 \times 200} \mp \frac{3,000,000}{\frac{200 \times 300^2}{6}}$$
$$= -10 \mp 1$$

$$\therefore \sigma_{\max} = -11\text{MPa}, \ \sigma_{\min} = -9\text{MPa}$$

정답 253 ③ 254 ① 255 ④ 256 ③ 257 ②

258 그림과 같은 하중을 지지하는 단주의 단면에서 인장력을 발생시키지 않는 거리 x의 한계는? [기17]

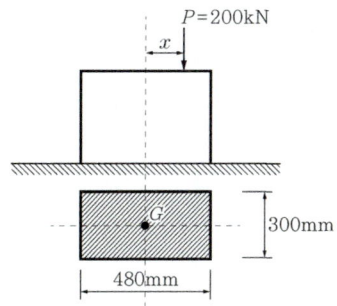

① 40mm ② 60mm
③ 80mm ④ 100mm

해설
(1) 편심축하중이 작용하는 단주의 응력을 0으로 고려한다.
(2) $\sigma = -\dfrac{P}{A} + \dfrac{M}{Z} = -\dfrac{(200 \times 10^3)}{(300 \times 480)} + \dfrac{(200 \times 10^3)(x)}{\dfrac{(300)(480)^2}{6}} = 0$

으로부터 $x = 80$mm

259 그림과 같은 기둥단면이 300mm×300mm인 사각형 단주에서 기둥에 발생하는 최대 압축응력은? (단, 부재의 재질은 균등한 것으로 본다.) [기16]

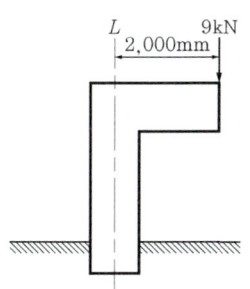

① -2.0MPa ② -2.6MPa
③ -3.1MPa ④ -4.1MPa

해설
$\sigma_{\max\min} = -\dfrac{P}{A} \mp \dfrac{M}{Z} = -\dfrac{(9 \times 10^3)}{(300 \times 300)} \mp \dfrac{(9 \times 10^3)(2,000)}{\dfrac{(300)(300)^2}{6}}$

$\sigma_{\max} = -4.1\text{N/mm}^2 = -4.1\text{MPa}$
$\sigma_{\min} = +3.9\text{N/mm}^2 = +3.9\text{MPa}$

260 그림과 같은 정방형 단주의 E점에 압축력 100kN이 작용할 때 B점에 발생되는 응력의 크기는? [산10,15,19]

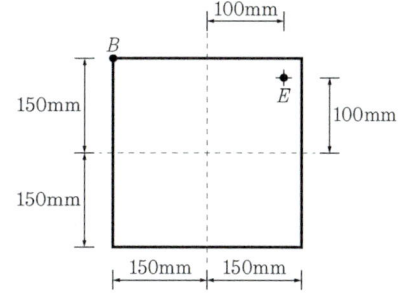

① -1.11MPa ② 1.11MPa
③ -2.22MPa ④ 2.22MPa

해설
단주의 응력 계산
$\sigma_B = -\dfrac{P}{A} - \dfrac{M_x}{Z_x} + \dfrac{M_y}{Z_y}$
$= -\dfrac{100,000}{300 \times 300} - \dfrac{100,000 \times 100}{\dfrac{300 \times 300^2}{6}} + \dfrac{100,000 \times 100}{\dfrac{300 \times 300^2}{6}}$
$= -1.11$MPa

261 편심하중을 받는 단주에서 하중작용점이 core section 안에서 밖으로 이동한다면 응력분포는 어떻게 되는가? [산11]

① 압축응력이 증가한다.
② 비틀림이 감소한다.
③ 응력이 발생하지 않는다.
④ 인장응력이 발생한다.

해설
핵반경과 인장응력
단주에서 핵반경 안에서는 압축응력만 발생하며, 벗어나면 인장응력이 발생한다.

262 그림과 같은 직사각형 단면의 핵(核)영역으로 옳은 것은? [산13,16]

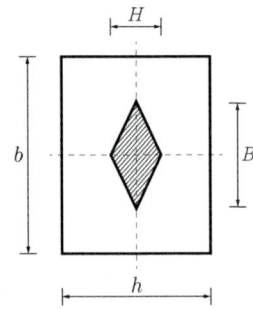

① $H=\dfrac{h}{6}, B=\dfrac{b}{6}$ ② $H=\dfrac{h}{6}, B=\dfrac{b}{3}$

③ $H=\dfrac{h}{3}, B=\dfrac{b}{6}$ ④ $H=\dfrac{h}{3}, B=\dfrac{b}{3}$

[해설]
핵반경 계산
(1) 직사각형 단면의 핵반경 : 각 방향으로 $\left(\dfrac{h}{6}, \dfrac{b}{6}\right)$
(2) $H=2\times\dfrac{h}{6}=\dfrac{h}{3}, B=2\times\dfrac{b}{6}=\dfrac{b}{3}$

263 $N=150\text{kN}, M=11.25\text{kN}\cdot\text{m}$를 받는 원형 기둥에 인장응력이 생기지 않는 최소 기둥지름은? [산03,08]

① 600mm ② 500mm
③ 400mm ④ 300mm

[해설]
(1) 원형단면
$e=\dfrac{Z}{A}=\dfrac{\left(\dfrac{\pi D^3}{32}\right)}{\left(\dfrac{\pi D^2}{4}\right)}=\dfrac{D}{8}$

(2) 편심거리
$e=\dfrac{M}{N}=\dfrac{(11.25)}{(150)}$
$=0.075\text{m}$

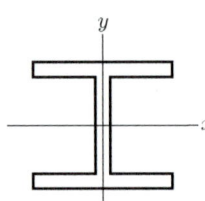

(3) 단면의 핵거리
$e\leq\dfrac{D}{8}=0.075\text{m}$이므로
$\therefore D\geq 0.6\text{m}=600\text{mm}$

264 그림과 같은 원통단면의 핵반경은? [기10,15]

① $\dfrac{D+d}{6}$ ② $\dfrac{D}{8}$

③ $\dfrac{D^2+d^2}{8D}$ ④ $\dfrac{D+d}{8}$

[해설]
(1) 단면계수
$Z=\dfrac{I}{y}=\dfrac{\dfrac{\pi(D^4-d^4)}{64}}{\dfrac{D}{2}}=\dfrac{\pi(D^4-d^4)}{32D}$

(2) 핵반경
$e=\dfrac{Z}{A}=\dfrac{\dfrac{\pi(D^4-d^4)}{32D}}{\dfrac{\pi(D^2-d^2)}{4}}=\dfrac{D^2+d^2}{8D}$

265 다음 그림과 같은 H형강 단면의 핵면적을 구하면? [기16]

- $H-200\times 200\times 8\times 12$
- $A_S=6{,}350\text{mm}^2$
- $I_x=4.72\times 10^7\text{mm}^4$
- $I_y=1.60\times 10^7\text{mm}^4$

① 932.47mm² ② 1,864.93mm²
③ 2,797.40mm² ④ 3,745.81mm²

[해설]
H형강 단면의 핵면적
(1) 편심거리 :

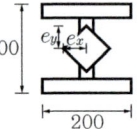

정답 262 ④ 263 ① 264 ③ 265 ④

① $e_x = \dfrac{i_y{}^2}{x} = \dfrac{\dfrac{I_y}{A}}{\overline{x}} = \dfrac{\dfrac{(1.60\times 10^7)}{(6,350)}}{(100)} = 25.1969\text{mm}$

② $e_y = \dfrac{i_x{}^2}{y} = \dfrac{\dfrac{I_x}{A}}{\overline{y}} = \dfrac{\dfrac{(4.72\times 10^7)}{(6,350)}}{(100)} = 74.3307\text{mm}$

(2) 핵면적 : $\left(\dfrac{1}{2}\cdot e_x \cdot e_y\right)\times 4$개

$= \left(\dfrac{1}{2}(25.1969)(74.3307)\right)\times 4\text{개} = 3,745.81\text{mm}^2$

266 강구조 기둥에서 세장한 기둥의 단면계산에 있어 세장비에 따라 그 허용응력이 달라지는 것은 다음 현상 중 어느 것에 해당하는가?

① 처짐현상　② 전단현상
③ 진동현상　④ 좌굴현상

267 단면적과 좌굴길이가 일정한 장주의 좌굴방향은 어느 것인가? [산06]

① 단면2차모멘트가 최소인 축의 방향
② 단면2차모멘트가 최소인 축의 45° 방향
③ 단면2차모멘트가 최대인 축의 방향
④ 단면2차모멘트가 최대인 축의 45° 방향

해설
(1) **좌굴축** : 단면2차모멘트가 최소인 축($I_{\min}$)
(2) **좌굴방향** : 단면2차모멘트가 최대인 축($I_{\max}$)

268 압축부재의 유효좌굴길이는 무엇으로 결정되는가? [산14]

① 부재단면의 단면2차모멘트
② 부재단면의 단면계수
③ 재단의 지지조건
④ 부재의 처짐

해설
압축부재의 유효좌굴길이는 재단의 지지조건에 의해 결정된다.

269 길이 5.0m인 기둥의 지점 조건에 따른 유효좌굴길이가 옳게 연결된 것은? [기05]

① 양단고정인 경우 4.0m
② 일단고정, 일단자유인 경우 7.5m
③ 양단 힌지인 경우 5.0m
④ 일단고정 일단 힌지인 경우 6.0m

해설
① $l_k = (0.5)(5) = 2.5\text{m}$
② $l_k = (2.0)(5) = 10\text{m}$
③ $l_k = (1.0)(5) = 5\text{m}$
④ $l_k = (0.7)(5) = 3.5\text{m}$

270 기둥에서 장주의 좌굴하중은 Euler 공식으로부터 $P_{cr} = \dfrac{\pi^2 EI}{(kl)^2}$ 이다. 기둥의 지지조건이 양단힌지일 때 기둥의 유효길이계수 K는? [산14]

① 0.5　② 0.7
③ 1.0　④ 2.0

해설
지지조건별 좌굴계수

구분				
I_x	$2.0l$	$1.0l$	$0.7l$	$0.5l$

271 일단(一端) 회전, 타단(他端) 고정의 압축재 길이가 7m일 때 유효좌굴길이는? [기13]

① 3.5 m　② 4.9 m
③ 7.0 m　④ 14.0 m

해설
(1) 1단 힌지, 타단고정이므로 유효좌굴길이계수 $K = 0.7$
(2) **유효좌굴길이** : $l_k = (0.7)(7) = 4.9\text{m}$

정답 266 ④　267 ③　268 ③　269 ③　270 ③　271 ②

272 양단 고정된 기둥은 캔틸레버 기둥(1단고정, 1단자유)보다 몇 배나 큰 오일러(Euler) 좌굴하중을 받을 수 있는가? (단, 두 기둥의 단면 크기, 재료, 길이가 동일함) [기12]

① 2 ② 4
③ 8 ④ 16

해설
(1) 양단고정 = $\dfrac{1}{(0.5)^2} = 4$
(2) 캔틸레버 = $\dfrac{1}{(2.0)^2} = \dfrac{1}{4}$
(3) 양단고정 : 캔틸레버 = $4 : \dfrac{1}{4} = 16 : 1$

273 그림과 같은 장주의 유효좌굴길이를 옳게 표시한 것은? (단, 기둥의 재질과 단면 크기는 동일) [산03,17]

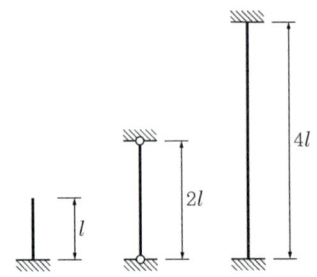

① (A)가 최대이고, (B)가 최소이다.
② (C)가 최대이고, (A)가 최소이다.
③ (B)가 최대이고, (A)와 (C)는 같다.
④ (A), (B), (C) 모두 같다.

해설
지지조건별 유효좌굴길이
(A) $2L$, (B) $2L$, (C) $2L$
따라서 모두 동일함

274 그림과 같은 철골구조에서 $\dfrac{K_B}{K_C} = 0$일 때 기둥의 좌굴길이는? (단, 수평력에 의해 수평변형이 생길 때) [기12,17]

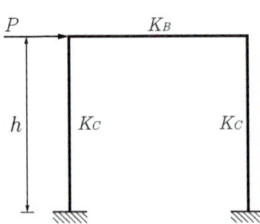

① $0.5h$ ② $0.7h$
③ $1.0h$ ④ $2.0h$

해설
(1) $\dfrac{K_B}{K_C} = 0$인 경우 $K_B = 0$이다.
이것은 외력 P가 골조에 작용할 때 보가 어떠한 변형도 흡수할 수 없다는 의미이므로 절점은 자유단이다.
(2) 따라서 일단고정 타단자유단의 유효좌굴길이는 $2.0h$ 이다.

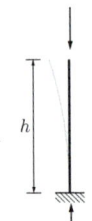

275 단일 압축재에서 세장비를 구할 때 필요 없는 것은? [기10,15]

① 좌굴길이 ② 단면적
③ 단면2차모멘트 ④ 탄성계수

해설
세장비(Slenderness Ratio)
$\lambda = \dfrac{KL}{i} = \dfrac{KL}{\sqrt{\dfrac{I}{A}}}$

(1) K : 지지단의 상태에 따른 유효좌굴길이계수
(2) L : 부재의 길이
(3) i : 단면2차반경
  I : 단면2차모멘트
  A : 단면적

정답 272 ④ 273 ④ 274 ④ 275 ④

276 양단 힌지인 길이 6m인 H-300×300×10×15의 기둥이 약축방향으로 부재중앙이 가새로 지지되어 있을 때 설계용 세장비는? (단, 이 부재의 단면2차반경 i_x=13.1cm, i_y=7.51cm이다.) [기13,19]

① 40   ② 46
③ 58   ④ 66

해설

강구조 압축재 세장비
(1) 양단 힌지이므로 유효좌굴길이계수
 $K=1.0$
(2) 세장비
 강축(x)에 대해서는 부재 전체의 길이 $L=6$m, 약축(y)에 대해서는 가새로 횡지지되어 있으므로 $L=3$m를 적용하며 다음의 ①, ② 중에서 큰 값으로 선정
 ① $\frac{KL}{i_x}=\frac{(1.0)(6,000)}{(131)}=45.80$
 ② $\frac{KL}{i_y}=\frac{(1.0)(3,000)}{(75.1)}=39.95$

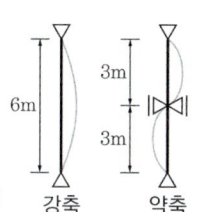
강축   약축

277 H형강이 사용된 압축재의 양단이 핀으로 지지되고 부재중간에서 x축 방향으로만 이동할 수 없도록 지지되어 있다. 부재의 전 길이가 4m일 때 세장비는?
(단, i_x=8.62cm, i_y=5.02cm임) [기12]

① 26.4   ② 36.4
③ 46.4   ④ 56.4

해설

강구조 압축재 세장비
(1) 양단 힌지이므로 유효좌굴길이계수
 $K=1.0$
(2) 강축(x)에 대해서는 부재 전체의 길이 $L=4$m, 약축(y)에 대해서는 가새로 횡지지 되어 있으므로 $L=2$m를 적용하며 다음의 ①, ② 중에서 큰 값으로 선정
 ① $\frac{KL}{i_x}=\frac{(1.0)(400\text{cm})}{(8.62\text{cm})}=46.40$
 ② $\frac{KL}{i_y}=\frac{(1.0)(200\text{cm})}{(5.02\text{cm})}=39.84$

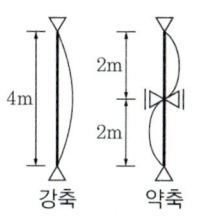
강축   약축

278 그림과 같이 양단이 회전단인 부재의 좌굴축에 대한 세장비는? [기09,14]

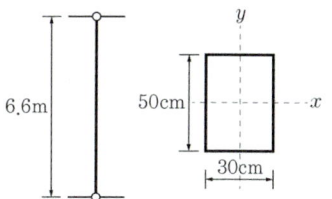

① 76.21   ② 84.28
③ 94.64   ④ 103.77

해설

양단힌지 조건이므로 유효좌굴길이계수 $K=1.0$
$\lambda=\frac{KL}{i_{\min}}=\frac{KL}{\sqrt{\frac{I_{\min}}{A}}}=\frac{(1.0)(660)}{\sqrt{\frac{(50)(30)^3}{12}/(50\times 30)}}=76.21$

279 길이 $l=3.0$m, 단면2차반경 $i=3.0$cm, 세장비 $\lambda=100$인 압축력을 받는 장주가 있다. 양단부의 지지조건으로 옳은 것은? [기11]

① 양단고정   ② 일단고정, 타단힌지
③ 양단힌지   ④ 일단고정, 타단자유

해설

(1) 세장비(Slenderness Ratio) $\lambda=\frac{KL}{i}$
(2) $K=\frac{i}{L}\cdot\lambda=\frac{(3.0)}{(300)}\cdot(100)=1.0$이므로 양단힌지

280 그림과 같은 압축재에 V-V축의 세장비값은?
(단, $A=10$cm², $I_V=36$cm⁴) [기10,13,20]

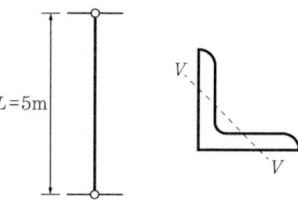

① 236.5   ② 243.5
③ 256.5   ④ 263.5

해설
(1) 양단힌지(Hinge)이므로 유효좌굴길이계수 $K=1.0$
(2) 세장비(Slenderness Ratio)
$$\lambda = \frac{KL}{i_{\min}} = \frac{KL}{\sqrt{\frac{I_{\min}}{A}}} = \frac{(1.0)(500)}{\sqrt{\frac{(36)}{(10)}}} = 263.523$$

281
정방향 단면의 크기가 120mm×120mm이고, 길이 3m인 기둥의 세장비는 약 얼마인가? [기16]

① 67 ② 76
③ 87 ④ 95

해설
세장비(Slenderness Ratio)
(1) 문제의 조건에 지지단에 대한 언급이 없으므로 유효좌굴길이계수 $K=1.0$을 적용
(2) $\lambda = \frac{KL}{i} = \frac{KL}{\sqrt{\frac{I}{A}}} = \frac{(1.0)(3\times 10^3)}{\sqrt{\frac{(120)(120)^3}{12}{(120\times 120)}}} = 86.60$

282
오일러(Euler)의 좌굴응력으로 틀린 것은?

① $\sigma_b = \frac{P_b}{A}$ ② $\sigma_b = \frac{\pi^2 EI}{A\cdot(KL)^2}$
③ $\sigma_b = \frac{\pi^2 I}{\lambda^2}$ ④ $\sigma_b = \frac{\pi^2 E}{\left(\frac{KL}{i}\right)^2}$

해설
$\sigma_b = \frac{P_b}{A} = \frac{\pi^2 EI}{(KL)^2}\cdot\frac{1}{A} = \frac{\pi^2 E}{(KL)^2}\cdot r^2 = \frac{\pi^2 E}{\lambda^2}$

283
양단이 단순지지인 기둥에서 단면이 $a\cdot a$이고 길이가 L인 경우, 기둥이 받을 수 있는 축하중 P에 관한 설명으로 옳은 것은? (단, E는 탄성계수, I는 단면2차모멘트) [기12]

① P는 E에 비례, a^3에 비례, L에 반비례
② P는 E에 비례, a^3에 비례, L_2에 반비례
③ P는 E에 비례, a^4에 비례, L에 반비례
④ P는 E에 비례, a^4에 비례, L_2에 반비례

해설
$$P_b = \frac{\pi^2 EI}{(KL)^2} = \frac{\pi^2 E\cdot\frac{(a)(b)^3}{12}}{(1\cdot L)^2} = \frac{\pi^2}{12}\cdot E\cdot a^4\cdot\frac{1}{L^2}$$

284
지지상태는 양단고정이며, 길이 3m인 압축력을 받는 원형 강관 ϕ-89.1×3.2의 탄성좌굴하중을 구하면? (단, $I=79.8\times 10^4 \text{mm}^4$, $E=210{,}000\text{MPa}$이다.) [산19]

① 184kN ② 735kN
③ 1,018kN ④ 1,532kN

해설
좌굴하중 계산
$$P_b = \frac{\pi^2 EI}{(KL)^2} = \frac{\pi^2\times 2.1\times 10^5\times 79.8\times 10^4}{(0.5\times 3000)^2}\times 10^{-3} = 735.1\text{kN}$$

285
장주인 기둥에 중심축하중이 작용할 때 오일러의 좌굴하중 산정에 관한 설명으로 옳지 않은 것은? [산20]

① 기둥의 단면적이 큰 부재가 작은 부재보다 좌굴하중이 크다.
② 기둥의 단면2차모멘트가 큰 부재가 작은 부재보다 좌굴하중이 크다.
③ 기둥의 탄성계수가 큰 부재가 작은 부재보다 좌굴하중이 크다.
④ 기둥의 세장비가 큰 부재가 작은 부재보다 좌굴하중이 크다.

해설
좌굴하중과 세장비의 산정식
$P_b = \frac{\pi^2 EI}{(KL)^2}$, $\lambda = \frac{kL}{i}$
④ 기둥의 세장비가 큰 부재가 작은 부재보다 좌굴하중이 작다. 따라서 세장비를 작게 하기 위해 중간에 지지대를 설치하여 유효좌굴길이를 작게 한다.

정답 281 ③ 282 ③ 283 ④ 284 ② 285 ④

286 부재의 EI가 일정하고, 양단의 지지상태가 그림과 같은 경우, A기둥의 탄성좌굴하중은 B기둥의 탄성좌굴하중의 몇 배인가? [기16]

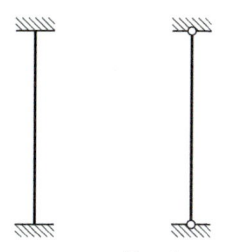

① 4배 ② 6배
③ 8배 ④ 16배

해설
오일러(Euler) 좌굴하중
(1) $P_b = \dfrac{\pi^2 EI}{(KL)^2} = \dfrac{1}{K^2} \cdot \dfrac{\pi^2 EI}{L^2}$ 의 형태로부터 $\dfrac{1}{K^2}$을 기둥의 강도(Stiffness)라고 정의할 수 있다.
(2) $A = \dfrac{1}{(0.5)^2} = 4$, $B = \dfrac{1}{(1.0)^2} = 1$

287 그림과 같은 단면을 가진 압축재에서 유효좌굴길이 $KL=250$mm일 때 Euler의 좌굴하중값은?
(단, $E=210,000$MPa이다.) [기18]

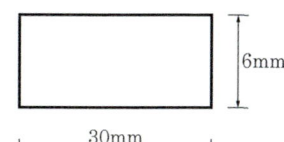

① 17.9kN   ② 43.0kN
③ 52.9kN   ④ 64.7kN

해설
$P_b = \dfrac{\pi^2 EI_{\min}}{(KL)^2} = \dfrac{\pi^2 (210,000)\left(\dfrac{(30)(6)^3}{12}\right)}{(250)^2}$
$= 17,907.4\text{N} = 17.907\text{kN}$

288 다음 조건을 가진 압축재의 좌굴하중 P_{cr} 값으로 옳은 것은? [기11]

$EI = 1.39 \times 10^{13}\text{N} \cdot \text{mm}^2$, $k = 1$
$L = 490$cm, 부재단면 400×400mm

① 3,123.8kN   ② 4,517.8kN
③ 5,012.8kN   ④ 5,713.8kN

해설
$P_b = \dfrac{\pi^2 EI}{(KL)^2} = \dfrac{\pi^2 (1.39 \times 10^{13})}{(1.0 \times 4,900)^2} = 5,713,765\text{N} = 5,713.765\text{kN}$

289 다음 그림과 같은 압축재 H-$200 \times 200 \times 8 \times 12$가 부재의 중앙지점에서 약축에 대해 휨변형이 구속되어 있다. 이 부재의 탄성좌굴응력도를 구하면?
(단, 단면적 $A = 63.53 \times 10^2\text{mm}^2$, $I_x = 4.72 \times 10^7 \text{mm}^4$, $I_y = 1.60 \times 10^7 \text{mm}^4$, $E = 205,000$MPa) [기20]

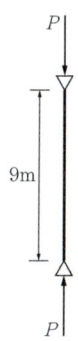

① 252N/mm²   ② 186N/mm²
③ 132N/mm²   ④ 108N/mm²

해설
(1) 양단 힌지이므로 유효좌굴길이계수 $K = 1.0$
(2) 강축(x)에 대해서는 부재 전체의 길이로 $L = 9$m, 약축(y)에 대해서는 휨변형이 구속되어 있으므로 $L = 4.5$m를 적용한다.

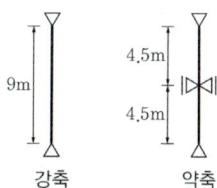

강축 약축

(3) 강축과 약축에 대한 좌굴하중을 계산하여 좌굴에 취약한 작은 쪽이 탄성좌굴하중이 된다.
① $P_b = \dfrac{\pi^2 EI_x}{(KL_x)^2} = \dfrac{\pi^2 (205,000)(4.72 \times 10^7)}{(1.0 \times 9,000)^2} = 1,178,991$N
② $P_b = \dfrac{\pi^2 EI_y}{(KL_y)^2} = \dfrac{\pi^2 (205,000)(1.60 \times 10^7)}{(1.0 \times 4,500)^2} = 1,598,632$N
③ ∴ 탄성좌굴하중(P_b) = 1,178,991N
④ $\sigma_b = \dfrac{P_b}{A} = \dfrac{(1,178,991)}{(63.53 \times 10^2)} = 185.58\text{N/mm}^2$

290 그림과 같은 기초의 정사각형 저면에 생기는 접지압 응력도의 분포도로 올바른 것은?
(단, 편심거리 $e = L/6$로 한다.) [기00,04]

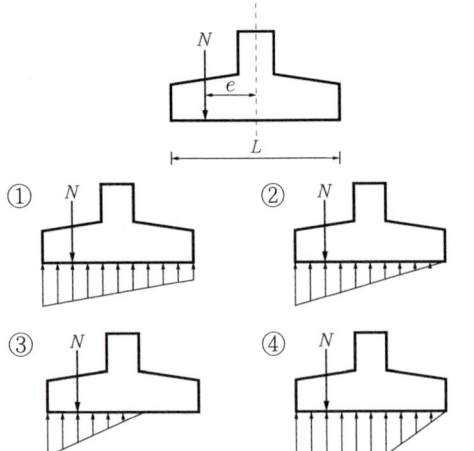

291 그림과 같은 기초에서 지반반력의 분포 상태는? [산18]

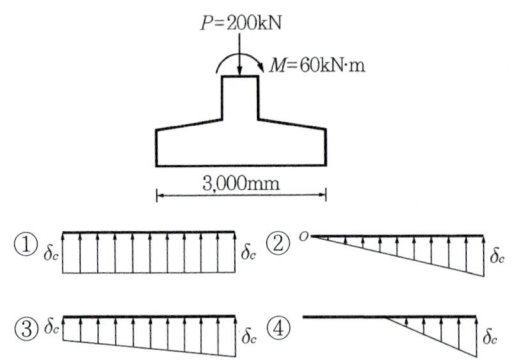

해설

(1) $e = \dfrac{M}{N} = \dfrac{(60)}{(200)} = 0.3\text{m}$

(2) $e = \dfrac{L}{6} = \dfrac{(3,000)}{6} = 500\text{mm} = 0.5\text{m}$

(3) $e < \dfrac{L}{6}$ 이므로 편심이 단면의 핵 이내에 작용하는 경우가 되며 사다리꼴의 응력분포도가 형성된다.

292 그림과 같은 하중을 받는 기초에서 기초 지반면에 일어나는 최대 압축응력도는? [산19]

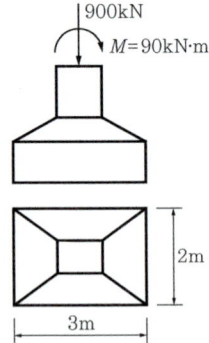

① 0.15MPa ② 0.18MPa
③ 0.21MPa ④ 0.25MPa

해설

(1) $\sigma_{\max} = \dfrac{N}{A} + \dfrac{M}{Z}$

(2) 모멘트의 방향이 주어져 있으므로 단면계수 산정 시 $b = 2\text{m}$, $h = 3\text{m}$가 된다.
$A = 2 \times 3 = 6\text{m}^2$, $Z = \dfrac{bh^2}{6} = \dfrac{2 \times 3^2}{6} = 3\text{m}^3$

(3) $\sigma_{\max} = \dfrac{900}{6} + \dfrac{90}{3} = 180\text{kN/m}^2$
$= 180 \times \dfrac{10^3 N}{10^6 \text{mm}^2} = 0.18\text{MPa}$

293 장기하중 1,800kN(자중 포함)을 받는 독립기초판의 크기는? (단, 지반의 장기허용지내력은 300kN/m²) [산19]

① 1.8m×1.8m ② 2.0m×2.0m
③ 2.3m×2.3m ④ 2.5m×2.5m

해설

기초판의 크기 계산

(1) 기초판의 면적 계산
$\sigma_a = \dfrac{P}{A} \leq f_a \rightarrow A = \dfrac{P}{f_a}$ (하중은 사용하중 사용)
$A = \dfrac{1,800\text{kN}}{300\text{kN/m}^2} = 6\text{m}^2$

(2) 정사각형 기초판 한 변의 길이
$b = \sqrt{6} = 2.45\text{m}$ 이상 $\rightarrow \therefore b = 2.5\text{m}$로 한다.

정답 290 ② 291 ③ 292 ② 293 ④

294 기초 저면 2.5×2.5m의 독립기초에 편심하중이 작용하여 축방향력 400kN(기초자중, 상재하중 및 흙의 중량 포함), 모멘트 120kN·m를 받을 경우, 기초 저면의 편심거리는 얼마인가? [산10,14]

① 0.2m ② 0.3m
③ 0.4m ④ 0.5m

해설
기초의 편심거리 계산
(1) $M = N \cdot e$에서 $e = \dfrac{M}{N}$
(2) $e = \dfrac{120}{400} = 0.3m$

295 독립기초에 $N = 20$kN, $M = 10$kN·m가 작용할 때 접지압이 압축력만 발생하도록 하기 위한 기초 저면의 최소 길이는? [기20]

① 2m ② 3m
③ 4m ④ 5m

해설
$M = N \cdot e$에서
$e = \dfrac{M}{N} = \dfrac{(10)}{(20)} = 0.5m$
단면의 핵점 : $e \leq \dfrac{L}{6} = 0.5m$이므로 ∴ $L \geq 3.0m$

296 독립기초(자중 포함)가 축방향력 650kN, 휨모멘트 130kN·m를 받을 때 기초 저면의 편심거리는? [기19]

① 0.2m ② 0.3m
③ 0.4m ④ 0.6m

해설
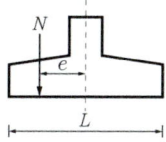
$M = N \cdot e$에서
$e = \dfrac{M}{N} = \dfrac{(130)}{(650)} = 0.2m$

297 그림과 같이 기초의 지반반력이 될 때 기초의 길이 L은? [기00, 산04,06]

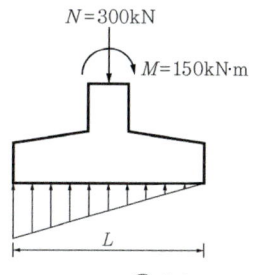

① 1.5m ② 2.0m
③ 2.5m ④ 3.0m

해설
(1) 편심거리
$e = \dfrac{M}{N} = \dfrac{(0.15)}{(0.3)} = 0.5m$
(2) 단면의 핵거리
$e \leq \dfrac{L}{6} = 0.5m$이므로 ∴ $L \geq 3.0m$

298 그림과 같은 독립기초에 압축력 $N = 300$kN, 모멘트 $M = 150$kN·m가 작용할 때 기초 저면에 압축반력만 생기게 하는 최소 기초 길이(l)는? (단, 흙의 자중 및 기초자중은 무시) [산15]

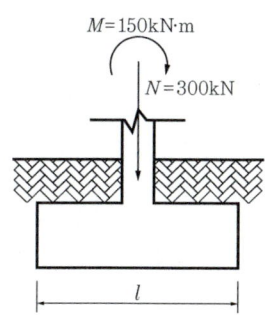

① 2.0m ② 2.4m
③ 3.0m ④ 3.6m

해설
핵반경을 이용한 기초길이 산정
압축력만 작용하려면, $e = \dfrac{l}{6} \rightarrow l = 6 \times e$이다.
$M = N \cdot e$, $e = \dfrac{M}{N} = \dfrac{150}{300} = 0.5m$
∴ $l = 6 \times e = 6 \times 0.5 = 3m$

299 그림과 같은 정사각형 기초에서 바닥에 인장응력이 발생하지 않는 최대 편심거리 e의 값은? [산20]

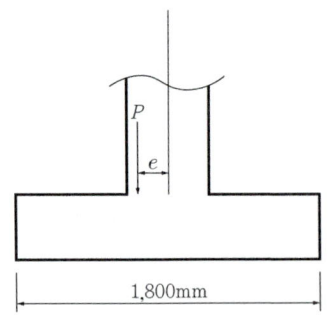

① 100mm ② 200mm
③ 300mm ④ 400mm

해설

핵반경과 인장응력
- 단주에서 핵반경 안에서는 압축응력만 발생하며, 벗어나면 인장응력이 발생함
- 정사각형 기초의 핵반경 계산
$e \leq \dfrac{h}{6} = \dfrac{1,800}{6} = 300\text{mm}$

10. 정정구조물의 변형

300 탄성하중법의 원리를 적용시킬 수 있도록 단부의 조건을 변화시켜 처짐을 구하는 방법은? [산12,16]

① 3연 모멘트법   ② 처짐각법
③ 모멘트분해법   ④ 공액(共扼)보법

301 힘을 받는 보에서 보의 곡률반경 R, 휨모멘트 M, 단면2차모멘트 I, 가로방향의 탄성계수를 E라 할 때 관계식으로 옳은 것은? [산13]

① $R = \dfrac{I}{M}$ ② $R = \dfrac{I}{EM}$
③ $R = \dfrac{EI}{M}$ ④ $R = \dfrac{MI}{E}$

해설

곡률과 휨모멘트와의 관계식
곡률 $\dfrac{1}{\rho} = \dfrac{M}{EI}$, $R = \dfrac{EI}{M}$

302 그림과 같은 보의 C점에 대한 처짐은? (단, EI는 전경간에 걸쳐 일정하다.) [기10,19, 산03,05,11]

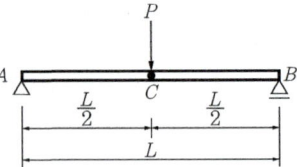

① $\dfrac{PL^3}{2EI}$ ② $\dfrac{PL^3}{48EI}$
③ $\dfrac{PL^3}{384EI}$ ④ $\dfrac{5PL^3}{384EI}$

해설

단순보와 양단고정보의 최대 처짐

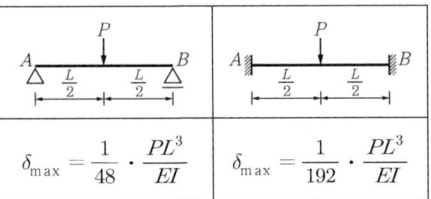

303 그림과 같은 단순보에서 최대 처짐은? (단, 보의 단면($b \times h$)은 200mm×300mm, E=200,000MPa) [기04,18]

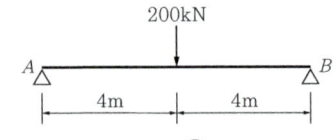

① 13.6mm   ② 18.1mm
③ 23.7mm   ④ 27.1mm

해설

단순보 중앙에 집중하중(P)이 작용 시 최대 처짐
$\delta_{max} = \dfrac{PL^3}{48EI} = \dfrac{(200 \times 10^3)(8,000)^3}{48(200,000)\left(\dfrac{(200)(300)^3}{12}\right)} = 23.703\text{mm}$

정답 299 ③ 300 ④ 301 ③ 302 ② 303 ③

304 단순보의 최대 처짐량(δ_{max})이 2.0cm 이하가 되기 위하여 보의 단면2차모멘트는 최소 얼마 이상이 되어야 하는가? (단, 보의 탄성계수 $E=1.25\times10^4$N/mm²)   [기11,19]

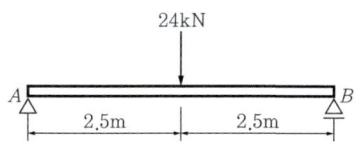

① 15,000cm⁴   ② 17,500cm⁴
③ 20,000cm⁴   ④ 25,000cm⁴

해설

(1) 단순보 중앙에 집중하중 작용 시 중앙점 최대 처짐
$$\delta_{max}=\frac{1}{48}\cdot\frac{PL^3}{EI} \text{에서}$$

(2) $I=\frac{PL^3}{48E\cdot\delta_{max}}=\frac{(24\times10^3)(5\times10^3)^3}{48(1.25\times10^4)(2\times10)}$
$=250,000,000\text{mm}^4=25,000\text{cm}^4$

---

305 다음 그림에서 경간이 같은 2개의 단순보 하중 P에 의한 처짐 y_1과 y_2와의 비(比)값은 얼마인가?   [기11,15]

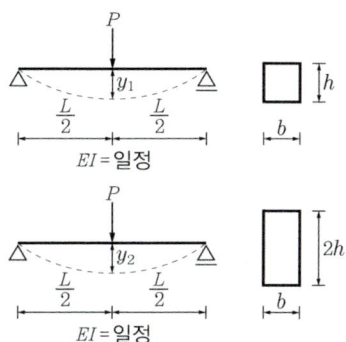

① 2:1   ② 4:1
③ 6:1   ④ 8:1

해설

(1) 단순보 중앙에 집중하중 작용 시
$$\delta_{max}=\frac{1}{48}\cdot\frac{PL^3}{EI}$$

(2) 경간이 같으므로 최대 처짐의 비율은 단면2차모멘트(I)만 비교해 보면 된다.
$$y_1:y_2=\frac{1}{\frac{(b)(h)^3}{12}}:\frac{1}{\frac{(b)(2h)^3}{12}}=\frac{1}{1}:\frac{1}{8}=8:1$$

---

306 그림과 같이 단순보의 중앙점에 하중 P가 작용할 때 C점의 처짐은?   [기11]

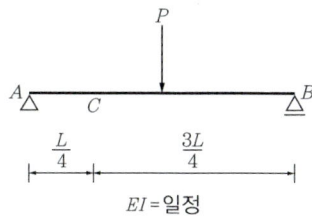

① $\dfrac{PL^3}{384EI}$ ② $\dfrac{15PL^3}{192EI}$

③ $\dfrac{11PL^3}{768EI}$ ④ $\dfrac{17PL^3}{384EI}$

해설

(1) 공액보(Conjugate Beam)
$V_A'=\frac{1}{2}\cdot\frac{L}{2}\cdot\frac{PL}{4EI}$
$=\frac{1}{16}\cdot\frac{PL^2}{EI}$

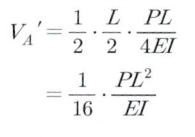
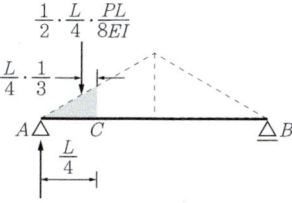

(2) C점의 처짐
공액보상에서 C점의 휨모멘트
$M_c'=\delta_c=\left(\frac{1}{16}\cdot\frac{PL^2}{EI}\right)\left(\frac{L}{4}\right)-\left(\frac{1}{2}\cdot\frac{L}{4}\cdot\frac{PL}{8EI}\right)\left(\frac{L}{4}\cdot\frac{1}{3}\right)$
$=\frac{1}{64}\cdot\frac{PL^3}{EI}-\frac{1}{768}\cdot\frac{PL^3}{EI}=\frac{11}{768}\cdot\frac{PL^3}{EI}$

---

307 등분포하중을 받는 단순보에서 보 중앙점의 탄성처짐에 관한 설명으로 옳은 것은?   [산13,20]

① 처짐은 스팬의 제곱에 반비례한다.
② 처짐은 단면2차모멘트에 비례한다.
③ 처짐은 단면의 형상과는 상관이 없고, 재질에만 관계된다.
④ 처짐은 탄성계수에 반비례한다.

해설

등분포하중을 받는 단순보 중앙점의 탄성처짐
$\delta=\dfrac{5\omega l^4}{384EI}$

① 처짐은 스팬의 4제곱에 비례한다.
② 처짐은 단면2차모멘트에 반비례한다.
③ 처짐은 단면의 형상(단면2차모멘트)과 재질(탄성계수) 모두와 관계된다.

308 그림과 같은 등분포하중을 받는 단순보의 최대 처짐은? [기19, 산04,10,17,18]

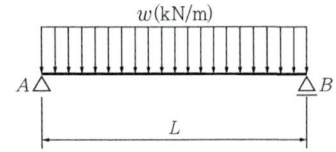

① $\dfrac{9wL^2}{128}$ ② $\dfrac{wL^4}{384EI}$

③ $\dfrac{5wL^4}{384EI}$ ④ $\dfrac{5wL^4}{128}$

해설
등분포하중을 받는 단순보 최대 처짐
$\delta_{max} = \dfrac{5wL^4}{384EI}$

309 H형강을 사용한 길이 6m인 단순보에 5kN/m의 등분포하중 재하 시 최대 처짐량은?
(단, E_s =210,000MPa, I_x =4,720cm⁴, 좌굴의 영향은 없는 것으로 가정) [기08,15]

① 1.70mm ② 5.69mm
③ 8.51mm ④ 12.49mm

해설
$\delta_{max} = \dfrac{5wl^4}{384EI} = \dfrac{5(5)(6\times 10^3)^4}{384(210,000)(4,720\times 10^4)} = 8.51\text{mm}$

310 그림과 같은 단순보에서 중앙점의 처짐량이 30mm로 나타났다. 만일 보의 춤을 2배로 크게 하면 처짐량은 얼마나 되는가? [기03,08]

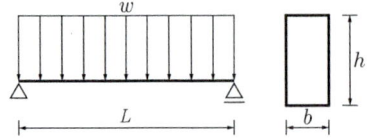

① 15mm ② 7.5mm
③ 3.75mm ④ 2.5mm

해설
(1) $\delta_{max} = \dfrac{5wL^4}{384EI} = \dfrac{5wL^4}{384E\cdot\dfrac{bh^3}{12}}$

(2) 보의 춤(h)을 2배로 하면 $\dfrac{1}{2^3} = \dfrac{1}{8}$ 배로 된다.
∴ $30\text{mm} \times \dfrac{1}{8} = 3.75\text{mm}$

311 그림과 같이 집중하중 및 등분포하중을 받고 있는 단순보의 최대 처짐량은? (단, $E=2\times 10^6$kg/cm², $I=10,000$cm⁴)

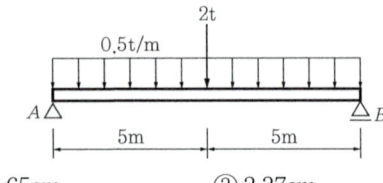

① 1.65cm ② 2.37cm
③ 4.22cm ④ 5.34cm

해설
$\delta_{max} = \dfrac{Pl^3}{48EI} + \dfrac{5wl^4}{384EI}$
$= \dfrac{1}{2\times 10^6 \times 10,000}\left(\dfrac{2,000\times 1,000^3}{48} + \dfrac{5\times 5\times 1,000^4}{384}\right)$
$\fallingdotseq 5.34\text{cm}$

312 그림 (a)와 (b)의 중앙점 처짐이 같아지도록 그림 (b)의 등분포하중 w를 그림 (a)의 하중 P의 함수로 나타내면 얼마인가?

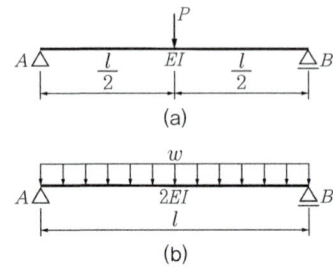

① $1.6\dfrac{P}{l}$ ② $2.4\dfrac{P}{l}$
③ $3.2\dfrac{P}{l}$ ④ $4.0\dfrac{P}{l}$

해설
㉠ $\dfrac{Pl^3}{48EI} = \dfrac{5wl^4}{384(2EI)}$ $\dfrac{Pl^3}{48EI} = \dfrac{5wl^4}{768EI}$

㉡ $w = \dfrac{P}{48} \times \dfrac{768}{5l} = 3.2\dfrac{P}{l}$

313 다음 그림과 같은 두 개의 단순보에 크기가 ($P=wL$)하중이 작용할 때, A지점에서 발생하는 처짐각의 비율(가 : 나)은? (단, 부재의 EI는 일정하다.)

[기15,18]

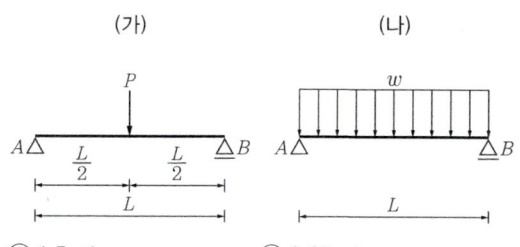

① 1.5 : 1   ② 0.67 : 1
③ 1 : 1.5   ④ 1 : 0.5

해설

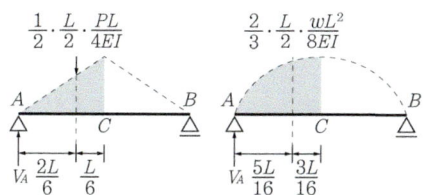

(가)의 공액보   (나)의 공액보

(1) $\theta_{A,가} = V_{A,가}' = \frac{1}{2} \cdot \frac{L}{2} \cdot \frac{PL}{4EI} = \frac{1}{16} \cdot \frac{PL^2}{EI}$

$\theta_{A,나} = V_{A,나}' = \frac{2}{3} \cdot \frac{L}{2} \cdot \frac{\omega L^2}{8EI} = \frac{1}{24} \cdot \frac{\omega L^3}{EI}$

(2) $\theta_{A,가} : \theta_{A,나} = \frac{1}{16} : \frac{1}{24} = 1.5 : 1$

314 그림과 같은 캔틸레버보에 하중이 작용할 때 B점의 처짐은? (단, 부재의 단면2차모멘트는 I, 탄성계수는 E)

[기12]

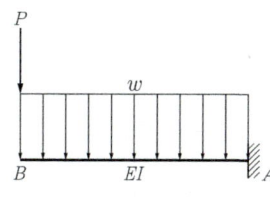

① $\dfrac{PL^3}{3EI} + \dfrac{wL^3}{8EI}$ ② $\dfrac{PL^3}{3EI} + \dfrac{wL^4}{8EI}$

③ $\dfrac{PL^3}{8EI} + \dfrac{wL^3}{8EI}$ ④ $\dfrac{PL^2}{8EI} + \dfrac{wL^4}{3EI}$

해설

하중조건	처짐각, θ(rad)	처짐, δ(mm)
	$\theta_B = \dfrac{1}{2} \cdot \dfrac{PL^2}{EI}$	$\delta_B = \dfrac{1}{3} \cdot \dfrac{PL^3}{EI}$
	$\theta_B = \dfrac{1}{6} \cdot \dfrac{\omega L^2}{EI}$	$\delta_B = \dfrac{1}{8} \cdot \dfrac{\omega L^4}{EI}$

315 동일단면, 동일재료를 사용한 캔틸레버보 끝단에 집중하중이 작용하였다. 최대 처짐량이 같을 경우 $P_1 : P_2$는?

[기13,18]

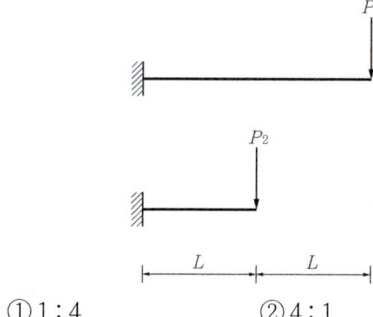

① 1 : 4   ② 4 : 1
③ 1 : 8   ④ 8 : 1

해설

(1) 캔틸레버보의 자유단의 최대 처짐

$\delta_{\max} = \dfrac{1}{3} \cdot \dfrac{PL^3}{EI}$

(2) $\dfrac{1}{3} \cdot \dfrac{P_1 \cdot (2L)^3}{EI} = \dfrac{1}{3} \cdot \dfrac{P_2 \cdot (L)^3}{EI}$ 이므로 $\therefore \dfrac{P_1}{P_2} = \dfrac{1}{8}$

316 그림과 같이 단면이 균일한 캔틸레버보의 끝단에 하중 P가 작용하여 x만큼의 변위가 발생하였다. 같은 하중에서 끝단의 처짐이 $6x$가 되기 위해서는 보의 길이를 기존 길이의 몇 배로 해야 하는가?

[산11,15]

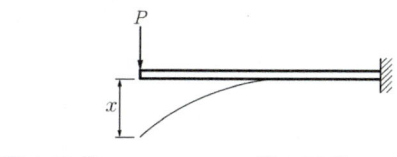

① 1.62배   ② 1.82배
③ 2.02배   ④ 2.22배

> [해설]

처짐 계산

- 캔틸레버보의 처짐 $\delta = \dfrac{PL^3}{3EI}$
- 처짐은 보 길이의 3제곱에 비례하므로 $x : 6x = l^3 : (al)^3$이므로
  $6 = a^3$ $\therefore a = \sqrt[3]{6} = 1.82$배

317 보의 길이가 같은 캔틸레버보에서 작용하는 집중하중의 크기가 $P_1 = P_2$일 때, 보의 단면이 그림과 같다면 최대 처짐 $y_1 : y_2$의 비는? [기09,14]

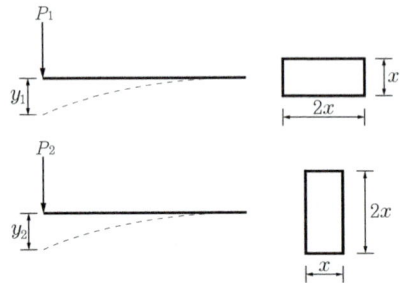

① 2:1 ② 4:1
③ 8:1 ④ 16:1

> [해설]

(1) 캔틸레버보의 자유단에 집중하중 작용 시 최대 처짐
  $\delta_{max} = \dfrac{1}{3} \cdot \dfrac{PL^3}{EI}$

(2) 경간이 같으므로 최대 처짐의 비율은 단면의 2차모멘트(I)만 비교해 보면 됨

(3) $y_1 : y_2 = \dfrac{1}{\frac{(2x)(x)^3}{12}} : \dfrac{1}{\frac{(x)(2x)^3}{12}} = \dfrac{1}{2} : \dfrac{1}{8} = 4 : 1$

318 그림과 같은 캔틸레버보에서 B와 C점의 처짐비 $\delta_B : \delta_C$는? [산19]

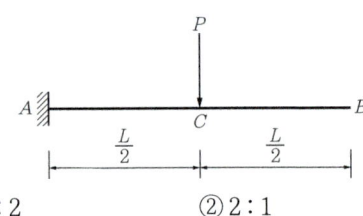

① 1:2 ② 2:1
③ 2:5 ④ 5:2

> [해설]

캔틸레버보의 처짐비 계산

(1) $\delta_C = \dfrac{P(\frac{L}{2})^3}{3EI} = \dfrac{PL^3}{24EI}$

(2) $\delta_B = \delta_C + \theta_C \times \dfrac{L}{2} = \dfrac{PL^3}{24EI} + \dfrac{P(\frac{L}{2})^2}{2EI} \times \dfrac{L}{2} = \dfrac{5PL^3}{48EI}$

(3) $\delta_B : \delta_C = \dfrac{5PL^3}{48EI} : \dfrac{PL^3}{24EI} = 5 : 2$

319 다음 정정구조물에서 A점의 처짐을 구하는 식으로 옳은 것은? [산17]

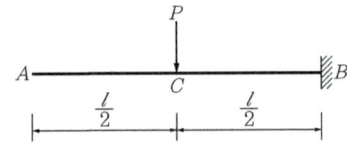

① $\delta = \dfrac{5Pl^3}{48EI}$ ② $\delta = \dfrac{7Pl^3}{48EI}$

③ $\delta = \dfrac{9Pl^3}{48EI}$ ④ $\delta = \dfrac{11Pl^3}{48EI}$

> [해설]

정정보의 처짐 계산

$M_A' = \dfrac{Pl}{2EI} \times \dfrac{l}{2} \times \dfrac{1}{2} \times (\dfrac{l}{3} + \dfrac{l}{2})$

$= \dfrac{5Pl^3}{48EI}$

$\therefore \delta_A = \dfrac{5Pl^3}{48EI}$

320 다음 캔틸레버보의 자유단 처짐각은?
(단, 탄성계수 E, 단면2차모멘트 I) [기11,13,16,20]

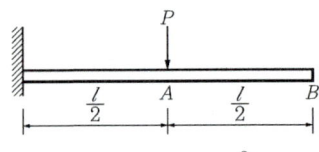

① $\dfrac{Pl^2}{2EI}$ ② $\dfrac{Pl^2}{3EI}$

③ $\dfrac{Pl^2}{6EI}$ ④ $\dfrac{Pl^2}{8EI}$

해설

(1) 처짐각 = 탄성하중도의 면적

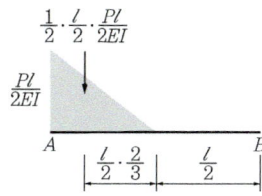

(2) $\theta_B = \left(\dfrac{1}{2} \cdot \dfrac{l}{2} \cdot \dfrac{Pl}{2EI}\right) = \dfrac{1}{8} \cdot \dfrac{Pl^2}{EI}$

322 그림과 같은 캔틸레버보의 길이(L)를 $2L$로 할 경우에 최대 처짐량은 몇 배로 커지는가? [산16]

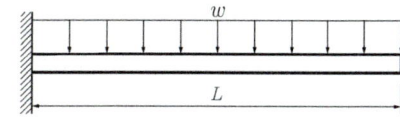

① 2배　② 4배
③ 8배　④ 16배

해설

캔틸레버보의 처짐

$\delta = \dfrac{\omega L^4}{8EI}$ 이므로 보의 길이의 4제곱에 비례함.

∴ $(2)^4 = 16$배

321 다음 그림과 같은 캔틸레버보에서 집중하중 P가 작용할 때 C점의 처짐 크기는? (단, 보의 EI는 일정한 값) [기16]

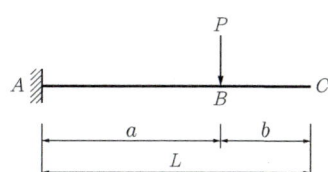

① $\dfrac{Pa^2\left(b+\dfrac{2a}{3}\right)}{2EI}$　② $\dfrac{Pa}{2EI}$

③ $\dfrac{Pa}{EI}$　④ $\dfrac{Pa\left(b+\dfrac{2a}{3}\right)}{2EI}$

해설

(1) 처짐 = 탄성하중도의 면적×도심

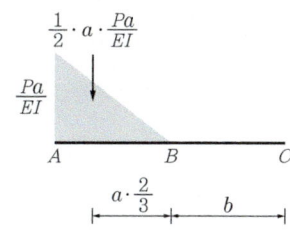

(2) $\delta_C = \left(\dfrac{1}{2} \cdot a \cdot \dfrac{Pa}{EI}\right)\left(b + a \cdot \dfrac{2}{3}\right) = \dfrac{Pa^2\left(b+\dfrac{2a}{3}\right)}{2EI}$

323 다음 두 보의 최대 처짐량이 같기 위한 등분포하중의 비로 알맞은 것은? (단, 부재의 재질과 단면은 동일하며 A부재의 길이는 B부재길이의 2배임) [기10,20]

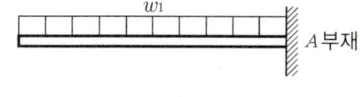

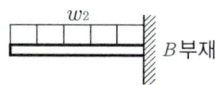

① $w_2 = 2w_1$　② $w_2 = 4w_1$
③ $w_2 = 8w_1$　④ $w_2 = 16w_1$

해설

④ 캔틸레버보에 등분포하중 작용 시

$\delta_{\max} = \dfrac{\omega l^4}{8EI}$

• 등분포하중의 비교

$\delta_{A,\max} = \dfrac{1}{8} \cdot \dfrac{\omega_1 \cdot (2L)^4}{EI}$

$\delta_{B,\max} = \dfrac{1}{8} \cdot \dfrac{\omega_2 \cdot (L)^4}{EI}$

$\delta_{A,\max} = \delta_{B,\max}$ 로부터

$\omega_1 \cdot (2L)^4 = \omega_2 \cdot (L)^4$ 이므로 ∴ $\omega_2 = 16\omega_1$

정답 321 ① 322 ④ 323 ④

324 길이가 1.5m이고, 한 변이 100mm인 정사각형 단면을 가지고 있는 캔틸레버보의 최대 휨응력과 최대 처짐을 구하면? (단, 부재의 탄성계수 : 1×10^4MPa) [기17]

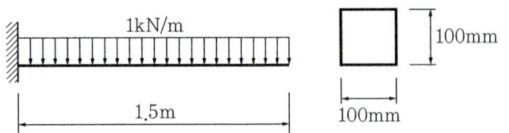

① 최대 휨응력 : 3.37 MPa, 최대 처짐 : 3.8 mm
② 최대 휨응력 : 3.37 MPa, 최대 처짐 : 7.6 mm
③ 최대 휨응력 : 6.75 MPa, 최대 처짐 : 3.8 mm
④ 최대 휨응력 : 6.75 MPa, 최대 처짐 : 7.6 mm

해설

(1) ① 최대 휨모멘트
$$M_{\max} = (1 \times 1.5)\left(\frac{1.5}{2}\right) = 1.125 \text{kN} \cdot \text{m}$$

② $\sigma_{\max} = \dfrac{M_{\max}}{Z} = \dfrac{M_{\max}}{\dfrac{bh^2}{6}} = \dfrac{(1.125)(10)^6}{\dfrac{(100)(100^2)}{6}}$

$= 6.75 \text{N/mm}^2 = 6.75 \text{MPa}$

(2) ① 캔틸레버보의 전 경간에 등분포하중(ω) 작용 시 자유단에서 최대 처짐 $\delta_{\max} = \dfrac{\omega l^4}{8EI}$ 임

② $\sigma_{\max} = \dfrac{\omega L^4}{8EI}$ 이므로

$= \dfrac{1}{8} \cdot \dfrac{(1)(1,500)^4}{(1 \times 10^4)\left(\dfrac{(100)(100^3)}{12}\right)} = 7.5937 \text{mm}$

325 그림과 같은 캔틸레버보에서 B점의 처짐을 구하면? [기06,13,20]

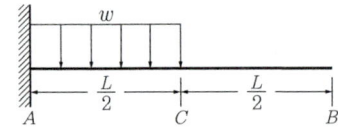

① $\dfrac{\omega L^4}{128EI}$ ② $\dfrac{3\omega L^4}{128EI}$

③ $\dfrac{3\omega L^4}{384EI}$ ④ $\dfrac{7\omega L^4}{384EI}$

해설

(1) 캔틸레버보의 처짐 = 탄성하중도 면적×도심

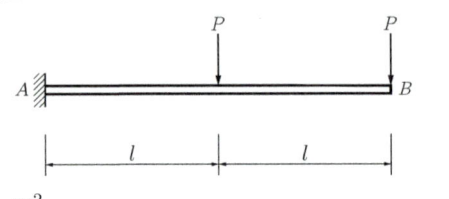

(2) $\delta_B = \left(\dfrac{1}{3} \cdot \dfrac{L}{2} \cdot \dfrac{\omega L^2}{8EI}\right)\left(\dfrac{L}{2} + \dfrac{L}{2} \cdot \dfrac{3}{4}\right) = \dfrac{7}{384} \cdot \dfrac{\omega L^4}{EI}$

326 그림과 같은 캔틸레버보의 자유단(B점)에서 처짐각은? [기13,18]

① $\dfrac{Pl^2}{2EI}$ ② Pl^2

③ $2Pl^2$ ④ $\dfrac{5Pl^2}{2EI}$

해설

(1) 캔틸레버보의 처짐각 → 탄성하중도의 면적

(2) $\delta_B = \left(\dfrac{1}{2} \cdot l \cdot \dfrac{Pl}{EI}\right) + \left(l \cdot \dfrac{Pl}{EI}\right) + \left(\dfrac{1}{2} \cdot l \cdot \dfrac{2Pl}{EI}\right) = \dfrac{5}{2} \cdot \dfrac{Pl^3}{EI}$

327 그림과 같은 캔틸레버보의 자유단에 휨모멘트 5kN·m 와 집중하중 P 가 작용할 때 자유단의 처짐각이 0이 되기 위한 P를 구하면? [산15]

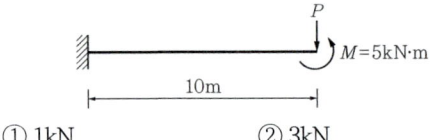

① 1kN   ② 3kN
③ 5kN   ④ 7kN

해설

처짐각 계산

처짐각 $= \dfrac{Ml}{EI} - \dfrac{PL^2}{2EI} = 0$; $\dfrac{5 \times 10}{EI} - \dfrac{P \times 100}{2EI} = 0$

$\therefore P = \dfrac{50}{EI} \times \dfrac{2EI}{100} = \dfrac{100}{100} = 1\text{kN}$

328 그림과 같은 단순보의 양지점에 모멘트 M이 작용할 때 A지점의 처짐각은? [기|09,12]

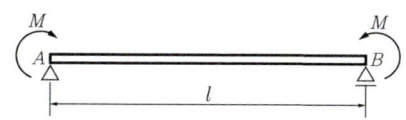

① $\dfrac{Ml}{2EI}$ ② $\dfrac{Ml}{3EI}$

③ $\dfrac{Ml}{4EI}$ ④ $\dfrac{Ml}{6EI}$

해설

(1)

실제역계	가상역계
$M_x = M$ $M_x = M$	$m_x = 1 - \dfrac{1}{L} \cdot x$ $m_x = 1 - \dfrac{1}{L} \cdot x$

(2) $\theta_A = \dfrac{1}{EI}\int_A^C M \cdot m \cdot dx + \dfrac{1}{EI}\int_B^C M \cdot m \cdot dx$

$= \dfrac{1}{EI}\int_0^{\frac{L}{2}}(M)\left(1-\dfrac{1}{L}x\right)dx + \dfrac{1}{EI}\int_0^{\frac{L}{2}}(M)\left(\dfrac{1}{L}x\right)dx$

$= +\dfrac{1}{2} \cdot \dfrac{ML}{EI}$

329 그림과 같은 내민보에 집중하중이 작용할 때 A점의 처짐각 θ_A를 구하면? [기|17]

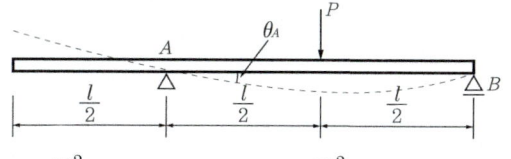

① $\dfrac{Pl^2}{4EI}$ ② $\dfrac{Pl^2}{16EI}$

③ $\dfrac{Pl^2}{128EI}$ ④ $\dfrac{Pl^2}{256EI}$

해설

(1) 내민 구간에 하중이 작용하지 않으므로 AB 단순보의 중앙에 집중하중 P가 작용할 때 처짐각과 같다.

(2) 처짐각

$\theta_A = V_A' = \dfrac{1}{2} \cdot \dfrac{l}{2} \cdot \dfrac{Pl}{4EI} = \dfrac{1}{16} \cdot \dfrac{Pl^2}{EI}$

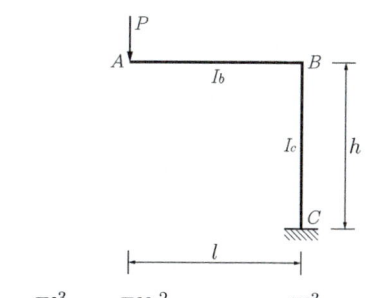

330 그림과 같은 정정라멘에서 A점에 발생하는 수직변위를 옳게 나타낸 것은? [기|11,15]

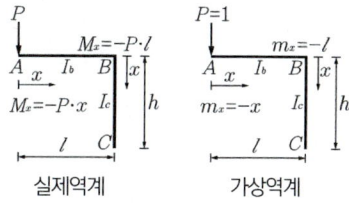

① $\dfrac{Pl^3}{3EI_b} + \dfrac{Plh^2}{EI_c}$ ② $\dfrac{Pl^3}{3EI_b} + \dfrac{Ph^3}{EI_c}$

③ $\dfrac{Pl^2h}{3EI_b} + \dfrac{Pl^2h}{EI_c}$ ④ $\dfrac{Pl^3}{3EI_b} + \dfrac{Pl^2h}{EI_c}$

해설

(1) 실제역계
 ① AB 구간 $(0 \leq x \leq L)$ $m_x = -P \times x$
 ② BC 구간 $(0 \leq x \leq h)$ $m_x = -P \times l$

(2) 가상역계
 ① AB 구간 $(0 \leq x \leq l)$ $m_x = -x$
 ② BC 구간 $(0 \leq x \leq h)$ $m_x = -l$

(3) $\delta_A = \dfrac{1}{EI}\int M \cdot m \cdot dx \int_0^L \dfrac{(-P \times x)(-x)}{EI_{beam}} \cdot dx \int_0^h \dfrac{(-P \cdot l)(-l)}{EI_{column}} \cdot dx$

$= \dfrac{1}{3} \cdot \dfrac{Pl^3}{EI_{beam}} + \dfrac{Pl^2 \cdot h}{EI_{column}}$

331 그림과 같이 캔틸레버보가 상수 k을 가지는 스프링에 의해 지지되어 있으며, 집중하중 P가 작용하고 있다. 스프링에 걸리는 힘은? [기11]

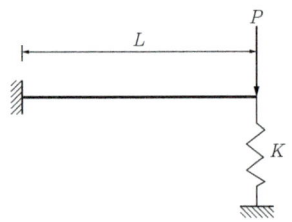

① $\dfrac{PL^3 k}{3EI+kL^3}$ ② $\dfrac{2PL^3 k}{3EI+kL^3}$

③ $\dfrac{PL^3 k}{2EI+kL^3}$ ④ $\dfrac{2PL^3 k}{2EI+kL^3}$

해설

(1) 스프링(Spring)에 작용하는 처짐
$$\delta_s = \dfrac{(P-R_s)L^3}{3EI}$$

힘 = 스프링상수 · 변위

(2) 스프링에 작용하는 반력
힘-변위 관계식을 이용하면
$$R_S = k \cdot \delta_s = k \cdot \dfrac{(P-R_s)L^3}{3EI} \text{에서} R_s = \dfrac{k \cdot PL^3}{3EI+k \cdot L^3}$$

11. 부정정구조물

332 그림과 같은 부정정보의 B점에서 반력 V_B를 구하면? [산14]

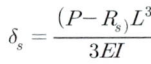
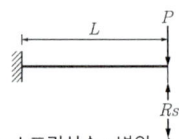

① 25kN ② 35kN
③ 40kN ④ 45kN

해설

반력 산정
$$V_B = \dfrac{5P}{16} = \dfrac{5 \times 80}{16} = 25\text{kN}$$

333 다음 부정정구조물에서 B점의 반력을 구하면? [기18]

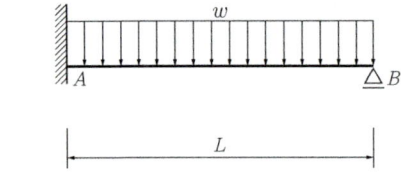

① $\dfrac{1}{8}wL$ ② $\dfrac{3}{8}wL$

③ $\dfrac{5}{8}wL$ ④ $\dfrac{7}{8}wL$

해설

$V_A = \dfrac{5}{8}wL, \ V_B = \dfrac{3}{8}wL$

334 2경간연속보에서 반력 R_c의 크기는? (단, F, I는 일정함) [기04,10,13]

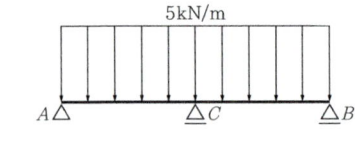

① 31.25kN ② 25kN
③ 18.75kN ④ 11.25kN

해설

1차부정정연속보의 반력
2경간연속보이고 좌우대칭이므로
$$R_C = +\dfrac{5wl}{8} = +\dfrac{5(5)(10)}{8} = +31.25\text{kN}$$

335 그림과 같은 부정정보에서 보 중앙의 휨모멘트는? (단, 보의 휨강도 EI는 일정하다.) [산11]

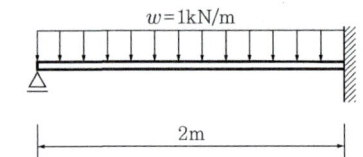

① 0.10kN·m ② 0.15kN·m
③ 0.20kN·m ④ 0.25kN·m

> [해설]

$$M_C = \frac{wl^2}{16} = \frac{(1)(2)^2}{16} = 0.25\text{kN}\cdot\text{m}$$

336 그림과 같은 부정정보에서 전단력이 '0'이 되는 위치 x는? [산18]

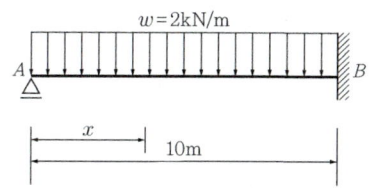

① 2.75m ② 3.75m
③ 4.75m ④ 5.75m

> [해설]

전단력이 0이 되는 위치 산정
전단력이 0이 되는 의미는 최대 모멘트가 발생하는 점을 의미하는데, 그림과 같은 부정정보의 최대 모멘트는 좌측의 이동단으로부터 $\frac{3}{8}l$ 지점에서 발생함

$$\therefore \frac{3}{8}l = \frac{3\times 10}{8} = 3.75\text{m}$$

337 그림과 같은 양단고정보에서 A점의 휨모멘트는 얼마인가? (단, EI는 일정) [기12,15]

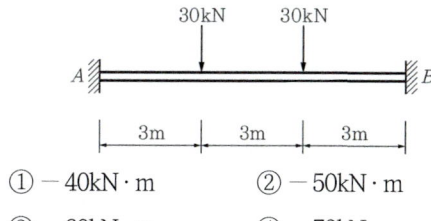

① $-40\text{kN}\cdot\text{m}$ ② $-50\text{kN}\cdot\text{m}$
③ $-60\text{kN}\cdot\text{m}$ ④ $-70\text{kN}\cdot\text{m}$

> [해설]

중첩의 원리(Method of Superposition)를 적용하면

$$M_{A1} = -\frac{P_1\cdot a\cdot b^2}{L^2} = -\frac{(30)(3)(6)^2}{9^2} = -40\text{kN}\cdot\text{m}$$

$$M_{A2} = -\frac{P_2\cdot a\cdot b^2}{L^2} = -\frac{(30)(6)(3)^2}{(9)^2} = -20\text{kN}\cdot\text{m}$$

$$\therefore M_A = M_{A1} + M_{A2} = -60\text{kN}\cdot\text{m}$$

338 그림과 같은 양단고정보(Fixed Beam)의 중앙과 단부의 휨모멘트 비율은? [산13]

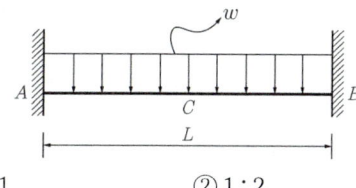

① 1 : 1 ② 1 : 2
③ 1 : 3 ④ 1 : 4

> [해설]

부정정구조의 휨모멘트 비교

(1) 중앙 $M_C = \dfrac{wL^2}{24}$

   단부 $M_A = M_B = \dfrac{wL^2}{12}$

(2) $\dfrac{wL^2}{24} : \dfrac{wL^2}{12} = 1 : 2$

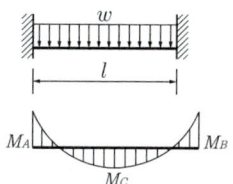

339 그림과 같은 양단고정보의 단부 휨모멘트는? [기16]

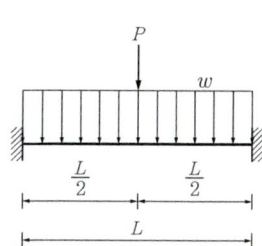

① $M = -\dfrac{wL^2}{16} - \dfrac{PL}{12}$

② $M = -\dfrac{wL^2}{12} - \dfrac{PL}{8}$

③ $M = -\dfrac{wL^2}{8} - \dfrac{PL}{4}$

④ $M = -\dfrac{wL^2}{16} - \dfrac{PL}{8}$

> [해설]

고정단모멘트(Fixed End Moment)
중첩의 원리(Method of Superposition)를 적용

$$M_A = +\left[-\left(\frac{PL}{8}\right) - \left(\frac{wL^2}{12}\right)\right] = -\frac{PL}{8} - \frac{wL^2}{12}$$

정답 336 ② 337 ③ 338 ② 339 ②

340 다음 그림과 같은 연속보에서 B점의 휨모멘트는?
[산20]

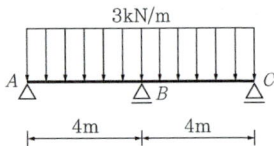

① $-2\text{kN}\cdot\text{m}$ ② $-3\text{kN}\cdot\text{m}$
③ $-4\text{kN}\cdot\text{m}$ ④ $-6\text{kN}\cdot\text{m}$

해설

좌우대칭인 연속보 B점의 휨모멘트

$M_B = \dfrac{-wl^2}{8}$ ∴ $M_B = -\dfrac{(3)(4)^2}{8} = -6\text{kN}\cdot\text{m}$

해설
(1) 분배율
1개의 구조물이므로 $DF_{AB} = \dfrac{K_{AB}}{\Sigma K} = \dfrac{1}{1} = 1$
(2) 분배모멘트
$M_{AB} = M_A \cdot DF_{AB} = (+200)\left(\dfrac{1}{1}\right) = +200\text{kN}\cdot\text{m}$
(3) 전달모멘트
$M_{BA} = \dfrac{1}{2}M_{AB} = \dfrac{1}{2}(200) = 100\text{kN}\cdot\text{m}$
(4) 평형조건
$\Sigma M_A = 0 : +(200)+(100)-(V_B)(3)=0$
∴ $V_B = +100\text{kN}$

---

341 그림과 같은 보의 A단에 모멘트 $M = 80\text{kN}\cdot\text{m}$가 작용할 때 B단에 발생하는 고정단모멘트의 크기는?
[산09,16]

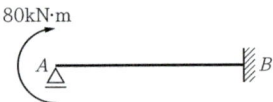

① $20\text{kN}\cdot\text{m}$ ② $40\text{kN}\cdot\text{m}$
③ $60\text{kN}\cdot\text{m}$ ④ $80\text{kN}\cdot\text{m}$

해설

$M_B = +\dfrac{(80)}{2} = +40\text{kN}\cdot\text{m}$

---

342 그림과 같은 보에서 A점에 200kN·m의 모멘트가 작용하였을 때 B점이 지지하는 모멘트 및 수직반력은?
[기09,12,17]

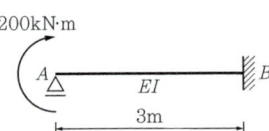

① $M_{BA} = 200\text{kN}\cdot\text{m}$, $V_B = 100\text{kN}$
② $M_{BA} = 200\text{kN}\cdot\text{m}$, $V_B = 50\text{kN}$
③ $M_{BA} = 100\text{kN}\cdot\text{m}$, $V_B = 100\text{kN}$
④ $M_{BA} = 100\text{kN}\cdot\text{m}$, $V_B = 50\text{kN}$

---

343 그림과 같은 교차보(Cross Beam) A, B부재의 최대 휨모멘트 비로서 옳은 것은?
(단, 각 부재의 EI는 일정함) [기10,18]

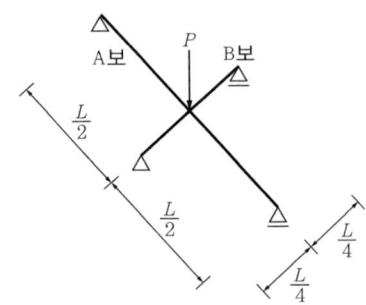

① $1:2$ ② $1:3$
③ $1:4$ ④ $1:8$

해설
(1) 단순보의 집중하중이 중앙에 작용할 때 $\delta_C = \dfrac{PL^3}{48EI}$이다.
(2) 하중이 작용하는 교차점을 C점이라고 가정한다.
① 단순보 A, C점에서의 수직변위(δ_1)
$\delta_1 = \dfrac{P_1 \cdot L^3}{48EI}$
② 단순보 B, C점에서의 수직변위(δ_2)
$\delta_2 = \dfrac{P_2 \cdot \left(\dfrac{L}{2}\right)^3}{48EI}$
(3) $\delta_1 = \delta_2$이므로 $\dfrac{P_1 \cdot L^3}{48EI} = \dfrac{P_2 \cdot \left(\dfrac{L}{2}\right)^3}{48EI}$에서 $8P_1 = P_2$
(4) 평형조건식
$P = P_1 + P_2 = 9P_1$으로부터 $P_1 = \dfrac{1}{9}P$, $P_2 = \dfrac{8}{9}P$
(5) 장보 A보의 최대 휨모멘트
$M_{\max} = +\left(\dfrac{P}{18}\right)\left(\dfrac{L}{2}\right) = +\dfrac{PL}{36}$
(6) 단보 B보의 최대 휨모멘트
$M_{\max} = +\left(\dfrac{4P}{9}\right)\left(\dfrac{L}{4}\right) = +\dfrac{4PL}{36}$

344 그림과 같은 부정정구조물에서 C점의 휨모멘트는 얼마인가? [산14]

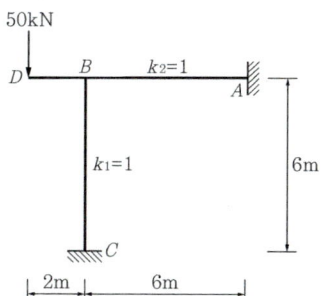

① 0kN·m ② 25kN·m
③ 50kN·m ④ 100kN·m

해설
부정정구조의 모멘트분배법 계산

(1) $DF_{BC} = \dfrac{k_{BC}}{k_{BC}+k_{BA}} = \dfrac{1}{1+1} = \dfrac{1}{2}$

(2) $M_{BC} = DF_{BC} \cdot M = \dfrac{1}{2} \times 50\text{kN} \times 2\text{m} = 50\text{kN}\cdot\text{m}$

(3) $M_{CB} = \dfrac{1}{2}M_{BC} = \dfrac{1}{2} \times 50 = 25\text{kN}\cdot\text{m}$

345 그림과 같은 부정정구조의 B_A 부재에 대한 분배율을 구하고자 한다. 분배율 B_A로 옳은 것은? [산11]

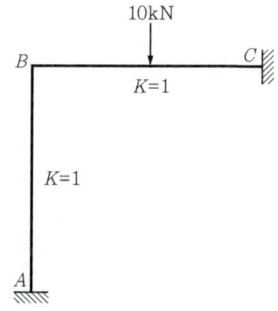

① 0 ② 0.5
③ 0.75 ④ 1.0

해설
분배율 계산
$DF_{BA} = \dfrac{K_{BA}}{\Sigma K} = \dfrac{1}{2} = 0.5$

346 절점 B에 외력 $M=200$kN·m가 작용하고 각 부재의 강비가 그림과 같을 경우 M_{AB}는? [기11,15,20]

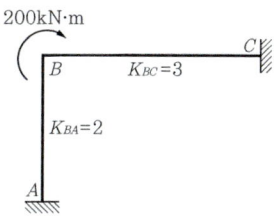

① 20 kN·m ② 40 kN·m
③ 60 kN·m ④ 80 kN·m

해설
· 분배율
$DF_{BA} = \dfrac{2}{2+3} = \dfrac{2}{5}$

· 분배모멘트
$DF_{BA} = M_B \cdot DF_{BA} = +(200)\left(\dfrac{2}{5}\right) = +80\text{kN}\cdot\text{m}$

· 전달모멘트
$M_{AB} = \dfrac{1}{2}M_{BA} = \dfrac{1}{2}(+80) = +40\text{kN}\cdot\text{m}$

347 그림과 같은 부정정라멘에서 A점의 M_{AB}는? [기10,12,17]

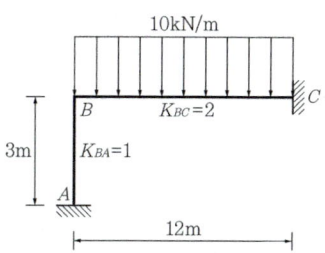

① 0kN·m ② 20kN·m
③ 40kN·m ④ 60kN·m

해설
(1) B절점의 고정단모멘트
$M_B = -\dfrac{wl^2}{12} = -\dfrac{(10)(12)^2}{12} = -120\text{kN}\cdot\text{m}$

(2) 분배율
$DF_{BA} = \dfrac{1}{1+2} = \dfrac{1}{3}$

(3) 분배모멘트
$M_{BA} = M_B \cdot DF_{BA} = +(120)\left(\dfrac{1}{3}\right) = +40\text{kN}\cdot\text{m}$

(4) 전달모멘트
$M_{AB} = \dfrac{1}{2}M_{BA} = \dfrac{1}{2}(+40) = +20\text{kN}\cdot\text{m}$

348 그림과 같은 연속보에 있어 절점 C의 회전을 저지시키기 위해 필요한 모멘트의 절댓값은? [기13]

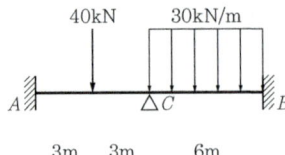

① 30kN·m ② 60kN·m
③ 90kN·m ④ 120kN·m

해설

C절점을 기준으로 AC구간의 집중하중에 대한 고정단모멘트와 CB구간의 등분포하중에 의한 고정단모멘트를 구하여 합한다.

$$FEM_C = FEM_{CA} + FEM_{CB} = +\frac{PL}{8} - \frac{\omega l^2}{12}$$

$$= +\frac{(40)(6)}{8} - \frac{(30)(6)^2}{12} = -60\text{kN·m}$$

해제모멘트 : $\overline{M} = -FEM_C = +60\text{kN·m}$

349 그림과 같은 라멘구조물의 AO, BO, CO, DO 부재의 강비는? (단, 각 부재의 단면2차모멘트는 동일함) [산13]

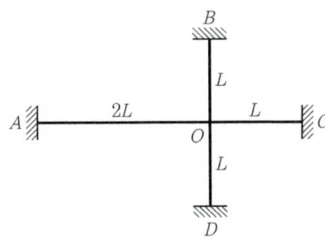

① 1:2:2:2 ② 3:1:1:1
③ 2:1:1:1 ④ 3:2:2:2

해설

강비계산

$K_A : K_B : K_C : K_D = \frac{1}{2L} : \frac{1}{L} : \frac{1}{L} : \frac{1}{L} = 1:2:2:2$

350 그림과 같은 구조물의 각 부재에 대한 분할 모멘트 M_{OA}, M_{OB}, M_{OC}, M_{OD}를 옳게 구한 것은? [기08,10]

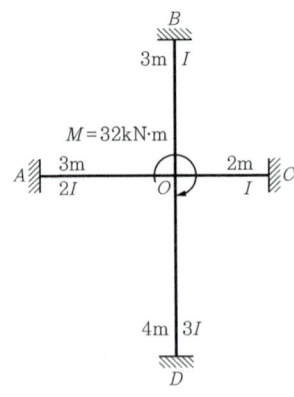

① $M_{OA} = 4.74$kN·m, $M_{OB} = 2.37$kN·m
   $M_{OC} = 3.55$kN·m, $M_{OD} = 5.34$kN·m
② $M_{OA} = 4.74$kN·m, $M_{OB} = 2.37$kN·m
   $M_{OC} = 3.91$kN·m, $M_{OD} = 4.98$kN·m
③ $M_{OA} = 9.48$kN·m, $M_{OB} = 4.74$kN·m
   $M_{OC} = 7.11$kN·m, $M_{OD} = 10.67$kN·m
④ $M_{OA} = 9.48$kN·m, $M_{OB} = 4.74$kN·m
   $M_{OC} = 7.82$kN·m, $M_{OD} = 9.96$kN·m

해설

(1) 강도계수(K)

계산의 편의를 위해 최소공배수 12를 각각 곱하면

① $K_{OA} = \frac{2I}{3} \Rightarrow 8K$ ② $K_{OB} = \frac{I}{3} \Rightarrow 4K$

③ $K_{OC} = \frac{I}{2} \Rightarrow 6K$ ④ $K_{OA} = \frac{3I}{4} \Rightarrow 9K$

(2) 분배율(DF)

① $DF_{OA} = \frac{8K}{8K+4K+6K+9K} = \frac{8}{27}$

② $DF_{OB} = \frac{4K}{8K+4K+6K+9K} = \frac{4}{27}$

③ $DF_{OC} = \frac{6K}{8K+4K+6K+9K} = \frac{6}{27}$

④ $DF_{OD} = \frac{9K}{8K+4K+6K+9K} = \frac{9}{27}$

(3) 분배모멘트

① $M_{OA} = M_O \cdot DF_{OA} = (32)\left(\frac{8}{27}\right) = 9.48$kN·m

② $M_{OB} = M_O \cdot DF_{OB} = (32)\left(\frac{4}{27}\right) = 4.74$kN·m

③ $M_{OC} = M_O \cdot DF_{OC} = (32)\left(\frac{6}{27}\right) = 7.11$kN·m

④ $M_{OD} = M_O \cdot DF_{OD} = (32)\left(\frac{9}{27}\right) = 10.67$kN·m

351 그림과 같은 구조에서 B단에 발생하는 모멘트는?
[기19]

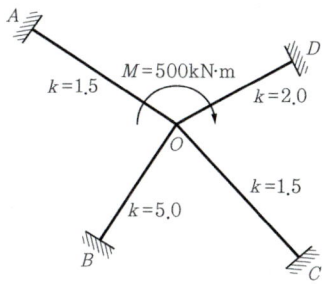

① 125kN·m   ② 188kN·m
③ 250kN·m   ④ 300kN·m

[해설]
- 분배율
$$DF_{OB} = \frac{5.0}{1.5+5.0+1.5+2.0} = \frac{1}{2}$$
- 분배모멘트
$$M_{OB} = M_B \cdot DF_{OB} = (+500)\left(\frac{1}{2}\right) = +250 \text{kN} \cdot \text{m}$$
- 전달모멘트
$$M_{BO} = \frac{1}{2}M_{OB} = +125 \text{kN} \cdot \text{m}$$

352 다음 그림과 같은 구조물에서 점 A에 18kN·m 이 작용할 때 B단의 재단 모멘트값을 구하면?
(단, 부재의 길이와 단면은 동일) [산19]

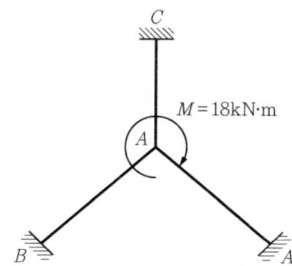

① 2.5kN·m   ② 3kN·m
③ 4kN·m   ④ 12kN·m

[해설]
모멘트분배법 계산
(1) 각 부재의 길이와 단면이 동일하므로 각 부재의 강성은 k로 동일한 것으로 볼 수 있다.
(2) 분배율 $DF_{BA} = \frac{K}{\Sigma K} = \frac{k}{k+k+k} = \frac{1}{3}$

(3) 분배모멘트 $M_{AB} = DF_{BA} \times M_A = \frac{1}{3} \times 18 \text{kNm} = 6 \text{kNm}$
(4) 도달모멘트 $M_{BA} = \frac{1}{2} \times M_{AB} = \frac{1}{2} \times 6 \text{kNm} = 3 \text{kNm}$

353 그림에서 절점 D는 이동을 하지 않으며, A, B, C는 고정단일 때 C단의 모멘트는?
(단, k는 부재의 강비임) [기20]

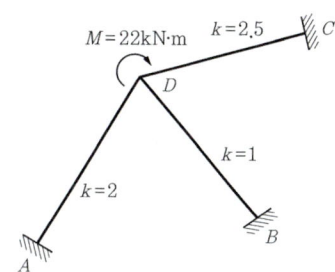

① 4.0kN·m   ② 4.5kN·m
③ 5.0kN·m   ④ 5.5kN·m

[해설]
- 분배율
$$DF_{DC} = \frac{2.5}{2+1+2.5} = \frac{5}{11}$$
- 분배모멘트
$$M_{DC} = (+22)\left(\frac{5}{11}\right) = +10 \text{kN} \cdot \text{m}$$
- 전달모멘트
$$M_{CD} = \frac{1}{2}(+10) = +5 \text{kN} \cdot \text{m}$$

354 다음 부정정구조물에서 A단에 도달하는 모멘트의 크기는 얼마인가?
[기18]

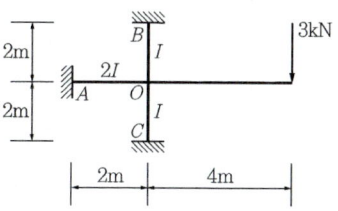

① 1.5kN·m   ② 2.0kN·m
③ 2.5kN·m   ④ 3.0kN·m

해설

(1) O절점
$$M_O = -[+(3)(4)] = -12\text{kN·m}$$

(2) 강도계수와 강비
① $K_{OA} = \dfrac{2I}{2} \to 2$
② $K_{OB} = \dfrac{I}{2} \to 1$
③ $K_{OC} = \dfrac{I}{2} \to 1$

(3) 분배율
$$DF_{OA} = \dfrac{2}{2+1+1} = \dfrac{1}{2}$$

(4) 분배모멘트
$$M_{OA} = M_O \cdot DF_{OA} = (+12)\left(\dfrac{1}{2}\right) = +6\text{kN·m}$$

(5) 전달모멘트
$$M_{AO} = \dfrac{1}{2}M_{OA} = \dfrac{1}{2}(+6) = +3\text{kN·m}$$

355 그림과 같은 구조물에서 C점에 발생되는 모멘트는?
[기20]

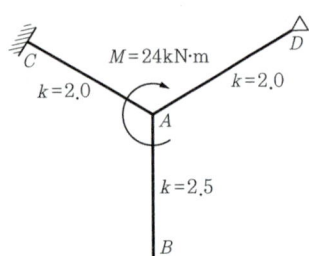

① 4.0kN·m ② 3.5kN·m
③ 3.0kN·m ④ 2.5kN·m

해설

· 분배율
$$DF_{AC} = \dfrac{2.0}{2.5 + 2.0 + 2.0 \times \dfrac{3}{4}} = \dfrac{1}{3}$$

· 분배모멘트
$$M_{AC} = M_A \cdot DF_{AC} = (+24)\left(\dfrac{1}{3}\right) = +8\text{kN·m}$$

· 전달모멘트
$$M_{CA} = \dfrac{1}{2}M_{AC} = \dfrac{1}{2}(+8) = +4\text{kN·m}$$

356 그림과 같은 구조물에 있어 AB부재의 재단모멘트 M_{AB}는?
[기14,18]

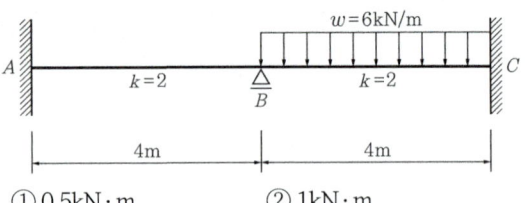

① 0.5kN·m ② 1kN·m
③ 1.5kN·m ④ 2kN·m

해설

(1) B절점의 고정단모멘트
$$FEM_{BC} = -\dfrac{\omega L^2}{12} = -\dfrac{(6)(4)^2}{12} = -8\text{kN·m}$$

(2) 해제모멘트 : $\overline{M_B} = -FEM_{BC} = +8\text{kN·m}$

(3) 분배율 : $DF_{BA} = \dfrac{2}{2+2} = \dfrac{1}{2}$

(4) 분배모멘트
$$M_{BA} = \overline{M_B} \cdot DF_{BA} = (+8)\left(\dfrac{1}{2}\right) = +4\text{kN·m}$$

(5) 전달모멘트
$$M_{AB} = \dfrac{1}{2}M_{BA} = \dfrac{1}{2}(+4) = +2\text{kN·m}$$

357 그림과 같은 부정정구조물을 해석하기 위해 모멘트 분배법을 사용할 때 B점 왼쪽 단에 걸리는 분배율(DF)은? (단, 구조물의 EI는 일정하다.)
[산14]

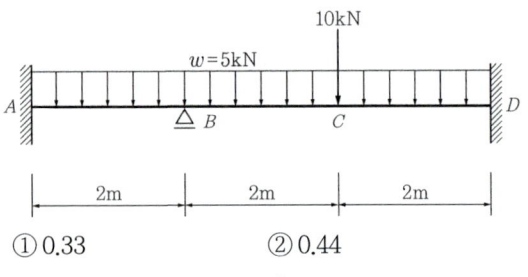

① 0.33 ② 0.44
③ 0.55 ④ 0.67

해설

분배율 계산

(1) 분배율 $\mu = \dfrac{K}{\Sigma K}$, $K = \dfrac{I}{l}$

(2) $K_{BA} = \dfrac{I}{2}$, $K_{BD} = \dfrac{I}{4}$ → $K_{BA} : K_{BD} = 2 : 1$

(3) $DF_{BA} = \dfrac{2}{2+1} = 0.67$

358 그림과 같은 라멘의 기둥 부재에 휨모멘트가 생기지 않으려면 캔틸레버의 내민길이 x의 값은? [기89,04]

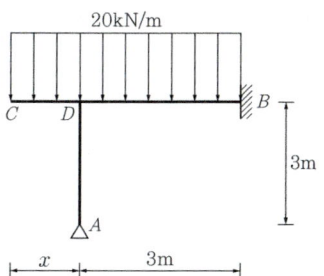

① 3.0m ② $\sqrt{3}$ m
③ 1.5m ④ $\sqrt{1.5}$ m

해설

$M_{DC} = M_{DB}$

$(20)(x)(x \times \frac{1}{2}) = \frac{(20)(3)^2}{12}$ ∴ $x = \sqrt{1.5}\,\text{m}$

359 그림과 같은 구조물에서 기둥에 발생하는 휨모멘트가 0이 되려면 등분포하중 w는? [기20]

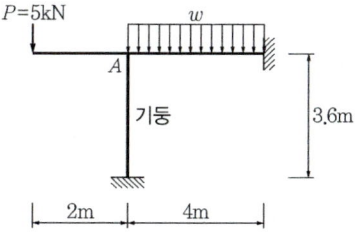

① 2.5kN/m ② 0.8kN/m
③ 1.25kN/m ④ 1.75kN/m

해설

$5 \times 2 = \frac{(w)(4)^2}{12}$ ∴ $w = 1.25\,\text{kN} \cdot \text{m}$

360 그림과 같은 라멘구조에서 기둥 AB부재에 모멘트가 발생하지 않게 하기 위한 집중하중 P의 값은? [산15]

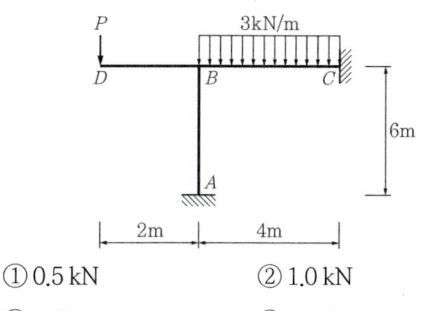

① 0.5 kN ② 1.0 kN
③ 1.5 kN ④ 2.0 kN

해설

부정정구조 해석

B점의 재단모멘트 M_{BD}와 M_{BC}의 절댓값의 크기가 같으면 AB부재에는 모멘트가 발생하지 않는다.

$M_{BD} = P \times 2$

$M_{BC} = \frac{wl^2}{12} = \frac{3 \times 4^2}{12} = 4\,\text{kN} \cdot \text{m}$ ∴ $P = 2\,\text{kN}$

361 다음 그림에서 부정정보의 부재력 M_{AB}의 크기는? [기11,13,19]

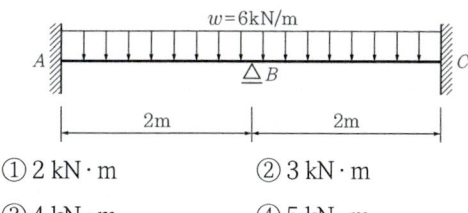

① 2 kN·m ② 3 kN·m
③ 4 kN·m ④ 5 kN·m

해설

좌우고정이고 좌우대칭인 구조물의 A고정단과 B고정단

$M_A = M_B = M_C = \frac{wl^2}{12} = \frac{(6)(2)^2}{12} = 2\,\text{kN} \cdot \text{m}$

362 그림과 같은 부정정라멘에서 CD기둥의 전단력 값은? [기13,18]

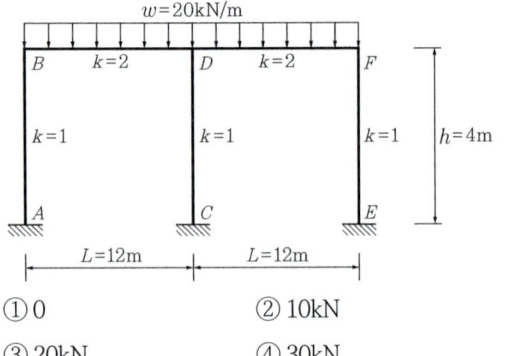

① 0　　　　　　② 10kN
③ 20kN　　　　　④ 30kN

해설
구조물의 대칭조건
CD기둥을 중심으로 좌우 형태대칭, 하중대칭, 강비대칭이므로 CD기둥의 전단력은 0이다.

363 그림과 같은 완전대칭 라멘구조에서 $B-E$부재에 발생되는 휨모멘트 M_{BE}의 크기는? [산12,16]

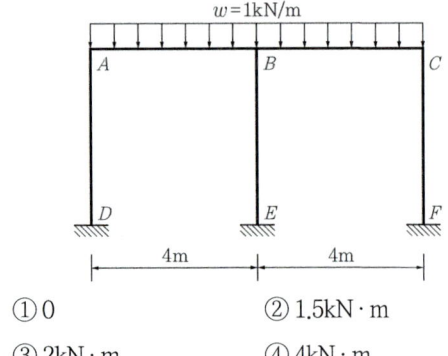

① 0　　　　　　② 1.5kN·m
③ 2kN·m　　　　④ 4kN·m

해설
라멘구조의 모멘트 산정
B점의 재단모멘트 M_{BA}와 M_{BC}가 대칭 조건에 의하여 크기가 같고 방향이 반대이므로 휨모멘트가 발생하지 않고, 따라서 M_{BE}의 크기는 0임.

364 그림과 같은 강접골조에 수평력 $P=10kN$이 작용하고 기둥의 강비 $k=\infty$인 경우, 기둥의 모멘트가 0이 되는 변곡점의 h_0 위치는? (단, 괄호 안의 기호는 강비이다.) [기11,15]

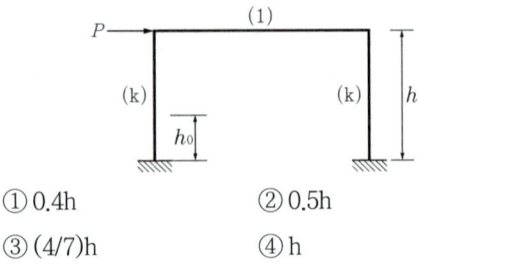

① 0.4h　　　　② 0.5h
③ (4/7)h　　　④ h

해설
기둥의 강비가 ∞인 경우 휨모멘트는 캔틸레버와 마찬가지이므로 변곡점은 h이다.

365 그림과 같이 수평하중을 받는 라멘에서 휨모멘트의 값이 가장 큰 위치는? [기18]

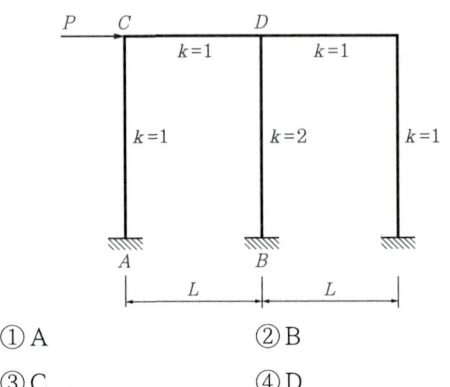

① A　　　　② B
③ C　　　　④ D

해설
강비(k)가 클수록 휨강성이 크다. 따라서 DB부재의 B점 휨모멘트가 가장 크다.

366 그림과 같은 부정정라멘의 B.M.D에서 P값을 구하면? [기11,15,18]

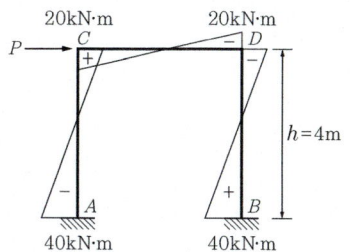

① 20kN ② 30kN
③ 50kN ④ 60kN

해설

$$P = \frac{M_上 + M_下}{h} = \frac{(20+20)+(40+40)}{(4)} = 30\text{kN}$$

368 그림과 같은 휨모멘트가 생길 경우 보의 양단 지점 조건으로 옳은 것은? [산11,15,18]

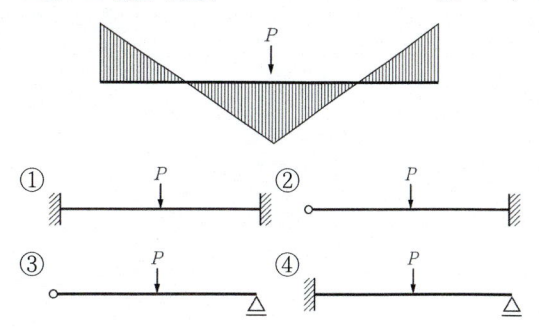

해설

부정정구조의 휨모멘트도

하중상태	휨모멘트도
P, l 고정-고정	C
P, l 단순-고정	H
w, l 고정-고정	C
w, l 단순-고정	H

367 다음 그림과 같은 휨모멘트도를 통해 구조물에 작용하는 수평하중 P를 구하면? [기16]

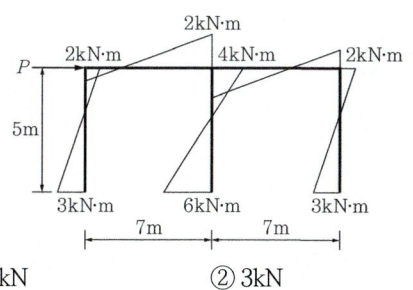

① 2kN ② 3kN
③ 4kN ④ 6kN

해설

처짐각법 전단방정식 $P \times h = M_上 + M_下$ 에서
① $M_上 = (2)+(4)+(2) = 8\text{kN}\cdot\text{m}$
② $M_下 = (3)+(6)+(3) = 12\text{kN}\cdot\text{m}$
$(P)(5) = (8)+(12)$ 이므로 ∴ $P = 4\text{kN}$

369 그림과 같은 구조물에 휨모멘트가 0이 되는 위치의 수는? [기11]

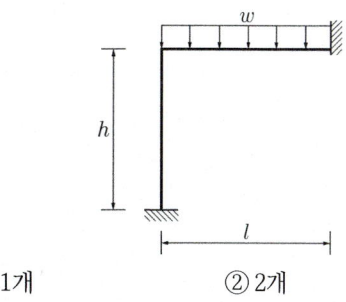

① 1개 ② 2개
③ 3개 ④ 4개

해설

휨모멘트도 (BMD)

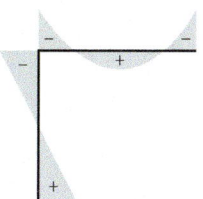

PART 3

철근콘크리트구조

CHAPTER

01 철근콘크리트구조 총론
02 설계 이론 및 안정성
03 휨재 설계
04 전단설계
05 압축재 설계

06 사용성 및 내구성
07 철근의 정착 및 이음
08 슬래브(Slab)설계
09 기초설계
10 옹벽, 벽체 및 기타 구조

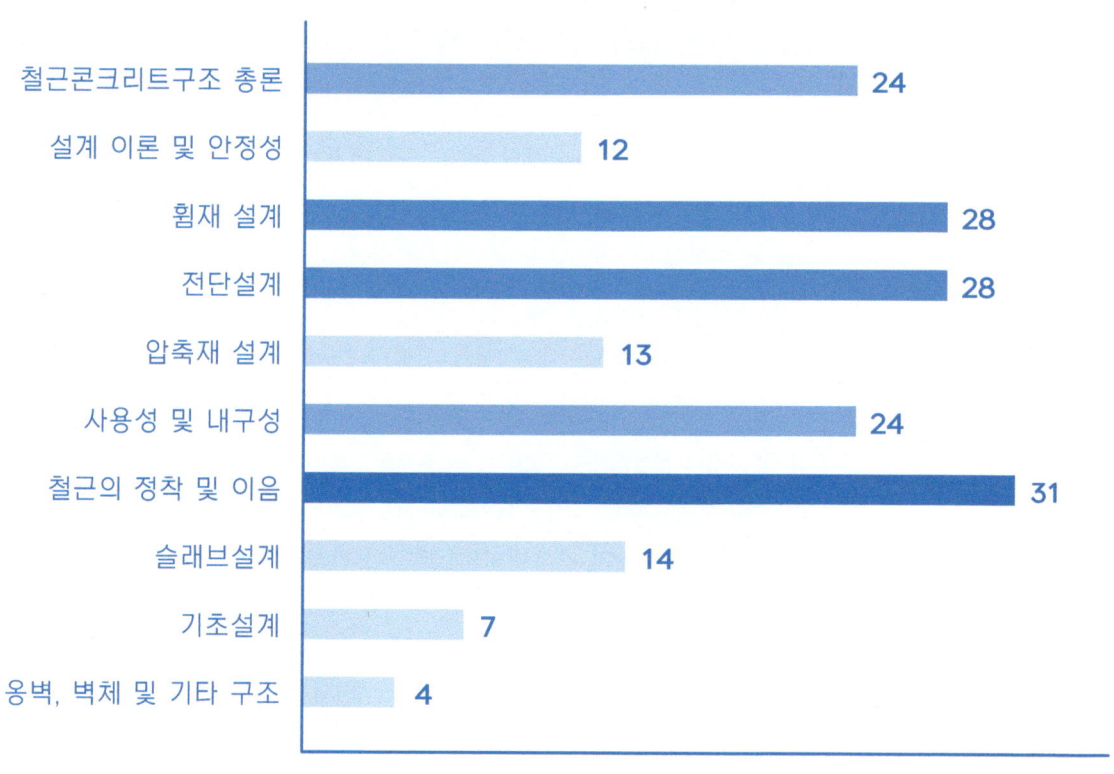

철근콘크리트구조는 예전보다 출제비율이 낮아지고 있지만 구조역학 다음으로 출제비중이 높다. 주로 6~8문항이 계산문제 위주로 출제되고, 보의 설계 및 철근의 정착, 이음에 관한 내용이 주로 출제되고 있다

CHAPTER 01 철근콘크리트구조 총론

빈출 KEY WORD
\# 철근콘크리트 성립 조건   \# 설계기준강도와 평균압축강도   \# 콘크리트 탄성계수
\# 응력-변형률 곡선   \# 현장치기콘크리트 최소 피복두께

01 철근콘크리트구조체의 원리

단순보에 하중이 작용하면 중립축을 경계로 하여 위쪽에는 압축응력, 아래쪽에는 인장응력이 발생한다. 이러한 구조체가 콘크리트만으로 구성되면 구조물의 하부에는 쉽게 균열이 발생하여 파괴될 것이다. 콘크리트는 인장에 약한 재료이므로 인장측에 철근을 넣어 보강하면 콘크리트는 인장저항력이 없어도 철근이 인장력에 충분히 저항할 수 있어 안전하게 되며, 물론 중립축 상부의 압축측은 콘크리트가 충분히 견디므로 전체적으로 안전한 구조체가 된다.

02 철근콘크리트구조체의 성립조건

(1) 중립축 상부의 압축력(Compression)은 콘크리트가, 중립축 하부의 인장력(Tension)은 철근이 부담한다.
(2) 철근과 콘크리트는 재료적인 측면에서 부착성(Bond)이 탁월하여 콘크리트 내부에서 철근의 상대적인 미끄러짐을 방지하여 콘크리트와 철근은 일체로 거동한다.
(3) 철근과 콘크리트는 온도에 대한 선팽창계수가 거의 유사하며 온도변화에 비슷한 거동을 보인다.
  ① 콘크리트 선팽창계수 : $1.0 \sim 1.3 \times 10^{-5} \text{m/m}^\circ\text{C}$
  ② 철근 선팽창계수 : $1.2 \times 10^{-5} \text{m/m}^\circ\text{C}$
(4) 철근은 콘크리트의 피복에 의해 부식이 방지된다.

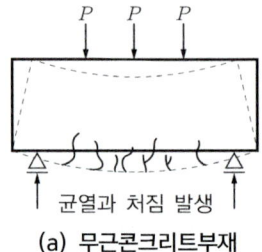
(a) 무근콘크리트부재

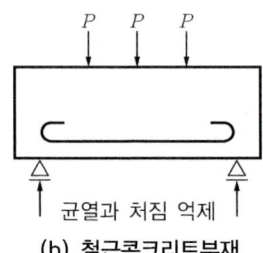
(b) 철근콘크리트부재

03 철근콘크리트구조체의 장·단점

1. 장점

① 철근과 콘크리트가 일체가 되어 내구적이다.
② 철근이 콘크리트에 의해 피복되므로 내화적이다.
③ 재료의 공급이 용이하며 경제적이다.
④ 부재의 형상과 치수가 자유롭다.

2. 단점

① 부재의 자중이 크고, 균열이 생기기 쉽다.
② 습식구조이므로 겨울철 공사가 어렵고 시공기간이 길다.
③ 공사기간이 길며 균질한 시공이 어렵다.
④ 재료의 재사용 및 철거작업이 어렵다.

04 SI단위 체계 요약

2003년도 4월 개정된 「콘크리트구조설계기준」에서는 기존의 응력 및 강도의 단위였던 kgf/cm^2 또는 $tonf/m^2$를 국제단위체계로 전환하여 Pa 또는 MPa로 개정하였다.

$$1 \text{Newton} = 1 kg \cdot m/sec^2 = 0.102 kgf$$
$$1 Pa = 1 \text{Newton}/m^2 = 0.102 kgf/m^2 ≒ 10^{-5} kgf/cm^2$$
$$\therefore 1 MPa ≒ 10 kgf/cm^2 ≒ 1 N/mm^2$$

05 콘크리트의 재료적 특성

1. 압축강도(f_c)

① 공시체: 직경 150mm × 높이 300mm 원주형 표준

② $f_c = \dfrac{P}{A} = \dfrac{P}{\dfrac{\pi d^2}{4}} (N/mm^2)$

→ $f_{28} = f_{ck}$

③ 일반적으로 콘크리트의 강도는 압축강도를 말하며, 물시멘트비(W/C)가 낮을수록 강도가 커지며, 재령이 길수록, 그리고 적정한 양생을 실시할수록 강도가 커진다.

> **치수효과(Size Effect)에 의한 강도보정**
> 콘크리트의 압축강도용 공시체는 $\phi 150 \times 300mm$를 기준으로 하며, $\phi 100 \times 200mm$의 공시체를 사용할 경우 강도보정계수 0.97을 곱하여 계산한다.

④ 설계기준 압축강도(f_{ck})와 평균압축강도(f_{cu})

구분	내용
설계기준 압축강도(f_{ck})	콘크리트부재를 설계할 때 기준이 되는 콘크리트 압축강도
평균압축강도(f_{cu})	크리프변형 및 처짐 등을 예측하는 경우보다 실제 값에 가까운 값을 구하기 위한 것 (재령 28일에서 콘크리트의 평균압축강도)

$f_{cu} = f_{ck} + \Delta f \text{(MPa)}$

$f_{ck} \leq$ 40MPa	$f_{ck} \geq$ 60MPa	40MPa $< f_{ck} <$ 60MPa
$\Delta f =$ 4MPa	$\Delta f =$ 6MPa	$\Delta f =$ 직선 보간

2. 인장강도(f_{sp})

① $f_{sp} = \dfrac{P}{A} = \dfrac{2P}{\pi dl}$ (N/mm²)

② 콘크리트의 인장강도는 압축강도의 10% 정도이므로 철근콘크리트구조 설계 시 콘크리트의 인장강도를 무시하는 것이 일반적이다.

③ 보통골재를 사용하는 콘크리트 인장강도 (f_{sp}) : $0.57\sqrt{f_{ck}}$

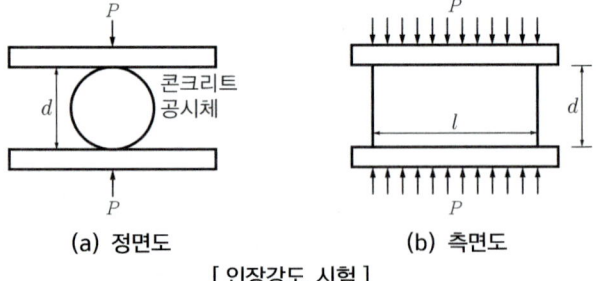

[인장강도 시험]

3. 휨인장강도(f_r)

150mm×150mm×530mm 장방형 무근콘크리트보의 경간 중앙 또는 3등분점에 보가 파괴될 때까지 하중을 작용시켜 균열모멘트 M_{cr}을 구한다.

휨공식 $f = \dfrac{M}{I} \cdot y$에 대입하여 콘크리트의 휨인장강도를 구하며, 이것을 파괴계수(f_r, Modulus of Rapture)라고도 한다.

$f_r = 0.63\lambda\sqrt{f_{ck}}$ (MPa)

4. 배합강도(f_{cr})

콘크리트 배합을 정할 때 목표로 하는 압축강도이다.

(1) 시험횟수 30회 이상인 경우

①, ② 중 큰 값

$f_{ck} \leq 35\text{MPa}$ 배합강도	$f_{ck} > 35\text{MPa}$ 배합강도
① $f_{cr} = f_{ck} + 1.34s$	① $f_{cr} = f_{ck} + 1.34s$
② $f_{cr} = (f_{ck} - 3.5) + 2.33s$	② $f_{cr} = 0.9f_{ck} + 2.33s$

> 표준편차
> $$s = \sqrt{\frac{\sum(x_i - \bar{x})^2}{(n-1)}}$$

(2) 시험기록을 갖고 있지 않지만 시험횟수가 29회 이하이고, 15회 이상인 경우

시험횟수	표준편차의 보정계수
15회	1.16
20회	1.08
25회	1.03
30회 또는 그 이상	1.00

(3) 시험횟수가 14회 이하이거나 기록이 없는 경우의 배합강도

설계기준 압축강도, f_{ck}(MPa)	배합강도, f_{cr}(MPa)
21 미만	$f_{ck} + 7$
21 이상~35 이하	$f_{ck} + 8.5$
35 초과	$1.1f_{ck} + 5.0$

5. 응력-변형률 곡선(Stress-Strain Curve)

① 최대 응력 부근에서의 콘크리트 변형률은 0.002~0.003, 파괴 시의 변형률은 0.003~0.005의 분포를 보인다.

② 철근콘크리트 극한강도설계법(USD)에서는 콘크리트의 최대 응력이 ε_{co} 변형률에서 나타나며, 콘크리트의 극한변형률이 ε_{cu}에 도달할 때 파괴되며, 그때의 강도를 $0.85f_{ck}$로 해석하고 있다.

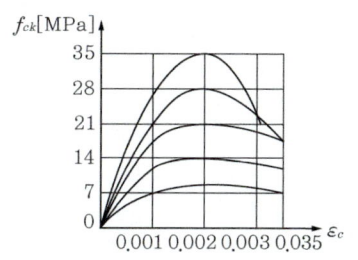
(a) 콘크리트 응력-변형률 선도

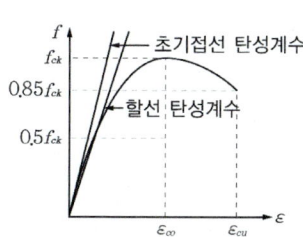
(b) 콘크리트 변성계수

[응력-변형률 선도의 이상화]

6. 콘크리트 탄성계수(E_C)

① 초기 접선탄성계수 : 곡선 처음 부분의 기울기로, 크리프 계산에 사용된다.
$$E_{ci} = \tan\theta_1 = 1.18E_C = 3{,}300\sqrt{f_{ck}} + 7{,}700 \text{(MPa)}$$

② 접선탄성계수 : 임의의 점에서의 기울길 나타낸다.
$$E_C = \tan\theta_2$$

③ 할선탄성계수 : 절반 정도 응력($0.5f_{ck}$)의 기울기로 나타낸다.
$$E_C = \tan\theta_3$$

④ 일반적으로 콘크리트의 탄성계수는 할선탄성계수(세컨드계수)를 의미하며, 이는 압축강도 30~50% 정도의 응력을 사용하여 구한다.

⑤ 콘크리트구조기준에 따른 탄성계수

  ㉠ 콘크리트 탄성계수(할선탄성계수)

$$E_c = 0.077 m_c^{1.5} \sqrt[3]{f_{cu}} = 8{,}500 \sqrt[3]{f_{cu}} \ [\text{MPa}]$$

여기서, $f_{cu} = f_{ck} + \Delta f$ [MPa]이며, Δf는
- $f_{ck} \leq 40$ MPa인 경우 $\Delta f = 4$ MPa
- $f_{ck} \geq 60$ MPa인 경우 $\Delta f = 6$ MPa
- 그 사이는 직선보간

  ㉡ 크리프변형 계산에 사용되는 탄성계수(초기 접선탄성계수)
$$E_{ci} = 1.18E_c = 10{,}000 \sqrt[3]{f_{cu}}$$

7. 크리프(Creep)

콘크리트에 하중이 작용하면 그것에 비례하는 순간적인 변형이 생긴다. 그 후에 하중의 증가는 없는데, 시간이 경과함에 따라 변형이 증가될 때 이 추가변형을 Creep라 한다.

크리프에 영향을 미치는 요인은 다음과 같다.

① 물 · 시멘트비 : 클수록 크리프가 크게 일어난다.
② 단위시멘트량 : 많을수록 크리프 증가
③ 온도 : 높을수록 크리프 증가
④ 응력 : 클수록 크리프 증가
⑤ 상대습도 : 높을수록 크리프가 작게 발생
⑥ 콘크리트의 강도, 재령 : 클수록 크리프 작게 발생

⑦ 하중 지속 시간 : 처음 28일 동안에 전체 크리프량의 50%, 4개월 내에 80%, 2년 이내에 90%, 4~5년 후면 크리프 발생이 거의 완료됨.
⑧ 철근 : 압축철근이 효과적으로 배근되면 크리프 작게 발생

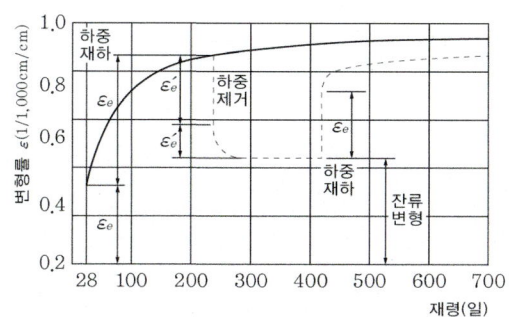

[콘크리트의 크리프 변형률]

⑨ 체적 : 체적이 클수록 크리프 감소
⑩ 양생 : 고온증기 양생하면 크리프 작게 발생
⑪ 크리프계수(C_u)

$$C_u = \frac{\varepsilon_c}{\varepsilon_e} = \frac{\varepsilon_c}{\frac{f_c}{E_c}} = \frac{\varepsilon_c \cdot E_c}{f_c}$$

여기서, ε_c : 크리프 변형률, ε_e : 탄성 변형률

8. 건조수축(Shrinkage)

콘크리트 내부의 과잉수 증발에 의해 콘크리트가 건조수축을 하여 철근에는 압축력을 콘크리트에는 인장력을 유발시키는 현상이다. 보통콘크리트의 경우 건조수축은 300~800μ_e 정도이다.

06 철근의 재료적 특성

1. 원형철근과 이형철근

(1) 원형철근(Round Bar, ϕ)
① 지금의 치수 앞에 ϕ를 붙여 호칭한다.
② 단면이 원형인 봉강으로 부착성의 효과가 이형철근보다 낮기 때문에 거의 사용되고 있지 않다.

(2) 이형철근(Deformed Bar, D)

① 지름의 치수 앞에 D를 붙여 호칭한다.
② 콘크리트와의 부착성을 개선시키기 위한 철근으로 길이방향의 돌출부를 리브(Rib), 단면방향의 돌출부를 마디라 한다.
③ 공칭값 : 동일한 길이, 동일한 중량의 원형철근의 지름, 단면적, 둘레로 환산한 값

【이형철근의 공칭값】

호칭명	단위무게(kg/m)	공칭지름(mm)	공칭단면적(mm^2)
D6	0.249	6.35	31.66
D10	0.560	9.53	71.33
D13	0.995	12.7	126.67
D16	1.56	15.9	198.55
D19	2.25	19.1	286.52
D22	3.04	22.2	387.07
D25	3.98	25.4	506.70
D29	5.04	28.6	642.42
D32	6.23	31.8	794.22
D35	7.51	34.9	956.62
D38	8.95	38.1	1,140.09
D41	10.5	41.3	1,339.64
D51	15.9	50.8	2,026.82

④ 철근의 종류, 기계적 성질(KS D 3504)(강의 비중 : 7.85)

종류	기호	용도	항복강도 또는 0.2% 내력 [N/mm^2], [MPa]	인장강도 내력 [N/mm^2], [MPa]
원형철근	SR 240 SR 300	일반용	240 이상 300 이상	390 이상 440 이상
이형철근	SD 300 SD 350 SD 400 SD 500 SD 600 SD 700	일반용	300 이상 350 이상 400 이상 500 이상 600 이상 700 이상	440 이상 490 이상 560 이상 620 이상 710 이상 800 이상
	SD 400W SD 500W	용접용	400 이상 500 이상	

2. 응력 – 변형률 곡선(Stress-Strain Curve)

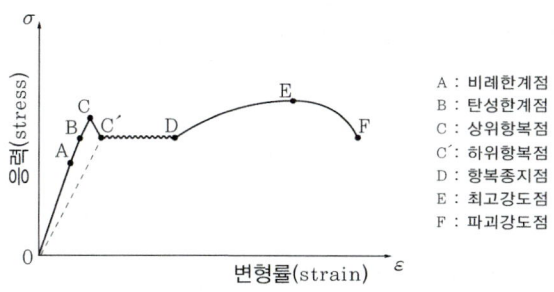

[강재의 응력-변형률 곡선]

① 철근의 탄성계수(E_s) : 탄성범위 내에서 응력-변형률 곡선의 기울기

$$E_s = 2.0 \times 10^5 \text{MPa}$$

② 철근과 콘크리트의 탄성계수비(n)

콘크리트와 철근 각 재료의 탄성계수와 탄성계수와의 비를 말한다.

$$n = \frac{E_s}{E_c} = \frac{2.0 \times 10^5}{8,500\sqrt[3]{f_{cu}}} = \frac{23.53}{\sqrt[3]{f_{cu}}} = \frac{23.53}{\sqrt[3]{f_{ck} + \Delta f}}$$

③ 그래프 상에서 탄성구간은 O~B 구간이며, 소성구간은 E~B 구간이다.

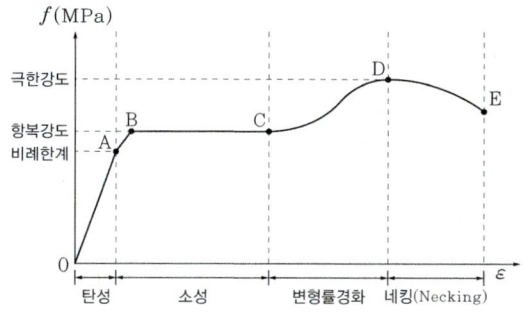

[저탄소강의 응력-변형률 곡선]

3. 철근의 설계규정

① 철근의 설계기준 항복강도

㉠ 휨철근 : $f_y \leq 600\text{MPa}$

㉡ 전단철근 : $f_y \leq 500\text{MPa}$

㉢ 용접이형철망을 사용하는 전단철근 : $f_y \leq 600\text{MPa}$

㉣ 비틀림철근, 전단마찰철근 : $f_y \leq 500\text{MPa}$

㉤ 나선철근 : $f_{yt} \leq 700\text{MPa}$, 단, 400MPa을 초과하는 경우에는 겹침이음을 할 수 없다.

② 다발철근의 규정

　㉠ 2개 이상의 철근을 묶어서 사용하는 다발철근은 이형철근으로, 그 개수는 4개 이하이어야 하며, 이들은 스터럽이나 띠철근으로 둘러싸여야 한다.

　㉡ 휨부재의 경간 내에서 끝나는 한, 다발철근 내 각각의 철근은 $40d_b$ 이상 서로 엇갈리게 끝나야 한다.

　㉢ 다발철근의 간격과 최소 피복두께를 철근지름으로 나타낼 경우 다발철근의 지름은 등가면적으로 환산된 1개의 철근지름으로 보아야 한다.

　㉣ 보에서 D35를 초과하는 철근은 다발철근으로 사용할 수 없다.

4. 철근의 피복

① 피복두께 : 콘크리트 표면에서 가장 근접한 철근 표면까지 두께(mm)

② 피복의 목적 : 내구성(철근의 방청), 내화성, 부착력 확보

③ 현장치기 콘크리트의 최소 피복두께(프리스트레스하지 않는 부재)

KDS 기준			피복두께
수중에서 타설하는 콘크리트			100mm
흙에 접하여 콘크리트를 친 후 영구히 흙에 묻혀 있는 콘크리트			75mm
흙에 접하거나 옥외의 공기에 직접 노출되는 콘크리트	D19 이상 철근		50mm
	D16 이하 철근		40mm
옥외의 공기나 흙에 직접 접하지 않는 콘크리트	슬래브, 벽체, 장선	D35 초과 철근	40mm
		D35 이하 철근	20mm
	보, 기둥		40mm
	쉘, 절판부재		20mm

※ 보, 기둥의 경우 $f_{ck} \geq$ 40MPa일 때 피복두께를 10mm 저감시킬 수 있다.

5. 철근의 간격 구조 규준

콘크리트의 균열을 제어하기 위한 목적이다.

① 동일 평면에서 철근의 평행한 수평 순간격	㉠ 25mm 이상 ㉡ 철근 공칭지름 이상 ㉢ 굵은골재 최대 치수의 4/3배 이상
② 2단 이상 배치된 철근의 상하 연직 순간격	㉠ 동일 연직면 내에 배치 ㉡ 연직 순간격 25mm 이상
③ 나선철근 또는 띠철근이 배근된 압축부재에서 축방향 철근의 순간격	㉠ 40mm 이상 ㉡ 철근 공칭지름의 1.5배 이상 ㉢ 굵은골재 최대 치수 4/3배 이상

6. 철근의 분류

① 주철근 : 설계하중에 의해 그 단면적이 정해지는 철근으로 단면력에 따라 다음과 같이 구분된다.

휨설계	정모멘트 철근	정의 휨모멘트에 의한 인장응력에 저항하며 부재 하단 배치
	부모멘트 철근	부의 휨모멘트에 의한 인장응력에 저항하며 부재 상단 배치
압축재 설계	종방향 철근	부재의 길이 방향으로 배근한 주철근
	옵셋 굽힘 철근	기둥 연결부에서 단면치수가 변하는 경우에 배치되는 구부린 주철근
전단 설계	전단 철근	전단력에 저항하도록 배근한 철근
	사인장 철근	전단력을 받는 부재의 복부에서 배근하여 사인장 응력에 저항하는 철근
비틀림 설계	횡방향 철근	부재축에 횡방향으로 배치
	종방향 철근	부재축에 종방향으로 배치

② 보조철근 : 배력철근, 조립용 철근, 띠철근, 나선철근 등
  ㉠ 배력철근 : 집중하중을 수평방향으로 고르게 분포시키는 보조철근으로 주철근과 직각에 가깝게 배치(90°)한다.
  ㉡ 조립용 철근 : 철근을 조립할 때 철근의 위치를 확보하기 위하여 사용되는 보조철근
  ㉢ 나선철근 : 기둥에 종방향 철근을 나선형으로 둘러싼 철근 또는 철선
  ㉣ 띠철근 : 기둥에서 종방향 철근의 위치를 확보하고 전단력에 저항하도록 정해진 간격으로 배근된 횡방향의 보강철근 또는 철선

7. 기타 철근

① 절곡철근(굽힘철근) : 정모멘트 철근 또는 부모멘트 철근을 구부려서 올리거나 내린 복부철근
② 스터럽 : 보의 주철근을 둘러싸고 이에 직각되게 또는 45° 이상 경사지게 배근한 복부보강근으로서 구조부재에 있어서 전단력 및 비틀림모멘트에 저항하도록 배치한 보강철근
③ 수축·온도철근 : 건조수축 또는 온도변화에 의하여 콘크리트에 발생하는 균열을 방지하기 위한 목적으로 배근되는 철근

CHAPTER 01 필수 확인 문제

01 철근콘크리트구조의 특징에 대한 설명 중 옳지 않은 것은? [산11]

① 철근과 콘크리트가 일체가 되어 내구적이다.
② 철근이 콘크리트에 의해 피복되므로 내화적이다.
③ 다른 구조에 비해 부재의 단면과 중량이 큰 편이다.
④ 습식구조이므로 동절기 공사가 용이하다.

○ ④ 습식구조이므로 동절기 공사가 쉽지 않다.
정답 ④

02 콘크리트의 압축강도가 증가할수록 감소하는 것은?

① 전단능력
② 휨능력
③ 연성능력
④ 부착능력

○ 콘크리트의 압축강도가 고강도로 증가할수록 연성능력을 상실하고 취성파괴된다.
정답 ③

03 강도설계법에 의한 철근콘크리트 설계 시 보통중량 콘크리트의 설계기준강도 f_{ck}=27MPa일 때 콘크리트의 파괴계수(f_r)값은? [산08]

① 2.46MPa
② 2.79MPa
③ 2.95MPa
④ 3.27MPa

○ $f_r = 0.63\lambda\sqrt{f_{ck}}$
$= 0.63(1.0)\sqrt{(27)}$
$= 3.27$MPa
정답 ④

04 강재의 응력-변형률 곡선에서 변형률 경화 영역(Strain-Hardening Range)에 해당하는 기호를 고르면? [기11]

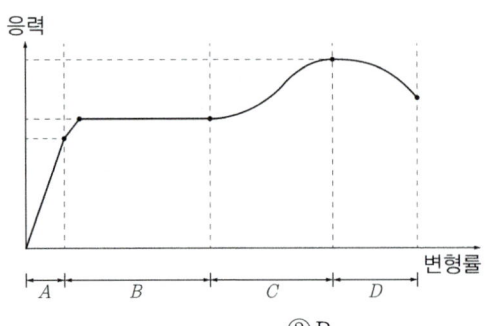

① A
② B
③ C
④ D

○ A: 탄성(Elastic) 영역
B: 소성(Plastic) 영역
C: 변형률 경화(Strain Hardening) 영역
D: 넥킹(Necking) 영역
정답 ③

05 프리스트레스지하지 않는 부재의 현장치기 콘크리트에서 흙에 접하여 콘크리트를 친 후 영구히 흙에 묻혀 있는 콘크리트부재의 최소 피복두께로 옳은 것은?

[기00,18, 산06,15,19]

① 40mm ② 50mm
③ 60mm ④ 75mm

종류			피복두께
수중에서 타설하는 콘크리트			100mm
흙에 접하여 콘크리트를 친 후 영구히 흙에 묻혀 있는 콘크리트			75mm
흙에 접하거나 옥외의 공기에 직접 노출되는 콘크리트	D19 이상 철근		50mm
	D16 이하 철근		40mm
옥외의 공기나 흙에 직접 접하지 않는 콘크리트	슬래브, 벽체, 장선	D35 초과 철근	40mm
		D35 이하 철근	20mm
	보, 기둥		40mm
	쉘, 절판부재		20mm

정답 ④

06 철근콘크리트의 보강철근에 관한 설명으로 옳지 않은 것은? [기19]

① 보강철근으로 보강하지 않은 콘크리트는 연성거동을 한다.
② 보강철근은 콘크리트의 크리프를 감소시키고 균열의 폭을 최소화시킨다.
③ 이형철근은 원형강봉의 표면에 돌기를 만들어 철근과 콘크리트의 부착력을 최대가 되도록 한 것이다.
④ 보강철근을 콘크리트 속에 매립함으로써 콘크리트의 휨강도를 증대시킨다.

① 보강철근으로 보강하지 않은 콘크리트는 인장강도가 낮아서 취성(Brittle)거동을 한다.

정답 ①

CHAPTER 02 설계 이론 및 안정성

빈출 KEY WORD
\# 강도설계법과 허용응력설계법
\# 하중계수와 강도감소계수
\# 인장지배, 압축지배, 변화구간의 강도감소계수

> **훅의 법칙(Hooke's Law)**
> 응력과 변형률이 직선으로 비례한다는 개념으로 이때의 기울기를 탄성계수라 한다.
> 즉, $E = \dfrac{f}{\varepsilon}$

> **안전율**
> $\dfrac{\text{윗변길이} + \text{밑변길이}}{2}$

01 철근콘크리트설계법

1. 허용응력설계법(WSD, Working Stress Design Method)

(1) 개념

허용응력설계법이란 철근과 콘크리트를 탄성체로 가정하여 훅의 법칙(Hooke's Law)을 따라 응력과 변형률이 선형비례한다고 가정하여 설계하며, 사용하중(실재하중, 작용하중)을 여러 경우별로 적용하여 그 중 가장 불리한 응력상태가 안전율을 고려한 허용응력을 넘지 않게 부재단면을 설계하는 방법이다.

허용응력설계법은 하중이 작용할 때 그 재료가 탄성거동을 하는 것을 기본원리로 하고 있으며, 사용성에 중점을 두고 있다.

$$f \leq f_a$$

f : 허용하중에 대해 탄성적으로 계산된 실제응력
f_a : 그 재료의 허용응력도

(2) 허용응력설계법의 특징

① 장점
  설계 계산이 매우 쉽다.

② 단점
  - 부재의 강도를 알기 어렵다.
  - 파괴에 대한 두 재료(철근, 콘크리트)의 안전도를 일정하게 만들기가 어렵다.
  - 성질이 다른 하중들의 영향을 설계상에 반영할 수 없다.

2. 강도설계법(USD, Ultimate Strength Design Method)

(1) 개념

강도설계법(Ultimate Strength Design Method)의 기본개념은 실재하중에 하중계수를 곱한 계수하중을 사용, 파괴 직전의 비탄성거동인 극한응력상태를 소성이론으로 계산하고 강도감소계수를 곱하여 설계강도를 계산한 설계강도가 구조물이 요구하는 소요강도보다 크도록 설계하는 방법이다.

$$하중계수 \times 실재하중 \leq 강도감소계수 \times 공칭강도$$

$$소요강도 \leq 설계강도$$

즉, 강도설계법은 예상되는 모든 하중에 구조물이 저항할 수 있게 설계되어야 한다는 원칙에 근거를 두고 있다. 그러므로 구조물에 실질적으로 작용하는 하중의 불확실성을 고려하며, 하중증가계수를 곱하여 실제 작용되는 하중보다 큰 값을 나타낸다. 반면에 구조물이 견뎌낼 수 있는 내력은 공장에서 제작된 최대 공칭강도값의 불확실성 때문에 강도감소계수를 곱하여 실제 발현될 수 있는 강도보다 작은 값으로 나타나게 하여 전체적으로 안전한 식을 유도하고 있다.

강도설계법은 극한응력상태로 해석하는 방법으로 안전성에 중점을 두고 있다.

(2) 강도설계법의 특징

㉠ 장점
- 부재나 구조물의 파괴에 대한 안전도 확보가 확실하다.
- 서로 다른 하중의 특성을 하중계수에 의해 설계에 반영할 수 있다.

㉡ 단점
- 서로 다른 재료의 특성을 설계에 합리적으로 반영시키기 어렵다.
- 사용성(처짐, 균열)의 확보를 별도로 검토해야 한다.

▶ 강도설계법과 허용응력설계법의 비교

비교	강도설계법	허용응력설계법
적용범위	파괴상태로 만드는 극한하중	구조물을 탄성거동으로 가정
사용하중	극한하중	사용하중
장점	파괴상태에서 설계강도 예측	사용성 문제(처짐, 균열)를 만족
단점	사용성에 문제가 있다.	파괴상태 강도의 예측이 어렵다.
주요계수	강도감소계수, 하중계수	안전율
재료특성	소성범위	탄성범위

3. 한계상태설계법(LSD, Limit State Design Method)

구조물이 그 사용목적에 적합하지 않게 되는 어떤 한계상태에 도달되는 확률을 허용한도 이하로 되게 설계하는 방법이다. 즉 하중작용 및 재료강도의 변동을 고려하여 확률론적으로 구조물의 안전성을 평가하는 가장 이상적인 설계법이다.

(1) 한계상태의 종류

종류	상태
극한한계상태 (Ultimate Limit State)	구조물 또는 부재가 파괴 또는 파괴에 가까운 상태로 되어 그 기능을 상실한 상태
사용한계상태 (Serviceability Limit State)	처짐, 균열, 진동 등이 과대하게 일어나서 정상적인 사용상태의 필요조건을 만족하지 않게 된 상태
피로한계상태 (Fatigue Limit State)	반복하중에 의하여 철근이 파단되거나 콘크리트가 압축되는 상태

(2) 한계상태설계법의 장단점

① 장점

하중과 재료의 특성을 설계에 반영할 수 있으며, 안전성은 극한한계상태를 검토함으로써 확보하고, 사용성은 사용한계상태를 검토하여 확보함으로써 강도설계법의 결점을 개선한 설계법이다.

② 단점

하중작용이나 재료강도 등에 관한 통계자료가 충분히 확보되어야 한다.

02 강도설계법

1. 소요강도(Required Strength, U)

> **하중계수를 곱하는 이유**
> 극한상태에 대한 극한외력으로서 구조물이나 구조부재에 작용할 수 있는 가장 불리한 조건을 고려하기 위함이다.

소요강도 U는 사용하중에 하중계수를 곱한 계수하중(Factored Load) 또는 이와 관련된 단면력이다.

① 하중계수와 하중조합을 모두 고려하여 최대 소요강도에 만족하도록 설계하여야 한다.

② 구조물과 구조부재의 소요강도는 공칭하중이 고정하중, 활하중, 풍하중, 적절하중, 지진하중 등이 작용할 경우 하중조합을 고려하여 큰 값으로 결정한다.

③ 하중조합이란 구조물 또는 부재에 동시에 작용할 수 있는 각종 하중의 조합을 말한다.

④ 하중조합에 따른 하중계수

$$U = 1.4 + (D + F)$$

$$U = 1.2(D+F+T) + 1.6(L+\alpha_H + H_v + H_h)$$
$$+ 0.5(L_r \text{ 또는 } S \text{ 또는 } R)$$

$U = 1.2D + 1.6(L_r \text{ 또는 } S \text{ 또는 } R) + (1.0L \text{ 또는 } 0.5W)$

$U = 1.2D + 1.0W + 1.0L + 0.5(L_r \text{ 또는 } S \text{ 또는 } R)$

$U = 1.2(D+H) + 1.0E + 1.0L + 0.2S + (1.0H_h \text{ 또는 } 0.5H_h)$

$U = 1.2(D+F+T) + 1.6(L+\alpha_H H_v) + 0.8H_h + 0.5(L_r \text{ 또는 } S \text{ 또는 } R)$

$U = 0.9(D+H_v) + 1.0W + (1.6H_h \text{ 또는 } 0.8H_h)$

$U = 0.9(D+H_v) + 1.0E + (1.0H_h \text{ 또는 } 0.5H_h)$

다만, α_H는 연직방향 하중 H_v에 대한 보정계수로서

$h \leq 2m$에 대해서 $\alpha_H = 1.0$이며,

$h > 2m$에 대해서 $\alpha_H = 1.05 - 0.025h \geq 0.875$이다.

여기서, U : 계수하중, 소요강도 D : 고정하중
F : 유체중량 및 압력에 의한 하중 E : 지진하중
H_h : 횡압력에 의한 수평방향 하중 R : 강우하중
H_v : 자중에 의한 연직방향 하중 W : 풍하중
L : 활하중 L_r : 지붕 활하중 S : 적설하중
T : 온도, 크리프, 건조수축 및 부등침하의 영향에 의한 하중

2. 설계강도(Design Strength)

설계강도는 어떤 부재와 다른 부재와의 접합부 및 그 단면이 만들어낼 수 있는 값을 말하며 휨, 축력, 전단 및 비틀림 등으로 표현한다. 이 값은 구조설계기준에 의해 계산된 공칭강도(Nominal Strength)에 1보다 작은 강도감수계수(ϕ)를 곱하여 구하게 된다.

(1) 강도감수계수 ϕ

부재 또는 하중의 종류			ϕ
휨부재 또는 휨모멘트와 축력을 동시에 받는 부재	인장지배단면		0.85
	변화구간단면	나선철근 부재	0.70 ~ 0.85
		그 외의 부재	0.65 ~ 0.85
	압축지배단면	나선철근 부재	0.70
		그 외의 부재	0.65
전단력과 비틀림모멘트			0.75
콘크리트의 지압력			0.65
무근콘크리트의 휨모멘트, 압축력, 전단력, 지압력			0.55
포스트텐션 정착 구역			0.85
스트럿-타이 모델	스트럿, 절점부 및 지압부		0.75
	타이		0.85

(2) 강도감소계수(ϕ)의 사용목적

① 설계강도를 산출할 때, 부재나 단면이 받을 수 있는 공칭강도에 곱해 주는 계수로서 다음을 고려하기 위한 안전계수이다.
② 재료의 공칭강도와 실제 강도 차이
③ 부재를 제작 또는 시공할 때 설계도와의 차이
④ 부재강도의 추정과 해석에 관련된 불확실성
⑤ 구조물에서 차지하는 부재의 중요도 차이 등

(3) 기타 강도감소계수 적용 이유

- 인장지배단면보다 압축지배단면에 대하여 더 작은 ϕ계수를 사용하는 이유는 압축지배단면의 연성이 더 작고, 콘크리트강도의 변동에 보다 민감하며, 일반적으로 인장지배단면 부재보다 더 넓은 영역의 하중을 지지하기 때문이다.
- 나선철근부재가 띠철근기둥보다 큰 ϕ계수를 갖는 이유는 연성(Ductility)이나 인성(Toughness)이 크기 때문이다.

① 인장지배단면 : 압축연단 콘크리트가 가정된 극한변형률에 도달할 때 최외단 인장철근의 순인장변형률 ε_t가 인장지배변형률 한계 이상인 단면
② 압축지배단면 : 압축연단 콘크리트가 가정된 극한변형률에 도달할 때 최외단 인장철근의 순인장변형률 ε_t가 압축지배변형률 한계 이하인 단면
③ 변화구간단면(전이구역) : 순인장변형률 ε_t가 압축지배변형률 한계($\varepsilon_{t,ccl}$)와 인장지배변형률 한계($\varepsilon_{t,tcl}$) 사이인 단면

$\Rightarrow \varepsilon_y < \varepsilon_t < 0.005 (f_y > 400\text{MPa}$인 경우 $2.5\varepsilon_y)$

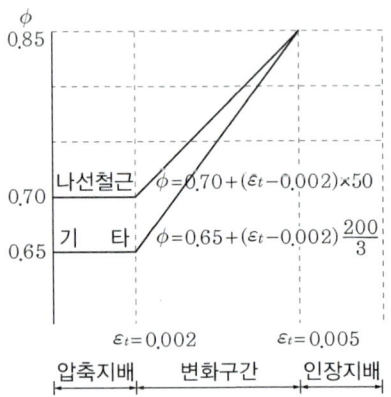

지배단면 구분	순인장변형률 조건	지배단면에 따른 강도감소계수(ϕ)
압축지배단면	ε_y 이하	0.65
변화구간단면	$\varepsilon_y \sim 0.005$ ($f_y > 400$MPa인 경우 $2.5\varepsilon_y$ 이상)	0.65 ~ 0.85
인장지배단면	0.005 이상 ($f_y > 400$MPa인 경우 $2.5\varepsilon_y$ 이상)	0.85

CHAPTER 02 필수 확인 문제

01 강도설계법에서 가장 중요시하는 요소는 어느 것인가?

① 내구성　　　② 사용성
③ 안전성　　　④ 경제성

◎ 강도설계법은 안전성, 허용응력설계법은 사용성을 중요시하여 설계한다.

정답 ③

02 강도설계법으로 철근콘크리트보 설계 시 공칭모멘트강도 M_n=150kN·m, 강도감소계수 ϕ=0.85일 때 설계모멘트(M_d)값은? [산05,07,16]

① 95.6kN·m　　　② 114.8kN·m
③ 127.5kN·m　　　④ 176.5kN·m

◎ $M_d = \phi M_n$
　　$= (0.85)(150)$
　　$= 127.5 \text{kN} \cdot \text{m}$

정답 ③

03 극한강도설계법에서 강도감소계수에 영향을 미치는 요인이 아닌 것은? [기04]

① 부재의 중요성
② 재료 강도의 가변성
③ 철근의 위치, 치수의 오차
④ 하중의 과재하

◎ ④ 하중의 과재하는 하중계수에 반영되는 이유이다.

정답 ④

04 강도설계법에서 철근콘크리트구조물의 전단력과 비틀림모멘트에 대한 강도감소계수는? [산10]

① 0.85　　　② 0.75
③ 0.65　　　④ 0.55

정답 ②

Chapter 02 설계 이론 및 안정성　**299**

CHAPTER 03 휨재 설계

빈출 KEY WORD
보의 구조제한 # 순인장변형률 # 등가블록깊이
균형철근비 # 중립축 거리 # 최대 철근비와 최소 철근비
단철근보의 설계모멘트 # 복철근보 설계 이유 # T형보의 플랜지 유효폭

01 휨재의 구조제한

1. 보의 구조제한

① 주근은 D13 이상을 배근한다.
② 주근의 순간격은 25mm 이상, 철근의 공칭직경(d_b) 이상, 굵은골재 최대 치수의 $\frac{4}{3}$ 중 큰 값을 사용한다.
③ 상단과 하단에 2단 배근을 할 경우 상하 철근은 동일 연직면에 배치되어야 하고, 상하 철근의 간격은 25mm 이상으로 한다.
④ 철근의 피복두께는 40mm 이상으로 한다.
　(단, $f_{ck} \geq 40\text{MPa}$일 때 30mm로 할 수 있다.)
⑤ 주요한 보는 전 스팬을 복배근(Double Layout)한다.
⑥ 보의 횡방향 지점간 거리는 압축플랜지 또는 압축면의 최소 폭 b의 50배 이하로 한다.

02 휨해석을 위한 가정 및 기본개념

> **Bernoulli의 평면보존의 법칙**
> 변형 전에 부재축에 수직한 평면은 변형 후에도 부재축에 수직한다.

1. 휨이론의 기본가정

① 변형 전에 축에 수직한 평면은 변형 후에도 평면이다.
② 철근과 콘크리트의 변형률은 중립축으로부터 거리에 비례한다.
③ 콘크리트와 철근의 응력은 철근콘크리트의 응력-변형률 곡선 ($f - \varepsilon$)을 이용하여 변형률로부터 계산할 수 있다.

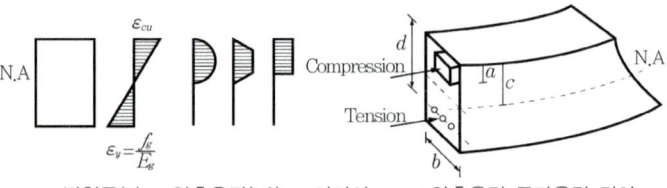

변형률(ε)　압축응력(f)　여기서, a : 압축응력 등가응력 깊이
　　　　　　　　　　　　　　　　b : 보의 폭(=너비)
　　　　　　　　　　　　　　　　c : 중립축 거리
　　　　　　　　　　　　　　　　d : 보의 유효춤

2. 휨이론의 추가가정

① 철근콘크리트부재의 휨강도 계산에서 콘크리트의 인장강도를 무시한다.
② 콘크리트의 압축변형률이 극한변형률에 이르렀을 때 콘크리트는 파괴된다.
③ 콘크리트의 압축응력-변형률 관계는 시험결과에 따라 직사각형, 포물선, 사다리꼴로 가정할 수 있다.

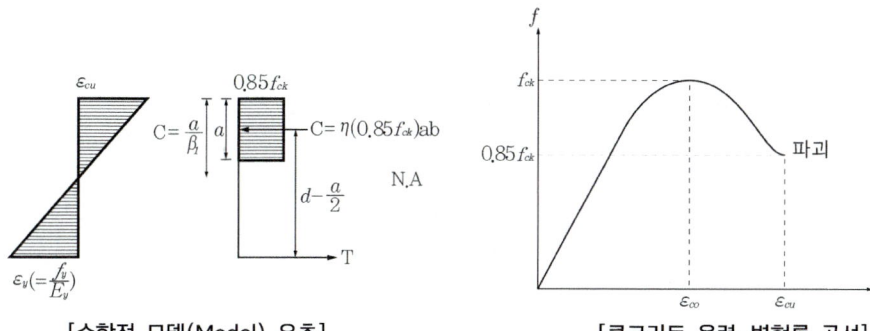

[수학적 모델(Model) 유추]   [콘크리트 응력-변형률 곡선]

3. 휨설계의 기본개념

(1) 휨설계의 일반원칙

① 휨모멘트나 축력 또는 휨모멘트와 축력을 동시에 받는 단면의 설계는 힘의 평형조건과 변형률의 적합조건에 기초하여야 한다.
② 균형변형률 상태
   인장철근이 항복하여 그 변형률이 항복변형률 ε_y에 도달하고, 동시에 콘크리트 변형률이 그 극한변형률 ε_{cu}에 도달하는 경우의 변형률 상태를 균형변형률 상태라고 한다.
③ 최외단 인장철근(인장측 연단에 가장 가까운 철근)의 순인장변형률(ε_t)에 따라 압축지배단면, 인장지배단면, 변화구간단면으로 구분하고, 지배단면에 따라 강도감소계수(ϕ)를 달리 적용해야 한다.
④ 휨부재 또는 휨모멘트와 축력을 동시에 받는 부재(계수축력 ≤ 0.10 $f_{ck}A_g$인 경우)의 순인장변형률 ε_t는 휨부재의 최소 허용변형률 이상이어야 한다.

(2) 순인장변형률(ε_t)

① 최외단 인장철근 또는 긴장재의 인장변형률에서 프리스트레스, 크리프, 건조수축, 온도변화에 의한 변형률을 제외한 인장변형률을 말한다.
② 변형률분포에서 비례식을 이용하면 $c : \varepsilon_{cu} = (d_t - c) : \varepsilon_t$로부터

$$\therefore \varepsilon_t = \frac{(d_t - c)}{c} \cdot \varepsilon_{cu}$$

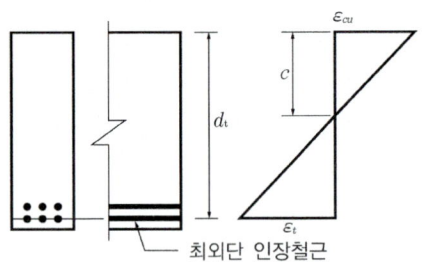

[변형률 분포와 순인장변형률]

(3) 지배단면 구분

① 인장지배단면 : 압축연단 콘크리트가 가정된 극한변형률에 도달할 때 최외단 인장철근의 순인장변형률 ε_t가 인장지배변형률 한계 이상인 단면

② 압축지배단면 : 압축연단 콘크리트가 가정된 극한변형률에 도달할 때 최외단 인장철근의 순인장변형률 ε_t가 압축지배변형률 한계 이하인 단면

③ 변화구간단면(전이구역) : 순인장변형률 ε_t가 압축지배변형률 한계($\varepsilon_{t,ccl}$) 와 인장지배변형률 한계($\varepsilon_{t,tcl}$) 사이인 단면

④ 지배단면의 변형률 한계($f_{ck} \leq 40\text{MPa}$인 경우)

강재 종류		압축지배 변형률 한계	인장지배 변형률 한계	휨부재의 최소 허용변형률
철근	SD400 이하	ε_y	0.005	0.004
	SD400 초과	ε_y	$2.5\varepsilon_y$	$2.0\varepsilon_y$
PS강재		0.002	0.005	—

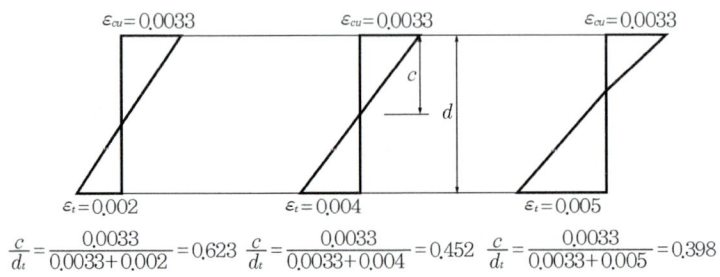

(a) 압축지배단면　(b) 휨부재의 최소 순인장변형률　(c) 인장지배단면

[순인장변형률과 c/d_t]

(4) 지배단면에 따른 강도감소계수

지배단면 구분	순인장변형률(ε_t) 조건	강도감소계수(ϕ)
압축지배단면	$\varepsilon_t \leq \varepsilon_y$	0.65
변화구간단면	SD400 이하 : $\varepsilon_y < \varepsilon_t < 0.005$ SD400 초과 : $\varepsilon_y < \varepsilon_t < 2.5\varepsilon_y$	0.65 ~ 0.85
인장지배단면	SD400 이하 : $0.005 \leq \varepsilon_t$ SD400 초과 : $2.5\varepsilon_y \leq \varepsilon_t$	0.85

(5) 변화구간단면의 강도감소계수(SD400 이하인 경우)

① 나선철근인 경우 : $\phi = 0.70 + 0.15 \times \dfrac{\varepsilon_t - \varepsilon_y}{0.005 - \varepsilon_y}$

휨부재(SD400)의 최소 허용변형률 조건($\varepsilon_t \leq 0.004$)에 해당하는 강도감소계수는

$$\varepsilon_y = \frac{f_y}{E_s} = \frac{400}{2.0 \times 10^5} = 0.002$$

$$\therefore \phi = 0.70 + 0.15 \times \frac{0.004 - 0.002}{0.005 - 0.002} = 0.80$$

② 기타(띠철근)인 경우 : $\phi = 0.65 + 0.2 \times \dfrac{\varepsilon_t - \varepsilon_y}{0.005 - \varepsilon_y}$

휨부재(SD400)의 최소 허용변형률 조건($\varepsilon_t \leq 0.004$)에 해당하는 강도감소계수는

$$\varepsilon_y = \frac{f_y}{E_s} = \frac{400}{2.0 \times 10^5} = 0.002$$

$$\therefore \phi = 0.65 + 0.2 \times \frac{0.004 - 0.002}{0.005 - 0.002} = 0.783 = 0.78$$

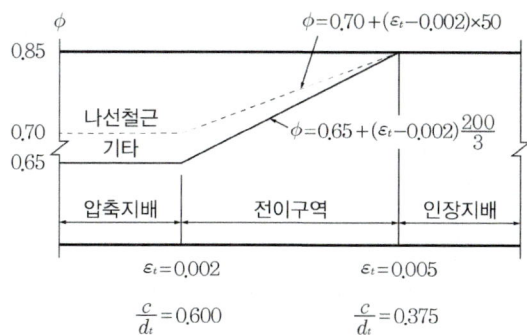

[SD400 철근의 강도감소계수 적용 예시]

03 수학적 모델(Model) 유추

응력은 변형률로부터 구한다는 가정에서 콘크리트의 압축변형률이 극한변형률 ε_{cu} 일 때의 응력은 $\eta 0.85 f_{ck}$ 가 된다.

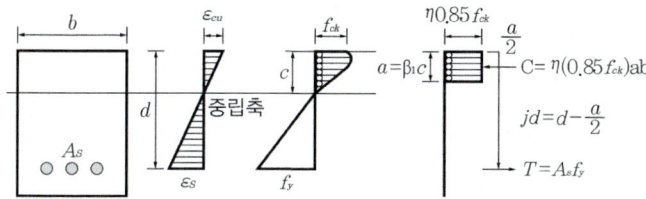

[극한하중에서 실제 및 등가직사각형의 응력분포]

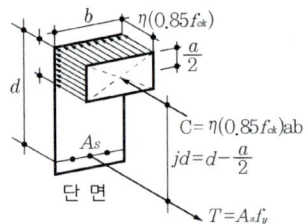

[Whitney의 등가사각형 응력]

콘크리트가 받는 압축력(Compression)과 철근이 받는 인장력(Tension)이 우력으로 작용하여 부재 내에는 순수휨만 발생한다면, 콘크리트가 저항할 수 있는 모멘트 M_C(＝Moment of Resistance Concrete)와 철근이 저항할 수 있는 모멘트 M_S(＝Moment of Resistance Steel-Bar)를 같게 설계할 수 있다. $M_C = M_S$이므로 $C = T$가 된다.

$$\therefore \eta(0.85f_{ck})ab = A_s \cdot f_y$$

1. 압축응력 등가블록 깊이(a)

$$a = \frac{A_s \cdot f_y}{\eta(0.85f_{ck})b} = \frac{\rho \cdot f_y \cdot d}{\eta 0.85 f_{ck}}$$

2. 직사각형 등가응력블록의 변수(η, β_1)의 값

휨모멘트 또는 휨모멘트와 축력을 동시에 받는 부재의 콘크리트 압축연단의 극한변형률은 콘크리트의 설계기준압축강도가 40 MPa 이하인 경우에는 0.0033으로 가정하며, 40 MPa을 초과할 경우에는 매 10 MPa의 강도 증가에 대하여 0.0001씩 감소시킨다. 콘크리트의 설계기준압축강도가 90 MPa을 초과하는 경우에는 성능실험을 통한 조사연구에 의하여 콘크리트 압축연단의 극한변형률을 선정하고 근거를 명시하여야 한다.

f_{ck}(MPa)	≤40	50	60	70	80	90
ε_{cu}	0.0033	0.0032	0.0031	0.003	0.0029	0.0028
η	1.00	0.97	0.95	0.91	0.87	0.84
β_1	0.80	0.80	0.76	0.74	0.72	0.70

* η : 콘크리트 등가 직사각형 압축응력블록의 크기를 나타내는 계수
  β_1 : 콘크리트 등가 직사각형 압축응력블록의 깊이를 나타내는 계수

3. 중립축 거리(C)

등가응력깊이(a) = $\beta_1 \cdot C$에서 $C = \dfrac{a}{\beta_1}$

04 균형철근보

1. 균형철근비(ρ_b, Balanced Steel Ratio)

임의의 단면에서 인장철근의 변형률이 항복변형률에 도달할 때 동시에 압축연단의 콘크리트의 변형률이 극한변형률에 도달한 상태를 균형변형률 상태라 하며, 이때의 철근량을 균형철근비(ρ_b)라 한다.

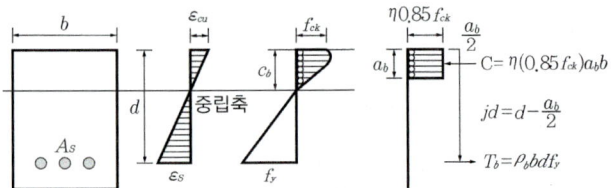

(a) 단면 (b) 변형률 (c) 실제응력분포 (d) 등가응력 및 내력

[균형보의 변형률과 응력]

2. 과소 철근보와 과다 철근보

과소 철근보는 균형철근비보다 철근을 적게 넣어 연성파괴를 유발시켜 안전한 보를 말하고, 과다 철근보는 균형철근비보다 철근을 많이 넣어 취성파괴가 일어나 위험한 보를 말한다.

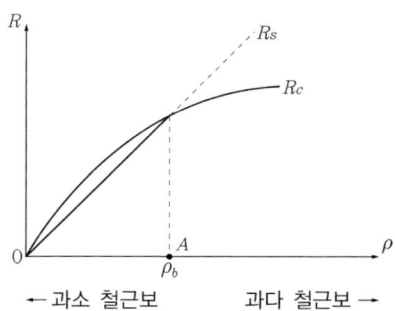

비교	과다 철근보	과소 철근보
인장철근비	균형철근비 이상	균형철근비 이하
항복상태	압축측의 콘크리트가 먼저 항복	인장측의 철근이 먼저 항복
중립축의 위치	인장측으로 내려간다.	압축측으로 올라간다.
파괴형태	취성파괴 (Brittle Failure Mode)	연성파괴 (Ductile Failure Mode)

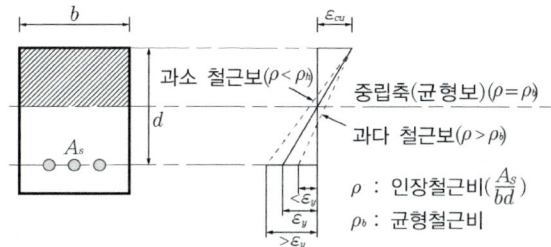

[중립축의 위치 변화]

3. 균형철근보의 중립축 위치(C_b, $f_{ck} \leq 40\text{MPa}$)

단근 직사각형보의 균형변형률 상태에서 중립축 거리(C_b)를 삼각형의 비례식을 이용하여 계산해 보면,

$$d : \varepsilon_{cu} + \varepsilon_s = c_b : \varepsilon_{cu}$$

$$\frac{c_b}{d} = \frac{\varepsilon_{cu}}{\varepsilon_{cu} + \varepsilon_y} = \frac{0.0033}{0.0033 + f_y/E_s} = \frac{660}{660 + f_y}$$

$$\therefore \;\; 중립축 \; 거리 \; (C_b) = \frac{660}{660 + f_y} \cdot d$$

4. 균형철근비

힘의 평형방정식에 의해
$C_b = T_b$ 이므로

$$\eta(0.85 f_{ck}) \cdot a_b \cdot b = A_{st} \cdot f_y$$

$$\eta(0.85 f_{ck}) \cdot a_b \cdot b = \rho_b \cdot b \cdot d \cdot f_y$$

$$\rho_b = \frac{\eta(0.85 f_{ck})}{f_y} \times \beta_1 \times \frac{c_b}{d} = \frac{\eta(0.85 f_{ck})}{f_y} \times \beta_1 \times \frac{660}{660 + f_y}$$

05 최대 철근비($\rho_{\max}$)

1. 최대 철근비 제한 이유

휨재는 과하중이 적재되었을 때 외형상 처짐도 거의 없어 파괴가 임박했음을 나타내는 아무런 조짐도 없이 갑작스런 압축콘크리트 파괴로 이어진다.
(취성파괴 형태, Brittle Fracture)
이러한 취성파괴를 피하기 위해 인장철근의 최대 철근비를 균형철근비를 넘지 못하도록 규정하고 있다.
(현행 건축구조기준에서는 최대철근비 규정을 없애고 최소 허용변형률의 한계로 규정하고 있다.)

2. 최소 허용인장변형률($\varepsilon_{t\min}$)

f_y	ε_t
$f_y \leq 400 \text{MPa}$	$\varepsilon_t = 0.004$
$f_y > 400 \text{MPa}$	$\varepsilon_t = 2 \cdot \varepsilon_y$

3. 인장철근비 상한한계

$$\frac{\rho_{\max}}{\rho_b} = \frac{\varepsilon_{cu}}{\varepsilon_{cu} + \varepsilon_t} \bigg/ \frac{\varepsilon_{cu}}{\varepsilon_{cu} + \varepsilon_y}$$ 의 관계로부터

$$\rho_{\max} = \frac{\varepsilon_{cu} + \varepsilon_y}{\varepsilon_{cu} + \varepsilon_t} \cdot P_b, \quad \rho_{\max} = \frac{\eta \, 0.85 f_{ck}}{f_y} \times \beta_1 \times \frac{\varepsilon_{cu}}{\varepsilon_{cu} + \varepsilon_t}$$

4. 휨부재의 최소 허용변형률에 해당하는 철근비(SD400, $f_{ck} \leq 40 \text{MPa}$)

$$\rho_{\max} = \frac{\eta \, 0.85 f_{ck} \beta_1}{f_y} \times \frac{0.0033}{0.0033 + 0.004} = 0.3842 \beta_1 \frac{f_{ck}}{f_y}$$

$$\rho_{\max} = \frac{\varepsilon_{cu} + \varepsilon_y}{\varepsilon_{cu} + \varepsilon_{t\min}} \rho_b = \frac{0.0033 + 0.002}{0.0033 + 0.004} \rho_b = 0.726 \rho_b$$

철근의 종류	휨부재 허용값	
	최소 허용변형률($\varepsilon_{t\min}$)	해당 철근비(ρ)
SD300	0.004	$0.658\rho_b$
SD350	0.004	$0.692\rho_b$
SD400	0.004	$0.726\rho_b$
SD500	$0.005(2\varepsilon_y)$	$0.699\rho_b$
SD600	$0.006(2\varepsilon_y)$	$0.677\rho_b$
SD700	$0.007(2\varepsilon_y)$	$0.660\rho_b$

5. 휨부재의 인장지배단면에 해당하는 철근비(SD400, $f_{ck} \leq 40\,\text{MPa}$)

$$\rho_{\max} = \frac{\eta\, 0.85 f_{ck} \beta_1}{f_y} \cdot \frac{0.0033}{0.0033 + 0.005} = 0.338 \beta_1 \frac{f_{ck}}{f_y}$$

$$\rho_{\max} = \frac{\varepsilon_{cu} + \varepsilon_y}{\varepsilon_{cu} + \varepsilon_{t\min}} \rho_b = \frac{0.0033 + 0.002}{0.0033 + 0.005} \rho_b = 0.639 \rho_b$$

철근의 종류	휨부재 인장지배단면	
	변형률 한계 (ε_t)	해당 철근비(ρ)
SD300	0.005	$0.578\rho_b$
SD350	0.005	$0.608\rho_b$
SD400	0.005	$0.639\rho_b$
SD500	$0.00625(2.5\varepsilon_y)$	$0.607\rho_b$
SD600	$0.0075(2.5\varepsilon_y)$	$0.583\rho_b$
SD700	$0.00875(2.5\varepsilon_y)$	$0.564\rho_b$

6. 최대 철근량

$A_{s,\max} = \rho_{\max} b \cdot d$

06 최소 철근비($\rho_{\min}$)

1. 최소 철근비 제한 이유

철근비를 너무 작게하여 설계된 보에서 균열 단면의 휨강도가 보에 균열을 일으키는 모멘트보다 작을 경우 보가 취성 균열 파괴될 수 있다. 이를 방지하기 위하여 설계 휨 강도가 다음의 규정을 만족하도록 인장철근을 배치하여야 한다.

$$\phi M_n \geq 1.2 M_{cr}$$

여기서 무근콘크리트보의 휨강도 M_{cr}은 균열모멘트로써 인장연단의 콘크리트가 휨파괴강도 f_r에 도달할 때 얻어지는 강도이다.

$$M_{cr} = f_r \times \frac{I_g}{y_t}$$

여기서, f_r = 휨파괴계수
I_g = 비균열단면의 단면2차모멘트
y_t = 인장연단에서 중립축까지의 거리

직사각형 단면에서 균열모멘트(M_{cr})는

$$M_{cr} = 0.63\lambda\sqrt{f_{ck}} \cdot \frac{\frac{bh^3}{12}}{\frac{h}{2}} = 0.63\lambda\sqrt{f_{ck}} \cdot \frac{bh^2}{6}$$

여기서, f_r : 파괴계수($=0.63\lambda\sqrt{f_{ck}}$)
y_t : 도심에서 인장측 외단까지의 거리
I_g : 보의 전체 단면에 대한 단면2차모멘트
λ : 경량콘크리트계수

① f_{sp} 값이 규정되어 있는 경우 : $\lambda = \dfrac{f_{sp}}{0.56\sqrt{f_{ck}}} \leq 1.0$

② f_{sp} 가 규정되어 있지 않은 경우
  ㉠ 전경량콘크리트 : $\lambda = 0.75$
  ㉡ 모래경량콘크리트 : $\lambda = 0.85$
  ㉢ 보통중량콘크리트 : $\lambda = 1.0$

2. 최소 철근비

콘크리트구조기준의 최소 철근비 규정은 다음의 값으로 한다.

$$\rho_{\min} = \frac{0.178\lambda\sqrt{f_{ck}}}{\phi f_y}$$

3. 최소 철근량

$A_{s,\min} = \rho_{\min} b \cdot d$

07 단철근보

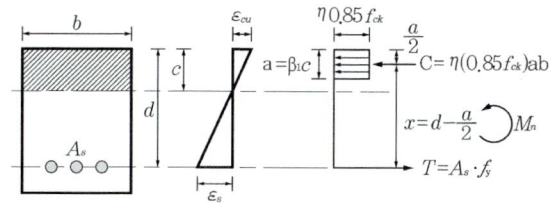

[단철근 직사각형 단면보]

$$M_u(\text{소요 모멘트 강도}) \leq \phi M_n (\text{강도감소계수} \times \text{공칭강도})$$

극한강도설계법은 부재의 사용하중에 하중증가계수를 곱한 M_u(소요 모멘트 강도)가 부재의 공칭강도 M_n에 강도감소계수(ϕ)를 곱한 설계강도 M_d값보다 작거나 같게 되면 휨에 대해 안전한 구조물을 만들 수 있게 된다.

1. 공칭모멘트(M_n)

① 콘크리트에 의한 공칭모멘트(M_n)

$$M_n = C \times \left(d - \frac{a}{2}\right) = \eta(0.85 f_{ck})ab \times \left(d - \frac{a}{2}\right)$$

② 철근에 의한 공칭모멘트(M_n)

$$M_n = T \times \left(d - \frac{a}{2}\right) = (A_s \cdot f_y) \times \left(d - \frac{a}{2}\right)$$

2. 설계모멘트(M_d)

① 콘크리트에 의한 설계모멘트(M_d)

$$M_d = \phi\left(C \times \left(d - \frac{a}{2}\right)\right) = \phi\left(\eta(0.85 f_{ck})ab \times \left(d - \frac{a}{2}\right)\right)$$

② 철근에 의한 설계모멘트(M_d)

$$M_d = \phi\left(T \times \left(d - \frac{a}{2}\right)\right) = \phi\left((A_s \cdot f_y) \times \left(d - \frac{a}{2}\right)\right)$$

3. 인장철근량(A_s)

$$A_s = \frac{M_d}{\phi \cdot f_y \left(d - \frac{a}{2}\right)} \quad \text{또는} \quad A_s = \frac{\eta(0.85 f_{ck})ab}{f_y}$$

> **철근에 의한 공칭모멘트(M_n)**
>
> $$M_n = T \times (d - \frac{a}{2})$$
> $$= (A_s \cdot f_y) \times (d - \frac{a}{2})$$
> $$= \rho \cdot b \cdot d \cdot f_y \left(d - \frac{\frac{\rho \cdot d \cdot f_y}{0.85 \eta f_{ck}}}{2}\right)$$
> $$= \rho \cdot b \cdot d \cdot f_y \left(d - \frac{\rho \cdot d \cdot f_y}{1.7 \eta f_{ck}}\right)$$
> $$= \rho \cdot b \cdot d^2 \cdot f_y \left(1 - 0.59\rho \frac{f_y}{\eta f_{ck}}\right)$$
>
> 여기서, $\rho \frac{f_y}{f_{ck}} = q$라 하면,
>
> $$M_n = \rho \cdot b \cdot d^2 \cdot f_y \left(1 - 0.59 \frac{q}{\eta}\right)$$
>
> 로 정의될 수 있다.

08 복철근보

1. 개념

구분	정의 및 이유
정의	부재단면의 압축부에 철근을 배치하여 철근이 압축응력을 받도록 만든 보를 복철근보라고 한다.
복철근보로 설계하는 이유	① 단면의 크기가 제한을 받아 단철근보로서는 휨모멘트를 견딜 수 없는 경우(특히 유효높이) ② 정(+)과 부(-)의 모멘트를 교대로 받는 부재 ③ 부재의 처짐을 극소화시켜야 할 경우 ④ 압축철근을 넣어 건조수축과 크리프를 감소 ⑤ 연성의 증진 * 복근비 = $\dfrac{압축철근비(\rho_c)}{인장철근비(\rho_t)} = \dfrac{\frac{A_s'}{bd}}{\frac{A_s}{bd}} = \dfrac{A_s'}{A_s}$

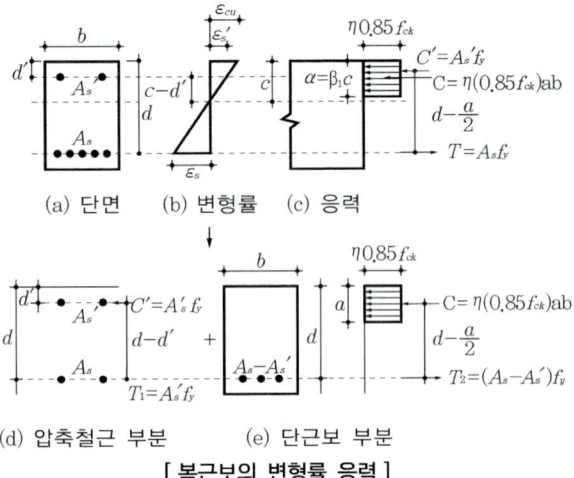

[복근보의 변형률 응력]

2. 압축철근이 항복할 경우

A_S와 A_S'가 부재의 파괴 시에 다같이 f_y의 응력을 받는다고 가정한다.

① 응력 사각형의 깊이(a)

$C = T$이므로

$$\eta(0.85f_{ck})ab + A_s'f_y = A_sf_y$$

$$a = \dfrac{(A_s - A_s')f_y}{\eta(0.85f_{ck})b}$$

② 설계 휨강도

복철근보는 단철근 직사각형보가 부담할 수 있는 휨모멘트와 압축철근과 이에 해당되는 인장철근이 부담할 수 있는 휨모멘트로 구분하여 계산한다.

$$M_d = \phi M_n = \phi(M_{n1} + M_{n2})$$
$$= \phi\left\{(A_s - A_s')f_y(d-\frac{a}{2}) + A_s'f_y(d-d')\right\}$$

여기서, M_{n1} : 압축철근에 의한 공칭모멘트

M_{n2} : 인장철근에 의한 공칭모멘트

A_s : 인장철근량 A_s' : 압축철근량

d' : 압축철근에서 압축측 연단까지의 거리

③ 최대 철근비

콘크리트의 취성파괴에 대비하기 위해 인장철근에 대해서만 f_y가 400MPa일 경우 0.726배를 적용한다. 그러므로 복철근 직사각형보 단면의 인장철근비 상한은 다음과 같다.

$$\rho_{\max} = 0.726\rho_b + \rho'$$

ρ' : 압축철근비

ρ_b : 단철근 직사각형보의 균형철근비

$$\rho_b = \frac{\eta(0.85f_{ck})}{f_y} \cdot \beta_1 \cdot \frac{\varepsilon_{cu}}{\varepsilon_{cu}+\varepsilon_y} = \frac{\eta(0.85f_{ck})}{f_y} \cdot \beta_1 \cdot \frac{660}{660+f_y}$$

3. 압축철근이 항복하지 않을 경우

$$\rho \leq \rho_{\max} = 0.726\rho_b + \rho' \cdot \frac{f_{sb}'}{f_y}$$

f_{sb}' : 균형변형률 상태에서 압축철근의 응력

① a의 재결정

$$\eta(0.85f_{ck} \cdot b)a^2 + (\varepsilon_{cu}E_s A_s' - A_s \cdot f_y) \cdot a - \varepsilon_{cu}E_s A_s' \cdot \beta_1 \cdot d' = 0$$

② 압축철근 압축력

$$C_s = A_s' \cdot (E_s \cdot \varepsilon_s') = A_s' \cdot (\frac{c-d'}{c}) \cdot \varepsilon_{cu}E_s$$

③ 공칭강도

$$M_n = C_c \cdot (d-\frac{a}{2}) + C_s \cdot (d-d')$$

09 단철근 T형보

1. 개념

철근콘크리트구조에서 보와 슬래브는 일체화되어 있어 중립축을 중심으로 압축을 받는 슬래브와 만나는 부분은 보의 강성을 높이므로 압축응력을 지지하는 면적을 넓혀 확대된 단면으로 설계한다.

2. T형보와 직사각형보

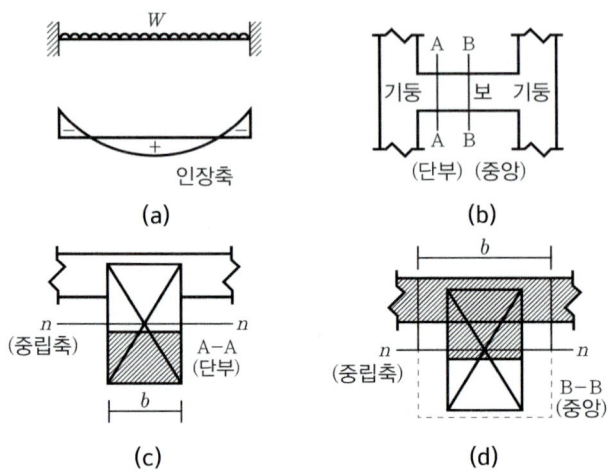

철근콘크리트와 같은 라멘조의 보에 등분포하중이 작용하면 위 그림과 같은 휨모멘트도가 생긴다.

① 단부(A-A)에서는 상부가 인장측, 하부가 압축측이 되므로 폭을 b로 하는 직사각형보로 설계한다.(콘크리트 중립축 이하의 폭 b만이 압축을 받기 때문)
② 중앙부(B-B)에서는 상부가 압축측, 하부가 인장측이 되므로 폭을 B로 하는 T형보로 설계한다.(콘크리트 중립축 이상의 T형보와 슬래브가 압축을 받기 때문)

3. T형보의 플랜지 유효폭(Effective Width) B

① 슬래브와 일체로 된 T형 단면에서 슬래브 부분을 플랜지(Flange), 보의 부부을 복부(Web)라고 한다. 이때 이 T형보의 플랜지는 서로 직교하는 두 방향의 휨모멘트를 받는다. 따라서 복부로부터 멀어질수록 플랜지의 압축응력은 감소한다.
② 설계계산에서 이 응력분포는 실용적이지 못하므로 플랜지의 폭을 적당히 감소시켜서 플랜지가 폭방향으로 압축응력을 균일하게 받는다고 가정하여 계산한다.
③ 플랜지의 유효폭은 플랜지가 폭방향으로 균일하게 압축응력을 받는다고 가정할 수 있는 한계의 플랜지 폭을 말한다.

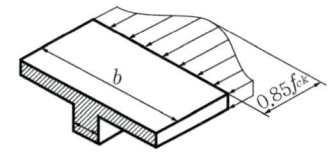
(a) 실제 응력분포

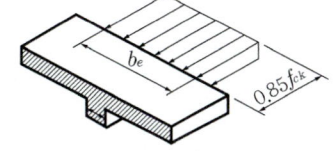
(b) 등가응력분포

[T형보의 압축응력 분포]

④ 콘크리트구조기준에 의한 플랜지의 유효폭(다음 중 작은 값)

T형보(대칭)	반T형보(비대칭)
• $16t_f + b_w$ • 슬래브 중심 간 거리 • 보 경간의 1/4	• $6t_f + b_w$ • 인접보와 내측 거리의 $1/2 + b_w$ • 보 경간의 $1/12 + b_w$

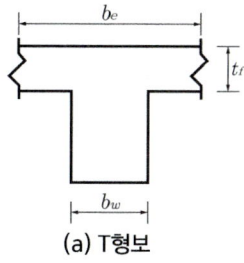
(a) T형보

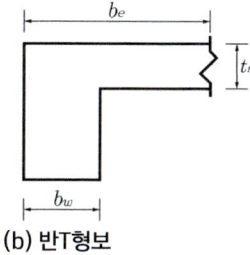
(b) 반T형보

여기서, b_w: 복부의 폭 t_f: 플랜지의 두께

4. T형보의 해석

① T형 보의 해석 일반

㉠ 균형상태 $C = T$에서 압축력 C를 플랜지 부분의 콘크리트가 부담하는 압축력(C_1)과 복부 부분의 콘크리트가 부담하는 압축력(C_w)으로 나누어 생각한다. 즉 복철근보의 해석방법과 같이 중첩의 원리를 적용하여 해석한다.

㉡ 인장철근의 항복검토는 단철근보와 같다. $\varepsilon_s \geq \varepsilon_y$이면 인장철근이 항복한 경우이므로 $f_s = f_y$가 된다.

㉢ T형보 인장철근의 최대 철근비와 최소 철근비는 단철근보와 같다. 다음 조건을 만족해야 한다.
$$\rho_{\min} \leq (\rho_w - \rho_f) \leq \rho_{\max}$$

㉣ 등가응력블록의 깊이(a)가 플랜지의 두께(t_f)보다 작은 경우 단철근 직사각형보로 해석한다.

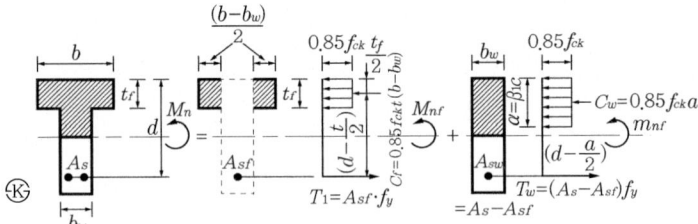

[단철근 T형보의 해석]

② 등가응력 직사각형의 깊이(a)

$C_w = T_w$ 로부터

$$\eta(0.85f_{ck})ab_w = A_{sw}f_y = (A_s - A_{sf})f_y$$

$$\therefore a = \frac{(A_s - A_{sf})f_y}{\eta(0.85f_{ck})b_w}$$

$C_f = T_f$ 로부터

$$\therefore A_{sf}f_y = \eta(0.85f_{ck})(b-b_w)t_f$$

$$\therefore A_{sf} = \frac{\eta(0.85f_{ck})(b-b_w)t_f}{f_y}$$

③ 공칭휨강도(M_n)

$$M_{nf} = T_f \cdot Z = C_f \cdot Z$$
$$= A_{sf} \cdot f_y(d-\frac{t_f}{2}) = \eta(0.85f_{ck})(b-b_w)t_f(d-\frac{t_f}{2})$$

$$M_{nw} = T_w \cdot Z = C_w \cdot Z$$
$$= (A_s - A_{sf})f_y(d-\frac{a}{2}) = \eta(0.85f_{ck})ab_w(d-\frac{a}{2})$$

$$\therefore M_n = M_{nf} + M_{nw}$$
$$= A_{sf}f_y(d-\frac{t_f}{2}) + (A_s - A_{sf})f_y(d-\frac{a}{2})$$

여기서, M_{nf} : 플랜지에 작용하는 압축력(C_f)과 그것에 대응되는 인장철근(A_{sf})의 인장력에 의한 우력모멘트

M_{nw} : 복부에 작용하는 압축력(C_w)과 그것에 대응되는 인장철근($A_s - A_{sf}$)의 인장력에 의한 우력모멘트

④ 설계휨강도

$$M_d = \phi M_n = \phi[A_{sf}f_y(d-\frac{t_f}{2}) + (A_s - A_{sf})f_y(d-\frac{a}{2})]$$

CHAPTER 03 필수 확인 문제

01 강도설계법에 의하여 다음 그림과 같은 철근콘크리트보를 설계할 때 등가응력블록 깊이 a는? (단, f_{ck}=24MPa, f_y=400MPa, D22 철근 1개의 단면적은 387mm²임) [산08,09,12,17,20]

① 101.1mm
② 111.2mm
③ 121.2mm
④ 131.2mm

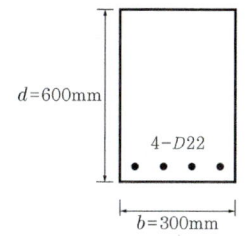

◎ 등가응력블록의 깊이
$$a = \frac{A_s f_y}{\eta 0.85 f_{ck} b}$$
$$= \frac{4 \times 387 \times 400}{1.0 \times 0.85 \times 24 \times 300}$$
$$= 101.17 \text{mm}$$

정답 ①

02 철근콘크리트 단근 직사각형보에서 응력중심 거리에 관한 기술 중 옳은 것은?

① 중립축에서 인장철근 중심까지의 거리
② 중립축에서 압축응력이 최대인 위치까지의 거리
③ 압축응력이 최대인 위치에서 인장철근 중심까지의 거리
④ 압축응력의 합력 위치로부터 인장철근 중심까지의 거리

정답 ④

03 균형철근비에 대한 정의로 옳은 것은?(단, $f_{ck} \leq 40\text{MPa}$) [기05, 산08,17]

① 압축측 콘크리트가 극한변형률 $\varepsilon_u = 0.0033$에 도달할 때 인장측 철근이 항복변형률에 도달하는 철근비
② 인장측 콘크리트가 극한변형률 $\varepsilon_u = 0.0033$에 도달할 때 압축측 철근이 최대변형률에 도달하는 철근비
③ 압축측 콘크리트가 극한변형률 $\varepsilon_u = 0.005$에 도달할 때 인장측 철근이 항복변형률에 도달하는 철근비
④ 인장측 콘크리트가 극한변형률 $\varepsilon_u = 0.005$에 도달할 때 압축측 철근이 최대변형률에 도달하는 철근비

◎ 균형철근비
① 압축측 콘크리트가 극한변형률 $\varepsilon_u = 0.0033$에 도달할 때 인장측 철근이 항복변형률에 도달하는 철근비

정답 ①

04 그림과 같은 단면을 가지는 직사각형보의 철근비는?
(단, 철근 3-D16=597mm², d=400mm) [산07,13,(유사09,17), 기(유사)04]

① 0.0065
② 0.0070
③ 0.0075
④ 0.0080

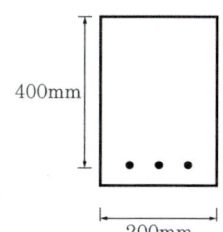

◎ 보의 철근비 계산
$$\rho = \frac{A_s}{bd} = \frac{597}{200 \times 400} = 0.0075$$

정답 ③

05 철근콘크리트보에서 인장철근비가 균형철근비보다 큰 경우에 발생될 수 있는 현상은?

[산09]

① 인장측 철근이 콘크리트보다 먼저 허용응력에 도달한다.
② 중립축이 상부로 올라간다.
③ 연성파괴가 나타난다.
④ 콘크리트의 압축파괴가 나타난다.

정답 ④

06 철근콘크리트 설계 시 f_{ck}=27MPa일 때 콘크리트의 파괴계수(f_r)값은? (단, 보통중량콘크리트 사용)

[산08]

① 2.46MPa ② 2.79MPa
③ 2.95MPa ④ 3.27MPa

파괴계수(f_r)=$0.63\lambda\sqrt{f_{ck}}$
$= 0.63(1.0)\sqrt{(27)}$
$= 3.27$MPa

정답 ④

07 다음 단면의 공칭휨강도 M_n을 구하면? (단, f_{ck}=30MPa, f_y=300MPa이다.)

[산07,18]

① 132.2kN·m
② 160.5kN·m
③ 191.6kN·m
④ 222.2kN·m

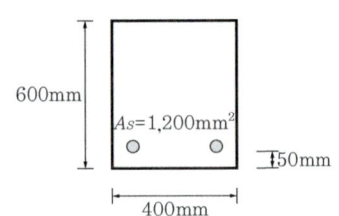

단근보의 공칭휨강도(M_n)
$M_n = A_s \cdot f_y \cdot (d - \frac{a}{2})$
$= (1200)(300)((550) - \frac{(35.29)}{2})$
$= 191.6$kN·m
여기서, 등가응력깊이(a)
$a = \frac{A_s f_y}{\eta 0.85 f_{ck} b}$
$= \frac{1,200 \times 300}{1.0 \times 0.85 \times 30 \times 400}$
$= 35.29$mm

정답 ③

08 보폭은 400mm, 한쪽으로 내민 플랜지 두께는 150mm, 보의 경간은 9mm, 인접 보와의 내측거리 3m인 경우, 슬래브와 보가 일체로 타설된 반T형보의 유효폭은?

[기16]

① 1,000mm ② 1,150mm
③ 1,300mm ④ 1,900mm

반T형보의 유효폭
(다음 값 중 작은 값)
(1) $b_e = 6t_f + b_w$
$= 6(150) + 400 = 1,300$mm
(2) b_e
=(인접보와의 내측거리×1/2) + b_w
$= (3,000) \times \frac{1}{2} + (400)$
$= 1,900$mm
(3) b_e =보 경간의 $\frac{l}{12} + b_w$
$= (9,000) \times \frac{1}{12} + (400)$
$= 1,150$mm
∴ 가장 작은 값인 1,150mm

정답 ②

CHAPTER 04 전단설계

빈출 KEY WORD   # 전단보강근의 형태   # 전단철근 간격   # 콘크리트 전단강도
전단보강근의 전단강도   # 깊은 보의 기준

01 전단력에 의한 사인장 균열

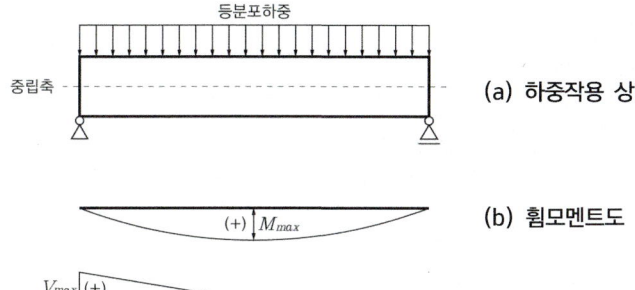

[단순보의 휨모멘트, 전단력 및 균열 형태]

1. 사인장 균열
전단보강되지 않은 보의 전단파괴 형태

2. 사인장 균열에 대한 대책
스터럽(Stirrup, 전단보강근) 사용

3. 전단철근 상세
① 전단보강근의 형태

㉠ 전단보강근은 다음과 같은 형태로 나눈다.
- 부재축에 직각인 스터럽
- 부재축에 직각으로 배치된 용접철망

ⓒ 철근콘크리트부재의 경우 다음과 같은 전단철근도 사용할 수 있다.
  - 주인장철근에 45° 이상의 각도로 설치되는 스터럽
  - 주인장철근에 30° 이상의 각도로 구부린 굽힘철근
  - 스터럽과 굽힘철근의 조합
  - 나선철근

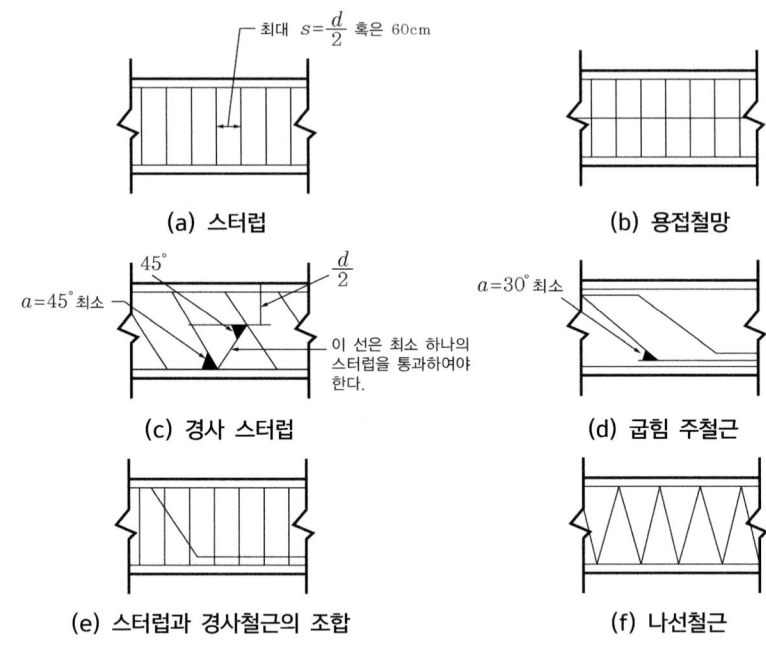

[전단철근의 형태와 배열]

② 전단철근 간격 조건
  ㉠ 수직스터럽의 간격은 $\dfrac{d}{2}$ 이하, 600mm 이하이어야 한다.

  $$s \leq \dfrac{d}{2}, \quad s \leq 600\text{mm}$$

  ㉡ 경사스터럽과 굽힘철근은 부재 중간 높이 $\dfrac{d}{2}$ 에서 반력점 방향으로 주인장 철근까지 연장된 45°선과 한 번 이상 교차되도록 배치한다.

  ㉢ $V_s > \dfrac{1}{3}\lambda\sqrt{f_{ck}}\,b_w d$ 인 경우 ㉠, ㉡의 최대 간격을 1/2로 한다.

  $$s \leq \dfrac{d}{4}, \quad s \leq 300\text{mm}$$

③ 전단보강근에 의한 전단강도(V_s)는 $0.2\left(1 - \dfrac{f_{ck}}{250}\right)f_{ck} \cdot b_w \cdot d$의 값을 초과할 수 없다.

④ 전단보강근의 항복강도 f_y는 500MPa을 초과할 수 없다.

⑤ 최소 전단철근량

$$A_{v.\min} = 0.0625\sqrt{f_{ck}}\frac{b_w s}{f_{yt}} \geq 0.35\frac{b_w s}{f_{yt}}$$

여기서, $A_{v.\min}$: 최소 전단철근량 s : 전단철근 간격(mm)
b_y : 복부폭(mm) f_{yt}: 전단철근 항복강도

02 전단강도의 설계식

설계전단강도(V_d) ≥ 소요전단강도(V_u)

$$V_d = \phi V_n = \phi(V_c + V_s) \geq V_u$$

여기서, V_d: 설계전단강도 V_n: 공칭전단강도
V_c: 콘크리트가 부담하는 전단강도
V_s: 전단철근이 부담하는 전단강도
V_u: 계수전단력(계수전단강도, 소요전단강도)
 ($V_u = 1.2V_D + 1.6V_L$)

1. 콘크리트 단면의 전단강도

① 전단강도 V_c를 결정할 때, 구속된 부재에서 크리프와 건조수축으로 인한 축방향 인장력의 영향을 고려하여야 하며, 깊이가 일정하지 않은 부재의 경사진 휨압축력의 영향도 고려하여야 한다.

② 이 장에서 사용된 $\sqrt{f_{ck}}$ 는 8.4MPa을 초과하지 않도록 해야 한다. 이는 압축강도가 70MPa 이상의 고강도 콘크리트에 대한 자료 부족으로 신뢰성이 떨어지기 때문이다.

③ 실용식(상세한 계산을 하지 않는 경우)

$$V_c = \frac{1}{6}\lambda\sqrt{f_{ck}}\,b_w d$$

④ 정밀식(상세한 계산이 필요한 경우)

$$V_c = (0.16\lambda\sqrt{f_{ck}} + 17.6\rho w\frac{V_u d}{M_u})b_w d \leq 0.29\lambda\sqrt{f_{ck}}\,b_w d$$

여기서, V_c : 소요전단강도
M_u : 계수휨모멘트 ($\frac{V_u d}{M_u} \leq 1,\ \rho_w = \frac{A_s}{b_w d}$)

2. 전단보강근의 전단강도

① 수직스터럽을 사용한 경우

$$V_s = \frac{A_v f_{yt} d}{s}$$

여기서, A_v : 거리 s 내의 전단철근 전체단면적
f_{yt} : 전단철근의 설계기준 항복강도

② 경사스터럽을 사용한 경우

$$V_s = \frac{A_v f_{yt} d}{s}(\sin\alpha + \cos\alpha)$$

여기서, α : 경사스터럽과 부재축의 사잇각
s : 종방향 철근과 평행한 방향의 철근 간격

③ 전단철근이 1개의 굽힘철근 또는 받침부에서 모두 같은 거리에서 구부린 평행한 1조의 철근으로 구성될 경우

$$V_s = A_v f_{yt} \sin\alpha$$

다만, V_s는 $0.25\sqrt{f_{ck}}\, b_w d$를 초과할 수 없으며, α는 굽힘철근과 부재축의 사잇각이다.

03 전단설계의 절차

1. 전단에 대한 위험단면

① 철근콘크리트부재의 전단에 대한 위험단면은 받침부 내면으로부터 경간 중앙 쪽으로 유효깊이 d만큼 떨어진 단면으로 본다. 위험단면에서 구한 계수전단력 V_u를 사용한다.
② 보 및 1방향 슬래브, 1방향 확대기초는 지점에서 d만큼 떨어진 곳이다.
③ 2방향 슬래브, 2방향 기초판(footing)은 지점에서 $d/2(0.5d)$만큼 떨어진 곳이다.
④ 슬래브-기둥 접합부에서는 $0.5d$에서 계수전단력을 계산하고, 기초판-기둥 접합부의 경우에는 $3d/4(0.75d)$만큼 떨어진 곳에서 계수전단력을 계산한다.
⑤ 인장을 받는 지지부재와 일체로 된 부재는 받침부 내면의 계수전단력 V_u를 사용한다.
⑥ 지지부 가까이 집중하중을 받는 보에서는 받침부 내면의 계수전단력 V_u를 사용한다.

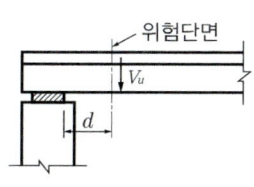
(a) 보통 보의 경우

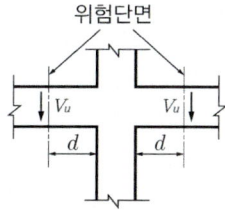
(b) 보-기둥 절점의 경우

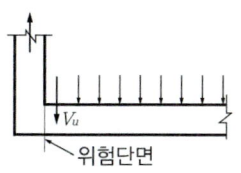
(c) 인장을 받는 지지부재와 일체로 된 부재

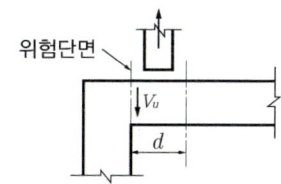
(d) 지지부 가까이 집중하중을 받는 보

[전단에 대한 위험단면]

2. 계수전단력

$$V_u = 1.2\,V_D + 1.6\,V_L$$

3. 전단보강 여부의 결정

구간	전단철근의 필요 유무
$V_u \leq \dfrac{1}{2}\phi V_c$	전단철근 불필요
$\dfrac{1}{2}\phi V_c < V_u \leq \phi V_c$	최소 전단철근 배치
$\phi V_c \leq V_u$	계산된 전단철근 배치

4. 필요 전단철근량

$V_u = \phi V_n = \phi(V_c + V_s) = \phi V_c + \phi V_s$ 로부터

$$V_s = \frac{1}{\phi}(V_u - \phi V_c) = \frac{A_v f_y d}{s}$$

$$\therefore\ A_v \geq \frac{V_s \cdot s}{f_y d} = \frac{(V_u - \phi V_c)\cdot s}{\phi f_y d}$$

5. 전단철근 간격 계산

$$V_s = \frac{1}{\phi}(V_u - \phi V_c) = \frac{A_v f_y d}{s}$$

$$\therefore\ s \leq \frac{A_v f_y d}{V_s} = \frac{\phi A_v f_y d}{V_u - \phi V_c}$$

04 전단마찰 설계

1. 전단마찰 설계의 기본 개념

전단마찰 설계의 기본 개념은 우선 취약한 부분을 따라서 균열이나 미끄러짐이 생긴다고 가정하고, 이 가정된 균열이나 전단면을 따라 발생되는 상대적인 변위를 제어하도록 보강근을 배근하는 것이다. 즉 전단력이 균열면을 따라 작용할 때에 이 면을 따라 서로 미끄러지면서 분리하게 되며, 이것을 균열면을 가로지르는 전단마찰보강근에 의하여 저항하도록 하는 것이 전단마찰 설계의 기본 개념이다.

전단마찰 설계에서는 콘크리트에 의한 전단강도(V_c)는 이미 균열이 발생한 것으로 가정하기 때문에 무시한다.

2. 전단마찰 설계를 고려하여 설계해야 하는 경우

① 굳은 콘크리트와 여기에 이어친 콘크리트와의 접합면
② 기둥과 브래킷(Bracket) 또는 내민 받침(Corbel)과의 접합면
③ 프리캐스트구조에서 부재요소의 접합면
④ 콘크리트와 강재와의 접합면

3. 전단마찰 설계 순서

① 균열은 해당 단면 전체에서 발생한다고 가정한다.
② 전단마찰 철근이 전단면에 수직한 경우(a, b)
  ㉠ 공칭전단강도 $V_n = \mu A_{vf} f_y$
  ㉡ 설계전단강도 $V_d = \phi V_n = \phi \mu A_{vf} f_y$
  ㉢ 전단마찰 철근단면적 $A_{vf} = \dfrac{V_u}{\phi \mu f_y}$

  여기서, V_n : 전단강도($0.2 f_{ck} A_c$ 또는 $5.5 A_c$[N] 이하)
  A_{vf} : 전단마찰 철근단면적
  μ : 균열면의 마찰계수
  ϕ : 강도감소계수(0.75)

③ 전단마찰 철근이 전단면과 경사진 경우(c)
  ㉠ 공칭전단강도
  $V_n = A_{vf} f_y (\mu \sin\alpha_f + \cos\alpha_f)$
  ㉡ 설계진단강도
  $V_d = \phi V_n = \phi A_{vf} f_y (\mu \sin\alpha_f + \cos\alpha_f)$

ⓒ 전단마찰 철근단면적

$$A_{vf} = \frac{V_u}{\phi f_y (\mu \sin\alpha_f + \cos\alpha_f)}$$

여기서, α_f : 전단마찰 철근과 전단면 사이의 각

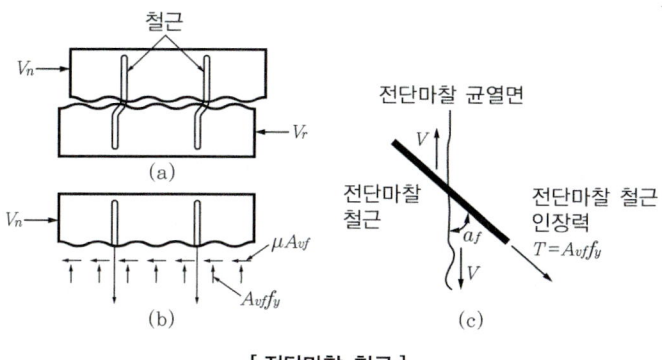

[전단마찰 철근]

④ 전단마찰 철근의 설계기준 항복강도는 500MPa 이하이어야 한다.

05 깊은 보(Deep Beam)

1. 깊은 보의 설계 일반

① 보의 높이가 경간에 비하여 보통의 보보다 높은 보로서, 한 쪽 면이 하중을 받고 반대쪽 면이 지지되어 하중과 받침부 사이에 압축대가 형성되는 구조요소를 깊은 보(Deep Beam)라고 한다.
② 깊은 보의 강도는 전단에 지배된다. 그 전단강도는 보통의 식으로 계산되는 값보다 크다.
③ 깊은 보에 대한 전단설계는 깊은 보에 대한 전단설계 규정에 따라야 한다.
④ 깊은 보는 비선형변형률 분포를 고려하여 설계하거나 스트럿-타이 모델에 의해 설계하여야 하며, 횡좌굴을 고려하여야 한다.
⑤ 깊은 보의 공칭전단강도(V_n)는 $\frac{5}{6}\lambda\sqrt{f_{ck}}b_w d$ 이하이어야 한다.

2. 콘크리트구조기준에 의한 깊은 보

① 순경간(l_n)이 부재 깊이의 4배 이하인 보 ($l_n/d \leq 4$)
② 하중이 받침부로부터 부재 깊이의 2배 거리 이내에 작용하는 보

3. 깊은 보의 최소 전단철근량

① 휨인장철근과 직각인 수직전단철근의 단면적 A_v를 $0.0025b_w s$ 이상으로 하여야 하며, s를 $d/5$ 이하 또한 300mm 이하로 하여야 한다.

② 인장철근과 평행한 수평전단철근의 단면적 A_{vh}를 $0.0015b_w s_h$ 이상으로 하여야 하며, s_h를 $d/5$ 이하 또한 300mm 이하로 하여야 한다.

06 브래킷과 내민받침

1. 설계 일반

① 브래킷(Bracket) 또는 내민받침(Corbel)이란 기둥, 벽체 등으로부터 돌출되어 보 등 다른 구조물을 받치는 구조물을 말한다.

② 이 규정은 전단경간에 대한 깊이의 비가 $\frac{a}{d} \leq 1.0$이고, V_u보다 크지 않은 수평인장력 N_{uc}를 받는 브래킷과 내민받침의 설계에 적용하여야 한다. $\frac{a}{d} \leq 1.0$이므로 전단으로 지배된다.

③ 설계기준에서는 $\frac{a}{d} \leq 2$인 경우에는 스트럿-타이 모델을 이용하여 설계하도록 하고 있다.

④ d는 기둥면에서 측정된 값이고, 지압면의 외단에서 브래킷의 깊이는 $0.5d$ 이상이어야 한다.

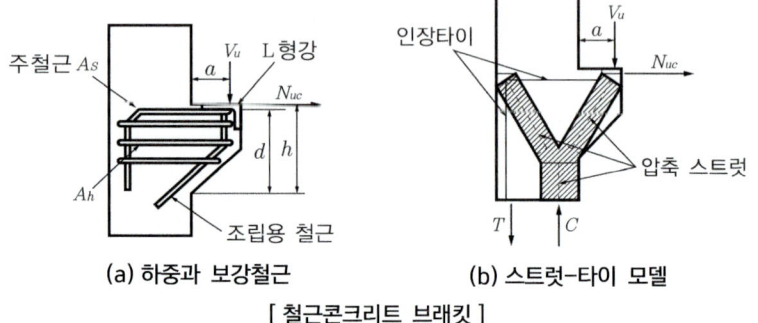

(a) 하중과 보강철근   (b) 스트럿-타이 모델

[철근콘크리트 브래킷]

2. 철근 상세

① 주인장철근량 A_s와 나란한 폐쇄스터럽이나 띠철근의 전체 단면적 A_h는 $0.5(A_s - A_n)$ 이상이어야 하고, A_s에 인접한 유효깊이의 $\frac{2}{3}$ 내에 균등하게 배치하여야 한다.

② 주인장철근의 최소 철근비 $\frac{A_s}{bd}$를 $0.04 \times \frac{f_{ck}}{f_y}$ 이상으로 하여야 한다.

③ 브래킷 또는 내민받침상에서 하중이 작용하는 지압면은 주인장 철근 A_s의 직선 부분보다 나와 있지 않아야 하며, 또 횡방향 정착철근이 사용되는 경우는 이 철근의 내측면보다 나오지 않아야 한다.

07 비틀림 설계

1. 비틀림 설계 조건

① 비틀림응력은 그 성질이 전단응력과 같기 때문에 설계에서는 비틀림을 전단에 포함시켜서 생각하는 것이 보통이다.

② 설계원리

$$T_d = \phi T_n \geq T_u$$

여기서, T_u : 계수 비틀림모멘트

T_n : 부재의 공칭비틀림강도

ϕ : 비틀림에 대한 강도감소계수($=0.75$)

2. 비틀림 철근의 종류

① 부재축에 수직인 폐쇄스터럽 또는 폐쇄띠철근
② 부재축에 수직인 횡방향 강선으로 구성된 폐쇄용접철망
③ 철근콘크리트보에서 나선철근

3. 비틀림 철근의 상세

① 비틀림 철근의 설계기준 항복강도는 500MPa 이하이어야 한다.
② 종방향 비틀림 철근은 양단에 정착하여야 한다.
③ 횡방향 비틀림 철근의 간격은 $p_h/8$, 300보다 작아야 한다.
④ 종방향 철근은 폐쇄스터럽의 둘레를 따라 300mm 이하의 간격으로 분포시켜야 한다.
⑤ 종방향 철근의 지름은 스터럽 간격의 1/24 이상이어야 하며, D10 이상의 철근이어야 한다.

4. 공칭비틀림강도

① 수직철근(횡방향 철근)의 공칭비틀림강도

$$T_n = \frac{2A_o A_t f_{yt}}{s} \cot\theta$$

여기서, $A_o = 0.85 A_o h$: 전단흐름에 의해 닫힌 단면적

θ : 압축 경사각(30° 이상~60° 이하)

② 종방향 철근의 공칭비틀림강도

$$T_n = \frac{2A_o A_l f_y}{p_h \cot\theta}$$

5. 비틀림 철근량 산정

① 종방향 철근의 단면적(A_l)

$$A_l = \frac{A_t}{s} p_h \left(\frac{f_{yt}}{f_y}\right) \cot^2\theta$$

여기서, A_t : 폐쇄스터럽 한 가닥의 단면적
f_y : 종방향 비틀림 철근의 설계기준 항복강도[MPa]
f_{yt} : 횡방향 비틀림 철근의 설계기준 항복강도 [MPa]
p_h : 횡방향 폐쇄스터럽 중심선의 둘레
s : 비틀림 철근의 간격

② 폐쇄스터럽의 단면적(A_t)

$$A_t \geq \frac{T_u \cdot s}{2\phi A_o f_{yt} \cot\theta}$$

6. 최소 비틀림 철근량

① 횡방향 폐쇄스터럽의 최소 면적

$$(A_v + 2A_t) \geq 0.0625 \sqrt{f_{ck}} \frac{b_w s}{f_{yt}} \geq 0.35 \frac{b_w s}{f_{yt}}$$

여기서, A_v : 간격 s 내의 전단철근의 단면적 [mm^2]
A_t : 간격 s 내의 비틀림에 저항하는 폐쇄스터럽
한 가닥의 단면적 [mm^2]

② 종방향 비틀림 철근의 최소 전체 면적

$$A_{l,\min} = \frac{0.42\sqrt{f_{ck}} A_{cp}}{f_y} - \left(\frac{A_t}{s}\right) p_h \frac{f_{yt}}{f_y}$$

단, $\dfrac{A_t}{s}$ 는 $0.175 \dfrac{b_w}{f_{yt}}$ 이상으로 취해야 한다.

CHAPTER 04 필수 확인 문제

01 그림은 연직하중을 받는 철근콘크리트보의 균열상태를 표시한 것이다. 전단력에 의해서 생기는 대표적인 균열의 형태로 옳은 것은?

[산03,10, 기00,16]

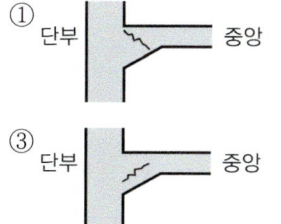
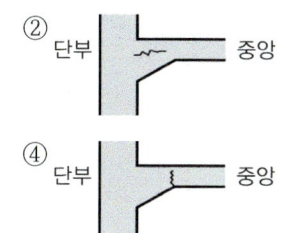

○ 전단력에 의해서 생기는 대표적인 균열은 사인장 균열이다.

정답 ③

02 철근콘크리트보에서 단부에 늑근을 많이 배근하는 이유는? [산15]

① 철근과 콘크리트의 부착력을 증가시키기 위하여
② 보에 일어나는 휨모멘트에 저항하기 위하여
③ 콘크리트의 강도를 높이기 위하여
④ 보에 일어나는 전단력에 저항하기 위하여

○ 늑근배근의 목적
④ 전단력에 저항하기 위해

정답 ④

03 철근콘크리트보에서 전단보강철근으로 볼 수 없는 것은? [기04]

① 부재의 축에 직각인 스터럽
② 주인장철근에 30° 각도로 구부린 굽힘철근
③ 스터럽과 굽힘철근의 조합
④ 주인장 철근에 30° 각도로 설치되는 스터럽

○ 전단철근의 종류와 형태
(1) 주철근에 직각으로 설치하는 스터럽
(2) 부재축에 직각인 용접철망
(3) 주철근에 45° 또는 그 이상의 경사스터럽
(4) 주철근을 30° 이상의 각도로 구부린 굽힘주철근
(5) 스터럽과 경사철근의 조합
(6) 나선철근

정답 ④

04 그림과 같은 전단벽에서 개구부의 위치로서 구조상 가장 부적당한 것은?

① 1
② 2
③ 3
④ 4

○ 전단벽
횡력이나 지진 등과 같은 수평력에 견디기 위한 구조
※ ③번 개구부는 수평방향의 힘에 가장 큰 응력을 발생하므로 가장 부적당하다.

정답 ③

05 전단과 휨만을 받는 철근콘크리트보에서 콘크리트가 부담하는 전단강도는? [산07]

① $V_c = \lambda \sqrt{f_{ck}} \cdot b_w \cdot d$
② $V_c = \frac{1}{2} \lambda \sqrt{f_{ck}} \cdot b_w \cdot d$
③ $V_c = \frac{1}{3} \lambda \sqrt{f_{ck}} \cdot b_w \cdot d$
④ $V_c = \frac{1}{6} \lambda \sqrt{f_{ck}} \cdot b_w \cdot d$

◎ 콘크리트 전단강도(V_c)
$V_c = \frac{1}{6} \lambda \sqrt{f_{ck}} \cdot b_w \cdot d$

정답 ④

06 강도설계법에서 다음과 같은 직사각형 복근보를 건물에 사용 시 콘크리트가 부담하는 전단강도 ϕV_c는? (단, $\lambda=1$, $f_{ck}=35$MPa, $f_y=400$MPa) [산03,05,07,17]

① 150kN
② 110kN
③ 90kN
④ 70kN

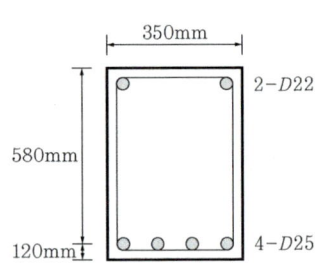

◎ 콘크리트 설계전단강도(V_d) = ϕV_c
(1) 보통중량콘크리트에 대한 경량 콘크리트계수 $\lambda = 1$
(2) $\phi V_c = \phi \frac{1}{6} \lambda \sqrt{f_{ck}} \cdot b_w \cdot d$
$= 0.75 \times \frac{1}{6} \times 1 \times \sqrt{35} \times 350 \times 580 \times 10^{-3}$
$= 150.1$kN

정답 ①

07 비틀림 모멘트(Torsion Moment)에 대하여 주의해야 할 경우가 많은 부재는? [기03]

① 지중보
② 기둥
③ 작은 보를 받들고 있는 외벽선상의 큰 보
④ 양교점 아치

◎ 비틀림 모멘트는 작은 보를 받들고 있는 외벽선상의 큰 보에서 일어난다.

정답 ③

CHAPTER 05 압축재 설계

빈출 KEY WORD　# 주철근의 구조제한　　# 띠철근의 역할
　　　　　　　　　　# 나선철근의 역할　　　# 띠철근기둥의 축하중강도

01 설계상의 기본가정

① 휨과 축하중을 받는 부재의 강도설계는 힘의 평형조건과 변형률 적합조건을 만족시켜야 한다.
② 철근과 콘크리트의 변형률은 중립축으로부터 거리에 비례한다.
③ 휨 또는 휨과 축하중을 동시에 받는 부재의 콘크리트 압축 연단에서 극한 변형률은 $f_{ck} \leq 40MPa$ 이하인 경우에는 0.0033으로 가정하며, $40MPa$을 초과할 경우에는 매 $10MPa$의 강도가 증가함에 따라 0.0001씩 감소시킨다.
④ 철근의 응력 = E_s · 변형률 ≤ 설계기준 항복강도 f_y
⑤ 콘크리트의 인장강도는 무시한다.
⑥ 크리트의 압축응력의 분포와 콘크리트의 변형률 사이의 관계는 등가 직사각형 응력분포로 나타낼 수 있다.

02 기둥의 종류

1. 띠철근기둥
축방향 철근을 적당한 간격의 띠철근으로 둘러 감은 압축부재로 일반적으로 많이 사용하며 주로 사각형(구형) 기둥에 쓰인다.

2. 나선철근기둥
축방향 철근을 나선철근으로 촘촘하게 나선형으로 둘러 감은 압축부재이며 주로 원형기둥에 쓰인다.

3. 합성기둥
구조용 강재나 강관을 축방향으로 보강한 압축부재로서 강관 속을 콘크리트로 채운 조합 기둥도 이에 속한다.

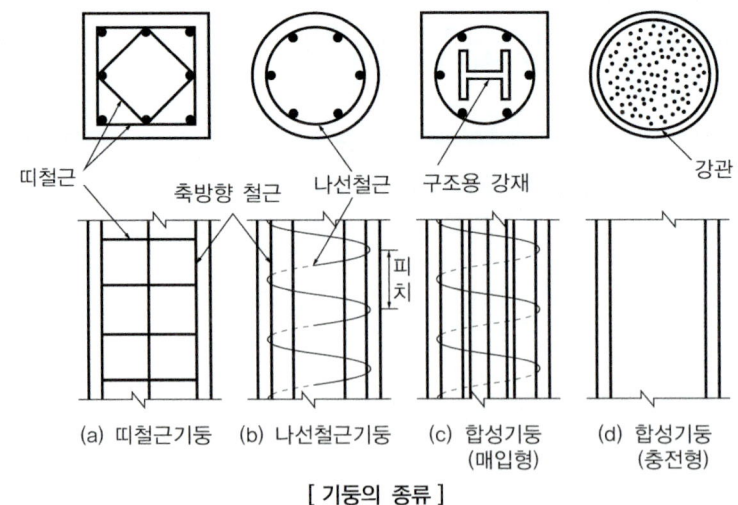

[기둥의 종류]

03 기둥의 구조제한

1. 주철근(축방향 철근)의 구조제한

구분		띠철근기둥	나선철근기둥
축방향 철근 (주철근)	단면 치수	최소 단변은 200mm 이상 최소 단면적은 60,000mm² 이상	심부지름 최소 200mm 이상
	철근비	최소 철근비(ρ_{min})=1% ~ 최대 철근비(ρ_{max})=8% ※ 주철근이 겹침이음 : 4% 이하	
	최소 개수	직사각형, 원형단면 : 4개 이상 삼각형 단면 : 3개 이상	6개 이상 $f_{ck} \geq 21\,\text{MPa}$
	간격	40mm 이상 철근지름의 1.5배 이상 굵은골재 최대 치수 4/3배 이상	
띠철근 또는 나선철근 (보조철근)	직경	축방향 철근이 D32 이하일 때 : D10 이상 축방향 철근이 D35 이상일 때 : D13 이상	10mm 이상
	간격	축방향 철근 지름의 16배 이하 띠철근 지름의 48배 이하 기둥 단면의 최소 치수의 $\frac{1}{2}$ 이하 (단, 200mm보다 좁을 필요는 없다.)	25~75mm

2. 띠철근의 역할 및 내진설계 시 간격

① 띠철근의 역할

㉠ 주근의 좌굴 방지

㉡ 주근의 위치 고정(=설계 위치 유지)

㉢ 수평력에 대한 전단보강

㉣ 피복두께 유지

② 내진설계 시 띠철근의 최대 간격

　　㉠, ㉡, ㉢, ㉣ 중 최솟값

　　㉠ 감싸고 있는 종방향 철근의 최소 직경의 8배 이하

　　㉡ 띠철근 직경의 24배 이하

　　㉢ 골조부재단면의 최소 치수의 1/2 이하

　　㉣ 300mm 이하

3. 띠철근기둥

① 띠철근은 축방향 철근의 위치 확보와 좌굴방지를 위하여 축방향 철근을 횡방향으로 결속하는 보조철근이다.

② 모서리의 축방향 철근과 하나 건너 위치하고 있는 축방향 철근들은 135° 이하로 구부린 띠철근의 모서리에 의해 횡지지되어야 한다.

③ 확대기초의 상면이나 건물의 각종 바닥 상하면처럼 기둥이 바닥층이나 보와 접합되는 부위에서는 띠철근의 간격을 다른 부위의 띠철근 간격의 1/2 이하의 간격으로 촘촘히 배치해야 한다.

4. 나선철근기둥

① 나선철근기둥은 촘촘히 감은 나선철근으로 콘크리트의 횡방향 변형을 방지하여 보다 큰 하중을 받을 수 있도록 한 기둥이다.

② 나선철근비는 체적비로 다음과 같다.

$$\rho_s = \frac{\text{나선철근의 체적}}{\text{심부의 체적}} = 0.45 \left(\frac{A_g}{A_{ch}} - 1\right) \frac{f_{ck}}{f_{yt}}$$

③ 심부란 나선철근의 중심선으로 둘러싸인 부분을 말한다.

④ 나선철근의 항복강도는 700MPa 이하이어야 한다. 단, 400MPa을 초과하면 겹침이음을 할 수 없다.

⑤ 나선철근의 정착길이는 나선철근 끝에서 1.5회전 이상 더 연장해야 한다.

⑥ 나선철근의 이음은 용접이음 또는 겹침이음으로 하되, 겹침이음의 길이는 이형철근 또는 이형철선인 경우 나선철근 지름의 48배 이상, 원형철근 또는 원형철선인 경우 나선철근 지름의 72배 이상, 300mm 이상이어야 한다.

04 축방향 압축과 휨의 조합작용

1. 기둥에서 축하중과 모멘트 관계

① 축하중이란 기둥의 중심축(도심축)에 따라 작용하는 압축하중을 말한다.

② 축하중만 받는 기둥은 거의 없으며, 대부분은 편심하중을 받는다. 따라서 압축부재는 축방향 압축과 휨을 동시에 받는다.
③ 모든 압축부재는 축방향 압축과 휨을 동시에 받는 부재로 설계하는 것이 보통이다.
④ 편심거리에 의한 모멘트는 $M = P \cdot e$ 이다. 따라서 모멘트와 축하중의 비를 편심거리(e)로 나타낼 수 있다.

$$\therefore e = \frac{M}{P}$$

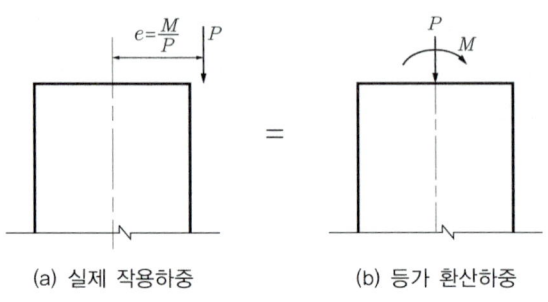

(a) 실제 작용하중   (b) 등가 환산하중

[축방향 압축과 휨을 받는 기둥]

2. $P-M$ 상관도

① 부재의 압축력 P와 휨모멘트 M의 관계를 나타낸 그림을 $P-M$ 상관도($P-M$ Interaction Diagram) 또는 기둥강도 상관도(Column Strength Interaction Diagram)라고 한다.
② P_0은 중심축 압축강도이고, 이때 $M = 0$ 이다. M_0은 휨강도이고, 이때 $P = 0$ 이다.
③ 모든 압축부재는 축방향 압축과 휨을 동시에 받는 부재로 설계하는 것이 보통이다.
④ 편심거리에 의한 모멘트는 $M = P \cdot e$ 이다. 따라서 모멘트와 축하중의 비를 편심거리(e)로 나타낼 수 있다.

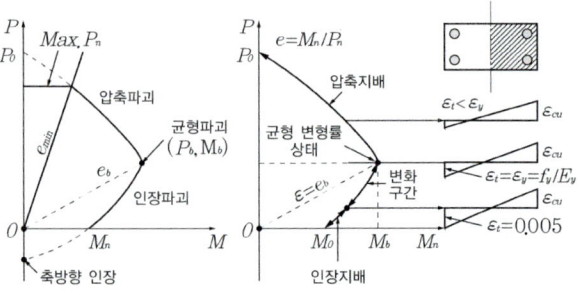

[$P-M$ 상관도]

3. $P-M$상관도에 의한 지배단면

① P와 M을 동시에 받는 부재에서 콘크리트의 변형률이 극한변형률이 됨과 동시에 철근의 변형률이 항복변형률 ε_y에 도달하는 상태를 균형변형률 상태라고 한다.

② 균형변형률 상태일 때의 편심거리를 균형편심(평형편심) 거리 e_b라고 하고, 균형변형률 점의 P와 M을 각각 균형축하중 강도 P_b와 균형모멘트 M_b로 나타낸다.

③ 균형변형률 상태의 점을 기준으로 위쪽은 압축지배구간, 아래쪽은 변화구간과 인장지배구간으로 나뉜다.

05 압축재의 설계식

1. 축방향 압축과 휨을 동시에 받는 압축지배 부재의 설계강도

$P_d = \phi P_n \geq P_u$

$M_d = \phi M_n \geq M_u$

여기서, P_d, M_d : 축방향 압축과 휨을 동시에 받는 부재의 설계강도
P_n, M_n : 부재단면이 동시에 발휘할 수 있는 공칭축방향력 및 공칭휨모멘트

2. 시공오차 또는 예상치 못한 편심하중에 의한 강도 감소

설계기준에서는 이를 고려하기 위해 ϕP_0를 다시 계수 α를 곱하여 축방향 압축의 최대 설계하중을 구한다. 계수 α는 띠철근기둥에 대하여는 0.80, 나선철근기둥과 합성기둥에 대하여는 0.85이다.

① 띠철근기둥 : $\alpha\phi P_0 = 0.80(\phi P_0)$

② 나선철근기둥 : $\alpha\phi P_0 = 0.85(\phi P_0)$

3. 중심축하중을 받는 단주

① 띠철근기둥의 축하중 강도($\phi = 0.65$)

$$P_d = \phi P_n = \phi\alpha P_0 = \phi 0.80[0.85 f_{ck}(A_g - A_{st}) + f_y A_{st}]$$

② 나선철근기둥의 축하중 강도($\phi = 0.70$)

$P_d = \phi P_n = \phi\alpha P_0 = \phi 0.85[0.85 f_{ck}(A_g - A_{st}) + f_y A_{st}]$

4. 압축과 휨(편심축하중)을 받는 띠철근기둥

① 공칭축하중강도

$$P_n = (C_c + C_s - T_s)$$

여기서, $C_c = \eta(0.85f_{ck})ab$

$$C_s = A_s{'}f_y$$

$$T = A_s f_s$$

㉠ 압축철근이 항복하지 않는다고 본 경우

$$P_n = (\eta(0.85f_{ck})ab + A_s{'}f_y - A_s f_s)$$

㉡ 압축철근이 항복한 경우

$$P_n = (\eta(0.85f_{ck})ab + A_s{'}f_y - A_s f_y)$$

② 설계축하중강도

$$P_d = \phi P_n = \phi(C_c + C_s - T_s)$$

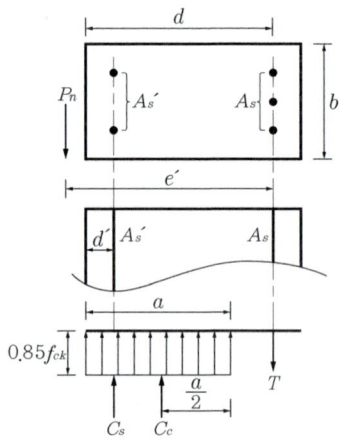

[편심하중을 받는 기둥]

06 단주와 장주

1. 단주와 장주의 구분

① 기둥은 단주와 장주로 구분된다. 세장비가 어느 한도 이하인 기둥을 단주라 하고, 그 한도를 넘어선 기둥을 장주라 한다. 단주와 장주는 세장비 (Slenderness Ratio)에 의하여 결정된다.

② 단주는 콘크리트의 파쇄나 철근의 항복으로 파괴되지만, 장주는 좌굴 (Buckling)로 파괴된다.

③ 설계기준에서 단주는 세장의 영향을 무시하고 설계한다.

④ 세장비 $\lambda = \dfrac{K \cdot l_u}{r}$가 다음 값보다 작으면 장주로 인한 영향을 무시해서 단주로 해석해도 된다.

  ㉠ 비횡구속 골조

   ($\Delta H \neq 0$, 횡방향 상대변위가 방지되어 있지 않은 압축부재)

$$\dfrac{K \cdot l_u}{r} \leq 22$$

  ㉡ 횡구속 골조

   ($\Delta H \neq 0$, 횡방향 상대변위가 방지되어 있는 압축부재)

$$\lambda = \dfrac{K \cdot l_u}{r} \leq 34 - 12 \cdot \left(\dfrac{M_1}{M_2}\right) \leq 40$$

2. 장주

① 장주는 세장의 영향을 받아 좌굴에 의해 파괴되고, 같은 단면치수를 가지는 단주보다 훨씬 작은 하중으로 파괴된다.

② 장주는 가로흔들림(Sidesway, 횡방향 상대변위)이 있는 경우와 없는 경우로 나뉜다.

③ 좌굴현상(Buckling)

  ㉠ 장단면의 크기에 비해 기둥의 길이가 비교적 긴 기둥은 압축력의 크기가 어느 한도에 달하게 되면 갑자기 불안정한 상태가 되어 옆으로 부풀어 나오면서 휘는 현상이 발생하게 되는데, 이 현상을 좌굴현상이라고 한다.

  ㉡ 장주는 기둥 길이의 영향 때문에 단주보다 더 큰 휨모멘트가 발생하여 좌굴현상이 발생한다. 따라서 그 영향을 고려하여 설계하여야 하며, 확대 모멘트에 대하여 설계하여야 한다.

④ 장주효과를 고려할 때, 압축부재는 2계 비선형 해석방법 또는 휨모멘트 확대계수법의 근사해법에 의해 설계할 수 있다.

3. 기둥의 비지지길이와 유효길이

① 기둥의 비지지길이(Unsupported Length)(l_u)는 부재 사이의 길이를 말한다.

② 비지지길이는 바닥슬래브나 보를 횡지지할 수 있는 부재 사이의 순길이를 말한다.

③ 기둥머리나 헌치가 있는 경우에는 검토면에서 기둥머리나 헌치의 최하단까지의 길이를 말한다.

④ 기둥의 강도는 기둥을 지지하는 단부조건에 따라 달라지는데, 단부조건의 영향을 고려한 기둥의 길이를 유효길이(kl_u)라고 한다.

⑤ 기둥의 유효길이는 변곡점(반곡점)과 변곡점 사이의 길이이다.

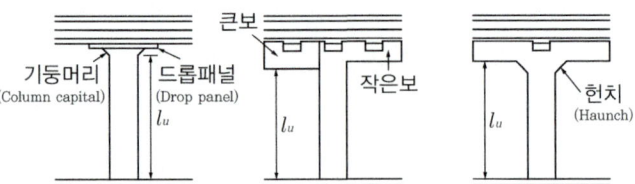

4. 기둥의 유효길이

압축부재의 유효길이(Effective Length, l_e)는 실제 부재의 길이(L)에 유효길이계수(K)를 곱해서 표현한다.

	양단힌지	1단고정 1단힌지	양단고정	1단고정 1단자유
지지상태	P L P	P L P	P L P	P L P
좌굴길이	$KL = 1.0L$	$KL = 0.7L$	$KL = 0.5L$	$KL = 2.0L$
좌굴강도	$\dfrac{1}{K^2}=1$	$\dfrac{1}{K^2}=2$	$\dfrac{1}{K^2}=4$	$\dfrac{1}{K^2}=\dfrac{1}{4}$

CHAPTER 05 필수 확인 문제

01 강도설계법에 의한 철근콘크리트 기둥 설계 시 고려할 사항으로 옳지 않은 것은? [기01]

① 축방향 철근의 순간격은 40mm 이상으로 한다.
② 주근이 D32 이하인 경우 D10 이상의 띠철근을 사용하여야 한다.
③ 축방향 철근의 최소 개수는 직사각형이나 원형띠철근기둥의 경우 최소 6개 이상 배근한다.
④ 띠철근기둥 단면의 최소 치수는 200mm, 최소 단면적은 60,000mm² 이상으로 한다.

> 축방향 철근의 최소 개수는 직사각형인 경우는 4개 이상, 원형 나선철근기둥인 경우는 최소 6개 이상 배근해야 한다.
> 정답 ③

02 강도설계법에서 철근콘크리트 기둥의 축방향 주철근 단면적은 전체 단면적에 대한 최소 및 최대 철근비는 얼마인가? [기01,03, 산03]

① 1%와 8% ② 2%와 6% ③ 1%와 6% ④ 2%와 8%

> 강도설계법에서 기둥의 최소 및 최대 철근비는 전단면적의 1% 이상, 8% 이하로 한다.
> 정답 ①

03 일반 철근콘크리트조에서 배근에 관한 설명으로 옳지 않은 것은?

① 보의 스터럽은 중앙부보다 단부(斷部)에 더 많이 넣는다.
② 보의 주근은 단부에서는 상부에 많이 넣는다.
③ 슬래브의 철근은 장변방향보다 단변방향에 더 많이 넣는다.
④ 띠철근은 기둥의 상하부보다 중앙부에 더 많이 넣는다.

> 띠철근은 기둥의 상·하단에 중앙부보다 더 많이 넣는다.
> 정답 ④

04 그림과 같은 철근콘크리트 기둥에서 띠철근의 수직간격으로 옳은 것은? [산11,14,20]

① 200mm 이하
② 350mm 이하
③ 400mm 이하
④ 450mm 이하

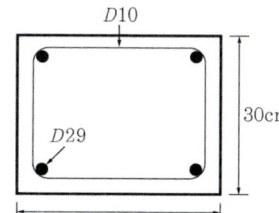

> 띠철근의 간격
> • 주철근의 16배 : 16×29=464mm
> • 띠철근의 48배 : 48×10=480mm
> • 단면의 최소 치수의 $\frac{1}{2}$ (단, 200mm보다 좁을 필요는 없다.) : 200mm
> 따라서 가장 작은 값 200mm 이하
> 정답 ①

05 그림과 같이 배근된(8-HD19) 기둥에서 일반배근 시 띠철근의 최소 간격은 얼마인가? (단, 띠철근을 D10을 사용) [산13]

① 20cm
② 30cm
③ 35cm
④ 40cm

> 띠철근의 최소 간격 계산
> • 주철근의 16배 : 16×19=304mm=30.4cm
> • 띠철근의 48배 : 10×48=480mm=48cm
> • 단면의 최소 치수의 $\frac{1}{2}$ (단, 200mm보다 좁을 필요는 없다.) : 20cm
> 따라서 최솟값인 20cm
> 정답 ①

06 강도설계법에 의한 설계 시 그림과 같은 띠철근기둥의 최대 설계축하중은?
(단, f_{ck}=24MPa, f_y=400MPa, 강도감소계수는 0.65임) [산15]

① 3,908kN
② 4,008kN
③ 4,108kN
④ 4,208kN

◎ 기둥의 최대 설계축하중 계산
$p_d = \phi p_n = \phi(0.8 p_o)$
$= \phi(0.8)[0.85 f_{ck}(A_g - A_{st}) + f_y \cdot A_{st}]$
$= (0.65)(0.8)$
$[0.85(24)(550^2 - 4{,}048) + 400 \times 4{,}048]$
$\times 10^{-3}$
$= 4{,}008 \text{kN}$

정답 ②

07 다음 단면을 가진 철근콘크리트 기둥의 설계축강도 ϕp_n을 구하면?
(단, $\phi p_{n(\max)} = \phi 0.8 p_o$, ϕ=0.65, f_{ck}=30MPa, f_y=400MPa) [기13]

① 18,254kN
② 28,254kN
③ 38,254kN
④ 48,254kN

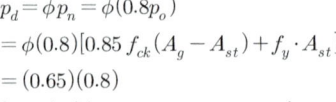

$p_d = \phi p_n = \phi(0.8 p_o)$
$= \phi(0.8)[0.85 f_{ck}(A_g - A_{st}) + f_y \cdot A_{st}]$
$= (0.65)(0.8)$
$[0.85(30)(1800 \times 700 - 2 \times 3{,}970)$
$+ (400)(2 \times 3{,}970)]$
$= 18{,}253{,}835 \text{N}$
$= 18{,}253.835 \text{kN}$

정답 ①

08 강도설계법에 의한 띠철근을 가진 철근콘크리트의 기둥설계에서 단주의 최대 설계축하중은 약 얼마인가? (단, 기둥의 크기는 400mm×400mm, f_{ck}=24MPa, f_y=400MPa, 12-D22(A_{st}=4,644mm²), ϕ=0.65) [기18]

① 2,452kN
② 2,525kN
③ 2,614kN
④ 3,234kN

$p_d = \phi p_n = \phi(0.8 p_o)$
$= \phi(0.8)[0.85 f_{ck}(A_g - A_{st}) + f_y \cdot A_{st}]$
$= (0.65)(0.80)$
$[0.85(24)(400^2 - 4{,}644)$
$+ (400)(4{,}644)]$
$= 2{,}613{,}968 \text{N} = 2{,}613.968 \text{kN}$

정답 ③

09 그림에서 압축재의 지점간 거리(l_u)는? (단, 세장효과 고려 시) [기05]

① 2.7m
② 3.0m
③ 3.2m
④ 3.5m

◎ 기둥의 비지지길이와 유효길이
- 기둥의 비지지길이(Unbraced Length)(l_u)는 부재 사이의 길이를 말한다.
- 비지지길이는 바닥슬래브나 보를 횡지지할 수 있는 부재 사이의 순길이를 말한다.
- 기둥머리나 헌치가 있는 경우에는 검토면에서 기둥머리나 힌지의 최하단까지의 길이를 말한다.
- 기둥의 강도는 기둥을 지지하는 단부조건에 따라 달라지는데, 단부조건의 영향을 고려한 기둥의 길이를 유효길이(kl_u)라고 한다.
- 기둥의 유효길이는 변곡점(반곡점)과 변곡점 사이의 길이이다.

정답 ①

CHAPTER 06 사용성 및 내구성

빈출 KEY WORD
\# 장기추가처짐계수
\# 처짐의 제한
\# 균열 제어 등 휨철근 및 표피철근의 중심간격

01 구조물의 기본요건

1. 사용성(Serviceability)
사용하기에 불편함 또는 불안감 등을 해소할 수 있는 정도를 나타내며, 검토 수단으로는 사용하중에 의한 처짐, 균열, 피로, 진동 등이 있다.

2. 내구성(Durability)
구조물이 본래의 기능을 지속적으로 유지하는 정도를 말하고, 환경조건을 고려하여 내구성 검토가 이루어진다.

3. 안전성(Safety)
구조물의 파괴에 대한 안전을 확보하는 정도로서 극한하중(계수하중)을 사용한다.

※ 설계법상의 적용
① 허용응력설계법(WSD) : 사용성에 중점을 두며 처짐, 균열 등에 대해 자동적으로 안전한 설계가 됨.
② 강도설계법(USD) : 안전성에 중점을 두고 사용성(처짐, 균열)은 별도로 검토, 이때 다른 부재 설계 시는 계수하중(Factored Load)을 이용하지만, 처짐 검토는 사용하중(Service Load)을 사용
③ 한계상태 설계법(LSD) : 사용성과 안전성을 한 체계로 다룸

02 처짐(Deflection)

1. 탄성처짐(=즉시처짐, 순간처짐)
하중이 재하되면 즉시 발생하는 처짐으로 부재강성에 대한 균열과 철근 효과를 고려하여 부재가 탄성거동을 한다고 보아 역학적으로 계산한다.

① 집중하중(P)이 지간 중앙에 작용할 때 단순보의 처짐

$$\delta_{i\max} = \frac{Pl^3}{48E_cI_e}$$

② 등분포하중(w)이 지간 전체에 작용할 때 단순보의 처짐

$$\delta_{i\max} = \frac{5wl^4}{384E_cI_e}$$

(여기서, E : 콘크리트 탄성계수 E_c를 사용,

I_e : 최대 처짐 공식의 유효단면2차모멘트)

③ 최대 처짐 공식의 유효단면2차모멘트(I_e)

$$I_e = \left(\frac{M_{cr}}{M_a}\right)^3 I_g + \left[1 - \left(\frac{M_{cr}}{M_a}\right)^3\right] I_{cr}$$

$$M_{cr} = \frac{I_g}{y_t}f_r, \ f_r = 0.63\lambda\sqrt{f_{ck}} \ (\text{MPa})$$

여기서, M_{cr} : 균열모멘트

M_a : 처짐이 계산되는 단면에서 부재의 최대 휨모멘트

f_r : 휨인장강도(파괴계수)

I_g : 총단면2차모멘트

I_{cr} : 균열환산단면2차모멘트

y_t : 중립축에서 인장측 연단까지의 거리

④ 균열환산단면2차모멘트(I_{cr})

㉠ 단철근 직사각형보

$$I_{cr} = \frac{bx^3}{3} + nA_s(d-x)^2$$

㉡ 복철근 직사각형보

$$I_{cr} = \frac{bx^3}{3} + nA_s(d-x)^2 + (n-1)A_s'(d-d')^2$$

여기서, x : 압축연단에서 도심까지의 거리

2. 연속보에 대한 처짐

① 연속보에 있어서는 정모멘트 구역과 부모멘트 구역에서 I_e의 값이 매우 다르다.

② 연속보에 대하여는 가중평균(Weighted Average)의 I_e를 사용한다.

㉠ 양단 연속인 경우

$$I_e = 0.70 I_{em} + 0.15(I_{e1} + I_{e2})$$

여기서, I_{em} : 지간 중앙의 유효단면2차모멘트

I_{e1}, I_{e2} : 양단의 부모멘트 단면에 대한 유효단면2차모멘트

㉡ 일단연속인 경우

$$I_e = 0.85 I_{em} + 0.15 I_{e1}$$

여기서, I_{e1} : 연속단의 유효단면2차모멘트

③ 다음 식의 산술평균 I_e를 사용해도 좋다.

$$I_e = \frac{1}{2}[I_{em} + \frac{1}{2}(I_{e1} + I_{e2})]$$

(a) 양단 연속인 경우

(b) 1단 연속인 경우

3. 장기처짐

콘크리트의 건조수축과 크리프로 인하여 시간의 경과와 더불어 진행되는 처짐으로써 지속하중에 의한 순간처짐(탄성처짐)에 λ를 곱하여 구하며, 압축철근을 증가시킴으로써 장기처짐을 감소시킬 수 있다.

① 장기 추가처짐량(δ_l) = 탄성처짐(δ_i)×장기 추가처짐계수(λ_Δ)

② 장기 추가 처짐계수

$$\lambda_\Delta = \frac{\xi}{1 + 50\rho'}$$

여기서, ρ' : 압축철근비($= \dfrac{A_s'}{bd}$)

ξ : 시간경과계수(3개월 : 1.0, 6개월 : 1.2, 1년 : 1.4, 5년 : 2.0)

③ 최종처짐

• 최종처짐량(δ_t)은 탄성처짐과 장기 추가처짐을 합한다.

• 최종처짐 = 탄성처짐 + 장기처짐

$$\delta_t = \delta_i + \delta_l = \delta_i + \delta_i \cdot \lambda_\Delta = \delta_i(1 + \lambda_\Delta)$$

03 처짐의 제한

(1) 처짐을 계산하지 않는 경우 보 또는 1방향 슬래브의 최소 두께는 다음 값 이상으로 한다.

부재	캔틸레버	단순지지	일단연속	양단연속
보 (리브가 있는 1방향 슬래브)	$\dfrac{l}{8}$	$\dfrac{l}{16}$	$\dfrac{l}{18.5}$	$\dfrac{l}{21}$
1방향 슬래브	$\dfrac{l}{10}$	$\dfrac{l}{20}$	$\dfrac{l}{24}$	$\dfrac{l}{28}$

l : 경간길이(단위:cm), $f_y = 400\mathrm{MPa}$ 철근을 사용한 경우의 값

① $f_y = 400\mathrm{MPa}$ 이외의 경우는 계산된 h값에 다음을 곱하여 구한다.

$$h \times (0.43 + \frac{f_y}{700})$$

② 경량콘크리트에 대해서는 $h \times (1.65 - 0.00031 m_c)$로 구한다.
단, $(1.65 - 0.00031 m_c) \geq 1.09$이어야 한다.

(2) 최대 허용처짐

장기처짐 효과를 고려한 전체 처짐의 한계는 다음 값 이하가 되도록 해야 한다

부재의 형태	고려해야 할 처짐	처짐한계
과도한 처짐에 의해 손상되기 쉬운 비구조요소를 지지 또는 부착하지 않은 평지붕 구조	활하중 L에 의한 순간처짐	$\dfrac{l}{180}$
과도한 처짐에 의해 손상되기 쉬운 비구조요소를 지지 또는 부착하지 않은 바닥구조	활하중 L에 의한 순간처짐	$\dfrac{l}{360}$
과도한 처짐에 의해 손상되기 쉬운 비구조요소를 지지 또는 부착한 지붕 또는 바닥구조	전체 처짐 중에서 비구조요소가 부착된 후에 발생하는 처짐 부분(모든 지속하중에 의한 장기처짐과 추가적인 활하중에 의한 순간처짐의 합)	$\dfrac{l}{480}$
과도한 처짐에 의해 손상될 염려가 없는 비구조요소를 지지 또는 부착한 지붕 또는 바닥구조		$\dfrac{l}{240}$

04 균열

균열은 그 수보다는 폭이 더욱 문제된다. 철근의 응력과 지름이 클수록, 피복두께가 클수록 균열 폭은 증가되므로 균열 폭을 줄이기 위해서는 동일한 철근량을 사용하더라도 가는 철근을 여러 개 사용하고, 이형철근을 사용하고, 배근 간격을 지나치게 크게 하지 않는 것이 좋다.

1. 균열의 성질

① 균열은 외관상 좋지 않고, 폭이 큰 균열은 철근을 부식시켜 내구성을 저하시킨다.
② 균열의 수가 문제가 아니라 균열폭이 문제가 된다. 따라서 폭이 큰 몇 개의 균열보다 많은 수의 미세한 균열이 바람직하다.
③ 균열폭은 철근의 응력과 지름에 비례하고 철근비에 반비례한다.
④ 콘크리트 표면의 균열폭은 콘크리트 피복두께에 비례한다.
⑤ 이형철근을 사용하고, 철근을 콘크리트의 최대 인장구역에 잘 분배하면 균열폭을 최소화할 수 있다.
⑥ 균열폭에 영향을 미치는 요소는 철근의 종류와 수, 철근의 응력, 피복두께 등이다. 균열폭은 외관, 액체의 누출, 철근의 부식 등에 관계한다.

2. 균열 제어용 휨철근 배치

① 보나 1방향 슬래브는 휨균열을 제어하기 위하여 휨철근을 배치하여야 한다.
② 휨인장 철근은 부재단면의 최대 휨인장 영역 내에 배치하여야 한다.
③ T형 보의 플랜지가 인장을 받는 경우에는 플랜지 유효폭이나 경간의 1/10의 폭 중에서 작은 폭에 걸쳐서 분포시켜야 한다.
④ 보나 장선의 h가 900mm를 초과하면 종방향 표피철근을 인장연단으로부터 $h/2$ 지점까지 부재 양측면을 따라 균일하게 배치하여야 한다.
⑤ 부재는 하중에 의한 균열을 제어하기 위해 필요한 철근 외에도 필요에 따라 온도변화, 건조수축 등에 의한 균열을 제어하기 위한 추가적인 보강철근을 부재단면의 주변에 분산시켜 배치하여야 하고, 이 경우 철근의 지름과 간격을 가능한 한 작게 하여야 한다.

3. 균열 제어용 휨철근 및 표피철근의 중심간격

① 휨균열 제어용 휨철근, 표피철근의 중심간격은 다음 두 식에 의해 계산된 값 중에서 작은 값 이하로 철근의 중심간격 s를 정하며, 이 값은 균열 폭 0.3mm를 기본으로 한 철근의 간격이다.

㉠ $s = 375\left(\dfrac{k_{cr}}{f_s}\right) - 2.5c_c$

㉡ $s = 300\left(\dfrac{k_{cr}}{f_s}\right)$

여기서, c_c : 표피철근의 표면에서 부재 측면까지 최단거리
f_s : 사용하중 상태의 철근의 응력
$$f_s = \frac{2}{3}f_y (근사식)$$

② 철근 노출을 고려한 계수 k_{cr}은 환경조건에 따라 달리 적용한다.

　　㉠ 건조환경에 노출되는 경우 $k_{cr} = 280$

　　㉡ 그 외의 환경에 노출되는 경우 $k_{cr} = 210$

③ 인장 연단 가장 가까이에 배치되는 철근의 중심간격(s)은 표피철근의 중심간격과 같다. 단, 여기서 c_c는 인장철근 표면과 콘크리트 표면 사이의 최소 두께이다.

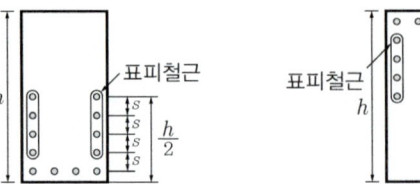

(a) 정(+)의 휨모멘트에 의한 인장철근　　(b) 부(−)의 휨모멘트에 의한 인장철근

[보나 장선의 종방향 표피철근]

4. 노출환경

① 내구성에 관한 균열폭을 검토할 경우 구조물이 놓이는 환경조건을 고려하여야 한다.

② 강재의 부식에 대한 환경조건의 구분

건조환경	일반 옥내 부재, 부식의 우려가 없을 정도로 보호한 경우의 보통 주거 및 사무실 건물 내부
습윤환경	일반 옥외의 경우, 흙속의 경우, 옥내의 경우에 있어서 습기가 찬 곳
부식성 환경	㉠ 습윤환경과 비교하여 건습의 반복작용이 많은 경우, 특히 유해질 물질을 함유한 지하수위 이하의 흙속에 있어서 강재의 부식에 해로운 영향을 주는 경우, 동결 작용이 있는 경우, 동상방지제를 사용하는 경우 ㉡ 해양콘크리트구조물 중 해수 중에 있거나 극심하지 않은 해양환경에 있는 경우(가스, 액체, 고체)
고부식성 환경	㉠ 강재의 부식에 현저하게 해로운 영향을 주는 경우 ㉡ 해양콘크리트구조물 중 간만조위의 영향을 받거나 비말대에 있는 경우, 극심한 해풍의 영향을 받는 경우

5. 허용균열폭

① 해석에 의해 균열폭을 검토할 때 다음 식을 만족해야 한다.

$$w_k \leq w_a$$

여기서, w_k : 지속하중이 작용할 때 계산된 균열폭

　　　　w_a : 내구성, 사용성(누수) 및 미관에 관련하여 허용되는 균열폭

② 철근콘크리트구조물의 내구성 확보를 위한 허용균열폭(w_a, mm)

강재의 종류	건조환경	습윤환경	부식성 환경	고부식성 환경
철근 (큰 값)	0.4mm	0.3mm	0.3mm	0.3mm
	$0.006c_c$	$0.005c_c$	$0.004c_c$	$0.0035c_c$
프리스트레싱 긴장재(큰 값)	0.2mm	0.2mm	–	–
	$0.005c_c$	$0.004c_c$		

③ 수처리구조물의 내구성과 누수 방지를 위한 허용균열폭(w_a)

구분	휨인장 균열	전단면 인장 균열
오염되지 않은 물 (음용수, 상수도 시설물)	0.25mm	0.20mm
오염된 액체(오염이 매우 심한 경우 발주자와 협의)	0.20mm	0.15mm

05 내구성 설계

1. 내구성 설계 일반
① 콘크리트구조는 주어진 주변환경 조건에서 설계 공용기간 동안에 안전성, 사용성, 내구성, 미관을 갖도록 설계·시공·유지관리하여야 한다.
② 설계 착수 전에 구조물 발주자와 설계자는 구조물의 중요도, 환경조건, 구조거동, 유지관리방법 등을 고려하여야 한다.

2. 내구성 설계기준
① 해풍, 해수, 황산염 및 기타 유해물질에 노출된 콘크리트는 내구성 허용기준의 조건을 만족하는 콘크리트를 사용하여야 한다.
② 설계자는 구조물의 내구성을 확보할 수 있는 적절한 설계기법을 결정하여야 한다.
③ 설계 초기단계에서 구조적으로 환경에 민감한 구조 배치를 피하고, 유지관리 및 점검을 위하여 접근이 용이한 구조형상을 선정하여야 한다.
④ 구조물이나 부재의 외측 표면에 있는 콘크리트의 품질이 보장될 수 있도록 하여야 한다. 다지기와 양생이 적절하여 밀도가 크고, 강도가 높고, 투수성이 낮은 콘크리트를 시공하고 피복두께를 확보하여야 한다.
⑤ 구조물의 모서리나 부재 연결부 등의 건전성 확보를 위한 철근콘크리트 및 프리스트레스 콘크리트구조요소의 구조 상세가 적절하여야 한다.
⑥ 고부식성 환경조건에 있는 구조는 표면을 보호하여 내구성을 증진시켜야 한다.
⑦ 설계자는 내구성에 관련된 콘크리트 재료, 피복두께, 철근과 긴장재, 처짐, 균열, 피로 및 기타 사항에 대한 제반 규정을 모두 검토하여야 한다.

3. 노출 범주 및 등급

범주	등급	조건	예
일반	E0	물리적, 화학적 작용에 의한 콘크리트 손상의 우려가 없는 경우 철근이나 내부 금속의 부식 위험이 없는 경우	• 공기 중 습도가 매우 낮은 건물 내부의 콘크리트
EC (탄산화)	EC1	건조하거나 수분으로부터 보호되는 또는 영구적으로 습윤한 콘크리트	• 공기 중 습도가 낮은 건물 내부의 콘크리트 • 물에 계속 침지 되어 있는 콘크리트
	EC2	습윤하고 드물게 건조되는 콘크리트로 탄산화의 위험이 보통인 경우	• 장기간 물과 접하는 콘크리트 표면 • 외기에 노출되는 기초
	EC3	보통 정도의 습도에 노출되는 콘크리트로 탄산화 위험이 비교적 높은 경우	• 공기 중 습도가 보통 이상으로 높은 건물 내부의 콘크리트[1] • 비를 맞지 않는 외부 콘크리트
	EC4	건습이 반복되는 콘크리트로 매우 높은 탄산화 위험에 노출되는 경우	• EC2 등급에 해당하지 않고, 물과 접하는 콘크리트(예를 들어 비를 맞는 콘크리트 외벽, 난간 등[2])
ES (해양환경, 제빙화학제 등 염화물)	ES1	보통 정도의 습도에서 대기 중의 염화물에 노출되지만 해수 또는 염화물을 함유한 물에 직접 접하지 않는 콘크리트	• 해안가 또는 해안 근처에 있는 구조물[3] • 도로 주변에 위치하여 공기중의 제빙화학제에 노출되는 콘크리트
	ES2	습윤하고 드물게 건조되며 염화물에 노출되는 콘크리트	• 수영장 • 염화물을 함유한 공업용수에 노출되는 콘크리트
	ES3	항상 해수에 침지되는 콘크리트	• 해상 교각의 해수 중에 침지되는 부분
	ES4	건습이 반복되면서 해수 또는 염화물에 노출되는 콘크리트	• 해양 환경의 물보라 지역(비말대) 및 간만대에 위치한 콘크리트 • 염화물을 함유한 물보라에 직접 노출되는 교량 부위[4] • 도로 포장 • 주차장[5]
EF (동결융해)	EF1	간혹 수분과 접촉하나 염화물에 노출되지 않고 동결융해의 반복작용에 노출되는 콘크리트	• 비와 동결에 노출되는 수직 콘크리트 표면
	EF2	간혹 수분과 접촉하고 염화물에 노출되며 동결융해의 반복작용에 노출되는 콘크리트	• 공기 중 제빙화학제와 동결에 노출되는 도로구조물의 수직 콘크리트 표면
	EF3	지속적으로 수분과 접촉하나 염화물에 노출되지 않고 동결융해의 반복작용에 노출되는 콘크리트	• 비와 동결에 노출되는 수평 콘크리트 표면
	EF4	지속적으로 수분과 접촉하고 염화물에 노출되며 동결융해의 반복작용에 노출되는 콘크리트	• 제빙화학제에 노출되는 도로와 교량 바닥판 • 제빙화학제가 포함된 물과 동결에 노출되는 콘크리트 표면 • 동결에 노출되는 물보라 지역(비말대) 및 간만대에 위치한 해양 콘크리트

범주	등급	조건	예
EA (황산염)	EA1	보통 수준의 황산염이온에 노출되는 콘크리트	• 토양과 지하수에 노출되는 콘크리트 • 해수에 노출되는 콘크리트
	EA2	유해한 수준의 황산염이온에 노출되는 콘크리트	• 토양과 지하수에 노출되는 콘크리트
	EA3	매우 유해한 수준의 황산염이온에 노출되는 콘크리트	• 토양과 지하수에 노출되는 콘크리트 • 하수, 오·폐수에 노출되는 콘크리트

1) 중공 구조물의 내부는 노출등급 EC3로 간주할 수 있다. 다만, 외부로부터 물이 침투하거나 노출되어 영향을 받을 수 있는 표면은 EC4로 간주하여야 한다.
2) 비를 맞는 외부 콘크리트라 하더라도 규정에 따라 방수 처리된 표면은 노출등급 EC3로 간주할 수 있다.
3) 비래염분의 영향을 받는 콘크리트로 해양환경의 경우 해안가로부터 거리에 따른 비래염분량은 지역마다 큰 차이가 있으므로 측정결과 등을 바탕으로 한계영향 거리를 정해야 한다. 또한 공기 중의 제빙화학제에 영향을 받는 거리도 지역에 따라 편차가 크게 나타나므로 기존 구조물의 염화물 측정결과 등으로부터 한계 영향 거리를 정하는 것이 바람직하다.
4) 차도로부터 수평방향 10m, 수직방향 5m 이내에 있는 모든 콘크리트 노출면은 제빙화학제에 직접 노출되는 것으로 간주해야 한다. 또한 도로로부터 배출되는 물에 노출되기 쉬운 신축이음(expansion Joints) 아래에 있는 교각 상부도 제빙화학제에 직접 노출되는 것으로 간주해야 한다.
5) 염화물이 포함된 물에 노출되는 주차장의 바닥, 벽체, 기둥 등에 적용한다.

4. 내구성 확보를 위한 요구조건

① 콘크리트 설계기준 압축강도는 노출등급에 따라 다음 표에서 규정하는 값 이상이어야 한다. 단, 별도의 내구성 설계를 통해 입증된 경우나 성능이 확인된 별도의 보호 조치를 취하는 경우에는 다음 표에서 규정하는 값보다 낮은 강도를 적용할 수 있다.

항목	노출등급															
	-	EC				ES				EF				EA		
	E0	EC1	EC2	EC3	EC4	ES1	ES2	ES3	ES4	EF1	EF2	EF3	EF4	EA1	EA2	EA3
최소 설계기준 압축강도 f_{ck} (MPa)	21	21	24	27	30	30	30	35	35	24	27	30	30	27	30	30

② 노출범주 EC와 ES의 경우 KDS 14 20 50(4.3)에서 규정하는 최소 피복두께 이상의 피복두께를 확보해야 한다.
③ 콘크리트 배합은 노출등급에 따라 KCS 14 20 10(1.10)에서 규정하는 물-결합재비, 결합재 종류, 연행공기량, 염화물 함유량 등에 대한 요구조건을 만족하여야 한다.

CHAPTER 06 　필수 확인 문제

01 콘크리트구조물의 설계법 중 강도설계법의 특징으로 옳지 않은 것은? [기13]

① 구조물의 파괴에 대한 안전도의 확보가 확실하다.
② 서로 다른 하중의 특성을 설계에 반영할 수 있다.
③ 서로 다른 재료의 특성을 설계에 반영시키기 어렵다.
④ 처짐 및 균열에 대한 사용성 확보 검토가 불필요하다.

◎ 강도설계법은 안전성에 중점을 두어 사용성(처짐, 균열)에 대한 별도의 검토가 필요하다.

정답 ④

02 철근콘크리트부재의 장기처짐에 대한 설명으로 옳은 것은? [산12]

① 압축철근비가 클수록 장기처짐은 감소한다.
② 장기처짐은 즉시처짐과 관계가 없다.
③ 장기처짐은 상대습도, 온도 등 제반 환경에는 영향을 크게 받으나 부재의 크기에는 영향을 받지 않는다.
④ 시간경과계수의 최댓값은 3이다.

◎ ② 장기처짐 = 탄성처짐 × λ_Δ
③ 처짐은 부재의 크기에 아주 큰 영향을 미친다.
④ 시간경과계수 ξ의 최댓값은 2이다.

정답 ①

03 강도설계법에서 처짐을 계산하지 않는 경우 철근콘크리트보의 최소 두께 규정으로 옳은 것은? (단, 보통콘크리트 m_c=2,300kg/m³와 설계기준 항복강도 400MPa 철근을 사용한 부재) [기13,15]

① 단순지지 : $\dfrac{l}{20}$
② 1단연속 : $\dfrac{l}{18.5}$
③ 양단연속 : $\dfrac{l}{24}$
④ 캔틸레버 : $\dfrac{l}{10}$

◎ 처짐을 계산하지 않는 경우 보의 최소 두께

부재 [l:경간길이 (mm)]	최소 두께($h_{\min}$)			
	단순 지지	1단 연속	양단 연속	캔틸 레버
	$\dfrac{l}{16}$	$\dfrac{l}{18.5}$	$\dfrac{l}{21}$	$\dfrac{l}{8}$

정답 ②

04 처짐을 계산하지 않는 경우 각 조건에 따른 1방향 슬래브의 최소 두께로 틀린 것은?
(단, 보통중량콘크리트와 설계기준 항복강도 : 400MPa 철근 사용) [산14]

① 경간 3m의 1단연속 슬래브 : 100mm
② 경간 3m의 단순지지 슬래브 : 150mm
③ 경간 2.8m의 양단연속 슬래브 : 100mm
④ 경간 1.5m의 캔틸레버 슬래브 : 150mm

(1) 처짐을 계산하지 않는 경우 슬래브의 최소 두께

1방향 슬래브	최소 두께($h_{\min}$)			
	단순지지	1단연속	양단연속	캔틸레버
	$\dfrac{l}{20}$	$\dfrac{l}{24}$	$\dfrac{l}{28}$	$\dfrac{l}{10}$

(2) 1단 연속된 슬래브이므로
$$h_{\min} = \frac{l}{24}$$
$$= \frac{3,000}{24} = 125\text{mm}$$

정답 ①

05 철근콘크리트구조물의 내구성 설계에 관한 설명으로 옳지 않은 것은? [기19]

① 설계기준강도가 35MPa을 초과하는 콘크리트는 동해저항 콘크리트에 대한 전체 공기량 기준에서 1% 감소시킬 수 있다.
② 동해저항 콘크리트에 대한 전체 공기량 기준에서 굵은골재의 최대 치수가 25mm인 경우 심한 노출에서의 공기량 기준의 6.0%이다.
③ 바닷물에 노출된 콘크리트의 철근 부식방지를 위한 보통골재콘크리트의 최대 물결합재비는 40%이다.
④ 철근의 부식방지를 위하여 굳지 않은 콘크리트의 전체 염소이온량은 원칙적으로 0.9kg/m³ 이하로 하여야 한다.

④ 철근의 부식 방지를 위하여 굳지 않은 콘크리트의 전체 염소이온량은 원칙적으로 0.3kg/m³ 이하로 하여야 한다.

정답 ④

CHAPTER 07 철근의 정착 및 이음

빈출 KEY WORD
\# 주철근의 표준갈고리 \# 스터럽과 띠철근의 표준갈고리
\# 주철근의 최소 구부림 내면 반지름
\# 인장이형철근, 표준갈고리를 갖는 인장이형철근, 압축이형철근의 정착길이

01 부착과 정착

1. 부착(Bond)
콘크리트와 철근의 경계면에서 미끄러짐에 대한 저항성

2. 정착(Anchorage)
철근이 콘크리트로부터 빠져 나오려는 성질로서 정착의 효과는 결국 부착성능에 의해 좌우됨.

3. 부착성능에 영향을 주는 요인
① 이형철근이 원형철근보다 부착강도가 크다.
② 녹이 많이 슨 철근은 녹을 제거해야 하지만 약간 녹이 슨 철근은 새 철근보다 부착강도가 크다.
③ 철근의 직경이 굵은 것보다 가는 것을 여러 개 쓰는 것이 좋다.
④ 피복두께가 클수록 부착강도가 좋아진다.
⑤ 콘크리트의 압축강도가 클수록 부착강도 역시 크다.
⑥ 블리딩(Bleeding)의 영향으로 수평철근이 수직철근보다 부착강도가 작으며 수평철근 중에서도 상부철근이 하부철근보다 부착성능이 떨어진다.

02 기본정착길이

1. 기본정착길이

철근의 한 쪽 끝에 $T = A_s \cdot f_y$ 만큼의 인장력을 가할 때 철근은 인장력으로 항복하지만 콘크리트에서 뽑혀 나오지 않아야 한다.
이때 묻은 최소 길이를 기본정착길이(l)라 한다.

$$\tau_0 \pi d l = \frac{\pi d^2}{4} f_y \text{ 이므로}$$

$$\therefore l = \frac{f_y d}{4\tau_0}$$

τ_0 : 철근과 콘크리트의 부착응력
d : 철근 지름

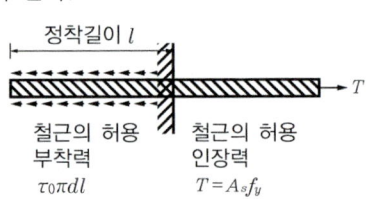

2. 철근의 정착 일반

① 정착길이 개념은 철근의 묻힘길이 구간에 대하여 발생하는 평균 부착응력에 기초한다.
② 부착응력은 묻힘길이, 갈고리, 기계적 정착 또는 이들의 조합에 의하여 발휘되도록 철근을 정착하여야 한다.
③ 이때 갈고리는 압축철근의 정착에 있어서는 유효하지 않은 것으로 본다.
④ 이 장에 사용되는 $\sqrt{f_{ck}}$ 값은 8.4MPa을 초과하지 않아야 한다.
⑤ 강도감소계수 ϕ는 고려하지 않는다.

03 철근의 구조 규준

1. 표준 갈고리

① 철근을 정착하기 위해 철근의 단부에 갈고리를 둘 수 있다.
② 갈고리는 압축 구역에서는 두지 않고, 인장 철근에만 둔다. 단, 원형철근에는 반드시 갈고리를 두어야 한다.
③ 주철근의 표준 갈고리
  ㉠ 90° 표준 갈고리는 구부린 끝에서 $12d_b$ 이상 더 연장해야 한다.
  ㉡ 180° 표준 갈고리는 구부린 반원 끝에서 $4d_b$ 이상, 60mm 이상 더 연장해야 한다.

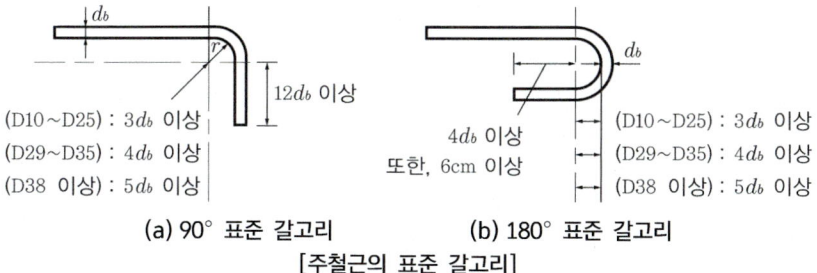

(a) 90° 표준 갈고리   (b) 180° 표준 갈고리
[주철근의 표준 갈고리]

④ 스터럽과 띠철근의 표준 갈고리
  ㉠ 90° 표준 갈고리 D16 이하의 철근은 구부린 끝에서 $6d_b$ 이상 더 연장해야 하고, D19, D22 및 D25 철근은 구부린 끝에서 $12d_b$ 이상 더 연장해야 한다.
  ㉡ 135° 표준 갈고리 D25 이하의 철근은 구부린 끝에서 $6d_b$ 이상 더 연장해야 한다.

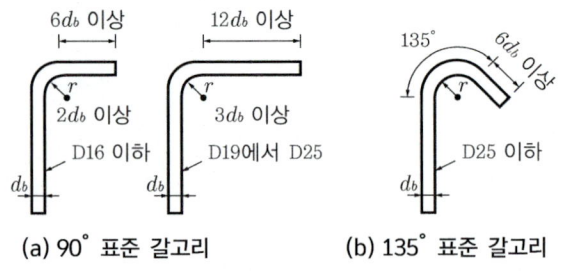

(a) 90° 표준 갈고리   (b) 135° 표준 갈고리

[스터럽과 띠철근의 표준 갈고리]

2. 주철근의 최소 구부림 내면 반지름

철근의 크기	최소 내면 반지름
D10 ~ D25	$3d_b$
D29 ~ D35	$4d_b$
D38 이상	$5d_b$

※ d_b : 철근 공칭지름

① 180° 표준 갈고리와 90° 표준 갈고리의 구부리는 내면 반지름은 앞의 표 규정을 적용하여야 한다.
② D19 이상의 스터럽과 띠철근의 구부림 내면 반지름도 앞의 표 규정을 적용하여야 한다.
③ D16 이하의 스터럽과 띠철근으로 사용하는 표준 갈고리의 내면 반지름은 $2d_b$ 이상으로 하여야 한다.
④ 굽힘철근의 구부리는 최소 내면 반지름은 $5d_b$ 이상이고, 라멘구조 모서리 부분의 외측 철근의 최소 내면 반지름은 $10d_b$ 이상으로 해야 한다.
⑤ 표준갈고리 외의 모든 철근의 구부림 내면 반지름은 앞의 값 이상이어야 한다.

3. 철근 구부리기

① 책임구조기술자가 승인한 경우를 제외하고 모든 철근은 상온에서 구부려야 한다.
② 콘크리트 속에 일부가 묻혀 있는 철근은 현장에서 구부리지 않도록 해야 한다. 다만, 설계도면에 도시되어 있거나 책임구조기술자가 승인한 경우에는 콘크리트 속에 묻혀 있는 철근을 구부릴 수 있다.

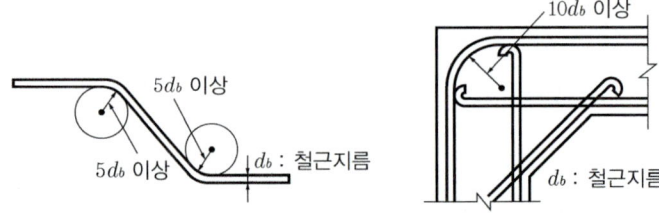

(a) 굽힘철근의 구부림 반지름   (b) 라멘구조 접합부의 외측에 면하는 철근의 구부림 반지름

[철근 구부리기]

04 인장 이형철근의 정착

$$l_d = l_{db} \times 보정계수$$

인장력을 받는 이형철근의 정착길이(l_d)는 기본정착길이(l_{db})에 보정계수를 곱하여 구한다. 단, 정착길이(l_d)는 300mm 이상이어야 하며, 기본정착길이는 $\sqrt{f_{ck}}$ 값이 8.4MPa 이하의 콘크리트에서만 적용이 가능하다.

> **$\sqrt{f_{ck}}$ 값을 8.4MPa 이하로 제한한 이유**
> 제한한 규정식이 고강도 콘크리트에 대해서는 충분한 연구가 되어 있지 않아서 그 70MPa 이상의 강도에서는 적용하기 곤란하기 때문이다.

1. 기본정착길이(l_{db})

$$l_{db} = \frac{0.6 d_b f_y}{\lambda \sqrt{f_{ck}}}$$

여기서, f_y : 철근의 항복강도
f_{ck} : 콘크리트의 압축강도 ($\sqrt{f_{ck}} \leq 8.4$MPa)
d_b : 철근 또는 철선의 공칭직경(mm)

2. 보정계수

조 건		철근지름 D19 이하의 철근과 이형철선	D22 이상의 철근
정착되거나 이어지는 철근의 순간격이 d_b 이상이고 피복두께도 d_b 이상이면서 l_d 전구간에 설계기준에서 규정된 최소 철근량 이상의 스터럽 또는 띠철근을 배근한 경우, 또는 정착되거나 이어지는 철근의 순간격이 $2d_b$ 이상이고 피복두께가 d_b 이상인 경우		$0.8\alpha\beta$	$\alpha\beta$
기타		$1.2\alpha\beta$	$1.5\alpha\beta$
α (철근배치 위치계수)	상부철근(정착길이 또는 겹침이음부 아래 300mm를 초과되게 굳지 않은 콘크리트를 친 수평철근)	1.3	
	기타 철근	1.0	
β (철근도막계수)	피복두께가 $3d_b$ 미만 또는 순간격이 $6d_b$ 미만인 에폭시 도막철근 또는 철선	1.5	
	기타 에폭시 도막철근 또는 철선	1.2	
	아연도금 철근	1.0	
	도막되지 않은 철근	1.0	
λ (경량콘크리트계수)	• f_{sp}값이 규정되어 있는 경우 : $\lambda = \dfrac{f_{sp}}{0.56\sqrt{f_{ck}}} \leq 1.0$		
	• f_{sp}값이 규정되어 있지 않은 경우		
	전경량콘크리트	모래경량콘크리트	보통중량콘크리트
	$\lambda = 0.75$	$\lambda = 0.85$	$\lambda = 1.0$

여기서, α = 철근배근 위치계수
- 상부철근(정착길이 또는 이음부 아래 300mm를 초과하는 경우) : 1.3
- 기타 철근 : 1.0

β = 에폭시 도막계수
- 피복두께가 $3d_b$ 미만 또는 순간격이 $6d_b$ 미만인 에폭시 도막철근 또는 철선 : 1.5
- 기타 에폭시 도막철근 또는 철선 : 1.2
- 도막되지 않은 철근 : 1.0

λ = 경량콘크리트계수
- f_{sp}가 주어지지 않은 경량콘크리트 : 1.3
- f_{sp}가 주어진 경량콘크리트 : $\dfrac{\sqrt{f_{ck}}}{1.76 f_{sp}} \geq 1.0$
- 일반콘크리트 : 1.0

05 표준갈고리(Standard Hook)를 갖는 인장 이형철근의 정착

$$l_{dh} = l_{hb} \times 보정계수$$

인장을 받는 표준갈고리의 정착길이 l_{dh}는 위험단면으로부터 갈고리 외부 끝까지의 거리로 나타내며, 정착길이는 기본정착길이 l_{hb}에 적용 가능한 모든 보정계수를 곱하여 구하고, l_{dh}는 $8d_b$ 이상, 150mm 이상이어야 한다.

1. 기본정착길이(l_{hb})

$$l_{hb} = \dfrac{0.24 \beta d_b f_y}{\lambda \sqrt{f_{ck}}}$$

2. 보정계수

조건	보정계수
D35 이하 철근에서 갈고리 평면에 수직방향인 측면 피복두께가 70mm 이상이며, 90° 갈고리에 대해서는 갈고리를 넘어선 부분의 철근 피복두께가 50mm 이상인 경우	0.7
D35 이하 90° 갈고리 철근에서 정착길이 l_{dh} 구간을 $3d_b$ 이하의 간격으로, 띠철근 또는 스터럽이 정착되는 철근을 수직으로 둘러싼 경우 또는 갈고리 끝 연장부와 구부림부의 전 구간을 $3d_b$ 이하의 간격으로, 띠철근 또는 스터럽이 정착되는 철근을 평행하게 둘러싼 경우	0.8
D35 이하 180° 갈고리 철근에서 정착길이 l_{dh} 구간을 $3d_b$ 이하의 간격으로, 띠철근 또는 스터럽이 정착되는 철근을 수직으로 둘러싼 경우	0.8
전체 f_y를 발휘하도록 정착을 특별히 요구하지 않는 단면에서 휨철근이 소요철근량 이상 배치된 경우	$\dfrac{\text{소요}A_s}{\text{배근}A_s}$

06 압축 이형철근의 정착

$$l_d = l_{db} \times 보정계수$$

압축력을 받는 철근의 정착길이(l_d)는 기본정착길이(l_{db})에 보정계수를 곱하여 구하되, l_d는 200mm 이상이어야 한다.

1. 기본정착길이(l_{db})

$$l_{db} = \frac{0.25 d_b f_y}{\lambda \sqrt{f_{ck}}} \text{ 또한 } l_{db} = 0.043 d_b f_y \text{ 중 큰 값}$$

2. 보정계수

조건	보정계수
요구되는 철근량을 초과하여 배치한 경우	$\dfrac{\text{소요} A_s}{\text{배근} A_s}$
지름이 6mm 이상이고 나선 간격이 100mm 이하인 나선철근, 또는 중심 간격이 100mm 이하이고 설계기준에 따라 배치된 D13 띠철근으로 둘러싸인 압축 이형철근	0.75

07 다발철근의 정착

다발철근(Bundle Bar)은 다발이 아닌 철근보다 부착면적이 감소하기 때문에 각각의 철근의 정착길이 산정 값보다 증가된 값을 이용한다.

(1) 3개의 다발철근
  +20% 정착길이 증가

(2) 4개의 다발철근
  +33% 정착길이 증가

(3) 다발철근의 정착길이 l_d를 계산할 때에는 순간격, 피복두께 및 도막계수, 그리고 구속효과 관련 항을 계산할 경우에는 다발철근 전체와 동등한 단면적과 도심을 가지는 하나의 철근으로 취급하여야 한다.

08 이형철근의 겹침이음길이

1. 이음 일반사항

① D35를 초과하는 철근 : 겹침이음 금지

② 다발철근(Bundle Bar)

다발철근	이음길이
3개	+20% 증가
4개	+33% 증가

③ 겹침이음된 철근의 횡방향 간격 : 슬래브 및 벽체에서 가능하며 겹침이음으로 이어진 철근의 순간격은 겹침이음 길이의 1/5 이하 또는 150mm 중 작은 값 이상 떨어지지 않아야 한다.

$\frac{1}{5} L_2$ 이하
150mm 이하

④ 용접이음 및 기계적 이음

구 분	이음 성능의 확보
용접이음	f_y의 125% 이상 성능 확보
기계적 이음	f_y의 125% 이상 성능 확보

※ 단, 인접철근의 이음은 상호 750mm 이상 서로 엇갈리게 배치함.

2. 인장을 받는 이형철근의 이음

① 인장 이형철근의 최소 겹침이음 길이는 300mm 이상이어야 한다.

구 분	내 용	이음 길이
A급 이음	배근된 철근량이 소요철근량의 2배 이상이고, 소요 겹침이음길이 내 겹침이음된 철근량이 전체 철근량의 1/2 이하인 경우	$1.0 l_d$
B급 이음	그 외 경우	$1.3 l_d$

② 서로 다른 직경의 철근을 겹침이음하는 경우의 이음길이는, 크기가 큰 철근의 정착길이와 크기가 작은 철근의 정착길이 중 큰 값을 기준으로 한다.

3. 압축을 받는 이형철근의 이음

① 압축철근의 겹침이음 길이는 다음과 같이 구할 수 있다.

$$l_s = \left(\frac{1.4 f_y}{\lambda \sqrt{f_{ck}}} - 52 \right) d_b$$

② 산정된 이음길이 $f_y \leq 400\text{MPa}$인 경우에는 $0.072f_yd_b$보다 길 필요는 없다.
③ 산정된 이음길이 $f_y > 400\text{MPa}$인 경우에는 $(0.13f_y - 24)d_b$보다 길 필요는 없다.
④ 이때 겹침이음 길이는 300mm 이상이어야 한다.
⑤ 콘크리트의 설계기준강도가 21MPa 미만인 경우는 겹침이음 길이를 1/3 증가시켜야 한다.
⑥ 압축철근의 겹침이음 길이는 인장철근의 겹침이음 길이보다 길 필요는 없다.
⑦ 서로 다른 직경의 철근을 겹침이음하는 경우의 이음길이는 크기가 큰 철근의 정착길이와 크기가 작은 철근의 정착길이 중 큰 값을 기준으로 한다.

CHAPTER 07 필수 확인 문제

01 철근콘크리트부재를 설계할 때 부착력이 부족하여 부착력을 증가시키는 방법 중 가장 적절한 조치는? [기01, 산18]

① 고강도 철근을 사용한다.
② 고강도 콘크리트를 사용한다.
③ 인장 철근의 주장을 증가시킨다.
④ 인장 철근의 단면적을 증가시킨다.

○ 부착력을 증가시키는 데 가장 효과적인 조치는 인장 철근의 주장을 증가시키는 것이며, 그 외에 콘크리트의 강도를 높이는 등의 조치도 효과적이다.

정답 ③

02 철근콘크리트의 구조설계에서 철근의 부착력에 영향을 주지 않는 것은? [산11,15,19]

① 콘크리트 피복두께
② 콘크리트 압축강도
③ 철근의 외부 표면 돌기
④ 철근의 항복강도

○ ④ 철근의 항복강도는 부착력과 관련 없음
[철근의 부착력에 영향을 주는 요소]
· 콘크리트 피복두께
· 콘크리트 압축강도
· 철근의 외부 표면 돌기

정답 ④

03 철근의 부착과 정착에 관한 설명으로 옳지 않은 것은? [산18]

① 철근이 콘크리트 속에서 빠져나오지 못하게 하는 것을 정착이라 한다.
② 철근의 정착 길이는 철근의 직경에 비례하며, 철근의 강도에 반비례한다.
③ 휨응력의 전달 시 철근과 콘크리트 간의 경계면에 발생하는 전단응력을 부착응력이라 한다.
④ 철근과 콘크리트 간의 부착력은 콘크리트의 강도가 높아질수록 증가한다.

○ ② 철근의 정착 길이는 철근의 직경에 비례하며, 철근의 항복강도에 비례한다.

정답 ②

04 강도설계법에서 D19 인장철근의 기본정착길이로 옳은 것은?
(단, f_{ck}=27MPa, f_y=300MPa, 경량콘크리트계수 1) [산00,04,09,14]

① 290mm
② 330mm
③ 660mm
④ 820mm

○ 인장철근 기본정착길이
$$l_{db} = \frac{0.6 d_b \cdot f_y}{\lambda \sqrt{f_{ck}}}$$
$$= \frac{0.6(19)(300)}{(1.0)\sqrt{(27)}}$$
$$= 658.179 \text{mm}$$

정답 ③

05 인장이형철근의 정착길이를 보정계수에 의해 증가시켜야 하는 경우가 아닌 것은?

[산11,13]

① 일반콘크리트 ② 에폭시 도막철근
③ 경량콘크리트 ④ 상부 철근

◎ 인장철근 정착길이의 보정계수
일반콘크리트의 보정계수는 1로 기준이 됨

정답 ①

06 강도설계법에서 압축이형철근 D22의 기본정착길이는 약 얼마인가?
(단, D22 철근의 단면적은 387mm², 보통중량콘크리트 압축강도 f_{ck}=24MPa, 철근의 항복강도 f_y = 400MPa)

[기12,13,16, 산13,19]

① 400mm ② 450mm
③ 500mm ④ 550mm

◎ 압축이형철근 기본정착길이 (l_{db})
(1), (2) 중 큰 값
(1) $l_{db} = \dfrac{0.25 d_b \cdot f_y}{\lambda \sqrt{f_{ck}}}$
$= \dfrac{0.25(22)(400)}{(1.0)\sqrt{(24)}}$
$= 449.073 \text{mm}$
(2) $l_{db} = 0.043 d_b \cdot f_y$
$= 0.043(22)(400)$
$= 378.4 \text{mm}$
따라서 l_{db} 이 중 큰 값인 449.073mm

정답 ②

07 철근의 이음에 관한 기준으로 옳은 것은?

[기06, 산18]

① 용접이음은 철근의 설계기준 항복강도 f_y의 125% 이상을 발휘할 수 있는 완전용접이어야 한다.
② 인장이형철근의 이음은 A급, B급으로 분류하며, 어떤 경우라도 200mm 이상이어야 한다.
③ 압축이형철근의 이음을 제외하고 D35를 초과하는 철근은 겹침이음할 수 없다.
④ 휨부재에서 서로 직접 접촉되지 않게 겹침이음된 철근은 횡방향으로 소요 겹침이음길이의 1/3 또는 200mm 중 작은 값 이상 떨어지지 않아야 한다.

◎ 철근 이음 기준
② 인장이형철근의 이음은 A급, B급으로 분류하며 어떤 경우라도 300mm 이상이어야 한다.
③ 압축이형철근도 특수한 경우를 제외하고 D35를 초과하는 철근은 겹침이음할 수 없다.
④ 휨부재에서 서로 직접 접촉되지 않게 겹침이음된 철근은 횡방향으로 소요 겹침이음길이의 1/5 또는 150mm 중 작은 값 이상 떨어지지 않아야 한다.

정답 ①

CHAPTER 08 슬래브(Slab)설계

빈출 KEY WORD

\# 1방향 슬래브와 2방향 슬래브
\# 2방향 슬래브 내부 보가 없는 슬래브 최소 두께
\# 2방향 슬래브 직접설계법
\# 1방향 슬래브 배근간격 및 철근비
\# 2방향 슬래브 단변이 분담하는 하중
\# 전체 정적계수모멘트와 정·부 계수모멘트

01 슬래브 해석의 기본사항

1. 설계대(設計帶)

① 주열대(Column Strip) : 기둥과 기둥을 연결한 단부
② 주간대(Middle Strip) : Slab의 중앙 부분

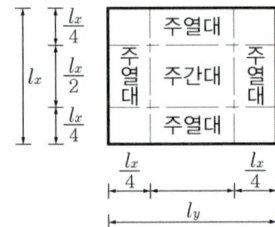

l_x : 단변방향 스팬
l_y : 장변방향 스팬

2. 슬래브 변장비(λ)

① 변장비(λ) = $\dfrac{\text{장변 스팬 길이}(l_y)}{\text{단변 스팬 길이}(l_x)}$

② 변장비에 의한 Slab 분류

  ㉠ 1방향 슬래브(1-Way Slab) : $\lambda > 2$

  • 주근 : 단변방향 철근으로 슬래브 표면과 가까이 둔다.
  • 온도철근 : 장변방향 철근으로 주근의 안쪽에 둔다.

  ㉡ 2방향 슬래브(2-Way Slab) : $\lambda \leq 2$

  • 주근 : 단변방향 철근으로 슬래브 표면과 가까이 둔다.
  • 부근(배력철근) : 장변방향 철근으로 주근의 안쪽에 두면, 다음과 같은 역할을 한다.
    ㉮ 주근의 위치 확보
    ㉯ 응력의 분산
    ㉰ 온도상승에 의한 체적변화에 대응(온도철근에 역할)

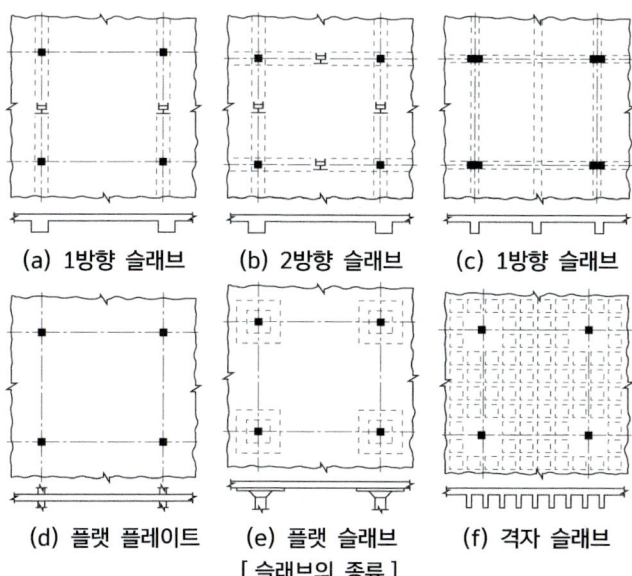

[슬래브의 종류]

3. 슬래브 지지상태에 따른 철근배근

① 4변 고정 슬래브

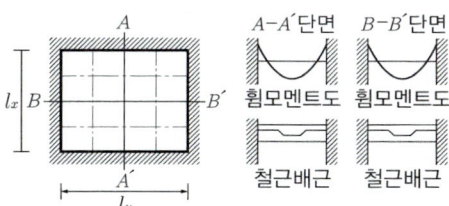

② 3변 고정 슬래브

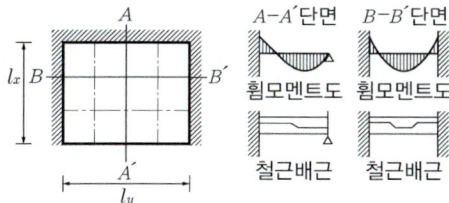

③ 2변 고정 슬래브

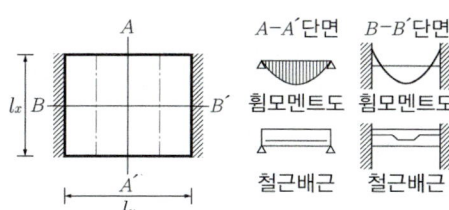

> **슬래브의 벤트 철근**
>
> 슬래브의 철근 벤트는 단변방향 (l_x)의 1/4 지점에서 실시한다.

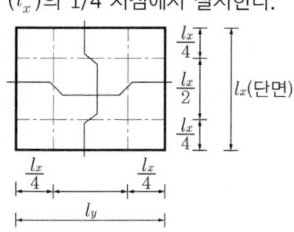

02 1방향 슬래브(1-Way Slab)

1. 일반사항 및 구조제한

① 마주보는 두 변에만 지지되는 1방향 슬래브는 휨부재(단위폭 1m인 보)로 보고 설계한다.

② 4변에 의해 지지되는 2방향 슬래브 중에서 $\dfrac{l_y}{l_x} > 2$일 경우(l_y는 장변의 길이, l_x는 단변의 길이) 1방향 슬래브로 해석하며 단변방향의 스팬을 사용하여 휨부재로 설계한다. 즉 대부분의 하중이 단변방향으로 전달되므로 주근을 단변방향으로 평행하게 배치하고 장변방향에는 온도철근을 배치한다.

③ 1방향 슬래브의 두께 : 최소 100mm 이상

④ 주근 및 부근의 배근 중심간격

    ㉠ 최대 휨모멘트 발생 단면 : 슬래브 두께의 2배 이하, 300mm 이하

    ㉡ 기타의 단면 : 슬래브 두께의 3배 이하, 450mm 이하

    ㉢ 수축·온도 철근의 간격 : 슬래브 두께의 5배 이하, 450mm 이하

⑤ 수축·온도 철근으로 배근되는 이형철근의 철근비

    ㉠ 설계기준 항복강도가 400MPa 이하인 이형철근을 사용한 슬래브 : 0.0020

    ㉡ 0.0035의 항복변형률에서 측정한 철근의 설계기준 항복강도가 400MPa를 초과한 슬래브 : $0.0020 \times \dfrac{400}{f_y} \geq 0.0014$

2. 1방향 슬래브의 적용범위

부재	최소 두께 h			
	단순지지	1단연속	양단연속	캔틸레버
	큰 처짐에 의해 손상되기 쉬운 칸막이벽이나 기타 구조물을 지지 또는 부착하지 않은 부재			
• 1방향 슬래브	$l/20$	$l/24$	$l/28$	$l/10$
• 보 • 리브가 있는 1방향 슬래브	$l/16$	$l/18.5$	$l/21$	$l/8$

단, $w_c = 2,300 \text{kg/m}^3$, $f_y = 400 \text{MPa}$를 기준

3. 1방향 슬래브의 실용해법

① 실용해법 적용 조건(근사해법)

    ㉠ 2스팬 이상인 경우

    ㉡ 인접한 2개 스팬 길이의 차이가 짧은 스팬의 20% 이내인 경우

    ㉢ 등분포하중이 작용하는 경우

㉣ 활하중이 고정하중의 3배 이내인 경우

㉤ 부재의 단면크기가 일정한 경우

② 실용해법에 의한 1방향 슬래브의 휨모멘트 및 전단계수

㉠ 휨모멘트 : 다음 계수(C)에 $w_u l_n^2$을 곱해야

모멘트를 구하는 위치 및 조건			C
경간 내부 (정모멘트)	최외측 경간	외측 단부가 구속되지 않는 경우	$\dfrac{1}{11}$
		외측 단부가 받침부와 일체로 된 경우	$\dfrac{1}{14}$
	내부경간		$\dfrac{1}{16}$
지점부 (부모멘트)	받침부와 일체로 된 최외측 지점	받침부가 테두리보나 구형인 경우	$-\dfrac{1}{24}$
		받침부가 기둥인 경우	$-\dfrac{1}{16}$
	첫 번째 내부 지점 외측 경간부	2개의 경간일 때	$-\dfrac{1}{9}$
		3개 이상의 경간일 때	$-\dfrac{1}{10}$
	내측 지점(첫 번째 내부 지점 내측 경간부 포함)		$-\dfrac{1}{11}$
	경간이 3m 이하인 슬래브의 내측 지점		$-\dfrac{1}{12}$

- 2경간 연속 슬래브(경간이 3m를 초과할 경우)

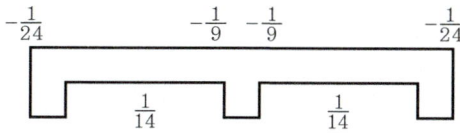

- 3경간 이상 연속 슬래브(경간이 3m를 초과할 경우)

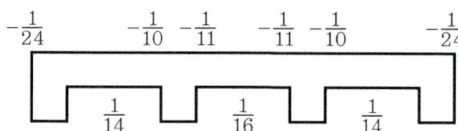

- 2경간 연속 슬래브(경간이 3m 이하일 경우)

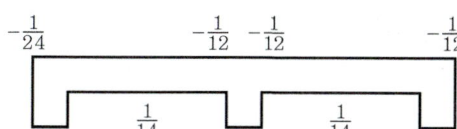

- 3경간 연속 슬래브(경간이 3m 이하일 경우)

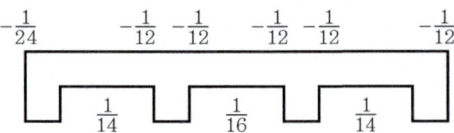

ⓒ 전단력계수 : $V = (\text{전단력 계수}) \times \dfrac{w_u \cdot l_n}{2}$

㉮ 최외단 스팬의 연속단부 : 1.15
㉯ 그 외의 단부 : 1.0

03 2방향 슬래브(2-Way Slab)

1. 2방향 슬래브의 구조 규준

① 내부 보가 없는 슬래브의 최소 두께

테두리보를 제외하고 슬래브 주변에 보가 없거나 보의 평균 강성비 $\alpha_m \leq 0.2$ 인 경우 다음의 표의 값과 다음 값 이상을 동시에 만족해야 한다.

㉠ 지판(Drop Panel)이 있는 슬래브 : 100mm
ⓒ 지판(Drop Panel)이 없는 슬래브 : 120mm

설계기준 항복강도 f_y(MPa)	지판이 없는 경우			지판이 있는 경우		
	외부 슬래브		내부 슬래브	외부 슬래브		내부 슬래브
	테두리보가 없는 경우	테두리보가 있는 경우		테두리보가 없는 경우	테두리보가 있는 경우	
300	$\dfrac{l_n}{32}$	$\dfrac{l_n}{35}$	$\dfrac{l_n}{35}$	$\dfrac{l_n}{35}$	$\dfrac{l_n}{39}$	$\dfrac{l_n}{39}$
350	$\dfrac{l_n}{31}$	$\dfrac{l_n}{34}$	$\dfrac{l_n}{34}$	$\dfrac{l_n}{34}$	$\dfrac{l_n}{37.5}$	$\dfrac{l_n}{37.5}$
400	$\dfrac{l_n}{30}$	$\dfrac{l_n}{33}$	$\dfrac{l_n}{33}$	$\dfrac{l_n}{33}$	$\dfrac{l_n}{36}$	$\dfrac{l_n}{36}$

② 내부 보가 있는 슬래브의 최소 두께

㉠ $0.2 < \alpha_m < 2.0$인 경우

$$h = \dfrac{l_n(800 + \dfrac{f_y}{1.4})}{36{,}000 + 5{,}000\beta(\alpha_m - 0.2)} \geq 120\text{mm}$$

ⓒ $\alpha_m \geq 2.0$인 경우

$$h = \dfrac{l_n(800 + \dfrac{f_y}{1.4})}{36{,}000 + 9{,}000\beta} \geq 90\text{mm}$$

〔l_n : 장변의 순경간, $\beta : \dfrac{\text{장변의 순경간}}{\text{단변의 순경간}}$, α_m : 슬래브 순변의 α의 평균값, α : 보의 휨강성/ 슬래브의 휨강성〕

③ 소요철근량과 간격
  ㉠ 2방향 슬래브 시스템의 각 방향의 철근 단면적은 위험단면의 휨모멘트에 의해 결정하며, 요구되는 최소 철근량은 다음 값 이상이어야 한다. 1방향 슬래브와 같다.
  - 설계기준 항복강도가 400MPa 이하인 이형철근을 사용한 슬래브 : 0.0020
  - 항복변형률이 0.0035일 때 철근의 설계기준 항복강도가 400MPa을 초과한 슬래브 : $0.0020 \times \dfrac{400}{f_y}$
  - 어느 경우에도 0.0014 이상
  ㉡ 위험단면에서 철근의 간격은 슬래브 두께의 2배 이하, 300mm 이하로 하여야 한다. 다만, 워플구조나 리브구조로 된 부분은 예외로 한다.

④ 철근의 장착
  - 불연속 단부에 직각방향인 정모멘트에 대한 철근은 슬래브의 끝까지 연장하여 직선 또는 갈고리로 150mm 이상 테두리보, 기둥 또는 벽체 속에 묻어야 한다.
  - 불연속 단부에 직각방향인 정모멘트에 대한 철근은 구부림, 갈고리 또는 다른 방법으로, 받침부 면에서 테두리보, 기둥 또는 벽체 속으로 정착하여야 한다.
  - 불연속 단부에서 슬래브가 테두리보나 벽체로 지지되어 있지 않은 경우 또는 슬래브가 받침부를 지나 캔틸레버로 되어 있는 경우에는 철근을 슬래브 내부에 정착할 수 있다.

⑤ 외부 모퉁이의 보강철근
  - 외부 모퉁이 슬래브를 α값이 1.0보다 큰 테두리보가 지지하는 경우, 모퉁이 부분의 슬래브 상·하부에 모퉁이 보강철근을 배치해야 한다.
  - 슬래브 상·하부에 배치하는 특별 보강철근은 슬래브 단위폭당 최대 정모멘트와 같은 크기의 휨모멘트에 견딜 만큼 충분해야 한다.
  - 특별 보강철근은 모퉁이부터 장변의 1/5 길이만큼 각 방향에 배치해야 한다.
  - 특별 보강철근은 슬래브 상부철근에서 대각선 방향, 하부철근의 경우 대각선의 직각방향으로 배치해야 한다. 또는 양변에 평행한 철근을 상하면에 배치할 수 있다.

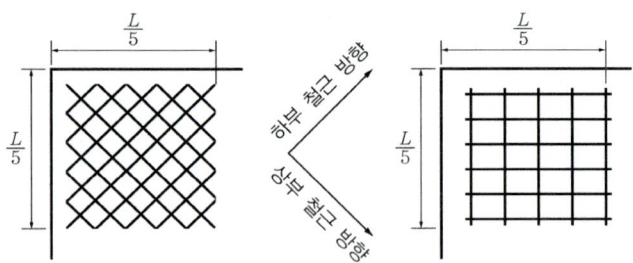

[슬래브 모퉁이의 보강철근]

⑥ 2방향 슬래브의 주철근 배치

짧은 경간 방향의 하중 분담률이 크기 때문에 짧은 경간방향의 주철근을 슬래브 바닥에 가장 가깝게 놓는다.

2. 2방향 슬래브의 하중분담

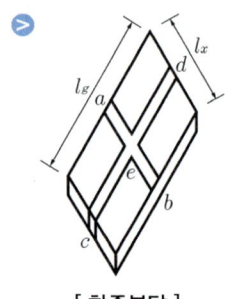

[하중분담]

① 집중하중(P)이 작용할 때

   ㉠ 장변이 부담하는 하중 : $P_y = \dfrac{l_x^3}{l_x^3 + l_y^3}P$

   ㉡ 단변이 부담하는 하중 : $P_x = \dfrac{l_y^3}{l_x^3 + l_y^3}P$

② 등분포하중(w)이 작용할 때

   ㉠ 장변이 부담하는 하중 : $w_y = \dfrac{l_x^4}{l_x^4 + l_y^4} \cdot w$

   ㉡ 단변이 부담하는 하중 : $w_x = \dfrac{l_y^4}{l_x^4 + l_y^4} \cdot w$

3. 2방향 슬래브 직접설계법

① 적용 범위 : 다음 조건의 슬래브는 등가골조 해석을 한다.

   ㉠ 각 방향으로 3스팬 이상 연속

   ㉡ (장변스팬/단변스팬) ≤ 2인 직사각형 슬래브

   ㉢ 각 방향으로 연속한 스팬 길이의 차이는 긴 스팬의 1/3 이내

   ㉣ 기둥 중심축의 오차는 연속되는 기둥 중심축에서 스팬 길이의 1/10 이내

   ㉤ 하중은 등분포된 연직하중이며, 활하중은 고정하중의 2배 이하

   ㉥ 4변이 모두 보에 의해 지지될 때 직교하는 두 방향에서 보의 상대강성 범위

$$0.2 \leq \dfrac{\alpha_1 l_2^2}{\alpha_2 l_1^2} \leq 5.0$$

여기서, l_1 : 모멘트 계산 방향 스팬

          l_2 : 모멘트 계산 방향의 직교방향 스팬(슬래브 폭)

          $\alpha_1, \; \alpha_2$: 각각 $l_1, \; l_2$ 방향으로의 α

② 전체 정적계수모멘트 결정
　㉠ 기둥의 양측 슬래브 중심 사이의 설계대(Strip)에 대해 계산
　㉡ 전체 정적계수모멘트(정계수모멘트+평균 부계수모멘트의 절댓값)

$$M_0 = \frac{w_u l_2 l_n^2}{8}$$

　　여기서, l_n : 모멘트 계산 방향의 순스팬(기둥, 기둥머리, 브래킷,
　　　　　　　 벽체의 내면 사이 거리)으로 $0.65\, l_1$ 이상
　　　　　l_2 : 슬래브의 폭, 양쪽 슬래브 폭이 다를 경우는 평균값
　㉢ 단부에 인접하고 이단부에 평행한 스팬의 경우 l_2는 단부에서 패널 중심까지 거리
　㉣ 받침부가 직사각형 단면이 아닌 경우 : 등가의 정사각형 단면으로 취급

③ 정·부계수모멘트
　㉠ 부계수모멘트의 위험 단면 : 등가단면의 받침부 내측
　㉡ 전체 정적계수모멘트의 분배
　　㉮ 내부스팬 :
　　　　부계수모멘트 $M_u^- = 0.65 M_0$
　　　　정계수모멘트 $M_u^+ = 0.35 M_0$
　　㉯ 단부스팬 : 외단의 고정상태에 따라

구 분	구속되지 않은 외부 받침부	모든 받침부 사이에 보가 있는 슬래브	내부 받침부 사이에 보가 없는 슬래브		완전 구속된 외부 받침부
			테두리보가 없는 경우	테두리보가 있는 경우	
내부 받침부의 부계수모멘트	0.75	0.70	0.70	0.70	0.65
중앙의 정계수모멘트	0.63	0.57	0.52	0.50	0.35
외부받침부의 부계수모멘트	0.00	0.16	0.30	0.30	0.65

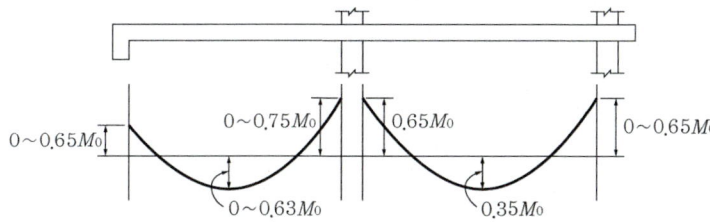

[정·부계수 휨모멘트분배]

4. 2방향 슬래브의 전단

① 등분포하중을 받는 2방향 슬래브가 보 또는 벽체로 지지되어 있을 때는 보의 경우에 따른다. 이와 같은 2방향 슬래브는 전단응력이 작으며, 특히 4변 지지인 경우에는 거의 전단보강이 필요하지 않다.

② 2방향 슬래브가 플랫 슬래브나 평판 슬래브(플랫 플레이트 슬래브)와 같이 보 없이 기둥으로 지지되거나, 기초판(확대기초)과 같이 집중하중을 받는 경우에는 기둥 둘레의 전단력이 매우 크고 복잡하다.

③ 2방향 슬래브의 전단파괴는 펀칭전단파괴(Punching Shear Failure)가 일어난다.

④ 2방향 슬래브의 전단에 대한 위험단면은 집중하중이나 집중반력을 받는 면의 $d/2$만큼 떨어진 주변이다.

⑤ 2방향 슬래브의 전단응력은 다음과 같다.

$$v = \frac{V}{bd} = \frac{V}{b_w d} = \frac{V}{b_o d}$$

5. 2방향 슬래브의 지지보가 받는 하중의 환산

2방향 직사각형 슬래브의 지지보에 작용하는 등분포하중은 네 모서리에서 변과 45°의 각을 이루는 선과 슬래브의 장변에 평행한 중심선의 교차점으로 둘러싸인 삼각형 또는 사다리꼴의 분포하중을 받는 것으로 환산한다.

① 단경간(S)에 대하여 $w_S{'} = \dfrac{wS}{3}$

② 장경간(L)에 대하여 $w_L{'} = \dfrac{wS}{3}\left(\dfrac{3-m^2}{2}\right)$, $m - \dfrac{S}{L}$

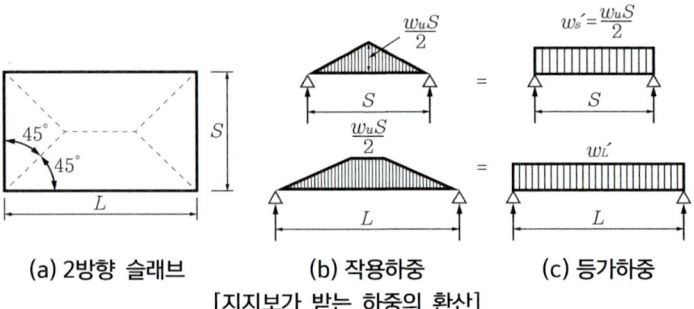

(a) 2방향 슬래브 (b) 작용하중 (c) 등가하중
[지지보가 받는 하중의 환산]

04 특수 슬래브

1. 플랫 슬래브(Flat Slab : 무량판 슬래브)

평바닥판 구조라고도 하며, 슬래브 외부 보를 제외하고는 내부는 보 없이 바닥판으로 구성하여 하중을 직접 기둥에 전달하는 구조

① 특징
- ㉠ 구조가 간단하고 층높이를 낮게 할 수 있다.
- ㉡ 실내 이용률이 높다.
- ㉢ 바닥판이 두꺼워 고정하중이 증가한다.
- ㉣ 접합부의 강성이 약하다.
- ㉤ 뚫림전단(Punching Shear)이 일어나기 쉽다.

② 구조제한
- ㉠ 구성 : 슬래브, 지판, 주두, 기둥의 4단계로 구성되며, 주두 부분은 슬래브에 대한 경사가 45° 이하인 경우는 응력분담을 하지 않는 것으로 한다.
- ㉡ 슬래브 두께(t) : 150mm 이상(단, 최상층 슬래브는 일반 슬래브 두께 100mm 이상 규정을 따를 수 있다.)
- ㉢ 기둥의 폭 결정(D) : 다음 값 중 큰 값을 사용한다.

  > ㉮ 기둥 중심 간 거리의 $l/20$ 이상
  > ㉯ 300mm 이상
  > ㉰ 층고의 1/15 이상

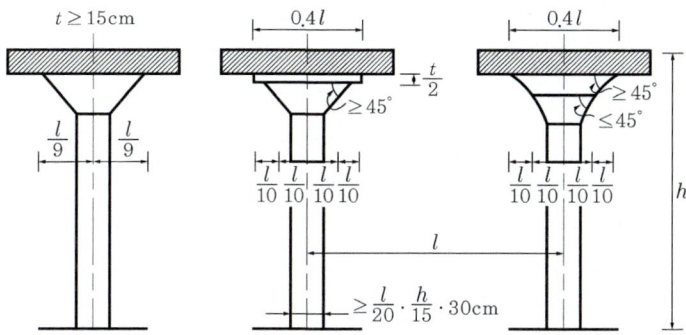

- ㉣ 벽체는 공간을 수직적으로 구획하는 철근콘크리트벽의 형식으로 만들어진 구조체이다.
- ㉤ 설계기준에서는 벽체를 계수 연직축력이 $0.4 A_g f_{ck}$ 이하이고, 공칭강도에 도달할 때 인장철근의 변형률이 0.004 이상이어야 한다.
- ㉥ 하중 전달부재로서 벽체는 수직압축부재로 주로 수직하중과 휨모멘트, 전단력을 받는다.

③ 배근방식

㉠ 2방향식, 3방향식, 4방향식, 원형식이 있으며, 우리나라에서는 2방향식이 많이 쓰인다.

㉡ 주열대와 주간대 너비는 기둥 중심 간 사이의 1/2로 한다.

㉢ 주열대의 철근량은 주간대보다 하부근은 60%, 상부근은 75% 많게 한다.

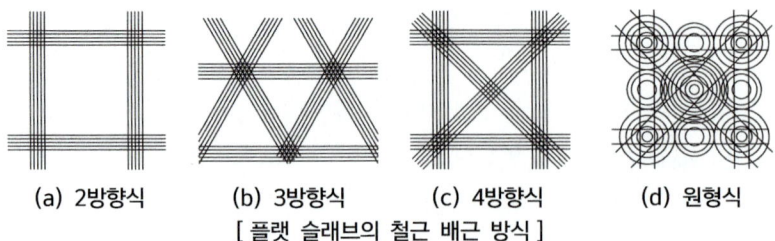

(a) 2방향식 (b) 3방향식 (c) 4방향식 (d) 원형식
[플랫 슬래브의 철근 배근 방식]

2. 장선 슬래브(Ribbed Slab, Joist Floor)

등간격으로 분할된 장선과 바닥판이 일체로 된 구조로 대표적인 1방향 슬래브 구조이며, 양단은 외부보와 벽에 지지한다.

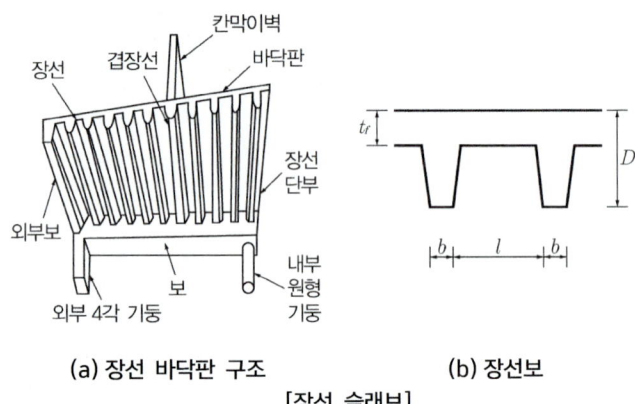

(a) 장선 바닥판 구조   (b) 장선보
[장선 슬래브]

㉠ t_f = 50mm 이상, 장선간격의 $l/12$ 이상

㉡ b = 100mm 이상

㉢ D : $3.5b$ 이하

㉣ l : 750mm 미만

3. 워플 슬래브(Waffle Slab)

장선을 직교시켜 구성한 우물반자 형태로 된 2방향 장선바닥구조로 기둥간 사이를 크게 할 수 있는 장점이 있으며, 일명 격자슬래브라고도 한다.

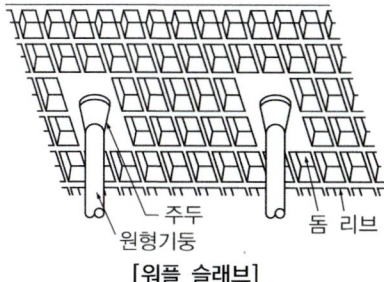

[워플 슬래브]

4. 중공 슬래브(Void Slab)

1방향 슬래브로 파이프를 콘크리트 타설 전에 넣고 중공 슬래브를 완성하는 것으로 중공부를 중공덕트 등으로 이용할 수 있다.

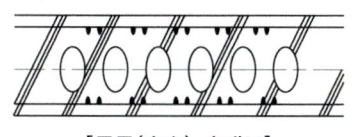

[중공(中空) 슬래브]

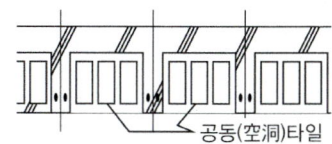

[공동(空洞) 타일 슬래브]

CHAPTER 08 필수 확인 문제

01 4변이 고정된 철근콘크리트 슬래브에서 장변의 길이가 7.6m일 때 2방향 슬래브가 되기 위한 단변의 길이는? [산13]

① 1.0m 이상　　② 1.9m 이상
③ 2.5m 이상　　④ 3.8m 이상

◎ 슬래브 변장비(λ) = $\dfrac{\text{장변 스팬}}{\text{단변 스팬}}$
① 1방향 슬래브
　$\lambda > 2$
② 2방향 슬래브
　$\lambda \leq 2$
∴ $\dfrac{7.6\text{m}}{x} \leq 2$ 이므로
$x = 3.8\text{m}$ 이상

[정답] ④

02 철근콘크리트구조의 철근배근에 있어 옳지 않은 것은?

① 보의 굽힘철근은 30~45°로 휘어 중심축과 안목길이의 1/4점에서 교차하도록 한다.
② 바닥판의 배력근(부근)은 그 방향의 안목길이의 1/4점에서 굽힌다.
③ 보의 하부근(하단근) 이음은 양끝에서 안목길이에 대해 1/4 이내에 두며, 상부근(상단근)의 이음은 중앙부에 둔다.
④ 기둥 주근으로 이형 철근을 쓸 때 최상층에서는 네 구석의 철근을 갈고리로 하는 것이 유리하다.

◎ 슬래브의 단변방향(주근)과 장변방향(배력근)은 모두 단변방향의 순스팬 길이의 1/4 지점에서 굽힌다.

[정답] ②

03 철근콘크리트 슬래브에 대한 설명 중 틀린 것은? [산05]

① 1방향 슬래브에서는 정철근 및 부철근에 직각방향으로 수축·온도 철근을 배치하여야 한다.
② 1방향 슬래브의 장변방향과 직교하는 보의 상부에 부휨모멘트로 인해 발생하는 균열을 방지하기 위하여 슬래브의 장변방향 상부에 철근을 배치하여야 한다.
③ 1방향 슬래브의 정철근 및 부철근의 중심간격은 최대 휨모멘트가 일어나는 단면에서는 600mm 이하로 하여야 한다.
④ 1방향 슬래브 끝의 단순받침부에서도 내민 슬래브에 의하여 부휨모멘트가 일어나는 경우 이에 상응하는 철근을 배치하여야 한다.

◎ 정철근 및 부철근의 배근 중심간격
① 최대 휨모멘트 발생 단면: 슬래브 두께의 2배 이하, 300mm 이하
② 기타 단면: 슬래브 두께의 3배 이하, 450mm 이하
③ 수축·온도철근의 간격: 슬래브 두께의 5배 이하, 450mm 이하

[정답] ③

04 내부 슬래브의 주변에 보와 지판이 없는 경우 슬래브의 최소 두께 산정식은 $l_n/33$ 이다. 이 식에서 l_n으로 옳은 것은? [산11,15]

① 2방향 슬래브 장변의 순경간
② 2방향 슬래브 장변의 기둥 중심 간 거리
③ 2방향 슬래브 둘레길이의 합
④ 2방향 슬래브 단변의 기둥 중심 간 거리

[정답] ①

05 다음은 2방향 슬래브의 설계에 사용되는 직접설계법의 제한사항에 관한 것이다. 옳지 않은 것은? [기00,01]

① 활하중은 고정하중의 2배 이하이어야 한다.
② 각 방향에 2개 이상의 연속 경간을 가져야 한다.
③ 각 방향에 연속되는 경간의 길이는 긴 경간의 1/3 이상 차이가 있어서는 안 된다.
④ 기둥은 어느 쪽에 대하여도 연속되는 기둥의 중심선으로부터 경간길이의 10% 이상 벗어날 수 없다.

② 각 방향으로 3span 이상 연속 경간을 가져야 한다.
[정답] ②

06 무량판(Flat Slab)구조의 특성 중 옳지 않은 것은? [산01]

① 구조가 간단하고 공사비가 저렴하다.
② 실내 이용률이 높고 층높이를 낮출 수 있다.
③ 주두의 철근층이 여러 겹이고 바닥판이 두껍다.
④ 고정하중이 커지고 뼈대의 강성이 높다.

무량판(Flat Slab)
(1) 장점
 ① 구조가 간단하다.
 ② 공사비가 저렴하다.
 ③ 실내 이용률이 높다.
 ④ 층높이를 낮게 할 수 있다.
(2) 단점
 ① 주두의 철근량이 여러 겹이고 바닥판이 두꺼워 고정하중이 증대된다.
 ② 뼈대의 강성에 단점이 있다.
[정답] ④

07 플랫 슬래브구조에서 기둥의 단면 최소 수치로서 틀린 것은? [기00]

① 층고(h)의 $\frac{1}{15}$ 이상
② 300mm 이상
③ 각 방향의 기둥 중심거리 l_x, l_y의 $\frac{1}{20}$ 이상
④ 슬래브 두께의 2배 이상

플랫 슬래브구조에서 기둥의 최소 단면치수 : (1), (2), (3) 중 최댓값
(1) 기둥 중심거리 $\frac{1}{20}$
(2) 층고 h의 $\frac{1}{15}$ 이상
(3) 300mm 이상
[정답] ④

CHAPTER 09 기초설계

빈출 KEY WORD
\# 기초판의 크기
\# 기초판의 철근배근
\# 기초판의 전단위험단면

01 기초판의 구조기준

① 철근의 정착에 대한 위험단면은 휨모멘트에 대한 위험단면과 같은 위치로 정한다.
② 기초판의 하단 철근부터 상부까지의 높이는 기초판이 흙 위에 놓인 경우는 150mm 이상, 말뚝 기초 위에 놓이는 경우에는 300mm 이상이라야 한다.
③ 기둥 또는 받침대 저부에 작용하는 힘과 모멘트는 콘크리트의 지압과 철근, 연결 철근 및 기계적 연결쇠에 의해 이를 지지하는 주각(받침대) 또는 기초판에 전달되어야 한다.
④ 직접설계법은 연결 기초판 및 전면기초의 설계에 사용될 수 없다.
⑤ 무근콘크리트는 말뚝 위에 놓이는 기초판에서 사용해서는 안 된다.
⑥ 무근콘크리트 기초판의 높이는 200mm 이상이라야 한다.
⑦ 무근콘크리트 기초판의 최대 응력은 콘크리트의 지압강도를 초과할 수 없다.

02 기초판의 형태와 크기 결정

1. 기초판의 종류

① 독립기초
  기둥 1개를 받도록 단독으로 설치된 기초판으로 정사각형, 직사각형 또는 원형단면으로 만들어진다.
② 연속(줄, 벽)기초
  벽으로부터 오는 하중을 확대 분포시켜 받는 기초판으로 일방향 거동을 보이며, 줄기초라고도 한다.
③ 연결(복합)기초
  2개 이상의 기둥을 1개의 기초판으로 받도록 만든 기초판으로 복합기초라고도 한다.

④ 전면(온통)기초

기초지반이 연약한 경우에 많이 설계되는 기초이다. 모든 기둥을 하나의 연속된 기초판으로 지지하도록 만든 구조로서 매트(Mat)기초라고도 한다.

⑤ 말뚝기초

기둥하중을 말뚝에 의해 지반에 전달하는 기초를 말한다.

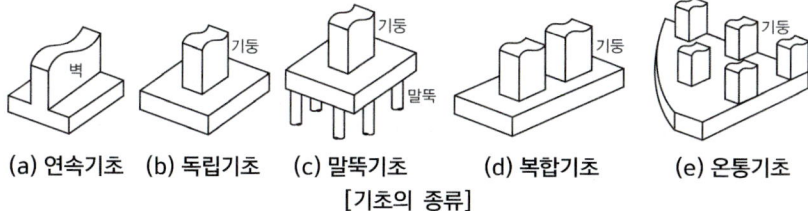

(a) 연속기초　(b) 독립기초　(c) 말뚝기초　(d) 복합기초　(e) 온통기초
[기초의 종류]

2. 기초판의 크기

$$\sigma_{\max} = \frac{P}{A} \leq f_e, \quad 즉\ A \geq \frac{P}{f_e}$$

여기서, A : 기초판의 크기(m^2)

P : 기초자중을 포함한 직압력(N)

f_e : 허용지내력도(N/m^2)

03 휨모멘트 설계

1. 휨모멘트 설계

① 기초판 각 단면에서의 휨모멘트는 기초판을 자른 수직면에서 그 수직면의 한쪽 전체 면적에 작용하는 힘에 대해 계산하여야 한다.

② 기초판의 최대 계수휨모멘트를 계산할 때, 위험단면은 다음과 같다.

　㉠ 콘크리트 기둥, 받침대 또는 벽체를 지지하는 기초판은 기둥 및 받침대 또는 벽체의 외면

　㉡ 조적조 벽체를 지지하는 기초판은 벽체 중심과 벽체면과의 중간

　㉢ 강재 베이스 플레이트를 갖는 기둥을 지지하는 기초판은 기둥 외면과 강재 베이스 플레이트 단부와의 중간

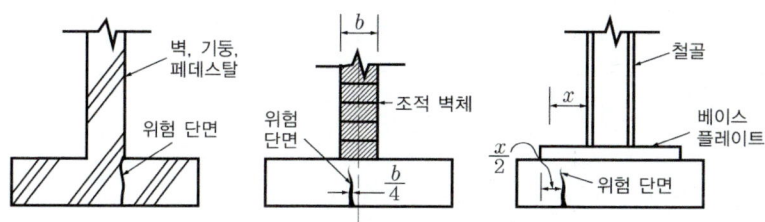

③ 기초판의 철근 배근

　㉠ 장변방향 : 전 기초폭에 균등하게 배근한다.

　㉡ 단변방향 : 다음 식으로 산정한 부분 철근량을 단변에 해당하는 폭에 균등히 배근하고 나머지 철근량은 바깥쪽에 균등하게 배근한다.

$$A_{sc} = \left(\frac{2}{\beta+1}\right)A_{ss}$$

　여기서, A_{sc} : 중앙구간에 배치할 철근량

　　　　 A_{ss} : 짧은 변 방향으로 배치해야 할 전체 철근량

　　　　 β : 긴 변과 짧은 변의 비

　　　　 즉, $\beta = \dfrac{L}{S}$

2. 휨모멘트 계산

① 계산원칙

확대기초단면의 외측부분을 캔틸레버로 보고, 확대기초 밑에 작용하는 지반반력을 산출하여 위험한 단면에 대한 모멘트의 크기를 산출한다.

② 계산방법

단면 $a-a$에 대한 휨모멘트는 단면 $a-a$를 고정단으로 보고 지간이 $\dfrac{1}{2}(L-t)$인 캔틸레버로 보고 계산한다. 즉 단면 $a-a$의 외측 부분에 작용하는 압력 q_u에 의한 휨모멘트를 구하는 것이다.

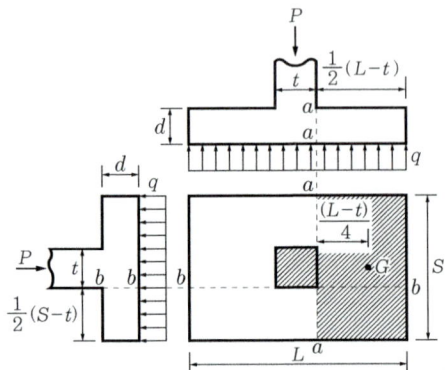

[확대기초의 위험단면에서 휨모멘트]

　㉠ $a-a$단면에 대한 휨모멘트

$$M_{a-a} = q_u \times \frac{1}{2}(L-t) \times S \times \frac{1}{4}(L-t) = \frac{1}{8}q_u \cdot S(L-t)^2$$

　㉡ $b-b$단면에 대한 휨모멘트

$$M_{b-b} = q_u \times \frac{1}{2}(S-t) \times L \times \frac{1}{4}(S-t) = \frac{1}{8}q_u \cdot L(S-t)^2$$

04 전단설계

1. 전단설계

① 전단에 대한 위험단면
  ㉠ 1방향 기초판의 전단에 대한 위험단면은 기둥 전면에서 d만큼 떨어진 지점으로 본다.
  ㉡ 2방향 기초판의 전단에 대한 위험단면은 기둥 전면에서 $0.5d$만큼 떨어진 단면으로 본다.

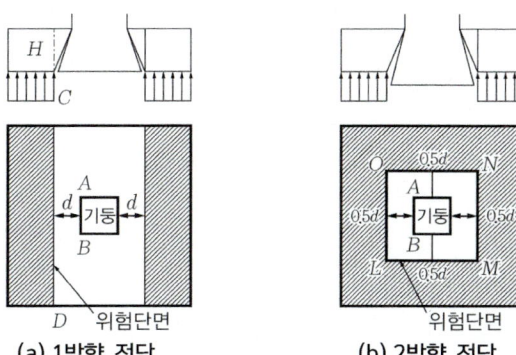

(a) 1방향 전단   **(b) 2방향 전단**

② 위험단면에 대한 전단응력
$$v = \frac{V'}{b_0 \cdot d}$$

여기서, V': 위험단면에 대한 전단력
b_0: 위험단면 둘레길이 d: 기초판의 유효깊이

2. 위험단면에 대한 전단력

① 1방향 작용 $V_u = q_u(\frac{L-t}{2} - d)S$

② 2방향 작용 $V_u = q_u(SL - B^2)$

③ 2방향 작용의 전단응력은 슬래브와 동일하다.
$$v = \frac{V}{bd} = \frac{V}{b_w d} = \frac{V}{b_o d}$$

여기서, B: $t+1.5d$ b_o: 위험단면 둘레길이$[b_o = 4(t+1.5d)]$

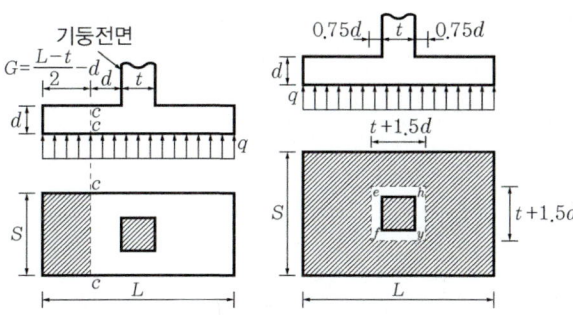

[확대기초의 위험단면에서 전단력]

CHAPTER 09 필수 확인 문제

01 철근콘크리트조의 독립기초에 있어서 주각을 고정상태에 되도록 가깝게 하려면?

① 지중보를 크게 한다. ② 기초를 깊게 한다.
③ 기초판을 두껍게 한다. ④ 되메우기할 때 충분히 다진다.

◎ 지중보(기초보, 연결보)는 주각을 고정하는 역할을 하는 것으로 기둥의 휨모멘트에 저항한다.

정답 ①

02 뚫림전단을 검토하지 않아도 되는 부분은?

① 기초의 기둥 주위 ② 플랫 슬래브의 지판 주위
③ 보의 단부 ④ 플랫 슬래브의 기둥 주위

◎ 보의 단부는 사인장 균열이 일어난다.

정답 ③

03 독립기초 크기가 1,500mm×1,500mm, 지지되는 정방형 기둥 단면이 300mm×300mm일 경우, 현장치기 콘크리트 시공에서 기초와 기둥 접촉면 사이에 배근되어야 할 최소 철근량으로 옳은 것은? [기13]

① 300mm^2 ② 350mm^2
③ 400mm^2 ④ 450mm^2

◎ 현장치기 콘크리트 시공에서 접촉면 최소 철근량
(1) 현장치기 콘크리트 기둥과 주각의 경우 접촉면 사이의 철근 단면적은 지지되는 부재단면적의 0.005배 이상이어야 한다.
(2) $A_{s,\min}$
$= (0.005)(300 \times 300)$
$= 450mm^2$

정답 ④

CHAPTER 10 옹벽, 벽체 및 기타 구조

빈출 KEY WORD
\# 옹벽의 Shear Key \# 옹벽의 안정기준 \# 옹벽의 수직·수평철근의 배치
\# 벽체의 최소 수직 및 수평 철근비 \# 벽체의 두께 기준

01 옹벽(Retaining Wall)

1. 옹벽의 종류

① 중력식 옹벽

무근콘크리트로 만들어지며, 자중에 의하여 토압을 견디는 옹벽으로 높이 3m 이하가 일반적이다.

② 캔틸레버식 옹벽

철근콘크리트로 만들어지며, 가장 일반적인 형태로서 높이 3~7.5 정도로 사용되고 역T형 옹벽, L형 옹벽이 있다.

③ 부축벽식 옹벽

캔틸레버식 옹벽에 일정한 간격으로 부축벽을 설치하여 보강한 옹벽으로 7.5m 이상의 높이에서 경제적이다.

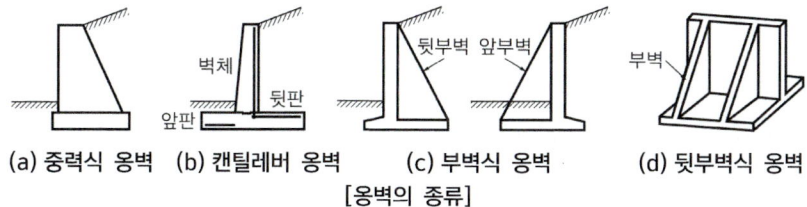

(a) 중력식 옹벽 (b) 캔틸레버 옹벽 (c) 부벽식 옹벽 (d) 뒷부벽식 옹벽
[옹벽의 종류]

2. 옹벽 설계상의 기본해석

① 저판

㉠ 저판의 뒷굽판은 좀 더 정확한 방법이 사용되지 않는 한 뒷굽판 상부에 재하되는 모든 하중을 지지하도록 설계되어야 한다.

㉡ 캔틸레버식 옹벽의 저판은 전면벽과의 접합부를 고정단으로 간주한 캔틸레버로 가정하고 설계한다.

㉢ 앞부벽식 및 뒷부벽식 옹벽의 저판은 뒷부벽 또는 앞부벽 간의 거리를 지간으로 보고 고정보 또는 연속보로 설계한다.

옹벽 해석

비교	캔틸레버식 옹벽	앞부벽식 옹벽	뒷부벽식 옹벽
저판	캔틸레버	고정보 또는 연속보	고정보 또는 연속보
전면벽	캔틸레버	2방향 슬래브	2방향 슬래브
부벽		직사각형보	T형보

② 전면벽

㉠ 캔틸레버 옹벽의 전면벽은 저판에 지지된 캔틸레버로 설계한다.

㉡ 뒷부벽식 옹벽 및 앞부벽식 옹벽의 전면벽은 3변 지지된 2방향 슬래브로 설계한다.

㉢ 전면벽의 하부는 벽체로서 또는 캔틸레버로서도 작용하므로 연직방향으로 최소로 보강철근을 배치하여야 한다.

③ 앞부벽 및 뒷부벽

앞부벽은 직사각형보로 설계하며 뒷부벽은 T형보로 보고 설계한다.

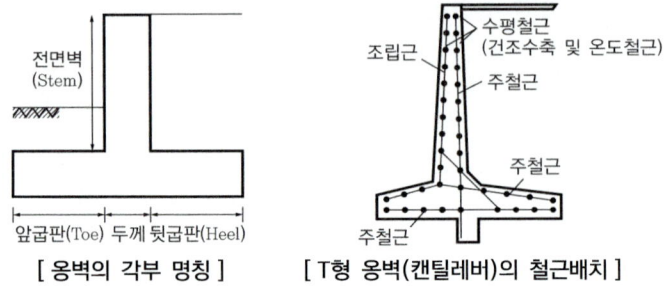

[옹벽의 각부 명칭] [T형 옹벽(캔틸레버)의 철근배치]

3. 옹벽의 안정조건

옹벽의 안정(전도, 활동, 지반 지지력에 대한 안정)은 사용하중에 의하여 검토한다.

① 전도(Overturning)

$$F_s = \frac{\text{저항 모멘트}}{\text{전도 모멘트}} = \frac{M_r}{M_0} \geq 2.0 (\text{안전율})$$

$$M_r = \sum (V \cdot x), \quad M_0 = \sum (H \cdot y)$$

모든 외력의 합력(R)의 작용점이 옹벽 저면의 중앙 $\frac{1}{3}$ 이내에 있어야 한다.

② 활동에 대한 안정(Sliding)

옹벽 저판과 지반 사이에 활동 방지벽(Shear key)을 설치함으로써 활동에 대한 저항성을 크게 할 수 있다.

$$F_s = \frac{\text{수평 저항력}}{\text{수평력}} = \frac{\mu (\sum W)}{\sum H} \geq 1.5$$

μ : 콘크리트 저판과 지반과의 마찰계수

③ 지반 지지력에 대한 안정

지반에 작용하는 최대 하중(q_{max})이 지반의 허용지지력(q_a) 이하가 되면 안전하다. 즉 안전율이 1.0이라고 할 수 있다.

$$q_{\substack{max\\min}} = \frac{P}{A} \pm \frac{M}{I}y = \frac{P}{A} \pm \frac{M}{Z} = \frac{P}{Bl}\left(1 \pm \frac{6e}{B}\right) \leq q_a$$

옹벽의 단위길이($l = 1\text{m}$)에 대하여 비교하면 된다.

4. 구조상세

(1) 옹벽의 전면벽 검사
옹벽 연직벽의 전면은 1 : 0.02 정도의 경사를 뒤로 두어 시공오차나 지반침하에 의해서 벽면이 앞으로 기울어지는 것을 방지한다.

(2) 배력철근
① 뒷부벽식 옹벽은 전면벽과 저판에 의해서 부벽에 전달되는 응력을 지탱할 수 있도록 필요한 철근을 부벽에 정착하여야 한다.
② 전면벽과 저판에는 인장철근의 20% 이상의 배력철근을 두어야 한다.

(3) 수축이음
① 옹벽 연직벽의 표면에는 연직방향으로 V형 홈의 수축이음을 두어야 한다. 그 간격은 9m 이하이어야 한다.
② 수축이음에서는 철근을 끊어서는 안 된다.
③ 이러한 V형 홈의 수축이음을 설치하면 벽 표면의 건조수축으로 인한 균열을 V형 홈에서 받아들이게 되어 균열방지가 된다.

(4) 신축이음
① 옹벽의 연장이 30m 이상 될 경우에는 신축이음을 두어야 한다. 신축이음은 30m 이하의 간격으로 설치하되 완전히 끊어서 온도변화와 지반의 부등침하에 대비해야 한다.
② 신축이음에서는 철근도 끊어야 하며, 콘크리트가 서로 물리게 하는 것이 바람직하다.

(a) 수축이음　　　(b) 신축이음
[수축이음과 신축이음]

(5) 배수 구멍
① 옹벽에는 쉽게 배수될 수 있는 높이에 지름 65mm 이상의 배수구멍을 4.5m 정도 간격으로 설치해야 한다.
② 뒷부벽식 옹벽에서는 부벽의 각 격간에 1개 이상의 배수 구멍을 두어야 한다.
③ 옹벽의 뒤채움 속에는 배수 구멍으로 물이 잘 모이도록 배수층을 두어야 한다.

④ 배수층에는 조약돌, 부순돌 또는 자갈을 사용하며, 배수층의 두께는 30~40cm 정도로 한다.

(6) 수직·수평철근의 배치
① 수축과 온도변화에 의한 균열을 방지하기 위하여 벽의 노출면에 가깝게 수평, 수직 두 방향으로 철근을 배치해야 한다.
② 이 철근은 될 수 있는 대로 가는 것을 좁은 간격으로 배치하는 것이 좋다.

(7) 수평으로 배치되는 수축 및 온도철근의 콘크리트 총단면에 대한 최소비의 설계기준
① 지름 16mm 이하, $f_y \geq 400\,\text{MPa}$인 이형철근 : 0.0020
② 그 밖의 이형철근 : 0.0025
③ 지름이 16mm 이하인 용접철망 : 0.0020
④ 수평철근의 간격은 벽체 두께의 3배 이하, 450mm 이하이어야 한다.

02 벽체 설계

1. 벽체의 정의
① 벽체는 공간을 수직적으로 구획하는 철근콘크리트벽의 형식으로 만들어진 구조체이다.
② 설계기준에서는 벽체를 계수 연직축력이 $0.4 A_g f_{ck}$ 이하이고, 공칭강도에 도달할 때 인장철근의 변형률이 0.004 이상이어야 한다.

여기서, A_g : 전체단면적[mm^2]
f_{ck} : 콘크리트 설계기준 강도[MPa]

③ 하중 전달부재로서 벽체는 수직 압축부재로 주로 수직하중과 휨모멘트, 전단력을 받는다.

2. 벽체의 종류
① 전단벽(Shear Wall)
벽면에 평행하게 작용하는 수평력에 저항하도록 설계된 벽체로서, 수평력에 의한 면내 휨과 전단력만이 주대상이 된다.
② 내력벽(Bearing Wall)
수직하중에 대한 지지기능을 우선으로 하는 벽체이나 면내수평력에 대해서도 전단벽으로서의 기능을 동시에 갖는다. 내력전단벽이라고도 하며, 국내 벽식구조 아파트에서 주로 사용된다.

3. 벽체의 주요 구조 제한
① 벽체의 규정은 휨모멘트의 작용 여부에 관계없이 축력을 받는 벽체의 설계에 적용하여야 한다.

② 정밀한 구조해석에 의하지 않는 한, 각 집중하중에 대한 벽체의 유효수평 길이는 하중 간의 중심거리, 또한 하중지지 폭에 벽체 두께의 4배를 더한 길이를 초과하지 않는 값으로 하여야 한다.

③ 최소 수직 및 수평 철근비

구 분	최소 수직철근비	최소 수평철근비
$f_y \geq 400\text{MPa}$ 이상의 D16 이하 철근	0.0012	0.0020
기 타	0.0015	0.0025

④ 철근배근 규준
  ㉠ 두께 250mm 이상인 벽체(지하실 외벽 제외) : 양면에 배근
  ㉡ 수직 및 수평철근의 배근간격 : 벽두께 3배 이하, 400mm 이하
⑤ 개구부 보강 : 2-D16 이상의 철근으로 보강
  보강철근의 정착길이는 개구부 모서리에서 600mm 이상
⑥ 벽체의 두께
  ㉠ 벽체의 두께는 수직 또는 수평 받침부 거리 중 작은 값의 1/25 이상 또한 100mm 이상으로 한다. 단, 지하실 외벽 및 기초 벽체 두께는 200mm 이상으로 한다.
  ㉡ 비내력벽의 두께는 100mm 이상 또한 이를 수평으로 지지하는 부재 최소 거리의 1/30 이상으로 한다.

03 굴뚝

1. 구조 제한

① 굴뚝벽은 자중, 풍하중 및 온도변화에 의한 응력에 대하여 안전하도록 설계한다.
② 최소 철근비
  ㉠ 수직철근비 : 0.25% 이상, 직경 13mm 이상, 철근을 300mm 이하 간격으로 배근한다.
  ㉡ 수평철근비 : 0.2%, 직경 10mm 이상, 철근을 200mm 이하로 배근한다.

04 조인트(Joint)

1. 신축이음(Expansion Joint)

콘크리트의 온도변화, 수축, 부동침하, 이동하중으로 인해 생기는 응력을 흡수하기 위해 설치하는 줄눈

2. 조절줄눈(Control Joint)

콘크리트의 수축에 의해 생기는 균열을 방지하기 위해 설치, 수축줄눈이라 한다.

3. 시공줄눈(Construction Joint)

콘크리트 이어치기 할 때 만드는 줄눈

05 프리스트레스트 콘크리트(PSC, Pre-Stressed Concrete)

1. 정의

① Pre-Stressed 콘크리트란 인장응력이 생기는 부분에 미리 압축의 Prestress를 주어 콘크리트의 인장능력을 증가하도록 한 것이다.
② 제작방법으로는 Pre-Tension공법과 Post-Tension공법이 있으며, 구조물의 균열이 방지되고 내구성이 증가된다.

2. 특징

① 설계하중 하에서 구조물의 균열이 방지되고, 내구성이 증대된다.
② 장스팬의 설계가 가능하다.
③ 탄성력 및 복원성이 크고, 탄성 및 휨강도가 크다.
④ 부재에 확실한 강도와 안전성이 보장된다.
⑤ 콘크리트의 건조수축에 의한 균열이 작다.
⑥ 철근량이 절약되고 현장에서 작업 능률을 높일 수 있다.
⑦ 보통 철근콘크리트보다 피복두께가 작으므로 내화성이 부족한 것이 단점이다.

3. 공법

① Pretension공법

PS강재를 긴장한 상태에서 콘크리트를 타설하고, 경화 후 긴장을 해제하여 부재 내에 압축력이 생기게 한 것으로써 설계기준강도 30MPa 이상으로 한다.

㉠ Long-Line공법

PS강재를 긴장배치하고, 그 사이에 여러 개의 거푸집을 두어 타설 후 긴장을 해제하는 방법으로 한 번에 여러 개의 부재를 얻을 수 있음.

㉡ Individual Mold공법(단일몰드공법, 단독식)

거푸집 자체를 인장대로 하고, PSC부재를 제조하는 방법으로써 1회의 Prestressing으로 1개의 부재밖에 만들지 못함.

② Post Tension공법

Sheath관을 배치하고, 콘크리트 타설하여 경화한 후에(공장제작) PS강재를 긴장하여 그라우트재를 주입한 후 긴장 해제하며(현장설치 및 긴장), 설계기준강도 30MPa 이상으로 한다.

CHAPTER 10 필수 확인 문제

01 강도설계법에서 옹벽에 대한 설명 중 옳지 않은 것은?

① 활동에 대한 저항력은 옹벽에 작용하는 수평력의 1.5배 이상이다.
② 전도에 대한 저항모멘트는 횡토압에 의한 전도모멘트의 1.5배 이상이다.
③ 활동에 대한 활동방지벽을 설치할 경우 활동방지벽과 저판을 일체로 만들어야 한다.
④ 피복두께는 벽이 노출면에서는 30mm 이상, 콘크리트가 흙에 접하는 면에서는 50mm 이상으로 한다.

◎ 전도에 대한 저항 모멘트는 횡토압에 의한 전도 모멘트의 2.0배 이상이다.
정답 ②

02 강도설계법에서 뒷부벽식 옹벽의 전면벽에는 인장철근의 얼마 이상의 배력철근을 두어야 하는가?

① 10% 이상   ② 20% 이상
③ 30% 이상   ④ 40% 이상

◎ 뒷부벽식 옹벽의 전면벽에는 인장철근 20% 이상의 배력철근을 두어야 한다.
정답 ②

03 철근콘크리트벽체에 관한 기술로서 틀린 것은? [기05, 산06]

① 두께 200mm 이상의 벽체에 대해서는 수직 및 수평철근을 벽면에 평행하게 양면으로 배치하여야 한다.
② 수직 및 수평철근의 간격은 벽두께의 3배 이하 또한 450mm 이하로 하여야 한다.
③ 벽체는 계수 연직축력이 $0.4f_{ck} \cdot A_g$ 이하이고 총 수직철근량이 단면적의 0.01배 이하인 부재를 가리킨다.
④ 지름 16mm 이하의 용접철망이 사용될 경우 벽체의 전체 단면적에 대한 최소 수평철근비는 0.0020이다.

◎ ① 두께 250mm 이상의 벽체는 수직 및 수평철근을 벽면에 평행하게 양면으로 배치하여야 한다.
정답 ①

04 철근콘크리트 계단에 대한 내용 중 틀린 것은? [산03]

① 구조형식은 슬래브식, 계단보식, 캔틸레버식이 있다.
② 캔틸레버식의 주근은 계단 경사방향에 둔다.
③ 2변고정 슬래브식 계단의 주근은 경사진 방향으로 둔다.
④ 4변고정 계단의 주근은 계단 너비 방향으로 둔다.

◎ 캔틸레버식의 주근은 계단 너비 방향으로 둔다.
정답 ②

PART 3 핵심 기출 문제

01. 철근콘크리트구조 총론

001 철근콘크리트구조의 장·단점에 관한 설명으로 옳지 않은 것은? [산06,18]

① 철근콘크리트구조는 내구성, 내진성, 내화성이 우수하다.
② 철근콘크리트구조는 콘크리트의 강도상단점을 철근이 보완하고 있다.
③ 철근콘크리트구조는 건조수축에 의하여 변형이나 균열이 발생될 수 있다.
④ 철근콘크리트구조는 강구조보다 소요되는 재료의 중량이 작으므로 자중이 가볍다.

해설
④ 철근콘크리트구조는 강구조보다 소요되는 재료의 중량이 크므로 자중이 무겁다.

002 다음 중 철근콘크리트가 성립되는 조건으로 옳지 않은 것은?

① 철근은 콘크리트 속에서 녹이 슬지 않는다.
② 철근과 콘크리트의 탄성계수는 거의 같다.
③ 철근과 콘크리트의 열팽창 계수가 거의 같다.
④ 철근과 콘크리트와의 부착력이 크다.

해설
철근의 탄성계수(E_s)는 콘크리트의 탄성계수(E_c)의 n배 값을 갖는다.
탄성계수비(n) = $\dfrac{E_s}{E_c}$

003 철근콘크리트구조의 특성에 관한 설명 중 옳지 않은 것은? [기07]

① 콘크리트와 일체화된 철근은 쉽게 부식하지 않는다.
② 철근과 콘크리트의 선팽창계수는 거의 유사하다.
③ 철근과 콘크리트의 탄성계수는 동일하여 부착이 용이하다.
④ 콘크리트는 내화성이 있어 철근을 피복 보호하고 구조체는 내화적이다.

004 철근콘크리트구조의 특징에 대한 설명으로 옳지 않은 것은? [산04,16]

① 보의 압축응력은 콘크리트가 부담하고, 인장응력은 철근이 부담한다.
② 콘크리트는 철근이 녹스는 것을 방지한다.
③ 자체 중량은 크지만 시공과 강도계산이 간단하다.
④ 철근과 콘크리트는 선팽창계수가 거의 같다.

해설
자체 중량도 크고 시공과 강도계산이 복잡하다.

005 콘크리트의 설계기준강도(Specified Compressive Strength of Concrete)를 설명한 것 중 가장 적합한 것은? [기06]

① 콘크리트부재를 설계할 때 기준으로 하는 콘크리트 압축강도
② 콘크리트의 배합 설계 시에 목표로 하는 강도
③ 구조체 또는 부재의 공칭강도에 강도감소계수 ϕ를 곱한 강도
④ 철근콘크리트부재가 사용성과 안전성을 만족할 수 있도록 요구되는 단면의 단면력

해설
콘크리트의 설계기준강도(Specified Compressive Strength of Concrete)란 콘크리트부재를 설계할 때 기준으로 하는 콘크리트 압축강도

006 콘크리트 압축강도용 공시체($\phi 100 \times 200$mm)를 이용하여 압축강도시험을 실시한 결과 하중 340,000N에서 파괴되었다. 이 콘크리트 공시체의 압축강도는?

① 40.01MPa ② 41.01MPa
③ 42.01MPa ④ 43.01MPa

정답 001 ④ 002 ② 003 ③ 004 ③ 005 ① 006 ③

해설

압축강도(f_c)

$$f_c = \frac{P}{A} = \frac{P}{\frac{\pi d^2}{4}} = \frac{340,000}{\frac{\pi \times 100^2}{4}} = 43.31 \text{N/mm}^2$$

여기서, 공시체($\phi 100 \times 200 \text{mm}^2$)를 사용할 경우 강도보정계수 0.97를 적용해야 하므로 $f_c = 43.31 \times 0.97 = 42.01 \text{MPa}$

007 콘크리트 압축강도가 30MPa일 때 보통골재를 사용한 콘크리트의 탄성계수는? [산05, 기17]

① $2.62 \times 10^4 \text{MPa}$ ② $2.75 \times 10^4 \text{MPa}$
③ $2.95 \times 10^4 \text{MPa}$ ④ $3.12 \times 10^4 \text{MPa}$

해설

$E_c = 8500\sqrt[3]{f_{ck} + \triangle f} = 8500\sqrt[3]{(30)+(4)}$
$= 27,536.7 \text{MPa}$
여기서, $f_{ck} \leq 40\text{MPa}$일 때 $\triangle f = 4\text{MPa}$

008 지속하중으로 인하여 콘크리트에 일어나는 장기변형을 의미하는 용어는? [산06,13]

① 크리프 ② 건조수축
③ 블리딩 ④ 전단변형

해설

① 크리프에 대한 설명

009 콘크리트에서 발생하는 크리프에 대한 설명으로 옳지 않은 것은? [기11]

① 일반적으로 건조수축에 영향을 미치는 요인이 크리프에도 영향을 미친다.
② 일반적으로 크리프 변형은 초기에는 작게 일어나지만 시간이 지남에 따라 증가속도가 점점 증가한다.
③ 크리프 변형량은 하중이 작용하는 시점의 콘크리트 강도와 재령에 의해 좌우된다.
④ 콘크리트에 하중을 제거하면 즉시 탄성회복이 먼저 일어난 후 일부 크리프 회복이 일어난다.

해설

크리프 변형은 초기에 크게 발생하지만 재하시간이 경과함에 따라 증가속도가 점차 감소한다.

010 콘크리트보의 크리프(Creep)현상에 대한 설명 중 틀린 것은? [산08]

① 단위시멘트량이 많을수록 크다.
② 물시멘트비가 큰 콘크리트를 사용할 때 크다.
③ 보양이 나쁠수록 크다.
④ 단면치수가 클수록 크리프의 최종값은 크다.

해설

단면(체적)이 클수록 크리프는 작다.

011 크리프(Creep) 증가에 영향을 미치는 내용과 관계가 먼 것은? [산03]

① 재하개시의 재령이 짧을수록
② 경과시간이 클수록
③ 물시멘트비가 작을수록
④ 재하응력이 클수록

해설

물시멘트비가 클수록 크리프가 증가한다.

012 콘크리트 압축강도 및 철근의 항복강도가 증가함에 따라 콘크리트와 철근의 탄성계수는 각각 어떻게 변화하는가? [기11]

① 콘크리트 : 증가, 철근 : 증가
② 콘크리트 : 증가, 철근 : 불변
③ 콘크리트 : 감소, 철근 : 감소
④ 콘크리트 : 불변, 철근 : 증가

해설

(1) 콘크리트의 탄성계수 $E_c = 8500\sqrt[3]{f_{ck} + \triangle f}$ (MPa)
(2) 철근의 탄성계수 $E_s = 200,000$ (MPa)
(3) 콘크리트의 탄성계수는 압축강도에 비례하여 증가하지만 철근은 항복강도의 증가와 상관없이 일정한 값이다.

013 보통콘크리트를 사용하는 철근과 콘크리트의 탄성계수(각각 E_s, E_c로 한다)에 관한 기술 중 적당하지 않은 것은?

① E_s는 비례한도 내에서는 변화하지 않는다.
② E_c는 압축강도, 콘크리트의 단위용적 중량에 따라 다르다.
③ 콘크리트의 강도가 클수록 $\dfrac{E_s}{E_c}$는 크게 된다.
④ 허용응력설계법의 단면 산정에 있어서 $\dfrac{E_s}{E_c} = 15$로 한다.

해설
콘크리트강도가 클수록 콘크리트 탄성계수(E_c)가 커지게 되어 탄성계수비 $n = \dfrac{E_s}{E_C}$는 작아지게 된다.

014 보통골재를 사용한 철근콘크리트보에 콘크리트 압축강도(f_{ck}=24MPa), 철근의 항복강도(f_y=400MPa)의 재료를 사용할 경우 탄성계수비는 약 얼마인가? (단, E_s=200,000MPa) [기13,16]

① 6.75　② 7.75
③ 8.25　④ 9.15

해설
탄성계수비
$n = \dfrac{E_s}{E_c} = \dfrac{200,000}{8500\sqrt[3]{f_{ck} + \triangle f}} = \dfrac{200,000}{8500\sqrt[3]{(24)+(4)}} = 7.75$

015 콘크리트에서 보통골재를 사용하였을 경우 탄성계수비를 구하면? (단, KDS 41 기준, f_{ck}=24MPa, E_s=2.0×10⁵MPa) [산16]

① 6.85　② 7.75
③ 9.85　④ 10.85

해설
(1) $n = \dfrac{E_s}{E_c}$
(2) $E_C = 8500\sqrt[3]{f_{ck} + \triangle f}$ (MPa)
$f_{ck} \leq 40\text{MPa}$이면
$\triangle f = 4$이므로 $E_c = 8,500\sqrt[3]{(24)+(4)} = 25,811\text{MPa}$
(3) $n = \dfrac{200,000}{25,811} = 7.75$

016 철근콘크리트구조에 고장력이형철근을 사용하는 이유로 옳지 않은 것은? [산11]

① 원형철근보다 부착력이 크다.
② 인장내력이 강하다.
③ 원형철근보다 피복두께를 적게 할 수 있다.
④ 철근량이 적어져 콘크리트 타설이 쉽다.

해설
이형철근의 사용과 피복두께는 관계가 없음.

017 그림은 구조용 강봉의 응력-변형률 곡선이다. A점은 무엇인가? [산18]

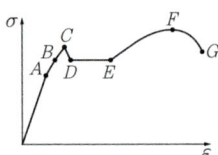

① 탄성한계점　② 비례한계점
③ 상위항복점　④ 하위항복점

해설
응력-변형률 곡선
· A : 비례한계점　· B : 탄성한계점
· C : 상위항복점　· D : 하위항복점
· F : 최대 인장강도

정답　013 ③　014 ②　015 ②　016 ③　017 ②

018 철근콘크리트구조에 관한 설명으로 옳지 않은 것은? [산17]

① 철근의 피복두께는 주근의 중심으로부터 콘크리트 표면까지의 최단거리를 말한다.
② 철근의 표면상태와 단면모양에 따라 부착력이 좌우된다.
③ 단순보에 연직하중이 작용하면 중립축을 경계선으로 위쪽에는 압축응력이 발생한다.
④ 콘크리트와 철근이 강력히 부착되면 철근의 좌굴이 방지된다.

해설
피복의 정의 및 특성
① 기둥과 보에서의 피복두께는 띠철근과 스터럽의 표면에서 콘크리트 표면과의 최단거리이다.

019 철근콘크리트구조의 콘크리트피복에 관한 설명으로 옳지 않은 것은? [산11,20]

① 기둥과 보에서의 피복두께는 주근의 중심과 콘크리트 표면과의 최단 거리를 말한다.
② 화재 시 철근의 빠른 가열에 의한 강도저하를 방지한다.
③ 철근과의 부착력을 확보한다.
④ 철근의 부식을 방지한다.

해설
① 기둥과 보에서의 피복두께는 최외곽 철근의 표면과 콘크리트 표면과의 최단 거리를 말한다.

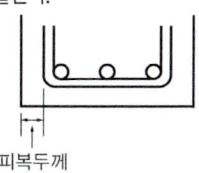

020 철근콘크리트구조물에서 철근의 최소 피복두께를 규정하는 이유로 가장 거리가 먼 것은? [산12,15]

① 콘크리트의 압축응력 증대
② 철근의 부식 방지
③ 철근의 내화
④ 철근의 부착

해설
피복두께 규정 이유
· 철근의 부식 방지
· 철근의 내화성 확보
· 철근의 부착력 확보

021 강도설계법에서 흙에 접하는 기둥의 최소 피복두께 기준으로 옳은 것은? (단, 프리스트레스하지 않는 부재의 현장치기 콘크리트로서 D25인 철근임) [기10,16]

① 20mm   ② 30mm
③ 40mm   ④ 50mm

022 강도설계법에서 흙에 접하거나 옥외의 공기에 직접 노출되는 현장치기 콘크리트의 경우 D16 이하 철근의 최소 피복두께는 얼마로 하는가? [기06,13]

① 20mm   ② 30mm
③ 40mm   ④ 50mm

해설

종류			피복두께
수중에서 타설하는 콘크리트			100mm
흙에 접하여 콘크리트를 친 후 영구히 흙에 묻혀 있는 콘크리트			75mm
흙에 접하거나 옥외의 공기에 직접 노출되는 콘크리트	D19 이상 철근		50mm
	D16 이하 철근		40mm
옥외의 공기나 흙에 직접 접하지 않는 콘크리트	슬래브, 벽체, 장선	D35 초과 철근	40mm
		D35 이하 철근	20mm
	보, 기둥		40mm
	쉘, 절판부재		20mm

정답 018 ④ 019 ① 020 ① 021 ④ 022 ③

023 강도설계법에서 옥외의 공기나 흙에 직접 접하지 않는 슬래브의 최소 피복두께는 얼마인가? (단, KDS 41 기준, 현장치기 콘크리트이며, D35 이하의 철근 사용) [산16]

① 20mm ② 40mm
③ 50mm ④ 60mm

024 강도설계법일 경우 현장치기 콘크리트에서 옥외의 공기나 흙에 직접 접하지 않는 콘크리트 설계기준강도가 40N/mm² 이상인 기둥의 최소 피복두께로 적당한 것은? [산12]

① 50mm ② 40mm
③ 30mm ④ 20mm

[해설]
철근의 피복두께 규정
· 옥외의 공기나 흙에 직접 접하지 않는 콘크리트보, 기둥 : 40mm
· 보, 기둥 철근의 경우에는 콘크리트의 설계기준강도 $f_{ck} \geq 40N/mm^2$ 이면 10mm 저감할 수 있음.

025 철근의 간격에 대한 설명 중 옳지 않은 것은? [산17]

① 동일 평면에서 평행한 철근 사이의 수평 순간격은 25mm 이상이다.
② 상단과 하단으로 2단 이상 배근된 경우, 상하철근의 순간격은 25mm 이상이다.
③ 동일 평면에 평행하게 배근된 철근의 순간격은 사용된 굵은골재의 최대 공칭치수의 1.5배 이상이다.
④ 나선철근이 배근된 압축부재에서 축방향 철근의 순간격은 40mm 이상 또는 철근 공칭지름의 1.5배 이상이다.

[해설]
③ 동일 평면에 평행하게 배근된 철근의 순간격은 사용된 굵은골재의 최대 공칭치수의 4/3배 이상이다.

026 다음 그림과 같은 보 단면에서 정착되는 철근의 수평 순간격을 구하면? [기17]

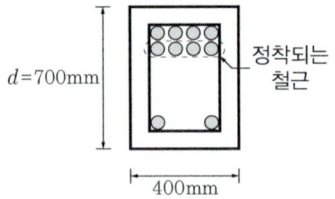

【조 건】
· D22(인장, 압축철근), 지름 : 22mm로 계산
· D13@150(스터럽), 지름 : 13mm로 계산
· 최소 피복두께 : 40mm
· 구부림 최소 내면반지름은 무시

① 60.7mm ② 63.7mm
③ 66.7mm ④ 68.7mm

[해설]
철근의 수평 순간격 = $\frac{1}{3}[400 - 40 \times 2 - 13 \times 2 - 22 \times 4]$
= 68.7mm

027 강도설계법으로 설계된 그림과 같은 보에서 이음이 없는 경우 요구되는 보의 최소폭 b를 구하면? (단, 굵은골재의 최대 치수는 25mm, 피복두께 40mm, 주철근의 직경은 22mm, 스터럽의 직경은 10mm로 계산) [기14]

① 287.9mm
② 305.9mm
③ 310.3mm
④ 317.5mm

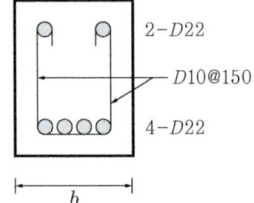

[해설]
(1) **수평철근의 순간격**
①, ②, ③ 중 큰 값
① 주철근의 직경(d_b): 22mm
② 25mm
③ 굵은골재 최대 치수 $\times \frac{4}{3} = 25 \times \frac{4}{3} = 33.3mm$

(2) **보의 최소폭**
$b = (40 \times 2) + (10 \times 2) + (22 \times 4) + (33.3 \times 3) = 287.9mm$

028 철근콘크리트의 보강철근에 대한 설명으로 틀린 것은? [기14]

① 보강철근으로 보강하지 않은 콘크리트는 인장강도가 낮아서 취성(Brittle) 거동을 한다.
② 보강철근은 콘크리트의 크리프를 감소시키고 균열의 폭을 최소화시킨다.
③ 이형철근은 원형강봉의 표면에 돌기를 만들어 철근과 콘크리트의 부착력을 최대가 되도록 한 것이다.
④ KS에서 철근의 번호는 inch 단위의 공칭지름을 8로 나눈 값을 의미한다.

해설
한국의 KS에서 철근의 번호는 mm 단위의 공칭지름을 의미하고, 미국의 USCS에서는 inch 단위의 공칭지름을 8로 나눈 값을 의미한다.

02. 설계 이론 및 안정성

029 콘크리트구조물의 설계법 중 강도설계법의 특징으로 옳지 않은 것은? [기13]

① 서로 다른 하중의 특성을 설계에 반영할 수 있다.
② 구조물의 파괴에 대한 안전도 확보가 확실하다.
③ 서로 다른 재료의 특성을 설계에 반영시키기 어렵다.
④ 처짐 및 균열에 대한 사용성 확보 검토가 불필요하다.

해설
④ (극한)강도설계법은 안정성을 중심적으로 설계하므로 사용성(처짐, 균열) 확보를 별도로 검토하여야 한다.

030 철근콘크리트구조 설계 시 고려하는 강도설계법에 관한 설명으로 옳지 않은 것은? [기20]

① 보의 압축측 응력분포는 사다리꼴, 포물선 등의 형태로 본다.
② 규정된 허용하중이 초과될지도 모를 가능성을 예측하여 하중계수를 사용한다.
③ 재료의 변화, 시공오차 등의 기술적인 면을 고려하여 강도감소계수를 사용한다.
④ 이 설계방법은 탄성이론 하에서 이루어진 설계법이다.

해설
④ (극한)강도설계법은 소성설계 이론이 적용된 설계법이다.

031 강도설계법에 의한 철근콘크리트부재 설계에 대한 설명으로 옳지 않은 것은?(단, $f_{ck} \leq 40\text{MPa}$) [산08,09,10]

① 서로 다른 하중의 특성을 설계에 반영할 수 있다.
② 부재강도의 계산에서는 재료의 탄성범위에 한해서 응력도-변형률 관계를 고려한다.
③ 보의 압축응력 분포도는 직사각형, 사다리꼴 또는 포물선 등으로 가정할 수 있다.
④ 콘크리트와 철근의 변형률은 중립축으로부터의 거리에 비례하며 압축연단에서 콘크리트의 최대변형률은 0.0033이다.

해설
강도설계법은 탄성범위뿐만 아니라 소성범위까지도 계산한다.

032 콘크리트구조설계 시 사용하는 용어에 대한 설명으로 틀린 것은? [산05,15]

① 공칭강도: 강도설계법의 규정과 가정에 따라 계산된 부재나 단면의 강도로 강도감소계수를 적용한 강도
② 콘크리트 설계기준강도: 콘크리트부재를 설계할 때 기준이 되는 콘크리트의 압축강도
③ 계수하중: 강도설계법으로 부재를 설계할 때 사용하중에 하중계수를 곱한 하중
④ 소요강도: 철근콘크리트부재가 사용성과 안전성을 만족할 수 있도록 요구되는 단면의 단면력

해설
공칭강도(Nominal Strength)
강도설계법의 규정과 가정에 따라 계산된 부재나 단면의 강도로 강도감소계수를 적용하기 이전의 강도

정답 028 ④ 029 ④ 030 ④ 031 ② 032 ①

033 강도설계법의 강도 관계식이 옳게 표시된 것은? (단, M_d는 설계강도, M_n은 공칭강도, M_u는 소요강도, ϕ는 강도감소계수) [기06]

① $M_d = \phi M_n \geq M_u$

② $M_d = M_u \leq \phi M_n$

③ $M_d \leq \phi M_n = M_u$

④ $M_n = \phi M_d \geq M_u$

[해설]
극한강도설계법의 개념
$$\text{설계강도} \geq \text{소요강도}$$
$$\downarrow$$
$$\text{강도감소계수} \times \text{공칭강도} \geq \text{하중계수} \times \text{사용하중}$$

034 철근콘크리트구조 설계 시 적용하는 하중조합으로 옳은 것은? (단, KDS 41 기준, D는 고정하중, L은 적재하중, W는 풍하중, E는 지진하중임) [산04,07,13,14]

① $1.2D + 1.6L$

② $1.4D + 1.7L$

③ $1.4D + 1.0W + 1.0L$

④ $1.2D + 1.3E + 1.0L$

[해설]
고정하중과 활하중의 하중조합
$U = 1.2D + 1.6L \geq 1.4D$
- 풍하중 하중조합 (1), (2), (3) 중 큰 값
  (1) $U = 1.2D + 1.0W + 1.0L$
  (2) $U = 1.2D + 0.5W$
  (3) $U = 0.9D + 1.0W$
- 지진하중 하중조합 (1), (2) 중 큰 값
  (1) $U = 1.2D + 1.0E + 1.0L$
  (2) $U = 0.9D + 1.0E$

035 강도설계법에 따른 하중조합으로 옳은 것은? (단, 건축구조기준 설계하중 적용) [산18]

① $1.2D$

② $1.2D + 1.0E + 1.6L$

③ $0.9D + 1.0W$

④ $1.2D + 1.3L + 0.9W$

[해설]
강도설계법의 하중조합
① $1.4D$
② $1.2D + 1.0E + 1.0L + 0.2S$
④ $1.2D + 1.0L + 1.0W$

036 강도설계법에서 철근콘크리트구조물 설계 시 고려해야 하는 하중조합으로 옳지 않은 것은? (단, D는 고정하중, F는 유체압 및 유기내용물하중, L은 활하중, W는 풍하중, E는 지진하중, S는 적설하중) [기16]

① $U = 1.4(D + F)$

② $U = 1.2D + 1.0W + 1.0L + 0.5S$

③ $U = 1.2D + 1.0E + 1.0L + 0.2S$

④ $U = 1.4D + 1.3L + 1.6S$

[해설]
④ $U = 1.2D + 1.6L + 0.5S$

037 강도설계법에서 고정하중 40kN, 활하중 30kN이 작용할 때 계수하중은 얼마인가? [기17]

① 135kN ② 124kN

③ 116kN ④ 96kN

[해설]
고정하중(D_0)과 활하중(L)에 의한 하중조합(U)
$U = 1.2D + 1.6L = 1.2(40) + 1.6(30)$
$= 96\text{kN} \geq 1.4D = 1.4(40) = 56\text{kN}$

038 강도설계법에 의한 철근콘크리트구조물 설계에서 고정하중 $w_D = 4\text{kN/m}^2$이고, 활하중 $w_L = 5\text{kN/m}^2$인 경우 소요강도 산정을 위한 계수하중 w_U는 얼마인가? [산12,20]

① 9kN/m² ② 10.6kN/m²

③ 12.8kN/m² ④ 15.3kN/m²

[해설]
계수하중 계산
$w_U = 1.2 \times 4 + 1.6 \times 5 = 12.8\text{kN/m}^2$

039 보의 자중이 1.0kN/m이고, 적재하중이 1.2kN/m 인 등분포하중을 받는 스팬 6m인 단순보의 설계용 휨모멘트의 크기는? [산16]

① 11.04kN·m ② 12.04kN·m
③ 13.04kN·m ④ 14.04kN·m

해설

(1) $w_u = 1.2w_D + 1.6w_L = 1.2(1.0) + 1.6(1.2)$
$= 3.12 \text{kN/m}$

(2) $M_{max} = \dfrac{w_u \cdot L^2}{8} = \dfrac{(3.12)(6)^2}{8} = 14.04 \text{kN} \cdot \text{m}$

---

040 400kN의 고정하중, 300kN의 활하중, 200kN의 풍하중이 강구조 기둥에 축력으로 작용하고 있다. 기둥의 소요강도는 얼마인가? [산19]

① 1,000kN ② 980kN
③ 1,080kN ④ 1,120kN

해설

풍하중 하중조합 : (1), (2), (3) 중 큰 값
(1) $U = 1.2D + 1.0W + 1.0L$
$= 1.2(400) + 1.0(200) + 1.0(300)$
$= 980 \text{kN}$
(2) $U = 1.2D + 0.5W$
$= 1.2(400) + 0.50(200)$
$= 580 \text{kN}$
(3) $U = 0.9D + 1.0W$
$= 0.9(150) + 1.0(200)$
$= 335 \text{kN}$

---

041 철근콘크리트구조에서 강도감소계수값으로 옳지 않은 것은? [기12]

① 인장지배단면 : 0.85
② 압축지배단면 중 나선철근으로 보강된 철근콘크리트 부재 : 0.85
③ 전단력 및 비틀림모멘트 : 0.75
④ 포스트텐션 정착구역 : 0.85

해설

강도감소계수(ϕ)

적용 부재		ϕ
인장지배단면		0.85
압축지배단면	띠철근기둥	0.65
	나선철근기둥	0.70
변화구간단면(=전이구역)		0.65(0.70)~0.85
전단력과 비틀림모멘트		0.75
콘크리트 지압력 (포스트텐션 정착부나 스트럿-타이 모델 제외)		0.65
포스트텐션 정착구역		0.85
스트럿-타이 모델	스트럿, 절점부, 지압부	0.75
	타이	0.85
무근콘크리트의 휨모멘트, 압축력, 전단력, 지압력		0.55

---

042 강도설계법에 의한 철근콘크리트 설계 시 강도감소계수값으로 옳지 않은 것은? [기04, 산04,11,14]

① 인장지배단면 : 0.85
② 전단력 및 비틀림모멘트 : 0.75
③ 압축지배단면(띠철근기둥) : 0.70
④ 변화구간단면 : 0.65~0.85

해설

압축지배단면(띠철근기둥) : 0.65

---

043 철근콘크리트구조물의 구조설계 시 적용되는 강도감소계수(ϕ)로 옳지 않은 것은? [산19]

① 콘크리트의 지압력(포스트텐션 정착부나 스트럿-타이 모델은 제외) : 0.75
② 압축지배단면 중 나선철근 규정에 따라 나선철근으로 보강된 철근콘크리트부재 : 0.70
③ 전단력과 비틀림모멘트 : 0.75
④ 인장지배단면 : 0.85

해설

① 콘크리트의 지압력(포스트텐션 정착부나 스트럿-타이 모델은 제외) : 0.65

044 나선철근 규정에 따라 나선철근으로 보강된 철근콘크리트 기둥에서 강도감소계수는 얼마인가? [산16]

① 0.85　② 0.75
③ 0.70　④ 0.65

해설
기둥의 강도감소계수
· 나선철근 : 0.70　· 띠철근 : 0.65

045 강도감소계수와 관련된 설명으로 옳지 않은 것은? [기12]

① 휨모멘트와 축력을 받는 부재에 대하여 인장지배단면은 공칭강도에서 최외단 인장철근의 순인장변형률 ε_t가 인장지배변형률 한계인 0.005 이상인 경우이다.
② 휨모멘트와 축력을 받는 부재에 대하여 압축지배단면은 공칭강도에서 최외단 인장철근의 순인장변형률 ε_t가 압축지배변형률 한계인 철근의 설계기준 항복변형률 ε_y 이하인 경우이다.
③ 인장지배단면보다 압축지배단면에 대하여 더 작은 ϕ계수를 사용하는 이유는 압축지배단면의 연성이 더 크고, 콘크리트 강도의 변동에 민감하지 않기 때문이다.
④ 나선철근부재의 ϕ계수는 띠철근기둥의 ϕ계수보다 크다.

해설
③ 인장지배단면(ϕ=0.85)보다 압축지배단면(ϕ=0.65~0.85)에 대하여 더 작은 강도감소계수를 사용하는 이유는 압축지배단면의 연성이 더 작고, 콘크리트 강도의 변동에 보다 민감하며, 일반적으로 인장지배단면 부재보다 더 넓은 영역의 하중을 지지하기 때문이다.

03. 휨재 설계

046 보의 주철근 수평 순간격은? [산04]

① 30mm 이상, 굵은골재 최대 치수 4/3 이상, 철근 공칭지름의 2배 이상
② 25mm 이상, 굵은골재 최대 치수 4/3 이상, 철근 공칭지름 이상
③ 25mm 이상, 굵은골재 최대 치수 이상, 철근 공칭지름의 1/3배 이상
④ 40mm 이상, 굵은골재 최대 치수 1.5배 이상, 철근 공칭지름 이상

해설
주근의 간격은 25mm 이상, 철근의 공칭직경 이상, 굵은골재 최대 치수의 4/3배 중 큰 값이다.

047 강도설계법에 의한 철근콘크리트 설계에서 보의 극한상태에서 실제의 압축응력분포로 활용되는 것은? [산00]

해설
강도설계법의 설계상 가정에서 콘크리트의 압축응력 분포와 콘크리트 변형률 사이의 관계는 직사각형, 사다리꼴, 포물선형 또는 강도의 예측에서 광범위한 실험 결과와 실질적으로 일치하는 어떤 형상으로도 가정할 수 있다. 이 규정은 강도설계법에 의한 철근콘크리트 설계에서 보의 극한상태에서 실제의 압축응력분포로 활용되는 것은 등가직사각형 응력분포로 나타낼 수 있다.

048 철근콘크리트 휨재의 구조해석을 위한 가정으로 옳지 않은 것은?(단, $f_{ck} \leq 40\,\text{MPa}$) [산19]

① 콘크리트는 인장응력을 지지할 수 없다.
② 콘크리트는 압축변형률이 0.0033에 도달되었을 때 파괴된다.
③ 철근에 생기는 변형은 같은 위치의 콘크리트에 생기는 변형보다 탄성계수비만큼 크다.
④ 철근과 콘크리트의 응력은 철근과 콘크리트의 응력 - 변형률로부터 계산할 수 있다.

해설
③ 철근에 생기는 변형은 같은 위치의 콘크리트에 생기는 변형과 같다.

049 강도설계법에 따른 철근콘크리트 부재의 휨에 관한 일반사항으로 옳지 않은 것은? [기18]

① 콘크리트의 인장강도는 철근콘크리트 부재단면의 축강도와 휨강도 계산에서 무시할 수 있다.
② 휨모멘트 또는 휨모멘트와 축력을 동시에 받는 부재의 콘크리트 강도가 $f_{ck} \le 40MPa$ 이하인 경우, 압축연단의 극한변형률은 0.0033으로 가정한다.
③ 휨부재의 최소철근량은 $A_{s,\min} = \dfrac{0.25\sqrt{f_{ck}}}{f_y} \cdot b_w d$ 또는 $A_{s,\min} = \dfrac{1.4}{f_y} \cdot b_w d$ 중 큰 값이어야 한다.
④ 강도설계법에서는 연성파괴보다는 취성파괴를 유도하도록 설계의 초점을 맞추고 있다.

[해설]
④ 강도설계법에서는 안전을 위해 취성파괴보다는 연성파괴를 유도하도록 설계의 초점을 맞추고 있다.

050 강도설계법에 의한 철근콘크리트보 설계에 대한 원칙으로 옳지 않은 것은?(단, $f_{ck} \le 40MPa$) [산12]

① 인장철근이 설계기준 항복강도 f_y에 대응하는 변형률에 도달하고 동시에 압축콘크리트가 극한변형률인 0.0033에 도달할 때, 그 단면이 균형변형률상태에 있다고 본다.
② 압축콘크리트가 가정된 극한변형률인 0.0033에 도달할 때 최외단 인장철근의 순인장변형률 ε_t가 압축지배변형률한계 이하인 단면을 압축지배단면이라고 한다.
③ 휨부재의 강도를 증가시키기 위하여 추가 인장철근과 이에 대응하는 압축철근을 사용할 수 있다.
④ 압축콘크리트가 가정된 극한변형률인 0.0033에 도달할 때 최외단 인장철근의 순인장변형률 ε_t가 0.005 이상인 단면을 변화구간단면이라고 한다.

[해설]
지배단면의 정의
④ 압축콘크리트가 가정된 극한변형률인 0.0033에 도달할 때 최외단 인장철근의 순인장변형률(ε_t)이 0.005 이상인 단면을 인장지배단면이라 한다.

051 폭 250mm, f_{ck}=30MPa인 철근콘크리트보 부재의 압축변형률 ε_c=0.0033일 경우 인장철근의 변형률은? (단, d_t=400mm, A_s=1,520.1mm², f_y=400MPa) [기18]

① 0.00197 ② 0.00368
③ 0.00523 ④ 0.00777

[해설]
(1) 등가응력 블록깊이(a)
$$a = \dfrac{A_s f_y}{\eta(0.85 f_{ck})b} = \dfrac{1,520.1 \times 400}{(1.0)(0.85)(30)(250)} = 95.379mm$$

(2) 중립축 거리(C)
① $f_{ck}(=30MPa) \le 40MPa$; $\beta_1 = 0.8$
② $a = \beta_1 \cdot c$에서
$$c = \dfrac{a}{\beta_1} = \left(\dfrac{95.379}{0.8}\right) = 119.224mm$$

(3) 인장철근의 변형률(ε_t)
$$\varepsilon_t = \dfrac{\varepsilon_{cu}}{c}(d_t - c)$$
$$= \dfrac{0.0033}{119.224}(400 - 119.224) = 0.00777$$

052 철근콘크리트보 설계에서 그림과 같은 보의 등가응력 블록의 깊이 a는? (단, f_{ck}=21MPa, f_y=400MPa, D22 1개의 단면적은 387mm², 압축철근은 무시) [기09,13]

① 86mm
② 96mm
③ 106mm
④ 116mm

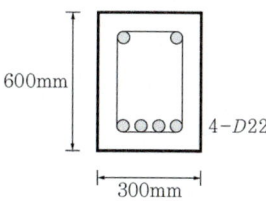

[해설]
④ $a = \dfrac{A_s f_y}{\eta 0.85 f_{ck} b} = \dfrac{(4 \times 387)(400)}{(1.0)0.85(21)(300)} = 115.6mm$

053 그림은 강도설계법에서 단근장방형보의 응력도를 표시한 것이다. 압축력 C 값으로 옳은 것은? (단, $f_{ck}=21$MPa, $f_y=300$MPa, $b=250$mm) [산16,기00]

① 189kN
② 199kN
③ 209kN
④ 219kN

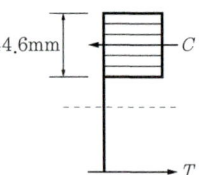

해설
$C=\eta 0.85 f_{ck}ab = 1.0 \times 0.85 \times 21 \times 44.6 \times 250 \times 10^{-3} = 199$kN

054 그림은 극한강도설계법에서 단근장방형보의 응력도를 표시한 것이다. 압축력 C 값으로 옳은 것은? (단, $f_{ck}=21$MPa, $f_y=400$MPa, $A_s=3,000$mm², $b=350$mm) [산04,12]

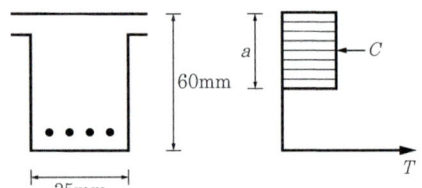

① 1,100kN
② 1,125kN
③ 1,150kN
④ 1,200kN

해설
단근장방형보의 압축력 계산
$C=T$이므로
$A_s f_y = 3,000 \times 400 \times 10^{-3} = 1,200$kN

055 철근콘크리트 단근보를 강도설계법으로 설계 시 콘크리트의 전 압축력으로 옳은 것은? (단, $f_{ck}=24$MPa, 보의 폭 300mm, 응력블록의 깊이 110mm) [기17]

① 750.6kN
② 724.4kN
③ 673.2kN
④ 650.8kN

해설
$C=\eta 0.85 f_{ck} ab$
$= 1.0 \times 0.85 \times 24 \times 110 \times 300 \times 10^{-3}$
$= 673.2$kN

056 철근콘크리트보의 공칭휨강도를 산정할 때 기본가정으로 틀린 것은? [기15]

① 계수 β_1은 콘크리트 압축강도에 비례하여 증가한다.
② 철근과 콘크리트의 변형률은 중립축으로부터의 거리에 비례한다.
③ 콘크리트 압축연단의 극한변형률은 0.0033이다.
④ 철근의 응력이 설계기준 항복강도 f_y 이하일 때 철근의 응력은 그 변형률에 E_s를 곱한 값으로 한다.

해설
(1) 등가응력 깊이비(β_1)

f_{ck}(MPa)	≤ 40	50	60	70	80
ε_{cu}	0.0033	0.0032	0.0031	0.003	0.0029
η	1.00	0.97	0.95	0.91	0.87
β_1	0.80	0.80	0.76	0.74	0.72

(2) 계수 β_1은 콘크리트 압축강도에 비례하여 감소한다.

057 강도설계법에 의한 철근콘크리트보 설계 시 단근 직사각형 보에서 균형단면을 이루기 위한 중립축의 위치 c_b가 300mm인 경우 등가응력블록의 깊이 a는? (단, $f_{ck}=27$MPa이다.) [산07,14]

① 180mm
② 210mm
③ 240mm
④ 255mm

해설
등가응력블록의 깊이 계산
$a = \beta_1 \cdot c_b = 0.80 \times 300 = 240$mm

058 그림과 같은 철근콘크리트보의 중립축 위치(c)를 구하면? (단, $f_{ck}=35$MPa, $f_y=400$MPa, $d=540$mm, $\beta_1=0.8$, $f_s=f_y$이다.) [기13]

① 77.4mm
② 97.4mm
③ 117.4mm
④ 137.4mm

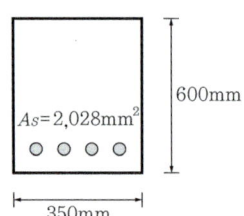

정답 053 ② 054 ④ 055 ③ 056 ① 057 ③ 058 ②

해설

$a = \dfrac{A_s \cdot f_y}{\eta 0.85 f_{ck} \cdot b} = \dfrac{(2,082)(400)}{(1.0)0.85(35)(350)} = 77.91\text{mm}$

$a = \beta_1 \cdot c$에서 중립축 위치

$c = \dfrac{a}{\beta_1} = \dfrac{(77.91)}{(0.8)} = 97.39\text{mm}$

059 강도설계법에서 의한 단철근 직사각형 보의 응력도를 나타낸 것이다. 응력중심 간 거리($d - \dfrac{a}{2}$)로 옳은 것은?

(단, $A_s = 1{,}161\text{mm}^2$, $b = 300\text{mm}$, $d = 540\text{mm}$, $f_{ck} = 21\text{MPa}$, $f_y = 300\text{MPa}$) [기10,14]

① 507mm
② 524mm
③ 486mm
④ 472mm

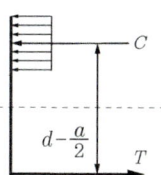

해설

$a = \dfrac{A_s \cdot f_y}{\eta 0.85 f_{ck} \cdot b} = \dfrac{(1,161)(300)}{(1.0)0.85(21)(300)} = 65.04\text{mm}$

$d - \dfrac{a}{2} = (540) - \dfrac{(65.04)}{2} = 507.48\text{mm}$

060 그림과 같은 단근 장방형 보에 대하여 균형철근비 상태일 때의 압축단에서 중립축까지 길이 C_b는?

(단, $f_{ck} = 24\text{MPa}$, $f_y = 400\text{MPa}$, $E_s = 2.0 \times 10^5 \text{MPa}$이다.) [산05,06,19]

① 336mm
② 324mm
③ 360mm
④ 520mm

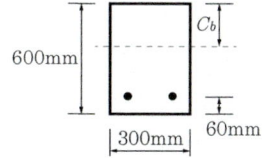

해설

중립축까지의 길이 계산

$c_b = \dfrac{0.0033}{\left(0.0033 + \dfrac{f_y}{E_s}\right)} \cdot d = \dfrac{660}{660 + f_y} \cdot d = \dfrac{660}{660 + 400} \cdot 540$

$= 336\text{mm}$

061 다음과 같은 단면을 가지는 철근콘크리트보의 균형철근비(ρ_b)는 얼마인가? (단, 콘크리트의 압축강도는 30MPa, 철근의 항복강도는 450MPa, 철근의 탄성계수는 $2.0 \times 10^5 \text{MPa}$이며 인장철근의 단면적은 $2{,}000\text{mm}^2$이다.) [산12,16]

① 0.027
② 0.037
③ 0.047
④ 0.057

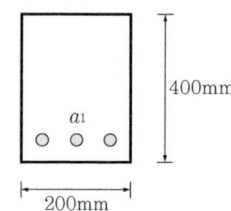

해설

균형철근비 계산

$\rho_b = \dfrac{\eta(0.85 f_{ck})}{f_y} \cdot \beta_1 \cdot \dfrac{660}{660 + f_y}$

$= \dfrac{(1.0)(0.85)(30)}{450} \cdot (0.80) \cdot \dfrac{660}{660 + 450} = 0.027$

여기서, $f_{ck}(= 30\text{MPa}) \leq 40\text{MPa}$이므로 $\beta_1 = 0.80$

062 강도설계법에 의해 그림과 같은 단철근 직사각형 보의 균형철근비는? (단, $f_{ck} = 24\text{MPa}$, $f_y = 300\text{MPa}$) [기04,05,06,13]

① 0.027
② 0.037
③ 0.045
④ 0.057

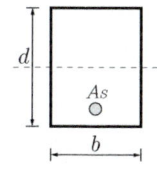

해설

$\rho_b = \dfrac{\eta(0.85 f_{ck})}{f_y} \cdot \beta_1 \cdot \dfrac{660}{660 + f_y}$

$= \dfrac{(1.0)(0.85)(24)}{300} \cdot (0.80) \cdot \dfrac{660}{660 + 300} = 0.0374$

여기서, $f_{ck}(= 24\text{MPa}) \leq 40\text{MPa}$이므로 $\beta_1 = 0.80$

063 단면 $b_w \times d = 400\text{mm} \times 550\text{mm}$인 직사각형 보에 인장철근이 5-D19 배근되어 있을 때 인장철근비는? (단, D19 1개의 단면적은 287mm²이다.) [산17]

① 0.0065 ② 0.0060
③ 0.0017 ④ 0.0012

해설
인장철근비 계산
$$\rho = \frac{A_s}{bd} = \frac{5 \times 287}{400 \times 550} = 0.0065$$

064 강도설계법에서 단철근 직사각형 보의 단면이 $b=400\text{mm}$, $d=800\text{mm}$, 등가응력블록 깊이 $a=100\text{mm}$일 경우 철근비는? (단, $f_y=300\text{MPa}$, $f_{ck}=24\text{MPa}$) [기17]

① 0.0035
② 0.0057
③ 0.0085
④ 0.0103

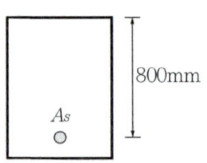

해설
$$A_s = \frac{\eta(0.85 f_{ck}) \cdot a \cdot b}{f_y} = \frac{(1.0)(0.85)(24)(100)(400)}{(300)}$$
$$= 2,720\text{mm}^2$$
$$\rho = \frac{A_s}{bd} = \frac{(2,720)}{(400)(800)} = 0.0085$$

065 다음 그림과 같은 단면의 균형철근 단면적 A_{sb}를 구하면? (단, $f_{ck}=21\text{MPa}$, $f_y=300\text{MPa}$) [산11]

① 2,364mm²
② 2,485mm²
③ 2,684mm²
④ 2,795mm²

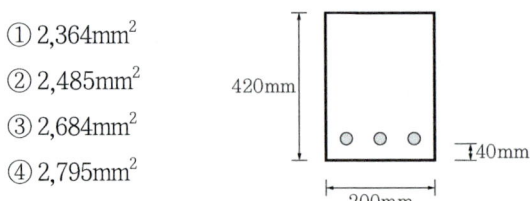

해설
균형철근량 계산
· 균형철근비
$$\rho_b = \frac{\eta(0.85 f_{ck})}{f_y} \cdot \beta_1 \cdot \frac{660}{660+f_y}$$
$$= \frac{(1.0)(0.85)(21)}{300} \cdot (0.80) \cdot \frac{660}{660+300} = 0.0327$$

· 균형철근량
$$A_{sb} = 0.0327 \times 200 \times (420-40) = 2,485\text{mm}^2$$

066 그림과 같은 단근장방형 보가 균형변형률 상태에 있다. 강도설계법에 의거할 때 인장철근량으로 옳은 것은? (단, $f_{ck}=21\text{MPa}$, $f_y=300\text{MPa}$, $a=168\text{mm}$) [기02,03,05]

① 2,000mm²
② 2,570mm²
③ 3,000mm²
④ 3,500mm²

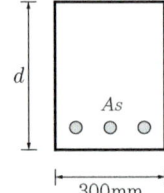

해설
$C = T$에서 $\eta(0.85 f_{ck}) \cdot a \cdot b = A_s \cdot f_y$
$$\therefore A_s = \frac{(1.0)(0.85)(21)(168)(300)}{(300)} = 2,998.8\text{mm}^2$$

067 다음은 철근콘크리트 단근 직사각형 균형보의 변형률을 나타낸 것이다. 인장철근비가 균형철근비보다 작아질 경우에 중립축 이동에 관한 설명 중 가장 적절한 것은? [기09]

① 압축측으로 이동한다.
② 인장측으로 이동한다.
③ 현 위치에서 이동하지 않는다.
④ 곧 보의 취성파괴가 발생하여 중립축 개념이 없어진다.

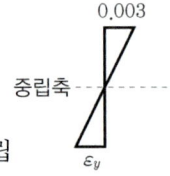

해설

철근비와 중립축

비교	과다 철근보	과소 철근보
인장철근비	균형철근비 이상	균형철근비 이하
항복상태	압축측의 콘크리트가 먼저 항복	인장측의 철근이 먼저 항복
중립축의 위치	인장측으로 내려간다	압축측으로 올라간다
파괴형태	취성파괴 (Brittle Failure Mode)	연성파괴 (Ductile Failure Mode)

068 강도설계법에 의한 철근콘크리트보 설계 시 최대철근비 개념을 두는 가장 큰 이유는? [산20]

① 경제적인 설계가 되도록 하기 위해
② 취성파괴를 유도하기 위해
③ 구조적인 효율을 높이기 위해
④ 연성파괴를 유도하기 위해

해설

최대 철근비 규정
철근을 지나치게 많이 배근하여 철근비가 크게 되면 철근이 항복하는 것보다 콘크리트가($f_{ck} \leq 40MPa$인 경우) 먼저 극한압축변형률 0.0033에 도달하여 취성파괴가 발생함. 이것을 막고 연성파괴를 유도하기 위해 최대한 배근할 수 있는 철근비를 제한하고 있음.

069 강도설계법에 따른 철근콘크리트부재의 휨에 관한 일반사항으로 옳지 않은 것은?(단, $f_{ck} \leq 40MPa$) [기18]

① 콘크리트의 인장강도는 철근콘크리트부재단면의 축강도와 휨강도 계산에서 무시할 수 있다.
② 휨모멘트 또는 휨모멘트와 축력을 동시에 받는 부재의 콘크리트 압축연단의 극한변형률은 0.0033으로 가정한다.
③ 휨부재의 최소철근량은
$$A_{s,min} = \frac{0.178\lambda\sqrt{f_{ck}}}{\phi f_y} \cdot b_w \cdot d$$
이상이어야 한다.
④ 강도설계법에서는 연성파괴보다는 취성파괴를 유도하도록 설계의 초점을 맞추고 있다.

해설

강도설계법에서는 연성파괴를 유도하여 안정성을 확보한다.

070 강도설계법에서 보를 설계할 때 인장철근비가 균형 철근비 보다 작게 적용하는 이유로 가장 옳은 것은? [산09, 기00,03,05,08]

① 균형 단면의 휨강도를 높이기 위해
② 철근의 배치가 쉽고 시공이 용이하므로
③ 처짐을 감소시키기 위해서
④ 압축콘크리트의 취성파괴를 막기 위해서

071 철근콘크리트 단근보를 설계할 때 최대 철근비로 옳은 것은? (단, f_y=400MPa, ρ_b=0.038) [산18]

① 0.0276
② 0.0304
③ 0.0342
④ 0.0361

해설

최대철근비 계산
- $\rho_{max} = 0.726 \times \rho_b$ ($f_y = 400MPa$일 때)
- $\rho_{max} = 0.692 \times \rho_b$ ($f_y = 350MPa$일 때)
- $\rho_{max} = 0.658 \times \rho_b$ ($f_y = 300MPa$일 때)

$f_y = 400MPa$이므로 $\rho_{max} = 0.726 \times 0.038 = 0.0276$

072 강도설계법에 따른 철근콘크리트 단근보에서 균형 철근비(ρ_b)=0.0293, f_{ck}=27MPa, f_y=400MPa 일 때 최대 철근비는? [기20]

① 0.0258
② 0.0220
③ 0.0213
④ 0.0188

해설

- $\rho_{max} = 0.726 \times \rho_b$ ($f_y = 400MPa$일 때)
- $\rho_{max} = 0.692 \times \rho_b$ ($f_y = 350MPa$일 때)
- $\rho_{max} = 0.658 \times \rho_b$ ($f_y = 300MPa$일 때)

$f_y = 400MPa$이므로
$\rho_{max} = 0.726\rho_b = 0.726(0.0293) = 0.02127$

정답 068 ④ 069 ④ 070 ④ 071 ① 072 ③

073 강도설계법에서 균형철근비 ρ_b=0.030이고, b=300mm, d=500mm일 때 최대 철근량은? (단, E_s=200,000MPa, f_y=400MPa, f_{ck}=24MPa 이다.) [산20,(유사)-04]

① 1,825mm² ② 2,825mm²
③ 3,267mm² ④ 4,525mm²

해설
f_y = 400MPa이므로 $\rho_{max} = 0.726\rho_b$
$\rho_{max} = 0.726(0.03) = 0.02178$
$A_{s,max} = \rho_{max} \cdot b \cdot d = (0.02178)(300)(500) = 3,267$

074 단면의 폭 b=250mm, 높이 h=500mm인 직사각형 콘크리트 단면의 균열모멘트 M_{cr}을 구하면? (단, 보통중량콘크리트 f_{ck}=24MPa) [기11,13,16,19]

① 8.3kN·m ② 16.4kN·m
③ 24.5kN·m ④ 32.2kN·m

해설
균열모멘트(M_{cr})
$M_{cr} = f_r \cdot Z = 0.63\lambda\sqrt{f_{ck}} \cdot \dfrac{bh^2}{6}$
$= 0.63(1.0)\sqrt{(24)} \cdot \dfrac{(250)(500)^2}{6}$
$= 32,149,552.8 \text{N} \cdot \text{mm} = 32.149 \text{kN} \cdot \text{m}$
여기서, 보통중량콘크리트에 대한 경량콘크리트계수 $\lambda = 1$

075 그림과 같은 철근콘크리트보의 균열모멘트(M_{cr})값은? (단, 보통중량콘크리트 f_{ck}=24MPa, f_y=400MPa) [기00,11,15,17,20]

① 21.5kN·m
② 33.6kN·m
③ 42.8kN·m
④ 55.6kN·m

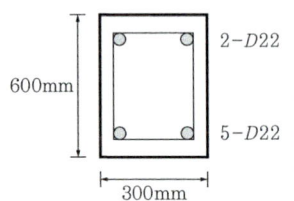

해설
$M_{cr} = 0.63\lambda\sqrt{f_{ck}} \cdot \dfrac{bh^2}{6}$
$= 0.63(1.0)\sqrt{(24)}\dfrac{(300)(600)^2}{6}$
$= 55,554,427 \text{N} \cdot \text{mm} = 55.544 \text{N} \cdot \text{mm}$

076 극한강도설계법에서 다음과 같은 조건의 단면을 가진 부재의 균열모멘트 M_{cr}을 구하면? [기12,14]

- 중립축에서 인장연단까지의 거리 $y_t = 420$mm
- 총 단면2차모멘트 $I_g = 1.0 \times 10^{10}$ mm⁴
- 보통중량 콘크리트 설계기준강도 $f_{ck} = 21$MPa

① 50.6kN·m ② 53.3kN·m
③ 62.5kN·m ④ 68.8kN·m

해설
$M_{cr} = 0.63\lambda\sqrt{f_{ck}} \cdot \dfrac{I_g}{y_t} = 0.63(1.0)\sqrt{(21)} \cdot \dfrac{(1.0 \times 10^{10})}{(420)}$
$= 68,738,635 \text{N} \cdot \text{mm} = 68.738 \text{kN} \cdot \text{m}$

077 철근콘크리트보의 취성파괴를 방지하기 위한 최소 철근비(ρ_{min})는? [산16]

① $\dfrac{1.4}{f_{ck}}$ ② $\dfrac{0.25\sqrt{f_y}}{f_{ck}}$
③ $\dfrac{0.178\lambda\sqrt{f_{ck}}}{\phi f_y}$ ④ $0.75\rho_b$

해설
최소 철근비(ρ_{min})
콘크리트구조기준의 최소 철근비의 규정은 다음 식의 값으로 한다.
$\rho_{min} = \dfrac{0.178\lambda\sqrt{f_{ck}}}{\phi f_y}$

078 단면 $b_w \times d$=300mm×550mm 콘크리트보 부재의 최소 인장철근량으로 옳은 것은?
(단, f_{ck}=40MPa, f_y=400MPa) [기16]

① 495mm² ② 577mm²
③ 546mm² ④ 725mm²

해설

단철근 직사각형 보의 최소철근량($A_{s,\min}$)

$$\rho_{\min} = \frac{0.178\lambda\sqrt{f_{ck}}}{\phi f_y}$$

$$\therefore A_{s,\min} = \frac{0.178\lambda\sqrt{f_{ck}}}{\phi f_y} \cdot b_w \cdot d$$

$$= \frac{0.178(1.0)\sqrt{40}}{(0.85)(400)} \cdot (300)(550) = 546.33 \text{mm}^2$$

079 강도설계법을 근거로 그림과 같은 단근 직사각형 보의 최소 철근량을 구하면?
(단, f_{ck}=21MPa, f_y=400MPa) [기11,15]

① 354mm²
② 317mm²
③ 588mm²
④ 643mm²

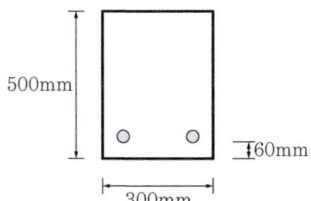

해설

단철근 직사각형 보의 최소 철근량($A_{s,\min}$)

$$\rho_{\min} = \frac{0.178\lambda\sqrt{f_{ck}}}{\phi f_y}$$

$$A_{s,\min} = \frac{0.178\lambda\sqrt{f_{ck}}}{\phi f_y} \cdot b_w \cdot d = \frac{0.178(1.0)\sqrt{21}}{(0.85)(400)} \cdot (300)(440)$$

$$= 316.68 \text{mm}^2$$

080 철근콘크리트 단근보에서 f_{ck}=27MPa, f_y=400MPa, 균형철근비 ρ_b=0.0293일 때 인장철근의 최대 철근비($\rho_{\max}$)와 최소 철근비($\rho_{\min}$)의 값은? [기06]

① $\rho_{\max}$=0.0325, $\rho_{\min}$=0.0047
② $\rho_{\max}$=0.0213, $\rho_{\min}$=0.0033
③ $\rho_{\max}$=0.0213, $\rho_{\min}$=0.0027
④ $\rho_{\max}$=0.0160, $\rho_{\min}$=0.0028

해설

・최대 철근비($\rho_{\max}$) : f_y=400MPa이므로 $\rho_{\max}$=0.726ρ_b
∴ $\rho_{\max}$=0.726ρ_b=0.726(0.0293)=0.02127

・최소 철근비($\rho_{\min}$) :

$$\rho_{\min} = \frac{0.178\lambda\sqrt{f_{ck}}}{\phi f_y} = \frac{0.178(1.0)\sqrt{27}}{(0.85)(400)} = 0.0027$$

081 강도설계 적용 시 그림과 같은 단근 직사각형 보 단면의 공칭휨강도 M_n은? (단, f_{ck}=21MPa, f_y=400MPa, 인장철근의 총면적 A_s=1,200mm²) [기08,19]

① 162kN·m
② 182kN·m
③ 202kN·m
④ 242kN·m

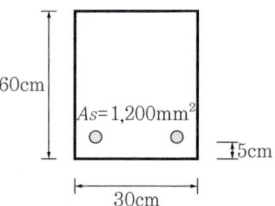

해설

단근보의 공칭휨강도(M_n)

$$M_n = A_s \cdot f_y \cdot (d - \frac{a}{2}) = (1,200)(400)((550) - \frac{(89.64)}{2})$$

$$= 242,486,400 \text{N·mm} = 242.486 \text{kN·m}$$

여기서, 등가응력 깊이(a)

$$a = \frac{A_s \cdot f_y}{\eta 0.85 f_{ck} \cdot b} = \frac{(1,200)(400)}{(1.0)(0.85)(21)(300)} = 89.64 \text{mm}$$

082 강도설계법으로 철근콘크리트보를 설계 시 공칭모멘트강도 M_n=150kN·m, 강도감소계수 ϕ=0.85일 때 설계모멘트값은? [산16,20]

① 95.6kN·m ② 114.8kN·m
③ 127.5kN·m ④ 176.5kN·m

해설

설계모멘트

$$M_d = \phi M_n = 0.85 \times 150 = 127.5 \text{kN·m}$$

정답 078 ③ 079 ② 080 ③ 081 ④ 082 ③

083
그림의 단근 장방형 보에서 설계강도 M_d는?
(단, f_{ck}=21MPa, f_y=400MPa, D22(a_1=387mm²))

[산04,09, 기00,03(유사)-00,02,03]

① 170kN·m
② 200kN·m
③ 235kN·m
④ 306kN·m

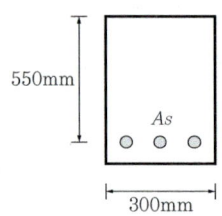

해설

(1) 등가응력 깊이(a)
$$a = \frac{A_s \cdot f_y}{\eta(0.85f_{ck})b} = \frac{(3 \times 387)(400)}{(1.0)(0.85)(21)(300)} = 86.72\text{mm}$$

(2) 강도감소계수(ϕ) 결정
$f_{ck}(=21\text{MPa}) \leq 40\text{MPa}$이므로 $\beta_1 = 0.8$
$a = \beta_1 \cdot c$에서 $c = \frac{a}{\beta_1} = \frac{(86.72)}{(0.80)} = 108.4\text{mm}$
$\varepsilon_t = \frac{d_t - c}{c} \cdot \varepsilon_c = \frac{(550) - (108.40)}{(108.40)} \cdot (0.0033)$
$= 0.013444 > 0.005$
∴ 이 보는 인장지배단면 부재이며 $\phi = 0.85$

(3) 설계휨강도(M_d) = ϕM_n
$\phi M_n = \phi A_s \cdot f_y \left(d - \frac{a}{2}\right)$
$= (0.85)(3 \times 387)(400)\left((550) - \left(\frac{86.72}{2}\right)\right)$
$= 199,911,073 \text{ N·mm} = 199.911 \text{ kN·m}$

084
강도설계법에서 그림과 같은 단면을 가지는 단근보의 설계모멘트(ϕM_n)는? (단, f_{ck}=27MPa, f_y=400MPa, A_s=2,871mm²)

[산16]

① 381.33kN·m
② 484.75kN·m
③ 569.64kN·m
④ 715.66kN·m

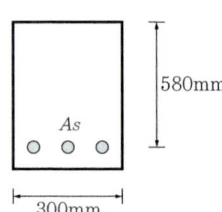

해설

(1) 등가응력 깊이(a)
$$a = \frac{A_s f_y}{\eta(0.85f_{ck})b} = \frac{(2,871)(400)}{(1.0)(0.85)(27)(300)} = 166.79\text{mm}$$

(2) 강도감도계수(ϕ) 결정
$f_{ck}(=27\text{MPa}) \leq 40\text{MPa}$이므로 $\beta_1 = 0.80$
$a = \beta_1 \cdot c$에서 $c = \frac{a}{\beta_1} = \frac{(166.79)}{(0.80)} = 208.49\text{mm}$
$\varepsilon_t = \frac{d_t - c}{c} \cdot \varepsilon_c = \frac{(580) - (208.49)}{(208.49)} \cdot (0.0033)$
$= 0.00588 > 0.005$
∴ 이 보는 인장지배단면 부재이며 $\phi = 0.85$

(3) 설계휨강도(M_d) = ϕM_n
$\phi M_n = \phi A_s \cdot f_y \left(d - \frac{a}{2}\right)$
$= (0.85)(2,871)(400)\left((580) - \frac{(166.79)}{2}\right)$
$= 484,756,004 \text{ N·mm} = 484.756 \text{ kN·m}$

085
다음 그림의 철근콘크리트 단근장방형보의 설계휨강도(ϕM_n)는? (단, f_{ck}=21MPa, f_y=400MPa, D22의 단면적 387mm²이다.)

[기03]

① 212kN·m
② 235kN·m
③ 267kN·m
④ 314kN·m

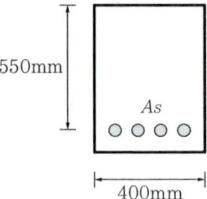

해설

(1) 등가응력 깊이(a)
$$a = \frac{A_s \cdot f_y}{\eta(0.85f_{ck})b} = \frac{(4 \times 387)(400)}{(1.0)(0.85)(21)(400)} = 86.72\text{mm}$$

(2) 강도감도계수(ϕ) 결정
$f_{ck}(=21\text{MPa}) \leq 40\text{MPa}$이므로 $\beta_1 = 0.80$
$a = \beta_1 \cdot c$에서
$c = \frac{a}{\beta_1} = \frac{(86.72)}{(0.80)} = 108.4\text{mm}$
$\varepsilon_t = \frac{d_t - c}{c} \cdot \varepsilon_c = \frac{(550) - (108.4)}{(108.4)} \cdot (0.0033)$
$= 0.013444 > 0.005$
∴ 이 보는 인장지배단면 부재이며 $\phi = 0.85$

(3) 설계휨강도(M_d) = ϕM_n
$\phi M_n = \phi A_s \cdot f_y \left(d - \frac{a}{2}\right)$
$= (0.85)(4 \times 387)(400)\left((550) - \frac{(86.72)}{2}\right)$
$= 266,654,765 \text{ N·mm} = 266.654 \text{ kN·m}$

086 철근콘크리트보에서 고정하중과 활하중에 의하여 구한 설계모멘트 M_u=540kN·m라면 이 때의 공칭강도를 구하면? (단, 중립축의 깊이(c)는 220mm, 최외단 압축연단에서 최외단 인장철근까지의 거리(d_t)는 550mm, 철근의 항복강도(f_y)는 400MPa) [기10,16]

① 638kN·m ② 754kN·m
③ 798kN·m ④ 832kN·m

해설
(1) 강도감소계수(ϕ)
- 최외단 인장철근의 변형률
$$\varepsilon_t = \frac{d_t - c}{c} \cdot \varepsilon_{cu} = \frac{(550)-(220)}{(220)} \cdot (0.0033)$$
$$= 0.00495 < 0.005$$
∴ $0.0020 < \varepsilon_t(=0.00495) < 0.005$이므로 변화구간 단면의 부재
- 나선철근 이외의 모든 부재로 가정하여 강도감소계수를 구하면
$$\phi = 0.65 + (\varepsilon_t - 0.002) \times \frac{200}{3}$$
$$= 0.65 + (0.00495 - 0.002) \times \frac{200}{3} = 0.84667$$

(2) $M_u \leq \phi M_n$ 에서
$$M_n \geq \frac{M_u}{\phi} = \frac{(540)}{(0.84667)} = 637.793 \text{kN} \cdot \text{m}$$

087 고정하중에 의한 모멘트 100kN·m, 적재하중에 의한 모멘트 80kN·m가 작용하는 단근장방형보에서 극한강도설계법에 의거하였을 때 소요 인장철근으로 가장 적당한 것은? (단, b=300mm, d=440mm, f_{ck}=21MPa, f_y=400MPa, D22(a_1=387mm²), ϕ=0.85) [기05,07]

① 4-D22 ② 5-D22
③ 6-D22 ④ 7-D22

해설
(1) 계수모멘트 M_u 의 산정
$$M_u = 1.2M_D + 1.6M_L = 1.2 \times 100\text{kN} \cdot \text{m} + 1.6 \times 80\text{kN} \cdot \text{m}$$
$$= 248\text{kN} \cdot \text{m}$$

(2) R_n 의 산정
$$R_n = \frac{M_u}{\phi bd^2} = \frac{248 \times 10^6}{0.85 \times 300 \times 440^2} = 5.023\text{MPa}$$

(3) 철근의 단면적 A_s 의 결정
$$\rho_{req} = \eta \frac{0.85 f_{ck}}{f_y} \left(1 - \sqrt{1 - \frac{2}{\eta} \times \frac{R_n}{0.85 f_{ck}}}\right)$$
$$= 1.0 \times \frac{0.85 \times 21}{400} \left(1 - \sqrt{1 - \frac{2}{1.0} \times \frac{5.023}{0.85 \times 21}}\right) = 0.015$$

$$A_s = \rho_{req} \times b \times d = 0.015 \times 300 \times 440$$
$$= 1,980\text{mm}^2$$

(4) D22(a_1=387mm²) 철근의 개수를 구하면
철근 수(n) = $\frac{1980}{387} = 5.1$개 → 6개로 함
∴ 6-D22로 배근함

088 다음 그림은 철근콘크리트보 단부의 단면이다. 복근비와 인장 철근비는? (단, D22 1개의 단면적은 387mm²임) [산17]

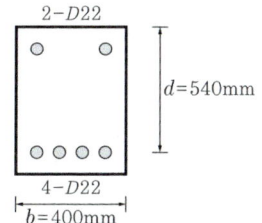

① 복근비 γ=2, 인장철근비 ρ_t=0.00717
② 복근비 γ=0.5, 인장철근비 ρ_t=0.00717
③ 복근비 γ=2, 인장철근비 ρ_t=0.00369
④ 복근비 γ=0.5, 인장철근비 ρ_t=0.00369

해설
철근비 계산
(1) 복근비 $\gamma = \frac{A_s'}{A_s} = \frac{2 \times 387}{4 \times 387} = 0.5$
(2) 인장철근비 $\rho_t = \frac{A_s}{bd} = \frac{4 \times 387}{400 \times 540} = 0.00717$

089 강도설계법에서 인장측에 3,042mm², 압축측에 1,014mm²의 철근이 배근되었을 때 압축응력 등가블록의 깊이로 옳은 것은? (단, f_{ck}=21MPa, f_y=400MPa, 보의 폭 b=300mm이다.) [산05,15,19]

① 125.7mm ② 151.5mm
③ 227.7mm ④ 303.1mm

해설
복근보의 등가응력블록 깊이
$$a = \frac{(A_s - A_s') \cdot f_y}{\eta 0.85 f_{ck} b} = \frac{(3,042 - 1,014) \times 400}{(1.0)0.85 \times 21 \times 300} = 151.5\text{mm}$$

정답 086 ① 087 ③ 088 ② 089 ②

090 복근 장방형 보의 균형철근비 $\rho_b=0.023$, 압축철근비 $\rho'=0.006$, 균형변형률 상태에서 압축측근 응력 $f_{sb}'=400$MPa, $b=300$mm, $d=600$mm, $f_{ck}=21$MPa, $f_y=400$MPa일 때 최대 인장철근량으로 옳은 것은? [기02]

① 4,140mm² ② 4,086mm²
③ 5,220mm² ④ 3,915mm²

해설

(1) 압축철근이 항복하지 않을 경우 최대 철근비
$$\rho_{\max} = 0.726\rho_b + \rho' \cdot \frac{f_{sb}'}{f_y} = 0.726(0.023) + (0.006) \cdot \frac{(400)}{(400)}$$
$$= 0.02270$$
(2) $\rho_{\max} = \frac{A_s}{b \cdot d}$ 이므로
$$\therefore A_s = \rho_{\max} \cdot b \cdot d = (0.02270)(300)(600) = 4,086\text{mm}^2$$

091 철근콘크리트 직사각형 복근보에 대한 설명 중 틀린 것은? [산08]

① 인장측과 압축측 모두 철근으로 보강된 보를 말한다.
② 장기처짐이 감소된다.
③ 연성이 증가된다.
④ 단근보에 비해 경제적인 설계가 가능하다.

해설
압축측에 압축철근을 배근하여도 저항모멘트가 현저하게 개선되지 않아 경제적이라고 볼 수는 없다.

092 철근콘크리트구조에서 다음의 조건을 갖는 대칭 T형보의 유효폭은? [산15,17]

- 슬래브 두께: 10cm
- 보의 복부 폭: 30cm
- 양쪽 슬래브의 중심 간 거리: 350cm
- 보의 스팬: 800cm

① 190cm ② 200cm
③ 275cm ④ 350cm

해설

T형보 플랜지의 유효폭(b_e, Effective Breadth)
(1), (2), (3) 중 최솟값
(1) $16t_f + b_w = 16(10) + (30) = 190$cm
(2) 양쪽 슬래브 중심 간 거리 $= 350$cm
(3) 보 경간(Span)의 $\frac{1}{4} = \frac{1}{4} \cdot (800) = 200$cm
∴ 가장 작은 값인 190cm

093 다음 그림에서 중앙부 T형 보의 유효폭 b의 값은? (단, 보의 스팬은 8.4m이다.) [산11]

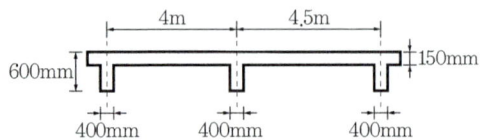

① 4,250mm ② 3,150mm
③ 2,800mm ④ 2,100mm

해설

T형보 플랜지의 유효폭(b_e, Effective Breadth)
(1), (2), (3) 중 최솟값
(1) $16t_f + b_w = 16(150) + (400) = 2,800$mm
(2) 양쪽 슬래브 중심 간 거리 $= \frac{(l_1 + l_2)}{2} = \frac{4,000 + 4,500}{2}$
$= 4,250$mm
(3) 보 경간(Span)의 $\frac{1}{4} = \frac{1}{4} \cdot (8400) = 2,100$mm
∴ 가장 작은 값인 2,100mm

094 그림과 같은 T형보(G_1)의 유효폭 b의 값은? (단, 슬래브 두께는 120mm, 보의 폭은 300mm) [기12,16]

① 150cm
② 192cm
③ 222cm
④ 400cm

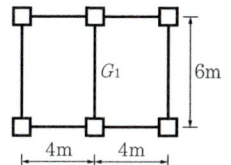

해설

T형보 플랜지의 유효폭(b_e, Effective Breadth)
(1), (2), (3) 중 최솟값
(1) $16t_f + b_w = 16(12) + (30) = 222$cm
(2) 양쪽 슬래브 중심 간 거리 $= \frac{400}{2} + \frac{400}{2} = 400$cm
(3) 보 경간(Span)의 $\frac{1}{4} = \frac{1}{4} \cdot (600) = 150$cm
∴ 가장 작은 값인 150cm

096 다음 그림과 같은 평면도를 가진 바닥구조의 슬래브 두께가 100mm, 보의 폭 b_w가 250mm라면 이 슬래브를 구성하고 있는 T형보의 유효 플랜지 폭은? [산14]

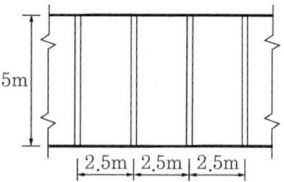

① 1,000mm
② 1,250mm
③ 1,850mm
④ 2,500mm

해설

T형보 플랜지의 유효폭(b_e, Effective Breadth)
(1), (2), (3) 중 최솟값
(1) $16t_f + b_w = 16(100) + (250) = 1,850$mm
(2) 양쪽 슬래브 중심 간 거리 $= \frac{(l_1 + l_2)}{2} = \frac{2,500 + 2,500}{2} = 2,500$mm
(3) 보 경간(Span)의 $\frac{1}{4} = \frac{1}{4} \cdot (5,000) = 1,250$mm
∴ 가장 작은 값인 1,250mm

095 T형보의 유효폭 b의 값은? (단, 보의 스팬은 15m이다.) [산09,16]

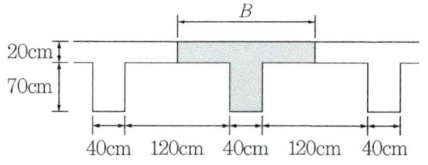

① 375cm
② 360cm
③ 210cm
④ 160cm

해설

T형보 플랜지의 유효폭(b_e, Effective Breadth)
(1), (2), (3) 중 최솟값
(1) $16t_f + b_w = 16(20) + (40) = 360$cm
(2) 양쪽 슬래브 중심 간 거리 $= (160 + 160)/2 = 160$cm
(3) 보 경간(Span)의 $\frac{1}{4} = \frac{1}{4} \cdot (1500) = 375$cm
∴ 가장 작은 값인 160cm

097 슬래브와 보를 일체로 된 T형보를 T형보와 반T형보로 구분할 때 반T형보의 유효폭 b를 결정하는 요인에 해당 되는 것은? [산17]

① 양쪽으로 각각 내민 플랜지 두께의 8배 + 플랜지 복부 폭(b_w)
② 인접보와 내측거리 1/2 + 플랜지 복부 폭(b_w)
③ 양쪽의 슬래브의 중심 간 거리
④ 보의 경간의 1/4

해설

반T형보의 유효폭 (다음 값 중 작은 값)
(1) $b_e = 6t_f + b_w$
(2) $b_e = $ (인접 보와의 내측거리$\times \frac{1}{2}) + b_w$
(3) $b_e = $ 보 경간의 $\frac{1}{12} + b_w$

098 반T형보의 유효폭으로 옳은 것은?
(단, 보 경간은 6m) [기16]

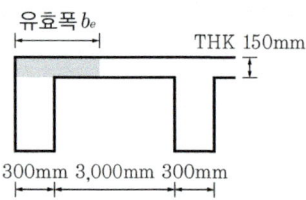

① 800mm ② 1,200mm
③ 1,800mm ④ 2,300mm

해설
반T형보의 유효폭 (다음 값 중 작은 값)

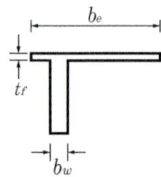

(1) $b_e = 6t_f + b_w = 6(150) + 300 = 1,200\text{mm}$
(2) $b_e =$ (인접 보와의 내측거리$\times \frac{1}{2}$) $+ b_w$
$= (3,000) \times \frac{1}{2} + (300) = 1,800\text{mm}$
(3) $b_e =$ 보 경간의 $\frac{1}{12} + b_w = (6,000) \times \frac{1}{12} + (300)$
$= 800\text{mm}$
∴ 가장 작은 값인 800mm

099 그림과 같은 T형보에서 양측 슬래브의 중심 거리가 6m이고, 보의 경간이 8m일 때, 인장철근비 ρ_t는?
(단, D19의 단면적은 286.7mm²) [산08]

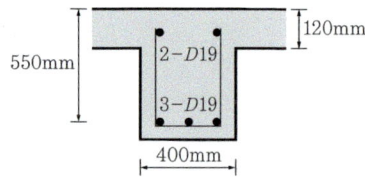

① 0.00035 ② 0.00045
③ 0.00078 ④ 0.00087

해설
(1) T형보 플랜지의 유효폭(b_e, Effective Breadth)
①, ②, ③ 중 최솟값
① $16t_f + b_w = 16(120) + (400) = 2,320\text{mm}$
② 양쪽 슬래브 중심 간 거리 $= 6\text{m} = 6,000\text{mm}$
③ 보 경간(Span)의 $\frac{1}{4} = \frac{1}{4} \cdot (8,000) = 2,000\text{mm}$
∴ 가장 작은 값인 2,000mm
(2) 인장철근비
$\rho_t = \dfrac{A_s}{b_e \cdot d} = \dfrac{(3 \times 286.7)}{(2,000)(550)} = 0.00078$
※ 여기서 b_e는 유효폭으로 적용함에 주의

100 등분포하중을 받는 두 스팬 연속보인 B_1 RC보 부재에서 A, B, C 지점의 보 배근에 관한 설명으로 옳지 않은 것은? [산20]

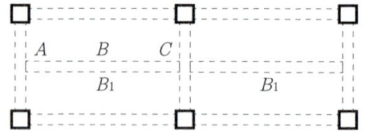

① A 단면에서는 스터럽 간격이 B단면에서의 스터럽 간격보다 촘촘하다.
② B 단면에서는 하부근이 주근이다.
③ C 단면에서의 스터럽 간격이 B단면에서의 스터럽 간격보다 촘촘하다.
④ C 단면에서는 하부근이 주근이다.

해설
C 단면에서는 상부근이 주근이다.

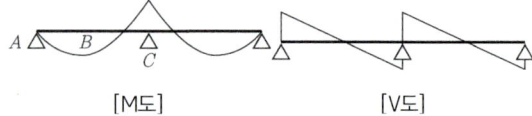

101 등분포하중을 받는 2스팬 연속보인 B_1, RC보 부재에서 Ⓐ, Ⓑ, ⓒ 지점의 보 배근에 관한 설명으로 옳지 않은 것은? [기18]

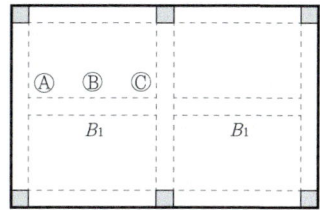

① Ⓐ 단면에서는 하부근이 주근이다.
② Ⓑ 단면에서는 하부근이 주근이다.
③ Ⓐ 단면에서의 스터럽 배치간격은 Ⓑ 단면에서의 경우보다 촘촘하다.
④ ⓒ 단면에서는 하부근이 주근이다.

[해설]
ⓒ 단면에서는 상부근이 주근이다.

102 다음 그림과 같이 등분포하중을 받는 단순보의 철근 배근을 가장 올바르게 나타낸 것은? [산13]

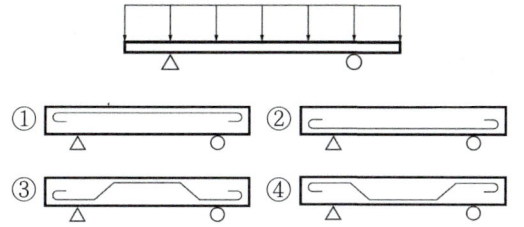

[해설]
내민보의 철근배근
양단 내민보이므로 양쪽 단부는 상부가 인장, 중앙부는 하부가 인장이 된다.

04. 전단설계

103 철근콘크리트보에서 하중 때문에 그림과 같은 균열이 생겼다. 이 균열이 생기지 않게 하기 위해서 취해야 할 가장 적당한 방법은? [기03]

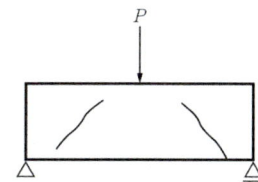

① 인장철근을 증가시킨다.
② 압축철근을 증가시킨다.
③ 스터럽(Stirrup)을 증가시킨다.
④ 인장 및 압축철근의 부착력을 증가시킨다.

[해설]
사인장균열의 형태이며 전단보강 철근인 스터럽(Stirrup)을 증가시켜 균열을 억제하도록 한다.

104 콘크리트 단순보의 단부에서 큰 전단력과 작은 모멘트가 발생함으로써 일어나는 균열의 형태는? [산13]

① 크리프균열   ② 수직균열
③ 휨균열   ④ 사인장균열

[해설]
사인장균열에 대한 설명

105 철근콘크리트보의 사인장균열에 관한 설명으로 옳지 않은 것은?

① 전단력 및 비틀림에 의하여 발생한다.
② 보의 축과 약 45°의 각도를 이룬다.
③ 주인장응력도의 방향과 사인장균열의 방향은 일치한다.
④ 보의 단부에 주로 발생한다.

[해설]
주인장응력도의 방향과 사인장균열의 방향은 직각방향으로 발생한다.

정답 101 ④ 102 ④ 103 ③ 104 ④ 105 ③

106 철근콘크리트보에서 늑근의 사용 목적으로 적절하지 않은 것은? [산14]

① 전단력에 의한 전단균열 방지
② 철근조립의 용이성
③ 주철근의 고정
④ 부재의 휨강성 증대

해설
늑근의 사용 목적
전단균열 방지, 철근조립의 용이성, 주철근 고정

107 철근콘크리트부재에 사용되는 전단철근에 대한 설명 중 옳지 않은 것은? [기05]

① 철근콘크리트부재의 축에 직각으로 배치된 용접철망은 전단철근으로 사용할 수 없다.
② 철근콘크리트부재의 경우 주인장철근에 30° 이상의 각도로 구부린 굽힘철근을 전단철근으로 사용할 수 있다.
③ 전단철근의 설계기준 항복강도는 500MPa를 초과할 수 없다.(단, 용접이형철망 제외)
④ 부재축에 직각으로 설치되는 스터럽의 간격은 철근콘크리트부재의 경우 0.5d 이하 또한 600mm 이하여야 한다.

108 철근콘크리트구조의 전단보강에 대한 기술 중 옳지 않은 것은? [산06]

① 철근콘크리트부재의 경우 주인장철근을 30° 이상의 각도로 구부린 굽힘철근은 전단보강근으로 사용이 가능하다.
② 전단철근의 설계기준 항복강도는 500MPa를 초과하여 취할 수 없다.
③ 부재축에 직각으로 설치되는 철근콘크리트의 스터럽 간격은 0.5d 이하, 900mm 이하여야 한다.
④ 깊은보의 전단설계 시 수직전단철근의 간격은 $\frac{d}{5}$ 이하, 300mm 이하로 한다.

해설
수직스터럽의 간격은 $\frac{d}{2}$ 이하, 600mm 이하여야 한다.

109 강도설계법에 의한 철근콘크리트 전단설계에서 계수전단력 V_u가 $\frac{1}{2}\phi V_c < V_u \leq V_c$인 경우에 필요한 전단철근의 최소단면적을 구하는 공식은?
(단, b_w는 복부의 폭, s는 전단철근의 간격) [기12]

① $A_v = 0.35 \frac{b_w \cdot s}{f_{yt}}$ ② $A_v = 0.3 \frac{b_w \cdot s}{f_{yt}}$

③ $A_v = 0.25 \frac{b_w \cdot s}{f_{yt}}$ ④ $A_v = 0.2 \frac{b_w \cdot s}{f_{yt}}$

해설
$A_{v,\min} = 0.0625\lambda \sqrt{f_{ck}} \cdot \frac{b_w \cdot s}{f_{yt}} \geq 0.35 \frac{b_w \cdot s}{f_{yt}}$

110 콘크리트의 공칭전단강도(V_c)가 36kN, 전단보강근에 의한 공칭전단강도(V_s)가 24kN일 때 설계전단력(ϕV_n)으로 옳은 것은? [산10,18, 기(유사)-07,09]

① 45kN ② 51kN
③ 56kN ④ 60kN

해설
설계전단력(V_d)
$V_d = \phi V_n = \phi(V_c + V_s) = (0.75)[(36)+(24)] = 45\text{kN}$

111 고정하중 및 활하중에 의한 전단력이 각각 30kN, 20kN일 때 소요전단강도로 옳은 것은? [기00,01,05]

① 81kN ② 79kN
③ 76kN ④ 68kN

해설
계수전단강도(소요전단강도)
$V_n = 1.2V_D + 1.6V_L = 1.2(30) + 1.6(20) = 68\text{kN}$

112 단면 $b \times d$=300mm×550mm, 모래경량콘크리트를 사용한 철근콘크리트보에서 콘크리트가 부담할 수 있는 공칭전단강도(V_c)는? (단, f_{ck}=21MPa) [기14]

① 95kN ② 107kN
③ 126kN ④ 132kN

해설

(1) 경량콘크리트계수(λ)

λ=0.75	λ=0.85	λ=1.0
전경량 콘크리트	모래 경량콘크리트	보통중량 콘크리트

(2) 콘크리트보의 공칭전단강도(V_c)

$$V_c = \frac{1}{6}\lambda\sqrt{f_{ck}} \cdot b_w \cdot d = \frac{1}{6}(0.85)\sqrt{(21)}(300)(550)$$
$$= 107,118N = 107.118kN$$

114 강도설계법에 의한 철근콘크리트 직사각형 보에서 콘크리트가 부담할 수 있는 공칭전단강도는? (단, f_{ck}=24MPa, b=300mm, d=500mm, 경량콘크리트계수는 1) [산16,19]

① 69.3kN ② 82.8kN
③ 91.9kN ④ 122.5kN

해설

(1) 경량콘크리트계수(λ)

λ=0.75	λ=0.85	λ=1.0
전경량 콘크리트	모래 경량콘크리트	보통중량 콘크리트

(2) 콘크리트보의 공칭전단강도(V_c)

$$V_c = \frac{1}{6}\lambda\sqrt{f_{ck}} \cdot b_w \cdot d = \frac{1}{6}\times 1 \times \sqrt{24}\times 300\times 500\times 10^{-3}$$
$$= 122.5kN$$

113 강도설계법에 의한 다음 그림과 같은 철근콘크리트의 보설계에서 콘크리트에 의한 전단강도 V_c는 약 얼마인가? (단, KDS 41 기준, f_{ck}=24MPa, f_y=400MPa, 인장철근 및 압축철근은 D22, 스터럽은 D10을 사용한다.) [산13,17]

① 150kN
② 180kN
③ 210kN
④ 245kN

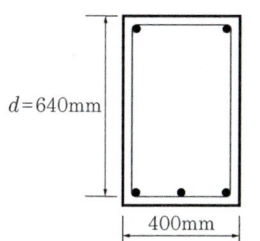

해설

(1) 경량콘크리트계수(λ)

λ=0.75	λ=0.85	λ=1.0
전경량 콘크리트	모래 경량콘크리트	보통중량 콘크리트

(2) 콘크리트보의 공칭전단강도(V_c)

$$V_c = \frac{1}{6}\lambda\sqrt{f_{ck}}\cdot b_w \cdot d = \frac{1}{6}\times 1\times \sqrt{24}\times 400\times 640\times 10^{-3}$$
$$= 210kN$$

115 폭이 300mm, 유효깊이가 500mm인 직사각형 보에서 콘크리트가 부담하는 설계전단강도(ϕV_c)를 구하면? (단, 보통중량 콘크리트, f_{ck}=24MPa) [산16]

① 61.9kN ② 71.9kN
③ 81.9kN ④ 91.9kN

해설

콘크리트 설계전단강도(V_d) = ϕV_c

(1) 보통중량콘크리트에 대한 경량콘크리트계수 $\lambda = 1$

(2) $\phi V_c = \phi \frac{1}{6}\lambda\sqrt{f_{ck}}\cdot b_w \cdot d$

$$= 0.75\times \frac{1}{6}\times 1\times \sqrt{24}\times 300\times 500\times 10^{-3}$$
$$= 91.9kN$$

정답 112 ② 113 ③ 114 ④ 115 ④

116 강도설계법에 의한 설계 시 부재축에 직각인 전단철근을 사용할 때 전단철근에 의한 전단강도 V_s는? (단, s는 전단철근의 간격) [산12,20]

① $V_s = \dfrac{A_v \cdot f_{yt} \cdot s}{d}$　② $V_s = \dfrac{A_v \cdot s \cdot d}{f_{yt}}$

③ $V_s = \dfrac{s \cdot f_{yt} \cdot d}{A_v}$　④ $V_s = \dfrac{A_v \cdot f_{yt} \cdot d}{s}$

해설

전단철근에 의한 전단강도 산정식

$V_s = \dfrac{A_v \cdot f_{yt} \cdot d}{s}$

117 강도설계법으로 설계된 보에서 스터럽이 부담하는 전단력이 $V_s = 265\text{kN}$일 경우 수직스터럽의 적절한 간격은? (단, $A_v = 2 \times 127\text{mm}^2$(U형 2-D13), $f_{yt} = 350\text{MPa}$, $b_w \times d = 300\text{mm} \times 450\text{mm}$) [기13]

① 100mm　② 120mm
③ 150mm　④ 200mm

해설

전단철근에 의한 전단강도

$V_s = \dfrac{A_v \cdot f_{yt} \cdot d}{s}$ 에서

$s = \dfrac{A_v \cdot f_{yt} \cdot d}{V_s} = \dfrac{(2 \times 127)(350)(450)}{(265 \times 10^3)} = 150.962\text{mm}$

※ 여기서, A_v는 스터럽 1조의 단면적으로 1개 단면적에 곱하기 2를 해야 한다.
※ 수직스터럽의 간격은 계산 값보다 항상 작은 값으로 설계

118 극한강도설계법에서 $V_s = 210\text{kN}$, $d = 500\text{mm}$, $f_{yt} = 300\text{MPa}$, $A_v = 254\text{mm}^2$(U형, 2-D13)일 때 수직 스터럽의 간격으로 가장 적당한 것은? [산05,12]

① 150mm　② 180mm
③ 200mm　④ 250mm

해설

전단철근에 의한 전단강도

$V_s = \dfrac{A_v \cdot f_{yt} \cdot d}{s}$ 에서

$s = \dfrac{A_v \cdot f_{yt} \cdot d}{V_s} = \dfrac{(254)(300)(500)}{(210 \times 10^3)} = 181\text{mm}$

119 그림과 같은 철근콘크리트보의 스터럽이 100mm 간격으로 배근되어 있을 때 스터럽의 철근비는? (단, D10의 단면적은 71.33mm^{2}으로 가정함)

① 1%
② 0.5%
③ 0.25%
④ 0.1%

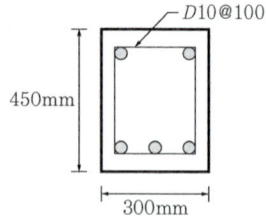

해설

스터럽 철근비(ρ_s)

① $\rho_s = \dfrac{A_v}{b_w \cdot s} = \dfrac{(2 \times 71.33)}{(300)(100)} = 0.00475 ≒ 0.5\%$

② 여기서, A_v 산정 시 Stirrup 1개 조(組)의 단면적으로 산정함에 주의

120 강도설계법에 의해서 전단보강철근을 사용하지 않고 계수하중에 의한 전단력 $V_u = 50\text{kN}$을 지지하기 위한 직사각형 단면 보의 최소 유효깊이 d는? (단, 보통중량콘크리트 사용, $f_{ck} = 28\text{MPa}$, $b_w = 300\text{mm}$) [기18]

① 405mm　② 444mm
③ 504mm　④ 605mm

해설

전단보강근이 필요 없는 조건

$V_u \leq \dfrac{1}{2}\phi V_c = \dfrac{1}{2}\phi\left(\dfrac{1}{6}\lambda\sqrt{f_{ck}} \cdot b_w \cdot d\right)$ 이므로

$\therefore d \geq \dfrac{12 V_u}{\phi \lambda \sqrt{f_{ck}} \cdot b_w} = \dfrac{12(50 \times 10^3)}{(0.75)(1.0)\sqrt{(28)}(300)} = 503.95\text{mm}$

121 피복두께 30mm, 직경 16mm 주근이 배근된 두께 150mm 철근콘크리트 일방향 슬래브에서 전단철근 없이 지지할 수 있는 단위길이 1m당 최대 계수전단력은? (단, $f_{ck} = 25\text{MPa}$, $\phi = 0.75$, 콘크리트에 의한 전단강도 $V_c = \dfrac{1}{6}\lambda\sqrt{f_{ck}} \cdot b_w \cdot d$, $\lambda = 1$) [기07]

① 70.0kN　② 78.5kN
③ 80.0kN　④ 82.6kN

정답　116 ④　117 ③　118 ②　119 ②　120 ③　121 ①

해설

계수전단강도 $V_u = \phi(V_c + V_s)$에서 문제에서 전단철근 없이 지지한다고 하였으므로 $V_s = 0$

$\therefore V_u = \phi V_c$
$= (0.75)\left[\dfrac{1}{6}(1.0)\sqrt{(25)}(1,000) \times \left(150 - 30 - \dfrac{16}{2}\right)\right]$
$= 70,000\text{N} = 70.0\text{kN}$

122 철근콘크리트보의 전단설계에서 그림과 같은 보가 지지할 수 있는 최대 전단강도는? (단, 보통중량콘크리트 f_{ck}=24MPa, f_{yt}=400MPa, D10의 공칭단면적은 71.33mm²) [기04]

① 281kN
② 319kN
③ 359kN
④ 409kN

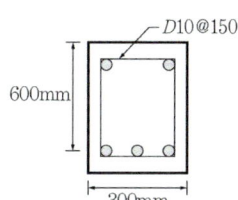

해설

(1) 전단에 대한 강도감소계수
$\phi = 0.75$
(2) 콘크리트가 부담하는 전단강도
$V_c = \dfrac{1}{6}\lambda\sqrt{f_{ck}} \cdot b_w \cdot d = \dfrac{1}{6}(1.0)\sqrt{(24)}(300)(600)$
$= 146,969\text{N}$
(3) 전단철근이 부담하는 전단강도
$V_s = \dfrac{A_v \cdot f_{yt} \cdot d}{s} = \dfrac{(2 \times 71.33)(400)(600)}{(150)} = 228,256\text{N}$
(4) 설계전단강도(V_d)
$= \phi V_n = \phi(V_c + V_s) = (0.75)[(146,969) + (228,256)]$
$= 281,418\text{N} = 281.418\text{kN}$

123 강도설계법에서 깊은보는 순경간 L_n이 부재 깊이의 몇 배 이하인 부재인가? [기17]

① 2배
② 3배
③ 4배
④ 5배

해설

콘크리트구조기준에 의한 깊은보
(1) 순경간 (l_n)이 부재 깊이의 4배 이하인 보 ($\dfrac{l_n}{d} \leq 4$)
(2) 하중이 받침부로부터 부재 깊이의 2배 거리 이내에 작용하는 보

124 비틀림(Torsion)을 받는 부재의 종방향 철근의 보강근으로 가장 알맞은 것은? [기07]

① 프리스트레싱된 부재에서 나선철근
② 부재축에 45°인 스터럽
③ 부재축에 수직인 개방 띠철근
④ 부재축에 수직인 횡방향 강선으로 구성된 폐쇄 용접 철망

해설

비틀림 철근의 종류
(1) 부재축에 수직인 폐쇄스터럽 또는 폐쇄띠철근
(2) 부재축에 수직인 횡방향 강선으로 구성된 폐쇄 용접철망
(3) 철근콘크리트보에서 나선철근

125 길이 8m의 단순보가 100kN/m의 등분포활하중을 받을 때 위험단면에서 전단철근이 부담해야 하는 공칭전단력(V_s)은 얼마인가? (단, 구조물 자중에 의한 w_D=6.72kN/m, f_{ck}=24MPa, f_y=300MPa, λ=1, b_w=400mm, d=600mm, h=700mm) [기20]

① 424.43kN
② 530.53kN
③ 565.91kN
④ 571.40kN

해설

(1) 계수하중
$w_u = 1.2w_D + 1.6w_L = 1.2(6.72) + 1.6(100)$
$= 168.064\text{kN/m} \geq 1.4w_D = 1.4(6.72) = 9.408\text{kN/m}$
(2) 위험단면에서 계수전단강도(V_u)
$V_u = \dfrac{w_u \cdot L}{2} - w_u \cdot d = \dfrac{(168.064)(8)}{2} - (168.064)(0.6)$
$= 571.418\text{kN}$
(3) 콘크리트가 부담하는 전단강도
$V_c = \dfrac{1}{6}\lambda\sqrt{f_{ck}} \cdot b_w \cdot d = \dfrac{1}{6}(1)\sqrt{(24)}(400)(600)$
$= 195,959\text{N} = 195.959\text{kN}$
(4) 전단철근이 부담하는 전단강도
=전체전단강도－콘크리트가 부담하는 전단강도
$V_s = \dfrac{V_u}{\phi} - V_c = \dfrac{(571.418)}{(0.75)} - (195.959) = 565.932\text{kN}$

정답 122 ① 123 ③ 124 ④ 125 ③

05. 압축재 설계

126 강도설계법에서 철근콘크리트 직사각형 기둥의 구조 제한에 관한 사항 중에 옳지 않은 것은? [기01]

① 단면 최소 치수는 200mm 이상
② 최소 단면적은 60,000mm^2
③ 주근의 순간격은 최소 25mm 이상
④ 주근의 최소 개수는 4개 이상

해설

구조규준
(1) 기둥 단면의 최소 치수는 200mm, 최소 단면적은 60,000mm^2 이상
(2) 주근의 최소 개수

분류	개수
나선철근	6
직사각형, 원형띠철근	4
삼각형 띠철근	3

(3) 나선철근과 띠철근기둥에서 종방향 철근의 순간격은 40mm 이상 또한 철근 공칭지름의 1.5배 이상 굵은골재 최대 치수 4/3배 이상으로 하여야 한다.

127 철근콘크리트구조의 압축부재 설계의 제한사항에서 사각형 압축부재 축방향 주철근의 최소 개수는? [산13]

① 2개 ② 3개
③ 4개 ④ 5개

해설

기둥설계의 제한사항
사각형 기둥의 주철근 최소 개수는 4개이다.

128 KCI에 따른 나선철근기둥과 관련된 구조기준으로 틀린 것은? [산16]

① 현장치기 콘크리트 공사에서 나선철근 지름은 10mm 이상으로 하여야 한다.
② 나선철근의 순간격 20mm 이상, 80mm 이하이어야 한다.
③ 압축부재의 축방향 주철근 단면적은 전체 단면적의 0.01배 이상, 0.08배 이하로 하여야 한다.
④ 나선철근으로 둘러싸인 압축부재의 주철근은 최소 6개를 배근하여야 한다.

해설

나선철근의 순간격은 25mm 이상, 75mm 이하이어야 한다.

129 철근콘크리트 압축부재 설계의 제한 사항에 대한 설명으로 옳은 것은? [기05]

① 띠철근 압축부재단면의 최소 치수는 300mm이다.
② 압축부재의 축방향 주철근의 최소 개수는 직사각형 띠철근 내부의 철근의 경우 6개이다.
③ 띠철근 압축부재의 단면적은 최소 40,000mm^2 이상이어야 한다.
④ 나선철근 압축부재단면의 심부지름은 최소 200mm 이상이어야 한다.

해설

① 띠철근 압축부재단면의 최소 치수는 200mm이다.
② 압축부재의 축방향 주철근의 최소 개수는 직사각형 띠철근 내부의 철근의 경우 4개이다.
③ 띠철근 압축부재의 단면적은 최소 60,000mm^2 이상이어야 한다.

130 단면이 400mm×400mm인 콘크리트 기둥에 D22(a_1=387mm^2) 철근을 사용하여 최소 철근비를 만족하도록 주철근을 배근하였다. 배근할 주철근의 최소 개수로 옳은 것은? [기15]

① 3개 ② 4개
③ 5개 ④ 6개

해설

(1) 철근콘크리트 기둥의 최소 철근비는 전체 단면적에 1%이다.
(2) 기둥의 최소 철근비 $\rho_{\min} = \dfrac{A_{s,\min}}{A_g}$ 이므로

$A_{s,\min} = \rho_{\min} \cdot A_g = (0.01)(400 \times 400) = 1,600\text{mm}^2$

(3) 주철근의 개수$(n) = \dfrac{\text{전체 철근량}}{\text{1개 철근량}}$

$n = \dfrac{1,600\text{mm}^2}{387\text{mm}^2} = 4.13\text{개}$

(4) 철근의 개수는 소수점 올림으로 하여 5개이다.

정답 126 ③ 127 ③ 128 ② 129 ④ 130 ③

131 장방형 단면의 철근콘크리트 기둥에서 띠철근의 주요 역할은? [산15]

① 철근과 콘크리트의 부착력 증가
② 콘크리트의 압축강도 증가
③ 콘크리트 폭렬현상 방지
④ 주근의 좌굴방지

해설
띠철근을 사용하는 가장 큰 이유는 주근의 좌굴방지이다.

132 철근콘크리트 기둥의 띠철근의 사용목적으로 옳지 않은 것은? [기03]

① 주근의 설계 위치를 유지한다.
② 크리프 양을 줄이는 데 효과가 있다.
③ 주근의 좌굴을 방지하는 데 효력이 있다.
④ 수평력에 대한 전단보강의 작용을 한다.

해설
콘크리트 크리프(Creep)를 줄이는 데는 압축철근의 배근이 효과적이다.

133 철근콘크리트 압축부재에 사용되는 띠철근의 수직간격 기준으로 옳지 않은 것은? [기06]

① 종방향 철근 지름의 16배 이하
② 띠철근 지름의 48배 이하
③ 기둥 단면의 최소 치수의 $\frac{1}{2}$
 (단, 200mm보다 좁을 필요는 없다.)
④ 250mm 이하

해설
띠철근의 최대 간격 : 다음 값 중 최솟값
• 주철근 직경의 16배
• 띠철근 직경의 48배
• 기둥 단면의 최소 치수의 $\frac{1}{2}$ (단, 200mm보다 좁을 필요는 없다.)

134 다음 조건과 같은 압축부재에서 사용되는 띠철근의 수직간격은 얼마 이하이어야 하는가? [기14]

【조 건】
• 기둥 단면 : 600mm × 500mm
• 주철근 D25, 띠철근 D10

① 250mm   ② 450mm
③ 480mm   ④ 500mm

해설
띠철근의 수직간격 : 다음 값 중 최솟값
• 주철근의 16배 : 25mm × 16배 = 400mm
• 띠철근의 48배 : 10mm × 48배 = 480mm
• 기둥 단면의 최소 치수의 $\frac{1}{2}$ (단, 200mm보다 좁을 필요는 없다.)
 : 500mm × $\frac{1}{2}$ = 250mm

135 그림과 같은 장방형 기둥에서 사용되는 띠철근의 최소 간격은? (단, 주철근=D19, 띠철근은 D10) [기15]

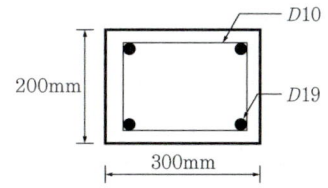

① 150mm   ② 200mm
③ 300mm   ④ 400mm

해설
띠철근의 수직간격 : 다음 값 중 최솟값
• 주철근의 16배 : 19 × 16mm = 304mm
• 띠철근의 48배 : 10 × 48mm = 480mm
• 기둥 단면의 최소 치수의 $\frac{1}{2}$ (단, 200mm보다 좁을 필요는 없다.)
 = 200mm

136 활하중의 영향면적에 대해 옳게 설명한 것은? [기16]

① 기둥 및 기초에서는 부하면적의 6배
② 보에서는 부하면적의 5배
③ 캔틸레버 부분은 영향면적에 단순합산
④ 슬래브에서는 부하면적의 2배

해설
① 활하중의 영향면적은 부재에 직접적으로 하중의 영향을 미치는 범위 내에 있는 바닥 면적
② 기둥 및 기초에서는 부하면적의 4배, 보에서는 부하면적의 2배, 슬래브에서는 부하면적을 적용
③ 캔틸레버 부분은 영향면적에 부하면적과 영향면적이 같으므로 단순합산
④ 활하중 저감계수 : $C = 0.3 + \dfrac{4.2}{\sqrt{A}}$

137 부하면적 36m²인 콘크리트 기둥의 영향면적에 따른 활하중저감계수(c)로 옳은 것은?
(단, $C = 0.3 + \dfrac{4.2}{\sqrt{A}}$, A는 영향면적) [기13,19]

① 0.25　　② 0.45
③ 0.65　　④ 1

해설
① 활하중의 영향면적은 부재에 직접적으로 하중의 영향을 미치는 범위 내에 있는 바닥 면적
② 기둥 및 기초에서는 부하면적의 4배, 보에서는 부하면적의 2배, 슬래브에서는 부하면적을 적용
③ 캔틸레버 부분은 영향면적에 부하면적과 영향면적이 같으므로 단순합산
④ 활하중 저감계수 : $C = 0.3 + \dfrac{4.2}{\sqrt{A}}$
따라서 부하면적이 36m²인 기둥의 영향면적(A)는 부하면적의 4배이므로 $A = 144\text{m}^2$
따라서 $C = 0.3 + \dfrac{4.2}{\sqrt{A}} = 0.3 + \dfrac{4.2}{\sqrt{(144)}} = 0.65$

138 그림과 같은 지상 4층 건물에 기둥 C_1의 1층에 발생하는 계수하중에 의한 축력을 면적법으로 구하면? (단, 보 및 기둥 자중은 무시하며, 바닥하중(지붕하중 동일)은 고정하중은 5kN/m², 활하중은 3kN/m이며 활하중 저감은 무시한다.) [기16]

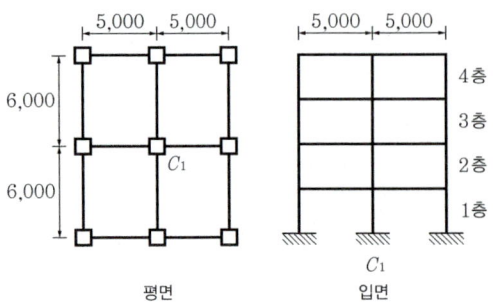
평면　　입면

① 1,296kN　　② 1,364kN
③ 1,412kN　　④ 1,498kN

해설
부하면적에 의한 기둥의 축하중 계산
(1) 부하면적(Tributary Area)
연직하중전달 구조부재가 분담하는 하중의 크기를 바닥면적으로 나타낸 것으로 각 지간의 양등분점을 연결한 면적이다.

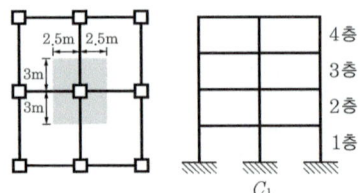

(2) 계수하중
$w_u = 1.2w_D + 1.6w_L = 1.2(5) + 1.6(3) = 10.8\text{kN/m}^2$
(3) 기둥의 축하중
$P_o = w_u \cdot A \cdot 4\text{개 층} = (10.8)(5 \times 6) \times 4\text{개 층} = 1,296\text{kN}$

139 그림과 같은 장방형 기둥 단면에 중립축이 단면의 변에 있을 때 이 철근콘크리트 기둥 단면의 중립축에 대한 단면1차모멘트값은? (단, $A_c = A_t = 30\text{ cm}^2$, 탄성계수비 $n = 15$, 단면에 표시된 길이의 단위는 cm) [기12]

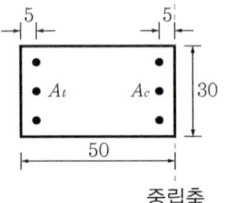
중립축

① 58,500cm³　　② 59,500cm³
③ 60,500cm³　　④ 61,500cm³

해설
(1) 환산단면적(A_e)
A_e = 순수콘크리트 단면적 + 철근을 콘크리트로 환산한 단면적
$= (A_g - A_{st}) + n(A_{st})$
여기서, A_{st} 대신 인장철근(A_t)와 압축철근(A_c)가 주어졌으므로
$A_e = (A_g - A_{st}) + n(A_t + A_c)$
$= (30 \times 50 - 2 \times 30) + (15)(30 + 30)$
$= 2,340\text{cm}^2$
(2) 환산단면적에 대한 단면1차모멘트
G중립축 = 환산단면적 × 도심거리 $= (2,340)(25) = 58,500\text{cm}^3$

140 단면 500mm×500mm인 띠철근기둥이 저항할 수 있는 최대설계축하중 ϕP_n은?
(단, f_{ck}=27MPa, f_y=400MPa) [기13,14,19]

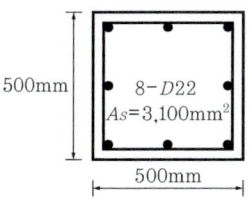

① 3,591kN ② 3,972kN
③ 4,170kN ④ 4,275kN

해설
직사각형 띠기둥의 최대 설계축하중
$P_d = \phi P_n = \phi(0.8P_o) = \phi(0.8)[0.85 f_{ck}(A_g - A_{st}) + f_y \cdot A_{st}]$
$= (0.65)(0.8)[0.85(27)(500^2 - 3,100) + (400)(3,100)]$
$= 3,591,305\text{N} = 3,591.305\text{kN}$

141 아래 단면을 가진 철근콘크리트 기둥의 설계축강도 ϕP_n을 구하면? (단, $\phi P_{n(\max)} = \phi 0.8 P_o$, $\phi = 0.65$, f_{ck}=30MPa, f_y=400MPa) [기13]

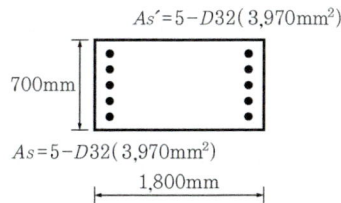

① 18,254kN ② 28,254kN
③ 38,254kN ④ 48,254kN

해설
$P_d = \phi P_n = \phi(0.8P_o) = \phi(0.8)[0.85 f_{ck}(A_g - A_{st}) + f_y \cdot A_{st}]$
$= (0.65)(0.8)[0.85(30)(1800 \times 700 - 2 \times 3,970) + (400)(2 \times 3,970)]$
$= 18,253,835\text{N} = 18,253.835\text{kN}$

142 강도설계법에 의한 띠철근을 가진 철근콘크리트의 기둥설계에서 단주의 최대 설계축하중은 약 얼마인가? (단, 기둥의 크기는 400mm×400mm, f_{ck}=24MPa, f_y=400MPa, 12-D22(A_{st}=4,644mm²), ϕ=0.65) [기18]

① 2,452kN ② 2,525kN
③ 2,614kN ④ 3,234kN

해설
$P_d = \phi P_n = \phi(0.8P_o) = \phi(0.8)[0.85 f_{ck}(A_g - A_{st}) + f_y \cdot A_{st}]$
$= (0.65)(0.80)[0.85(24)(400^2 - 4,644) + (400)(4,644)]$
$= 2,613,968\text{N} = 2,613.968\text{kN}$

143 그림에서 압축재의 지점간 거리(l_u)는?
(단, 세장효과 고려 시) [기05]

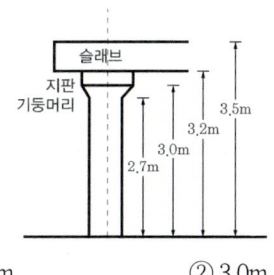

① 2.7m ② 3.0m
③ 3.2m ④ 3.5m

해설
기둥의 비지지길이와 유효길이
- 기둥의 비지지길이(Unbraced Length)(l_u)는 부재 사이의 길이를 말한다.
- 비지지길이는 바닥슬래브나 보를 횡지지할 수 있는 부재 사이의 순길이를 말한다.
- 기둥머리나 헌치가 있는 경우에는 검토면에서 기둥머리나 힌지의 최하단까지의 길이를 말한다.
- 기둥의 강도는 기둥을 지지하는 단부조건에 따라 달라지는데 단부조건의 영향을 고려한 기둥의 길이를 유효길이(kl_u)라고 한다.
- 기둥의 유효길이는 변곡점(반곡점)과 변곡점 사이의 길이이다.

정답 140 ① 141 ① 142 ③ 143 ①

06. 사용성 및 내구성

144 다음 중 철근콘크리트 강도설계법에 관한 설명으로 옳지 않은 것은? [산07]

① 서로 다른 하중의 특성을 하중계수에 의하여 설계에 반영할 수 있다.
② 부대단면의 극한강도는 재료의 비선형 성질을 고려한다.
③ 사용성의 확보(균열, 처짐)를 위한 별도의 검토가 필요 없다.
④ 서로 다른 재료의 특성을 설계에 합리적으로 반영하기 어렵다.

145 강도설계법으로 설계한 콘크리트구조물에서 처짐의 검토는 어느 하중을 사용하는가? [산14,19]

① 사용하중(Service Load)
② 설계하중(Design Load)
③ 계수하중(Factored Load)
④ 상재하중(Surcharge Load)

146 콘크리트보의 처짐에 영향을 미치는 요소로 가장 거리가 먼 것은? [산15]

① 압축철근 ② 콘크리트 크리프
③ 지속하중 ④ 늑근

[해설]
콘크리트보의 처짐 요인
늑근은 전단력에 저항하는 철근으로 처짐과의 관계가 없음

147 아래 보에서 콘크리트의 수축과 크리프에 의한 장기처짐 증가율이 가장 작은 보는? [기00]

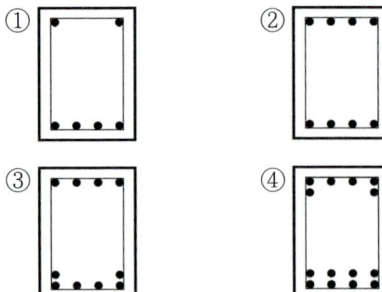

[해설]
장기처짐은 압축철근이 많이 배근될수록 감소할 것이지만 복철근비(=압축철근비/인장철근비)는 1을 초과할 수 없으므로 ②번이 가장 적합한 답이 된다.

148 철근콘크리트보의 처짐에 관한 기술 중 틀린 것은? [기04, 07]

① 단순보의 높이가 $\frac{l}{16}$ 보다 큰 경우에는 처짐 계산이 필요 없다.(l은 보의 스팬)
② 처짐 계산 시 필요한 단면2차모멘트 계산 시 콘크리트 부분은 전단면에 적용시킨다.
③ 지속하중에 의한 건조수축 및 크리프는 하중이 구조물에 처음 재하될 때 일어나는 처짐 외에 추가처짐의 원인이 된다.
④ 장기처짐은 재하기간, 압축철근의 양 등에 의하여 영향을 받는다.

[해설]
처짐 계산 시 사용되는 단면2차모멘트(I)는 균열발생 여부에 따라 비균열단면일 때 전단면2차모멘트(I_g), 균열단면일 때 유효단면2차모멘트(I_e) 또는 균열단면2차모멘트(I_{cr})로 적용시켜 계산하게 된다.

149 그림과 같은 단근 장방형 보의 균열단면2차모멘트는? (단, 탄성계수비=15, 1-D19 단면적=287mm²) [산05]

① $1.9069 \times 10^9 \text{mm}^4$
② $2.2781 \times 10^9 \text{mm}^4$
③ $3.1250 \times 10^9 \text{mm}^4$
④ $2.8000 \times 10^9 \text{mm}^4$

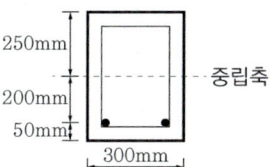

해설

단철근 직사각형 보 균열단면2차모멘트(I_{cr})

$$I_{cr} = \frac{b(kd)^3}{3} + n \cdot A_s (d-kd)^2$$
$$= \frac{(300)(250)^3}{3} + (15)(2 \times 287)[(450)-(250)]^2$$
$$= 1.9069 \times 10^9 \text{mm}^4$$

150 그림과 같은 복근 장방형 보의 균열단면2차모멘트는? (단, 탄성계수비=15, x=중립축, D16 1개 단면적 : 199mm², D19 1개 단면적 : 287mm²) [기03]

① $5.596 \times 10^9 \text{mm}^4$
② $6.865 \times 10^9 \text{mm}^4$
③ $5.131 \times 10^9 \text{mm}^4$
④ $4.159 \times 10^9 \text{mm}^4$

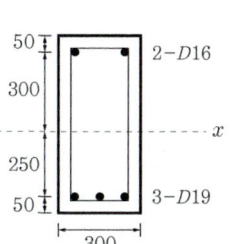

해설

복철근 직사각형 보 균열단면2차모멘트(I_{cr})

$$I_{cr} = \frac{b(kd)^3}{3} + n \cdot A_s (d-kd)^2 + (n-1) \cdot A_s' \cdot (kd-d')^2$$
$$= \frac{(300)(350)^3}{3} + (15)(3 \times 287)[(600)-(350)]^2$$
$$+ (15-1)(2 \times 199)[(350)-(50)]^2$$
$$= 5.59617 \times 10^9 \text{mm}^4$$

151 강도설계법에서 크리프와 건조수축에 따른 추가 장기처짐은 순간처짐량에 다음의 어느 값을 곱하여 구하는가? (단, ξ는 시간경과계수, ρ'는 압축철근비) [산09]

① $\lambda_\Delta = \dfrac{\xi}{50+\rho'}$ ② $\lambda_\Delta = \dfrac{\xi}{1+50\rho'}$

③ $\lambda_\Delta = \dfrac{\rho'}{50+\xi}$ ④ $\lambda_\Delta = \dfrac{\rho'}{1+50\xi}$

해설

(1) 장기처짐 = 탄성처짐 × λ_Δ

① $\lambda_\Delta = \dfrac{\xi}{1+50\rho'}$

② 시간경과 계수(ξ)

구분	ξ	구분	ξ
3개월	1.0	12개월	1.4
6개월	1.2	5년 이상	2.0

(2) ρ'은 압축철근비이므로 압축철근비가 커지면 장기처짐은 감소하게 된다.

152 철근콘크리트보의 장기처짐을 구할 때 적용되는 6년 이상 지속하중에 대한 시간경과계수 ξ의 값은? [기20(2회 출제)]

① 2.4   ② 2.0
③ 1.2   ④ 1.0

해설

② 장기처짐계수 $\lambda_\Delta = \dfrac{\xi}{1+50\rho'}$

구분	ξ	구분	ξ
3개월	1.0	12개월	1.4
6개월	1.2	5년 이상	2.0

정답 149 ① 150 ① 151 ② 152 ②

153 단근보에서 하중이 재하됨과 동시에 순간처짐이 20mm가 발생되었다. 이 하중이 5년 이상 지속되는 경우 총 처짐량은 얼마인가? (단, $\lambda_\Delta = \dfrac{\xi}{1+50\rho'}$이고, 지속하중에 의한 시간경과계수 $\xi=2$이다.) [기13,17]

① 20mm ② 40mm
③ 60mm ④ 80mm

해설
철근콘크리트부재의 총 처짐량
① 단철근보이므로 압축철근비 $\rho'=0$
② 장기처짐계수 $\lambda_\Delta = \dfrac{(2)}{1+50(0)} = 2$
③ 장기처짐 = 탄성처짐 × $\lambda_\Delta = 20 \times 2 = 40$mm
④ 총 처짐 = 탄성처짐 + 장기처짐 = 20 + 40 = 60mm

154 처짐을 계산하지 않는 경우 철근콘크리트보의 최소 두께 규정으로 옳은 것은? (단, l=보의 경간, w_c=2,300kg/m³, f_y=400MPa 사용) [산18]

① 단순지지 : $l/15$ ② 양단연속 : $l/24$
③ 1단연속 : $l/18.5$ ④ 캔틸레버 : $l/10$

155 철근콘크리트구조물의 처짐에 관한 설명으로 옳지 않은 것은? [산16]

① 휨부재의 크리프와 건조수축에 의한 추가장기처짐 산정 시 5년 이상의 지속하중에 대한 시간경과계수는 2.0이다.
② 과도한 처짐에 의해 손상될 우려가 없는 비구조요소를 지지한 지붕이나 바닥구조의 처짐한계는 $l/240$이다.
③ 내부의 보가 없는 2방향 슬래브 중 철근의 항복강도가 400MPa이고 지판이 없는 경우 내부 슬래브의 최소 두께는 $l_n/33$이다.
④ 처짐을 계산하지 않는 경우 양단연속된 리브가 있는 1방향 슬래브의 최소 두께는 $l/24$이다.

해설
④ 처짐을 계산하지 않는 경우 양단연속된 리브가 있는 1방향 슬래브의 최소 두께는 $l/21$이다.

156 강도설계법에서 처짐을 계산하지 않는 경우 스팬이 8.0m인 단순지지된 보의 최소 두께로 옳은 것은? (단, 보통중량콘크리트와 f_{ck}=400MPa 철근을 사용한 경우) [기19, 산13,18]

① 380mm ② 430mm
③ 500mm ④ 600mm

해설
처짐을 계산하지 않는 경우 보의 최소 두께

부재 [l:경간길이(mm)]	최소 두께(h_{min})			
	단순지지	1단연속	양단연속	캔틸레버
	$\dfrac{l}{16}$	$\dfrac{l}{18.5}$	$\dfrac{l}{21}$	$\dfrac{l}{8}$

따라서 단순지지된 보이므로
$h_{min} = \dfrac{l}{16} = \dfrac{(8,000)}{16} = 500$mm

157 철근콘크리트 강도설계법에서 처짐을 계산하지 않는 경우 단순지지된 보의 최소 두께(h)를 구하면? (단, 보의 길이=6m, 보통콘크리트 사용, f_y=400MPa) [산15]

① 312.5mm ② 375.0mm
③ 412.6mm ④ 432.8mm

해설
처짐 미계산 보의 최소 두께
단순지지이므로 $h = \dfrac{l}{16} = \dfrac{6,000}{16} = 375$mm

158 강도설계법에서 처짐계산을 하지 않을 때 그림과 같은 2스팬 연속보의 최소 춤은 약 얼마인가? (단, f_{ck}=21MPa, f_y=400MPa, w_c=2,300kg/m³) [산14]

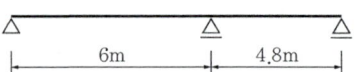

① 750mm ② 375mm
③ 324mm ④ 285mm

해설
처짐 미계산 보의 최소 두께(춤)
1단 연속이고, 두 개의 스팬 중 긴 스팬이 불리하므로 이를 적용하면
$h \geq \dfrac{l}{18.5} = \dfrac{6,000}{18.5} = 324.3$mm

159 다음과 같은 조건의 1방향 슬래브에서 처짐을 계산하지 않고 정할 수 있는 슬래브의 최소 두께는? [기12,15]

- 중심스팬 : 4,200mm
- 양단 연속
- 보통콘크리트와 설계기준 항복강도 400MPa 철근 사용

① 150mm ② 180mm
③ 200mm ④ 220mm

해설

처짐을 계산하지 않는 경우 슬래브의 최소 두께

1방향 슬래브	최소 두께(h_{min})			
	단순지지	1단연속	양단연속	캔틸레버
	$\dfrac{l}{20}$	$\dfrac{l}{24}$	$\dfrac{l}{28}$	$\dfrac{l}{10}$

$h_{min} = \dfrac{l}{28} = \dfrac{(4,200)}{28} = 150mm \geq 100mm$

---

160 과도한 처짐에 의해 손상되기 쉬운 비구조요소를 지지 또는 부착하지 않은 바닥구조의 활하중 L에 의한 순간 처짐의 한계는? [기18, 산17]

① $\dfrac{l}{180}$ ② $\dfrac{l}{240}$
③ $\dfrac{l}{360}$ ④ $\dfrac{l}{480}$

해설

최대 허용처짐

부재의 형태	고려해야 할 처짐	처짐한계
과도한 처짐에 의해 손상되기 쉬운 비구조요소를 지지 또는 부착하지 않은 평지붕 구조	활하중 L에 의한 순간처짐	$\dfrac{l}{180}$
과도한 처짐에 의해 손상되기 쉬운 비구조요소를 지지 또는 부착하지 않은 바닥구조	활하중 L에 의한 순간처짐	$\dfrac{l}{360}$
과도한 처짐에 의해 손상되기 쉬운 비구조요소를 지지 또는 부착한 지붕 또는 바닥구조	전체 처짐 중에서 비구조요소가 부착된 후에 발생하는 처짐 부분(모든 지속하중에 의한 장기처짐과 추가적인 활하중에 의한 순간처짐의 합)	$\dfrac{l}{480}$
과도한 처짐에 의해 손상될 염려가 없는 비구조요소를 지지 또는 부착한 지붕 또는 바닥구조		$\dfrac{l}{240}$

---

161 다음과 같은 조건에서 철근콘크리트보의 인장철근의 최대 허용 배근간격은 얼마인가? (단, 철근은 보의 인장부에만 배근하고 피복두께는 40mm이다.) [기17]

- 일반환경 조건
- $f_{ck} = 28MPa$, $f_y = 400MPa$, $f_s = (2/3)f_y$
- $A_s = 1,548.5mm^2 (4-D22)$

① 106.7mm ② 163.5mm
③ 195.3mm ④ 239.1mm

해설

휨균열 제어를 위한 인장철근의 배근 중심간격
(다음의 식 중 작은 값 이하)

① $s = 375(\dfrac{k_{cr}}{f_s}) - 2.5C_c$

$= 375(\dfrac{(210)}{(\dfrac{2}{3})(400)}) - 2.5(40) = 195.313mm$

② $s = 300(\dfrac{k_{cr}}{f_s}) = 300(\dfrac{(210)}{(\dfrac{2}{3})(400)}) = 236.25mm$

따라서 배근 간격은 두 값 중 작은 값인 195.313mm

---

162 콘크리트구조에서 허용균열폭 결정 시 고려사항과 가장 거리가 먼 것은? [산16]

① 구조물의 사용목적 ② 소요내구성
③ 콘크리트 강도 ④ 환경조건

해설

콘크리트조의 허용균열폭 결정사항
- 구조물의 사용목적
- 소요내구성
- 환경조건

163 철근콘크리트구조물의 내구성 허용기준과 관련하여 구조물의 노출범주와 기타 조건이 다음과 같을 때 동해에 저항하기 위한 전체 공기량의 확보 기준은? (단, KBC2016 기준) [산17]

> 1. 노출범주: 지속적으로 수분과 접촉하고 동결융해의 반복작용에 노출되는 콘크리트
> 2. 굵은골재의 최대 치수: 20mm
> 3. 콘크리트 설계기준 압축강도: 35MPa

① 4.5%　　② 5.5%
③ 6.0%　　④ 7.0%

해설
동결융해 관련 공기량 기준
(1) 동결융해관련 노출등급
　F0: 동결융해에 노출되지 않음
　F1: 간혹 수분과 접촉하고 동결융해에 노출됨
　F2: 지속적으로 수분과 접촉하고 동결융해에 노출됨
　F3: 제빙화학제에 노출됨
(2) 굵은골재의 최대 치수(20mm)에 따른 공기량 기준
　노출등급 F1: 5.0%
　노출등급 F2, F3: 6.0%
따라서 굵은골재 최대 치수 20mm의 F2에 공기량은 6.0%이다.

07. 철근의 정착 및 이음

164 철근의 부착성능에 영향을 주는 요인에 관한 설명으로 옳지 않은 것은? [기18]

① 이형철근이 원형철근보다 부착강도가 크다.
② 블리딩의 영향으로 수직철근이 수평철근보다 부착강도가 작다.
③ 보통의 단위중량을 갖는 콘크리트의 부착강도는 콘크리트의 압축강도, 즉 $\sqrt{f_{ck}}$에 비례한다.
④ 피복두께가 크면 부착강도가 크다.

해설
블리딩(Bleeding)의 영향으로 수평철근이 수직철근보다 부착강도가 작다.

165 철근콘크리트구조에서 부착력이 부족할 때 단면의 크기를 변경하지 않고 부착력을 증가시키는 가장 적당한 방법은? [산02]

① 철근량을 늘린다.
② 철근량을 같고 지름이 작은 철근을 여러 개 사용한다.
③ 콘크리트의 강도를 높인다.
④ 고강도 철근을 사용한다.

해설
부착력을 증가시키기 위해 콘크리트 강도를 높이거나 철근의 주장을 증가시키거나 정착 길이를 증가시켜야 하는데, 이 중 가장 적당한 방법은 철근의 주장을 증가시키는 것이다.

166 철근콘크리트구조에서 철근 가공 시 표준갈고리에 관한 설명으로 옳지 않은 것은? [산18]

① 주철근의 표준갈고리는 90° 표준갈고리와 180° 표준갈고리가 있다.
② 주철근의 90° 표준갈고리는 구부린 끝에서 $12d_b$ 이상 더 연장하여야 한다.
③ 띠철근과 스터럽의 표준갈고리는 60° 표준갈고리와 90° 표준갈고리가 있다.
④ D25 이하의 철근으로 135° 표준갈고리를 만드는 경우, 구부린 끝에서 $6d_b$ 이상 더 연장하여야 한다.

해설
건축구조기준
③ 띠철근과 스터럽의 표준갈고리는 135° 표준갈고리와 90° 표준갈고리가 있다.

167 철근 직경(d_b)에 따른 표준갈고리와 구부림 최소 내면 반지름 기준으로 옳지 않은 것은? [산14,20]

① D25 주철근: $3d_b$ 이상
② D13 주철근: $2d_b$ 이상
③ D16 띠철근: $2d_b$ 이상
④ D13 띠철근: $2d_b$ 이상

해설

표준갈고리의 구부림 최소 내면 반지름

주철근		스터럽 및 띠철근	
철근 직경	최소 내면 반지름	철근 직경	최소 내면 반지름
D10~D25	$3d_b$ 이상	D10~D16	$2d_b$ 이상
D29~D35	$4d_b$ 이상	D19~D25	$3d_b$ 이상
D38 이상	$5d_b$ 이상		

168 철근콘크리트부재의 인장이형철근 및 이형철선의 기본정착길이 l_{db}을 구하는 식은? [산17,19]

① $\dfrac{0.6d_b \cdot f_y}{\lambda\sqrt{f_{ck}}}$ ② $\dfrac{0.3d_b \cdot f_y}{\lambda\sqrt{f_{ck}}}$

③ $\dfrac{0.8d_b}{\lambda\sqrt{f_{ck}}}$ ④ $\dfrac{0.12d_b}{\lambda\sqrt{f_{ck}}}$

해설

(1) 인장이형철근의 소요(실제)정착길이
$l_d = l_{db} \times$ 보정계수

(2) 기본정착길이
$l_{db} = \dfrac{0.6d_b \cdot f_y}{\lambda\sqrt{f_{ck}}}$

여기서, λ : 경량콘크리트계수
f_{ck} : 콘크리트의 압축강도($\sqrt{f_{ck}} \leq 8.4$MPa)
d_b : 철근 또는 철선의 공칭직경(mm)
f_y : 철근의 항복강도

169 D25 인장철근의 기본정착길이로 옳은 것은? (단, D25의 단면적은 507mm², f_{ck}=24MPa, f_y=400MPa, λ=1) [기00,07]

① 1,250mm ② 1,000mm
③ 750mm ④ 700mm

해설

인장철근 기본정착길이
$l_{db} = \dfrac{0.6d_b \cdot f_y}{\lambda\sqrt{f_{ck}}} = \dfrac{0.6(25)(400)}{(1.0)\sqrt{(24)}} = 1,224.74$mm

170 철근콘크리트부재의 인장이형철근 및 이형철선의 정착길이는 최소 얼마 이상이어야 하는가? [산11]

① 100mm ② 150mm
③ 200mm ④ 300mm

해설

정착길이 최소 기준
• 인장이형철근 및 이형철선 : 최소 300mm 이상
• 압축이형철근 및 이형철선 : 최소 200mm 이상

171 인장이형철근 및 압축이형철근의 정착길이(l_d)에 관한 기준으로 옳지 않은 것은? [기17]

① 계산에 의하여 산정한 인장이형철근의 정착길이는 항상 250mm 이상이어야 한다.
② 계산에 의하여 산정한 압축이형철근의 정착길이는 항상 200mm 이상이어야 한다.
③ 인장 또는 압축을 받는 하나의 다발철근 내에 있는 개개 철근의 정착 길이 l_d는 다발철근의 아닌 경우의 각 철근의 정착 길이보다 3개의 철근으로 구성된 다발철근에 대해서 20%를 증가시켜야 한다.
④ 단부에 표준갈고리가 있는 인장이형철근의 정착 길이는 항상 $8d_b$ 이상 또한 150mm 이상이어야 한다.

해설

정착길이 최소 기준
• 인장이형철근 및 이형철선 : 최소 300mm 이상
• 압축이형철근 및 이형철선 : 최소 200mm 이상

172 f_{ck}=400MPa 이형철근을 사용한 경우 필요한 철근의 인장정착길이가 1,000m이었다. f_{ck}=500MPa로 철근의 강도를 변경하고, 소요철근보다 1.25배 많게 철근을 배근하였을 경우 변경된 철근의 인장정착길이는 얼마인가? [기17]

① 750mm ② 1,000mm
③ 1,200mm ④ 1,500mm

정답 168 ① 169 ① 170 ④ 171 ① 172 ②

> [해설]

(1) 인장이형철근의 기본정착길이

$l_{db} = \dfrac{0.6 d_b \cdot f_y}{\lambda \sqrt{f_{ck}}}$ 이므로 정착길이는 철근의 항복강도 f_y에 비례한다.

(2) $f_y = 400\text{MPa}$에서 $f_y = 500\text{MPa}$로 변경하면, $\dfrac{500}{400} = 1.25$배 만큼의 정착길이가 더 필요하게 된다.

(3) 소요철근보다 1.25배 많게 철근을 배근하였으므로 그 값이 상쇄되므로 철근의 인장정착길이는 그대로 1,000mm가 된다.

173
인장을 받는 이형철근의 정착길이(l_d)는 기본정착길이(l_{db})에 보정계수를 곱하여 구한다. 이 보정계수에 대한 설명 중 옳지 않은 것은? [기16]

① 철근배치 위치 계수 α는 상부 철근일 경우 1.5이고, 기타 철근일 경우 1.0이다.
② 철근 크기 계수 γ은 철근직경이 D22 이상인 경우 1.0이고, D19 이하일 경우 0.8이다.
③ 철근 도막 계수 β는 도막되지 않은 철근일 경우 1.0이다.
④ 경량콘크리트계수 λ는 일반콘크리트인 경우 1.0이다.

> [해설]

정착길이에 대한 보정계수
(1) α : 철근배근 위치계수
 ① 상부철근(정착길이 또는 이음부 아래 300mm를 초과되게 굳지 않은 콘크리트를 친 수평철근) ·············· 1.3
 ② 기타 철근 ·· 1.0
(2) β : 철근 도막계수
 ① 피복두께가 $3d_b$ 미만 또는 순간격이 $6d_b$ 미만인 에폭시 도막철근 또는 철선 ·· 1.5
 ② 기타 에폭시 도막철근 또는 철선 ·············· 1.2
 ③ 아연도금 철근 ·· 1.0
 ④ 도막되지 않은 철근 ································ 1.0
(3) λ : 경량콘크리트계수(f_{sp}가 규정되어 있지 않은 경우)

전경량 콘크리트	모래경량 콘크리트	보통중량 콘크리트
$\lambda = 0.75$	$\lambda = 0.85$	$\lambda = 1.0$

(4) γ : 철근 또는 철선의 크기 계수
 ① D19 이하의 철근과 이형철선 ················· 0.8
 ② D22 이상의 철근 ······································ 1.0

174
인장을 받는 이형철근의 정착길이(l_d)는 기본정착길이(l_{db})에 보정계수를 곱하여 산정한다. 다음 중 이러한 보정계수에 영향을 미치는 사항이 아닌 것은? [기12]

① 콘크리트 강도
② 콘크리트의 피복두께
③ 에폭시 도막계수
④ 철근배치 위치계수

175
D16철근이 90° 표준갈고리로 정착되었다면 이 갈고리의 소요정착길이는?
(단, 보통중량콘크리트 $f_{ck} = 21\text{MPa}$, 도막되지 않은 철근, $f_y = 400\text{MPa}$, D16 공칭지름 = 15.9mm) [기10,14]

① 163mm
② 233mm
③ 324mm
④ 357mm

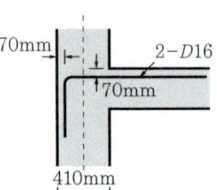

> [해설]

(1) 도막되지 않은 철근이므로 $\beta = 1.0$
(2) 콘크리트 피복두께에 대한 보정계수는 피복두께가 70mm이므로 0.7
(3) 소요정착길이

$l_{dh} = l_{hb} \times 보정계수 = \dfrac{0.24\beta \cdot d_b \cdot f_y}{\lambda \sqrt{f_{ck}}} \cdot (0.7)$

$= \dfrac{0.24(1.0)(15.9)(400)}{(1.0)\sqrt{(21)}} \cdot (0.7) = 233.161\text{mm}$

176
인장을 받는 이형철근의 직경이 D16(직경 15.9mm)이고, 콘크리트강도가 30MPa인 표준갈고리의 기본정착길이는? (단, $f_y = 400\text{MPa}$, $\beta = 1.0$, $m_c = 2,300\text{kg/m}^3$) [기18]

① 238mm
② 258mm
③ 279mm
④ 312mm

> [해설]

(1) $m_c = 2,300\text{kg/m}^3$ 이므로 경량콘크리트계수 $\lambda = 1.0$
(2) $l_{hb} = \dfrac{0.24\beta \cdot d_b \cdot f_y}{\lambda \sqrt{f_{ck}}} = \dfrac{0.24(1.0)(15.9)(400)}{(1.0)\sqrt{(30)}} = 278.681\text{mm}$

정답 173 ① 174 ① 175 ② 176 ③

177 압축을 받는 이형철근의 기본정착길이(l_{db})가 420mm로 계산되었다. 해석결과 요구되는 철근량보다 20%를 초과하여 배치한 경우 압축을 받는 이형철근의 정착길이(l_d)를 구하면? [기15]

① 320mm ② 350mm
③ 420mm ④ 504mm

해설

압축이형철근 정착길이 산정(l_d)
(1) $l_d = l_{db} \times$ 보정계수
(2) 보정계수 :
실제철근량이 소요철근량 보다 많을 때 ··· $\dfrac{(\text{소요철근량})}{(\text{실제철근량})}$
(3) $l_d = (420)\left(\dfrac{100}{120}\right) = 350\text{mm}$

178 강도설계법에서 철근의 기본정착길이가 잘못된 것은? [산06]

① 인장이형철근 : $\dfrac{0.6 \cdot d_b \cdot f_y}{\lambda \sqrt{f_{ck}}}$

② 압축이형철근 : $\dfrac{0.25 \cdot d_b f_y}{\lambda \sqrt{f_{ck}}}$

③ 표준갈고리를 갖는 인장이형철근 : $\dfrac{0.24\beta \cdot d_b \cdot f_y}{\lambda \sqrt{f_{ck}}}$

④ 표준갈고리를 갖는 압축이형철근 : $\dfrac{0.152 \cdot d_b \cdot f_y}{\lambda \sqrt{f_{ck}}}$

해설

압축철근의 정착에서는 표준갈고리 효과가 없으므로 기본정착길이를 적용하지 않는다.

179 압축이형철근의 정착길이에 관한 기준으로 옳지 않은 것은? [기20]

① 계산된 정착길이는 항상 200mm 이상이어야 한다.
② 기본정착길이는 최소 $0.043 d_b f_y$ 이상이어야 한다.
③ 해석결과 요구되는 철근량을 초과하여 배치한 경우 $\dfrac{(\text{소요 철근량})}{(\text{실제 철근량})}$을 곱하여 보정한다.
④ 전경량콘크리트를 사용한 경우 기본정착길이에 0.85배하여 정착길이를 산정한다.

해설

압축이형철근의 기본정착길이에서 전경량콘크리트를 사용한 경우 보정계수 $\lambda = 0.75$를 적용하여 정착길이를 산정한다.

180 압축이형철근의 정착길이에 관한 설명으로 옳지 않은 것은? [산20]

① 압축이형철근의 정착길이는 항상 200mm 이상이어야 한다.
② 압축이형철근의 정착에는 표준갈고리가 요구된다.
③ 압축이형철근의 기본정착길이는 철근직경이 커지면 증가한다.
④ 압축이형철근의 기본정착길이는 $0.043 d_b f_y$ 이상이어야 한다.

해설

압축이형철근의 정착에는 표준갈고리가 효과 없으므로 기본정착길이를 적용하지 않는다.

181 강도설계법에서 D19 압축철근의 기본정착길이는? (단, 보통중량 콘크리트 f_{ck}=21MPa, f_y=400MPa, D19 단면적 287mm²이다.) [기12,17,20]

① 674mm ② 570mm
③ 482mm ④ 415mm

해설

압축이형철근 기본정착길이(l_{db})
(1), (2) 중 큰 값
(1) $l_{db} = \dfrac{0.25 d_b \cdot f_y}{\lambda \sqrt{f_{ck}}} = \dfrac{0.25(19)(400)}{(1.0)\sqrt{(21)}} = 414.6\text{mm}$
(2) $l_{db} = 0.043 d_b \cdot f_y = 0.043(19)(400) = 326.8\text{mm}$
따라서 기본정착길이는 이 중 큰 값인 414.6mm

정답 177 ② 178 ④ 179 ④ 180 ② 181 ④

182 그림은 철근콘크리트보의 주근 배근이다. 주근의 이음 위치로 가장 나쁜 곳은? [기03]

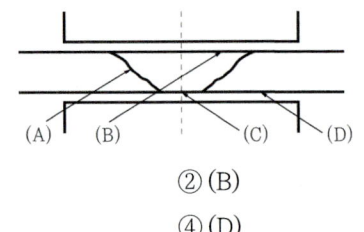

① (A) ② (B)
③ (C) ④ (D)

해설
중앙부 하단은 휨모멘트가 크게 발생되어 인장주철근이 배근되므로 잇지 않고 시공하는 것이 좋다.

183 철근의 이음에 관한 기준으로 옳지 않은 것은? [산07,18]

① D32를 초과하는 철근은 겹침이음을 할 수 없다.
② 휨부재에서 서로 직접 접촉되지 않게 겹침이음된 철근은 횡방향으로 소요 겹침이음길이의 1/5 또는 150mm 중 작은 값 이상 떨어지지 않아야 한다.
③ 용접이음은 용접용 철근을 사용해야 하며, 철근의 설계기준 항복강도 f_y의 125% 이상을 발휘할 수 있는 완전용접이어야 한다.
④ 다발철근의 겹침이음은 다발 내의 개개철근에 대한 겹침이음길이를 기본으로 하여 결정하여야 한다.

해설
① D35를 초과하는 철근은 겹침이음을 할 수 없다.

184 강도설계법에서 철근의 겹침이음 중 A급 이음을 가장 옳게 설명한 것은? [산16]

① 소요 철근량 1배 이상 배근된 경우 또는 겹침이음된 철근량이 전체 철근량의 50% 이내
② 소요 철근량의 1배 이상 배근된 경우이고 겹침이음된 철근량이 전체 철근량의 50% 이내
③ 소요 철근량의 2배 이상 배근된 경우 또는 겹침이음된 철근량이 전체 철근량의 50% 이내
④ 소요 철근량의 2배 이상 배근된 경우이고 겹침이음된 철근량이 전체 철근량의 50% 이내

해설
겹침이음 이음길이

구 분	내 용	이음 길이
A급 이음	배근된 철근량이 소요철근량의 2배 이상이고, 소요 겹침이음 길이 내 겹침이음 된 철근량이 전체 철근량의 1/2 이하인 경우	1.0 l_d
B급 이음	그 외 경우	1.3 l_d

185 철근콘크리트보에서 콘크리트를 이어붓기할 때 그 이음의 위치로 가장 적당한 것은? [기20]

① 전단력이 최소인 부분
② 휨모멘트가 최소인 부분
③ 큰보와 작은보가 접합되는 단면이 변화되는 부분
④ 보의 단부

해설
철근콘크리트보 바닥판의 콘크리트 이어붓기는 전단력이 작은 경간(스팬)의 중앙부에서 수직으로 하고, 철근의 이음은 휨모멘트가 작은 곳에서 한다.

08. 슬래브설계

186 그림과 같은 2방향 슬래브를 1방향 슬래브로 보고 계산할 수 있는 경우는? (단, $L > S$일 경우) [산02,16]

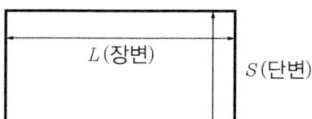

① $\dfrac{L}{S} > 2$일 경우   ② $\dfrac{S}{L} > 2$일 경우

③ $\dfrac{L}{S} > 1$일 경우   ④ $\dfrac{S}{L} > 1$일 경우

해설

슬래브 변장비(λ) = $\dfrac{\text{장변 스팬}}{\text{단변 스팬}}$

① 1방향 슬래브 $\lambda > 2$
② 2방향 슬래브 $\lambda \leq 2$

187 등분포하중을 받는 4변 고정 2방향 슬래브에서 모멘트량이 가장 크게 나타나는 곳은? [산15]

① A
② B
③ C
④ D

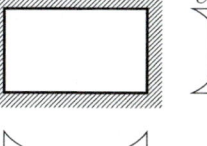

해설

4변 고정 2방향 슬래브의 모멘트량
2방향 슬래브에서 가장 많은 모멘트량을 받는 곳은 단변방향의 단부임.

188 장변이 단변의 2배가 넘는 슬래브는 단변을 경간으로 하는 1방향 슬래브로 설계해야 한다. 그 이유는? [산02]

① 철근이 절약되기 때문에
② 하중의 대부분이 단변방향으로 작용하기 때문에
③ 구조계산이 편리하기 때문에
④ 휨모멘트가 작기 때문에

해설

(1) 1방향 슬래브는 하중의 대부분이 단변방향으로 작용한다.
(2) 2방향 슬래브는 하중이 장변과 단변 두 방향으로 작용한다.

189 다음은 슬래브에 배력철근을 배근하는 이유에 대한 설명이다. 틀린 것은? [산03]

① 슬래브에 작용하는 응력으로 고르게 분포시킨다.
② 슬래브 주철근의 간격을 유지한다.
③ 슬래브의 주철근의 양을 감소시킬 수 있다.
④ 콘크리트 건조수축에 의한 수축을 감소할 수 있다.

해설

배력철근(Distributing Bar)
집중하중을 분포시키거나 균열을 제어 목적으로 주철근과 직각에 가까운 방향으로 배치한 보조철근으로서 주철근 양을 감소시키는 것과는 거리가 멀다.

190 철근콘크리트구조에서 주근이라 하기에 적당하지 않은 것은? [산01]

① 내민보의 축방향 상단근
② 압축력을 받는 부재의 압축방향 철근
③ 양단 고정보의 단부 상단 축방향 철근
④ 1방향 바닥판의 장변방향 철근

해설

1방향 슬래브 ($\lambda = \dfrac{l_y}{l_x} > 2$)
① 주근 : 단변방향 철근으로 슬래브 표면과 가까이 둔다.
② 온도 철근 : 장변방향 철근으로 주근의 안쪽에 둔다.

191 단변방향의 순경간 6m, 장변방향 순경간 8m인 4변 고정슬래브에서 굽힘철근의 단부로부터의 굽힘 위치는? [산03]

① 단변방향 1.0m, 장변방향 1.0m
② 단변방향 1.0m, 장변방향 1.5m
③ 단변방향 1.5m, 장변방향 1.5m
④ 단변방향 1.5m, 장변방향 2.0m

해설

굽힘철근의 절곡 위치는 주열대와 주간대를 구분하는 경계선으로 장·단변 구분 없이 단변방향 길이의 $\dfrac{1}{4}$ 지점($=\dfrac{l_x}{4}$)이다.

$\therefore 6\text{m} \times \dfrac{1}{4} = 1.5\text{m}$

정답 186 ① 187 ③ 188 ② 189 ③ 190 ④ 191 ③

192 강도설계법에서 1방향 슬래브의 구조 규준에 관한 설명에 관한 설명으로 옳지 않은 것은?

① 슬래브의 두께는 최소 100mm 이상으로 한다.
② 주철근의 간격은 최대 휨모멘트가 일어나는 단면에서는 슬래브 두께의 2배 이하, 300mm 이하로 한다.
③ 주철근의 간격은 최대 휨모멘트가 일어나지 않는 기타 단면에서는 슬래브 두께의 3배 이하, 450mm 이하로 한다.
④ 배력철근의 간격은 슬래브 두께의 3배 이하, 450mm 이하로 한다.

해설
배력철근의 간격은 슬래브 두께의 5배 이하, 450mm 이하로 한다.

193 철근콘크리트구조의 1방향 슬래브의 정모멘트철근 및 부모멘트철근의 중심간격은 위험단면에서 슬래브 두께의 최대 몇 배 이하이어야 하는가? [산12]

① 1배   ② 2배
③ 3배   ④ 4배

해설
1방향 슬래브의 주근간격 기준
- 위험 단면(최대 휨모멘트가 일어나는 단면) : 슬래브 두께의 2배 이하, 300mm 이하
- 기타 단면 : 슬래브 두께의 3배 이하, 450mm 이하

194 철근콘크리트 슬래브에 관한 설명으로 옳지 않은 것은? [산12,19]

① 1방향 슬래브의 두께는 최소 100mm 이상으로 하여야 한다.
② 1방향 슬래브에서는 정모멘트철근 및 부모멘트철근에 직각방향으로 수축·온도 철근을 배치하여야 한다.
③ 슬래브 끝의 단순받침부에서도 내민슬래브에 의하여 부모멘트가 일어나는 경우에는 이에 상응하는 철근을 배치하여야 한다.
④ 주열대는 기둥 중심선을 기준으로 양쪽으로 장변 또는 단변길이의 0.25를 곱한 값 중 큰 값을 한쪽의 폭으로 하는 슬래브의 영역을 가리킨다.

해설
슬래브의 주열대 정의
④ 주열대는 기둥 중심선을 기준으로 양쪽으로 장변 또는 단변길이의 0.25를 곱한 값 중 작은 값을 한쪽의 폭으로 하는 슬래브 영역을 가리킨다.

195 철근콘크리트 슬래브의 수축·온도 철근에 대한 설명 중 옳은 것은? [산16]

① 슬래브에서 휨철근이 1방향으로만 배치되는 경우 휨철근에 직각 방향의 온도 철근은 필요 없다.
② 수축·온도 철근비는 콘크리트 유효 높이에 대하여 계산한다.
③ 수축·온도 철근은 콘크리트 설계기준강도 f_{ck}를 발휘할 수 있도록 정착되어야 한다.
④ 수축·온도 철근으로 배치되는 이형철근의 철근비는 어느 경우에도 0.0014 이상이어야 한다.

해설
수축·온도철근
① 슬래브의 휨철근이 1방향으로만 배치되는 경우 휨철근에 직각 방향의 온도 철근이 필요함.
② 수축·온도 철근비는 콘크리트 유효 높이와 관계없음.
③ 수축·온도 철근은 콘크리트 설계기준항복강도 f_y를 발휘할 수 있도록 정착될 필요 없음.

196 1방향 철근콘크리트 슬래브에 관한 설명 중 옳은 것은? [기05,08]

① 1방향 슬래브에서는 정철근 및 부철근에 평행하게 수축·온도 철근을 배치한다.
② 슬래브 끝의 단순받침부에는 철근을 배치하면 안 된다.
③ 슬래브의 정철근 및 부철근의 중심간격은 600mm 이하로 하여야 한다.
④ 1방향 슬래브의 두께는 최소 100mm 이상으로 하여야 한다.

해설
1방향 슬래브(1-Way Slab) 구조상세
① 1방향 슬래브에서는 정철근 및 부철근에 직각방향으로 수축·온도 철근을 배치한다.

정답 192 ④ 193 ② 194 ④ 195 ④ 196 ④

② 슬래브의 끝이 단순받침 되어 있더라도 부모멘트가 발생하는 경우에는 철근을 배근하여야 한다.
③ 1방향 슬래브 정철근 및 부철근의 중심간격은 최대 휨모멘트가 발생하는 단면에서는 300mm 이하, 그 밖의 단면에서는 450mm 이하로 하여야 한다.

197 철근콘크리트구조에서 철근배근에 대한 설명 중 옳지 않은 것은? [기00]

① 2방향 슬래브에서는 서로 직교하는 장·단변방향으로 주철근을 배근한다.
② 1방향 슬래브는 단위폭 1m에 대한 장방형보로 취급하여 설계한다.
③ 2방향 슬래브란 장변과 단변의 비가 2 이내인 슬래브를 말한다.
④ 1방향 슬래브에서는 장변방향에 주철근을 배근한다.

[해설]
1방향 슬래브는 $\lambda = \dfrac{l_y}{l_x} > 2$인 경우이므로 단변방향에 주철근을 사용하고 장변방향으로는 온도철근을 배근한다.

198 강도설계법에 의한 철근콘크리트의 슬래브 설계에서 그림과 같은 슬래브의 단위폭 1m에 필요한 최소 철근량은? (단, $f_{ck}=24$MPa, $f_y=400$MPa) [산03]

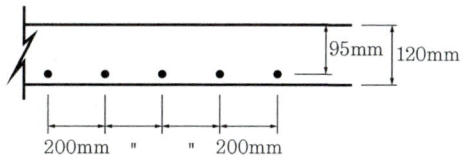

① 114mm²   ② 182mm²
③ 216mm²   ④ 240mm²

[해설]
수축온도철근 철근비

$f_y = 400$MPa	$f_y > 400$MPa
$\rho = 0.0020$	$\rho = 0.0020 \times \dfrac{400}{f_y} \geq 0.0014$

$f_y = 400$MPa이므로 $\rho_{\min} = 0.0020$
∴ $A_{s,\min} = \rho_{\min} \cdot b \cdot d$
$= (0.002)(1,000)(120) = 240\text{mm}^2$

199 1방향 철근콘크리트 슬래브에서 철근의 설계기준 항복강도가 500MPa인 경우 콘크리트 전체 단면적에 대한 수축·온도 철근비는 최소 얼마 이상이어야 하는가? (단, KDS 기준, 이형철근 사용) [기17,20]

① 0.0015   ② 0.0016
③ 0.0018   ④ 0.0020

[해설]
수축온도철근 철근비

$f_y = 400$MPa	$f_y > 400$MPa
$\rho = 0.0020$	$\rho = 0.0020 \times \dfrac{400}{f_y} \geq 0.0014$

$f_y = 500$MPa이므로
$\rho_{\min} = 0.0020 \times \dfrac{400}{f_y} \geq 0.0014$
$\rho_{\min} = 0.0020 \times \dfrac{400}{(500)} = 0.0016 \geq 0.0014$

200 강도설계법에서 1방향 슬래브 설계 시 휨철근에 직각방향으로 배근되는 D10 철근의 최대 간격으로 옳은 것은? (단, 슬래브 두께는 150mm, $f_y=400$MPa, 철근(D10) 1개의 단면적은 71mm²) [기06]

① 200mm   ② 230mm
③ 260mm   ④ 300mm

[해설]
(1) 최소 철근량
 ① $f_y = 400$MPa이므로 $\rho_{\min} = 0.002$
 ② 최대 간격이므로 최소 철근비가 적용된다.
  $A_{s,\min} = \rho_{\min} \cdot b \cdot d = (0.002)(1,000)(150)$
  $= 300\text{mm}^2$
(2) 단위폭 1m당 철근의 개수 $n = \dfrac{(300\text{mm}^2)}{(71\text{mm}^2)} = 4.23$개
(3) 철근 간격 $s = \dfrac{(1,000\text{mm})}{(4.23\text{개})} = 236.4\text{mm}/1$개

정답 197 ④ 198 ④ 199 ② 200 ②

201 그림과 같은 플랫 플레이트 슬래브가 450×450mm 정사각형 기둥에 의해 지지되고 있으며 테두리보는 배치되어 있지 않다. 모서리 패널의 경우 현행기준에서 요구하는 슬래브의 최소 두께로 옳은 것은? (단, f_{ck}=21MPa, f_y=400MPa)

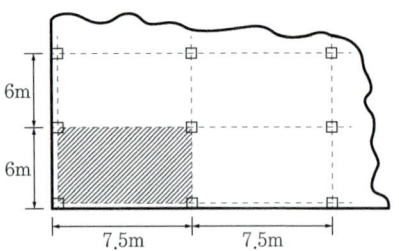

① 195mm ② 215mm
③ 235mm ④ 255mm

해설

2방향 슬래브의 내부 보가 없는 슬래브의 최소 두께
- 지판이 없는 경우

설계기준 항복강도 f_y(MPa)	지판이 없는 경우 외부 슬래브 테두리보가 없는 경우	지판이 없는 경우 외부 슬래브 테두리보가 있는 경우	내부 슬래브
300	$l_n/32$	$l_n/35$	$l_n/35$
350	$l_n/31$	$l_n/34$	$l_n/34$
400	$l_n/30$	$l_n/33$	$l_n/33$
500	$l_n/28$	$l_n/31$	$l_n/31$
600	$l_n/26$	$l_n/29$	$l_n/29$

- 지판이 있는 경우

설계기준 항복강도 f_y(MPa)	지판이 없는 경우 외부 슬래브 테두리보가 없는 경우	지판이 없는 경우 외부 슬래브 테두리보가 있는 경우	내부 슬래브
300	$l_n/35$	$l_n/39$	$l_n/39$
350	$l_n/34$	$l_n/37.5$	$l_n/37.5$
400	$l_n/33$	$l_n/36$	$l_n/36$
500	$l_n/31$	$l_n/33$	$l_n/33$
600	$l_n/29$	$l_n/31$	$l_n/31$

① 2방향 슬래브의 두께를 결정하기 위한 l_n은 장변방향의 순경간을 적용

$l_n = 7,500mm - (2 \times \dfrac{450mm}{2}) = 7,050mm$

② 지판이 없고 테두리보가 없는 설계기준 항복강도 $f_y = 400MPa$인 경우이므로

$\therefore h_{min} = \dfrac{l_n}{30} = \dfrac{(7,050)}{30} = 235mm$

202 강도설계법에서 직접설계법을 이용한 콘크리트 슬래브 설계 시 적용조건으로 옳지 않은 것은? [기01,02,12,18]

① 각 방향으로 3경간 이상이 연속되어야 한다.
② 슬래브판들은 단변경간에 대한 장변경간의 비가 2 이하인 직사각형이어야 한다.
③ 각 방향으로 연속한 받침부 중심 간 경간 차이는 긴 경간의 1/3 이하이어야 한다.
④ 모든 하중은 슬래브판의 특정지점에 작용하는 집중하중이어야 하며 활하중은 고정하중의 3배 이하이어야 한다.

해설

④ 활하중은 고정하중의 2배 이하이어야 한다.

203 직접설계법을 사용하여 슬래브 시스템을 설계하려고 할 때의 제한사항 중 옳지 않은 것은? [산12]

① 각 방향으로 3경간 이상이 연속되어야 한다.
② 각 방향으로 연속한 받침부 중심 간 경간길이의 차이는 긴 경간의 1/3 이하이어야 한다.
③ 연속한 기둥중심선으로부터 기둥의 이탈은 이탈방향 경간의 최대 10%까지 허용된다.
④ 슬래브들의 단변경간에 대한 장변경간의 비가 2 이상이어야 한다.

해설

슬래브들의 단변경간에 대한 장변경간의 비가 2 이내이어야 한다.

204 그림과 같은 4변 고정슬래브에 10kN/m²의 하중이 작용한다면 최대 부모멘트는? [기05]

① -4.9kN·m
② -5.7kN·m
③ -6.3kN·m
④ -7.5kN·m

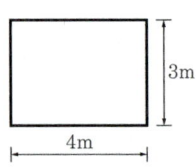

해설

(1) 등분포하중이 작용할 때 단변방향 분담하중

$$w_x = \frac{l_y^4}{l_x^4 + l_y^4} \cdot w = \frac{(4)^4}{(3)^4 + (4)^4} \cdot (10) = 7.6 \text{kN/m}^2$$

(2) 양단고정일 때 단부 부모멘트

$$M_u^- = -\frac{w_x \cdot l_x^2}{12} = -\frac{(7.6)(3)^2}{12} = -5.7 \text{kN} \cdot \text{m}$$

205 철근콘크리트 슬래브의 내부 경간에서의 정계수 휨모멘트/정적계수 휨모멘트의 비율은? [산11,15]

① 0.25
② 0.35
③ 0.45
④ 0.65

해설

직접설계법
- 부(-)계수 휨모멘트 : $0.65M_0$
- 정(+)계수 휨모멘트 : $0.35M_0$

206 보가 있는 2방향 슬래브를 강도설계법에서 직접설계법으로 계산할 때 $M_o = 900\text{kN} \cdot \text{m}$로 산정되었다. 내부스팬의 부계수모멘트(kN·m)와 정계수모멘트(kN·m)로 옳은 것은? [기05,10,13]

① 부계수모멘트 585, 정계수모멘트 315
② 부계수모멘트 630, 정계수모멘트 270
③ 부계수모멘트 315, 정계수모멘트 585
④ 부계수모멘트 270, 정계수모멘트 630

해설

직접설계법
- 부(-)계수 휨모멘트 : $0.65M_0$
- 정(+)계수 휨모멘트 : $0.35M_0$

(1) 부계수모멘트(단부)

$$M_u^- = 0.65M_0 = 0.65(900) = 585 \text{kN} \cdot \text{m}$$

(2) 정계수모멘트(중앙)

$$M_u^+ = 0.35M_0 = 0.35(900) = 315 \text{kN} \cdot \text{m}$$

207 직접설계법에 의한 슬래브의 설계모멘트를 결정하고자 한다. 화살표방향 패널 부분의 정적모멘트 M_o는? (단, 등분포고정하중 w_D=7.18kPa, 등분포활하중 w_L=2.39kPa, 기둥의 단면은 300×300mm) [기11,15]

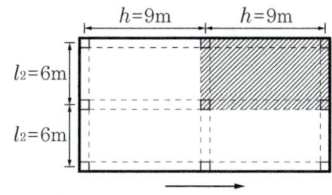

① 406.2kN·m
② 506.2kN·m
③ 706.2kN·m
④ 806.2kN·m

해설

전체 정적계수 모멘트(M_o)

(1) 계수하중

$$w_u = 1.2w_D + 1.6w_L = 1.2(7.18) + 1.6(2.39)$$
$$= 12.44 \text{kPa} = 12.44 \text{kN/m}^2$$

(2) 순스팬 산정

$$l_2 = 6\text{m}, \ l_n = 9\text{m} - 0.3\text{m} = 8.7\text{m}$$

(3) 전체 정적계수 모멘트

$$M_o = \frac{w_u \cdot l_2 \cdot l_n^2}{8} = \frac{(12.44)(6)(8.7)^2}{8} = 706.188 \text{kN} \cdot \text{m}$$

208 철근콘크리트 슬래브에서 항복선 해석이론의 적용에 대한 가정 중 잘못된 것은? [기03]

① 파괴 시 항복선의 철근은 완전히 항복한다.
② 파괴 시 슬래브는 탄성변형을 하고 항복선을 따라 여러 조각으로 나뉜다.
③ 2방향 슬래브의 경우 휨모멘트와 비틀림 모멘트는 항복선을 따라 균등하게 분포한다.
④ 탄성변형은 소성변형에 비해 무시할 수 있는 정도이다.

해설

② 슬래브 항복선 이론은 소성변형을 하고 항복선을 따라 여러 조각으로 나뉜다.

209 플랫 슬래브 구조에 대한 설명 중 옳지 않은 것은?

[산13]

① 건물 내부에는 보 없이 바닥판만으로 구성하고 그 하중은 직접 기둥에 전달한다.
② 바닥의 주근은 1방향으로 배근한다.
③ 구조가 간단하고 실내 이용률이 높다.
④ 드롭패널(Drop Panel)이나 주두(Column Capital)로 보강하는 구조이다.

해설
플랫 슬래브 구조의 특성
② 바닥의 주근은 2방향으로 배근한다.

210 강도설계법에 의한 철근콘크리트 플랫 슬래브 설계 시 지판의 슬래브 아래로 돌출한 두께는 돌출부를 제외한 슬래브 두께가 300mm일 때 최소 얼마 이상으로 하여야 하는가?

[산07,09,12]

① 20mm ② 40mm
③ 60mm ④ 75mm

해설
지판의 슬래브 아래로 돌출한 두께는 돌출부를 제외한 슬래브 두께의 $\frac{1}{4}$ 이상으로 하여야 한다.
∴ $\frac{300mm}{4} = 75mm$

211 플랫 슬래브(Flat Slab) 구조에 대한 기술 중 옳지 않은 것은?

[기04]

① 2방향 배근방식일 경우 슬래브의 두께는 150mm 이상이어야 한다.
② 기둥 상부의 철근이 여러 겹으로 겹쳐지고 두꺼운 바닥판이 되므로 자중이 증대된다.
③ 기둥의 단면 최소 치수는 각 방향의 기둥 중심 거리의 $\frac{1}{30}$ 이상이어야 한다.
④ 내부에 보가 없어 층높이를 낮게 할 수 있고 실내 이용률이 높다.

212 플랫 슬래브가 큰 하중을 받을 때 기둥 주변에서는 뚫림전단(Punching Shear)파괴의 위험이 발생한다. 뚫림전단을 검토하는 위치는? (단, d는 슬래브의 유효두께)

[기00,08,09,13]

① 기둥면에서 d만큼 떨어진 슬래브에 수직한 면
② 기둥면에서 $\frac{d}{4}$ 만큼 떨어진 슬래브에 수직한 면
③ 기둥면에서 $\frac{3d}{4}$ 만큼 떨어진 슬래브에 수직한 면
④ 기둥면에서 $\frac{d}{2}$ 만큼 떨어진 슬래브에 수직한 면

해설
뚫림전단(Punching Shear, 2방향 전단)
플랫 슬래브와 같이 보 없이 직접 기둥에 지지되는 구조로 집중하중의 작용에 따라 슬래브의 하부로부터 경사지게 균열이 발생하여 구멍이 뚫리는 전단파괴를 말하며 기둥면에서 $\frac{d}{2}$ 만큼 떨어진 위치에서 일어난다.

213 다음 각 슬래브에 관한 설명으로 옳지 않은 것은?

[산19]

① 장선슬래브는 2방향으로 하중이 전달되는 슬래브이다.
② 슬래브의 두께가 구조제한 조건에 따르지 않을 경우 슬래브 처짐과 진동의 문제가 발생할 수 있다.
③ 플랫 슬래브는 보가 없으므로 천장고를 낮추기 위한 방법으로도 사용된다.
④ 와플 슬래브는 일종의 격자시스템 슬래브 구조이다.

해설
① 장선슬래브는 1방향으로 하중이 전달되는 슬래브이다.

214 철근콘크리트 장선 바닥판에 대한 설명 중 옳지 않은 것은?

① 바닥판의 두께는 장선간격의 $\frac{1}{12}$ 이상으로 한다.
② 장선의 간격은 1,200mm 이하로 한다.
③ 장선 춤은 너비의 3.5배 이하로 한다.
④ 장선 폭은 100~200mm 정도로 한다.

해설

장선 바닥판 구조제한

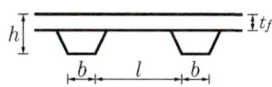

(1) t_f : 50mm 이상, 장선 간격의 $\frac{l}{12}$ 이상
(2) b : 100mm 이상
(3) h : $3.5b$ 이하
(4) l : 750mm 이하

215 슬래브의 형식 중 2방향 슬래브로 간주되는 것은?

[기02]

① 보이드 슬래브(Void Slab)
② 리브드 슬래브(Ribbed Slab)
③ 워플 슬래브(Waffle Slab)
④ 장선 슬래브(Joist Slab)

해설

워플 플랫 슬래브(Waffle Flat Slab)
(1) 장선 슬래브의 장선(Joist)을 직교하여 구성한 우물반자 형태로 된 2방향 장선 슬래브 구조. 작은 돔(Dome)형의 거푸집을 사용한다.
(2) 2방향 장선 슬래브 구조(Two Way Joist Construction)라고도 할 수 있으며 보통 슬래브 구조보다 기둥의 스팬을 더 크게 할 수 있다.
(3) 기둥 상부에 직교하는 주간대 내에는 드롭패널(Drop Panel)을 구성하여 바닥판 지지 부분을 보강하고 있다.

216 슬래브에 관한 설명 중 틀린 것은?

① 중공(中空) 슬래브는 2방향으로 하중이 전달되는 슬래브이다.
② 플랫 슬래브는 보가 없으므로 천장고를 낮추기 위한 방법으로 사용된다.
③ 워플 슬래브는 일종의 격자시스템 슬래브 구조이다.
④ 슬래브의 두께가 구조제한 조건에 따르지 않는 경우, 슬래브 처짐과 진동의 문제가 발생할 수 있다.

해설

중공 슬래브는 1방향 슬래브이다.

09. 기초설계

217 강도설계법 구조기준에서 말뚝기초의 경우 기초판 상단에서부터 하단 철근까지의 최소 깊이는?

[기01, 산10,16]

① 200m
② 250mm
③ 300m
④ 350mm

해설

강도설계법의 구조기준에서는 기초판 상단에서부터 하단 철근까지의 깊이는 흙에 놓이는 기초의 경우 150m 이상, 말뚝기초의 경우 300m 이상으로 해야 한다.

218 철근콘크리트 독립기초의 주각을 고정상태에 가깝게 하는 방향으로 가장 옳은 것은?

[산02]

① 기초판을 두껍게 한다.
② 기초를 깊게 한다.
③ 기초판의 배근을 충분히 한다.
④ 지중보의 강성을 높인다.

해설

철근콘크리트구조에서 독립, 기초를 설계할 때 직압력만을 받기 위해서는 기초보를 크게 하여 기둥의 주각과 잘 연결시킨다.

219 철근콘크리트조에서 지중보가 저항하는 힘은?

① 기둥의 축방향력 ② 기둥의 휨모멘트
③ 기둥의 전단력   ④ 기초의 인장력

220 철근콘크리트에서 독립기초를 설계할 때 직압력만 받도록 하기 위한 방법에서 가장 적당한 것은?

① 기초판의 두께를 두껍게 한다.
② 기초 위의 기둥 단면을 크게 한다.
③ 기초판의 면적을 크게 한다.
④ 기초보를 크게 하여 기둥의 주각과 연결시킨다.

221 장기하중 60tf(자중 포함)의 연직하중을 받는 독립기초를 정방형으로 하려고 할 때 가장 경제적인 것은? (단, 허용지내력도는 $15tf/m^2$이다.)

① $1.5 \times 1.5m$ ② $2.0 \times 2.0m$
③ $2.5 \times 2.5m$ ④ $3.0 \times 3.0m$

[해설]
(1) 기초판 크기의 결정
$\delta_{max} = \dfrac{N}{A_f} \leq f_e$ 에서 $A_f \geq \dfrac{N}{f_e} = \dfrac{60}{15} = 4m^2$
(2) 한 변의 길이 (a)
$a \geq \sqrt{A} = \sqrt{4} = 2.0m$

222 강도설계법에서 기초판의 크기가 2m×3m일 때 단변방향으로의 소요 전체 철근량이 30cm²이다. 유효폭 내에 배근하여야 할 철근량으로 옳은 것은? [기01]

① $24cm^2$ ② $28cm^2$
③ $30cm^2$ ④ $36cm^2$

[해설]
$A_{sc} = \left(\dfrac{2}{\beta+1}\right) A_{ss} = \left(\dfrac{2}{\frac{3}{2}+1}\right) \times 30 = 24cm^2$

여기서, A_{sc}: 중앙 구간에 배치할 철근량
A_{ss}: 짧은 변 방향으로 배치해야 할 전체 철근량
β: 긴 변과 짧은 변의 비, 즉 $\beta = \dfrac{L}{S}$

223 그림과 같은 연속기초에 중심하중 120kN/m(자중 포함)가 작용한다. 최대 휨모멘트는? (단, 벽길이는 1m 단위로 한다.)

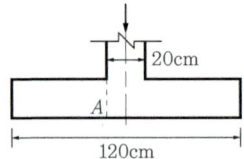

① $8kN \cdot m$ ② $10kN \cdot m$
③ $12.5kN \cdot m$ ④ $15kN \cdot m$

[해설]
(1) 기초지반 반력
$q_u = \dfrac{N_u}{A} = \dfrac{120}{1 \times 1.2} = 100kN/m^2$
(2) 단위폭 1m에 대한 최대 휨모멘트
$F = \dfrac{1}{2} \times (L-t) = \dfrac{1}{2} \times (1.2 - 0.2) = 0.5m$

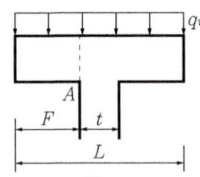

$M_u = q_u \times (H \times F) \times \dfrac{F}{2}$
$= 100 \times (1 \times 0.5) \times \left(\dfrac{0.5}{2}\right) = 12.5kN \cdot m$

224 그림과 같은 구조물에서 기둥 A의 기초의 모양이 타당한 것은? (단, 설계 시 기초를 고정으로 보고 설계하였음) [기00]

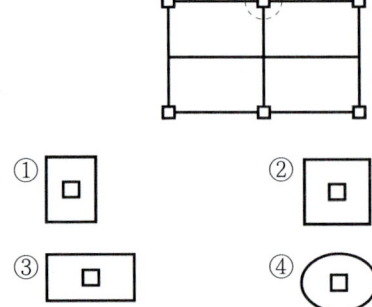

[해설]
기둥과 기초의 모양은 편심에 의해 결정되는 경우가 많으며, 이 문제는 좌우는 대칭이나 세로로 편심이 생기므로 세로로 길게 배치하여야 한다.

[정답] 219 ② 220 ④ 221 ② 222 ① 223 ③ 224 ①

225 정방향 기초의 위험 전단단면은? (단, d는 기초의 유효춤이다.)

① 기둥 바깥면
② 기둥 바깥면에서 $\frac{1}{4}d$만큼 떨어진 면
③ 기둥 바깥면에서 $\frac{1}{2}d$만큼 떨어진 면
④ 기둥 바깥면에서 d만큼 떨어진 면

해설

독립기초의 전단응력에 대한 위험단면
㉠ 1방향 배근의 확대 기초 : 기둥이나 벽의 전면에서 유효높이 d만큼 떨어져 있는 단면
㉡ 2방향 배근(정방형 기초)의 확대 기초 : 기둥이나 벽의 전면에서 $0.5d$만큼 떨어져 있는 단면

226 유효두께 $d=400mm$인 철근콘크리트 기초판에서 2방향 전단에 저항하기 위한 위험단면의 둘레길이는? (단, 기둥의 단면은 500×500mm) [산09,11,14]

① 1,600mm ② 2,000mm
③ 3,000mm ④ 3,600mm

해설

뚫림전단의 위험단면 둘레길이
$b_o = 2(c_1+d) + 2(c_2+d) = 2(500+400) + 2(500+400)$
$= 3,600mm$

227 정사각형 독립기초에서 뚫림전단(Punching Shear) 응력을 산정할 때 검토하는 위험단면의 면적은 얼마인가? (단, 유효깊이 $d=600mm$, 위험단면의 경계는 기둥의 경계로부터 $d/2$로 계산) [산16]

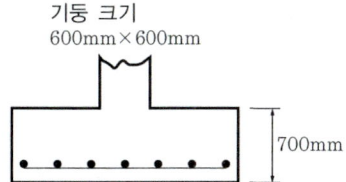

기둥 크기
600mm×600mm
700mm

① 2,480,000mm² ② 2,680,000mm²
③ 2,880,000mm² ④ 3,080,000mm²

해설

뚫림전단의 위험단면 면적계산
• 평면이 아닌 입면상의 면적을 의미함
• 위험단면 둘레
$2(C_1+d) + 2(C_2+d) = 2(600+600) + 2(600+600)$
$= 4,800mm$
• 위험단면 면적
둘레 $\times d = 4,800 \times 600 = 2,880,000mm^2$

10. 옹벽, 벽체 및 기타 구조

228 옹벽 설계 시 고려해야 할 하중과 가장 거리가 먼 것은? [산13]

① 풍하중 ② 지진하중
③ 토압 ④ 수압

해설

옹벽은 지층에 높낮이가 있거나 지하구조물에 사용하므로 토압, 수압, 지진하중 등을 고려하여야 하며, 풍하중은 굴뚝과 같이 고층건물의 고려 대상이다.

229 다음은 옹벽 구조물 설계에 있어서 활동 및 전도에 대한 안정조건이다. (   ) 안에 들어갈 수치를 순서대로 옳게 나열한 것은? [산14]

> 활동에 대한 저항력은 옹벽에 작용하는 수평력의 (   )배 이상이어야 한다. 전도에 대한 저항휨모멘트는 횡토압에 의한 전도모멘트의 (   )배 이상이어야 한다.

① 1.5, 2.0 ② 2.0, 1.5
③ 1.2, 2.4 ④ 2.4, 1.2

해설

옹벽의 안정조건
(1) 전도(Over Turning)
$F_s = \dfrac{저항모멘트}{전도모멘트} \geq 2.0$

(2) 활동(Sliding)
$F_s = \dfrac{수평 저항력}{수평력} \geq 1.5$

정답 225 ③ 226 ④ 227 ③ 228 ① 229 ①

230 그림 중 철근콘크리트 옹벽의 철근배근에서 다른 철근보다는 없어도 되는 것은? [기02]

① a철근
② b철근
③ c철근
④ d철근

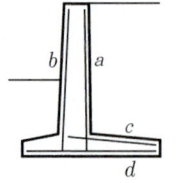

[해설]
그림에서 a, c, d는 주동토압이 작용하여 인장철근을 많이 배근해야 하는 부위이다.

231 그림과 같은 독립 옹벽에서 "A"부분을 설치함으로써 응력이 줄어드는 부분은? [기01]

① ①
② ②
③ ③
④ ④

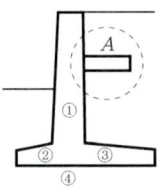

[해설]
옹벽에 안정조건 전도, 활동, 지반지지력 중에서 그림의 Ⓐ는 ① 부재의 전도에 도움을 주는 역할을 한다.

232 강도설계법에서 벽체의 콘크리트 전체 수직 단면적에 대한 수평철근 단면적의 비는 얼마 이상으로 하여야 하는가? (단, 수평철근은 철근의 강도도 300MPa이다.) [기11, 산13]

① 0.0012   ② 0.0015
③ 0.0020   ④ 0.0025

[해설]
벽체의 최소 철근비
(1) 수직 철근비
  ㉠ 설계기준 항복강도 400MPa 이상, D16 이하 철근 …… 0.12%
  ㉡ 기타 이형철근 ………………………………………… 0.15%
  ㉢ 지름 16mm 이하의 용접 철망 ………………………… 0.12%
(2) 수평철근비
  ㉠ 설계기준 항복강도 400MPa 이상, D16 이하 철근 …… 0.20%
  ㉡ 기타 이형철근 ………………………………………… 0.25%
  ㉢ 지름 16mm 이하의 용접철망 ………………………… 0.20%

233 다음 조건을 만족하는 철근콘크리트 벽체의 최소 수직철근량과 최소 수평철근량은 얼마인가? [기05,08,16]

【조건】
- 벽체 길이: 3,000mm
- 벽체 높이: 2,600mm
- 벽체 두께: 200mm
- $f_y = 400\,\text{MPa}$, D16

① 수직철근량: 720mm², 수평철근량: 1,020mm²
② 수직철근량: 730mm², 수평철근량: 1,020mm²
③ 수직철근량: 720mm², 수평철근량: 1,040mm²
④ 수직철근량: 730mm², 수평철근량: 1,040mm²

[해설]
(1) RC 벽체의 철근비
  - 수직 $\rho_{\min} = 0.0012$
  - 수평 $\rho_{\min} = 0.0020$
(2) - 수직 $A_{s,\min} = (0.0012)(200)(3,000) = 720\,\text{mm}^2$
  - 수평 $A_{s,\min} = (0.0020)(200)(2,600) = 1,040\,\text{mm}^2$

234 철근콘크리트구조물에서 벽체의 전체 단면적에 대한 최소 수직 및 수평철근비 기준에 관한 내용으로 틀린 것은? [산10,15]

① 최소 수직철근비(지름 16mm 이하의 용접철망): 0.0012
② 최소 수직철근비(설계기준 항복강도 400MPa 이상으로서 D16 이하의 이형철근): 0.0012
③ 최소 수평철근비(설계기준 항복강도 400MPa 이상으로서 D16 이하의 이형철근): 0.0015
④ 최소 수평철근비(지름 16mm 이하의 용접철망): 0.0020

[해설]
벽체의 최소철근비 기준 f_y: 400MPa 이상
③ D16 이하의 이형철근 최소 수평철근비: 0.002

235 다음은 철근콘크리트 벽체 설계에 대한 기준이다. ( ) 안에 들어갈 내용을 순서대로 바르게 나타낸 것은? [산18, 기05]

> 수직 및 수평철근의 간격은 벽두께의 ( ) 이하, 또한 ( ) 이하로 하여야 한다.

① 2배, 300mm ② 2배, 450mm
③ 3배, 300mm ④ 3배, 450mm

해설
철근콘크리트의 벽체 설계기준
수직 및 수평철근의 간격은 벽두께의 (3배) 이하 또는 (450mm) 이하로 하여야 한다.

237 철근콘크리트 건물에 있어서 신축줄눈(Expansion Joint)을 설치해야 하는 위치로 부적당한 것은? [기04]

① 기존 건물과 증축 건물과의 접합부
② 저층의 긴 건물과 고층 건물과의 접속부
③ 길이 30m를 넘는 긴 건물
④ 두 고층 사이에 있는 긴 저층 건물

해설
신축줄눈(Expansion Joint)
콘크리트의 온도변화, 수축, 부동침하, 이동하중으로 인해 생기는 응력을 흡수하기 위해 길이 50m를 넘는 긴 건물에 설치하는 줄눈

236 강도설계법에서 벽체 두께에 대한 사항이다. 틀린 것은? [산01]

① 벽체의 두께는 수직 또는 수평 지점간 거리 중에서 작은 값은 1/25 이상이어야 하고, 100mm 이상이어야 한다.
② 지하실 외벽 및 기초 벽체의 두께는 200mm 이상이어야 한다.
③ 비내력벽의 두께는 100mm 이상이어야 한다.
④ 비내력벽의 두께는 최소 거리의 1/20 이상이어야 한다.

해설
비내력벽
비내력벽의 두께는 100mm 이상 또는 이를 수평으로 지지하고 있는 부재 최소 거리의 1/30 이상으로 한다.

정답 235 ④ 236 ④ 237 ③

PART 4

철골구조

CHAPTER
01 개요
02 접합
03 인장재 및 압축재
04 보
05 접합부 설계

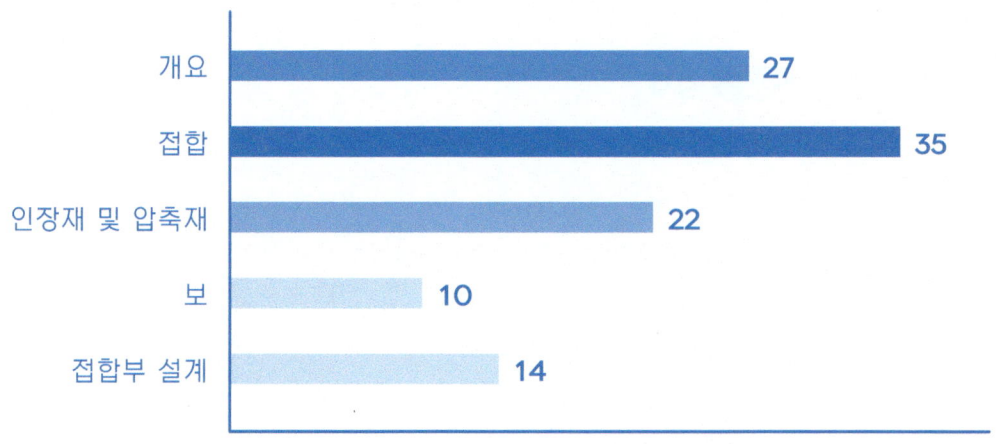

철골구조 최근 5개년 기출 누적개수

- 개요: 27
- 접합: 35
- 인장재 및 압축재: 22
- 보: 10
- 접합부 설계: 14

철골구조는 예전보다 출제비율이 낮아지고 있다. 주로 3~4문항이 계산문제 위주로 출제되고, 접합과 인장재 및 압축재에 관한 내용이 주로 출제되고 있다

CHAPTER 01 개요

빈출 KEY WORD
\# 강재의 성질
\# 강재의 표시
\# 접합재료와 용접재료 강도

01 철골구조의 장단점

1. 장점

① 강도가 커서 건물 중량을 가볍게 할 수 있다.
② 큰 스팬의 구조물이나 고층구조물에 적합하다.
③ 균질도가 높아 신뢰할 수 있다.
④ 인성이 커서 변위에 대하여 잘 견딘다.
⑤ 정밀도가 높은 구조물을 얻을 수 있다.

2. 단점

① 열에 약하며, 고온에서 강도저하나 변형하기 쉽다.
② 녹슬기 쉽다.
③ 압축부재는 좌굴하기 쉽다.
④ 접합점을 용접하여 강접하는 것 외에는 일체화로 보기 어렵다.
⑤ 반복하중에 의해 피로(Fatigue)하중이 발생할 수 있다.
⑥ 처짐 및 진동을 고려해야 한다.

02 강재

1. 강재의 종류

① 강판(Plate) : 두께 6mm를 기준으로 박판과 후판이 있다.
② 평강(Flat Bar) : 두께가 3mm 이상의 판으로 폭이 125mm 미만의 것을 의미하고 그 이상을 강판이라 한다.
③ 봉강(원형강 : ϕ, 이형강 : D) : 원형, 4각형, 6각형, 8각형이 있다.
④ 형강 : 열간압연된 구조용 강재로 ㄱ형강(Angle), H형강, I형강, ㄷ형강, T형강 등이 있다.
⑤ 강관 및 각형 강관 : 좌굴과 비틀림에 유리하며 폐쇄된 것은 부식에 강하다.

2. 화학적 성질에 따른 강재의 종류

(1) 강재를 구성하는 주요 원소

종류	함유량	특성
철(Fe)	98% 이상	강재의 대부분을 차지하는 구성요소이다.
탄소(C)	0.04~2%	• 강재에서 철 다음으로 중요하다. • 탄소량이 증가하면 강도는 증가하지만 연성이나 용접성은 떨어진다.
망간(Mn)	0.5~1.7%	탄소와 비슷한 성질을 가진다.
크롬(Cr)	0.1~0.9%	부식을 방지하기 위해 쓰이는 화학성분이다.
니켈(Ni)	-	• 강재의 부식방지를 위해 사용된다. • 저온에서 인성을 증가시킨다.
인(P) 황(S)	-	• 강재의 취성을 증가시켜 바람직하지 못한 성질을 가져온다. 사용량 자제 • 강재의 기계가 공성을 증가시킨다.
실리콘(Si)	0.4% 이하	강재에 주로 사용되는 탈산제 중 하나이다.
구리(Cu)	0.02% 이하	강재의 주요한 부식방지제 중 하나이다.

(2) 탄소강(Carbon Steel, Mild Steel)
① 가격이 저렴하고 성질이 우수하여 가장 널리 사용된다.
② 탄소량에 따라 강도와 인성이 결정된다.
③ 탄소량이 증가하면 강도는 증가하지만 연성이나 용접성은 떨어진다.

(3) 구조용 합금강(High-Strength Low Alloy Steels)
탄소강의 단점을 보완하기 위해 합금원소를 첨가시킨 강재이다.

(4) 열처리강(High-Strength Quenched and Tempered Alloy Steels)
① 담금질과 뜨임의 열처리를 통해 얻어낸 고강도강이다.
② 담금질(Quenching) : 강의 온도를 700~750℃ 정도로 가열했다가 급랭시켜 강의 조직을 조대(粗大)하게 함으로써 강도와 경도를 증가시키는 방법이다. 연성 감소하는 단점이 있다.
③ 뜨임(Tempering) : 담금질로 열처리한 강을 다시 200~400℃ 정도로 가열하였다가 서랭시켜 강의 조직을 안정상태로 회복시키는 것이다. 높은 강도를 유지하면서 연성을 늘리는 방법이다.

Q1. 강구조물의 특징에 대한 설명 중 적절하지 않은 것은 어느 것인가?
① 소성변형 능력이 크다.
② 반복하중에 의한 열화가 작다.
③ 열에 의한 강도저하가 크다.
④ 좌굴에 대하여 강하다.

해설
철골구조는 부재가 세장하므로 압축에 대하여 좌굴의 위험성이 높다.

Q2. 강재의 제법에서 '강을 700~750℃ 정도로 가열했다가 급랭시켜 강의 조직을 조대하게 함으로써 경도와 강도를 증가시키는 방법'을 무엇이라 하는가?
① 제선　　② 제강
③ 담금질　④ 뜨임

(5) TMCP강(Thermo Mechanical Control Process Steel)
① 용접성과 내진성이 뛰어난 극후판의 고강도강재로써 구조물의 고층화, 대형화에 적합하다.
② 높은 강도와 인성을 갖는 강재이다.
③ 적은 탄소량으로 우수한 용접성을 나타낸다.
④ 판두께 40mm 이상의 후판이라도 항복강도의 저하가 없다.

3. 강재의 표시

> 강재의 형태-Web 춤 × Flange 폭 × Web 두께 × Flange 두께 × 전길이

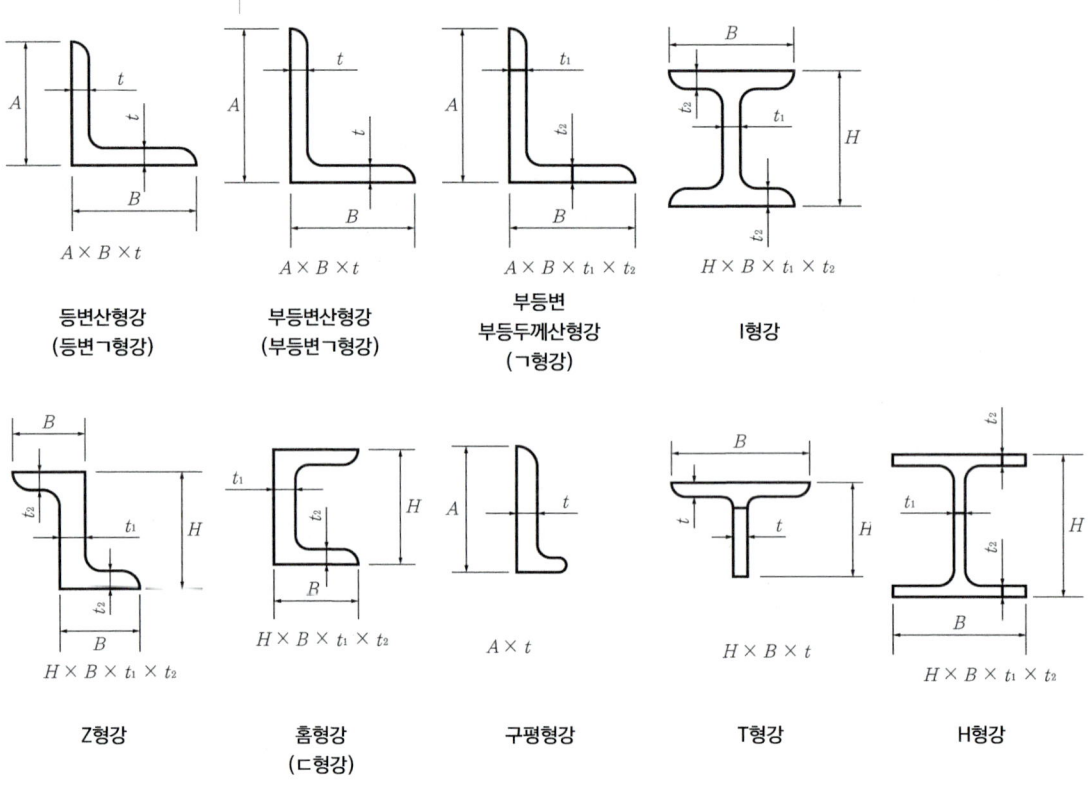

[형강의 단면형상과 치수 표시법]

4. 강재의 성질

(1) 응력-변형률 곡선

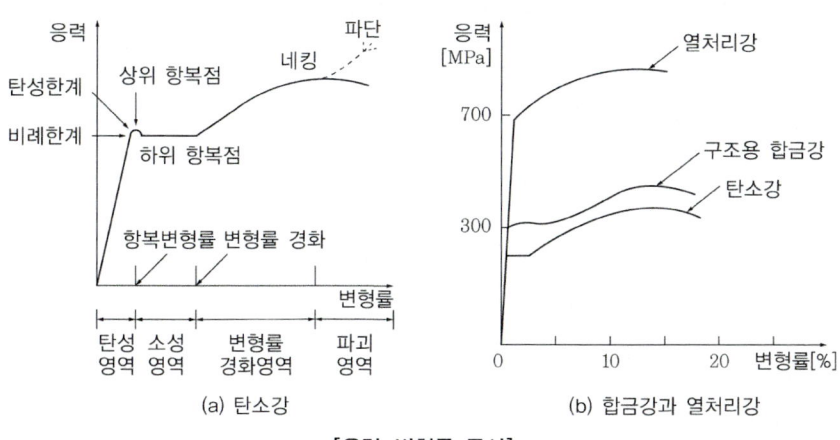

[응력-변형률 곡선]

> Luder's Line(루더선) : 연강의 인장시험편 표면을 보면 하항복점에서 슬립과 전단변형이 생겨 백색의 선군이 생기는데, 이것을 'Luder's 띠'라고 한다.

> 고장력강과 같이 항복점을 정하기 어려울 때는 하중을 제거한 후 0.2%(0.002)의 영구변형을 남기는 응력도로 정하거나 0.5%의 총 변형률에 해당하는 응력도를 항복강도로 정한다.

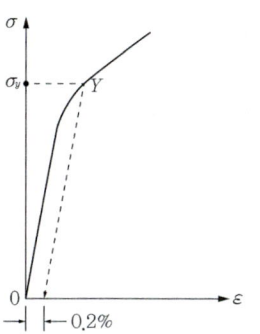

(2) 온도에 관한 성질

① 250℃ : 최대 인장강도

② 500℃ : 최대 인장의 1/2

③ 청열취성 : 250℃에서 늘음, 단면수축률은 극소로 되어 경도가 높고 부서지기 쉬운데, 이때 탄소강은 산화에 의해 청색을 나타낸다.

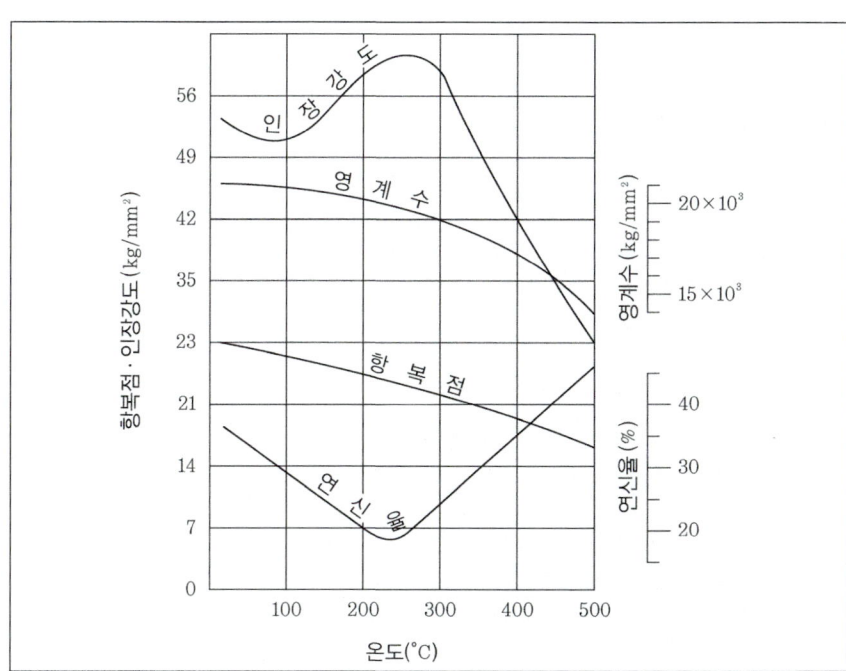

(3) 강재의 정수

재료	영계수 (MPa)	전단탄성계수 (MPa)	푸아송비	선팽창계수 (1 / ℃)
강(鋼), 주강(鑄鋼), 단강(鍛鋼)	210,000	81,000	0.3	$0.000012 = 1.2 \times 10^{-5}$

(4) 강재의 기계적 성질

① 항복비(Yield Ratio) : 강재의 인장강도에 대한 항복강도의 비로 정의된다.

$$R_y = \frac{F_y}{F_u} \times 100\%$$

② 연신율(ε_f) : 인장시험편 파단 후의 표점 간 거리(L)와 시험 전의 표점 간 거리(L_o)의 차이를 시험 전의 표점 간 거리에 대한 백분율로 나타낸 것이다.

$$\varepsilon_f = \frac{L - L_0}{L_0} \times 100 = \frac{\Delta l}{L_0} \times 100\%$$

③ 단면수축률(Ψ) : 인장시험편 파단 후의 단면적(A)과 시험 전단면적(A_0)의 차이를 시험 전의 단면적에 대한 백분율로 나타낸 것이다.

$$\Psi = \frac{A_0 - A}{A_0} \times 100\%$$

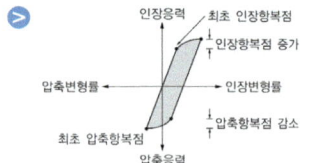

④ 바우싱거(Baushinger) 효과 : 인장력을 가해 소성상태에 들어선 강재를 다시 반대방향으로 압축력을 작용하였을 때의 압축항복점이 소성상태에 들어서지 않은 강재의 압축항복점에 비해 낮아지는 현상을 말한다.

03 구조용 강재

1. 강재의 표시

    SMA   355   B   W   N   ZC
    ①   ②   ③   ④   ⑤   ⑥

① 강재의 명칭(강종)
   ㉠ SS : 일반구조용 압연강재(Steel Structure)
   ㉡ SM : 용접구조용 압연강재(Steel Marine)
   ㉢ SMA : 용접구조용 내후성 열간압연강재(Steel Marine Atmosphere)
   ㉣ SN : 건축구조용 압연강재(Steel New)
   ㉤ FR : 건축구조용 내화강재(Fire Resistance)
   ㉥ SCW : 용접구조용 원심력 주강관

② 강재의 항복강도(최저)
   ㉠ 275 : 275MPa

ⓒ 355 : 355MPa

　　　ⓒ 420 : 420MPa

　　　ⓔ 460 : 460MPa

　③ 샤르피 흡수에너지 등급

　　　㉠ A : 별도 조건 없음

　　　㉡ B : 일정 수준 충격치 요구, 27(0℃) 이상

　　　㉢ C : 우수한 충격치 요구, 47J(0℃) 이상

　④ 내후성 등급

　　　㉠ W : 녹안정화 처리

　　　㉡ P : 일반도장 처리 후 사용

　⑤ 열처리 등급

　　　㉠ N : 소둔(Normalizing)

　　　㉡ QT : Quenching Tempering

　　　㉢ TMC : 열가공 제어(Thermo Mechanical Control)

　⑥ 내라멜라테어 등급

　　　㉠ ZA : 별도 보증 없음

　　　㉡ ZB : Z방향 15% 이상

　　　㉢ ZC : Z방향 25% 이상

> ① ( ) 속의 표기법은 N/mm²
> ② SS: 일반 구조용 압연강재
>   SPS: 일반 구조용 탄소강관
>   SPSR: 일반 구조용 각형강관
>   SWS: 일반 구조용 압연강재

2. 강재의 재질 규격

(1) 주요 구조용 강재의 재질 규격

번호	명칭	강종
KS D 3503	일반구조용 압연강재	SS275
KS D 3515	용접구조용 압연강재	SM275A, B, C, D -TMC SM355A, B, C, D -TMC SM420A, B, C, D -TMC SM460B, C -TMC
KS D 3529	용접구조용 내후성 열간 압연강재	SMA275AW, AP, BW, BP, CW, CP SMA355AW, AP, BW, BP, CW, CP
KS D 3861	건축구조용 압연강재	SN275A, B, C SN355B, C
KS D 3866	건축구조용 열간압연형강	SHN275, SHN355
KS D 5994	건축구조용 고성능압연강재	HSA650

💬 Tip! 건축구조용 압연강재 SN의 A, B, C의 의미
　　• A : 용접이 없고, 소성변형 능력도 요구되지 않는 구조부재
　　• B : 주요 구조부재, 용접이 필요한 부재
　　• C : 판두께 방향의 특성도가 요구되는 부재

(2) 냉간가공재 및 주강의 재질 규격

번호	명칭	강종
KS D 3530	일반구조용 경량형강	SSC275
KS D 3558	일반구조용 용접 경량 H형강	SWH275, L
KS D 3602	강재갑판(데크 플레이트)	SDP1, 2, 3
KS D 3632	건축구조용 탄소강관	SNT275E, SNT355E, SNT275A, SNT355A
KS D 3864	용접구조용 냉간각형 탄소강관	SNRT295E, SNRT275A, SNRT355A

(3) 용접하지 않는 부분에 사용되는 강재의 재질 규격

번호	명칭	강종
KS D 3503	일반구조용 압연강재	SS315, SS410
KS D 3566	일반구조용 탄소강관	SGT275, SGT355
KS D 3568	일반구조용 각형강관	SRT275, SRT355
KS D 3710	탄소강 단강품	SF490A, SF540A

(4) 볼트, 고장력볼트 등의 규격

번호	명칭	강종
KS B 1002	6각 볼트	4.6, 4.8
KS B 1010	마찰접합용 고장력 6각 볼트, 6각 너트, 평와셔의 세트	1종(F8T/F10/F35)* 2종(F10T/F10/F35)* 4종(F13T/F13/F35)**
KS B 1012	6각 너트 및 6각 낮은 너트	4.6
KS B 1016	기초 볼트	모양: L형, J형, LA형, JA형 강도 등급 구분: 4.6, 6.8, 8.8
KS B 1324	스프링 와셔	–
KS B 1326	평와셔	–
KS F 4512	건축용 턴 버클 볼트	S, E, D
KS F 4513	건축용 턴 버클 몸체	ST, PT
KS F 4521	건축용 턴 버클	–

* 각각 볼트/너트/와셔의 종류
** 각각 볼트/너트/와셔의 종류, KS B 1010에 의하여 수소지연파괴민감도에 대하여 합격된 시험성적표가 첨부된 제품에 한하여 사용하여야 한다.

3. 구조용 강재의 강도

(1) 주요 구조용 강재의 재료강도(MPa)

강도	판두께 \ 강재 기호	SS275	SM275 SMA275	SM355 SMA355	SM420	SM460	SN275	SN355	SHN275	SHN355
항복강도(F_y)	16mm 이하	275	275	355	420	460	275	355	275	355
	16mm 초과 40mm 이하	265	265	345	410	450				
	40mm 초과 75mm 이하	245	255	335	400	430	255	335		
	75mm 초과 100mm 이하		245	325	390	420			–	–
인장강도(F_u)	75mm 이하	410	410	490	520	570	410	490	410	490
	100mm 이하								–	–

강도	판두께 \ 강재 기호	HSA650	SM275-TMC	SM355-TMC	SM420-TMC	SM460-TMC
항복강도(F_y)	80mm 이하	650	275	355	420	460
인장강도(F_u)	80mm 이하	800	410	490	520	570

(2) 냉간가공재 및 주강의 재료강도(MPa)

강재 종별		SSC275 SWH275	SNT275	SNT355	SNRT275A	SNRT295E	SNRT355A
판두께(mm)		2.3~6.0*	2.3~40**		6.0~40**		
강도	F_y	25	275	355	275	295	355
	F_u	410	410	490	410	400	490

* SWH275의 판두께는 12mm 이하
** SNRT295E의 판두께는 22mm 이하
※ 강재갑판(SDP)의 재료강도는 모재의 강도 적용

(3) 용접하지 않는 부분에 사용되는 강재의 재료강도(MPa)

강도	판두께 \ 강재 종별	SS315	SS410	SGT275* SRT275	SGT355 SRT355**	SF490A	SF540A
항복강도(F_y)	16mm 이하	315	410	275	355	460	275
	16mm 초과 40mm 이하	305	400				
	40mm 초과 100mm 이하	295	–	–	–	–	–
인장강도(F_u)	40mm 이하	490	540	410	500	490	540
	100mm 이하		–				–

* SGT275, SRT275의 판두께는 22mm 이하
** SRT355의 판두께는 30mm 이하

4. 접합재료의 강도

(1) 고장력볼트의 최소 인장강도(MPa)

최소 강도 \ 볼트 등급	F8T	F10T	F13T*
F_y	640	900	1,170
F_u	800	1,000	1,300

* KS B 1010에 의하여 수소지연파괴민감도에 대하여 합격된 시험성적표가 첨부된 제품에 한하여 사용하여야 한다.

(2) 일반볼트의 최소 인장강도(MPa)

최소 강도 \ 볼트 등급	4.6*
F_y	240
F_u	400

* KS B 1002에 따른 강도 구분
※ 서브머지드 아크용접(SAW)용 강재의 강도는 표의 피복아크용접봉값을 사용하거나, 구기준(KS B 0531 탄소강 및 저합금강용 서브머지드 아크 용착금속의 품질 구분 및 시험방법)의 값을 참고한다.

(3) 용접 재료의 강도(MPa)

용접 재료	강도 F_y	강도 F_u	적용 가능 강종
KS D 7006 고장력강용 피복아크 용접봉	345	420	인장강도 400MPa급 연강
KS D 7104 연강, 고장력강 및 저온용강용 아크용접 플럭스 코어선	390	490	인장강도 490MPa~780MPa 고장력강
	410	520	
	490	570	
	500	610	
	550	490	
	620	750	
	665	780	
KS D 7104 연강, 고장력강 및 저온용강용 아크용접 플럭스 코어선	340	420	인장강도 400MPa급 연강인장강도 490MPa, 540MPa, 590MPa급 고장력강
	390	490	
	430	540	
	490	590	
KS D 7025 연강 및 고장력강용 아크용접 솔리드 와이어	345	420	인장강도 400MPa급 연강인장 강도 490MPa, 590MPa급 고장력강
	390	490	
	490	570	
KS D 7101 내후성강용 피복아크용접봉	390	490	인장강도 490MPa~570MPa급 내후성 고장력강
KS D 7106 내후성강용 탄산가스 아크용접 솔리드 와이어 KS D 7109 내후성강용 탄산가스 아크용접 플럭스충전 와이어	490	570	

CHAPTER 01 필수 확인 문제

01 다음 철골구조에 대한 기술 중 틀린 것은?

① 철골구조의 판 소요폭, 두께비는 인장력과 관계가 있다.
② 춤이 높고 폭이 작을수록 횡좌굴이 일어나기 쉽다.
③ 횡좌굴은 휨모멘트로 인한 압축응력과 관계가 있다.
④ 같은 단면이라도 사용법에 따라 횡좌굴이 일어나기도 하고 일어나지 않기도 한다.

◎ 판 소요폭, 두께비는 압축재의 국부좌굴에 영향을 미친다.
[정답] ①

02 판요소의 폭·두께비를 결정하기 위한 폭 d, 두께 t의 취급방법에서 잘못 표시된 것은?

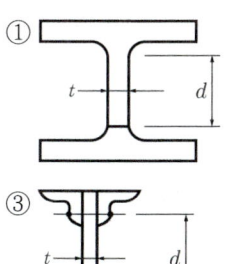
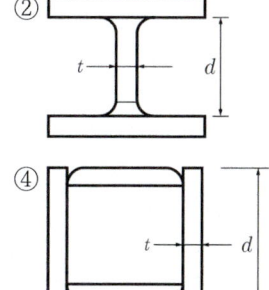

◎ 판요소의 폭·두께비 산정 시 상자형의 t, d 표기방법

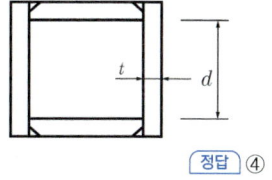

[정답] ④

03 강재의 응력-변형률 곡선에 대한 설명 중 틀린 것은?

① 강재에서는 항복점이 일정하지 않고 분명하지 아니한 경우가 많다.
② 탄성한도는 비례한도보다 약간 크다.
③ 항복점이 일정하지 않을 때는 영구변형을 0.02%로 잡고 탄성한도와 평행선을 그어 만나는 점을 항복점으로 한다.
④ 항복비란 항복강도와 인장강도의 비율을 말하고, 고강도강일수록 커진다.

◎ 고장력강과 같이 항복점을 정하기 어려울 때는 하중을 제거한 후 0.2%(0.002)의 영구변형을 남기는 응력도로 정하거나 0.5%이 총변형률에 해당하는 응력도를 항복강도로 정한다.

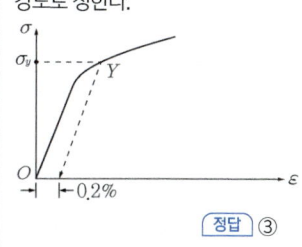

[정답] ③

04 다음은 철골재료에 대한 재료의 정수에 관한 설명이다. 잘못 설명하고 있는 것은?

① 탄성계수(E)는 210,000N/mm²(MPa)이다.
② 전단탄성계수(G)는 81,000N/mm²(MPa)이다.
③ 푸아송비(ν)는 0.03이다.
④ 선팽창계수(α)는 0.000012/℃이다.

○ 푸아송비(ν)는 0.3이다.

[정답] ③

05 두께 16mm 이하의 일반구조용 강재 SS275의 기준값 F_u는?

① 410N/mm²　　② 325N/mm²
③ 275N/mm²　　④ 235N/mm²

○ SS275
· 하위 항복강도
  $F_y = 275\text{N/mm}^2$
· 인장강도
  $F_u = 410\text{N/mm}^2$

[정답] ①

CHAPTER 02 접합

빈출 KEY WORD
\# 접합의 종류(Pin접합, 강접합) \# 고력볼트 조임 \# 고력볼트 미끄럼 강도
\# 맞댐용접과 모살용접 \# 용접부의 유효단면적
\# 용접결함 \# 용접기호

01 접합에 대한 일반사항

1. 접합의 일반사항

① 접합부에서 계산된 응력보다 큰 응력에 저항하도록 설계하는 것이 원칙이다.
② 접합부의 강도가 모재강도의 75% 이상이 되도록 설계해야 한다.
③ 부재 사이의 응력전달이 확실해야 한다.
④ 가급적 편심이 발생하지 않도록 한다.
⑤ 응력 집중이 없어야 한다.
⑥ 부재의 변형에 따른 영향을 고려해야 한다.
⑦ 잔류응력이나 2차응력을 일으키지 않아야 한다.
⑧ 접합부의 위치는 역학적으로 응력이 작은 곳에서 해야 한다.
⑨ 접합부의 설계강도는 45kN 이상이어야 한다. 다만, 연결재, 새그로드 또는 띠장은 제외한다.

2. 접합방법의 병용

(1) 용접이음과 리벳이음의 병용

한 이음부에 용접과 리벳을 병용하는 경우에는 용접이 모든 응력을 부담하는 것으로 본다.

(2) 용접이음과 고장력볼트이음의 병용

① 홈용접을 사용한 맞대기이음과 고력볼트 마찰이음의 병용 또는 응력방향에 나란한 필렛(모살)용접과 고력볼트의 마찰이음을 병용하는 경우에는 각 이음이 응력을 부담하는 것으로 본다. 단, 각 이음의 응력 부담상태에 대해서는 충분한 검토를 하여야 한다.
② 응력과 직각을 이루는 필렛이음과 고력볼트 마찰이음을 병용해서는 안 된다.
③ 용접과 고력볼트 지압이음을 병용해서는 안 된다.

3. 접합의 종류

(1) Pin접합(전단접합, 단순접합)

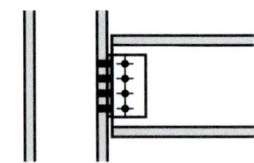

접합부가 웨브만 접합한 형태로 휨모멘트에 대한 저항력이 없어 자유로이 회전하며 기둥에는 전단력만 전달되는 접합

(2) 강접합(모멘트접합)

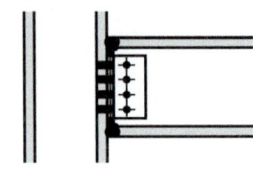

① 접합부가 웨브와 플랜지 모두 접합한 형태로 휨모멘트에 대한 저항능력을 가지고 있어 보와 기둥에 휨모멘트가 강성에 따라 분배되는 접합
② 전단접합에 비해 시공이 복잡하고 재료비가 증가한다.

02 볼트 접합

1. 볼트의 사용범위

① 진동, 충격 또는 반복응력을 받는 접합부에서는 볼트를 사용할 수 없다.
② 처마 높이가 9m를 초과하고 스팬이 13m를 초과하는 강구조건축물의 구조내력상 주요한 부분에는 볼트를 사용하지 않아야 한다.

2. 볼트의 종류

① 흑볼트 : 가조임용
② 중볼트 : 두부(Head) 하부와 간부를 마무리(진동, 충격이 없는 내력부에 사용)
③ 상볼트 : 볼트 표면을 모두 연마 마무리한 것으로 핀 접합부에 사용

3. 볼트의 이음

① 마찰이음 : 하중의 전달이 볼트 체결에 의해서 발생하는 마찰에 의해서만 이루어지고, 미끄러짐에 의한 지압이음은 발생하지 않는 연결방법이다.
② 지압이음 : 하중의 전달이 연결부재의 미끄러짐이 발생하여 연결부재 간의 지압에 의해서 이루어지는 연결방법이다.
③ 인장이음 : 볼트의 축방향력에 의해서 연결부의 하중이 전달되는 연결방법이다.

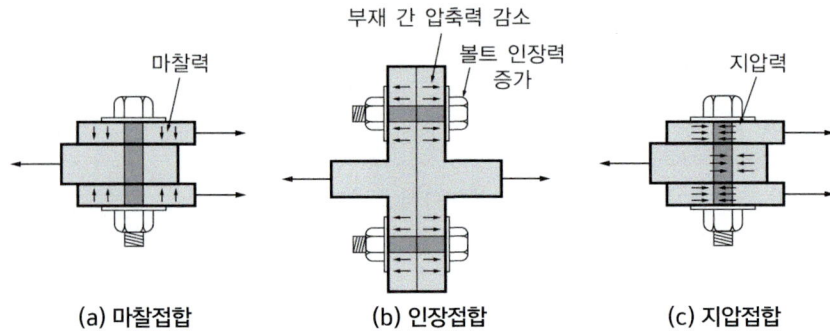

(a) 마찰접합 (b) 인장접합 (c) 지압접합

4. 볼트의 파괴형식

(1) 전단접합 파괴형식
① 볼트의 측단면에 전단력으로 저항하는 접합을 전단접합이라 한다.
② 전단접합의 파괴형식은 볼트의 전단파괴, 지압파괴, 측단부 파괴, 연단부 파괴로 구분된다.

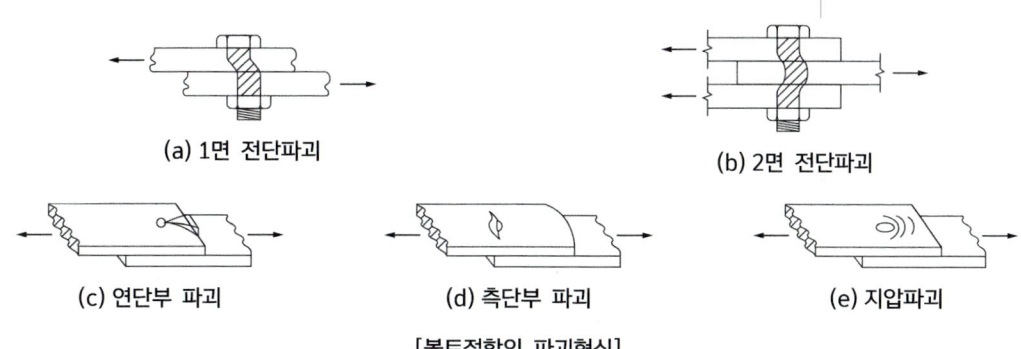

(a) 1면 전단파괴   (b) 2면 전단파괴
(c) 연단부 파괴   (d) 측단부 파괴   (e) 지압파괴

[볼트접합의 파괴형식]

(2) 인장접합의 파괴형식
① 볼트가 인장력으로 저항하는 접합을 인장접합이라 한다.
② 인장접합의 파괴형식에는 볼트의 인장파괴가 있다.

> **Prying Action(지레작용)**
> 하중점과 볼트, 접합된 부재의 반력 사이에서 지렛대와 같은 거동에 의해 볼트에 작용하는 인장력이 증폭되는 현상

5. 일반볼트 및 고장력볼트의 배치

(1) 배치방법
① 볼트접합에서의 배치에는 정렬배치와 엇모배치가 있다.
② 일반적으로 정렬배치가 많이 쓰이지만, 구조적으로는 엇모배치가 더 유리하다.

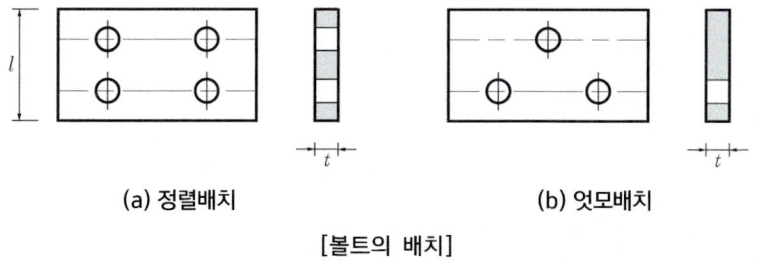

(a) 정렬배치   (b) 엇모배치

[볼트의 배치]

(2) 용어해설
① 게이지 라인(Guage Line) : 볼트의 중심선을 연결하는 선
② 게이지(Guage) : 게이지 라인과 게이지 라인 간 거리
③ 클리어런스(Clearance) : 볼트와 수직재면 간 거리(작업 시 필요한 여유)

(3) 피치(Pitch)
① 볼트 중심 사이의 간격을 말한다.
② 고장력볼트의 구멍중심 간의 거리는 공칭직경의 2.5배 이상으로 한다.

(4) 연단거리
① 볼트 구멍중심에서 볼트머리 또는 너트가 접하는 부재 끝단까지의 거리를 말한다.
② 통상적으로 연단거리는 볼트 직경(d)의 2.0~2.5배로 하면 안전하다.
③ 고장력볼트의 구멍중심에서 볼트머리 또는 너트가 접하는 부재의 연단까지 최대 거리는 판두께의 12배 이하 또한 150mm 이하로 한다.

(5) 부재의 순단면을 계산하는 경우 볼트구멍의 크기[mm]

고력볼트의 직경	표준구멍의 직경	과대구멍의 직경	단슬롯	장슬롯
M16	18	20	18×22	18×40
M20	22	24	22×26	22×50
M22	24	28	24×30	24×55
M24	27	30	27×32	27×60
M27	30	35	30×37	30×67
M30	33	38	33×40	33×75

※ 건축구조물의 경우: $\phi < 24mm$인 경우 $d_b = \phi + 2mm$
　　　　　　　　　　$\phi \geq 24mm$인 경우 $d_b = \phi + 3mm$

03 고력볼트접합

1. 정의

고력볼트로 너트를 강하게 조여 볼트에 강한 인장력이 생기게 하여 그 인장력의 반력으로 접합재 간의 압축력이 작용하여 그 결과로 생기는 마찰력을 이용하여 힘을 전달하게 하는 것이다.

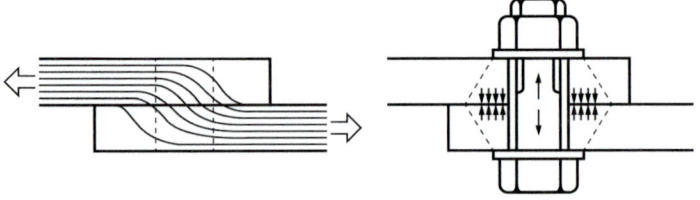

2. 구조적 이점
① 피로강도가 높다.
② 응력방향이 바뀌더라도 혼란이 일어나지 않는다.
③ 응력집중이 적으므로 반복응력에 대해서 강하다.

④ 볼트에 전단 및 지압응력이 생기지 않는다.
⑤ 유효단면적당 응력이 적다.
⑥ 강한 조임력으로 너트의 풀림이 없다.

3. 고력볼트의 기계적 성질

기계적 성질에 의한 고장력볼트의 등급	항복강도(F_y)[MPa]	인장강도(F_u)[MPa]
F8T	640	800~1,000
F10T	900	1,000~1,200
F13T	1,170	1,300~1,500

4. 고력볼트 연결부의 명칭

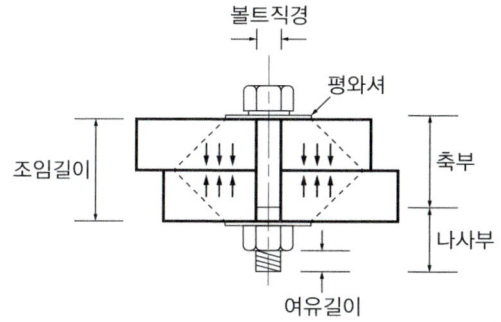

5. 고력볼트 조임의 일반사항

① 고력볼트의 설계볼트 장력을 확보하기 위해서는 표준볼트 장력을 목표로 조여야 한다.
② 고력볼트군의 중앙에서 양측단 쪽으로 조여 나간다.
③ 고력볼트는 2회 조임하는 것으로 하며, 1차 조임 토크값으로 조인 후, 본조임(2차 조임)을 실시한다. 이 경우 너트와 고력볼트 및 와셔와의 공회전을 확인해야 한다.
④ 작업온도에 따른 토크계수의 변화로 인하여 고력볼트 장력의 크기가 달라지므로 온도의 영향을 고려해야 한다.
⑤ 조임 순서
   1차 조임 → 마킹 표시 → 본조임(2차 조임)
⑥ 본조임(2차 조임) 방법에는 토크관리법, 너트회전법, 직접인장측정법 및 토크시어볼트(T.S 볼트)를 사용하는 방법 등이 있다.

6. 고력볼트의 조임방법

① 1차 조임(밀착조임): 임팩트 렌치로 수회 또는 일반렌치로 최대로 조여서 접합판이 완전히 접착된 상태를 말한다.

② 토크관리법(Torque Control Method)
  ㉠ 고력볼트가 탄성범위 내에 있다고 가정하고, 조임력(Torque)과 고력볼트 축력이 비례하는 것을 이용하는 방법이다.
  ㉡ 설계볼트 장력
   $T = k \cdot d_1 \cdot N$
   여기서, k : 토크계수(0.11~0.19)
   d_1 : 고력볼트 축부의 공칭직경(mm)
   N : 고력볼트의 축력
  ㉢ 표준볼트 장력 = 설계볼트 장력×1.1
③ 너트회전법
  ㉠ 접합면이 밀착될 때까지 1차 조임한 후, 비틀림 원리를 이용하여 너트회전량으로 조임을 관리하는 방법이다.
  ㉡ 1차 조임 토크값으로 피접합체를 밀착한 후, 고력볼트의 나사부, 너트 및 와셔 등에 마킹표시를 한 다음 소정의 장력 도입에 맞도록 너트를 120° 회전시킨다. 이 경우 너트의 회전량이 120°±30°이면 합격으로 간주한다.
④ 조임기구는 다이얼형 토크렌치, 프리세트형 토크렌치, 전동식 토크렌치 등이 있다.

7. 고력볼트의 설계강도

① 일반조임된 고력볼트의 설계강도
  ㉠ 설계강도의 기본식
   $\phi R_n = \phi F_n A_b$
  ㉡ 설계인장강도($\phi = 0.75$)
   $\phi R_n = \phi F_{nt} A_b = \phi(0.75 F_u) A_b$
  ㉢ 설계전단강도($\phi = 0.75$)
   $\phi R_n = \phi F_{nv} A_b = \phi(0.5 F_u) A_b \cdot N_s$ (나사부 불포함)
   $= \phi(0.4 F_u) A_b \cdot N_s$ (나사부 포함)
  ㉣ 구멍의 지압강도($\phi = 0.75$)
   $\phi R_n = \phi F_n A_b = \phi(0.6 F_u \cdot 2 L_c t)$
   $= \phi(1.2 L_e \cdot t \cdot F_u) \leq 2.4 d \cdot t \cdot F_u$
   여기서, L_e : 순연단거리 [$L_e = L - d/2 = (2.5 - 0.5)d = 2.0d$]

② 고력볼트의 미끄럼강도

　㉠ 미끄럼강도 수식

　　$\phi R_n = \phi \cdot \mu \cdot h_f \cdot T_0 N_s$

　　여기서, μ : 미끄럼계수
　　　　　　　(블라스트 후 페인트하지 않은 경우, 보통 0.5)
　　　　　h_f : 필렛계수(0.85~1.0)
　　　　　T_0 : 설계볼트 장력(kN)
　　　　　N_s : 전단면의 수

　㉡ 강도감소계수(ϕ)

　　표준구멍의 경우 $\phi=1.0$이고, 대형 구멍의 경우 $\phi=0.85$, 장슬롯의 경우 $\phi=0.75$이다.

　㉢ 설계볼트 장력(T_0, kN)

　　$T_0 = (0.7F_u) \times (0.75A)$

　　여기서, A: 공칭단면적　　(1, 1T_0): 표준볼트 장력

04 용접 접합

1. 용접 접합의 종류

① 피복아크용접(Shield Arc Welding) : 수동용접으로 현장용접이나 용접길이가 짧은 접합에 많이 이용되며, 흔히 우리가 많이 볼 수 있는 용접 접합방법이다.

② 서브머지드 아크용접 (Submerged Arc Welding) : 이음부 표면에 뿌린 미세한 입상의 플럭스 속에 피복하지 않은 용접봉 전극을 가져다 대어 아크용접하는 방법이다. 일명 자동용접(Automatic Welding)이라고도 한다.

2. 용접이음매의 형식

① 맞댐용접(Butt Welding, Groove Welding) : 부재의 끝을 비스듬히 깎아내고 용접하는 방법으로, 부재의 끝을 깎아 낸 것을 홈(Groove, 개선)이라 한다.

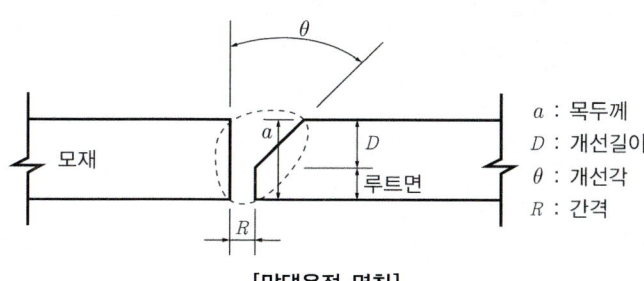

[맞댐용접 명칭]

> 목두께 a는
> $\sin\theta = \dfrac{a}{S}$
> $\theta = 45°$이면 $a = 0.7S$

② 모살용접(Fillet Welding) : 모재를 약 45°의 각 혹은 그 이상의 각(60°~120°)을 이루어 모재를 절단하지 않고 접합하는 용접이다.

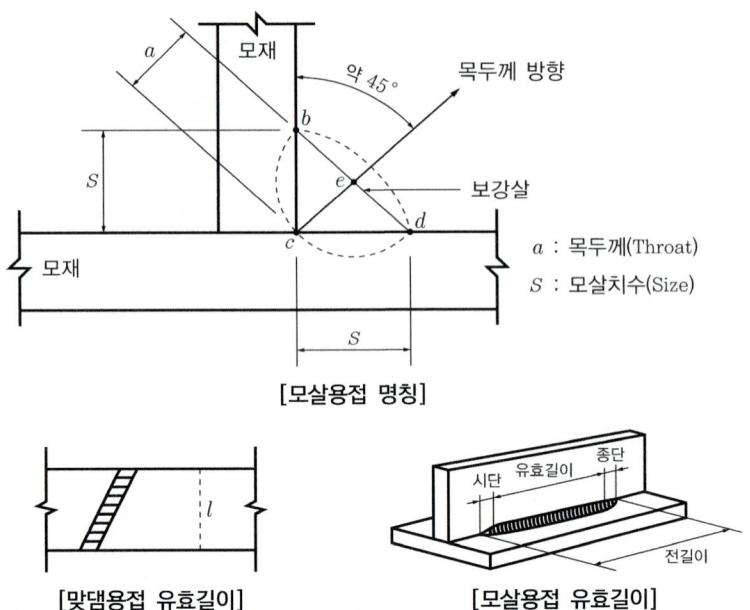

[모살용접 명칭]

[맞댐용접 유효길이]   [모살용접 유효길이]

③ 모살(필렛용접)용접 치수
  ㉠ 등치수로 하는 것을 원칙으로 한다.
  ㉡ 모살용접의 최소, 최대 사이즈(치수, mm)

접합부의 얇은 쪽 목두께(t)	모살용접의 최소 사이즈	모살용접의 최대 사이즈
$t \leq 6$	3	$t < 6mm$일 때, $s = t$
$6 < t \leq 13$	5	
$13 < t \leq 19$	6	$t \geq 6mm$일 때, $s = t - 2$
$t > 19$	8	

  ㉢ 응력을 전달하는 단속모살용접이음부의 길이는 모살사이즈의 10배 이상 또한 30mm 이상을 원칙으로 한다.
  ㉣ 강도에 의해 지배되는 모살용접설계의 경우 유효 최소 길이는 용접공칭 사이즈의 4배 이상이 되어야 한다. 또는 용접사이즈는 유효길이의 1/4 이하가 되어야 한다.

3. 용접부의 유효단면적

① 유효단면적
  $A_e = a \times l$

② 유효목두께와 유효길이

구분	맞댐용접	모살용접
유효목두께 (a)	• 모재의 두께로 한다.(단, 두께가 다르면 얇은 쪽 모재의 두께로 한다.)	• $a = 0.7S$ • 모재의 두께 : 모살사이즈는 두께가 다르면 얇은 쪽의 판두께 이하로 한다. • 최대 치수 : 모재 두께가 6mm 이하이면 모살치수는 얇은 쪽 모재 두께의 1.5배 또한 6mm 이하로 한다.
유효길이(l)	• 재축에 직각인 접합부의 폭으로 한다.	• 용접의 전길이에서 모살치수의 2배를 뺀다.($l = L - 2S$)

4. 용접이음매의 허용내력

① 축방향력(인장력 및 압축력) 또는 전단력을 받을 때

$$R = (\Sigma al) f_w$$

② 목두께에 생기는 응력도

$$f = \frac{P}{(\Sigma al)} \leq f_w$$

③ 휨모멘트를 받는 이음매

$$f_b = \frac{M}{Z} \leq f_w$$

여기서, R : 이음매의 허용력
P : 축방향력 또는 전단력
l : 용접의 유효용접길이
M : 용접이음매에 작용하는 휨모멘트
Z : 목두께를 용접면에 투영하여 구하는 단면의 단면계수
f_w : 용접이음매의 허용응력도

5. 용접 결함

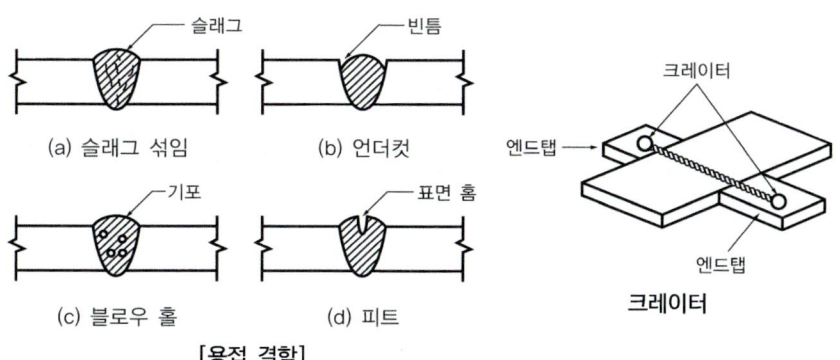

[용접 결함]

결함 명칭	내용
슬래그 감싸들기	용접봉의 피복재 심선과 모재가 변하여 생긴 회분이 용착금속 내에 혼입되는 것
언더 컷(Under Cut)	모재가 녹아 용착금속이 채워지지 않고 홈으로 남게 된 부분으로, 원인은 전류의 과대 또는 용접봉의 부적당에 기인함
오버 랩(Over Lap)	용접금속과 모재가 융합되지 않고 겹쳐지는 것
블로우 홀(Blow Hole)	금속이 녹아들 때 생기는 기포나 작은 틈
크랙(Crack)	용접 후 냉각 시에 생기는 갈라짐
피트(Pit)	용접부에 생기는 미세한 홈
위핑 홀(Weeping Hole)	용접 미숙으로 용접부에 용착금속이 채워지지 않아 생기는 미세한 구멍
크레이터(Crater)	용접길이의 끝부분에 우묵하게 파진 부분
피시 아이(Fish Eye)	용착금속 단면에 수소의 영향으로 생기는 은색 원점
언더 필(Under Fill, 단면 불량)	용접부 윗면이나 아랫면이 모재의 표면보다 낮게 된 것

6. 용접검사(비파괴검사)의 종류

검사법	주요 특징	
방사선투과시험 (RT, 내부결함 검출)	• 100회 이상 검사 가능 • 기록으로 저장 가능	• 가장 많이 사용
초음파탐상법 (UT, 내부결함 검출)	• 기록으로 저장 불가능 • 5mm 이상 불가능	• 복잡한 부위는 불가능 • 검사속도가 빠름
자분탐상시험 (MT, 표면결함 검출)	• 15mm 정도까지 가능 • 자화력 장치가 큼	• 미세 부분도 측정 가능
침투탐상시험 (PT, 표면결함 검출)	• 검사가 간단(자광성 기름 이용) • 내부결함 검출 곤란	• 넓은 범위 검사 가능 • 비용 저렴

7. 용접작업 시 주의사항

① 용접은 되도록 아래보기 자세로 한다.
② 두께 및 폭을 변화시킬 경사는 1/5 이하로 한다.
③ 용접열은 되도록 균등하게 분포시킨다.
④ 중심에서 주변을 향해 대칭으로 용접하여 변형을 적게 한다.
⑤ 두께가 다른 부재를 용접할 때 두꺼운 판의 두께가 얇은 판 두께의 2배를 초과하면 안 된다.
⑥ 응력을 전달하는 겹침이음에는 2줄 이상의 필렛용접을 사용하고, 얇은 쪽의 강판 두께의 5배 이상 또한 25mm 이상 겹치게 해야 한다.
⑦ 응력을 전달하는 단속필렛용접 이음부의 길이는 필렛사이즈의 10배 이상 또한 300mm 이상을 원칙으로 한다.

05 용접기호 표시방법

1. 용접부의 기본기호 및 보조기호

기본기호								보조기호		
모살용접		홈형(=개선)용접					플러그 또는 슬롯용접	현장용접	전체둘레 (공장) 용접	전체둘레 (현장) 용접
연속	단속	I형 (square)	V형 X형	V형 K형 (bevel)	U형 H형	J형 양면 J형				
◺	◹	‖	V	∨	Y	⊬	⌓	•	○	⊙

2. 용접시공 내용의 기재방법

(1) 용접하는 쪽이 화살표 쪽 또는 앞쪽일 때

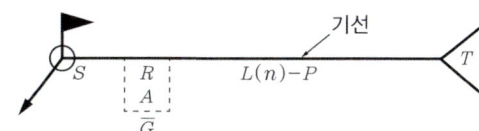

(2) 용접하는 쪽이 화살표 반대쪽 또는 건너편 쪽일 때

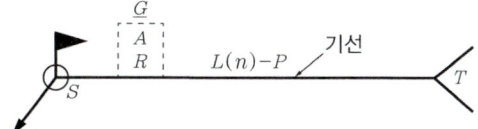

여기서, S : 용접사이즈　　　R : 루트간격
　　　　A : 개선각　　　　　L : 용접길이
　　　　T : 꼬리(특기사항 기록)　 $-$: 표면모양
　　　　G : 용접부 처리방법　 P : 용접간격
　　　　▶ : 현장용접　　　　○ : 온둘레(일주)용접

CHAPTER 02 필수 확인 문제

01 철골 접합부에 관한 설명 중 틀린 것은 어느 것인가?

① 한 접합부에 리벳볼트 및 고력볼트와 용접을 병용했을 때는 전 응력을 고력볼트와 용접이 분담한다.
② 한 접합부에 리벳과 고력볼트를 병용했을 때는 각각의 허용력에 분담시킨다.
③ 한 접합부에 고력볼트와 볼트를 병용했을 때는 고력볼트만이 응력을 받게 한다.
④ 한 접합부에 리벳과 볼트를 병용했을 때는 리벳만이 응력을 받게 한다.

◎ 고력볼트, 리벳볼트 용접을 병용한 경우에는 고력볼트 후 용접은 양자가 부담하고, 용접 후 고력볼트, 용접과 볼트는 용접이 부담한다.

정답 ①

02 강구조 접합에서 접합하려는 모재 간의 마찰력을 이용한 접합은?

① 핀접합 ② 용접
③ 고장력볼트 ④ 리벳

◎ 고장력볼트 접합
고장력볼트로 너트를 강하게 조여 볼트에 강한 인장력이 생기게 하여 그 인장력의 반력으로 접합재 간의 압축력이 작용하여 그 결과로 생기는 마찰력을 이용하여 힘을 전달하게 하는 것이다.

정답 ③

03 고장력볼트 1개의 인장파단 한계상태에 대한 설계인장강도는? (단, 볼트의 등급 및 호칭은 F10T, M20) [기11,13]

① 177kN ② 236kN
③ 315kN ④ 385kN

◎ 고장력볼트 설계인장강도
$$\phi R_n = \phi \cdot F_{nt} \cdot A_b$$
$$= (0.75)(750)\left(\frac{\pi(20)^2}{4}\right)$$
$$\phi \cdot (0.75F_u) \cdot A_b = 176,715\text{N}$$
$$= 176.715\text{kN}$$

여기서,
F_{nt} (고장력볼트 공칭인장강도) $= 0.75F_u$

정답 ①

04 철골용접에 관한 설명 중 적합하지 않은 것은?

① 맞댐용접의 유효단면은 판두께가 된다.
② 모살용접은 특히 일정한 각도를 이룰 때를 제외하고는 대개 직교이면 모임으로 밀착시킨다.
③ 상향 맞댐용접에서는 시공의 불편을 감안하여 단속용접으로 설계한다.
④ 덧판용접은 모살용접으로 시공한다.

◎ 맞댐용접
접합재를 동일 평면으로 유지하며, 그 끝을 적당한 모양 또는 각도로 가공하여 판너비 전부에 용접한다. 그러므로 맞댐용접은 단속용접이 없다. 목두께는 얇은 재의 두께를 취한다.

정답 ③

05 다음 필렛용접부의 유효용접면적은? [기17]

① 614.4mm² ② 693.2mm²
③ 716.8mm² ④ 806.4mm²

◎ 필렛용접 유효단면적(A_e)
$A_e = a \cdot l \times 2$면
$= 0.7S \times (L - 2S) \times 2$면
$= 0.7(8) \times (80 - 2 \times 8) \times 2$면
716.8mm^2

정답 ③

CHAPTER 03 인장재 및 압축재

빈출 KEY WORD
\# 순단면적 산정   \# 설계블록 전단강도   \# 인장재의 설계인장강도
\# 압축재의 판폭두께비 \# 압축재의 횡좌굴에 대한 압축강도
\# 압축재 탄성좌굴응력 \# 조립압축재 구조제한

01 인장재와 압축재의 특징

구분	단면적	부재의 길이	고려사항
인장재	유효순단면적	약간 길어도 괜찮다.	결손 단면적
압축재	전단면적	좌굴에 대비해서 짧아야 한다.	세장비

02 순단면적

1. 순단면적(A_n) 산정

① 정렬(일렬)배치 : 총단면적(A_g)에서 구멍 개수에 해당하는 총지름을 제외한 길이에 두께(t)를 곱하여 빼준다.

$$A_n = A_g - n \cdot d \cdot t$$

여기서, d : 볼트구멍의 지름

※ 순단면적 산정용 고력볼트 구멍의 여유폭

직경(M)	표준구멍(d)
24mm 미만	M+2.0mm
24mm 이상	M+3.0mm

A_g : 총단면적(부재축에 직각방향으로 측정된 각 요소단면의 합)

② 지그재그(엇모, 불규칙)배치 : 배열된 구멍을 순차적으로 이어 전체 폭을 절단하는 모든 경로에 대해 순단면적을 계산하고, 이 중 최솟값을 순단면적으로 정한다.

$$A_n = A_g - n \cdot d \cdot t + \sum \frac{p^2}{4g} \cdot t$$

여기서, t : 판의 두께
p : 볼트 피치
g : 볼트의 응력에 직각방향인 볼트선 간의 길이(게이지)

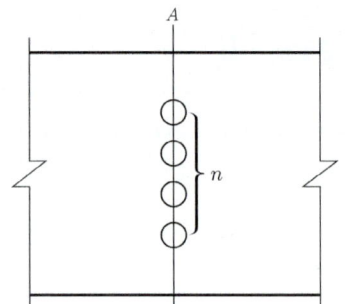
(a) 일렬배치

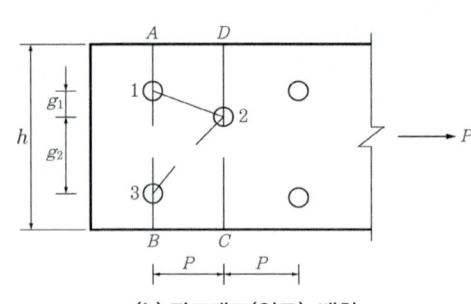
(b) 지그재그(엇모) 배치

[순단면적 산정]

③ 지그재그(엇모, 불규칙)배치의 순단면적(A_n) 산정 예

  ㉠ 파단선 A-1-3-B : $A_{n1} = (h - 2d) \cdot t$

  ㉡ 파단선 A=1-2-3-B : $A_{n2} = (h - 3d + \dfrac{p^2}{4g_1} + \dfrac{p^2}{4g_2}) \cdot t$

  ㉢ 파단선 A-1-2-C : $A_{n3} = (h - 2d + \dfrac{p^2}{4g_1}) \cdot t$

  ㉣ 파단선 D-2-3-B : $A_{n4} = (h - 2d + \dfrac{p^2}{4g_2}) \cdot t$

  ∴ $A_n = [A_{n1},\ A_{n2},\ A_{n3},\ A_{n4}]_{\min}$

④ 두 변에 구멍이 불규칙하게 배치된 ㄱ형강(L형강)의 경우는 두 변을 펴서 동일 평면상에 놓은 후 앞의 방법과 동일하게 구한다. 이때 값들은 중복되는 두께 t를 공제한 값을 사용한다.

  ㉠ 총폭 : $b_g = b_1 + b_2 - t$

  ㉡ 게이지(리벳선 간 거리) : $g = g_1 - t$

  ㉢ 두께가 다른 경우 : $t = \dfrac{t_1 + t_2}{2}$

> ㄱ형강(L형강)의 경우

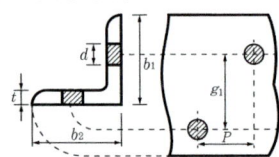

2. 편심인장재의 유효순단면적(A_n) 산정

① 인장재의 한 변만 접합에 사용되는 경우에는 접합에 사용된 면은 전체가 인장력을 받게 되지만 접합에 사용되지 않은 면에는 인장력이 불균등하게 생기게 되는데, 이러한 현상을 전단지연(Shear Lag)이라 한다.

② 하중이 연결재 전체 단면이 아닌 일부 단면요소에 파스너나 용접에 의해 전달될 때에는 전단지연의 영향을 고려하기 위해 유효순단면적을 사용한다.

③ 인장부재의 유효순단면적은 순단면적에 전단지연계수를 곱하여 구한다.

④ 유효순단면적(A_n)

$$A_e = U \cdot A_n \quad U = 1 - \frac{\overline{x}}{l}$$

여기서, A_e : 유효순단면적, A_n : 순단면적

U : 감소계수(전단지연계수, Shear Lag Factor)

l : 하중방향 양쪽 끝단 접합재 간의 거리

$\overline{x}$: 접합면에서 접합된 단면의 도심까지 거리로 계산되는 접합 편심거리($\overline{x_1}$, $\overline{x_2}$ 중 큰 값)

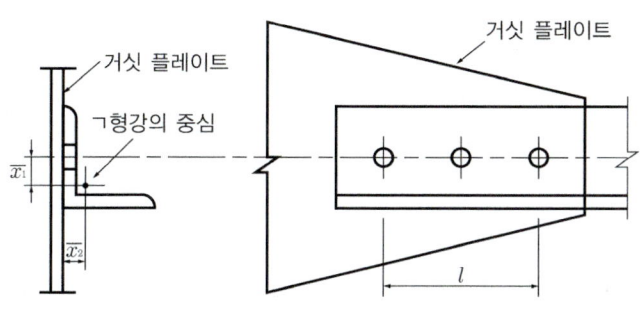

[ㄱ형강(L형강)의 유효순단면적]

⑤ 인장재 접합부의 전단지연계수(U)

구분	요소 설명	전단지연계수(U)	예
1	인장력이 용접이나 파스너를 통해 각각의 단면요소에 직접적으로 전달되는 모든 인장재	$U = 1.0$	-
2	인장력이 길이방향 용접이나 파스너를 통해 단면요소의 일부에 전달되는 판재와 강관을 제외한 모든 인장재	$U = 1 - \dfrac{\overline{x}}{l}$	
3	인장력이 가로방향 용접을 통해 단면요소의 일부에 전달되는 모든 인장재	$U = 1.0$	-
4	인장력이 길이방향 용접만을 통해서 전달되는 판재	$1 \geq 2w$: $U = 1.00$ $2w > l \geq 1.5w$: $U = 0.87$ $1.5w > l \geq w$: $U = 0.75$	

03 블록전단파단(Block Shear Rupture)

1. 블록전단파단

① 고력볼트의 사용이 증가함에 따라 접합부의 일부분이 찢겨나가는 파괴양상이 일어날 가능성이 크다. 이를 블록전단파단이라 한다.

② 블록전단파단은 전단파단($a-b$ 부분)과 인장파단($b-c$ 부분)에 의해 나타나는 접합부의 파단형태이다.

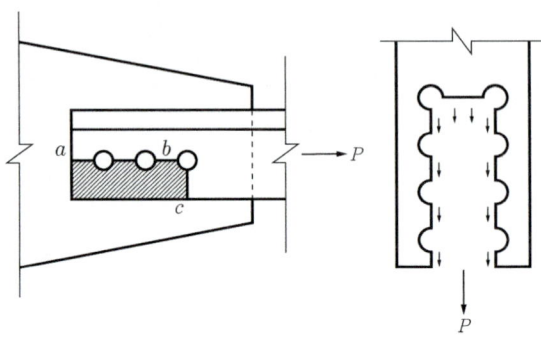

[블록전단파단]

2. 설계블록전단강도(ϕR_n)

① 블록전단파단의 한계상태에 대한 설계강도는 전단저항과 인장저항의 합으로 블록전단강도를 구한다.

② 블록전단강도는 다음 식을 사용하여 구한다. 한계상태는 좌, 우 식 중에서 작은 값이 지배한다.

$$\phi R_n = \phi(0.6 F_u A_{nv} + U_{bs} F_u A_{nt}) \leq \phi(0.6 F_y A_{gv} + U_{bs} F_u A_{nt})$$

여기서, A_{gv}: 전단저항 총단면적(mm^2), $\phi = 0.75$
A_{nv}: 전단저항 순단면적(mm^2)
A_{nt}: 인장저항 순단면적(mm^2)
U_{bs}: 응력집중계수(인장응력이 일정한 경우 1.0, 인장응력이 일정하지 않은 경우 0.5)

04 인장재의 설계

1. 인장재의 설계 일반

인장재의 설계는 설계인장강도가 소요인장강도보다 크게 설계한다.

① 기본 이론식

  설계인장강도 ≥ 소요인장강도

  $\phi P_n \geq P_u$

② 설계인장강도 ϕP_n은 총단면의 항복한계상태와 유효순단면의 파단한계 상태에 의해 산정된 값 중 작은 값으로 한다.

2. 인장재의 설계인장강도

① 총단면의 항복에 의한 설계인장강도

  $\phi P_n = \phi F_y A_g \quad \phi = 0.90$

② 유효순단면의 파단에 의한 설계인장강도

  $\phi P_n = \phi F_u A_e \quad \phi = 0.75$

  여기서, F_y: 항복강도(MPa, N/mm²)

  F_u: 인장강도(MPa, N/mm²)

  A_g: 부재의 총단면적(mm²)

  A_e: 유효순단면적(mm²)

  P_n: 공칭인장강도(N)

③ 설계인장강도 산정

  ㉠ 총단면의 항복

  ㉡ 유효순단면의 파단

  ㉢ 블록전단파단 강도

  위 값을 비교하여 작은 값으로 한다.

05 조립인장재 구조제한

1. 판재와 형강의 조립인장재

① 하나의 판재와 형강 또는 두 개의 판재로 구성되어 연속적으로 접합되어 있는 조립인장재에서 개재의 재축방향 긴결 간격

  ㉠ 도장된 부재 또는 부식의 우려가 없어 도장되지 않은 부재의 경우 얇은 판 두께의 24배 또한 300mm 이하

  ㉡ 대기 중 부식에 노출된 도장되지 않은 내후성 강재의 경우 얇은 판 두께의 14배 또한 180mm 이하

② 끼움판을 사용한 두 개 이상의 형강으로 구성된 조립인장재는 개재의 세장비가 300 이하가 되어야 한다.

2. 띠판을 조립인장재의 비충복면에 사용할 수 있는 조건

① 띠판의 재축방향 길이는 조립부재 개재를 연결시키는 용접이나 파스너 사이 거리의 2/3 이상이 되어야 하고, 띠판 두께는 이 열 사이 거리의 1/50 이상이 되어야 한다.
② 띠판에서의 단속용접 또는 파스너의 재축방향 간격은 150mm 이하로 한다.
③ 띠판 간격은 조립부재 개재의 세장비가 300 이하가 되도록 한다.

06 압축재의 좌굴이론

1. 중심압축력을 받는 기둥

① 압축력을 받는 구조부재를 압축재라 하고 트러스의 현재 및 웨브재, 그리고 압축력만 작용하는 기둥 등이 있다.
② 압축재는 중심압축력을 받으면 단면형상에 따라 휨좌굴, 비틀림좌굴, 휨-비틀림좌굴이 발생한다.
③ 휨좌굴은 세장비가 큰 약축방향의 휨에 의하여 발생하고, 비틀림좌굴은 매우 세장한 2축대칭단면의 압축재에 주로 발생하며, 휨-비틀림좌굴은 비대칭단면의 압축재에 휨좌굴과 비틀림좌굴의 조합에 의하여 발생한다.

2. 오일러(Euler)의 탄성좌굴하중과 탄성좌굴응력

① 탄성좌굴하중

$$P_{cr} = \frac{n\pi^2 EI}{(L)^2} = \frac{\pi^2 EI}{(L_K)^2} = \frac{\pi^2 EI}{(KL)^2}$$

② 탄성좌굴응력

$$F_{cr} = \frac{P_{cr}}{A} = \frac{\pi^2 E}{\left(\dfrac{KL}{r}\right)^2} = \frac{\pi^2 E}{\lambda^2}$$

여기서, EI : 휨강도
KL : 기둥의 유효길이
L : 기둥의 비지지길이
K : 좌굴유효길이계수
$\dfrac{KL}{r}$: 유효세장비
L_K : 좌굴유효길이($= KL$)

③ 단부조건(지지상태)에 따른 계수

구분	이동 자유			이동 구속		
지지조건	$2L$	$2L$	L	L	$0.7L$	$0.5L$
K	2	2	1	1	0.7	0.5
n	1/4(1)	1/4(1)	1(4)	1(4)	2(8)	4(16)

기호		
	▽(고정)	회전구속, 이동구속
	▽(힌지)	회전자유, 이동구속
	□	회전구속, 이동자유
	○	회전자유, 이동자유

07 강재단면의 분류

1. 국부좌굴

① 압축재는 구성하는 판이 너무 얇아지면 부재좌굴 이외에 국부좌굴이 발생하여 부재의 압축내력을 급격히 저하시킨다.

② 국부좌굴은 플랜지 또는 웨브가 세장하여 압축응력에 의해 이들 부재가 좌굴하는 것이며, 판폭두께비 제한으로 제어한다.

2. 판폭두께비에 따른 강재단면의 분류

단면	조건
콤팩트 단면	단면의 플랜지들은 웨브에 연속적으로 연결되고, 그 단면의 모든 압축요소의 판폭두께비(λ)가 λ_p를 초과하지 않는 단면($\lambda \leq \lambda_p$)
비콤팩트 단면	한 개나 그 이상의 요소들의 판폭두께비(λ)가 λ_p를 초과하고 λ_r을 초과하지 않는 단면($\lambda_p < \lambda \leq \lambda_r$)
세장판요소 단면	판폭두께비(λ)가 λ_r를 초과하는 단면($\lambda > \lambda_r$)

여기서, λ: 압축재의 판폭두께비

λ_p: 콤팩트 단면의 한계판폭두께비

λ_r: 비콤팩트 단면의 한계판폭두께비

> **Tip!** (예시) 압축재의 판폭두께비
> ① 플랜지의 판폭두께비
> $$\lambda = \frac{b}{t_f}$$
> ② 웨브의 판폭두께비
> $$\lambda = \frac{h}{t_w}$$

3. 비구속판요소와 구속판요소

(1) 비구속판요소와 구속판요소의 구분

구분	조건
비구속판요소	플랜지의 내민 부분과 같이 한쪽이 웨브에 의해 지지된 경우
구속판요소	웨브가 양쪽의 플랜지에 의해 지지된 경우

> **예) 비구속과 구속**
> → 압연 H형강의 플랜지 비구속판요소(자유돌출판)
> → 압연 H형강의 웨브 구속판요소(양면지지판)

(2) 비구속판요소의 폭

① I, H형강과 T형강 플랜지에 대한 폭 b는 전체공칭플랜지폭 b_f의 반이다.

② ㄱ형강, ㄷ형강 및 Z형강의 다리에 대한 폭 b는 전체공칭지수이다.

③ 플레이트의 폭 b는 자유단으로부터 파스너의 첫 번째 줄 혹은 용접선까지의 길이이다.

④ T형강의 스템의 d는 전체공칭춤으로 한다.

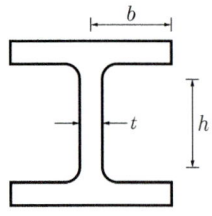 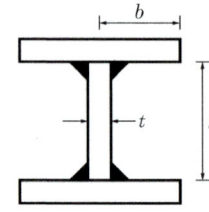 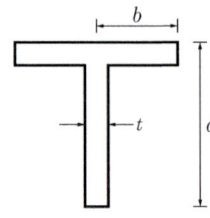 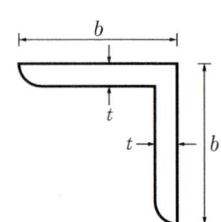

(3) 구속판요소의 폭

① 압연이나 성형단면의 웨브에 대하여 h는 각 플랜지에서 필렛이나 모서리 반경을 감한 플랜지 사이의 순간격이다. h_c는 도심에서 필렛이나 모서리 반경을 감한 압축플랜지의 내측면까지 거리의 2배이다.

② 조립단면의 웨브에 대하여 h는 인접한 파스너 열간 거리 또는 용접한 경우 플랜지 사이의 순간격이며, h_c는 도심으로부터 압축플랜지에서 제일 가까운 파스너 열 또는 용접한 경우 압축플랜지의 내측면까지 거리의 2배이다. h_c는 소성중립축으로부터 압축플랜지에서 제일 가까운 파스너 열 또는 용접한 경우 압축플랜지의 내측면까지 거리의 2배이다.

③ 조립단면에서 플랜지 또는 다이어프램에 대하여 폭 b는 파스너 열 또는 용접선 간의 거리이다.

④ 각형강관단면의 플랜지에 대하여 폭 b는 각 변의 내측 모서리반경을 감한 웨브 사이의 순간격이다. 각형강관단면의 웨브에 대하여 h는 각 변의 내측 모서리반경을 감한 플랜지 사이의 순간격이다. 만일 모서리반경을 알 수 없으면 단면의 외부치수 폭에서 두께의 3배를 감한 값으로 취한다. 여기서 t는 설계판두께이다.

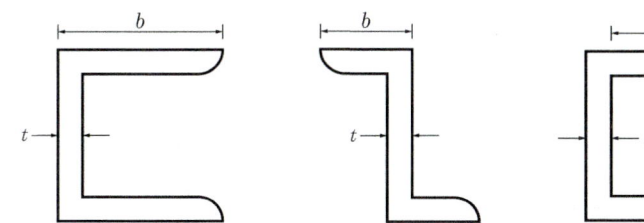
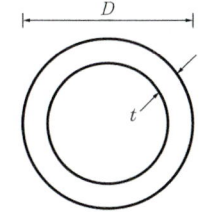

(4) 압축판 요소의 판 폭두께비 제한

구분		판요소에 대한 설명	판폭두께비	폭두께비 한계값		예
				λ_p(콤팩트)	λ_r(비콤팩트)	
비구속판요소	1	압연 H형강과 ㄷ형강 휨재의 플랜지	b/t	$0.38\sqrt{E/F_y}$	$1.0\sqrt{E/F_y}$	
	2	2축 또는 1축 대칭인 용접 H형강 휨재의 플랜지	b/t	$0.38\sqrt{E/F_y}$	$0.95\sqrt{k_c E/F_L}$ [1), 2)]	
	3	균일 압축을 받는 - 압연 H형강의 플랜지 - 압연 H형강으로부터 돌출된 플레이트 - 서로 접한 쌍ㄱ형강의 돌출된 다리 - ㄷ형강의 플랜지	b/t	-	$0.56\sqrt{E/F_y}$	

비구속판요소	4	균일 압축을 받는 - 용접 H형강의 플랜지 - 용접 H형강으로부터 돌출된 플레이트와 ㄱ형강 다리	b/t	-	$0.64\sqrt{k_c E/F_y}^{3)}$
	5	균일 압축을 받는 - ㄱ형강의 다리 - 끼판을 낀 쌍ㄱ형강의 다리 - 그 외 모든 한쪽만 지지된 판요소	b/t	-	$0.45\sqrt{E/F_y}$
	6	휨을 받는 ㄱ형강의 다리	b/t	$0.54\sqrt{E/F_y}$	$0.91\sqrt{E/F_y}$
	7	휨을 받는 T형강의 다리	b/t	$0.38\sqrt{E/F_y}$	$1.0\sqrt{E/F_y}$
	8	균일 압축을 받는 T형강의 스템	d/t	-	$0.75\sqrt{E/F_y}$
구속판요소	9	휨을 받는 2축대칭 H형강의 웨브 ㄷ형강의 웨브	h/t_w	$3.76\sqrt{E/F_y}$	$5.70\sqrt{E/F_y}$
	10	균일 압축을 받는 2축대칭 H형강의 웨브	h/t_w	-	$1.49\sqrt{E/F_y}$
	11	휨을 받는 1축대칭 H형강의 웨브	h_c/t_w	$\dfrac{\dfrac{h_c}{h_p}\sqrt{\dfrac{E}{F_y}}}{(0.54\dfrac{M_p}{M_y} - 0.09)^2} \leq \lambda$	$5.70\sqrt{E/F_y}$
	12	휨 또는 균일 압축을 받는 - 각형강관의 플랜지 - 플랜지 커버 플레이트 - 파스너 또는 용접선 사이의 다이어프램	b/t	$1.12\sqrt{E/F_y}$	$1.40\sqrt{E/F_y}$
	13	휨을 받는 각형강관의 웨브	h/t	$2.42\sqrt{E/F_y}$	$5.70\sqrt{E/F_y}$
	14	균일 압축을 받는 그 외 모든 양쪽이 지지된 판요소	b/t	-	$1.49\sqrt{E/F_y}$
	15	- 압축을 받는 원형강관 - 휨을 받는 원형강관	D/t D/t	- $0.07E/F_y$	$0.11E/F_y$ $0.31E/F_y$

주 1) $k_c = \dfrac{4}{\sqrt{h/t_w}}$, 여기서 $0.35 \leq k_c \leq 0.76$

주 2) $F_L = 0.7F_y$: 약축휨을 받는 경우, 웨브가 세장판요소인 용접 H형강이 강축휨을 받는 경우, 웨브가 콤팩트요소 또는 비콤팩트요소이고, $S_{xt}/S_{xc} \geq 0.7$인 용접 H형강이 강축휨을 받는 경우

주 3) $F_L = F_y S_{xt}/S_{xc} \geq 0.5F_y$: 웨브가 콤팩트요소 또는 비콤팩트요소이고, $S_{xt}/S_{xc} < 0.7$인 용접 H형강이 강축휨을 받는 경우

08 압축재의 설계

1. 휨좌굴에 대한 압축강도

① 휨좌굴에 대한 압축강도(ϕP_n)

$$\phi P_n = \phi \cdot F_{cr} \cdot A_g \quad (\text{여기서}, \phi = 0.90)$$

② 휨좌굴응력(F_{cr})

㉠ 비탄성좌굴 영역에서 $\dfrac{KL}{r} \leq 4.71\sqrt{\dfrac{E}{F_y}}$ 또는 $F_y/F_e \leq 2.25$인 경우

$$F_{cr} = \left[0.658^{\frac{F_y}{F_e}}\right] F_y$$

㉡ 탄성좌굴 영역에서 $\dfrac{KL}{r} \leq 4.71\sqrt{\dfrac{E}{F_y}}$ 또는 $F_y/F_e > 2.25$인 경우

$$F_{cr} = 0.877 F_e$$

③ 탄성좌굴응력(F_e)

$$F_e = \frac{\pi^2 E}{\left(\dfrac{KL}{r}\right)^2} (\text{MPa})$$

여기서, F_{cr} : 휨좌굴응력(MPa) F_y : 강재의 항복강도(MPa)
A_g : 부재의 총단면적(mm²) K : 유효좌굴길이계수
E : 강재의 탄성계수(MPa) r : 좌굴측에 대한 단면2차반경(mm)
L : 부재의 횡좌굴에 대한 비지지길이(m)

09 조립압축재

1. 조립압축재의 구조제한

2개 이상의 압연형강으로 구성된 조립압축재는 접합재 사이의 개재세장비가 조립압축재의 전체 세장비의 3/4배를 초과하지 않도록 한다.

① 조립재의 단부에서 개재 상호 간의 접합
  ㉠ 용접접합 : 용접길이가 조립재의 최대 폭 이상이 되도록 하며, 연속용접으로 한다.
  ㉡ 고장력볼트접합 : 조립재 최대 폭의 1.5배 이상의 구간에 대해서 길이방향으로 볼트직경의 4배 이하 간격으로 접합한다.

② 조립압축재의 단부 단속용접 또는 고장력볼트 길이방향 간격은 설계응력을 전달하기에 적절하여야 한다.
③ 덧판을 사용한 조립압축재의 파스너 및 단속용접 최대 간격은 가장 얇은 덧판두께의 $0.75\sqrt{\dfrac{E}{F_y}}$ 배 또는 300mm 이하로 한다. 파스너가 엇모배치될 경우에는 $1.12\sqrt{\dfrac{E}{F_y}}$ 배 또는 450mm 이하로 한다.
④ 도장 내후성강재로 만든 조립압축재의 긴결 간격은 가장 얇은 판두께의 14배 또는 170mm 이하로 한다. 최대 연단거리는 가장 얇은 판두께의 8배 또는 120mm를 초과할 수 없다.

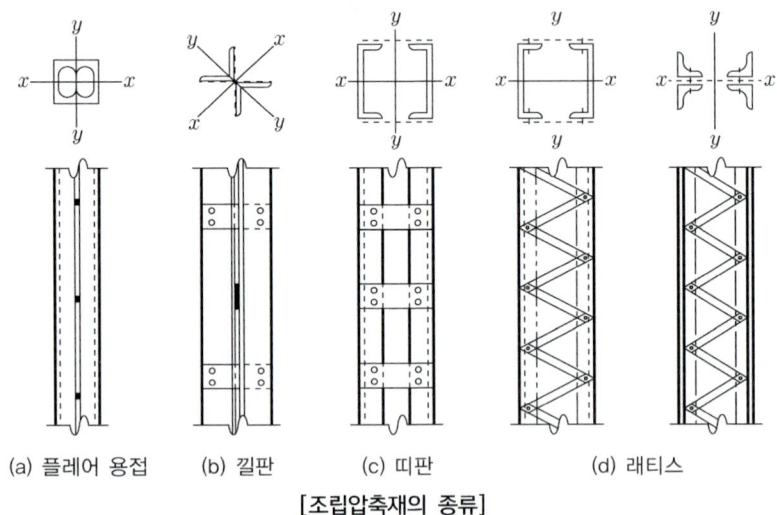

[조립압축재의 종류]

2. 래티스형식 조립압축재

① 평강, ㄱ형강, ㄷ형강, 기타 형강을 래티스로 사용한다.
② 조립부재의 재축방향의 접합 간격은 소재세장비가 조립압축재의 최대 세장비를 초과하지 않도록 한다.
③ 단일래티스 부재의 세장비 $\dfrac{L}{r}$ 은 140 이하로 하고, 복래티스의 경우에는 200 이하로 하며, 그 교차점을 접합한다.
④ 압축력을 받는 래티스의 길이는 단일래티스 경우에는 주부재와 접합되는 비지지된 대각선의 길이이며, 복래티스의 경우에는 이 길이의 70%로 한다.
⑤ 부재축에 대한 래티스 부재의 기울기는 다음과 같이 한다.

| 단일래티스 경우 : 60° 이상 |
| 복래티스 경우 : 45° 이상 |

⑥ 조립부재 개재를 연결시키는 재축방향의 용접 또는 파스너 열 사이 거리가 380mm를 초과하면, 래티스는 복래티스로 하거나 ㄱ형강으로 하는 것이 바람직하다.

⑦ 부재의 단부에는 띠판을 설치하여야 하며, 래티스 설치에 지장이 있는 경우 그 부분의 양단부와 중간부에 띠판을 설치하여 유공커버 플레이트 역할을 하도록 한다. 이때의 띠판은 다음 조건에 맞도록 설치하여야 한다.

㉠ 부재단부에 사용되는 띠판의 폭은 조립부재 개재를 연결하는 용접 또는 파스너 열 간격 이상이 되어야 한다.

㉡ 부재 중간에 사용되는 띠판의 폭은 부재단부 띠판길이의 1/2 이상이 되어야 한다.

㉢ 띠판의 두께는 조립부재 개재를 연결시키는 용접 또는 파스너 열 사이 거리의 1/50 이상이 되어야 한다.

㉣ 띠판의 조립부재에 접합은 용접의 경우 용접길이는 띠판길이의 1/3 이상이어야 하고, 볼트접합의 경우 띠판에 최소한 3개 이상의 파스너를 파스너 직경의 6배 이하 간격으로 접합하여야 한다.

(3) 조립압축재의 단면2차반경

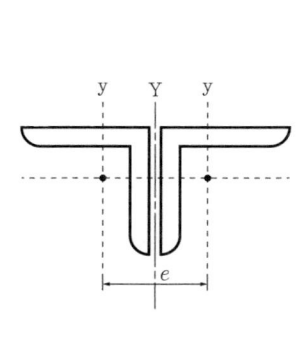

① Y축에 대한 단면2차모멘트

$$I_Y = \left[I_y + A \cdot \left(\frac{e}{2}\right)^2\right] \times 2개$$

$$= 2I_y + 2A \cdot \left(\frac{e}{2}\right)^2$$

② Y축에 대한 단면2차반경

$$r_Y = \sqrt{\frac{\sum I_Y}{\sum A}} = \sqrt{\frac{2I_y + 2A \cdot \left(\frac{e}{2}\right)^2}{2A}}$$

$$= \sqrt{(r_y)^2 + \left(\frac{e}{2}\right)^2}$$

CHAPTER 03 필수 확인 문제

01 철골구조의 유효단면적에 대한 설명 중 가장 적당한 것은?

① 인장재나 압축재나 볼트구멍의 단면적은 공제한다.
② 인장재나 압축재나 볼트구멍의 단면적은 공제하지 않는다.
③ 인장재는 볼트구멍의 단면적을 공제하지 않는다.
④ 인장재는 볼트구멍의 단면적을 공제하고 압축재는 공제하지 않는다.

> 볼트구멍 유효단면적 산정은 압축재에 있어서 압축력에 의하여 구멍이 충진되므로 유효단면적에 포함하나, 인장재에 있어서는 유효단면적에 포함되지 않는다. 즉 천공으로 인한 단면손실을 고려하여 순단면적을 사용한다.
>
> 정답 ④

02 그림과 같은 인장재의 순단면적은? (단, L-100×100×10의 총단면적은 1,900mm²이다.)

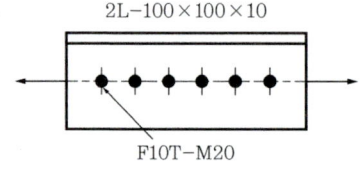

① 2,960mm² ② 3,360mm²
③ 3,580mm² ④ 3,980mm²

> 정렬배치 인장재 순단면적 (A_n)
> $A_n = A_g - n \cdot d \cdot t$
> $= (1,900\text{mm}^2 \times 2\text{개})$
> $\quad - (2)(20+2)(10)$
> $= 3,360\text{mm}^2$
>
> 정답 ②

03 강구조 인장 부재의 설계인장강도는?
(단, 인장부재의 총단면적 $A_g = 3,000\text{mm}^2$, 유효순단면적 $A_e = 2,700\text{mm}^2$, 이때 사용 형강의 $F_y = 275\text{N/mm}^2$, $F_u = 410\text{N/mm}^2$) [기|09]

① 634kN ② 742kN
③ 830kN ④ 1,080kN

> 인장재의 설계인장강도는 총단면 항복에 대한 인장강도와 유효순단면의 파단에 의한 강도 중 작은 값으로 한다.
> (1) 총단면 항복
> $\phi P_n = \phi \cdot F_y \cdot A_g$
> $= (0.9)(275)(3,000)$
> $= 742,500\text{N}$
> $= 742.500\text{kN}$
> (2) 유효순단면의 파단
> $\phi P_n = \phi \cdot F_u \cdot A_e$
> $= (0.75)(410)(2,700)$
> $= 830,250\text{N}$
> $= 830.250\text{kN}$
> ∴ 인장재의 설계인장강도는 (1), (2) 중 작은 값이므로
> 742.500 kN이다.
>
> 정답 ②

04 철골조에 관한 기술 중 옳지 않은 것은?

① 인장재의 유효단면적은 볼트구멍을 공제한다.
② 철골부재의 산정은 반드시 좌굴을 생각할 필요가 있다.
③ 판보(Plate Girder)는 큰 하중이 작용할 때 사용된다.
④ 트러스에서 절점에 모이는 재의 중심선은 한 점에 모이게 한다.

◎ 철골부재의 압축재와 휨재 설계 시 좌굴을 고려하지만 인장재는 좌굴에 대해 고려할 필요가 없다.
[정답] ②

05 다음 그림과 같은 기둥에서 유효좌굴길이(kL)는 얼마인가?

① $0.5L$
② $0.7L$
③ $1.0L$
④ $2.0L$

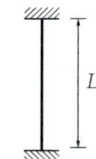

◎ 양단고정인 기둥의 유효좌굴길이
$l_k = kL = 0.5L$
[정답] ①

06 압축부재의 좌굴길이는 무엇으로 결정되는가?

① 부재단면의 단면2차모멘트
② 재단(材端)의 지지 상태
③ 부재의 처짐
④ 부재단면의 단면계수

◎ 좌굴길이(l_k)는 부재의 양단 지시 상태에 따라 달라진다.
[정답] ②

07 판요소의 폭두께비를 결정하기 위한 폭 d, 두께 t의 취급방법에서 틀리게 표시된 것은?

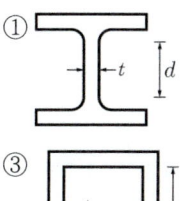
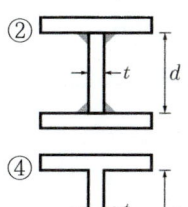

◎ T형강의 스템 d는 전체공칭춤으로 산정한다.

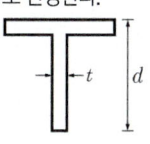

[정답] ④

CHAPTER 04 보

빈출 KEY WORD
\# 판보, 래티스보, 격자보
\# 합성보 특징과 유효폭

01 강재보의 설계

1. 휨응력

① 항복모멘트(M_y) : 보 단면의 최외단이 강재의 항복강도에 도달할 때의 단면이 저항하는 휨강도이다.

② 전소성모멘트(M_p) : 보 단면의 전부분이 항복강도에 도달하는 소성상태일 때의 단면이 저항하는 휨강도이다.

$$M_p = F_y \cdot Z_p$$

여기서, F_y : 강재의 항복강도(MPa)
　　　　Z : 강재 단면의 탄성단면계수(mm^2)
　　　　Z_p : 강재 단면의 소성단면계수(mm^2)

③ 형상비(f)

$$f = \frac{M_p}{M_y} = \frac{Z_p}{Z}$$

2. 전단응력

① 전단응력의 일반식

$$f_v = \frac{V \cdot S}{I \cdot b}$$

② 최대 전단응력 : 웨브 중앙에서 생긴다.

$$f_{vmax} = k\frac{V}{A}$$

여기서, V : 전단력
　　　　S : 단면1차모멘트　　I : 단면2차모멘트
　　　　b : 복부폭　　　　　A : 단면적
　　　　k : 형상비(직사각형 : 1.5, 원형 : 4/3, H형강 : 1.10~1.18)

③ 평균 전단응력의 실용식(약산식)

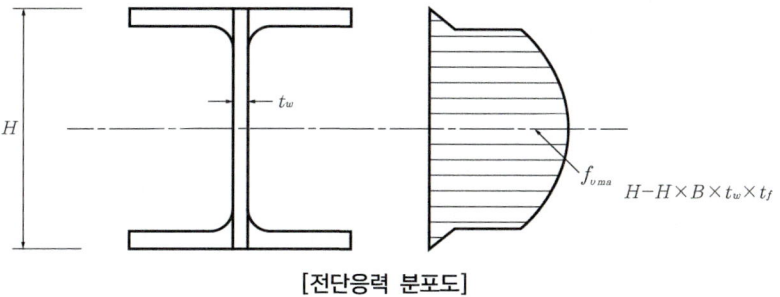

[전단응력 분포도]

02 보의 종류

1. 형강보

L형강(Angle), C형강(Channel), I(I-Beam) 등을 이용하여 단일 혹은 복합 형강으로 이용된다.

① 단일 형강보 : 하중이 작고 경미한 곳에 사용
② 복합 형강보 : 단일 형강보 보다 비교적 하중이 큰 곳

2. 판보(Plate Girder)

강판에 L형강 등을 접합하여 만든 보로, 하중이 큰 곳이나 이동하중이 작용하는 곳, 그리고 전단력이 크게 작용하는 곳에 적당하다.

① 플랜지의 커버 플레이트는 휨모멘트를 부담하며, 수는 4개 이하로 한다.
② 커버 플레이트의 전단면적은 플랜지 전단면적의 70% 이하로 하고, 여장은 계산상 필요한 위치로부터 30mm 여장을 둔다.
③ 플랜지와 웨브의 접합리벳은 전단력을 주로 보강하며, 리벳의 간격은 3~8b로 한다.
④ 웨브 플레이트는 전단력을 부담하고, 플랜지는 휨모멘트를 부담한다.
⑤ 웨브 플레이트의 좌굴을 방지하기 위하여 스티프너를 사용하는데, 중간 스티프너는 전단좌굴을 보강하고, 수평 스티프너는 휨, 압축력에 의한 좌굴방지에 수직 스티프너는 횡압축좌굴을 보강한다.
⑥ 하중점 스티프너를 양쪽으로(단부 스티프너는 한쪽으로) 웨브 두께의 15배 이하의 유효폭으로 구성되는 압축재로 취급하며, 좌굴길이는 보춤의 0.7배로 한다.

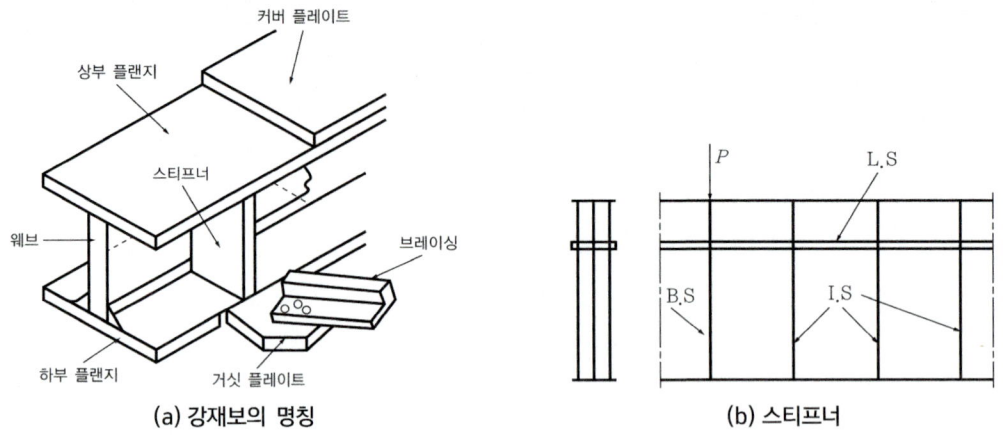

[강재보의 구성]

3. 래티스 보(Lattice Girder)

① 지붕 트러스의 작은 보나 부 지붕틀로 사용한다.
② 보의 춤이 50cm 이하에서 많이 사용한다.
③ 래티스재는 전단력을 받는다.
④ 전단력이 적은 곳이나 이동하중이 작은 곳에 쓰인다.
⑤ 단일래티스 : 45°, 복래티스 : 60°

4. 격자보(Grill Girder)

① 래티스보의 웨브재를 플랜지에 대하여 직각으로 조립한 것이다.
② 철골·철근콘크리트조 건축물에 주로 쓰인다.
③ 콘크리트에 피복되어 사용한다.
④ 가장 경미한 하중을 받는 데 사용한다.

Q1. 강구조 보에서 일반적으로 콘크리트를 피복하여 사용하는 보는?
① 판보　② 격자보
③ 형강보　④ 트러스보

Q2. 보 깊이(춤)가 커서 모멘트 및 전단력에 강한 조립보는?
① 판보　② 격자보
③ 래티스보　④ 복합형강보

해설 플레이트 거더(Plate Girder, 판보)는 보의 깊이(춤)가 커서 모멘트와 전단력이 큰 곳에 사용한다.

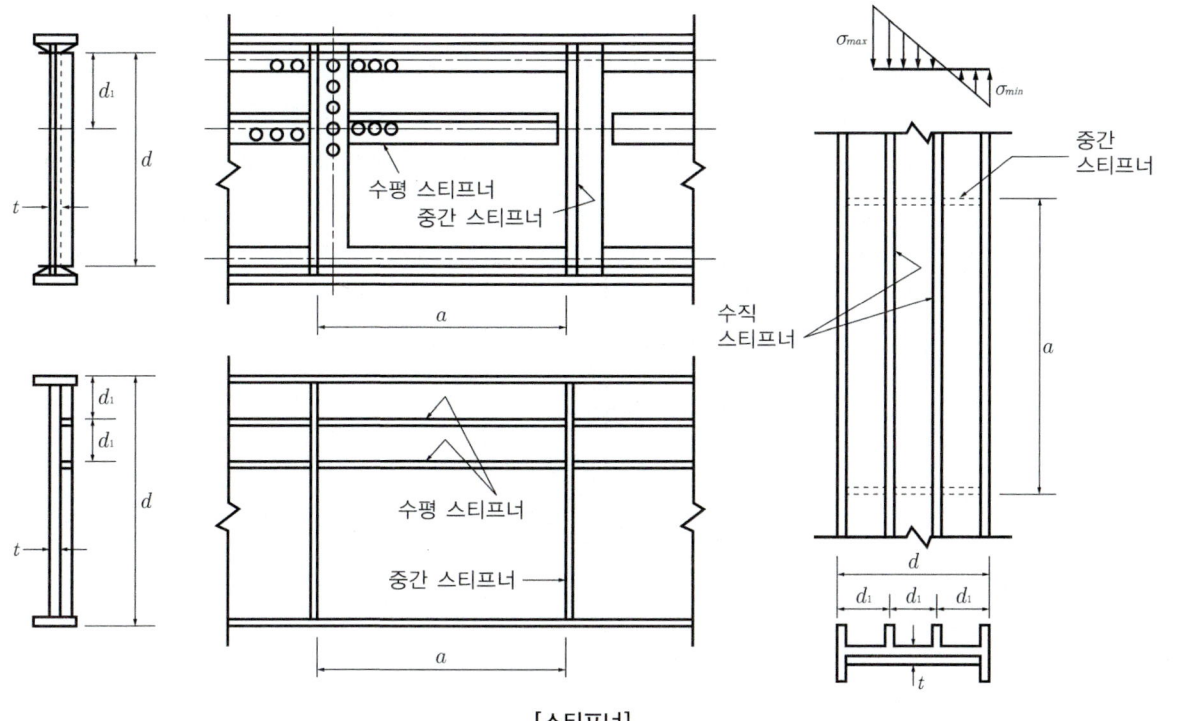

[스티프너]

03 합성보(Composite Beam)

1. 합성보 일반

① 2종류 이상의 재료를 조합하여 일체로 되어 작용되도록 만든 보이다.
② 철골보와 콘크리트 슬래브를 전단연결재인 시어 커넥터(Shear Connector)로 연결, 일체화시켜 전단력에 저항한다.
③ 노출형과 매입형이 있다.

2. 강재앵커(전단연결재)를 갖는 합성보

① 강재앵커는 스터드 앵커 또는 ㄷ형강을 사용한다.
② 강재보는 조밀단면이며, 적절히 횡지지되어야 한다.
③ 부모멘트 구간에서 콘크리트 슬래브와 강재보에 강재앵커로 결합되어야 한다.
④ 유효폭 내의 강재보에 평행한 슬래브 철근은 적절히 정착되어야 한다.

3. 골데크 플레이트를 사용한 합성보

① 데크 플레이트의 공칭골깊이는 75mm 이하이어야 한다. 더 큰 골높이의 사용은 실험과 해석을 통하여 정당성이 증명되어야 한다. 골 또는 헌치의 콘크리트 평균폭 w_r은 50mm 이상이어야 하며, 데크 플레이트 상단에서의 최소 순폭 이하로 한다.

② 콘크리트 슬래브와 강재보를 연결하는 스터드 앵커의 직경은 19mm 이하이어야 하며, 데크 플레이트를 통하거나 아니면 강재보에 직접 용접하여야 한다. 스터드 앵커는 부착 후 데크 플레이트 상단위로 38mm 이상 돌출되어야 하며, 스터드 앵커의 상단 위로 13mm 이상의 콘크리트피복이 있어야 한다.
③ 데크 플레이트 상단 위의 콘크리트 두께는 50mm 이상이어야 한다.
④ 데크 플레이트는 지지부재에 450mm 이하의 간격으로 고정되어야 한다. 데크 플레이트의 고정은 스터드 앵커나 스터드 앵커와 점용접의 조합 또는 설계자에 의해 명시된 방법에 의해 이루어져야 한다.

4. 강재앵커(전단연결재)

① 스터드 앵커의 직경은 강재단면의 웨브판과 직접 연결된 플랜지 부분에 용접하는 경우 이외에 플랜지 두께의 2.5배를 초과할 수 없다.
② 강재앵커(전단연결재)가 콘크리트 슬래브 또는 골데크의 콘크리트에 매입된 합성 휨부재에 적용한다.
③ 합성보의 강재앵커는 용접 후 밑면에서 머리 최상단까지의 스터드 앵커 길이는 몸체 직경의 4배 이상으로 한다.

5. 합성보의 유효폭

보의 한쪽에만 연속 슬래브가 있을 경우
• b_{e1} = 보의 외측 슬래브로부터 연속 슬래브 중심까지의 거리 $\left(S_1 + \dfrac{S_2}{2}\right)$
• $b_{e2} = \dfrac{보\ 경간(\text{Span})}{4}$

보의 양쪽에 연속 슬래브가 있을 경우
• b_{e1} = 양측 슬래브 중심 사이의 거리 $\left(\dfrac{S_3}{2} + \dfrac{S_4}{2}\right)$
• $b_{e2} = \dfrac{보\ 경간(\text{Span})}{4}$

※ 각 값 중 작은 값을 유효폭으로 산정한다.

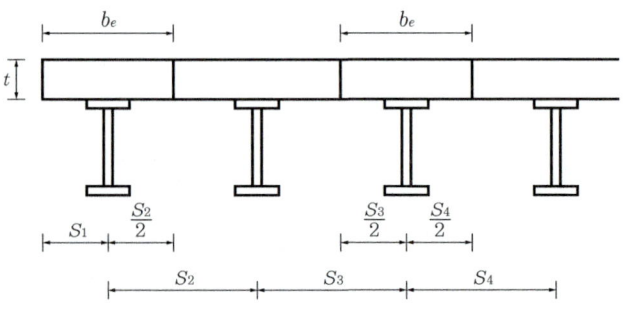

※ 단, 중도리, 층도리, 띠장 등은 그 마무리재에 지장을 주지 않는 범위 내에서 이 한계를 초과할 수 없다.

04 보의 처짐

1. 보의 사용성 확보를 위한 처짐 제한

① 일반적으로 보의 적정 높이는 H형강 보의 경우 $L/18 \sim L/20$ 정도가 사용되며, 단순보의 최대 스팬은 가급적 18m 이하로 하는 것이 바람직하다.
② 일반적으로 최대 적재하중에 대해서 $\delta \leq L/360$을 충족해야 한다.

2. 처짐 제한

보의 종류		처짐의 한도
일반보	단순보	$L/300$ 이하
	캔틸레버보	$L/250$ 이하
크레인 거더	수동크레인	$L/500$ 이하
	전동크레인	$L/800 \sim L/1,200$ 이하

※ 단, 중도리, 층도리, 띠장 등은 그 마무리재에 지장을 주지 않는 범위 내에서 이 한계를 초과할 수 없다.

05 휨요소의 한계판폭두께비

판요소에 대한 설명	판폭두께비 (λ)	판폭두께비 제한값		예
		λ_p(조밀)	λ_r(비조밀)	
압연 H형강의 플랜지	$\dfrac{b}{t_f} = \dfrac{b_f}{2t_f}$	$0.38\sqrt{\dfrac{E}{F_y}}$	$1.0\sqrt{\dfrac{E}{F_y}}$	
압연 H형강의 웨브	$\dfrac{h}{t_w}$	$3.76\sqrt{\dfrac{E}{F_y}}$	$5.70\sqrt{\dfrac{E}{F_y}}$	

06 합성부재

1. 매입형 합성부재

① 강재코어의 단면적은 합성기둥 총단면적의 1% 이상으로 한다.
② 강재코어를 매입한 콘크리트는 연속된 길이방향 철근과 띠철근 또는 나선철근으로 보강되어야 한다. 횡방향 철근 중심 간 간격은 직경 D10의 철근을 사용할 경우에는 300mm 이하, D13 이상의 철근을 사용할 경우에는 400mm 이하로 한다.
③ 연속된 길이방향 철근의 최소 철근비 ρ_{sr}는 0.004로 하며 다음과 같은 식으로 구한다.

$$\rho_{sr} = \frac{A_{sr}}{A_g}$$

여기서, A_{sr} : 연속길이방향 철근의 단면적(mm^2)
　　　　A_g : 합성부재의 총단면적(mm^2)

④ 강재단면과 길이방향 철근 사이의 순간격은 철근직경의 1.5배 이상 또는 40mm 중 큰 값 이상으로 한다.
⑤ 플랜지에 대한 콘크리트 순피복두께는 플랜지폭의 1/6 이상으로 한다.
⑥ 2개 이상의 형강재를 조립한 합성단면인 경우 형강재들은 콘크리트가 경화하기 전에 가해진 하중에 의해 각각의 형강재가 독립적으로 좌굴하는 것을 막기 위해 띠판 등과 같은 부재들로 서로 연결되어야 한다.

2. 충전형 합성부재

① 강판의 단면적은 합성부재 총단면적의 1% 이상으로 한다.
② 충전형 합성부재는 국부좌굴효과를 고려하여 분류한다.

CHAPTER 04 필수 확인 문제

01 I-350×150×9×15의 보에 전단력 150kN이 작용할 때 가장 적당한 전단응력도의 크기는?

① 48MPa
② 52MPa
③ 56MPa
④ 58MPa

○ 평균 전단응력

$$f_v = \frac{V}{t_w \cdot H} = \frac{150,000}{9 \times 350}$$
$$= 47.679 \text{N/mm}^2$$
$$= 47.619 \text{MPa}$$

정답 ①

02 철골구조에서 보의 플랜지에 커버 플레이트(Cover Plate)를 사용하는 경우가 있는데 그 주된 이유는 무엇인가?

① 보의 좌굴을 방지하기 위함이다.
② 보의 단면계수를 크게 하기 위함이다.
③ 웨브재의 전단보강을 위함이다.
④ 집중하중을 분산시키기 위함이다.

○ 판보의 커버 플레이트는 플랜지 보강용으로 휨모멘트에 저항한다.

정답 ②

03 강구조의 설계에 관한 설명 중 옳지 않은 것은? [기12]

① 압축재에서는 볼트구멍에 의한 단면 결손을 고려하지 않는다.
② 인장재의 설계에 있어서는 폭두께비를 고려하지 않는다.
③ 공칭인장강도는 세장비와 무관하게 결정된다.
④ 보의 집중하중이 작용하는 곳에 수평스티프너를 설치한다.

○ 보의 집중하중이 작용하고 보에 하중점 스티프너를 설치한다.

정답 ④

04 바닥슬래브와 철골보 사이에 발생하는 전단력에 저항하기 위해 설치하는 것은? [기19]

① 커버 플레이트(Cover Plate)
② 스티프너(Stiffener)
③ 턴 버클(Turn Buckle)
④ 시어 커넥터(Shear Connector)

정답 ④

CHAPTER 05 접합부 설계

빈출 KEY WORD
\# 기둥이음 시 메탈 터치
\# 주각부 구성

> **이음의 위치**
> 보 이음의 위치는 변곡점 근처에서 하는 것이 유리하다.

01 보 이음

① 보 부재는 이음을 하지 않는 것이 이상적이지만, 보의 스팬(Span, 경간)이 길거나 기둥-보 접합부의 구조 및 시공성을 고려하여 이음을 실시하고 있다.

② 보 부재를 적당한 길이로 공장에서 제작하여 현장에 운반한 후 보의 이음을 하는 경우 또는 기둥에 보의 일부를 공장에서 접합한 브래킷(Bracket) 형식에 보의 단부로부터 1~2m 정도 위치에서 보의 중간 부분을 이음하는 경우이다.

02 기둥 이음

1. 기둥 이음 일반

① 기둥은 이음이 없는 것이 이상적이며, 이음을 두어야 하는 경우 존재 응력이 작은 곳에서 이음을 한다.

② 이음 위치는 2~3층을 1단위로 하고, 이음 해당 바닥에서 1.0m 전후의 높이에 두는 것이 일반적이다.

③ 기둥접합부에서 이음부의 고력볼트 및 용접이음부의 응력을 전달함과 동시에 이들 접합허용내력은 비접합재 압축강도의 1/2 이상이 되도록 한다.

④ 이음부의 단면 크기가 다를 경우, 차이가 3cm보다 작을 경우 끼움판(끌판, 필러, Filler)을 사용하고, 3cm 이상일 경우에는 맞댐판을 사용한다.

2. 기둥 이음의 종류

① 고력볼트접합
② 고력볼트와 용접접합의 혼용

3. 메탈 터치(Metal Touch)

① 단면에 인장응력이 발생할 염려가 없는 상태에서 강재와 강재를 빈틈없이 밀착시키는 것
② 메탈 터치(Metal Touch) 가공 시 소요압축력 및 소요휨모멘트 각각의 1/2은 접촉면에서 직접 전달되는 것으로 설계

03 트러스 접합

① 트러스 절점은 트러스의 기준선과 중심이 일치되도록 하여 부재의 중심선이 한 곳에서 만나게 한다.
② 리벳을 산정할 때에는 부재응력이 허용내력보다 작더라도 허용내력의 1/2을 전달할 수 있도록 설계한다.
③ 거싯 플레이트는 보통 6mm~12mm 정도의 강판을 사용하며, 응력이 전달되는 범위가 거싯 플레이트 내부에 오도록 설계한다.

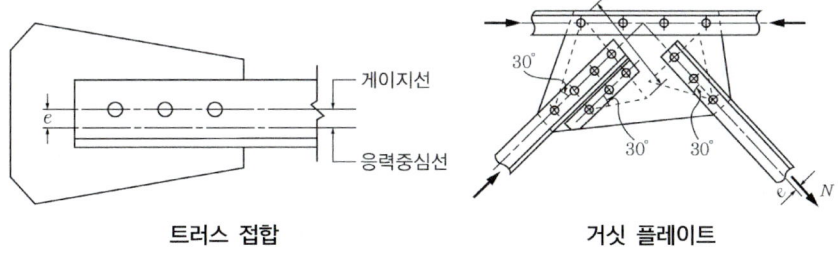

트러스 접합 　　　　거싯 플레이트

04 주각설계

1. 기본사항

① 주각은 베이스 플레이트(Base Plate), 윙 플레이트(Wing Plate), 접합 앵글(Slip Angle), 리브(Lib) 등으로 구성되며, 기둥의 축방향력, 전단력, 휨모멘트를 기초에 안전하게 전달할 수 있도록 설계한다.
② 기둥의 휨모멘트에 의한 인장력은 앵커볼트가 부담하고, 앵커볼트는 지름 16mm~32mm의 것을 사용한다.
③ 경미한 철골구조에서는 주각을 핀으로 가정하고 설계할 수 있다.

2. 주각 일반

① 주각부 : 기둥의 응력, 즉 축방향력, 전단력, 휨모멘트를 기초에 전달하는 역할을 하며, 일반적으로 힌지로 가정하여 해석한다.
② 기둥(철골구조) + 기초(콘크리트구조)로 결합한다.
③ 주각은 기둥의 하중과 모멘트를 기초를 통하여 지지기반에 전달하고, 기초콘크리트에 지압응력이 잘 분포되도록 베이스 플레이트를 둔다.
④ 기초에 기둥의 축방향력을 전달하기 위해서는 베이스 플레이트와 기초면의 밀착이 중요하다. 일반적으로 베이스 플레이트를 앵커볼트에 가조립한 후 베이스 플레이트 밑면에 무수축모르타르로 충전시켜 밀착시킨다.
⑤ 주각의 형태 : 핀주각, 고정주각, 매입형 주각 등이 있다.

3. 주각부 계획

① 기둥의 응력이 크면 윙 플레이트, 접합앵글, 리브 등으로 보강하여 응력을 분산시킨다.
② 앵커볼트는 기초콘크리트에 매입되어 주각부의 이동을 방지하는 역할을 한다. 사용 철근은 16~32mm, 정착길이는 볼트직경의 40배 정도이다.
③ 주각은 고정 또는 핀(경미한 철골구조)으로 가정하여 응력을 산정한다.
④ 축방향력이나 휨모멘트는 베이스 플레이트 저면의 압축력이나 앵커볼트의 인장력에 의해 산정된다.

4. 주각부 구성

① 베이스 플레이트(Base Plate)
② 윙 플레이트(Wing Plate)
③ 집합앵글(Clip Angle)
④ 웨브 플레이트(Web Plate)
⑤ 사이드 앵글(Side Angle)
⑥ 앵커볼트(Anchor Bolt)

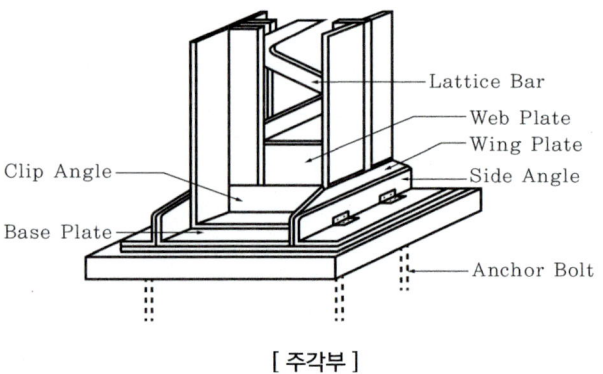

[주각부]

CHAPTER 05 필수 확인 문제

01 기둥의 이음 부위에 인장응력이 생기지 않을 경우 기둥 단면을 밀착(Metal Touch)시켜 설계응력을 절감시키는 범위는?

① 20% ② 25%
③ 30% ④ 50%

정답 ④

02 철골건물 가새에 대한 설명 중 옳지 않은 것은?

① 풍력에 저항한다.
② 건물을 시공할 때 부재의 위치를 정확히 한다.
③ 일반적으로 지붕트러스 하현재면에는 가새를 만들지 않는다.
④ 부재의 좌굴을 방지한다.

○ 철골건축물의 가새는 일반적으로 지붕트러스 하현재면에는 꼭 가새를 설치한다.

정답 ③

03 철골조의 부재에 관한 설명 중 잘못된 것은?

① 스티프너는 웨브의 보강을 위해서 사용한다.
② 플랜지 플레이트는 조립보의 플랜지 보강재이다.
③ 거싯 플레이트는 기둥 밑에 붙여서 기둥을 기초에 고정시키는 역할을 한다.
④ 트러스구조에서 상하에 배치된 부재를 현재라 한다.

○ • **거싯 플레이트** : 철골구조의 기둥과 보 부재를 접합하기 위해 사용되는 강판이다.
• **베이스 플레이트** : 기둥 밑에 붙여서 기둥을 기초에 고정시키는 역할을 하는 것으로 기둥의 하중과 모멘트를 기초를 통하여 지지기반에 전달하고, 기초콘크리트에 지압응력이 잘 분포되도록 한다.

정답 ③

PART 4 핵심 기출 문제

01. 개요

001 강구조에 관한 설명으로 옳지 않은 것은? [산19]

① 재료가 균질하며 세장한 부재가 가능하다.
② 처짐 및 진동을 고려해야 한다.
③ 인성이 커서 변형에 유리하고 소성변형 능력이 우수하다.
④ 좌굴의 영향이 작다.

해설
압축부재는 좌굴하기 쉽다.

002 강구조에 대한 설명 중 옳지 않은 것은? [기07,18]

① 긴 경간(Span)의 구조물이나 고층구조물에 적합하다.
② 강재는 다른 구조재료에 비하여 균질도가 높다.
③ 재료가 불에 타지 않기 때문에 내화력이 크다.
④ 단면에 비하여 부재길이가 비교적 길고 두께가 얇아 좌굴하기 쉽다.

해설
열에 약하며 고온에서 강도저하나 변형하기 쉽다.

003 철골구조에 관한 설명으로 옳지 않은 것은? [기19]

① 수평하중에 의한 접합부의 연성능력이 낮다.
② 철근콘크리트조에 비하여 넓은 전용면적을 얻을 수 있다.
③ 정밀한 시공을 요한다.
④ 장스팬 구조물에 적합하다.

해설
수평하중에 의한 접합부의 연성능력이 높다.

004 강구조에 관한 설명으로 옳지 않은 것은? [기13]

① 콘크리트구조물에 비해 처짐 및 진동 등의 사용성이 우수하다.
② 철근콘크리트구조에 비해 경량이다.
③ 수평력에 대해 강하다.
④ 대규모 건축물이 가능하다.

해설
강구조는 콘크리트구조물에 비해 처짐 및 진동을 고려해야 한다.

005 강구조에 사용하는 강재에 대한 설명으로 틀린 것은? [기15]

① SN재는 건축물의 내진성능을 확보하기 위하여 항복점의 상한치를 제한하는 강재이다.
② TMCP 강재는 판두께 증가에 따른 항복강도의 저감이 크게 나타난다.
③ SMA는 내후성을 높인 강재이다.
④ SM355B 강재의 기호 B는 충격흡수에너지를 제한하는 값에 대한 기호이다.

해설
TMCP 강재는 용접성과 내진성이 뛰어나 극후판의 고강도강재로 구조물의 고층화, 대형화에 적합하다. 보통 판두께 40mm 이상의 후판이라도 항복강도의 저하가 없다.

006 $H-500\times200\times10\times16$으로 표기된 H형강에서 웨브의 두께는? [산18]

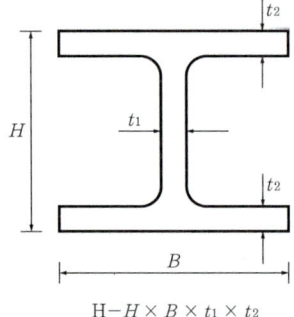

$H-H\times B\times t_1\times t_2$

① 10mm ② 16mm
③ 200mm ④ 500mm

해설
강재의 표기
강재의 형태 – Web 춤×Flange 축×Web 두께×Flange 두께×전길이

007 H-350×150×9×15의 보에 전단력 15kN이 작용할 때 가장 적당한 전단응력도의 크기는? [기01]

① 4.8N/mm² ② 5.2N/mm²
③ 5.6N/mm² ④ 5.8N/mm²

해설

$$\tau = \frac{V}{t_w \cdot h} = \frac{(15 \times 10^3)}{(9)(350 - 2 \times 15)} = 5.208 \text{N/mm}^2$$

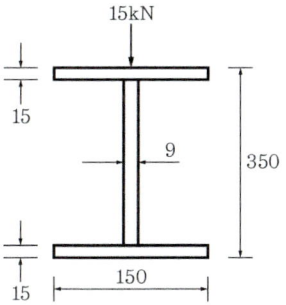

008 그림은 구조용 강봉의 응력-변형률 곡선이다. A 점은 무엇인가? [산-18]

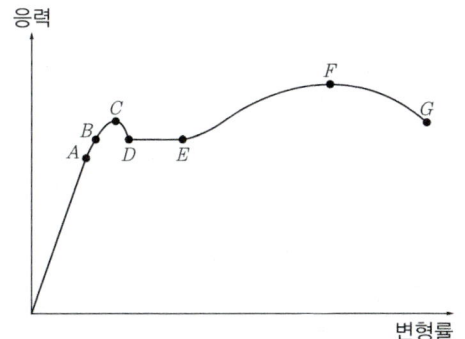

① 탄성한계점 ② 비례한계점
③ 상위항복점 ④ 하위항복점

해설
- A : 비례한계점
- B : 탄성한계점
- C : 상위항복점
- D : 하위항복점
- E : 변형률경화 개시점
- F : 극한강도점
- G : 파괴점

009 강재의 응력-변형률에서 다음 각 점들은 어떤 순서로 놓이는가?

| A : 상항복점 | B : 인장강도 | C : 비례한계 |
| D : 하항복점 | E : 파괴강도 | F : 탄성한계 |

① C - F - A - D - B - E
② C - D - A - F - B - E
③ F - A - D - C - E - B
④ F - D - A - C - B - E

해설

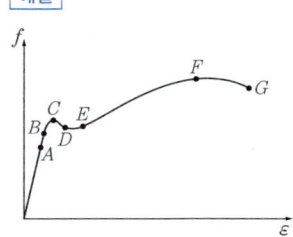

A : 비례한도(P)   B : 탄성한도(E)
C : 상항복점(Y_u) D : 하항복점(Y_L)
E : 변형률경화 시점 F : 인장강도
G : 파괴점

010 강재의 응력-변형률 곡선에서 변형률경화영역(Strain-Hardening Range)에 해당하는 기호를 고르면? [기11]

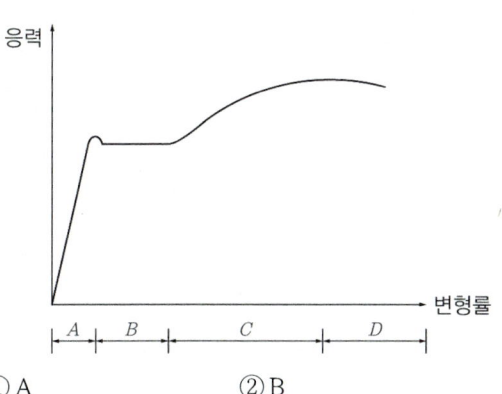

① A ② B
③ C ④ D

해설

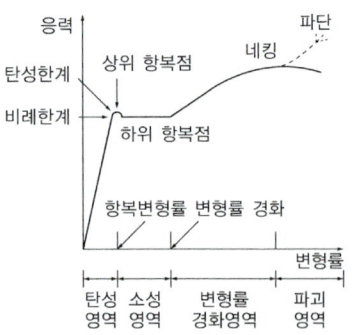

변형률경화영역은 하위 항복점 소성영역이 끝나는 지점부터 네킹이 일어나는 파괴영역까지를 말한다.

011 강재의 응력-변형률 곡선에서 루더선(Luder's Line)은 어디에서 나타나는가?

① 탄성한계 내에서
② 하위 항복점에서 변형률경화 개시점 사이
③ 변형률경화 개시점에서 최고 강도점 사이
④ 최고 강도점에서 파단점 사이

해설

Luder's Line(루더선) : 연강의 인장시험편 표면을 보면 하항복점에서 슬립과 전단변형이 생겨 백색의 선군이 생기는데, 이것을 루더선이라고 한다.

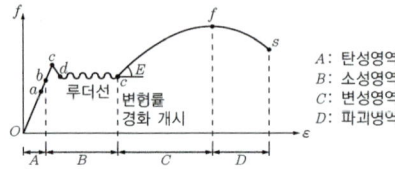

012 강재의 응력-변형률 시험에서 인장력을 가해 소성상태에 들어선 강재를 다시 반대방향으로 압축력을 작용하였을 때의 압축항복점이 소성상태에 들어서지 않은 강재의 압축항복점에 비해 낮은 것을 볼 수 있는데, 이러한 현상을 무엇이라 하는가?   [기09,15,20]

① 루더선(Luder's Line)
② 바우싱거효과(Baushinger's Effect)
③ 소성 흐름(Plastic Flow)
④ 응력 집중(Stress Concentration)

해설

바우싱거효과
인장력을 가해 소성상태에 들어선 강재를 다시 반대방향으로 압축력을 작용하였을 때의 압축항복점이 소성상태에 들어서지 않은 강재의 압축항복점에 비해 낮아지는 현상

013 강재의 항복비(Yield Ratio)에 대한 설명 중 옳지 않은 것은?   [기13]

① 강재의 인장강도에 대한 항복강도의 비를 의미한다.
② 고강도강재일수록 항복비가 크다.
③ 항복비는 소성능력, 강재부식에 영향을 준다.
④ 항복비가 클수록 연성거동을 확보하기 어렵다.

해설

항복비는 극한강도에 대한 항복강도의 비로 강재부식과는 무관하다.

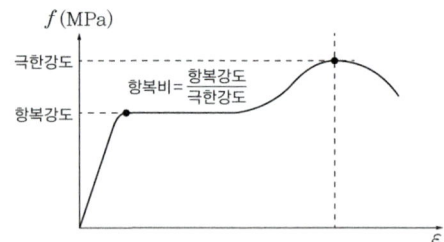

014 구조용 강재의 분류에서 구조물의 대형화, 고층화에 따라 용접성과 내진성을 개선한 극후판의 고강도강재는?

① 탄소강   ② 구조용 합금강
③ 열처리강   ④ TMCP(제열처리강)

해설

TMCP강(Thermo Mechanical Control Process Steels)
• 용접성과 내진성이 뛰어난 극후판의 고강도강재로 구조물의 고층화, 대형화에 적합하다.
• 높은 강도와 인성을 갖는 강재이다.
• 적은 탄소량으로 우수한 용접성을 나타낸다.
• 두께 40mm 이상 80mm 이하의 후판에서도 항복강도가 저하하지 않는다.

정답 011 ② 012 ② 013 ③ 014 ④

015 강재의 탄성계수에 가장 근접하는 값은?

① 2,100N/mm^2
② 21,000N/mm^2
③ 210,000N/mm^2
④ 2,100,000N/mm^2

해설

강재에 대한 재료의 정수

재료	탄성계수 E(MPa)	전단탄성계수 G(MPa)	푸아송비 ν	선팽창계수 α(1/℃)
강재	210,000	81,000	0.3	0.000012

016 다음은 철골재료에 대한 재료의 정수에 관한 설명이다. 잘못 설명하고 있는 것은?

① 탄성계수(E)는 210,00N/mm^2(MPa)이다.
② 전단탄성계수(G)는 81,000N/mm^2(MPa)이다.
③ 푸아송비(ν)는 0.03이다.
④ 선팽창계수(α)는 0.000012/℃이다.

해설

푸아송비(ν)는 0.3이다.

017 강재의 표기방법에 있어 숫자는 무엇을 의미하는가?

① 최저 항복강도   ② 최고 인장강도
③ 최저 휨강도   ④ 최고 휨강도

018 강재 SM355A에 대한 설명 중 옳지 않은 것은?

[기08, 12]

① SM은 용접구조용 강재임을 의미한다.
② 기호의 끝 알파벳은 충격흡수에너지 시험 보증값에 따라 규정된다.
③ 기호의 끝 알파벳은 A < B < C의 순으로 용접성이 양호함을 의미한다.
④ 최저 인장강도가 355N/mm^{2}임을 나타낸다.

해설

강재의 표시기호에 나타내는 숫자는 강재의 인장강도(F_u)가 아닌 항복강도(F_y)를 나타낸다.

019 두께 16mm 이하의 용접구조용 강재 SM355의 기준값 F_u는?

[기08]

① 490N/mm^2 ② 355N/mm^2
③ 315N/mm^2 ④ 235N/mm^2

해설

SM355
- 하위 항복강도 $F_y = 355\text{N/mm}^2$
- 인장강도 $F_u = 490\text{N/mm}^2$

020 다음 강종 표시기호에 관한 설명으로 옳지 않은 것은? (단, KS 강종기호 개정 사항 반영)

[기19]

SMA	355	B	W
│	│	│	│
(가)	(나)	(다)	(라)

① (가) : 용도에 따른 강재의 명칭 구분
② (나) : 강재의 인장강도 구분
③ (다) : 충격흡수에너지 등급 구분
④ (라) : 내후성 등급 구분

해설

(가) SMA : Steel Marine Atmosphere(용접구조용 내후성 열간압연 강재)
(나) 355 : 강재의 항복강도 355MPa
(다) B : 샤르피 흡수에너지 등급
→ B : 일정수준 충격치 요구, 27J(0℃) 이상
(라) W : 내후성 등급 → W : 녹안정화 처리

021 건축구조용 압연강이라 하며, 건축물의 내진성능을 확보하기 위하여 항복점의 상한치 제한 등에 의한 품질의 편차를 줄이고, 용접성 및 냉간가공성을 향상시킨 강재는?

[기10, 13, 16]

① SN강재   ② SM강재
③ TMCP강재   ④ SS강재

정답 015 ③ 016 ③ 017 ① 018 ④ 019 ① 020 ② 021 ①

해설
① SN강재(Steel New) : 건축구조용 압연강, 건축물의 내진성능을 확보하기 위하여 항복점의 상한치 제한 등에 의한 품질의 편차를 줄이고, 용접성 및 냉간가공성을 향상시킨 강재이다.
② SM강재(Steel Marine) : 용접구조용 압연강재이다.
③ TMCP강재(Thermo Mechanical Control Process Steel) : 두께가 40mm 이상 80mm 이하의 후판인 경우라도 항복강도의 변화가 없고, 용접성이 우수하여 현장용접이음에 대한 내응력이 우수한 강재이다.
④ SS강재(Steel Structure) : 일반구조용 압연강재이다.

022 다음 강종 중 건축구조용 압연강재를 나타내는 것은?
[기15]

① SS275
② SM355
③ SMA355
④ SN355

해설
① SS : Steel Structure, 일반구조용 압연강재
② SM : Steel Marine, 용접구조용 압연강재
③ SMA : Steel Marine Atmosphere, 용접구조용 내후성 열간압연강재
④ SN : Steel New, 건축구조용 압연강재

023 다음 구조용 강재의 명칭에 대한 내용으로 틀린 것은?
[기14]

① SM : 용접구조용 압연강재(KS D 3515)
② SS : 일반구조용 압연강재(KS D 3503)
③ SN : 내진건축구조용 냉간성형 각형강관 (KS D 3864)
④ SGT : 일반구조용 탄소강관(KS D 3566)

해설
N : 건축구조용 압연강재

024 구조용 강재에 대한 설명으로 옳지 않은 것은?
[기12]

① SS275는 일반구조용 압연강재이다.
② 건축구조용 압연강재(SN) 뒤에 붙는 A, B, C는 샤르피 흡수에너지 등급으로 분류된 것이다.
③ 건축구조용 압연강재(SN)는 건축물의 내진설계에서 소성변형을 허용하는 설계를 할 수 있다.
④ TMC강의 등장은 건축물의 대형화, 고층화와 관계가 깊다.

해설
SN 뒤에 붙는 A, B, C는 사용 부위에 의한 요구 성능의 차이를 나타낸다.

A종	소성변형성능을 기대하지 않는 부재 혹은 부위에 사용하는 강종
B종	광범위하게 일반 구조 부위에 사용하는 강종
C종	용접가공 시를 포함하여 판두께 방향으로 큰 인장응력을 받는 부재 또는 부위에 사용하는 강종

025 SN275A로 표기된 강재에 관한 설명으로 옳은 것은?
[산16]

① 일반구조용 압연강재이다.
② 용접구조용 압연강재이다.
③ 건축구조용 압연강재이다.
④ 항복강도가 400MPa이다.

해설
(1) 275 : 항복강도 $F_y = 275$MPa (인장강도 $F_u = 410$MPa)
(2) SN : Steel New(건축구조용 압연강재)

026 구조용 강재 SHN355에 대한 설명 중 옳은 것은?
[기13]

① 건축구조용 열간압연 H형강, 항복강도 355MPa
② 건축구조용 압연 H형강, 압축강도 355MPa
③ 용접구조용 압연 H형강, 인장강도는 355MPa
④ 용접구조용 내후성 열간압연강재, 압축강도 355MPa

해설
SHN은 건축구조용 열간압연 H형강으로 기존 H형강에 내진성능 등의 구조성능이 우수한 형강제품

027 강구조에 대한 설명 중 틀린 것은?
[산15]

① 장스팬 구조물이나 고층건물에 적합하다.
② 고열에 강하고 내화성이 우수하다.
③ 부재길이가 비교적 길고 좌굴하기 쉽다.
④ 다른 구조재료에 비하여 균질도가 우수하다.

해설
강구조의 단점
② 고열(화재)에 약하므로 내화피복이 필요함

정답 022 ④ 023 ③ 024 ② 025 ③ 026 ① 027 ②

028 H-300×150×6.5×9인 형강보에 10kN의 전단력이 작용할 때 웨브에 생기는 전단응력은? (단, 웨브 전단면적 산정 시 플랜지 두께는 제외) [기13,19]

① 3.5MPa ② 4.5MPa
③ 5.5MPa ④ 6.5MPa

해설

전단력은 웨브(Web) 부재에 생기므로

$r = \dfrac{V}{t_w \cdot h}$

$= \dfrac{(10 \times 10^3)}{(6.5)(300 - 2 \times 9)}$

$= 5.46 \text{N/mm}^2$

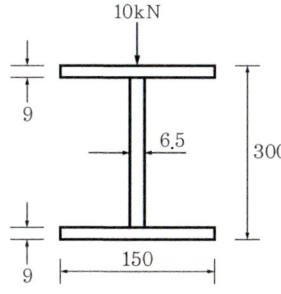

02. 접합

029 강구조 접합부 계획 시 고려 사항이 아닌 것은? [기13]

① 부재의 이음 개소는 가급적 적게 한다.
② 단면의 급격한 변화는 가급적 피한다.
③ 응력집중이나 국부변형이 일어나지 않도록 한다.
④ 공장용접보다 현장용접이 많도록 하며 용접 부위의 검사가 용이하도록 한다.

해설
④ 강구조 접합부 계획 시 현장용접보다는 공장용접으로 하는 것이 품질도 좋고 검사가 용이하다.

030 강구조 접합부는 최소 얼마 이상을 지지하도록 설계되어야 하는가? (단, 연결재, 새그로드 또는 띠장은 제외) [기17, 산18]

① 15kN ② 25kN
③ 35kN ④ 45kN

해설
건축구조기준
강구조 접합부의 설계강도는 45kN 이상이어야 한다. 다만, 연결재, 새그로드 또는 띠장은 제외한다.

031 강구조의 접합부에 대한 설명 중 옳지 않은 것은? [기13]

① 기둥과 보의 접합에서 강접합은 모멘트에 대한 저항능력을 갖고 있으며, 보와 기둥의 모멘트는 각각 강성에 따라 분배된다.
② 기둥의 이음에서 접합할 기둥 단면의 층이 상·하에서 다를 때는 이음판과 플랜지 사이에 끼움판을 삽입한다.
③ 기둥과 보의 접합에서 단순접합은 보의 휨모멘트를 기둥이 부담하므로 보를 경제적으로 설계할 수 있다.
④ 기둥의 이음에서 인장응력이 발생할 우려가 없을 경우 이음면을 절삭가공하여 충분히 밀착시켜 축력의 일부를 직접 하부기둥으로 전달시킬 수 있다.

해설
접합의 종류

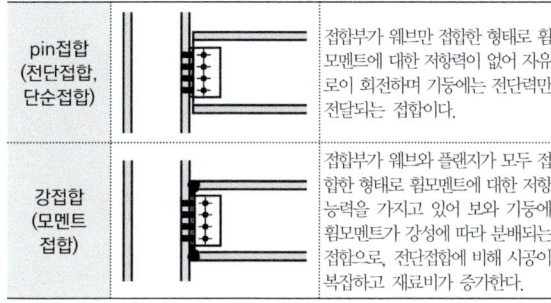

032 강구조의 접합부에서 접합부에 휨모멘트반력이 발생되지 않고 전단력만을 저항하는 접합형식은 다음 중 어느 것인가? [기11]

① 강접합 ② 모멘트접합
③ 핀접합 ④ 반강접합

033 강구조 접합부 중 회전저항에 유연해서 모멘트를 전달하지 않는 형태로 기둥에 보의 플랜지를 연결하지 않고 웨브만 접합한 형태는? [기11,15]

① 강접 접합부
② 스플릿 티 모멘트 접합부
③ 전단 접합부
④ 반강접 접합부

034 강구조물의 보 단부에서 회전을 허용하지 않고 100%에 가까운 단부 모멘트를 기둥 또는 이음부에 전달하는 개념의 접합부 형태는? [기13]

① 강접합   ② 반강접합
③ 전단접합   ④ 단순접합

035 강구조 기둥과 강구조 보의 모멘트 접합에 관한 설명으로 틀린 것은? [산15]

① 전단접합에 비해 시공이 간단하고 재료비가 줄어든다.
② 단부를 고정지점으로 가정하여 접합하는 방법이다.
③ 보의 휨모멘트를 기둥이 일부 부담하므로 보를 경제적으로 설계할 수 있다.
④ 접합부가 휨모멘트에 대한 저항능력을 갖고 있다.

036 강구조에서 하중점과 볼트, 접합된 부재의 반력 사이에서 지렛대와 같은 거동에 의해 볼트에 작용하는 인장력이 증폭되는 현상을 무엇이라 하는가? [기20]

① Slip-Critical Action
② Bearing Action
③ Prying Action
④ Buckling Action

[해설]
Prying Action(지레작용)

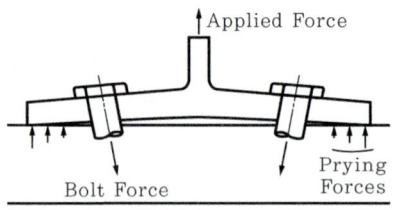

하중점과 볼트, 접합된 부재의 반력 사이에서 지렛대와 같은 거동에 의해 볼트 작용하는 인장력이 증폭되는 작용

037 강구조설계에서 볼트의 중심 사이 거리를 나타내는 용어는? [산19]

① 게이지 라인(Gauge Line)
② 게이지(Gauge)
③ 피치(Pitch)
④ 비드(Bead)

[해설]
- 게이지 라인(Gauge Line) : 볼트의 중심선을 연결하는 선
- 게이지(Gauge) : 게이지 라인과 게이지 라인 상호 간의 거리
- 피치(Pitch) : 볼트 중심 사이의 간격

038 강구조 볼트접합에 관한 일반사항에 대한 설명으로 옳지 않은 것은? [기11]

① 볼트는 가공정밀도에 따라 상볼트, 중볼트, 흑볼트로 나뉜다.
② 볼트의 중심 사이의 간격을 게이지 라인이라고 한다.
③ 게이지 라인과 게이지 라인과의 거리를 게이지라고 한다.
④ 피치(Pitch)는 일반적으로 3~4d(볼트직경)이며, 최소피치는 2.5d로 한다.

[해설]
볼트의 중심 사이 간격은 피치이다.

039 강구조의 볼트접합에 관한 일반적인 설명으로 옳지 않은 것은? [기16]

① 볼트는 가공정밀도에 따라 상볼트, 중볼트, 흑볼트로 나뉜다.
② 볼트 중심 사이의 간격을 게이지 라인(Gauge Line)이라고 한다.
③ 게이지 라인(Gauge Line)과 게이지 라인과의 거리를 게이지(Gauge)라고 한다.
④ 배치방식은 정렬배치와 엇모배치가 있다.

040 강구조에 사용되는 고력볼트 M24 표준구멍의 직경으로 옳은 것은? [기16,19]

① 26mm ② 27mm
③ 28mm ④ 30mm

해설
건축구조물의 고력볼트 직경에 따른 표준구멍의 직경은
$\phi < 24$mm의 경우 $d_b = \phi + 2$mm
$\phi \geq 24$mm의 경우 $d_b = \phi + 3$mm
따라서 M24의 직경은 24mm이므로 $d_b = 24 + 3$mm $= 27$mm

041 다음과 같은 볼트군의 x_o부터 도심위치 x를 구하면? (단, 그림의 단위는 mm) [기20]

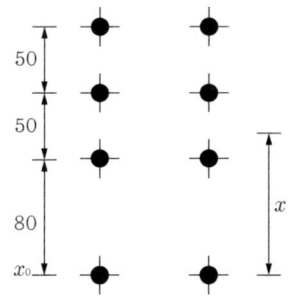

① 80mm ② 89.5mm
③ 90mm ④ 97.5mm

해설
· 바리뇽의 정리=합력의 모멘트 합은 분력의 모멘트 합과 같다.
· $\sum M$ 합력= $\sum M$ 분력
8개 · $(x) = $(2개)(180) + (2개)(130) + (2개)(80) + (2개)(o)
따라서 $x = 97.5$mm

042 강구조 고력볼트접합의 특징으로 옳지 않은 것은? [산18]

① 접합부 강성이 높아 접합부 변형이 거의 없다.
② 피로강도가 낮은 편이다.
③ 강한 조임력으로 너트의 풀림이 없다.
④ 접합의 종류로는 마찰접합, 인장접합, 지압접합이 있다.

해설
고장력볼트의 구조적 이점
· 피로강도가 높다.
· 응력방향이 바뀌더라도 혼란이 일어나지 않는다.
· 응력집중이 적으므로 반복응력에 대해서 강하다.
· 볼트에 전단 및 지압응력이 생기지 않는다.
· 유효단면적당 응력이 적다.
· 강한 조임력으로 너트의 풀림이 없다.

043 고력볼트접합의 구조적 장점 중 옳지 않은 것은? [산17]

① 강한 조임력으로 너트의 풀림이 생기지 않는다.
② 응력방향이 바뀌어도 힘의 흐름상 혼란이 일어나지 않는다.
③ 응력집중이 적으므로 반복응력에 대해 강하다.
④ 유효단면적당 응력이 크며, 피로강도가 작다.

해설
④ 유효단면적당 응력이 작으며, 피로강도가 높다.

044 강구조 접합부에 관한 설명으로 옳지 않은 것은? [산20]

① 기둥 – 보 접합부는 접합부의 성능과 회전에 대한 구속 정도에 따라 전단접합, 부분강접합, 완전강접합으로 구분된다.
② 주요한 건물의 접합부에는 미끄럼 발생을 방지하기 위해 일반볼트를 사용한다.
③ 접합부는 45kN 이상 지지하도록 설계한다.
④ 고장력볼트의 접합방법에는 마찰접합, 지압접합, 인장접합이 있다.

해설
② 주요한 건물의 접합부에는 미끄럼 발생을 방지하기 위해 고력볼트를 사용한다. 일반볼트는 가조임용으로만 사용한다.

045 볼트의 기계적 등급을 나타내기 위해 표시하는 F8T, F10T, F13T에서 가운데 숫자는 무엇을 의미하는가?

[기13,20]

① 휨강도 ② 인장강도
③ 압축강도 ④ 전단강도

해설

② 고장력볼트의 기계적 등급을 나타내는 표시에서 가운데 숫자는 인장강도(tf/cm²)를 의미한다.

고장력볼트 기계적 성질

기계적 성질에 의한 고장력볼트의 등급	F_y = 항복강도(MPa)	F_u = 인장강도(MPa)
F8T	640	800
F10T	900	1,000
F13T	1,170	1,300

046 다음 그림은 고장력볼트 체결부의 명칭을 나타낸 것이다. 명칭이 틀린 것은? [기15]

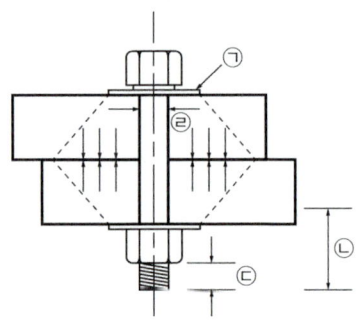

① [㉠: 평와셔] ② [㉡: 축부]
③ [㉢: 여유길이] ④ [㉣: 볼트직경]

해설

고장력볼트 연결부 명칭

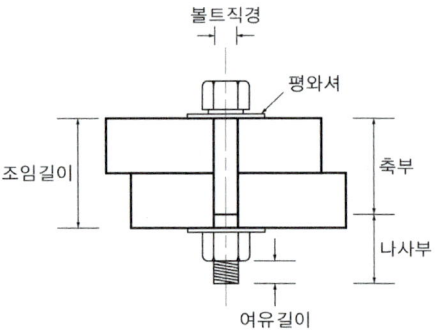

047 특수고력볼트인 T.S볼트를 구성하고 있는 요소와 거리가 먼 것은? [산18]

① 너트 ② 핀테일
③ 평와셔 ④ 필러 플레이트

해설

④ 필러 플레이트 : 일종의 철판으로 T,S볼트와는 무관함
• T.S 볼트
볼트, 너트, 평와셔, 핀테일로 구성됨

048 강구조 고력볼트접합에서 표준볼트장력은 설계볼트장력의 몇 배로 조임을 실시하는가? [산16]

① 1.1배 ② 1.2배
③ 1.3배 ④ 1.4배

해설

고력볼트접합
표준볼트장력은 설계볼트장력의 1.1배로 조임

049 고장력볼트 F10T-M24의 현장시공을 위한 2차 조임토크값은 얼마인가? (단, 토크계수는 0.13, F10T -M24 볼트의 축방향인장력은 200kN이며, 표준볼트장력은 설계볼트장력에 10%를 할증한다.) [기12]

① 568,573 N·mm ② 686,400N·mm
③ 799,656 N·mm ④ 892,638N·mm

해설

고력볼트 토크관리법(Torque Control Method)
• 설계볼트장력 : $T = k \cdot d_1 \cdot N = (0.13)(24)(200 \times 10^3)$
$= 624,000$N·mm
• 표준볼트장력 = 설계볼트장력 × 1.1
$= 624,000 \times 1.1 = 686,400$N·mm

050 고장력볼트 1개의 인장파단 한계상태에 대한 설계 인장강도는? (단, 볼트의 등급 및 호칭은 F10T, M24, $\phi = 0.75$) [기18]

① 254kN ② 284kN
③ 304kN ④ 324kN

해설

$\phi R_n = \phi F_{nt} \times A_b = \phi(0.75 F_u) \times A_b$
$= 0.75(0.75 \times 1000)\dfrac{\pi(24)^2}{4} = 254,496 N = 254.496 kN$

여기서, F_{nt}(고장력볼트 공칭인장강도) $= 0.75 F_u$

051 고장력볼트 F10T(M20) 일면전단일 때 볼트 한 개당 설계전단강도(ϕR_n)는? (단, 고장력볼트의 F_u=1,000MPa, ϕ=0.75, F_{nv}=0.5F_u) [기13,17]

① 117.8kN ② 94.2kN
③ 58.8kN   ④ 47.1kN

해설

고장력볼트 설계전단강도
$\phi R_n = \phi \cdot F_{nv} \cdot A_b \cdot N_s = \phi \cdot (0.5 F_u) \cdot A_b \cdot N_s$
$(0.75)(0.5 \times 1,000)\left(\dfrac{\pi(20)^2}{4}\right)$(1개) $= 117,810N = 117.810kN$

052 그림과 같은 단순 인장접합부의 강도한계상태에 따른 고장력볼트의 설계전단강도는? (단, 강재의 재질은 SS275, 고장력볼트 M22(F10T), 공칭전단강도 F_{nv}=500MPa, ϕ=0.75) [기12,18]

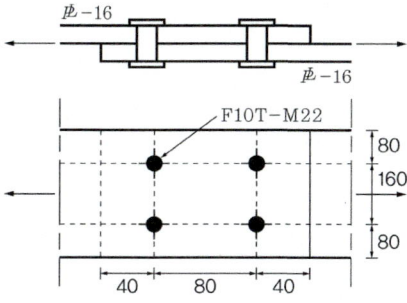

① 500kN ② 530kN
③ 550kN ④ 570kN

해설

고장력볼트의 설계전단강도
$\phi R_n = \phi \cdot F_{nv} \cdot A_b \cdot N_s = (0.75)(500)\left(\dfrac{\pi(22)^2}{4}\right)$(4개)
$= 570,199N = 570.199kN$

053 다음 그림과 같은 고장력볼트 접합부의 설계미끄럼 강도는? [산19]

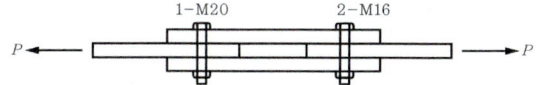

- 미끄럼계수 : 0.5   · 표준구멍
- M16의 설계볼트장력 $T_0 = 106$ kN
- M20의 설계볼트장력 $T_0 = 165$ kN
- 설계미끄럼강도식 $\phi R_n = \phi \mu h_f T_0 N_s$

① 212kN ② 184kN
③ 165kN ④ 148kN

해설

- M16 2개와 M20 1개이므로 각각을 구하여 작은 값으로 설계한다. 또한 전단면의 수가 2이므로 N_s = 2이다.
- 설계미끄럼강도 계산
  (1) 2-M16
  $\phi R_n = \phi \mu h_f T_o N_s = 1.0 \times 0.5 \times 1 \times 106 \times 2 \times$ 2개
  $= 212$kN
  (2) 1-M20
  $\phi R_n = \phi \mu h_f T_o N_s = 1.0 \times 0.5 \times 1 \times 165 \times 2 \times$ 1개
  $= 165$kN
  (3) 설계미끄럼강도는 최솟값이므로 165kN

054 강재의 용접에 대한 설명으로 옳지 않은 것은? [산16]

① 탄소함유량은 용접성에 큰 영향을 미친다.
② 용접부에는 용접에 의한 잔류응력이 존재한다.
③ 강재를 예열하여 용접하면 용접성이 좋아진다.
④ 동일 두께의 강재에서는 강도가 높을수록 용접성이 좋아진다.

해설

④ 동일 두께의 강재에서는 강도가 높을수록 용접성이 나빠진다.

055 용접접합 설계에 대한 설명으로 옳지 않은 것은?
[기11]

① 완전용입된 맞댐용접의 유효목두께는 접합판 중 두꺼운 쪽의 판두께로 한다.
② 맞댐용접의 유효면적은 용접의 유효길이에 유효목두께를 곱한 것으로 한다.
③ 모살용접의 유효목두께는 모살사이즈의 0.7배로 한다.
④ 모살용접의 유효길이는 모살용접의 총길이에서 모살사이즈 S의 2배를 공제한 값으로 한다.

해설
모살치수 또는 다리길이가 서로 다른 부등변 모살용접의 경우에는 치수가 작은 쪽으로 한다.

056 그루브용접부에서 A와 D 부위의 명칭으로 옳은 것은?
[기16]

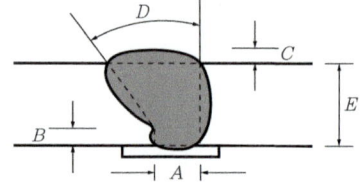

① A : 루드간격   D : 개선각
② A : 루트면   D : 유효목두께
③ A : 루트간격   D : 보강살높이
④ A : 루트면   D : 개선각

해설
그루브용접(Groove Welding, 맞댐용접)

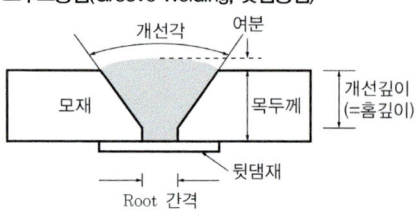

057 강구조 필렛용접에 대한 설명으로 옳지 않은 것은?
[기13]

① 모살용접이라고도 한다.
② 필렛용접의 유효목두께는 필렛사이즈의 0.7배로 한다.
③ 필렛용접의 유효길이는 필렛용접의 총길이에서 필렛사이즈 S의 3배를 공제한 값으로 한다.
④ 필렛용접의 유효면적은 유효길이에 유효목두께를 곱한 것으로 한다.

해설
③ 필렛용접의 유효길이는 필렛용접의 총길이에서 필렛사이즈 S의 2배를 공제한 값으로 한다.

058 강구조 필렛용접에 관한 설명으로 옳지 않은 것은?
[기17]

① 필렛용접의 유효면적은 유효길이에 유효목두께를 곱한 것으로 한다.
② 필렛용접의 유효길이는 필렛용접의 총길이에서 2배의 필렛사이즈를 공제한 값으로 하여야 한다.
③ 필렛용접의 유효목두께는 용접루트로부터 용접 표면까지의 최단거리로 한다. 단, 이음면이 직각인 경우에는 필렛사이즈의 $\sqrt{2}$배로 한다.
④ 구멍필렛과 슬롯필렛용접의 유효길이는 목두께의 중심을 잇는 용접중심선의 길이로 한다.

해설
③ 필렛용접의 유효목두께는 용접루트로부터 용접 표면까지의 최단거리로 한다. 단, 이음면이 직각인 경우에는 필렛사이즈의 0.7배로 한다.

059 그림과 같이 모살용접하는 경우 용접부의 유효목두께를 구하면? [산16]

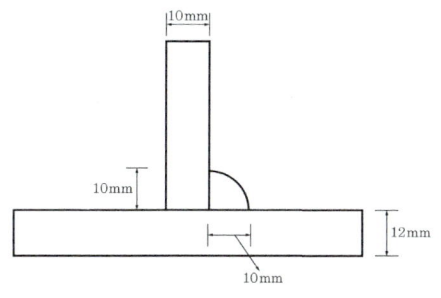

① 5mm　　② 7mm
③ 9mm　　④ 10mm

해설

유효목두께
- 유효목두께 $= 0.7 \times S(\text{모살치수}) = 0.7 \times 10 = 7mm$

060 다음 그림과 같이 용접을 할 때, 용접의 목두께(a)를 구하는 식으로 옳은 것은? [기11,16]

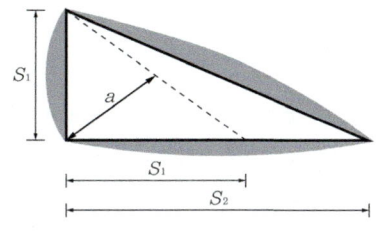

① $a = \sqrt{2}\,S_1$　　② $a = \sqrt{2}\,S_2$
③ $a = 0.7S_1$　　④ $a = 0.7S_2$

해설

필렛용접의 유효목두께는 필렛사이즈(S)가 다를 경우 짧은 쪽을 기준으로 한다.
유효목두께 $a = 0.7S_1$

061 다음 그림과 같은 필렛용접부의 유효목두께는? [기15,19]

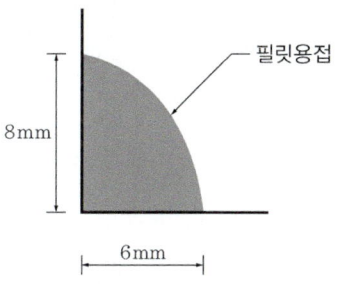

① 4.0mm　　② 4.2mm
③ 4.8mm　　④ 5.6mm

해설

필렛사이즈(Size)가 다를 경우 짧은 쪽을 기준으로 한다.
유효목두께 $a = 0.7S = 0.7(6) = 4.2mm$

062 강구조 필렛용접의 최소, 최대 필렛 사이즈 기준에 대한 설명 중 틀린 것은? [기13]

① 판두께 $t < 6(mm)$인 경우의 최대 필렛 사이즈는 $t(mm)$이다.
② 판두께 $t \geq 6(mm)$인 경우의 최대 필렛 사이즈는 $t - 2(mm)$이다.
③ 판두께 $t \leq 6(mm)$인 경우의 최소 필렛 사이즈는 2(mm)이다.
④ 판두께 $6 < t \leq 13(mm)$인 경우의 최소 필렛 사이즈는 5(mm)이다.

해설

모살용접(필렛용접) 치수
- 등치수로 하는 것을 원칙으로 한다.
- 모살용접의 최소, 최대 사이즈(치수, mm)

접합부의 얇은 쪽 목두께(t)	모살용접의 최소 사이즈	모살용접의 최대 사이즈
$t \leq 6$	3	t<6mm일 때, $s = t$
$6 < t \leq 13$	5	
$13 < t \leq 19$	6	t≥6mm일 때, $s = t - 2$
$t > 19$	8	

정답　059 ②　060 ③　061 ②　062 ③

063 다음과 같은 조건에서의 필렛용접의 최소 사이즈는 얼마인가? [기17]

【조 건】
접합부의 얇은 쪽 목두께(t), mm
$6 < t \leq 13$

① 3mm ② 5mm
③ 6mm ④ 8mm

064 필렛용접에서 접합부의 얇은 쪽 모재두께가 13mm일 경우 필렛용접의 최소 사이즈는 얼마인가? [기14]

① 3mm ② 5mm
③ 6mm ④ 8mm

065 필렛용접의 최소 사이즈에 관한 설명으로 옳지 않은 것은? (단, KBC 2016 기준) [기18]

① 접합부 얇은 쪽 모재두께가 6mm 이하일 경우 3mm이다.
② 접합부 얇은 쪽 모재두께가 6mm를 초과하고 13mm 이하일 경우 4mm이다.
③ 접합부 얇은 쪽 모재두께가 13mm를 초과하고 19mm 이하일 경우 6mm이다.
④ 접합부 얇은 쪽 모재두께가 19mm 초과할 경우 8mm이다.

[해설]
② 접합부 얇은 쪽 모재두께가 6mm 초과하고 13mm 이하일 경우 5mm이다.

066 그림과 같은 모살용접의 유효용접길이는? (단, 유효용접길이는 1면에 대해서만 산정) [기14,20]

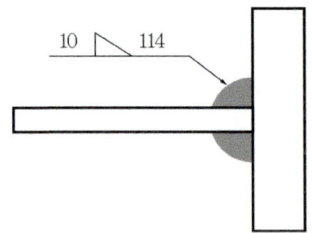

① 10mm ② 94mm
③ 107mm ④ 114mm

[해설]
필렛용접(Fillet Welding, 모살용접)의 유효용접길이는
$l = L - 2S = (114) - 2(10) = 94\text{mm}$

067 다음 그림과 같은 필렛용접부의 설계강도를 구할 때 요구되는 용접유효길이를 구하면? [산19]

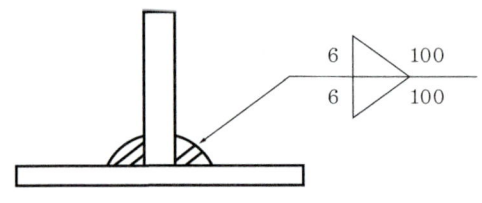

① 200mm ② 176mm
③ 152mm ④ 134mm

[해설]
필렛용접(Fillet Welding, 모살용접)의 유효용접길이는
$l = L - 2S$ 이다.
따라서 $l = 100 - 2(6) = 88\text{mm}$ 문제에서 양면용접이므로
$l = 88 \times 2 = 176\text{mm}$

068 필릿치수 8mm, 용접길이 400mm인 양면필릿용접의 유효단면적은? [기13]

① 2,100mm² ② 3,200mm²
③ 3,800mm² ④ 4,300mm²

해설

필릿용접 유효단면적(A_e)
유효목두께 : $a = 0.7S = 0.7(8) = 5.6$mm
유효길이 : $l = L - 2S = 400 - 2(8) = 384$mm
유효단면적 : $A_e = a \cdot l = (5.6)(384) \times 2$면 $= 4,300$mm²

069 모살치수 8mm, 용접길이 500mm인 양면모살용접 전체의 유효단면적은 약 얼마인가? [기18,20]

① 2,100mm² ② 3,221mm²
③ 4,300mm² ④ 5,421mm²

해설

- 유효목두께 : $a = 0.7S = 0.7(8) = 5.6$mm
- 유효길이 : $l = L - 2S = 500 - 2(8) = 484$mm
- 유효단면적 : $A_e = a \cdot l = (5.6)(484) \times 2$면 $= 5,420.8$mm²

070 그림에서 필릿용접 이음부의 용접유효면적(A_w)으로 옳은 것은? [산19]

① 907mm² ② 1,039mm²
③ 1,484mm² ④ 1,680mm²

해설

필릿용접 유효단면적(A_e)
$A_e = a \cdot l \times 2$면 $= 0.7S \times (L - 2S) \times 2$면
$= 0.7(7) \times (120 - 2 \times 7) \times 2$면 $= 1,039.8$mm²

071 그림과 같은 필릿용접 이음부의 설계강도를 구하고, 고정하중 P_D=40kN, 활하중 P_L=30kN이 작용하는 경우에 이음부의 안전성을 옳게 검토한 것은?
(단, 모재의 강도는 용접재의 강도보다 크며, 용접재의 인장강도 F_{uw}=420N/mm², ϕ=0.75) [기15]

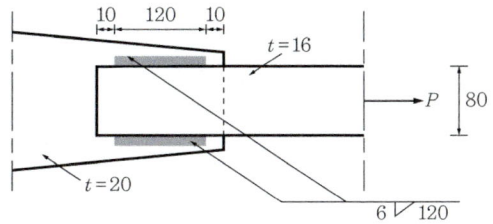

① 설계강도 : 171.5kN, 검토결과 : 안전
② 설계강도 : 79.6kN, 검토결과 : 안전
③ 설계강도 : 171.5kN, 검토결과 : 불안전
④ 설계강도 : 79.6kN, 검토결과 : 불안전

해설

필릿용접 접합부 설계
필릿용접 이음부의 설계강도 : $\phi \cdot F_w \cdot A_w$
$F_{nw} = 0.6 F_{uw} = 0.6(420) = 252$N/mm²
유효목두께(a) $= 0.7S = 0.7(6) = 4.2$mm²
유효길이(l) $= (L - 2S) \times 2$면
$= [(120) - 2(6)] \times 2$면 $= 216$mm²
유효단면적(A_e) $= a \cdot l = (4.2)(216) = 907.2$mm²
따라서 설계강도 $= \phi \cdot F_w \cdot A_w = (0.75)(252)(907.2)$
$= 171,461$N $= 171.461$kN
필릿용접 이음부의 안전성 검토
$P_u = 1.2P_D + 1.6P_L = 1.2(40) + 1.6(30) = 96$kN
$\geq 1.4P_D = 1.4(40) = 56$kN
$P_u = 96$kN < 171.461kN 이므로 안전함

072 다음 그림에서 모살용접길이가 35cm 필요하다고 한다. Ⓐ, Ⓑ 부분에만 용접하고자 할 때 Ⓐ 부분과 Ⓑ 부분의 소요길이는?

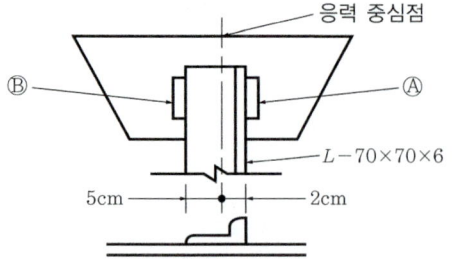

① Ⓐ : 25cm,　Ⓑ : 10cm
② Ⓐ : 20cm,　Ⓑ : 15cm
③ Ⓐ : 17.5cm　Ⓑ : 17.5cm
④ Ⓐ : 10cm　Ⓑ : 25cm

해설

힘은 거리에 역비례하므로 $P:Q = 5:2$이므로 용접길이 $x:y = 5:2$이다.
- Ⓐ부분 용접길이
  $x \times \frac{5}{7} \times$ 모살용접의 길이 $= \frac{5}{7} \times 35 = 25\text{cm}$
- Ⓑ부분 용접길이
  $y \times \frac{2}{7} \times$ 모살용접의 길이 $= \frac{2}{7} \times 35 = 10\text{cm}$

073 한계상태 설계법에 따른 강구조 이음부에 대한 설계 세칙 중 옳지 않은 것은? [기12]

① 응력을 전달하는 단속필렛용접 이음부의 길이는 필렛 사이즈의 15배 이상 또한 50mm 이상을 원칙으로 한다.
② 응력을 전달하는 겹침이음은 2열 이상의 필렛용접을 원칙으로 한다.
③ 고장력볼트 구멍중심 간 거리는 공칭직경의 2.5배 이상으로 한다.
④ 고장력볼트의 구멍중심에서 볼트머리 또는 너트가 접하는 재의 연단까지 최대 거리는 판두께의 12배 이하 또한 150mm 이하로 한다.

해설

① 응력을 전달하는 단속필렛용접 이음부의 길이는 필렛 사이즈의 10배 이상 또한 30mm 이상을 원칙으로 한다.

074 강구조에서 용접선 단부에 붙인 보조판으로 아크의 시작이나 종단부의 크레이터 등의 결함을 방지하기 위해 붙이는 판은? [기15,20]

① 엔드 탭　② 스티프너
③ 윙 플레이트　④ 커버 플레이트

해설

엔드 탭(End Tap)
용접결함 발생을 방지하기 위해 용접의 시단부와 종단부에 임시로 붙이는 보조 강판

075 강구조 용접에서 용접 개시점과 종료점에 용착금속에 결함이 없도록 임시로 부착하는 것은? [기17]

① 엔드 탭(End Tap)
② 오버 랩(Over Lap)
③ 뒷댐재(Backing Strip)
④ 언더 컷(Under Cut)

076 용접 개시점과 종료점에 용착금속에 결함이 없도록 하기 위하여 설치하는 보조재는? [산17]

① 뒷댐재　② 스캘럽
③ 엔드 탭　④ 오버 랩

077 강구조 용접에서 용접결함에 속하지 않는 것은? [기18]

① 오버 랩(Over Lap)　② 크랙(Crack)
③ 가우징(Gouging)　④ 언더 컷(Under Cut)

정답　072 ①　073 ①　074 ①　075 ①　076 ③　077 ③

078 보와 기둥의 용접접합 시 용접에 알맞게 웨브로부터 잘라낸 반원형 또는 타원형 모양의 부분을 무엇이라 하는가? [기09]

① 엔드 탭
② 뒷댐재
③ 스캘럽
④ 래티스

해설
- 스캘럽(Scallop) : 용접선이 교차를 이루는 것을 피하기 위해 모재에 설치한 반원형(부채꼴) 또는 타원형 모양의 부분
- 엔드 탭(End Tap) : 용접의 시발부와 종단부에 임시로 붙이는 보조판으로, 용접을 끝낸 후 제거되는 버팀판

079 강구조에서 사용하는 용어가 서로 관계없는 것끼리 연결된 것은? [산18]

① 기둥접합 – 메탈 터치(Metal Touch)
② 주각부 – 베이스 플레이트(Base Plate)
③ 판보 – 커버 플레이트(Cover Plate)
④ 고력볼트접합 – 엔드 탭(End Tap)

해설
엔드 탭
용접 개시점과 종료점에 용착금속에 결함이 없도록 하기 위하여 설치하는 보조재로 용접접합과 관련이 있다.

080 강구조 용접부와 비파괴검사법에 해당되지 않는 것은? [기08]

① 초음파 탐상검사
② 토크검사
③ 자분탐상검사
④ 방사선 투과검사

해설
강구조 용접부의 비파괴검사법
- 내부결함 검출방법 : 방사선 투과시험, 초음파 탐상시험
- 표면결함 검출방법 : 방사선 투과시험, 자분탐상시험, 침투탐상시험

081 다음 용접기호에 대한 설명으로 옳은 것은? [기13]

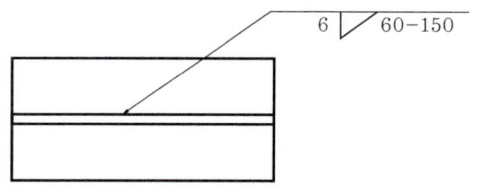

① 그루브용접이다.
② 용접길이는 60mm이다.
③ 유효목두께는 6mm이다.
④ 용접되는 부위는 화살의 반대쪽이다.

해설
① 필렛(Fillet)용접이다.
② 용접사이즈 $S = 6$mm이다.
③ 용접되는 부위는 화살 쪽이다.

082 다음 용접기호에 대한 설명으로 옳은 것은? [기15]

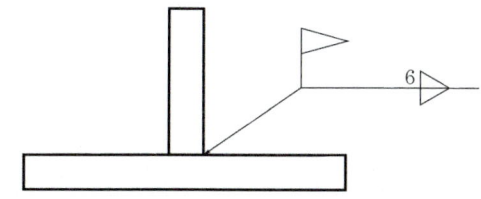

① 공장에서 용접치수 6mm로 양측에 필렛용접한다.
② 현장에서 용접치수 6mm로 화살방향에 그루브용접한다.
③ 공장에서 용접치수 6mm로 화살방향에 그루브용접한다.
④ 현장에서 용접치수 6mm로 양측에 필렛용접한다.

정답 078 ③ 079 ④ 080 ② 081 ② 082 ④

083 그림의 용접기호와 관련된 내용으로 옳은 것은?

[기13]

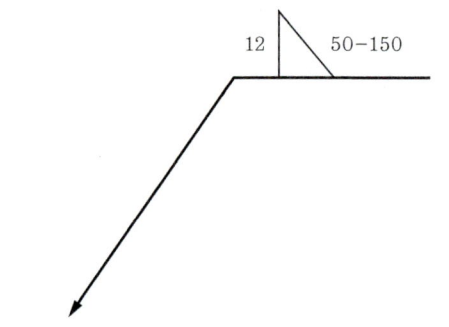

① 양면용접에 용접길이 50mm
② 용접간격 100mm
③ 용접치수 12mm
④ 연속용접

해설

기호 해설
- 필렛(Fillet)용접이다.
- 1면용접에 용접길이는 50mm이다.
- 단속용접이다.
- 용접치수는 12mm이다.
- 용접피치는 150mm이다.

03. 인장재 및 압축재

084 강구조 인장재에 관한 설명으로 옳지 않은 것은?

[산19]

① 부재의 축방향으로 인장력을 받는 구조부재이다.
② 대표적인 단면형태로는 강봉, ㄱ형강, T형강이 주로 사용된다.
③ 인장재 설계에서 단면결손 부분의 파단은 검토하지 않는다.
④ 현수구조에 쓰이는 케이블이 대표적인 인장재이다.

해설
③ 인장재 설계에서 단면결손 부분(볼트 구멍)의 파단을 검토해야 한다.

085 강구조에 관한 설명으로 옳지 않은 것은?

① 재료가 균질하며 세장한 부재가 가능하다.
② 처짐 및 진동을 고려해야 한다.
③ 인성이 커서 변형에 유리하고 소성변형 능력이 우수하다.
④ 좌굴의 영향이 작다.

해설
④ 좌굴의 영향이 크다.

086 다음 그림과 같은 인장재에서 순단면적을 구하면? (단, 판의 두께는 6mm, 고장력 볼트는 M20(F10T)이다.)

[기11,13,17]

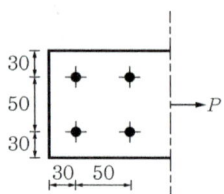

① 296mm²
② 396mm²
③ 426mm²
④ 536mm²

해설

정렬배치 인장재 순단면적 (A_n)

$A_n = A_g - n \cdot d \cdot t = (110 \times 6) - (2)(22)(6) = 396mm^2$

※ 여기서, d : 순단면적 산정용 고장력볼트 구멍의 여유폭

직경(M)	표준구멍(d)
24mm 미만	M+2.0mm
24mm 이상	M+3.0mm

이 문제에서는 M20볼트이므로 24mm 미만에 해당하므로
$d = 20 + 2 = 22mm$

087 그림과 같은 인장재의 순단면적을 구하면? (단, 고장력 볼트는 M22(F10T), 판의 두께는 8mm이다.) [산19]

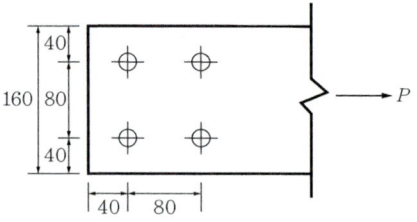

① 512mm²
② 704mm²
③ 896mm²
④ 1088mm²

해설

정렬배치 인장재 순단면적 (A_n)

$A_n = A_g - n \cdot d \cdot t = (160 \times 8) - (2)(24)(8) = 896mm^2$

088 그림과 같은 인장재의 순단면적의 크기를 비교한 것 중 옳은 것은 어느 것인가? (단, 구멍직경은 20mm, 판두께는 6mm)

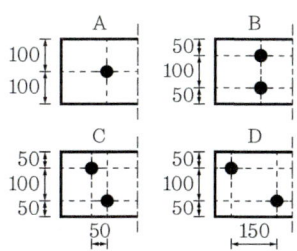

① A > B > C > D
② A > D > C > B
③ D > A > C > B
④ D > C > B > A

해설

각 부재의 순단면적을 산정하면
(1) A부재: $A_n = A_g - n \times d \times t = (200 \times 6) - (1)(20)(6)$
$= 1,080 \text{mm}^2$
(2) B부재: $A_n = A_g - n \times d \times t = (200 \times 6) - (2)(20)(6)$
$= 960 \text{mm}^2$
(3) C부재: $A_n = A_g - n \cdot d \cdot t + \sum \frac{S^2}{4g} \cdot t$
$= (200 \times 6) - (2)(20)(60) + \frac{(50)^2}{4(100)} \cdot (6)$
$= 998 \text{mm}^2$
(4) D부재: $A_n = A_g - n \cdot d \cdot t + \sum \frac{S^2}{4g} \cdot t$
$= (200 \times 6) - (2)(20)(60) + \frac{(150)^2}{4(100)} \cdot (6)$
$= 1,298 \text{mm}^2$
∴ D > A > C > B

089 그림과 같은 인장부재의 순단면적은?
(단, 고장력볼트는 F10T-M20) [기|05]

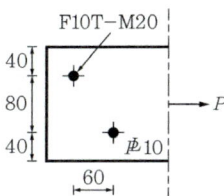

① 1,570mm² ② 1,470mm²
③ 1,370mm² ④ 1,270mm²

해설

엇모배치 순단면적(A_n)

$A_n = A_g - n \cdot d \cdot t + \sum \frac{S^2}{4g} \cdot t$
$= (160 \times 10) - (2)(20+2)(10) + \frac{(60)^2}{4(80)} \cdot (10)$
$= 1,272.5 \text{mm}^2$

090 파단선 A-B-F-C-D의 인장재 순단면적은?
(단, 볼트 구멍지름 $d=22$mm, 인장재 두께는 6mm) [기|16]

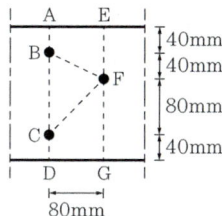

① 1,164mm² ② 1,364mm²
③ 1,564mm² ④ 1,764mm²

해설

엇모배치 인장재 순단면적(A_n)

$A_n = A_g - n \cdot d \cdot t + \sum \frac{S^2}{4g} \cdot t$
$= (200 \times 6) - (3)(22)(6) + \left[\frac{(80)^2}{4(40)} \cdot (6) + \frac{(80)^2}{4(80)} \cdot 6\right]$
$= 1,164 \text{mm}^2$

091 그림에서 파단선 A-1-2-3-D의 인장재의 순단면적은? (단, 판두께는 10mm, 볼트 구멍지름은 22mm) [기|17]

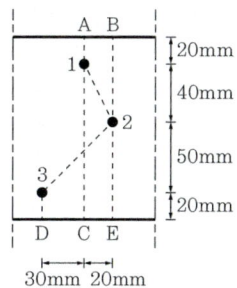

① 690mm² ② 790mm²
③ 890mm² ④ 990mm²

> [해설]

엇모배치 인장재 순단면적(A_n)

$$A_n = A_g - n \cdot d \cdot t + \sum \frac{S^2}{4g} \cdot t$$

$$= (130 \times 10) - (3)(22)(10) + \left[\frac{(20)^2}{4(40)} \cdot (10) + \frac{(50)^2}{4(50)} \cdot 10\right]$$

$$= 790 mm^2$$

092 그림과 같은 파단면(A-1-3-4-B)에서 인장재의 순단면적은? (단, 구멍의 직경은 22mm이며 판의 두께는 6mm) [산20]

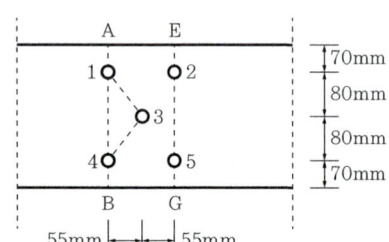

① 1,134mm² ② 1,327mm²
③ 1,517mm² ④ 1,542mm²

> [해설]

엇모배치 인장재 순단면적(A_n)

$$A_n = A_g - n \cdot d \cdot t + \sum \frac{S^2}{4g} \cdot t$$

$$= (300 \times 6) - (3)(22)(6) + \left[\frac{(55)^2}{4(80)} \cdot (6) + \frac{(55)^2}{4(80)} \cdot 6\right]$$

$$= 1,517.4 mm^2$$

093 그림과 같은 구멍 2열에 대하여 파단선 A-B-C를 지나는 순단면적과 동일한 순단면적을 갖는 파단선 D-E-F-G의 피치(s)는? (단, 구멍은 여유폭을 포함하여 23mm) [기12,19]

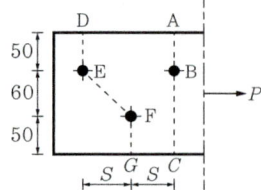

① 3.7cm ② 7.4cm
③ 11.1cm ④ 14.8cm

> [해설]

파단선 A-B-C와 파단선 D-E-F-G의 순단면적이 같으므로 각각을 구하여 피치(s)를 구한다.
(1) 파단선 A-B-C, 순단면(A_n)을 구하면
$$A_n = A_g - n \cdot d \cdot t = (160 \times t) - (1)(23)(t) = 137t$$
(2) 파단선 D-E-F-G, 순단면(A_n)을 구하면
$$A_n = A_g - n \cdot d \cdot t + \sum \frac{S^2}{4g} \cdot t$$
$$= (160 \times t) - (2)(23)(t) + \frac{s^2}{4(60)} \cdot t$$
$$= 114t + \frac{s^2}{240} \cdot t$$
(1), (2) 두 식의 값이 같으므로
$$137t = 114t + \frac{s^2}{240} \cdot t \text{ 에서 } \therefore s = 74.29mm = 7.42cm$$

094 그림과 같은 앵글(Angle)의 유효단면적으로 옳은 것은? (단, L-50×50×6, A_g=5.644cm², d=1.7cm) [기14,20]

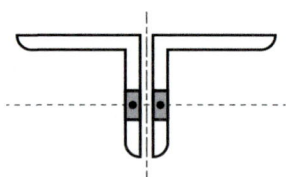

① 8.0 cm² ② 8.5 cm²
③ 9.0 cm² ④ 9.25 cm²

> [해설]

좌우대칭의 ㄱ자형 앵글의 유효순단면적(A_n)
$$A_n = A_g - n \cdot d \cdot t = (5.644 \times 2개) - (2)(1.7)(0.6) = 9.248 cm^2$$

095 그림과 같이 편심을 받는 인장재의 장기허용인장력은? (단, 사용 ㄱ형의 전단면적은 1,269mm²이며, SM355이다.)

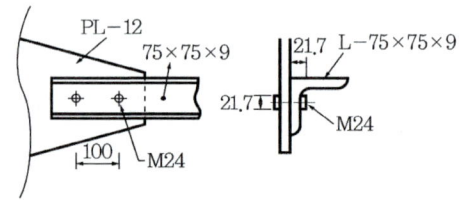

① 205kN ② 235kN
③ 275kN ④ 295kN

정답 092 ③ 093 ② 094 ④ 095 ④

해설

편심인장재 유효순단면의 파단에 의한 설계인장강도
$\phi P_n = \phi \cdot F_u \cdot A_e = (0.75)(490)(803.36) \times 10^{-3} = 295.23\text{kN}$
여기서, 유효순단면의 경우 $\phi = 0.75$

- SM355의 F_u 는 490
- 전단지연 영향을 고려한 유효순단면적(A_e)
  $A_e = u \cdot A_n = 0.783 \times 1{,}026 = 803.36\text{mm}^2$
- u(전단지연계수) $= 1 - \dfrac{\overline{x}}{l} = 1 - \dfrac{21.7}{100} = 0.783$
- A_n(순단면적) $= A_g - n \cdot d \cdot t = 1269 - (1)(24+3)(9)$
  $= 1{,}026\text{mm}^2$

096
그림과 같은 인장재의 블록전단파단강도는?
(단, 형강의 재질은 SS275, 사용 고력볼트는 F10T-M20)

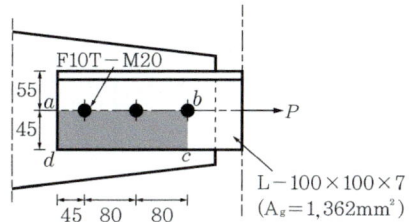

① 144.5 kN ② 250.7 kN
③ 344.5 kN ④ 444.5 kN

해설

$\phi R_u = \phi(0.6 F_u A_{nv} + U_{bs} F_u A_{nt}) \leq \phi(0.6 F_y A_{gv} + U_{bs} F_u A_{nt})$
위 좌·우 식의 값 중 작은 값에 의해 지배된다.

- **파단선 a-b** : 전단영역의 총단면적과 순단면적
  ① $A_{gv} = (45+80+80)(7) = 1{,}435\text{mm}^2$
  ② $A_{nv} = (45+80+80)(7) - (2.5\text{개})(20+2)(7) = 1{,}050\text{mm}^2$
- **파단선 b-c** : 인장영역의 순단면적
  ① $A_{nt} = (45)(7) - (0.5\text{개})(20+2)(7) = 238\text{mm}^2$
  ② 인장응력이 균일하므로 $U_{bs} = 1.0$
- ① $0.6 F_u \cdot A_{nv} + U_{bs} \cdot F_u \cdot A_{nt}$
  $= 0.6(410)(1{,}050) + (1.0)(410)(238)$
  $= 355{,}880\text{N} = 355.880\text{kN}$
- ② $0.6 F_y \cdot A_{gv} + U_{bs} \cdot F_u \cdot A_{nt}$
  $= 0.6(275)(1{,}435) + (1.0)(410)(238)$
  $= 334{,}355\text{N} = 334.355\text{kN}$

①, ② 값 중 334.355kN 작으므로
∴ $\phi R_u = \phi(334.355) = 250.766\text{kN}$이므로
우변의 전단항복이 지배하게 된다.

097
LRFD에 의한 철골부재의 설계비에서 인장부재의 총단면의 항복 및 유효순단면의 파단에 대한 강도저감계수는 얼마인가?

① 총단면의 항복 : 0.75, 유효순단면의 파단 : 0.90
② 총단면의 항복 : 0.80, 유효순단면의 파단 : 0.75
③ 총단면의 항복 : 0.75, 유효순단면의 파단 : 0.80
④ 총단면의 항복 : 0.90, 유효순단면의 파단 : 0.75

098
인장재의 한계세장비는 얼마인가?

① 100 이하 ② 200 이하
③ 300 이하 ④ 400 이하

해설

- 인장재의 한계세장비 : $\lambda = \dfrac{l}{i} \leq 300$
- 압축재의 한계세장비 : $\lambda = \dfrac{l_k}{i} \leq 200$

099
두께가 일정하고 구멍이 있는 그림의 축인장 부재 내에서 응력이 가장 큰 점은?

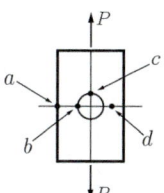

① a점 ② c점
③ b점 ④ d점

해설

구멍이 있는 인장재의 응력분포
구멍(볼트, 리벳, 핀의 구멍) 등 결손된 부분에는 응력의 국부적 집중현상인 국부응력이 생긴다.

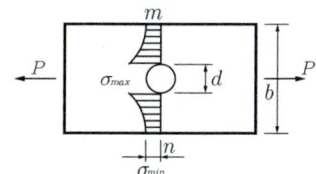

정답 096 ② 097 ④ 098 ③ 099 ③

100 강구조 기둥 압축재에 대한 설명으로 옳지 않은 것은? [산16]

① 압축재는 단면적이 클수록 저항성능이 우수하다.
② 압축재는 단면2차모멘트가 클수록 저항성능이 우수하다.
③ 압축재는 단면2차반지름이 클수록 저항성능이 우수하다.
④ 압축재는 세장비가 클수록 저항성능이 우수하다.

[해설]
압축재는 세장비가 클수록 저항성능이 좋지 않음

101 강구조 기둥에서 세장한 기둥의 단면계산에 있어 세장비에 따라 그 허용응력도가 달라지는 것은 다음 현상 중 어느 것에 해당하는가?

① 처짐현상 ② 전단현상
③ 진동현상 ④ 좌굴현상

102 철골기둥의 좌굴하중(Critical Buckling Load)을 계산하는 데 직접적인 영향을 주지 않는 것은? [기15]

① 재료의 항복강도 ② 재료의 탄성계수
③ 단면2차모멘트   ④ 유효좌굴길이

[해설]
오일러 좌굴하중 기본식 : $P_{cr} = \dfrac{\pi^2 EI}{(KL)^2}$
E : 탄성계수(강재의 경우 210,000MPa)
I : 단면2차모멘트
KL : 지지단 조건에 따른 유효좌굴길이

103 1단은 고정, 1단은 자유인 길이 10m인 철골기둥에서 오일러의 좌굴하중은? (단, $A = 6,000mm^2$, $I_x = 4,000cm^4$, $I_y = 2,000cm^4$, $E = 205,000MPa$) [기19]

① 101.2kN ② 168.4kN
③ 195.7kN ④ 202.4kN

[해설]
오일러 좌굴하중 (P_{cr})
$P_{cr} = \dfrac{\pi^2 EI}{(KL)^2} = \dfrac{\pi^2 (205,000)(2,000 \times 10^4)}{(2 \times 10,000)^2}$
$= 101,163N = 101.163kN$
여기서, K(지지상태에 따른 계수)는 1단 고정, 1단 자유 : 2

104 그림과 같은 기둥의 단면이 150×150mm일 경우 이 기둥의 오일러 좌굴하중으로 적당한 것은? (단, 탄성계수 $E = 8 \times 10^3 N/mm^2 (MPa)$)

① 133kN
② 154kN
③ 176kN
④ 198kN

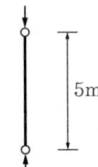

[해설]
오일러 좌굴하중 (P_{cr})
$P_{cr} = \dfrac{\pi^2 EI}{(KL)^2} = \dfrac{\pi^2 (8 \times 10^3)(4,219 \times 10^4)}{(1 \times 5,000)^2} ≒ 133kN$
여기서, I(단면2차모멘트) $= \dfrac{bh^3}{12} = \dfrac{(150)(150)^3}{12}$
$= 4,219 \times 10^4 mm^4$

105 다음 그림과 같은 압축재 $H-200 \times 200 \times 8 \times 12$가 부재의 중앙지점에서 약축에 대해 휨변형이 구속되어 있다. 이 부재의 탄성좌굴응력을 구하면?
(단, $A = 63.53 \times 10^2 mm^2$, $I_x = 4.72 \times 10^7 mm^4$, $I_y = 1.60 \times 10^7 mm^4$, $E = 210,000MPa$) [기10,12,14]

① 252N/mm²
② 190N/mm²
③ 132N/mm²
④ 108N/mm²

정답 100 ④ 101 ④ 102 ① 103 ① 104 ① 105 ②

해설

오일러의 탄성좌굴 응력 (F_{cr})

$$F_{cr} = \frac{P_{cr}}{A} = \frac{(1,207,747)}{(63.53 \times 10^2)} = 190.11 \, \text{N/mm}^2$$

여기서, P_{cr}은 탄성좌굴하중으로 강축과 약축에 대한 좌굴하중을 계산하여 작은 쪽이 탄성좌굴하중이 된다.

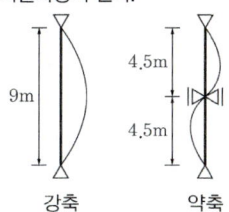

① $P_{cr,x} = \frac{\pi^2 EI_x}{(KL_x)^2} = \frac{\pi^2 (210,000)(4.72 \times 10^7)}{[(1.0)(9,000)]^2} = 1,207,747 \text{N}$

② $P_{cr,y} = \frac{\pi^2 EI_y}{(KL_y)^2} = \frac{\pi^2 (210,000)(1.60 \times 10^7)}{[(1.0)(4,500)]^2} = 1,637,623 \text{N}$

∴ $P_{cr} = 1,207,747 \text{N}$

- K(지지상태에 따른 계수)는 양단 힌지 : 1
- 부재의 길이(L)은 강축(x)에 대해서는 L=9m, 약축(y) 대해서는 부재 중앙지점에서 구속되어 있으므로 L=4.5m 적용

---

107 H형강이 사용된 압축재의 양단이 핀으로 지지되고 부재중간에서 x축 방향으로만 이동할 수 없도록 지지되어 있다. 부재의 전길이가 4m일 때 세장비는?
(단, r_x=8.62cm, r_y=5.02mm) [기12]

① 26.4 ② 36.4
③ 46.4 ④ 56.4

해설

세장비

강축(x)에 대해서는 부재 전체의 길이 $L=4$m, 약축(y)에 대해서는 가새로 지지되어 있으므로 $L=2$m를 적용함에 주의하며 다음의 ①, ② 중에서 안전을 감안하여 큰 값으로 선정한다.

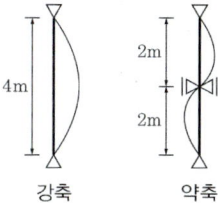

① 강축에 대한 세장비(λ_x) = $\frac{KL}{r_x} = \frac{(1.0)(4,000)}{(86.2)} = 46.40$

② 약축에 대한 세장비(λ_y) = $\frac{KL}{r_y} = \frac{(1.0)(2,000)}{(50.2)} = 39.84$

---

106 양단힌지인 길이 6m의 H-300×300×10×15의 기둥이 약축방향으로 부재 중앙이 가새로 지지되어 있을 때 설계용 세장비는? (단, r_x=131mm, r_y=75.1mm)
[기18,19]

① 40.0 ② 45.8
③ 58.2 ④ 66.3

해설

강구조 압축재 설계용 세장비 산정

- 세장비 : 강축(x)에 대해서는 부재 전체의 길이 $L=6$m, 약축(y)에 대해서는 가새로 지지되어 있으므로 $L=3$m를 적용함에 주의하며 다음의 ①, ② 중에서 안전을 감안하여 큰 값으로 선정한다.

① 강축에 대한 세장비(λ_x) = $\frac{KL}{r_x} = \frac{(1.0)(6,000)}{(131)} = 45.80$

② 약축에 대한 세장비(λ_y) = $\frac{KL}{r_y} = \frac{(1.0)(3,000)}{(75.1)} = 39.95$

---

108 강재 단면을 구성하는 요소의 분류에서 콤팩트요소의 조건은? (단, λ는 압축요소의 판폭두께비, λ_p는 콤팩트요소의 판폭두께비 제한값, λ_r은 비콤팩트요소의 판폭두께비 제한값이다.)

① $\lambda \leq \lambda_p$ ② $\lambda_p < \lambda \leq \lambda_r$
③ $\lambda > \lambda_r$ ④ $\lambda > \lambda_p$

해설

콤팩트요소	압축요소의 판폭두께비 λ가 λ_p를 초과하지 않는 요소 ($\lambda \leq \lambda_p$)
비콤팩트요소	압축요소의 판폭두께비 λ가 λ_p를 초과하고 λ_r을 초과하지 않는 요소 ($\lambda_p < \lambda \leq \lambda_r$)
세장판요소	압축요소의 판폭두께비 λ가 λ_p를 초과하는 요소 ($\lambda > \lambda_r$)

정답 106 ② 107 ③ 108 ①

109 그림과 같은 6m 길이의 기둥에 압축하중이 작용할 때 횡구속에 가장 유리한 조건은? (단, SS275 강재 사용) [기15]

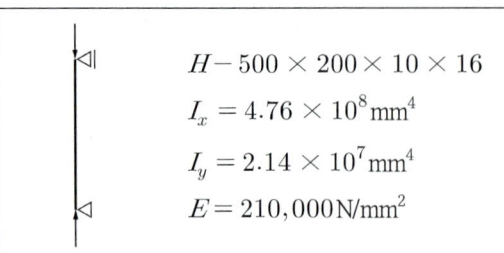

① 5m 높이에 강축에만 휨변형 구속이 있다.
② 3m 높이에 강축에만 휨변형 구속이 있다.
③ 5m 높이에 약축에만 휨변형 구속이 있다.
④ 3m 높이에 약축에만 휨변형 구속이 있다.

해설

횡구속에 가장 유리한 것은 유효길이 L이 작은 쪽에 횡구속을 시키는 것이 효과적이다.

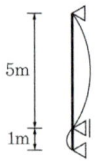 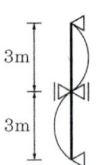

5m 높이를 구속   3m 높이를 구속
L=5m 를 적용   L=3m 를 적용

① $K=1$, $L=5m$, $I_y = 2.14 \times 10^7 mm^4$ 적용

$$P_{cr} = \frac{\pi^2 (210,000)(2.14 \times 10^7)}{(5,000)^2} \times 10^{-3} = 1,774.16 kN$$

② $K=1$, $L=3m$, $I_y = 2.14 \times 10^7 mm^4$ 적용

$$P_{cr} = \frac{\pi^2 (210,000)(2.14 \times 10^7)}{(3,000)^2} \times 10^{-3} = 4,928.22 kN$$

③ $K=1$, $L=5m$, $I_x = 4.76 \times 10^8 mm^4$ 적용

$$P_{cr} = \frac{\pi^2 (210,000)(4.76 \times 10^8)}{(5,000)^2} \times 10^{-3} = 39,462.63 kN$$

④ $K=1$, $L=3m$, $I_x = 4.76 \times 10^8 mm^4$ 적용

$$P_{cr} = \frac{\pi^2 (210,000)(4.76 \times 10^8)}{(3,000)^2} \times 10^{-3} = 109,618.4 kN$$

∴ 3m 높이에 약축에만 휨변형 구속이 있는 ④번이 가장 유리

110 다음 강구조의 기술 중 옳지 않은 것은? [기00]

① 강구조의 판폭두께비는 인장력과 관계가 있다.
② 춤이 높고 폭이 작을수록 횡좌굴이 일어나기 쉽다.
③ 횡좌굴은 휨모멘트로 인한 압축응력과 관계가 있다.
④ 같은 단면이라도 사용방법에 따라 횡좌굴이 일어나기도 하고 일어나지 않기도 한다.

해설

① 강구조 판폭두께비는 압축재의 국부좌굴을 방지하기 위한 구조제한 사항이다.

111 용접 H형강 $H-450 \times 450 \times 20 \times 28$의 플랜지 및 웨브에 대한 판폭두께비를 구하면? [기11,16]

① 플랜지 : 16.07, 웨브 : 14.07
② 플랜지 : 16.07, 웨브 : 19.7
③ 플랜지 : 8.04, 웨브 : 14.07
④ 플랜지 : 8.04, 웨브 : 19.7

해설

용접형강 판폭두께비

(1) 플랜지 판폭두께비

$$\lambda_f = \frac{b}{t_f} = \frac{(450/2)}{(28)} = 8.04$$

(2) 웨브의 판폭두께비

$$\lambda_w = \frac{h}{t_w} = \frac{(450)-2(28)}{(20)} = 19.7$$

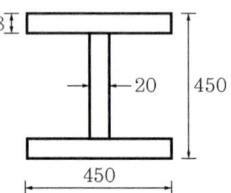

112 각형강관 □-250×250×6을 사용한 충전형 합성기둥의 강재비와 폭두께비는? (단, $A_s = 5,763 mm^2$) [기16]

① 강재비 : 0.092, 폭두께비 : 40
② 강재비 : 0.092, 폭두께비 : 38
③ 강재비 : 0.098, 폭두께비 : 40
④ 강재비 : 0.098, 폭두께비 : 38

해설

충전형 각형강관

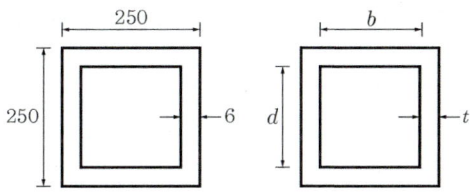

(1) 강재비 : $\rho_s = \dfrac{A_s}{A_g} = \dfrac{(5,763)}{(250 \times 250)} = 0.09220$

(2) 폭두께비 : $\dfrac{b}{t} = \dfrac{d}{t} = \dfrac{(250)-2(6)}{(6)} = 39.67$

113 압연 H형강 H-300×300×10×15의 플랜지 폭두께비는? (단, 균일 압축을 받는 상태이다.) [산20]

① 8
② 10
③ 15
④ 18

해설

플랜지의 판폭두께비
$\lambda_f = \dfrac{b}{t_f} = \dfrac{300/2}{15} = 10$

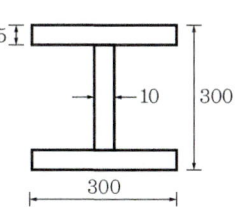

114 그림과 같은 부재에 관한 기술로 틀린 것은? (단, 작용하는 전단력은 72kN이다.) [기12]

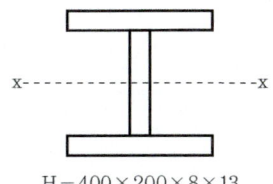
H－400×200×8×13

① 최대 휨응력은 플랜지의 바깥면에 생긴다.
② 플랜지의 폭-두께비는 15.38이다.
③ 웨브의 폭-두께비는 46.75이다.
④ 평균전단응력은 24.06MPa이다.

해설

① 휨응력 $\sigma_b = \dfrac{M}{I} \cdot y$에서 중립축으로부터의 거리 y값이 클수록 휨응력은 커진다. 따라서 플랜지의 바깥면에서는 최대 휨응력이 나타난다.

② $\lambda_f = \dfrac{(200)/2}{(13)} = 7.692$

③ $\lambda_w = \dfrac{(400)-2(13)}{(8)} = 46.75$

④ $\tau = \dfrac{V}{t \cdot h_1} = \dfrac{(72 \times 10^3)}{(8)(400-2 \times 13)} = 24.06 \text{N/mm}^2$

115 강구조 조립압축재에 관한 설명으로 옳지 않은 것은? [산20]

① 끼판, 띠판, 래티스형식(단일래티스, 복래티스) 등이 있다.
② 래티스형식에서 세장비는 단일래티스는 120 이하, 복래티스는 280 이하이다.
③ 부재의 축에 대한 래티스부재의 경사각은 단일래티스의 경우 60° 이상으로 한다.
④ 평강, ㄱ형강, ㄷ형강이 래티스로 사용된다.

해설

② 래티스형식에서 세장비는 단일래티스는 140 이하, 복래티스는 200 이하이다.

116 래티스형식 조립압축재에 관한 설명으로 옳지 않은 것은? [기17]

① 단일래티스 부재의 세장비 $\dfrac{L}{r}$은 140 이하로 한다.
② 단일래티스 부재의 부재축에 대한 기울기는 60° 이상으로 한다.
③ 복래티스 부재의 세장비 $\dfrac{L}{r}$은 180 이하로 한다.
④ 복래티스 부재의 부재축에 대한 기울기는 45° 이상으로 한다.

117 강구조 래티스형식 조립압축재에 대한 구조제한에 대한 내용이다. ( ) 안에 알맞은 것은? [기12,14]

> 부재축에 대한 래티스 부재의 기울기는 다음과 같다.
> • 단일래티스 경우 : (㉮) 이상
> • 복래티스 경우 : (㉯) 이상

① ㉮ : 50°, ㉯ : 40° ② ㉮ : 60°, ㉯ : 40°
③ ㉮ : 50°, ㉯ : 45° ④ ㉮ : 60°, ㉯ : 45°

118 띠판형식의 조립압축재에 있어서 소재(素材)의 세장비가 어느 것에 해당되도록 구간길이를 조절하여야 하는가?

① $\lambda_o \leq 50$ ② $\lambda_o \leq 160$
③ $\lambda_o \leq 200$ ④ $\lambda_o \leq 250$

[해설]
띠판형식의 조립압축재 : $\lambda_o \leq 50$

119 그림과 같은 $2L_s$-90×90×7 조립 압축재의 단면2차반경 r_Y는 얼마인가? (단, 개재의 중심축에 대한 단면2차반경 r_y는 27.6mm, c_y는 24.6mm) [기12,16]

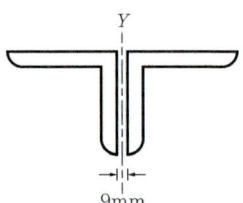

① 38.5mm ② 40.1mm
③ 52.2mm ④ 58.8mm

[해설]
조립압축재 단면2차반경 (r_y)

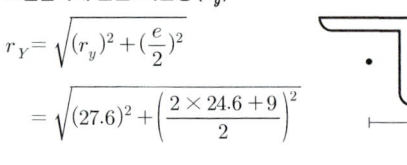

$r_Y = \sqrt{(r_y)^2 + (\frac{e}{2})^2}$
$= \sqrt{(27.6)^2 + (\frac{2 \times 24.6 + 9}{2})^2}$
$= 40.107mm$

04. 보

120 강구조의 구성부재 중 보에 관한 설명으로 옳지 않은 것은? [산20]

① 보는 휨과 전단에 의한 응력과 변형이 주로 발생한다.
② 보는 횡좌굴 방지를 고려할 필요가 없다.
③ 보는 부재의 단면형상으로는 H형 단면이 주로 사용하며, 박스형, I형, ㄷ형 단면이 사용되기도 한다.
④ 처짐에 대한 사용성이 확보되어야 한다.

[해설]
② 보는 횡좌굴 방지를 고려할 필요가 있다.

121 H-300×150×6.5×9인 형강보에 장기에 대해 100kN인 전단력이 작용했을 때 웨브에 생기는 최대 전단응력도의 크기로 적정한 값은? (단, 이 형강보의 전단면적은 4,678mm²이다.)

① 21MPa ② 34MPa
③ 51MPa ④ 77MPa

[해설]
• 평균 전단응력
$f_v = \frac{V}{t_w \cdot H} = \frac{100,000}{6.5 \times 300} = 51.28MPa$

• 최대 전단응력
$f_{v,\max} = \frac{3}{2} \times \frac{V}{t_w \cdot H}$
$= \frac{3}{2} \times \frac{100,000}{6.5 \times 300} = 76.92MPa$

122 강구조에서 외력이 부재에 작용할 때 부재의 단면에 비틀림이 생기지 않고 휨변형만 발생하는 위치를 무엇이라 하는가? [산19]

① 무게중심 ② 하중중심
③ 전단중심 ④ 강성중심

[해설]
③ 비틀림 없이 휨변형만 발생하는 위치는 전단중심이다.

정답 117 ④ 118 ① 119 ② 120 ② 121 ④ 122 ③

123 다음 중 철골보의 휨내력 부족 시 보완대책으로 가장 알맞은 것은?

① 플랜지를 커버 플레이트로 보강한다.
② 접합 부분에 고력볼트의 개수를 증가시킨다.
③ 시어 커넥터를 사용한다.
④ 접합부의 용접두께를 크게 한다.

해설
커버 플레이트는 플랜지의 단면을 크게 하여 주며, 휨에 대한 내력의 부족을 보충해 준다.

124 철골구조에서 보 또는 기둥의 플랜지 단면적을 늘이기 위해 플랜지의 외측에 설치하는 강판은?

① 커버 플레이트
② 스터드
③ 래티스
④ 거싯 플레이트

해설
판보의 커버 플레이트는 플랜지 보강용으로 휨모멘트에 저항한다.

125 강구조에서 플레이트 거더(Plate Girder)에 관한 설명으로 옳지 않은 것은?

① 커버 플레이트의 크기는 휨모멘트에 의해 결정된다.
② 용접조립에 의한 보의 플랜지는 될 수 있는 대로 1장의 판으로 구성된다.
③ 스티프너는 웨브 플레이트의 좌굴을 방지하기 위해 사용된다.
④ 플랜지의 커버 플레이트 수는 6장 이하로 하며 커버 플레이트의 전단면적은 플랜지 전단면적의 85% 이하로 한다.

해설
커버 플레이트 수는 4장 이하로 하고, 커버 플레이트의 전단면적은 플랜지 전단면적의 70% 이하로 한다.

126 플레이트 거더(Plate Girder)의 커버 플레이트에 대한 설명 중 잘못된 것은?

① 커버 플레이트의 길이는 보의 휨모멘트에 의하여 결정한다.
② 커버 플레이트는 구조계산상 필요한 길이보다 여장을 갖도록 설계한다.
③ 커버 플레이트 수는 최대 5장 이하로 한다.
④ 커버 플레이트는 플랜지의 휨내력의 부족함을 보완하기 위하여 사용한다.

127 H형강의 플랜지에 커버 플레이트를 붙이는 주목적으로 옳은 것은? [기07,18]

① 수평부재간 접합 시 틈새를 메우기 위하여
② 슬래브와의 전단접합을 위하여
③ 웨브 플레이트의 전단내력 보강을 위하여
④ 휨내력의 보강을 위하여

128 강구조 관련 용어에 관한 설명으로 옳지 않은 것은? [산16]

① 턴 버클 : 강재보와 콘크리트 슬래브 사이의 미끄럼 방지
② 커버 플레이트 : 플랜지 보강용으로 휨모멘트에 저항
③ 스캘럽 : 보와 기둥의 용접접합 시 반원형으로 웨브를 잘라낸 부분
④ 엔드 탭 : 용접결함을 방지하기 위해 용접 단부에 임시로 설치한 보조강판

해설
① 턴 버클 : 두 점 사이에 연결된 강삭 등을 죄는 데 사용하는 죔기구의 하나이다.

129 플레이트 거더(Plate Girder)에 관한 다음 기술 중 옳지 못한 것은? [기02]

① 커버 플레이트의 길이는 보의 휨모멘트에 의하여 결정된다.
② 커버 플레이트는 구조계산상 필요한 길이보다 여장을 갖도록 설계한다.
③ 스티프너를 사용하면 웨브 플레이트의 좌굴방지가 된다.
④ 플랜지와 웨브와의 접합은 휨모멘트에 의해 결정된다.

해설
플랜지와 웨브와의 접합은 전단력에 의해 결정된다.

130 플레이트 거더(Plate Girder)의 스티프너(Stiffener)에 대한 다음 기술 중 옳지 않은 것은?

① 스티프너는 웨브(Web)의 좌굴을 막는다.
② 웨브의 한 쪽에만 스티프너를 붙일 때도 있다.
③ 플레이트 거더에는 스티프너를 붙이지 않을 때도 있다.
④ 스티프너가 있으면 플레이트 거더의 횡좌굴은 고려하지 않아도 된다.

해설
스티프너가 있어도 플레이트 거더의 횡좌굴을 고려해야 한다.

131 판보는 웨브에 전단응력, 휨응력 또는 지압응력에 의한 좌굴이 일어날 가능성이 있는데, 이를 방지하기 위하여 사용되는 것은? [기14]

① 사이드 앵글(Side Angle)
② 스캘럽(Scallop)
③ 스티프너(Stiffener)
④ 새그 로드(Sag Rod)

해설
③ **스티프너(Stiffener)** : 웨브(Web) 좌굴을 방지하기 위한 전단보강재

132 플레이트 거더에 작용하는 휨모멘트와 축력에 대한 전단좌굴 내성을 증가시키기 위하여 웨브에 설치하는 것은?

① 수평 스티프너
② 중간 스티프너
③ 하중점 스티프너
④ 보강 리브

해설
스티프너(Stiffener)의 종류

하중점 스티프너	집중하중이 작용하는 곳에 보강한다.
중간 스티프너	㉠ 보 전체를 통해 재축에 직각방향으로 보강한다. ㉡ 중간 스티프너는 집중하중이나 반력을 전달하지 않는 경우에는 인장플랜지에 접합하지 않아도 된다. ㉢ 전단좌굴에 대해 효과적이다.
수평 스티프너	㉠ 보의 재축방향으로 웨브판을 보강한다. ㉡ 휨, 압축좌굴에 대해 효과적이다.

133 강구조 플레이트 보에서 중간 스티프너(Stiffener)를 사용하는 주된 목적은? [기01,04,06,07]

① 웨브 플레이트(Web Plate)에 생기는 휨모멘트에 저항하기 위해
② 플랜지 앵글(Flange Angle)의 단면을 작게 하기 위해
③ 플랜지 앵글의 볼트 간격을 넓게 하기 위해
④ 웨브 플레이트의 좌굴을 방지하기 위해

134 다음 그림과 같은 철골보의 명칭은?

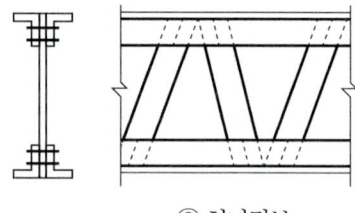

① 관보
② 허니컴보
③ 래티스보
④ 격자보

해설
래티스보
상하 플랜지에 ㄱ형강을 쓰고 웨브재로 대철(평강)을 45°, 60° 등의 각도로 접합한 조립보이다. 래티스보는 전단력에 약하므로 콘크리트에 피복하여 사용한다.

135 래티스보에 관한 사항 중 옳은 것은?

① 스팬이 비교적 큰 곳에 사용한다.
② 모멘트가 큰 곳에 사용한다.
③ 모멘트가 작은 곳에 사용한다.
④ 전단력이 작은 곳에 사용한다.

136 다음 보로 사용되는 부재 중 가장 경미한 하중을 받는 강구조 보는? [기06]

① 격자보　　② H형강보
③ 래티스보　　④ 판보

137 철근콘크리트와 철골의 합성구조에 관한 기술 중 틀린 것은? [기01]

① 사용된 각 재료의 구조적인 특성을 이용하기 때문에 경제적인 구조이다.
② 강성이 커져서 처짐이 줄어드나 진동에 대해서는 도움이 되지 않는다.
③ 시공 시에 합성작용이 이루어지기 전의 하중조건에 대해서도 구조적 검토가 이루어져야 한다.
④ 보와 콘크리트 바닥의 이질적인 재료가 일체가 되게 하기 위하여 시어 커넥터를 사용한다.

해설
합성보(Composite Beam)
콘크리트 슬래브와 철골보를 전단연결재(Shear Connector, 시어 커넥터)로 연결하여 외력에 대한 구조체의 거동을 일체화시킨 구조이다. 장스팬에 가장 유리하고 부재의 휨강성이 증가되어 처짐과 진동에 효과적이다.

138 합성보 설계 시 시어 커넥터의 구조제한에 대한 설명으로 옳지 않은 것은? [기06]

① 강재보의 웨브선상에 설치되는 시어 커넥터를 제외하고 스터드 커넥터의 지름은 플랜지 두께의 3배 이하로 한다.
② 스터드 커넥터의 종방향 피치는 스터드 커넥터 지름의 6배 이상으로, 횡방향 게이지는 스터드 커넥터 지름의 4배 이상으로 한다.
③ 스터드 커넥터의 피치는 슬래브 전체 두께의 8배 이하로 한다.
④ 시어 커넥터는 용접 후의 높이가 단면 지름의 4배 이상이며, 머리가 스터드나 압연 ㄷ형강으로 하여야 한다.

해설
강재보의 웨브선상에 설치되는 시어 커넥터를 제외하고 스터드 커넥터의 지름은 플랜지 두께의 2.5배 이하로 한다.

139 시어 커넥터(Shear Connector)는 어느 부재에 사용하는가? [산13]

① 철골기둥 간 접합
② 철골보와 콘크리트 슬래브의 접합
③ 철골 주각부
④ 철골기둥과 보의 전단접합

해설
시어 커넥터(전단연결재)
시어 커넥터는 철골보와 콘크리트 슬래브를 접합하는 데 사용함

140 다음 중 강구조에서 전단연결재(Shear Connector)가 사용되는 부분은 어느 것인가? [기19]

① 기둥과 보의 접합부
② 기둥의 이음부
③ 합성보와 슬래브 사이
④ 판보의 플랜지와 웨브의 접합

해설
전단연결재(Shear Connector)
2개의 구조부재를 접합하여 일체로 연결할 때 그 접합 부분에 생기는 전단력에 저항하기 위하여 배치한 접합재이다.

141 철골구조의 합성보에서 철골보와 슬래브를 일체화시킬 때 그 접합부에 생기는 전단력에 저항시키기 위하여 사용하는 접합재는? [기09,19]

① 시어 커넥터(Shear Connector)
② 게이지 라인(Gauge Line)
③ 중도리(Purline)
④ 스페이스 프레임(Space Frame)

142 그림과 같이 스팬이 9.6m이며, 간격이 2m인 합성보 A의 슬래브 유효폭 b_e는? [기10, 산20]

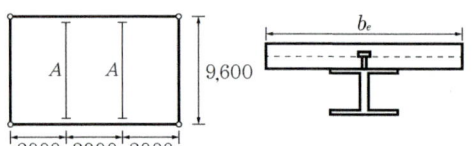

① 1,800mm
② 2,000mm
③ 2,200mm
④ 2,400mm

> **해설**
> 합성보의 유효폭(b_e)은 다음 ①, ② 값 중 작은 값
> ① b_{e1} = 양측 슬래브 중심 간 거리
> ② b_{e2} = 보 경간 $\times \frac{1}{4}$
>   (1) b_{e1} = 양측 슬래브 중심 간 거리 = $\frac{2,000}{2} + \frac{2,000}{2} = 2,000$mm
>   (2) b_{e2} = 보 경간 $\times \frac{1}{4} = 9,600 \times \frac{1}{4} = 2,400$mm
> 따라서 둘 중 작은 값인 2,000mm가 유효폭이다.

143 철골보의 처짐을 적게 하는 방법으로 가장 적절한 것은? [기12,18]

① 보의 길이를 길게 한다.
② 웨브의 단면적을 작게 한다.
③ 상부 플랜지의 두께를 줄인다.
④ 단면2차모멘트값을 크게 한다.

> **해설**
> 처짐은 집중하중이 작용하고 경간길이(l) 작용 시

$\sigma_{\max} = \frac{Pl^3}{48EI} = \frac{5ul^4}{384EI}$ 이므로 집중하중이 작용하는 경우 탄성계수와 단면2차모멘트에 반비례한다.

144 철골구조에서 일반보의 처짐은 스팬 l에 대하여 얼마 이하로 규정하고 있는가?

① $l/100$ 이하
② $l/200$ 이하
③ $l/240$ 이하
④ $l/300$ 이하

> **해설**
> 강재보의 처짐한도
>
> | 종류 | 처짐한도 |
> |---|---|
> | 단순보 | Span/300 |
> | 캔틸레버보 | Span/250 |
> | 수동크레인 | Span/500 |
> | 전동크레인 | Span/(800~1,200) |

05. 접합부 설계

145 철골구조의 기둥-보 접합부의 구성요소와 가장 거리가 먼 것은? [기08,11,17]

① 엔드 플레이트(End Plate)
② 다이어프램(Diaphragm)
③ 스플릿 티(Split Tee)
④ 메탈 터치(Metal Touch)

> **해설**
> 메탈 터치는 기둥과 기둥 접합 구성요소이다.

146 다음 용어 중 서로 관련이 가장 적은 것은? [기12,20]

① 기둥 – 메탈 터치(Metal Touch)
② 인장가새 – 턴 버클(Turn Buckle)
③ 주각부 – 거싯 플레이트(Gusset Plate)
④ 중도리 – 새그 로드(Sag Rod)

> **해설**
> 거싯 플레이트는 철골구조의 기둥과 보의 접합이 사용되는 덧댐판이다.

정답 141 ① 142 ② 143 ④ 144 ④ 145 ④ 146 ③

147 철골트러스의 특성에 관한 설명으로 옳지 않은 것은? [기19]

① 직선 부재들이 삼각형의 형태로 구성되어 안정적인 거동을 한다.
② 트러스의 개방된 웨브공간으로 전기배선이나 덕트 등과 같은 설비배관의 통과가 가능하다.
③ 부정정차수가 낮은 트러스의 경우에는 일부 부재나 접합부의 파괴가 트러스의 붕괴를 야기할 수 있다.
④ 직선 부재로만 구성되기 때문에 비정형 건축물의 구조체에는 도입이 어렵다.

해설
단위 부재는 직선 부재로 구성되지만 형태를 비정형 건축물의 구조체로 도입이 가능하다.

148 철골조의 가새에 관한 설명으로 옳지 않은 것은? [기20]

① 트러스의 절점 또는 기둥의 절점을 각각 대각선 방향으로 연결하여 구조체의 변형을 방지하는 부재이다.
② 풍하중, 지진력 등의 수평하중에 저항하는 것으로 부재에는 인장응력만 발생한다.
③ 보통 단일형강재 또는 조립재를 쓰지만 응력이 작은 지붕가새에는 봉강을 사용한다.
④ 수평가새는 지붕트러스의 지붕면(경사면)에 설치한다.

해설
풍하중, 지진력 등의 수평하중에 저항하고 인장응력뿐만 아니라 압축응력도 발생한다.

149 강구조 기둥의 주각 부분에 사용되는 것이 아닌 것은? [산16,20]

① 앵커 볼트(Anchor Bolt)
② 리브 플레이트(Rib Plate)
③ 플레이트 거더(Plate Girder)
④ 베이스 플레이트(Base Plate)

해설
③ 플레이트 거더는 기둥의 주각 부분 부재와 상관없는 일종의 강재보이다.

150 강구조 기둥의 주각부에 사용되는 보강재로 거리가 먼 것은? [기11]

① 필러 플레이트(Filler Plate)
② 윙 플레이트(Wing Plate)
③ 사이드 앵글(Side Angle)
④ 베이스 플레이트(Base Plate)

해설
① 필러 플레이트(Filler Plate)는 주로 기둥부재에서 결함을 메우기 위한 충전용 보강판을 의미한다.

151 철골조 주각 부분에 사용하는 보강재에 해당되지 않는 것은? [기18]

① 윙 플레이트
② 데크 플레이트
③ 사이드 앵글
④ 클립 앵글

해설
데크 플레이트는 철골보 콘크리트 슬래브 합성보의 보강재이다.

152 철골구조 주각부의 구성요소가 아닌 것은? [기19]

① 커버 플레이트
② 앵커 볼트
③ 베이스 모르타르
④ 베이스 플레이트

153 그림의 강구조 주각 부분으로 A 부분의 명칭은? [기04,06,09,13]

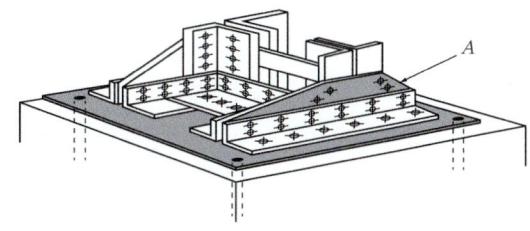

① Base Plate
② Side Angle
③ Anchor Bolt
④ Wing Plate

154 철골 주각부에 부착하는 강판으로 사이드앵글을 거쳐서 또는 직접 용접에 의해 기둥으로부터의 응력을 베이스 플레이트에 전달하기 위해 붙이는 판은? [기15]

① 스티프너
② 커버 플레이트
③ 윙 플레이트
④ 엔드 탭

해설
- 윙 플레이트(Wing Plate) : 강구조 주각부에 부착하는 강판으로, 사이드 앵글을 거쳐서 또는 용접에 의해 베이스 플레이트에 기둥으로부터의 응력을 전달한다.

155 강구조 기둥의 주각부에 관한 설명으로 옳지 않은 것은? [기17]

① 기둥의 응력이 크면 윙 플레이트, 접합앵글, 리브 등으로 보강하여 응력의 분산을 도모한다.
② 앵커볼트는 기초콘크리트에 매입되어 주각부의 이동을 방지하는 역할을 한다.
③ 주각은 조건에 관계없이 고정으로만 가정하여 응력을 산정한다.
④ 축방향력이나 휨모멘트는 베이스 플레이트 저면의 압축력이나 앵커볼트의 인장력에 의해 전달된다.

해설
주각은 고정과 핀으로 가정한다.

156 강구조 주각에 관한 설명으로 옳지 않은 것은? [산19]

① 주각의 형태에는 핀주각, 고정주각, 매입형 주각이 있다.
② 주각은 기둥의 하중과 모멘트를 기초를 통하여 지반에 전달한다.
③ 베이스 플레이트는 기초 콘크리트면에 무수축모르타르의 충전 없이 직접 밀착시켜야 한다.
④ 베이스 플레이트는 기초 콘크리트에 지압응력이 잘 분포되도록 충분한 면적과 두께를 가져야 한다.

해설
③ 베이스 플레이트는 기초 콘크리트면에 무수축모르타르로 충전하여 직접 밀착시켜야 한다.

157 강구조에서 기초콘크리트에 매입되어 주각부의 이동을 방지하는 역할을 하는 것은? [기07,16]

① 턴 버클
② 클립 앵글
③ 사이드 앵글
④ 앵커 볼트

부록

최근 과년도 기출 문제

2024년도	제1회 건축기사 제2회 건축기사 제3회 건축기사	2023년도	제1회 건축산업기사 제2회 건축산업기사 제3회 건축산업기사
2023년도	제1회 건축기사 제2회 건축기사 제4회 건축기사	2022년도	제1회 건축산업기사 제2회 건축산업기사 제3회 건축산업기사
2022년도	제1회 건축기사 제2회 건축기사 제4회 건축기사	2021년도	제1회 건축산업기사 제2회 건축산업기사 제3회 건축산업기사
2021년도	제1회 건축기사 제2회 건축기사 제4회 건축기사		
2020년도	제1·2회 건축기사 제3회 건축기사 제4회 건축기사		

2024 제1회 건축기사

※ 본 문제는 수험자의 기억을 바탕으로 하여 복원한 문제이므로 실제와 다를 수 있음을 미리 알려드립니다.

001 그림과 같이 스팬이 7.2m이며 간격이 3m인 합성보 A의 슬래브 유효폭 b_e는?

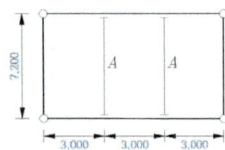 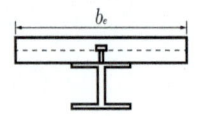

① 1,800mm ② 2,000mm
③ 2,200mm ④ 2,400mm

[해설]
합성보의 유효폭(b_e)은 다음 ①, ② 값 중 작은 값
① b_{e1} = 양측 slab 중심간 거리
② b_{e2} = 보경간 × $\dfrac{1}{4}$

(1) b_{e1} = 양측 슬래브 중신간거리 = $\dfrac{3,000}{2} + \dfrac{3,000}{2} = 3,000mm$

(2) b_{e2} = 보 경간 × $\dfrac{1}{4}$ = $7,200 × \dfrac{1}{4} = 1,800mm$

따라서 둘 중 작은 값인 1,800mm가 유효폭이다.

002 그림과 같은 부정정라멘에서 A점의 M_{AB}는?

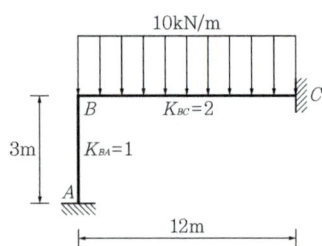

① 0
② $20kN \cdot m$
③ $40kN \cdot m$
④ $60kN \cdot m$

[해설]
(1) B절점의 고정단모멘트
$$M_B = -\frac{\omega l^2}{12} = -\frac{(10)(12)^2}{12} = -120kN \cdot m$$

(2) 분배율
$$DF_{BA} = \frac{1}{1+2} = \frac{1}{3}$$

(3) 분배모멘트
$$M_{BA} = M_B \cdot DF_{BA} = +(120)\left(\frac{1}{3}\right) = +40kN \cdot m$$

(4) 전달모멘트
$$M_{AB} = \frac{1}{2}M_{BA} = \frac{1}{2}(+40) = +20kN \cdot m$$

003 강도설계법에서 압축이형철근 D22의 기본정착길이는?(단, $f_{ck} = 27MPa$, $f_y = 400MPa$, 경량콘크리트계수 λ=1)

① 378.4mm
② 423.4mm
③ 200.5mm
④ 604.6mm

[해설]
압축이형철근 기본정착길이(l_{db})
(1), (2) 중 큰 값

(1) $l_{db} = \dfrac{0.25d_b \cdot f_y}{\lambda \sqrt{f_{ck}}} = \dfrac{0.25(22)(400)}{(1.0)\sqrt{27}} = 423.4mm$

(2) $l_{db} = 0.043d_b \cdot f_y = 0.043(22)(400) = 378.4mm$

따라서, l_{db}는 이 중 큰 값인 423.4mm

정답 001 ① 002 ② 003 ②

004 다음 그림과 같은 보 단면에서 정착되는 철근의 수평 순간격을 구하면?

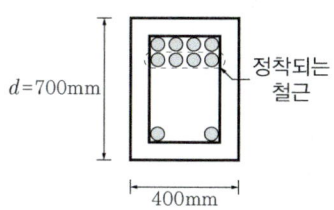

【조건】
- D22(인장, 압축철근), 지름: 22mm로 계산
- D13@150(스터럽), 지름: 13mm로 계산
- 최소피복두께: 40mm
- 구부림 최소내면반지름은 무시

① 60.7mm ② 63.7mm
③ 66.7mm ④ 68.7mm

해설

철근의 수평 순간격 $= \dfrac{1}{3}[400 - 40 \times 2 - 13 \times 2 - 22 \times 4]$
$= 68.7\text{mm}$

005 그림과 같은 구조물의 부정정차수는?

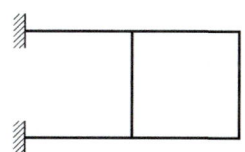

① 3차부정정
② 4차부정정
③ 5차부정정
④ 6차부정정

해설

$m = n + s + r - 2k$
$= 6 + 6 + 6 - 2 \times 6$
$= 6$

006 강구조 고장력볼트 접합의 종류에 해당되지 않는 것은?

① 메탈터치 접합 ② 마찰접합
③ 인장접합 ④ 지압접합

해설

고장력볼트의 접합방법에는 마찰접합, 지압접합, 인장접합이 있다.

007 강구조 필릿용접에 관한 설명으로 옳지 않은 것은?

① 필릿용접의 유효면적은 유효길이에 유효목두께를 곱한 것으로 한다.
② 필릿용접의 유효길이는 필릿용접의 총길이에서 2배의 필릿사이즈를 공제한 값으로 하여야 한다.
③ 필릿용접의 유효목두께는 용접루트로부터 용접표면까지의 최단거리로 한다. 단, 이음면이 직각인 경우에는 필릿사이즈의 $\sqrt{2}$ 배로 한다.
④ 구멍필릿과 슬롯필릿용접의 유효길이는 목두께의 중심을 잇는 용접중심선의 길이로 한다.

해설

③ 필릿용접의 유효목두께는 용접루트로부터 용접표면까지의 최단거리로 한다. 단, 이음면이 직각인 경우에는 필릿사이즈의 0.7배로 한다.

008 그림과 같은 강접골조에 수평력 $P = 10\text{kN}$이 작용하고 기둥의 강비 $k = \infty$인 경우, 기둥의 모멘트가 최대가 되는 변곡점의 h_0 위치는? (단, 괄호 안의 기호는 강비이다.)

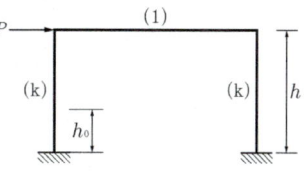

① 0 ② 0.5h
③ (4/7)h ④ h

해설

* 구조물의 해석
기둥의 강비가 ∞인 경우 휨모멘트 = 힘×거리이므로, 힘 P가 작용하는 점에서 가장 거리가 먼 $h_0 = 0$일 때 모멘트는 최댓값이다.

009 강도설계법에서 처짐을 계산하지 않는 경우 철근콘크리트 보의 최소 두께 규정으로 옳지 않은 것은? (단, 보통콘크리트와 설계기준 항복강도 400MPa 철근을 사용한 부재임)

① 단순 지지: $l/16$
② 1단 연속: $l/18.5$
③ 양단 연속: $l/12$
④ 캔틸레버: $l/8$

해설

처짐을 계산하지 않는 경우 보의 최소두께

부재 [l:경간 길이(mm)]	최소두께(h_{min})			
	단순지지	1단 연속	양단 연속	캔틸레버
	$\dfrac{l}{16}$	$\dfrac{l}{18.5}$	$\dfrac{l}{21}$	$\dfrac{l}{8}$

010 다음 그림은 각 구간에서 직선적으로 변화하는 단순보의 휨모멘트도이다. C점과 D점에 동일한 힘 P_1이 작용하고 보의 중앙점 E에 P_2가 작용할 때 P_1과 P_2의 절댓값은?

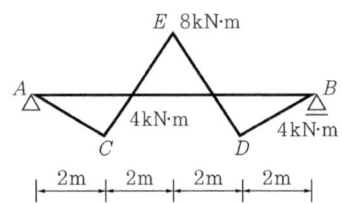

① $P_1 = 4$kN, $P_2 = 6$kN
② $P_1 = 4$kN, $P_2 = 8$kN
③ $P_1 = 8$kN, $P_2 = 10$kN
④ $P_1 = 8$kN, $P_2 = 12$kN

해설

휨모멘트도를 보면 집중하중이므로 다음과 같이 유추가 가능하다.

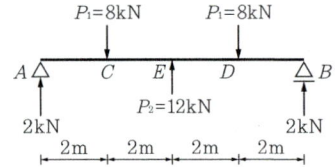

∴ $P_1 = 8$kN, $P_2 = 12$kN

011 부동침하의 원인과 거리가 먼 것은?

① 건물과 경사지반에 근접되어 있을 경우
② 건물이 이질지반에 걸쳐 있을 경우
③ 이질의 기초구조를 적용했을 경우
④ 건물의 강도가 불균등할 경우

해설

부동침하 원인	
① 지반이 연약한 경우	② 연약층의 두께가 상이할 때
③ 이질 지층일 때	④ 낭떠러지에 접근되어 있을 때
⑤ 일부 증축시에	⑥ 지하수위 변경시
⑦ 지하에 매설물, 구멍이 있을 때	
⑧ 메운 땅일 때(성토 등을 포함)	
⑨ 이질 지정했을 때	⑩ 일부 지정했을 때

012 콘크리트 구조 설계 시 철근간격제한에 관한 내용으로 옳지 않은 것은?

① 상단과 하단에 2단 이상으로 배치된 경우 상하 철근은 동일 연직면 내에 배치되어야 하고, 이때 상하 철근의 순간격은 25mm 이상으로 하여야 한다.
② 나선철근 또는 띠철근이 배근된 압축부재에서 축방향 철근의 순간격은 25mm 이상, 또한 철근 공칭지름의 2.5배 이상으로 하여야 한다.
③ 2개 이상의 철근을 묶어서 사용하는 다발철근은 이형철근으로, 그 개수는 4개 이하이어야 하며, 이들은 스터럽이나 띠철근으로 둘러싸여져야 한다.
④ 벽체 또는 슬래브에서 휨 주철근의 간격은 벽체나 슬래브 두께의 3배 이하로 하여야 하고, 또한 450mm 이하로 하여야 한다.

해설

② 나선철근 또는 띠철근이 배근된 압축부재에서 축방향철근의 순간격은 40mm 이상, 또한 철근 공칭지름의 1.5배 이상으로 하여야 한다.

013 철근콘크리트 구조물 설계를 위해 선형탄성 구조해석을 수행한 결과, 보 단면에 다음과 같은 단면력이 계산되었다. 이 값을 사용해서 계수휨모멘트를 구하면?

- 고정하중에 따른 모멘트: M_D=150kN·m
- 활하중에 따른 모멘트: M_L=120kN·m
- 풍하중에 따른 모멘트: M_W=60kN·m

① 288kN·m ② 318kN·m
③ 358kN·m ④ 372kN·m

[해설]
고정하중(D)과 활하중(L), 풍하중(W)에 의한 하중조합(U)식 중 큰 값을 사용한다.
U=1.4D=1.4×150=210kN·m
U=1.2D+1.6L=1.2×150+1.6×120=372kN·m
U=1.2D+1.0W+1.0L=1.2×150+1.0×60+1.0×120=360kN·m
U=1.2D+0.5W=1.2×150+0.5×60=210kN·m
U=0.9D+1.0W=0.9×150+1.0×60=195kN·m
∴ 계수하중(U)는 372kN·m

014 그림과 같은 단순보의 양단 수직반력을 구하면?

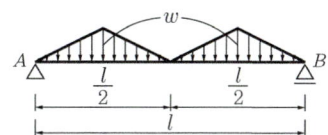

① $R_A = R_B = \dfrac{wl}{2}$ ② $R_A = R_B = \dfrac{wl}{4}$

③ $R_A = R_B = \dfrac{wl}{6}$ ④ $R_A = R_B = \dfrac{wl}{8}$

[해설]
좌우 대칭이므로 $R_A = +\dfrac{wL}{4}$

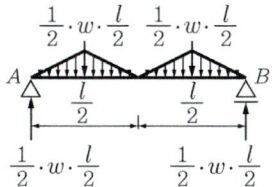

015 고장력볼트 1개의 인장파단 한계상태에 대한 설계인장강도는? (단, 볼트의 등급 및 호칭은 F10T, M24, ∅= 0.75)

① 254kN ② 284kN
③ 304kN ④ 324kN

[해설]
고장력볼트 설계인장강도
$\varnothing R_n = \varnothing \cdot F_{nt} \cdot A_b = (0.75)(750)\left(\dfrac{\pi(24)^2}{4}\right)$
= 254,469N=254.469kN
여기서, F_{nt}(고장력볼트 공칭인장강도)=$0.75F_u$

016 지진력저항시스템 중 다음 각 구조시스템에 관한 설명으로 옳지 않은 것은?

① 모멘트골조방식: 수직하중과 횡력을 보와 기둥으로 구성된 라멘골조가 저항하는 구조방식
② 연성모멘트골조방식: 횡력에 대한 저항능력을 증가시키기 위하여 부재와 접합부의 연성을 증가시킨 모멘트골조
③ 이중골조방식: 횡력의 25% 이상을 부담하는 전단벽이 연성모멘트골조와 조화되어 있는 구조방식
④ 건물골조방식: 수직하중은 입체골조가 저항하고, 지진하중은 전단벽이나 가새골조가 저항하는 구조방식

[해설]
이중골조방식: 수평하중의 25% 이상을 부담하는 모멘트(연성)골조가 전단벽이나 가새골조와 조합되어 있는 골조방식

017 등가정적해석법에 의한 건축물 내진설계 시 고려해야 할 사항이 아닌 것은?

① 지역계수 ② 지반종류
③ 반응수정계수 ④ 지표면조도

[해설]
지표면 조도는 풍속고도분포계수를 정할 때 사용된다.

정답 013 ④ 014 ② 015 ① 016 ③ 017 ④

018 그림과 같은 정정구조의 CD부재에서 C, D점의 휨모멘트 값 중 옳은 것은?

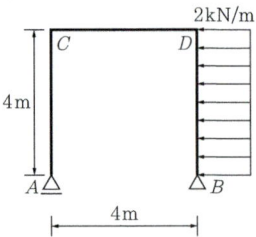

① (C) 0kN·m, (D) 16kN·m
② (C) 16kN·m, (D) 16kN·m
③ (C) 0kN·m, (D) 32kN·m
④ (C) 32kN·m, (D) 32kN·m

> **해설**
> $\sum H = 0; +(H_B)-(2)(4)=0$
> $\therefore H_B = +8\text{kN}(\rightarrow)$
> $\sum M_B = 0; +(V_A)(4)-(8)(2)=0 \quad \therefore V_A = +4\text{kN}(\uparrow)$
> $M_C = 0$
> $M_D = -[-(8)(4)+(8)(2)] = +16\text{kN}\cdot\text{m}$

019 강구조 기둥의 주각부에 관한 설명으로 옳지 않은 것은?

① 기둥의 응력이 크면 윙플레이트, 접합앵글, 리브 등으로 보강하여 응력의 분산을 도모한다.
② 앵커볼트는 기초콘크리트에 매입되어 주각부의 이동을 방지하는 역할을 한다.
③ 주각은 조건에 관계없이 고정으로만 가정하여 응력을 산정한다.
④ 축방향력이나 휨모멘트는 베이스플레이트 저면의 압축력이나 앵커볼트의 인장력에 의해 전달된다.

> **해설**
> 주각은 고정과 핀으로 가정한다.

020 그림과 같은 하중을 지지하는 단주의 단면에서 인장력을 발생시키지 않는 거리 x의 한계는?

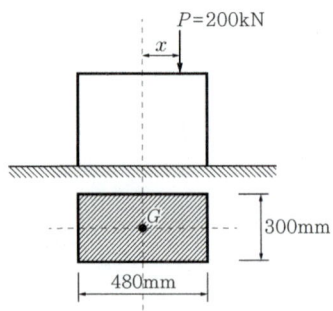

① 40mm   ② 60mm
③ 80mm   ④ 100mm

> **해설**
> (1) 편심축하중이 작용하는 단주의 응력을 0으로 고려한다.
> (2) $\sigma = -\dfrac{P}{A} + \dfrac{M}{Z} = -\dfrac{(200\times10^3)}{(300\times480)} + \dfrac{(200\times10^3)(x)}{\dfrac{(300)(480^2)}{6}} = 0$
> 으로부터 $x = 80\text{mm}$

2024 제2회 건축기사

※ 본 문제는 수험자의 기억을 바탕으로 하여 복원한 문제이므로 실제와 다를 수 있음을 미리 알려드립니다.

001 강구조에서 용접선 단부에 붙인 보조판으로 아크의 시작이나 종단부의 크레이터 등의 결함을 방지하기 위해 붙이는 판은?

① 엔드탭
② 스티프너
③ 윙플레이트
④ 커버플레이트

[해설]

엔드탭 (End Tap)
용접결함 발생을 방지하기 위해 용접의 시단부와 종단부에 임시로 붙이는 보조 강판

002 강도설계법에서 철근콘크리트 부재 중 콘크리트의 공칭전단강도(V_c)가 40kN, 전단철근에 의한 공칭전단강도(V_s)가 20kN일 때, 이 부재의 설계전단강도(ϕV_n)로 옳은 것은? (단, 강도감소계수는 0.75 적용)

① 60kN
② 58kN
③ 52kN
④ 45kN

[해설]

설계전단강도(V_d)
$V_d = \phi V_n = \phi(V_c + V_s)$
$= (0.75)[(40)+(20)] = 45kN$

003 철근콘크리트 T형보의 유효폭 산정식에 관련된 사항과 거리가 먼 것은?

① 보의 폭
② 보의 춤
③ 슬래브의 두께
④ 슬래브 중심간 거리

[해설]

콘크리트구조기준에 의한 플랜지의 유효폭(다음 중 작은 값)

T형보(대칭)	반T형보(비대칭)
• $16t_f + b_w$	• $6t_f + b_w$
• 슬래브 중심 간 거리	• 인접보와 내측 거리의 1/2 + b_w
• 보 경간의 1/4	• 보 경간의 1/12 + b_w

004 다음의 토질 및 지반에 관한 설명 중 틀린 것은?

① 자갈층·모래층은 투수성이 큰 편이지만 젖은 점토층은 투수성이 작다.
② 점토와 모래의 중간인 크기를 갖는 흙을 실트라 한다.
③ 지진 시 액상화 현상은 모래질 지반보다 점토질 지반에서 일어나기 쉽다.
④ 점토질 지반에서 흙의 내부마찰각이 같은 경우 점착력이 클수록 옹벽에 가해지는 토압은 작아진다.

[해설]

액상화 현상
점토질 지반보다 모래질 지반에서 일어나기 쉽다.

005 지름 20mm, 길이 200mm인 철근에 인장력을 가했을 때, 지름이 0.0052mm 감소하였고, 길이는 0.17mm 늘어났다. 이 재료의 푸아송비는?

① 0.30588
② 0.00085
③ 0.00026
④ 3.26923

[해설]

푸아송비

$\nu = \dfrac{\beta}{\varepsilon} = \dfrac{\dfrac{\Delta d}{d}}{\dfrac{\Delta l}{l}} = \dfrac{\dfrac{0.0052}{20}}{\dfrac{0.17}{200}} = 0.30588$

정답 001 ① 002 ④ 003 ② 004 ③ 005 ①

006 철골구조 주각부의 구성요소가 아닌 것은?

① 커버 플레이트
② 앵커볼트
③ 베이스 모르타르
④ 베이스 플레이트

해설

철골구조의 접합부 설계
① 커버 플레이트(Cover Plate): 플레이트 거더의 요소 중 하나로 플랜지 전체 단면적의 70% 이하이며, 휨내력을 보강하기 위해 사용된다.

007 지진의 진도(Intensity)와 규모(Magnitude)에 대한 설명으로 옳지 않은 것은?

① 진도는 상대적 개념의 지진크기이다.
② 규모는 장소와 관계없는 절대적 개념의 크기이다.
③ 진도는 사람이 느끼는 감각, 물체이동 등을 계급별로 구분한다.
④ 규모는 지반의 운동정도를 평가하나 정밀하지는 않다.

해설

① 지진의 크기를 대표하는 기준으로, 장소에 관계없는 절대적 개념(정량적 개념)으로 진도에 비해 정밀한 값이다.
② 지진이 발생했을 때 지진파의 파동으로 방출된 총 에너지를 기준으로 크기를 나타내는 척도이다.
③ 지진계에 기록된 진폭을 진원의 깊이와 진앙까지의 거리 등을 고려하여 지수로 나타낸 것으로, 소수 첫째 자리까지 표시한다.

008 다음 그림과 같은 H형강 단면의 핵 면적을 구하면?

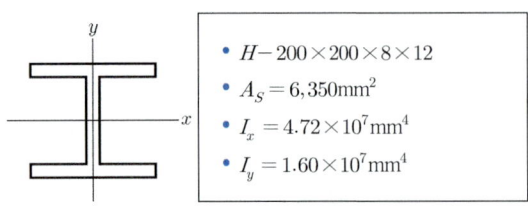

- $H-200 \times 200 \times 8 \times 12$
- $A_S = 6,350 \text{mm}^2$
- $I_x = 4.72 \times 10^7 \text{mm}^4$
- $I_y = 1.60 \times 10^7 \text{mm}^4$

① 932.47mm²
② 1,864.93mm²
③ 2,797.40mm²
④ 3,745.81mm²

해설

H형강 단면의 핵면적

(1) 편심거리:

① $e_x = \dfrac{i_y^2}{x} = \dfrac{\dfrac{I_y}{A}}{x} = \dfrac{\dfrac{(1.60 \times 10^7)}{(6,350)}}{(100)} = 25.1969 \text{mm}$

② $e_y = \dfrac{i_x^2}{y} = \dfrac{\dfrac{I_x}{A}}{y} = \dfrac{\dfrac{(4.72 \times 10^7)}{(6,350)}}{(100)} = 74.3307 \text{mm}$

(2) 핵면적: $\left(\dfrac{1}{2} \cdot e_x \cdot e_y\right) \times 4$개
$= \left(\dfrac{1}{2}(25.1969)(74.3307)\right) \times 4\text{개} = 3,745.81 \text{mm}^2$

009 다음 조건을 가진 압축재의 좌굴하중 P_{cr} 값으로 옳은 것은?

$EI = 1.39 \times 10^{13} \text{N} \cdot \text{mm}^2$, $k = 1$
$L = 490 \text{cm}$, 부재단면 $400 \times 400 \text{mm}$

① 3,123.8 kN
② 4,517.8 kN
③ 5,012.8 kN
④ 5,713.8 kN

해설

$P_b = \dfrac{\pi^2 EI}{(KL)^2} = \dfrac{\pi^2 (1.39 \times 10^{13})}{(1.0 \times 4,900)^2} = 5,713,765 \text{N} = 5,713.765 \text{kN}$

정답 006 ① 007 ④ 008 ④ 009 ④

010 등분포하중 w와 B지점에 모멘트하중 $w \cdot L^2$이 작용하는 그림과 같은 단순보에서 중앙점의 휨모멘트의 크기를 구한 값은?

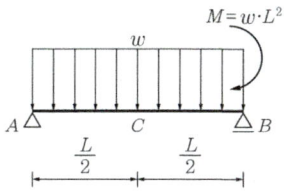

① $\frac{1}{8}wL^2$ ② $\frac{3}{8}wL^2$

③ $\frac{5}{8}wL^2$ ④ $\frac{5}{16}wL^2$

해설

(1) $\sum M_B = 0 ; + (V_A)(L) - (w \cdot L)(\frac{L}{2}) + w \cdot L^2 = 0$

$\therefore V_A = -\frac{wL}{2}(\downarrow)$

(2) $M_C = +[-(\frac{w \cdot L}{2})(\frac{L}{2}) - (\frac{w \cdot L}{2})(\frac{L}{4})]$

$= -\frac{3}{8}wL^2$

011 그림과 같은 양단고정보에서 A단의 휨모멘트는? (단, 등분포하중 $w = 3kN/m, L = 3m$)

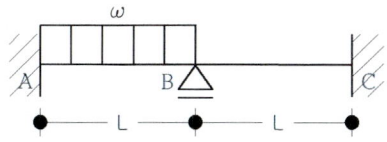

① 2.8kN·m
② 1kN·m
③ 1.4kN·m
④ 2kN·m

해설

(1) 고정단 모멘트 : $FEM_{AB} = -\frac{wL^2}{12}$, $FEM_{BA} = +\frac{wL^2}{12}$

해제 모멘트 : $\overline{M} = -FEM_{BA} = -\frac{wL^2}{12}$

(2) 분배율 : BA구간과 BC구간의 부재 강성과 길이가 동일하므로

$DF_{BA} = \frac{1}{2}$

분배모멘트 : $M_{BA} = \overline{M} \cdot DF_{BA} = -\frac{\omega L^2}{12} \cdot \frac{1}{2} = -\frac{\omega L^2}{24}$

전달모멘트 : $M_{AB} = \frac{1}{2}M_{BA} = \frac{1}{2} \cdot -\frac{\omega L^2}{24} = -\frac{\omega L^2}{48}$

(3) A단의 휨모멘트

$M_A = FEM_{AB} + M_{AB} = -\frac{\omega L^2}{12} - \frac{\omega L^2}{48} = -\frac{5\omega L^2}{48}$

$\therefore M_A = -\frac{5(3)(3)^2}{48} = -2.8125 kN \cdot m$

012 한계상태설계법에 따라 강구조물을 설계할 때 고려되는 강도한계상태가 아닌 것은?

① 바닥재의 진동
② 기둥의 좌굴
③ 접합부 파괴
④ 취성파괴

해설

바닥재의 진동은 사용한계상태에 해당한다. (처짐,균열,진동)

013 인장을 받는 이형철근의 직경이 D16(직경 15.9mm)이고, 콘크리트 강도가 30MPa인 표준갈고리의 기본정착길이는? (단, f_y=400MPa, β=1.0, m_c = 2,300kg/m^3)

① 238mm
② 258mm
③ 279mm
④ 312mm

해설

(1) $m_c = 2,300kg/m^3$이므로 경량콘크리트계수 $\lambda = 1.0$

(2) $l_{hb} = \frac{0.24\beta \cdot d_b \cdot f_y}{\lambda \sqrt{f_{ck}}} = \frac{0.24(1.0)(15.9)(400)}{(1.0)\sqrt{(30)}} = 278.681mm$

정답 010 ② 011 ① 012 ① 013 ③

014 그림과 같은 정정구조의 *CD*부재에서 *C*, *D*점의 휨모멘트 값 중 옳은 것은?

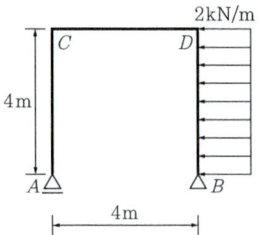

① (C) 0kN·m, (D) 16kN·m
② (C) 16kN·m, (D) 16kN·m
③ (C) 0kN·m, (D) 32kN·m
④ (C) 32kN·m, (D) 32kN·m

해설
$\Sigma H = 0; \; +(H_B) - (2)(4) = 0$
$\therefore H_B = +8\text{kN}(\rightarrow)$
$\Sigma M_B = 0; \; +(V_A)(4) - (8)(2) = 0 \quad \therefore V_A = +4\text{kN}(\uparrow)$
$M_C = 0$
$M_D = -[-(8)(4) + (8)(2)] = +16\text{kN·m}$

015 필릿치수 8mm, 용접길이 500mm인 양면필릿용접의 유효단면적은 약 얼마인가?

① 2,100mm²
② 3,221mm²
③ 4,300mm²
④ 5,421mm²

해설
필릿용접 유효단면적 (A_e)
유효두께: $a = 0.7S = 0.7(8) = 5.6\text{mm}$
유효길이: $l = L - 2S = 500 - 2(8) = 484\text{mm}$
유효단면적: $A_e = a \cdot l = (5.6)(484) \times 2$면$= 5,420.8\text{mm}^2$

016 그림과 같은 H형강(H-440×300×10×20) 단면의 전소성모멘트(M_P)는 얼마인가? (단, F_y=400MPa)

① 1,568kN·m
② 963kN·m
③ 1,363kN·m
④ 1,168kN·m

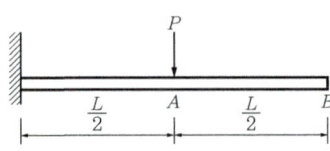
H-440X300X10X20

해설
(1) 소성단면계수 (Plastic Section Modulus, Z_P)
단면의 도심을 지나는 전단면적을 2등분하는 축에 대한 단면계수
$Z_P = A_c \cdot y_c + A_t \cdot y_t = 2(A_c \cdot y_c)$
$= 2\{(300 \times 20)(210) + (10 \times 200)(100)\} = 2.92 \times 10^6 \text{mm}^3$
(2) 소성모멘트(M_P)
$M_P = F_y \cdot Z_P = 400 \times 2.92 \times 10^6$
$= 1,168 \times 10^6 \text{N·mm} = 1,168 \text{kN·m}$

017 다음 캔틸레버보의 자유단의 처짐각은? (단, 탄성계수 E, 단면 2차모멘트 I)

① $\dfrac{Pl^2}{2EI}$ ② $\dfrac{Pl^2}{3EI}$
③ $\dfrac{Pl^2}{6EI}$ ④ $\dfrac{Pl^2}{8EI}$

해설
(1) 처짐각 = 탄성하중도의 면적

(2) $\theta_B = \left(\dfrac{1}{2} \cdot \dfrac{L}{2} \cdot \dfrac{PL}{2EI}\right) = \dfrac{1}{8} \cdot \dfrac{PL^2}{EI}$

정답 014 ① 015 ④ 016 ④ 017 ④

018 그림과 같은 구조물의 부정정 차수는?

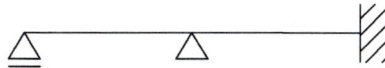

① 불안정
② 1차 부정정
③ 2차 부정정
④ 3차 부정정

해설

$m = n + s + r - 2k = 6 + 2 + 1 - 2 \times 3 = 3$차

019 강도설계법에서 처짐을 계산하지 않는 경우 철근콘크리트보의 최소 두께 규정으로 옳은 것은? (단, 보통콘크리트 $m_c = 2,300kg/m^3$ 와 설계기준항복강도 400MPa 철근을 사용한 부재)

① 단순지지 : $\dfrac{l}{20}$

② 1단연속 : $\dfrac{l}{18.5}$

③ 양단연속 : $\dfrac{l}{24}$

④ 캔틸레버 : $\dfrac{l}{10}$

해설

처짐을 계산하지 않는 경우 보의 최소두께

부재 [l:경간 길이(mm)]	최소두께(h_{min})			
	단순지지	1단 연속	양단 연속	캔틸 레버
	$\dfrac{l}{16}$	$\dfrac{l}{18.5}$	$\dfrac{l}{21}$	$\dfrac{l}{8}$

020 강도설계법에서 균형보의 개념을 옳게 설명한 것은?

① 사용하중 상태에서 파괴형태를 고려하지 않은 보를 말한다.
② 경제적인 단면설계를 위주로 한 보를 말한다.
③ 콘크리트와 철근의 응력이 각각 허용응력에 도달한 보를 말한다
④ 철근이 항복함과 동시에 콘크리트의 압축변형률이 0.0033에 도달한 보를 말한다.

해설

균형철근비
임의의 단면에서 인장철근의 변형률이 항복변형률에 도달할 때 동시에 압축연단의 콘크리트의 변형률이 극한변형률에 도달한 상태를 균형변형률 상태라 하며, 이때의 철근량을 균형철근비(ρ_b)라 한다.

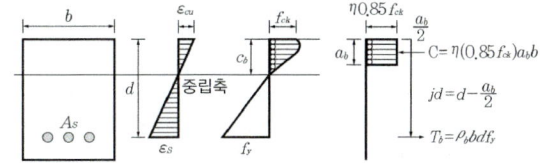

(a) 단면 (b) 변형률 (c) 실제응력분포 (d) 등가응력 및 내력

정답 018 ④ 019 ② 020 ④

2024 제3회 건축기사

※ 본 문제는 수험자의 기억을 바탕으로 하여 복원한 문제이므로 실제와 다를 수 있음을 미리 알려드립니다.

001 콘크리트 구조 설계 시 철근간격제한에 관한 내용으로 옳지 않은 것은?

① 상단과 하단에 2단 이상으로 배치된 경우 상하 철근은 동일 연직면 내에 배치되어야 하고, 이때 상하 철근의 순간격은 25mm 이상으로 하여야 한다.
② 나선철근 또는 띠철근이 배근된 압축부재에서 축방향 철근의 순간격은 25mm 이상, 또한 철근 공칭지름의 2.5배 이상으로 하여야 한다.
③ 2개 이상의 철근을 묶어서 사용하는 다발철근은 이형 철근으로, 그 개수는 4개 이하이어야 하며, 이들은 스 터럽이나 띠철근으로 둘러싸여져야 한다.
④ 벽체 또는 슬래브에서 휨 주철근의 간격은 벽체나 슬래 브 두께의 3배 이하로 하여야 하고, 또한 450mm이하 로 하여야 한다.

[해설]
② 나선철근 또는 띠철근이 배근된 압축부재에서 축방향철근의 순간격은 40mm 이상, 또한 철근 공칭지름의 1.5배 이상으로 하여야 한다.

002 강도설계법에서 처짐을 계산하지 않는 경우 스팬이 8.0m인 단순지지된 보의 최소두께로 옳은 것은? (단, 보통 중량콘크리트와 f_{ck}=400MPa 철근을 사용한 경우)

① 380mm
② 430mm
③ 500mm
④ 600mm

[해설]
처짐을 계산하지 않는 경우 보의 최소두께

부재 [l:경간 길이(mm)]	최소두께(h_{min})			
	단순지지	1단연속	양단연속	캔틸레버
	$\dfrac{l}{16}$	$\dfrac{l}{18.5}$	$\dfrac{l}{21}$	$\dfrac{l}{8}$

따라서 단순 지지된 보이므로
$h_{min} = \dfrac{l}{16} = \dfrac{(8,000)}{16} = 500mm$

003 그림과 같은 정정라멘에서 BD부재의 축방향력으로 옳은 것은? (단, +: 인장력, -: 압축력)

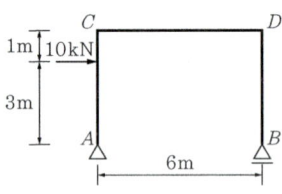

① 5 kN
② -5 kN
③ 10 kN
④ -10 kN

[해설]
$\sum H = 0 ; +(H_A) + (10) = 0$
$\therefore H_A = -10kN(\leftarrow)$
$\sum M_B = 0 ; +(V_A)(6) + (10)(3) = 0$
$\therefore V_A = -5kN(\downarrow)$
$\sum V = 0 ; +(V_A) + (V_B) = 0$
$\therefore V_B = +5kN(\uparrow)$

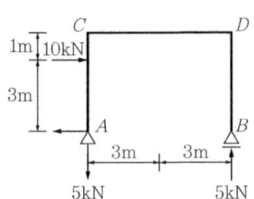

$F_{BD} = -5kN$ (압축)

004 철근콘크리트구조물의 구조설계 시 적용되는 강도감소계수(ϕ)로 옳지 않은 것은?

① 콘크리트의 지압력(포스트텐션 정착부나 스트럿-타이 모델은 제외) : 0.75
② 압축지배단면 중 나선철근 규정에 따라 나선철근으로 보강된 철근콘크리트부재 : 0.70
③ 전단력과 비틀림모멘트 : 0.75
④ 인장지배단면 : 0.85

[해설]
① 콘크리트의 지압력(포스트텐션 정착부나 스트럿-타이 모델은 제외) : 0.65

005 철근콘크리트구조물의 처짐에 관한 설명으로 옳지 않은 것은?

① 휨부재의 크리프와 건조수축에 의한 추가장기처짐 산정 시 5년 이상의 지속하중에 대한 시간경과계수는 2.0이다.
② 과도한 처짐에 의해 손상될 우려가 없는 비구조요소를 지지한 지붕이나 바닥구조의 처짐한계는 $l/240$이다.
③ 내부의 보가 없는 2방향 슬래브 중 철근의 항복강도가 400MPa이고 지판이 없는 경우 내부슬래브의 최소두께는 $l_n/33$이다.
④ 처짐을 계산하지 않는 경우 양단연속된 리브가 있는 1방향 슬래브의 최소두께는 $l/24$이다.

[해설]
④ 처짐을 계산하지 않는 경우 양단연속된 리브가 있는 1방향 슬래브의 최소두께는 $l/21$이다.

006 강구조에서 용접선 단부에 붙인 보조판으로 아크의 시작이나 종단부의 크레이터 등의 결함을 방지하기 위해 붙이는 판은?

① 엔드탭
② 스티프너
③ 윙플레이트
④ 커버플레이트

[해설]
엔드탭 (End Tap)
용접결함 발생을 방지하기 위해 용접의 시단부와 종단부에 임시로 붙이는 보조 강판

007 그림과 같은 구조물의 부정정차수는?

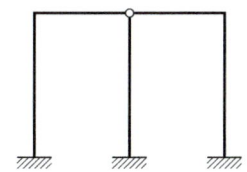

① 1차부정정
② 2차부정정
③ 3차부정정
④ 4차부정정

[해설]
$m = n + s + r - 2k = 9 + 5 + 2 - 2 \times 6 = 4$

008 단면의 지름이 150mm, 재축방향 길이가 300mm인 원형 강봉의 윗면에 300kN의 힘이 작용하여 재축방향 길이가 0.16mm 줄어들었고, 단면의 지름이 0.02mm 늘어났다면 이 강봉의 탄성계수 E와 푸아송비는?

① 31830 MPa, 0.25
② 31830 MPa, 0.125
③ 39630 MPa, 0.25
④ 39630 MPa, 0.125

[해설]
(1) 탄성계수
$$E = \frac{P \cdot L}{A \cdot \Delta L} = \frac{(300 \times 10^3)(300)}{\left(\frac{\pi(150)^2}{4}\right)(0.16)} = 31,831 \text{N/mm}^2$$
$= 31,831 \text{MPa}$

(2) 푸아송비
$$v = \frac{\varepsilon'}{\varepsilon} = \frac{\frac{\Delta D}{D}}{\frac{\Delta L}{L}} = \frac{L \cdot \Delta D}{D \cdot \Delta L} = \frac{(300)(0.02)}{(150)(0.16)} = 0.25$$

009 피복두께 30mm, 직경 16mm 주근이 배근된 두께 150mm 철근콘크리트 일방향 슬래브에서 전단철근 없이 지지할 수 있는 단위길이 1m당 최대 계수전단력은? (단, f_{ck}=25MPa, ϕ=0.75, 콘크리트에 의한 전단강도 $V_c = \frac{1}{6}\lambda\sqrt{f_{ck}} \cdot b_w \cdot d$, $\lambda = 1$)

① 70.0kN
② 78.5kN
③ 80.0kN
④ 82.6kN

해설

계수전단강도 $V_u = \phi(V_c + V_s)$에서 문제에서 전단철근 없이 지지한다고 하였으므로 $V_s = 0$

$\therefore V_u = \phi V_c$
$= (0.75)\left[\frac{1}{6}(1.0)\sqrt{(25)}(1,000) \times \left(150 - 30 - \frac{16}{2}\right)\right]$
$= 70,000\text{N} = 70.0\text{kN}$

010 등가정적해석법에 의한 건축물 내진설계 시 고려해야 할 사항이 아닌 것은?

① 지역계수
② 지반종류
③ 반응수정계수
④ 지표면조도

해설

지표면 조도는 풍속고도분포계수를 정할 때 사용된다.

011 다음과 같은 조건에서의 필릿용접의 최소 사이즈는 얼마인가?

【조 건】
접합부의 얇은 쪽 모재두께(t), mm
$6 < t \leq 13$

① 3mm
② 5mm
③ 6mm
④ 8mm

해설

접합부의 얇은 쪽 모재두께(t)	모살용접의 최소 사이즈
$t \leq 6$	3
$6 < t \leq 13$	5
$13 < t \leq 19$	6
$t > 19$	8

012 강구조의 접합부에 대한 설명 중 옳지 않은 것은?

① 기둥과 보의 접합에서 강접합은 모멘트에 대한 저항능력을 갖고 있으며, 보와 기둥의 모멘트는 각각 강성에 따라 분배된다.
② 기둥의 이음에서 접합할 기둥 단면의 춤이 상, 하에서 다를 때는 이음판과 플랜지 사이에 끼움판을 삽입한다.
③ 기둥과 보의 접합에서 단순접합은 보의 휨모멘트를 기둥이 부담하므로 보를 경제적으로 설계할 수 있다.
④ 기둥의 이음에서 인장응력이 발생할 우려가 없을 경우 이음면을 절삭가공하여 충분히 밀착시켜 축력의 일부를 직접 하부기둥으로 전달시킬 수 있다.

해설

접합의 종류

pin 접합 (전단접합, 단순접합)	접합부가 웨브만 접합한 형태로 휨모멘트에 대한 저항력이 없어 자유로이 회전하며 기둥에는 전단력만 전달되는 접합이다.
강접합 (모멘트 접합)	접합부가 웨브와 플랜지가 모두 접합한 형태로 휨모멘트에 대한 저항능력을 가지고 있어 보와 기둥에 휨모멘트가 강성에 따라 분배되는 접합으로, 전단접합에 비해 시공이 복잡하고 재료비가 증가한다.

013 그림과 같은 1차 부정정 보에서 지점 B의 고정단모멘트의 크기는?

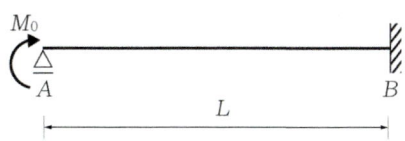

① M_o
② $\dfrac{M_o}{2}$
③ $\dfrac{M_o}{3}$
④ $\dfrac{M_o}{4}$

해설

전달률(Carry Factor): f
한쪽에 작용하는 모멘트를 다른 쪽 지점으로 전달하는 비율로 고정지점에서 1/2이고 활절에서는 0이다.

$$M_B = M_o \times \frac{1}{2} = \frac{M_o}{2}$$

014 그림과 같이 단순보의 중앙점에 하중 P가 작용할 때 C점의 처짐은?

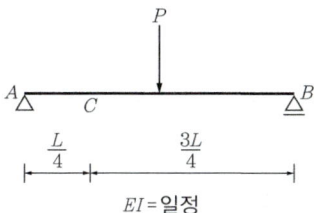

① $\dfrac{PL^3}{384EI}$
② $\dfrac{15PL^3}{192EI}$
③ $\dfrac{11PL^3}{768EI}$
④ $\dfrac{17PL^3}{384EI}$

해설

(1) 공액보(Conjugate Beam)

$$V_A' = \frac{1}{2} \cdot \frac{L}{2} \cdot \frac{PL}{4EI} = \frac{1}{16} \cdot \frac{PL^2}{EI}$$

(2) C점의 처짐

공액보상에서 C점의 휨모멘트

$$M_c' = \delta_c = \left(\frac{1}{16} \cdot \frac{PL^2}{EI}\right)\left(\frac{L}{4}\right) - \left(\frac{1}{2} \cdot \frac{L}{4} \cdot \frac{PL}{8EI}\right)\left(\frac{L}{4} \cdot \frac{1}{3}\right)$$

$$= \frac{1}{64} \cdot \frac{PL^3}{EI} - \frac{1}{768} \cdot \frac{PL^3}{EI} = \frac{11}{768} \cdot \frac{PL^3}{EI}$$

015 강구조 고장력볼트 접합의 종류에 해당되지 않는 것은?

① 마찰접합
② 메탈터치 접합
③ 인장접합
④ 지압접합

해설

고장력볼트의 접합방법에는 마찰접합, 지압접합, 인장접합이 있다.

016 직사각형 단면의 탄성단면계수에 대한 소성단면계수의 비(比)는?

① 0.67
② 1.20
③ 1.50
④ 3.00

해설

① 탄성단면계수 (Elastic Section Modulus, Z)

$$Z = \frac{I}{y} = \frac{\left(\dfrac{bh^3}{12}\right)}{\left(\dfrac{h}{2}\right)} = \frac{bh^2}{6}$$

② 소성단면계수 (Plastic Section Modulus, Z_P)

단면의 도심을 지나는 전단면적을 2등분하는 축에 대한 단면계수

$$Z_P = A_c \cdot y_C + A_t \cdot y_t = \left(\frac{bh}{2}\right)\left(\frac{h}{4}\right) \times 2 = \frac{bh^2}{4}$$

③ 형상계수 (Shape Factor, f)

소성모멘트 ($M_P = F_y \cdot Z_P$)와 항복모멘트 ($M_y = F_y \cdot Z$)의 비

$$f = \frac{F_y \cdot Z_P}{F_y \cdot Z} = \frac{\text{소성단면계수 } Z_P}{\text{탄성단면계수 } Z} = \frac{\dfrac{bh^2}{4}}{\dfrac{bh^2}{6}} = 1.5$$

017 그림과 같은 내민보에서 A지점의 반력(V_A) 값은?

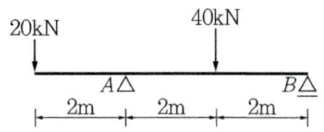

① 20kN ② 30kN
③ 40kN ④ 50kN

해설
$\Sigma M_B = 0$;
$V_A \times 4 - 20 \times 6 - 40 \times 2 = 0$
$\therefore V_A = 50 kN(\uparrow)$

018 다음 중 부동침하를 방지하기 위한 대책과 가장 관계가 먼 것은?

① 구조물의 하중을 기초에 균등하게 분포시킨다.
② 이웃 건물과의 거리를 멀게 한다.
③ 기초상호간을 지중보로 연결한다.
④ 건물의 길이를 길게 한다.

해설
부동침하 원인 및 방지대책

부동침하 원인
① 지반이 연약한 경우
② 연약층의 두께가 상이할 때
③ 이질 지층일 때
④ 낭떠러지에 접근되어 있을 때
⑤ 일부 증축시에
⑥ 지하수위 변경시
⑦ 지하에 매설물, 구멍이 있을 때
⑧ 메운 땅일 때(성토 등을 포함)
⑨ 이질 지정했을 때
⑩ 일부 지정했을 때

방지 대책	
• 상부구조에 대한 대책	• 하부구조에 대한 대책
① 건물의 중량 분배 고려	① 경질지반에 지지시킬 것
② 건물의 평면길이를 작게 할 것	② 마찰말뚝을 사용할 것
③ 인접 건물과의 거리를 멀게 할 것	③ 지하실을 사용할 것
④ 건물의 강성을 높일 것	④ 기초 상호간을 연결할 것
⑤ 건물의 경량화	

019 다음 그림과 같은 두 개의 단순보에 크기가 ($P=wL$)하중이 작용할 때, A지점에서 발생하는 처짐각의 비율(가 : 나)은? (단, 부재의 EI는 일정하다.)

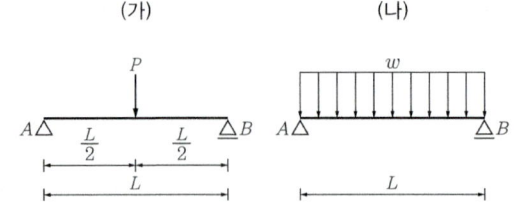

① 1.5 : 1 ② 0.67 : 1
③ 1 : 1.5 ④ 1 : 0.5

해설

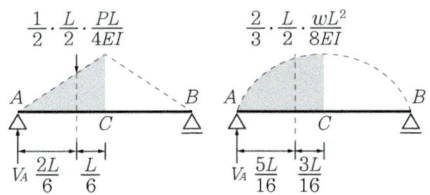

(1) $\theta_{A,가} = V_{A,가}' = \frac{1}{2} \cdot \frac{L}{2} \cdot \frac{PL}{4EI} = \frac{1}{16} \cdot \frac{PL^2}{EI}$

$\theta_{A,나} = V_{A,나}' = \frac{2}{3} \cdot \frac{L}{2} \cdot \frac{\omega L^2}{8EI} = \frac{1}{24} \cdot \frac{\omega L^3}{EI}$

(2) $\theta_{A,가} : \theta_{A,나} = \frac{1}{16} : \frac{1}{24} = 1.5 : 1$

20 그림과 같은 ㄷ형강(Channel)에서 전단중심의 대략적인 위치는?

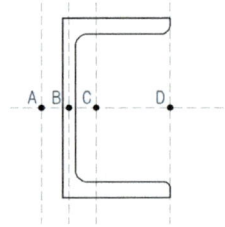

① A점
② B점
③ C점
④ D점

해설
전단중심(Shear Center)은 부재에 외력이 작용할 때 부재의 단면에 비틀림이 생기지 않고 휨변형만 발생하는 위치로, ㄷ형강의 경우 웨브의 바깥쪽에 있는 A점의 위치가 된다.

2023 제1회 건축기사

※ 본 문제는 수험자의 기억을 바탕으로 하여 복원한 문제이므로 실제와 다를 수 있음을 미리 알려드립니다.

001 강구조에서 용접선 단부에 붙인 보조판으로 아크의 시작이나 종단부의 크레이터 등의 결함을 방지하기 위해 붙이는 판은?

① 스티프너
② 윙플레이트
③ 커버플레이트
④ 엔드탭

[해설]

엔드탭 (End Tap)
용접결함 발생을 방지하기 위해 용접의 시단부와 종단부에 임시로 붙이는 보조강판

002 다음과 같은 조건에서의 필릿용접의 최소 사이즈는 얼마인가?

접합부의 얇은 쪽 모재두께(t), mm
$6 < t \leq 13$

① 3mm ② 5mm
③ 6mm ④ 8mm

[해설]

모살용접(필릿용접) 치수
- 등치수로 하는 것을 원칙으로 한다.
- 모살용접의 최소, 최대 사이즈(치수, mm)

접합부의 얇은 쪽 모재두께 (t)	모살용접의 최소 사이즈	모살용접의 최대 사이즈
$t \leq 6$	3	$t < 6$mm일 때, $s = t$
$6 < t \leq 13$	5	
$13 < t \leq 19$	6	$t \geq 6$mm일 때, $s = t-2$
$t > 19$	8	

003 두 개의 단순보에 크기가 같은($P=wL$) 하중이 작용할 때, A점에서 발생하는 처짐각의 비율(가 : 나)은? (단, 부재의 EI는 일정하다.)

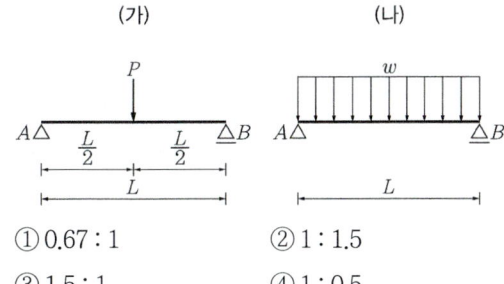

① 0.67 : 1   ② 1 : 1.5
③ 1.5 : 1   ④ 1 : 0.5

[해설]

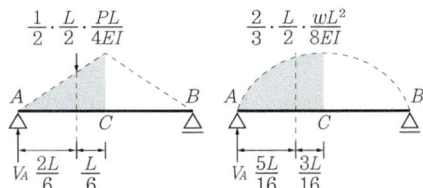

(가)의 공액보   (나)의 공액보

(1) $\theta_{A,가} = V_{A,가}' = \frac{1}{2} \cdot \frac{L}{2} \cdot \frac{PL}{4EI} = \frac{1}{16} \cdot \frac{PL^2}{EI}$

$\theta_{A,나} = V_{A,나}' = \frac{2}{3} \cdot \frac{L}{2} \cdot \frac{\omega L^2}{8EI} = \frac{1}{24} \cdot \frac{\omega L^3}{EI}$

(2) $\theta_{A,가} : \theta_{A,나} = \frac{1}{16} : \frac{1}{24} = 1.5 : 1$

004 철근콘크리트 단철근 직사각형보를 강도설계법으로 설계 시 콘크리트의 전압축력으로 옳은 것은? (단, $f_{ck}=24$MPa, 보 폭 300mm, 중립축거리 110mm)

① 538.56kN   ② 673.2kN
③ 724.4kN   ④ 750.6kN

[해설]

$C = \eta 0.85 f_{ck} \cdot \beta_1 \cdot c \cdot b$
$= 1.0 \times 0.85 \times 24 \times 0.80 \times 110 \times 300 \times 10^{-3}$
$= 538.56$kN

005 철근콘크리트 구조물의 처짐에 관한 설명으로 옳지 않은 것은?

① 휨부재의 크리프와 건조수축에 의한 추가 장기처짐 산정 시 5년 이상의 지속하중에 대한 시간경과계수는 2.0이다.
② 과도한 처짐에 의해 손상될 우려가 없는 비구조요소를 지지한 지붕이나 바닥구조의 처짐한계는 $\frac{l}{210}$ 이다.
③ 내부에 보가 없는 2방향 슬래브 중 철근의 항복강도가 400MPa이고 지판이 없는 경우 내부슬래브의 최소 두께는 $\frac{l_n}{33}$ 이다.
④ 처짐을 계산하지 않는 경우 양단연속된 리브가 있는 1방향 슬래브의 최소두께는 $\frac{l}{21}$ 이다.

[해설]
② 과도한 처짐에 의해 손상될 우려가 없는 비구조요소를 지지한 지붕이나 바닥구조의 처짐한계는 $\frac{l}{240}$ 이다.

006 강도설계법에서 철근콘크리트구조물의 공칭강도 산정시 사용되는 강도감소계수로 옳지 않은 것은?

① 인장지배단면: 0.85
② 전단력과 비틀림모멘트: 0.75
③ 포스트텐션 정착구역: 0.85
④ 압축지배단면 중 나선철근으로 보강된 철근콘크리트 부재: 0.65

[해설]
압축지배단면 중 나선철근으로 보강된 철근콘크리트 부재: 0.70

007 피복두께 30mm, 직경 16mm 주근이 배근된 두께 150mm 철근콘크리트 일방향 슬래브에서 전단철근 없이 지지할 수 있는 단위길이 1m당 최대 계수전단력은? (단, $f_{ck}=25$MPa, $\phi=0.75$, $\lambda=1$)

① 70.0kN ② 78.5kN
③ 80.0kN ④ 82.6kN

[해설]
계수전단강도 $V_u = \phi(V_c + V_s)$에서 문제에서 전단철근 없이 지지한다고 하였으므로 $V_s = 0$
$\therefore V_u = \phi V_c = \phi \frac{1}{6} \lambda \sqrt{f_{ck}} \cdot b_w \cdot d$
$= (0.75)\left[\frac{1}{6}(1.0)\sqrt{25}(1,000) \times (150 - 30 - \frac{16}{2})\right]$
$= 70,000 N = 70.0 kN$

008 강구조 고장력볼트 접합의 종류에 해당되지 않는 것은?

① 메탈터치 접합 ② 마찰접합
③ 인장접합   ④ 지압접합

[해설]
고장력볼트의 접합방법에는 마찰접합, 지압접합, 인장접합이 있다.

009 그림과 같은 1차 부정정 보에서 지점 B의 고정단모멘트의 크기는?

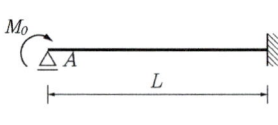

① M_o ② $\frac{M_o}{2}$
③ $\frac{M_o}{3}$ ④ $\frac{M_o}{4}$

[해설]
전달률(Carry Factor): f
한쪽에 작용하는 모멘트를 다른 쪽 지점으로 전달하는 비율로 고정지점에서 1/2이고 활절에서는 0이다.
$M_B = M_o \times \frac{1}{2} = \frac{M_o}{2}$

010 그림과 같은 정정라멘에서 BD부재의 축방향력은? (단, +: 인장력, -: 압축력)

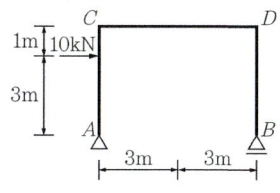

① 5kN   ② -5kN
③ 10kN ④ -10kN

해설

$\sum H = 0; +(H_A)+(10)=0$
$\therefore H_A = -10kN(\leftarrow)$
$\sum M_B = 0; +(V_A)(6)+(10)(3)=0$
$\therefore V_A = -5kN(\downarrow)$
$\sum V = 0; +(V_A)+(V_B)=0$
$\therefore V_B = +5kN(\uparrow)$

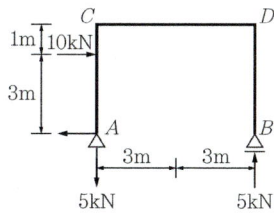

$F_{BD} = -5kN(압축)$

011 그림과 같은 구조물의 부정정 차수는?

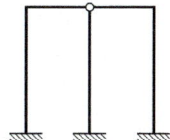

① 정정
② 1차 부정정
③ 3차 부정정
④ 4차 부정정

해설

$m = (n+s+r)-2k$
$= (9+5+2)-2\times 6$
$= 4$

012 콘크리트 구조 설계 시 철근간격제한에 관한 내용으로 옳지 않은 것은?

① 상단과 하단에 2단 이상으로 배치된 경우 상하 철근은 동일 연직면 내에 배치되어야 하고, 이때 상하 철근의 순간격은 25mm 이상으로 하여야 한다.
② 나선철근 또는 띠철근이 배근된 압축부재에서 축방향철근의 순간격은 25mm 이상, 또한 철근 공칭지름의 2.5배 이상으로 하여야 한다.
③ 2개 이상의 철근을 묶어서 사용하는 다발철근은 이형철근으로, 그 개수는 4개 이하이어야 하며, 이들은 스터럽이나 띠철근으로 둘러싸여져야 한다.
④ 벽체 또는 슬래브에서 휨 주철근의 간격은 벽체나 슬래브 두께의 3배 이하로 하여야 하고, 또한 450mm 이하로 하여야 한다.

해설

② 나선철근 또는 띠철근이 배근된 압축부재에서 축방향철근의 순간격은 40mm 이상, 또한 철근 공칭지름의 1.5배 이상으로 하여야 한다.

013 강도설계법에서 처짐을 계산하지 않는 경우 스팬이 8.0m인 단순 지지된 보의 최소 두께에 대한 규정을 적용 시 옳은 것은? (단, 일반콘크리트와 $f_y=400MPa$인 철근을 사용할 때임)

① 400mm   ② 450mm
③ 500mm   ④ 550mm

해설

처짐을 계산하지 않는 경우 보의 최소두께

부재 [l:경간 길이(mm)]	최소두께(h_{min})			
	단순지지	1단연속	양단연속	캔틸레버
	$\dfrac{l}{16}$	$\dfrac{l}{18.5}$	$\dfrac{l}{21}$	$\dfrac{l}{8}$

따라서 단순 지지된 보이므로
$h_{min} = \dfrac{l}{16} = \dfrac{(8,000)}{16} = 500mm$

014 단면의 지름이 150mm, 재축방향 길이가 300mm인 원형 강봉의 윗면에 300kN의 힘이 작용하여 재축방향 길이가 0.16mm 줄어들었고, 지름이 0.01mm 늘어났다면 이 강봉의 탄성계수 E와 푸아송비는?

① 31,830MPa, 0.25
② 31,830MPa, 0.125
③ 39,630MPa, 0.25
④ 39,630MPa, 0.125

해설
(1) 탄성계수
$$E = \frac{P \cdot L}{A \cdot \triangle L} = \frac{(300 \times 10^3)(300)}{(\frac{\pi(150)^2}{4})(0.16)} = 31,831 \text{N/mm}^2$$
$= 31,831 \text{MPa}$

(2) 푸아송비
$$v = \frac{\varepsilon'}{\varepsilon} = \frac{\frac{\triangle D}{D}}{\frac{\triangle L}{L}} = \frac{L \cdot \triangle D}{D \cdot \triangle L} = \frac{(300)(0.01)}{(150)(0.16)}$$
$= 0.125$

015 등가정적해석법에 의한 건축물 내진설계 시 고려해야 할 사항이 아닌 것은?

① 지역계수
② 지반종류
③ 반응수정계수
④ 지표면조도

해설
지표면 조도는 풍속고도분포계수를 정할 때 사용된다.

016 연약지반에서 부동침하를 방지하기 위한 대책과 가장 관계가 먼 것은?

① 구조물의 하중을 기초에 균등하게 분포시킨다.
② 인접 건물과의 거리를 짧게 한다.
③ 기초상호간을 지중보로 연결한다.
④ 기초를 말뚝으로 보강한다.

해설
② 인접 건물과의 거리를 멀리한다.

017 강구조 접합부에 관한 설명으로 틀린 것은?

① 기둥-보 접합부는 접합부의 성능과 회전에 대한 구속정도에 따라 전단접합, 부분강접합, 완전강접합으로 구분된다.
② 접합부의 설계강도는 45kN 이상이어야 한다. 다만, 연결재, 새그로드 또는 띠장은 제외한다.
③ 강접합은 이론적으로 보 단부에서 회전을 허용하지 않고 100%에 가까운 단부모멘트를 기둥 또는 이음부에 전달시키는 접합부이다
④ 단순접합은 부재 단부의 회전저항에 따른 단부 모멘트를 발생시킬 수 있는 접합부이다.

해설
④ 단순접합은 부재 단부의 회전저항에 따른 단부 모멘트를 발생시킬 수 없다.

정답 014 ② 015 ④ 016 ② 017 ④

018 단순보의 중앙점에 하중 P가 작용할 때 C점의 처짐은?

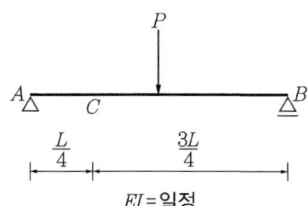

① $\dfrac{PL^3}{384EI}$ ② $\dfrac{15PL^3}{192EI}$

③ $\dfrac{17PL^3}{384EI}$ ④ $\dfrac{11PL^3}{768EI}$

해설

(1) 공액보(Conjugate Beam)

$V_A{'} = \dfrac{1}{2} \cdot \dfrac{L}{2} \cdot \dfrac{PL}{4EI}$

$= \dfrac{1}{16} \cdot \dfrac{PL^2}{EI}$

(2) C점의 처짐

공액보상에서 C점의 휨모멘트

$M_c{'} = \delta_c = (\dfrac{1}{16} \cdot \dfrac{PL^2}{EI})(\dfrac{L}{4}) - (\dfrac{1}{2} \cdot \dfrac{L}{4} \cdot \dfrac{PL}{8EI})(\dfrac{L}{4} \cdot \dfrac{1}{3})$

$= \dfrac{1}{64} \cdot \dfrac{PL^3}{EI} - \dfrac{1}{786} \cdot \dfrac{PL^3}{EI} = \dfrac{11}{768} \cdot \dfrac{PL^3}{EI}$

019 필릿치수 8mm, 용접길이 500mm인 양면 필릿용접의 유효단면적은 약 얼마인가?

① 2,100mm²   ② 3,211mm²
③ 4,300mm²   ④ 5,421mm²

해설

필릿용접 유효단면적(A_e)
유효목두께: $a = 0.7S = 0.7(8) = 5.6mm$
유효길이: $l = L - 2S = 500 - 2(8) = 484mm$
유효단면적: $A_e = a \cdot l = 5.6 \times 484 \times 2$면 $= 5420.8mm^2$

020 그림과 같은 내민보에서 A지점의 반력(V_A) 값은?

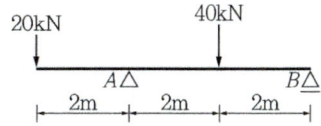

① 20kN   ② 30kN
③ 40kN   ④ 50kN

해설

$\sum M_B = 0;$
$V_A \times 4 - 20 \times 6 - 40 \times 2 = 0$
$\therefore V_A = 50kN(\uparrow)$

2023 제2회 건축기사

※ 본 문제는 수험자의 기억을 바탕으로 하여 복원한 문제이므로 실제와 다를 수 있음을 미리 알려드립니다.

001 강도설계법에 따른 철근콘크리트 부재의 휨에 관한 일반사항으로 옳지 않은 것은? (단, $f_{ck} \leq 40\text{MPa}$)

① 휨모멘트 또는 휨모멘트와 축력을 동시에 받는 부재의 콘크리트 압축연단의 극한변형률은 0.0033으로 가정한다.
② 콘크리트의 인장강도는 철근콘크리트 부재 단면의 축강도와 휨강도 계산에서 무시할 수 있다.
③ 철근의 변형률은 같은 위치에 있는 콘크리트의 변형률과 같다.
④ 강도설계법에서는 연성파괴 보다는 취성파괴를 유도하도록 설계의 초점을 맞추고 있다.

[해설]
강도설계법에서는 안전을 위해 취성파괴 보다는 연성파괴를 유도하도록 설계의 초점을 맞추고 있다.

002 구조설계기준(KDS 41 17 00)의 지반의 분류 중 지반종류와 호칭이 옳게 연결된 것은?

① S_1 : 깊고 단단한 지반
② S_2 : 얕고 단단한 지반
③ S_3 : 깊고 연약한 지반
④ S_4 : 얕고 연약한 지반

[해설]
S_1 : 암반지반
S_2 : 얕고 단단한 지반
S_3 : 얕고 연약한 지반
S_4 : 깊고 단단한 지반
S_5 : 깊고 연약한 지반

003 다음 라멘 구조물의 부정정 차수는?

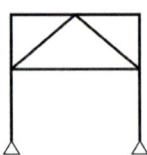

① 9차 부정정
② 10차 부정정
③ 11차 부정정
④ 12차 부정정

[해설]
$m = (n+s+r) - 2k$
$ = (4+9+11) - 2 \times 7$
$ = 10$

004 그림은 연직하중을 받는 철근콘크리트의 보의 균열상태를 표시한 것이다. 전단력에 의해서 생기는 대표적인 균열의 형태로 옳은 것은?

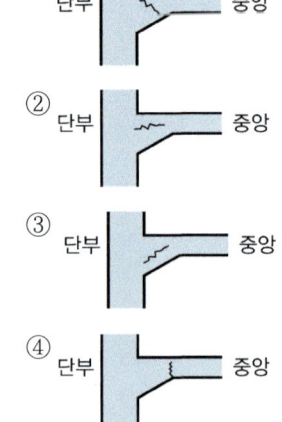

[해설]
전단력에 의해서 생기는 대표적인 균열인 사인장 균열이다. 보의 단부 쪽에서 수평의 중립축을 향해서 45도 각도로 생기는 균열이다.

정답 001 ④ 002 ② 003 ② 004 ③

005 고정하중 10kN, 활하중 9kN, 풍하중 0.8kN이 강구조 기둥에 축력으로 작용하고 있다. 기둥의 소요강도는 얼마인가?

① 22kN
② 26.4kN
③ 19.8kN
④ 10kN

해설
고정하중(D)과 활하중(L), 풍하중(W)에 의한 하중조합(U)식 중 큰 값을 사용한다.
$U = 1.4D = 1.4 \times 10 = 14\text{kN}$
$U = 1.2D + 1.6L = 1.2 \times 10 + 1.6 \times 9 = 26.4\text{kN}$
$U = 1.2D + 1.0W + 1.0L = 1.2 \times 10 + 1.0 \times 0.8 + 1.0 \times 9 = 21.8\text{kN}$
$U = 1.2D + 0.5W = 1.2 \times 10 + 0.5 \times 0.8 = 12.4\text{kN}$
$U = 0.9D + 1.0W = 0.9 \times 10 + 1.0 \times 0.8 = 9.8\text{kN}$
∴ 계수하중(U)는 26.4kN

006 한계상태설계법에 따라 강구조물을 설계할 때 고려되는 강도한계상태가 아닌 것은?

① 바닥재의 진동
② 기둥의 좌굴
③ 골조의 불안정성
④ 취성파괴

해설
바닥재의 진동은 사용한계상태에 해당한다. (처짐, 균열, 진동)

007 연약지반에서 부동침하를 방지하는 대책으로 옳지 않은 것은?

① 건물을 경량화 한다.
② 건물의 구조강성을 높인다.
③ 줄기초와 마찰말뚝 기초를 병용한다.
④ 지하수위를 저하시켜 수압 변화를 방지한다.

해설
줄기초와 마찰말뚝 기초를 병용하면 이질지정으로 부동침하의 원인이 된다.

008 철골조 주각부분에 사용하는 보강재에 해당되지 않는 것은?

① 윙플레이트
② 데크플레이트
③ 사이드앵글
④ 클립앵글

해설
데크플레이트는 콘크리트 슬래브의 거푸집으로 사용되며, 바닥판이나 평지붕에도 사용된다.

009 강구조에서 용접선 단부에 붙인 보조판으로 아크의 시작이나 종단부의 크레이터 등의 결함을 방지하기 위해 붙이는 판은?

① 스티프너
② 엔드탭
③ 윙플레이트
④ 커버플레이트

해설
엔드탭 (End Tap)
용접결함 발생을 방지하기 위해 용접의 시단부와 종단부에 임시로 붙이는 보조강판

010 단일 압축재에서 세장비를 구할 때 필요 없는 것은?

① 좌굴길이
② 단면적
③ 단면2차모멘트
④ 탄성계수

해설
세장비(Slenderness Ratio)
$$\lambda = \frac{KL}{i} = \frac{KL}{\sqrt{\dfrac{I}{A}}}$$

(1) K : 지지단의 상태에 따른 유효좌굴길이계수
(2) L : 부재의 길이
(3) i : 단면2차반경
   I : 단면2차모멘트
   A : 단면적

정답 005 ② 006 ① 007 ③ 008 ② 009 ② 010 ④

011 다음 그림에서 부정정보의 부재력 M_{AB}의 크기는?

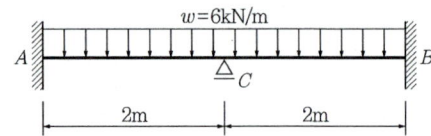

① 2kN·m ② 3kN·m
③ 4kN·m ④ 5kN·m

해설

좌우 고정이고 좌우 대칭인 구조물의 A고정단 B고정단

$M_A = M_B = M_C = \dfrac{wl^2}{12} = \dfrac{(6)(2)^2}{12} = 2\text{kN}\cdot\text{m}$

012 강도설계법에서 압축이형철근 D22의 기본정착길이는? (단, $f_{ck} = 24\text{MPa}$, $f_y = 400\text{MPa}$, 경량콘크리트계수 $\lambda = 1$)

① 400mm ② 450mm
③ 500mm ④ 550mm

해설

(1), (2) 중 큰 값

(1) $l_{db} = \dfrac{0.25 \cdot d_b \cdot f_y}{\lambda \sqrt{f_{ck}}}$

$= \dfrac{0.25(22)(400)}{(1.0)\sqrt{(24)}}$

$= 449.073\text{mm}$

(2) $l_{db} = 0.043 d_b \cdot f_y$

$= 0.043(22)(400)$

$= 378.4\text{mm}$

따라서 이 중 큰 값인 449.073mm

013 다음 두 보의 최대 처짐량이 같기 위한 등분포하중의 비로 알맞은 것은? (단, 부재의 재질과 단면은 동일하며 A부재의 길이는 B부재의 길이의 2배임)

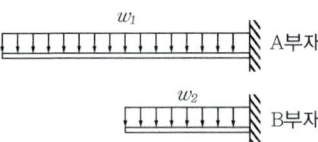

① $w_2 = 2w_1$ ② $w_2 = 4w_1$
③ $w_2 = 8w_1$ ④ $w_2 = 16w_1$

해설

캔틸레버보에 등분포하중 작용시

$\delta_{\max} = \dfrac{wL^4}{8EI}$

• 등분포하중의 비교

$\delta_{A,\max} = \dfrac{w_1(2L)^4}{8EI}$

$\delta_{B,\max} = \dfrac{w_2 L^4}{8EI}$

$\delta_{A,\max} = \delta_{B,\max}$ 로부터

$w_1 \cdot (2L)^4 = w_2 \cdot L^4$ 이므로 $\therefore w_2 = 16w_1$

014 그림과 같은 단순보의 최대 전단응력은?

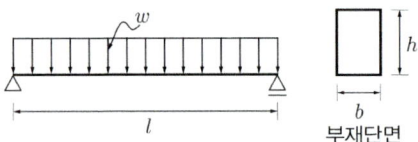

① $\dfrac{4}{3} \cdot \dfrac{wL}{bh}$ ② $\dfrac{3}{4} \cdot \dfrac{wL}{bh}$
③ $\dfrac{2}{3} \cdot \dfrac{wL}{bh}$ ④ $\dfrac{3}{2} \cdot \dfrac{wL}{bh}$

해설

(1) $S_{\max} = R_A = R_B = \dfrac{wl}{2}$

(2) $\tau_{\max} = k \cdot \dfrac{S}{A} = \left(\dfrac{3}{2}\right) \cdot \dfrac{\left(\dfrac{wl}{2}\right)}{(bh)} = \dfrac{3}{4} \cdot \dfrac{wl}{bh}$

015 강구조에서 기초콘크리트에 매입되어 주각부의 이동을 방지하는 역할을 하는 것은?

① 앵커 볼트 ② 턴 버클
③ 클립 앵글 ④ 사이드 앵글

> 해설

앵커볼트는 기초콘크리트에 매입되어 주각부의 이동을 방지하는 역할을 한다.

016 지름이 D인 원목을 직사각형 단면으로 제재하고자 한다. 휨모멘트에 대한 저항을 크게 하기 위해 최대 단면계수를 갖는 직사각형 단면을 얻기 위한 $\dfrac{b}{h}$는?

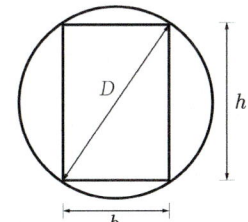

① 1 ② 1/2
③ $1/\sqrt{2}$ ④ $1/\sqrt{3}$

> 해설

직사각형의 단면계수 $Z = \dfrac{bh^2}{6}$

(1) 그림에서 $D^2 = b^2 + h^2$
$\therefore h^2 = D^2 - b^2$

(2) $Z = \dfrac{bh^2}{6} = \dfrac{b(D^2-b^2)}{6} = \dfrac{D^2 b - b^3}{6}$

Z를 b에 대해 미분,

$Z' = \dfrac{D^2 - 3b^2}{6}$

$b = \dfrac{D}{\sqrt{3}}, h = \sqrt{\dfrac{2}{3}} D$ 일 때

Z값이 최대이다.

$\therefore b : h = \dfrac{D}{\sqrt{3}} : \dfrac{\sqrt{2} D}{\sqrt{3}} = 1 : \sqrt{2}$

017 강도설계법에 의해서 전단보강철근을 사용하지 않고 계수하중에 따른 전단력 $V_u = 50\text{kN}$을 지지하기 위한 직사각형 단면 보의 최소 유효깊이 d는? (단, 보통중량콘크리트사용, $f_{ck} = 28\text{MPa}$, $b_w = 300\text{mm}$)

① 405mm ② 444mm
③ 504mm ④ 605mm

> 해설

전단보강근이 필요 없는 조건

$V_u \leq \dfrac{1}{2}\phi V_c = \dfrac{1}{2}\phi(\dfrac{1}{6}\lambda\sqrt{f_{ck}} \cdot b_w \cdot d)$ 이므로

$\therefore d \geq \dfrac{12 V_u}{\phi \lambda \sqrt{f_{ck}} \cdot b_w} = \dfrac{12(50 \times 10^3)}{(0.75)(1.0)\sqrt{28}(300)}$
$= 503.95\text{mm}$

018 다음 그림과 같은 단순보에 등변분포하중이 작용할 때 전단력이 0이 되는 점에 대하여 A점으로부터의 거리를 구하면?

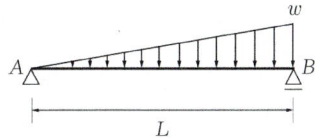

① $\dfrac{L}{\sqrt{2}}$ ② $\dfrac{L}{\sqrt{3}}$
③ $\dfrac{L}{\sqrt{4}}$ ④ $\dfrac{L}{\sqrt{5}}$

> 해설

A점의 수직반력을 먼저 구한다.
$\sum M_B = 0 ; V_A \cdot L - \dfrac{wL}{2} \times \dfrac{L}{3} = 0 \therefore V_A = \dfrac{wL}{6}$

A점으로 부터 임의의 위치까지의 거리를 x라 하면

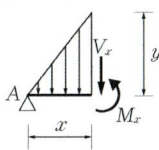

$L : w = x : y$ 이므로 $y = \dfrac{wx}{L}$ 이다.

$V_x = V_A - \dfrac{1}{2} \cdot x \cdot \dfrac{wx}{L} = \dfrac{wL}{6} - \dfrac{wx^2}{2L}$

$V_x = 0 ; \dfrac{wx^2}{2L} = \dfrac{wL}{6}$

$x^2 = \dfrac{L^2}{3}$ 이므로 $\therefore x = \dfrac{L}{\sqrt{3}}$

019 다음 그림과 같은 내민보의 지점반력을 각각 구하면? (단, 반력의 + : 상방향, - : 하방향)

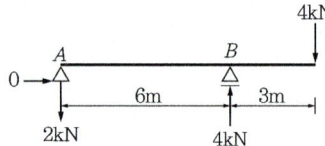

① $R_A = -2\text{kN}, R_B = +6\text{kN}$
② $R_A = +2\text{kN}, R_B = -6\text{kN}$
③ $R_A = +2\text{kN}, R_B = -2\text{kN}$
④ $R_A = -4\text{kN}, R_B = +8\text{kN}$

해설

힘의 평형조건을 사용하여 계산한다.

$\sum M_A = 0 ; 4 \times 9 - R_B \times 6 = 0, \therefore R_B = 6\text{kN}(\uparrow)$
$\sum V = 0 ; R_A + R_B - 4 = 0, \therefore R_A = -2\text{kN}(\downarrow)$

020 필릿치수 8mm, 용접길이 500mm인 양면 필릿용접의 유효단면적은 약 얼마인가?

① 2,700mm²
② 5,421mm²
③ 4,300mm²
④ 3,211mm²

해설

필릿용접 유효단면적(A_e)
유효목두께: $a = 0.7S = 0.7(8) = 5.6\text{mm}$
유효길이: $l = L - 2S = 500 - 2(8) = 484\text{mm}$
유효단면적: $A_e = a \cdot l = 5.6 \times 484 \times 2$면 $= 5420.8\text{mm}^2$

2023 제4회 건축기사

※ 본 문제는 수험자의 기억을 바탕으로 하여 복원한 문제이므로 실제와 다를 수 있음을 미리 알려드립니다.

001 구조시스템의 분류에 있어 복합구조로 보기 어려운 것은?

① 철골철근콘크리트 기둥에 철골 보를 이용한 구조
② 철골철근콘크리트 기둥에 철근콘크리트 보를 이용한 구조
③ 철근콘크리트 기둥에 철근콘크리트 보를 이용한 구조
④ 철근콘크리트 기둥에 철골 보를 이용한 구조

[해설]
철근콘크리트 기둥에 철근콘크리트 보를 이용한 구조: 구조의 주요부재인 기둥, 보 등의 부재가 같은 종류의 단일부재로 구성된 단일구조

002 다음 트러스구조물에서 C부재의 부재력을 구하면? (단, +는 인장, −는 압축)

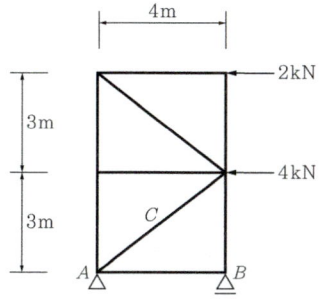

① 4.5kN(+)
② 4.5kN(−)
③ 7.5kN(+)
④ 7.5kN(−)

[해설]
$\Sigma H = 0: -(2) - (4) - \left(N_c \cdot \dfrac{4}{5}\right) = 0$
∴ $N_C = -7.5\text{kN}$ (압축)

003 직경(D) 30mm, 길이(L) 4m인 강봉에 90kN의 인장력이 작용할 때 인장응력(σ_t)과 늘어난 길이(ΔL)는 약 얼마인가? (단, 강봉의 탄성계수 E=200,000MPa)

① σ_t = 127.3MPa, ΔL = 1.43mm
② σ_t = 127.3MPa, ΔL = 2.55mm
③ σ_t = 132.5MPa, ΔL = 1.43mm
④ σ_t = 132.5MPa, ΔL = 2.55mm

[해설]
재료의 역학적 성질

$\sigma_t = \dfrac{P}{A} = \dfrac{90 \times 10^3}{\dfrac{\pi \times 30^2}{4}} = 127.3 MPa$

$\Delta L = \dfrac{PL}{EA} = \dfrac{90 \times 10^3 \times 4000}{200,000 \times \dfrac{\pi \times 30^2}{4}} = 2.55 mm$

004 보통중량콘크리트를 사용한 그림과 같은 보의 단면에서 외력에 의해 휨 균열을 일으키는 균열모멘트(M_{cr})값으로 옳은 것은? (단, fck=27MPa, fy=400MPa)

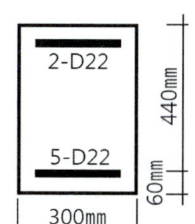

① 29.5kN·m
② 34.7kN·m
③ 40.9kN·m
④ 52.4kN·m

[해설]
철근콘크리트구조 휨재설계
균열모멘트(M_{cr})

$M_{cr} = 0.63\lambda \sqrt{f_{ck}} \cdot \dfrac{bh^2}{6} = 0.63(1.0)\sqrt{27} \cdot \dfrac{(300)(500)^2}{6}$
$= 40,919,700 N \cdot mm = 40,919 kN \cdot m$

여기서, 보통중량콘크리트에 대한 경량콘크리트계수 $\lambda = 1$

정답 001 ③ 002 ④ 003 ② 004 ③

005 지반침하의 원인에 해당하지 않는 것은?

① 지하수의 지나친 양수
② 매립지반의 압축
③ 지반의 수평지지력 과대
④ 지반굴착에 따른 지반변위

해설
부동침하 원인
① 지반이 연약한 경우
② 연약층의 두께가 상이할 때
③ 이질 지층일 때
④ 낭떠러지에 접근되어 있을 때
⑤ 일부 증축시에
⑥ 지하수위 변경시
⑦ 지하에 매설물, 구멍이 있을 때
⑧ 메운 땅일 때(성토 등을 포함)
⑨ 이질 지정했을 때
⑩ 일부 지정했을 때

006 그림과 같은 구조물에 있어 AB부재의 재단모멘트 M_{AB}는?

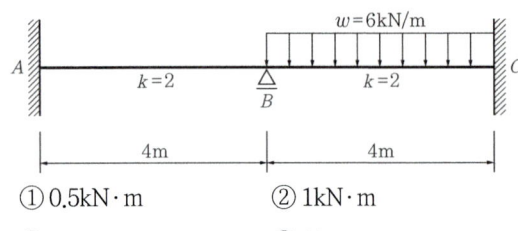

① $0.5\text{kN} \cdot \text{m}$
② $1\text{kN} \cdot \text{m}$
③ $1.5\text{kN} \cdot \text{m}$
④ $2\text{kN} \cdot \text{m}$

해설
(1) B절점의 고정단모멘트
$$FEM_{BC} = -\frac{\omega L^2}{12} = -\frac{(6)(4)^2}{12} = -8\text{kN} \cdot \text{m}$$
(2) 해제모멘트 : $\overline{M_B} = -FEM_{BC} = +8\text{kN} \cdot \text{m}$
(3) 분배율 : $DF_{BA} = \frac{2}{2+2} = \frac{1}{2}$
(4) 분배모멘트
$$M_{BA} = \overline{M_B} \cdot DF_{BA} = (+8)\left(\frac{1}{2}\right) = +4\text{kN} \cdot \text{m}$$
(5) 전달모멘트
$$M_{AB} = \frac{1}{2}M_{BA} = \frac{1}{2}(+4) = +2\text{kN} \cdot \text{m}$$

007 단면이 400mm×400mm인 콘크리트 기둥에 D22(a_1=387mm²) 철근을 사용하여 최소철근비를 만족하도록 주철근을 배근하였다. 배근할 주철근의 최소 개수로 옳은 것은?

① 3개
② 4개
③ 5개
④ 6개

해설
(1) 철근콘크리트 기둥의 최소철근비는 전체단면적에 1%이다.
(2) 기둥의 최소철근비 $\rho_{\min} = \dfrac{A_{s,\min}}{A_g}$ 이므로
$$A_{s,\min} = \rho_{\min} \cdot A_g = (0.01)(400 \times 400) = 1,600\text{mm}^2$$
(3) 주철근의 개수(n) = $\dfrac{\text{전체 철근량}}{\text{1개 철근량}}$
$$n = \frac{1,600\text{mm}^2}{387\text{mm}^2} = 4.13\text{개}$$
(4) 철근의 개수는 소수점 올림으로 하여 5개이다.

008 그림과 같은 단면의 x축에 대한 단면계수 값으로서 옳은 것은?

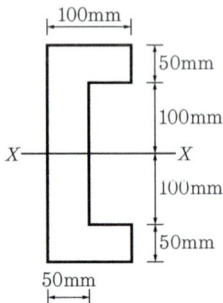

① $1.278 \times 10^6 \text{mm}^3$
② $1.298 \times 10^6 \text{mm}^3$
③ $1.378 \times 10^6 \text{mm}^3$
④ $1.398 \times 10^6 \text{mm}^3$

해설
$$Z = \frac{I}{y} = \frac{\left(\frac{1}{12}(100 \times 300^3 - 50 \times 200^3)\right)}{(150)}$$
$$= 1.27778 \times 10^6 \text{mm}^3$$

009 현장타설콘크리트말뚝의 구조세칙으로 틀린 것은?

① 현장타설콘크리트말뚝은 특별한 경우를 제외하고 주근은 6개 이상으로 한다.
② 현장타설콘크리트말뚝을 배치할 때 그 중심간격은 말뚝 머리지름의 1.5배 이상 또한 말뚝머리지름에 500mm를 더한 값 이상으로 한다.
③ 현장타설콘크리트말뚝의 선단부는 지지층에 확실히 도달시켜야 한다.
④ 저부의 단면을 확대한 현장타설콘크리트말뚝의 측면 경사가 수직면과 이루는 각은 30° 이하로 한다.

[해설]
재료상 말뚝의 간격

구분	중심간 간격
나무말뚝	600mm 또한 2.5D 이상
기성콘크리트말뚝	750mm 또한 2.5D 이상
(현장타설콘크리트말뚝) (제자리콘크리트말뚝)	(D+1,000mm) 또한 2.0D 이상
강제말뚝	750mm 또한 2.0D(폐단강관말뚝은 2.5D) 이상

010 다음 그림은 단순보의 전단력도이다. 각 구간에 대한 역학적 설명으로 틀린 것은?

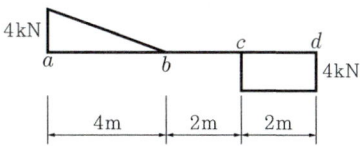

① a-b 구간에는 등분포하중 1kN/m가 작용한다.
② b-c 구간에는 하중이 작용하지 않는다.
③ c점에는 집중하중 2kN이 작용한다.
④ 양단부(지점)의 반력의 크기는 4kN이다.

[해설]
③ C점에는 집중하중 4kN이 작용한다.

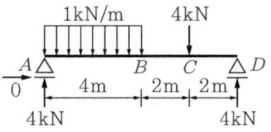

011 철근콘크리트 구조물 설계를 위해 선형탄성 구조해석을 수행한 결과, 보 단면에 다음과 같은 단면력이 계산되었다. 이 값을 사용해서 계수휨모멘트를 구하면?

- 고정하중에 따른 모멘트: M_D=150kN·m
- 활하중에 따른 모멘트: M_L=120kN·m
- 풍하중에 따른 모멘트: M_W=60kN·m

① 288kN·m
② 318kN·m
③ 358kN·m
④ 372kN·m

[해설]
고정하중(D)과 활하중(L), 풍하중(W)에 의한 하중조합(U)식 중 큰 값을 사용한다.
U=1.4D=1.4×150=210kN·m
U=1.2D+1.6L=1.2×150+1.6×120=372kN·m
U=1.2D+1.0W+1.0L=1.2×150+1.0×60+1.0×120=360kN·m
U=1.2D+0.5W=1.2×150+0.5×60=210kN·m
U=0.9D+1.0W=0.9×150+1.0×60=195kN·m
∴ 계수하중(U)는 372kN·m

012 구조용 강재 SHN355에 대한 설명 중 옳은 것은?

① 건축구조용 열간 압연 H형강, 항복강도 355MPa
② 건축구조용 압연 H형강, 압축강도 355MPa
③ 용접구조용 압연 H형강, 인장강도는 355MPa
④ 용접구조용 내후성 열간압연강재, 압축강도 355MPa

[해설]
(1) SHN : Steel H-Beam New(건축구조용 열간 압연 형강)
(2) 355 : 항복강도 355MPa

013 다음 그림과 같은 캔틸레버보에서 집중하중 P가 작용할 때 C점의 처짐 크기는? (단, 보의 EI는 일정한 값)

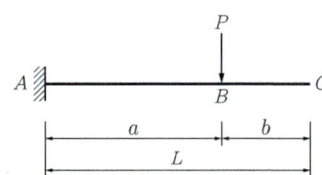

① $\dfrac{Pa^2(b+\dfrac{2a}{3})}{2EI}$ ② $\dfrac{Pa}{2EI}$

③ $\dfrac{Pa}{EI}$ ④ $\dfrac{Pa(b+\dfrac{2a}{3})}{2EI}$

해설
(1) 처짐 = 탄성하중도의 면적×도심

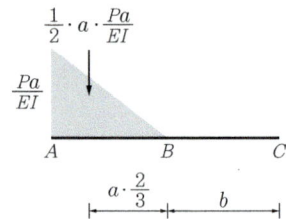

(2) $\delta_C = \left(\dfrac{1}{2} \cdot a \cdot \dfrac{Pa}{EI}\right)\left(b + a \cdot \dfrac{2}{3}\right) = \dfrac{Pa^2\left(b+\dfrac{2a}{3}\right)}{2EI}$

014 인장을 받는 이형철근의 정착길이(l_d)는 기본정착길이(l_{db})에 보정계수를 곱하여 구한다. 이 보정계수에 대한 설명 중 옳지 않은 것은?

① 철근배치 위치 계수 α는 상부 철근일 경우 1.5이고, 기타 철근일 경우 1.0이다.
② 철근 크기 계수 γ은 철근직경이 D22 이상인 경우 1.0이고, D19 이하일 경우 0.8이다.
③ 철근 도막 계수 β는 도막되지 않은 철근일 경우 1.0이다.
④ 경량콘크리트계수 λ는 일반콘크리트인 경우 1.0이다.

해설
정착길이에 대한 보정계수
(1) α : 철근배근 위치계수
 ① 상부철근(정착길이 또는 이음부 아래 300mm를 초과되게 굳지 않은 콘크리트를 친 수평철근) 1.3
 ② 기타 철근 1.0
(2) β : 철근 도막계수
 ① 피복두께가 $3d_b$ 미만 또는 순간격이 $6d_b$ 미만인 에폭시 도막철근 또는 철선 1.5
 ② 기타 에폭시 도막철근 또는 철선 1.2
 ③ 아연도금 철근 1.0
 ④ 도막되지 않은 철근 1.0
(3) λ : 경량콘크리트계수(f_{sp}가 규정되어 있지 않은 경우)

전경량 콘크리트	모래경량 콘크리트	보통중량 콘크리트
λ=0.75	λ=0.85	λ=1.0

(4) γ : 철근 또는 철선의 크기 계수
 ① D19 이하의 철근과 이형철선 0.8
 ② D22 이상의 철근 1.0

015 반T형보의 유효폭으로 옳은 것은? (단, 보 경간은 6m)

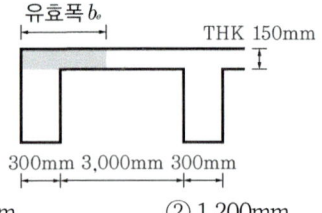

① 800mm ② 1,200mm
③ 1,800mm ④ 2,300mm

해설
반T형보의 유효폭 (다음 값 중 작은 값)

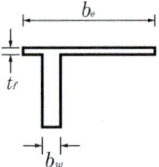

(1) $b_e = 6t_f + b_w = 6(150) + 300 = 1,200$mm
(2) b_e =(인접보와의 내측거리×1/2) + b_w
   $= (3,000) \times \dfrac{1}{2} + (300) = 1,800$mm
(3) b_e =보 경간의 $\dfrac{l}{12} + b_w = (6,000) \times \dfrac{1}{12} + (300)$
   $= 800$mm
∴ 가장 작은 값인 800mm

016 등가정적해석법에 따른 지진응답계수의 산정식과 가장 거리가 먼 것은?

① 가스트 영향계수
② 반응수정계수
③ 주기 1초에서의 설계스펙트럼 가속도
④ 건축물의 고유주기

> [해설]
> 가스트영향계수(Gust Effect Factor)는 바람의 난류로 인해 발생되는 구조물의 동적 거동성분을 나타낸 것으로 풍하중 설계와 관련된 지표이다.

017 강도설계법에서 흙에 접하는 기둥의 최소 피복두께 기준으로 옳은 것은? (단, 프리스트레스하지 않는 부재의 현장치기 콘크리트로서 D25인 철근임)

① 20mm
② 30mm
③ 40mm
④ 50mm

> [해설]
>
> | 종류 | | | 피복두께 |
> |---|---|---|---|
> | 수중에서 타설하는 콘크리트 | | | 100mm |
> | 흙에 접하여 콘크리트를 친 후 영구히 흙에 묻혀 있는 콘크리트 | | | 75mm |
> | 흙에 접하거나 옥외의 공기에 직접 노출되는 콘크리트 | D19 이상 철근 | | 50mm |
> | | D16 이하 철근 | | 40mm |
> | 옥외의 공기나 흙에 직접 접하지 않는 콘크리트 | 슬래브, 벽체, 장선 | D35 초과 철근 | 40mm |
> | | | D35 이하 철근 | 20mm |
> | | 보, 기둥 | | 40mm |
> | | 쉘, 절판부재 | | 20mm |

018 용접 H형강 H-450×450×20×28의 플랜지 및 웨브에 대한 판폭두께비를 구하면?

① 플랜지 : 16.07, 웨브 : 14.07
② 플랜지 : 16.07, 웨브 : 19.7
③ 플랜지 : 8.04, 웨브 : 14.07
④ 플랜지 : 8.04, 웨브 : 19.7

> [해설]
> **용접형강 판폭두께비**
>
>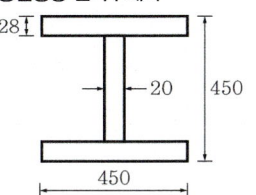
>
> (1) 플랜지 판폭두께비
> $$\lambda_f = \frac{b}{t_f} = \frac{(450/2)}{(28)} = 8.04$$
> (2) 웨브의 판폭두께비
> $$\lambda_w = \frac{h}{t_w} = \frac{(450)-2(28)}{(20)} = 19.7$$

정답 016 ① 017 ④ 018 ④

019
다음 부정정구조물에서 A단에 도달하는 모멘트의 크기는 얼마인가?

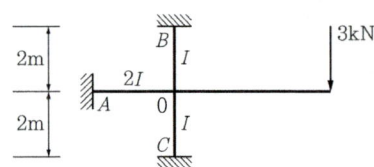

① 1.5kN·m
② 2.0kN·m
③ 2.5kN·m
④ 3.0kN·m

해설

(1) O절점
$$M_O = -[+(3)(4)] = -12 \text{kN·m}$$

(2) 강도계수와 강비
① $K_{OA} = \dfrac{2I}{2} \to 2$
② $K_{OB} = \dfrac{I}{2} \to 1$
③ $K_{OC} = \dfrac{I}{2} \to 1$

(3) 분배율
$$DF_{OA} = \dfrac{2}{2+1+1} = \dfrac{1}{2}$$

(4) 분배모멘트
$$M_{OA} = M_O \cdot DF_{OA} = (+12)\left(\dfrac{1}{2}\right) = +6 \text{kN·m}$$

(5) 전달모멘트
$$M_{AO} = \dfrac{1}{2} M_{OA} = \dfrac{1}{2}(+6) = +3 \text{kN·m}$$

020
독립기초에 N=20kN, M=10kN·m가 작용할 때 접지압이 압축력만 발생하도록 하기 위한 기초저면의 최소길이는?

① 2m
② 3m
③ 4m
④ 5m

해설

$M = N \cdot e$ 에서
$$e = \dfrac{M}{N} = \dfrac{(10)}{(20)} = 0.5 \text{m}$$

단면의 핵점: $e \leq \dfrac{L}{6} = 0.5\text{m}$ 이므로 ∴ $L \geq 3.0\text{m}$

2022 제1회 건축기사

001 그림과 같은 단순보의 양단 수직반력을 구하면?

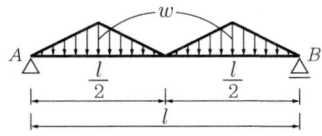

① $R_A = R_B = \dfrac{wl}{2}$ ② $R_A = R_B = \dfrac{wl}{4}$

③ $R_A = R_B = \dfrac{wl}{6}$ ④ $R_A = R_B = \dfrac{wl}{8}$

해설

정정보 해석
좌우대칭이므로 $R_A = R_B = \dfrac{1}{2} \times \dfrac{l}{2} \times w = \dfrac{wl}{4}$

002 강도설계법으로 설계된 보에서 스터럽이 부담하는 전단력이 V_s=265kN일 경우 수직스터럽의 적절한 간격은? (단, A_v=2×127mm²(U형 2-D13), f_{yt}=350MPa, $b_w \times d$=300×450mm)

① 120mm ② 150mm
③ 180mm ④ 210mm

해설

전단철근에 의한 전단강도(V_s)

$V_s = \dfrac{A_v \cdot f_{yt} \cdot d}{s}$ 에서

$s = \dfrac{A_v \cdot f_{yt} \cdot d}{V_s} = \dfrac{(2 \times 127)(350)(450)}{(265 \times 10^3)} = 150.96\text{mm}$

003 부동침하의 원인과 가장 거리가 먼 것은?

① 건물이 경사지반에 근접되어 있을 경우
② 건물이 이질지반에 걸쳐 있을 경우
③ 이질의 기초구조를 적용했을 경우
④ 건물의 강도가 불균등할 경우

해설

부동침하 원인
(1) 지반이 연약한 경우 (2) 연약층의 두께가 상이할 때
(3) 이질 지층일 때 (4) 낭떠러지에 접근되어 있을 때
(5) 일부 증축 시 (6) 지하수위 변경 시
(7) 지하에 매설물, 구멍이 있을 때 (8) 메운 땅일 때(성토 등을 포함)
(9) 이질 지정했을 때 (10) 일부 지정했을 때

004 바람의 난류로 인해서 발생되는 구조물의 동적거동 성분을 나타내는 것으로 평균변위에 대한 최대 변위의 비를 통계적인 값으로 나타낸 계수는?

① 지형계수 ② 가스트영향계수
③ 풍속고도분포계수 ④ 풍력계수

해설

가스트영향계수
바람의 난류로 인해서 발생되는 구조물의 동적거동 성분을 나타내는 것으로 평균변위에 대한 최대 변위의 비를 통계적인 값으로 나타낸 계수이다.

정답 001 ② 002 ② 003 ④ 004 ②

005 다음 용접기호에 대한 옳은 설명은?

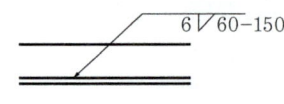

① 맞댐용접이다.
② 용접되는 부위는 화살의 반대쪽이다.
③ 유효목두께는 6mm이다.
④ 용접길이는 60mm이다.

> 해설

철골구조의 접합
① 모살용접 기호이다.
② 아래 표기 시 화살표 부위, 위에 표기 시 화살표 반대쪽 용접이다.
③ 유효목두께는 $0.7 \times 6\text{mm} = 4.2\text{mm}$이다.

006 그림과 같은 강접골조에 수평력 P=10kN이 작용하고 기둥의 강비 $k=\infty$인 경우, 기둥의 모멘트가 최대가 되는 위치 h_0는? (단, 괄호 안의 기호는 강비이다.)

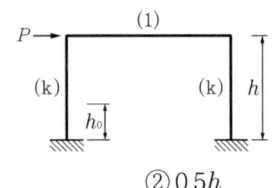

① 0   ② $0.5h$
③ $\left(\dfrac{4}{7}\right)h$ ④ h

> 해설

구조물의 해석
기둥의 강비가 ∞인 경우 휨모멘트=힘×거리이므로, 힘 P가 작용하는 점에서 가장 거리가 먼 $h_0 = 0$일 때 모멘트는 최댓값이다.

007 강구조에서 기초콘크리트에 매입되어 주각부의 이동을 방지하는 역할을 하는 것은?

① 앵커 볼트   ② 턴 버클
③ 클립 앵글   ④ 사이드 앵글

> 해설

앵커 볼트
기초콘크리트에 매입되어 주각부의 이동을 방지하는 역할을 한다.

008 그림에서 파단선 a-1-2-3-d의 인장재의 순단면적은? (단, 판두께는 10mm, 볼트 구멍지름은 22mm)

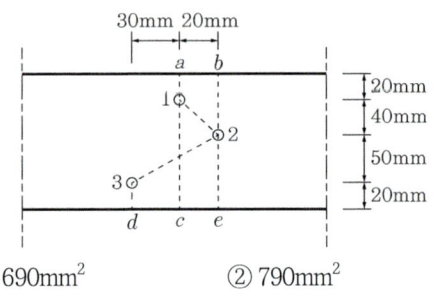

① 690mm²   ② 790mm²
③ 890mm²   ④ 990mm²

> 해설

엇모배치 인장재의 순단면적(A_n)
$$A_n = A_g - n \cdot d \cdot t + \sum \frac{S^2}{4g} \cdot t$$
$$= (130 \times 10) - (3)(22)(10) + \left[\frac{(20)^2}{4(40)} \cdot (10) + \frac{(50)^2}{4(50)} \cdot (10)\right]$$
$$= 790\text{mm}^2$$

009
다음과 같은 조건의 단면을 가진 부재의 균열모멘트 M_{cr}을 구하면?

【조 건】
- 단면의 중립축에서 인장연단까지의 거리 $y_t = 420mm$
- 총 단면2차모멘트 $I_g = 1.0 \times 10^{10} mm^4$
- 보통중량콘크리트 설계기준 압축강도 $f_{ck} = 21MPa$

① 50.6kN·m ② 53.3kN·m
③ 62.5kN·m ④ 68.8kN·m

해설

철근콘크리트구조의 휨재 설계

$M_{cr} = 0.63 \lambda \sqrt{f_{ck}} \cdot \dfrac{I}{y}$

$= 0.63(1)\sqrt{(21)} \cdot \dfrac{1.0 \times 10^{10}}{420}$

$= 68,738,635 N \cdot mm = 68.74 kN \cdot m$

010
강도설계법에서 직접설계법을 이용한 콘크리트 슬래브 설계 시 적용조건으로 옳지 않은 것은?

① 각 방향으로 3경간 이상 연속되어야 한다.
② 슬래브판들은 단변 경간에 대한 장변 경간의 비가 2 이하인 직사각형이어야 한다.
③ 각 방향으로 연속한 받침부 중심 간 경간 차이는 긴 경간의 1/3 이하이어야 한다.
④ 모든 하중은 슬래브판의 특정지점에 작용하는 집중하중이어야 하며 활하중은 고정하중의 3배 이하이어야 한다.

해설

강도설계법
모든 하중은 슬래브판의 특정지점에 작용하는 등분포하중이어야 하며 활하중은 고정하중의 2배 이하이어야 한다.

011
인장을 받는 이형철근의 정착길이(l_d)는 기본정착길이(l_{ab})에 보정계수를 곱하여 산정한다. 다음 중 이러한 보정계수에 영향을 미치는 사항이 아닌 것은?

① 하중계수 ② 경량콘크리트계수
③ 에폭시도막계수 ④ 철근배치 위치계수

해설

철근의 정착 및 이음
(1) 인장이형철근의 소요(실제)정착길이
  $l_d = l_{db} \times$ 보정계수
(2) 기본정착길이
  $l_{db} = \dfrac{0.6 d_b \cdot f_y}{\lambda \sqrt{f_{ck}}}$

  여기서, λ : 경량콘크리트계수
  f_{ck} : 콘크리트의 압축강도($\sqrt{f_{ck}} \leq 8.4MPa$)
  d_b : 철근 또는 철선의 공칭직경(mm)
  f_y : 철근의 항복강도

(3) 보정계수
  α : 철근배치 위치계수, β : 철근도막계수

012
직경(D) 30mm, 길이(L) 4m인 강봉에 90kN의 인장력이 작용할 때 인장응력(σ_t)과 늘어난 길이(ΔL)는 약 얼마인가? (단, 강봉의 탄성계수 $E = 200,000MPa$)

① $\sigma_t = 127.3MPa, \Delta L = 1.43mm$
② $\sigma_t = 127.3MPa, \Delta L = 2.55mm$
③ $\sigma_t = 132.5MPa, \Delta L = 1.43mm$
④ $\sigma_t = 132.5MPa, \Delta L = 2.55mm$

해설

재료의 역학적 성질

$\sigma_t = \dfrac{P}{A} = \dfrac{90 \times 10^3}{\dfrac{\pi \times 30^2}{4}} = 127.3 MPa$

$\Delta L = \dfrac{PL}{EA} = \dfrac{90 \times 10^3 \times 4,000}{200,000 \times \dfrac{\pi \times 30^2}{4}} = 2.55mm$

정답 009 ④ 010 ④ 011 ① 012 ②

013 동일 재료를 사용한 캔틸레버보에서 작용하는 집중하중의 크기가 $P_1 = P_2$일 때, 보의 단면이 그림과 같다면 최대 처짐 $y_1 : y_2$의 비는?

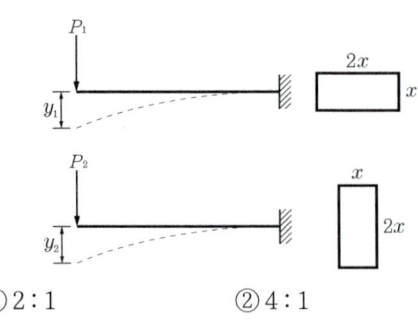

① 2 : 1 ② 4 : 1
③ 8 : 1 ④ 16 : 1

> **해설**
> 정정구조물의 변형
> (1) 캔틸레버보의 자유단에 집중하중 작용 시 최대 처짐 $\sigma_{max} = \dfrac{PL^3}{3EI}$
> (2) 경간이 같으므로 최대 처짐의 비율은 단면의 2차모멘트(I)만 비교해 보면 됨.
> (3) $y_1 : y_2 = \dfrac{1}{\frac{(2x)(x)^3}{12}} : \dfrac{1}{\frac{(x)(2x)^3}{12}} = \dfrac{1}{2} : \dfrac{1}{8} = 4 : 1$

014 인장시험을 통하여 얻어진 탄소강의 응력-변형률 곡선에서 변형률경화영역의 최대 응력을 의미하는 것은?

① 인장강도 ② 항복강도
③ 탄성강도 ④ 비례한도

> **해설**
> 인장시험을 통하여 얻어진 탄소강의 응력-변형률 곡선에서 변형률경화영역의 최대 응력을 인장강도라 한다.

015 고층건물의 구조형식 중에서 건물의 중간층에 대형 수평부재를 설치하여 횡력을 외곽 기둥이 분담할 수 있도록 한 형식은?

① 트러스구조 ② 골조-아웃리거구조
③ 튜브구조   ④ 스페이스 프레임구조

> **해설**
> 골조-아웃리거구조
> 고층건축물에서 횡하중에 의한 횡변형이 많이 발생하게 된다. 보통골조
> -전단벽구조에서는 횡하중을 부담하는 코어에 아웃리거(Outrigger)와 벨트 트러스(Belt Truss)를 설치하여 외곽 기둥과 연결한 시스템

016 그림과 같은 기둥단면이 300mm×300mm인 사각형 단주에서 기둥에 발생하는 최대 압축응력은? (단, 부재의 재질은 균등한 것으로 본다.)

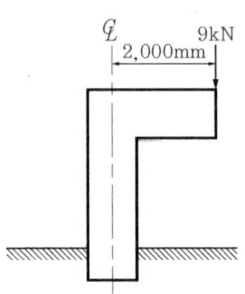

① -2.0 MPa ② -2.6 MPa
③ -3.1 MPa ④ -4.1 MPa

> **해설**
> 편심하중을 받는 기둥
> $\sigma_{max} = -\dfrac{P}{A} - \dfrac{P \times e}{Z}$
> $= -\dfrac{9 \times 10^3}{300 \times 300} - \dfrac{9 \times 10^3 \times 2,000}{\frac{300 \times 300^2}{6}} = -4.1\,\text{MPa}$

정답 013 ② 014 ① 015 ② 016 ④

017 다음 그림과 같은 트러스의 반력 R_A와 R_B는?

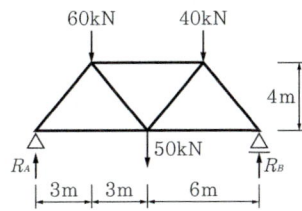

① $R_A = 60$kN, $R_B = 90$kN
② $R_A = 70$kN, $R_B = 80$kN
③ $R_A = 80$kN, $R_B = 70$kN
④ $R_A = 100$kN, $R_B = 50$kN

해설

트러스 해석
$\Sigma M_B = 0 : (R_A)(12) - (60 \times 9) - (50 \times 6) - (40 \times 3) = 0$
$\therefore R_A = +80$kN($\uparrow$)
$\Sigma V = 0 : +R_A - 60 - 50 - 40 + R_B = 0$
$\therefore R_B = +70$kN($\uparrow$)

018 점 A에 작용하는 두 개의 힘 P_1과 P_2의 합력을 구하면?

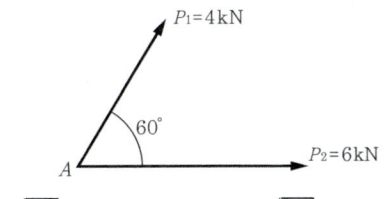

① $\sqrt{72}$ kN   ② $\sqrt{74}$ kN
③ $\sqrt{76}$ kN   ④ $\sqrt{78}$ kN

해설

한 점에 작용하는 두 힘의 합성
$R = \sqrt{P_1^2 + P_2^2 + 2P_1P_2\cos\alpha}$
$= \sqrt{4^2 + 6^2 + 2 \times 4 \times 6 \times \cos 60°} = \sqrt{76}$ kN

019 표준갈고리를 갖는 인장이형철근(D13)의 기본정착길이는? (단, D13의 공칭지름 : 12.7mm, f_{ck}=27MPa, f_y=400MPa, β=1.0, m_c=2,300kg/m³)

① 190mm   ② 205mm
③ 220mm   ④ 235mm

해설

표준갈고리를 갖는 인장이형철근의 기본정착길이
$l_{db} = \dfrac{0.24\beta d_b f_y}{\lambda\sqrt{f_{ck}}} = \dfrac{0.24 \times 1 \times 12.7 \times 400}{1 \times \sqrt{27}} = 235$mm

여기서, λ : 경량콘크리트계수
β : 철근도막계수
f_{ck} : 콘크리트의 압축강도($\sqrt{f_{ck}} \leq 8.4$MPa)
d_b : 철근 또는 철선의 공칭직경(mm)
f_y : 철근의 항복강도

020 H형강이 사용된 압축재의 양단이 핀으로 지지되고 부재 중간에서 x축 방향으로만 이동할 수 없도록 지지되어 있다. 부재의 전길이가 4m일 때 세장비는?
(단, r_x=8.62cm, r_y=5.02cm임)

① 26.4   ② 36.4
③ 46.4   ④ 56.4

해설

기둥의 좌굴
양단힌지 조건이므로 유효좌굴길이계수 $k = 1.0$
x축 방향으로는 이동할 수 없으므로 $r_{\min} = r_x$
세장비(λ) $= \dfrac{kL}{r_{\min}} = \dfrac{(1.0)(400)}{8.62} = 46.4$

2022 제2회 건축기사

001 고장력볼트접합에 관한 설명으로 옳지 않은 것은?

① 유효단면적당 응력이 크며, 피로강도가 작다.
② 강한 조임력으로 너트의 풀림이 생기지 않는다.
③ 응력방향이 바뀌더라도 혼란이 일어나지 않는다.
④ 접합방식에는 마찰접합, 지압접합, 인장접합이 있다.

해설

고력볼트접합의 구조적 이점
① 피로강도가 높다.
② 응력방향이 바뀌더라도 혼란이 일어나지 않는다.
③ 응력집중이 적으므로 반복응력에 대해서 강하다.
④ 볼트에 전단 및 지압응력이 생기지 않는다.
⑤ 유효단면적당 응력이 적다.
⑥ 강한 조임력으로 너트의 풀림이 없다.

002 지진에 대응하는 기술 중 하나인 제진(制震)에 관한 설명으로 옳지 않은 것은?

① 기존 건물의 구조형식에 좌우되지 않는다.
② 지반 종류에 의한 제약을 받지 않는다.
③ 소형 건물에 일반적으로 많이 적용된다.
④ 댐퍼 등을 사용하여 흔들림을 효과적으로 제어한다.

해설

제진
건물 자체에 별도의 컴퓨터나 계측기 등의 장치를 이용하여 지진력을 상쇄할 수 있도록 구조물 내에서 힘을 발생시키거나 지진력을 흡수하여 구조물이 부담해야 할 지진력을 감소시키는 능동적 개념의 기술

003 콘크리트구조의 내구성 설계기준에 따른 보수·보강 설계에 관한 설명으로 옳지 않은 것은?

① 손상된 콘크리트구조물에서 안전성, 사용성, 내구성, 미관 등의 기능을 회복시키기 위한 보수는 타당한 보수 설계에 근거하여야 한다.
② 보수·보강 설계를 할 때는 구조체를 조사하여 손상원인, 손상 정도, 저항내력 정도를 파악한다.
③ 책임구조기술자는 보수·보강공사에서 품질을 확보하기 위하여 공정별로 품질관리검사를 시행하여야 한다.
④ 보강 설계를 할 때에는 사용성과 내구성 등의 성능은 고려하지 않고, 보강 후의 구조내력 증가만을 반영한다.

해설

사용성 및 내구성
보강 설계를 할 때에는 안전성, 사용성, 내구성 등의 성능을 고려하여 보강 설계를 하여야 한다.

004 그림과 같은 직사각형 단면을 가지는 보에 최대 휨모멘트 $M=20kN \cdot m$가 작용할 때 최대 휨응력은?

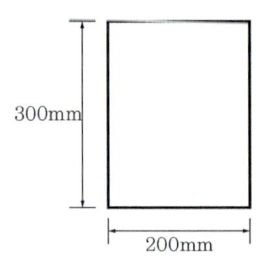

① 3.33MPa ② 4.44MPa
③ 5.56MPa ④ 6.67MPa

해설

재료의 역학적 성질

$$휨응력(\sigma_{max}) = \frac{M}{Z} = \frac{M}{\frac{bh^2}{6}} = \frac{20,000}{\frac{200 \times (300)^2}{6}} = 6.67MPa$$

정답 001 ① 002 ③ 003 ④ 004 ④

005
그림과 같은 복근보에서 전단보강철근이 부담하는 전단력 V_s를 구하면? (단, f_{ck}=24MPa, f_y=400MPa, f_{yt}=300MPa, A_v=71mm²)

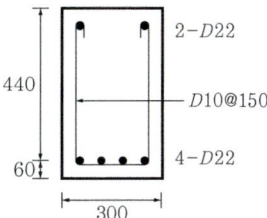

① 약 110kN ② 약 115kN
③ 약 120kN ④ 약 125kN

해설

전단철근이 부담하는 전단강도(V_s)

$$V_s = \frac{A_v f_{yt} d}{s} = \frac{2 \times 71 \times 300 \times 440}{150} = 124,960\text{N} \fallingdotseq 125\text{kN}$$

006
강도설계법에서 단근직사각형 보의 c(압축연단에서 중립축까지 거리)값으로 옳은 것은? (단, f_{ck}=24MPa, f_y=400MPa, b=300mm, A_s=1,161mm², 포물선-직선 형상의 응력-변형률 관계 이용)

① 92.65mm   ② 94.85mm
③ 96.65mm   ④ 98.85mm

해설

철근콘크리트구조 휨재 설계

- $A_S \cdot f_y = \eta(0.85 f_{ck})ab$

  $a = \dfrac{A_s \cdot f_y}{\eta(0.85 f_{ck})ab} = \dfrac{1,161 \times 400}{1 \times (0.85 \times 24) \times 300} = 75.88\text{mm}$

  여기서, $f_{ck} \leq 40$인 경우 $\eta = 1.00$

- $a = \beta_1 c$

  $c = \dfrac{a}{\beta_1} = \dfrac{75.88}{0.8} = 94.85\text{mm}$

  여기서, $f_{ck} \leq 40$인 경우 $\beta_1 = 0.80$

007
그림의 용접기호와 관련된 내용으로 옳은 것은?

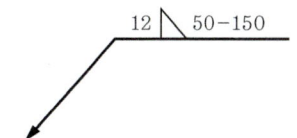

① 양면용접에 용접길이 50mm
② 용접 간격 100mm
③ 용접 치수 12mm
④ 맞댐(개선)용접

해설

철골구조의 접합
① 모살용접 기호이다.
② 아래 표기 시 화살표 부위, 위에 표기 시 화살표 반대쪽 용접이다.
③ 용접길이는 50mm이고, 용접의 간격은 150mm이다.

008
그림과 같은 3회전단 구조물의 반력은?

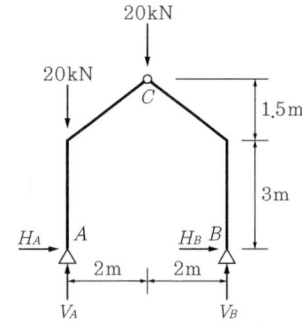

① $H_A = 4.44\text{kN}$, $V_A = 30\text{kN}$
   $H_B = -4.44\text{kN}$, $V_B = 10\text{kN}$
② $H_A = 0$, $V_A = 30\text{kN}$
   $H_B = 0$, $V_B = 10\text{kN}$
③ $H_A = -4.44\text{kN}$, $V_A = -30\text{kN}$
   $H_B = 4.44\text{kN}$, $V_B = 10\text{kN}$
④ $H_A = 4.44\text{kN}$, $V_A = 50\text{kN}$
   $H_B = -4.44\text{kN}$, $V_B = -10\text{kN}$

해설

정정라멘 및 정정아치
(1) $\Sigma M_B = 0 : +(V_A)(4) - (20)(4) - (20)(2) = 0$
   $\therefore V_A = +30\text{kN}(\uparrow) \to V_B = +10\text{kN}(\uparrow)$
(2) $\Sigma H = 0 : +(H_A) + (H_B) = 0$
(3) $\Sigma M_C = 0 : +(30)(2) - (H_A)(4.5) - (20)(2) = 0$
   $\therefore H_A = +4.44\text{kN}(\rightarrow)$, $H_B = -4.44\text{kN}(\leftarrow)$

정답 005 ④ 006 ② 007 ③ 008 ①

009 그림과 같은 양단 고정보에서 B단의 휨모멘트값은?

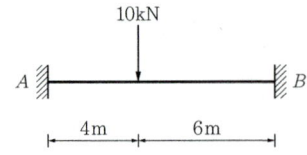

① 2.4kN·m   ② 9.6kN·m
③ 14.4kN·m   ④ 24.8kN·m

[해설]
보의 하중상태에 따른 반력과 휨모멘트의 관계
$$M_B = -\frac{Pa^2b}{l^2} = -\frac{10 \times 4^2 \times 6}{10^2} = -9.6\text{kN·m}$$

하중상태	반력과 휨모멘트
(그림)	$V_A = \frac{Pb}{l}$, $M_A = -\frac{Pab^2}{l^2}$ $R_B = \frac{Pa}{l}$, $M_B = -\frac{Pa^2b}{l^2}$ $M_C = -\frac{Pab}{2l}$

011 다음 그림과 같은 인장재의 순단면적을 구하면? (단, F10T-M20볼트 사용(표준구멍), 판의 두께는 6mm임)

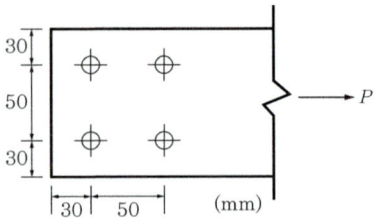

① 296mm²   ② 396mm²
③ 426mm²   ④ 536mm²

[해설]
인장재 및 압축재
$$A_n = A_g - n \cdot d \cdot t = (110 \times 6) - 2 \times (20+2) \times 6 = 396\text{mm}^2$$

※ 순단면적 산정용 고력볼트 구멍의 여유폭

직경(M)	표준구멍(d)
24mm 미만	M+2.0mm
24mm 이상	M+3.0mm

010 1방향 철근콘크리트 슬래브에 배치하는 수축·온도철근에 관한 기준으로 옳지 않은 것은?

① 수축·온도철근으로 배치되는 이형철근 및 용접철망의 철근비는 어떤 경우에도 0.0014 이상이어야 한다.
② 수축·온도철근으로 배치되는 설계기준 항복강도가 400MPa을 초과하는 이형철근 또는 용접철망을 사용한 슬래브 철근비는 $0.0020 \times \frac{400}{f_y}$로 산정한다.
③ 수축·온도철근의 간격은 슬래브 두께의 6배 이하, 또한 600mm 이하로 하여야 한다.
④ 수축·온도철근은 설계기준 항복강도 f_y를 발휘할 수 있도록 정착되어야 한다.

[해설]
슬래브 설계
수축·온도철근의 간격은 슬래브 두께의 5배 이하, 또한 450mm 이하로 하여야 한다.

012 그림과 같은 내민보에 집중하중이 작용할 때 A점의 처짐각 θ_A를 구하면?

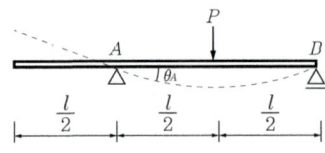

① $\dfrac{Pl^2}{4EI}$ ② $\dfrac{Pl^2}{16EI}$
③ $\dfrac{Pl^2}{128EI}$ ④ $\dfrac{Pl^2}{256EI}$

[해설]
주요조물의 하중에 따른 처짐각 및 처짐
A점의 처짐각은 집중하중이 작용하는 단순보의 처짐과 동일하다.

하중작용 상태	처짐각(θ)	최대 처짐(δ_{max})
(그림)	$\theta_A = -\theta_B = \dfrac{Pl^2}{16EI}$	$\delta_C = \dfrac{Pl^3}{48EI}$

013 양단힌지인 길이 6m의 $H\text{-}300\times300\times10\times15$의 기둥이 부재 중앙에서 약축방향으로 가새를 통해 지지되어 있을 때 설계용 세장비는?
(단, $r_x=131\text{mm}$, $r_y=75.1\text{mm}$)

① 39.9 ② 45.8
③ 58.2 ④ 66.3

해설
기둥의 좌굴
양단힌지 조건이므로 유효좌굴길이계수 $k=1.0$
약축 방향으로는 이동할 수 없으므로 $r_{\min}=r_x$

세장비$(\lambda)=\dfrac{kL}{r_{\min}}=\dfrac{(1.0)(6,000)}{131}=45.8$

014 과도한 처짐에 의해 손상되기 쉬운 비구조요소를 지지 또는 부착하지 않은 바닥구조의 활하중 L에 의한 순간처짐의 한계는?

① $\dfrac{l}{180}$ ② $\dfrac{l}{240}$
③ $\dfrac{l}{360}$ ④ $\dfrac{l}{480}$

해설
최대 허용처짐
장기처짐 효과를 고려한 전체 처짐의 한계는 다음 값 이하가 되도록 해야 한다.

부재의 형태	고려해야 할 처짐	처짐한계
과도한 처짐에 의해 손상되기 쉬운 비구조요소를 지지 또는 부착하지 않은 평지붕 구조	활하중 L에 의한 순간처짐	$\dfrac{l}{180}$
과도한 처짐에 의해 손상되기 쉬운 비구조요소를 지지 또는 부착하지 않은 바닥구조	활하중 L에 의한 순간처짐	$\dfrac{l}{360}$
과도한 처짐에 의해 손상되기 쉬운 비구조요소를 지지 또는 부착한 지붕 또는 바닥구조	전체 처짐 중에서 비구조요소가 부착된 후에 발생하는 처짐 부분(모든 지속하중에 의한 장기처짐과 추가적인 활하중에 의한 순간처짐의 합)	$\dfrac{l}{480}$
과도한 처짐에 의해 손상될 염려가 없는 비구조요소를 지지 또는 부착한 지붕 또는 바닥구조		$\dfrac{l}{240}$

015 다음과 같은 사다리꼴 단면의 도심 y_o값은?

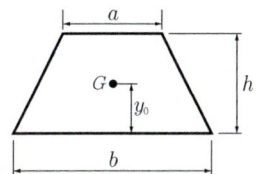

① $\dfrac{h(2a+b)}{3(a+b)}$ ② $\dfrac{h(a+b)}{3(2a+b)}$
③ $\dfrac{3h(2a+b)}{(a+b)}$ ④ $\dfrac{h(a+2b)}{3(a+b)}$

해설
단면의 성질
$y_0=\dfrac{G_x}{A}=\dfrac{\left(\dfrac{1}{2}ah\right)\left(\dfrac{2h}{3}\right)+\left(\dfrac{1}{2}bh\right)\left(\dfrac{h}{3}\right)}{\left(\dfrac{1}{2}ah\right)+\left(\dfrac{1}{2}bh\right)}=\dfrac{h(2a+b)}{3(a+b)}$

016 그림과 같은 라멘에 있어서 A점의 모멘트는 얼마인가? (단, k는 강비이다.)

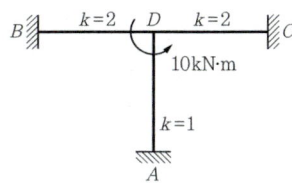

① $1\text{kN}\cdot\text{m}$ ② $2\text{kN}\cdot\text{m}$
③ $3\text{kN}\cdot\text{m}$ ④ $4\text{kN}\cdot\text{m}$

해설
부정정구조물
- 분배율 $DF_{DA}=\dfrac{1}{2+2+1}=\dfrac{1}{5}$
- 분배모멘트 $M_{DA}=(-10)\left(\dfrac{1}{5}\right)=-2\text{kN}\cdot\text{m}$
- 전달모멘트 $M_{CD}=\dfrac{1}{2}(-2)=-1\text{kN}\cdot\text{m}$

정답 013 ② 014 ③ 015 ① 016 ①

017 연약한 지반에 대한 대책 중 하부구조의 조치사항으로 옳지 않은 것은?

① 동일 건물의 기초에 이질 지정을 둔다.
② 경질지반에 기초판을 지지한다.
③ 지하실을 설치한다.
④ 경질지반이 깊을 때는 마찰말뚝을 사용한다.

해설
토질 및 기초구조
(1) 상부 구조에 의한 대책
  - 건물의 경량화
  - 건물의 평면길이를 짧게 할 것
  - 강성(물체가 외부로부터 힘을 받아도 변형하지 않고 원래 모양을 유지하려는 성질)을 높일 것
  - 인접 건물과의 거리를 멀게 할 것
  - 건물의 중량 분배를 고려할 것
(2) 하부 구조에 대한 대책
  - 경질지반에 지지시킬 것
  - 마찰말뚝을 사용할 것
  - 지하실을 설치할 것
  - 온통기초로 시공할 것
  - 독립기초인 경우 상호 간에 연결 → 지중보 시공
  - 지반개량공법으로 지반의 지지력을 증대

018 프리스트레스하지 않는 부재의 현장치기 콘크리트 중 흙에 접하여 콘크리트를 친 후 영구히 흙에 묻혀 있는 콘크리트의 최소 피복두께 기준으로 옳은 것은?

① 100mm   ② 75mm
③ 50mm   ④ 40mm

해설
현장치기 콘크리트의 최소 피복두께 (프리스트레스하지 않는 부재)

KDS 기준		피복두께
수중에서 타설하는 콘크리트		100mm
흙에 접하여 콘크리트를 친 후 영구히 흙에 묻혀 있는 콘크리트		75mm
흙에 접하거나 옥외의 공기에 직접 노출되는 콘크리트	D19 이상 철근	50mm
	D16 이하 철근	40mm
옥외의 공기나 흙에 직접 접하지 않는 콘크리트	슬래브, 벽체, 장선 D35 초과 철근	40mm
	D35 이하 철근	20mm
	보, 기둥	40mm
	쉘, 절판부재	20mm

※ 보, 기둥의 경우 $f_{ck} \geq 40MPa$일 때 피복두께를 10mm 저감시킬 수 있다.

019 그림과 같은 구조물의 부정정차수는?

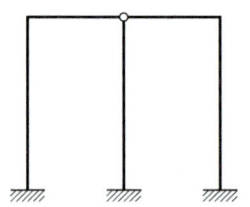

① 1차부정정   ② 2차부정정
③ 3차부정정   ④ 4차부정정

해설
구조물의 개론
$m = n + s + r - 2k$
$= 9 + 5 + 2 - 2 \times 6 = 4$

020 철골구조 주각부의 구성요소가 아닌 것은?

① 커버 플레이트   ② 앵커 볼트
③ 리브 플레이트   ④ 베이스 플레이트

해설
철골구조의 접합부 설계
① **커버 플레이트(Cover Plate)** : 플레이트 거더의 요소 중 하나로 플랜지 전체 단면적의 70% 이하이며, 휨내력을 보강하기 위해 사용된다.

정답 017 ① 018 ② 019 ④ 020 ①

2022 제4회 건축기사

※ 본 문제는 수험자의 기억을 바탕으로 하여 복원한 문제이므로 실제와 다를 수 있음을 미리 알려드립니다.

001 철골조 주각부분에 사용하는 보강재에 해당되지 않는 것은?

① 윙플레이트
② 데크플레이트
③ 사이드앵글
④ 클립앵글

[해설]
데크플레이트는 콘크리트 슬래브의 거푸집으로 사용되며, 바닥판이나 평지붕에도 사용된다.

002 강구조에서 기초 콘크리트에 매입되어, 주각부의 이동을 방지하는 역할을 하는 것은?

① 턴 버클
② 클립 앵글
③ 앵커 볼트
④ 사이드 앵글

[해설]
기초 콘크리트에 매입되며 주각부의 이동을 방지하는 것은 앵커 볼트이다.

003 다음 라멘구조물의 부정정 차수는?

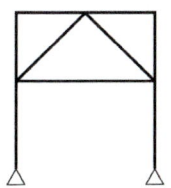

① 9차 부정정
② 10차 부정정
③ 11차 부정정
④ 12차 부정정

[해설]
$m = n + s + r - 2k$
$= 4 + 9 + 11 - 2 \times 7$
$= 10$

004 강구조에서 용접선 단부에 붙힌 보조판으로 아크의 시작이나 종단부의 크레이터 등의 결함을 방지하기 위해 붙이는 판은?

① 엔드탭
② 스티프너
③ 윙플레이트
④ 커버플레이트

[해설]
엔드탭 (End Tap)
용접결함 발생을 방지하기 위해 용접의 시단부와 종단부에 임시로 붙이는 보조강판

005 고정하중 10kN, 활하중 9kN, 풍하중 0.8kN이 강구조 기둥에 축력으로 작용하고 있다. 기둥의 소요강도는 얼마인가?

① 22kN
② 26.4kN
③ 19.8kN
④ 10kN

[해설]
고정하중(D)과 활하중(L), 풍하중(W)에 의한 하중조합(U)식 중 큰 값을 사용한다.
$U = 1.4D = 1.4 \times 10 = 14\text{kN}$
$U = 1.2D + 1.6L = 1.2 \times 10 + 1.6 \times 9 = 26.4\text{kN}$
$U = 1.2D + 1.0W + 1.0L = 1.2 \times 10 + 1.0 \times 0.8 + 1.0 \times 9$
$\quad = 21.8\text{kN}$
$U = 1.2D + 0.5W = 1.2 \times 10 + 0.5 \times 0.8 = 12.4\text{kN}$
$U = 0.9D + 1.0W = 0.9 \times 10 + 1.0 \times 0.8 = 9.8\text{kN}$
∴ 계수하중(U)는 26.4kN

정답 001 ② 002 ③ 003 ② 004 ① 005 ②

006 단일 압축재에서 세장비를 구할 때 필요하지 않은 것은?

① 유효좌굴길이
② 단면적
③ 탄성계수
④ 단면2차모멘트

해설

$\lambda = \dfrac{KL}{i} = \dfrac{KL}{\sqrt{\dfrac{I}{A}}}$

세장비를 구할 때 탄성계수는 필요하지 않다.

007 모살치수 8mm, 용접길이 500mm인 양면 모살용접의 유효 단면적은 약 얼마인가?

① 2,100mm²
② 3,221mm²
③ 4,300mm²
④ 5,421mm²

해설

필릿용접 유효단면적(A_e)
유효목두께: $a = 0.7S = 0.7(8) = 5.6mm$
유효길이: $l = L - 2S = 500 - 2(8) = 484mm$
유효단면적: $A_e = a \cdot l = 5.6 \times 484 \times 2면 = 5420.8mm^2$

008 그림과 같은 직경 d인 원목에서 켜낼 수 있는 최대 단면계수를 갖는 직사각형 단면 $x:y$의 비로서 맞는 것은?

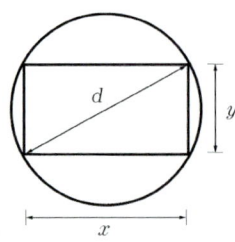

① $1:\sqrt{2}$
② $1:\sqrt{3}$
③ 1:2
④ 1:3

해설

직사각형의 단면계수 $Z = \dfrac{xy^2}{6}$

(1) 그림에서
$d^2 = x^2 + y^2$
$\therefore y^2 = d^2 - x^2$

(2) $Z = \dfrac{xy^2}{6} = \dfrac{x(d^2 - x^2)}{6} = \dfrac{d^2x - x^3}{6}$

Z를 x에 대해 미분,

$Z' = \dfrac{d^2 - 3x^2}{6}$

$x = \dfrac{d}{\sqrt{3}}, y = \sqrt{\dfrac{2}{3}}d$일 때
Z값이 최대이다.

$\therefore x : y = \dfrac{d}{\sqrt{3}} : \dfrac{\sqrt{2}d}{\sqrt{3}} = 1 : \sqrt{2}$

009 다음 그림과 같은 내민보의 지점 반력을 구하면? (단, 반력의 +:상방향, -:하방향)

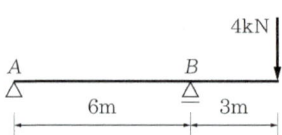

① $R_A = -2kN, R_B = +6kN$
② $R_A = +2kN, R_B = -6kN$
③ $R_A = +2kN, R_B = -2kN$
④ $R_A = -4kN, R_B = +8kN$

해설

힘의 평형조건을 사용하여 계산한다.

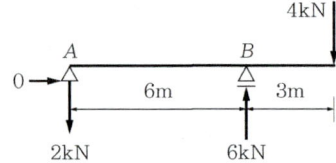

$\sum M_A = 0 ; 4 \times 9 - R_B \times 6 = 0, \therefore R_B = 6kN(\uparrow)$
$\sum V = 0 ; R_A + R_B - 4 = 0, \therefore R_A = -2kN(\downarrow)$

010
그림과 같은 단순보에서 최대 전단응력은 얼마인가?

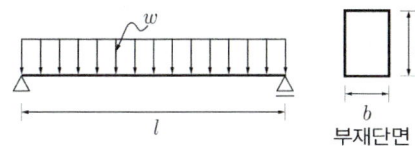

① $\dfrac{2}{3} \cdot \dfrac{wl}{bh}$

② $\dfrac{3}{4} \cdot \dfrac{wl}{bh}$

③ $\dfrac{4}{3} \cdot \dfrac{wl}{bh}$

④ $\dfrac{3}{2} \cdot \dfrac{wl}{bh}$

해설

(1) $S_{\max} = R_A = R_B = \dfrac{wl}{2}$

(2) $\tau_{\max} = k \cdot \dfrac{S}{A} = \left(\dfrac{3}{2}\right) \cdot \dfrac{\left(\dfrac{wl}{2}\right)}{(bh)} = \dfrac{3}{4} \cdot \dfrac{wl}{bh}$

011
다음 그림과 같은 부정정보에서 고정단 모멘트 $M_{AB}(C_{AB})$의 절댓값은?

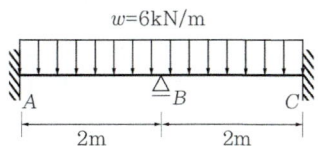

① 2kN·m
② 3kN·m
③ 4kN·m
④ 5kN·m

해설

좌우 고정이고 좌우 대칭인 구조물의 A고정단 B고정단

$M_A = M_B = M_C = \dfrac{wl^2}{12} = \dfrac{(6)(2)^2}{12} = 2\text{kN} \cdot \text{m}$

012
다음 그림과 같은 단순보에 변등분포하중이 작용할 때 전단력이 '0'이 되는 점에 대하여 A점으로부터의 거리를 구하면?

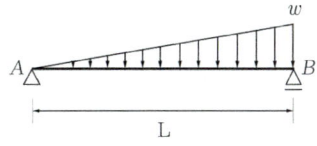

① $\dfrac{L}{\sqrt{2}}$
② $\dfrac{L}{\sqrt{3}}$
③ $\dfrac{L}{\sqrt{4}}$
④ $\dfrac{L}{\sqrt{5}}$

해설

A점의 수직반력을 먼저 구한다.

$\sum M_B = 0; \ V_A \cdot L - \dfrac{wL}{2} \times \dfrac{L}{3} = 0 \quad \therefore V_A = \dfrac{wL}{6}$

A점으로부터 임의의 위치까지의 거리를 x라 하면

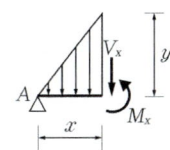

$L : w = x : y$ 이므로 $y = \dfrac{wx}{L}$ 이다.

$V_x = V_A - \dfrac{1}{2} \cdot x \cdot \dfrac{wx}{L} = \dfrac{wL}{6} - \dfrac{wx^2}{2L}$

$V_x = 0 \ ; \ \dfrac{wx^2}{2L} = \dfrac{wL}{6}$

$x^2 = \dfrac{L^2}{3}$ 이므로 $\therefore x = \dfrac{L}{\sqrt{3}}$

013 다음 두 보의 최대 처짐량이 같기 위한 등분포하중의 비로 옳은 것은? (단, 부재의 재질과 단면은 동일하며 A부재의 길이는 B부재 길이의 2배임)

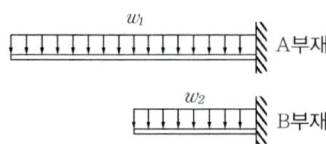

① $w_2 = 2w_1$
② $w_2 = 4w_1$
③ $w_2 = 8w_1$
④ $w_2 = 16w_1$

> 해설

캔틸레버보에 등분포하중 작용시
$$\delta_{\max} = \frac{wL^4}{8EI}$$
등분포하중의 비교
$$\delta_{A,\max} = \frac{w_1(2L)^4}{8EI}$$
$$\delta_{B,\max} = \frac{w_2 L^4}{8EI}$$
$\delta_{A,\max} = \delta_{B,\max}$ 로부터
$w_1 \cdot (2L)^4 = w_2 \cdot L^4$ 이므로 ∴ $w_2 = 16w_1$

014 연약지반에서 부동침하를 방지하는 대책으로 옳지 않은 것은?

① 건물을 경량화 한다.
② 지하실을 강성체로 설치한다.
③ 줄기초와 마찰말뚝 기초를 병용한다.
④ 건물의 구조강성을 높인다.

> 해설

줄기초와 마찰말뚝 기초를 병용하면 이질지정으로 부동침하의 원인이 된다.

015 강도설계법에서 압축이형철근 D22의 기본정착길이는?(단, D22 철근의 단면적은 $287mm^2$, 콘크리트의 압축강도는 24MPa, 철근의 항복강도는 400MPa, 경량콘크리트계수 $\lambda=1$)

① 400mm
② 450mm
③ 500mm
④ 550mm

> 해설

(1), (2) 중 큰 값
(1) $l_{db} = \dfrac{0.25 \cdot d_b \cdot f_y}{\lambda \sqrt{f_{ck}}}$
$= \dfrac{0.25(22)(400)}{(1.0)\sqrt{24}}$
$= 449.073mm$
(2) $l_{db} = 0.043 d_b \cdot f_y$
$= 0.043(22)(400)$
$= 378.4mm$
따라서 이 중 큰 값인 449.073mm

016 그림은 연직하중을 받는 철근콘크리트의 보의 균열 상태를 표시한 것이다. 전단력에 의해서 생기는 대표적인 균열의 형태로 옳은 것은?

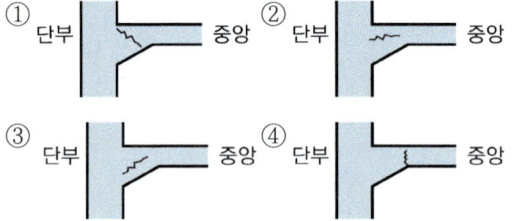

> 해설

전단력에 의해서 생기는 대표적인 균열인 사인장 균열이다. 보의 단부 쪽에서 수평의 중립축을 향해서 45도 각도로 생기는 균열이다.

017 과도한 처짐에 의해 손상되기 쉬운 비구조요소를 지지 또는 부착하지 않은 바닥구조의 활하중 l에 의한 순간처짐의 한계는?

① $\dfrac{l}{180}$　　② $\dfrac{l}{240}$

③ $\dfrac{l}{360}$　　④ $\dfrac{l}{480}$

해설

최대 허용 처짐

부재의 형태	고려해야 할 처짐	처짐한계
과도한 처짐에 의해 손상되기 쉬운 비구조 요소를 지지 또는 부착하지 않은 평지붕 구조	활하중 L에 의한 순간 처짐	$\dfrac{l}{180}$
과도한 처짐에 의해 손상되기 쉬운 비구조 요소를 지지 또는 부착하지 않은 바닥구조	활하중 L에 의한 순간 처짐	$\dfrac{l}{360}$
과도한 처짐에 의해 손상되기 쉬운 비구조 요소를 지지 또는 부착한 지붕 또는 바닥구조	전체 처짐 중에서 비구조 요소가 부착된 후에 발생하는 처짐부분 (모든 지속하중에 의한 장기처짐과 추가적인활하중에 의한 순간처짐의 합)	$\dfrac{l}{480}$
과도한 처짐에 의해 손상될 염려가 없는 비구조 요소를 지지 또는 부착한 지붕 또는 바닥구조		$\dfrac{l}{240}$

018 기초설계 시 장기 150kN(자중포함)의 하중을 받는 경우 장기허용지내력도 20kN/m²의 지반에서 필요한 기초판의 크기는?

① 1.6m×1.6m　② 2.0m×2.0m
③ 2.4m×2.4m　④ 2.8m×2.8m

해설

$\sigma = \dfrac{P}{A}$ 이므로, $A = \dfrac{P}{\sigma}$

$A = \dfrac{150}{20} = 7.5\text{m}^2$

한 변을 a라고 가정하면, $A = a^2$ 이므로,
$a = \sqrt{7.5} = 2.74\text{m}$

∴ $A = 2.74\text{m} \times 2.74\text{m}$ 보다 커야한다.

019 강도설계법에 따른 철근콘크리트 부재의 휨에 관한 일반사항으로 옳지 않은 것은?

① 콘크리트의 인장강도는 철근콘크리트 부재 단면의 축강도와 휨강도 계산에서 무시할 수 있다.
② $f_{ck} \leq 40\text{MPa}$일 때 휨모멘트 또는 휨모멘트와 축력을 동시에 받는 부재의 콘크리트 압축연단의 극한변형률은 0.0033으로 가정한다.
③ 최소철근비는 $\phi M_n \geq 1.2 M_{cr}$를 만족하여야 한다.
④ 강도설계법에서는 연성파괴 보다는 취성파괴를 유도하도록 설계의 초점을 맞추고 있다.

해설

강도설계법에서는 안전을 위해 취성파괴 보다는 연성파괴를 유도하도록 설계의 초점을 맞추고 있다.

020 주철근으로 사용된 D22 철근 180° 표준갈고리의 구부림 최소 내면 반지름으로 옳은 것은?

① d_b　　② $2d_b$
③ $2.5d_b$　　④ $3d_b$

해설

표준갈고리의 구부림 최소 내면 반지름

주철근		스터럽 및 띠철근	
철근 직경	최소 내면 반지름	철근 직경	최소 내면 반지름
D10~D25	$3d_b$ 이상	D10~D16	$2d_b$ 이상
D29~D35	$4d_b$ 이상	D19~D25	$3d_b$ 이상
D38 이상	$5d_b$ 이상		

정답 017 ③　018 ④　019 ④　020 ④

2021 제1회 건축기사

001 다음 그림과 같이 D16철근이 90°표준갈고리로 정착되었다면 이 갈고리의 소요정착길이(l_{dh})는 약 얼마인가?

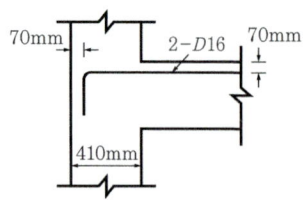

【조건】

- $l_{hb} = \dfrac{0.24\beta d_b f_y}{\lambda \sqrt{f_{ck}}}$
- 철근도막계수 : 1
- 경량콘크리트계수 : 1
- D16의 공칭지름 : 15.9mm
- f_{ck} : 21MPa
- f_y : 400MPa

① 233mm　　② 243mm
③ 253mm　　④ 263mm

[해설]

철근의 정착 및 이음

(1) 기본정착길이

$l_{hb} = \dfrac{0.24\beta d_b f_y}{\lambda \sqrt{f_{ck}}} = \dfrac{0.24 \times 1 \times 15.9 \times 400}{1 \times \sqrt{21}} = 333\text{mm}$

여기서, λ : 경량콘크리트계수
　　　　β : 철근도막계수
　　　　f_{ck} : 콘크리트의 압축강도 ($\sqrt{f_{ck}} \leq 8.4\text{MPa}$)
　　　　d_b : 철근 또는 철선의 공칭직경(mm)
　　　　f_y : 철근의 항복강도

(2) 소요정착길이(l_{dh})

$l_{dh} = l_{hb} \times$ 보정계수 $= 333 \times 0.7 = 233\text{mm}$

여기서, D35 이하 철근에서 90° 갈고리에 대하여 갈고리를 넘어선 부분의 철근 피복두께가 50mm 이상인 경우 보정계수는 0.7 적용

002 연약한 지반에서 기초의 부동침하를 감소시키기 위한 상부구조에 대한 대책으로 옳지 않은 것은?

① 건물을 경량화할 것
② 강성을 크게 할 것
③ 이웃 건물과의 거리를 멀게 할 것
④ 폭이 일정한 경우 건물의 길이를 길게 할 것

[해설]

토질 및 기초구조

(1) 상부 구조에 의한 대책
　- 건물의 경량화
　- 건물의 평면길이를 짧게 할 것
　- 강성(물체가 외부로부터 힘을 받아도 변형하지 않고 원래 모양을 유지하려는 성질)을 높일 것
　- 인접 건물과의 거리를 멀게 할 것
　- 건물의 중량 분배를 고려할 것
(2) 하부 구조에 대한 대책
　- 경질지반에 지지 시킬 것
　- 마찰말뚝을 사용할 것
　- 지하실을 설치할 것
　- 온통기초로 시공할 것
　- 독립기초인 경우 상호 간에 연결 → 지중보 시공
　- 지반개량공법으로 지반의 지지력을 증대

003 그림과 같은 라멘구조물의 판별은?

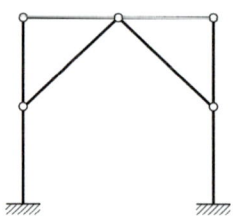

① 불안정구조물
② 안정이며, 정정구조물
③ 안정이며, 1차부정정구조물
④ 안정이며, 2차부정정구조물

[해설]

구조물의 개론

$m = n + s + r - 2k$
　$= 6 + 8 + 0 - 2 \times 7 = 14 - 14 = 0$

정답 001 ①　002 ④　003 ②

004 그림과 같이 양단이 회전단인 부재의 좌굴축에 대한 세장비는?

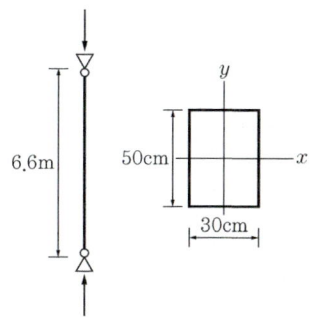

① 76.21 ② 84.28
③ 94.64 ④ 103.77

해설
기둥의 좌굴
양단힌지 조건이므로 유효좌굴길이계수 $k = 1.0$
$$\lambda = \frac{kL}{i_{min}} = \frac{kL}{\sqrt{\frac{I_{min}}{A}}} = \frac{(1.0)(660)}{\sqrt{\frac{(50)(30)^3}{12}}} = 76.21$$

005 강구조용접에서 용접 개시점과 종료점에 용착금속에 결함이 없도록 임시로 부착하는 것은?

① 엔드 탭(End Tap)
② 오버 랩(Over Lap)
③ 뒷댐재(Backing Stirrup)
④ 언더 컷(Under Cut)

해설
철골구조의 접합
엔드탭은 용접결함 발생을 방지하기 위해 용접의 시단부와 종단부에 임시로 붙이는 보조 강판이다.

006 다음 각 구조 시스템에 관한 정의로 옳지 않은 것은?

① 모멘트골조방식 : 수직하중과 횡력을 보와 기둥으로 구성된 라멘골조가 저항하는 구조방식
② 연성모멘트골조방식 : 횡력에 대한 저항능력을 증가시키기 위하여 부재와 접합부의 연성을 증가시킨 모멘트골조방식
③ 이중골조방식 : 횡력의 25% 이상을 부담하는 전단벽이 연성모멘트골조와 조합되어 있는 구조방식
④ 건물골조방식 : 수직하중은 입체골조가 저항하고 지진하중은 전단벽이나 가새골조가 저항하는 구조방식

해설
이중골조방식
횡력의 25% 이상을 부담하는 연성모멘트골조가 전단벽이나 가새골조와 조합되어 있는 구조방식

007 그림과 같은 콘크리트 슬래브에서 합성보 A의 슬래브 유효폭 b_e를 구하면? (단, 그림의 단위는 mm임)

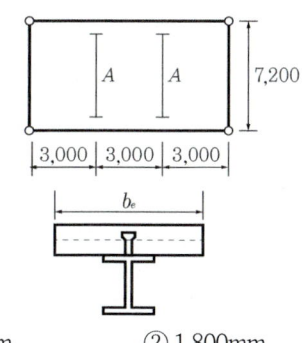

① 1,500mm ② 1,800mm
③ 2,000mm ④ 2,250mm

해설
합성보의 유효폭(b_e)
다음 ①, ② 값 중 작은 값
① b_{e1} = 양측 슬래브 중심 간 거리
② b_{e2} = 보 경간 $\times \frac{1}{4}$

(1) b_{e1} = 양측 슬래브 중심 간 거리 = $\frac{3,000}{2} + \frac{3,000}{2} = 3,000$mm

(2) b_{e2} = 보 경간 $\times \frac{1}{4} = 7,200 \times \frac{1}{4} = 1,800$mm

따라서 둘 중 작은 값인 1,800mm가 유효폭이다.

정답 004 ① 005 ① 006 ③ 007 ②

008 그림과 같은 등변분포하중이 작용하는 단순보의 최대 휨모멘트 M_{max}는?

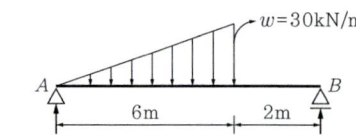

① $25\sqrt{3}\,kN\cdot m$ ② $25\sqrt{2}\,kN\cdot m$
③ $90\sqrt{3}\,kN\cdot m$ ④ $90\sqrt{2}\,kN\cdot m$

해설

정정보 해석

$\sum M_B = 0 : +(V_A)(8) - \left(\dfrac{1}{2} \times 30 \times 6\right)\left(2 + 6 \times \dfrac{1}{3}\right) = 0$

$\therefore V_A = +45kN(\uparrow)$

지점 A로부터 우측으로 x 위치에서 삼각형 분포하중의 크기는 삼각형의 닮은비를 통해

$x : q = 6 : 30$으로부터 $q = 5x$

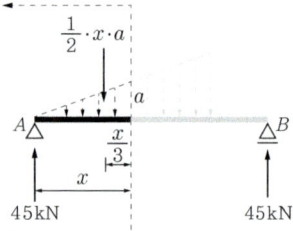

지점 A로부터 우측으로 위치의 휨모멘트

$M_x = +(45) \times (x) - \left(\dfrac{1}{2} \cdot q \cdot x\right) \cdot \dfrac{x}{3} = +45 \cdot x - \dfrac{5}{6} \cdot x^3$

$\dfrac{dM_x}{dx} = V_x = +(45) - \left(\dfrac{15}{6} \cdot x^2\right) = 0 \quad \therefore x = 3\sqrt{2}\,m$

$M_{max} = +(45)(3\sqrt{2}) - \left(\dfrac{5}{6}\right)(3\sqrt{2})^3 = +90\sqrt{2}\,kN\cdot m$

009 보의 재질과 단면의 크기가 같을 때 (A)보의 최대 처짐은 (B)보의 몇 배인가?

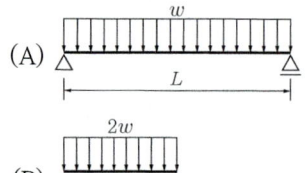

① 2배 ② 4배
③ 8배 ④ 16배

해설

정정구조물의 변형

- 단순보에 등분포하중 작용 시

$\delta_{max} = \dfrac{5wL^4}{384EI}$

- 등분포하중의 비교

$\delta_{A,max} = \dfrac{5}{384} \cdot \dfrac{w \cdot (L)^4}{EI}$

$\delta_{B,max} = \dfrac{5}{384} \cdot \dfrac{2w \cdot \left(\dfrac{L}{2}\right)^4}{EI} = \dfrac{5}{384} \cdot \dfrac{w \cdot L^4}{8EI}$

$\delta_{A,max} = \delta_{B,max}$ 로부터

따라서 (A)의 최대 처짐은 (B) 최대 처짐의 8배이다.

010 그림과 같은 원통단면의 핵반경은?

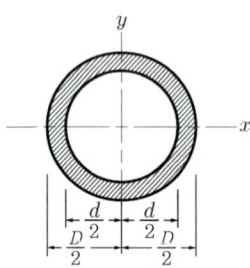

① $\dfrac{D+d}{6}$ ② $\dfrac{D}{8}$
③ $\dfrac{D+d}{8}$ ④ $\dfrac{D^2+d^2}{8D}$

해설

단면의 성질

(1) 단면계수 : $Z = \dfrac{I}{y} = \dfrac{\dfrac{\pi(D^4-d^4)}{64}}{\dfrac{D}{2}} = \dfrac{\pi(D^4-d^4)}{32D}$

(2) 핵반경 : $e = \dfrac{Z}{A} = \dfrac{\dfrac{\pi(D^4-d^4)}{32D}}{\dfrac{\pi(D^2-d^2)}{4}} = \dfrac{D^2+d^2}{8D}$

011 다음 그림에서 파단선 A-B-F-C-D의 인장재 순단면적은? (단, 볼트구멍지름 d : 22mm, 인장재 두께는 6mm)

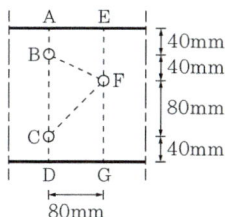

① 1,164mm² ② 1,364mm²
③ 1,564mm² ④ 1,764mm²

해설

엇모배치 인장재 순단면적(A_n)

$A_n = A_g - n \cdot d \cdot t + \sum \dfrac{S^2}{4g} \cdot t$

$= (200 \times 6) - (3)(22)(6) + \left[\dfrac{(80)^2}{4(40)} \cdot 6 + \dfrac{(80)^2}{4(80)} \cdot 6 \right]$

$= 1,164 mm^2$

012 그림과 같은 독립기초에 N=480kN, M=96kN·m가 작용할 때 기초저면에 발생하는 최대 지반반력은?

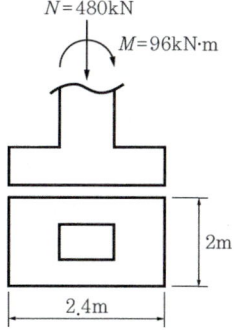

① 15kN/m² ② 150kN/m²
③ 20kN/m² ④ 200kN/m²

해설

독립기초 저면의 응력도

$\sigma_{max} = \dfrac{N}{A} + \dfrac{M}{Z} = \dfrac{(480)}{(2 \times 2.4)} + \dfrac{(96)}{\dfrac{(2)(2.4)^2}{6}}$

$= 150 kN/m^2 (압축)$

013 그림과 같은 트러스에서 a부재의 부재력은 얼마인가?

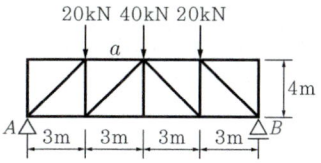

① 20kN(인장) ② 30kN(압축)
③ 40kN(인장) ④ 60kN(압축)

해설

트러스 해석

(1) 하중과 경간이 좌우대칭이므로 ∴ $V_A = +40kN(\uparrow)$

(2) A점에서 우측으로 3m 떨어진 점을 C라고 가정했을 때, a부재의 부재력을 구하기 위해 절점 C에서 모멘트를 계산한다.

$\sum M_C = 0 : +(40)(3) + (a)(4) = 0$

∴ $a = -30 kN(압축)$

014 그림과 같은 단면에 전단력 40kN이 작용할 때 A점에서 전단응력은?

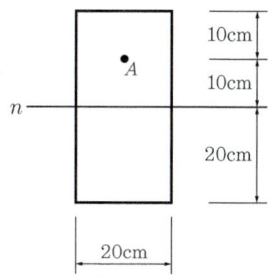

① 0.28MPa ② 0.56MPa
③ 0.84MPa ④ 1.12MPa

해설

재료의 역학적 성질

전단응력 산정식 $\tau = \dfrac{S \cdot G}{I \cdot b}$

(1) $I = \dfrac{bh^3}{12} = \dfrac{(200)(400)^3}{12}$

(2) $b = 200 mm$

(3) 전단력 $S = 40 kN = 40 \times 10^3 N$

(4) G : 전단응력을 구하고자 하는 외측 단면에 대한 중립축으로부터의 단면1차모멘트

$G = (200 \times 100)\left(100 + \dfrac{100}{2}\right)$

(5) $\tau = \dfrac{S \cdot G}{I \cdot b} = \dfrac{(40 \times 10^3) \times (200 \times 100)(100 + \dfrac{100}{2})}{\dfrac{(200)(400)^3}{12} \times (200)}$

$= 0.5625 MPa$

정답 011 ① 012 ② 013 ② 014 ②

015 그림과 같이 O점에 모멘트가 작용할 때 OB부재와 OC부재에 분배되는 모멘트가 같게 하려면 OC부재의 길이를 얼마로 해야 하는가?

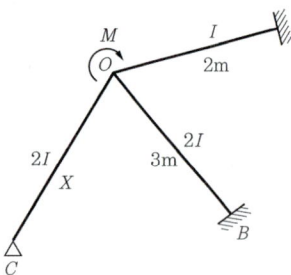

① $\dfrac{2}{3}$ m
② $\dfrac{3}{2}$ m
③ $\dfrac{9}{4}$ m
④ 3 m

[해설]
부정정구조물
강도계수 $(K = \dfrac{I}{L})$: C지점은 회전단이므로 유효강비 $\dfrac{3}{4}$을 적용함
$K_{OB} = \dfrac{2I}{3}$, $K_{OC} = \dfrac{3}{4}\left(\dfrac{2I}{x}\right) = \dfrac{6I}{4x}$
$K_{OB} = K_{OC}$이므로
$\dfrac{2I}{3} = \dfrac{6I}{4x}$, $\therefore x = \dfrac{9}{4}$(m)

016 다음 그림과 같은 필렛용접부의 유효면적은?

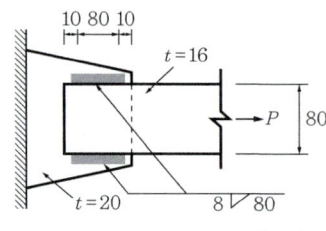

① 614.4mm²
② 691.2mm²
③ 716.8mm²
④ 806.4mm²

[해설]
철골구조의 접합
- 유효목두께 : $a = 0.7S = 0.7(8) = 5.6$mm
- 유효길이 : $l = L - 2S = 80 - 2(8) = 64$mm
- 유효단면적 : $A_e = a \cdot l = (5.6)(64) \times 2면 = 716.8$mm²

017 강도설계법에서 철근콘크리트 부재 중 콘크리트의 공칭전단강도(V_c)가 40kN, 전단철근에 의한 공칭전단강도(V_s)가 20kN일 때, 이 부재의 설계전단강도(ϕV_n)는? (단, 강도감소계수는 0.75 적용)

① 60kN
② 48kN
③ 52kN
④ 45kN

[해설]
설계전단강도(V_d)
$V_d = \phi V_n = \phi(V_c + V_s)$
$V_d = 0.75(40 + 20) = 45$kN

018 지진계에 기록된 진폭을 진원의 깊이와 진앙까지의 거리 등을 고려하여 지수로 나타낸 것으로 장소에 관계없는 절대적 개념의 지진 크기를 말하는 것은?

① 규모
② 진도
③ 진원시
④ 지진동

[해설]
내진설계
- 규모 : 지진의 크기를 대표하는 기준으로, 장소에 관계없는 절대적 개념(정량적 개념)으로 진도에 비해 정밀한 값이다.
- 진도 : 지진의 크기를 나타내는 가장 오래된 기준으로, 상대적 개념(정성적 개념)이다. 역사지진의 크기를 규명하는 데 유용하다.
- 진원시 : 지진이 최초 발생한 시각을 말한다.
- 지진동 : 지진파가 지표에 도달하여 관측되는 표면층의 진동을 말한다.

019 철근 콘크리트 단순보에서 순간탄성처짐이 0.9mm 이었다면 1년 뒤 이 부재의 총처짐량을 구하면? (단, 시간경과계수 $\xi=1.4$, 압축철근비 $\rho'=0.01071$)

① 1.52mm ② 1.72mm
③ 1.92mm ④ 2.12mm

해설

철근콘크리트구조의 사용성 및 내구성

- 총처짐량 (δ_t) = 탄성처짐 + 장기처짐
  탄성처짐 + 탄성처짐 × 장기처짐계수
- 장기처짐계수 $\lambda_\Delta = \dfrac{\xi}{1+50\rho'}$

$$\delta_t = 0.9 + 0.9 \times \dfrac{1.4}{1+50\times 0.01071} = 1.72\text{mm}$$

020 철근콘크리트 압축부재의 철근량 제한 조건에 따라 사각형이나 원형띠철근으로 둘러싸인 경우 압축부재의 축방향 주철근의 최소 개수는 얼마인가?

① 2개 ② 3개
③ 4개 ④ 6개

해설

압축재 설계

축방향 철근의 최소 개수는 직사각형 또는 원형띠철근 기둥의 경우 4개, 삼각형 띠철근 기둥의 경우 3개이다.

정답 019 ② 020 ③

2021 제2회 건축기사

001 합성보에서 강재보와 철근콘크리트 또는 합성슬래브 사이의 미끄러짐을 방지하기 위하여 설치하는 것은?

① 스터드 볼트 ② 펄린
③ 윈드 칼럼   ④ 턴 버클

[해설]
① 스터드 볼트(Stud Bolt) : 합성보에서 강재보와 철근콘크리트 또는 합성슬래브 사이의 미끄러짐을 방지하기 위하여 설치한다.
② 펄린(Purlin, 중도리) : 지붕을 받치는 부재, 서까래 또는 지붕널 등을 지지하는 가로부재
③ 윈드 칼럼(Wind Column, 샛기둥) : 벽체에 횡패널을 설치할 때 메인칼럼 사이에 2m 내외로 세우는 2차 부재
④ 턴 버클(Turn Buckle) : 지지막대나 지지 와이어 로프 등의 길이를 조절하기 위한 기구임. 철근 가새 등에 사용

002 다음 중 내진 I등급 구조물의 허용층간변위로 옳은 것은? (단, KDS 기준, h_{sx}는 x층 층고)

① $0.005h_{sx}$ ② $0.010h_{sx}$
③ $0.015h_{sx}$ ④ $0.020h_{sx}$

[해설]
내진설계
건물의 허용층간변위(h_{sx} : 층고)

내진등급	허용층간변위
특	$0.010h_{sx}$
I	$0.015h_{sx}$
II	$0.020h_{sx}$

003 그림과 같은 단순보에서 반력 R_A의 값은?

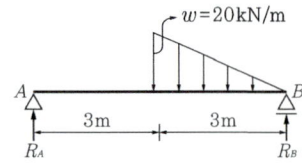

① 5kN   ② 10kN
③ 20kN ④ 25kN

[해설]
정보해 해석
$\Sigma H = 0 : H_A = 0$
$\Sigma M_B = 0 : (R_A)(6) - \left(\frac{1}{2} \times 20 \times 3\right)\left(3 \times \frac{2}{3}\right) = 0$
$\therefore R_A = +10kN(\uparrow)$

004 등분포하중을 받는 4변 고정 2방향 슬래브에서 모멘트량이 일반적으로 가장 크게 나타나는 곳은?

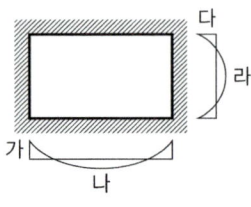

① 가   ② 나
③ 다   ④ 라

[해설]
슬래브 설계
2방향슬래브에서 가장 많은 모멘트량을 받는 곳은 단변방향의 단부이다.

005 강도설계법에서 양단 연속 1방향 슬래브의 스팬이 3,000m일 때 처짐을 계산하지 않는 경우 슬래브의 최소 두께를 계산한 값으로 옳은 것은?
(단, 단위중량 w_c=2,300kg/m³의 보통콘크리트 및 f_y=400MPa 철근 사용)

① 107.1mm   ② 124.3mm
③ 132.1mm   ④ 145.5mm

[해설]
처짐을 계산하지 않는 경우의 1방향 슬래브 최소 두께
단순지지 : $\frac{l}{20}$, 1단연속 : $\frac{l}{24}$, 양단연속 : $\frac{l}{28}$, 캔틸레버 : $\frac{l}{10}$ 이다.
단, $f_y = 400$ 이외의 경우 계산된 h값에 $\left(0.43 + \frac{f_y}{700}\right)$를 곱한다.
그러므로 슬래브 최소 두께(h) = $\frac{3000}{28}$ = 107.1mm

정답 001 ① 002 ③ 003 ② 004 ③ 005 ①

006 다음 구조용 강재의 명칭에 관한 내용으로 옳지 않은 것은?

① SM - 용접구조용 압연강재(KS D 3515)
② SS - 일반구조용 압연강재(KS D 3503)
③ SN - 건축구조용 각형 탄소강관(KS D 3864)
④ SGT - 일반구조용 탄소강관(KS D 3566)

해설

철골구조 총론
SN - 건축구조용 압연강재

007 다음 그림과 같은 단순 인장접합부의 강도한계 상태에 따른 고력볼트의 설계전단강도를 구하면? (단, 강재의 재질은 SS275이며 고력볼트는 M22(F10T), 공칭전단강도 F_{nv}=500MPa, ϕ=0.75)

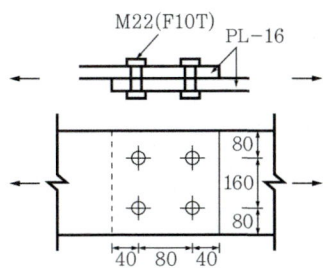

① 500kN ② 530kN
③ 550kN ④ 570kN

해설

고력볼트의 설계전단강도(ϕR_n)
$\phi R_n = \phi F_{nv} \cdot A_b \cdot N_s$
여기서, F_{nv} : 공칭전단강도
A_b : 볼트의 공칭단면적
N_s : 전단면의 수
$\phi R_n = 0.75 \times 500 \times \dfrac{\pi \times 22^2}{4} \times 4 = 570\text{kN}$

008 그림과 같이 스팬이 8,000mm이며, 보 중심간격이 3,000mm인 합성보 H-588×300×12×20의 강재에 콘크리트 두께 150mm로 합성보를 설계하고자 한다. 합성보 B의 슬래브 유효폭을 구하면?
(단, 스터드 전단연결재가 설치됨)

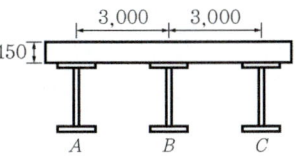

① 1,500mm ② 2,000mm
③ 3,000mm ④ 4,000mm

해설

합성보의 유효폭
합성보의 유효폭(b_e)은 다음 ①, ② 값 중 작은 값
① b_{e1} = 양측 슬래브 중심 간 거리
② b_{e2} = 보 경간 × $\dfrac{1}{4}$

(1) b_{e1} = 양측 슬래브 중심 간 거리 = $\dfrac{3,000}{2} + \dfrac{3,000}{2} = 3,000\text{mm}$

(2) b_{e2} = 보 경간 × $\dfrac{1}{4}$ = 8,000 × $\dfrac{1}{4}$ = 2,000mm

따라서 둘 중 작은 값인 2,000mm가 유효폭이다.

009 철근콘크리트보 설계 시 적용되는 경량콘크리트계수 중 모래경량콘크리트의 경우에 적용되는 계수값은 얼마인가?

① 0.65 ② 0.75
③ 0.85 ④ 1.0

해설

경량콘크리트계수
f_{ap}가 규정되어 있지 않은 경우
전경량콘크리트 : $\lambda = 0.75$
모래경량콘크리트 : $\lambda = 0.85$
보통중량콘크리트 : $\lambda = 1.0$

010 도심축에 대한 빗금 친 부분의 단면계수값은?

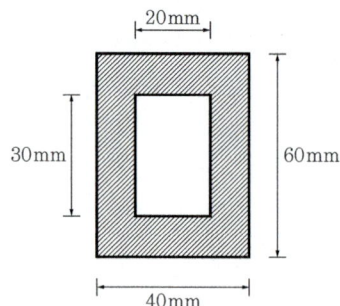

① 19,000mm³ ② 20,500mm³
③ 21,000mm³ ④ 22,500mm³

해설

단면의 성질

단면계수 $Z = \dfrac{I}{y} = \dfrac{\dfrac{BH^3 - bh^3}{12}}{\dfrac{H}{2}} = \dfrac{\dfrac{40 \times 60^3 - 20 \times 30^3}{12}}{\dfrac{60}{2}}$

$= 22,500 \text{mm}^3$

011 다음 그림과 같은 단순보에서 부재길이가 2배로 증가할 때 보의 중앙점 최대 처짐은 몇 배로 증가되는가?

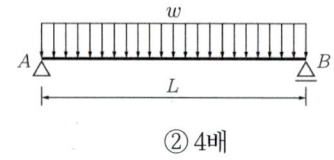

① 2배 ② 4배
③ 8배 ④ 16배

해설

정정구조물의 변형

등분포하중이 작용할 때 단순보의 최대 처짐 $\delta_{max} = \dfrac{5\omega L^4}{384EI}$ 이다.
처짐은 부재길이의 4제곱에 비례하므로 부재길이가 2배로 증가하면
∴ $(2)^4 = 16$배

012 다음과 같은 구조물의 판별로 옳은 것은? (단, 그림의 하부 지점은 고정단임)

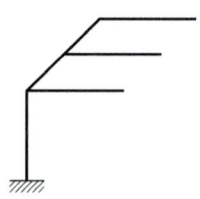

① 불안정 ② 정정
③ 1차부정정 ④ 2차부정정

해설

구조물의 개론
$m = n + s + r - 2k$
$\quad = 3 + 6 + 5 - 2 \times 7 = 0$

013 활하중의 영향면적 산정 기준으로 옳은 것은? (단, KDS 기준)

① 부하면적 중 캔틸레버 부분은 영향면적에 단순합산
② 기둥 및 기초에서는 부하면적의 6배
③ 보에서는 부하면적의 5배
④ 슬래브에서는 부하면적의 2배

해설

활하중의 영향면적 산정 기준
(1) 캔틸레버 부분은 영향면적에 부하면적과 영향면적이 같으므로 단순합산
(2) 기둥 및 기초에서는 부하면적의 4배
(3) 보에서는 부하면적의 2배
(4) 슬래브에서는 부하면적의 1배

014 인장력을 받는 원형단면 강봉의 지름을 4배로 하면 수직응력도(Normal Stress)는 기존 응력도의 얼마로 줄어드는가?

① $\frac{1}{2}$ ② $\frac{1}{4}$

③ $\frac{1}{8}$ ④ $\frac{1}{16}$

해설
재료의 역학적 성질
$\sigma(수직응력) = \frac{P}{A} = \frac{P}{\frac{\pi D^2}{4}}$ 로부터 직경(D)을
4배로 하면 인장응력은 $\frac{1}{4^2} = \frac{1}{16}$ 배로 된다.

015 보통중량콘크리트를 사용한 그림과 같은 보의 단면에서 외력에 의해 휨균열을 일으키는 균열모멘트(M_{cr})값으로 옳은 것은? (단, f_{ck}=27MPa, f_y=400MPa, 철근은 개략적으로 도시되었음)

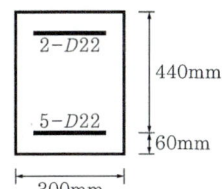

① 29.5kN·m ② 34.7kN·m
③ 40.9kN·m ④ 52.4kN·m

해설
철근콘크리트구조 휨재 설계
균열모멘트(M_{cr})
$M_{cr} = 0.63\lambda\sqrt{f_{ck}} \cdot \frac{bh^2}{6} = 0.63(1.0)\sqrt{27} \cdot \frac{(300)(500)^2}{6}$
$= 40,919,700\text{N}\cdot\text{mm} = 40.919\text{kN}\cdot\text{m}$
여기서, 보통중량콘크리트에 대한 경량콘크리트계수 $\lambda = 1$

016 그림과 같은 부정정라멘에서 A점의 M_{AB}는?

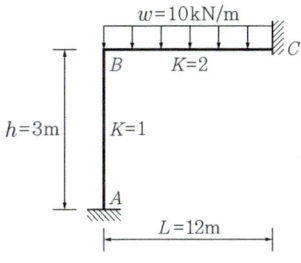

① 0 ② 20kN·m
③ 40kN·m ④ 60kN·m

해설
부정정구조물
모멘트분배법에 의하여 $M_{AB} = \frac{1}{2}M_{BA}$ 이다.
$M_B = \frac{wl^2}{12} = \frac{10 \times 12^2}{12} = +120\text{kN}\cdot\text{m}$

· 분배율
$DF_{BA} = \frac{K_{BA}}{\Sigma K} = \frac{1}{2+1} = \frac{1}{3}$

· 분배모멘트
$M_{BA} = M_B \cdot DF_{BA} = (+120) \times \frac{1}{3} = +40\text{kN}\cdot\text{m}$

· 전달모멘트
$M_{AB} = \frac{1}{2}M_{BA} = \frac{1}{2}(+40) = +20\text{kN}\cdot\text{m}$

017 그림과 같은 부정정라멘의 B.M.D에서 P값을 구하면?

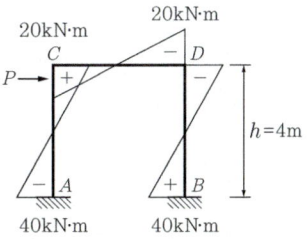

① 20kN ② 30kN
③ 50kN ④ 60kN

해설
부정정구조물
층방정식(전단력식)에 의하여
$P = \frac{(M_{CA} + M_{AC}) + (M_{DB} + M_{BD})}{h}$ 이므로
$P = \frac{(20+40) + (20+40)}{4} = 30\text{kN}$ 이다.

정답 014 ④ 015 ③ 016 ② 017 ②

018 KDS에서 철근콘크리트구조의 최소 피복두께를 규정하는 이유로 보기 어려운 것은?

① 철근이 부식되지 않도록 보호
② 철근의 화해(火害) 방지
③ 철근의 부착력 확보
④ 콘크리트의 동결융해 방지

해설

피복두께의 규정 이유
피복은 내구성(철근의 방청), 내화성, 부착력 확보 등을 목적으로 한다.

019 인장이형철근 및 압축이형철근의 정착길이(l_d)에 관한 기준으로 옳지 않은 것은? (단, KDS 기준)

① 계산에 의하여 산정한 인장이형철근의 정착길이는 항상 200mm 이상이어야 한다.
② 계산에 의하여 산정한 압축이형철근의 정착길이는 항상 200mm 이상이어야 한다.
③ 인장 또는 압축을 받는 하나의 다발철근 내에 있는 개개 철근의 정착길이 l_d는 다발철근이 아닌 경우 각 철근의 정착길이보다 3개의 철근으로 구성된 다발철근에 대해서는 20%를 증가시켜야 한다.
④ 단부에 표준갈고리가 있는 인장이형철근의 정착길이는 항상 $8d_b$ 이상 또한 150mm 이상이어야 한다.

해설

정착길이 최소 기준
인장이형철근 및 이형철선 : 최소 300mm 이상
압축이형철근 및 이형철선 : 최소 200mm 이상

020 그림과 같은 구조물에 힘 P가 작용할 때 휨모멘트가 0이 되는 곳은 모두 몇 개인가?

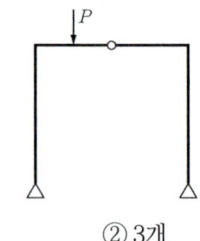

① 2개
② 3개
③ 4개
④ 5개

해설

3-Hinge 라멘의 BMD
휨모멘트값이 0인 곳
(1) 지점(A, B)
(2) 부재 내 힌지절점(C)
(3) $D \sim C$ 구간 1곳

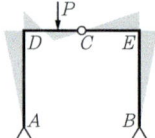

정답 018 ④ 019 ① 020 ③

2021 제4회 건축기사

001 강도설계법에서 처짐을 계산하지 않는 경우 스팬이 8.0m인 단순지지된 보의 최소 두께로 옳은 것은? (단, 보통중량콘크리트와 f_y=400MPa 철근을 사용한 경우)

① 380mm ② 430mm
③ 500mm ④ 600mm

해설

처짐을 계산하지 않는 경우 보의 최소 두께

부재 [l:경간길이(mm)]	최소 두께(h_{min})			
	단순지지	1단연속	양단연속	캔틸레버
	$\dfrac{l}{16}$	$\dfrac{l}{18.5}$	$\dfrac{l}{21}$	$\dfrac{l}{8}$

따라서 단순지지된 보이므로

$h_{min} = \dfrac{l}{16} = \dfrac{(8,000)}{16} = 500mm$

002 그림과 같이 캔틸레버보가 상수 k를 가지는 스프링에 의해 지지되어 있으며, 집중하중 P가 작용하고 있다. 스프링에 걸리는 힘은?

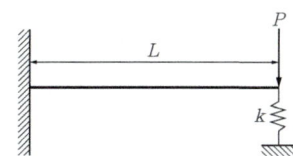

① $\dfrac{PL^3 k}{(2EI + kL^3)}$ ② $\dfrac{PL^3 k}{(3EI + kL^3)}$

③ $\dfrac{PL^3 k}{(6EI + kL^3)}$ ④ $\dfrac{PL^3 k}{(8EI + kL^3)}$

해설

정정구조물의 변형
(1) 스프링(Spring)에 작용하는 처짐

$\delta_s = \dfrac{(P-R_s)L^3}{3EI}$

(2) 스프링에 작용하는 반력 :
힘-변위 관계식을 이용하면

$R_s = k \cdot \delta_s = k \cdot \dfrac{(P-R_s)L^3}{3EI}$ 에서

$R_s = \dfrac{k \cdot PL^3}{3EI + k \cdot L^3}$

힘 = 스프링상수 · 변위

003 전단과 휨만을 받는 철근콘크리트보에서 콘크리트만으로 지지할 수 있는 전단강도 V_c는? (단, 보통중량콘크리트 사용, f_{ck}=28MPa, b_w=100mm, d=300mm)

① 26.5kN ② 530kN
③ 79.3kN ④ 158.7kN

해설

콘크리트 전단강도(V_c)

$V_c = \dfrac{1}{6} \lambda \sqrt{f_{ck}} \cdot b_w \cdot d = \dfrac{1}{6} \times 1 \times \sqrt{28} \times 100 \times 300 = 26.5kN$

004 보의 유효깊이 d=550mm, 보의 폭 b_w=300mm인 보에서 스터럽이 부담할 전단력 V_s=200kN일 경우, 적용 가능한 수직 스터럽의 간격으로 옳은 것은? (단, A_v=142mm², f_{yt}=400MPa, f_{ck}=24MPa)

① 150mm ② 180mm
③ 200mm ④ 250mm

해설

전단철근에 의한 전단강도(V_s)

$V_s = \dfrac{A_v \cdot f_{yt} \cdot d}{s}$ 에서

$s = \dfrac{A_v \cdot f_{yt} \cdot d}{V_s} = \dfrac{(142)(400)(550)}{(200 \times 10^3)} = 156.2mm$

정답 001 ③ 002 ② 003 ① 004 ①

005 고력볼트 F10T-M24의 현장시공을 위한 본조임의 조임력(T)은 얼마인가? (단, 토크계수는 0.13, F10T-M24볼트의 설계볼트장력은 200kN이며 표준볼트장력은 설계볼트장력의 10%를 할증한다.)

① 568,573N·mm   ② 686,400N·mm
③ 799,656N·mm   ④ 892,638N·mm

해설

철골구조의 접합
조임력(T) = $k \cdot d_1 \cdot N$

여기서, k : 토크계수, d_1 : 고력볼트의 공칭직경,
N : 고력볼트의 축력

$N = 200 \times 1.1 = 220$kN
$T = 0.13 \times 24 \times (220 \times 10^3) = 686,400$N·mm

006 강구조 고장력볼트 마찰접합의 특징에 관한 설명으로 옳지 않은 것은?

① 시공이 용이하여 공기가 절약된다.
② 접합부의 강성과 강도가 크다.
③ 품질관리가 용이하다.
④ 국부적인 응력집중이 발생한다.

해설

마찰접합은 부재의 접합면에서 응력이 전달되기 때문에 국부적인 응력집중이 생기지 않는다.

007 그림과 같은 단면의 단순보에서 보의 중앙점 C 단면에 생기는 휨응력 σ_b와 전단응력 v의 값은?

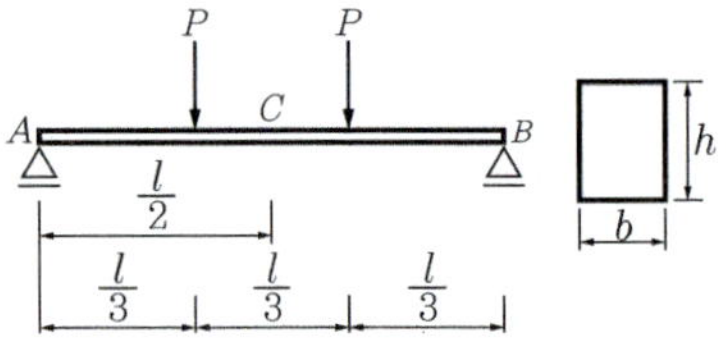

① $\sigma_b = \dfrac{Pl}{bh^2}, v = \dfrac{3Pl}{2bh}$

② $\sigma_b = \dfrac{2Pl}{bh^2}, v = 0$

③ $\sigma_b = \dfrac{2Pl}{bh^2}, v = \dfrac{3Pl}{2bh}$

④ $\sigma_b = \dfrac{Pl}{bh^2}, v = 0$

해설

정정보 해석, 재료의 역학적 성질
① 하중과 경간이 좌우대칭이므로 $R_A = +P(\uparrow)$
② C점의 부재력
 - C점의 전단력 : $S_C = +[+(P)-(P)] = 0$
 - C점의 휨모멘트 : $M_C = +\left[+(P)\left(\dfrac{l}{2}\right)-(P)\left(\dfrac{l}{2}-\dfrac{l}{3}\right)\right]$
  $= +\dfrac{Pl}{3}$

③ C점의 휨응력 : $\sigma_C = \dfrac{M_C}{Z} = \dfrac{\dfrac{Pl}{3}}{\dfrac{bh^2}{6}} = \dfrac{2Pl}{bh^2}$

④ C점의 전단응력 : $\tau = k \cdot \dfrac{V_c}{A} = \left(\dfrac{3}{2}\right) \cdot \dfrac{(0)}{(bh)} = 0$

008 다음과 같은 조건에서 필렛용접 최소 치수(mm)는 얼마인가? (단, 하중저항계수 설계법 기준)

접합부의 두꺼운 쪽 소재 두께(t, mm)
$6 \leq t < 13$

① 5mm   ② 6mm
③ 7mm   ④ 8mm

해설

필렛용접의 최소 사이즈(mm)

접합부의 얇은 쪽 모재두께(t)	모살용접의 최소 사이즈	모살용접의 최대 사이즈
$t \leq 6$	3	$t < 6$mm일 때, $s = t$
$6 < t \leq 13$	5	
$13 < t \leq 19$	6	$t \geq 6$mm일 때, $s = t-2$
$t > 19$	8	

009 그림과 같은 보에서 C점의 처짐은? (단, EI는 전경간에 걸쳐 일정하다.)

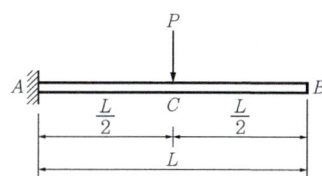

① $\dfrac{PL^3}{12EI}$ ② $\dfrac{PL^3}{24EI}$

③ $\dfrac{PL^3}{48EI}$ ④ $\dfrac{PL^3}{96EI}$

해설

집중하중이 작용할 경우 캔틸레버보의 최대 처짐($\delta_{\max}$)

C점의 처짐(δ_C) $= \dfrac{PL^3}{3EI} = \dfrac{P\left(\dfrac{L}{2}\right)^3}{3EI} = \dfrac{PL^3}{24EI}$

010 다음 그림과 같이 단면적이 같은 4개의 단면을 보부재로 각각 사용할 경우 X축에 대한 처짐에 가장 유리한 단면은?

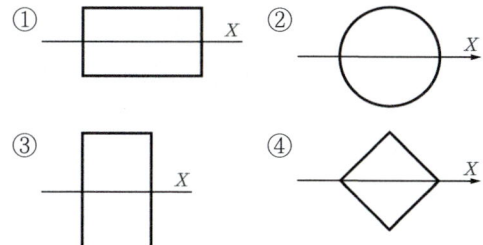

해설

단면의 성질

보의 처짐은 단면2차모멘트에 반비례한다. 단면2차모멘트는 회전축으로부터 거리가 먼 단면일수록 크므로 3번의 직사각형 단면이 가장 유리하다.

011 그림과 같은 단면을 가진 압축재에서 유효좌굴길이 $KL=250$mm일 때 Euler의 좌굴하중값은? (단, $E=210,000$MPa이다.)

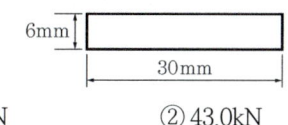

① 17.9kN ② 43.0kN
③ 52.9kN ④ 64.7kN

해설

오일러 좌굴하중

$P_b = \dfrac{\pi^2 EI_{\min}}{(kL)^2} = \dfrac{\pi^2 (210,000)\left(\dfrac{(30)(6)^3}{12}\right)}{(250)^2}$

$= 17,907.4\text{N} = 17.907\text{kN}$

012 철골구조와 비교한 철근콘크리트구조의 특징으로 옳지 않은 것은?

① 진동이 적고 소음이 덜 난다.
② 시공 시 동절기 기후의 영향을 받을 수 있다.
③ 내화성이 크다.
④ 구조의 개조나 보강이 쉽다.

해설

철근콘크리트구조체의 장·단점

(1) 장점
 ① 철근과 콘크리트가 일체되어 내구적이다.
 ② 철근이 콘크리트에 의해 피복되므로 내화적이다.
 ③ 재료의 공급이 용이하며 경제적이다.
 ④ 부재의 형상과 치수가 자유롭다.

(2) 단점
 ① 부재의 자중이 크고, 균열이 생기기 쉽다.
 ② 습식구조이므로 겨울철 공사가 어렵고 시공기간이 길다.
 ③ 공사기간이 길며 균질한 시공이 어렵다.
 ④ 재료의 재사용 및 철거작업이 어렵다.

정답 009 ② 010 ③ 011 ① 012 ④

013 주철근으로 사용된 D22 철근 180° 표준갈고리의 구부림 최소 내면 반지름으로 옳은 것은?

① d_b ② $2d_b$
③ $2.5d_b$ ④ $3d_b$

> **해설**
> 표준갈고리의 구부림 최소 내면 반지름

주철근		스터럽 및 띠철근	
철근 직경	최소 내면 반지름	철근 직경	최소 내면 반지름
D10~D25	$3d_b$ 이상	D10~D16	$2d_b$ 이상
D29~D35	$4d_b$ 이상	D19~D25	$3d_b$ 이상
D38 이상	$5d_b$ 이상		

015 각 지반의 허용지내력 크기가 큰 것부터 순서대로 올바르게 나열한 것은?

> A. 자갈 B. 모래 C. 연암반 D. 경암반

① B > A > C > D ② A > B > C > D
③ D > C > A > B ④ D > C > B > A

> **해설**
> 허용지내력(f_e)   (단위 : kN/m²)

지반의 종류	장기	단기
경암반	4,000	장기값의 1.5배
연암반	2,000	
자갈	300	
자갈+모래	200	
모래	100	
모래+점토	150	
점토	100	

014 그림과 같은 구조물의 부정정차수는?

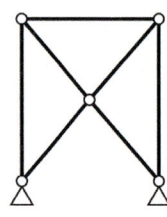

① 1차 ② 2차
③ 3차 ④ 4차

> **해설**
> 구조물의 개론
> $m = n + s + r - 2k = 4 + 7 - 2 \times 5 = 1$

016 그림과 같은 정정라멘에서 BD부재의 축방향력으로 옳은 것은? (단, +: 인장력, -: 압축력)

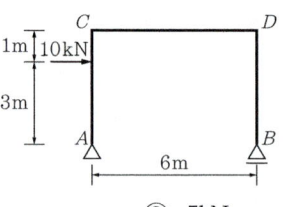

① 5kN ② -5kN
③ 10kN ④ -10kN

> **해설**
> 정정라멘의 해석
> $\Sigma H = 0 : +(H_A) + (10) = 0 \therefore H_A = -10\text{kN}(\leftarrow)$
> $\Sigma M_B = 0 : +(V_A)(6) + (10)(3) = 0 \therefore V_A = -5\text{kN}(\downarrow)$
> $\Sigma V = 0 : +(V_A) + (V_B) = 0 \therefore V_B = +5\text{kN}(\uparrow)$
> $F_{BD} = -5\text{kN}$ (압축)

017 강구조의 볼트접합 구성에 관한 일반적인 설명으로 옳지 않은 것은?

① 볼트의 중심 사이 간격을 게이지 라인이라고 한다.
② 볼트는 가공정밀도에 따라 상볼트, 중볼트, 흑볼트로 나뉜다.
③ 게이지 라인과 게이지 라인과의 거리를 게이지라고 한다.
④ 배치방식은 정렬배치와 엇모배치가 있다.

해설
철골구조의 접합
게이지 라인 : 볼트의 중심선을 연결하는 선
피치 : 볼트의 중심 사이 간격

018 압축철근 A_s' =2,400mm²로 배근된 복철근보의 탄성처짐이 15mm라 할 때 지속하중에 의해 발생되는 5년 후 장기처짐은? (단, b=300mm, d=400mm, 5년 후 지속하중재하에 따른 계수 ξ=2.0)

① 9mm   ② 12mm
③ 15mm ④ 30mm

해설
철근콘크리트구조의 사용성 및 내구성
- 장기처짐 = 탄성처짐×장기처짐계수
- 장기처짐계수 $\lambda_\Delta = \dfrac{\xi}{1+50\rho'}$

구분	ξ	구분	ξ
3개월	1.0	12개월	1.4
6개월	1.2	5년 이상	2.0

$\rho' = \dfrac{A_s'}{bd} = \dfrac{2,400}{300\times 400} = 0.02$

장기처짐 = $15 \times \dfrac{2}{1+50\times 0.02} = 15$mm

019 연약지반에 대한 안전확보 대책으로 옳지 않은 것은?

① 지반개량공법을 실시한다.
② 말뚝기초를 적용한다.
③ 독립기초를 적용한다.
④ 건물을 경량화한다.

해설
연약지반의 부동침하 방지 대책

상부구조에 대한 대책	① 건물의 중량 분배 고려 ② 건물의 평면길이를 작게 할 것 ③ 인접 건물과의 거리를 멀게 할 것 ④ 건물의 강성을 높일 것 ⑤ 건물의 경량화
하부구조에 대한 대책	① 경질지반에 지지시킬 것 ② 마찰말뚝을 사용할 것 ③ 지하실을 사용할 것 ④ 기초 상호 간을 연결할 것

020 다음 그림과 같이 수평하중 30kN이 작용하는 라멘 구조에서 E점에서의 휨모멘트값(절댓값)은?

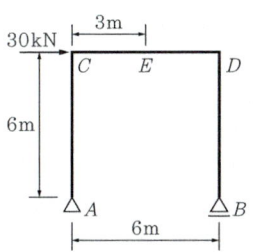

① 40kN·m   ② 45kN·m
③ 60kN·m   ④ 90kN·m

해설
정정라멘의 해석
$\Sigma M_A = 0 : +(30)(6) - (V_B)(6) = 0 \quad \therefore V_B = +30\text{kN}(\uparrow)$
$M_E = -[-(30)(3)] = +90\text{kN}\cdot\text{m}$

2020 제1·2회 건축기사

001 그림과 같은 정정구조의 CD 부재에서 C, D점의 휨모멘트값 중 옳은 것은?

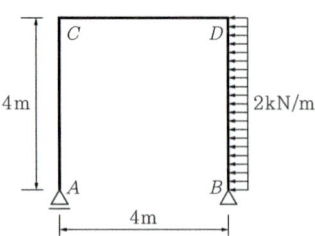

① C점 : 0, D점 : 16kN·m
② C점 : 16kN·m, D점 : 16kN·m
③ C점 : 0, D점 : 32kN·m
④ C점 : 32kN·m, D점 : 32kN·m

[해설]

구조물 해석
$\sum H = 0 : +(H_B) - (2)(4) = 0$
$\therefore H_B = +8\text{kN}(\rightarrow)$
$\sum M_B = 0 : +(V_A)(4) - (8)(2) = 0 \quad \therefore V_A = +4\text{kN}(\uparrow)$
$M_C = 0$
$M_D = -[-(8)(4) + (8)(2)] = +16\text{kN}\cdot\text{m}$

002 그림과 같은 단면에 전단력 50kN이 가해진 경우 중립축에서 상방향으로 100mm 떨어진 지점의 전단응력은? (단, 전체 단면의 크기는 200×300mm임)

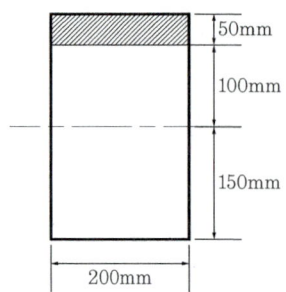

① 0.85MPa ② 0.79MPa
③ 0.73MPa ④ 0.69MPa

[해설]

재료의 역학적 성질
전단응력 산정식 $\tau = \dfrac{S \cdot G}{I \cdot b}$

(1) $I = \dfrac{bh^3}{12} = \dfrac{(200)(300)^3}{12} = 450 \times 10^6 \text{mm}^4$
(2) $b = 200\text{mm}$
(3) 전단력 $S = 50\text{kN} = 50 \times 10^3 \text{N}$
(4) G : 전단응력을 구하고자 하는 외측 단면에 대한 중립축으로부터의 단면1차모멘트
$G = (200 \times 50)\left(100 + \dfrac{50}{2}\right) = 1.25 \times 10^6 \text{mm}^3$
(5) $\tau = \dfrac{S \cdot G}{I \cdot b} = \dfrac{(50 \times 10^3)(1.25 \times 10^6)}{(450 \times 10^6)(200)} = 0.69\text{N/mm}^2$

003 등가정적해석법에 의한 건축물의 내진설계 시 고려해야 할 사항이 아닌 것은?

① 지역계수 ② 노풍도계수
③ 지반 종류 ④ 반응수정계수

[해설]

내진설계
노풍도계수 → 바람풍 → 풍하중 관련

004 다음 두 보의 최대 처짐량이 같기 위한 등분포하중의 비로 옳은 것은? (단, 부재의 재질과 단면은 동일하며 A부재의 길이는 B부재길이의 2배임)

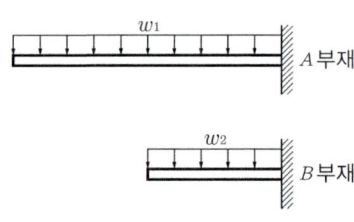

① $w_2 = 2w_1$ ② $w_2 = 4w_1$
③ $w_2 = 8w_1$ ④ $w_2 = 16w_1$

정답 001 ① 002 ④ 003 ② 004 ④

> 해설

정정구조물의 변형
캔틸레버보에 등분포하중 작용 시
$$\delta_{\max} = \frac{wl^4}{8EI}$$

- 등분포하중 비교
$$\delta_{A,\max} = \frac{1}{8} \cdot \frac{w_1 \cdot (2L)^4}{EI}$$
$$\delta_{B,\max} = \frac{1}{8} \cdot \frac{w_2 \cdot (L)^4}{EI}$$
$\delta_{A,\max} = \delta_{B,\max}$ 로부터
$w_1 \cdot (2L)^4 = w_2 \cdot (L)^4$ 이므로 ∴ $w_2 = 16w_1$

005 그림과 같은 트러스에서 '가' 및 '나' 부재의 부재력을 옳게 구한 것은? (단, -는 압축력, +는 인장력을 의미한다.)

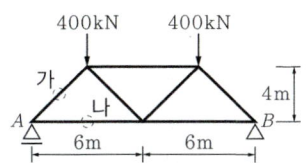

① 가 = -500kN, 나 = 300kN
② 가 = -500kN, 나 = 400kN
③ 가 = -400kN, 나 = 300kN
④ 가 = -400kN, 나 = 400kN

> 해설

정정트러스 해석
대칭이므로, $R_A = R_B = 400$kN
$\sum V = 0 : +(400) + \left(N_{가} \cdot \frac{4}{5}\right) = 0$
∴ $N_{가} = -500$kN (압축)
$\sum H = 0 : +\left(N_{가} \cdot \frac{3}{5}\right) + (N_{나}) = 0$
∴ $N_{나} = +300$kN (인장)

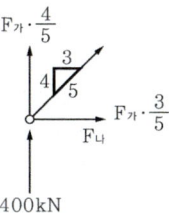

006 철근콘크리트구조 설계 시 고려하는 강도설계법에 관한 설명으로 옳지 않은 것은?

① 보의 압축측의 응력분포는 사다리꼴, 포물선 등의 형태로 본다.
② 규정된 허용하중이 초과될지도 모를 가능성을 예측하여 하중계수를 사용한다.
③ 재료의 변화, 시공오차 등의 기술적인 면을 고려하여 강도감소계수를 사용한다.
④ 이 설계방법은 탄성이론 하에서 이루어진 설계법이다.

> 해설

철근콘크리트구조의 설계이론
④ (극한)강도설계법은 소성설계 이론이 적용된 설계법이다.

007 일반 또는 경량콘크리트 휨부재의 크리프와 건조수축에 의한 추가 장기처짐 산정과 관련하여 5년 이상일 때 지속하중에 대한 시간경과계수 ξ는 얼마인가?

① 2.4   ② 2.2
③ 2.0   ④ 1.4

> 해설

장기처짐계수
$$\lambda_\Delta = \frac{\xi}{1 + 50\rho'}$$

구분	ξ	구분	ξ
3개월	1.0	12개월	1.4
6개월	1.2	5년 이상	2.0

정답 005 ① 006 ④ 007 ③

008 그림과 같은 앵글(Angle)의 유효단면적으로 옳은 것은? (단, L_s-50×50×6 사용, a=5.644cm², d=1.7cm)

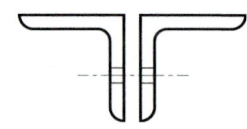

① 8.0cm² ② 8.5cm²
③ 9.0cm² ④ 9.25cm²

해설

좌우대칭의 ㄱ자형 앵글의 유효순단면적(A_n)
$A_n = A_g - n \cdot d \cdot t$
$= (5.644 \times 2개) - (2)(1.7)(0.6) = 9.248\text{cm}^2$

009 3회전단 포물선 아치에 그림과 같이 등분포하중이 가해졌을 경우 단면상에 나타나는 부재력의 종류는?

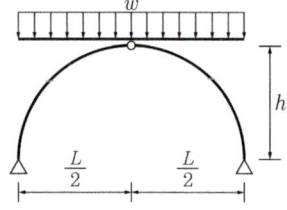

① 전단력, 휨모멘트
② 축방향력, 전단력, 휨모멘트
③ 축방향력, 전단력
④ 축방향력

해설

정정라멘 및 정정아치
3회전단 포물선 아치가 등분포하중을 받게 되면 부재력으로서 전단력이나 휨모멘트가 발생하지 않고 축방향력만 발생하므로 경제적인 구조가 된다.

010 강재의 응력-변형률 시험에서 인장력을 가해 소성상태에 들어선 강재를 다시 반대방향으로 압축력을 작용하였을 때의 압축항복점이 소성상태에 들어서지 않는 강재의 압축항복점에 비해 낮은 것을 볼 수 있는데 이러한 현상을 무엇이라 하는가?

① 루더선(Luder's Line)
② 소성흐름(Plastic Flow)
③ 바우싱거효과(Baushinger's Effect)
④ 응력집중(Stress Concentration)

해설

바우싱거효과
인장력을 가해 소성상태에 들어선 강재를 다시 반대방향으로 압축력을 작용하였을 때의 압축항복점이 소성상태에 들어서지 않는 강재의 압축항복점에 비해 낮아지는 현상

011 그림과 같은 압축재에 V-V축의 세장비값으로 옳은 것은? (단, A=10cm², I_v=36cm⁴)

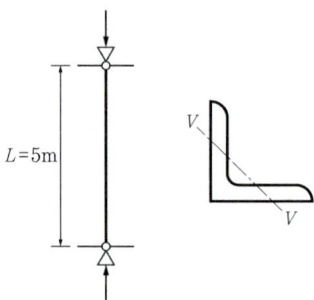

① 270.3 ② 263.5
③ 254.8 ④ 236.4

해설

기둥 및 기초 해석
(1) 양단 힌지(Hinge)이므로 유효좌굴길이계수 $k = 1.0$
(2) 세장비(Slenderness Ratio)
$\lambda = \dfrac{kL}{i_{\min}} = \dfrac{kL}{\sqrt{\dfrac{I_{\min}}{A}}} = \dfrac{(1.0)(500)}{\sqrt{\dfrac{(36)}{(10)}}} = 263.523$

정답 008 ④ 009 ④ 010 ③ 011 ②

012 강도설계법에 의한 철근콘크리트보에서 콘크리트만의 설계전단강도는 얼마인가? (단, f_{ck}=24MPa, λ=1)

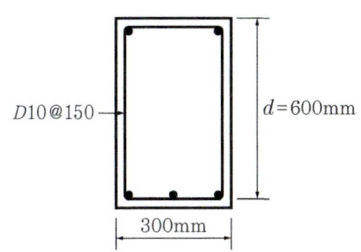

① 31.5kN   ② 75.8kN
③ 110.2kN ④ 145.6kN

해설

콘크리트 설계전단강도(V_d) = ϕV_c

$\phi V_c = \phi \dfrac{1}{6} \lambda \sqrt{f_{ck}} \cdot b_w \cdot d$

$= 0.75 \times \dfrac{1}{6} \times 1 \times \sqrt{24} \times 300 \times 600$

$= 110,227$ kN

013 스터럽으로 보강된 휨부재의 최외단 인장철근의 순인장변형률 ε_t가 0.004일 경우 강도감소계수 ϕ로 옳은 것은? (단, f_y=400MPa)

① 0.65   ② 0.717
③ 0.783   ④ 0.817

해설

강도감수계수(ϕ)
0.002 < 변형률 < 0.005일 경우

$\phi = 0.65 + (\varepsilon_t - 0.002) \times \dfrac{200}{3}$

$= 0.65 + (0.004 - 0.002) \times \dfrac{200}{3} = 0.783$

014 다음 용어 중 서로 관련이 가장 적은 것은?

① 기둥 – 메탈터치(Metal Touch)
② 인장가새 – 턴 버클(Turn Buckle)
③ 주각부 – 거싯 플레이트(Gusset Plate)
④ 중도리 – 새그 로드(Sag Rod)

해설

거싯 플레이트는 기둥, 보, 트러스 부재의 접합에 사용되는 덧댐판이며, 주각부에는 사용하지 않는다.

015 건축물의 기초구조 설계 시 말뚝재료법 구조세칙으로 옳지 않은 것은?

① 나무말뚝을 타설할 때 그 중심간격은 말뚝머리지름의 2.5배 이상 또한 600mm 이상으로 한다.
② 기성콘크리트말뚝을 타설할 때 그 중심간격은 말뚝머리지름의 2.5배 이상 또한 1,100mm 이상으로 한다.
③ 강재말뚝을 타설할 때 그 중심간격은 말뚝머리의 지름 또는 폭의 2.0배 이상(다만, 폐단강관말뚝에 있어서 2.5배) 또한 750mm 이상으로 한다.
④ 현장타설콘크리트말뚝을 배치할 때 그 중심간격은 말뚝머리지름의 2.0배 이상 또한 말뚝머리지름에 1,000mm를 더한 값으로 한다.

해설

재료상 말뚝의 간격

구분	중심 간 간격
나무말뚝	600mm 또한 2.5D 이상
기성콘크리트말뚝	750mm 또한 2.5D 이상
(현장타설콘크리트말뚝)(제자리콘크리트말뚝)	(D+1,000mm) 또한 2.0D 이상
강재말뚝	750mm 또한 2.0D(폐단강관말뚝은 2.5D) 이상

016 다음 중 한계상태설계법에서 강도한계상태를 구성하는 요소가 아닌 것은?

① 바닥재의 진동   ② 기둥의 좌굴
③ 골조의 불안정성 ④ 취성파괴

해설

진동은 사용성 측면에 속한다.

017 볼트의 기계적 등급을 나타내기 위해 표시하는 F8T, F10T, F11T에서 가운데 숫자는 무엇을 의미하는가?

① 휨강도
② 인장강도
③ 압축강도
④ 전단강도

[해설]
철골구조의 접합
가운데 숫자는 최저 인장강도(F_u)를 의미한다.
가령, F10T에서 10T는 $10\text{tf}/\text{mm}^2 = 1,000\text{MPa}$의 최저 인장강도($F_u$)를 표현한다.

018 그림에서 절점 D는 이동을 하지 않으며, A, B, C는 고정단일 때 C단의 모멘트는?
(단, k는 부재의 강비임)

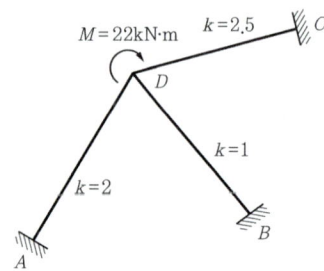

① 4.0kN·m
② 4.5kN·m
③ 5.0kN·m
④ 5.5kN·m

[해설]
부정정구조물
- 분배율
$$DF_{DC} = \frac{2.5}{2+1+2.5} = \frac{5}{11}$$
- 분배모멘트
$$M_{DC} = (+22)\left(\frac{5}{11}\right) = +10\text{kN}\cdot\text{m}$$
- 전달모멘트
$$M_{CD} = \frac{1}{2}(+10) = +5\text{kN}\cdot\text{m}$$

019 콘크리트구조 설계 시 철근간격 제한에 관한 내용으로 옳지 않은 것은?

① 벽체 또는 슬래브에서 휨 주철근의 간격은 벽체나 슬래브 두께의 3배 이하로 하여야 하고, 또한 450mm 이하로 하여야 한다.
② 상단과 하단에 2단 이상으로 배치된 경우 상하 철근은 동일 연직면 내에 배치하여야 하고, 이때 상하 철근의 순간격은 25mm 이상으로 하여야 한다.
③ 나선철근 또는 띠철근이 배근된 압축부재에서 축방향 철근의 순간격은 25mm 이상, 또한 철근공칭지름의 2.5배 이상으로 하여야 한다.
④ 2개 이상의 철근을 묶어서 사용하는 다발철근은 이형철근으로 그 개수는 4개 이하이어야 하며, 이들은 스터럽이나 띠철근으로 둘러싸여져야 한다.

[해설]
③ 나선철근 또는 띠철근이 배근된 압축부재에서 축방향 철근의 순간격은 40mm 이상 또한 철근공칭지름의 1.5배 이상으로 하여야 한다.

020 단면의 지름이 150mm, 재축방향 길이가 300mm인 원형강봉의 윗면에 300kN의 힘이 작용하여 재축방향 길이가 0.16mm 줄어들었고, 단면의 지름이 0.02mm 늘어났다면 이 강봉의 탄성계수 E와 푸아송비는?

① 31,830MPa, 0.25
② 31,830MPa, 0.125
③ 39,630MPa, 0.25
④ 39,630MPa, 0.125

[해설]
재료의 역학적 성질
(1) 탄성계수
$$E = \frac{P\cdot L}{A\cdot \Delta L} = \frac{(300\times 10^3)(300)}{\left(\frac{\pi(150)^2}{4}\right)(0.16)} = 31,831\text{N}/\text{mm}^2$$
$$= 31,831\text{MPa}$$
(2) 푸아송비
$$v = \frac{\varepsilon'}{\varepsilon} = \frac{\frac{\Delta D}{D}}{\frac{\Delta L}{L}} = \frac{L\cdot \Delta D}{D\cdot \Delta L} = \frac{(300)(0.02)}{(150)(0.16)} = 0.25$$

2020 제3회 건축기사

001 다음 중 지진에 의하여 발생되는 현상이 아닌 것은?

① 동상현상　　② 해일
③ 지반의 액상화　　④ 단층의 이동

> [해설]
> **내진설계**
> 동상현상은 지표면 내의 흙 속의 공극수가 얼어서 지표면이 부풀어 오르는 현상이다.

002 철근콘크리트보의 사인장 균열에 관한 설명으로 옳지 않은 것은?

① 전단력 및 비틀림에 의하여 발생한다.
② 보의 축과 약 45°의 각도를 이룬다.
③ 주인장응력도의 방향과 사인장균열의 방향은 일치한다.
④ 보의 단부에 주로 발생한다.

> [해설]
> **철근콘크리트구조 총론**
> 주인장응력이 콘크리트의 허용인장강도에 이르면 이것과 수평방향으로 균열이 일어난다.
> 이 경우 주인장응력＝사인장응력

003 다음 그림과 같은 띠철근 기둥의 설계축하중 (ϕP_n)값으로 옳은 것은? (단, f_{ck}=24MPa, f_y=400MPa, 주근단면적(A_{st}) : 3,000mm²)

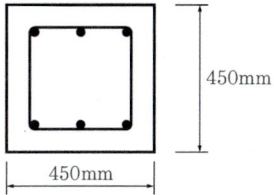

① 2,740kN　　② 2,952kN
③ 3,335kN　　④ 3,359kN

> [해설]
> **직사각형 띠기둥의 최대 설계축하중**
> $P_d = \phi P_n = \phi(0.8 P_o) = \phi(0.8)[0.85 f_{ck}(A_g - A_{st}) + f_y \cdot A_{st}]$
> $= (0.65)(0.8)[0.85(24)(450^2 - 3,000) + (400)(3,000)]$
> $= 2,740 \text{kN}$

004 연약한 지반에 대한 대책 중 상부구조의 조치사항으로 옳지 않은 것은?

① 건물의 수평길이를 길게 한다.
② 건물을 경량화한다.
③ 건물의 강성을 높여준다.
④ 건물의 인동간격을 멀리한다.

> [해설]
> **토질 및 기초구조**
> 건물의 수평길이는 짧게 한다.

005 그림과 같은 단면에서 x축에 대한 단면2차모멘트는?

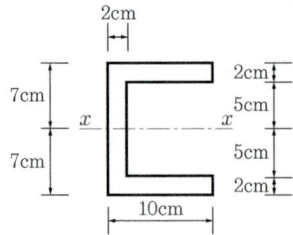

① 1,420cm⁴ ② 1,520cm⁴
③ 1,620cm⁴ ④ 1,720cm⁴

> 해설

단면의 성질
비어 있지 않은 큰 사각형(10cm×14cm)으로 계산한 단면2차모멘트에서 내부의 빈 사각형(8cm×10cm)의 단면2차모멘트를 뺀다.

사각형의 단면2차모멘트 $I = \dfrac{bh^3}{12}$

$I_x = \dfrac{BH^3 - bh^3}{12} = \dfrac{(10)(14)^3 - (8)(10)^3}{12} = 1,620\text{cm}^4$

---

006 철골조 가새에 관한 설명으로 옳지 않은 것은?

① 트러스의 절점 또는 기둥의 절점을 각각 대각선 방향으로 연결하여 구조체의 변형을 방지하는 부재이다.
② 풍하중, 지진력 등의 수평하중에 저항하는 것으로 부재에는 인장응력만 발생한다.
③ 보통 단일형강재 또는 조립재를 쓰지만 응력이 작은 지붕가새에는 봉강을 사용한다.
④ 수평가새는 지붕트러스의 지붕면(경사면)에 설치한다.

> 해설

가새
풍하중, 지진력 등의 수평하중에 저항하고 인장응력뿐만 아니라 압축응력도 발생한다.

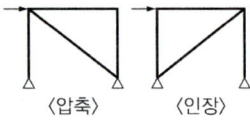

---

007 절점 B에 외력 $M=200\text{kN}\cdot\text{m}$가 작용하고 각 부재의 강비가 그림과 같을 경우 M_{AB}는?

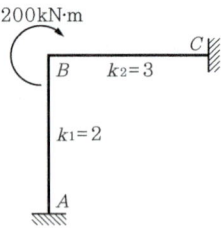

① 20kN·m ② 40kN·m
③ 60kN·m ④ 80kN·m

> 해설

부정정구조물
· 분배율
$DF_{BA} = \dfrac{2}{2+3} = \dfrac{2}{5}$

· 분배모멘트
$DF_{BA} = M_B \cdot DF_{BA} = +(200)\left(\dfrac{2}{5}\right) = +80\text{kN}\cdot\text{m}$

· 전달모멘트
$M_{AB} = \dfrac{1}{2}M_{BA} = \dfrac{1}{2}(+80) = +40\text{kN}\cdot\text{m}$

---

008 그림과 같은 모살용접의 유효용접길이는?
(단, 유효용접길이는 1면에 대해서만 산정)

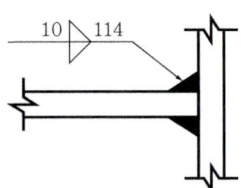

① 10mm ② 94mm
③ 107mm ④ 114mm

> 해설

철골구조의 접합
필렛용접(Fillet Welding, 모살용접)의 유효용접길이는
$l = L - 2S = (114) - 2(10) = 94\text{mm}$

정답 005 ③ 006 ② 007 ② 008 ②

009 강구조에서 하중점과 볼트, 접합된 부재의 반력 사이에서 지렛대와 같은 거동에 의해 볼트에 작용하는 인장력이 증폭되는 현상을 무엇이라 하는가?

① Slip-Critical Action ② Bearing Action
③ Prying Action ④ Buckling Action

해설

Prying Action(지레작용)
하중점과 볼트, 접합된 부재의 반력 사이에서 지렛대와 같은 거동에 의해 볼트에 작용하는 인장력이 증폭되는 현상

010 다음 그림과 같은 보에서 고정단에 생기는 휨모멘트는?

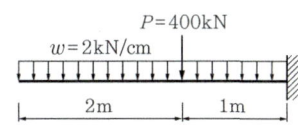

① 500kN·m ② 900kN·m
③ 1,300kN·m ④ 1,500kN·m

해설

구조물 해석
등분포하중 $w=2\text{kN/cm}=200\text{kN/m}$
$M=+[-(200\times3)(1.5)-(400)(1)]=-1,300\text{kN}\cdot\text{m}$

011 다음 그림과 같은 구조물의 부정정차수로 옳은 것은?

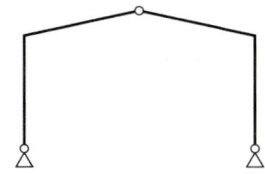

① 정정 ② 1차부정정
③ 2차부정정 ④ 3차부정정

해설

구조물의 개론
$m=n+s+r-2k=4+4+2-2\times5=0$

012 다음과 같은 볼트군의 x_o부터 도심 위치 x를 구하면? (단, 그림의 단위는 mm)

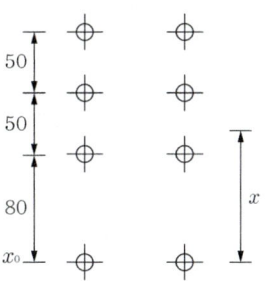

① 80mm ② 89.5mm
③ 90mm ④ 97.5mm

해설

바리뇽의 정리=합력의 모멘트 합은 분력의 모멘트 합과 같다.
· $\sum M$합력 $=\sum M$분력
8개 · $(x)=$ (2개)(180)+(2개)(130)+(2개)(80)+(2개)(0)
따라서 $x=97.5\text{mm}$

013 압축이형철근의 정착길이에 관한 기준으로 옳지 않은 것은?

① 계산된 정착길이는 항상 200mm 이상이어야 한다.
② 기본정착길이는 최소 $0.043d_bf_y$ 이상이어야 한다.
③ 해석결과 요구되는 철근량을 초과하여 배치한 경우 (소요철근량/배근철근량)을 곱하여 보정한다.
④ 전경량콘크리트를 사용한 경우 기본정착길이에 0.85배하여 정착길이를 산정한다.

해설

철근의 정착 및 이음
전경량콘크리트를 사용한 경우 기본정착길이에 0.75배하여 정착길이를 산정한다.

014 다음 그림과 같은 압축재 H-$200 \times 200 \times 8 \times 12$가 부재의 중앙 지점에서 약축에 대해 휨변형이 구속되어 있다. 이 부재의 탄성좌굴응력도를 구하면? (단, 단면적 $A = 63.53 \times 10^2 \text{mm}^2$, $I_x = 4.72 \times 10^7 \text{mm}^4$, $I_y = 1.60 \times 10^7 \text{mm}^4$, $E = 205,000 \text{MPa}$)

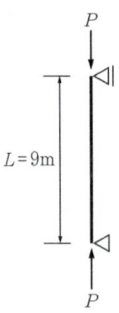

① 252N/mm^2 ② 186N/mm^2
③ 132N/mm^2 ④ 108N/mm^2

해설

오일러의 좌굴하중
(1) 양단힌지이므로 유효좌굴길이계수 $K = 1.0$
(2) 강축(x)에 대해서는 부재 전체의 길이로 $L = 9\text{m}$, 약축(y)에 대해서는 휨변형이 구속되어 있으므로 $L = 4.5\text{m}$를 적용한다.

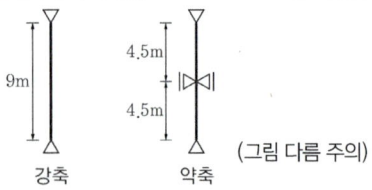

(그림 다름 주의)

(3) 강축과 약축에 대한 좌굴하중을 계산하여 좌굴에 취약한 작은 쪽이 탄성좌굴하중이 된다.

① $P_{cr,x} = \dfrac{\pi^2 EI_x}{(KL_x)^2} = \dfrac{\pi^2 (205,000)(4.72 \times 10^7)}{(1.0 \times 9,000)^2}$
  $= 1,178,991 \text{N}$

② $P_{cr,y} = \dfrac{\pi^2 EI_y}{(KL_y)^2} = \dfrac{\pi^2 (205,000)(1.60 \times 10^7)}{(1.0 \times 4,500)^2}$
  $= 1,598,632 \text{N}$

③ ∴ 탄성좌굴하중(P_{cr}) $= 1,178,991 \text{N}$

④ $\sigma_{cr} = \dfrac{P_{cr}}{A} = \dfrac{(1,178,991)}{(63.53 \times 10^2)} = 185.58 \text{N/mm}^2$

015 철근콘크리트보에서 콘크리트를 이어붓기할 때 그 이음의 위치로 가장 적당한 것은?

① 전단력이 최소인 부분
② 휨모멘트가 최소인 부분
③ 큰보와 작은보가 접합되는 단면이 변화되는 부분
④ 보의 단부

해설

철근의 정착 및 이음
바닥판의 콘크리트 이어붓기는 전단력이 작은 경간(스팬)의 중앙부에서 수직으로 하고, 철근의 이음은 휨모멘트가 작은 곳에서 한다.

016 그림과 같이 양단이 고정된 강재 부재에 온도가 $\Delta T = 30 \degree \text{C}$ 증가될 때 이 부재에 발생되는 압축응력은 얼마인가? (단, 강재의 탄성계수 $E_s = 2.0 \times 10^5 \text{MPa}$, 부재단면적은 $5,000 \text{mm}^2$, 선팽창계수 $\alpha = 1.2 \times 10^{-5} /\degree\text{C}$이다.)

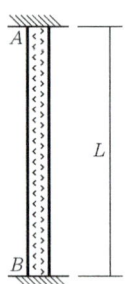

① 25MPa ② 48MPa
③ 64MPa ④ 72MPa

해설

재료의 역학적 성질
온도응력
$\sigma_T = E \cdot \alpha \cdot \Delta T = (2.0 \times 10^5)(1.2 \times 10^{-5})(30)$
  $= 72 \text{N/mm}^2 = 72 \text{MPa}$

017 철근콘크리트보의 장기처짐을 구할 때 적용되는 5년 이상 지속하중에 대한 시간경과계수 ξ의 값은?

① 2.4 ② 2.0
③ 1.2 ④ 1.0

해설

장기처짐계수

$$\lambda_\Delta = \frac{\xi}{1+50\rho'}$$

구분	ξ	구분	ξ
3개월	1.0	12개월	1.4
6개월	1.2	5년 이상	2.0

018 강도설계법에서 휨 또는 휨과 축력을 동시에 받는 부재의 콘크리트 압축연단에서 극한변형률은 얼마로 가정하는가?(단, $f_{ck} = 40\text{MPa}$)

① 0.002 ② 0.0033
③ 0.005 ④ 0.007

해설

철근콘크리트구조 총론
콘크리트 압축연단의 극한변형률은 0.0033이다.

019 그림과 같은 캔틸레버보에서 B점의 처짐을 구하면?

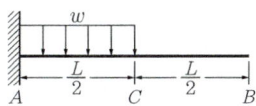

① $\dfrac{wL^4}{128EI}$ ② $\dfrac{3wL^4}{128EI}$

③ $\dfrac{3wL^4}{384EI}$ ④ $\dfrac{7wL^4}{384EI}$

해설

구조물 해석
(1) 캔틸레버보의 처짐 = 탄성하중도 면적×도심

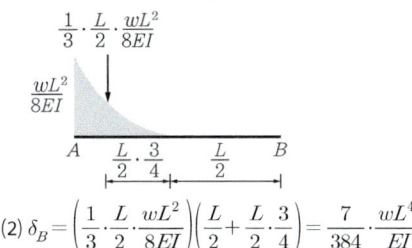

(2) $\delta_B = \left(\dfrac{1}{3} \cdot \dfrac{L}{2} \cdot \dfrac{wL^2}{8EI}\right)\left(\dfrac{L}{2} + \dfrac{L}{2} \cdot \dfrac{3}{4}\right) = \dfrac{7}{384} \cdot \dfrac{wL^4}{EI}$

020 그림과 같은 구조물에서 기둥에 발생하는 휨모멘트가 0이 되려면 등분포하중 w는?

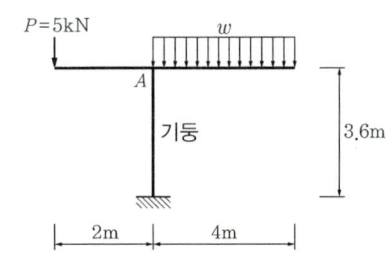

① 2.5kN/m ② 0.8kN/m
③ 1.25kN/m ④ 1.75kN/m

해설

구조물 해석
A지점에서 집중하중 P와 등분포하중 w에 대해 모멘트 M을 구한다.
$\sum M_A = -5 \times 2 + (w \times 4) \times 2 = 0$
$\therefore w = 1.25\text{kN/m}$

2020 제4회 건축기사

001 강도설계법에 따른 철근콘크리트 단근보에서 f_{ck}=27MPa, f_y=400MPa, 균형철근비(ρ_b)=0.0293 일 때 최대 철근비는?

① 0.0258 ② 0.0220
③ 0.0213 ④ 0.0188

해설

철근콘크리트 휨재 설계
- $\rho_{max} = 0.726 \times \rho_b$ ($f_y = 400$MPa일 때)
- $\rho_{max} = 0.692 \times \rho_b$ ($f_y = 350$MPa일 때)
- $\rho_{max} = 0.658 \times \rho_b$ ($f_y = 300$MPa일 때)

$f_y = 400$MPa이므로
$\rho_{max} = 0.726\rho_b = 0.726(0.0293) = 0.02127$

002 그림과 같은 구조물에서 C점에 발생되는 모멘트는?

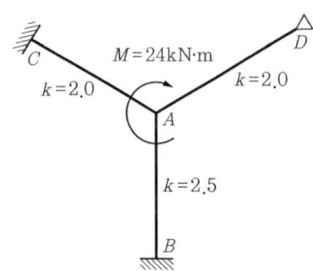

① 4.0kN·m ② 3.5kN·m
③ 3.0kN·m ④ 2.5kN·m

해설

부정정구조물
- 분배율

$$DF_{AC} = \frac{2.0}{2.5 + 2.0 + 2.0 \times \frac{3}{4}} = \frac{1}{3}$$

- 분배모멘트

$$M_{AC} = M_A \cdot DF_{AC} = (+24)\left(\frac{1}{3}\right) = +8\,kN \cdot m$$

- 전달모멘트

$$M_{CA} = \frac{1}{2} M_{AC} = \frac{1}{2}(+8) = +4\,kN \cdot m$$

003 온통기초에 관한 설명으로 옳지 않은 것은?

① 연약지반에 주로 사용된다.
② 독립기초에 비하여 구조해석 및 설계가 매우 단순하다.
③ 부동침하에 대하여 유리하다.
④ 지하수가 높은 지반에서도 유효한 기초방식이다.

해설

온통기초
건물 하부 전체를 받치는 구조로 연약지반의 부동침하에 적합함. 지하수위가 높은 지반에도 유효하며 독립기초방식보다 구조해석, 설계가 복잡하다.

004 1방향 철근콘크리트 슬래브에서 철근의 설계기준 항복강도가 500MPa인 경우 콘크리트 전체 단면적에 대한 수축·온도 철근비는 최소 얼마 이상이어야 하는가? (단, KDS 기준, 이형철근 사용)

① 0.0015 ② 0.0016
③ 0.0018 ④ 0.0020

해설

수축 · 온도철근의 철근비

$f_y = 400$MPa	$f_y = 400$MPa 초과
$\rho = 0.0020$	$\rho = 0.0020 \times \dfrac{400}{f_y} \geq 0.0014$

$f_y = 500$MPa이므로

$$\rho_{min} = 0.0020 \times \frac{400}{f_y} \geq 0.0014$$
$$= 0.0020 \times \frac{400}{(500)} = 0.0016$$

005 길이 8m의 단순보가 100kN/m의 등분포활하중을 받을 때 위험단면에서 전단철근이 부담해야 하는 공칭전단력(V_s)은 얼마인가? (단, 구조물 자중에 의한 w_D=6.72kN/m, f_{ck}=24MPa, f_y=300MPa, λ=1, b_w=400mm, d=600mm, h=700mm)

① 424.43kN ② 530.53kN
③ 565.91kN ④ 571.40kN

해설

철근콘크리트구조 전단 설계
(1) 계수하중
$$w_D = 1.2w_D + 1.6w_L = 1.2(6.72) + 1.6(100)$$
$$= 168.064 \text{kN/m} \geq 1.4w_D = 1.4(6.72)$$
(2) 위험단면에서 계수전단강도(V_u)
$$V_u = \frac{w_u \cdot L}{2} - w_u \cdot d = \frac{(168.064)(8)}{2} - (168.064)(0.6)$$
$$= 571.418 \text{kN}$$
(3) 콘크리트가 부담하는 전단강도
$$V_c = \frac{1}{6}\lambda\sqrt{f_{ck}} \cdot b_w \cdot d = \frac{1}{6}(1)\sqrt{(24)}(400)(600)$$
$$= 195,959\text{N} = 195.959\text{kN}$$
(4) 전단철근이 부담하는 전단강도
= 전체 전단강도 − 콘크리트가 부담하는 전단강도
$$V_s = \frac{V_u}{\phi} - V_c = \frac{(571.418)}{(0.75)} - (195.959) = 565.932\text{kN}$$

006 다음 그림과 같은 보에서 A점의 수직반력을 구하면?

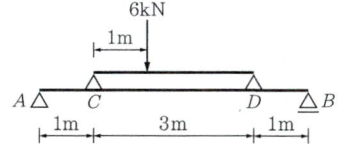

① 2.4kN ② 3.6kN
③ 4.8kN ④ 6.0kN

해설

구조물 해석
(1) $\sum M_D = 0 : +(V_A)(3) - (6)(2) = 0$
∴ $V_C = +4\text{kN}(\uparrow)$
(2) $\sum V = 0 : +(V_C)(V_D) - (6) = 0$
∴ $V_D = +2\text{kN}(\uparrow)$

(3) $\sum M_B = 0 : +(V_A)(5) - (4)(4) - (2)(1) = 0$
∴ $V_A = +3.6\text{kN}(\uparrow)$

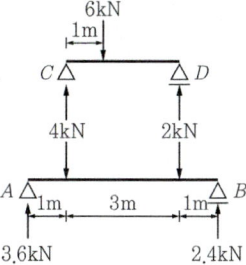

007 단일 압축재에서 세장비를 구할 때 필요하지 않은 것은?

① 유효좌굴길이 ② 단면적
③ 탄성계수   ④ 단면2차모멘트

해설

세장비(Slenderness Ratio)
$$\lambda = \frac{kL}{i} = \frac{kL}{\sqrt{\frac{I}{A}}}$$
(1) k : 지지단의 상태에 따른 유효좌굴길이계수
(2) L : 부재의 길이
(3) i : 단면2차반경
  I : 단면2차모멘트, A : 단면적

008 모살치수 8mm, 용접길이 500mm인 양면모살용접 전체의 유효단면적은 약 얼마인가?

① 2,100mm² ② 3,221mm²
③ 4,300mm² ④ 5,421mm²

해설

철골구조의 접합
· 유효목두께 : $a = 0.7S = 0.7(8) = 5.6\text{mm}$
· 유효길이 : $l = L - 2S = 500 - 2(8) = 484\text{mm}$
· 유효단면적 : $A_e = a \cdot l = (5.6)(484) \times 2면 = 5,420.8\text{mm}^2$

정답 005 ③ 006 ② 007 ③ 008 ④

009 압축이형철근(D19)의 기본정착길이를 구하면? (단, 보통콘크리트 사용, D19의 단면적 : 287mm², f_{ck}=21MPa, f_y=400MPa)

① 674mm   ② 570mm
③ 482mm   ④ 415mm

해설

압축이형철근 기본정착길이(l_{db})

(1), (2) 중 큰 값

(1) $l_{db} = \dfrac{0.25 d_b \cdot f_y}{\lambda \sqrt{f_{ck}}} = \dfrac{0.25(19)(400)}{(1.0)\sqrt{(21)}} = 414.6\text{mm}$

(2) $l_{db} = 0.043 d_b \cdot f_y = 0.043(19)(400) = 326.8\text{mm}$

따라서 l_{db}는 이 중 큰 값인 414.6mm

---

010 기초설계 시 인접대지를 고려하여 편심기초를 만들고자 한다. 이때 편심기초의 지내력이 균등해지도록 하기 위한 가장 타당한 방법은?

① 지중보를 설치한다.
② 기초 면적을 넓힌다.
③ 기둥의 단면적을 크게 한다.
④ 기초 두께를 두껍게 한다.

해설

편심기초

기초판의 중앙에 기둥을 두지 않고 어느 한쪽으로 치우치게 설치하는 기초로 인접경계선 또는 도로경계선에 가깝게 기초를 설치할 때 기초가 인접지나 도로경계선을 침범하지 않게 하기 위해서 설치한다. 이 경우 기초의 지내력 분포가 불균등하므로 지중보를 배치하여야 한다.

---

011 바람의 난류로 인해 발생되는 구조물의 동적거동 성분을 나타내는 것으로 평균변위에 대한 최대 변위의 비를 통계적인 값으로 나타낸 계수는?

① 활하중저감계수   ② 중요도계수
③ 가스트영향계수   ④ 지역계수

해설

가스트영향계수(Gust Effect Factor)

바람의 난류로 인해 발생되는 구조물의 동적거동 성분을 나타낸 것으로 풍하중 설계와 관련된 지표이다.

---

012 독립기초에 N=20kN, M=10kN·m가 작용할 때 접지압이 압축력만 발생하도록 하기 위한 기초 저면의 최소 길이는?

① 2m   ② 3m
③ 4m   ④ 5m

해설

기둥 및 기초

$M = N \cdot e$에서

$e = \dfrac{M}{N} = \dfrac{(10)}{(20)} = 0.5\text{m}$

단면의 핵점 : $e \leq \dfrac{L}{6} = 0.5\text{m}$이므로   ∴ $L \geq 3.0\text{m}$

013 다음 그림과 같은 내민보에서 휨모멘트가 0이 되는 두 개의 반곡점 위치를 구하면? (단, 반곡점 위치는 A점으로부터의 거리임)

① $x_1 = 0.765m$, $x_2 = 5.235m$
② $x_1 = 0.785m$, $x_2 = 5.215m$
③ $x_1 = 0.805m$, $x_2 = 5.195m$
④ $x_1 = 0.825m$, $x_2 = 5.175m$

해설

구조물 해석
- 하중과 경간이 좌우대칭

$$V_A = +\frac{1\times(2+6+2)}{2} = +5kN(\uparrow)$$

- A점으로부터 우측으로 x위치의 휨모멘트

$$M_x = +(5)(x) - (1\times(2+x))\left(\frac{2+x}{2}\right)$$
$$= -0.5x^2 + 3x - 2$$

$M_x = -0.5x^2 + 3x - 2 = 0$ 으로부터

$$x = \frac{(-3) \pm \sqrt{(3)^2 - 4(-0.5)(-2)}}{2(-0.5)}$$ 이며,

$x = x_1 = 0.76393m$, $x = x_2 = 5.23607m$

014 그림과 같은 철근콘크리트보의 균열모멘트(M_{cr}) 값은? (단, 보통중량콘크리트 사용, f_{ck}=24MPa, f_y=400MPa)

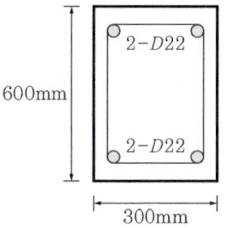

① 21.5kN·m ② 33.6kN·m
③ 42.8kN·m ④ 55.6kN·m

해설

철근콘크리트구조의 휨재 설계

$$M_{cr} = 0.63\lambda\sqrt{f_{ck}} \cdot \frac{bh^2}{6}$$
$$= 0.63(1.0)\sqrt{(24)}\frac{(300)(600)^2}{6}$$
$$= 55,554,427 N\cdot mm = 55.544 kN\cdot m$$

015 강구조에서 용접선 단부에 붙인 보조판으로 아크의 시작이나 종단부의 크레이터 등의 결함을 방지하기 위해 붙이는 판은?

① 엔드 탭 ② 스티프너
③ 윙 플레이트 ④ 커버 플레이트

해설

엔드 탭(End Tap)
용접 결함 발생을 방지하기 위해 용접의 시단부와 종단부에 임시로 붙이는 보조 강판

016 강구조의 소성설계와 관계없는 항목은?

① 소성힌지 ② 안전율
③ 붕괴기구 ④ 하중계수

해설

철골구조 총론
② 안전율은 허용응력설계법에서 사용됨

017 다음 캔틸레버보의 자유단의 처짐각은?
(단, 탄성계수 E, 단면2차모멘트 I)

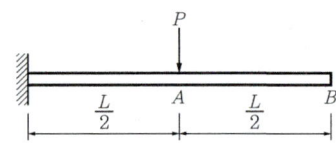

① $\dfrac{PL^2}{2EI}$ ② $\dfrac{PL^2}{3EI}$

③ $\dfrac{PL^2}{6EI}$ ④ $\dfrac{PL^2}{8EI}$

해설

정정구조물의 변형
(1) 처짐각 = 탄성하중도의 면적

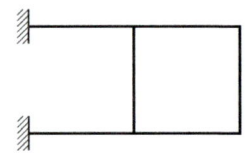

(2) $\theta_B = \left(\dfrac{1}{2} \cdot \dfrac{L}{2} \cdot \dfrac{PL}{2EI}\right) = \dfrac{1}{8} \cdot \dfrac{PL^2}{EI}$

018 그림과 같은 구조물의 부정정차수는?

① 3차부정정 ② 4차부정정
③ 5차부정정 ④ 6차부정정

해설

구조물의 개론
$m = n + s + r - 2k = 6 + 6 + 6 - 2 \times 6 = 6$

019 다음 그림은 각 구간에서 직선적으로 변화하는 단순보의 모멘트도이다. C점과 D점에 동일한 힘 P_1이 작용하고 보의 중앙점 E에 P_2가 작용할 때 P_1과 P_2의 절댓값은?

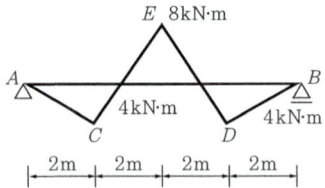

① $P_1 = 4\text{kN}, P_2 = 6\text{kN}$
② $P_1 = 4\text{kN}, P_2 = 8\text{kN}$
③ $P_1 = 8\text{kN}, P_2 = 10\text{kN}$
④ $P_1 = 8\text{kN}, P_2 = 12\text{kN}$

해설

구조물 해석
휨모멘트도를 보면 집중하중이므로 다음과 같은 유추가 가능하다.

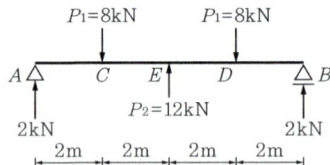

020 한계상태설계법에 따라 강구조물을 설계할 때 고려되는 강도한계상태가 아닌 것은?

① 기둥의 좌굴 ② 접합부 파괴
③ 바닥재의 진동 ④ 피로 파괴

해설

사용한계 : 처짐, 균열, 진동
바닥재의 진동은 사용한계상태이다.

2023 제1회 건축산업기사

※ 본 문제는 수험자의 기억을 바탕으로 하여 복원한 문제이므로 실제와 다를 수 있음을 미리 알려드립니다.

001 그림과 같은 단면의 x축에 대한 단면계수 Z_x는?

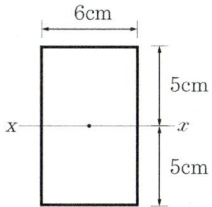

① 100cm²   ② 100cm³
③ 1,000cm²   ④ 1,000cm³

[해설]
$$Z_x = \frac{bh^2}{6} = \frac{6 \times 10^2}{6} = 100\,cm^3$$

002 그림과 같은 단면을 가진 보에서 A-A 축에 대한 휨강도(Z_A)와 B-B축에 대한 휨강도(Z_B)의 관계로 옳은 것은?

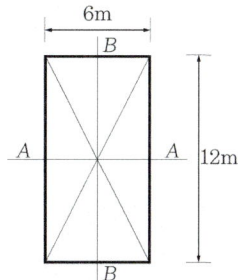

① $Z_A = 1.5 Z_B$ ② $Z_A = 2.0 Z_B$
③ $Z_A = 2.5 Z_B$ ④ $Z_A = 3.0 Z_B$

[해설]
축에 따른 단면계수 비교
$$Z_A = \frac{6(12)^2}{6},\ Z_B = \frac{12(6)^2}{6}$$
$$Z_A : Z_B = \frac{6(12)^2}{6} : \frac{12(6)^2}{6} = 4 : 2 = 2 : 1$$
$$\therefore Z_A = 2.0 Z_B$$

003 350mm 말뚝머리지름인 기성콘크리트 말뚝을 시공할 때 그 중심간격으로 가장 적당한 것은?

① 600mm
② 750mm
③ 875mm
④ 1,000mm

[해설]
기성콘크리트 말뚝 중심간격
(다음 값 중 큰 값)
• 2.5D 이상: 2.5(350)=875mm
• 750mm 이상

004 철근콘크리트구조에서 압축이형철근의 겹침이음길이와 관련 없는 것은?

① 철근의 간격
② 철근의 항복강도
③ 철근의 공칭직경
④ 콘크리트 압축강도

[해설]
압축이형철근 공식
$$l_{db} = \frac{0.25 d_b \cdot f_y}{\lambda \sqrt{f_{ck}}}$$

정답 001 ② 002 ② 003 ③ 004 ①

005 강구조 인장재에 관한 설명으로 옳지 않은 것은?

① 부재의 축방향으로 인장력을 받는 구조부재이다.
② 대표적인 단면형태로는 강봉, ㄱ형강, T형강이 주로 사용된다.
③ 인장재 설계에서 단면결손 부분의 파단은 검토하지 않는다.
④ 현수구조에 쓰이는 케이블이 대표적인 인장재이다.

해설
③ 인장재 설계에서 단면결손 부분(볼트 구멍)의 파단은 검토해야 한다.

006 그림과 같은 철근콘크리트의 보 설계에서 콘크리트에 의한 전단강도 V_c는? (단, f_{ck} = 24MPa, f_y = 400 MPa, 경량콘크리트계수 λ = 1.0)

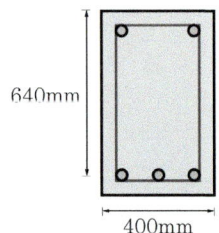

① 150kN
② 180kN
③ 209kN
④ 245kN

해설
$$V_c = \frac{1}{6}\lambda\sqrt{f_{ck}} \cdot b_w \cdot d$$
$$= \frac{1}{6}\times 1 \times \sqrt{24}\times 400 \times 640 \times 10^{-3} = 209\text{kN}$$

007 다음 구조물의 개략적인 휨모멘트도로 옳은 것은?

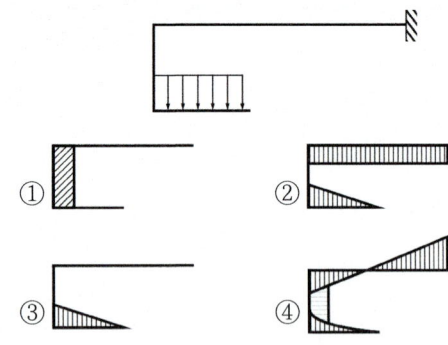

해설
휨모멘트도
- 좌측 수직부재에서는 등분포하중과 거리가 일정하므로 일정한 휨모멘트가 발생함
- 상부의 수평부재는 등분포하중의 중심에는 0, 이후 거리에 비례해서 변화함

008 철근콘크리트부재의 장기처짐에 대한 설명으로 옳은 것은?

① 압축철근비가 클수록 장기처짐은 감소한다.
② 장기처짐은 즉시처짐과 관계가 없다.
③ 장기처짐은 상대습도, 온도 등 제반환경에는 영향을 크게 받으나 부재의 크기에는 영향을 받지 않는다.
④ 시간경과계수의 최댓값은 3이다.

해설
② 장기처짐 = 탄성처짐 $\times \lambda_\Delta$
③ 처짐은 부재의 크기에 아주 큰영향을 미친다.
④ 시간경과계수 ξ의 최댓값은 2이다.

정답 005 ③ 006 ③ 007 ④ 008 ①

009 그림과 같은 부정정보에서 A지점으로부터 우측으로 전단력이 0이 되는 위치 x는?

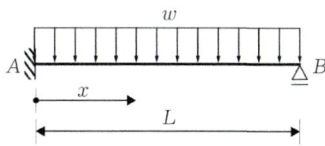

① $\dfrac{3L}{8}$

② $\dfrac{5L}{8}$

③ $\dfrac{L}{2}$

④ $\dfrac{2L}{3}$

해설
전단력이 0이 되는 위치 산정
전단력이 0이 되는 의미는 최대 모멘트가 발생하는 점을 의미하는데, 그림과 같은 부정정보의 최대모멘트는 고정단으로부터 $\dfrac{5L}{8}$ 의 지점에서 발생함

010 철근콘크리트 보에서 늑근의 사용 목적으로 적절하지 않은 것은?

① 전단력에 의한 전단균열 방지
② 철근조립의 용이성
③ 주철근의 고정
④ 부재의 휨강성 증대

해설
늑근의 사용 목적
전단균열 방지, 철근조립의 용이성, 주철근 고정

011 힘의 개념에 관한 설명으로 옳지 않은 것은?

① 힘은 변위, 속도와 같이 크기와 방향을 갖는 벡터의 하나이며, 3요소는 크기, 작용점, 방향이다.
② 힘은 물체에 작용해서 운동상태에 있는 물체에 변화를 일으키게 할 수 있다.
③ 물체에 힘의 작용 시 발생하는 가속도는 힘의 크기에 반비례하고 물체의 질량에 비례한다.
④ 강체에 힘이 작용하면 작용점은 작용선상의 임의의 위치에 옮겨 놓아도 힘의 효과는 변함없다.

해설
③ 물체에 힘이 작용 시 발생하는 가속도는 힘의 크기에 비례하고 물체의 질량에 반비례한다.

012 강재의 응력변형도 곡선에 관한 설명으로 틀린 것은?

① 탄성영역은 응력과 변형도가 비례관계를 보인다.
② 파괴영역은 변형도는 증가하지만 응력은 오히려 줄어드는 부분이다.
③ 변형도경화영역은 소성영역 이후 변형도가 증가하면서 응력이 비선형적으로 증가되는 영역이다.
④ 소성영역은 변형률은 증가하지 않고 응력만 증가하는 영역이다.

해설
④ 소성영역은 응력은 증가하지 않고, 변형률만 증가하는 영역이다.

정답 009 ② 010 ④ 011 ③ 012 ④

013 그림과 같은 단순보의 A점에서 전단력0이 되는 위치까지의 거리는?

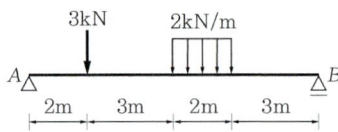

① 5.67m
② 5.5m
③ 2m
④ 5m

해설
(1) $\Sigma M_B = 0$;
$+(V_A)(10)-(3)(8)-(2\times 2)(4)=0$
$\therefore V_A = +4\text{kN}(\uparrow),\ V_B = +3\text{kN}(\uparrow)$
(2) A점으로부터 임의의 위치까지의 거리를 x라 하면
$V_x = V_A - 3 - 2(x-5)$
$V_x = 0\ ;\ 4-3-2x+10=0$
$x = 5.5\text{m}$

014 그림과 같은 라멘구조에서 C점의 휨모멘트는?

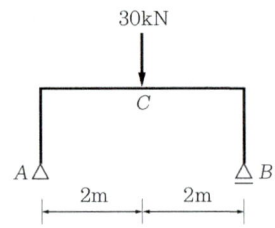

① 1.5kN·m
② 3kN·m
③ 6kN·m
④ 12kN·m

해설
$V_A = \dfrac{3}{2} = 1.5kN(\uparrow)$
$M_A = 1.5\text{kN}\times 2 = 3\text{kN}\cdot\text{m}$

015 강도설계법일 경우 현장치기 콘크리트에서 옥외의 공기나 흙에 직접 접하지 않는 콘크리트 설계기준강도가 40N/mm² 이상인 기둥의 가능한 최소 피복두께로 적당한 것은?

① 20mm
② 30mm
③ 40mm
④ 50mm

해설
• 옥외의 공기나 흙에 직접 접하지 않는 콘크리트보, 기둥: 40mm
• 보, 기둥 철근의 경우에는 콘크리트의 설계기준강도 $f_{ck} \geq 40\text{N/mm}^2$이면 10mm 저감할 수 있음.

016 강도설계법에 의한 전단 설계 시 부재축에 직각인 전단철근을 사용할 때 전단철근에 의한 전단강도 V_s는? (단, s는 전단철근의 간격)

① $V_s = \dfrac{A_v \cdot f_{yt} \cdot s}{d}$
② $V_s = \dfrac{A_v \cdot s \cdot d}{f_{yt}}$
③ $V_s = \dfrac{s \cdot f_{yt} \cdot d}{A_v}$
④ $V_s = \dfrac{A_v \cdot f_{yt} \cdot d}{s}$

해설
전단철근에 의한 전단강도 산정식
$V_s = \dfrac{A_v \cdot f_{yt} \cdot d}{s}$

017 그림과 같은 단순보의 최대 처짐은? (단, I : 단면2차모멘트, E : 탄성계수)

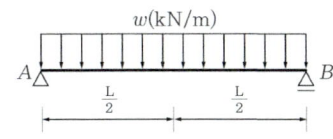

① $\dfrac{5wI^3}{384EL}$ ② $\dfrac{5wI^4}{384EL}$

③ $\dfrac{5wL^3}{384EI}$ ④ $\dfrac{5wL^4}{384EI}$

해설

등분포하중을 받는 단순보 최대처짐

$\delta_{\max} = \dfrac{5wL^4}{384EI}$

018 그림과 같은 구조물의 부정정 차수는?

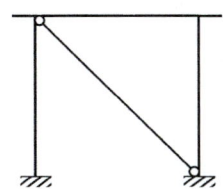

① 1차 부정정 ② 2차 부정정
③ 3차 부정정 ④ 4차 부정정

해설

$m = (n+s+r) - 2k$
$\quad = (6+6+4) - 2 \times 6$
$\quad = 4$

019 지점 A의 반력의 크기와 방향으로 옳은 것은?

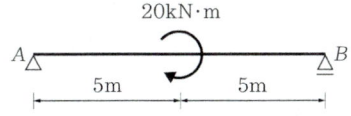

① 하향 2kN
② 상향 2kN
③ 하향 4kN
④ 상향 4kN

해설

$\sum M_B = 0$
$-V_A \times 10 + 20 = 0,\ V_A = 2\text{kN}(\downarrow)$

020 그림과 같이 음영된 부분의 밑변을 지나는 x축에 대한 단면1차모멘트의 값으로 맞는 것은?

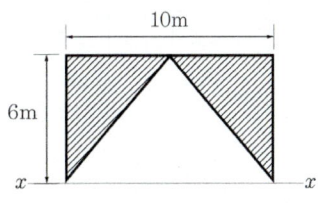

① 30cm³ ② 60cm³
③ 120cm³ ④ 180cm³

해설

단면1차모멘트
문제의 그림에서 사각형을 A_1,
삼각형을 A_2 라고 하면,

$G_x = A_1 y_1 - A_2 y_2 = 6 \times 10 \times 3 - (\dfrac{1}{2} \times 6 \times 10 \times 6 \times \dfrac{1}{3})$

$\quad = 120\text{cm}^3$

정답 017 ④ 018 ④ 019 ① 020 ③

2023 제2회 건축산업기사

※ 본 문제는 수험자의 기억을 바탕으로 하여 복원한 문제이므로 실제와 다를 수 있음을 미리 알려드립니다.

001 그림과 같은 겔버보에서 A점의 휨모멘트는?

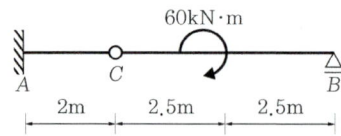

① 24kN·m ② 28kN·m
③ 30kN·m ④ 32kN·m

해설

$V_B = +\dfrac{60}{5} = +12\text{kN}(\uparrow),\ V_C = -\dfrac{60}{5} = 12\text{kN}(\downarrow)$

$M_A = -[-(12)(2)] = +24\text{kN.m}$

002 그림과 같은 단면의 도심 G를 지나고 밑변에 나란한 축 x축에 대한 단면2차모멘트의 값은?

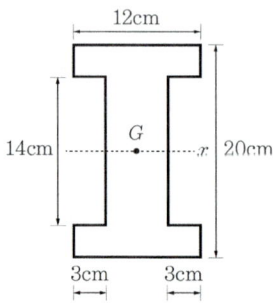

① 5,608 cm⁴ ② 5,628 cm⁴
③ 6,608 cm⁴ ④ 6,628 cm⁴

해설

(1) X축에 대한 단면2차모멘트(I_x)

$I_x = \dfrac{bh^3}{12}$

$= \dfrac{12 \times 20^3}{12} - \dfrac{6 \times 14^3}{12}$

$= 8,000 - 1,372 = 6,628\text{cm}^4$

003 그림과 같은 단순보에서 A지점의 수직반력은?

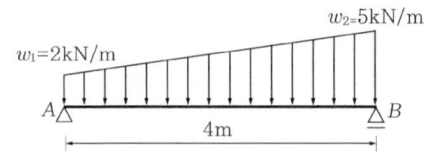

① 3kN(↑) ② 4kN(↑)
③ 5kN(↑) ④ 6kN(↑)

해설

$\Sigma M_B = 0$

$V_A \times 4 - 2 \times 4 \times 2 - \dfrac{1}{2} \times 3 \times 4 \times \dfrac{4}{3} = 0$

$V_A = 6\text{kN}(\uparrow)$

004 기초 지반면에 일어나는 최대 응력은?

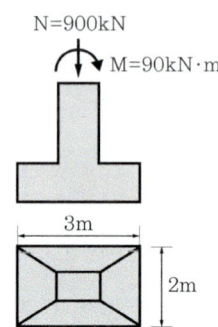

① 0.15MPa ② 0.18MPa
③ 0.21MPa ④ 0.25MPa

해설

(1) $\sigma_{\max} = \dfrac{N}{A} + \dfrac{M}{Z}$

(2) 모멘트의 방향이 주어져 있으므로 단면 계수 산정 시 $b = 2\text{m}$, $h = 3\text{m}$가 된다.

$A = 2 \times 3 = 6\text{m}^2,\ Z = \dfrac{bh^2}{6} = \dfrac{2 \times 3^2}{6} = 3\text{m}^3$

(3) $\sigma_{\max} = \dfrac{900}{6} + \dfrac{90}{3} = 180\text{kN/m}^2$

$= 180 \times \dfrac{10^3 N}{10^6 \text{mm}^2} = 0.18\text{MPa}$

정답 001 ① 002 ④ 003 ④ 004 ②

005 재료의 허용응력 σ_b=6MPa인 보에 18kN·m의 휨모멘트가 작용할 때 단면계수로서 적당한 값은?

① 1,500cm³
② 1,800cm³
③ 3,000cm³
④ 4,500cm³

해설

$\sigma = \dfrac{M}{Z} \leq \sigma_b$ 에서

$Z \geq \dfrac{M}{\sigma_b} = \dfrac{(18 \times 10^6)}{(6)}$

$= 3 \times 10^6 \text{mm}^3 = 3,000 \text{cm}^3$

006 그림과 같은 단면을 가지는 직사각형보의 철근비는? (단, 철근 3-D16=597mm²)

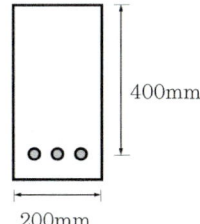

① 0.0065
② 0.0070
③ 0.0075
④ 0.0080

해설

보의 철근비 계산

$\rho = \dfrac{A_s}{bd} = \dfrac{597}{200 \times 400} = 0.0075$

007 그림과 같은 부정정보에서 보 중앙의 휨모멘트는? (단, 보의 휨강도 EI는 일정하다.)

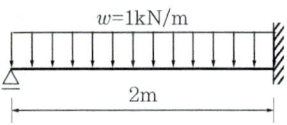

① 0.10kN·m
② 0.15kN·m
③ 0.20kN·m
④ 0.25kN·m

해설

$M_C = \dfrac{wL^2}{16} = \dfrac{(1)(2)^2}{16} = 0.25 \text{kN·m}$

008 경간의 길이가 4m인 단순지지된 1방향 슬래브의 처짐을 계산하지 않는 경우의 최소두께는? (단, 리브가 없는 슬래브, $f_y = 400$MPa)

① 200mm
② 220mm
③ 235mm
④ 250mm

해설

처짐을 계산하지 않는 경우 1방향 슬래브의 최소두께

1방향 슬래브	최소두께(h_{min})			
	단순지지	1단연속	양단연속	캔틸레버
	$\dfrac{l}{20}$	$\dfrac{l}{24}$	$\dfrac{l}{28}$	$\dfrac{l}{10}$

따라서 단순 지지된 슬래브이므로

$h_{min} = \dfrac{l}{20} = \dfrac{(4,000)}{20} = 200 \text{mm}$

정답 005 ③ 006 ③ 007 ④ 008 ①

009 그림과 같은 구조물의 부정정 차수는?

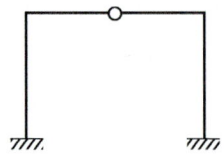

① 1차부정정　② 2차부정정
③ 3차부정정　④ 4차부정정

해설
$m = n + s + r - 2k$
$= 6 + 4 + 2 - 2 \times 5$
$= 12 - 10$
$= 2$

010 강구조에서 규정된 별도의 설계하중이 없는 경우 접합부의 최소 설계강도 기준은? (단, 연결재, 새그로드 또는 띠장은 제외)

① 30kN 이상　② 35kN 이상
③ 40kN 이상　④ 45kN 이상

해설
건축구조기준
강구조 접합부의 설계강도는 45kN 이상이어야 한다. 나만, 연결재, 새그로드 또는 띠장은 제외한다.

011 기초의 분류에서 기초판의 형식에 따른 분류에 속하지 않는 것은?

① 복합기초　② 직접기초
③ 독립기초　④ 연속기초

해설
직접기초는 지정 형식에 의한 분류에 속한다.

012 강재의 응력변형도 곡선에 관한 설명으로 틀린 것은?

① 탄성영역은 응력과 변형도가 비례관계를 보인다.
② 소성영역은 변형률은 증가하지 않고 응력만 증가하는 영역이다.
③ 변형도 경화영역은 소성영역 이후 변형도가 증가하면서 응력이 비선형적으로 증가되는 영역이다.
④ 파괴영역은 변형도는 증가하지만 응력은 오히려 줄어드는 부분이다.

해설
② 소성영역은 응력은 증가하지 않고 변형률만 증가하는 영역이다.

013 강재의 기계적 성질과 관련된 응력변형도 곡선에서 가장 먼저 나타나는 것은?

① 비례한계점　② 탄성한계점
③ 상위항복점　④ 하위항복점

해설
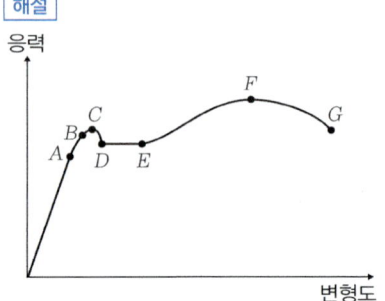

- A: 비례한계점　　・B: 탄성한계점
- C: 상위항복점　　・D: 하위항복점
- E: 변형도경화개시점　・F: 극한강도점
- G: 파괴점

정답　009 ②　010 ④　011 ②　012 ②　013 ①

014 기초판의 최대 계수휨모멘트를 계산할 때의 위험단면에 대한 설명으로 틀린 것은?

① 콘크리트 벽체를 지지하는 기초판은 벽체의 외면
② 콘크리트 기둥, 주각을 지지하는 기초판은 기둥, 주각의 중심
③ 조적조 벽체를 지지하는 기초판은 벽체 중심과 단부 사이의 중간
④ 강재 밑판을 갖는 기둥을 지지하는 기초판은 기둥 외측면과 강재 밑판 사이의 중간

해설
② 콘크리트 기둥, 주각을 지지하는 기초판은 기둥, 주각의 외면이다.

015 철근 직경(d_b)에 따른 표준갈고리와 구부림 최소 내면반지름 기준으로 옳지 않은 것은?

① D13 주철근: $2d_b$ 이상
② D25 주철근: $3d_b$ 이상
③ D13 띠철근: $2d_b$ 이상
④ D16 띠철근: $2d_b$ 이상

해설
표준갈고리의 구부림 최소내면반지름

주철근		스터럽 및 띠철근	
철근 직경	최소 내면 반지름	철근 직경	최소 내면 반지름
D10~D25	$3d_b$ 이상	D10~D16	$2d_b$ 이상
D29~D35	$4d_b$ 이상	D19~D25	$3d_b$ 이상
D38 이상	$5d_b$ 이상		

016 철근콘크리트보에서 늑근의 사용 목적으로 적절하지 않은 것은?

① 전단력에 의한 전단균열 방지
② 철근조립의 용이성
③ 주철근의 위치고정
④ 부재의 휨강성 증대

해설
늑근의 사용 목적
전단균열 방지, 철근조립의 용이성, 주철근 위치고정

017 그림과 같은 L형 단면의 도심 위치 $\bar{y}$는?

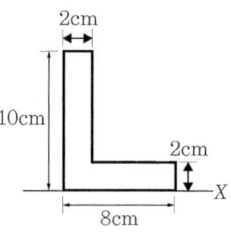

① 2.6cm
② 3.5cm
③ 4.2cm
④ 5.8cm

해설
$$y_0 = \frac{G_x}{A}$$
$$= \frac{(2\times10)(5)+(6\times2)(1)}{(2\times10)+(6\times2)}$$
$$= 3.5\,cm$$

정답 014 ② 015 ① 016 ④ 017 ②

018 그림과 같은 캔틸레버 구조에서 고정단 A점의 최대의 휨모멘트는?

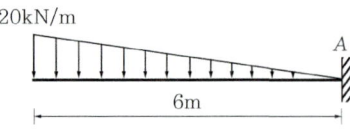

① 120kN·m   ② 160kN·m
③ 200kN·m   ④ 240kN·m

해설
$$M_A = + \left[-\left(\frac{1}{2} \times 6 \times 20\right)\left(\frac{2}{3} \times 6\right) \right] = -240 \text{kN} \cdot \text{m}$$

019 콘크리트의 공칭전단강도(V_c)가 30kN, 전단보강근에 의한 공칭전단강도(V_s)가 20kN일 때 설계전단력(ϕV_n)으로 옳은 것은?

① 45kN   ② 37.5kN
③ 54kN   ④ 60kN

해설
설계전단력(V_d)
$V_d = \phi V_n = \phi(V_c + V_s)$
$= (0.75)[(30)+(20)] = 37.5\text{kN}$

020 힘의 개념에 관한 설명으로 옳지 않은 것은?

① 힘은 변위, 속도와 같이 크기와 방향을 갖는 벡터의 하나이며, 3요소는 크기, 작용점, 방향이다.
② 힘은 물체에 작용해서 운동상태에 있는 물체에 변화를 일으키게 할 수 있다.
③ 물체에 힘의 작용 시 발생하는 가속도는 힘의 크기에 반비례하고 물체의 질량에 비례한다.
④ 강체에 힘이 작용하면 작용점은 작용선상의 임의의 위치에 옮겨 놓아도 힘의 효과는 변함없다.

해설
물체에 힘이 작용 시 발생하는 가속도는 힘의 크기에 비례하고 물체의 질량에 반비례한다.
$F = ma \Rightarrow a = \dfrac{F}{m}$

정답 018 ④ 019 ② 020 ③

2023 제3회 건축산업기사

※ 본 문제는 수험자의 기억을 바탕으로 하여 복원한 문제이므로 실제와 다를 수 있음을 미리 알려드립니다.

001 다음 강구조의 기술 중 옳지 않은 것은?

① 춤이 높고 폭이 작을수록 횡좌굴이 일어나기 쉽다.
② 횡좌굴은 휨모멘트로 인한 압축응력과 관계가 있다.
③ 보의 설계에서 횡좌굴은 고려하지 않아도 된다.
④ 같은 단면이라도 사용방법에 따라 횡좌굴이 일어나기도 하고 일어나지 않기도 한다.

[해설]
③ 보의 설계에서 횡좌굴은 고려해야 한다.

002 그림과 같이 B단이 활절(Hinge)로 된 막대에 상향 10kN, 하향 30kN이 작용하여 평형을 이룬다면 A점으로부터 30kN이 작용하는 점까지의 거리 x는 얼마이어야 하는가? (단, 막대의 자중은 무시한다.)

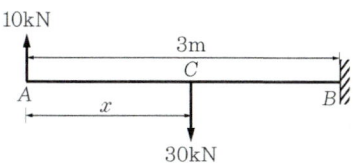

① 1.0m　　② 1.5m
③ 2.0m　　④ 2.5m

[해설]
$\sum M_B = 0$
$10 \times 3 - 30 \times (3-x) = 0$
$x = 2$
∴ 2.0m

003 그림과 같은 삼각형의 밑변을 지나는 x축에 대한 단면2차모멘트는?

① $607,500 cm^4$
② $1,215,000 cm^4$
③ $1,822,500 cm^4$
④ $3,645,000 cm^4$

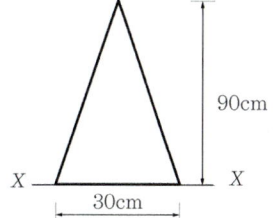

[해설]
단면2차모멘트 계산
$I_X = I_x + A \cdot y_0^2 = \dfrac{bh^3}{36} + \dfrac{bh}{2} \times \left(\dfrac{h}{3}\right)^2$
$= \dfrac{30 \times 90^3}{36} + \dfrac{30 \times 90}{2} \times \left(\dfrac{90}{3}\right)^2$
$= 607,500 + 1,215,000$
$= 1,822,500 cm^4$

004 그림과 같이 기초의 지반반력이 될 때 기초의 길이 L은?

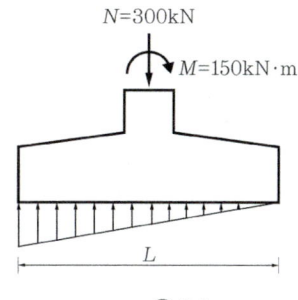

① 1.5m　　② 2.0m
③ 2.5m　　④ 3.0m

[해설]
(1) 편심거리
$e = \dfrac{M}{N} = \dfrac{(0.15)}{(0.3)} = 0.5m$
(2) 단면의 핵거리
$e = \dfrac{L}{6} = 0.5m$이므로 ∴ $L \geq 3.0m$

정답 001 ③ 002 ③ 003 ③ 004 ④

005 그림과 같은 보의 A단에 모멘트 M = 80kN·m가 작용할 때 B단에 발생하는 고정단모멘트의 크기는?

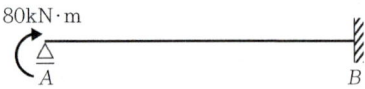

① 20kN·m   ② 40kN·m
③ 60kN·m   ④ 80kN·m

> 해설

$M_B = +\dfrac{(80)}{2} = +40\text{kN}\cdot\text{m}$

006 다음과 같은 철근콘크리트 반T형보의 유효폭으로 옳은 것은? (단, 보 경간은 6m)

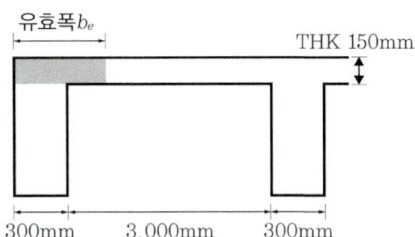

① 800mm   ② 2,300mm
③ 1,800mm ④ 1,200mm

> 해설

반T형보의 유효폭 (다음 값 중 작은 값)

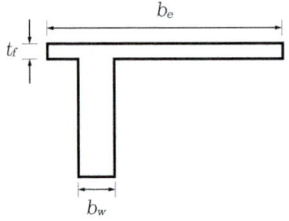

(1) $b_e = 6t_f + b_w = 6(150) + 200 = 1,200\text{mm}$
(2) $b_e = $ (인접보와의 내측거리 $\times 1/2) + b_w$
　　$= (3,000) \times \dfrac{1}{2} + (300) = 1,800\text{mm}$
(3) $b_e = $ 보 경간의 $\dfrac{l}{12} + b_w$
　　$= (6,000) \times \dfrac{1}{12} + (300) = 800\text{mm}$

∴ 가장 작은 값인 800mm

007 다음 그림과 같은 고장력볼트 접합부의 설계미끄럼강도는?

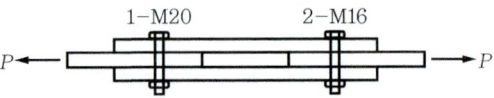

- 미끄럼계수: 0.5
- 표준구멍
　- M16의 설계볼트장력 $T_0 = 106\text{kN}$
　- M20의 설계볼트장력 $T_0 = 165\text{kN}$
- 설계미끄럼강도식 $\phi R_n = \phi\mu h_f T_0 N_s$

① 212kN   ② 184kN
③ 165kN   ④ 148kN

> 해설

- M16 2개와 M20 1개이므로 각각을 구하여 작은 값으로 설계한다. 또한 전단면의 수가 2이므로 $N_s = 2$이다.
- 설계미끄럼강도 계산
(1) 2-M16
$\phi R_n = \phi\mu h_f T_0 N_s = 1.0 \times 0.5 \times 1 \times 106 \times 2 \times 2$개
　　$= 212\text{kN}$
(2) 1-M20
$\phi R_n = \phi\mu h_f T_0 N_s = 1.0 \times 0.5 \times 1 \times 165 \times 2 \times 1$개
　　$= 165\text{kN}$
(3) 설계미끄럼강도는 최솟값이므로 165kN

008 그림과 같은 캔틸레버보에서 자유단의 처짐값으로 옳은 것은? (단, 부재 전 단면의 EI는 같다.)

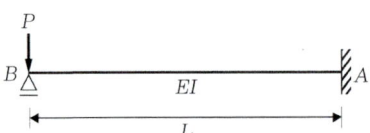

① $\dfrac{PL^2}{2EI}$ ② $\dfrac{PL^3}{3EI}$
③ $\dfrac{PL^2}{3EI}$ ④ $\dfrac{PL^3}{2EI}$

> 해설

B점의 처짐(δ_B)

$\delta_B = \dfrac{PL^3}{3EI}$

009 그림과 같은 단순보에서 B지점의 수직반력은?

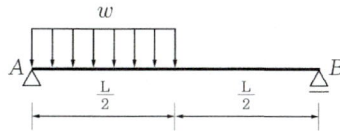

① $\dfrac{wL}{8}$

② $\dfrac{wL}{4}$

③ $\dfrac{3wL}{8}$

④ $\dfrac{3wL}{4}$

해설

$\Sigma M_A = 0$

$-V_B \times L + \dfrac{wL}{2} \times \dfrac{L}{4} = 0$

$V_B \times L = \dfrac{wL^2}{8}$

$V_B = \dfrac{wL}{8}$

011 그림과 같은 구조물의 부정정 차수는?

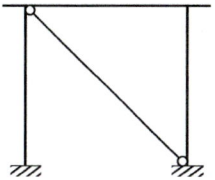

① 1차 부정정
② 2차 부정정
③ 3차 부정정
④ 4차 부정정

해설

$m = (n+s+r) - 2k$
$ = (6+6+4) - 2 \times 6$
$ = 4$

010 철근콘크리트구조의 특징에 대한 설명으로 옳지 않은 것은?

① 보의 압축응력은 콘크리트가 부담하고, 인장응력은 철근이 부담한다.
② 콘크리트는 철근이 녹스는 것을 방지한다.
③ 자체 중량은 크지만 시공과 강도계산이 간단하다.
④ 철근과 콘크리트는 선팽창계수가 거의 같다.

해설

자체 중량도 크고 시공과 강도계산이 복잡하다.

012 철근콘크리트보에서 인장철근비가 균형철근비보다 큰 경우에 발생될 수 있는 현상은?

① 인장측 철근이 콘크리트보다 먼저 허용응력에 도달한다.
② 중립축이 상부로 올라간다.
③ 연성파괴가 나타난다.
④ 콘크리트의 압축파괴가 나타난다.

해설

④ 콘크리트의 취성파괴가 나타난다.

013 강도설계법에 의한 설계 시 부재축에 직각인 전단철근을 사용할 때 전단철근에 의한 전단강도 V_s는? (단, s는 전단철근의 간격)

① $V_s = \dfrac{A_v \cdot f_{yt} \cdot s}{d}$

② $V_s = \dfrac{A_v \cdot s \cdot d}{f_{yt}}$

③ $V_s = \dfrac{s \cdot f_{yt} \cdot d}{A_v}$

④ $V_s = \dfrac{A_v \cdot f_{yt} \cdot d}{s}$

해설

전단철근에 의한 전단강도 산정식

$V_s = \dfrac{A_v \cdot f_{yt} \cdot d}{s}$

014 다음 그림과 같은 철근콘크리트 보에서 처짐을 계산하지 않아도 되는 경우의 보의 최소두께는 얼마인가? (단, 단위질량 $m_c = 2,300 \text{kg/m}^3$인 보통중량콘크리트이며 $f_{ck} = 27\text{MPa}$, $f_y = 400\text{MPa}$)

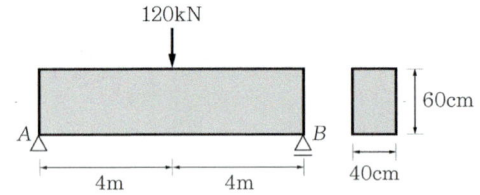

① 385mm
② 324mm
③ 297mm
④ 286mm

해설

처짐 미계산 보의 최소두께(춤)

1단 연속이고, 두 개의 스팬 중 긴 스팬이 불리하므로 이를 적용하면

$h \geq \dfrac{l}{18.5} = \dfrac{6,000}{18.5} = 324.3\text{mm}$

015 그림의 보에서 중립축에 작용하는 최대 전단응력도는?

① 0.275MPa ② 0.325MPa
③ 0.375MPa ④ 0.425MPa

해설

$T_{\max} = k \cdot \dfrac{S}{A} = \left(\dfrac{3}{2}\right) \cdot \dfrac{(60 \times 10^3)}{(400 \times 600)}$
$= 0.375\text{MPa}$

016 철근콘크리트구조에서 하중에 의해 요구되는 단면보다 큰 단면으로 설계된 압축부재의 경우, 감소된 유효단면적을 사용하여 최소철근량과 설계강도를 결정할 수 있다. 이때 감소된 유효단면적은 전체 단면적의 얼마 이상이어야 하는가?

① 1/5
② 1/3
③ 1/4
④ 1/2

해설

감소된 유효단면적은 전체 단면적의 1/2 이상이어야 한다.

017 그림과 같은 삼각형 단면에서 도심축 x 에 대한 단면2차반경은?

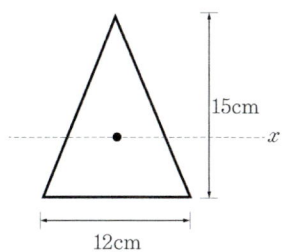

① 3.54cm ② 4.67cm
③ 5.86cm ④ 6.52cm

해설

$$i = \sqrt{\frac{I_x}{A}} = \sqrt{\frac{\frac{(12)(15)^3}{36}}{(\frac{1}{2} \times 12 \times 15)}} = 3.54\text{cm}$$

018 다음 그림은 단순보의 임의 점에 집중 하중 1개가 작용하였을 때의 전단력도를 나타낸 것이다. C 점의 휨모멘트는 얼마인가?

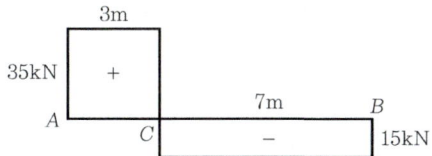

① 0kN·m
② 105kN·m
③ 210kN·m
④ 245kN·m

해설
임의 위치에서의 휨모멘트는 그 위치의 좌측 또는 우측 한 쪽의 전단력도 면적과 같다.
$M_C = 3 \times 35 = 105\text{kN.m}$

019 강구조 기둥의 주각부에 관한 설명 중 틀린 것은?

① 기둥의 응력이 크면 윙플레이트, 접합앵글, 리브 등으로 보강하여 응력의 분산을 도모한다.
② 앵커볼트는 기초콘크리트에 매입되어 주각부의 이동을 방지하는 역할을 한다.
③ 주각은 조건에 관계없이 고정으로만 가정하여 응력을 산정한다.
④ 축방향력이나 휨모멘트는 베이스플레이트 저면의 압축력이나 앵커볼트의 인장력에 의해 전달된다.

해설
③ 주각은 고정과 핀으로 가정한다.

020 철근콘크리트부재를 설계할 때 부착력이 부족하여 부착력을 증가시키는 방법 중 가장 적절한 조치는?

① 인장 철근의 주장을 증가시킨다.
② 고강도 철근을 사용한다.
③ 콘크리트의 물시멘트비를 증가시킨다.
④ 인장 철근의 단면적을 증가시킨다.

해설
부착력을 증가시키는 데 가장 효과적인 조치는 인장 철근의 주장을 증가시키는 것이며, 그 외에 콘크리트의 강도를 높이는 등의 조치도 효과적이다.

정답 017 ① 018 ② 019 ③ 020 ①

2022 제1회 건축산업기사

※ 본 문제는 수험자의 기억을 바탕으로 하여 복원한 문제이므로 실제와 다를 수 있음을 미리 알려드립니다.

001 강구조 인장재에 관한 설명으로 옳지 않은 것은?

① 부재의 축방향으로 인장력을 받는 구조이다.
② 대표적인 단면형태로는 강봉, ㄱ형강, T형강이 주로 사용된다.
③ 인장재 설계에서 총단면의 항복과 단면결손 부분의 파단은 검토하지 않는다.
④ 현수구조에 쓰이는 케이블이 대표적인 인장재이다.

[해설]
③ 인장재 설계에서 단면결손 부분(볼트 구멍)의 파단은 검토해야 한다.

002 그림과 같이 B단이 활절(Hinge)로 된 막대에 상향 10kN, 하향 30kN이 작용하여 평형을 이룬다면 A점으로부터 30kN이 작용하는 점까지의 거리 x는 얼마이어야 하는가? (단, 막대의 자중은 무시한다.)

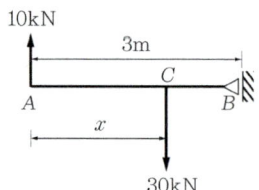

① 1.0m
② 1.5m
③ 2.0m
④ 2.5m

[해설]
$\sum M_B = 0$; $10 \times 3 - 30(3-x) = 0$
$3 - x = \dfrac{-30}{-30}$
$x = 3 - 1 = 2.0\text{m}$

003 철근콘크리트 보에서 늑근의 사용 목적으로 적절하지 않은 것은?

① 전단력에 의한 전단균열 방지
② 철근조립의 용이성
③ 주철근의 고정
④ 부재의 휨강성 증대

[해설]
늑근의 사용 목적
전단균열 방지, 철근조립의 용이성, 주철근 고정

004 강재의 기계적 성질과 관련된 응력-변형도 곡선에서 가장 먼저 나타나는 것은?

① 비례한계점
② 탄성한계점
③ 상위항복점
④ 하위항복점

[해설]

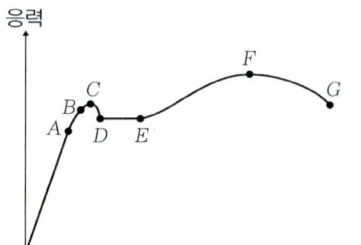

- A: 비례한계점 B: 탄성한계점
- C: 상위항복점 D: 하위항복점
- E: 변형도경화개시점 F: 극한강도점
- G: 파괴점

정답 001 ③ 002 ③ 003 ④ 004 ①

005 보의 자중이 0.7kN/m이고, 적재하중이 1.0kN/m 인 등분포하중을 받는 스팬 7m인 단순 지지보의 소요모 멘트강도(M_u)는?

① 14.95kN·m
② 12.04kN·m
③ 13.04kN·m
④ 11.95kN·m

[해설]
(1) $w_u = 1.2w_D + 1.6w_L = 1.2(0.7) + 1.6(1.0)$
    $= 2.44$kN/m
(2) $M_{\max} = \dfrac{w_u \cdot L^2}{8} = \dfrac{(2.44)(7)^2}{8} = 14.95$kN·m

006 그림과 같은 단순보에서 C점의 처짐 은? (단, 보 단면 200mm×300mm, 탄성계수 $E = 1.0 \times 10^4$MPa 이다.)

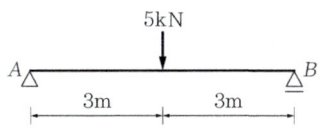

① 3mm
② 4mm
③ 5mm
④ 6mm

[해설]
단순보 중앙에 집중하중(P)가 작용 시 최대처짐
$\delta_{\max} = \dfrac{PL^3}{48EI} = \dfrac{(5 \times 10^3)(6,000)^3}{48(10,000)(\dfrac{(200)(300)^3}{12})}$
$= 5$mm

007 그림과 같은 3-Hinge 원호형 아치의 정점에 40kN의 집중하중이 작용했을 때 A지점의 수평반력은?

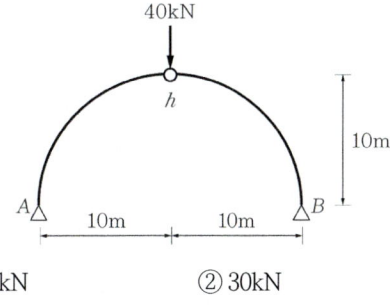

① 20kN
② 30kN
③ 40kN
④ 50kN

[해설]
$\sum M_B = 0;\ V_A \times 20 - 40 \times 10 = 0$
$V_A = +20$kN($\uparrow$)
$\sum M_h = 0;\ V_A \times 10 - H_A \times 10 = 0$
$\quad\quad 20 \times 10 - H_A \times 10 = 0$
$H_A = +20$kN($\rightarrow$)

008 직사각형 단면의 x축에 대한 단면1차모멘트 G_x 72,000cm³ 일 경우 폭 b는 얼마인가?

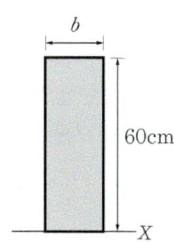

① 25cm
② 30cm
③ 35cm
④ 40cm

[해설]
$G_x = A \cdot y_o = (b \times 60)(30) = 72,000$cm³
$180b = 72,000$cm³
$\therefore b = 40$cm

정답 005 ① 006 ③ 007 ① 008 ④

009 다음과 같은 두 개의 힘의 O점에 대한 모멘트의 크기는?

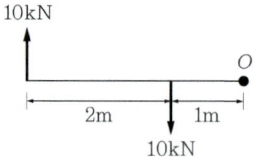

① 0kN·m
② 10kN·m
③ 20kN·m
④ 30kN·m

해설
$M_o = 10 \times 3 - 10 \times 1 = 20\text{kN} \cdot \text{m}$

010 강구조에서 규정된 별도의 설계하중이 없는 경우 접합부의 최소 설계강도 기준은? (단, 연결재, 새그로드 또는 띠장은 제외)

① 30kN 이상
② 35kN 이상
③ 40kN 이상
④ 45kN 이상

해설
건축구조기준
강구조 접합부의 설계강도는 45kN 이상이어야 한다. 다만, 연결재, 새그로드 또는 띠장은 제외한다.

011 트러스의 기본가정 및 해석에 관한 설명 중 옳지 않은 것은?

① 트러스의 각 절점은 고정단이며, 트러스에 작용하는 하중은 절점에 집중하중으로 작용한다.
② 3개의 부재가 모인 절점에서 두 부재축이 일직선으로 이루어진 두 부재의 부재력은 같다.
③ 같은 직선상에 있지 않은 2개의 부재가 모인 절점에서 그 절점에 하중이 작용하지 않으면 부재력은 0이다.
④ 절점을 연결하는 직선은 부재의 중심축과 일치하고 편심모멘트가 발생하지 않는다.

해설
① 트러스의 각 절점은 회전단이다.

012 건축물의 구조계획에서 구조체 자중의 감소에 따른 이점이 아닌 것은?

① 풍하중에 대한 건물의 전도 방지
② 기둥축력의 감소에 따른 기둥의 단면 감소
③ 휨재 설계 시 장스팬이 가능
④ 경제적인 기초설계

해설
구조체의 자중이 감소하면 풍하중에 대한 건물의 전도양상이 커질 것이다.

정답   009 ③   010 ④   011 ①   012 ①

013 철근콘크리트 부재의 장기처짐에 대한 설명으로 옳은 것은?

① 압축철근비가 클수록 장기처짐은 감소한다.
② 장기처짐은 즉시처짐과 관계가 없다.
③ 장기처짐은 상대습도, 온도 등 제반환경에는 영향을 크게 받으나 부재의 크기에는 영향을 받지 않는다.
④ 시간경과계수의 최대값은 3이다.

해설
② 장기처짐 = 탄성처짐 × λ_Δ
③ 처짐은 부재의 크기에 아주 큰영향을 미친다.
④ 시간경과계수 ξ의 최댓값은 2이다.

014 압축이형철근(D29)의 기본정착길이로 알맞은 것은? (단, $f_{ck}=24\text{MPa}$, $f_y=350\text{MPa}$, $\lambda=1.0$)

① 220mm
② 320mm
③ 420mm
④ 520mm

해설
압축이형철근 공식(l_{db})
(1), (2)중 큰 값
(1) $l_{db} = \dfrac{0.25 d_b \cdot f_y}{\lambda \sqrt{f_{ck}}} = \dfrac{0.25(29)(350)}{(1.0)\sqrt{(24)}}$
$= 517.96\text{mm}$
(2) $l_{db} = 0.043 d_b \cdot f_y = 0.043(29)(350)$
$= 436.45\text{mm}$

015 그림과 같은 캔틸레버형 아치에서 전단력값이 최소인 곳은?

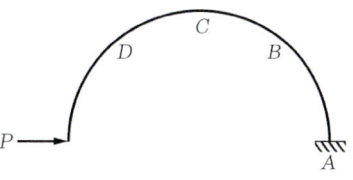

① A점 ② B점
③ C점 ④ D점

해설
하중작용점과 지점 A에서 전단력이 가장 크며, C점에서는 하중 P가 축방향 압축력으로 작용하므로 전단력은 0이다.

016 다음 그림은 철근콘크리트 보 단부의 단면이다. 복근비와 인장 철근비는? (단, D22 1개의 단면적은 387mm^2)

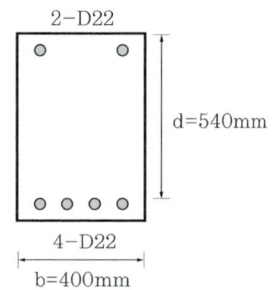

① 복근비 $\gamma=2$, 인장철근비 $\rho_t=0.00717$
② 복근비 $\gamma=0.5$, 인장철근비 $\rho_t=0.00717$
③ 복근비 $\gamma=2$, 인장철근비 $\rho_t=0.00369$
④ 복근비 $\gamma=0.5$, 인장철근비 $\rho_t=0.00369$

해설
철근비 계산
(1) 복근비 $\gamma = \dfrac{A_s'}{A_s} = \dfrac{2\times 387}{4\times 387} = 0.5$
(2) 인장철근비 $\rho_t = \dfrac{A_s}{bd} = \dfrac{4\times 387}{400\times 540} = 0.00717$

정답 013 ① 014 ④ 015 ③ 016 ②

017 폭(b) 12cm, 높이(h) 18cm인 직사각형 단면의 x, y축에 대한 단면2차모멘트의 비 $\dfrac{I_x}{I_y}$는?

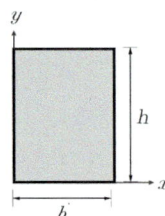

① 2.25
② 2.00
③ 1.75
④ 1.50

해설

$$\dfrac{I_x}{I_y} = \dfrac{\dfrac{bh^3}{12} + bh\left(\dfrac{h}{2}\right)^2}{\dfrac{hb^3}{12} + hb\left(\dfrac{b}{2}\right)^2} = \dfrac{\dfrac{4}{12}bh^3}{\dfrac{4}{12}hb^3} = \dfrac{h^2}{b^2}$$

$$\therefore \dfrac{18^2}{12^2} = 2.25$$

018 철근콘크리트 휨부재의 최소 철근량에 대한 규정 중에서 부재의 모든 단면에서 해석에 의해 필요한 철근량보다 얼마 이상 인장철근이 더 배치되는 경우는 최소철근량 요건을 적용하지 않아도 되는가?

① $\dfrac{1}{3}$ ② $\dfrac{1}{4}$
③ $\dfrac{3}{4}$ ④ $\dfrac{4}{3}$

해설

부재의 모든 단면에서 해석에 의해 필요한 철근량보다 $\dfrac{1}{3}$ 이상 인장철근이 더 배치된 경우, 휨부재의 최소철근량 요건을 적용하지 않을 수 있다.

019 그림과 같이 등분포하중을 받는 단순보에서 최대 휨응력도는?

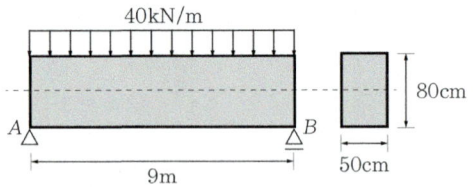

① 7,593.8kN·m
② 9,427.6kN·m
③ 8,597.5kN·m
④ 10,250.4kN·m

해설

$$\sigma_{\max} = \dfrac{M_{\max}}{Z} = \dfrac{\dfrac{wL^2}{8}}{\dfrac{bh^2}{6}} = \dfrac{6wL^2}{8bh^2}$$

$$= \dfrac{6 \times 40 \times 9000^2}{8 \times 50 \times 80^2} = 7593.75 \text{kN} \cdot \text{m}$$

020 그림과 같은 띠철근 기둥의 설계축하중 ϕP_n은? $f_{ck} = 27$MPa, $f_y = 400$MPa)

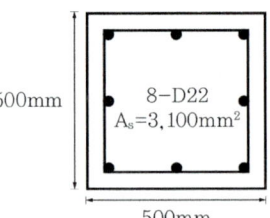

① 4,275kN   ② 3,072kN
③ 4,170kN   ④ 3,591kN

해설

직사각형 띠기둥의 최대 설계축하중

$P_d = \phi P_n = \phi(0.8 P_o) = \phi(0.8)\left[0.85 f_{ck}(A_g - A_{st}) + f_y \cdot A_{st}\right]$
$= (0.65)(0.8)\left[0.85(27)(500^2 - 3,100) + (400)(3,100)\right]$
$= 3,591,305\text{N} = 3,591.305\text{kN}$

2022 제2회 건축산업기사

※ 본 문제는 수험자의 기억을 바탕으로 하여 복원한 문제이므로 실제와 다를 수 있음을 미리 알려드립니다.

001 다음 그림과 같은 고장력 볼트 접합부의 설계미끄럼강도는?

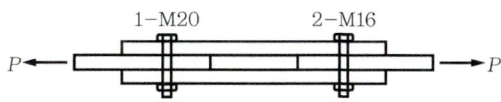

- 미끄럼계수: 0.5
- 표준구멍
- M16의 설계볼트장력 $T_0 = 106\text{kN}$
- M20의 설계볼트장력 $T_0 = 165\text{kN}$
- 설계미끄럼강도식 $\phi R_n = \phi \mu h_f T_0 N_s$

① 212kN ② 184kN
③ 165kN ④ 148kN

[해설]
- M16 2개와 M20 1개이므로 각각을 구하여 작은 값으로 설계한다. 또한 전단면의 수가 2이므로 $N_S = 2$이다.
- 설계미끄럼강도 계산
(1) 2-M16
$\phi R_n = \phi \mu h_f T_0 N_s = 1.0 \times 0.5 \times 1 \times 106 \times 2 \times 2$개
$= 212\text{kN}$
(2) 1-M20
$\phi R_n = \phi \mu h_f T_0 N_s = 1.0 \times 0.5 \times 1 \times 165 \times 2 \times 1$개
$= 165\text{kN}$
(3) 설계미끄럼강도는 최솟값이므로 165kN

002 인장이형철근의 정착길이를 보정계수에 의해 증가시켜야 하는 경우가 아닌 것은?

① 일반콘크리트 ② 에폭시 도막철근
③ 철근의 크기 ④ 상부 철근

[해설]
인장철근 정착길이의 보정계수
일반콘크리트의 보정계수는 1로 기준이 됨

003 그림과 같은 트러스에서 D 부재의 부재력은?

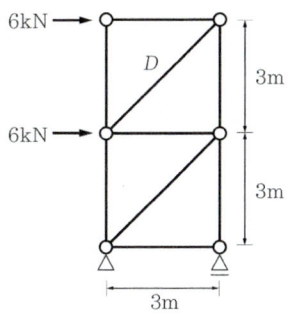

① 3kN
② $3\sqrt{2}$ kN
③ 6kN
④ $6\sqrt{2}$ kN

[해설]
구조물의 가장 상부에 있는 수평부재를 A부재라고 하면, A부재의 좌측 결점에서 $N_A = -6\text{kN}$ (압축력)이고, A부재의 우측 절점에서
$\sum H = -6 + N_D \times \cos\theta$
$= -6 + N_D \times \dfrac{3}{3\sqrt{2}} = 0$
$\therefore N_D = 6\sqrt{2}\text{kN}$ (인장력)

004 말뚝머리지름이 500mm인 기성콘크리트 말뚝을 시공할 때 그 중심간격으로 가장 적당한 것은?

① 1,250mm ② 1,000mm
③ 7500mm ④ 500mm

[해설]
기성콘크리트 말뚝 중심간격
(다음 값 중 큰 값)
- 2.5D 이상: 2.5(500)=1,250mm
- 750mm 이상

정답 001 ③ 002 ① 003 ④ 004 ①

005 그림과 같은 구조물의 지점 A의 휨모멘트는?

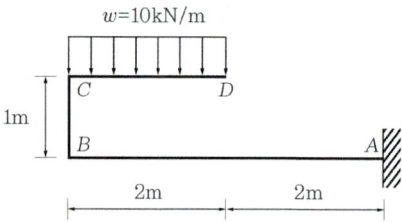

① -20kN·m
② -40kN·m
③ -60kN·m
④ -80kN·m

해설
$M_A = -10 \times 2 \times (\frac{2}{2}+2) = -60$kN·m

006 단면 $b \times h$(200mm×300mm), $L=6$m인 단순보의 중앙에 집중하중 P가 작용할 때 P의 허용값은? (단, $\sigma_{allow} = 9$MPa이다.)

① 18kN ② 21kN
③ 24kN ④ 27kN

해설
(1) $f_b \geq \dfrac{M_{\max}}{Z}$

(2) $9 \geq \dfrac{\dfrac{P \times 6,000}{4}}{\dfrac{200 \times 300^2}{6}} = \dfrac{P \times 36,000}{72,000,000}$

(3) $P \leq \dfrac{9 \times 72,000,000}{36,000} = 18,000$N $= 18$kN

007 철근콘크리트 구조의 특징에 대한 설명 중 옳지 않은 것은?

① 철근과 콘크리트가 일체가 되어 내구적이다.
② 철근이 콘크리트에 의해 피복되므로 내화적이다.
③ 다른 구조에 비해 부재의 단면과 중량이 크다.
④ 습식구조이므로 동절기 공사가 용이하다.

해설
④ 습식구조이므로 동절기 공사가 쉽지 않다.

008 그림과 같은 구조물의 판정 결과는?

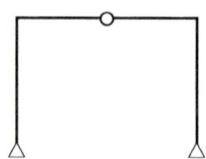

① 정정
② 1차 부정정
③ 2차 부정정
④ 3차 부정정

해설
$m = (n+s+r) - 2k$
$\quad = (4+4+2) - 2 \times 5$
$\quad = 10 - 10$
$\quad = 0$

009 그림과 같은 단순보에서 C점의 처짐값(δ_c)은? (단, 보 단면($b \times h$)은 600mm×600mm, 탄성계수 $E = 2.0 \times 10^4$ MPa이다.)

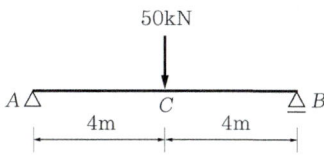

① 1.53 mm
② 2.47 mm
③ 3.56 mm
④ 4.58 mm

해설

$$\delta_{\max} = \frac{PL^3}{48EI} = \frac{50 \times 10^3 \times 8,000^3}{48 \times (2.0 \times 10^4) \times \frac{600 \times 600^3}{12}}$$

$= 2.47 \text{mm}$

011 그림과 같은 1차 부정정 보에서 지점 B의 고정단 모멘트의 크기는?

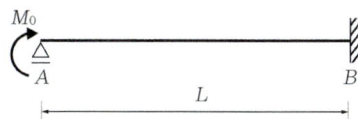

① M_o
② $\dfrac{M_o}{2}$
③ $\dfrac{M_o}{3}$
④ $\dfrac{M_o}{4}$

해설

전달률(Carry Factor) : f
한쪽에 작용하는 모멘트를 다른 쪽 지점으로 전달하는 비율로 고정지점에서 1/2이고 활절에서는 0이다.

$M_B = M_o \times \dfrac{1}{2} = \dfrac{M_o}{2}$

010 단철근 장방형 보에 대한 철근비 $\rho = 0.034$이고 단면이 $b = 300$mm, $d = 500$mm 일 때 철근 단면적으로 옳은 것은?

① 5,100mm²
② 4,590mm²
③ 3,925mm²
④ 3,825mm²

해설

$\rho = \dfrac{A_s}{bd}$; $A_s = \rho \cdot b \cdot d$
$= 0.034 \times 300 \times 500$
$= 5,100 \text{mm}^2$

012 중심축하중이 작용하는 단주의 응력 계산식으로 옳은 것은?

① $\dfrac{P}{A}$
② $\dfrac{M}{Z}$
③ $\dfrac{M}{I} \cdot y$
④ $k \cdot \dfrac{V}{A}$

해설

중심축하중을 받는 단주의 응력
$\sigma = \dfrac{P}{A}$

정답 009 ② 010 ① 011 ② 012 ①

013 지지상태는 양단 고정이며, 길이 3m인 압축력을 받는 원형강관 $\phi-89.1\times3.2$의 탄성좌굴하중을 구하면? (단, $I=79.8\times10^4\text{mm}^4$, $E=210,000\text{MPa}$이다.)

① 184kN
② 735kN
③ 1,018kN
④ 1,532kN

해설
$$P_b=\frac{\pi^2 EI}{(KL)^2}=\frac{\pi^2\times2.1\times10^5\times79.8\times10^4}{(0.5\times3000)^2}\times10^{-3}$$
$$=735.1\text{kN}$$

014 강재의 응력변형도 곡선에 관한 설명으로 틀린 것은?

① 탄성영역은 응력과 변형도가 비례관계를 보인다.
② 소성영역은 변형률은 증가하지 않고 응력만 증가하는 영역이다.
③ 변형도 경화영역은 소성영역 이후 변형도가 증가하면서 응력이 비선형적으로 증가되는 영역이다.
④ 파괴영역은 변형도는 증가하지만 응력은 오히려 줄어드는 부분이다.

해설
② 소성영역은 응력은 증가하지 않고 변형률만 증가하는 영역이다.

015 지름 20mm, 길이 3m의 연강 봉을 축방향으로 30kN의 인장력을 작용시켰을 때 길이가 1.4mm 늘어났고, 지름이 0.0027mm 줄어들었다. 이때 강봉의 푸아송수는?

① 3.16   ② 3.46
③ 3.76   ④ 4.06

해설
(1) 푸아송비(Poisson's Ratio)
$$v=\frac{\varepsilon'}{\varepsilon}=\frac{\frac{\Delta D}{D}}{\frac{\Delta L}{L}}=\frac{L\cdot\Delta D}{D\cdot\Delta L}=\frac{(3000)(0.0027)}{(20)(1.4)}$$
$$=0.289$$
(2) 푸아송수(Poisson's Number)
$$m=\frac{1}{v}=\frac{1}{0.289}=3.46$$

016 강도설계법에서 처짐을 계산하지 않는 경우 철근 콘크리트 보의 최소두께 규정으로 옳은 것은? (단, 보통중량콘크리트 $m_c=2,300\text{kg/m}^3$와 설계기준항복강도 400MPa 철근을 사용한 부재)

① 단순지지 : $\dfrac{l}{20}$
② 1단연속 : $\dfrac{l}{18.5}$
③ 양단연속 : $\dfrac{l}{24}$
④ 캔틸레버 : $\dfrac{l}{10}$

해설
처짐을 계산하지 않는 경우 보의 최소두께

부재 [l:경간 길이(mm)]	최소두께($h_{\min}$)			
	단순지지	1단연속	양단연속	캔틸레버
	$\dfrac{l}{16}$	$\dfrac{l}{18.5}$	$\dfrac{l}{21}$	$\dfrac{l}{8}$

017 그림과 같은 단순보에서 B지점의 수직반력은?

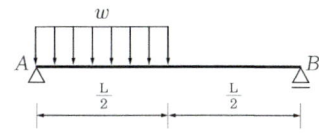

① $\dfrac{wL}{8}$ ② $\dfrac{wL}{4}$

③ $\dfrac{3wL}{8}$ ④ $\dfrac{3wL}{4}$

해설

$\Sigma M_A = 0 : +(\dfrac{wL}{2})(\dfrac{L}{4}) - (V_B)(L) = 0$

$\therefore V_B = \dfrac{wL}{8}$

018 강구조 인장재에 관한 설명으로 옳지 않은 것은?

① 현수구조에 쓰이는 케이블이 대표적인 인장재이다.
② 대표적인 단면형태로는 강봉, ㄱ형강, T형강이 주로 사용된다.
③ 인장재 설계에서 총단면의 항복과 단면결손 부분의 파단은 검토하지 않는다.
④ 부재의 축방향으로 인장력을 받는 구조이다.

해설
③ 인장재 설계에서 단면결손 부분(볼트 구멍)의 파단은 검토해야 한다.

019 그림과 같이 배근(8-D19)된 기둥에서 강도설계법에 의한 내진설계 시 양단부에 배치할 띠철근의 간격으로 옳은 것은?

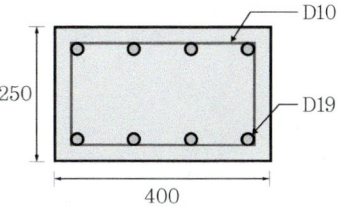

① D10@125 ② D10@150
③ D19@125 ④ D19@150

해설
띠철근의 최대간격은 다음에 의해 계산한 값 중에서 최솟값으로 한다.
(1) 주철근 직경의 8배: $8 \times 19mm = 152mm$
(2) 띠철근 직경의 24배: $24 \times 100mm = 240mm$
(3) 단면 최소치수의 $\dfrac{1}{2}$: $250mm \times \dfrac{1}{2} = 125mm$
(4) 300mm

020 강도설계법에 의한 철근콘크리트 플랫 슬래브 설계시 지판의 슬래브 아래로 돌출한 두께는 돌출부를 제외한 슬래브 두께가 300mm 일 때 최소 얼마 이상으로 하여야 하는가?

① 75mm ② 40mm
③ 60mm ④ 20mm

해설
지판의 슬래브 아래로 돌출한 두께는 돌출부를 제외한 슬래브 두께의 $\dfrac{1}{4}$ 이상으로 하여야한다.

$\therefore \dfrac{300mm}{4} = 75mm$

2022 제3회 건축산업기사

※ 본 문제는 수험자의 기억을 바탕으로 하여 복원한 문제이므로 실제와 다를 수 있음을 미리 알려드립니다.

001 그림과 같은 트러스에서 BC부재의 부재력은?

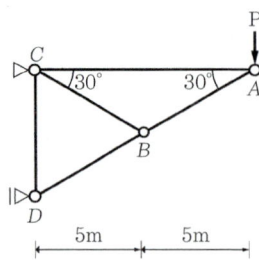

① P (인장)
② P (압축)
③ 2P (인장)
④ 0

[해설]
한 절점에 모인 부재가 3개이고, 그 중 두 개가 동일 직선상에 있고 또한 그 절점에 외력이 작용하지 않을 때 이 두 부재의 응력은 서로 같고 다른 한 부재의 응력은 0이다.

002 단면 $b \times h$(200mm×300mm), L = 6m인 단순보의 중앙에 집중하중 P가 작용할 때 P의 허용값은? (단, σ_{allow} = 9MPa이다.)

① 18kN ② 21kN
③ 24kN ④ 27kN

[해설]
$f_b \geq \dfrac{M_{max}}{Z}$

$9 \geq \dfrac{\dfrac{P \times 6,000}{4}}{\dfrac{200 \times 300^2}{6}} = \dfrac{P \times 36,000}{72,000,000}$

$\therefore P \leq \dfrac{9 \times 72,000,000}{36,000} = 18,000\text{N} = 18\text{kN}$

003 그림과 같은 목재보의 최대 처짐은? (단, E = 10,000MPa)

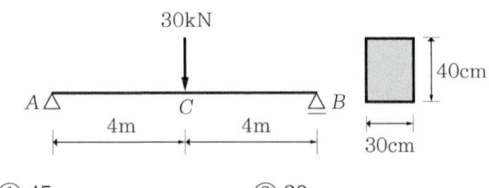

① 45mm ② 30mm
③ 20mm ④ 15mm

[해설]
$\delta_{max} = \dfrac{PL^3}{48EI} = \dfrac{30 \times 10^3 \times 8,000^3}{48 \times 10,000 \times \dfrac{300 \times 400^3}{12}} = 20\text{mm}$

004 그림과 같이 배근(8 – D25)된 기둥에서 강도설계법에 의한 내진설계 시 양단부에 배치할 띠철근의 간격으로 옳은 것은?

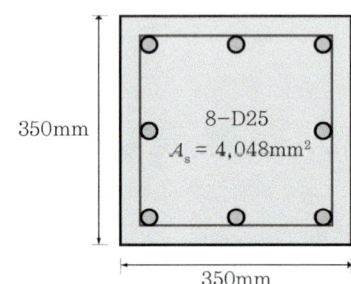

① D10@150 ② D10@175
③ D19@200 ④ D19@240

[해설]
내진설계 시 띠철근의 최대간격
㉠, ㉡, ㉢, ㉣ 중 최솟값
㉠ 감싸고 있는 종방향 철근의 최소 직경의 8배 이하
(8×25 = 200mm)
㉡ 띠철근 직경의 24배 이하
㉢ 골조부재 단면의 최소 치수의 1/2 이하(350/2 = 175mm)
㉣ 300mm 이하

정답 001 ④ 002 ① 003 ③ 004 ②

005 고정하중 15kN/m 이고, 활하중 20kN/m 인 등분포하중을 받는 스팬 8m인 철근콘크리트 단순보의 최대소요 휨모멘트는?

① 200kN·m
② 300kN·m
③ 400kN·m
④ 500kN·m

해설
$w = 1.2D + 1.6L$
$w = 1.2 \times 15 + 1.6 \times 20 = 50$ kN·m
$M_{\max} = \dfrac{wL^2}{8} = \dfrac{50 \times 8^2}{8} = 400$ kN·m

006 콘크리트 압축강도와 철근의 항복강도가 증가함에 따라 각 재료의 탄성계수는 어떻게 변하는가? (콘크리트 탄성계수(E_C) 철근탄성계수(E_s))

① 감소한다   증가한다
② 감소한다   감소한다
③ 증가한다   증가한다
④ 증가한다   변하지 않는다

해설
(1) 콘크리트의 탄성계수
$E_s = 8,500\sqrt[3]{f_{ck} + \triangle f}$ (MPa)
(2) 철근의 탄성계수
$E_s = 200,000$ (MPa)
(3) 콘크리트의 탄성계수는 압축강도에 비례하여 증가하지만 철근은 항복강도의 증가와 상관 없는 일정한 값이다.

007 그림과 같은 부정정보의 중앙부와 단부의 휨모멘트 비율 $M_C : M_A$는?

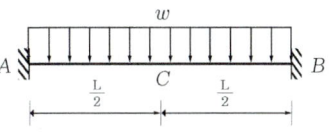

① 1 : 1
② 1 : 2
③ 1 : 3
④ 1 : 4

해설
부정정구조의 휨모멘트 비교
(1) 중앙 $M_C = \dfrac{wL^2}{24}$, 단부 $M_A = M_B = \dfrac{wL^2}{12}$
(2) $\dfrac{wL^2}{24} : \dfrac{wL^2}{12} = 1 : 2$

008 그림과 같은 트러스에서 AC부재의 부재력은?

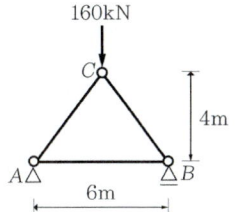

① +80kN
② -80kN
③ +100kN
④ -100kN

해설
대칭이기 때문에 $V_A = V_B = 80$kN
절단법을 사용하여
$\Sigma V = 0 ; 80 + N_{AC} \cdot \sin\theta = 0$

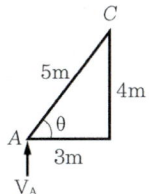

$N_{AC} = -\dfrac{80}{\dfrac{4}{5}} = -100$kN (압축)

정답 005 ③ 006 ④ 007 ② 008 ④

009 플랫슬래브 구조에 대한 설명으로 틀린 것은?

① 건물 내부에는 보 없이 바닥판 만으로 구성하고 그 하중은 직접 기둥에 전달한다.
② 바닥의 주근은 1방향으로 배근한다.
③ 구조가 간단하고 실내 이용률이 높다.
④ 지판(Drop Panel)이나 기둥머리(Column Capital)로 보강되는 구조이다.

해설
플랫 슬래브 구조의 특성
② 바닥의 주근은 2방향으로 배근한다.

010 그림과 같은 도형의 단면2차모멘트의 비 I_x/I_y는?

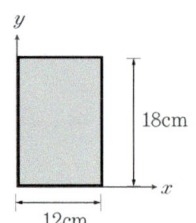

① 2.25
② 1.75
③ 2.00
④ 1.50

해설
$I_x = I_X + A \cdot y_o^2$
$I_y = I_Y + A \cdot x_o^2$

$$\frac{I_x}{I_y} = \frac{\frac{12 \times 18^3}{12} + 12 \times 18 \times 9^2}{\frac{18 \times 12^3}{12} + 18 \times 12 \times 6^2} = 2.25$$

011 직사각형 복근보를 사용 시 콘크리트가 부담하는 전단강도 ϕV_c는? (단, $f_{ck} = 35\text{MPa}$, $f_{yt} = 400\text{MPa}$, $\lambda = 1$)

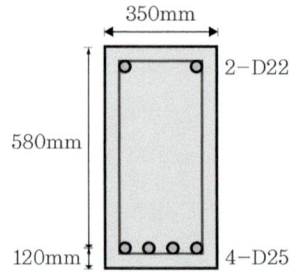

① 150kN
② 110kN
③ 90kN
④ 70kN

해설
콘크리트 설계전단강도(V_d) = ϕV_c
(1) 보통중량콘크리트에 대한 경량 콘크리트계수 $\lambda = 1$
(2) $\phi V_c = \phi \frac{1}{6} \lambda \sqrt{f_{ck}} \cdot b_w \cdot d$
$= 0.75 \times \frac{1}{6} \times 1 \times \sqrt{35} \times 350 \times 580 \times 10^{-3}$
$= 150.1\text{kN}$

012 철근 직경(d_b)에 따른 표준갈고리의 구부림 최소 내면 반지름 기준으로 틀린 것은?

① D13 주철근: $2d_b$ 이상
② D25 주철근: $3d_b$ 이상
③ D13 띠철근: $2d_b$ 이상
④ D16 띠철근: $2d_b$ 이상

해설
표준갈고리의 구부림 최소내면반지름

주철근		스터럽 및 띠철근	
철근 직경	최소 내면 반지름	철근 직경	최소 내면 반지름
D10~D25	$3d_b$ 이상	D10~D16	$2d_b$ 이상
D29~D35	$4d_b$ 이상	D19~D25	$3d_b$ 이상
D38 이상	$5d_b$ 이상		

정답 009 ② 010 ① 011 ① 012 ①

013 그림과 같은 부정정보를 정정보로 바꾸려면 몇 개의 힌지가 필요한가?

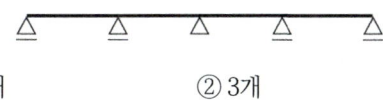

① 2개 ② 3개
③ 4개 ④ 5개

해설
$m = (n+s+r) - 2k$ 에서
$= (6+4+3) - 2 \times 5$
$= 13 - 10 = 3$차부정정
∴ 힌지가 3개 필요

014 4변 고정된 철근콘크리트 슬래브에서 장변의 길이가 8m일 때 2방향 슬래브가 되려면 단변의 길이는?

① 1m 이상
② 2m 이상
③ 3m 이상
④ 4m 이상

해설
슬래브 변장비(λ) = $\dfrac{장변스팬}{단변스팬}$
① 1방향 slab
   $\lambda > 2$
② 2방향 slab
   $\lambda \leq 2$
∴ $\dfrac{8m}{x} \leq 2$ 이므로, $x \geq 4m$

015 연약지반에서 발생하는 부동침하의 원인으로 옳지 않은 것은?

① 지반이 연약한 경우
② 잡석지정을 시공한 경우
③ 이질기초를 한 경우
④ 경사지반에 놓인 경우

해설
부동침하 원인
① 지반이 연약한 경우
② 연약층의 두께가 상이할 때
③ 이질 지층일 때
④ 낭떠러지에 접근되어 있을 때
⑤ 일부 증축시에
⑥ 지하수위 변경시
⑦ 지하에 매설물, 구멍이 있을 때
⑧ 메운 땅일 때(성토 등을 포함)
⑨ 이질 지정했을 때
⑩ 일부 지정했을 때

016 철근콘크리트 보에서 인장철근비가 균형철근비보다 큰 경우에 발생될 수 있는 현상은?

① 인장측 철근이 콘크리트보다 먼저 허용응력에 도달한다.
② 중립축이 상부로 올라간다.
③ 연성파괴가 나타난다.
④ 콘크리트의 압축파괴가 나타난다.

해설
④ 콘크리트의 취성파괴가 나타난다.

017 인장이형철근의 정착길이를 보정계수에 의해 증가시켜야 하는 경우가 아닌 것은?

① 보통중량콘크리트
② 에폭시 도막철근
③ 상부 철근
④ 경량콘크리트

해설
인장철근 정착길이의 보정계수 일반콘크리트의 보정계수는 1로 기준이 됨

019 다음과 같은 인장재의 파단선 A-1-2-3-B의 순단면적은? (단, 구멍 직경은 22mm, 판 두께는 6mm, 단위는 mm이다.)

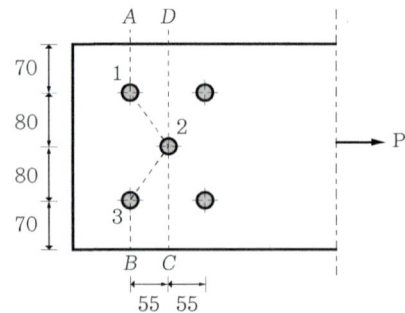

① 1,463mm²   ② 1,517mm²
③ 1,557mm²   ④ 1,800mm²

해설
엇모배치 인장재 순단면적(A_n)
$$A_n = A_g - n \cdot d \cdot t + \sum \frac{S^2}{4g} \cdot t$$
$$= (300 \times 6) - (3)(22)(6) + \left[\frac{(55)^2}{4(80)} \cdot (6) + \frac{(55)^2}{4(80)} \cdot 6 \right]$$
$$= 1,517.4 \text{mm}^2$$

018 그림과 같은 지름 32mm의 원형막대에 40kN의 인장력이 작용할 때 부재 단면에 발생하는 인장응력도는?

① 39.7MPa
② 49.7MPa
③ 59.7MPa
④ 69.7MPa

해설
$$\sigma = \frac{P}{A} = \frac{P}{\frac{\pi d^2}{4}} = \frac{40 \times 10^3}{\frac{\pi \times (32)^2}{4}} = 49.7\text{MPa}$$

020 강도설계법에서 처짐을 계산하지 않는 경우 철근콘크리트 보의 최소두께 규정으로 옳은 것은?(단, 보통중량콘크리트 $m_c = 2,300\text{kg/m}^3$ 와 설계기준항복강도 400MPa 철근을 사용한 부재)

① 단순지지: $\dfrac{l}{20}$ ② 1단연속: $\dfrac{l}{18.5}$

③ 양단연속: $\dfrac{l}{24}$ ④ 캔틸레버: $\dfrac{l}{10}$

해설

부재 [l:경간 길이(mm)]	최소두께($h_{\min}$)			
	단순지지	1단연속	양단연속	캔틸레버
	$\dfrac{l}{16}$	$\dfrac{l}{18.5}$	$\dfrac{l}{21}$	$\dfrac{l}{8}$

2021 제1회 건축산업기사

※ 본 문제는 수험자의 기억을 바탕으로 하여 복원한 문제이므로 실제와 다를 수 있음을 미리 알려드립니다.

001 그림과 같은 단면을 가지는 직사각형 보의 철근비는? (단, 철근 3-D16 = 597mm²)

① 0.0065
② 0.0070
③ 0.0075
④ 0.0080

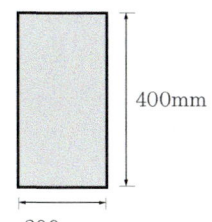

[해설]

$$\rho = \frac{A_s}{bd} = \frac{597}{200 \times 400} = 0.0075$$

002 그림과 같은 단면의 도심 G를 지나고 밑변에 나란한 x축에 대한 단면2차모멘트의 값은?

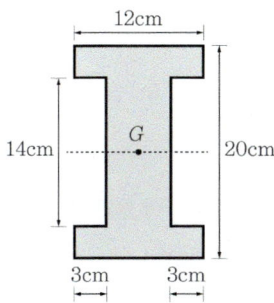

① 5,608cm⁴
② 6,608cm⁴
③ 5,628cm⁴
④ 6,628cm⁴

[해설]
(1) X축에 대한 단면2차모멘트(I_x)

$$I_x = \frac{bh^3}{12}$$
$$= \frac{12 \times 20^3}{12} - \frac{6 \times 14^3}{12}$$
$$= 8,000 - 1,372 = 6,628 \, cm^4$$

003 그림과 같은 기초 지반면에 일어나는 최대 압축응력은?

① 0.13 MPa
② 0.18 MPa
③ 0.27 MPa
④ 0.21 MPa

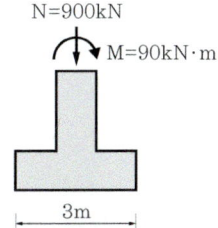

[해설]
(1) $\sigma_{max} = \frac{N}{A} + \frac{M}{Z}$

(2) 모멘트의 방향이 주어져 있으므로 단면계수 산정 시 $b=2m$, $h=3m$가 된다.
$A = 2 \times 3 = 6m^2$, $Z = \frac{bh^2}{6} = \frac{2 \times 3^2}{6} = 3m^3$

(3) $\sigma_{max} = \frac{900}{6} + \frac{90}{3} = 180 kN/m^2$
$= 180 \times \frac{10^3 N}{10^6 mm^2} = 0.18 MPa$

004 강재의 응력변형도 곡선에서 가장 먼저 나타나는 점은?

① 탄성한계점
② 하위항복점
③ 상위항복점
④ 비례한계점

[해설]

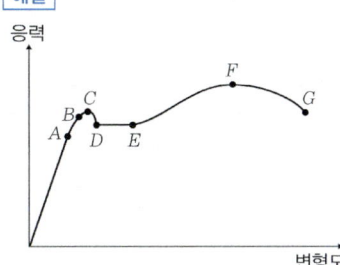

- A: 비례한계점
- B: 탄성한계점
- C: 상위항복점
- D: 하위항복점
- E: 변형도경화개시점
- F: 극한강도점
- G: 파괴점

[정답] 001 ③ 002 ④ 003 ② 004 ④

005 경간의 길이가 4m인 단순지지된 1방향 슬래브의 처짐을 계산하지 않는 경우의 최소두께는?(단, 리브가 없는 슬래브, $f_y = 400\text{MPa}$)

① 200mm
② 220mm
③ 235mm
④ 250mm

해설
처짐을 계산하지 않는 경우 보의 최소두께

1방향 슬래브	최소두께(h_{min})			
	단순지지	1단연속	양단연속	캔틸레버
	$\dfrac{l}{16}$	$\dfrac{l}{18.5}$	$\dfrac{l}{21}$	$\dfrac{l}{8}$

따라서 단순 지지된 보이므로
$h_{min} = \dfrac{l}{20} = \dfrac{(4,000)}{20} = 200\text{mm}$

006 철근콘크리트 기둥에서 띠철근의 구조적 역할에 관한 설명 중 가장 부적절한 것은?

① 수평력에 대한 전단보강의 작용을 한다.
② 건조수축에 의한 변형을 제한한다.
③ 주철근을 정해진 위치에 고정시킨다.
④ 주철근의 좌굴을 억제한다.

해설
띠철근의 역할
1) 주근의 좌굴방지
2) 주근의 위치고정
3) 수평에 대한 전단보강
4) 피복 두께 유지

007 그림과 같은 캔틸레버에서 고정단 A점의 최대 휨모멘트는?

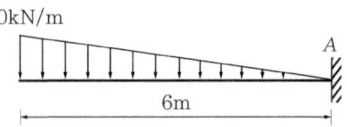

① 120kN·m
② 160kN·m
③ 200kN·m
④ 240kN·m

해설
$M_A = -(\dfrac{1}{2} \times 6 \times 2 \times \dfrac{2}{3} \times 6) = -240\text{kN·m}$

008 그림과 같은 구조물의 부정정 차수는?

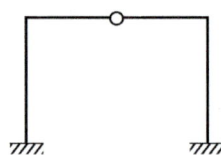

① 1차
② 2차
③ 3차
④ 4차

해설
$m = (n+s+r) - 2k$
$= (6+4+2) - 2 \times 5$
$= 12 - 10$
$= 2$

009 극한강도설계법에서 콘크리트에 의한 공칭전단강도 V_c값이 30kN 이고, 전단철근에 의한 공칭전단강도 V_s값이 20kN 일 때 설계전단강도 값은? (단, $\phi = 0.75$)

① 37.5kN
② 50kN
③ 87.5kN
④ 108kN

해설
설계전단강도(V_d)
$V_d = \phi V_n = \phi(V_c + V_s)$
$= 0.75[(30) + (20)] = 37.5\text{kN}$

011 강구조 인장재에 관한 설명으로 옳지 않은 것은?

① 인장재 설계에서 단면결손 부분의 파단은 검토하지 않는다.
② 대표적인 단면형태로는 강봉, ㄱ형강, T형강이 주로 사용된다.
③ 부재의 축방향으로 인장력을 받는 구조이다.
④ 현수구조에 쓰이는 케이블이 대표적인 인장재이다.

해설
인장재 설계에서 단면결손부분(볼트구멍)의 파단은 검토해야한다.

010 그림과 같은 부정정보에서 보 중앙의 휨모멘트는? (단, 보의 휨강도 EI는 일정하다.)

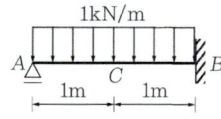

① 0.10 kN·m
② 0.15 kN·m
③ 0.20 kN·m
④ 0.25 kN·m

해설
$M_C = \dfrac{\omega l^2}{16} = \dfrac{(1)(2)^2}{16} = 0.25 \text{kN·m}$

012 그림과 같은 L형 단면의 도심 위치 y_0는?

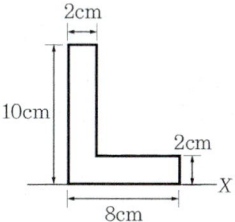

① 2.6cm
② 3.5cm
③ 4.0cm
④ 5.8cm

해설
$y_0 = \dfrac{G_x}{A} = \dfrac{(2 \times 10)(5) + (6 \times 2)(1)}{(2 \times 10) + (6 \times 2)} = 3.5\text{cm}$

정답 009 ① 010 ④ 011 ① 012 ②

013 강재의 응력변형도 곡선에 관한 설명으로 틀린 것은?

① 소성영역은 변형도의 증가 없이 응력만 증가하는 영역이다.
② 변형도경화영역은 소성영역 이후 변형도가 증가하면서 응력이 비선형적으로 증가되는 영역이다.
③ 파괴영역은 변형도는 증가하지만 응력은 오히려 줄어드는 부분이다.
④ 탄성영역은 응력과 변형도가 비례관계를 가지는 영역이다.

[해설]
소성영역은 응력은 증가하지 않고, 변형률만 증가하는 영역이다.

014 재료의 허용응력 $\sigma_b = 6\text{MPa}$인 보에 18kN·m의 휨모멘트가 작용할 때 단면계수로서 적당한 값은?

① 1,200 cm³
② 1,800 cm³
③ 3,000 cm³
④ 4,500 cm³

[해설]
$\sigma = \dfrac{M}{Z} \leq \sigma_b$에서

$Z \geq \dfrac{M}{\sigma_b} = \dfrac{(18 \times 10^6)}{(6)}$
$= 3 \times 10^6 \text{mm}^3 = 3,000 \text{cm}^3$

015 그림과 같은 겔버보(Gerber Beam)에서 A점의 휨모멘트는?

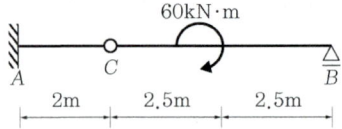

① 24kN·m   ② 28kN·m
③ 30kN·m   ④ 32kN·m

[해설]
$V_B = +\dfrac{60}{5} = 12\text{kN}(\uparrow),\ V_C = -\dfrac{60}{5} = 12\text{kN}(\downarrow)$
$M_A = -[-(12)(2)] = +24\text{kN·m}$

016 그림과 같은 단순보에서 A지점의 수직반력은?

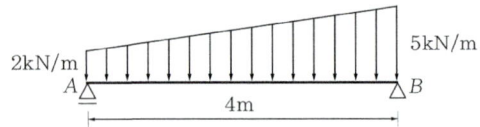

① 3kN(↑)
② 4kN(↑)
③ 5kN(↑)
④ 6kN(↑)

[해설]
$\sum M_B = 0$
$V_A \times 4 - 2 \times 4 \times 2 - \dfrac{1}{2} \times 3 \times 4 \times \dfrac{1}{3} \times 4 = 0$
$V_A = 6\text{kN}(\uparrow)$

017 기초의 분류에서 기초판의 형식에 의한 분류로 부적당한 것은?

① 독립기초
② 복합기초
③ 온통기초
④ 직접기초

해설
직접기초는 지정 형식에 의한 분류에 속한다.

018 철근 직경(d_b)에 따른 표준갈고리의 구부림 최소 내면 반지름 기준으로 틀린 것은?

① D13 주철근: $2d_b$ 이상
② D25 주철근: $3d_b$ 이상
③ D13 띠철근: $2d_b$ 이상
④ D16 띠철근: $2d_b$ 이상

해설
표준갈고리의 구부림 최소내면반지름

주철근		스터럽 및 띠철근	
철근 직경	최소 내면 반지름	철근 직경	최소 내면 반지름
D10~D25	$3d_b$ 이상	D10~D16	$2d_b$ 이상
D29~D35	$4d_b$ 이상	D19~D25	$3d_b$ 이상
D38 이상	$5d_b$ 이상		

019 기초판의 휨모멘트 계산을 위한 위험단면의 위치에 관한 설명으로 틀린 것은?

① 강재 밑판을 갖는 기둥을 지지하는 기초판은 기둥 외 측면과 강재 밑판 단부의 중간
② 조적벽체를 지지하는 기초판은 벽체 중심과 단부의 중간
③ 콘크리트 벽체를 지지하는 기초판은 벽체의 외면
④ 콘크리트 기둥 또는 주각을 지지하는 기초판은 기둥 또는 주각의 중간

해설
콘크리트 기둥, 주각을 지지하는 기초판은 기둥, 주각의 외면이다.

020 강구조에서 규정된 별도의 설계하중이 없는 경우 접합부의 최소 설계강도 기준은?(단, 연결재, 새그로드 또는 띠장은 제외)

① 30kN 이상
② 35kN 이상
③ 27kN 이상
④ 45kN 이상

해설
접합부의 설계강도는 45kN이상이어야 한다.(다만, 연결재, 새그로드 또는 띠장은 제외한다)

정답 017 ④ 018 ① 019 ④ 020 ④

2021 제2회 건축산업기사

※ 본 문제는 수험자의 기억을 바탕으로 하여 복원한 문제이므로 실제와 다를 수 있음을 미리 알려드립니다.

001 다음 그림에서 중앙부 T형보의 유효폭 b_e 값은? (단, 보의 Span은 8.4m이다.)

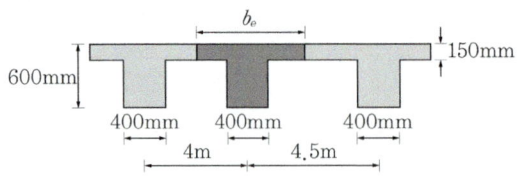

① 3,250mm ② 4,150mm
③ 2,800mm ④ 2,100mm

해설
T형보 플랜지 유효폭(b_e, effective breadth)
(1), (2), (3) 중 최솟값
(1) $6t_f + b_w = 16(150) + (400) = 2,800mm$
(2) 양쪽 슬래브 중심간 거리 = $(4000 + 4500)/2$
    $= 4,250mm$
(3) 보 경간(Span)의 $\frac{1}{4} = \frac{1}{4} \cdot (8400) = 2,100mm$
∴ 가장 작은 값인 2,100mm

002 경간의 길이가 4m인 단순지지된 1방향 슬래브의 처짐을 계산하지 않는 경우의 최소두께는? (단, 리브가 없는 슬래브, $f_y = 400MPa$)

① 200mm ② 220mm
③ 235mm ④ 250mm

해설
처짐을 계산하지 않는 경우 보의 최소두께

1방향 슬래브	최소두께(h_{min})			
	단순지지	1단연속	양단연속	캔틸레버
	$\frac{l}{20}$	$\frac{l}{24}$	$\frac{l}{28}$	$\frac{l}{10}$

따라서 단순 지지된 보이므로
$h_{min} = \frac{l}{20} = \frac{(4,000)}{20} = 200mm$

003 그림과 같은 겔버보(Gerber Beam)에서 A점의 휨모멘트는?

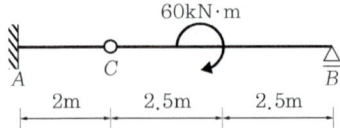

① 24kN·m
② 28kN·m
③ 30kN·m
④ 32kN·m

해설
$V_B = +\frac{60}{5} = +12kN(\uparrow)$, $V_C = -\frac{60}{5} = 12(\downarrow)$
$M_A = -[-(12)(2)] = +24kN \cdot m$

004 그림과 같은 단순보에서 A지점의 수직반력은?

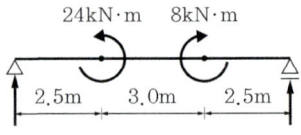

① 1kN ② 2kN
③ 3kN ④ 4kN

해설
$\Sigma M_B = 0$; $V_A \times 8 - 24 + 8 = 0$
$V_A = 2kN(\uparrow)$

정답 001 ④ 002 ① 003 ① 004 ②

005 특수 고력볼트인 TS볼트를 구성하고 있는 요소와 거리가 먼 것은?

① 너트
② 핀테일
③ 평와셔
④ 필러플레이트

[해설]
④ 필러플레이트: 일종의 철판으로 T,S볼트와는 무관함
T.S 볼트
볼트, 너트, 평와셔, 핀테일로 구성됨

006 철근콘크리트 슬래브의 수축온도철근에 대한 설명 중 옳은 것은?

① 슬래브에서 휨철근이 1방향으로만 배치되는 경우 휨철근에 직각방향의 수축온도 철근은 필요없다.
② 수축·온도철근비는 콘크리트 유효높이에 대하여 계산한다.
③ 수축·온도철근은 콘크리트설계기준강도 f_{ck}를 발휘할 수 있도록 정착되어야 한다.
④ 수축·온도철근으로 배치되는 이형철근의 철근비는 어느 경우에도 0.0014 이상이어야 한다.

[해설]
수축·온도 철근으로 배근되는 이형철근의 철근비
(1) 설계기준 항복강도 400MPa 이하인 이형철근을 사용한 슬래브 : 0.0020
(2) 설계기준 항복강도가 400MPa를 초과한 슬래브 :
$0.0020 \times \dfrac{400}{f_y} \geq 0.0014$

007 그림과 같은 부정정 구조물에서 C점의 휨모멘트는 얼마인가?

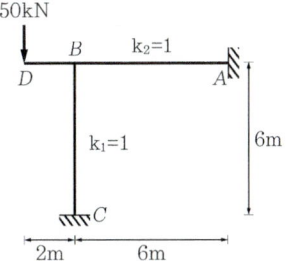

① 0kN·m
② 25kN·m
③ 50kN·m
④ 100kN·m

[해설]
부정정구조의 모멘트분배법 계산
(1) $DF_{BC} = \dfrac{k_{BC}}{k_{BC}+k_{BA}} = \dfrac{1}{1+1} = \dfrac{1}{2}$
(2) $M_{BC} = DF_{BC} \cdot M = \dfrac{1}{2} \times 50 \times 2 = 50\text{kN·m}$
(3) $M_{BC} = \dfrac{1}{2} M_{BC} = \dfrac{1}{2} \times 50 = 25\text{kN·m}$

008 그림과 같은 철근콘크리트 기둥단면에서 띠철근의 간격이 옳은 것은?

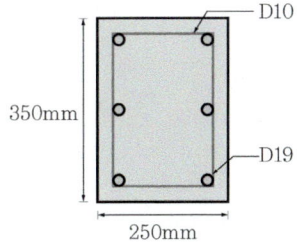

① 200mm
② 300mm
③ 350mm
④ 480mm

[해설]
띠철근의 수직간격: 다음 값 중 최소값
(1) 주철근 직경의 16배: 19×16=304mm
(2) 띠철근 직경의 48배: 10×48=480mm
(3) 기둥단변 최소치수 $\dfrac{1}{2}$ (단, 200mm보다 좁을 필요는 없다.) : 200mm

정답 005 ④ 006 ④ 007 ② 008 ①

009 보의 폭 $b=300$mm, $f_{ck}=21$MPa인 단근보를 강도설계법으로 설계하고자 할 때 균형상태에서 이 보의 압축내력은? (단, 등가응력블록의 깊이 $a=120$mm)

① 536.2kN
② 642.6kN
③ 720.4kN
④ 825.8kN

해설
콘크리트의 압축내력 공식
$C = \eta 0.85 f_{ck} \cdot a \cdot b$
$= (1.0)(0.85)(21)(120)(300)$
$= 642,600\text{N} = 642.6\text{kN}$

010 철근콘크리트 보에서 늑근의 사용 목적으로 적절하지 않은 것은?

① 전단력에 의한 전단균열 방지
② 철근조립의 용이성
③ 주철근의 고정
④ 부재의 휨강성 증대

해설
늑근의 사용 목적
전단균열 방지, 철근조립의 용이성, 주철근 고정

011 기초형식의 선정에 대한 설명으로 옳지 않은 것은?

① 구조성능, 시공성, 경제성 등을 검토하여 합리적으로 기초형식을 선정하여야 한다.
② 기초는 상부구조의 규모, 형상, 구조, 강성 등을 함께 고려해야 하고, 대지의 상황 및 지반의 조건에 적합하며, 유해한 장애가 생기지 않아야 한다.
③ 동일 구조물의 기초에서는 이종형식 기초의 병용을 원칙으로 한다.
④ 기초형식의 선정 시 부지 주변에 미치는 영향을 충분히 고려하여야 하며 또한 장래 인접대지에 건설되는 구조물과 그 시공에 의한 영향까지도 함께 고려하는 것이 바람직하다.

해설
③ 동일 구조물의 기초에서는 이종형식 기초의 병동은 부동침하의 원인이 된다.

012 그림과 같은 단철근 직사각형 보에 대하여 균형철근비 상태일 때의 압축연단에서 중립축까지의 거리(c_b)는?(단, $f_{ck}=24$MPa, $f_y=400$MPa, $E_S=200,000$MPa)

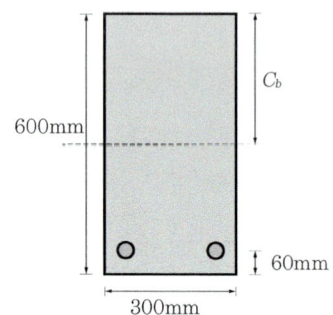

① 306.2mm ② 336.2mm
③ 366.2mm ④ 396.2mm

해설
$c_b = \dfrac{0.0033}{(0.0033 + \dfrac{f_y}{E_S})} \times d = \dfrac{660}{660+f_y} \cdot d$

$= \dfrac{660}{660+400} \cdot 540 = 336.2\text{mm}$

013 그림과 같은 구조체의 부정정 차수는?

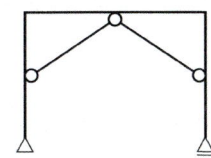

① 1차 부정정
② 2차 부정정
③ 3차 부정정
④ 4차 부정정

해설
$m = (n+s+r) - 2k$
$= (3+8+5) - 2 \times 7$
$= 2$

014 SN275A로 표기된 강재에 관한 설명으로 옳은 것은?

① 일반구조용 압연강재이다.
② 용접구조용 압연강재이다.
③ 건축구조용 압연강재이다.
④ 항복강도가 400MPa이다.

해설
(1) 275: 항복강도 $F_y = 275$MPa (인장강도 $F_u = 410$MPa)
(2) SN: Steel New(건축구조용 압연강재)

015 그림과 같은 단순보에 생기는 최대 휨응력도의 값은?

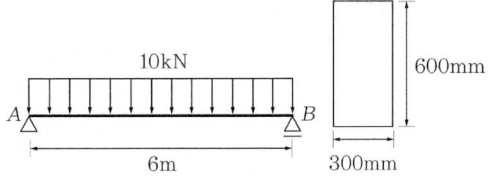

① 2.5 MPa
② 3.0 MPa
③ 3.5 MPa
④ 4.0 MPa

해설
$$\sigma_{\max} = \frac{M_{\max}}{Z} = \frac{\frac{wL^2}{8}}{\frac{bh^2}{6}} = \frac{6wL^2}{8bh^2}$$
$$= \frac{6 \times 10\text{N/mm} \times (6{,}000\text{mm})^2}{8 \times 300 \times 600^2}$$
$$= 2.5 \text{MPa}$$

016 그림과 같은 단순보에서 단면에 생기는 최대 전단응력도를 구하면? (단, 보의 단면크기는 150×200mm)

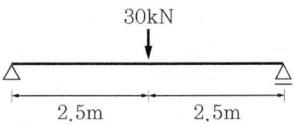

① 0.5MPa
② 0.65MPa
③ 0.75MPa
④ 0.85MPa

해설
(1) $S_{\max} = R_A = R_B = \dfrac{(30)}{2} = 15$kN
(2) $\tau_{\max} = k \cdot \dfrac{S}{A} = \left(\dfrac{3}{2}\right) = \dfrac{(15 \times 10^3)}{(150 \times 200)}$
$= 0.75 \text{N/mm}^2 = 0.75\text{MPa}$

정답 013 ② 014 ③ 015 ① 016 ③

017 그림과 같은 동일 단면적을 가진 A, B, C보의 휨강도비를 구하면?

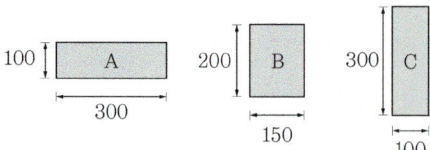

① 1 : 2 : 3
② 1 : 2 : 4
③ 1 : 3 : 4
④ 1 : 3 : 5

해설

휨강도비
휨강도비는 단면계수비와 같음
100mm를 x라고 하면,
$Z_A = \dfrac{3x(x)^2}{6} = \dfrac{x^3}{2}$, $Z_B = \dfrac{1.5x(2x)^2}{6} = x^3$,
$Z_C = \dfrac{x(3x)^2}{6} = \dfrac{3x^3}{2}$
∴ $Z_A : Z_B : Z_C = 1 : 2 : 3$

018 D19 압축철근의 기본정착길이로 옳은 것은? (단, D19의 단면적은 287mm², $f_{ck} = 21$MPa, $f_y = 400$ MPa, $\lambda = 1$)

① 674 mm
② 570 mm
③ 482 mm
④ 415 mm

해설

압축이형철근 기본정착길이(l_{db})
(1), (2) 중 큰 값
(1) $l_{db} = \dfrac{0.25 d_b \cdot f_y}{\lambda \sqrt{f_{ck}}} = \dfrac{0.25(19)(400)}{(1.0)\sqrt{(21)}} = 414.6$mm
(2) $l_{db} = 0.043 d_b \cdot f_y = 0.043(19)(400) = 326.8$mm
따라서 l_{db}이 중 큰 값인 414.6mm

019 그림과 같은 지름 32mm의 원형막대에 40kN의 인장력이 작용할 때 부재 단면에 발생하는 인장응력도는?

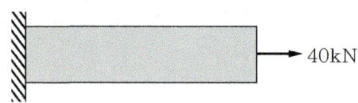

① 39.8MPa
② 49.8MPa
③ 59.8MPa
④ 69.8MPa

해설

$\sigma = \dfrac{P}{A} = \dfrac{P}{\dfrac{\pi d^2}{4}} = \dfrac{40 \times 10^3}{\dfrac{\pi \times (32)^2}{4}} = 49.76$MPa

020 그림과 같은 단순보를 H-200×100×7×10으로 설계하였다면 최대 처짐량은?
(단, I_x 1.0×10^8mm⁴, $E = 1.0 \times 10^4$MPa)

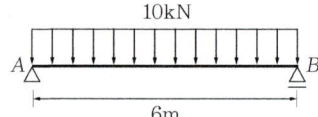

① 10.18 mm
② 20.35 mm
③ 40.69 mm
④ 168.75 mm

해설

등분포하중을 받는 단순보 중앙점의 탄성처짐
$\delta_{\max} = \dfrac{5wL^4}{384EI}$
$\delta_{\max} = \dfrac{5wL^4}{384EI} = \dfrac{5 \times 10 \times (6 \times 10^3)^4}{384 \times (1.0 \times 10^4) \times (1.0 \times 10^8)}$
$= 168.75$mm

2021 제3회 건축산업기사

※ 본 문제는 수험자의 기억을 바탕으로 하여 복원한 문제이므로 실제와 다를 수 있음을 미리 알려드립니다.

001 다음 그림은 단면의 핵을 표시한 것이다. e_x, e_y 의 값으로 옳은 것은?

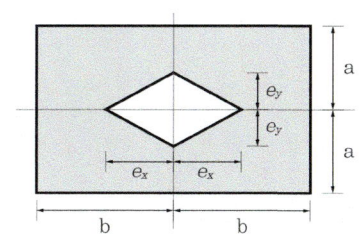

① $e_x = \dfrac{b}{3}$, $e_y = \dfrac{a}{3}$ ② $e_x = \dfrac{b}{3}$, $e_y = \dfrac{a}{6}$

③ $e_x = \dfrac{b}{6}$, $e_y = \dfrac{a}{6}$ ④ $e_x = \dfrac{b}{6}$, $e_y = \dfrac{a}{3}$

[해설]

직사각형 단면의 핵

$$e_x = \frac{Z_y}{A} = \frac{\frac{I_y}{x}}{A} = \frac{r_y^2}{x} = \frac{\frac{2b^2}{12}}{\frac{b}{2}} = \frac{b}{3}$$

$$e_x = \frac{Z_x}{A} = \frac{\frac{I_x}{y}}{A} = \frac{r_x^2}{y} = \frac{\frac{2a^2}{12}}{\frac{a}{2}} = \frac{a}{3}$$

002 목재의 허용압축응력도가 6MPa인 단주에서 압축력 42kN이 작용할 때 최소 필요단면적은?

① 5,800mm²   ② 6,200mm²
③ 6,800mm²   ④ 7,000mm²

[해설]

$\sigma_c = -\dfrac{P}{A} \leq f_c$

$A \geq \dfrac{P}{f_c} = \dfrac{42,000}{6} = 7,000\text{mm}^2$

003 다음과 같은 단면에서 X축에 대한 단면2차모멘트는?

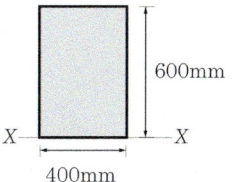

① $72 \times 10^8 \text{mm}^4$ ② $144 \times 10^8 \text{mm}^4$
③ $216 \times 10^8 \text{mm}^4$ ④ $288 \times 10^8 \text{mm}^4$

[해설]

단면2차모멘트 계산

$I_X = I_x + Ay_0^2$ (I_x : 도심축의 단면2차모멘트)

$I_X = \dfrac{400(600)^3}{12} + (400)(600)(300)^2$

$\quad = 288 \times 10^8 \text{mm}^4$

004 철근콘크리트 보의 설계와 해석을 위한 가정으로 틀린 것은?

① 변형을 받아 휘기 전에 평면인 단면은 변형 후에도 평면을 유지한다.

② 콘크리트 압축응력 분포 형상은 직사각형만 가능하다.

③ 철근의 변형률은 같은 위치에 있는 콘크리트의 변형률과 같다.

④ $f_{ck} \leq 40\text{MPa}$의 경우 압축변형률이 0.0033에 도달하면 붕괴된다고 가정한다.

[해설]

② 콘크리트의 압축응력 분포형상는 시험결과에 따라 직사각형, 포물선, 사다리꼴로 가정할 수 있다.

정답 001 ① 002 ④ 003 ④ 004 ②

005 그림과 같은 구조물의 O절점에 6kN·m의 모멘트가 작용한다면 M_{BO}의 크기는?

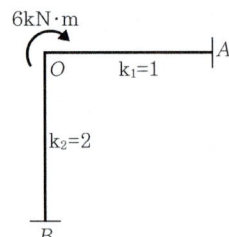

① 1kN·m ② 2kN·m
③ 3kN·m ④ 4kN·m

해설

- 분배율 $DF_{OB} = \dfrac{2}{2+1} = \dfrac{2}{3}$
- 분배모멘트 $M_{OB} = M_O \cdot DF_{OB}$
  $= (+6) \cdot \dfrac{2}{3}$
- 전달모멘트 $M_{BO} = \dfrac{1}{2} \cdot M_{OB}$
  $= \dfrac{1}{2}(+4) = +2\text{kN·m}$

006 다음 용접기호에 대한 설명으로 옳은 설명은?

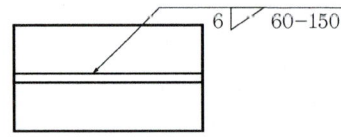

① 용접길이는 60mm이다.
② 용접되는 부위는 화살의 반대쪽이다.
③ 유효목두께는 6mm이다.
④ 그루브용접이다.

해설
② 용접되는 부위는 화살쪽이다.
③ 용접사이즈 $S = 6\text{mm}$이다.
④ 필릿(Fillet) 용접이다.

007 그림과 같은 목재보의 최대 처짐은?
(단, $E = 10,000\text{MPa}$이고 자중은 무시한다.)

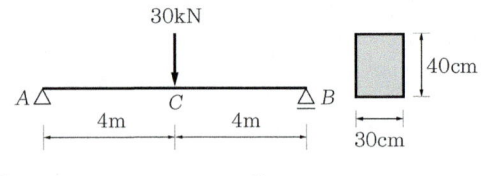

① 45mm ② 30mm
③ 20mm ④ 15mm

해설
$$\dfrac{PL^3}{48EI} = \dfrac{30 \times 10^3 \times 8,000^3}{48 \times 10,000 \times \dfrac{300 \times 400^3}{12}} = 20\text{mm}$$

008 단면 $b \times d = 300\text{mm} \times 550\text{mm}$, 모래경량콘크리트를 사용한 철근콘크리트 보에서 콘크리트가 부담할 수 있는 공칭전단강도(V_c)는? (단, $f_{ck} = 21\text{MPa}$)

① 95kN ② 107kN
③ 126kN ④ 132kN

해설
① 경량콘크리트계수(λ)

$\lambda = 0.75$	$\lambda = 0.85$	$\lambda = 1.0$
전경량 콘크리트	모래 경량콘크리트	보통중량 콘크리트

② 콘크리트보의 공칭전단강도(V_c)
$V_c = \dfrac{1}{6}\lambda\sqrt{f_{ck}} \cdot b_w \cdot d = \dfrac{1}{6}(0.85)\sqrt{21}(300)(550)$
$= 107,118\text{N} = 107.118\text{kN}$

009 다음 중 재료의 탄성계수와 단위가 같은 것은?

① 응력
② 모멘트
③ 연직하중
④ 단면1차모멘트

> [해설]
> 탄성계수와 응력 단위
> N/mm² 또는 MPa

010 그림과 같은 구조용 강재의 단면2차반경이 20mm일 때 세장비(λ)는 얼마인가?

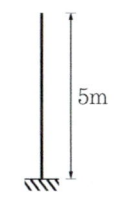

① 100
② 200
③ 350
④ 500

> [해설]
> $\lambda = \dfrac{KL}{i} = \dfrac{(2.0)(5,000)}{(20)} = 500$

011 굳은 지반이 없는 연약지반에 대한 건축물의 상·하부 구조 대책으로 옳지 않은 것은?

① 지지말뚝을 사용할 것
② 구조체의 강성을 높일 것
③ 평면길이를 적게 할 것
④ 이웃 건물과의 거리를 멀게 할 것

> [해설]
> ① 마찰말뚝을 사용할 것(지지말뚝과 혼용 금지)

012 일정한 두께를 가진 긴 수직벽체가 건축계획적으로 공간을 분할하는 역할을 함과 동시에 횡력 및 중력에 대하여 저항하는 시스템은?

① 튜브 시스템
② 전단벽 시스템
③ 모멘트 연성골조 시스템
④ 다이아그리드 시스템

> [해설]
> 전단벽 구조시스템: 일정한 두께를 가진 긴 수직벽체가 건축계획적으로 공간을 분할하는 역할을 함과 동시에 횡력 및 중력에 대하여 저항하는 시스템

013 그림과 같은 중공형 단면에서 도심축에 대한 단면2차반지름은?

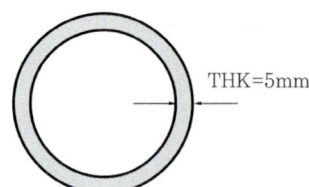

① 27.4mm ② 33.6mm
③ 45.2mm ④ 52.6mm

해설

단면2차반경 계산

$$r = \sqrt{\frac{I}{A}} = \sqrt{\frac{\frac{\pi \times (100^4 - 90^4)}{64}}{\frac{\pi \times (100^2 - 90^2)}{4}}} = 33.63mm$$

014 다음과 같은 단면에서 $x-x$축으로부터의 도심의 위치를 구하면?

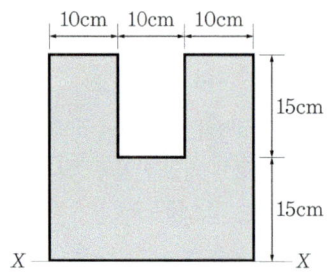

① 13.0cm ② 13.5cm
③ 14.0cm ④ 14.5cm

해설

$$y_0 = \frac{G_x}{A} = \frac{(30 \times 30)(15) - (10 \times 15)(15 + \frac{15}{2})}{(30 \times 30) - (10 \times 15)} = 13.5cm$$

015 단면적이 1,000mm² 이고, 길이는 2m인 균질한 재료로 된 철근에 재축방향으로 100kN의 인장력을 작용시켰을 때 늘어난 길이는? (단, 탄성계수는 200,000MPa)

① 1mm ② 0.1mm
③ 0.01mm ④ 0.001mm

해설

$$\triangle L = \frac{P \cdot L}{E \cdot A}$$
$$= \frac{(100 \times 10^3) \times (2 \times 10^3)}{200,000 \times 1,000}$$
$$= 1mm$$

016 그림과 같은 동일 단면적을 가진 A, B, C보의 휨강도비를 구하면?

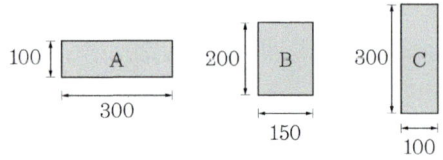

① 1 : 2 : 3 ② 1 : 2 : 4
③ 1 : 3 : 4 ④ 1 : 3 : 5

해설

휨강도비는 단면계수비와 같음
100mm를 x라고 하면,
$$Z_A = \frac{3x(x)^2}{6} = \frac{x^3}{2}, \ Z_B = \frac{1.5x(2x)^2}{6} = x^3$$
$$Z_C = \frac{x(3x)^2}{6} = \frac{3x^3}{2}$$
$$\therefore Z_A : Z_B : Z_C = 1 : 2 : 3$$

017 강도설계법에서 D22 압축철근의 기본정착길이는? (단, $f_{ck}=27\text{MPa}$, $f_y=400\text{MPa}$, 경량콘크리트 계수 1)

① 200.5mm ② 378.4mm
③ 423.4mm ④ 604.6mm

해설
압축이형철근 기본정착길이 (l_{db})

$l_{db} = \dfrac{0.25 d_b f_y}{\lambda \sqrt{f_{ck}}}$ 또는 $l_{db} = 0.043 d_b f_y$ 중 큰 값

$l_{db} = \dfrac{0.25 d_b f_y}{\lambda \sqrt{f_{ck}}} = \dfrac{0.25(22)(400)}{(1.0)\sqrt{27}} = 423.39\text{mm}$

$l_{db} = 0.043 d_b f_y = 0.043(22)(400) = 378.40\text{mm}$

따라서 이 중 큰 값인 423.39mm

018 다음 구조물의 부정정 차수는?

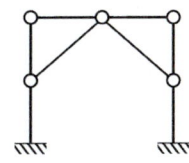

① 불안정 구조물
② 안정이며, 정정구조물
③ 안정이며, 1차 부정정구조물
④ 안정이며, 2차 부정정구조물

해설
$m = (n+s+r) - 2k$
$\quad = (6+8+0) - 2 \times 7$
$\quad = 14 - 14$
$\quad = 0$

019 단면 $b=350\text{mm}$, $h=700\text{mm}$ 인 장방형 보의 균열모멘트(M_{cr})는? (단, 보의 휨파괴강도 $f_r = 3\text{MPa}$)

① 85.75kN·m
② 95.75kN·m
③ 105.75kN·m
④ 115.75kN·m

해설
$M_{cr} = f_r \cdot \dfrac{bh^2}{6}$

$M_{cr} = 3 \cdot \dfrac{350 \times 700^2}{6} = 85{,}750{,}000\text{N·mm}$
$\quad\quad = 85.75\text{kN·m}$

020 그림과 같은 보의 최대 전단응력으로 옳은 것은?

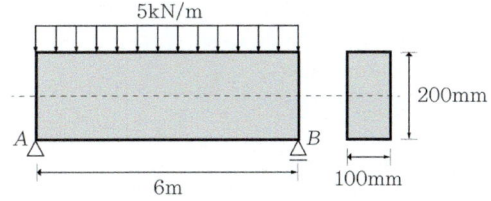

① 1.125MPa
② 2.564MPa
③ 3.376MPa
④ 4.358MPa

해설
(1) $S_{\max} = R_A = R_B = \dfrac{wl}{2} = \dfrac{(5)(6)}{2} = 15\text{kN}$

(2) $\tau_{\max} = k \cdot \dfrac{S}{A} = \left(\dfrac{3}{2}\right) \cdot \dfrac{(15 \times 10^3)}{(100 \times 200)}$
$\quad\quad = 1.125\text{N/mm}^2 = 1.125\text{MPa}$

정답 017 ③ 018 ② 019 ① 020 ①